Abwassertechnik

Von Dipl.-Ing. Wolfgang Bischof
Professor an der Fachhochschule Kiel
Fachbereich Bauwesen in Eckernförde

9., neubearbeitete und erweiterte Auflage
Mit 421 Bildern und 133 Tafeln
und zahlreichen Beispielen

Springer Fachmedien Wiesbaden GmbH 1989

CIP-Titelaufnahme der Deutschen Bibliothek

Bischof, Wolfgang:
Abwassertechnik / Wolfgang Bischof. – 9., neubearb. u. erw.
Aufl. – Stuttgart : Teubner, 1989
ISBN 978-3-322-89545-5 ISBN 978-3-322-89544-8 (eBook)
DOI 10.1007/978-3-322-89544-8

Ursprünglich erschienen bei B.G. Teubner, Stuttgart 1989.
Gesamtherstellung: Allgäuer Zeitungsverlag GmbH, Kempten
Umschlaggestaltung: W. Koch, Sindelfingen

Vorwort

Das technische Fachgebiet der Abwassertechnik hat in den letzten Jahren weiterhin durch die notwendigen Forderungen an die Reinhaltung der Gewässer und durch die Fortschritte in Technik und Forschung, welche zu differenzierter Behandlung und zu neuen wissenschaftlichen Grundlagen geführt haben, an Umfang und Tiefe weiter zugenommen. Weitergehende Erfolge in der Gewässerreinhaltung werden für die Zukunft angestrebt. Mit dem Einsatz der rechtlichen und finanziellen Instrumente (Verordnungen, Abwasserabgabe, Subventionen) wird die Reinhaltung der Gewässer und des Grundwassers weiter fortschreiten.

Das vorliegende Buch, welches nunmehr in der 9. Auflage erscheint, versucht in konzentrierter Form an die Aufgabenstellungen der Abwassertechnik heranzuführen. Ausgewählte Verfahren, anwendungsorientierte Berechnungsmethoden und Bemessungswerte für die Praxis sollen insbesondere dem auszubildenden Bauingenieur und dem Städteplaner einen orientierenden Überblick, interesseweckenden Einblick und Anregung zum Selbststudium vermitteln.

Der bis zur 7. Auflage beibehaltene Titel „Stadtentwässerung“ wurde dem Inhalt des Buches entsprechend seit der 8. Auflage in „Abwassertechnik“ umgeändert.

Die vorliegende 9. Auflage wurde insgesamt gründlich überarbeitet, inhaltlich ergänzt und insbesondere im Abschnitt 4 „Abwasserreinigung“ erweitert. Die differenzierteren Grundlagen für die Berechnung der Kläranlagen wurden eingearbeitet und dem Stand der Technik angepaßt. Neue Berechnungsbeispiele nach dem jetzigen Stand wurden aufgenommen. Im allgemeinen konnten nur bereits eingeführte Verfahren berücksichtigt werden. Spezielle oder in der Erprobung befindliche Verfahren sollten in den entsprechenden Veröffentlichungen nachgeschlagen werden. Die ab 1989 bzw. 1992 voraussichtlich gültige Novelle zur 1. SW-VwV wurde in den Bemessungsansätzen bereits berücksichtigt. Der Abschnitt 4.8 „Gewerbliches und industrielles Abwasser“ hat einführenden, exemplarischen Wert. Es wird hierzu auf die Spezialliteratur verwiesen.

Ich hoffe, daß auch diese Auflage wieder freundliche Aufnahme bei allen in der Abwassertechnik Tätigen findet. Ich danke für Anregungen und Kritik zur 8. Auflage und hoffe, daß das rege kritische Interesse auch für diese 9. Auflage erhalten bleibt.

Eckernförde, Herbst 1988 Wolfgang Bischof

Inhalt

1 Arten und Mengen des Abwassers

1.1 Arten und Begriffe 1

1.2 Menge des Schmutzwassers 2

1.2.1 Haushaltungen 2

1.2.2 Gewerbe, Industrie, öffentliche Einrichtungen und Fremdwasser 4

1.3 Menge des Regenwassers 10

1.3.1 Regenspende 10

1.3.2 Zeitbeiwert 12

1.3.3 Berechnungsregen 15

1.3.4 Abflußbeiwert 16

1.4 Abflußmenge in der Leitung 19

1.4.1 Flutlinien 19

1.4.2 Summenlinienverfahren mit festem Berechnungsregen und geschätzter Fließzeit . 22

1.4.3 Summenlinienverfahren 23

1.4.4 Allgemeine Mängel der Verfahren 25

1.4.5 Summenlinienverfahren mit Berücksichtigung der Speicherwirkung (nach Müller-Neuhaus) 26

1.4.6 Zeitbeiwertverfahren 30

1.4.7 Berechnungsverfahren mit dem Zeitabflußfaktor 33

1.4.8 Vergleich und Anwendung der hydrologischen Berechnungsverfahren 37

1.4.9 Berechnungsverfahren mit Datenverarbeitung 38

2 Grundlagen des Entwässerungsentwurfs

2.1 Vorerhebungen 42

2.2 Grundstücksentwässerung 42

2.2.1 Arten der Grundstücksentwässerung 42

2.2.2 Anschlußkanal 44

2.2.3 Grundleitungen 46

2.2.4 Kontrollschächte 47

2.2.5 Falleitungen 47

2.2.6 Rohrweiten der Grundstücksentwässerungsleitungen 47

2.2.7 Sonstige Einrichtungen der Grundstücksentwässerung 54

2.3 Entwässerungsverfahren 58

2.3.1 Mischverfahren 58

2.3.2 Trennverfahren 59

2.3.3 Vor- und Nachteile beider Verfahren 59

2.4 Querschnittsformen der Leitungen 62

2.4.1 Kreisprofil 63

2.4.2 Eiprofil 63

2.4.3 Maulprofil 63

2.5 Hydraulische Berechnung der Leitungen 63

2.5.1 Kontinuitätsgleichung 63

2.5.2 Empirische Geschwindigkeitsformeln 64

2.5.3 Geschwindigkeitsformel nach Prandtl-Colebrook 66
2.5.4 Teilfüllung 68
2.5.5 Berechnungsbeispiele 74
2.5.6 Offene Kanäle (Gerinne) 78
2.6 Entwurf einer Ortsentwässerung 79
2.6.1 Begrenzung des Entwässerungsgebiets 79
2.6.2 Beschaffenheit des Entwässerungsgebiets 79
2.6.3 Vorüberlegungen zu den Hauptteilen einer Ortsentwässerung 79
2.6.3.1 Kläranlage und Abwasserpumpwerke – 2.6.3.2 Leitungsnetz – 2.6.3.3 Lage der Leitungen im Straßenkörper – 2.6.3.4 Tiefenlage der Leitungen – 2.6.3.5 Gefälle
2.7 Bearbeiten eines Entwässerungsentwurfs (Kanalsystem) 89
2.7.1 Planbeschaffung 90
2.7.2 Geländebegehung, generelle örtliche Erkundung 90
2.7.3 Vermessungsarbeiten 90
2.7.4 Generelle Lösung der Entwurfsaufgabe 91
2.7.5 Eintragen der Kanalachsen im Lageplan 91
2.7.6 Aufteilen des Entwässerungsgebietes 91
2.7.7 Vorkotierung der Kanäle im Lageplan 93
2.7.8 Zeichnen der Längsschnitte 96
2.7.9 Hydraulische Berechnung 98
2.7.10 Ergänzung und Korrektur der Längsschnitte und des Lageplans 98
2.7.11 Massenermittlung 99
2.7.12 Leistungsbeschreibungen und Kostenvoranschlag 106
2.7.13 Erläuterungsbericht 107
2.7.14 Bestandspläne 107
2.8 Statische Berechnung von Entwässerungsleitungen 108
2.8.1 Baugrubenbreite 108
2.8.2 Rohrbelastung 110
2.8.3 Lagerungsfälle 117
2.8.4 Sicherheitsbeiwerte 119
2.8.5 Tragfähigkeitsnachweis 120
2.8.6 Berechnungsbeispiel 121
2.8.7 Spannungsnachweis 123
2.8.8 Berechnungsbeispiel 125
2.8.9 Verformungsnachweis 128
2.8.10 Berechnungsbeispiel 130

3 Bauliche Gestaltung von Entwässerungsanlagen
3.1 Baustoffe der Entwässerungsleitungen 132
3.1.1 Steinzeug 132
3.1.2 Beton 135
3.1.3 Rohrverbindungen für Steinzeugrohre nach DIN 1230 und Betonrohre nach DIN 4032 140
3.1.3.1 Rohrverbindungen für Muffenrohre – 3.1.3.2 Rohrverbindungen für Falzrohre
3.1.4 Stahlbetonrohre und Stahlbetondruckrohre (DIN 4035) 141
3.1.5 Mauerwerk 143
3.1.6 Asbestzementrohre (Az) 144
3.1.7 Kunststoffrohre 146
3.1.7.1 Kunststoffrohre mit Profilwand – 3.1.7.2 Glasfaserverstärkte Kunststoffrohre (GFK-Rohre)

3.1.8 Stahlrohre . . . 148
3.1.9 Gußeiserne Rohre . . . 148
3.1.10 Rohre aus Verbundwerkstoffen . . . 149
3.1.10.1 Beton-Keramik-Rohr (BK-Rohr) – 3.1.10.2 Beton-Kunststoff-Rohr
3.1.11 Bauvolumen und Abschreibungssätze . . . 150

3.2 Leitungsbau . . . 151
3.2.1 Offene Bauweisen . . . 151
3.2.1.1 Vermessungsarbeiten – 3.2.1.2 Bodenaushub – 3.2.1.3 Einsteifen der Baugrube – 3.2.1.4 Rohrlagerung – 3.2.1.5 Verlegen von Leitungen und Einrichten der Rohre
3.2.2 Geschlossene Bauweisen . . . 164
3.2.2.1 Horizontal-Bohrgerät zum Unterbohren kurzer Strecken – 3.2.2.2 Geschlossene Bauweise im Messervortrieb, Kölner Verbau und Preßbohrverfahren
3.2.3 Steilstrecken . . . 168
3.2.4 Wasserhaltung . . . 174
3.2.4.1 Offene Wasserhaltung – 3.2.4.2 Grundwasserabsenkung durch Brunnen – 3.2.4.3 Grundwasserabsenkung durch das Vakuumverfahren – 3.2.4.4 Grundwasserabsenkung durch Elektro-Osmose-Verfahren – 3.2.4.5 Stabilisierung nicht stehender Böden unter gleichzeitiger Grundwasserhaltung durch das Gefrierverfahren oder durch chemische Verfestigung

3.3 Bauwerke der Ortsentwässerung . . . 176
3.3.1 Straßenabläufe . . . 176
3.3.2 Schachtbauwerke . . . 179
3.3.2.1 Einsteigschächte – 3.3.2.2 Einlaufbauwerke – 3.3.2.3 Umleitungs- und Verbindungsbauwerke – 3.3.2.4 Absturzbauwerke – 3.3.2.5 Konstruktionsanleitung für Schachtbauwerke – 3.3.2.6 Fertigteilschächte
3.3.3 Regenentlastungsbauwerke . . . 189
3.3.3.1 Berechnungswassermengen – 3.3.3.2 Regenüberläufe (RÜ) – 3.3.3.3 Regenwasserbecken
3.3.4 Kreuzungsbauwerke . . . 207
3.3.4.1 Düker – 3.3.4.2 Heber – 3.3.4.3 Rohrbrücken – 3.3.4.4 Bahnkreuzungen
3.3.5 Abwasserhebung . . . 213
3.3.5.1 Pumpen und Antriebsmaschinen – 3.3.5.2 Pumpwerksarten – 3.3.5.3 Bau von Abwasserpumpwerken – 3.3.5.4 Berechnung von Abwasserpumpwerken – 3.3.5.5 Berechnungsbeispiel – 3.3.5.6 Abwasserdruckrohrleitungen – 3.3.5.7 Ausführungsbeispiele größerer Abwasserpumpwerke – 3.3.5.8 Pneumatische Abwasserförderung – 3.3.5.9 Entwässerungssysteme im Druck- oder Saugverfahren
3.3.6 Unterhaltung, Betrieb und Sanierung der Entwässerungsanlagen . . . 243
3.3.6.1 Unterhaltung und Betrieb – 3.3.6.2 Sanierung

4 Abwasserreinigung

4.1 Grundlagen der Abwasserreinigung . . . 249
4.1.1 Wirkung von Abwassereinleitungen auf die Gewässer . . . 249
4.1.2 Zusammensetzung des Abwassers . . . 253
4.1.3 Parameter der Abwasserverschmutzung . . . 254

4.2 Anforderungen an die Abwasserbehandlung . . . 260
4.2.1 Grenzwerte für Abwassereinleitungen . . . 260
4.2.1.1 Mindestanforderungen – 4.2.1.2 Wasserrechtlicher Bescheid
4.2.2 Belastung des Vorfluters . . . 262
4.2.3 Selbstreinigung des Vorfluters . . . 263

4.2.4 Berechnungsbeispiele 265
4.2.5 Einleiten von Abwasser in Seen und Küstengewässer 269
4.2.6 Reinigungswirkung von Kläranlagen 269
4.2.7 Abwasserreinigungsverfahren 270

4.3 Bestandteile und Kosten einer Kläranlage 271
4.3.1 Bestandteile 271
4.3.2 Kosten der Kläranlagen 280
4.3.2.1 Baukosten – 4.3.2.2 Betriebskosten – 4.3.2.3 Möglichkeiten zur Kostensenkung – 4.3.2.4 Jährlicher Kostenaufwand

4.4 Mechanische Abwasserreinigung 286
4.4.1 Absetzen und Flotation 286
4.4.1.1 Absetzen von körnigen Stoffen – 4.4.1.2 Absetzen von Flocken
4.4.2 Siebe und Rechen 288
4.4.2.1 Siebe – 4.4.2.2 Stabrechen – 4.4.2.3 Maschinell bediente Rechen – 4.4.2.4 Berechnung von Stabrechen
4.4.3 Sandfänge 295
4.4.3.1 Langsandfang – 4.4.3.2 Tiefsandfang – 4.4.3.3 Rundsandfang – 4.4.3.4 Hydrozyklon
4.4.4 Absetzbecken 310
4.4.4.1 Flachbecken – 4.4.4.2 Trichterbecken – 4.4.4.3 Zweistöckige und kombinierte Absetzanlagen
4.4.5 Flotationsbecken 328
4.4.6 Berechnung von Absetzbecken 331
4.4.6.1 Durchflußzeiten – 4.4.6.2 Flächenbeschickung – 4.4.6.3 Beckentiefe – 4.4.6.4 Parallelplattenabscheider – 4.4.6.5 Berechnungsbeispiele

4.5 Biologische Abwasserreinigung 341
4.5.1 Festbettkörperverfahren 343
4.5.1.1 Berechnung von Tropfkörpern n. ATV-A 135 – 4.5.1.2 Bau und Betrieb der Tropfkörper – 4.5.1.3 Berechnungsbeispiele – 4.5.1.4 Weitere Überlegungen zur Bemessung und Ausbildung von Tropfkörpern – 4.5.1.5 Kunststofftropfkörper – 4.5.1.6 Tropfkörper bei zwei biologischen Reinigungsstufen – 4.5.1.7 Getauchte Festbettkörper
4.5.2 Belebungsverfahren 364
4.5.2.1 Berechnung von Belebungsbecken – 4.5.2.2 Berechnungsbeispiel – 4.5.2.3 Bau und Betrieb von Belebungsbecken – 4.5.2.4 Kombinierte Belebungsbecken – 4.5.2.5 Mehrstufige Belebungsanlagen – 4.5.2.6 Anaerobe Abwasserbehandlung
4.5.3 Natürlich-biologische Verfahren und Abwasserteiche 398
4.5.3.1 Rieselverfahren – 4.5.3.2 Bodenfilter – 4.5.3.3 Pflanzenanlagen – 4.5.3.4 Beregnungsverfahren – 4.5.3.5 Abwasserteiche
4.5.4 Weitergehende Abwasserreinigung 410
4.5.4.1 Phosphor – 4.5.4.2 Stickstoff – 4.5.4.3 Berechnungsbeispiel für eine vorgeschaltete Denitrifikation
4.5.5 Filtrationsverfahren 430
4.5.5.1 Der Schnellfilter mit abwärtsgerichteter Strömung – 4.5.5.2 Trockenfiltration – 4.5.5.3 Der aufwärts durchströmte Schnellfilter – 4.5.5.4 Kontinuierlich betriebene Filter – 4.5.5.5 Tuchfilter

4.6 Behandlung des Abwasserschlammes 438
4.6.1 Grundlagen 438
4.6.2 Schlammfaulung 438
4.6.2.1 Bau der Faulräume – 4.6.2.2 Betrieb der Faulräume – 4.6.2.3 Bemessen der Faulräume

4.6.3 Schlammentwässerung 453
4.6.3.1 Eindicken – 4.6.3.2 Natürliche Schlammentwässerung auf Schlammplätzen – 4.6.3.3 Künstliche Entwässerung
4.6.4 Schlammbeseitigung 466
4.6.4.1 Landwirtschaftliche Schlammverwertung und Schlammbeseitigung – 4.6.4.2 Schlammkompostierung – 4.6.4.3 Schlammverbrennung (-veraschung) – 4.6.4.4 Gasgewinnung
4.6.5 Behandlung und Beseitigung von Schlamm aus Kleinkläranlagen (Fäkalschlamm) 472
4.6.5.1 Rechtsgrundlagen – 4.6.5.2 Menge und Beschaffenheit – 4.6.5.3 Kosten – 4.6.5.4 Behandlung von Fäkalschlämmen in zentralen Kläranlagen – 4.6.5.5 Behandlung von Fäkalschlamm in Abwasserteichen, durch maschinelle Systeme, Kalkzugabe und in Bodenfiltern
4.7 Kleine Kläranlagen 480
4.7.1 Belebungsanlagen in Schachtbauweise 481
4.7.2 Oxidationsgraben – Belebungsgraben 482
4.7.3 Die Schreiber-Tropfkörper-Kläranlage 485
4.7.4 Becken mit Kreiselbelüftung 486
4.7.5 Das Gegenstrom-Rundbecken 488
4.7.6 Kläranlagen mit Scheibentauchkörpern 488
4.7.7 Teichkläranlagen 490
4.7.7.1 Unbelüftete Teiche – 4.7.7.2 Belüftete Teiche – 4.7.7.3 Teiche mit chem. Fällung – 4.7.7.4 Belüftete Teiche mit Schlammrückführung – 4.7.7.5 Teiche in Kombination mit Tropfkörpern, Tauchkörpern oder Belebungsanlagen – 4.7.7.6 Ablaufbehandlung im Schönungsteich
4.7.8 Bemessung von Kläranlagen für kleine Gemeinden 494
4.7.9 Kläranlagen mit Direktfällung 499
4.8 Gewerbliches und industrielles Abwasser 500
4.8.1 Hochofenwerke 502
4.8.2 Papierfabriken 504
4.8.3 Steinkohlenbergbau 505
4.8.4 Metallindustrie 506
4.8.5 Textilindustrie 508
4.8.6 Lebensmittelindustrie 509

Literaturverzeichnis 517

DIN-Normen zur Abwassertechnik 523

Sachverzeichnis 527

Hinweise auf DIN-Normen in diesem Werk entsprechen dem Stand der Normung bei Abschluß des Manuskripts. Maßgebend sind die jeweils neuesten Ausgaben der Normblätter des DIN Deutsches Institut für Normung e. V., die durch den Beuth-Verlag, Berlin und Köln, zu beziehen sind. – Sinngemäß gilt das gleiche für alle in diesem Buch angezogenen amtlichen Richtlinien, Bestimmungen, Verordnungen usw.

Neue Einheiten. Verwendet wurden die durch das „Gesetz über Einheiten im Meßwesen" vom 2. 7. 1969 und seine „Ausführungsverordnung" vom 26. 6. 1970 für einige technische Größen eingeführten neuen Einheiten.

Hinweise zur Umrechnung in „neue" Einheiten und umgekehrt
Ab 1. 1. 1978 sind nur noch diese SI-Einheiten für den Gebrauch im Bauwesen zugelassen

Bezeichnungen	Neue gesetzliche Einheiten	Alte Einheiten
Belastungen, Kraft	1 N (Newton) 10 N 1 kN (Kilonewton) 10 kN 1 MN (Meganewton)	0,1 kp*) 1 kp 100 kp 1 Mp 100 Mp
Spannungen, Festigkeiten	0,1 N/mm^2 1 N/mm^2 = 1 MN/m^2 (1 $MN/m^2 = 10^6 N/10^6 mm^2 = 1 N/mm^2$) 1 Pa (Pascal) = 1 N/m^2 1 MPa = 1 MN/m^2 = 1 N/mm^2	1 kp/cm^2 10 kp/cm^2
Moment	1 Nm 10 Nm 10 kNm	0,1 kpm*) 1 kpm 1 Mpm
Energie, Arbeit, Wärmemenge	1 J (Joule) = 1 Nm 1 kJ (Kilojoule) 1 W (Watt) = 1 Nm/s = 1 J/s 1 J = 1 Ws	0,1 kpm
Sonstige gebräuchliche Maßeinheiten:		
Temperaturdifferenzen	1 K (Kelvin)	1 grd
Gasdruck	1 bar = 0,1 N/mm^2 = 0,1 MPa	≈ 1 at (= 1 kp/cm^2)
Masse	1 kg	1 kg

*) Hinreichende Genauigkeit in der Praxis

Umrechnung von kcal/h in Watt (W):
1 W = 0,86 kcal/h — 1 kcal/h = 1,16 W
z. B. Wärmeleitzahl λ: — 1 kcal/m h K = 1,16 W/m K

Mengen von Gasen und gelösten Stoffen werden in mmol/l oder in mol/m^3 angegeben, z. B.:

$$100 \text{ mg/l } SO_4 = \frac{100}{32 + 4 \cdot 16} = \frac{100}{96} = 1{,}04 \text{ mmol/l}$$

96 ≙ Molekülmasse in mg/mmol oder in g/mol

1 Arten und Mengen des Abwassers

Die Abwassertechnik ist ein wichtiges Teilgebiet der Siedlungswasserwirtschaft und damit des Gesamtgebietes Wasserwirtschaft.

Die Entwässerung der Wohnsiedlungen und Industrieanlagen ist eine selbstverständliche Forderung neuzeitlicher Ortshygiene. Ihre Aufgabe ist es, das in Siedlungsgebieten anfallende Schmutz- und Niederschlagswasser schnell zusammenzuführen, betriebssicher und gefahrlos abzuleiten und durch eine entsprechende Behandlung unschädlich zu machen.

1.1 Arten und Begriffe

Nach der DIN 4045 ist Abwasser: „Durch Gebrauch verändertes abfließendes Wasser und jedes in die Kanalisation gelangende Wasser". Zum Schmutzwasser gehören häusliches Abwasser, wie Bade-, Spül-, Wasch- und Fäkalabwasser, sowie gewerbliches und industrielles Abwasser. Unter Niederschlagswasser versteht man Regen- und Schmelzwasser. Mischwasser ist gemeinsam abgeleitetes Schmutz-, Regen- und ev. Fremdwasser. Rohabwasser ist das einer Kläranlage zufließende Abwasser.

Häusliches Schmutzwasser fällt an:
bei privaten Haushalten durch Kochen, Geschirrspülen, Reinigen, Wäschewaschen, Körperpflege; Abortbenutzung; Reinigung von Außenanlagen und Kfz.

bei öffentlichen Gebäuden durch Reinigung der Gebäude, Körperpflege des Personals, Kantine; Abortbenutzung; Reinigung der Außenanlagen und Kfz.

bei Kleingewerbebetrieben wie im privaten Haushalt.
Besonders genannt werden hier Touristenanlagen: Gasthäuser, Umrechnung der Sitzplätze und ihre Ausnutzung pro Tag in Einwohnergleichwerte nach DIN 4261. – Hotels finden nach Bettenzahl, Restaurants, Schwimmbecken Berücksichtigung. – Campinganlagen haben je nach Ausbaugrad unterschiedlichen Abwasseranfall. Man unterscheidet Dauer-, Kurzzeit- und Wochenend-Campingplätze. – Strandbäder mit WC, Duschen und Schwimmbecken.

Kommunales Schmutzwasser:
Hierunter faßt man alle Abwasserarten der Gemeinden zusammen, die in der öffentlichen Kanalisation abgeleitet werden, in der Bundesrepublik Deutschland ca. 5 bis $6 \cdot 10^9$ m^3/a.

Fremdwasser
ist Bestandteil des kommunalen Schmutzwassers. Es ist meist unverschmutzt. Es ist unerwünscht oder aus baulichen oder wirtschaftlichen Gründen absichtlich mit abgeleitetes Wasser.

Gewerbliches und industrielles Abwasser:
Es ist als Rohstoff, Produktionsmittel oder Kühlwasser gebrauchtes Reinwasser und stammt aus dem Netz oder betriebseigenen Wassergewinnungsanlagen (vgl. Abschn. 4.8). Der Abwasseranfall ist abhängig von u. a.: Art des Betriebes, Rohmaterial, Herstellungsmethode, Betriebsgröße, Betriebsweise, Saisontätigkeit, Energieversorgung, innerbetriebliche Wasserkreisläufe. Hinsichtlich der Ableitung unterscheidet man Direkteinleiter (Abwasser über eigene Kanalisation und Kläranlage in ein öffentliches Gewässer) und Indirekteinleiter (Abwasser wird der öffentlichen Kanalisation und Kläranlage zugeführt und danach in ein öffentliches Gewässer).

1.2 Menge des Schmutzwassers

Die Schmutzwassermenge orientiert sich am Wasserbedarf. Dieser läßt sich aufgliedern nach: Haushaltungen, Kleingewerbe, öffentliche Einrichtungen, Großgewerbe und Industrie, Landwirtschaft, Wasserwerke und Rohrnetz, Löschwasserbedarf.

1.2.1 Haushaltungen

Als Einheit zählt der Verbrauch je Einwohner und Tag $l/(E \cdot d)$. Um die Schmutzwassermenge eines Gebietes zu ermitteln, muß man seine Einwohnerzahl und die Höhe des Wasserverbrauches kennen. Richtwerte gibt Tafel **2**.1.

Tafel **2**.1 Richtwerte für die Besiedlungsdichte

Geschoßflächenzahl (GFZ)	> 1,8	1,4 bis 1,8	0,7 bis 1,4	0,4 bis 0,7	0,3 bis 0,4
Art der Besiedlung	sehr dicht	dicht	geschlossen	offen	weitläufige
Besiedlungsdichte E/ha	> 500	400 bis 500	200 bis 400	100 bis 200	50 bis 100

Genauere Werte sind dem städtischen Bebauungsplan zu entnehmen oder durch Auszählung zu ermitteln.

Die Bebauungsdichte entspricht im allgem. nicht der Besiedlungsdichte, z. B. Punkt-Hochhäuser = offene Bebauung und dichte Besiedlung oder enge Reihenhausbebauung = dichte Bebauung und weitläufige Besiedlung.

Der Wasserverbrauch einer Stadt ergibt sich aus der Förderung der Wasserwerke. Da verhältnismäßig geringe Wassermengen verlorengehen, aber durch Einzelbrunnen Wasser hinzukommt, kann die zu erwartende Schmutzwassermenge der von der Wasserversorgung abgegebenen Reinwassermenge gleichgesetzt werden. Der Wasserverbrauch je Einwohner und Tag ist örtlich verschieden. Die Werte der Tafel **3**.1 sollen als Mindestwerte für die Ermittlung des Schmutzwasserabflusses bei der Planung zugrunde gelegt werden.

Der Bedarf für Gewerbebetriebe, öffentliche Zwecke und der Eigenbedarf der Wasserwerke ist in den Werten mit enthalten. Es ist nach Tafel **3**.1 erkennbar, daß die Verbrauchsmenge mit zunehmender Gemeindegröße steigt.

Tafel 3.1 Anhaltswerte des Wasserverbrauchs w in l/(E · d) (Mittelbildung aus dem Ergebnis verschiedener statistischer Untersuchungen, unter Angleichung an ATV-A 118 [1], der Tagesspitze in l/h bzw. in l/(s · E) · 10^3

Gemeindecharakter	Einwohnerzahl	mittl. tägl. Wasserverbrauch w in l/(E · d)	SW-Abfluß, Tagesspitze $Q_x = \frac{1}{x} Q_d$[1]) x	l/(s · E) · 10^3 oder l/s je 1000 E
ländliche Gemeinden	< 5000	150	8	5,2
Landstädte	5000 bis 10000	180	10	5,0
Kleinstädte	10000 bis 50000	220	12	5,1
Mittelstädte	50000 bis 250000	260	14	5,0
Großstädte	> 250000	300	16	5,2
Kur- und Badeorte		200 bis 600	10 bis 16	5,0

(Werte der letzten Spalte insgesamt: ≈ 5,0)

[1]) eigentlich: $Q_x = \frac{24}{x} \frac{Q_d}{24}$ mit $\frac{24}{x} > 1{,}0$

Diese Zahlen sind mit Vorsicht und beim Aufstellen eines Entwurfs nur dann zugrunde zu legen, wenn kein genauerer Anhalt vorhanden ist. Wie sehr der Wasserverbrauch schwanken kann, zeigt die Gegenüberstellung der Verbrauchswerte in verschiedenen deutschen Städten.

Einfluß auf den örtlichen Wasserverbrauch haben: Das Vorhandensein einer Kanalisation, die häuslichen Einrichtungen (WC, Bad, Badebecken, Sauna, Gartenbäder), Springbrunnen, Hallenbäder, Hausgärten und der Wasserpreis. Die Höhe des Wasserverbrauchs kann als Maßstab für den Lebensstandard einer Stadt oder eines Landes mit herangezogen werden.

Für die Bemessung der Entwässerungsleitungen ist, sofern kein Regenwasser zufließt, der höchste Stundenabfluß maßgebend. Dieser wird normalerweise im Sommer am Tag des höchsten Wasserverbrauchs um die Mittagszeit auftreten. Jedoch legt man im Abwasserwesen als größten Stundenabfluß meistens 1/16 bis 1/8 des 24stündigen durchschnittlichen Abflusses, also des 24stündigen durchschnittlichen Wasserverbrauches, somit den Wert $Q_{16} = 1/16\ Q_d$ bis $Q_8 = 1/8\ Q_d$ den Leitungsberechnungen zugrunde. Dabei ist Q_d die über ein Jahr ermittelte mittlere, täglich verbrauchte Wassermenge.

Entsprechend setzt man in der Wasserversorgung für die Stunde des Höchstverbrauchs 1/8 bis 1/16 des mittleren 24stündigen Wasserverbrauchs Q_d an.

Eine mögliche Verteilung des Schmutzwasseranfalls über den Tag hinweg stellt Bild 4.1 dar. Die dort gezeigte Ganglinie hat sich als häufig vorkommende Mittellinie erwiesen. Es gibt jedoch Städte, bei denen die Verteilung des Schmutzwasseranfalls einen völlig anderen Verlauf dieser Kurve ergibt.

Die Tagesspitze, z. B. Q_{14} nimmt man für die Bemessung von Kanälen und auch bei offenen Gerinnen, wie sie z. B. in Kläranlagen vorkommen, und bei Pumpstationen als größten Stundenabfluß an. Als Mittelwerte dienen für die Bemessung von Absetzbecken und Tropfkörpern $Q_{18} = 1/18\ Q_d$, für Betriebskostenrechnungen Q_{24} und für die Bestimmung des geringsten Abflusses in Kanälen, beim Nachtbetrieb der Pumpstationen und der Tropfkörper Q_{36}. Q_{18} und Q_{36} gelten jeweils für 12 h: $\frac{Q_d}{36} \cdot 12 + \frac{Q_d}{18} \cdot 12 = Q_d$.

Bild 4.2 stellt die Tages-Ganglinien einer ländlichen Gemeinde und einer Stadt gegenüber. Es ist erkennbar, wie sehr die tageszeitlich gleichen Arbeits- und Lebensgewohnheiten der kleinen Gemeinde zu starken Spitzen der Kurve an bestimmten Tageszeiten

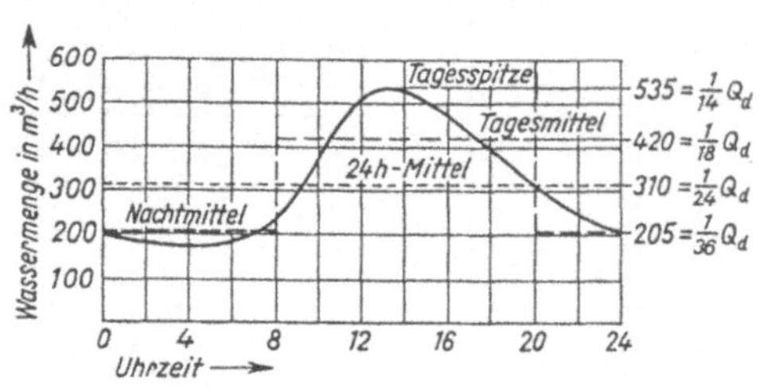

4.1 Verteilung des häuslichen Schmutzwasseranfalles über einen Tag

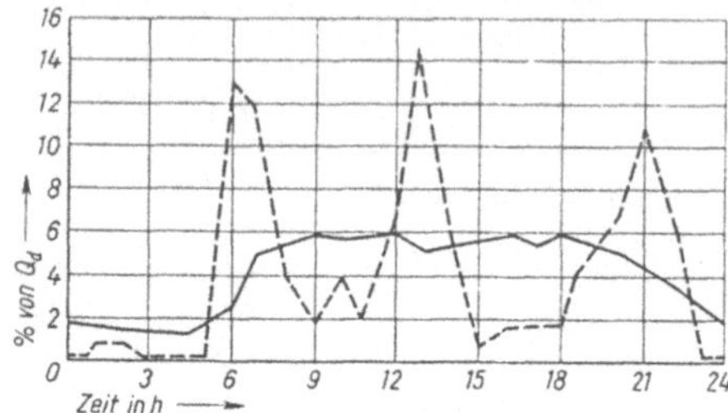

4.2 SW-Ganglinie einer Stadt (———) und einer ländlichen Gemeinde (– – – – –) [36]

führen, während in der Stadt ein deutlich spürbarer Ausgleich feststellbar ist. Von verschiedenen Seiten wird deshalb empfohlen, auch in der Abwassertechnik für die Abwassertagesspitze in kleinen Gemeinden mit $\frac{1}{12}$ bis $\frac{1}{8}$ $Q_d = Q_{12}$ bis Q_8 zu rechnen.

1.2.2 Gewerbe, Industrie, öffentliche Einrichtungen und Fremdwasser

Sie werden besonders berücksichtigt. Als Hilfsmittel verwendet man den „Einwohnergleichwert", der auch bei der Abwasserreinigung eine wichtige Rolle spielt.

Der Einwohnergleichwert (EG) entspricht der Zahl der Einwohner, deren tägliches Abwasser nach Menge oder Verschmutzungsgrad dem Abwasser aus einem gewerblichen oder industriellen Betrieb oder aus öffentlichen Einrichtungen gleichzusetzen wäre.

Einwohnergleichwerte können sich auf verschiedene Meßwerte des Abwassers beziehen. Am gebräuchlichsten ist der Bezug auf:

Meßwert	heranzuziehen für die Bemessung von
Abwassermenge (hydraulischer EG)	Kanalnetze, Kläranlagen, Pumpstationen
Biochemischer Sauerstoffbedarf (BSB_5-EG)	Belebungsbecken, Nachklärbecken, Vorfluter
Schlammenge (Schlamm-EG)	Schlammbehälter, Faulräume
Phosphatgehalt (Phosphor-EG)	zusätzliche, besondere Reinigungsverfahren

Eine wesentliche Bedeutung spielt der EG auch bei der Gebührenbemessung für Gewerbe und Industrie.

I. allg. versteht man unter dem EG jedoch nur die Beziehung zum häuslichen Abwasser hinsichtlich der biochemischen Verschmutzung des Industrieabwassers (Schmutzbeiwert).

Tafel 5.1 gibt Werte für $w = Q_d$ des Kleingewerbes und der öffentlichen Einrichtungen an. Diese Werte ändern sich mit der Betriebsgröße, der Lage des Betriebes und dem Einzugsgebiet.

Tafel 5.1 Anhaltswerte des Wasserverbrauchs w im Jahresdurchschnitt in l/d und Schmutzbeiwerte für öffentliche Einrichtungen und Kleingewerbe

Verbraucher		l/d	Schmutzbeiwert
Schule	je Schüler	10 bis 15	0,1
– mit Duschanlage	je Schüler	20	0,1
– mit Schwimmbecken	je Schüler	30 bis 50	0,15 bis 0,3
Kino, Sportplatz	je Platz	5	0,05
Gaststätten mit Küchenbetrieb	je Platz	150 bis 300	1
Autobahnraststätten	je Bett	$\geqq$ 200	1,5 bis 2,0
Sporthäfen	je Liegeplatz	350 bis 525	3,5
Camping- und Zeltplätze	je Standplatz	$\geqq$ 200	1,75
Hotel, Ferienheime	je Bett, je Bediensteter	150 bis 600	1
Büro, Geschäft	je Betriebsangehöriger	40 bis 60	0,2 bis 0,3
Werkstatt (ohne Duschen)	je Betriebsangehöriger	20 bis 50	0,5
Gewerbe- und Industriebetriebe ohne Produktionsabwasser (mit Duschen)	je Betriebsangehöriger	50 bis 80	1
Bäcker, Konditor, Friseur	je Betriebsangehöriger	100 bis 200	1 bis 1,5
Fleischer	je Betriebsangehöriger	150 bis 300	15
Krankenhaus	je Bett	300 bis 600	1,5 bis 3,0
Kaserne	je Mann	250 bis 350	1,2 bis 3,0

Wenn keine genaueren Angaben über Art und Größe der Betriebe gemacht werden können, empfiehlt ATV-A 118 [1] folgende Schmutzwasserabflußspenden q_g in l/(s · ha) als Zuschlag für Gewerbe und Industrie:

Betriebe mit	l/(s · ha)
geringem Wasserverbrauch	0,5
mittlerem Wasserverbrauch	1,0
starkem Wasserverbrauch	1,5

Die Menge des gewerblichen und industriellen Abwassers läßt sich über den Wasserverbrauch abschätzen, wenn nicht erhebliche Mengen verdunsten (Kühlanlagen), im Kreislauf geführt werden oder in das Produkt eingehen. Das Abwasser fällt je nach Art des Industriezweiges über die Produktionszeit hinweg gleichmäßig oder aber stoßweise an. Die Zusammensetzung des Abwassers ist mit Durchschnittswerten für die gesamte Industrie nicht anzugeben. Die Verarbeitungsprozesse sind zu unterschiedlich. Als Grundlage für die Bemessung von Kläranlagen und für die Abwassergebühr wird die Verschmutzung in Einwohnergleichwerten ausgedrückt (Tafel 6.1). Dieser Wert ist auf die Einheit des verarbeiteten Materials, des Produktes oder auf die Zahl der Beschäftigten bezogen. Bei besonders schwierig zu reinigendem Abwasser erhält der Einwohnergleichwert bei der Gebührenveranlagung noch einen Zuschlag, um damit erhöhte Reinigungskosten zu decken. Es können bei der Angabe von Einwohnergleichwerten für die Verschmutzung des Abwassers nur Industriebetriebe berücksichtigt werden, deren Abwassermeßwerte zu häuslichem Abwasser in Beziehung gesetzt werden können. Wenn Industriebetriebe in eine Entwurfsplanung mit einbezogen werden sollen, sind die Werksangaben einzuholen oder zu messen. Die Tafel 6.1 besitzt in dieser Hinsicht nur exemplarischen Wert.

Einen erheblichen Anteil des in den Schmutzwasserkanälen (SW-Kanälen) abfließenden Wassers kann das Fremdwasser Q_f bilden. Es dringt unkontrolliert in die Kanalhaltungen ein und ist meist Sicker- oder Grundwasser. Sein Weg führt durch Lüftungsöffnungen der Schachtdeckel, durch undichte Stellen in den Rohrverbindungen, an der Ein-

Tafel 6.1 Anhaltswerte des Wasserverbrauchs und der Schmutzbeiwerte von industriellem Abwasser in Einwohnergleichwerten (EG), vgl. auch [24] [74]

Industriezweig	Art der Produktion	Einheit	Wasserverbrauch/ Einheit	Wasserverbrauch in m^3/ Beschäftigter und Jahr	Schmutzbeiwerte/ Einheit
Nahrungsmittelindustrie	Nährmittel	1 t Getreide	1,5 bis 8 m^3	50	500
	Obst- und Gemüsekonserven	1 t Konserven	4 bis 14 m^3	110	500
	Süßwaren	1 t Waren	6 bis 26 m^3	150	40 bis 150
	Zucker	1 t Rüben	10 bis 20 m^3	10000	45 bis 70
	Holzverzuckerung	1000 l Alkohol	32 m^3	—	700
	Fleisch- und Fischwaren, Schlachthäuser	1 Stück Großvieh oder 2,5 Schweine	0,3 bis 0,4 m^3	300 bis 400	70 bis 200
	Frischmilchmolkerei	1000 l Milch	4 bis 6 m^3	900	25 bis 70
	Käserei oder Butterherstellung	1000 l Milch	10 m^3	900	50 bis 250
	Margarine	1 t Margarine	20 m^3	1100	500
	Brauerei, Mälzerei	1000 l Bier	5 bis 20 m^3	1100	150 bis 350
	Wein- und Likörbrennerei	1000 l Getreide	4 bis 6 m^3	300	2000 bis 3500
Leder- und Textilindustrie	Schuhe	1 Paar Schuhe	5 l	5	0,3
	Leder, Gerberei	1 t Häute	40 bis 60 m^3	510	1000 bis 3500
	Wollwäscherei	1 t Wolle	20 bis 70 m^3	390	2000 bis 4500
	Bleicherei	1 t Ware	50 bis 100 m^3	—	1000 bis 3500
	Färberei	1 t Ware	20 bis 50 m^3	390	2000 bis 3500
Reinig.-Gewerbe	Maschinenwäscherei	1 t Wäsche	5 m^3	670	350 bis 900
Holz- und Papierindustrie	Zellwolle	1 t Zellwolle	400 bis 1300 m^3	4500 bis 7500	300 bis 450
	Sulfitzellstoff	1 t Zellstoff	200 bis 400 m^3	20000	3000 bis 4000
	Papierfabrik mit Zellstofferzeugung	1 t Papier	125 bis 1000 m^3	6500	100 bis 300
	Druckerei und Papierverarbeitung	1 Beschäftigter	120 l/Tag	9 bis 40	1
Chemische Industrie	Lacke und Anstrichmittel	1 Beschäftigter	110 l/Tag	35	20
	Glas	1 t Glas	3 bis 28 m^3	55	—
	Seifen und Waschmittel	1 t Seife	25 m^3	300	1000
	Kohlenwertstoffe	1 t synth. Brennstoff	60 bis 90 m^3	2500	—
	Basen, Säuren, Salze, Grundstoffe	1 t Chlor	50 m^3	5000 bis 15000	—
	Gummi	1 t Fertigfabrikat	100 bis 150 m^3	200 bis 500	—
	Kunstgummi	1 t Buna	500 m^3	—	—
Fertigwaren	Feinmechanik, optische und Elektroindustrie	1 Beschäftigter	20 bis 40 l/Tag	8 bis 14	1
	Feinkeramik	1 Beschäftigter	40 l/Tag	16	1
	Maschinenbau	1 Beschäftigter	40 l/Tag	13	1
	Stahlbau	1 Beschäftigter	40 bis 200 l/Tag	10 bis 20	1
	Eisen-, Stahl-, Blech- und Metallverarbeitung	1 Beschäftigter	60 l/Tag	20	1:10 bis 15 b. säureh. Abwasser
	Galvanisierwerke	1 Beschäftigter	—	—	100
	Holzverarb. Industrie	1 fm Sperrholz	4 m^3	9 bis 40	1
	Holzbearbeitung	1 fm Schnittholz	0,7 m^3	65	—
	Dachpappe und Asphalt	1000 m^2 Dachpappe	1 bis 2 m^3	300	—
Bergbau, Hütten- und Stahlwerke	Eisen- und Temperguß	1 t Guß	3 bis 8 m^3	70	12 bis 30
	Zieherei und Kaltwalzwerk	1 t Endprodukt	8 bis 50 m^3	300	8 bis 50
	Schmiede, Hammer-, Preßwerk	1 t Endprodukt	80 m^3	300	—
	Eisenerzbergbau	1 m^3 gewasch. Erz	16 m^3	350	500
	Kali- und Steinsalzbergbau	1 t Carnalit	1 m^3	350	—
	Metallhalbzeug	1 t Ware	10 m^3	750	—
	Kohlenbergbau	1 t Kohle	2 bis 10 m^3	1650	—
	Stahl	1 t Rohstahl	65 bis 220 m^3	1750	—

mündung der Hausanschlüsse oder in den Schachtwänden. Derartige schadhafte Stellen können durch Fehler beim Bau der Leitungen, durch nachträgliche Setzungen oder Überbeanspruchung des Rohrwerkstoffs entstehen. Bei neu gebauten Kanalnetzen im Trennsystem entstehen durch Falschanschlüsse auf den Grundstücken oft große Fremdwassermengen. Sie müssen beseitigt werden.

Der Anteil des Fremdwassers kann bis zu einem Vielfachen von Q_x ausmachen. Er beträgt auch bei neuen Netzen oft 20 bis 100% von Q_x. Dies muß man bei der Entwurfsbearbeitung bereits berücksichtigen. Nach Inbetriebsetzung des Kanalnetzes kann der Anteil durch Vergleich des Schmutzwasserabflusses in Regenzeiten mit dem in Trockenwetterperioden annähernd genau festgestellt werden. ATV-A 118 [1] empfiehlt einen Fremdwasserzuschlag von 100% des Schmutzwasserabflusses in l/s, auch $q_f = 0{,}05$ bis $0{,}15$ l/(s · ha). Folgerichtiger wäre es Q_f auf Q_d zu beziehen und die Q_f-Werte in m³/h oder in l/s konstant den Q_x-Werten zuzuschlagen. Für die Umrechnung von der Tagesmenge auf Q_x wird $x = 24$ h/d meistens angesetzt.

Beispiel: Ein Siedlungsgebiet mit weitläufiger Bebauung (80 E/ha), 60 ha groß, soll an die Schmutzwasservorflut einer Stadt von 100000 E angeschlossen werden. Der Fremdwasseranteil beträgt 100% von Q_{14}. Welche Wassermengen fallen entsprechend Bild **4**.1 im Gesamtgebiet an?

Maßgebend sind der Wasserverbrauch Q_d und die SW-Mengen Q_{14} bis Q_{36} (ohne Fremdwasser). Die Fremdwasserangabe bezieht sich oft auf Q_d. Die stündliche Fremdwassermenge ist dann

$$Q_f = \frac{1}{24} \cdot Q_{f,d}.$$

Es betrage der Verbrauch und damit der gleichgroße Schmutzwasseranfall ohne Fremdwasser

$$w_s = 260 \text{ l/(E} \cdot \text{d)}; \quad q_f = 1{,}0 \cdot w_s = 260 \text{ l/(E} \cdot \text{d)}$$

Einwohnerzahl des Siedlungsgebietes = 80 · 60 = 4800 E

Es fallen einschließlich Fremdwasser als Bemessungswert an:

$$Q'_{14} = Q_{14} + Q_f = \frac{4800 \cdot 260}{14 \cdot 60 \cdot 60} + 1{,}0\ Q_{14} = 49{,}52 \text{ l/s}$$

$$Q'_{18} = Q_{18} + Q_f = \frac{4800 \cdot 260}{18 \cdot 60 \cdot 60} + 1{,}0\ Q_{14} = 44{,}02 \text{ l/s}$$

$$Q'_{24} = Q_{24} + Q_f = \frac{4800 \cdot 260}{24 \cdot 60 \cdot 60} + 1{,}0\ Q_{14} = 39{,}20 \text{ l/s}$$

$$Q'_{36} = Q_{36} + Q_f = \frac{4800 \cdot 260}{36 \cdot 60 \cdot 60} + 1{,}0\ Q_{14} = 34{,}38 \text{ l/s}$$

Die Tagesmenge ergibt sich dann zu

$$Q'_d = \frac{4800 \cdot 260}{1000} + \frac{4800 \cdot 260 \cdot 24}{1000 \cdot 14} = 1248 + 2139 = 3387 \text{ m}^3\text{/d}$$

Bei der sehr häufigen, alternativen Vorgabe q_f = 100% von Q_d wäre der Bemessungswert geringer, nämlich

$$Q'_{14} = \frac{4800 \cdot 260}{14 \cdot 60 \cdot 60} + \frac{4800 \cdot 260}{24 \cdot 60 \cdot 60} = 39{,}20 \text{ l/s}$$

Für die Kanalbemessung interessiert nur Q'_{14}. Die Teilwassermengen der einzelnen Sammler berechnet man nach der Gleichung

$$Q_s = q_s \cdot A_E \tag{8.1}$$

Hierin bedeuten:
Q_s = Schmutzwasserabfluß = SW-Menge eines Sammlers an seinem tiefsten Punkt in l/s
q_s = Schmutzwasserabflußspende = SW-Menge je ha Fläche in l/(s · ha)
A_E Einzugsgebiet eines Sammlers in ha

Es ergibt sich für das Beispiel $q_s = \frac{49{,}52}{60} = 0{,}825$ l/(s · ha).

Läge im Siedlungsgebiet eine Schule, die von 400 Schülern besucht würde, so müßte man zur Einwohnerzahl $400 \cdot \frac{15}{260} = 23$ EG addieren. Es ergäbe sich eine Gesamtzahl von 4800 + 23 = 4823 EG.

Die tägliche Wassermenge beträgt insgesamt ohne Fremdwasser

$$Q_d = 4823 \cdot 0{,}260 = 1254 \text{ m}^3/\text{d}.$$

Hier wurde der EG auf die Wassermenge bezogen. Den gleichen Wert erhält man ohne Umrechnung: $Q_d = 4800 \cdot 0{,}260 + 400 \cdot 0{,}015 = 1254$ m³/d.

Die SW-Menge eines Industriewerks ist diesem im allgemeinen bekannt. Für den Entwurf ist sie zu erfragen, ebenso die zeitliche Verteilung ihres Anfalls. Erst wenn keine genauen Unterlagen zur Verfügung stehen, sollte man die Werte der Tafel **6**.1 oder die Empfehlungen ATV-A 118 [1] benutzen.

Der maximale Abfluß aus der Industrie kann mit Q_x zusammenfallen. Meist verzögert sich aber dieser Abfluß wegen der von den Wohnsiedlungen entfernten Lage des Betriebes, so daß sich die Abflußspitze abflacht und verbreitert. Um bei den Stundenwerten Q_x bis Q_{36} die Industrie richtig berücksichtigen zu können, muß man die Verteilung des Produktionswassers über den Tag kennen.

Beispiel: Das Einzugsgebiet des im vorstehenden Beispiel behandelten Siedlungsgebietes erweitert sich um zwei Industriewerke, um

a) eine Lederfabrik, welche täglich 10 t Häute in einer Arbeitszeit von 7 bis 12 Uhr bei gleichmäßigem Abwasseranfall in dieser Zeit verarbeitet

Wasserverbrauch 50 m³/t Schmutzbeiwert = 2500 l/t (Tafel **6**.1)

b) eine Glasfabrik mit einer Fertigung von 15 t Glas in einer Arbeitszeit von 8 bis 17 Uhr bei gleichmäßigem Abwasseranfall

Wasserverbrauch 20 m³/t, EG = 0 (Tafel **6**.1).

Tagesmittel

$$Q^*_{18} = 44{,}02 + \frac{10 \cdot 50 \cdot 1000}{5 \cdot 3600} + \frac{15 \cdot 20 \cdot 1000}{9 \cdot 3600} = 44{,}02 + 27{,}78 + 9{,}26 = 81{,}06 \text{ l/s}$$

Nachtmittel

$$Q^*_{36} = 34{,}38 + 0 + 0 = 34{,}38 \text{ l/s}$$

Tagesspitze: Es muß die Tageszeit der Abwasserspitze für häusliches Abwasser festgestellt werden, z.B. 13 Uhr

$$Q^*_{14} = 49{,}52 + 0 + 9{,}26 = 58{,}78 \text{ l/s}$$

bei einer Spitze um 11.30 Uhr

$$Q^*_{14} = 49{,}52 + 27{,}78 + 9{,}26 = 86{,}56 \text{ l/s}$$

Hinsichtlich der Verschmutzung (Tafel **6**.1) erhält man an Einwohnergleichwerten

$$\text{EG} = 4800 + 10 \cdot 2500 + 0 = 29\,800$$

Bei der Verwendung des Einwohnergleichwertes ist die Angabe eines genauen Bezuges auf Art und Zeit des Meßwertes unerläßlich.

Beträgt z. B. der BSB_5 (Biochemischer Sauerstoffbedarf nach 5 Tagen, s. Abschn. 4.1.3) für 1 Einwohner (E) = 60 g/(E · d), so wäre bei einer Stadt von 100000 E der

$$BSB_5/\text{d} = \frac{100\,000 \cdot 60}{1000} = 6000 \text{ kg/d}$$

Der EG, bezogen auf den täglichen BSB_5, wäre 100000. Soll ein hinsichtlich der Abwasserqualität vergleichbares Industriewerk mit einbezogen werden, ergäbe sich z. B. bei 8000 m³ Schmutzwasser pro Tag mit einem BSB_5 von 500 g/m³ ein

$$BSB_5/\text{d} = \frac{8000 \cdot 500}{1000} = 4000 \text{ kg/d}$$

$$\text{Der EG wäre } \frac{4000 \cdot 1000}{60} = 66\,700$$

Für Stadt und Industrie ergibt sich der BSB_5/d – EG mit

$$100\,000 + 66\,700 = 166\,700$$

Beispiel (**9**.1) für die Berechnung der SW-Menge in einem Kanalnetz.

Gegeben Einzugsgebiet A_E = 14 ha als reines Wohngebiet mit zwei Industriewerken, 400 E/ha, Wasserverbrauch w = 200 l/(E · d), Fremdwasser 50% von Q_{14}; Werk A = 3000 m³ SW-Anfall von 6 bis 16 Uhr; Werk B = Eisengießerei mit Produktion von 300 t Guß/d, Wasserverbrauch 8 m³/t von 0 bis 24 Uhr.

Gesucht Q^*_{14} vor den Schächten 2, 4_2, 4_3, 5

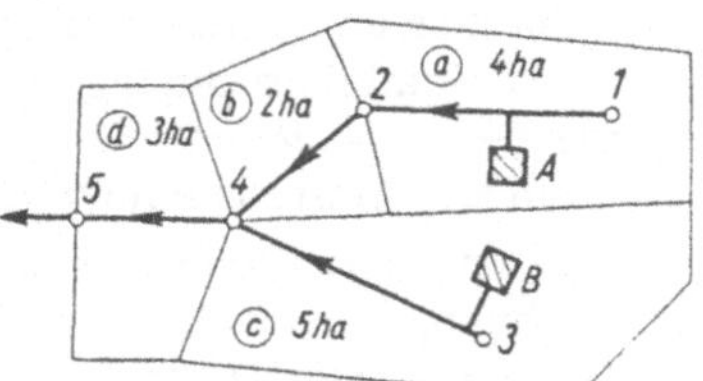

9.1 Schmutzwasser-Netz-Berechnung der Wassermengen

Lösung: $q_{s14} = \frac{200 \cdot 400}{14 \cdot 3600} = 1{,}59 \text{ l/(s} \cdot \text{ha)}$ Werk A $Q_A = \frac{3000 \cdot 1000}{10 \cdot 3600} = 83{,}40$ l/s

$q_f = 0{,}5 \cdot 1{,}59 = 0{,}79 \text{ l/(s} \cdot \text{ha)}$ Werk B $Q_B = \frac{300 \cdot 8 \cdot 1000}{24 \cdot 3600} = 27{,}80$ l/s

$q'_{14} = 2{,}38 \text{ l/(s} \cdot \text{ha)}$

Gebiet	Schacht	SW-Menge Q^* in l/s	ΣQ^* in l/s
a	2	4 · 2,38 + 83,40 = 92,92	92,92
b	4_2	2 · 2,38 = 4,76	92,92 + 4,76 = 97,68
c	4_3	5 · 2,38 + 27,80 = 39,70	39,70
d	5	3 · 2,38 = 7,14	97,68 + 39,70 + 7,14 = 144,52

1.3 Menge des Regenwassers

Kanäle, die nur Regenwasser (RW-Kanäle) oder Regen- und Schmutzwasser (Mischwasser, MW-Kanäle) abführen, sind so zu planen, daß das Regenwasser direkt oder über Regenauslässe (Mischsystem) möglichst schnell dem Vorfluter zugeführt wird. Da die Regenwassermenge das 50- bis 200fache der Schmutzwassermenge ausmacht, kann diese bei der überschläglichen Bemessung der MW-Kanäle unberücksichtigt bleiben. Für die Abführung des kleinen Trockenwetterabflusses sollen aber in den großen MW-Kanälen trotzdem gute hydraulische Bedingungen bestehen. Das führt zur Verwendung von Ei- oder zusammengesetzten Profilen.

1.3.1 Regenspende

Zur Bestimmung der Regenwassermenge eines Einzugsgebietes muß man zunächst einen Wert für die auf 1 ha entfallende Regenwassermenge, die Regenspende r in l/(s · ha), annehmen. Die Regenhöhe N in mm und Regendauer T in min wird mit selbstschreibenden Regenmessern gemessen, die von Wetterwarten, Wasserversorgungsunternehmen und Entwässerungsämtern aufgestellt sind. Ist $i = N/T$ die Regenstärke, dann erhält man die Regenspende zu

$$r = 166{,}7\, i \quad \text{in l/(s} \cdot \text{ha)} \tag{10.1}$$

$$\text{aus} \quad \frac{N(\text{mm}) \cdot 10000\ (\text{m}^2/\text{ha}) \cdot 100\ (\text{dm}^2/\text{m}^2)}{T(\text{min}) \cdot 60\ (\text{s/min}) \cdot 100\ (\text{mm/dm})} = 166{,}7\ \frac{N}{T}\ \text{dm}^3/(\text{s} \cdot \text{ha})$$

Da es heftige und schwache Regen gibt, muß entschieden werden, welche Regenspende für die Leitungsberechnung herangezogen werden soll. Dabei ist von Bedeutung, wie häufig die verschiedenen Regenstärken auftreten. Hierfür wurden durch Messungen über längere Zeiträume hinweg Regenreihen ermittelt.

Es sind zeichnerische und rechnerische Verfahren zur Auswertung von Regenschreiberaufzeichnungen entwickelt worden. Bild **10**.1 zeigt die Regenschreiberaufzeichnung eines Regens, eine Regenhöhenganglinie. Man teilt diese Ganglinie vom meist in der Mitte liegenden Abschnitt der größten Regenstärke ausgehend in feste Zeitabschnitte auf, und zwar: T = 5, 10, 20, 30, 45, 60, 120, 180, 240 min (Tafel **11**.1).

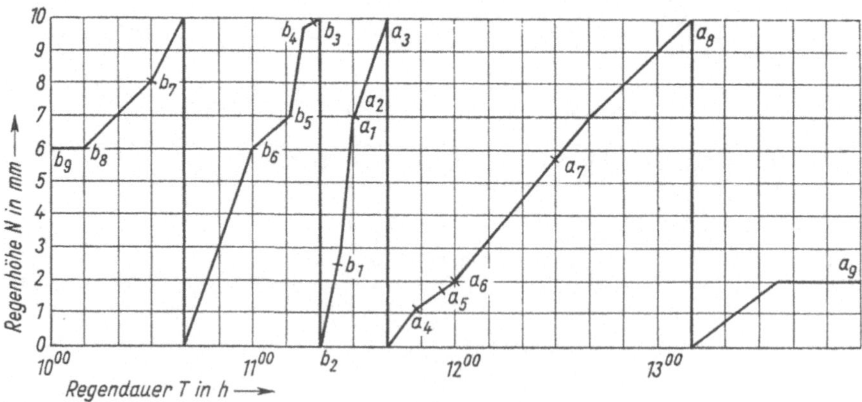

10.1 Regenschreiberaufzeichnung (Regenhöhenganglinie)

Tafel **11**.1 Auswertung der Regenschreiberaufzeichnung von Bild **10**.1

Zeile	Abschnitt	T in min	N in mm	$i = N/T$ in mm/min	r in l/(s · ha)
1	a_1 bis b_1	5	4,5	0,90	150,0
2	a_2 bis b_2	10	7,0	0,70	116,7
3	a_3 bis b_3	20	10,0	0,50	83,4
4	a_4 bis b_4	30	11,3	0,38	63,3
5	a_5 bis b_5	45	14,7	0.33	55,0
6	a_6 bis b_6	60	16,0	0,27	45,0
7	a_7 bis b_7	120	27,8	0,23	38,3
8	a_8 bis b_8	180	34,0	0,19	31,7
9	a_9 bis b_9	240	36,0	0,15	25,0

Trägt man die Auswertung der Tafel **11**.1 graphisch über Regenstärke bzw. Regenspende (Ordinate) und Regendauer (Abszisse) auf, so erhält man eine parabelförmige Kurve. Bei der Auswertung anderer Regenereignisse ergeben sich ähnliche Kurven. Wenn man für eine bestimmte Region und über einen langen Zeitraum die Anzahl der Regen gleicher Spende und gleicher Dauer auszählt, ergibt sich eine Tabelle (Tafel **11**.2), welche aus dem Raum Berlin stammt und einen Beobachtungszeitraum von 20 Jahren umfaßt. Aus Tafel **11**.2 ist abzulesen, daß z. B. jährlich im Durchschnitt 42,6 Regen mit einer Regenspende von 30 l/(s · ha) und einer Regendauer von 0 bis 5 min fallen. 22,7 Regen gleicher Spende haben eine Regendauer von 5 bis 10 min, 11,1 eine von 10 bis 15 min und nur 3,9 eine von 20 bis 25 min.

Durch Interpolieren lassen sich aus dieser Liste Regenreihen bestimmter jährlicher Häufigkeit finden. Für die Häufigkeit pro Jahr ist die Treppenkurve in Tafel **11**.2 angegeben, aus der sich die Regenspenden für die verschiedenen Regenzeiten interpolieren lassen. (Tafel **11**.2, z. B. r für 15 bis 20 min liegt zwischen 70 und 80 l/(s · ha) mit den entspre-

Tafel **11**.2 Auswertung einer 20jährigen Regenschreiberaufzeichnung

T in min	Anzahl der Regen in einem Jahr mit $r \geqq \cdots$ in l/(s · ha)											
	30	40	50	60	70	80	90	100	125	150	175	200
0–5	42,6	27,3	18,7	14,0	10,8	8,2	6,6	4,9	3,4	2,3	1,4	0,6
5–10	22,7	14,0	9,4	7,0	5,4	4,2	3,1	1,9	1,2	0,5	0,3	
10–15	11,1	6,8	4,6	3,5	2,8	1,9	1,3	0,8	0,3	0,2		
15–20	5,8	3,6	2,3	1,7	1,2	0,8	0,5	0,3	0,1			
20–25	3,9	2,2	1,3	1,0	0,6	0,4	0,1	0,05				
25–30	2,7	1,3	0,9	0,7	0,4	0,3	0,2	0,05				
30–40	2,3	1,1	0,7	0,5	0,3	0,2	0,05	0,05				

Tafel **11**.3 Regenreihe für $n = 1$, entwickelt aus Tafel **11**.2

Häufigkeit	Regenspende r in l/(s · ha) für $T \geqq$					
	5	10	15	20	25	30
$n = 1,0$	132	96	75	60	47	42

chenden Häufigkeiten 1,2 und 0,8. Das ergibt 75 l/(s · ha)). Tafel **11**.3 zeigt die Regenreihe für $n = 1$ aus Tafel **11**.2. Für andere Häufigkeitswerte, z. B. 0,5; 2; 3 usw. könnte man ähnlich verfahren. Man erhält so Regenreihen für bestimmte Regenhäufigkeiten. Die z. B. für Mitteldeutschland gültigen Werte zeigt die Tafel **12**.1.

Tafel **12**.1 Regenreihen mit verschiedener Häufigkeit nach [60]

T in min	5	10	15	20	25	30	40	50	60	90	150	Häufigkeit
	211	155	123	101	87	76	69	50	43	30	19	$n = 0{,}5$
r in l/(s · ha)	161	121	94,5	78	67	59	46	38	34	24	15,5	$n = 1$
	133	92	71	59	50	44	35	29	25	17	11	$n = 2$
	100	74	59	49	42	36	29	24	20	14	9	$n = 3$

Diese Regenreihen lassen folgendes erkennen:

1. Mit zunehmender Dauer T nimmt bei gleicher Häufigkeit n die Regenspende r ab, oder mit anderen Worten: Starke Regen dauern in der Regel kürzere Zeit als schwächere.

2. Mit zunehmender Häufigkeit n nimmt bei gleicher Dauer T die Regenspende r ebenfalls ab, d.h., bei gleicher Regendauer sind stärkere Regen seltener als schwächere.

Die Regenreihe mit der jährlichen Häufigkeit $n = 1$ enthält also alle Regen nach Spende und Dauer, die jährlich einmal, mit $n = 2$ alle Regen, die jährlich zweimal überschritten werden usw., $n = 0{,}5$ bedeutete eine halbe Überschreitung im Jahr oder eine Überschreitung in 2 Jahren, $n = 0{,}2$ eine Überschreitung in 5 Jahren usw.

Die Regenhäufigkeit n gibt an, wie oft im Durchschnitt eine Regenstärke oder Regenspende jährlich erreicht oder überschritten wird. Man schreibt dann z. B.

$$r_{20,n=1} = 60 \text{ l/(s} \cdot \text{ha)} \qquad r_{20,n=0,5} = 70 \text{ l/(s} \cdot \text{ha)} \qquad r_{20,n=0,2} = 80 \text{ l/(s} \cdot \text{ha)}$$

d. h. in Worten: Die Regenspende von $\geqq$ 60 l/(s · ha) eines 20-min-Regens kommt jährlich einmal vor.

Für die Bemessung von Entwässerungsleitungen ergibt sich die Folgerung: Legt man dem Entwurf eines Entwässerungsnetzes eine Regenreihe mit einer Häufigkeit von z. B. $n = 3$ zugrunde, so ist zwar eine dreimalige Überstauung im Verlauf eines Jahres zu erwarten, jedoch sind die Regenspenden kleiner als bei $n = 1$.

1.3.2 Zeitbeiwert

Da die Regenverhältnisse mit den Landschaften wechseln, haben diese auch verschiedene Regenreihen (Tafel **12**.2).

Tafel **12**.2 Regenreihen für Teilgebiete Deutschlands nach [60], $n = 1$

T in min	Teilgebiet	5	10	**15**	30	60	90	150
	Nordwestdeutschland	154	110	**85**	53	32	23	15
r	Nordost- bis Mitteldeutschland	162	121	**94,5**	59	34	24	15,5
in	Westdeutschland	162	124	**96**	57	32	23	15
l/(s · ha)	Sachsen – Schlesien	174	132,5	**106**	67	39,5	28,5	18,5
	Südwestdeutschland	212	150	**119**	74	43	27,5	—

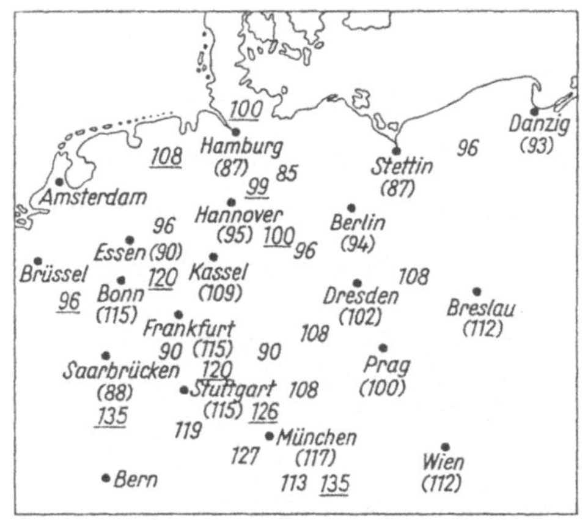

13.1 Regenkarte für $r_{15,n=1}$ nach [60] und neuere Werte nach ATV-A118, z. B. 100

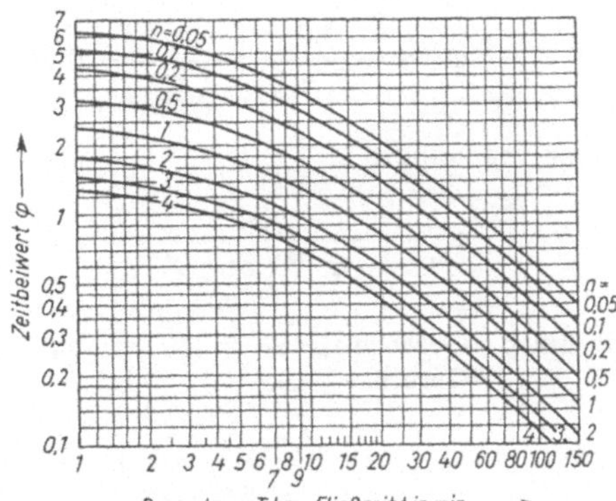

13.2 Zeitbeiwertkurven, bezogen auf $r_{15,n=1}$ maßgebend
T für Regenspendenermittlung
t für Listenrechnung

Regenreihen für bestimmte T-Werte werden auch in Kartenform dargestellt (**13**.1) ATV-A 118 [1] gibt neuere Werte $r_{15,n=1}$ an, welche für viele Gebiete größer sind als die hier angegebenen, z. B.: Hamburg, Hannover = 100, Frankfurt = 120, Saarland = 135, München = 135, Garmisch = 200 (statt 113 bisher).

Für die Praxis braucht nur der Wert $r_{15,n=1}$ bekannt zu sein, denn aus Bild **13**.2 oder Tafel **14**.1 kann jede andere Regenspende abgelesen werden. Zu beachten ist, daß alle Kurven auf $r_{15,n=1}$ bezogen sind. Sie sind also nur dann direkt anzuwenden, wenn diese Regenspende bekannt ist. Für andere Spenden ist der Zeitbeiwert φ dem Bild **13**.2 oder Tafel **14**.1 zu entnehmen, und eine gesuchte Regenspende ergibt sich dann nach der Gleichung

$$r_{x,n=y} = \varphi_{x,n=y} \cdot r_{15,n=1} \tag{13.1}$$

Beispiel: Gegeben $r_{15,n=1} = 85$ l/(s · ha).
Gesucht $r_{20,n=0,2}$.

Lösung: Aus (**14**.1) ergibt sich für $n = 0{,}2$ und $T = 20$ min der Zeitbeiwert $\varphi = 1{,}475$

$$r_{20,n=0,2} = 1{,}475 \cdot 85 = 125{,}375 \text{ l/(s} \cdot \text{ha)}$$

Durch Umstellen der Gl. (13.1) kann man umgekehrt zu einer beliebigen Regenspende $r_{i,n=k}$ auch das zugehörige $r_{15,n=1}$ berechnen.

$$r_{15,n=1} = \frac{r_{i,n=k}}{\varphi_{i,n=k}} \tag{13.2}$$

Beispiel: Gegeben $r_{40,n=4} = 30$ l/(s · ha).

Lösung: $r_{15,n=1} = \dfrac{30}{0{,}25} = 120$ l/(s · ha)

Ferner läßt sich aus einer beliebigen, bekannten Regenspende $r_{i,n=y}$ eine andere beliebige Regenspende $r_{x,n=y}$ ermitteln.

$$r_{x,n=y} = \frac{\varphi_{x,n=y}}{\varphi_{i,n=k}} \, r_{i,n=k} \tag{13.3}$$

$$\varphi = \frac{38}{T + 9}\left(\frac{1}{\sqrt[4]{n}} - 0{,}369\right)$$

oder angenähert

$$\varphi = \frac{24}{n^{0,35}\,(T + 9)}$$

Beispiel: Gegeben $r_{10,\,n=0,5} = 150$ l/(s · ha).
Gesucht $r_{25,\,n=2}$.

Lösung: $r_{25,\,n=2} = \frac{\varphi_{25,\,n=2}}{\varphi_{10,\,n=0,5}}\, r_{10,\,n=0,5} = \frac{0{,}51}{1{,}65}\, 150 = 46$ l/(s · ha)

Tafel **14**.1 Zeitbeiwert φ nach der Formel $\varphi = \frac{38}{T + 9}\left(\frac{1}{\sqrt[4]{n}} - 0{,}369\right)$

Regen-dauer = T in min	Zeitbeiwert φ für					Regen-dauer = T in min	Zeitbeiwert φ für				
	$n=0{,}2$	$n=0{,}5$	$n=1{,}0$	$n=2{,}0$	$n=3{,}0$		$n=0{,}2$	$n=0{,}5$	$n=1{,}0$	$n=2{,}0$	$n=3{,}0$
0	4,754	3,462	2,664	1,993	1,651						
1	4,279	3,116	2,398	1,794	1,486	22	1,380	1,005	0,773	0,579	0,479
2	3,889	2,832	2,180	1,631	1,351	24	1,296	0,944	0,727	0,544	0,450
3	3,566	2,597	1,998	1,495	1,238	26	1,222	0,890	0,685	0,512	0,425
4	3,291	2,397	1,844	1,380	1,143	28	1,157	0,842	0,648	0,485	0,402
5	3,056	2,226	1,713	1,281	1,061	30	1,097	0,799	0,615	0,460	0,381
6	2,852	2,077	1,599	1,196	0,991	32	1,044	0,760	0,585	0,437	0,362
7	2,674	1,948	1,499	1,121	0,929	34	0,995	0,725	0,558	0,417	0,346
8	2,516	1,833	1,410	1,055	0,874	36	0,951	0,692	0,533	0,398	0,330
9	2,377	1,731	1,332	0,996	0,825	38	0,910	0,663	0,510	0,382	0,316
10	2,252	1,640	1,262	0,944	0,782	40	0,873	0,636	0,489	0,366	0,303
11	2,139	1,558	1,199	0,897	0,743	42	0,839	0,611	0,470	0,352	0.291
12	2,037	1,484	1,142	0,854	0,708	44	0,807	0,588	0,452	0,338	0,280
13	1,945	1,416	1,090	0,815	0,675	46	0,778	0,567	0,436	0,326	0,270
14	1,860	1,355	1,043	0,780	0,646	48	0,751	0,547	0,421	0.315	0,261
15	1,783	1,298	1,000	0,747	0,619	50	0,725	0,528	0,406	0.304	0,252
16	1,712	1,246	0,959	0,717	0,594	60	0,620	0,452	0,348	0,260	0,215
17	1,646	1,198	0,922	0,690	0,571	70	0,542	0,394	0,304	0,227	0,188
18	1,585	1,154	0,888	0,664	0,550	80	0,481	0,350	0,269	0,202	0,167
19	1,528	1,113	0,856	0,641	0,531	90	0,432	0,315	0,242	0,181	0,150
20	1,475	1,074	0,827	0,618	0,512	100	0,393	0,286	0,220	0,165	0.136

Vor Aufstellen eines Entwurfes ist zu entscheiden, wieviel Überlastungen des Entwässerungsnetzes man jährlich zulassen will. Leitungen, die jeden überhaupt möglichen „Wolkenbruch“ unschädlich ableiten können, erfordern unwirtschaftlich hohe Baukosten. Ein Überstauen des Leitungsnetzes mit all seinen nachteiligen Folgen, wie Keller- und Straßenüberstauungen, kann dagegen in kleineren Städten und Landgemeinden, da dort die sich ergebenden Schäden geringer sind, eher zugelassen werden als in größeren Städten.

Die durch kleinere Leitungsabmessungen geringeren Baukosten wiegen die durch Überstauen des Leitungsnetzes entstehenden Nachteile dann etwa auf, wenn bei Trennsystem

– für Großstädte und Mittelstädte 0,2 bis 1,
– für Kleinstädte und ländliche Siedlungen eine, höchstens 2 jährliche Überstauungen

zugelassen werden. Beim Mischsystem ist aus hygienischen Gründen immer die Wahl eines kleinen n-Wertes zu empfehlen.

1.3.3 Berechnungsregen

Als Berechnungsregen bezeichnet man die der Querschnittsberechnung der Kanäle zugrunde gelegte Regenspende. Hat man sich für die Häufigkeit der Überstauungen entschieden, ist die Dauer T des Berechnungsregens anzunehmen (Tafel **12**.2). Dabei ist zu beachten, daß sich die kurzen, starken Regen nicht in vollem Umfange auswirken, denn nach Einsetzen des Regens nimmt die trockene Oberfläche und das Rohrsystem bis ein Fließvorgang entsteht zunächst Wasser auf; der Erst-Abfluß verzögert sich. Bisher wurde in der Regel die Häufigkeit $n = 1$ gewählt. Das Arbeitsblatt A 118 der ATV [1] empfiehlt folgende n-Werte:

Allgemeine Baugebiete und Straßen außerhalb bebauter Gebiete $n = 1{,}0$

Stadtzentren, wichtige Gewerbe- und Industriegebiete $n = 0{,}2$ bis $1{,}0$

Straßenunterführungen, U-Bahnanlagen, usw., einschließlich der Vorflutanlagen $n = 0{,}05$ bis $0{,}2$

Grundstücksentwässerungsanlagen nach DIN 1986 (s. Abschn. 2.2.6) $n = 0{,}1$ bis $1{,}0$

Bis zur Fließzeit der Berechnungsregendauer T bleibt die Regenspende konstant. Für länger anhaltende Regen gleicher Häufigkeit erfolgt die Anpassung der Regendauer an die Länge der Fließzeit durch den Zeitbeiwert φ oder den Zeitabflußfaktor ε (hier schon nach 5 min Fließzeit).

Der Berechnungsregen mit einer kürzesten Regendauer als $T = 15$ min sollte nur für Einzugsgebiete mit höherem Anteil befestigter Flächen eingesetzt werden. Wegen des schnellen Abflusses von den befestigten Flächen werden bei kurzen Starkregen leicht die Anfangshaltungen überlastet.

A 118 [1] empfiehlt in Abhängigkeit vom Spitzenabflußbeiwert Ψ_s nach Bild **33**.1 folgende Berechnungsregenspenden

Regenspende	Gruppe	befestigte Fläche in %
r_{15}	1	$\leqq 50$
r_{10}	1	> 50
	2,3	0 bis 100
	4	$\leqq 50$
r_5	4	> 50

Beispiel: Welche Regenspende ist für ein B-Plan-Gebiet im Raum zwischen Frankfurt (Main) und Kassel bei der Berechnung der Entwässerungsleitungen zugrunde zu legen? Als Regendauer des Berechnungsregens sollen 10 min angenommen und für das Entwässerungsnetz soll eine einmalige Überstauung im Jahr zugelassen werden.

Die Regenkarte gibt für das bezeichnete Gebiet $r_{15,n=1}$ = 110 l/(s · ha) an. Maßgebend ist $r_{10,n=1}$, und es ergibt sich aus den Zeitbeiwertlinien für n = 1 und T = 10 min der Wert φ = 1,262. Der Berechnungsregen hat also die Regenspende

$$r_{10,n=1} = 1{,}262 \cdot 110 = 139 \text{ l/(s} \cdot \text{ha)}$$

1.3.4 Abflußbeiwert

Nicht die gesamte Niederschlagswassermenge wird durch Entwässerungsleitungen abgeführt. Ein großer Teil versickert oder verdunstet. Das Verhältnis von Abfluß- zur Regenwassermenge wird allgemein als Abflußbeiwert Ψ bezeichnet. Er kann nicht > 1,0 sein.

Man unterscheidet

den Spitzen- oder Scheitelabflußbeiwert Ψ_s

den Gesamtabflußbeiwert Ψ_{ges}

den Jahresabflußbeiwert Ψ_a

Ψ_s dient zur Bemessung der Kanäle und ist definiert als Verhältnis von maximaler Abflußspende zur maximalen Regenspende eines Regenereignisses

$$\Psi_s = \frac{\text{max Abflußspende}}{\text{max Regenspende}} = \frac{\text{max } q}{\text{max } r} = \frac{(\text{l/s} \cdot \text{ha})}{(\text{l/s} \cdot \text{ha})}$$

Der Gesamtabflußbeiwert Ψ_{ges} dient zur Bemessung von RW-Pumpwerken und Regenwasserbecken (vgl. Abschn. 3.3.3). Er ist definiert durch das Verhältnis von Gesamtabflußmenge zu gesamter Regenwassermenge eines Regenereignisses.

$$\Psi_{ges} = \frac{\text{Gesamtabflußmenge}}{\text{Gesamtregenmenge}} = \frac{\int_{t_a}^{t_e} q_r \, dt}{\int_0^T r \, dt} = \frac{\text{m}^3}{\text{m}^3}$$

t_a ≙ Abflußanfang
t_e ≙ Abflußende
T ≙ Regendauer

Der Jahresabflußbeiwert Ψ_a dient zur Ermittlung der Energie für RW-Pumpwerke und der Vorfluterbelastung im Mischsystem.

Bisher hat man den Abflußbeiwert als zeitlich konstanten Faktor in die RW-Netzberechnungen eingehen lassen, obwohl viele Autoren mit widersprüchlichen Ergebnissen seine Veränderlichkeit während eines Regens nachgewiesen haben. Pecher [56] hat neuere anwendungsbezogene Untersuchungen angestellt und empfiehlt ein entsprechendes Berechnungsverfahren (Abschn. 1.4.7). Danach muß man beim Abflußvorgang folgende Faktoren unterscheiden.

Bei trockener Abflußfläche vor Regenbeginn findet zunächst eine Benetzung der Dächer, Straßen, Pflanzen usw. statt. Der Benetzungsverlust beträgt bei undurchlässigen Flächen 0,2 bis 0,5 mm, bei durchlässigen 0,2 bis 2,0 mm der Niederschlagshöhe N. Dann folgt die Auffüllung der Flächenunebenheiten mit Wasser. Der Muldenverlust beträgt für schwach geneigte Einzugsgebiete bei sehr ebenen undurchlässigen Flächen 0,2 bis 0,4 mm, bei ebenen undurchlässigen Böden mit niedrigem Pflanzenbewuchs (Wiesen) 0,6 bis 2,5 mm und bei hohem Pflanzenbewuchs (Wald) 2,5 bis 4,0 mm. Daraus ergeben sich die Muldenverluste von dicht bebauten Stadtbezirken mit 0,6 bis 1,5 mm und von Gebieten mit offener Bebauung mit 1,0 bis 2,0 mm.

Die für Benetzung und Auffüllung der Mulden notwendige Zeit hängt von der Regenspende r ab. Bei r = 100 l/(s · ha) beträgt sie 1,5 bis 4 min, bei r = 10 l/(s · ha) 15 bis 40 min.

Die Verdunstung wird durch Luftaustausch, Sättigungswert der Luft, Wärme, Bodenüberdeckung usw. beeinflußt. Der maximale Wert liegt bei 1,5 l verdunstete Wassermenge/(s · ha). Dieser Wert ist im Vergleich zu den üblichen Berechnungsregenspenden vernachlässigbar klein.

Die Versickerung ist zeitlich nicht konstant, sondern nimmt mit der Regendauer ab und erreicht erst nach 1 bis 2 h einen gleichbleibenden Endwert. Die Anfangsversickerung bei trockenen Böden ist höher als bei feuchten. Bindige Böden haben Werte zwischen 10 bis 20 l/(s · ha), nicht bindige 100 bis 150 l/(s · ha).

Folgende Regeln lassen sich aufstellen:

Der Abflußbeiwert wächst für eine bestimmte Regenspende mit der Regendauer auf einen Wert Ψ_s an, der dann etwa beibehalten wird.

Die Größe dieses Wertes hängt von der Höhe der Regenspende und der Art der Entwässerungsfläche ab. Die Dauer bis zum Erreichen des Scheitelwertes hängt von der Regenspende, der Flächenneigung und der Einzugsbreite ab.

Je größer r und die Flächenneigung und je kleiner die Breite desto früher wird Ψ_s erreicht.

Die entscheidende Rolle spielt die Regenintensität = Größe der Regenspende r. Bei der Bemessung der Kanäle legt man die Regenhäufigkeit und die Regendauer der Regenspende zugrunde (**17**.1). Die Regenspenden geringerer Häufigkeit sind bei gleicher Regendauer größer als die großer Häufigkeit. Trägt man die Scheitelabflußbeiwerte der Regenreihen gleicher Häufigkeit über die Regendauer auf (**17**.2), so ergibt sich:

1. Ψ_s steigt in 10 bis 20 min auf den Größtwert max Ψ_s = Spitzenabflußbeiwert an und nimmt danach wieder bis zu einem unteren Grenzwert ab.
2. Der untere Grenzwert ist etwa so groß wie der Anteil der undurchlässigen Flächen am gesamten Entwässerungsgebiet.
3. Eine geringere Regenhäufigkeit der Regenreihe bewirkt einen höheren Größtwert.

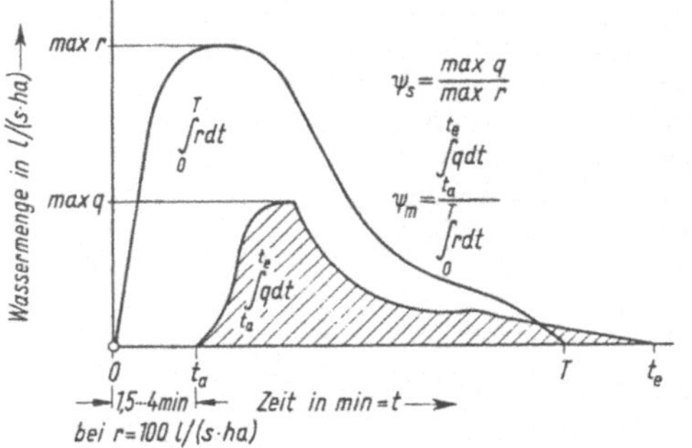

17.1 Zeitlicher Verlauf von Regenspende r und Abflußspende q für ein Entwässerungsgebiet

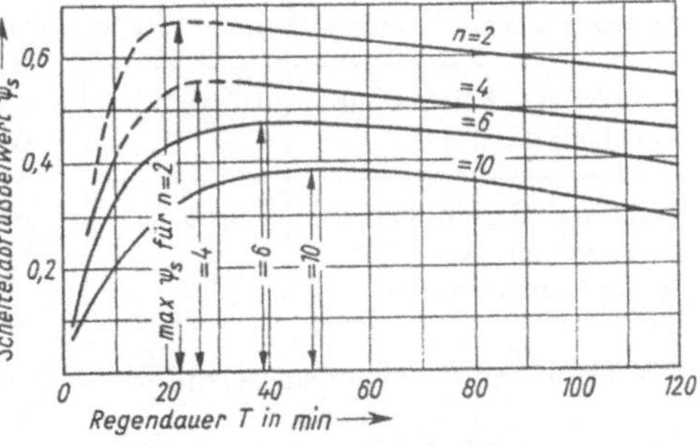

17.2 Scheitelabflußbeiwerte in Abhängigkeit von Regendauer T und Regenhäufigkeit n nach [56]

4. Eine größere Neigung der Oberfläche erhöht den Größtwert. Er tritt außerdem zeitlich früher auf.

Der variable Scheitelabflußbeiwert Ψ_s wird in einem neueren Berechnungsverfahren für Kanalnetze nach Pecher [56] berücksichtigt (Abschn. 1.4.7).

Daneben rechnet man jedoch sehr häufig mit dem konstanten Abflußbeiwert Ψ, dessen Größe sich dann näherungsweise nur nach dem Anteil und der Art der befestigten Flächen richtet.

Man ermittelt Ψ nach Tafel **18**.1 und aus charakteristisch bebauten Teilflächen des Einzugsgebietes.

$$\Psi = \frac{A_1 \cdot \Psi_1 + A_2 \cdot \Psi_2 + \cdots}{A_1 + A_2 + \cdots}$$

Tafel **18**.1 Abflußbeiwerte Ψ [38] und mittlere Abflußwerte Ψ für Berechnungsverfahren mit konstantem Ψ, z. B. in der Grundstücksentwässerung

Oberflächenbefestigung	Ψ	Bebauungsart	mittleres Ψ
Metall- und Schieferdächer	0,95	1. Dichte Bebauung (City, eng bebaute Stadtregion mit festen Straßendecken > 3 Geschosse, 200 bis 1000 E/ha)	0,8 bis 0,9
Dachziegel und Dachpappe	0,90		
Holzelement-, Preßkies-, Flachdächer	0,5 bis 0,7	2. Geschlossene Bebauung (zusammenhängende Baublöcke mit fast durchgehend befestigten Geländeflächen; 3 bis 6 Geschosse; 150 bis 500 E/ha)	0,6 bis 0,8
Asphaltpflaster und dichte Fußwegdecken	0,85 bis 0,9		
Fugendichtes Pflaster aus Stein oder Holz	0,75 bis 0,85	3. Aufgelockerte, geschlossene Bebauung (zusammenhängende Baublöcke mit teil- oder unbefestigten Hofflächen, befestigten Straßen- und Grünflächen; 1 bis 3 Geschosse; 80 bis 400 E/ha)	
Reihenpflaster ohne Fugenverguß	0,5 bis 0,7		
wassergebundene Schotterstraßen und Kleinsteinpflaster	0,25 bis 0,60	ohne Grünflächen bei wenig Grünflächen (< 20%)	0,7 bis 0,8 0,6 bis 0,7
Kieswege mit Kanalanschluß	0,15 bis 0,30	4. Offene Bebauung (Ein- oder Mehrfamilienhäuser in Gartenflächen oder punktförmige Wohnblocks in Gartenanlagen mit festen Straßen; 1 bis 3 Geschosse bzw. vielgeschossig; 60 bis 300 E/ha)	0,35 bis 0,5
Unbefestigte Flächen mit Kanalanschluß	0,1 bis 0,2		
Park- und Gartenflächen (drainiert mit Anschluß an die Kanalisation)	0 bis 0,1		

Die abfließende Regenwassermenge = Abflußmenge ergibt sich zu

$$Q_r = \Psi \cdot r_{x,n=y} \cdot A_E \quad \text{in l/s} \tag{18.1}$$

mit $r_{x,n=y}$ = Regenspende für den Berechnungsregen in l/(s · ha) und A_E = Einzugsgebiet in ha.

Fläche	Ψ	A_E ha
	1,0	0,18
	0,9	0,17
	0,5	0,12
	0,4	0,26
	0,05	0,20
	0,02	0,07

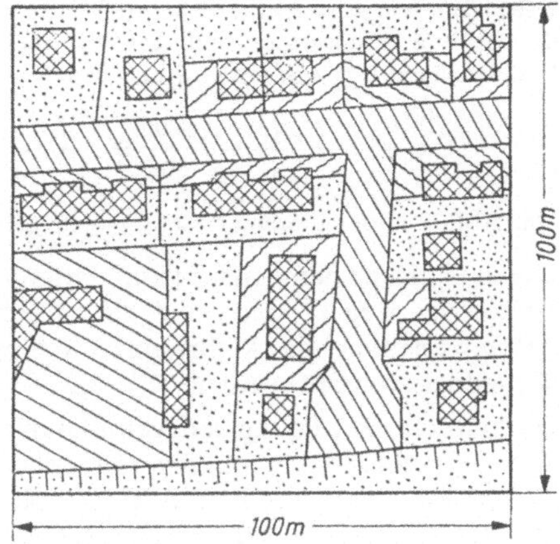

19.1 Ermittlung des mittleren Abflußbeiwertes Ψ aus dem Bebauungsplan

$$\Psi = \frac{0{,}18 \cdot 1 + 0{,}17 \cdot 0{,}9 + 0{,}12 \cdot 0{,}5 + 0{,}26 \cdot 0{,}4 + 0{,}20 \cdot 0{,}05 + 0{,}07 \cdot 0{,}02}{0{,}18 + 0{,}17 + 0{,}12 + 0{,}26 + 0{,}20 + 0{,}07} = 0{,}5084 \approx 0{,}5$$

Bei Verwendung des konstanten Abflußbeiwertes Ψ sollte dieser $\geqq$ **0,35** eingesetzt werden.

1.4 Abflußmenge in der Leitung

Abflußmengen werden mit Hilfe von Flutlinien oder mit einer Listenrechnung ermittelt. Die verschiedenen hier beschriebenen Verfahren (Abschn. 1.4.2 bis 1.4.8), von denen die Listenrechnungen häufiger angewandt werden, liefern nicht gleiche Ergebnisse.

1.4.1 Flutlinien

Während man für Gebiete mit Fließzeiten, die kleiner als die Regendauer sind, die abzuführende Wassermenge nach Gl. (18.1) ermitteln kann, muß bei größeren Gebieten eine Abflußverzögerung berücksichtigt werden. In der Entwässerungsleitung ist die Ablaufzeit des Regenwassers meist größer als die Regendauer selbst. Wenn es aufgehört hat zu regnen, fließt weiter Regenwasser in der Leitung ab. Vom Regenbeginn bis zu dem Zeitpunkt, an dem das letzte Wasser des Regens die Leitung verläßt, vergeht eine Zeit, die sich aus der Regendauer und der Fließzeit des am entferntesten Punkt zuletzt in die Leitung gelangenden Wassers zusammensetzt.

Die Durchflußdauer τ am Leitungsendpunkt ist

$$\tau = T + t = T + L/v \qquad \text{min} = \text{min} + \frac{\text{m}}{\text{m/min}} \tag{19.1}$$

mit L = Leitungslänge, vom Punkt mit der größten Fließzeit t aus gemessen
v = mittlere Fließgeschwindigkeit t = Fließzeit in der Leitung T = Regendauer

Beispiel: Wie groß ist die Durchflußdauer τ des Regenabflusses, wenn Gefälle und Querschnitt der Leitung so bemessen sind, daß die Fließgeschwindigkeit in der Leitung $v = 1$ m/s und die Leitungslänge $L = 420$ m betragen? Der Regen dauert 300 s.

$$\tau = T + \frac{L}{v} = \frac{300}{60} + \frac{420}{1 \cdot 60} = 5 + 7 = 12 \text{ min}$$

Der Abfluß in der Leitung endet im vorliegenden Fall erst 7 min nach Aufhören des Regens.

Um die Leitung bemessen zu können, muß man die größte Durchflußmenge kennen. Die Größe der Regenspende und der zu entwässernden Fläche sowie der Abflußbeiwert bestimmen zwar die Abflußspitze, die zeitliche Verteilung des Abflusses muß jedoch besonders ermittelt werden.

Die zeitliche Verteilung der Abflußmengen wird bei einer gleichbleibenden Regendauer $T_1 = T_2 = T_3 = 10$ min und verschiedenen Fließzeiten $t_1 = 6$ min, $t_2 = 10$ min und $t_3 = 25$ min untersucht und in Bild **20**.1 graphisch ermittelt. Die angenommene Abflußmenge $Q_r = Q = 800$ l/s wurde mit Gl. (18.1) berechnet.

Trägt man für jeden der 3 Fälle in einem bestimmten Maßstab auf der Waagerechten die Zeiten t und T, auf der Senkrechten die Abflußmengen Q auf, dann ergeben sich 3 Flutkurven für den jeweiligen unteren Endpunkt der Leitung (**20**.1). Die gestrichelten Linien stellen die Funktion des Abflusses $Q = f(t)$ dar. Ohne die Werte von Q zu verändern, kann man diese Linien zu einem Parallelogramm schließen und erhält die „Flutflächen". Die jeweiligen Q-Werte sind die senkrechten Abstände der Parallelogrammseiten.

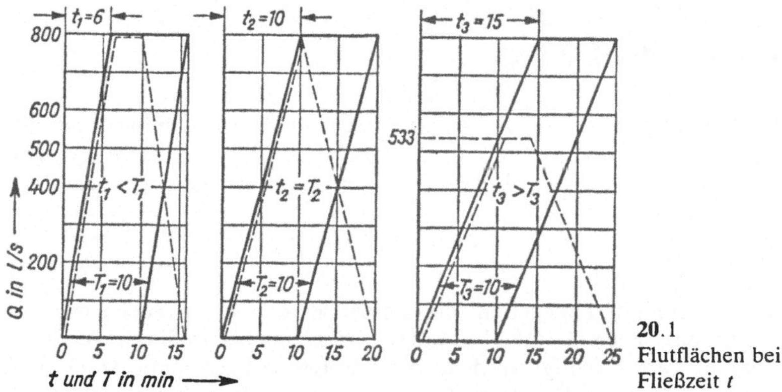

20.1 Flutflächen bei verschiedener Fließzeit t

1. $t_1 < T_1$: Nach Einsetzen des Regens fließt dem Leitungsende zuerst wenig Wasser aus der allernächsten Umgebung zu. Der Abfluß wächst ständig. Nach 6 min durchfließt den Querschnitt die Menge $Q = 800$ l/s. Nach 10 min hört es auf zu regnen, der Abfluß wird geringer und ist mit der 16. Minute beendet.

2. $t_2 = T_2$: Die den Leitungspunkt durchfließende Wassermenge wächst zunächst wieder. Sie steigt von Null innerhalb 10 min auf ihren Größtwert $Q = 800$ l/s, wird dann sofort wieder geringer, um nach weiteren 10 min auf Null abzusinken.

3. $t_3 > T_3$: Die den Leitungspunkt in der Zeiteinheit durchfließende Wassermenge wird zunächst wieder ständig größer. Sie wächst innerhalb 10 min auf ihren Größtwert an. Von der 10. bis 15. Minute verharrt sie auf diesem Wert, der aber hier nur $Q = 533$ l/s beträgt. In den anschließenden 10 min geht sie auf Null zurück.

Man erkennt, daß bei $t_3 > T_3$ der maximale Durchfluß am Endpunkt der Leitung geringer ist als die Abflußmenge. Statt 800 l/s sind es nur 533 l/s, das ergibt eine Minderung der Berechnungsmenge auf

$$\frac{533 \text{ l/s}}{800 \text{ l/s}} = 0{,}667 \text{ oder } 66{,}7\% \text{ der Abflußmenge}$$

Ist bei gleichbleibender Regendauer und verschiedenen Fließzeiten die Fließzeit größer als die Regendauer des Berechnungsregens, dann ist die maximale Durchflußmenge kleiner als die errechnete Abflußmenge.

Während diese Betrachtung von Regen gleicher Dauer und auch gleicher Stärke bei verschiedenen Fließzeiten, d.h. von Einzugsgebieten verschiedener Längenausdehnung ausging, sollen nun Flutflächen bei gleicher Fließzeit, aber verschiedener Regendauer betrachtet werden.

4. $t_4 = 20$ min $\quad T_4 = 10$ min
5. $t_5 = 20$ min $\quad T_5 = 20$ min
6. $t_6 = 20$ min $\quad T_6 = 30$ min

Entsprechend der Regenreihe $n = 1$ für Mitteldeutschland (Abschn. 1.3.2) ergeben sich die Regenspenden

$r_4 = 121$ l/(s · ha) $\quad r_5 = 78$ l/(s · ha) $\quad r_6 = 59$ l/(s · ha)

Für die Fläche $A = 20$ ha und $\psi_m = 0{,}6$ betragen die Abflußmengen nach Gl. (18.1)

$Q_4 = 0{,}6 \cdot 121 \cdot 20 = 1450$ l/s
$Q_5 = 0{,}6 \cdot 78 \cdot 20 = 940$ l/s
$Q_6 = 0{,}6 \cdot 59 \cdot 20 = 710$ l/s

Die entsprechenden Flutflächen zeigt Bild **21**.1.

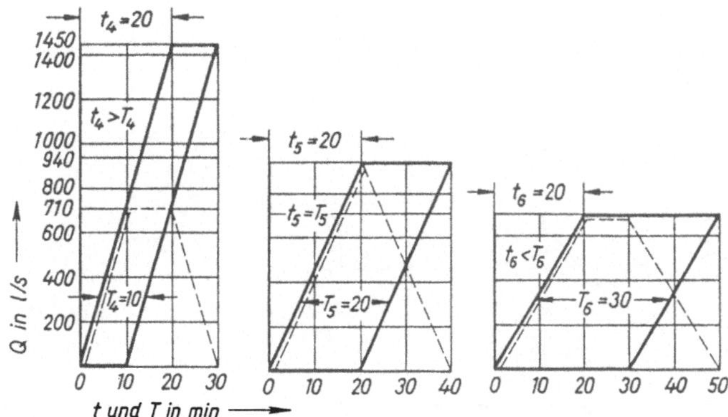

21.1
Flutflächen bei verschiedener Regendauer T

4. $T_4 < t_4$: Zwar beträgt der errechnete Abfluß

$Q_4 = 1450$ l/s

doch zeigt die Flutkurve, daß höchstens die Menge $Q = 725$ l/s von der 10. bis 20. Minute durchfließt.

5. $T_5 = t_5$: Der errechnete Abfluß ist Q_5 = 940 l/s. Die Flutfläche zeigt, daß in der 20. Minute tatsächlich diese Menge den unteren Leitungspunkt durchfließt.

6. $T_6 > t_6$: Der Abfluß beträgt Q_6 = 710 l/s. Diese Menge durchfließt den unteren Leitungsquerschnitt von der 20. bis 30. Minute.

Bei gleichbleibender Fließzeit und verschiedener Regendauer bringt der Regen etwa den stärksten Abfluß, dessen Dauer gleich der Fließzeit ist ($T = t$ hier $T_5 = t_5$).

1.4.2 Summenlinienverfahren mit festem Berechnungsregen und geschätzter Fließzeit

Wir haben damit zwei wichtige grundsätzliche Erkenntnisse gewonnen und zugleich ein Verfahren zur Ermittlung der Durchflußmengen, das „Flutlinienverfahren" oder „Summenlinienverfahren". Es beruht darauf, daß man die Flutflächen der Teileinzugsgebiete aneinanderreiht.

Beispiel (22.1): Gegeben Einzugsgebiet A_E = 30 ha, Berechnungsregen $r_{15,n=1}$ = 90 l/(s · ha), mittlere Abflußbeiwerte $\Psi_{A,B,C,D,E}$ = 0,6 und $\Psi_{F,G}$ = 0,4.

Gesucht ist max Q im Leitungspunkt 1.

Lösung: Für jedes Teilgebiet wird Q errechnet. Die einzelnen Flutflächen werden so aneinandergesetzt, wie es der zeitlichen Entwicklung des Abflusses entspricht. max Q erhält man durch Abgreifen der größten Ordinate zwischen den Parallelogrammseiten oder durch die Summenlinie, die entsteht, wenn man die Summe der Ordinaten nochmals von der Zeitachse an aufträgt.

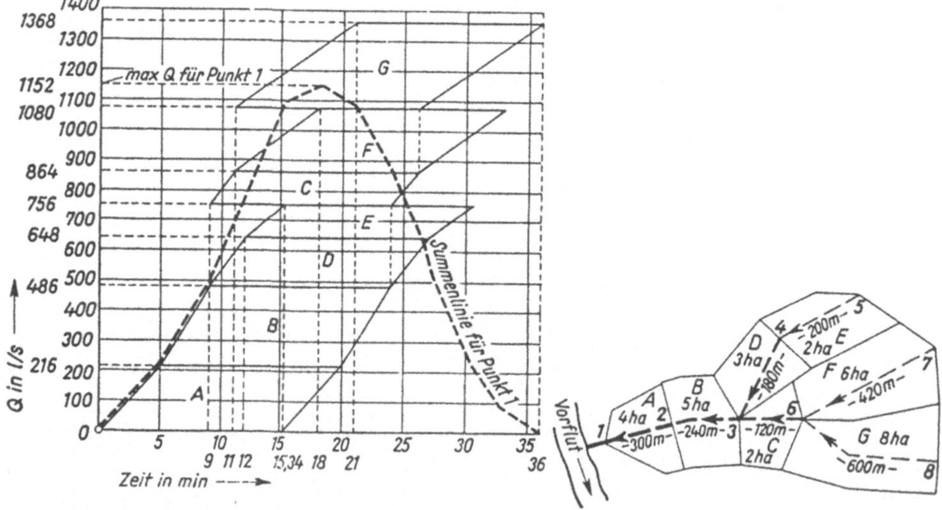

22.1 Flutplan mit Summenlinie = Ganglinie für den Endpunkt 1 des Einzugsgebietes

Das Auftragen der Summenlinie kann man vermeiden, wenn man nur die Anlauflinien der Einzelgebiete aufträgt und durch „Herunterklappen" der spitzen Ecken die geknickte Anlauflinie herstellt (23.1). Mit Hilfe eines transparenten Deckblattes, welches Q- und Zeiteinteilung in gleichem Maßstab wie der Flutplan enthält, findet man max Q für den Punkt 1 = 18 min nach Regenbeginn, wenn man unter Parallellage der Achsen den Nullpunkt auf der Anlauflinie entlang schiebt und bei t = 15 min die Wassermengen-Ordinaten vergleicht, bis man max Q gefunden hat.

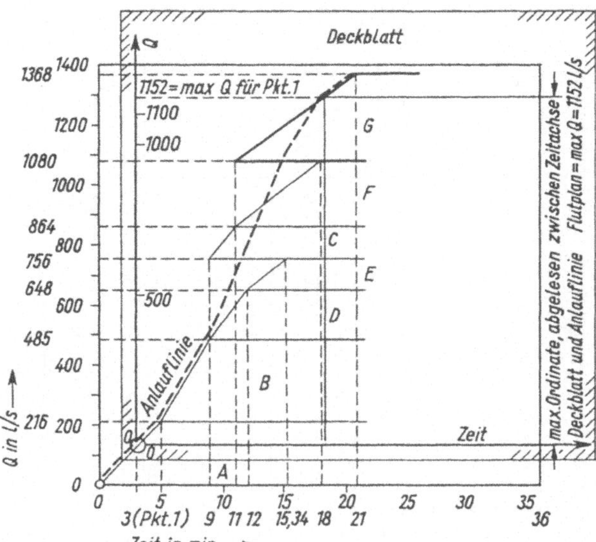

23.1
Flutplan mit Anlauflinie für Gebiete A bis G

1.4.3 Summenlinienverfahren

Bisher ist die Höchstwassermenge nur unter der Annahme einer Regenspende von bestimmter Dauer und Intensität ermittelt worden. Dies ist eine grobe Vereinfachung. Man muß vielmehr aus der gewählten Regenreihe den Regen finden, der für den betreffenden Netzteil den größten Abfluß bewirkt. Man benutzt das Regendiagramm nach Hauff-Vicari (23.2). Hier ist auf einem transparenten Deckblatt Q und die Zeit in gleichem Maßstab wie beim Flutplan aufgetragen. Bis zur Zeitordinate des vorliegenden Berechnungsregens verlaufen die Q-Linien horizontal. Dann laufen sie verzerrt auseinander. Die Ordinate einer Q-Linie ergibt sich dann mit

$$Q \cdot \frac{\varphi \text{ Berechnungsregen}}{\varphi \text{ Zeitordinate}},$$

z.B. bei $Q = 600$ l/s und dem Berechnungsregen $r_{15,n=1}$ für den Zeitpunkt 30 min

$$500 \frac{1}{0{,}615} = 500 \cdot 1{,}625 = 812{,}5 \text{ l/s}$$

Man erspart sich durch dieses Regendiagramm das Zeichnen mehrerer Flutpläne für verschiedene Regenspenden einer Regenreihe und entsprechender Deckblätter nach (23.2).

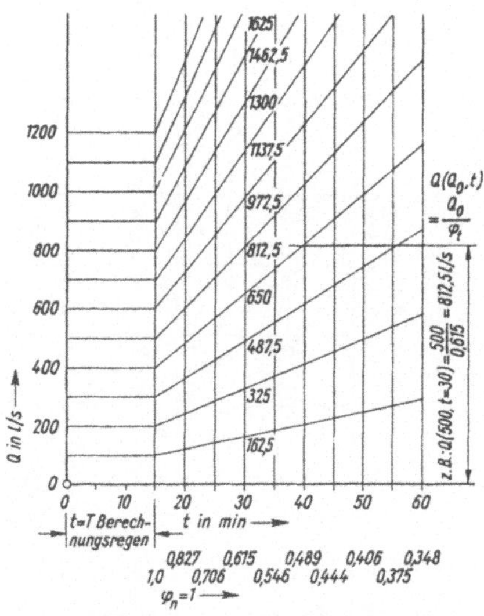

23.2 Regendiagramm nach Hauff-Vicari, aufzutragen im Maßstab des Flutplanes

Tafel **24**.1 Berechnung eines RW-Gebietes nach dem Summenlinienverfahren – Flutplan, Summenlinien, Tabelle für das Gebiet Bild **25**.1

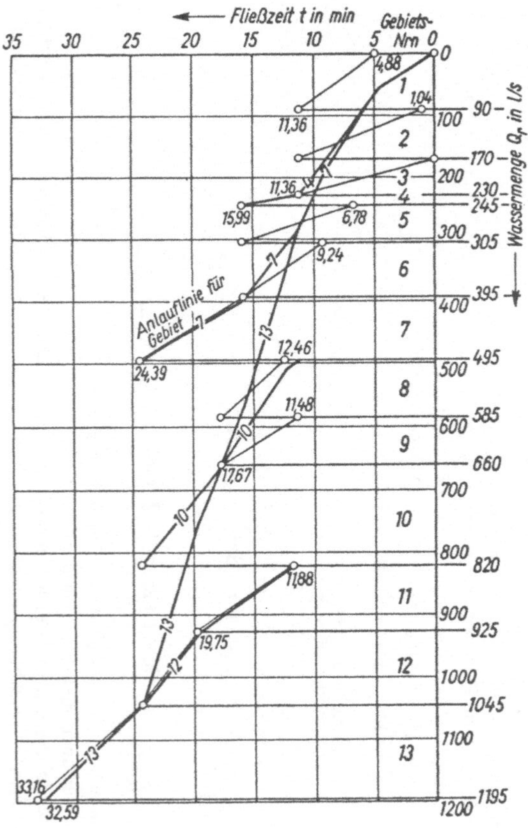

Q_r in l/s	ΣQ_r in l/s	$\Sigma red Q_r = Q_R$ in l/s	Gefälle 1:n	Kanal-profil-d in mm	Vollfüllung Q_o in l/s	Vollfüllung v_o in m/s	Kanal-länge in m	Fließzeit t in min	Fließzeit Σt in min	Zeit-beiwert φ	Bemerk-kungen
90	90	90	1:200	350	104	1,08	420	6,48	6,48	1	
80	80	80	1:250	350	93	0,97	600	10,32	10,32	1	
60	60	60	1:300	350	85	0,88	600	11,36	11,36	1	
15	245	235	1:400	600	305	1,08	300	4,63	**15,99**	0,959	
60	60	60	1:400	350	73,4	0,76	420	9,21	9,21	1	
90	90	90	1:350	400	111	0,89	360	6,75	6,75	1	
100	495	 363 356 380	1:500	800 700 700 700	583 410 410 410	1,16 1,07 1,07 1,07	540	7,76 8,40 8,40 8,40	23,75 24,39 24,39 **24,39**	0,733 0,719	aus Summen-linie
90	90	90	1:300	400	120	0,96	300	5,21	5,21	1	
75	75	75	1:250	350	93	0,97	360	6,19	6,19	1	
160	325	325	1:400	700	459	1,19	480	6,72	12,91	1	
105	105	105	1:350	400	111	0,89	420	7,87	7,87	1	
120	225	225	1:400	600	305	1,08	300	4,64	12,51	1	
150	1195	 703 680 850	1:600	1200 900 900 1000	1549 727 727 968	1,37 1,14 1,14 1,22	600	7,30 8,77 8,77 8,20	31,69 33,16 33,16 **32,59**	0,59 0,57	aus Summen-linie

Bild **25**.1 und Tafel **24**.1 zeigen die Berechnung eines RW-Einzugsgebietes nach dem Summenlinienverfahren für verschiedene Regenspenden (nach Kehr). Der Flutplan wird mit einer Listenrechnung gekoppelt. Sobald nach der Kotierung des Netzes der Netzplan mit Ψ-Werten, Größen der Teilgebiete, Längen der Kanalstrecken und dem Gefälle bekannt ist, trägt man im 3. Quadranten eines Koordinatensystems gebietsweise Flutflächen aneinander. Die Endpunkte der Fließzeiten von gleichzeitig durchflossenen Flächen liegen dabei untereinander. Die Fließzeiten von nacheinander durchflossenen Flächen werden addiert. Solange die Fließzeit die Regendauer nicht überschreitet, gilt der Berechnungsregen $\varphi = 1$. Wird die Fließzeit größer, gilt die kleinere Regenspende, deren Regendauer der Fließzeit entspricht, $\varphi < 1$. Die Wassermengen reduzieren sich, was eine weitere Verminderung der Fließzeiten bewirken kann. Nur diese werden mit dem Auftragen der Flutflächen korrigiert. Die Wassermengen bleiben unvermindert aufgetragen. Wenn die Flutflächen

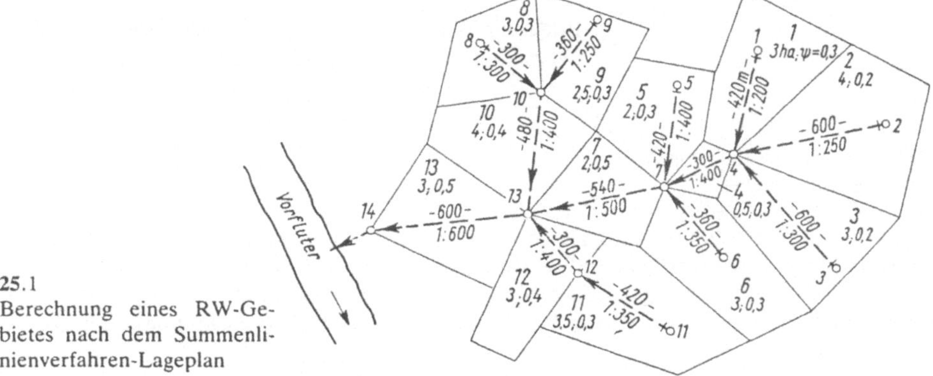

25.1
Berechnung eines RW-Gebietes nach dem Summenlinienverfahren-Lageplan

für alle Teilgebiete aufgetragen sind, werden die Anlauflinien = Summenlinien für die verschiedenen Gebietsgruppen gezeichnet und durch Auflegen und Verschieben des Nullpunktes des Regendiagrammes die max Q_R-Werte ermittelt. Die Ordinaten von max Q_R werden zwischen den divergierenden Q-Linien abgelesen. Für die max Q_R-Werte werden wieder Leitungsquerschnitt, (Spiegelgefälle) und Fließzeit bestimmt und die in der Summenlinie zunächst eingetragene Fließzeit berichtigt. Die so korrigierte Summenlinie liefert einen neuen max Q_R-Wert. Diese schrittweise Annäherung wird solange durchgeführt, bis max Q_R, Fließzeit und Summenlinie übereinstimmen. In dem Beispiel (**25**.1) ergibt sich ein max Q_R = 850 l/s unterhalb Schacht 13 bei Σt = 32,59 min. Unvermindert hätte Q_r = 1195 l/s betragen.

1.4.4 Allgemeine Mängel der Verfahren

1. Die Änderung des Abflußbeiwertes Ψ mit der Regendauer ist nicht berücksichtigt. Es gibt ein Verfahren nach Pecher, daß diese Ungenauigkeit zu eliminieren sucht [56], vgl. Abschn. 1.4.7. Für kleinere Gebiete (< 400 ha) kann man auch mit festem Abflußbeiwert rechnen, ohne große Fehler zu machen.

2. Man berücksichtigt nicht die Teilfüllungen in den Anfangsstrecken. Damit ergeben sich kleinere Fließgeschwindigkeiten und größere Fließzeiten. Die Anlauflinie würde bei gleichen Q-Werten flacher werden und damit würden kleinere max Q_R-Werte abgelesen werden.

3. Man vernachlässigt den Unterschied zwischen dem für den Abfluß maßgebenden Wasserspiegelgefälle und dem der Rechnung zugrunde gelegten Sohlgefälle. Die Differenz ist meist gering und tritt nachteilig nur bei Rückstau auf.

4. Die Speicherwirkung des Rohrnetzes wird vernachlässigt. Gemeint ist die Auffüllung des Rohrvolumens bis eine stationäre Strömung nach den Rechnungsannahmen entsteht. Dieser Fehler erhöht die Sicherheit der Berechnungen. Das Verfahren von Müller-Neuhaus, vgl. Abschn. 1.4.5 berücksichtigt diese Abflußverzögerung.

5. Man nimmt eine gleichzeitige Regendauer für das Einzugsgebiet an. Dies ist bei größeren Gebieten nicht der Fall. Nach (**26**.1) würde sich die Zeit vom Regenbeginn bis zum Abfluß aus dem ganzen Gebiet A_E (die Fließzeit t) vergrößern, weil der Regen gegen die Fließrichtung zieht.

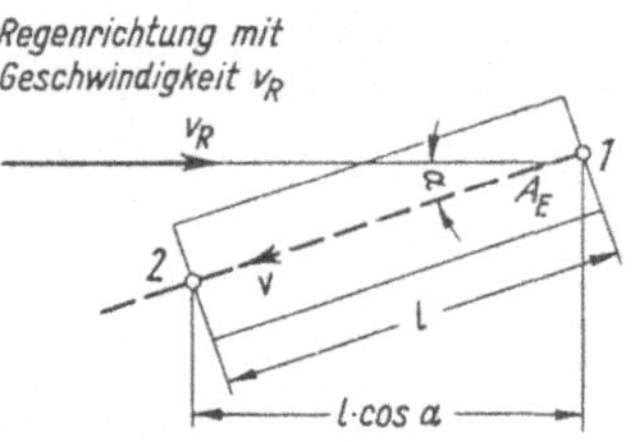

26.1 Regenbewegung über dem Einzugsgebiet

$$t = \frac{l}{v} + \frac{l}{v_R}$$

Bildet die Fließrichtung mit der Zugrichtung einen Winkel α, dann müßte es genauer heißen

$$t = \frac{l}{v} + \frac{l \cdot \cos \alpha}{v_R}$$

Bei einer mit der Fließrichtung gleichsinnigen Zugrichtung würde sich die Fließzeit entsprechend verringern. Im ersten Fall würde die Anlauflinie flacher, max Q_R kleiner; im zweiten Fall steiler, max Q_R größer werden. Der Einfluß wandernder Regen ist nur bei größeren Einzugsgebieten und in Landschaften mit typischen Regenrichtungen zu berücksichtigen.

1.4.5 Summenlinienverfahren mit Berücksichtigung der Speicherwirkung (nach Müller-Neuhaus)

Um einen bestimmten Abfluß aus einem Rohrsystem zu bekommen, wenn zunachst wenig Wasser hineingelangt, bedarf es einer bestimmten Auffüll- oder Speicherzeit, bis ein stationärer Fließzustand erreicht ist, d.h. bis die abfließende Wassermenge der zufließenden entspricht. Besonders bei Regen mit einer Regendauer unterhalb der Speicherzeit wirkt sich der rückhaltende Einfluß stark abflußmindernd aus.

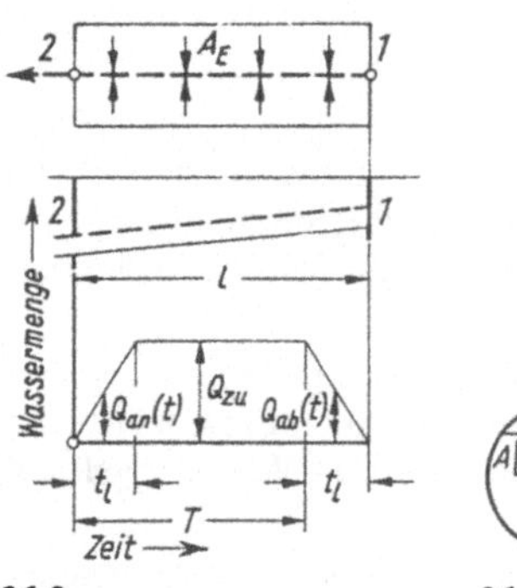

26.2 Ideale Einflußfläche des Flutplanes

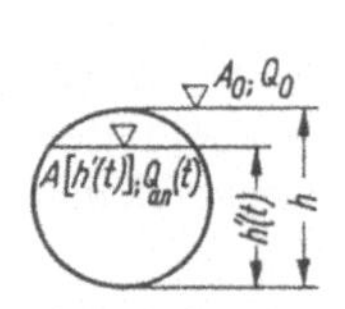

26.3 Bezeichnungen beim Kreisprofil

Es gelten die drei Voraussetzungen wie beim Summenlinienverfahren (**26**.2).

1. Gleichbleibende Regenstärke i während der Regendauer.

2. Die Wassermengen fließen gleichmäßig auf der ganzen Kanallänge zu.

3. Gefälle und Querschnitt bleiben gleich.

Nach einer Zeit t beteiligt sich ein unteres Teilgebiet von A_E am Abfluß. Im Kanal hat sich am Schacht 2 eine Füllhöhe $h'(t)$ eingestellt (**26**.3). Der Zufluß beträgt $Q_{zu} \cdot t$. Die Abflußmenge Q_{an} im Zeitbereich t_l hängt von der Füllhöhe ab. Die in der Kanalhaltung gespeicherte Wassermenge $V(t)$ ist zeitabhängig.

$$V(t) = Q_{zu} \cdot t - \int Q_{an}(t) \cdot dt \tag{27.1}$$

$$V(t) = l \cdot A\,[h'(t)] \tag{27.2}$$

$l \triangleq$ Länge des Kanals
$A\,[h'(t)] \triangleq$ Fließquerschnitt

Näherungsweise kann man im mittleren Bereich der Füllungskurven, etwa von $10\% < Q < 90\%$ (vgl. Abschn. 2.5.4) eine lineare Abhängigkeit zwischen h' und Q annehmen. Dies gilt auch für h' und $A(h')$. Mit h, A_0 und Q_0 für Vollausfüllung ergibt sich

$$\frac{A\,[h'(t)]}{h'(t)} = \frac{A_0}{h} \qquad A\,[h'(t)] = \frac{A_0}{h}\,h'(t) \tag{27.3}$$

in Gl. (27.2)

$$V(t) = l \cdot \frac{A_0}{h} \cdot h'(t) \tag{27.4}$$

ebenso gilt

$$\frac{h'(t)}{Q_{an}(t)} = \frac{h}{Q_0} \qquad h'(t) = \frac{h}{Q_0} \cdot Q_{an}(t) \tag{27.5}$$

eingesetzt in Gl. (27.4)

$$V(t) = l \cdot \frac{A_0}{Q_0} \cdot Q_{an}(t) \tag{27.6}$$

mit $\quad Q_0 = v \cdot A_0 \quad$ und $\quad t_l = \frac{l}{v} \qquad l = t_l \cdot v \qquad V(t) = t_l \cdot Q_{an}(t) \quad (27.7)$

Gl. (27.1) und (27.7) gleichgesetzt, ergeben

$$Q_{zu} \cdot t - \int Q_{an}(t) \cdot dt = t_l \cdot Q_{an}(t) \tag{27.8}$$

differenziert nach dt

$$Q_{zu} - Q_{an}(t) = \frac{d(Q_{an}(t))}{dt} \cdot t_l$$

oder $\quad \frac{d(Q_{an}(t))}{dt} \cdot t_l + Q_{an}(t) = Q_{zu} \quad (27.9)$

Die Lösung dieser Differentialgleichung 1. Ordnung vom Typ

$$y' \cdot a + y = b \quad \text{wäre} \quad y = b\left(1 - e^{-\frac{x}{a}}\right)$$

hier $\quad Q_{an}(t) = Q_{zu}\left(1 - e^{-\frac{t}{t_l}}\right) \quad (27.10)$

ist die Gleichung der Anlauflinie.

In ähnlicher Weise könnte man die Gleichung der Ablauflinie aufstellen. Sie heißt

$$Q_{ab}(t') = Q_{an}(t) \cdot e^{-\frac{t'}{t_l}} \tag{28.1}$$

Man kann nun in Gl. (27.10) für t Werte einsetzen und erhält

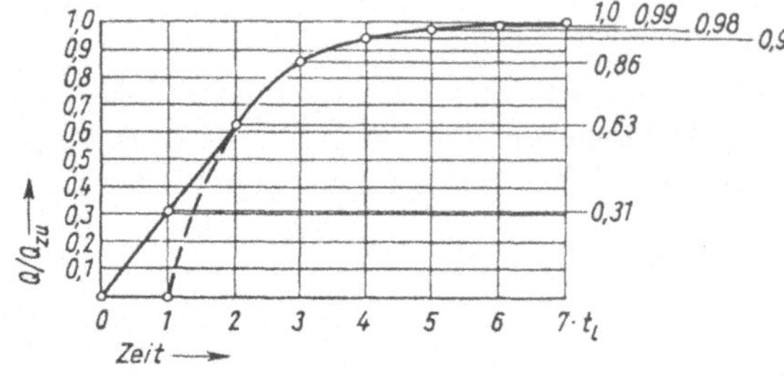

28.1 Verbesserte Anlaufkurve mit Ordinatenangaben Q/Q_{zu} über 7 t_l

t	$Q_{an}(t)/Q_{zu}$
0 t_l	0
0,7 t_l	≈0,5
1 t_l	0,63
2 t_l	0,86
3 t_l	0,95
4 t_l	0,98
5 t_l	0,99
6 t_l	1,00

Bei den gebräuchlichsten Profilformen (Kreis und Ei) sind die Fließgeschwindigkeiten bei $h' = 0{,}5\,h$ und $h' = 1{,}0\,h$ etwa gleich (s. Abschn. 2.5.4). Die Dimensionierung der Rohre wird Füllhöhen h' in diesem Füllungsbereich ergeben. Es kann auch näherungsweise angenommen werden, daß für steigende Füllmengen im Bereich $0 \leqq h' \leqq 0{,}5\,h$ die Fließgeschwindigkeiten etwa bei $0{,}5\,v_0$ liegen. Damit wird die Fließzeit in diesem Bereich verdoppelt. Andererseits wird $Q_{an}(t) \approx 0{,}5\,Q_{zu}$ bei $0{,}7\,t_l$ erreicht. Bei einer Verdoppelung der Fließzeit t im Bereich der halben Rohrfüllung erhält man $2 \cdot 0{,}7\,t_l = 1{,}4\,t_l$. Dieser Wert wird auf $1{,}7\,t_l$ erhöht. Man erhält die korrigierte Anlaufkurve nach (**28**.1). Sie dehnt sich jetzt auf 7 t_l aus. Die Ablaufkurve klingt bei 11 t_l ab. Man dehnt ebenfalls die Fließzeiten unter halber Rohrfüllung entsprechend aus. Es entsteht das Bild einer verbesserten Flutkurve nach (**28**.2). Um das Verfahren dem Summenlinienverfahren anzupassen, werden die Längen der An- und Ablaufkurven auf je 7 t_l beschränkt und damit die Ablaufkurve der Anlaufkurve angeglichen.

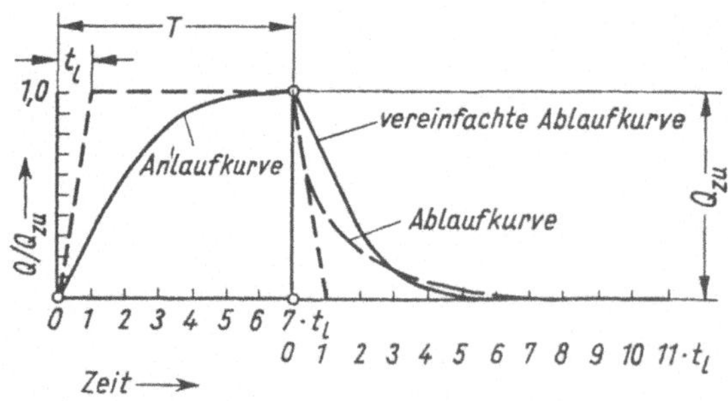

28.2 Verbesserte An- und Ablaufkurve (Flutfläche) unter Berücksichtigung des Speichervermögens der Kanäle

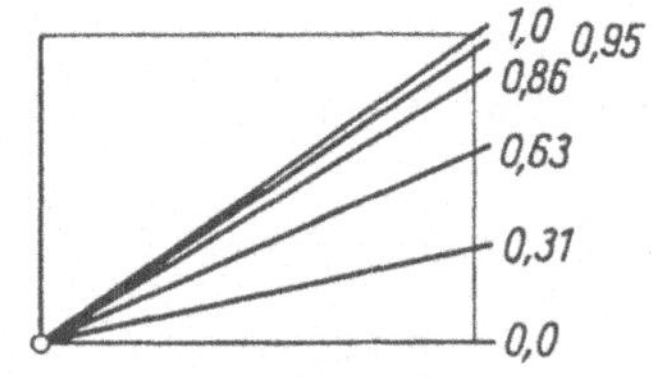

28.3 Proportionalitätsmaßstab zur Erleichterung der Auftragungen von Q/Q_{zu}

Die Ablaufkurve erscheint nun als die an der t-Achse gespiegelte und in den Ablaufbereich verschobene Anlaufkurve. Die Flutfläche läßt sich dann ähnlich wie vorher bei der Umwandlung von der Trapez- in die Parallelogrammfläche in eine Flutfläche mit kurvenförmigen, parallellaufenden An- und Ablauflinien umwandeln. Damit wird es möglich, bei diesem Verfahren auch nur die Anlauflinien zu zeichnen und das Regendiagramm zu verwenden.

Bei der Anwendung des Verfahrens für ein größeres Einzugsgebiet geht man zunächst so vor, wie beim Summenlinienverfahren (**24**.1). Dann werden die Anlauflinien der Einzelgebiete oder von Gebietsgruppen nach den Ordinaten Q/Q_{zu} gezeichnet. Man bedient sich hier eines P r o p o r t i o n a l i t ä t s - M a ß s t a b e s und überträgt für beliebige Werte von Q_{zu} die Ordinaten ohne Rechnung.

Bild **29**.1 und Tafel **29**.2 bringen ein Beispiel für das verbesserte Summenlinienverfahren. Der Arbeitsplan ist etwa folgender:

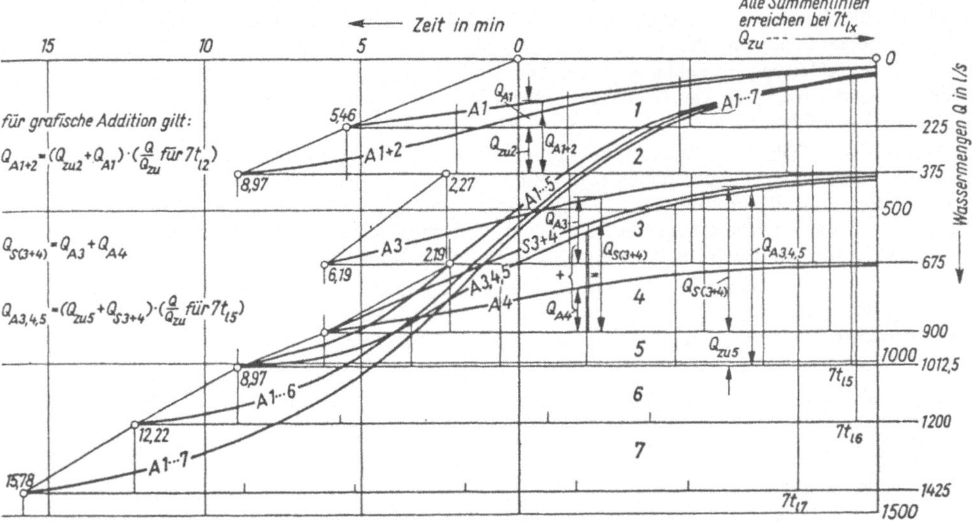

29.1 Berechnung des RW-Gebietes (Bild **30**.1) nach dem verbesserten Summenlinienverfahren – Flutplan, Summenlinien, Tabelle

Tafel **29**.2

Q_r in l/s	ΣQ_r in l/s	Σred Q_r = Q_R in l/s	Gefälle 1:*n*	Kanalprofil in mm	Vollfüllung Q_0 in l/s	Vollfüllung v_0 in m/s	Kanallänge in m	Fließzeit t in min	Fließzeit Σt in min	Zeitbeiwert φ	Bemerkungen
225	225	140	1:250	500 450	239 181	1.22 1.14	400	5.46 5.84	5.46 5.84	1	aus Summenlinie
150	375	230	1:250	600 500	387 239	1.37 1.22	290	3.51 3.96	**8,97** **9,80**	1	a. S.
300	300	240	1:200	600 500	433 267	1.53 1.36	360	3.92 4.41	3.92 4.41	1	a. S.
225	225	170	1:300	600 500	353 218	1.25 1.11	300	4.0 4.51	4.0 4.51	1	a. S.
112,5	637,5	470	1:300	800 700	754 531	1.50 1.38	250	2.78 3.02	6.78 7.53	1	a. S.
187,5	1200	1172 1046	1:400	Ei 900/1350 Ei 800/1200	1429 1048	1.54 1.43	300	3.25 3.50	**12,22** **13,30**	$\frac{1.13}{1.262}$ = 0.985	a. S.
225	1425	1090 860	1:500	1200 1000	1696 1051	1.50 1.34	320	3.56 3.98	**15,78** **17,28**	$\frac{0.967}{1.262}$ = 0.766	a. S.

1. Die Zuflußmengen Q_{zu} des Regenwassers oder des Mischwassers werden wie beim Summenlinienverfahren (Abschn. 1.4.3) ermittelt.

2. Kanalprofil, Fließgeschwindigkeit und Fließzeit werden für voll $Q = Q_0$ ermittelt.

3. Die Anlauflinien der Anfangskanalstrecken werden für ihre Fließzeiten t_1 mit Hilfe des Proportionalitäts-Maßstabes gezeichnet (Ordinaten = Q/Q_{zu}; zeitliche Länge der Anlauflinien = $7\,t_1$).

4. Folgt auf das erste Teilgebiet ein zweites Gebiet hintereinander, so gilt als Gesamtzuflußordinate = $Q_{zu(1+2)}$ die Summe aus der Ordinate der Anlauflinie von Gebiet 1 zur Zeit t plus der Ordinate Q_{zu2} von Gebiet 2, abgemindert mit dem Faktor $Q/Q_{zu(1+2)}$ auf die Länge $7\,t_{12}$. Hier wird gegenüber der mathem. Ableitung ein Fehler gemacht, weil der Zufluß von Gebiet 1 zeitlich nicht konstant ist, sondern eigentlich $Q_{zu1}(t)$. Die Größe des Fehlers wirkt sich nur auf die ersten Zeitabschnitte der Anlauflinie von Gebiet 2 aus.

5. Werden zwei Teilgebiete (3 und 4) zusammengeführt (Gebiete nebeneinander), so werden für jedes unabhängig die Anlauflinien Q/Q_{zu} auf $7\,t_1$ gezeichnet. Die Ordinaten der beiden Anlauflinien werden dann algebraisch (zeichnerisch) addiert und damit eine Anlauflinie für den Zufluß $Q_{zu(3+4)}(t)$ für das unterhalb liegende Gebiet 5 als Zwischenlösung gezeichnet. Mit dieser verfährt man dann so wie mit der Anlauflinie von $Q_{zu1}\,(t)$ unter Punkt 4.

6. Die so erhaltenen Summenlinien werden wie beim Summenlinienverfahren der Auswertung mit dem Regenabflußdiagramm zwecks Ermittlung von max Q_R unterzogen. Bild **30**.2 zeigt das Regenabflußdiagramm für das gerechnete Beispiel (Tafel **29**.2).

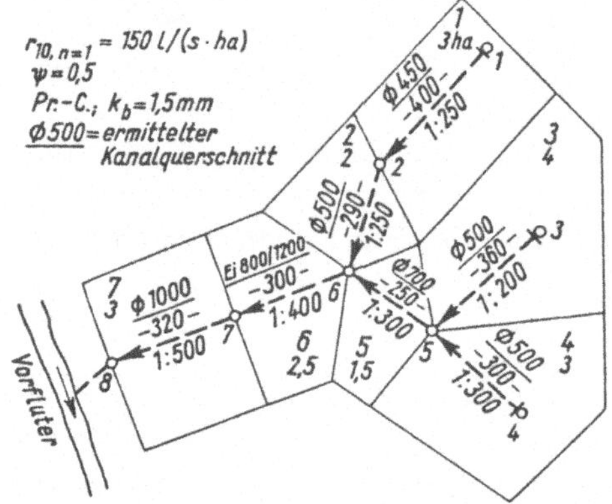

30.1 Berechnung eines RW-Gebietes nach dem verbesserten Summenlinienverfahren-Lageplan

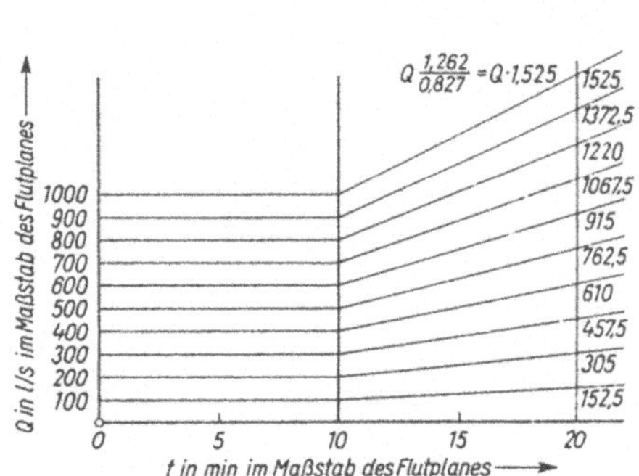

30.2 Regendiagramm für das Beispiel **30**.1

Das verbesserte Summenlinienverfahren berücksichtigt die Gestalt des Leitungsnetzes, des Einzugsgebietes, die Teilfüllungen, das Speichervermögen der Kanäle und die ungünstigste Regenspende einer Regenreihe. I. allg. werden damit kleinere Kanalabmessungen erreicht. Das Verfahren erfordert mehr Arbeitsaufwand.

1.4.6 **Zeitbeiwertverfahren** (vgl. Abschn. 2.7.9)

Ein rechnerisches Verfahren zur Ermittlung der Durchflußmengen ist das Zeitbeiwertverfahren. Man benutzt eine Liste (Listenrechnung). In dieser ist für jeden zu berechnenden Leitungspunkt eine Zeile vorhanden. Man ermittelt für jeden dieser Punkte den Regen, dessen Dauer der Fließzeit entspricht. Die errechnete Abflußmenge ist dann zugleich die größte Durchflußmenge. Der Berechnungsregen gilt als Ausgangswert. Bei Fließzeiten kleiner als der Regendauer des Berechnungsregens gilt dieser. Bild **31**.1 und Tafel **31**.2 zeigen ein Berechnungsbeispiel (kleineres Entwässerungsgebiet, mit konstantem Abflußbeiwert Ψ). Bei größeren Gebieten verwendet man den Spitzenabflußbeiwert Ψ_s.

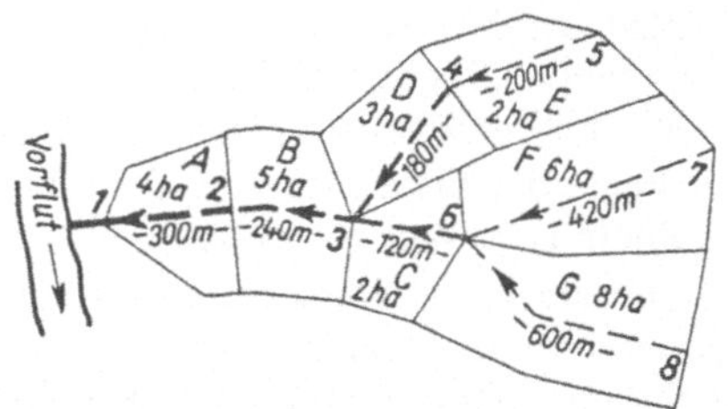

31.1 Berechnung eines RW-Gebietes nach der Listenrechnung (Lageplan)

Tafel **31**.2 Listenrechnung zur Ermittlung der Durchflußmengen mit konstantem Abflußbeiwert Ψ

1	2	3	4	5	6	7	8	9	10	11	12	13	14	15	16	17
Gebiet		Strecke von | bis Schacht		Kanallänge in m		Einzugsgebiet in ha		Regenspende $r_{15,n=1}$ =90 l/s·ha	Regenwasserabflußspende	Abfluß						
lfd. Nr.	Name	oben	unten	l	Σl	A_E	ΣA_E	Abflußbeiw. Ψ	$q_r = \Psi \cdot r$	Zufluß von Gebiet	$A \cdot q_r$	$\Sigma A \cdot q_r = Q_r$	geschätzte Fließzeit t in min	Zeitbeiwert φ	$Q_R = \varphi \cdot Q_r$	weitergegeben nach Gebiet
1	G	8	6	600	600	8	8	0,4	36	–	288	288	10	1	288	C
2	F	7	6	420	1020	6	6	0,4	36	–	216	216	7	1	216	C
3	C	6	3	120	1140	2	16	0,6	54	G bis F	108	612	12	1	612	B
4	E	5	4	200	1340	2	2	0,6	54	–	108	108	3,3	1	108	D
5	D	4	3	180	1520	3	5	0,6	54	E	162	270	6,3	1	270	B
6	B	3	2	240	1760	5	26	0,6	54	D bis C	270	1152	16,0	0,96	1106	A
7	A	2	1	300	2060	4	30	0,6	54	B	216	1368	21,0	0,80	(1094) 1106	Vorflut

Bei einer Berechnungsregenspende $r_{15,n=1}$ gilt für das Anfangsgebiet 1

$$Q_{R1} = \varphi_{x,n=1} \cdot r_{15,n=1} \cdot \Psi \cdot A_E \tag{31.1}$$

x = Fließzeit bis zum unteren Schacht des Gebietes. Für mehrere = m Teilgebiete oberhalb des Berechnungspunktes gilt

$$Q_R = \varphi_{x,n=1} \cdot \sum_{1}^{m} r_{15,n=1} \cdot \Psi \cdot A_E \tag{31.2}$$

x = längste Fließzeit $t = x$ min innerhalb dieser Teilgebiete bis zum Berechnungspunkt. Das Verfahren ist mit dem konstanten Abflußbeiwert aus den verschiedenen Teilflächenbefestigungen durchzuführen (Tafel **18**.1), oder mit dem veränderlichen Spitzenabflußbeiwert (Tafel **34**.1).

Der Zeitbeiwert kann wieder aus Tafel **14**.1 ermittelt werden. Der Index x entspricht der Fließzeit t und wird, wie früher die Regendauer T, auf der waagerechten Achse abgelesen. Solange die Fließzeit $t \leqq T = 15$ min bleibt, ist $\varphi_{15,n=1} = 1$ einzusetzen.

Ist eine andere Regenspende als $r_{15,n=1}$ Berechnungsregen, z.B. $r_{i,n=k}$, dann tritt an Stelle von $\varphi_{x,n=1}$ in Gl. (31.2) der Quotient zweier Werte. Die zweite Form der Gl. (31.3) wird in der Praxis bevorzugt.

$$Q_R = \frac{\varphi_{x,n=k}}{\varphi_{i,n=k}} \cdot \sum_{1}^{m} r_{i,n=k} \cdot \Psi \cdot A_E \quad \text{oder} \quad Q_R = \varphi_{x,n=k} \cdot \sum_{1}^{m} \overbrace{\frac{r_{i,n=k}}{\varphi_{i,n=k}}}^{r_{15,n=1}} \cdot \Psi \cdot A_E \tag{31.3}$$

In Spalte 6 wurden die Kanallängen durchsummiert. Oft werden die Längen des Fließweges summiert. Dies bringt aber bei der Ermittlung der Fließzeiten (Sp. 14) keinen Vorteil, weil die Fließgeschwindigkeiten in den Teilstrecken verschieden sind.

In Spalte 15 der Liste wird jetzt der Quotient eingesetzt. Bei der Addition der Teileinzugsgebiete ist darauf zu achten, daß nur zusammengehörige Gebiete addiert werden.

Wird die errechnete Wassermenge Q eines Punktes gegenüber dem oberhalb liegenden vorherigen Punkt kleiner, weil ein besonders schmales Teileinzugsgebiet durchflossen wurde, dann soll das Q des vorherigen Punktes eingesetzt werden (lfd. Nr. 7). Bei wenig vergrößerter Fläche gab es eine starke Fließzeitverlängerung.

Bei ungleichmäßigen Einzugsgebieten, Gefälleverhältnissen oder Anteilen der befestigten Flächen tritt der größte Abfluß nicht bei Überregnung des gesamten Einzugsgebietes auf. Die Bilder **32**.1 und **32**.2 stellen zwei mögliche Fälle dar.

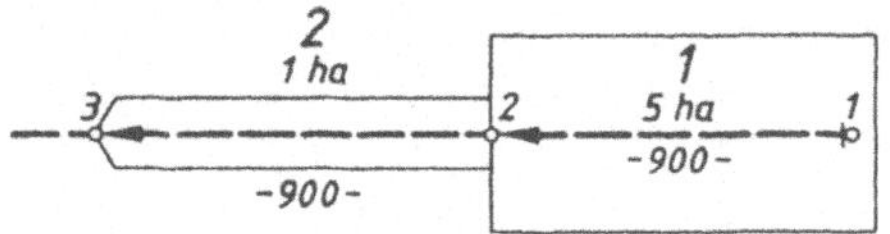

32.1
Zwei Einzugsgebiete hintereinander, Geb. 1 groß, Geb. 2 klein und lang.
$r_{15,n=1}$ = 100 l/ (s · ha);
$\psi_m = 0{,}5$; $v_m = 1{,}0$ m/s.

Nach Zeitbeiwertverfahren schematisch:
Q_R vor Schacht 2 = 1 · 0,5 · 100 · 5 = 250 l/s; t = 15 min, φ = 1,0
Q_R vor Schacht 3 = 0,615 · 0,5 · 100 (5 + 1) = 184,5 l/s; t = 30 min, φ = 0,615
hier ist für Gebiet 2 der Wert 250 l/s einzusetzen. Dieser höhere Wert entsteht, wenn nur das Geb. 1 mit $r_{15,n=1}$ = 100 l/(s · ha) überregnet wird

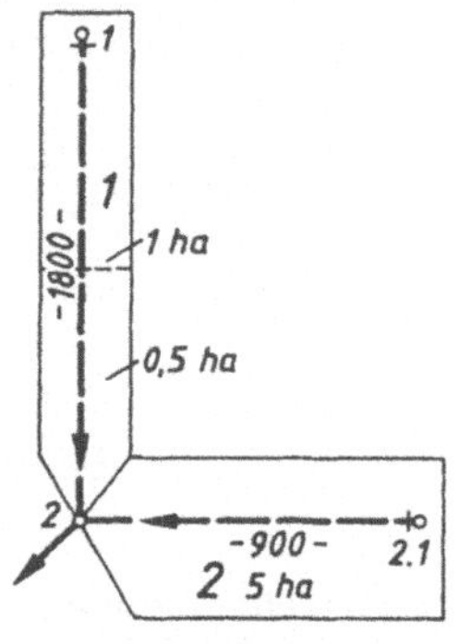

32.2
Zwei Einzugsgebiete nebeneinander, Geb. 1 klein und lang, Geb. 2 groß. $r_{15,n=1}$ = 100 l/(s · ha); $\psi_m = 0{,}5$; $v_m = 1{,}0$ m/s.
Nach Zeitbeiwertverfahren schematisch:
Q_R vor Schacht 2(1) = 0,615 · 0,5 · 100 · 1 = 30,75 l/s;
t = 30 min, φ = 0,615
Q_R vor Schacht 2(2.1) = 1,0 · 0,5 · 100 · 5 = 250 l/s;
t = 15 min, φ = 1,0
hinter Schacht 2 = 0,615 · 0,5 · 100 (1 + 5) = 184,5 l/s;
t = 30 min, φ = 0,615

Eine Schwierigkeit bei der Listenrechnung liegt in der Schätzung der Fließzeit. Bei großer Abweichung der tatsächlichen Fließgeschwindigkeit von der angenommenen müssen nachträglich φ und Q korrigiert werden.

Beim Zusammenfluß aus mehreren Kanalstrecken mit sehr unterschiedlichen Fließzeiten wird eine ideelle Fließzeit t_i für den RW-Abfluß aus dem gewogenen Mittel der Teilströme gebildet und der weiteren Ermittlung von φ zugrunde gelegt:

$$t_i = \frac{Q_1 \cdot t_1 + Q_2 \cdot t_2 \cdots + Q_n \cdot t_n}{\sum_1^n Q_i}$$

Für Fließzeiten, die kürzer als die Berechnungsregendauer sind, ist der Zeitbeiwert konstant zu halten.

1.4.7 Berechnungsverfahren mit dem Zeitabflußfaktor

Dieses Verfahren berücksichtigt die mit der Regendauer bestehende Veränderlichkeit des Scheitelabflußbeiwertes Ψ_s (s. Abschn. 1.3.4). Es wird der Scheitelabflußbeiwert oder Spitzenabflußbeiwert Ψ_s verwendet, welcher der Regenreihe mit der Regenhäufigkeit n der Berechnungsregenspende entspricht. Es ist lediglich der Anteil der befestigten Fläche (Dächer, Straßen, Höfe, usw.) zur Gesamtfläche festzustellen. Man liest dann unter Berücksichtigung der Geländeneigung den Wert Ψ_s direkt aus dem Bild **33**.1 oder Tafel **34**.1 ab.

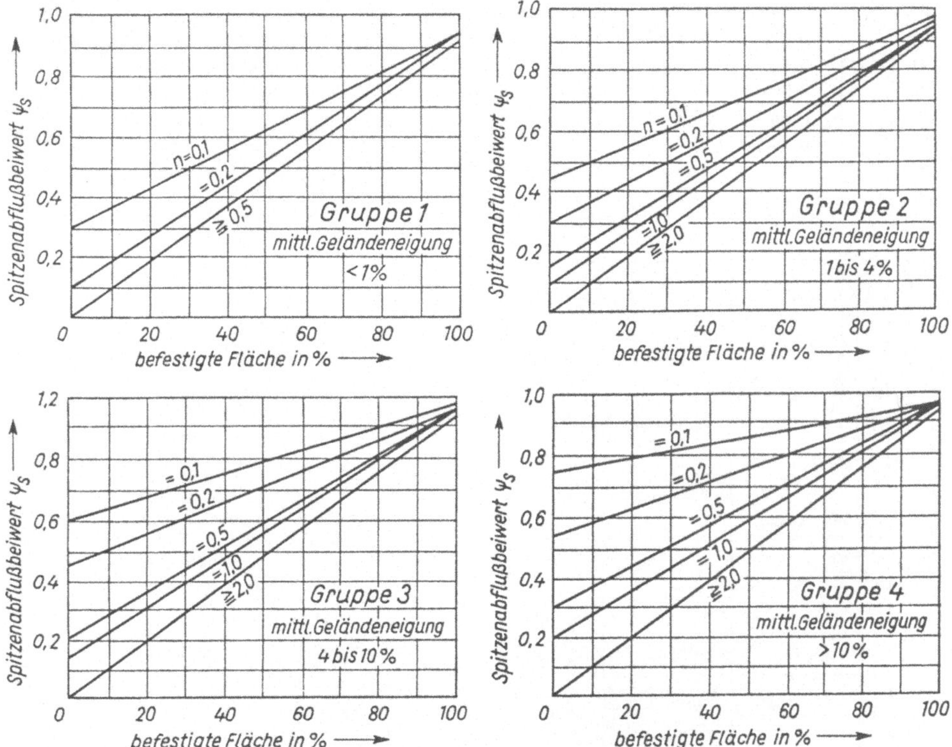

33.1 Scheitelabflußbeiwerte ψs für verschiedene mittlere Geländeneigungsbereiche J_g der Entwässerungsgebiete in Abhängigkeit vom Anteil der befestigten Flächen nach [56]

Wie beim Zeitbeiwertverfahren wird der größte Abfluß für den Zustand Fließzeit = Regendauer ermittelt. Für Fließzeiten unterhalb der Berechnungsregendauer (5, 10, 15 min) berücksichtigt der Zeitabflußfaktor bereits die entsprechende Regenspende.

Der Zeitabflußfaktor $\varepsilon(t)$ berücksichtigt die Änderung der Regenspende und des Scheitelabflußbeiwertes Ψ_s mit der Regendauer. Er ist aus Bild **34**.2 oder Tafel **35**.1 abzulesen. Der Regenwasserabfluß beträgt dann

$$Q_R = \varepsilon(t) \cdot \sum \Psi_s \cdot r_{15,n=1} \cdot A_E \qquad (33.1)$$

Tafel 34.1 Scheitelabflußbeiwerte ψs für verschiedene mittlere Neigungsbereiche der Entwässerungsgebiete in Abhängigkeit vom Anteil der befestigten Flächen nach [56]

Anteil der befestigten Fläche in %	Gruppe 1 $J_g < 1\%$ n = 1	Gruppe 1 n = 0,5	Gruppe 2 $1\% \leqq J_g \leqq 4\%$ n = 1	Gruppe 2 n = 0,5	Gruppe 3 $4\% < J_g \leqq 10\%$ n = 1	Gruppe 3 n = 0,5	Gruppe 4 $J_g > 10\%$ n = 1	Gruppe 4 n = 0,5
0	0,00	0,00	0,10	0,15	0,15	0,20	0,20	0,30
10	0,09	0,09	0,18	0,23	0,23	0,28	0,28	0,37
20	0,18	0,18	0,27	0,31	0,31	0,35	0,35	0,43
30	0,28	0,28	0,35	0,39	0,39	0,42	0,42	0,50
40	0,37	0,37	0,44	0,47	0,47	0,50	0,50	0,56
50	0,46	0,46	0,52	0,55	0,55	0,58	0,58	0,63
60	0,55	0,55	0,60	0,63	0,62	0,65	0,65	0,70
70	0,64	0,64	0,68	0,71	0,70	0,72	0,72	0,76
80	0,74	0,74	0,77	0,79	0,78	0,80	0,80	0,83
90	0,83	0,83	0,86	0,87	0,86	0,88	0,88	0,89
100	0,92	0,92	0,94	0,95	0,94	0,95	0,95	0,96

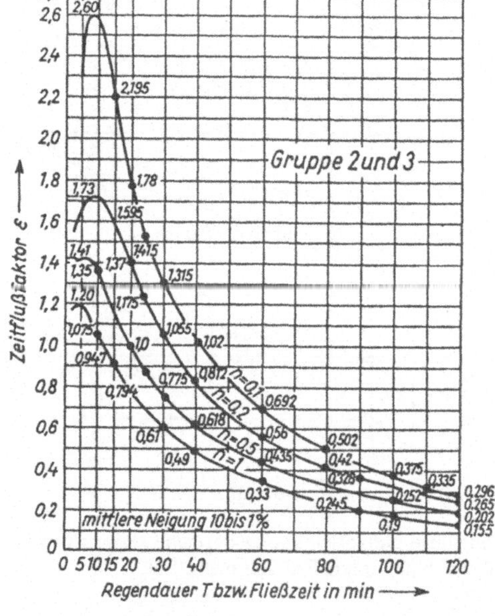

34.2 Zeitabflußfaktor ε für verschiedene mittlere Neigungsbereiche der Entwässerungsgebiete in Abhängigkeit von der Regendauer T nach [56]

Beispiel 1: Berechnung des RW-Gebietes nach **31**.1 mit $r_{15,n=1}$ = 90 l/(s · ha), v_m = 1 m/s, befestigter Flächenanteil = 30%, A_E = Größe des Einzugsgebietes oberhalb des Berechnungspunktes in ha, mittlere Geländeneigung ≈ 2%.

Korrekturen der Fließzeit t, welche durch die Dimensionierung der Kanäle entstehen, werden wie beim Zeitbeiwertverfahren (s. Tafel **14**.1) durch Verändern des Zeitabflußfaktors $\varepsilon(t)$ berücksichtigt. Ist eine andere Berechnungsregenspende als $r_{15,n=1}$ gegeben, z. B. $r_{5,n=0,5}$, dann wird diese auf die Bezugsregenspende $r_{15,n=1,0}$ umgerechnet (vgl. Abschn. 1.3.2). $r_{15,n=1,0}$ wird in Gl. (33.1) eingesetzt). Ψ_s und ε werden unter n = 0,5 abgelesen.

Schacht	t (min)	max Ψ_s	$r_{15,n=1}$ [l/(s · ha)]	ΣA_E (ha)	ε (t)	Q_R (l/s)
4	3,34	0,35	90	2	1,20	75,6
3_4	6,34	0,35	90	5	1,167	178,4
6_7	7	0,35	90	6	1,15	217,4
6_8	10	0,35	90	8	1,075	270,9
3_6	12	0,35	90	16	1,024	516,1
2	16	0,35	90	26	0,916	750,2
1	21	0,35	90	30	0,772	729,5

Der Zeitabflußfaktor $\varepsilon(t)$ kann auch beim Summenlinienverfahren verwendet werden (Abschn. 1.4.3 und 1.4.5). Der mit der Fließzeit veränderliche Zeitabflußfaktor $\varepsilon(t)$ wird berücksichtigt, wenn man eine Regenharfe (s. Abschn. 1.4.3) verwendet, deren Q-Linien statt mit dem Zeitbeiwert φ mit dem Zeitabflußfaktor $\varepsilon(t)$ divergieren.

Beispiel 2 (Tafel **36**.1): Es soll das RW-Gebiet des Bildes **25**.1 für $r_{15,n=1}$ = 100 l/(s · ha) berechnet werden. Die Anteile der befestigten Flächen (Spalten 4 bis 10) und die mittleren Geländeneigungen (Spalten 15 bis 17) sind für die Teilgebiete verschieden und werden zusätzlich wie folgt angegeben:

Spalte 4 bis 10: Die in den Teilflächen angegebenen Ψ_m-Werte für das Zeitbeiwertverfahren gelten hier als Anteile der befestigten Flächen (Annahme)

Spalte 15 bis 17: Fläche 1 bis 4 J_g = 12%
Fläche 5, 6, 7 J_g = 8%
Fläche 8 bis 13 J_g = 3%

Die Ψ_s-Werte sollen **≧ 0,35** in die Berechnung eingesetzt werden.

Tafel **35**.1 Zeitabflußfaktor ε zu Bild **34**.2

Regendauer T bzw. Fließzeit t_f	Zeitabflußfaktor ε Gruppe 1 mittlere Neigung $J_g < 1\%$				**Gruppe 2 u. Gruppe 3** mittlere Neigung $1\% \leqq J_g \leqq 10\%$				Gruppe 4 mittlere Neigung $J_g > 10\%$			
in min	n = 1	0,5	0,2	0,1	n = 1	0,5	0,2	0,1	n = 1	0,5	0,2	0,1
0	1,070	1,400	1,540	1,585	1,200	1,410	1,730	2,600	1,190	1,420	2,130	2,840
5	1,070	1,400	1,540	1,585	1,200	1,410	1,730	2,600	1,190	1,420	2,130	2,840
7	1,070	1,400	1,540	1,585	1,150	1,410	1,730	2,600	1,155	1,420	2,130	2,840
10	1,070	1,350	1,540	1,585	1,075	1,370	1,730	2,600	1,085	1,390	2,080	2,760
15	0,945	1,160	1,350	1,400	0,947	1,175	1,595	2,195	0,945	1,190	1,700	2,245
20	0,790	0,995	1,140	1,185	0,794	1,000	1,415	1,780	0,805	1,025	1,435	1,830
25	0,680	0,865	0,992	1,050	0,684	0,880	1,225	1,520	0,700	0,900	1,240	1,550
30	0,605	0,765	0,886	0,950	0,610	0,775	1,055	1,315	0,615	0,785	1,070	1,330
40	0,485	0,610	0,751	0,815	0,490	0,618	0,812	1,020	0,500	0,625	0,820	1,040
50	0,395	0,500	0,640	0,710	0,400	0,510	0,660	0,835	0,410	0,520	0,670	0,855
60	0,325	0,425	0,550	0,625	0,330	0,435	0,560	0,692	0,340	0,445	0,570	0,712
70	0,285	0,370	0,470	0,545	0,290	0,379	0,480	0,585	0,300	0,388	0,495	0,605
80	0,240	0,320	0,415	0,480	0,245	0,328	0,420	0,502	0,255	0,336	0,440	0,522
90	0,210	0,285	0,365	0,420	0,215	0,292	0,375	0,430	0,225	0,300	0,390	0,450
100	0,185	0,245	0,321	0,365	0,190	0,252	0,335	0,375	0,200	0,260	0,350	0,395
110	0,165	0,220	0,290	0,320	0,170	0,225	0,295	0,330	0,180	0,228	0,310	0,355
120	0,150	0,200	0,255	0,290	0,155	0,202	0,265	0,296	0,165	0,205	0,277	0,322

Tafel **36**.1 Listenrechnung zum Zeitabflußfaktorverfahren zum Beispiel Bild **25**.1

Geb. Nr.	**Länge**		**Fläche A_E**							**Spitzenabflußbeiwert ψ_s**				**Zeitabflußbeiwert ε**			**Regenabfluß** unverändert (ohne ε) $Qr_{15} = r_{15} \cdot \psi_s \cdot A_E$			
	ein- zeln	zus.		befestigter Anteil in %						mittlere Geländeneigung				mittlere Geländeneigung			ein- zeln	zusammen $\Sigma Q_{r\,15}$ mittlere Geländeneigung		
	L	ΣL	Nr.	35	40	45	50	55		$J_g <$ 1%	1% $\leqq J_g \leqq$ 4%	4% $< J_g \leqq$ 10%	$J_g >$ 10%	$J_g <$ 1%	1% $\leqq J_g \leqq$ 10%	$J_g >$ 10%	Q_{r15}	$J_g <$ 1%	1% $\leqq J_g \leqq$ 10%	$J_g >$ 10%
	[m]	[m]	–	[ha]	[ha]	[ha]	[ha]	[ha]	[ha]	[–]	[–]	[–]	[–]	[–]	[–]	[–]	[l/s]	[l/s]	[l/s]	[l/s]
1	2	3	4	5	6	7	8	9	10	11	12	13	14	15	16	17	18	19	20	21
1	420	420		3									0,46			1,19	138			138
2	600	600		4									0,46			1,14	184			184
3	600	600		3									0,46			1,13	138			138
4	300	900		0,5									0,46			1,04	23			483
5	420	420		2								0,43			1,12		86		86	
6	360	360		3								0,43			1,2		129		129	
7	540	1440					2					0,55			0,84	0,86	110		325	483
8	300	300		3							0,40				1,2		120		120	
9	360	360		2,5							0,40				1,2		100		100	
10	480	840			4						0,44				1,06		176		396	
11	420	420		3,5							0,40				1,18		140		140	
12	300	720			3						0,44				1,08		132		272	
13	600	2040					3				0,52				0,68	0,7	156		1149	483

Tafel **36**.2 Vergleich der Berechnungsverfahren für RW-Mengen

	1	2	3	4	5
Verfahren	Verfahren mit festem Abflußbeiwert und konstanter Regenspende $Q_r = \Sigma\Psi \cdot r \cdot A_E$ rechnerisch	Flutlinienverfahren, Summenlinienverfahren zeichnerisch und rechnerisch	verbessertes Summenlinienverfahren nach Müller-Neuhaus zeichnerisch und rechnerisch	Zeitbeiwertverfahren (Listenrechnung) nach Imhoff $Q_R = \varphi \cdot \Sigma\Psi \cdot r \cdot A_E$ rechnerisch	Zeitabflußfaktorverfahren (Listenrechnung) nach Pecher $Q_R = \varepsilon(t)\Sigma\psi_s \cdot r \cdot A_E$ rechnerisch
Beurteilung des Verfahrens	Berechnung einfach, Dimensionierung unwirtschaftlich bei größeren Gebieten. Form des Einzugsgebietes bleibt unberücksichtigt	Zeitaufwand groß. Genauere, wirtschaftliche Dimensionierung bei größeren Gebieten. Form des Einzugsgebietes wird berücksichtigt.	Zeitaufwand sehr groß. Genauere, wirtschaftliche Dimensionierung, Speicherwirkung der Kanäle wird berücksichtigt, deshalb kleinere Abmessungen. Form des Gebietes wird berücksichtigt.	Listenrechnung, Zeitaufwand mäßig. Berücksichtigung von Regen längerer Dauer. Form des Einzugsgebietes nur teilweise berücksichtigt. Wirtschaftlichkeit der Dimensionierung entspricht etwa 2.	Listenrechnung, Zeitaufwand gering. Berücksichtigung von Regen längerer Dauer. Form des Einzugsgebietes teilweise berücksichtigt. Zeitl. Veränderlichkeit des Abflußbeiwertes berücksichtigt. Wirtschaftliche Dimensionierung.
Anwendungsbereich	Bei kleinen, gleichmäßig geformten Gebieten, wenn die Fließzeit < Regendauer des Berechnungsregens.	Bei ungleichmäßigen, größeren Gebieten. Ergänzungsuntersuchungen von Sammlern.	Bei ungleichmäßigen, größeren Gebieten und schwachem Gefälle. Nachrechnung vorhandener Netze auf zusätzliche Aufnahmefähigkeit.	Sehr häufig angewandt. Geeignet bei Gebieten mit etwa gleichmäßiger Gebietsform.	Neueres Verfahren. Auch anwendbar in Kombination mit dem Summenlinienverfahren. Anwendung, wenn Differenzierung der Abflußvorgänge vom Einzugsgebiet her notwendig.

Regenabfluß verändert (mit ε) $Q_R = \Sigma(\varepsilon \cdot \Sigma Qr_{15})$				**Fließzeit**		**Gefälle** 1: n		**Querschnitt**		**Vollfüllung**		**Regenwetter**		**Bemerkungen**
zusammen $\varepsilon \Sigma Q_{r\,15}$ mittlere Geländeneigung														
$J_g <$ 1%	1% $\leqq J_g \leqq$ 10%	$J_g >$ 10%	zus. Q_R	ein-zeln t_f	zus. Σt_f	Sohle J_s	Wsp. J_w	Form	Größe	Leist. Q_v	Ge-schw. v_v	Ge-schw. v_m	Füllh. h_m	
[l/s]	[l/s]	[l/s]	[l/s]	[min]	[min]	n	n	–	[mm]	[l/s]	[m/s]	[m/s]	[cm]	
22	23	24	25	26	27	28	29	30	31	32	33	34	35	36
		164	164	4,9		200			500	268	1,36	1,43	28	ε wurde für v_m berechnet.
		210	210	7,3		250			500	240	1,22	1,37	36	
		156	156	8,3		300			500	218	1,11	1,2	31	
		502	502	3,5	11,8	400			800	654	1,3	1,43	53	
	96		96	7,4		400			400	105	0,83	0,94	30	
	155		155	5,3		350			500	202	1,03	1,13	33	
1)	273	415,4	688,4	6,4	18,2	500			900	797	1,25	1,4	60	
	144		144	2,6		300			500	218	1,11	1,9	29	
	120		120	5,6		250			400	133	1,05	1,08	29	
	420		420	5,0	10,6	400			700	459	1,19	1,34	50	
	165		165	5,8		350			500	202	1,03	1,15	34	
	294		294	4,1	9,9	400			600	306	1,08	1,23	45	
2)	781,3	338,1	1119,4	6,8	25	600			1200	1549	1,37	1,48	73	

1) $325 \cdot 0{,}84 = 273$; $483 \cdot 0{,}86 = 415{,}4$; $273 + 415{,}4 = 688{,}4$
2) $1149 \cdot 0{,}68 = 781{,}3$; $483 \cdot 0{,}7 = 338{,}1$; $781{,}3 + 338{,}1 = 1119{,}4$

1.4.8 Vergleich und Anwendung der hydrologischen Berechnungsverfahren

In Tafel **36**.2 sind die hier behandelten Verfahren zusammengestellt, beurteilt und die Möglichkeiten ihrer Anwendungen erläutert.

Bei diesen hydrologischen Berechnungsverfahren werden u. a. folgende Einschränkungen in Kauf genommen:

1. Zuordnung eines allen Netzteilen gemeinsamen Fließzustandes fehlt. Der Ansatz beim Zeitbeiwertverfahren: „max Q_R bei Regendauer gleich Fließzeit“ trifft nicht immer zu. Die trapezförmigen Abflußkurven beim Summenlinienverfahren sind stark vereinfacht.

2. Ermittlung der Fließzeiten für Vollfüllung oder Teilfüllung und Sohlgefälle der Leitungen. Abweichungen des Spiegelgefälles, Rückstau, Wechsel der Fließrichtung werden nicht erfaßt.

3. Verbundwirkung des Netzes bleibt unberücksichtigt. Verzweigungsberechnungen können bei vorhandenen Netzen ungeeignete Sanierungen vermeiden.

4. Speicherraum des Kanalnetzes wird vernachlässigt. Man verzichtet auf die bei kürzeren Regen und flachem Gefälle sehr willkommene Retentionswirkung.

1.4.9 Berechnungsverfahren mit Datenverarbeitung

Bei großen RW-Gebieten und für die Nachrechnung von großen, schon vorhandenen RW-Netzen empfiehlt sich die Benutzung von hydrodynamischen Methoden und der EDV. Grundlage bilden die hier unter Abschn. 1.4.2 bis 1.4.8 beschriebenen oder andere mathematische Verfahren (z.B.: Ganglinien-Volumen-Methode nach Dorsch oder Oberflächenabflußmodell der Water Res. Engineers, Cal. USA, Elnet der Steinzeugindustrie). Der Oberflächenabfluß wird mathematisch simuliert, unter Verwendung der partiellen Differentialgleichungen der Hydraulik elektronisch gerechnet. Als Eingabe werden Niederschlagsganglinien von Regen und die Oberflächendaten benutzt. Errechnet werden Abflußganglinien von Testgebieten. Der Abflußbeiwert Ψ braucht nicht mehr geschätzt zu werden. Die Abflußganglinien des Oberflächenabflusses bilden dann die Zuflußganglinien als Input für das Programm der Kanalnetzberechnung.

Durch vergleichende Messungen in städtischen RW-Netzen wird die Brauchbarkeit des Programms nachgewiesen (Modellregen).

Hydraulische Grundlagen für den Oberflächenabfluß (St. Venant)

Kontinuitätsgleichung (s.a. Abschn. 1.3.4):

$$\frac{\partial y}{\partial t} + \frac{\partial q}{\partial x} = r(t) - i(t) - \frac{\partial B}{\partial t} - \frac{\partial M\,(y,\,J_s)}{\partial t}$$

Energiegleichung:

$$\frac{\partial y}{\partial x} + \frac{v\,\partial v}{g \cdot \partial x} + \frac{\partial v}{g \cdot \partial t} = J_S - J_R$$

mit

y = Wassertiefe
x = Fließzeit
t = Zeit
q = spezifischer Abfluß z.B. in l/(s · ha)
v = Fließgeschwindigkeit
g = Erdbeschleunigung

r = Regenspende
i = Versickerung
B = Benetzungsverlust
M = spezieller Muldenverlust
J_S = Oberflächengefälle
J_R = Reibungsgefälle

Für J_R stehen die bekannten Fließformeln zur Verfügung. ATV-A 110 [1] empfiehlt die Formel von Darcy mit λ nach Prandtl-Colebrook. Für offene Gerinne wird die Formel von Gaukler-Manning-Strickler empfohlen (s. Abschn. 2.5).

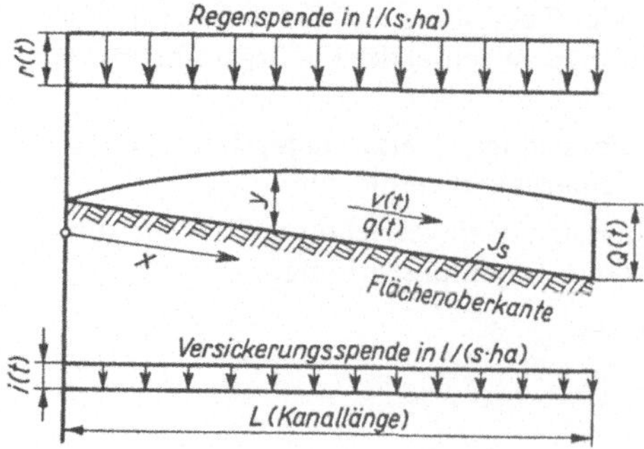

38.1 Schema des Oberflächenabflusses

Die Benetzungsverluste B sind nur zeitabhängig. Die Muldentiefen werden für einen Flächenabschnitt gleichmäßig verteilt angenommen. Das Muldenvolumen ist abhängig von der Muldentiefe und dem Oberflächengefälle: $M\ (y\ J_S)$.

Die Versickerung wird meist mit empirischen Formeln beschrieben, z.B. Gleichung von Horton:

$$i = i_c + (i_o - i_c)\, e^{-k \cdot t}, \quad \text{wenn } r > i$$

$i_o \triangleq$ Anfangsversickerung
$i_c \triangleq$ Endversickerung
$k \triangleq$ empirischer Beiwert

Die Verdunstung spielt eine Rolle bei der Abkühlung der Oberfläche zu Regenbeginn. Sie kann bei den Benetzungsverlusten mit berücksichtigt werden. Die Verdunstung von den mit Wasser überzogenen Flächen bei Starkregen ist vernachlässigbar klein.

Der Abfluß in einem Abwasserkanal ist meist ein ungleichförmiger, diskontinuierlicher und instationärer Fließvorgang.

Ungleichförmigkeit liegt vor, wenn sich die Fließgeschwindigkeit, die Fülltiefe und der durchflossene Querschnitt ändern. Dies geschieht durch Zuflüsse, Querschnittwechsel, Gefällewechsel, Schachtgerinne, Rückstau, Abstürze. Bei den manuellen Verfahren geht man von einem konstanten Abfluß in einer Kanalstrecke mit konstantem h', v und A aus. Mit Hilfe der Energiegleichung läßt sich dies genauer berücksichtigen.

Diskontinuierlicher Abfluß liegt bei $\frac{\partial Q}{\partial x} \neq 0$ vor. Q ändert sich im Kanal ständig durch Hausanschlüsse, Straßeneinläufe usw. Das Glied $\frac{v}{g}\frac{\partial v}{\partial x}$ berücksichtigt den Energieaufwand für die Beschleunigung der Zuflüsse.

Instationärer Abfluß liegt bei $\frac{\partial v}{\partial t} \neq 0$ vor. In RW-Netzen verläuft der Abfluß in Form einer Ganglinie $Q = f(t)$. Dies auch bei dem fiktiven Fall r und $\Psi = \text{const.}$ Normal ist aber $r = f(t)$ und $\Psi = f(t)$.

Die geschlossene Lösung der o.g. partiellen Differentialgleichungen ist nur schwer möglich. Man vereinfacht die Energiegleichung dann oft zu:

$$\frac{v \cdot dv}{g \cdot dx} + \frac{dy}{dx} = J_S - J_R$$

und berücksichtigt das Reibungsgefälle J_R nach Darcy-Weisbach mit λ nach Prandtl-Colebrook

$$J_R = \lambda \cdot \frac{l}{4\,R} \cdot \frac{v^2}{2\,g}$$

Man ermittelt die Abflußganglinie im wesentlichen mit der Kontinuitätsgleichung, wobei das Speichervermögen des Kanals $= V$ bis zur Bildung des eigentlichen Fließvorganges berücksichtigt wird:

$$Q_{zu}(t) - Q_{ab}(t) = \frac{dV}{dt}$$

$Q_{ab}(t)$ und dV/dt können aus der Energiegleichung gewonnen werden. Die Abflußganglinie und die Wasserspiegelhöhe läßt sich dann iterativ ermitteln.

Bild **40**.1 stellt die Berechnung von zwei RW-Einzugsgebieten nach der Ganglinien-Volumen-Methode gegenüber.

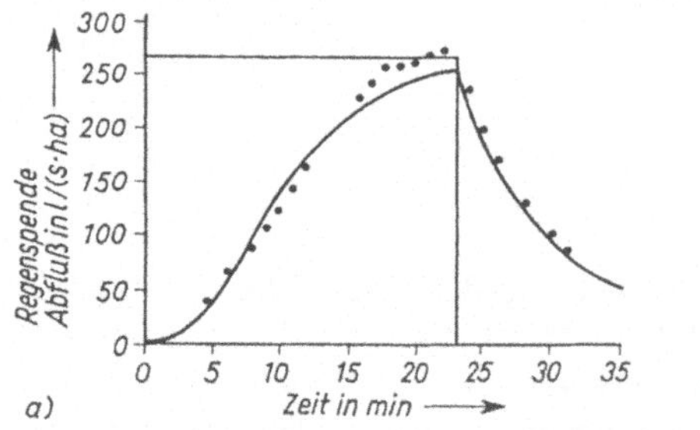

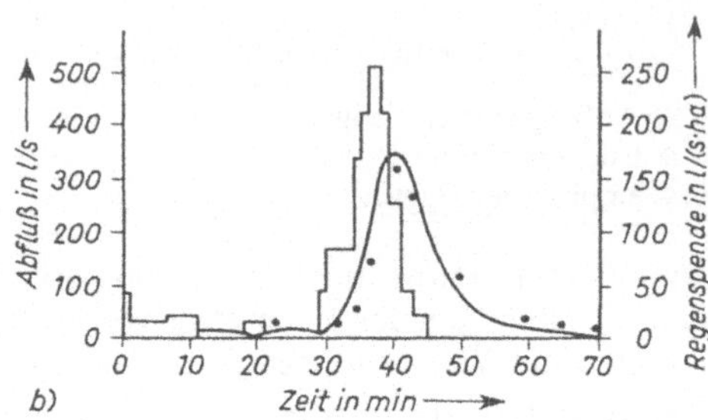

40.1 Gerechnete Abflußganglinien

a) Testfläche mit Rasen, Gefälle 1%

b) Stadtgebiet, Regendauer T = 45 min; N = 13 mm

gemessener Abfluß

gemessener Niederschlag

gerechneter Abfluß

Bild **40**.2 zeigt einen Rechennetzplan für ein RW-Testgebiet.

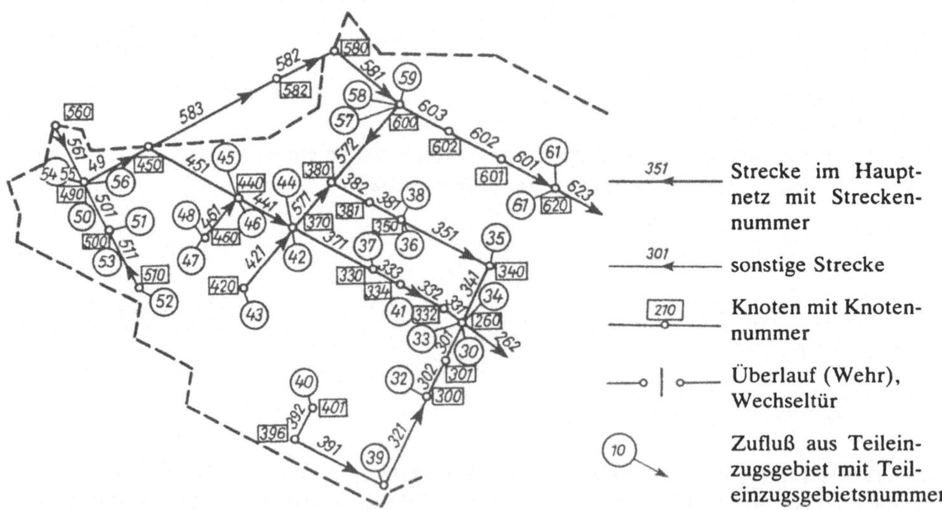

40.2 Ausschnitt aus einem Rechennetzplan für ein Testgebiet

Tafel **41**.1 gibt eine Übersicht zur Anwendung der verschiedenen Verfahren, abhängig von der Aufgabenstellung und der Charakteristik des Kanalnetzes.

Tafel **41**.1 Anwendungsbereiche der Methoden zur Kanalnetzberechnung. S. auch [1]-ATV 119 u. -ATV 120, [20a], [21a] und [41a]

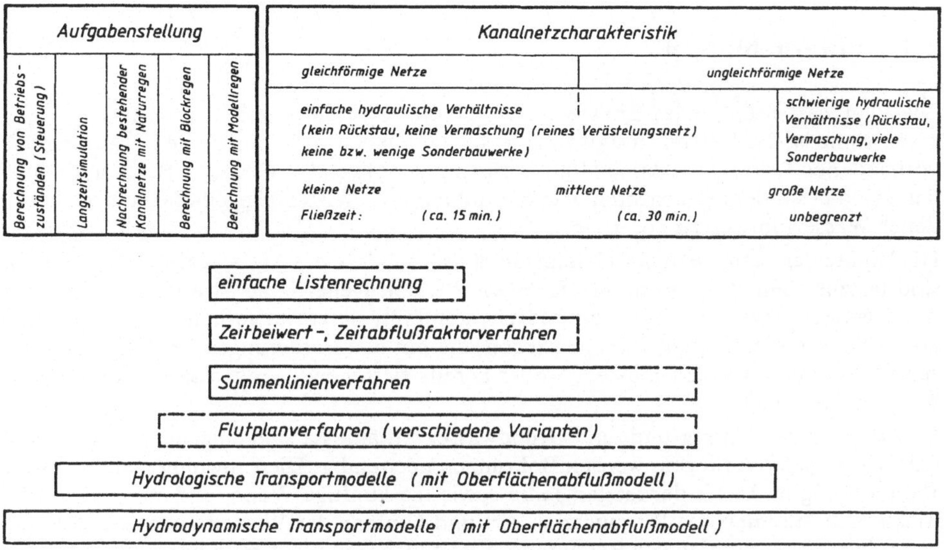

Aufgabenstellung					Kanalnetzcharakteristik		
Berechnung von Betriebszuständen (Steuerung)	Langzeitsimulation	Nachrechnung bestehender Kanalnetze mit Naturregen	Berechnung mit Blockregen	Berechnung mit Modellregen	gleichförmige Netze	ungleichförmige Netze	
					einfache hydraulische Verhältnisse (kein Rückstau, keine Vermaschung (reines Verästelungsnetz) keine bzw. wenige Sonderbauwerke)		schwierige hydraulische Verhältnisse (Rückstau, Vermaschung, viele Sonderbauwerke
					kleine Netze Fließzeit: (ca. 15 min.)	mittlere Netze (ca. 30 min.)	große Netze unbegrenzt

- einfache Listenrechnung
- Zeitbeiwert-, Zeitabflußfaktorverfahren
- Summenlinienverfahren
- Flutplanverfahren (verschiedene Varianten)
- Hydrologische Transportmodelle (mit Oberflächenabflußmodell)
- Hydrodynamische Transportmodelle (mit Oberflächenabflußmodell)

2 Grundlagen des Entwässerungsentwurfs

2.1 Vorerhebungen

Die Planbearbeitung eines Entwässerungsgebietes erfordert viele Vorüberlegungen. In erster Linie ist die Geländegestalt zu untersuchen; dabei wird immer eine Ergänzung der vorhandenen Unterlagen durch Höhenaufnahmen notwendig. Graben-, Bach- und Flußläufe sind besonders zu beachten und ihre Sohlen- und Wasserspiegelhöhen bei verschiedener Wasserführung zu ermitteln.

Die Dichte der vorhandenen Bebauung und insbesondere die Art der Straßenbefestigung sind festzustellen. Eine Kenntnis der maßgebenden Kellertiefen ist notwendig. Soweit das Entwässerungsgebiet unbebaute Flächen umfaßt, sind etwa vorhandene Bebauungs- oder Flächennutzungspläne heranzuziehen, die mit den Forderungen der Ortsentwässerung koordiniert werden müssen, wobei bereits bestehende Entwässerungsanlagen zu berücksichtigen sind.

Unterlagen über Untergrund- und Grundwasserverhältnisse sind eingehend zu überprüfen; wo sie nicht vorliegen, werden Bohrungen notwendig. Die Einwohnerzahl und ihre Veränderung im Laufe der letzten Jahre sowie die künftige Wohn- und Wirtschaftsentwicklung bestimmen das Planungsziel. Art und Umfang der Wasserversorgung sind für den Schmutzwasseranfall von Bedeutung. Schließlich sind wichtige Industriebetriebe und gewerbliche Unternehmen besonders zu beachten. Es ist auch notwendig, über die Art der Abwasserbehandlung und die Beseitigung von Faulschlamm sowie über den für diese Maßnahmen notwendigen Geländebedarf vor der Entwurfsaufstellung Klarheit zu haben.

In den folgenden Abschnitten wird die ingenieurmäßige Behandlung dieser Fragen erörtert. Die Abwassertechnische Vereinigung hat das Formblatt A 101 – Planung einer Ortsentwässerung – herausgegeben, das bei der Bearbeitung eines Entwurfes herangezogen werden sollte.

Der Begriff „Entwässerungsverfahren" umfaßt sowohl die Art der Abwassersammlung auf den Grundstücken als auch die der Abwasserableitung in den Straßen.

2.2 Grundstücksentwässerung

2.2.1 Arten der Grundstücksentwässerung

Die vollkommene Entwässerung. Schmutz- und Regenwasser werden vollständig und laufend abgeführt. Beim Neubau von Ortsentwässerungen ist nur noch dieses Verfahren zulässig.

Die unvollkommene oder Teilentwässerung. Nur das Regenwasser und ein Teil des Schmutzwassers werden zusammengefaßt und abgeführt, während der andere Teil, meist die Fäkalien, in Gruben oder Trockenaborten – dazu gehören auch die Hauskläر-

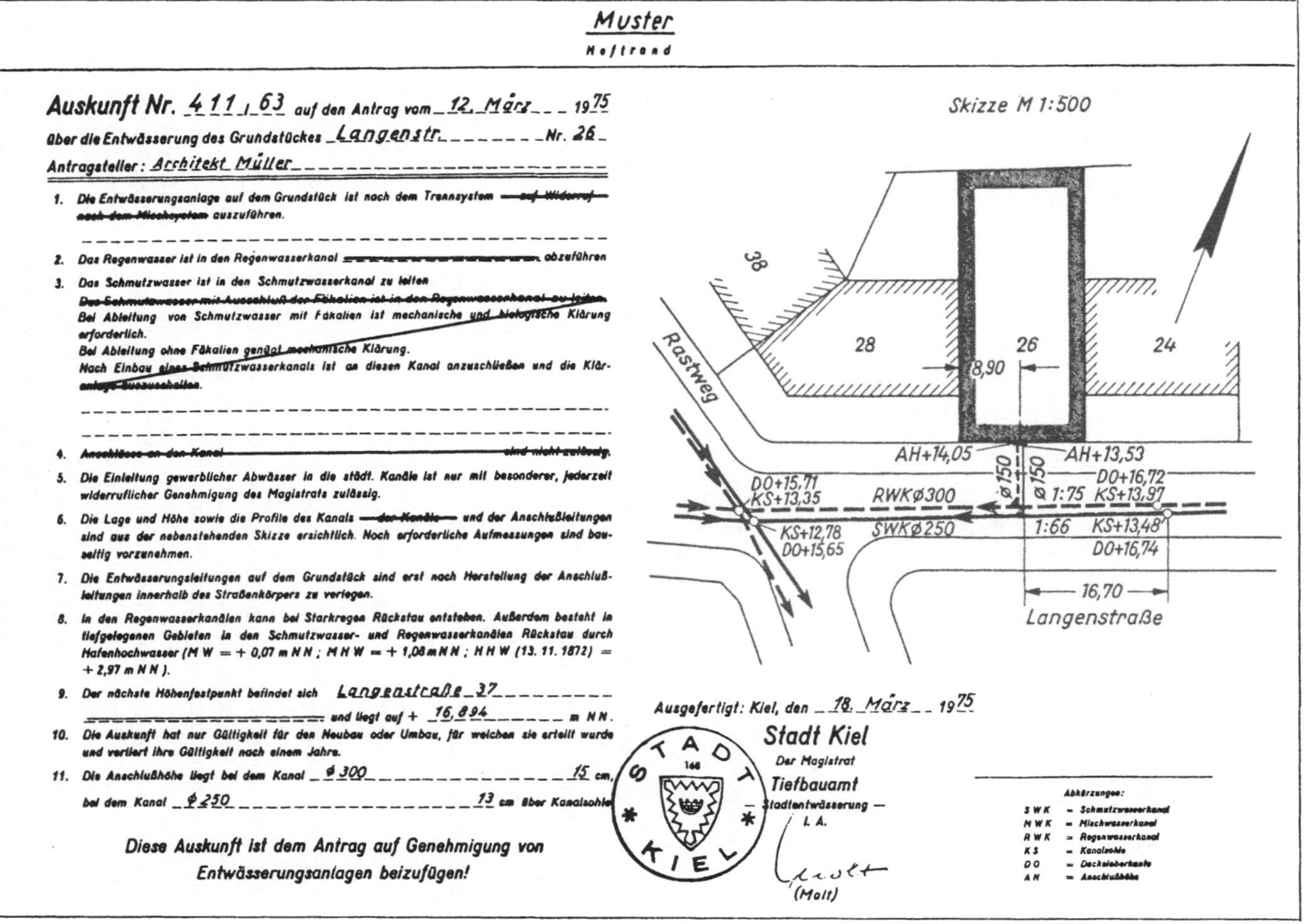

Muster

Heftrand

Auskunft Nr. 4 1 1 / 63 auf den Antrag vom 12. März 19 75

über die Entwässerung des Grundstückes Langenstr. Nr. 26

Antragsteller: Architekt Müller

1. Die Entwässerungsanlage auf dem Grundstück ist nach dem Trennsystem ~~auf Widerruf nach dem Mischsystem~~ auszuführen.

2. Das Regenwasser ist in den Regenwasserkanal abzuführen

3. Das Schmutzwasser ist in den Schmutzwasserkanal zu leiten
~~Das Schmutzwasser mit Ausschluß der Fäkalien ist in den Regenwasserkanal zu leiten.~~
~~Bei Ableitung von Schmutzwasser mit Fäkalien ist mechanische und biologische Klärung erforderlich.~~
~~Bei Ableitung ohne Fäkalien genügt mechanische Klärung.~~
~~Nach Einbau eines Schmutzwasserkanals ist an diesen Kanal anzuschließen und die Kläranlage auszuschalten.~~

4. ~~Anschlüsse an den Kanal sind nicht zulässig.~~

5. Die Einleitung gewerblicher Abwässer in die städt. Kanäle ist nur mit besonderer, jederzeit widerruflicher Genehmigung des Magistrats zulässig.

6. Die Lage und Höhe sowie die Profile des Kanals ~~der Kanäle~~ und der Anschlußleitungen sind aus der nebenstehenden Skizze ersichtlich. Noch erforderliche Aufmessungen sind bauseitig vorzunehmen.

7. Die Entwässerungsleitungen auf dem Grundstück sind erst nach Herstellung der Anschlußleitungen innerhalb des Straßenkörpers zu verlegen.

8. In den Regenwasserkanälen kann bei Starkregen Rückstau entstehen. Außerdem besteht in tiefgelegenen Gebieten in den Schmutzwasser- und Regenwasserkanälen Rückstau durch Hafenhochwasser (M W = + 0,07 m N N ; M H W = + 1,08 m N N ; H H W (13. 11. 1872) = + 2,97 m N N).

9. Der nächste Höhenfestpunkt befindet sich Langenstraße 37 und liegt auf + 16,894 m N N.

10. Die Auskunft hat nur Gültigkeit für den Neubau oder Umbau, für welchen sie erteilt wurde und verliert ihre Gültigkeit nach einem Jahre.

11. Die Anschlußhöhe liegt bei dem Kanal ø 300 15 cm, bei dem Kanal ø 250 13 cm über Kanalsohle

Diese Auskunft ist dem Antrag auf Genehmigung von Entwässerungsanlagen beizufügen!

Ausgefertigt: Kiel, den 18. März 19 75

Stadt Kiel
Der Magistrat
Tiefbauamt
— Stadtentwässerung —
I. A.
(Molt)

Abkürzungen:
S W K = Schmutzwasserkanal
M W K = Mischwasserkanal
R W K = Regenwasserkanal
K S = Kanalsohle
D O = Deckeloberkante
A H = Anschlußhöhe

43.1 Behördliche Entwässerungsauskunft

anlagen – gesammelt und abgefahren wird. Sie gestatten zwar die Ableitung allen Abwassers, müssen aber periodisch leergepumpt werden. Eine Teilentwässerung der Grundstücke ist hygienisch immer unbefriedigend. Sofern sie in älteren Ortsteilen noch, oder in neu zu erschließenden Gebieten vorübergehend besteht, darf sie nur als Behelf betrachtet werden.

Grundstücke ohne Entwässerungsmöglichkeit kommen selten vor. Das Unterbringen des Schmutzwassers auf dem Grundstück ist stets eine hygienisch bedenkliche Lösung; als endgültig kann sie nur bei abgelegenen Gehöften in Betracht kommen. Eine bestimmte Grundstücksgröße, z. B. $\geqq$ 600 bis 800 m^2, ist dann vorgeschrieben.

In größeren Städten erhält der Bauherr oder in seinem Auftrage der Architekt bei den Tiefbauämtern eine sog. Entwässerungsauskunft (**43**.1), die genaue Angaben über die vorzusehenden Entwässerungsverhältnisse des zu bebauenden Grundstückes enthält.

Für die Grundstücksentwässerungsanlagen gilt DIN 1986 Bl. 1 bis 4. Die zusätzlichen Forderungen der örtlichen Behörden sind in der Entwässerungsauskunft und in den Ortssatzungen über die Entwässerung enthalten. Zu einem Entwässerungsantrag gehören:

1. Lageplan des Grundstücks M 1:500 bis 1:1000 mit Eintragung der Gebäude, Brunnen, Dungstätten, Kläranlagen, Grundstücksgrenzen und -bezeichnungen (Auszug aus Flurkarte), Anschlußkanäle in der Straße, Dränagen des Grundstücks.

2. Grundrisse der Geschosse M 1:100 mit Eintragung der Zapfstellen, Abläufe, Fallrohre. Besonders wichtig ist der Kellergrundriß. Er soll enthalten: Grundleitungen mit Angabe der DN (Nennweite), Werkstoffe, Reinigungsöffnungen, Schächte, Absperrschieber, Rückstauverschlüsse, Fettabscheider, Benzinabscheider, Fäkalienhebeanlagen, Hauskläranlagen.

3. Schnitte der Gebäude M 1:100 durch die Hauptgrundleitungen bis zur Anschlußleitung mit Höhenangaben. Die Höhenzahlen sollen errechnet sein. Es sind die in DIN 1986 Bl. 1 angegebenen Sinnbilder für die Entwässerungsanlagen zu verwenden.

4. Ein Leitungsbild (Strangschema) mit den Rohrweiten der Anschluß-, Fall- und Lüftungsleitungen.

5. Die Berechnung der einzelnen Grund- und Falleitungen nach DIN 1986, T 2.

Bild **45**.1 zeigt einen Kellergrundriß für Mischsystem. Die Zusammenführung aller Leitungen erfolgt vor dem Kontrollschacht. Die Kellerabläufe sind mit Rückstauverschlüssen an die Grundleitungen angeschlossen. Weitere Entwässerungsgegenstände befinden sich nicht im Kellergeschoß. In Bild **45**.2 ist ein Gebäudeaufriß für Trennsystem dargestellt. Im Kellergeschoß befinden sich die verschiedensten Entwässerungsgegenstände.

2.2.2 Anschlußkanal

Jedes Grundstück soll mit nur einem Anschlußkanal (bei Trennsystem je einem für Schmutz- und Regenwasser) an den (die) Straßenkanäle angeschlossen sein. Der Anschlußkanal führt ohne horizontale Richtungsänderung vom Straßenkanal zum Kontrollschacht auf dem Grundstück, der direkt hinter der Grundstücksgrenze oder bei kurzen Anschlüssen ($\leqq$ 15 m Abstand Kontrollschacht bis Straßenkanal) im Keller des Hauses liegt. An einen Schacht der Straßenkanäle darf i. allg. nicht angeschlossen werden, weil dadurch die Kontroll- und Reinigungsarbeiten behindert würden. Das Gefälle der Hausanschlüsse beträgt bei Wohnhäusern J = 1:50 bis 1:100. Bei tiefer Lage des Straßenkanals kann man nach dem Anschluß in Kämpferhöhe durch Krümmer zunächst in die vertikale und dann bei normaler und ausreichender Tiefenlage wieder in horizontale Verlegerichtung übergehen. Das vertikale Anschlußteilstück in der Straße ist gut mit

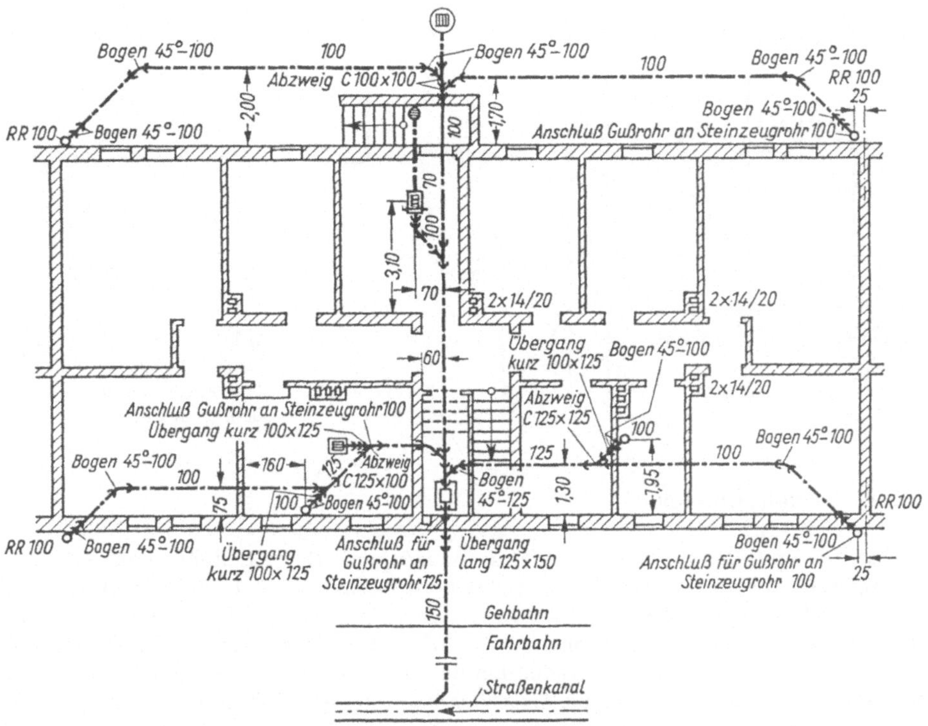

45.1 Kellergeschoß-Grundriß mit Grundleitungen für Mischsystem (M 1:200) [80]

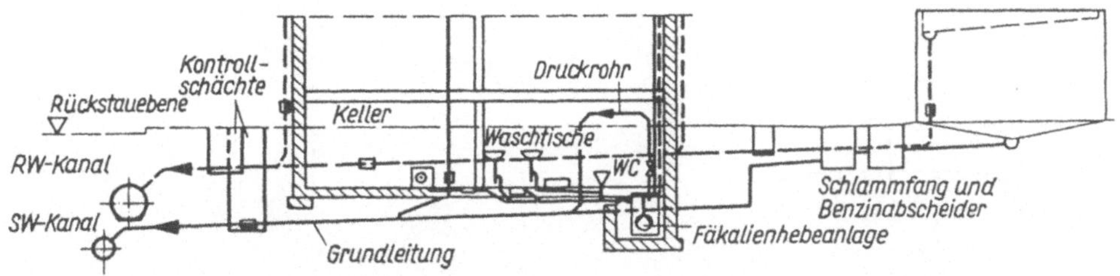

45.2 Schematischer Gebäudeaufriß für Entwässerung im Trennsystem mit Entwässerungsgegenständen im Keller und tiefliegender Grundleitung

Stampfbeton zu unterstampfen und bis zum oberen Krümmer ebenfalls in einen Stampfbetonmantel zu setzen. Die Anschlußleitung bis zur Grundstücksgrenze wird i. allg. durch die Gemeinde auf Kosten des Anschlußnehmers hergestellt (**84**.1 oder **85**.1).

Schwierigkeiten entstehen beim Aufsuchen der Anschlüsse an der Grundstücksgrenze. Bild **46**.1 zeigt die Gegenüberstellung eines Bestandplanes mit der tatsächlichen Lage der Schächte und Anschlüsse (SWAH = Schmutzwasseranschlußhöhe, RWAH = Regenwasseranschlußhöhe).

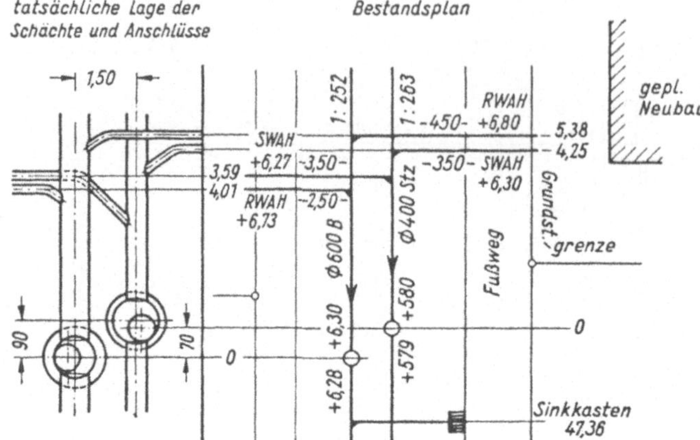

46.1 Anschlußleitungen im Bestandsplan und in ihrer tatsächlichen Lage

2.2.3 Grundleitungen

Auf dem Grundstück im Erdreich oder im Baukörper verlegte Leitungen mit Sohlgefälle. Im Erdreich sollen sie frostfrei liegen (Überdeckung z. B. ≧ 1,0 m). Richtungsänderungen sind mit Hilfe von Formstücken (Krümmer, Abzweige, Übergangsformstücke) vorzunehmen. Richtungsänderungen von ≧ 45° sind durch mehrere Bogenstücke ≦ 45° auszuführen. Das Gefälle von geraden Leitungsabschnitten muß gleichmäßig sein. Dränagen sammeln das Grundwasser. Geschlossene Leitungen führen das Wasser ab. Die fehlerhafte Verwendung von Dränrohren an Stelle von geschlossenen Muffenleitungen führt zur Verteilung des Wassers auf dem Grundstück und entspricht nicht der baulichen

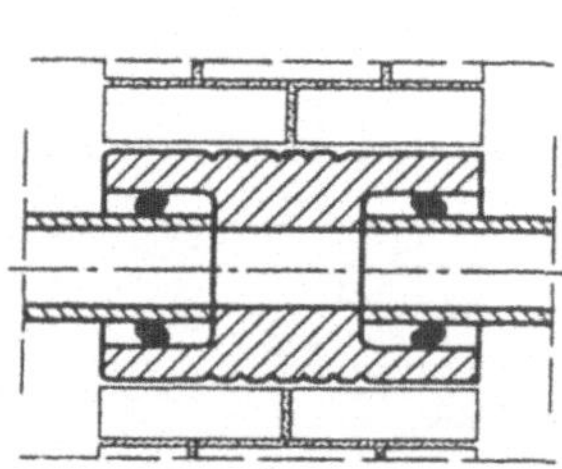

46.2 Mauerdurchführung einer Grundleitung, System Cordes, für DN 100, 125, 150, 200, anschließbar sind alle Rohrarten

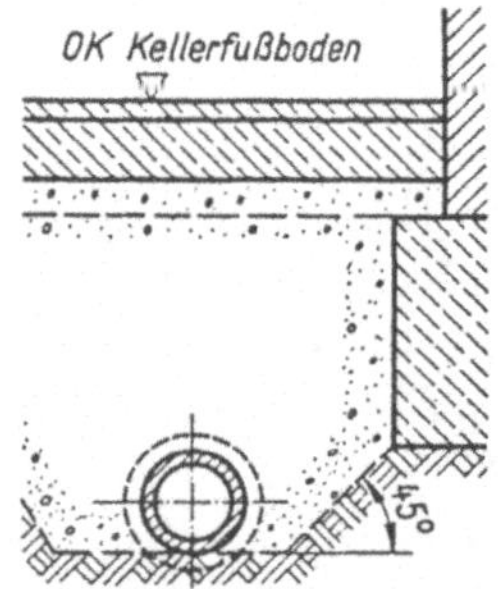

46.3 Grundleitung parallel zum Streifenfundament

Absicht. Innerhalb des Gebäudes liegen die Grundleitungen unter den Kellerfußböden oder sind an den Kellerwänden aufgehängt. Als Erdleitungen verwendet man Steinzeug-, Beton-, Kunststoff- oder Asbestzementrohre, in den Kellerräumen wegen der Montage bzw. des Gewichts Grauguß, Kunststoff oder Asbestzement. Durch Wände geführte Leitungen dürfen nicht fest eingebaut werden (**46**.2). Parallel zu den Fundamenten verlaufende Leitungen sollen vom Fundament nicht belastet werden und auch dessen Tragfähigkeit nicht vermindern (**46**.3).

2.2.4 Kontrollschächte

Sie werden in weniger als 15 m Entfernung vom Straßenkanal, sonst in Abständen $\leqq$ 20 m oder vor Richtungsänderungen gefordert. Im Freien entsprechen die Schächte auf den Grundstücken in der baulichen Ausführung den Schächten der Straßenkanäle (s. Abschn. 3.3.2). Die lichte Weite besteigbarer Schächte soll jedoch mindestens 0,8 · 1,0 m, 0,9 · 0,9 m oder ∅ 1,0 m betragen. Schächte mit < 0,8 m Tiefe sollen $\geqq$ 0,6 m · 0,8 m haben. Die Leitungen können offen oder geschlossen durch den Schacht geführt werden. Bei Prüfschächten im Gebäude (**47**.1) müssen die Reinigungsöffnungen der Leitungen geschlossen sein. Bei Schächten, deren Deckel unter der Rückstauebene liegen, sind die Rohre geschlossen hindurchzuführen oder die Schächte sind gegen Wasseraustritt zu sichern. Die Verpflichtung zur Reinigung des Anschlußkanals bis zum Straßenkanal obliegt dem Anschlußnehmer.

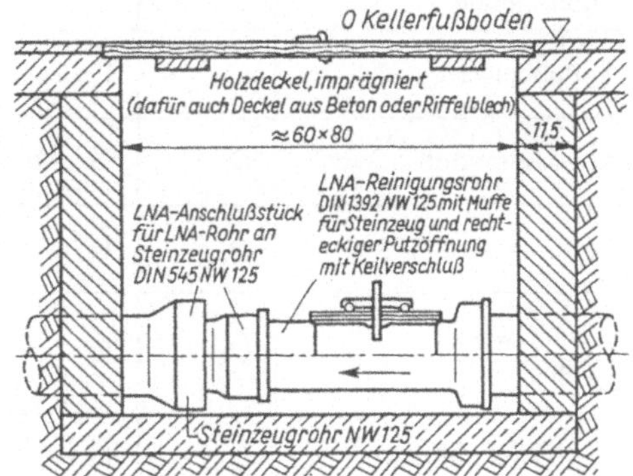

47.1 Prüfschacht im Kellergeschoß (M 1:20)

2.2.5 Falleitungen

Lotrechte Leitungen, die ohne Querschnittsverengung durch die Geschosse führen und an der Grundleitung enden.

Es ist zum freien Abfluß nötig, daß sich Luft bewegen und auch entweichen kann. Alle Falleitungen sollen deshalb senkrecht bis über das Dach geführt werden und dürfen keine Geruchverschlüsse haben. Auch die Belüftung der Straßenkanäle erfolgt über die Fallrohre der Grundstücksentwässerung. Falleitungen für hohe Häuser sind durch zwei Formstücke mit 45° und Zwischenstück der Länge $\geqq$ 2,5 DN in liegende Leitungen zu überführen.

2.2.6 Rohrweiten der Grundstücksentwässerungsleitungen

Die Nennweite der Rohrleitungen wird nach DIN 1986 Bl. 2 bestimmt. Es soll gewährleistet sein, daß

1. das Abwasser im Sinne von DIN 4109 (Schallschutz im Hochbau) geräuscharm abfließt,
2. der durch den Abflußvorgang verursachte Sperrwasserverlust die Geruchverschlußhöhe um nicht mehr als 25 mm reduziert,
3. das Sperrwasser weder durch Unterdruck durchbrochen noch durch Überdruck herausgedrückt wird,
4. größere Nennweiten, als nach dieser Norm erforderlich, nicht verwendet werden,
5. die Selbstreinigung der Leitungen erreicht und
6. die Lüftung der Entwässerungsanlage gesichert ist.

Tafel **48**.1 Begriffe, Einheiten und Erklärungen nach DIN 1986

Benennung	Zeichen	Einheit	Erklärung
Regenspende	r	l/(s · ha)	Regensumme in der Zeiteinheit, bezogen auf die Fläche
Regenwasser-abflußspende	q_r	l/(s · ha)	Regenwasserabfluß, bezogen auf die Fläche
Abflußbeiwert	ψ	1	Verhältnis der Regenwasserabflußspende zur Regenspende
Abwasserabfluß	Q_e	l/s	Tatsächliche Abwassermenge, die je Sekunde zufließt bzw. abgeführt wird
Regenwasserabfluß	Q_r	l/s	Regenwassermenge, die sich aus Regenspende, Abflußbeiwert und Niederschlagsfläche ergibt
Schmutzwasser-abfluß	Q_s	l/s	Schmutzwassermenge, die sich aus der Summe der Anschlußwerte unter Berücksichtigung der Gleichzeitigkeit ergibt
Mischwasserabfluß	Q_m	l/s	Summe von Schmutzwasser- und Regenwasser-abfluß
Förderstrom der Pumpe	Q_p	l/s	Abwassermenge, die je Sekunde von einer Pumpe aus der Abwassererhebeanlage gefördert wird
Anschlußwert	AW_s	1	Dimensionsloser Bemessungswert für den angeschlossenen Entwässerungsgegenstand (1 $AW_s \triangleq$ 1 l/s)
Summe (Σ) der Anschlußwerte	$\Sigma\, AW_s$	1	
Abflußkennzahl	K	l/s	Variable Größe; ergibt sich aus Gebäudeart und Abflußcharakteristik
Abfluß bei Vollfüllung	Q_v	l/s	Rechnerischer Abfluß einer Leitung (eines Kanals) bei voller Füllung ($h = d$)
Abfluß bei Teilfüllung	Q_T	l/s	Rechnerischer Abfluß einer Leitung (eines Kanals) bei teilweiser Füllung (h)
Füllungsgrad	h/d	1	Verhältnis der Füllhöhe h zum Durchmesser d
Gefälle	J	1	Gefälle der Energielinie ≙ Leitungsgefäße

Für Hausentwässerungssysteme mit einer Hauptlüftung (s. DIN 1986 Bl. 1 – meist üblich) gelten die hier gemachten Ausführungen.

Leitungen für Schmutzwasser. Maßgebend für die Bestimmung der Nennweiten ist der Schmutzwasserabfluß Q_s, der unter Berücksichtigung der Gleichzeitigkeit aus der Summe der Anschlußwerte ermittelt wird.

$$Q_s = K \cdot \sqrt{\Sigma\, AW_s} \qquad K \triangleq \text{Abflußkennzahl}$$

Im Wohnungsbau gilt

$$Q_s = 0{,}5\sqrt{\Sigma\, AW_s} \qquad \text{(Bild 49.1)}$$

Bei Entwässerungsanlagen, die den genannten Bedingungen nicht entsprechen, ist der zu erwartende Schmutzwasseranfall gesondert festzulegen. Zum Beispiel kann bei Anlagen, die sowohl reine Industrieabwässer als auch Wasser aus Sozialräumen abführen, die Abflußkennzahl wie bei Schulen, Krankenhäusern, Großgaststätten und Großhotels.

$$Q_s = 0{,}7\sqrt{\Sigma AW_s} \qquad \text{(Bild 49.1)}$$

Für Reihendusch- oder -waschanlagen gilt als Richtwert

$$Q_s = 1{,}0 \cdot \sqrt{\Sigma AW_s}$$

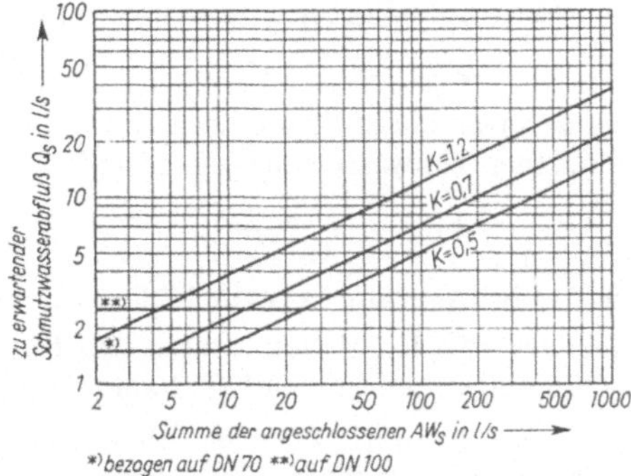

49.1 Ermittlung der Schmutzwassermenge Q_s aus der Anschlußwertesumme ΣAW_s

Tafel **49**.2 Anschlußwerte AW_s der Entwässerungsgegenstände und Nennweite der Einzelanschlußleitung

Nr.	Entwässerungsgegenstand oder Art der Leitung	Anschlußwert AW_s	Nennweite der Einzelanschlußleitung DN
1	Handwaschbecken, Waschtisch, Sitzwaschbecken	0,5	40
2	Küchenablaufstellen (Spülbecken, Spültisch einfach und doppelt) einschließlich Geschirrspülmaschine bis zu 12 Maßgedecken, Ausguß, Haushalts-Waschmaschine bis zu 6 kg Trockenwäsche mit eigenem Geruchverschluß	1	50
3	Waschmaschine 6 bis 12 kg Trockenwäsche	1,5*)	70
4	Gewerbliche Geschirrspülmaschine, Kühlmaschine	2*)	100
5	Urinal (Einzelbecken)	0,5	50
5a	Urinalrinnen und Reihenurinale		
	bis 2 Stände	0,5	70
	bis 4 Stände	1	70
	bis 6 Stände	1,5	70
	über 6 Stände	2	100
6	Bodenablauf DN 50	1	50
	DN 70	1,5	70
	DN 100	2	100
7	Klosett, Steckbeckenspülapparat	2,5	100
8	Brausewanne, Fußwaschbecken	1	50
9	Badewanne mit direktem Anschluß	1	50
10	Badewanne mit direktem Anschluß, Anschlußleitung oberhalb des Fußbodens bis zu 1 m Länge, eingeführt in eine Leitung $\geqq$ DN 70	1	40
11	Badewanne oder Brausewanne mit indirektem Anschluß (Badablauf), Anschlußleitung bis 2 m Länge	1	50
12	Badewanne oder Brausewanne mit indirektem Anschluß (Badablauf), Anschlußleitung länger als 2 m	1	70
13	Verbindungsleitung zwischen Wannenablaufventil und Badablauf min.	-	32

*) Bei vorliegenden Werksangaben müssen der Bemessung die tatsächlichen Werte zugrundegelegt werden.

Für Laboranlagen in Industriebetrieben gilt als Richtwert

$$Q_s = 1{,}2\sqrt{\Sigma AW_s} \qquad \text{(Bild 49.1)}$$

Ist der nach diesem Verfahren ermittelte Wert kleiner als der größte Anschlußwert eines einzelnen Entwässerungsgegenstandes, so ist letzterer maßgebend.

$$AW_s = \frac{Q}{1{,}0 \text{ l/s}}$$

mit Q in l/s, ergibt AW_s in 1 (dimensionslos)

Die erforderlichen Nennweiten von Einzelanschlußleitungen sind mit den zugehörigen Anschlußwerten in Tafel **49**.2 aufgeführt.

Wird eine Einheit (Wohnung, Hotelzimmer) betrachtet, dann können statt der aus Tafel **49**.2 ermittelten ΣAW_s für die Bemessung von Fall-, Sammel- und Grundleitungen die reduzierten Werte ΣAW_s nach Tafel **50**.1 verwendet werden; nicht jedoch für Sammelanschlußleitungen.

Tafel **50**.1 Reduktion der Anschlußwerte

Nr.	Zahl der an eine Fallleitung angeschlossenen Sanitärräume	Reduktionsfaktor	Sanitärausstattung und zugehörige Anschlußwerte nach Tabelle 3 (Beispiele)		ΣAW_s	reduzierte ΣAW_s auf 0,5 gerundet
1	3 Sanitärräume einer Wohnung	0,7	Küche, Spüle	1		
			Bad, Klosett	2,5		
			Wanne o. Dusche	1		
			Waschtisch	0,5		
			WC-Raum			
			Klosett	2,5		
			Waschtisch	0,5	8	5,5
2	2 Sanitärräume einer Wohnung	0,7	Bad, Klosett	2,5		
			Wanne	1		
			Waschtisch	0,5		
			WC-Raum, Klosett	2,5		
			Waschtisch	0,5	7	5,0
3	1 Sanitärraum (ausgenommen Küche)	0,9	Hotelbadezimmer o. ä.			
			Klosett	2,5		
			Dusche o. Wanne	1		
			Sitzwaschbecken	0,5		
			Waschtisch	0,5	4,5	4,0

Tafel **50**.2 Summe der zulässigen Anschlußwerte AW_s der Sammelanschlußleitungen (Geschoßleitungen)

Nennweite der Anschlußleitung DN		50	70	100
zul. ΣAW_s	unbelüftet	1	3	16
	zul. L in m	6	10	10
	belüftet[1])	1,5	4,5	25

[1]) indirekt, umlüftet, sekundär

Sammelanschlußleitungen werden nach Tafel **51**.1, Falleitungen nach Tafel **51**.2 und liegende Leitungen (Sammel- und Grundleitungen) nach Bild **53**.1 bis **53**.3 bemessen.

Die Zahlen der Tafel **50**.2 sind Erfahrungswerte unter Berücksichtigung der unterschiedlichen Wahrscheinlichkeit gleichzeitiger Abflußvorgänge.

Tafel **51**.1 Weitere Belüftungsbedingungen von Sammelanschlußleitungen
$L \triangleq$ abgewickelte Leitungslänge, $H \triangleq$ Höhenunterschied

unbelüftet	DN 50, $L \leqq 6$ m, $H < 1$ m DN 70, DN 100, $L \leqq 10$ m, $H < 1$ m
belüftet oder nächsthöherer DN	DN 50, $L \leqq 6$ m, $H = 1$ bis 3 m DN 70, DN 100, $L \leqq 10$ m, $H = 1$ bis 3 m
belüftet	DN 100, $H > 1$ m mit Klosettanschlüssen DN 50, $L > 6$ m oder $H > 3$ m oder $AW_s > 16$ DN 70, DN 100, $L > 10$ m oder $H > 3$ m oder $AW_s > 16$

Tafel **51**.2 Schmutzwasserfalleitungen mit Hauptlüftung

1	2	3	4[2])	5
DN	LW mm zul. Abw. bis 5%[1])	zul. Anschlüsse AW_s	Anzahl der Klosetts	Q_s l/s zul. Wohnungsbau
70[3])	70	9	–	1,5
100	100	64	13	4
125	118[3])	112	22	5,3
	125	154	31	6,2
150	150	408	82	10,1

[1]) Bezogen auf die Querschnittsfläche (ohne Berücksichtigung der Auswirkung auf die hydraulische Bemessung).
[2]) Um Funktionsstörungen zu vermeiden, wurde beim Klosett als dem Entwä-Gegenstand mit z. Teil großem Feststoff- und Abwasseranfall die Anzahl der zul. Anschlüsse begrenzt.
[3]) Es dürfen nicht mehr als 4 Küchenablaufstellen an eine gesonderte Falleitung (Küchenstrang) angeschlossen werden.

Die Sammelanschlußleitungen dürfen nicht kleiner sein als die größte Einzelanschlußleitung, die Lüftungsleitungen nicht kleiner als die kleinste Einzelanschlußleitung.

Die Nennweiten müssen betragen:

für Falleitungen mindestens DN 70, für alle im Erdbereich verlegten Leitungen mindestens DN 100.

Tafel **51**.3 Abflußbeiwerte zur Ermittlung des Regenwasserabflusses Q_r
Q_r in l/s = (Fläche in ha) · [Regenspende in l/(s · ha)] · Abflußbeiwert

Art der angeschlossenen Fläche	Abflußbeiwert Ψ	Art der angeschlossenen Fläche	Abflußbeiwert Ψ
Dächer, $\geqq 15°$ Neigung	1	ungepflasterte Straßen, Höfe und Promenaden	0,5
Dächer, $< 15°$ Neigung	0,8	Spiel- und Sportplätze	0,25
Kiesschüttdächer	0,5	Vorgärten	0,15
Dachgärten	0,3	größere Gärten	0,1
Pflaster mit Fugenverguß, Schwarzdecken oder Betonflächen	0,9	Parks, Schreber- und Siedlungsgärten	0,05
Fußwege mit Platten oder Schlacke	0,6	Parks und Anlageflächen an Gewässern	0

Leitungen für Regenwasser. Die lichte Weite der liegenden Leitungen (Sammel- und Grundleitungen) ist abhängig von der angeschlossenen Niederschlagsfläche (Grundrißfläche) in m², der örtlich verschiedenen, maximalen Regenspende in l/(s · ha), dem gewählten Gefälle und dem Abflußbeiwert (s. Tafel **51**.3).

Die lichten Weiten mit den zugeordneten Nennweiten werden nach (**53**.2) ermittelt. Regenwasserfalleitungen und -anschlußleitungen sind nach (**53**.2) wie Leitungen im Gefälle 1:100 für mind. eine Regenspende von 300 l/(s · ha) zu bemessen.

Es gilt allgemein:

$$Q_r = \Psi \cdot A \cdot \frac{r}{10000} \quad \text{in l/s}$$

$A \triangleq$ Niederschlagsfläche in m²
$r \triangleq$ Regenspende in l/(s · ha)

Liegende Leitungen für Mischwasser. Der für die Bemessung von Mischwasserleitungen maßgebende Abfluß Q_m setzt sich zusammen aus dem anteiligen Schmutzwasserabfluß Q_s nach (**49**.1) und dem Regenwasserabfluß Q_r nach Tafel **51**.3.

$$Q_m = Q_s + Q_r \quad \text{in l/s}$$

Mit der Summe der Abflüsse Q_m wird nach Bild **53**.3 die lichte Weite bestimmt.

Die Nennweite von Grundleitungen für Regen- und Mischwasser außerhalb von Gebäuden und Anschlußkanälen im Anschluß an einen Schacht mit offenem Durchfluß kann ab DN 150 für Vollfüllung, Füllungsgrad $h/d = 1$ ermittelt werden.

Gefälleleitungen hinter der Anschlußstelle einer Abwasserdruckleitung sind nach folgendem Verfahren zu bemessen:

Bei Regenwasserleitungen ist der maximale Förderstrom der Pumpen Q_p dem Regenwasserabfluß Q_r hinzuzuzählen. Bei Schmutzwasser- und Mischwasserleitungen ist der jeweils größere Wert – Pumpenleistung oder übriger Abwasseranfall – maßgebend.

Bemessung der Lüftungsleitungen: Hauptlüftungen sind im Querschnitt der Falleitungen oder der Grundleitungen, andere Lüftungen mit einem verminderten Querschnitt der abwasserführenden Leitung zu verlegen (s. DIN 1986, T 2, Ziff. 13). Eine Ausnahme bildet die sekundäre Lüftung von Klosettanschlußleitungen, wo der Querschnitt der Lüftungsleitung DN 50 beträgt.

Beispiel: Ein Wohnhaus mit 8 Wohnungen, einer Dachfläche von 400 m² mit 4 Falleitungen und einer Hoffläche von 200 m², max r = 200 l/(s · ha) soll im Mischverfahren mit J = 1:66,7 an den Straßenkanal angeschlossen werden. Berechne die Anschlußleitung (liegende Leitung) und eine Regenfalleitung:

1. Berechnung der AW_s		AW_s (nach Tafel **48**.1)
je Wohnung	2 Handwaschbecken	$2 \cdot 0{,}5 = 1{,}0$
	1 Küchenablaufstelle	$1 \cdot 1{,}0 = 1{,}0$
	1 Waschmaschine	$1 \cdot 1{,}5 = 1{,}5$
	1 Geschirrspülmaschine	$1 \cdot 2{,}0 = 2{,}0$
	1 Klosett	$1 \cdot 2{,}5 = 2{,}5$
	1 Badewanne	$1 \cdot 1{,}0 = 1{,}0$
		$\Sigma\, AW_s = 9{,}0$

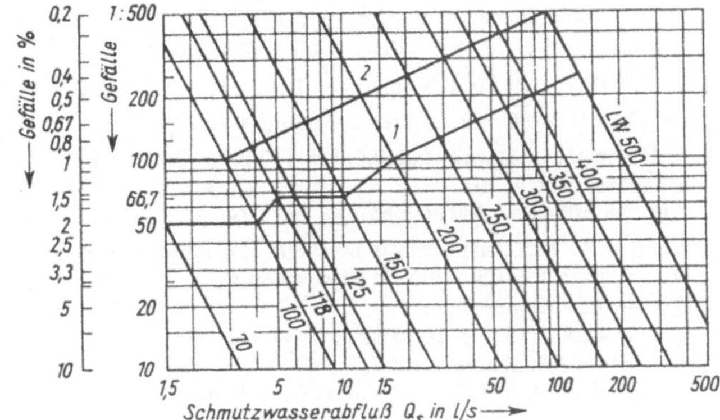

53.1
Ermittlung der lichten Weiten in mm von liegenden Schmutzwasserleitungen nach Prandtl-Colebrook

Füllungsgrad $h/d = 0{,}5$
Betriebsrauhigkeit $k_b = 1{,}0$ mm
$t = 10°$ C

Mindestgefälle:
1 = innerhalb von Gebäuden
2 = außerhalb von Gebäuden

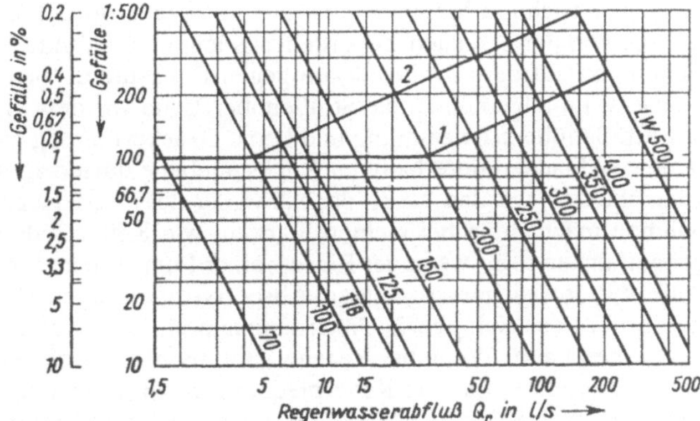

53.2
Ermittlung der lichten Weiten in mm von Regenwasserleitungen nach Prandtl-Colebrook

Füllungsgrad $h/d = 0{,}7$
Betriebsrauhigkeit $k_b = 1{,}0$ mm
$t = 10°$ C

Mindestgefälle:
1 = innerhalb von Gebäuden
2 = außerhalb von Gebäuden

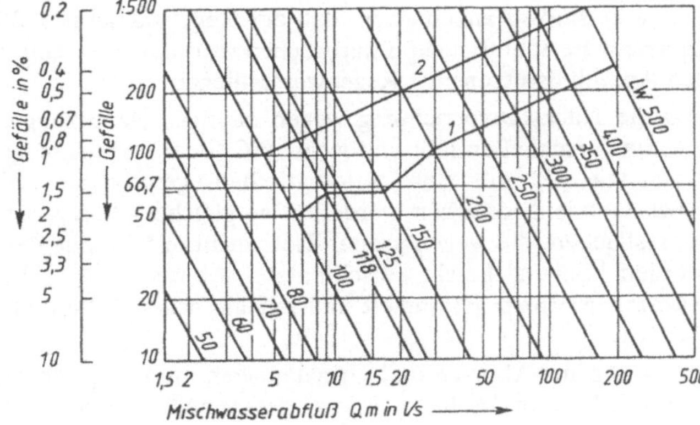

53.3
Ermittlung der lichten Weiten in mm von Mischwasserleitungen nach Prandtl-Colebrook

Füllungsgrad $h/d = 0{,}7$
Betriebsrauhigkeit $k_b = 1{,}0$ mm
$t = 10°$ C

Mindestgefälle:
1 = innerhalb von Gebäuden
2 = außerhalb von Gebäuden

2. Q_s je Wohnung nach Bild **49**.1 = $0{,}5\sqrt{9}$ = 1,5 l/s, < 2,5 l/s, erhöht auf 2,5 l/s
3. Die Sammelanschlußleitung der Wohnung hätte nach Tafel **51**.1 die DN = 100 mm
4. Die Falleitung für 4 Wohnungen hätte nach Tafel **51**.2 die DN = 100 mm
   mit $Q_s = 0{,}5\sqrt{36} = 3$ l/s oder nach Bild **49**.1
5. Je Regenfalleitung sind 400:4 = 100 m² = 0,01 ha Dachfläche zu entwässern.
   Ψ für Steildach = 1,0 $Q_r = 1{,}0 \cdot 300 \cdot 0{,}01 = 3$ l/s
   r für Dachfläche = 300 l/(s · ha) erf. DN = 100 mm nach Bild **53**.2, Kurve 2 für $J = 1{:}100$
6. Liegende Leitung für Mischwasser (Hausanschluß)
   $Q_r = 4 \cdot 3{,}0 + 0{,}9 \cdot 200 \cdot 0{,}02 = 15{,}6$ l/s ψ für Hoffläche = 0,9
   $Q_s = 0{,}5\sqrt{72} = 4{,}23$ l/s
   $Q_m = 4{,}23 + 15{,}6 = 19{,}83$ l/s
   nach Bild **53**.3, Kurve 2 mit $J = 1{:}70$, LW = 200 mm
   mit $J = 1{:}50$ wäre LW = 150 mm ausreichend

2.2.7 Sonstige Einrichtungen der Grundstücksentwässerung

Eine sehr wichtige Maßnahme ist der Schutz gegen Rückstau. Die Rückstauebene ist eine von der örtlichen Behörde festgelegte Höhe, unterhalb derer Entwässerungseinrichtungen auf den Grundstücken gegen Rückstau zu sichern sind. Höchste Rückstauebene ist im allgemeinen die Straßenoberfläche vor dem Grundstück, weil darüber hinaus Straßenüberschwemmung und keine Druckerhöhung mehr eintritt. Regenwasserabläufe von Flächen unterhalb der Rückstauebene dürfen an das öffentliche Kanalnetz nur angeschlossen werden, wenn das Abwasser über eine Hebeanlage zugeführt wird. Ausnahmen macht man bei kleinen Flächen, wie Kellerniedergängen, tiefliegenden Garageneinfahrten o.ä., wenn der Einsatz einer Pumpe nicht lohnt. Hier kann man Bodenabläufe mit frostsicher angelegten Absperrvorrichtungen (Rückstauverschlüsse) verwenden, sofern das sich oberflächlich sammelnde Regenwasser nicht in tiefliegende Räume eindringen kann. Wenn bei Regenwasseranschlüssen ohnehin eine Hebeanlage notwendig wurde, sollte man die Kellerniedergänge mit anschließen. Die zuständige DIN 1997 verlangt, daß Rückstauverschlüsse stets zwei voneinander unabhängige Verschlüsse (selbsttätig und handbedient) haben müssen. Der selbsttätige Verschluß arbeitet nach dem Schwimmer- oder Klappenprinzip. Er kann durch Verunreinigungen undicht werden. Dann ist nur die Handbedienung sicher. Kellerabläufe sollte man nur beim Wasserablaß öffnen und danach wieder schließen. Rückstauverschlüsse für Mischsystem im Gebäude sind so anzuordnen, daß der Regenwasserabfluß in der Grundleitung bei gesperrtem Verschluß nicht unterbrochen wird. Die Verschlüsse müssen oberhalb des letzten Anschlußstutzens für Regenwasser liegen.

Wo die Rückstauvorrichtung wegen häufiger Benutzung der Ablaufstellen sich nicht ständig verschließen läßt und wenn WC- oder Urinalanlagen vorhanden sind, muß das Schmutzwasser mit einer automatischen, geschlossenen Hebeanlage bis über die Rückstauebene gehoben werden. Das gleiche gilt für tiefe Kellerräume und Grundstücksflächen, die wegen großer Tiefe nicht mit Gefälle in den Straßenkanal entwässert werden können. Leicht verschmutztes Abwasser ohne Fäkalien kann in betonierten Sammelgruben gesammelt und mit einfachen Kellerentwässerungspumpen gehoben werden.

Abwasser aus Aborten und Urinalanlagen muß in geschlossenen, freistehenden Behältern (Fäkalien-Hebeanlagen) gesammelt werden (**55**.1). Die Anlage sollte so be-

55.1
Fäkalienhebeanlage
1 Rückstaubogen
2 Falleitung
3 Schieber
4 Rückschlagklappe
5 E-Motor für Pumpe
6 Geschlossene Fäkalienhebeanlage mit Speicherraum und Pumpe
7 Pumpenschacht für Sicker- und Schwitzwasser
8 Handpumpe
9 Druckleitung DN 1½" für Pumpenschacht

Hebeanlagen außerhalb des Gebäudes werden wie kleine Pumpstationen mit Kanalrad-, Freistromrad- oder Zerkleinerungspumpen ausgeführt (s. **224**.1).

messen sein, daß sie das Abwasser mehrmals täglich abpumpt. Als Anhalt kann bei Einfamilienhäusern ein Waschgang eines Haushaltswaschautomaten mit 200 bis 300 l angesehen werden. Bei Mehrfamilienhäusern der Wasseranfall von ½ Tag. Die kleinsten Fäkalienhebeanlagen haben Behältergrößen von 180 l. In Hebeanlagen sollte man nur den Teil des Schmutzwassers leiten, der im freien Gefälle nicht abführbar ist.

Um Stoffe und Flüssigkeiten welche die Baustoffe angreifen, den Betrieb der Entwässerungsanlagen stören oder Gerüche verbreiten, von den öffentlichen Kanälen abzuhalten, sind Abscheider in die Grundstücksentwässerung einzubauen. Man unterscheidet:

Sand- und Schlammfänge in Keller- und Hofabläufen; Regenwassersandfänge in Regenwasserleitungen; Fettabscheider, Benzinabscheider, Neutralisations-, Spalt-Entgiftungs-, Desinfektionsanlagen.

Sandablagerungen sind hygienisch harmlos. Sie vermindern jedoch das Leistungsvermögen der Netze, erfordern zusätzliche Unterhaltung, verschleißen die Pumpen und lagern sich im Vorfluter ab. Leichtflüssigkeiten verunreinigen die Oberfläche der Gewässer. Sie dürfen wegen der Explosionsgefahr nicht in das Schmutzwassernetz gelangen.

Benzinabscheider gibt es mit und ohne selbsttätigen Abschluß. Müssen nichtüberdachte Flächen angeschlossen werden, dann ist die Einzugsfläche des Abscheiders möglichst klein zu halten, notwendigenfalls durch Einbau eines besonderen Leitungssystems. Heizölsperren vermindern das zufällige Ablaufen von Heizöl, Heizölabscheider haben einen Rückhalteraum und werden dort angeordnet, wo sich größere Mengen Öl ansammeln könnten. Alle Abscheider für Leichtflüssigkeiten haben Tauchwände und Schwimmerverschlüsse.

Fett würde sich in verhärteter Form in den Kanälen festsetzen und die Funktion der Kläranlage durch Bildung von Schwimmschlamm stören. Fettabscheider sind außerhalb der Gebäude anzulegen.

Säurehaltiges, alkalisches, giftiges, radioaktives oder infektiöses Abwasser hat hinsichtlich der Reinigungsfähigkeit keine Ähnlichkeit mit häuslichem Abwasser und darf nicht der öffentlichen Kläranlage zugeleitet werden. Es muß neutralisiert, dekontaminiert usw. werden, bevor es abgegeben wird. Der Aufwand für die Anlagen kann erheblich sein.

Immer wieder genannt werden Abfallzerkleinerer. Sie verkraften alles, wie Speisereste, Flaschen, Glas, Blechdosen usw. Jedoch zerkleinern sie nur und beseitigen nicht. Zum Transport der zermahlenen Abfälle muß Reinwasser verwendet werden. Auf der Kläranlage müssen die Stoffe wieder entfernt werden. Orts- und Grundstücksentwässerungsanlagen wären überfordert, wenn man diese Geräte verwenden würde, um die Müllabfuhr zu ersetzen.

Die Abwasserbeseitigung auf Grundstücken ohne Kanalisation ist nach den Ortssatzungen in den letzten Jahren erschwert worden. Das Abwasser verbleibt auf dem Grundstück, sofern nicht die Möglichkeit besteht, nach Klärung in einer Kleinkläranlage in einen naheliegenden Wasserlauf einzuleiten. Mehrkammerkläranlagen nach DIN 4261 werden aber nach dem Wasserhaushaltsgesetz und den Landes-Wassergesetzen kaum noch erlaubt, so daß in diesem Falle eine vollbiologische kleine Hauskläranlage gebaut werden müßte. Es besteht u. U. die Möglichkeit, einer Kleinkläranlage eine Untergrundverrieselung oder Sandfiltergräben nachzuschalten. Voraussetzung ist ein rieselfähiger Boden, ein Grundwasserspiegel von $\geqq$ 2,0 m unter Gelände und eine Mindestgrundstücksgröße, die in den Ortssatzungen genannt ist, und etwa um 1000 qm je Wohneinheit liegt. Sammelgruben werden von der DIN 4261 nicht mehr genannt. Wegen des häufigen Auspumpens versieht der Betreiber sie oft nach kurzer Zeit mit einem unzulässigen Abfluß.

Kleinkläranlagen werden in der DIN 4261 Teil 1 bis 4 behandelt. Teil 1 „Anlagen ohne Abwasserbelüftung" sieht drei Verfahren der Abwasserbehandlung vor:

die mechanische Behandlung (Entschlammung);

die anaerobe biologische Behandlung;

die aerobe biologische Nachbehandlung.

Teil 2 behandelt Anlagen mit Abwasserbelüftung.

Die mechanische Reinigung wird als Behelf angesehen. Sie wird weiterhin durch Mehrkammergruben erreicht, die einer biologischen Nachbehandlung vorgeschaltet sein sollen. Als selbständiges Reinigungsverfahren können sie nur für eine Übergangszeit vorgesehen werden. Sie sollen jährlich mindestens einmal geräumt werden.

Eine anaerobe biologische Behandlung erreicht man in Mehrkammerausfaulgruben. Der Vorteil gegenüber den einfachen Mehrkammergruben ist nicht eine höhere Reinigungswirkung – sie liegt bei nur 25 bis 50% – sondern das größere Volumen zum Zwecke des Mengen- und Schmutzstoffausgleichs und zur Schlammausfaulung. Sie sollen geräumt werden, wenn 40% der Wassertiefe über dem Boden mit Schlamm gefüllt sind. Zu den biologischen Verfahren ohne Abwasserbelüfung rechnen die Untergrundverrieselung und die Sandfiltergräben. Als normaler täglicher Abwasseranfall werden $\geqq$ 150 l/(E · d) angenommen.

Werden Mehrkammeranlagen nachträglich mit einer biologischen Stufe ausgerüstet, spricht man von Nachrüstung.

Teil 2 der DIN 4261 behandelt Anlagen nach dem Prinzip des Belebungs- und Tropfkörperverfahrens, sowie Tauchkörper, die in vielseitigen und teilweise bewährten Ausführungsarten angeboten werden (Typenkläranlagen), vgl. auch ATV-A 122, A 123, A 126, A 131, A 135.

Bei Kleinbelebungsanlagen nach DIN 4261, T 2 ist mindestens eine Grobentschlammung, besser eine Vorreinigung in einer Mehrkammergrube, vorzusehen. Die BSB_5-Raumbelastung B_R ist auf 0,2 kg/(m^3 · d) und die Schlammbelastung B_{TS} auf 0,05 kg/(kg TS · d) begrenzt. Auch bei der Bemessung der Nachklärbecken ist eine größere Sicherheit vorzusehen, die Oberflächenbeschikkung soll q_A = 0,3 m^3/(m^2 · h) nicht übersteigen (**57**.1), s. Abschn. 4.5.2.

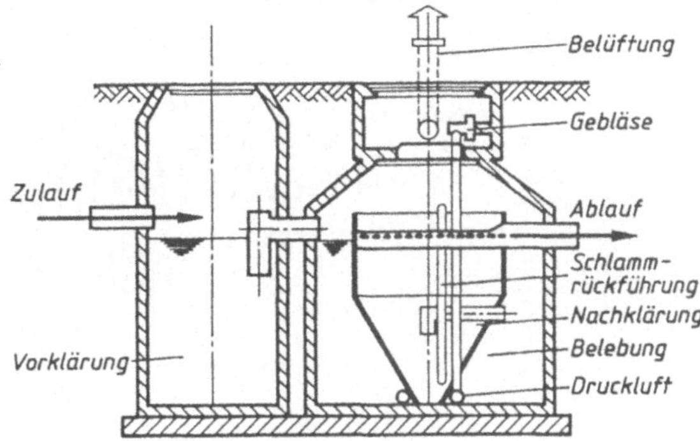

57.1
Kleinkläranlage nach dem Belebungsverfahren (Vertikalschnitt)

Bei Tropfkörpern und Tauchkörpern müssen Mehrkammer-Absetzgruben oder Mehrkammer-Ausfaulgruben vorgeschaltet werden. Allen biologischen Anlageteilen ist eine Einrichtung zur Trennung von Schlamm und gereinigtem Abwasser nachzuschalten. Die Füllung des Körpers muß mindestens 1,50 m hoch sein. Für die BSB_5-Raumbelastung sind 0,15 bis 0,25 kg/(m^3 · d) anzusetzen. Für die Nachklärbecken soll eine Oberflächenbeschickung von $q_A \leqq 0{,}4$ m^3/(m^2 · h) angesetzt werden. Die Oberfläche der Nachklärbecken soll mindestens 0,7 m^2 betragen (s. Abschn. 4.5.1). Auch bei Tauchkörpern ist das Abwasser mechanisch vorzubehandeln. Sie werden nach der Flächenbelastung der Scheiben bemessen, die B_A = 4 bis 8 g/(m^2 · d) nicht überschreiten soll, s. Abschn. 4.7.6.

Man sollte immer versuchen, mehrere Einzelgrundstücke an eine gemeinsame Kleinkläranlage anzuschließen. Der Betrieb wird dadurch sicherer.

Neben diesen herkömmlichen Lösungen gibt es bei Kleinkläranlagen auch die Verbindung von Mehrkammer-Absetzgruben mit großflächigen biologischen Verfahren wie unbelüfteten Teichen, Hangverrieselungen oder Pflanzenbeeten. Diesen naturnahen Reinigungsverfahren sollte man besonders im ländlichen Raum verstärkte Beachtung schenken.

Die Behandlung in unbelüfteten Abwasserteichen (s. Abschn. 4.5.3.5 und 4.7.7.1) ist fast problemlos. Bemessung der Teiche erfolgt nach örtlichen Richtlinien, ca. 20 m^2/E, Teichfläche $\geqq$ 100 m^2. Das Regenwasser der Hof- und Dachflächen sollte zur O_2-Anreicherung dem Teich ebenfalls zugeleitet werden, Drainagen jedoch nicht. Eine Mehrkammer-Absetzanlage ist vorzuschalten (**58**.1).

Bei einer nachgeschalteten Pflanzenanlage kann zwischen einem bindigen oder nichtbindigen Bodenfilter gewählt werden. Zusätzlich besteht die Möglichkeit, einen unbelüfteten Teich nachzuschalten. Für die Bemessung von Pflanzenanlagen gibt es noch keine gesicherten Regeln (s. Abschn. 4.5.3.5). Das Hauptproblem liegt in der Beurteilung der Bodendurchlässigkeit, denn die Leistung ist abhängig von der hydraulischen Belastbarkeit. Pflanzenbeete mit überwiegend kiesigsandigem Bodenmaterial und etwa 3,5 bis 5 m^2/E sind wohl betriebssicherer als Beete mit bindigem Material (**58**.2).

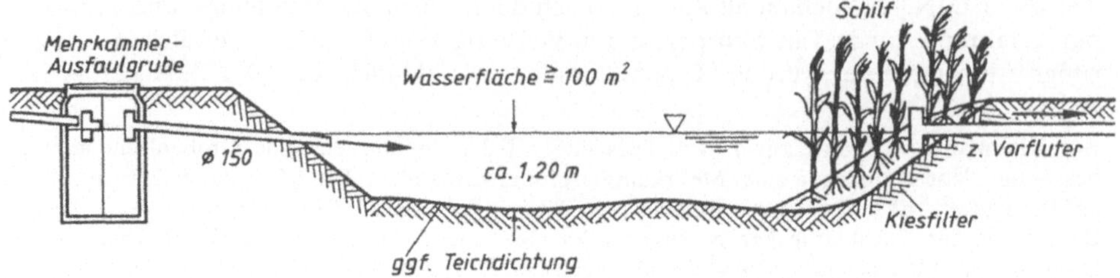

58.1 Nachgeschalteter unbelüfteter Abwasserteich (Vertikalschnitt)

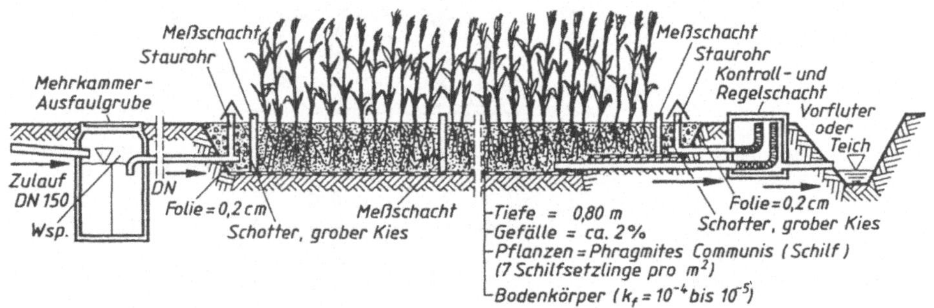

58.2 Nachgeschaltete Pflanzenanlage (Vertikalschnitt)

Auch das Hangverrieselungsverfahren zur Abwasserreinigung ist eine mögliche Lösung zur biologischen Behandlung des Abwassers. Der Flächenbedarf liegt bei etwa 5 m^2/E.

Wenn in der Nähe der zu entwässernden Grundstücke keine geeigneten Vorfluter vorhanden sind, ist das gereinigte Abwasser entweder über eine Untergrundverrieselung oder über Sickerschächte in das Grundwasser einzuleiten. Sind die Bodenverhältnisse für eine Versickerung ungeeignet, können auch Sandfiltergräben zur Anwendung kommen. Überwiegend wird die Untergrundverrieselung angewandt.

2.3 Entwässerungsverfahren

2.3.1 Mischverfahren (59.1)

Zusammen mit dem Schmutzwasser wird die wesentlich größere Menge des Regenwassers in einer Leitung befördert. Es sind daher große Querschnitte erforderlich. Um bei den Hauptsammlern nicht übermäßig große Profile in den Straßen unterbringen zu müssen, werden die Mischwasserleitungen in gewissen Abständen entlastet. Dies geschieht meist durch seitliche Überfallschwellen, sogenannte Entlastungsbauwerke (s. Abschn. 3.3.3), über die ein bestimmter Teil des Mischwassers abläuft und dem nächsten Vorfluter zufließt. Das Verdünnungsverhältnis der im Netz weiterzuleitenden Wassermenge wird von der Wasseraufsichtsbehörde festgesetzt oder aus der Belastbarkeit des Vorfluters berechnet.

2.3.2 Trennverfahren (59.1)

Jede Straße erhält in der Regel zwei Kanalleitungen. Das Regenwasser wird gesondert vom Schmutzwasser dem nächsten Vorfluter zugeführt und meist in Kanälen abgeleitet. Offene Gräben zur Regenwasserableitung kommen nur noch in unbebauten oder in Gebieten mit weiträumiger Bauweise vor. Regenüberläufe fallen fort. Dem Vorfluter fließt bei jedem Regen das Wasser zu. Das Schmutzwasser wird der zentralen Kläranlage zugeleitet.

2.3.3 Vor- und Nachteile beider Verfahren

Das Mischverfahren verursacht normalerweise geringere Baukosten für den Leitungsbau als das Trennverfahren, da nur ein Kanal notwendig ist. Die biochemische Verschmutzung des Vorfluters bei stärkerem Regen ist jedoch größer als beim Trennverfahren, da

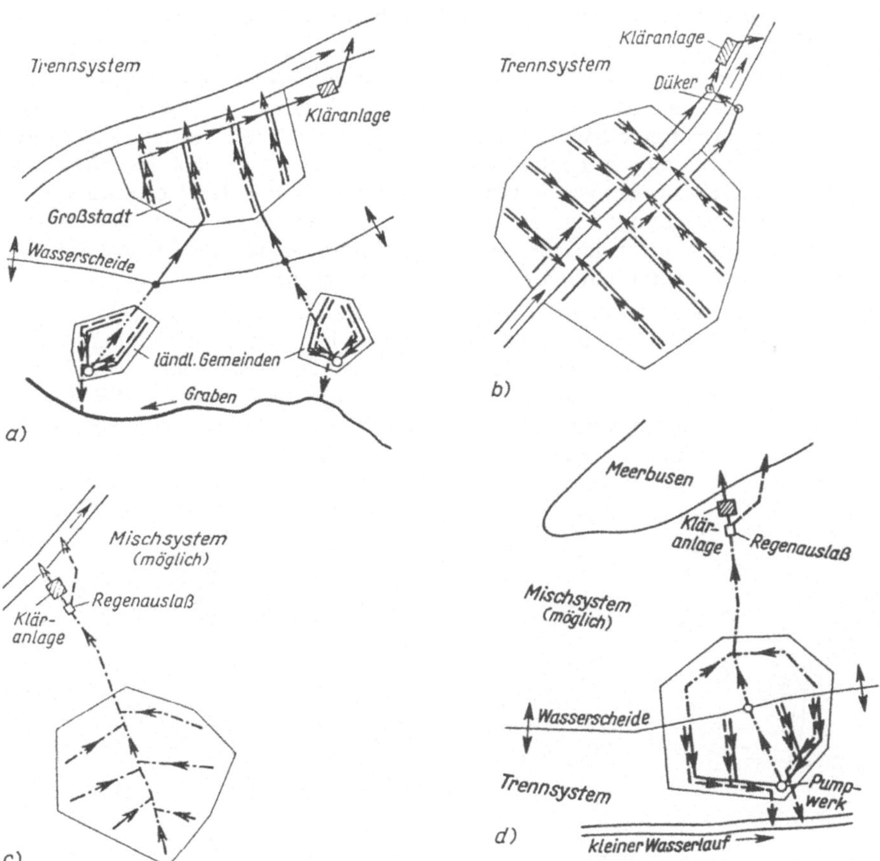

59.1 Lagepläne für die Lösung der Ortsentwässerung

auch Fäkalien bei der Entlastung durch Regenüberläufe ohne Klärung in den Vorfluter gelangen. Dafür wird bei Regenbeginn und kleineren Regen der Schmutz der Straßen vom Vorfluter ferngehalten. Kellerrückstau und Straßenüberschwemmungen sind wegen der mitgeführten Fäkalien besonders unangenehm. Kläranlagen und Pumpstationen sind für große Wassermengen zu bemessen und werden damit baulich und betrieblich teuer. Entlastungsbauwerke und Rückstauverschlüsse sind notwendig. Die Sohle der MW-Kanäle liegt, bei gleicher Anschlußhöhe im Kämpfer des Straßenkanals, infolge der wesentlich größeren Profile tiefer als die der SW-Kanäle des Trennsystems.

Das Trennverfahren hat den Vorzug der wesentlich kleineren Kläranlagen und Pumpstationen mit entsprechend niedrigeren Bau- und Betriebskosten. Der Vorfluter erhält das geklärte Schmutzwasser und das meist ungeklärte Regenwasser. Da zwischen der Schmutzwasserleitung des Grundstückes und dem RW-Straßenkanal keine Verbindung besteht, ist die Gefahr der Kellerüberschwemmungen durch Rückstau bei starkem Regen gering. Tafel **61**.1 stellt die beiden Verfahren gegenüber.

Im Bild **59**.1 sind einige Entwässerungslösungen schematisch dargestellt, bei denen sich die Wahl des Kanalisationssystems vornehmlich nach der Lage des Entwässerungsgebietes zum Vorfluter richtet.

Bild **60**.1 stellt exemplarisch für einen Hauptort mit zwei Nebenorten (Gruppe) die Lösungen für Trenn- und Mischsystem gegenüber. Bild **60**.1a) zeigt das Trennsystem. Die Gruppe erhält eine SW-Kläranlage am wasserreichsten Vorfluter. Die Orte haben je eine Pumpstation. A hebt in das Netz von C, B hebt das SW direkt zur Kläranlage. Das Schmutzwasser von A wird also zweimal gehoben. Die Nebenwasserläufe werden bei Regenbeginn mit Schmutzstoffen belastet. Der am Fluß entwickelte Ort C hat einen SW-Abfangsammler und mehrere RW-Einläufe. Kanalisation teuer; SW-Hebung teuer; Kläranlage wirtschaftlich, Vorfluterbelastung gering.

Bild **60**.1b) zeigt dieselbe Gruppe im Mischverfahren. Es sind drei MW-Kläranlagen unterschiedlicher Größe erforderlich mit drei dauernd belastenden Einleitungsstellen. Die Orte A und B haben je einen, der Ort C drei parallelgeschaltete Regenüberläufe, die nur bei starkem Regen anspringen. Hierdurch entstehen zeitweilig fünf weitere SW-Einleitungsstellen. Zu untersuchen wäre, ob die kleineren Wasserläufe die Schmutzbelastung überhaupt aufnehmen können. Kanalisation wirtschaftlich, MW-Hebung nur einmal, jedoch teuer; drei MW-Kläranlagen, teuer; Vorfluterbelastung bei starkem Regen groß.

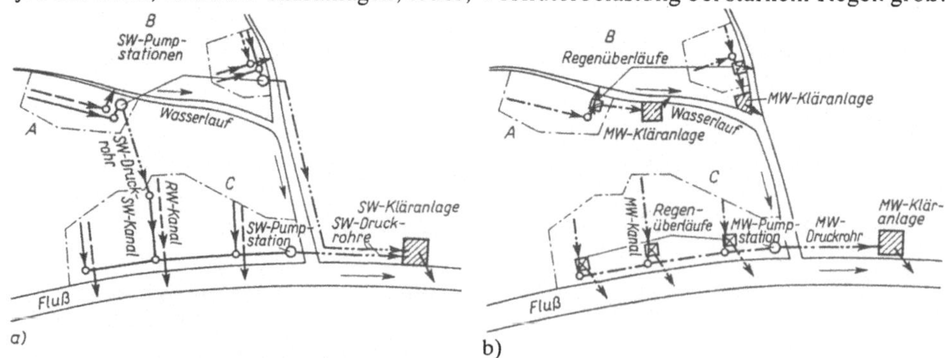

60.1 Lageplan einer alternativen Entwässerungslösung
a) Trennsystem, b) Mischsystem (statt der Regenüberläufe, häufiger ein Regenwasserklärbecken im Klärwerk)

Tafel **61**.1 Gegenüberstellung von Trenn- und Mischverfahren
V = Vorteil, N = Nachteil, vgl. Bild **60**.1

Objekt	Trennverfahren V/N	Mischverfahren V/N
Kläranlage	Erhält nur Schmutzwasser, damit gleichmäßiger Zulauf. Klärtechnisch gut . . . V Regenbecken zur Entlastung sind nicht erforderlich . . . V Streusalz wird ferngehalten . . . V Bemessungswerte kleiner, Betrieb billiger . . . V	Durch Trocken- und Regenwetterzufluß unterschiedliche Belastung. Klärtechnisch schlecht . . . N Regenbecken erforderlich . . . N Streusalz wird zugeführt, stört Klärprozeß (Biologie und Schlammfaulung) . . . N Bemessungswerte größer, Betrieb teurer . . . N
Vorfluter	Ungeklärte Ableitung des Regenwassers . . . N Kein Schmutzwasser in den Vorfluter V	Bei Starkregen Auslaß von Mischwasser . . . N Bei schwächerem Regen keine Vorfluterbelastung . . . V
Hebung des Abwassers	Meist nur für Schmutzwasser erforderl. kleine Pumpstationen. Betrieb billig . . . V	Neben Trockenwetterpumpen auch große Regenwetterpumpen erforderlich, welche nur wenige Stunden/Jahr arbeiten. Stationen groß, Betrieb teuer . . . N
Hausanschlüsse	zwei Anschlußkanäle nötig . . . N Fehlanschlüsse möglich . . . N Kellerrückstau durch Regenwasser und Vorfluter nicht möglich . . . V	Ein Anschlußkanal ausreichend . . . V Fehlanschlüsse nicht möglich . . . V Kellerückstau möglich . . . N
Straßen-Kanalnetz	zwei Straßenkanäle mit den erforderl. Schachtbauwerken nötig, Baukosten höher . . . N Schlechte Unterbringung bei Platzmangel im Straßenkörper . . . N Mindestgefälle für SW-Kanäle muß eingehalten werden, sonst Ablagerungen . . . N Grund- und Kühlwasseraufnahme nur in den RW-Kanal möglich . . . N Wegen der kleinen Profile des SW-Kanals kann widerstandsfähiges Rohrmaterial (Steinzeug) kostensparend eingesetzt werden . . . V	Ein Straßenkanal ausreichend . . . V Sohlentiefe bei gleicher Schmutzwasseranschlußhöhe größer, Baukosten insgesamt geringer . . . V Wenig Platzbedarf im Straßenkörper V Gefälle kann kleiner sein als beim SW-Kanal. Der hydraulische Radius ist auch beim Trockenwetterabfluß meist gut. Spülwirkung der Regenwetterabflüsse groß . . . V Grund- und Kühlwasser kann aufgenommen werden . . . V Die Auskleidung mit Profilschalen oder Klinkern, die Verwendung von Betonkeramikrohren, ist kostspielig. Oft wird darauf verzichtet . . . N Entlastungsbauwerke notwendig . . . N
Unterhaltung des Kanalnetzes	Ablagerungen in Anfangshaltungen und bei schwachem Gefälle im SW-Kanal. Kanallänge wegen der doppelten Leitungen groß . . . N	Spülwirkung der Regenwetterabflüsse verringert die Unterhaltungskosten. Kanallänge nur etwa halb so groß wie im Trennsystem . . . V

2.4 Querschnittsformen der Leitungen

Die Querschnittsform wird von der Wasserführung bestimmt und soll möglichst günstige hydraulische Eigenschaften haben. Allerdings können auch andere Gesichtspunkte Einfluß haben, z. B. geringe vorhandene Bauhöhe, statische Belastung, Baukosten. Hier wird nur auf DIN 19540, die eine Auswahl der Leitungsquerschnitte des Wasserbaues nach DIN 4263 (Tafel **62**.1) gibt, eingegangen, daneben ist aber auch praktisch jede andere Form möglich.

Tafel **62**.1 Leitungsquerschnitte nach DIN 4263

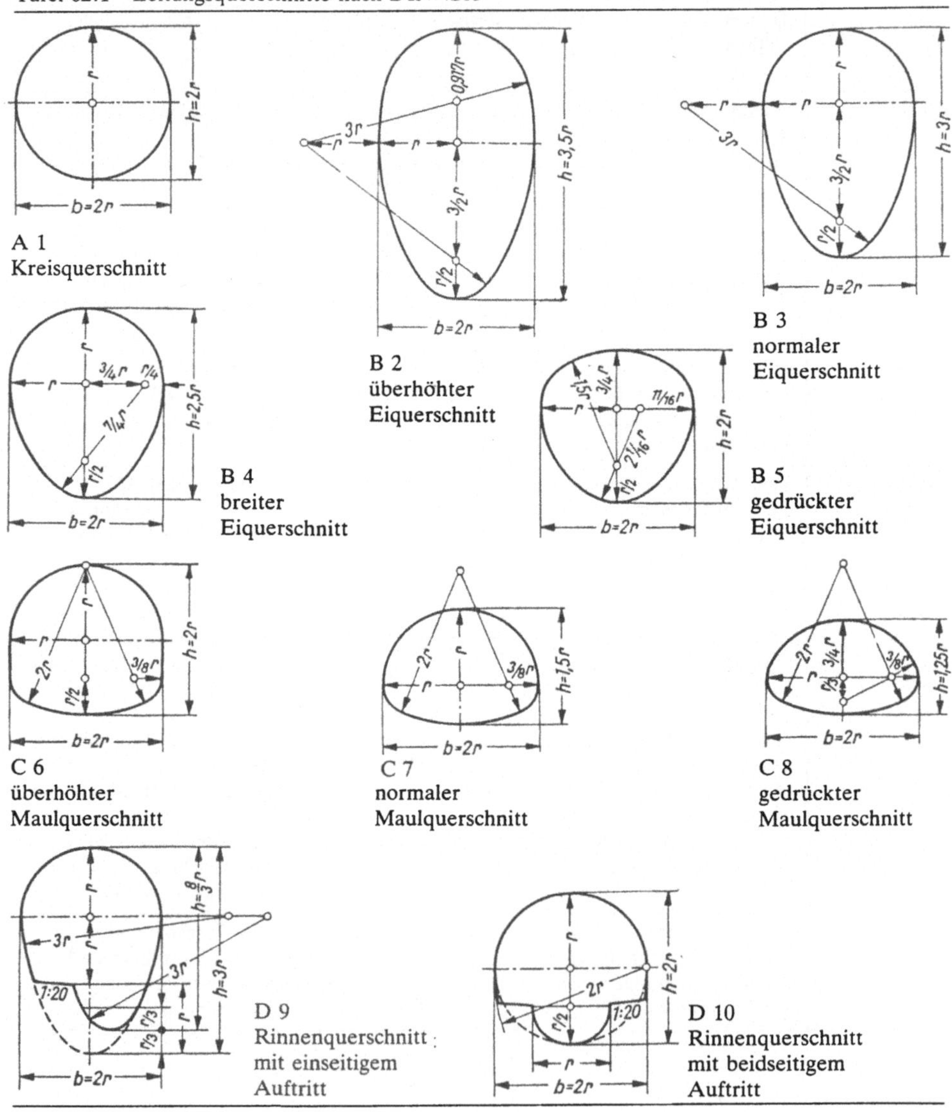

2.4.1 Kreisprofil

Es ist das gebräuchlichste Profil (Tafel **62**.1 A 1), weil es hydraulisch sehr günstig und leicht herstellbar ist. Beim fast vollen Kreisprofil erreicht der hydraulische Radius $R = A/U$, das Verhältnis des Wasserquerschnittes zum benetzten Umfang, einen Größtwert. Bei sehr geringer Wasserführung, z. B. Trockenwetterabfluß des Mischverfahrens, ist durch die verhältnismäßig flach gekrümmte Sohle die Wassertiefe gering, und es setzen sich daher leicht schlammige Bestandteile ab. Die Kreisform wird jedoch bei kleineren Entwässerungsleitungen, ≦ DN 1000, bevorzugt.

Kreisprofile DN ≧ 1000 gelten als begehbar und DN ≧ 800 als bekriechbar.

2.4.2 Eiprofil

Die Eiform (Tafel **62**.1 B 2 bis B 5) ist der Kreisform bei kleinen Wassermengen überlegen, weil die Füllhöhe bei gleichem Fließquerschnitt größer ist. Das Profil erfordert jedoch eine größere Baugrubentiefe. Damit wird die Bauausführung teurer und bei Grundwasser schwieriger. Normale Eiquerschnitte haben das Verhältnis Breite b zu Höhe h = 2:3. Eiprofile werden meist als Betonfertigteile hergestellt. Sie können aber auch aus Kanalklinkern gemauert sein. Ei ≧ 700/1050 sind begehbar und Ei ≧ 600/900 bekriechbar.

2.4.3 Maulprofil

Um bei geringer Bauhöhe (OK Straße bis Kanalsohle) trotzdem größere Wassermengen ableiten zu können, wurde das Maulprofil (Tafel **62**.1 C 6 bis C 8) geschaffen. Es ist, vor allem bei Teilfüllung, hydraulisch nicht besonders günstig. Maulprofile werden oft am Ort des Einbaues hergestellt.

2.5 Hydraulische Berechnung der Leitungen

2.5.1 Kontinuitätsgleichung

Im allgemeinen handelt es sich bei den Entwässerungskanälen um Leitungen, deren Wasserspiegel sich meistens nicht unter hydraulischem Überdruck, sondern frei einstellt. Die durchfließende Wassermenge ist bei Voll- oder Teilfüllung errechenbar nach der Kontinuitätsgleichung

$$Q = A \cdot v \quad \text{in m}^3\text{/s} \tag{63.1}$$

A = durchflossene Querschnittsfläche in m^2; sie läßt sich graphisch oder rechnerisch bestimmen.
v = Fließgeschwindigkeit in m/s; sie ist mit Formeln zu ermitteln, die bei Versuchen aufgestellt (empirische Formeln) oder theoretisch genau abgeleitet wurden.

2.5.2 Empirische Geschwindigkeitsformeln

Auf die Vielzahl der vorhandenen Formeln soll hier nicht eingegangen werden.

1. Gebräuchlich waren in der Abwassertechnik die Formel von Brahms und de Chézy

$$v = C \cdot R^{1/2} \cdot J^{1/2} \quad \text{in m/s} \qquad \text{mit} \qquad C = \frac{100 \cdot \sqrt{R}}{m + \sqrt{R}} \tag{64.1}$$

nach Kutter (deshalb „kleine Kuttersche Formel")

$$R = \frac{A}{U} = \text{hydraulischer Radius} = \frac{\text{durchflossene Querschnittsfläche}}{\text{benetzter Umfang}} \quad \text{in } \frac{\text{m}^2}{\text{m}} = \text{m}$$

m = Geschwindigkeitsbeiwert in $\text{m}^{1/2}$

J = Wasserspiegelgefälle = $1{:}n$, z.B. 1:200 oder 0,005 (Reibungsgefälle)

A = in m^2

Diese Formel wurde für Wasserläufe und offene Kanäle entwickelt. Sie ist für gleichförmige Strömung in Rohrleitungen unbrauchbar [32].

2. Eine einfach zu handhabende Gleichung, die für Entwässerungsleitungen gute Werte liefert, ist die Geschwindigkeitsformel von Gauckler-Manning-Strickler (Abkürzung: G-M-Str)

$$v = k_{\text{St}} \cdot R^{2/3} \cdot J^{1/2} \quad \text{m/s} = \frac{\sqrt[3]{\text{m}}}{\text{s}} \quad \sqrt[3]{\text{m}^2} \tag{64.2}$$

k_{St} = Geschwindigkeitsbeiwert in $\text{m}^{1/3}/\text{s}$ konstant für eine Wandrauhigkeit

Obwohl diese Formel empirisch gefunden wurde und mathematisch nicht exakt ist [32], liefert sie für die Kanäle der Abwassertechnik brauchbare Werte, die besonders im Bereich NW 800 bis 1000 mit $k_{\text{St}} = 80$, und $k_{\text{b}} = 1{,}0$ (Rauhigkeitsbeiwert nach Prandtl-Colebrook) mit denen nach Gl. (67.4) und (67.5) gut übereinstimmen. Da das Tabellen-Volumen gering ist, wurde die Formel in den Tafeln **65**.1, **66**.1 und **66**.2 ausgewertet.

Der Geschwindigkeitsbeiwert k_{St} drückt den Einfluß der Wandrauhigkeit der Leitung auf den Fließvorgang aus. Je glatter die Kanalwand, desto größer ist k_{St}. Viele Kanäle werden durch die sogenannte „Sielhaut" glatt, die aber andere schädliche Folgen (Korrosion) haben kann.

Steinzeugrohre kann man etwa mit glattem Beton gleichsetzen

($k_{\text{St}} = 90$ bis 100).

In Tafel **64**.1 überwiegen Werte $k_{\text{St}} > 80$. Die Tafeln **65**.1, **66**.1 und **66**.2 enthalten also mit $k_{\text{St}} = 80$ eine gewisse Reserve.

Tafel **64**.1 k_{St}-Werte in $\text{m}^{1/3}/\text{s}$ nach Schewior-Press [66]

Kanäle aus Ziegelmauerwerk, gut gefugt	80
Betonkanäle mit Zementglattstrich	90 bis 100
Beton mit Stahlschalung	90 bis 100
Beton mit Holzschalung, ohne Verputz	65 bis 70
Stahlbeton-Druckrohrleitungen	85 bis 95
Stahlrohre	100
alte Betonrohrleitungen aus Einzelrohren	75

Die Tafeln **65**.1, **66**.1 und **66**.2 dienen zur Querschnittsbestimmung. Sie sind für k_{St} = 80 $m^{1/3}/s$ berechnet. Für andere Werte k_{Stx} können die Tafelwerte mit dem Verhältnis $k_{Stx}/80$ multipliziert werden.

$$v_x = \frac{k_{Stx}}{80} v_{80} \quad \text{und} \quad Q_x = \frac{k_{Stx}}{80} Q_{80} \tag{65.1}$$

Für vollaufende Querschnitte bereitet die Verwendung der Gl. (63.1) und (64.1) keine Schwierigkeiten, da R bekannt ist. Bei teilgefüllten Profilen sind jedoch die durchflossene Fläche und der benetzte Umfang meist nicht bekannt, weil die Füllhöhe h' unbekannt ist. Um die Leistung der Kanäle festzustellen, müßte man also Füllhöhen annehmen, z.B. $0{,}25 \cdot h$, $0{,}5 \cdot h$, $0{,}75 \cdot h$ oder $1{,}0 \cdot h$, und die durchflossene Fläche ermitteln, wobei h die lichte Höhe des Profils bedeutet. Die Aufgabe stellt sich dem Entwurfsbearbeiter aber anders. Bekannt sind Q und J, unbekannt sind A, U und Füllhöhe h'. Rechnerisch

Tafel **65**.1 Werte x, y und z für vollaufende Kreisprofile A 1 mit k_{St} = 80 (nach G-M-Str)

$$\left(v = \frac{x}{\sqrt{n}} \quad n = \frac{y}{Q^2} \quad Q = \frac{z}{\sqrt{n}}\right)$$

Lichte Weite	r	A	U	R	x	y	z
	½h	$3{,}142r^2$	$6{,}283r$	$0{,}500r$	$k_{St} \cdot R^{2/3}$	$k_{St}^2 \cdot R^{4/3} \cdot A^2$	$k_{St} \cdot R^{2/3} \cdot A$
in mm	in m	in m^2	in m	in m	in m/s	in m^6/s^2	in m^3/s
100	0,050	0,0079	0,314	0,025	6,83	0,003	0,054
125	0,0625	0,012	0,393	0,031	7,89	0,009	0,095
150	0,075	0,018	0,471	0,038	9,03	0,026	0,163
200	0,10	0,031	0,628	0,050	10,87	0,114	0,337
250	0,125	0,049	0,785	0,063	12,60	0,381	0,615
300	0,15	0,071	0,942	0,075	14,24	1,012	1,011
350	0,175	0,096	1,100	0,088	15,82	2,31	1,518
400	0,20	0,126	1,257	0,100	17,23	4,72	2,17
450	0,225	0,159	1,414	0,113	18,69	8,84	2,97
500	0,25	0,196	1,571	0,125	20,0	15,38	3,92
600	0,30	0,283	1,885	0,150	22,6	40,8	6,39
700	0,35	0,385	2,199	0,175	25,0	92,8	9,63
800	0,40	0,503	2,513	0,200	27,3	189,0	13,75
900	0,45	0,636	2,827	0,225	29,6	354	18,8
1000	0,50	0,785	3,142	0,250	31,8	620	24,9
1200	0,60	1,131	3,770	0,300	35,8	1645	40,5
1400	0,70	1,539	4,398	0,350	39,7	3730	61,1
1600	0,80	2,011	5,026	0,400	43,4	7620	87,3
1800	0,90	2,545	5,655	0,450	47,0	14300	119,6
2000	1,00	3,142	6,283	0,500	50,4	25100	158,3
2200	1,10	3,801	6,912	0,550	53,7	41700	204
2400	1,20	4,524	7,540	0,600	56,8	66200	257
2600	1,30	5,309	8,168	0,650	60,0	101200	318
2800	1,40	6,158	8,797	0,700	63,0	150500	388
3000	1,50	7,069	9,425	0,750	66,0	218000	467

Tafel **66**.1 Werte x, y und z für vollaufende Eiprofile B 3 mit k_{St} = 80 (nach G-M-Str)

$$\left(v = \frac{x}{\sqrt{n}} \quad n = \frac{y}{Q^2} \quad Q = \frac{z}{\sqrt{n}}\right)$$

Lichte Weite $b \times h$ in mm	r	A	U	R	x	y	z
	½b	$4{,}594r^2$	$7{,}930r$	$0{,}579r$	$k_{St} \cdot R^{2/3}$	$k_{St}^2 \cdot R^{4/3} \cdot A^2$	$k_{St} \cdot R^{2/3} \cdot A$
	in m	in m²	in m	in m	in m/s	in m⁶/s²	in m³/s
400×600¹)	0,20	0,184	1,586	0,116	19,0	12,3	3,50
500×750	0,25	0,287	1,982	0,145	22,1	40,3	6,34
600×900	0,30	0,413	2,379	0,147	24,9	106,0	10,30
700×1050	0,35	0,563	2,775	0,203	27,6	243	15,57
800×1200	0,40	0,735	3,172	0,232	30,2	493	22,2
900×1350	0,45	0,930	3,568	0,261	32,7	924	30,4
1000×1500	0,50	1,149	3,965	0,290	35,0	1620	40,2
1100×1650	0,55	1,390	4,361	0,319	37,3	2690	51,8
1200×1800	0,60	1,654	4,758	0,348	39,6	4280	65,4

¹) nicht genormt

Tafel **66**.2 Werte x, y und z für vollaufende Maulprofile C 7 mit k_{St} = 80 (nach G-M-Str)

$$\left(v = \frac{x}{\sqrt{n}} \quad n = \frac{y}{Q^2} \quad Q = \frac{z}{\sqrt{n}}\right)$$

Lichte Weite $b \times h$ in mm	r	A	U	R	x	y	z
	½b	$2{,}378r^2$	$5{,}603r$	$0{,}424r$	$k_{St} \cdot R^{2/3}$	$k_{St}^2 \cdot R^{4/3} \cdot A^2$	$k_{St} \cdot R^{2/3} \cdot A$
	in m	in m²	in m	in m	in m/s	in m⁶/s²	in m³/s
1600 × 1200	0,80	1,522	4,482	0,340	38,9	3510	59,3
1800 × 1350	0,90	1,926	5,043	0,382	42,1	6530	80,0
2000 × 1500	1,00	2,378	5,603	0,424	45,2	11520	107,3
2400 × 1800	1,20	3,424	6,723	0,509	51,0	30500	174,5
2800 × 2100	1,40	4,661	7,844	0,594	56,5	69300	264
3200 × 2400	1,60	6,087	8,964	0,679	61,8	141500	376
3600 × 2700	1,80	7,704	10,085	0,764	66,9	266000	516

sehr umständlich wäre es, die Gl. (64.1) nach einer dieser gesuchten Größen aufzulösen. Man benutzt besser Tabellen oder Kurventafeln, die für die gebräuchlichsten Profile aufgestellt wurden (s. Tafel **72**.1, **73**.1, **74**.1, **75**.1, **76**.1).

2.5.3 Geschwindigkeitsformel nach Prandtl-Colebrook

Ausgangsgleichung ist Gl. (64.1)

$$v = C \cdot R^{1/2} \cdot J^{1/2}$$

Setzt man für $C = \sqrt{\frac{8\,g}{\lambda}}$ und für $R = \frac{D}{4}$, dann ergibt sich die für ein vollaufendes

Kreisprofil als „Dükerformel" bekannte Gleichung von D'Aubuisson de Voisins und Weisbach

$$J = \frac{h_r}{L} = \lambda \cdot \frac{1}{D} \cdot \frac{v^2}{2g} \quad \text{oder} \quad h_r = \lambda \cdot \frac{L}{D} \cdot \frac{v^2}{2g} \tag{67.1}$$

J = Reibungsgefälle
h_r = Druckverlust in m
L = Länge der Rohrleitung in m
D = Durchmesser der Rohrleitung in m
v = mittlere Fließgeschwindigkeit im Rohr in m/s
g = Fallbeschleunigung in m/s²
λ = Rauhigkeitsbeiwert (einheitenlos)

Prandtl und Colebrook [32] fanden die physikalisch fundierten Beiwerte λ für den glatten und rauhen Fließbereich. Der für Kanalleitungen zwischen beiden Werten liegende Rauhigkeitsbeiwert für teilweise rauhes Fließverhalten heißt

$$\frac{1}{\sqrt{\lambda}} = -2\, lg \left[\frac{2{,}51}{Re\,\sqrt{\lambda}} + \frac{k}{3{,}71 \cdot D} \right] \tag{67.2}$$

$$Re = \frac{v \cdot D}{\nu} \; (= \text{Reynoldsche Zahl}) \tag{67.3}$$

ν = kinematische Zähigkeit von Wasser (= $1{,}31 \cdot 10^{-6}$ m²/s bei 10°C für Reinwasser)

Unter Berücksichtigung von Gl. (67.1) und (67.2) ergibt sich die Geschwindigkeitsgleichung für vollaufende Kreisprofile

$$v = \left[-2\, lg \left(\frac{2{,}51 \cdot \nu}{D \cdot \sqrt{2g \cdot J \cdot D}} + \frac{k}{3{,}71 \cdot D} \right) \right] \sqrt{2g \cdot J \cdot D} \tag{67.4}$$

und für nicht kreisförmige Profile mit $D = 4R$

$$v = \left[-2\, lg \left(\frac{0{,}63 \cdot \nu}{R \cdot \sqrt{8g \cdot J \cdot R}} + \frac{k}{14{,}84 \cdot R} \right) \right] \sqrt{8g \cdot J \cdot R} \tag{67.5}$$

Q = Wassermenge in m³/s
v = mittlere Fließgeschwindigkeit in m/s
$R = A/U$ = hydraulischer Radius in m
D = Durchmesser des Kreisrohres in m
k/D = relative Rauhigkeit für Kreisrohr
$k/4R$ = relative Rauhigkeit für Nicht-Kreisrohr
k ≙ absolute Rauhigkeit in m
ν ≙ kinematische Zähigkeit in m²/s

Die Werte sind vom Rohrmaterial abhängig und liegen bei $k = 0{,}01$ bis 1,0 mm; z. B. für Steinzeugrohre bei $k = 0{,}02$ bis 0,15 mm, für Schleuderbetonrohre bei $k = 0{,}25$ mm. In diesen Werten sind neben dem Einfluß der Rohrverbindungen auch die Genauigkeitsschwankungen durch die Fertigung, Verlegung und Dichtung enthalten. Die Werte der absoluten Rauhigkeit k werden durch Wasserbau-Versuchsanstalten festgestellt [32].

Die Abwassertechnische Vereinigung (ATV) hat in ihrem Arbeitsblatt 110 Richtlinien für die Berechnung von Abwasserkanälen nach der Formel von Prandtl-Colebrook festgelegt. Diese Formel ist theoretisch genau und wird schon seit Jahren von Fachleuten der Hydraulik als die praktisch brauchbarste bezeichnet. Es bestand jedoch Unsicherheit in der Wahl der Rauhigkeitsbeiwerte k. Dies und die schwierige analytische Handhabung der Formel führten dazu, daß sie lange Zeit nicht sehr verbreitet war. Nachdem jedoch Kirschmer [34] Rauhigkeiten untersucht und die ATV Betriebsrauhigkeiten k_b vorgeschlagen hat, wurde von Kirschmer ein umfangreiches Tabellenwerk aufgestellt, welches die üblichen Rohrquerschnitte und das Rohrmaterial berücksichtigt (Tafel **70**.1).

Für die praktische Anwendung jedoch benutzt man die sogenannte Betriebsrauhigkeit k_b. Hierin sind neben den Verlusten im geraden Rohrstrang auch alle zusätzlichen Verluste durch Stöße an den Muffenverbindungen, Ungenauigkeiten in der Fertigung, Verlegung und Dichtung, sowie der Einfluß von vorübergehenden und wechselnden Ablagerungen, von seitlichen Zuläufen und von Schächten enthalten. k_b in mm soll nach den Richtlinien der ATV-A 110 gewählt werden:

Kanalart	k_b in mm Ausführungsgruppe	
	I	II
normale Kanäle	1,5	0,40
gerade Kanalstrecken, Drosselstrecken, Druckrohre	1,0	0,25

Glatte Rohre werden in die Gruppe II, weniger glatte in die Gruppe I eingegliedert. Merkmale der Ausführungsgruppe II: Kanäle aus Rohren mit besonders kleiner natürlicher Wandrauhigkeit des Einzelrohres, bei denen der Nachweis geführt wird, daß die Fließgeschwindigkeit bei voll Q = 1 m/s beträgt, berechnet für eine jährlich einmal zugelassene Überlastung des Abwasserkanals ($n = 1$). Außerdem muß durch besondere Maßnahmen der Bauausführung sowie durch eine über das übliche Maß hinausgehende Sorgfalt die einwandfreie Kanalverlegung und Herstellung der Rohrstöße gewährleistet sein.

Man unterscheidet weiter zwischen normalen Kanälen und geraden vollaufenden Rohren (Drosselstrecken usw.). Es empfiehlt sich, für die Kanäle unter Berücksichtigung einer gewissen Sicherheit $k_b = 1{,}5$ zu verwenden und in besonderen Fällen $k_b = 1{,}0$ einzusetzen.

2.5.4 Teilfüllung

Während man unter Vollfüllung die gesamte Querschnittsfläche als Fließquerschnitt versteht, ist bei Teilfüllung das Rohr nur teilweise gefüllt. Bei Vollfüllung kann hydraulischer Überdruck herrschen, bei Teilfüllung nicht. Abwasserkanäle sind fast immer teilgefüllt. Nach Abschn. 2.5.3 ist

$$v = \sqrt{\frac{8g}{\lambda}} \cdot \sqrt{R \cdot J}$$

Man kann v mit voll v ins Verhältnis setzen und erhält

$$\frac{v}{\text{voll } v} = \sqrt{\frac{\text{voll } \lambda \cdot R}{\lambda \cdot \text{voll } R}}$$

Francke [39] hat durch Versuche gefunden, daß

$$\sqrt{\frac{\text{voll } \lambda}{\lambda}} = \left(\frac{R}{\text{voll } R}\right)^{\frac{1}{8}}$$

und damit

$$\frac{v}{\text{voll } v} = \left(\frac{R}{\text{voll } R}\right)^{\frac{5}{8}} \tag{68.1}$$

und

$$\frac{Q}{\text{voll } Q} = \frac{A}{\text{voll } A}\left(\frac{R}{\text{voll } R}\right)^{\frac{5}{8}} \tag{68.2}$$

Bemerkenswert ist, daß nicht etwa bei voller, sondern bei einer geringeren Füllung, beim Kreis z. B. bei 95% von h, die größte Wassermenge abgeführt wird. Sie ist um 8% größer als bei Vollfüllung.

Die Fließgeschwindigkeiten verhalten sich ähnlich. Beim Anstieg des Wasserspiegels bis zum Scheitel im letzten Abschnitt kommt wenig durchflossene Fläche bei viel benetztem Umfang hinzu, so daß sich der hydraulische Radius verschlechtert, v verringert sich um ein größeres Maß als A wächst, Q nimmt daher wieder ab.

Thormann setzt bei Füllungsgraden $\frac{h'}{h} > 50\%$ einen vergrößerten benetzten Umfang $U' > U$ ein (in gestrichelter Linie). Damit berücksichtigt er den Einfluß der oberhalb des Wasserspiegels zusammengepreßten Luft. Den damit veränderten hydraulischen Radius nennt er R'. In die Gleichungen (68.1) und (68.2) eingesetzt, erhält man v' und Q'.

Sauerbrey (durch Messungen) und Tiedt (durch Rechnung) haben nachgewiesen, daß die Wirkung der Luftreibung (max $\lambda_L = 0{,}0000216$) gegenüber der Rohrwand ($\lambda = 0{,}01$ bis $0{,}05$) vernachlässigbar klein ist. Damit treten die Füllungskurven etwa in der ausgezogenen Form (**73**.1) auf. Im Kreisrohr z. B. (**73**.1) wird bei $h'/h = 0{,}82$ bereits das voll Q erreicht. Die darüberliegende Zone bis $h'/h = 1{,}0$ ist instabil. Eine kleine Störung, z. B. Rückstau, genügt, um die Leitung vollschlagen zu lassen. Die Bemessung darf nur für voll Q, nicht für max Q erfolgen.

Mit Hilfe der Gleichungen (68.1) und (68.2) kann man die Füllungskurven berechnen und zeichnen (s. Tafel **73**.1, **74**.1 und **75**.1). Die Tafeln kann man mit ausreichender Genauigkeit auch für die Formel von Gauckler-Manning-Strickler, Gl. (64.2), verwenden.

Die Ortsentwässerung kommt in der Regel mit den Profilen nach DIN 4263 aus (Tafel **62**.1). In Ausnahmefällen erforderliche, nicht genormte Profile sollten im Hinblick auf die Berechnung möglichst einfacher Art sein. Auch bei der Nachprüfung alter Entwässerungssysteme trifft man auf besondere Profile, die der damaligen Bauausführung, meist aus Mauerwerk, besser entsprachen.

In den Tafeln **65**.1, **66**.1, **66**.2 und **70**.1 sind die Hauptprofile (Kreis-, Ei- und Maulquerschnitt) berechnet. Alle Werte beziehen sich auf voll Q. Es gelten $J = \frac{1}{n}$, v in m/s und Q in m³/s.

Um für jede beliebige Füllhöhe h' die entsprechenden Werte Q und v errechnen zu können, sind Füllungskurven aufgestellt (Tafel **73**.1, **74**.1, **75**.1 und Bild **76**.1). Man kann den Füllungsgrad h'/h ablesen, wenn das Verhältnis der vorhandenen Wassermenge zu der bei Vollfüllung oder das Verhältnis der entsprechenden Geschwindigkeiten bekannt ist (**69**.1).

Als Ergebnis hat man also zwei Verhältnisse

$$\frac{h'}{h} \quad \text{und} \quad \frac{\text{vorh } v}{\text{voll } v} \quad \text{oder} \quad \frac{h'}{h} \quad \text{und} \quad \frac{\text{vorh } Q}{\text{voll } Q}$$

Wenn man h, voll v oder voll Q des gewählten Profils einsetzt, erhält man h', vorh v oder vorh Q.

Das direkte Ablesen der Werte für Vollfüllung ist nur in den Tafeln **65**.1, **66**.1, **66**.2 und **70**.1 möglich. Für die übrigen Profile der Tafel **62**.1 kommt man auf dem Umweg über das Kreisprofil zu den Angaben bei Vollfüllung. In der Tafel **73**.2 sind die Verhältniszahlen für Q und v des betreffenden Profils zum Kreisprofil (v_{Kr}, Q_{Kr}) mit der gleichen Breite $b = 2r$ angegeben, z. B. für den überhöhten Eiquerschnitt B 2 nach G-M-Str.

$$\text{voll } v = 1{,}16\ v_{Kr} \qquad \text{voll } Q = 2{,}03\ Q_{Kr}$$

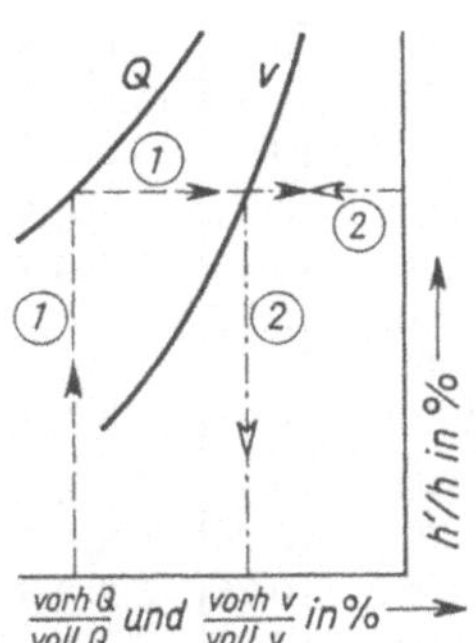

69.1 Ablesefolge bei den Füllungskurven

Tafel **70**.1 Werte voll v (in m/s) und voll Q (in l/s) für Kreis- und Eiprofile nach Prandtl-Colebrook. $k_b = 1{,}5$ mm $\nu = 1{,}25$ bis $1{,}3 \cdot 10^{-6}$ m²/s

Lichte Weite (mm)	200		250		300		350		400		500		600		700	
Gefälle	v	Q	v	Q	v	Q	v	Q	v	Q	v	Q	v	Q	v	Q
1:10	3,37	106	3,90	192	4,4	311	4,86	468	5,30	666	6,12	1201	6,87	1944	7,58	2918
15	2,75	86	3,19	156	3,59	254	3,97	382	4,33	544	4,98	981	5,61	1586	6,19	2383
20	2,38	75	2,76	135	3,11	220	3,44	331	3,75	471	4,32	849	4,86	1374	5,36	2063
25	2,13	67	2,47	121	2,78	196	3,07	296	3,35	421	3,87	759	4,35	1230	4,79	1845
30	1,94	61	2,25	110	2,54	179	2,80	270	3,06	384	3,53	693	3,97	1121	4,38	1684
35	1,80	57	2,09	103	2,25	166	2,60	250	2,84	357	3,27	642	3,68	1038	4,05	1558
40	1,68	53	1,95	96	2,2	155	2,43	234	2,65	333	3,06	600	3,43	971	3,79	1458
50	1,5	47	1,74	86	1,96	139	2,17	209	2,37	297	2,73	537	3,07	868	3,39	1305
60	1,37	43	1,59	78	1,79	127	1,98	191	2,16	271	2,49	490	2,80	792	3,09	1190
70	1,27	40	1,47	72	1,66	117	1,83	176	2,0	251	2,31	453	2,59	733	2,86	1102
80	1,19	37	1,38	68	1,55	110	1,71	165	1,87	235	2,16	424	2,43	686	2,68	1030
90	1,12	35	1,3	64	1,46	103	1,62	155	1,76	221	2,03	400	2,29	647	2,52	971
100	1,06	33	1,23	60	1,39	98	1,53	147	1,67	210	1,93	379	2,17	613	2,39	921
110	1,01	32	1,17	58	1,32	95	1,46	141	1,59	200	1,84	361	2,07	585	2,28	878
120	0,97	30	1,12	55	1,26	90	1,4	135	1,53	192	1,76	346	1,98	560	2,18	841
130	0,93	29	1,08	53	1,21	86	1,34	129	1,46	184	1,69	332	1,9	538	2,1	807
140	0,9	28	1,04	51	1,17	83	1,29	125	1,41	177	1,63	320	1,83	518	2,02	778
150	0,86	27	1,0	49	1,13	80	1,25	120	1,36	171	1,57	309	1,77	500	1,95	752
160	0,84	26	0,97	48	1,09	77	1,21	116	1,32	166	1,52	299	1,71	484	1,89	728
170	0,81	26	0,94	46	1,06	75	1,17	113	1,28	161	1,48	290	1,66	470	1,83	706
180	0,79	25	0,91	45	1,03	73	1,14	110	1,24	156	1,44	282	1,62	457	1,78	686
190	0,77	24	0,89	44	1,0	71	1,11	107	1,21	152	1,4	275	1,57	445	1,73	667
200	0,75	24	0,87	43	0,98	69	1,08	104	1,18	148	1,36	268	1,53	433	1,69	651
220	0,71	22	0,83	41	0,93	66	1,03	99	1,12	141	1,30	225	1,46	413	1,61	620
240	0,68	21	0,79	39	0,89	63	0,99	95	1,08	135	1,24	244	1,40	395	1,54	594
260	0,66	21	0,76	37	0,86	61	0,95	91	1,03	130	1,19	235	1,34	380	1,48	570
280	0,63	20	0,73	36	0,83	58	0,91	88	1,0	125	1,15	226	1,29	366	1,43	549
300	0,61	19	0,71	35	0,8	56	0,88	85	0,96	121	1,11	218	1,25	353	1,38	531
350	0,56	17,7	0,65	32	0,74	52	0,82	79	0,89	112	1,03	202	1,16	327	1,28	491
400	0,53	16,6	0,61	30	0,69	49	0,76	73	0,83	105	0,96	189	1,08	306	1,19	459
450	0,5	15,6	0,58	28,3	0,65	46	0,72	69	0,78	99	0,91	178	1,02	288	1,12	433
500	0,47	14,8	0,55	26,8	0,62	43,5	0,68	66	0,74	94	0,86	169	0,97	273	1,07	410
600	0,43	13,5	0,5	24,4	0,56	39,7	0,62	60	0,68	85	0,78	154	0,88	249	0,97	374
700	0,4	12,5	0,46	22,6	0,52	36,7	0,58	55	0,63	79	0,73	142	0,82	231	0,9	346
800	0,37	11,6	0,43	21,1	0,49	34,3	0,54	52	0,59	74	0,68	133	0,76	216	0,84	324
900	0,35	11	0,41	20	0,46	32,3	0,51	48,7	0,55	69,4	0,64	125	0,72	203	0,79	305
1000	0,33	10,4	0,38	19	0,43	30,7	0,48	46,2	0,52	65,8	0,61	119	0,68	193	0,75	289
1200	0,3	9,5	0,35	17,2	0,4	27,9	0,44	42	0,48	60	0,55	108	0,62	176	0,69	264
1400	0,28	8,8	0,32	15,9	0,37	25,8	0,4	39	0,44	55,5	0,51	100	0,57	163	0,63	244
1600	0,26	8,2	0,3	14,8	0,34	24,1	0,38	36,4	0,41	52	0,48	94	0,54	152	0,59	228
1800	0,25	7,7	0,28	14	0,32	22,7	0,36	34,3	0,39	48,9	0,45	88	0,51	143	0,56	215
2000	0,23	7,5	0,27	13,2	0,3	21,5	0,34	32,5	0,37	46,3	0,43	84	0,48	136	0,53	204
2500	0,21	6,5	0,24	11,8	0,27	19,2	0,3	29	0,33	41,4	0,38	75	0,43	121	0,47	182
3000	0,19	5,9	0,22	10,8	0,25	17,5	0,27	26,4	0,3	37,7	0,35	68	0,39	110	0,43	166

800		900		1000		1200		Ei 500/750		Ei 600/900		Ei 700/1050		Ei 800/1200		Ei 900/1350	
v	Q	v	Q	v	Q	v	Q	v	Q	v	Q	v	Q	v	Q	v	Q
8,25	4149	8,89	5656	9,5	7462	10,65	12046	6,72	1929	7,55	3120	8,32	4683	9,06	6655	9,75	9070
6,74	3387	7,26	4618	7,75	6091	8,69	9834	5,49	1576	6,16	2548	6,8	3825	7,39	5434	7,96	7407
5,83	2933	6,28	3999	6,71	5275	7,53	8516	4,75	1364	5,34	2207	5,88	3312	6,4	4706	6,89	6414
5,22	2622	5,62	3576	6,01	4717	6,73	7615	4,25	1220	4,77	1973	5,26	2962	5,73	4208	6,17	5736
4,76	2394	5,13	3264	5,48	4306	6,15	6951	3,88	1114	4,36	1801	4,8	2703	5,23	3841	5,63	5235
4,4	2216	4,74	3021	5,07	3987	5,69	6436	3,59	1031	4,03	1668	4,45	2503	4,84	3557	5,22	4848
4,12	2072	4,44	2826	4,75	3729	5,32	6019	3,36	964	3,77	1559	4,16	2341	4,52	3326	4,87	4533
3,69	1854	3,97	2528	4,24	3334	4,76	5383	3,0	862	3,37	1395	3,72	2093	4,05	2974	4,36	4054
3,37	1692	3,63	2307	3,87	3045	4,34	4913	2,74	787	3,08	1273	3,39	1910	3,69	2715	3,98	3700
3,11	1567	3,36	2136	3,59	2817	4,02	4548	2,54	728	2,85	1178	3,14	1768	3,42	2513	3,68	3425
2,91	1465	3,14	1998	3,35	2635	3,76	4254	2,37	681	2,66	1102	2,94	1655	3,2	2350	3,44	3205
2,75	1381	2,96	1883	3,16	2484	3,55	4010	2,24	642	2,51	1039	2,77	1559	3,01	2216	3,25	3021
2,60	1310	2,81	1786	3,0	2356	3,36	3804	2,12	609	2,38	985	2,63	1479	2,86	2106	3,08	2865
2,48	1249	2,68	1703	2,86	2247	3,21	3627	2,02	581	2,27	939	2,51	1410	2,73	2004	2,94	2731
2,38	1195	2,56	1630	2,74	2151	3,07	3473	1,94	556	2,17	899	2,4	1350	2,61	1918	2,81	2616
2,28	1148	2,46	1566	2,63	2066	2,95	3336	1,86	534	2,09	864	2,3	1297	2,51	1843	2,7	2512
2,2	1107	2,37	1509	2,53	1991	2,84	3214	1,79	514	2,01	832	2,22	1249	2,42	1775	2,6	2420
2,13	1069	2,29	1458	2,45	1923	2,74	3105	1,73	497	1,94	804	2,14	1207	2,33	1715	2,51	2338
2,06	1035	2,22	1412	2,37	1862	2,66	3006	1,68	481	1,88	778	2,08	1168	2,26	1660	2,43	2263
2,0	1004	2,15	1369	2,3	1806	2,58	2917	1,63	467	1,83	755	2,01	1133	2,19	1611	2,36	2196
1,94	976	2,09	1331	2,23	1755	2,50	2835	1,58	453	1,77	734	1,96	1102	2,13	1565	2,29	2134
1,89	949	2,03	1295	2,17	1708	2,44	2759	1,54	441	1,73	714	1,9	1072	2,07	1523	2,23	2076
1,84	925	1,98	1262	2,12	1665	2,38	2686	1,5	430	1,68	696	1,86	1045	2,02	1485	2,18	2024
1,75	882	1,89	1203	2,02	1587	2,26	2563	1,43	410	1,6	663	1,77	996	1,93	1415	2,07	1929
1,68	845	1,81	1154	1,93	1520	2,17	2454	1,37	392	1,54	635	1,69	953	1,84	1355	1,99	1847
1,61	811	1,74	1107	1,86	1460	2,08	2357	1,31	377	1,48	610	1,63	916	1,77	1301	1,91	1775
1,55	782	1,67	1066	1,79	1406	2,01	2272	1,26	363	1,42	588	1,57	882	1,71	1254	1,84	1709
1,50	755	1,62	1030	1,73	1359	1,94	2194	1,22	351	1,37	568	1.51	852	1,65	1211	1,77	1651
1,39	699	1,5	953	1,6	1258	1,79	2031	1,13	325	1,27	525	1,4	789	1,53	1121	1,64	1528
1,3	654	1,4	891	1,5	1176	1,68	1899	1,06	304	1,19	491	1,31	737	1,43	1048	1,54	1429
1,22	616	1,32	840	1,41	1109	1,58	1789	1,0	286	1,12	463	1,24	695	1,34	988	1,45	1347
1,16	585	1,25	797	1,34	1051	1,5	1698	0,94	271	1,06	439	1,17	659	1,27	937	1,37	1278
1,06	533	1,14	727	1,22	968	1,37	1549	0,86	249	0,97	401	1,07	601	1,16	855	1,25	1166
0,98	493	1,06	672	1,13	889	1,27	1435	0,8	229	0,9	371	0,99	557	1,08	791	1,16	1079
0,92	461	0,99	628	1,06	829	1,18	1342	0,75	214	0,84	347	0,92	520	1,01	741	1,08	1009
0,86	434	0,93	592	1,0	782	1,12	1263	0,7	202	0,79	327	0,87	490	0,95	697	1,03	952
0,82	412	0,88	562	0,94	741	1,06	1197	0,67	191	0,75	310	0,83	465	0,9	661	0,97	903
0,75	376	0,81	512	0,86	676	0,97	1092	0,61	174	0,68	282	0,75	424	0,82	603	0,88	822
0,69	347	0,75	474	0,8	626	0,89	1011	0,56	161	0,63	261	0,71	392	0,76	558	0,82	762
0,65	325	0,7	443	0,74	585	0,84	945	0,53	151	0,59	244	0,65	367	0,71	522	0,76	712
0,61	306	0,66	418	0,7	551	0,79	891	0,49	142	0,56	230	0,61	346	0,67	492	0,72	670
0,58	290	0,62	396	0,67	523	0,75	845	0,47	135	0,53	218	0,58	328	0,63	466	0,68	636
0,52	259	0,56	354	0,59	467	0,67	755	0,42	120	0,47	195	0,52	293	0,57	416	0,61	568
0,47	236	0,51	322	0,54	426	0,61	688	0,38	110	0,43	178	0,47	267	0,52	380	0,56	518

Tafel **72**.1 Teilfüllungswerte für das Kreisprofil (gestrichelte Kurven Q' und v' bei $h'/h \geqq 50\%$ in Tafel **73**.1 nach Thormann, ausgezogene Kurven Q und v bei $h'/h \geqq 50\%$ nach Sauerbrey)

$\frac{\text{vorh } Q}{\text{voll } Q}$	$\frac{h'}{h}$	$\frac{\text{vorh } v}{\text{voll } v}$	$\frac{\text{vorh } Q}{\text{voll } Q}$	$\frac{h'}{h}$	$\frac{\text{vorh } v}{\text{voll } v}$	$\frac{\text{vorh } Q}{\text{voll } Q}$	$\frac{h'}{h}$	$\frac{\text{vorh } v}{\text{voll } v}$	$\frac{h'}{h}$	$\frac{\text{vorh } v}{\text{voll } v}$
							Thormann		Sauerbrey	
0,001	0,02	0,17	**0,360**	0,41	0,92	**0,510**	0,51	1,00	0,49	1,04
0,002	0,03	0,21	**0,370**	0,42	0,93	**0,520**	0,51	1,01	0,5	1,05
0,004	0,04	0,26	**0,380**	0,43	0,93	**0,530**	0,52	1,01	0,5	1,05
0,006	0,05	0,29	**0,390**	0,43	0,94	**0,540**	0,52	1,02	0,51	1,05
0,008	0,06	0,32	**0,400**	0,44	0,95	**0,550**	0,53	1,02	0,52	1,06
0,010	0,07	0,34	**0,410**	0,45	0,95	**0,560**	0,54	1,02	0,52	1,06
0,012	0,07	0,36	**0,420**	0,45	0,96	**0,570**	0,54	1,03	0,53	1,07
0,014	0,08	0,37	**0,430**	0,46	0,96	**0,580**	0,55	1,03	0,53	1,07
0,016	0,09	0,39	**0,440**	0,46	0,97	**0,590**	0,56	1,03	0,54	1,07
0,018	0,09	0,40	**0,450**	0,47	0,97	**0,600**	0,56	1,04	0,55	1,08
0,020	0,10	0,41	**0,460**	0,48	0,98	**0,610**	0,57	1,04	0,55	1,08
0,022	0,10	0,42	**0,470**	0,48	0,99	**0,620**	0,57	1,04	0,56	1,08
0,024	0,10	0,43	**0,480**	0,49	0,99	**0,630**	0,58	1,05	0,56	1,09
0,026	0,11	0,45	**0,490**	0,49	1,00	**0,640**	0,59	1,05	0,57	1,09
0,028	0,11	0,45	**0,500**	0,50	1,00	**0,650**	0,59	1,05	0,57	1,09
0,030	0,12	0,46				**0,660**	0,60	1,05	0,58	1,10
0,035	0,13	0,48				**0,670**	0,61	1,06	0,59	1,10
0,040	0,13	0,50				**0,680**	0,61	1,06	0,59	1,10
0,045	0,14	0,52				**0,690**	0,62	1,06	0,6	1,11
0,050	0,15	0,54				**0,700**	0,63	1,06	0,6	1,11
0,055	0,16	0,55				**0,710**	0,63	1,06	0,6	1,11
0,060	0,16	0,57				**0,720**	0,64	1,07	0,62	1,11
0,065	0,17	0,58				**0,730**	0,65	1,07	0,62	1,11
0,070	0,18	0,59				**0,740**	0,65	1,07	0,63	1,12
0,075	0,18	0,60				**0,750**	0,66	1,07	0,64	1,12
0,080	0,19	0,61				**0,760**	0,67	1,07	0,64	1,12
0,085	0,19	0,62				**0,770**	0,67	1,07	0,65	1,12
0,090	0,20	0,63				**0,780**	0,68	1,07	0,65	1,13
0,095	0,21	0,64				**0,790**	0,69	1,07	0,66	1,13
0,100	0,21	0,65				**0,800**	0,70	1,07	0,67	1,13
0,110	0,22	0,67				**0,810**	0,70	1,08	0,67	1,13
0,120	0,23	0,69				**0,820**	0,71	1,08	0,68	1,13
0,130	0,24	0,70				**0,830**	0,72	1,08	0,69	1,13
0,140	0,25	0,72				**0,840**	0,73	1,07	0,69	1,14
0,150	0,26	0,73				**0,850**	0,74	1,07	0,7	1,14
0,160	0,27	0,74				**0,860**	0,75	1,07	0,71	1,14
0,170	0,28	0,76				**0,870**	0,76	1,07	0,72	1,14
0,180	0,28	0,77				**0,880**	0,77	1,07	0,72	1,14
0,190	0,29	0,78				**0,890**	0,78	1,07	0,73	1,14
0,200	0,30	0,79				**0,900**	0,79	1,07	0,74	1,14
0,210	0,31	0,80				**0,910**	0,80	1,07	0,74	1,14
0,220	0,32	0,81				**0,920**	0,81	1,06	0,75	1,14
0,230	0,32	0,82				**0,930**	0,82	1,06	0,76	1,14
0,240	0,33	0,83				**0,940**	0,83	1,05	0,77	1,14
0,250	0,34	0,84				**0,950**	0,85	1,05	0,78	1,14
0,260	0,35	0,85				**0,960**	0,86	1,04	0,79	1,14
0,270	0,35	0,86				**0,970**	0,88	1,04	0,80	1,14
0,280	0,36	0,86				**0,980**	0,91	1,03	0,80	1,14
0,290	0,37	0,87				**0,990**	0,93	1,02	0,81	1,14
0,300	0,37	0,88				**1,000**	1,00	1,00	0,83	1,13
0,310	0,38	0,89				**1,01**			0,84	1,13
0,320	0,39	0,89				**1,02**			0,85	1,13
0,330	0,39	0,90				**1,03**			0,86	1,12
0,340	0,40	0,91				**1,04**			0,88	1,12
0,350	0,41	0,92				**1,05**			0,9	1,11
						1,06			0,94	1,09

Tafel **73**.1 Füllungskurve und Querschnittswerte des Kreisprofils

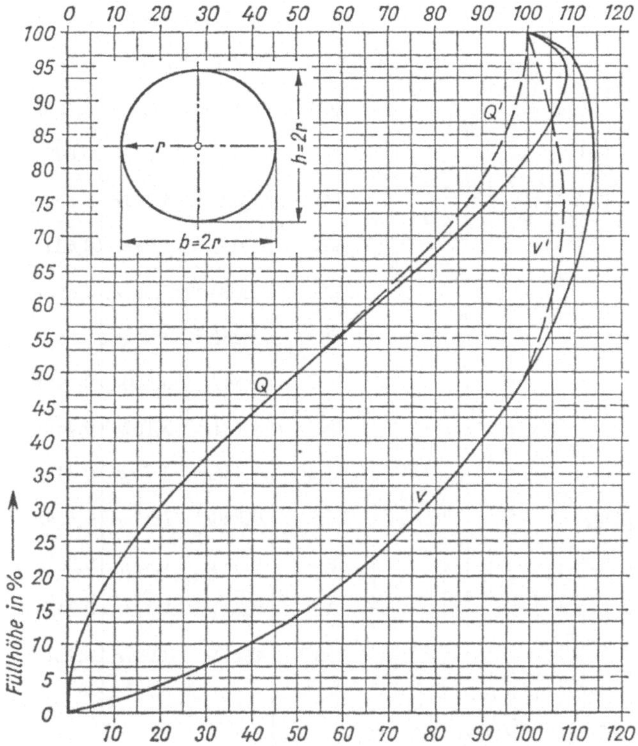

Füllhöhe %	A	U	R
100	$3{,}142r^2$	$6{,}283r$	$0{,}500r$
95	$3{,}083r^2$	$5{,}382r$	$0{,}573r$
90	$2{,}978r^2$	$4{,}997r$	$0{,}596r$
85	$2{,}847r^2$	$4{,}693r$	$0{,}607r$
80	$2{,}695r^2$	$4{,}430r$	$0{,}608r$
75	$2{,}528r^2$	$4{,}190r$	$0{,}603r$
70	$2{,}350r^2$	$3{,}965r$	$0{,}593r$
65	$2{,}162r^2$	$3{,}751r$	$0{,}576r$
60	$1{,}969r^2$	$3{,}545r$	$0{,}555r$
55	$1{,}771r^2$	$3{,}342r$	$0{,}530r$
50	$1{,}571r^2$	$3{,}142r$	$0{,}500r$
45	$1{,}371r^2$	$2{,}941r$	$0{,}466r$
40	$1{,}173r^2$	$2{,}738r$	$0{,}428r$
35	$0{,}980r^2$	$2{,}532r$	$0{,}387r$
30	$0{,}792r^2$	$2{,}318r$	$0{,}342r$
25	$0{,}614r^2$	$2{,}094r$	$0{,}293r$
20	$0{,}447r^2$	$1{,}854r$	$0{,}241r$
15	$0{,}295r^2$	$1{,}591r$	$0{,}186r$
10	$0{,}164r^2$	$1{,}287r$	$0{,}127r$
5	$0{,}059r^2$	$0{,}902r$	$0{,}056r$

Tafel **73**.2 Querschnittswerte vollaufender Profile nach DIN 4263 im Verhältnis zum Kreisprofil (Index Kr) mit gleicher Breite $b = 2r$

Profil	Leitungsquerschnitt	$b:h$	A	U	R	Gauckler-Manning-Strickler v/v_{Kr}	Gauckler-Manning-Strickler Q/Q_{Kr}	Prandtl-Colebrook v/v_{Kr}	Prandtl-Colebrook Q/Q_{Kr}
A1	**Kreisquerschnitt**	2:2	$3{,}142r^2$	$6{,}283r$	$0{,}500r$	1,0	1,0	1,0	1,0
B2	**Eiquerschnitt** überhöht	2:3,5	$5{,}492r^2$	$8{,}621r$	$0{,}621r$	1,16	2,03	1,145	2,001
B3	normal	2:3	$4{,}594r^2$	$7{,}930r$	$0{,}579r$	1,11	1,62	1,096	1,603
B4	breit	2:2,5	$3{,}823r^2$	$7{,}032r$	$0{,}544r$	1,07	1,30	1,054	1,283
B5	gedrückt	2:2	$3{,}097r^2$	$6{,}286r$	$0{,}493r$	0,99	0,975	0,991	0,977
C6	**Maulquerschnitt** überhöht	2:2	$3{,}378r^2$	$6{,}603r$	$0{,}512r$	1,02	1,10	1,015	1,091
C7	normal	2:1,5	$2{,}378r^2$	$5{,}603r$	$0{,}424r$	0,895	0,68	0,902	0,683
C8	gedrückt	2:1,25	$1{,}937r^2$	$5{,}169r$	$0{,}375r$	0,82	0,51	0,835	0,514

Tafel **74**.1 Füllungskurve und Querschnittswerte des Eiprofils

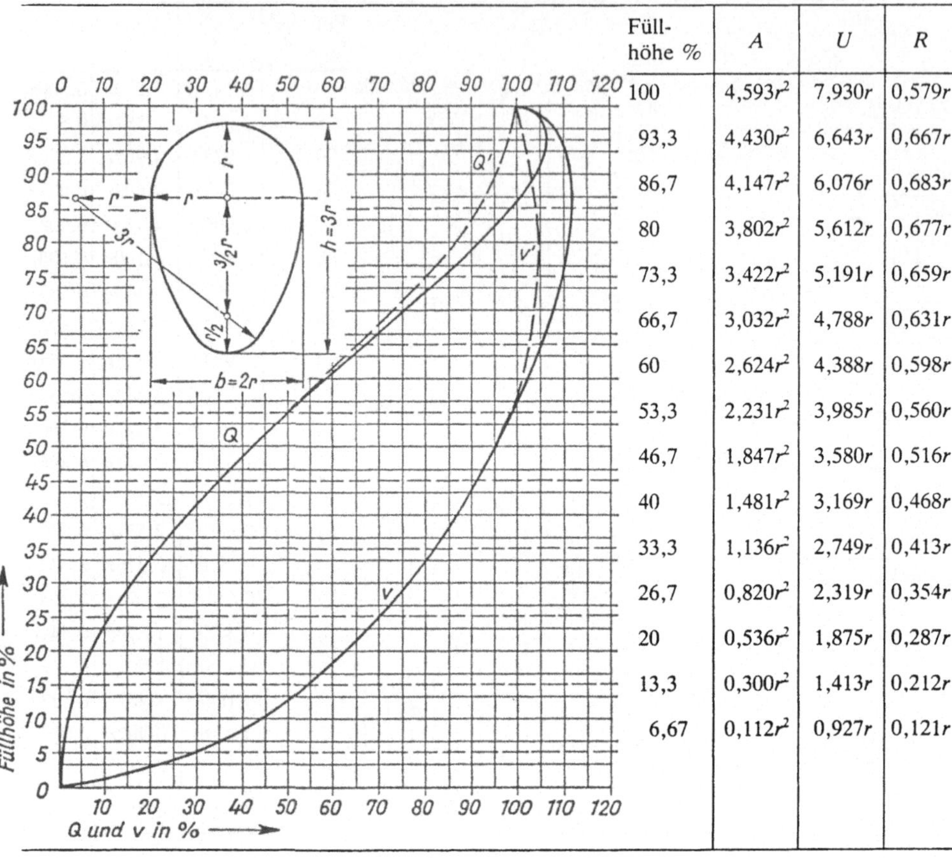

Füllhöhe %	A	U	R
100	$4{,}593r^2$	$7{,}930r$	$0{,}579r$
93,3	$4{,}430r^2$	$6{,}643r$	$0{,}667r$
86,7	$4{,}147r^2$	$6{,}076r$	$0{,}683r$
80	$3{,}802r^2$	$5{,}612r$	$0{,}677r$
73,3	$3{,}422r^2$	$5{,}191r$	$0{,}659r$
66,7	$3{,}032r^2$	$4{,}788r$	$0{,}631r$
60	$2{,}624r^2$	$4{,}388r$	$0{,}598r$
53,3	$2{,}231r^2$	$3{,}985r$	$0{,}560r$
46,7	$1{,}847r^2$	$3{,}580r$	$0{,}516r$
40	$1{,}481r^2$	$3{,}169r$	$0{,}468r$
33,3	$1{,}136r^2$	$2{,}749r$	$0{,}413r$
26,7	$0{,}820r^2$	$2{,}319r$	$0{,}354r$
20	$0{,}536r^2$	$1{,}875r$	$0{,}287r$
13,3	$0{,}300r^2$	$1{,}413r$	$0{,}212r$
6,67	$0{,}112r^2$	$0{,}927r$	$0{,}121r$

2.5.5 Berechnungsbeispiele

Beispiel 1: Gegeben $Q = 0{,}130\ \mathrm{m^3/s}$, $n = 400$, $k_{St} = 80$. Gesucht das entsprechende Kreisprofil mit vorh v und h' nach G-M-Str (Gauckler-Manning-Strickler).

Nach Tafel **65**.1 ist $z = Q\sqrt{n} = 0{,}130\sqrt{400} = 2{,}6$. Gewählt wird DN 450 mit $z = 2{,}97$ und

$$\text{voll } Q = \frac{z}{\sqrt{n}} = \frac{2{,}97}{\sqrt{400}} = 0{,}1485\ \mathrm{m^3/s}$$

$$\text{voll } v = \frac{x}{\sqrt{n}} \quad \frac{18{,}69}{\sqrt{400}} = 0{,}9345\ \mathrm{m/s}$$

Nach Tafel **72**.1 (Sauerbrey) ist

$$\frac{\text{vorh } Q}{\text{voll } Q} = \frac{0{,}130}{0{,}1485} = 0{,}88 \quad \frac{h'}{h} = 72\% \quad \text{und} \quad h' = 0{,}72 \cdot 450 = 324\ \mathrm{mm}$$

$$\frac{\text{vorh } v}{\text{voll } v} = 1{,}14 \quad \text{und} \quad \text{vorh } v = 1{,}14 \cdot 0{,}9345 = 1{,}065\ \mathrm{m/s}$$

Tafel **75**.1 Füllungskurve und Querschnittswerte des Maulprofils

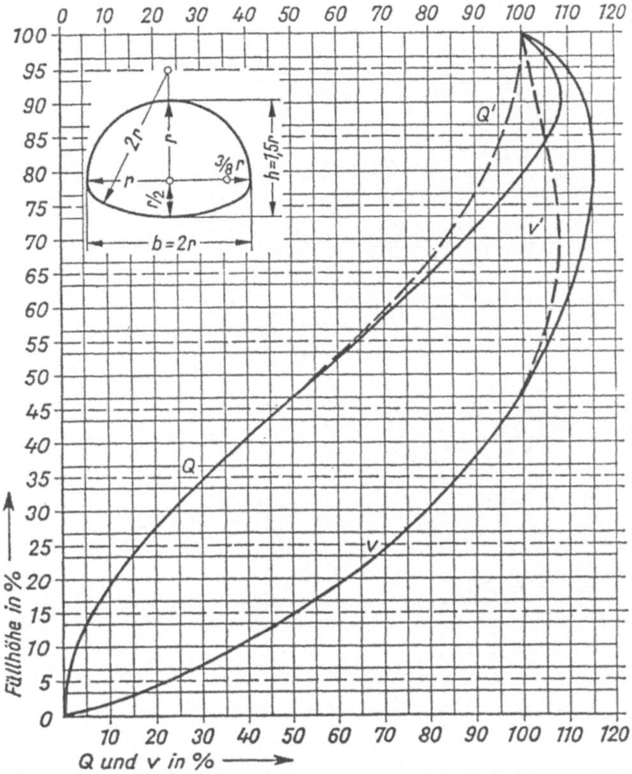

Füllhöhe %	A	U	R
100	$2{,}378r^2$	$5{,}603r$	$0{,}424r$
93,3	$2{,}319r^2$	$4{,}696r$	$0{,}493r$
86,7	$2{,}224r^2$	$4{,}316r$	$0{,}516r$
80	$2{,}078r^2$	$4{,}014r$	$0{,}518r$
73,3	$1{,}926r^2$	$3{,}73r$	$0{,}517r$
66,7	$1{,}759r^2$	$3{,}509r$	$0{,}502r$
60	$1{,}578r^2$	$3{,}282r$	$0{,}48r$
53,3	$1{,}392r^2$	$3{,}07r$	$0{,}453r$
46,7	$1{,}198r^2$	$2{,}863r$	$0{,}418r$
40	$1{,}003r^2$	$2{,}661r$	$0{,}377r$
33,3	$0{,}807r^2$	$2{,}461r$	$0{,}326r$
26,7	$0{,}608r^2$	$2{,}258r$	$0{,}269r$
20	$0{,}415r^2$	$2{,}038r$	$0{,}203r$
13,8	$0{,}235r^2$	$1{,}769r$	$0{,}133r$
6,67	$0{,}084r^2$	$1{,}268r$	$0{,}066r$

Beispiel 2: Gegeben $Q = Q_x = 0{,}300\ \text{m}^3/\text{s}$, $n = 250$, $k_{St} = k_{Stx} = 90$.
Gesucht das entsprechende normale Eiprofil mit vorh v und h' nach G-M-Str.
Nach Tafel **66**.1 ist $z = Q_{80}\sqrt{n}$.

Man könnte jetzt diese Tafel anwenden, wenn das Profil für $k_{St} = 80$ zu ermitteln wäre. Da $k_{Stx} = 90$ ist, muß nach Gl. (65.1) erst $Q_{80} = \dfrac{80}{k_{Stx}} Q_x$ ermittelt werden.

Damit wird $z = \dfrac{80}{k_{Stx}} Q_x\sqrt{n} = \dfrac{80}{90}\, 0{,}30\,\sqrt{250} = 4{,}22.$

Gewählt wird Ei 500 × 750 mit $z = 6{,}34$ und

$$\text{voll } Q_{80} = \frac{z}{\sqrt{n}} = \frac{6{,}34}{\sqrt{250}} = 0{,}4\ \text{m}^3/\text{s} \qquad \text{voll } v_{80} = \frac{x}{\sqrt{n}} = \frac{22{,}1}{\sqrt{250}} = 1{,}4\ \text{m/s}$$

$$\text{voll } Q_{90} = \frac{90}{80}\, 0{,}4 = 0{,}45\ \text{m}^3/\text{s} \qquad \text{voll } v_{90} = \frac{90}{80}\, 1{,}4 = 1{,}58\ \text{m/s}$$

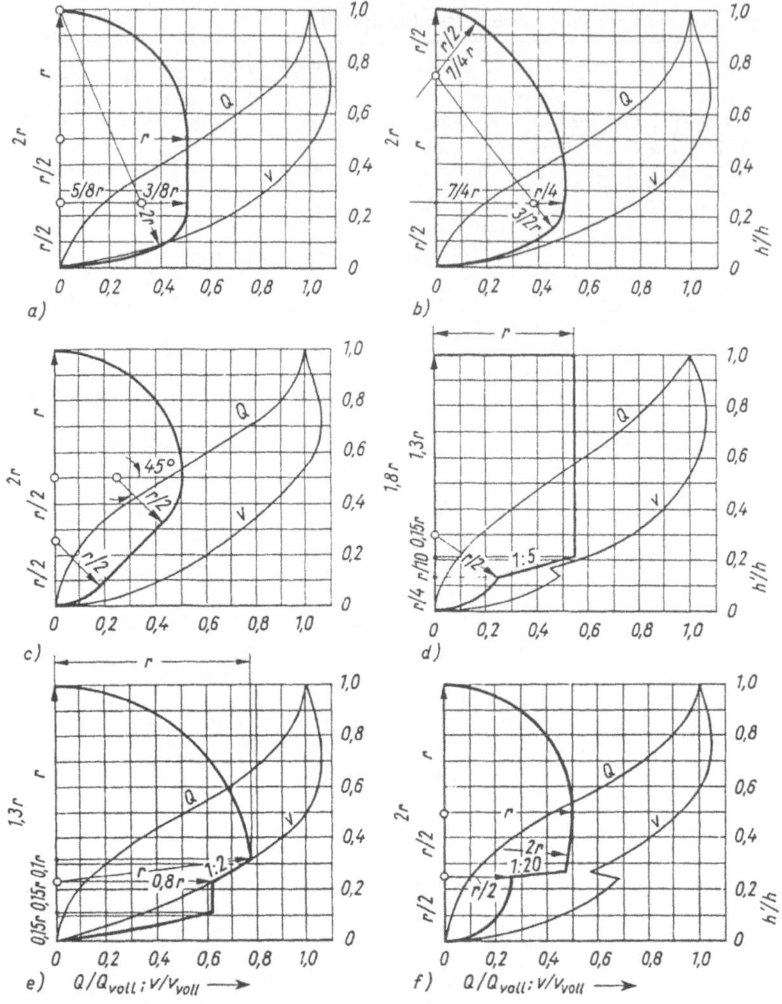

76.1 Teilfüllungskurven weiterer gebräuchlicher Profile

a) Profil C 6 (Tafel **62.**1), überhöhter Maulquerschnitt, $b/h = 2/2$; $A = 3{,}378r^2$; $U = 6{,}603r$; $R\ 0{,}512 \cdot r$; $v/v_{Kr} = 1{,}015$; $Q/Q_{Kr} = 1{,}09$

b) Profil Haubenquerschnitt (auch: Parabelquerschnitt) $b/h = 2/2$; $A = 3{,}007r^2$; $U = 6{,}283r$; $R = 0{,}479r$; $v/v_{Kr} = 0{,}974$; $Q/Q_{Kr} = 0{,}932$

c) Profil Drachenquerschnitt $b/h = 2/2$; $A = 2{,}921r^2$; $U = 6{,}127r$; $R = 0{,}477r$; $v/v_{Kr} = 0{,}971$; $Q/Q_{Kr} = 0{,}903$

d) Profil Kastenquerschnitt mit runder Sohlrinne, $b/h = 2/1{,}8$; $A = 3{,}297r^2$; $U = 7{,}199r$; $R = 0{,}46r$; $v/v_{Kr} = 0{,}949$; $Q/Q_{Kr} = 0{,}996$

e) Profil Haubenquerschnitt mit dreieckiger Fließrinne (für große Kanäle und Durchlässe in Wellblechüberwölbung geeignet), $b/h = 2/1{,}3$; $A = 1{,}911r^2$; $U = 5{,}317r$; $R = 0{,}359r$; $v/v_{Kr} = 0{,}813$; $Q/Q_{Kr} = 0{,}494$

f) Profil D 10 (Tafel **62.**1) Rinnenquerschnitt mit beidseitigem Auftritt, $b/h = 2/2$; $A = 2{,}933r^2$; $U = 6{,}563r$; $R = 0{,}447r$; $v/v_{Kr} = 0{,}932$; $Q/Q_{Kr} = 0{,}87$

Nach Tafel **72**.1 (Sauerbrey) ist

$$\frac{\text{vorh } Q}{\text{voll } Q} = \frac{0{,}3}{0{,}45} = 0{,}667 \qquad \frac{h'}{h} = 59\% \quad \text{und} \quad h' = 0{,}59 \cdot 750 = 443 \text{ mm}$$

$$\frac{\text{vorh } v}{\text{voll } v} = 1{,}10 \quad \text{und} \quad \text{vorh } v = 1{,}10 \cdot 1{,}58 = 1{,}74 \text{ m/s}$$

Beispiel 3: Gegeben $Q = 1{,}400$ m³/s, $n = 500$, $k_{St} = 80$.
Gesucht der gedrückte Eiquerschnitt Form B5 nach G-M-Str.
Nach Tafel **73**.2 ist $Q = 0{,}975\ Q_{Kr}$ und $v = 0{,}99\ v_{Kr}$

$$Q_{Kr} = \frac{Q}{0{,}975} = \frac{1{,}40}{0{,}975} = 1{,}44 \text{ m}^3\text{/s}$$

Nach Tafel **65**.1 ist $z = Q\sqrt{n} = 1{,}44\sqrt{500} = 32{,}2$.
Gewählt wird Kreisprofil DN 1200 ≙ gedrückter Eiquerschnitt 1200 × 1200.

Beispiel 4: Gegeben Maulprofil Form C7 2000 × 1500, $n = 900$ und eine Füllhöhe $h' = 1000$ mm, $k_{St} = 80$. Gesucht vorh Q und vorh v nach G-M-Str.
Nach Tafel **66**.2 ist

$$\text{voll } Q = \frac{z}{\sqrt{n}} = \frac{107{,}3}{\sqrt{900}} = 3{,}58 \text{ m}^3\text{/s} \quad \text{und} \quad \text{voll } v = \frac{x}{\sqrt{n}} = \frac{45{,}2}{\sqrt{900}} = 1{,}51 \text{ m/s}$$

Mit $\dfrac{h'}{h} = \dfrac{1000}{1500} = 0{,}667$ wird nach Tafel **75**.1 $\dfrac{\text{vorh } Q}{\text{voll } Q} = 0{,}83$ und $\dfrac{\text{vorh } v}{\text{voll } v} = 1{,}12$

$$\text{vorh } Q = 0{,}83 \cdot 3{,}58 = 2{,}97 \text{ m}^3\text{/s} \qquad \text{vorh } v = 1{,}12 \cdot 1{,}51 = 1{,}69 \text{ m/s}$$

Beispiel 5: Gegeben $Q = 0{,}850$ m³/s, $J = 1{:}300$, $k_b = 1{,}5$ mm.
Gesucht Kreisprofil mit vorh v und h' nach Prandtl-Colebrook.
Nach Tafel **70**.1 wird gewählt DN 900 mm mit voll $v = 1{,}62$ m/s und voll $Q = 1030$ l/s

$$\frac{\text{vorh } Q}{\text{voll } Q} = \frac{850}{1030} = 0{,}825$$

Nach Tafel **73**.1 (Q'-Kurve) ist $\dfrac{h'}{h} = 72\%$ und $h' = 0{,}72 \cdot 900 = 648$ mm

$$\frac{\text{vorh } v}{\text{voll } v} = 108\% \quad \text{und} \quad \text{vorh } v = 1{,}08 \cdot 1{,}62 = 1{,}75 \text{ m/s}$$

Beispiel 6: Gegeben $Q = 1{,}3$ m³/s, $J = 1{:}200$, $k_b = 1{,}5$ mm.
Gesucht das gedrückte Maulprofil Form C8 nach Prandtl-Colebrook.
Nach Tafel **73**.2 ist

$$\frac{v}{v_{kr}} = 0{,}835 \quad \text{und} \quad \frac{Q}{Q_{Kr}} = 0{,}514$$

$$Q_{Kr} = \frac{Q}{0{,}514} = \frac{1{,}3}{0{,}514} = 2{,}53 \text{ m}^3\text{/s} = 2530 \text{ l/s}$$

Nach Tafel **70**.1 wird gewählt ∅ 1200 mm mit voll $v = 2{,}38$ m/s und voll $Q = 2686$ l/s.
Das Maulprofil hat die Maße $b = 2r = 1200$ mm, $h = 1{,}25 \cdot 600 = 700$ mm (vgl. Tafel **73**.2) voll $v = 0{,}835 \cdot 2{,}38 = 1{,}99$ m/s voll $Q = 0{,}514 \cdot 2686 = 1380$ l/s.

2.5.6 Offene Kanäle (Gerinne)

Öffene Kanäle oder Gerinne kommen mit regelmäßigem Betonquerschnitt in Kläranlagen vor. Sie sind hier besonders geeignet, weil das Abwasser flach unter Gelände durch die Anlagen geleitet wird. Außerdem kann man das Abwasser beobachten.

Es sind in Bild **78**.1 auf der Grundlage der Formel von Gauckler-Manning-Strickler jeweils für das Rechteck- und Trapezprofil die Q- und v-Kurven bei verschiedenen Füllungsgraden $\frac{h'}{h}$ aufgezeichnet. Die Kurven sind Vergleichskurven zum Kreisprofil mit gleichem d.

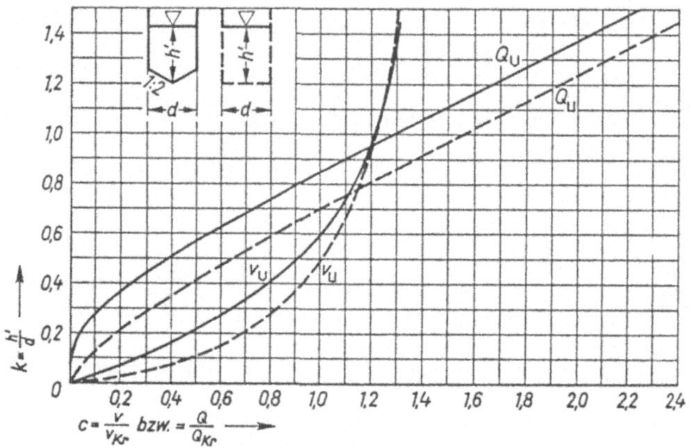

78.1 Abfluß in offenen Gerinnen

d für das Gerinne ist zu wählen. Man bildet zunächst das Verhältnis $\frac{Q}{Q_{Kr}}$ (Q_{Kr} = abfließende Wassermenge im Kreisprofil mit d bei Vollfüllung und gleichem J), geht dann zur Q ⊔ = oder Q ∪ -Kurve hinauf und nach links hinüber um den Wert $\frac{h'}{d}$ abzulesen, woraus h' zu errechnen ist.

Die DIN 19556 empfiehlt als Maße für Rechteckrinnen: $b = d = 0{,}2$; 0,3 bis 0,8; 1,0 bis 5,0 m, Sicherheitsüberstand $m = 0{,}2$ m.

Beispiel: Gegeben $Q = 0{,}250\ \text{m}^3/\text{s}$, $J = 1{:}400$, $k_{St} = 80$.

Gesucht d und h' des Rechteckprofils bei etwa quadratischem Fließquerschnitt.

Gewählt $d = 450$ mm.

Nach Tafel **65**.1 ist

$$Q_{Kr} = \frac{2{,}97}{\sqrt{400}} = 0{,}1485\ \text{m}^3/\text{s} \qquad v_{Kr} = \frac{18{,}69}{\sqrt{400}} = 0{,}9345\ \text{m/s}$$

$$\frac{Q}{Q_{Kr}} = \frac{0{,}250}{0{,}1485} = 1{,}68 \quad \text{nach Bild } \mathbf{78}.1 \quad \frac{h'}{d} = 1{,}07 \quad h' = 1{,}07 \cdot 450 = 482\ \text{mm}$$

$$\frac{v}{v_{Kr}} = 1{,}23 \qquad v = 1{,}23 \cdot 0{,}9345 = 1{,}15\ \text{m/s}$$

2.6 Entwurf einer Ortsentwässerung

2.6.1 Begrenzung des Entwässerungsgebietes

Die Begrenzung ergibt sich vorwiegend aus seiner Oberflächengestalt. Die Fläche, deren Abwasser mit natürlichem Gefälle einem Tiefpunkt zugeführt werden kann, ist das Einzugsgebiet des Tiefpunktes. Noch unbebautes Stadtgebiet sollte als bebaut angenommen werden, wenn mit seiner Bebauung innerhalb der nächsten 50 Jahre zu rechnen ist. Die Bebauungspläne veranschaulichen die städtebauliche Situation. Das daraus entstehende planerische Bild sollte möglichst großzügig abgerundet werden.

Entwässerungstechnisch ist dann am weitesten vorausgeplant, wenn die Wasserscheiden das Einzugsgebiet ohne Rücksicht auf politische Grenzen bestimmen; für dieses ermittelte Gebiet wird das Kanalnetz entworfen. Die Entwässerungsleitungen folgen den Straßenzügen oder liegen im öffentlichen Gelände. Die Lage des Hauptsammlers wird durch die Notwendigkeit bestimmt, sein Einzugsgebiet möglichst groß zu machen. Es ist daher erwünscht, ihn in die „Schwerlinie" des Gesamtgebietes zu legen. Meistens wird er der Linie mit dem kleinsten Gefälle zum Tiefpunkt folgen. Wenn Ortschaften an Wasserläufen liegen, werden sich die Hauptsammler im wesentlichen deren Verlauf anpassen. Besonders tiefliegende Teile des Gesamteinzugsgebietes sind über eine Abwasserhebeanlage an das Hauptgebiet anzuschließen.

2.6.2 Beschaffenheit des Entwässerungsgebietes

Für den Entwurf des Entwässerungsnetzes ist die Höhenermittlung eine wichtige Voraussetzung. Die Meßtischblätter der Landesaufnahme im Maßstab 1:25000 geben zwar gute Anhaltspunkte, müssen aber stets durch ausführliche Höhenmessungen ergänzt werden. In einem Lageplan M 1:1000 bis 1:5000, der alle Straßenfluchtlinien und Gewässer enthält, sind die Straßenhöhen einzutragen. Soweit sie nicht aus vorhandenen Plänen entnommen werden können, sind Höhenaufnahmen erforderlich. Wichtige Höhenpunkte sind Straßenkreuzungen, Endpunkte der Kanäle und alle Gefällwechsel der Straßenoberflächen. Für die Ermittlung des Erdaushubs im Kostenvoranschlag oder im Leistungsverzeichnis genügen Höhenordinaten im Abstand von $\approx$ 50 m, falls das Gelände nicht besonders starke Gefällwechsel enthält.

Vorhandene Entwässerungsleitungen und Gräben sind nach Lage, Größe und Gefälle aufzumessen. Sind sie brauchbar, so werden sie zur Ableitung von Regenwasser herangezogen. Weitere wichtige Faktoren für die bauliche Ausbildung der Kanäle und die Kostenermittlung sind die Bodenbeschaffenheit und der Grundwasserstand. Erforderlichenfalls sind Probebohrungen und Grundwasseruntersuchungen durchzuführen.

2.6.3 Vorüberlegung zu den Hauptteilen einer Ortsentwässerung

Bau- und Betriebskosten einer Ortsentwässerung sind i. allg. am niedrigsten, und das Klärwerk arbeitet am zuverlässigsten, wenn das gesamte Abwasser in einem System gesammelt und gereinigt wird. Dieser Grundsatz sollte unter allen Umständen beachtet werden. Auch mehrere Ortschaften können zu einem Entwässerungsgebiet zusammengefaßt werden. Den größten Einfluß auf die Wahl des Entwässerungsverfahrens hat jedoch die Lage des Gebietes zum Vorfluter (**59**.1) und die Qualität des Vorfluters selbst.

Die Trasse des Hauptsammlers wird durch die Oberflächengestalt, den Verlauf des Vorfluters und die Lage der Reinigungsanlage festgelegt. Selbst wenn das Regenwasser im Einzugsgebiet nach mehreren verschiedenen Vorflutern abgeführt wird, ist oft die Zusammenfassung des gesamten Schmutzwassers an einem Punkt die günstigere Lösung, auch wenn eine Bodenerhöhung durchstoßen oder durch Pumpen überwunden werden muß.

2.6.3.1 Kläranlage und Abwasserpumpwerke

Wichtig ist die frühzeitige Entscheidung über die Art der Abwasserreinigung und über den Standort der Kläranlage. Eine Landbehandlung des Abwassers ist meist nicht möglich, weil die erforderlichen sehr großen Flächen und ihre Bewirtschaftung nicht sichergestellt werden können. Dagegen läßt sich eine Anlage zur künstlichen biologischen Reinigung, auch Teichkläranlagen, auf viel kleinerer Fläche und bei moderner Ausführung und sorgfältigem Betrieb ohne Geruchsbelästigung in unmittelbarer Nähe der Ortschaft unterbringen. Möglichst ist ein Abstand zur nächsten Wohnbebauung (mindestens etwa 400 m, o. ä.) einzuhalten.

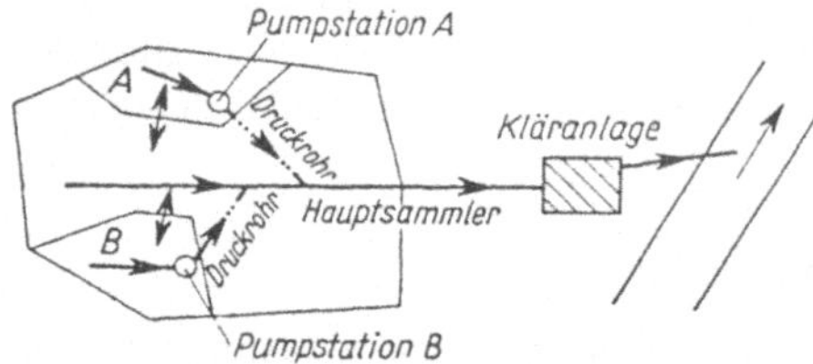

80.1 Abwasserhebung: tiefliegende Teilgebiete ohne natürliche Vorflut zum Hauptsammler

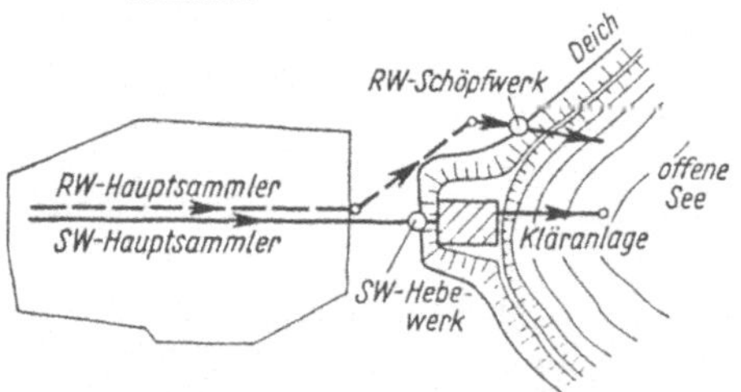

80.2 Abwasserhebung: Gesamteinzugsgebiet ohne oder mit nur zeitweiliger Vorflut. Ständige Hebung des Schmutzwassers, ständige oder nur zeitweilige Hebung des Regenwassers (Tide)

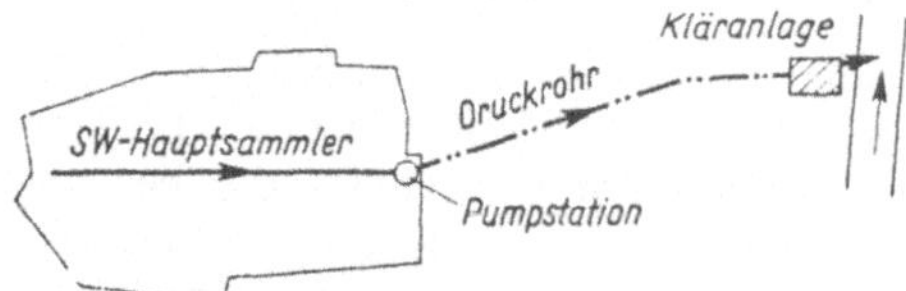

80.3 Abwasserhebung: Gesamteinzugsgebiet ohne natürliche Vorflut zur Kläranlage

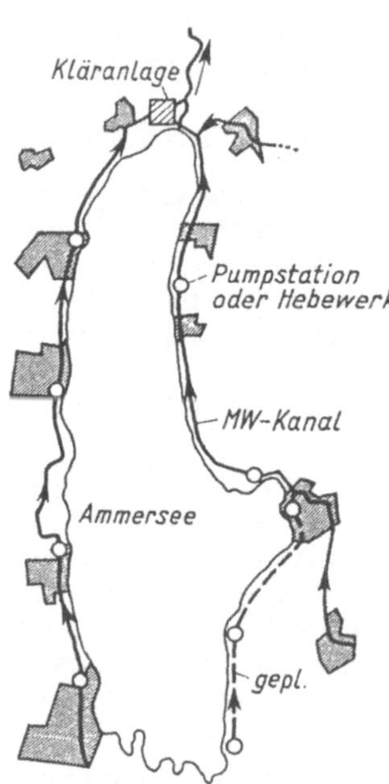

80.4 Abwasserhebung aus Mischwasserkanälen zur Vermeidung unwirtschaftlicher Tiefenlagen rings um den Ammersee (Typ der modernen Seesanierung)

Über das Reinigungsverfahren entscheidet die Wasserführung und Selbstreinigungskraft des Vorfluters. Der Entwurfsbearbeiter muß die Forderungen der Wasserwirtschaftsverwaltung kennen. Die Reinigungsanlage sollte so hoch liegen, daß das gereinigte Abwasser auch bei Hochwasser mit natürlichem Gefälle in den Vorfluter abfließen kann. Bei allgemein tiefer Lage des Stadtgebietes erreicht man das Klärwerk nicht im freien Gefälle, so daß man ein Abwasserpumpwerk dazwischenschalten muß. Auch innerhalb größerer Kläranlagen werden Pumpwerke notwendig. Die Bilder **80**.1 bis 3 zeigen häufige Fälle der Abwasserhebung. Bild **80**.4 zeigt die stufenförmige Hebung im Zuge einer See-Ringleitung.

2.6.3.2 Leitungsnetz

Verschiedene, örtlich bedingte Faktoren bestimmen die Form des Leitungsnetzes. Ein bestimmtes Schema gibt es nicht. Charakteristische Netzformen, auf die der entwerfende Ingenieur am Ende der Entwurfsarbeit immer wieder zurückkommt, sind in Bild **81**.1 gezeigt. Die Leitungsabschnitte kann man zu Verästelungsnetzen oder zu vermaschten Netzen verbinden. In einem Verästelungsnetz haben an einem Schacht ankommende und die abgehende Leitung die gleiche Fließrichtung. Von einer Vermaschung spricht man, wenn die Leitungen von einem Schacht mit verschiedenen Fließrichtungen abgehen. Liegen die Sohlen dieser abgehenden Leitungen auf verschiedenen Höhen, so wird eine Vermaschung erst bei größerem Abfluß, z. B. Regenwasserabfluß, wirksam. Bis dahin fließt das Abwasser wie in einem Verästelungsnetz lediglich in einer Richtung ab. Eine Vermaschung wird manchmal beim Ausbau bestehender Netze zwecks Verteilung des Abflusses angestrebt.

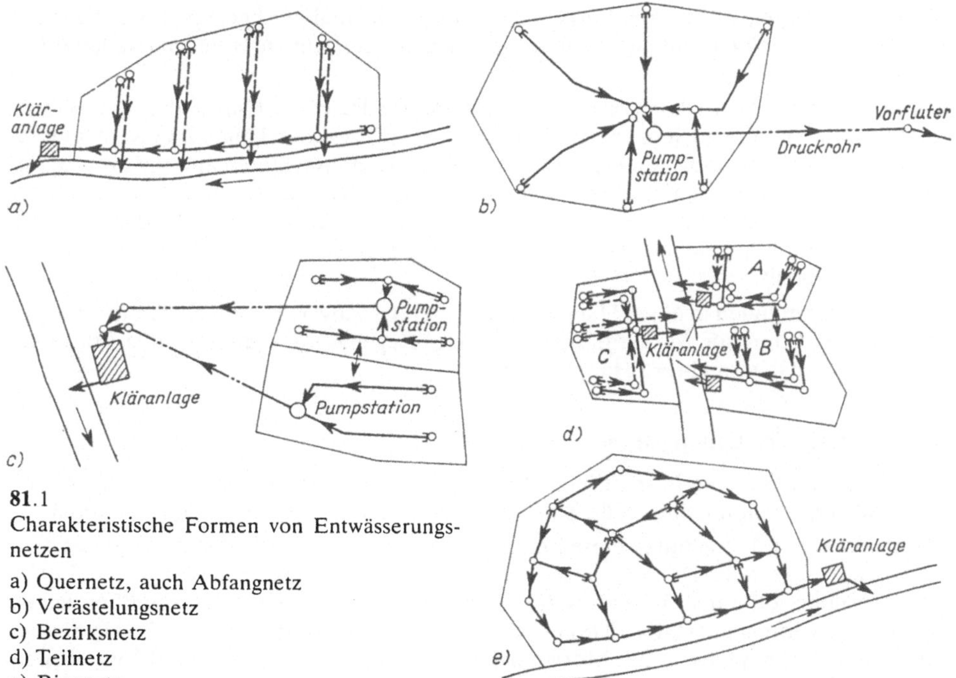

81.1
Charakteristische Formen von Entwässerungsnetzen

a) Quernetz, auch Abfangnetz
b) Verästelungsnetz
c) Bezirksnetz
d) Teilnetz
e) Ringnetz

Quernetz mit SW-Abfangsammler. Die RW-Sammler verlaufen etwa quer zur Richtung des Vorfluters und münden unmittelbar in diesen ein. Die SW-Sammler werden am Vorfluter durch einen Hauptsammler abgefangen (Abfangnetz).

Verästelungsnetz. Muß bei ebenem Gelände das Abwasser zum Vorfluter gehoben werden, so legt man das Pumpwerk in den Tiefpunkt und möglichst auch in den Schwerpunkt des Entwässerungsnetzes. Bei unebenem Gelände wird das Abwasser im Tiefpunkt des Gebietes zusammengeführt. Die Kanäle durchziehen wie die Äste eines Baumes das Einzugsgebiet.

Bezirksnetz. Ist die zentrale Zusammenfassung des Abwassers bei großen Entwässerungsgebieten nicht möglich, so wird das Gebiet in Bezirke aufgeteilt. Jeder Bezirk hat sein eigenes Leitungssystem und führt das Abwasser über ein Pumpwerk der gemeinsamen Kläranlage zu.

Teilnetz. Ebenfalls nur bei großen Entwässerungsgebieten kommt eine Aufteilung in Teilgebiete in Frage. Jedes Teilgebiet sammelt und klärt das Schmutzwasser in einer eigenen Kläranlage.

Ringnetz. Fällt die Oberfläche des Entwässerungsgebietes nach allen Seiten hin ab, dann wird es zweckmäßig mit einem Ringkanal umgeben, in den von der Mitte her die Nebenkanäle einmünden (ringförmige Form des Abfangsammlers).

Abgrenzung der Sammlergebiete. Man unterscheidet ihrer Bedeutung nach Kanäle, die auf kürzestem Wege zum Sammler führen und den Straßen folgen, sowie Nebensammler und Hauptsammler. Jeder Sammler hat eine Gruppe von Nebenkanälen aufzunehmen. Sein Einzugsgebiet ergibt sich aus der Geländegestalt. Es wird durch die Wasserscheide gegenüber dem Bereich des nächsten Sammlers abgegrenzt. Die Einzugsgebiete der einzelnen Sammler sollen im Lageplan des Entwurfs besonders kenntlich gemacht werden.

Um kleinere Bodenerhebungen zu durchqueren, werden unter Umständen Baugrubentiefen bis zu 6 m, die noch in offener Baugrube erreicht werden können, in Kauf genommen. Liegt der Kanal noch tiefer, muß man besondere Bauverfahren anwenden, z. B. das Durchpressen eines Mantelrohres. Man wird vermeiden, derart tiefe Baugruben für längere Strecken (mehrere hundert Meter) zu planen. In solchen Fällen wird das anfänglich als geschlossene Einheit gedachte Entwässerungsgebiet besser in 2 oder 3 Sammlergebiete aufgeteilt.

Die Sammler münden in einen Hauptsammler, der das Abwasser zum Klärwerk, zu einer Hauptpumpstation oder direkt in den Vorfluter (Regenwasser) leitet. Große Entwässerungsgebiete haben mehrere Hauptsammler.

2.6.3.3 Lage der Leitungen im Straßenkörper

Werden Leitungsachsen in städtischen Straßen festgelegt, so ist zu berücksichtigen, daß der Straßenquerschnitt eine große Zahl von Leitungen aller Art aufzunehmen hat (**83**.1).

Da in den letzten Jahrzehnten diese Leitungen nach und nach verlegt wurden, sind sie oft nicht planvoll verteilt. Dann ist es schwierig, neue Leitungen unterzubringen. Bei Straßenneubauten sollte man jedenfalls die „Richtlinien für das Einordnen von öffentlichen Versorgungsleitungen“ (DIN 1998) beachten. Transportleitungen werden in den Seiten, Entwässerungsleitungen in der Mitte der Fahrbahn und Versorgungs- und Verkehrsleitungen in den Gehwegen verlegt. Weil die Hauptsammler der Entwässerung an das erforderliche Gefälle gebunden sind, müssen sie Vorrang haben; notfalls sind vorhandene Leitungen umzulegen. Bei der Wahl der Leitungsachse sind noch andere Gesichtspunkte maßgebend, wie z. B. die Rücksichtnahme auf den Verkehr während der Bauausführung. Normalerweise wird e i n e Entwässerungsleitung in die Fahrbahnmitte gelegt.

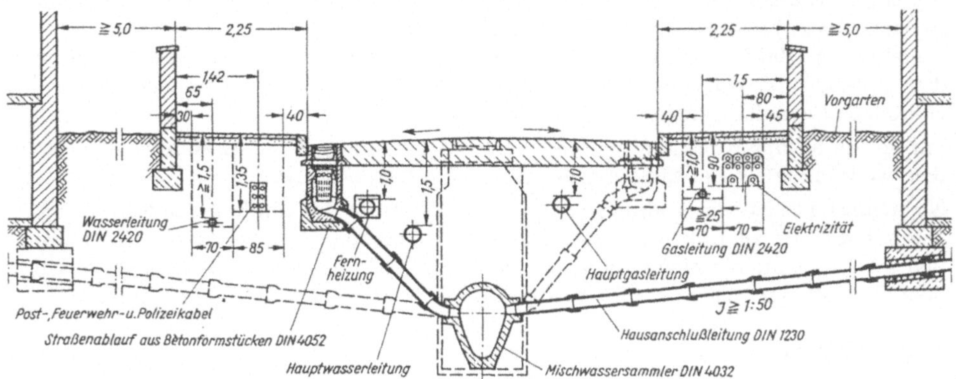

83.1 Querschnitt durch eine Stadtstraße

Bei Ortsdurchfahrten und klassifizierten Straßen bevorzugt man den Straßenrand. Ist die Straße breiter als ≈ 25 m, so verlegt man, um an Länge bei den Anschlußleitungen zu sparen, auf jeder Straßenseite eine Straßenleitung. Man verbessert damit das Gefälle der Hausanschlüsse. Eine Straßenleitung wird dann als Haupt- und die andere als Nebenleitung ausgeführt, die in Abständen durch Verbindungsleitungen in die Hauptleitung entlastet wird. Größere Plätze erhalten ringsherum Entwässerungsleitungen. Grünflächen können ohne Bedenken unterfahren werden. Wird nach dem Trennverfahren entwässert, so werden Regen- und Schmutzwasserleitungen möglichst zusammen in einer Baugrube verlegt, um Kosten zu sparen.

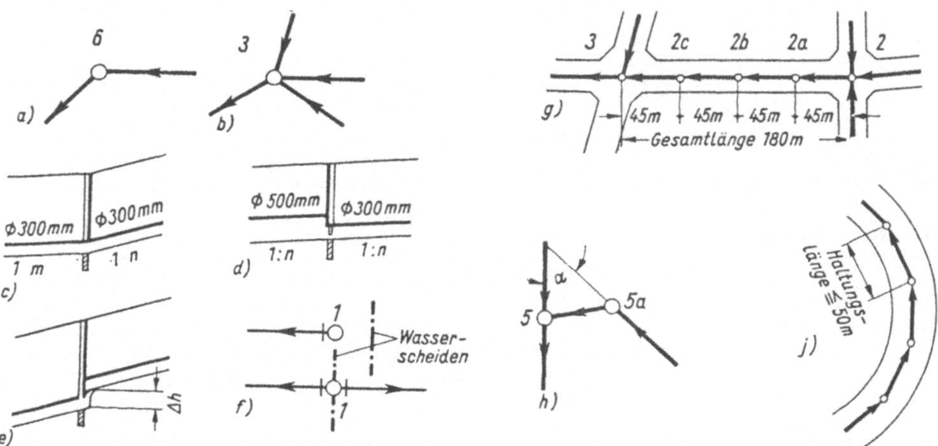

83.2 Anordnung von Einstiegschächten

Einsteigschächte. Sie sind wichtige Betriebseinrichtungen des Kanalnetzes und dienen zum Be- und Entlüften, Reinigen, Spülen und zur baulichen Unterhaltung der Entwässerungsleitungen. Angeordnet werden sie bei horizontaler Richtungsänderung (**83**.2a), Kanalzusammenführungen (**83**.2b), Gefällewechsel (**83**.2c), Querschnittsänderungen (**83**.2d), Abstürzen (**83**.2e), an Leitungsendpunkten (**83**.2f) und bei geraden Leitungsstrecken (**83**.2g) in gewissen Abständen, die bei Kanal-*DN* < 1200 50 bis 70 m und bei Kanal-*DN* ≧ 1200 70 bis 100 m nicht überschreiten sollen. Für begehbare Leitungen kann dieses Maß weiter vergrößert werden. Bei stark gekrümmten Straßenzügen werden die Haltungen (Kanallängen zwischen zwei Schächten) verkürzt.

Für die Entlüftung ist es günstig, Kanalenden auch dann durch eine Haltung zu verbinden, wenn diese als Entwässerungsleitung nicht erforderlich wäre.

Nicht günstig ist es, eine Haltung gegen die Fließrichtung des abführenden Kanals einzuleiten. Dies führt zu großen Umleitungsfließrinnen und damit zu großen Schächten. Hier fügt man zweckmäßig einen Zwischenschacht ein (**83**.2h). Bei Straßenbögen verkürzt man die Haltungen zu einem Sehnenzug (**83**.2j).

2.6.3.4 Tiefenlage der Leitungen

Die Mindesttiefenlage der Schmutzwasserleitungen des Trennverfahrens wurde bisher oft durch den Anschluß der Kellereinläufe der älteren Gebäude bestimmt; i. allg. liegen die Leitungen damit frostsicher. Normalerweise ergeben sich dann die in Bild **84**.1 dargestellten Höhenverhältnisse. Die nach DIN 1986 (9.78) ausgeführten Gebäude trennen i. a. die Abläufe der Obergeschosse von denen des Kellergeschosses. Das Schmutzwasser des Kellergeschosses und das Niederschlagswasser tiefer Flächen, beides unterhalb der

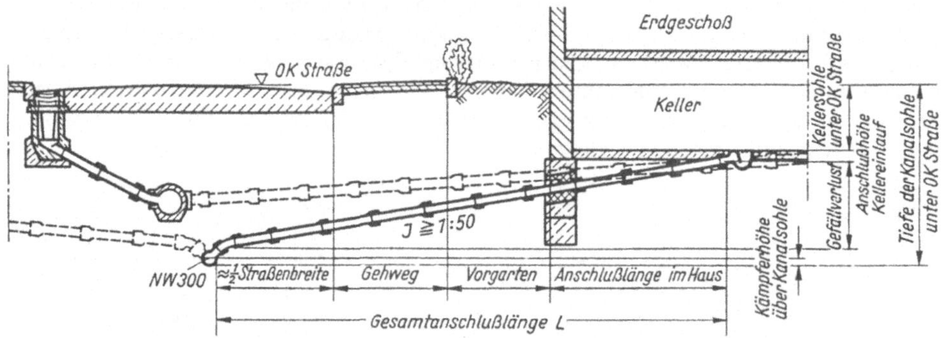

84.1 Ermittlung der Tiefenlage eines Schmutzwasserkanals bei Anschluß des Kellerablaufs

Beispiel zu Bild **84**.1:

≈ ½ Straßenbreite	= 2,40 m	Kellerfußbodentiefe unter OK-Straße	= 1,80 m
Gehweg	= 2,20 m	Tiefe des Kellereinlaufstutzens	= 0,25 m
Vorgarten	= 2,00 m	Gefällverlust = 1/50 L = 1/50 · 10,10	= 0,20 m
Anschlußlänge im Haus	= 3,50 m	Kämpferhöhe über Kanalsohle	= 0,15 m
		Höhenverlust für Abzweigstutzen und Bogen	= 0,10 m
Gesamtanschlußlänge L	= 10,10 m	Tiefe der Kanalsohle unter OK-Straße	= 2,50 m
		Richtwert	≈ 2,50 m

Rückstauebene, wird über Hebeanlagen den öffentlichen Kanälen zugeführt. Damit ergibt sich die Möglichkeit, geringere Mindesttiefen für die Straßenkanäle anzunehmen. Wenn man auf den direkten Anschluß des Kellerablaufs verzichtet (s. DIN 1986, Bl. 1, Ziffer 8), kann man die Mindesttiefe des SW-Kanals auf etwa 2,0 m verringern. Der RW-Kanal sollte jedoch wegen der in der Regel flacheren Vorflut höher liegen als der SW-Kanal. Zu beachten ist auch die Reinwasserleitung in etwa 1,50 m Tiefe.

Die Mindesttiefe der Regenwasserleitungen des Trennverfahrens wird i. allg. durch den längsten Hofsinkkastenanschluß bestimmt. Weil bereits die RW-Hausanschlußleitungen frostfrei liegen sollen, kommt man in den Anfangshaltungen meist zu Tiefen, die ≈ 0,5 m kleiner sind als die der SW-Kanäle. Dachfalleitungen und Straßensinkkästen lassen sich dann ohne Schwierigkeiten anschließen. Schon bei verhältnismäßig kleinen Einzugsgebieten städtischen Charakters ergeben sich schnell große Profile. Besonders bei hohen Profilformen bedeutet dies bei gleicher Höhenlage des Anschlußpunktes im Kämpfer eine Vertiefung der Sohlenlage.

Mischwasserkanäle erfordern folgerichtig die größten Sohlentiefen. Bei gleicher Höhenlage des Kämpfers liegen ihre Sohlen wegen der größeren Profile gegenüber den kleineren SW-Kanälen beim Trennsystem tiefer.

Normalerweise können für Kanäle in Wohngebieten als Mindesttiefen der Kanalsohle unter Straßenoberkante angenommen werden:

Kanäle	SW-	RW-	MW-
breite Großstadtstraßen	3,0 m	2,5 m	3,0 m
Wohnstraßen	2,5 m	2,0 m	2,5 m
für Landgemeinden	2,5 m	2,0 m	2,5 m

Bild **85**.1a zeigt die Kreuzung einer SW-Hausanschlußleitung mit einem RW-Kanal Ø 600 mm. Die Sohlen-Höhendifferenz der Straßenkanäle wurde mit 700 mm ermittelt. Bei kleineren SW-Kanälen kommt

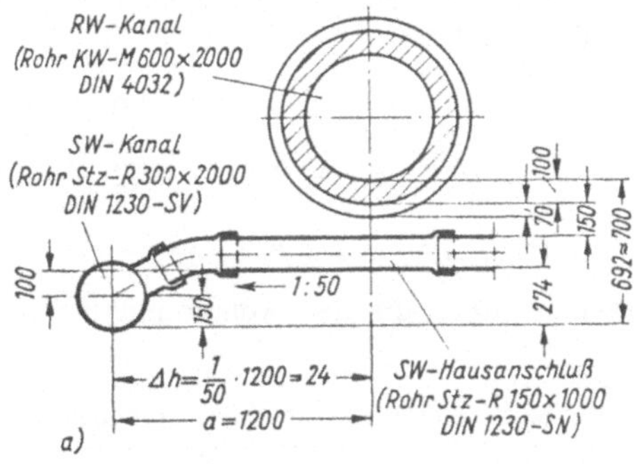

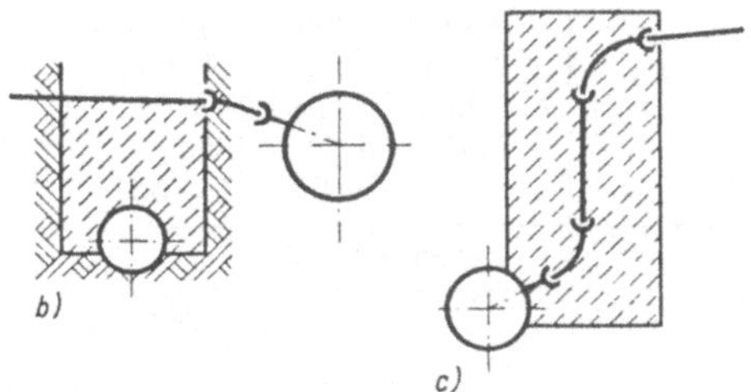

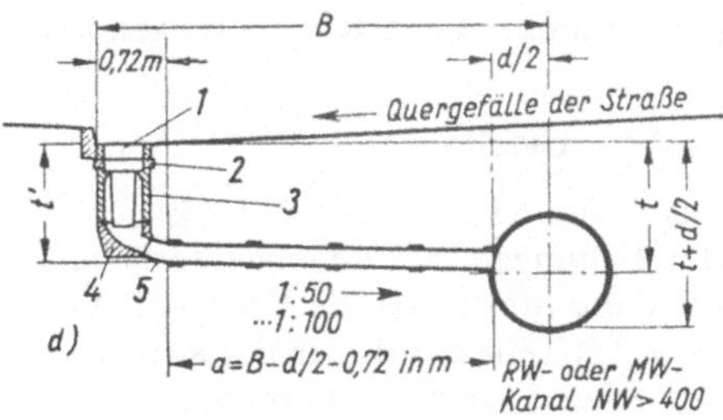

85.1
Anschlußleitungen im Verhältnis zu den Straßenkanälen

a) Höhendifferenz beim Trennsystem
b) und c) bauliche Sicherung von Anschlußleitungen
d) Höhenverhältnisse bei Straßenabläufen (vgl. auch Tafel **86**.1)

man mit 500 bis 550 mm aus. Es empfiehlt sich, bei Straßenkanälen mit 0,20 bis 0,40 cm ∅ als ungefähre Anschlußhöhe für die Sohle des Anschlußkanals die Kämpferhöhe + 0,10 m anzunehmen. Bei größeren Profilen schließt man ohne Vertikalkrümmer in Kämpferhöhe an.

Bild **85**.1b zeigt die Setzungssicherung der Anschlußleitung über der Baugrube des kreuzenden Straßenkanals bei unsicherem Baugrund. Bild **85**.1c zeigt die Stampfbetonummantelung der Aufkrümmung des Hausanschlusses. Dies ist bei tiefen Straßenkanälen üblich und die Ummantelung notwendig, um zu vermeiden, daß Abzweig oder Krümmer abreißen.

Das Bild **85**.1d und die Tafel **86**.1 geben die Mindesttiefen der Straßenabläufe und der aufnehmenden Straßenkanäle an. Zu den Gesamttiefen der Tafel **86**.1 ist noch $\Delta h = J_{\text{Anschlußleitung}} \cdot a$, meist $\frac{1}{50}\,a$, und $d/2$ des Straßenkanals hinzuzurechnen, um die Sohlentiefe zu erhalten. Bei kleinen Straßenkanälen sollte man wie oben statt $d/2$, $(d/2 + 0{,}10)$ m addieren.

Z.B.: Ablauf lang B = 5,00 m RW-Kanal ∅ 400 mm $t' = 1{,}19$ m

$$a = 5{,}00 - 0{,}20 - 0{,}72 = 4{,}08 \text{ m} \quad \Delta h = \frac{1}{50} \cdot 4{,}08 = 0{,}082 \text{ m}$$

$$t = 1{,}19 + 0{,}08 = 1{,}27 \quad t + (d/2 + 0{,}1) = 1{,}27 + (0{,}2 + 0{,}1) = 1{,}57 \text{ m}$$

(Mindesttiefe, um den Ablauf aufzunehmen).

Tafel **86**.1 Abmessungen eines Straßenablaufs

Nr. nach **81**.1d	Bauteil	Länge in cm mit langem Schaft	Länge in cm mit kurzem Schaft
1	Aufsatz (DIN 4293)	17,0	17,0
2	Unterlagsring (DIN 4052)	8,0	8,0
3	Schaft (DIN 4052)	57,0	19,5
4	Bodenteil (DIN 4052)	≈ 30,0	≈ 30,0
5	Krümmer (DIN 1230 oder DIN 4032)	≈ 7,0	≈ 7,0
	Gesamttiefe t'	119,0	81,5

Die erforderliche Kanaltiefe wird in der Regel durch Frostfreiheit oder durch den längsten RW-Hausanschluß bestimmt. Lediglich bei Anfangshaltungen kann der Straßenablauf maßgebend werden. Wenn unter Verzicht auf die Frosttiefe der Vorfluter erreicht werden muß, liegen RW-Leitungen u.U. bei kleinem Gefälle sehr flach.

2.6.3.5 Gefälle

Das Schmutzwasser enthält Fäkalien, Küchenabfälle und sonstige Abfallstoffe aus den Haushaltungen; das Regenwasser Sand, Kies und Schmutzstoffe der Straße, Mischwasser alle diese Stoffe. Ist die Fließgeschwindigkeit des Abwassers zu gering, lagern sich die schweren Teile am Boden der Kanäle ab; ist sie zu groß, wird die Kanalsohle abgerieben. Maßgebend für diese Vorgänge ist die Schleppspannung τ.

$$\tau = \varrho \cdot g \cdot R \cdot J \qquad \frac{\mathrm{N}}{\mathrm{m}^2} = \frac{\mathrm{kg}}{\mathrm{m}^3} \cdot \frac{\mathrm{m}}{\mathrm{s}^2} \cdot \mathrm{m} \cdot 1 \qquad \mathrm{N} = 1\,\mathrm{kg} \cdot \frac{\mathrm{m}}{\mathrm{s}^2} \tag{87.1}$$

$$\tau = 1000 \cdot 9{,}81 \cdot \frac{d}{4} \cdot \frac{1}{d \cdot 1000} \quad \text{bei Vollfüllung mit } R = d/4$$

$$\text{näherungsweise: } \min \tau = 10\,000 \cdot \frac{d}{4} \cdot \frac{1}{d \cdot 1000} = 2{,}5\ \mathrm{N/m^2}$$

Z. B. für LW 200 und $J = 1{:}200$ mit $R = \frac{d}{4} = 0{,}2/4 = 0{,}05$ m:

$$\tau = 1000 \cdot 9{,}81 \cdot 0{,}05 \cdot \frac{1}{200} \approx 2{,}5\ \mathrm{N/m^2}$$

Schleppspannung τ ist die im Abfluß auf 1 m² Kanalsohle wirkende, über den Querschnitt gemittelte Kraft in Fließrichtung. Sie ist bei Halb- und bei Vollfüllung des Kreisprofils erreicht, wenn $J = 1/d$ ist ($d = LW$ der Leitung in mm) (Faustformel).

ϱ = Dichte des Wassers in kg/m³
g = Normalfallbeschleunigung in m/s²
R = hydraulischer Radius des teilgefüllten Kanals in m
J = Spiegelgefälle des Kanals; es wird für die praktische Berechnung dem Sohlengefälle gleichgesetzt (Normalabfluß).

Für den Entwurf ist sowohl min J wie auch max J von Interesse (Tafel **87**.1). Bestimmt werden beide durch die Grenzwerte der Schleppspannung: 2,5 N/m² $\leqq S \leqq$ 43 N/m².

Tafel **87**.1 Sohlengefälle von Entwässerungsleitungen

Leitungen LW in mm = d	kleinste Gefälle	größte Gefälle	günstigste Gefälle
Hausanschlüsse	1: 100	1:10	1: 50
∅ 200 bis 300	1: 200 bis 1: 300	1:10 bis 1:15	1: 50 bis 1: 200
∅ 300 bis 600	1: 300 bis 1: 600	1:20	1:100 bis 1: 300
∅ 600 bis 1000	1: 600 bis 1:1000	1:30	1:200 bis 1: 400
∅ 1000 bis 2000	1:3000	1:50	1:300 bis 1:1000

Für die Praxis bezieht man sich besser auf die Grenzgeschwindigkeiten. Es soll min v = 0,5 m/s sein, max v ist vom Rohrmaterial abhängig, das ATV-A 118 [1] schlägt 6 bis 8 m/s vor. Man kann hier verbindliche Werte nur durch Langzeitversuche, z. B. Kipprohre mit Sand-Wasser-Gemisch, ermitteln, die aber bisher noch nicht für jedes Rohrmaterial und nach nicht vergleichbaren Versuchsbedingungen durchgeführt wurden. Es ist zur Zeit üblich, mit obenstehenden Werten max v zu rechnen:

Rohrart	max v in m/s
Steinzeug-Rohre	10,0
Beton-Rohre nach DIN 4032	6,0
Stahlbetonrohre	8,0 bis 12,0 (je nach Betongüte)
Asbestzementrohre	6,0
epoxidharzbeschichtete Beton- oder Asbestzementrohre	10,0
PVC-Rohre	5,0

Sehr oft werden diese Fließgeschwindigkeiten überschritten und damit die Betriebsdauer der Rohre u. U. eingeschränkt. Optimale Fließgeschwindigkeiten liegen bei 0,6 bis 1,5 m/s.

Läßt sich beim Entwässerungsentwurf für min v = 0,5 m/s das notwendige Gefälle nicht erreichen, muß der Kanal regelmäßig gespült werden. Besonders unangenehm sind Ablagerungen in den SW-Kanälen (Fäulnis, Geruch). Die Anfangshaltungen eines Kanalnetzes sind diesen Mängeln durch die geringe Wasserführung besonders häufig ausgesetzt.

Unter dem Gefälle einer Entwässerungsleitung wird i. allg. ihr Sohlengefälle J_s verstanden. Für die Abflußleistung einer Leitung ist jedoch das Gefälle des Wasserspiegels J maßgebend. Dieses Spiegelgefälle stimmt in der Regel nicht mit dem Sohlengefälle überein. Eine gleichförmige stationäre Strömung herrscht jedoch nur bei $J = J_s$. Man versucht, durch die Wahl des Sohlengefälles diesem Idealfall möglichst nahezukommen. Von dem verfügbaren Gesamtgefälle eines Kanalzuges werden also die oberen Haltungen einen größeren Anteil bekommen als die unteren (**88**.1). Die Spiegellinien müssen um so steiler sein, je kleiner das Profil ist. Denn deren hydraulischer Radius ist klein und die Wandreibung groß. Sie läßt sich nur durch eine große Schleppspannung überwinden. Diese ist aber dem Spiegelgefälle proportional [Gl. (87.1)].

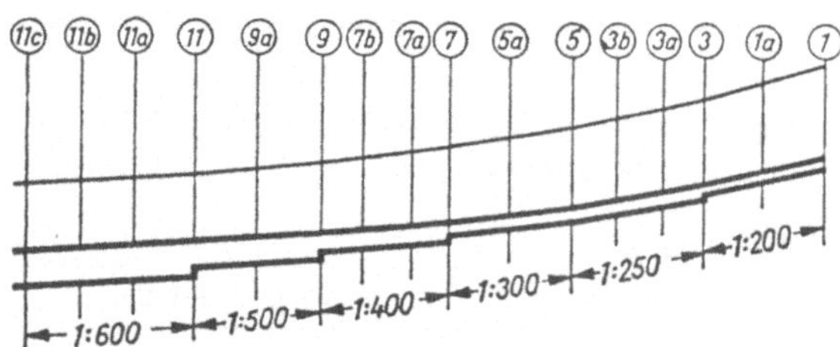

88.1
Längsschnitt durch einen Kanalzug

Verschieden große Profile können regenwetter-, scheitel- und sohlengleich verbunden werden. Regenwettergleich wird man bei großen Wassermengen anschließen, um durch den Profilwechsel keine Unruhe in die Strömung zu bringen. Die Sohlenhöhen der Kanäle werden so angeordnet, daß die Wasserspiegellinie beim Abfluß des Berechnungsregens gleichmäßig durchläuft. Scheitelgleich sollte man anschließen, wenn genügend Gefälle zur Verfügung steht (**88**.2). Sohlengleich wird man verbinden, wenn wenig Gefälle z. Verfügung steht und durch den Profilwechsel keine Höhe verlorengehen darf (**88**.3).

Wenn der Profilscheitel unterhalb der Wasserspiegellinie liegt, arbeiten die Leitungen als Druckleitungen. Die Kanäle unterliegen einem Innendruck, der sichtbar dadurch zum Ausdruck kommt,

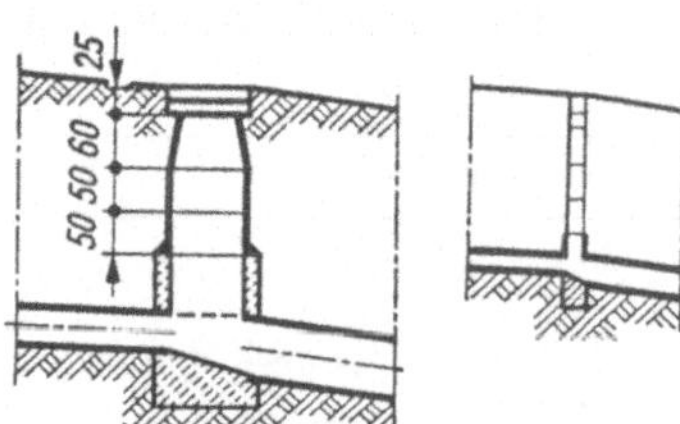

88.2 Scheitelgleiche Verbindung zweier Kanalhaltungen

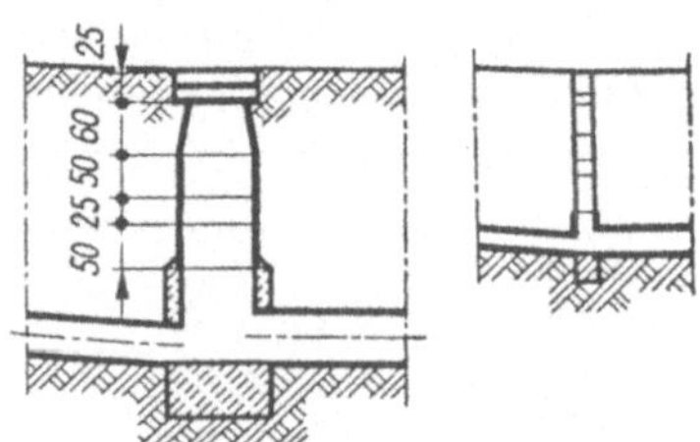

88.3 Sohlengleiche Verbindung zweier Kanalhaltungen

daß der Wasserspiegel in den Schächten sich entsprechend der Spiegellinie einstellt. Ist der Unterschied zwischen Profilscheitel und Wasserspiegellinie ≦ 5,0 m, so kann der Überdruck bei gut gedichteten Muffenrohren als unbedenklich angesehen werden. Rohrstöße von Falzrohren sollte man jedoch durch besondere Maßnahmen sichern.

Ein Regenwassernetz wird dann die errechnete Wassermenge ohne Überschwemmung abführen können, wenn die Wasserspiegellinien, vom Vorfluter ausgehend haltungsweise aneinandergereiht, niemals die Geländeoberfläche erreichen.

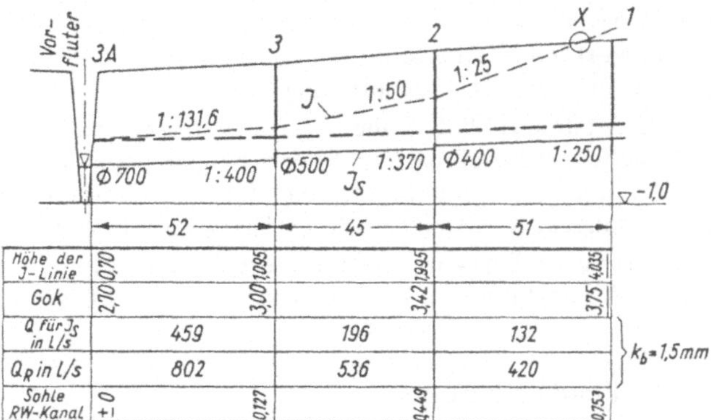

89.1
Längsschnitt eines RW-Kanals und Stau-Ordinaten der Wasserspiegel-Gefällelinie

Bild **89**.1 zeigt ein Beispiel für die näherungsweise Berechnung eines Kanalaufstaus in einem RW-Kanal. Es wird davon ausgegangen, daß der Auslauf in den Wasserlauf bei 3 *A* frei ist. In dem unteren Stück der Haltung 3 bis 3 *A* würde dann bereits eine Senkungslinie entstehen. Es wird hier der Kanalscheitel als Ausgangspunkt für die Spiegellinie angenommen. Das erf. J für 3 bis 3 *A* beträgt 1:131,6 bei Q_R = 802 l/s. Der Gefälleverlust beträgt (1/131,6) · 52 = 0,395 m. Ordinate von J am Schacht 3 = 0,70 + 0,395 = 1,095 m NN. So wird für jede Haltung die Rechnung fortgeführt. Die Spiegellinie schneidet im Punkt X die Geländeoberkante (GOK). Oberhalb dieses Punktes tritt dann Wasser aus den Schächten, wenn keine druckfesten Abdeckungen verwendet werden.

Ein Kanalaufstau kann durch ausreichend bemessene Zwischenabschnitte oder höhenmäßigen Ausgleich (Abstürze) wieder abgebaut werden.

Die Möglichkeit zur Ausbildung eines Staugefälles ohne Wasseraustritt stellt eine zusätzliche Sicherheit bei RW-Kanälen dar, die bei Regen übermäßiger Intensität („Katastrophenregen") auch in Anspruch genommen wird.

2.7 Bearbeiten eines Entwässerungsentwurfs (Kanalsystem)

Man unterscheidet bei der Planung von Abwasseranlagen hinsichtlich der Entwurfsreife die Studie, den Vorentwurf, den Bauentwurf und den baureifen Entwurf. Wie bei anderen planerischen Aufgaben geht man auch hier den Weg, von dem generellen Lösungsansatz her durch Verdichtung und zunehmende Genauigkeit der Ausarbeitung das Planungsziel optimal und gründlich zu erarbeiten. Nicht selten gibt es mehr als nur eine Lösung und erst ergänzende Untersuchungen, z. B. hinsichtlich der Wirtschaftlichkeit, bestimmen die Entscheidung zur Bauausführung. Im folgenden wird eine Reihenfolge für die Entwurfsbearbeitung an einem kleineren Entwurfsgebiet vorgeschlagen, um dem Entwurfsanfänger den Weg zu erleichtern. Andere Arbeitsprogramme sind möglich.

Die Studie untersucht verschiedene technische Lösungen und deren Einfluß auf die Umwelt (z. B. Gewässer, Landwirtschaft, Immissionswirkung u. a.).

Der Vorentwurf gibt grundsätzliche Lösungen an und stellt die Grundlage für den Bauentwurf dar. Er besteht aus: Beschreibung, generellen Plänen, generellen Berechnungen und dem Kostenüberschlag.

Der Bauentwurf liefert alle notwendigen Unterlagen für die behördlichen Verfahren. Er besteht aus: Beschreibung, Entwurfszeichnungen (Übersichtsplan, Lageplan, Längsschnitte, Bauwerks- und Sonderzeichnungen), hydraulischen und verfahrenstechnischen Berechnungen, Kostenvoranschlag, Betriebskostenberechnungen.

Der *baureife Entwurf* liefert alle Unterlagen für die Bauausführung (Detailpläne, Statik, Vermessung u. a. als Ergänzung des Bauentwurfs).

2.7.1 Planbeschaffung

Für den *Übersichtsplan* ist ein Maßstab von 1:5000, 1:10000 oder 1:25000 möglich. Der Plan hat die Aufgabe, die Beziehungen des Entwurfs zur Umgebung, insbesondere zu wasserwirtschaftlichen Anlagen deutlich zu machen. Wesentliche Teile des Objekts wie Vorfluter, Hauptsammler, Tiefpunkte, Höhenschichtlinien, Grenzen der Einzugsgebiete, Hochwassergebiete, Schutzzonen, sollen eingetragen werden.

Der Lageplan ist der eigentliche Arbeitsplan des Entwurfs. Maßstäbe von 1:5000, 1:2000, 1:1000 und 1:500 sind möglich. Viel gebraucht wird der Maßstab 1:1000.

Die Pläne sind bei den Vermessungsämtern zu beziehen. Hinsichtlich der Bebauung müssen sie oft durch den Planaufsteller ergänzt werden.

2.7.2 Geländebegehung, generelle örtliche Erkundung

Für Eintragungen eignet sich ein Plan 1:5000 recht gut. Es soll ein allgemeiner Überblick verschafft werden. Erste Vorstellungen über die Entwässerungslösung werden in den Plan eingetragen. Eventuell werden Gefällerichtungen und Nivellementstrassen schon festgelegt. Wichtig ist die Unterrichtung des Planers über das Entwurfsgebiet, über bestehende Pläne und über Anlagen, die nicht festgehalten wurden, evtl. auch durch ortskundige Einwohner und über Gewerbe und Industrie. Bauleitpläne müssen beschafft, mit den Ortsplanern besprochen und berücksichtigt werden.

2.7.3 Vermessungsarbeiten

Es wird das Grundnivellement aufgenommen. Man kommt oft mit Streckennivellements über die vorgesehenen Kanaltrassen aus. Für unerschlossene Baugebiete wird ein Flächennivellement erforderlich.

2.7.4 Generelle Lösung der Entwurfsaufgabe

Dies ist der eigentlich planerische Bestandteil und damit sehr wichtig. Man benutzt den Lageplan. Die Lösung ist u. U. mit den Genehmigungsbehörden, der Gemeinde, der Siedlungsgemeinschaft und sonstigen Beteiligten abzustimmen. Es ist zu prüfen, ob erforderliche Grundstücke zur Verfügung stehen werden. Am schnellsten klärt man diese Fragen auf einer gemeinsamen Sitzung der Beteiligten unter Vorlage der Arbeitspläne.

2.7.5 Eintragen der Kanalachsen im Lageplan

Das Kanalnetz wird trassiert und es wird eine Numerierung der Teilgebiete oder der Schächte vorgenommen. Hierbei ist die Nummernfolge so zu wählen, daß die Reihenfolge der hydraulischen Berechnung gewahrt werden kann, ohne Gebiete auszulassen. Für die Schachtnummern sind verschiedene Schemata üblich, z. B. Gebiete nach dem Dezimal-System, Hauptsammler mit 1, 2, 3 und die Nebensammler mit 1.1, 1.2 usw. ATV-A 118 [1] oder RW-Schächte mit ungeraden und SW-Schächte mit geraden Zahlen zu versehen oder eine der Schachtarten durch Buchstabenvorsatz R bzw. S zu kennzeichnen. Man kann auch die Schachtnummern für SW in Steil-, für die RW in Schrägschrift darstellen. Hauptschächte sind Endschächte von Entwässerungsteilgebieten. Sie erhalten nur Zahlen, z. B. 18. Zwischenschächte werden durch Zahlen mit kleinen Buchstaben gekennzeichnet, z. B. 18a. Diese Benennung dient der Übersichtlichkeit und ermöglicht es, später Schächte mit den richtigen Nummern einzufügen, falls sich dies bei Zeichnung der Schnitte als notwendig erweisen sollte, z. B. bei Gefällewechseln, Abstürzen, Profilwechseln usw. (**97**.1). Ein Zusatznivellement kann sich hier als notwendig erweisen.

2.7.6 Aufteilen des Entwässerungsgebietes (Bild 92.1 und 92.2)

Die Entwässerungsleitungen erhalten ihre Zuflüsse von den Straßen und den Grundstükken. An die Kanäle werden Straßenablauf- und Hausanschlußleitungen in Kämpferhöhe herangeführt. Die Abmessungen der Straßenkanäle richten sich bei Fertigteilen nach handelsüblichen Maßen. Sie können der Wasserführung nicht in jedem Leitungspunkt genau angepaßt werden. Es genügt deshalb, die aufzunehmende Wassermenge in einfacher Weise zu bestimmen. I. allg. braucht nur der Wasserzufluß aus den Flächenanteilen der Teileinzugsgebiete, die beiderseits der Kanalstrecke liegen, ermittelt zu werden. Die Mittellinien und Winkelhalbierenden der Baublöcke genügen oft als Grenzen dieser Anteile. Eine genaue Halbierung der Eckwinkel ist nicht nötig. Es ist anzustreben, daß die zugeordneten Teilflächen möglichst den tatsächlichen Anschlußverhältnissen entsprechen.

Lediglich bei weitläufiger Bebauung und bei punktförmigen Einleitungen großer Wassermengen empfiehlt es sich, die Anschlußnehmer dem betreffenden Kanalstrang genau zuzuordnen. Die mit der Schmutzwasserabflußspende q_s oder der Regenwasserabflußspende q_r multiplizierten Teilflächen ergeben den Abfluß des Teilgebietes. Die gefundenen Q-Werte legt man der Leitungsbemessung für den Leitungsabschnitt zugrunde, obwohl sie nur an dessen Ende anfallen. Damit ist im oberen Teil der Leitungsstrecke eine Querschnittsreserve vorhanden. Bei Kanalabschnitten von > 200 bis 300 m sollte man die Strecke unterteilen und das Profil abstufen. Es ist so zu unterteilen, daß keine

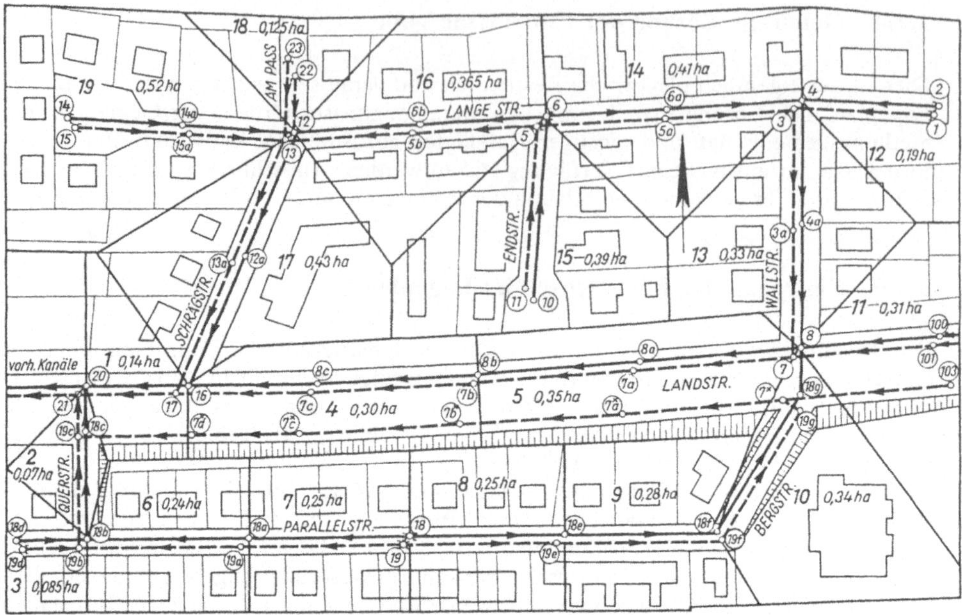

92.1 Aufgeteiltes Entwässerungsgebiet (SW) ◄—— SW-Kanal ◄- - - RW-Kanal

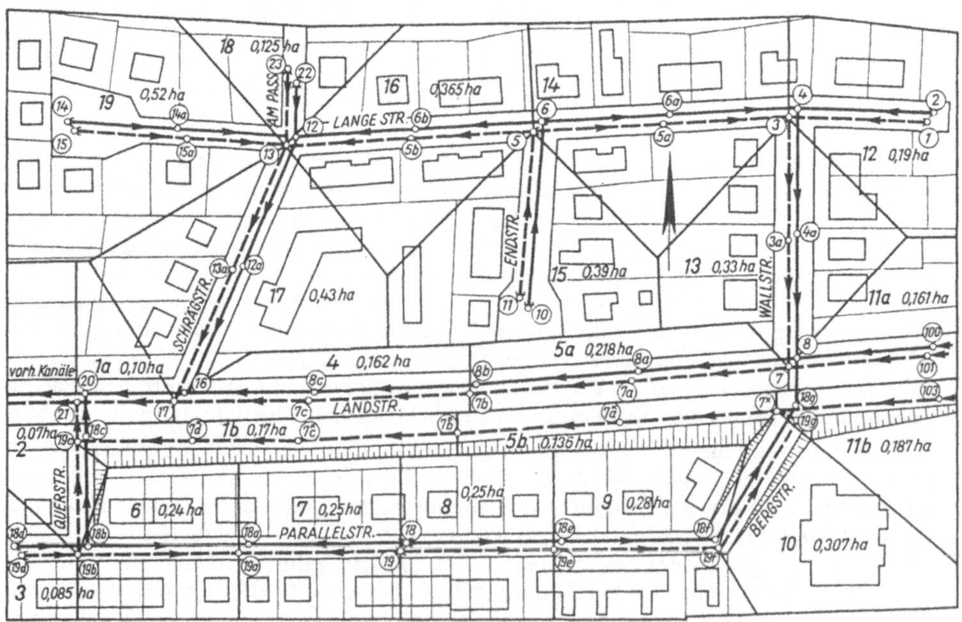

92.2 Aufgeteiltes Entwässerungsgebiet (RW) ◄- - - RW-Kanal ◄—— SW-Kanal

Größenstufe der Profile übersprungen wird. Beim Trennsystem ist, bezogen auf die beiden Kanalachsen, eine unterschiedliche Gebietsaufteilung für SW und RW erforderlich, wenn die Einzugsgebiete oder die Vorflut unterschiedlich sind.

2.7.7 Vorkotierung der Kanäle im Lageplan

Darunter ist die Eintragung der Kanalsohlenhöhen im Lageplan zu verstehen, ohne die Längsschnitte schon gezeichnet zu haben. Diese Vorkotierung erleichtert sehr das spätere Zeichnen der Längsschnitte und vermeidet das Entwerfen am Längsschnitt, welches mit viel Zeichenarbeit verbunden ist. Bei entsprechender Übung kann ein Kanalnetz ohne Schnitte weitestgehend baureif kotiert werden. Die Schnitte dienen dann nur zur Überprüfung für den Entwurfsbearbeiter und als Unterlage für die Entwurfsprüfung und Bauausführung. Schwierig ist es zwar, ohne Kenntnisse der Kanalprofile zu kotieren, aber diese können wegen der fehlenden Gefälleangaben (**94**.1) zunächst nicht errechnet werden. Man kann aber überschläglich die Wassermengen und Profilgrößen für das Netz ermitteln oder gleichlaufend die Hydraulik rechnen. Um das notwendige Sohlengefälle zu erhalten, empfiehlt es sich (besonders bei RW- und MW-Netzen) zunächst die Gefällelinien der Anschlußhöhen zu kotieren und später den Abstand zur Kanalsohle hinzuzurechnen. Bei SW-Netzen (**93**.1) kann man das ganze Netz oder große Netzteile für das Mindestprofil kotieren. Hier werden die Sohlenordinaten gleich eingetragen.

Es empfiehlt sich, den Entwurfsanfänger auf diese Vorkotierung durch Kotierungsübungen vorzubereiten. Bild **93**.1 zeigt ein **Beispiel** für die Kotierung eines SW-Netzes.

Gegeben: SW-Netz, Kanal ∅ 20 cm, Höhenlinien, Deckelhöhen (D), Mindesttiefe der Kanalsohlen = 2 m, max J = 1:10, min J = 1:200. Es handelt sich um ein reines Wohngebiet mit flachen Kellern. Lediglich die beiden besonders eingezeichneten Häuser haben überdurchschnittlich tiefe Keller, welche mit angeschlossen werden sollen. Die Mindesttiefe von 2,0 m ist hier mehr als exemplarischer Wert zu sehen. Die Mindesttiefen sind normalerweise größer (s. Abschn. 2.6.3.4).

Gesucht: 1. Höhen der Kanalsohlen an den Schächten, 2. Gefälle der Leitungen.

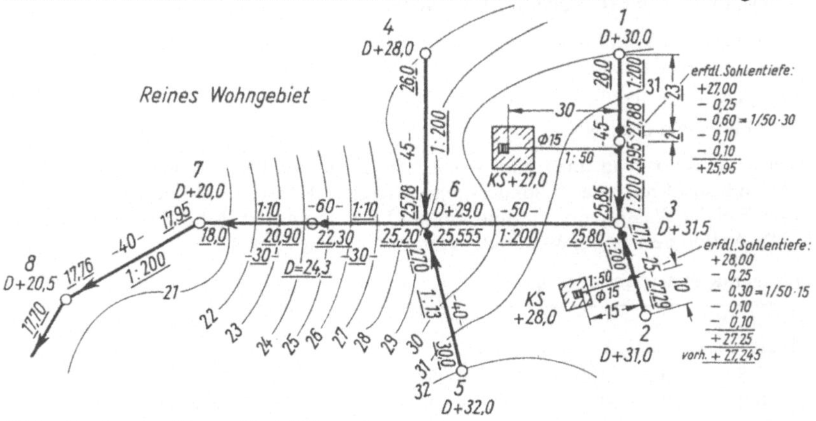

93.1 Kotierungsübung für SW-Kanalnetz

28,0 = vorgegebene Zahl (NN-Höhe)
18,0 = ermittelte Zahl
—⊖●— = zusätzlich eingefügter Schacht mit äußerem Absturz
KS = Kellersohle über NN

Es ist eine hinsichtlich des Bodenaushubs wirtschaftliche Lösung zu suchen. Die unterstrichenen Zahlen stellen diese Lösung dar.

Bild **94**.1 zeigt ein **Beispiel** für die Kotierung eines MW-Netzes.

Gegeben: MW-Netz mit Teileinzugsgebieten ($r_{15,n=1}$ = 100 l/(s · ha); Ψ = 0,8); Mindesttiefe der Schmutzwasseranschlußhöhen (SWAH) unter Gelände = 2,50 m; SWAH über Kanalsohle = $d/2$ + 0,10 m für ∅ ≦ 40 cm, = $d/2$ für ∅ > 40 cm; max J_S = 1:10, min J_S = 1:200 für Anfangshaltungen,

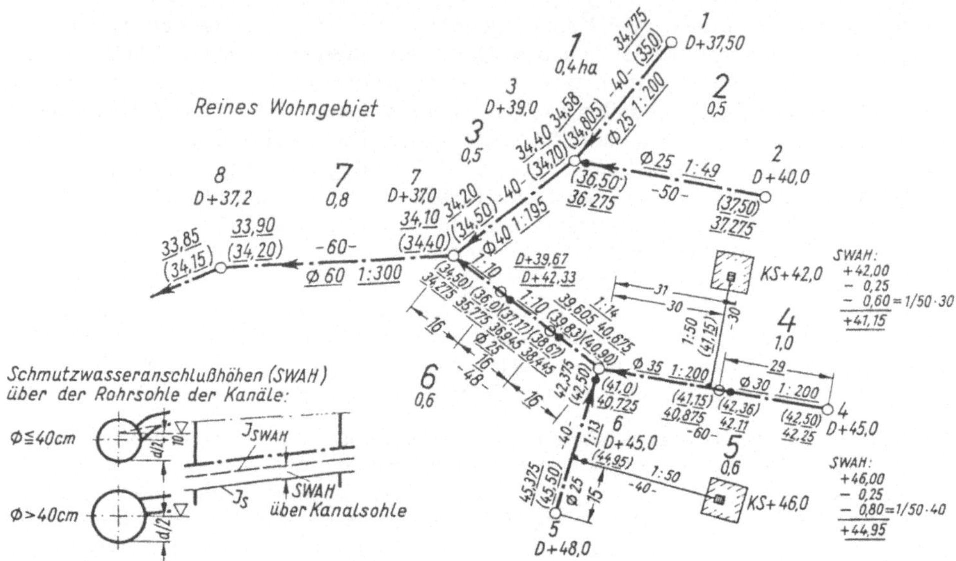

94.1 Kotierungsübung für MW-Kanalnetz

+ 45,0 = vorgegebene Zahl (NN-Höhe)
<u>1:200</u> = ermittelte Zahl (Gefälle der Kanalsohle)
(<u>42,50</u>) = ermittelte SWAH über NN
<u>42,25</u> = ermittelte Kanalsohle über NN
—⊖●— = zusätzlich eingefügter Schacht mit äußerem Absturz
KS = Kellersohle über NN

sonst min J = 1:n (n ≙ Rohr-∅ in mm); min Rohr-∅ = 25 cm. Es handelt sich um ein reines Wohngebiet (ohne Industrie) mit zwei besonders ausgewiesenen Häusern mit tiefen Kellern und langen Anschlüssen. Bei der Wassermengenermittlung zur Bestimmung der Rohr-∅ wird auf den im Verhältnis zum RW-Abfluß geringen SW-Abfluß verzichtet.

Es ergeben sich folgende Wassermengen Q_r:

Gebiet	Q_r (l/s)
1	0,8 · 100 · 0,4 = 32
2	0,8 · 100 · 0,5 = 40
3	32 + 40 + 0,8 · 100 · 0,5 = 112
4	0,8 · 100 · 1,0 = 80
5	0,8 · 100 · 0,6 = 48
6	80 + 48 + 0,8 · 100 · 0,6 = 176
7	112 + 176 + 0,8 · 100 · 0,8 = 352

Gesucht: 1. Höhen der Kanalsohlen an den Schächten, 2. Gefälle der Leitungen, 3. Kanalprofile der Leitungen.

Es ist die wirtschaftlichste Lösung zu suchen. Die unterstrichenen Zahlen stellen diese Lösung dar.

Man geht so vor, daß man zunächst das Gefälle der Linie der SWAH'en bestimmt. Dann muß man mit diesem Gefälle die Kanalprofile hydraulisch bemessen. Bei größeren Einzugsgebieten bedeutet dies die Durchführung des hydraulischen Berechnungsverfahrens. Im Beispiel wurde mit konstantem Berechnungsregen vereinfachend gerechnet. Danach werden die Kanalsohlenordinaten unter Berücksichtigung der Höhendifferenz SWAH bis Kanalsohle errechnet.

Man kann einige Regeln für die Kotierungsaufgaben aufstellen (**95**.1), welche die Abhängigkeit vom Geländegefälle und von den Anschlußtiefen betreffen. Die Lösung f) stellt eine in der Regel unwirtschaftlichere aber evtl. hydraulisch bessere Lösung zu e) dar. Tiefe Keller sind nur dann mit anzuschließen, wenn das Prinzip der Kostengleichheit

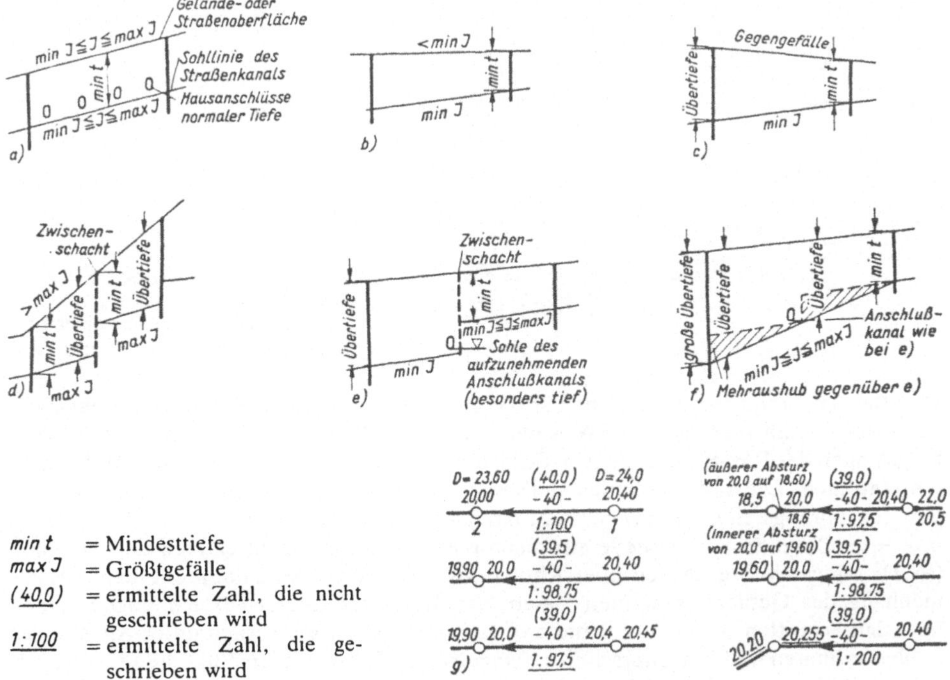

95.1 Typische Gefälle- und Höhenverhältnisse und Darstellung der Beschriftung von Kanalhaltungen im Lageplan

für alle Anschlußnehmer etwa gewahrt bleibt, sonst sind Hebeanlagen vorzusehen. Bild **95**.1 g) zeigt die Zahlenbeschriftung von Kanalhaltungen. Es handelt sich um die Errechnung des Gefälles aus den Höhenangaben für die Kanalsohle, wenn diese für die Schachtmitten oder für die Schachtenden gemacht wurden, um die Darstellung von inneren und äußeren Abstürzen und um die Berechnung der Höhenordinate aus einem vorgegebenen Gefälle. Als lichte Schachtweite wurde 1 m angenommen.

2.7.8 Zeichnen der Längsschnitte (97.1)

Die sich aus dem Lageplan ergebenden Zwangspunkte wie Schächte, Kreuzungspunkte von Kanälen, Vorfluter, werden in die Längsschnitte übernommen. Die Schnitte werden im Verhältnis 1:5, **1:10** oder 1:20 überhöht gezeichnet. Höhen- und Gefällefehler sind damit auch grafisch leicht erkennbar.

Es empfiehlt sich, in die Längsschnitte zunächst die Sohlenlinien der Kanäle einzutragen. Erst nach der hydraulischen Berechnung werden die Scheitellinien ergänzt und die Sohlenlinien verbessert. (Profilwechsel, Gefälleverbesserung, Abstürze.) Bei den Längs-

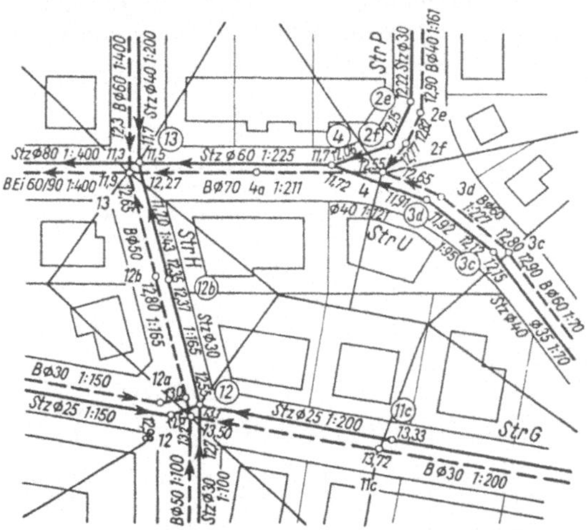

96.1 Auszug aus dem Lageplan eines Entwässerungsentwurfs für Trennsystem

schnitten im Trennsystem muß man sich für eine Kanalachse als Bezugsachse entscheiden. Meist wählt man die des SW-Kanals. Man soll dann ohne Rücksicht auf die Haltungslängen der RW-Kanäle die RW-Schächte in ihrer richtigen Lage zu den SW-Schächten eintragen. Die RW-Maßlinien muß man ggf. unterbrechen. Ergeben sich an Eckpunkten Sprungstellen – RW-Schacht einmal vor und einmal hinter dem SW-Schacht o. ä. –, sollte man Sprungpfeile eintragen oder das Schnittprofil einfach unterbrechen (**97**.1). Längsschnitte müssen übersichtlich sein und durch Anschlußpfeile den Zusammenhang des Gebietes erkennen lassen. Straßen- oder Gebietsbezeichnungen stehen über den Schnitten. Quer zum Schnitt verlaufende Leitungen werden unter Angabe der Sohlenordinaten und des Querschnittes eingetragen. Es ist zweckmäßig, die Formate der Schnittpläne nur in DIN A 4-Höhe, aber in der jeweils erforderlichen Länge, zu wählen. Man kann dann meist zwei Schnittprofile – z. B. Hauptsammler mit Nebensammlern – übereinander zeichnen. Bei großen Gebieten sollte man sich mit Hilfe von Planskizzen überlegen, wie man die Schnitte legt und zueinander ordnet. Die Schnittprofile sollen seitenrichtig zum Lageplan gezeichnet werden. Die geringe Blatthöhe hat den Vorteil, daß man bei der Prüfung das Profil neben die entsprechenden Kanalabschnitte im Lageplan legen kann. Für die Strichstärke der Sohllinien sollte man 0,1 oder 0,2 mm wählen, damit man notfalls die Sohlenhöhen graphisch ablesen kann. Die Scheitellinie wird entsprechend der Kanalwand im Scheitel 0,4 bis 1,0 mm dick gezeichnet. Sie markiert außerdem die Kanalart (SW = voll, RW = lang gestrichelt, MW = Strich-Punkt usw.).

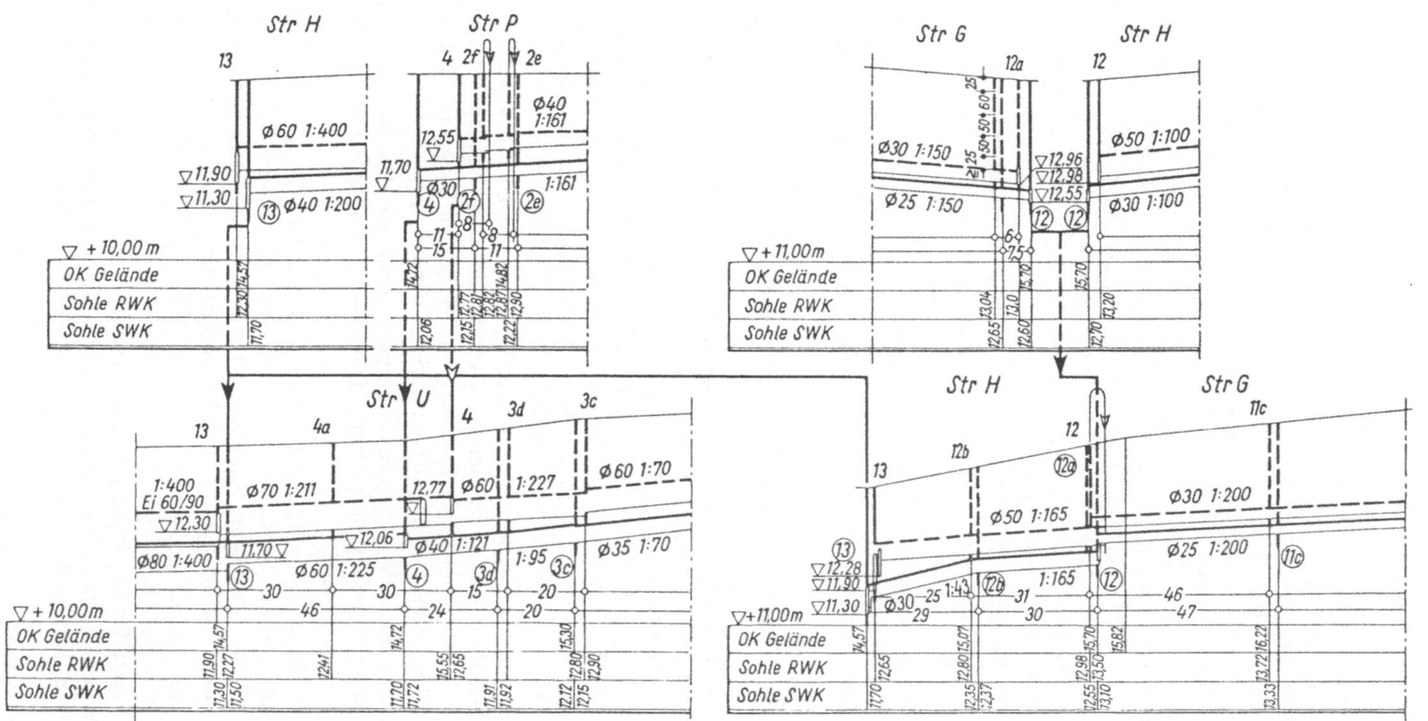

97.1 Auszug aus einem Plan der Längsschnitte eines Entwässerungsentwurfs für Trennsystem (dargestellt ist der Lageplan 96.1)

2.7.9 Hydraulische Berechnung (Tafel **100**.1, **102**.1 und **104**.1)

Es wird auf die Abschn. 1.2, 1.3 und 1.4 verwiesen. Man verwendet heute meist die in Abschn. 1.4 besprochenen Listenrechnungen, bei größeren Gebieten Berechnung mit EDV. Beim MW-System benutzt man eine Liste. Beim Trennsystem werden zwei Listen erforderlich, falls man beim SW-Netz nicht mit dem Mindestprofil auskommt. Listenköpfe für normale Entwurfsaufgaben zeigen Tafel **100**.1, **102**.1 und **104**.1. Statt des in Tafel **102**.1 u. **104**.1 genannten Spitzenabflußbeiwertes Ψ_s kann man auch bei kleineren Maßnahmen mit dem konstanten Abflußbeiwert nach Tafel **18**.1 rechnen. Die Tafeln können dann vereinfacht werden, vgl. Beispiel Tafel **31**.2. Bei Anwendung des Zeitabflußfaktor-Verfahrens kann der Listenkopf der Tafel **36**.1 verwendet werden. Man schätzt zunächst die Fließzeit t, die man nach der Bemessung der Kanäle für Teilfüllung nachprüft. Ergeben sich wesentliche Änderungen, so muß der gewählte Kanalquerschnitt verändert werden.

Besteht das Entwurfsgebiet aus einzelnen Leitungssträngen (Entwürfe für ländliche Gebiete), kann man bei der SW-Berechnung q_s statt auf die Fläche auch auf den laufenden Meter SW-Kanal beziehen.

Für Teilfüllung ist die kleinste Fließgeschwindigkeit min v nachzuprüfen. Ergeben sich Geschwindigkeiten $\leqq 0{,}5$ m/s, muß Spülung vorgesehen werden. Man rechnet die Liste zunächst bis zu den Werten Q_o, v_o und nach Überprüfung der Längsschnitte zu Ende.

2.7.10 Ergänzung und Korrektur der Längsschnitte und des Lageplans

Aus der Hydraulik ergeben sich die endgültigen Kanalquerschnitte. Man kann in die Längsschnitte jetzt die Scheitellinien eintragen und evtl. Korrekturen hinsichtlich der Höhenlagen (Parallelverschiebung der Sohllinien), die sich aus Höhendifferenzen im Schacht wegen Profilwechsel, mangelhaften Überdeckungshöhen usw. ergeben, vornehmen. Bei jetzt notwendigen Gefälleänderungen ist die Hydraulik zu korrigieren. Die Schnittänderungen sind rückwirkend in den Lageplan zu übertragen. Meist handelt es sich um die Änderung weniger Zahlen (Sohlenordinaten).

Mit der hier vorgeschlagenen Arbeitsfolge erspart man sich wesentliche Korrekturen an den Schnitten. Zahlen sind leichter zu ändern als Zeichnungen. Voraussetzung ist jedoch eine möglichst fehlerfreie Kotierung des Netzes im Lageplan. Auch das Entwerfen an den Schnittplänen ist bei kleinen Maßnahmen möglich.

Mit Hilfe der EDV kann man Schnittpläne direkt aus dem Nivelliergerät heraus weitestgehend zeichnen lassen (plotten). Diese Aufzeichnungen müssen von Hand verfeinert und ergänzt werden.

In den Plänen sollen dann die Kanäle noch mit Rohr-∅, Gefälle, Haltungslänge, Rohrbaustoff, Deckeloberkanten usw. beschriftet werden. In den Schnitten hat man dafür mehr Platz. Man kann dann im Lageplan auf viele Angaben verzichten, wenn eine eindeutige Bezifferung der Schächte vorgenommen wurde.

Die DIN 4050 nennt Farben für Kanäle (MW = violett, SW = siena, RW = blau, Rü = Regenüberlauf = blau-weiß, Druckrohr = braun-rot). Die Kanalstrecken sollen zwischen zwei dünnen Strichen farbig angelegt werden. Dieses Farbenspiel fordert sehr viel Zeichenarbeit und Zeit angesichts der für Genehmigungsverfahren vielen Entwurfsexemplare. Farben werden aber oft gefordert. Man kann ein klares Farbenspiel dadurch erreichen, daß man nur die überall obligaten Schachtnullkreise mit Farbe betupft. Die Zeitersparnis ist groß. Farbig werden oft auch die Grenzen der Teilentwässerungsgebiete der Hauptsammler markiert. Hier braucht man mehrere Farben. Es empfiehlt sich, SW-Gebiete in der Farbenpalette rot–braun–gelb, und RW-Gebiete in dem Farbbereich blau–violett–grün zu wählen.

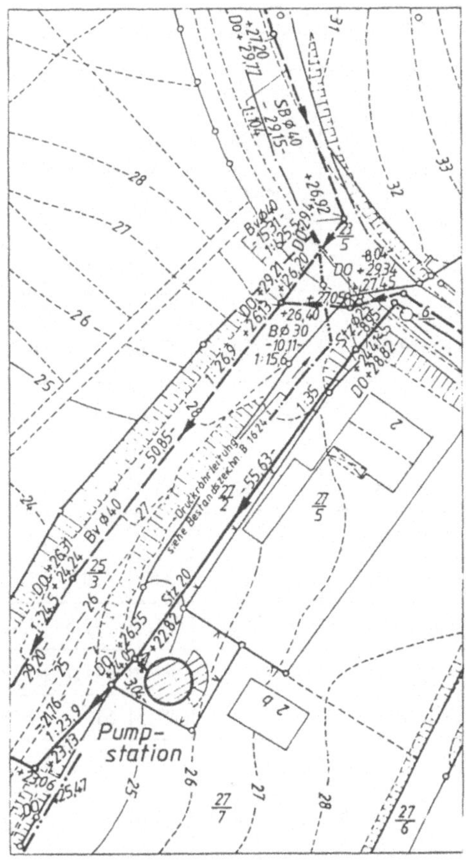

99.1 Ausschnitt aus Entwurfs-Lageplan einer Großstadt, M 1:500

2.7.11 Massenermittlung

Im Kanalbau handelt es sich um der Art nach wiederkehrende Massen. Um diese ermitteln zu können, bedarf es neben der Entwurfsauswertung i. allg. noch folgender Untersuchungen:

1. Bodenarten des Aushubbodens nach DIN 18300 (unterschiedliche Bodenklassen fordern entsprechende Leistungspositionen; nicht verdichtungsfähiger Boden muß durch verdichtungsfähigen ersetzt werden).
2. Gründungsfähigkeit der tieferliegenden Bodenschichten.
3. Art der befestigten Flächen, die aufgebrochen werden müssen (Straßen, Gehwege, Parkplätze, Hofflächen, Grünanlagen, Mutterbodenabtrag).
4. Grundwasserstand für die Kanalabschnitte (im Zusammenhang mit den Bodenarten ist die Art der Grundwasserabsenkung festzulegen).

Es empfiehlt sich, die Massenermittlung in Listenform (Tafel **102**.2) vorzunehmen, wobei die Kanalabschnitte als Bauteileinheiten (Spalte 1) so begrenzt zu bemessen sind, daß Übersicht und Vollständigkeit der Ermittlung erhalten bleiben. Die Liste ist für jede Baumaßnahme besonders anzulegen. Tafel **102**.2 gibt als Beispiel einen Listenkopf für Maßnahmen begrenzten Umfangs an. Wenn neben der Liste weitere Massenansätze festgehalten werden müssen, empfiehlt es sich, auch diese prüf- und zuordnungsfähig darzustellen. Beim Aushub der Rohrgräben sind die Massenansätze nach m^3 Bodenaushub oder nach m Kanalbaugrube üblich. Die Liste sollte den beabsichtigten Ansatz berücksichtigen.

Tafel **100**.1 Listenrechnung für die SW-Kanäle nach Bild **92**.1

1	2	3	4	5	6	7	8	9	10	11	12
Nr. des Gebiets	Straße	Strecke von Schacht oben	bis Schacht unten	Kanallänge einzeln L in m	Kanallänge zusammen $\sum L$ in m	Einzugsgebiet A_E in ha	Einzugsgebiet $\sum A_E$ in ha	Einwohnerdichte in E/ha	Einwohnerzahl Teilgebiet in E	Einwohnerzahl Gesamtgebiet in E	Wasserverbrauch 160 l/(E · d) Fremdwasser 50% SW-Abflußspende q_s in l/sha
15	Endstraße	10	6	57,0	57,0	0,39	0,39	120	47	47	$\frac{160 \cdot 120}{14 \cdot 3600}$ 1,5
16	Lange Str.	6	12	80,0	137	0,365	0,755	120	44	91	= 0,57
18	Am Paß	22	12	18,0	155	0,125	0,125	120	15	15	„
19	Lange Str.	14	12	72,0	227	0,52	0,52	120	62	62	„
17	Schrägstr.	12	16	89,0	316	0,43	1,83	120	52	219	„
14	Lange Str.	6	4	81,5	397,5	0,41	0,41	120	50	50	„
12	Lange Str.	2	4	44,0	441,5	0,19	0,19	120	23	23	„
13	Wallstr.	4	8	77,5	519	0,33	0,93	120	40	113	„
11	Landstr.	100	8	48,0	567	0,31	0,31+2,5	120	37	37+300	„
8	Parallelstr.	18	18e	48,0	615	0,25	0,25	120	30	30	„
9	Parallelstr.	18e	18f	48,0	663	0,28	0,53	120	34	64	„
10	Bergstr.	18f	8	65,0	728	0,34	0,87	120	41	105	„
5	Landstr.	8	86	100,0	828	0,35	2,46+2,5	120	42	297+300	„
4	Landstr.	86	16	90,0	918	0,30	2,76+2,5	120	36	333+300	„
1	Landstr.	16	20	32,0	950	0,14	4,73+2,5	120	17	569+300	„
7	Parallelstr.	18	18a	50,0	1000	0,25	0,25	120	30	30	„
6	Parallelstr.	18a	18b	50,0	1050	0,24	0,49	120	29	59	„
3	Parallelstr.	18d	18b	23,0	1073	0,085	0,085	120	10	10	„
2	Querstr.	18b	20	47,5	1120,5	0,07	0,645	120	8	77	„
0	Landstr.	ab 20	—	—	—	—	5,375+2,5	120	—	646 + 300	„

13	14	15	16	17	18	19	20	21	22	23	24
häusliches Abwasser		gewerbliches Abwasser Q_g		SW-menge	Abflußleistung der Kanäle						Bemerkungen
					Sohlgefälle	Kanalquerschnitt	Vollfüllung		Teilfüllung		
$q_s \cdot A_E$	$Q'_s = \Sigma q_s \cdot A_E$	jetzt	später	Q_s	$J = 1:n$ n	Form Größe	Q_0	v_0	Füllhöhe h'	v_T	
in l/s	in l/s	in l/s	in l/s	in l/s	in m/m	in m/m	in l/s	in m/s	in cm	in m/s	
—	—	—	—	0,222	150	∅250	50,2	1,03	gering		Spülen
—	—	—	—	0,43	150	(Mindest-profil)	50,2	1,03	„		
—	—	—	—	0,071	200	„	43,5	0,89	„		Spülen
—	—	—	—	0,296	200	„	43,5	0,89	„		Spülen
—	—	—	—	1,04	70	„	73,5	1,51	2,1	0,53	
—	—	—	—	0,234	160	„	48,6	1,0	gering		Spülen
—	—	—	—	0,108	120	„	56,2	1,15	„		Spülen
—	—	—	—	0,53	160	„	48,6	1,0	1,9	0,32	
—	—	—	—	1,6	200	„	43,5	0,89	3,32	0,42	Am Schacht 100 fließt das Schmutzwasser aus einem ostwärts liegenden Einzugsgebiet mit 2,5 ha und 300 E zu
—	—	—	—	0,142	130	„	53,9	1,1	gering		Spülen
—	—	—	—	0,302	130	„	53,9	1,1	„		
—	—	—	—	0,495	60	„	79,4	1,63	„		
—	—	—	—	2,83	200	„	43,5	0,89	4,25	0,5	
—	—	—	—	3,0	200	„	43,5	0,89	4,5	0,52	
—	—	—	—	4,12	200	„	43,5	0,89	5,25	0,56	
—	—	—	—	0,142	68	„	74,7	1,53	gering		Spülen
—	—	—	—	0,278	68	„	74,7	1,53	„		
—	—	—	—	0,048	60	„	79,4	1,63	„		Spülen
—	—	—	—	0,368	54	„	83,7	1,72	„		
—	—	—	—	4,48	400	„	30,7	0,63	6,25	0,45	

Tafel **102**.1 Listenrechnung für die RW-Kanäle nach **92**.2 (kleines RW-Gebiet mit längster Fließzeit < T). Die Spalten 17 bis 19, 21 bis 26, 29 und 37 werden bei MW-Kanälen zusätzlich ausgefüllt.

Kanal-Nr. / Gebiets-Nr.	Straßenname	Haltung von Schacht Nr. / Haltungs-Nr.		Länge		Fläche A_E							Spitzenabflußbeiwert				Einwohner			Zufluß von Kanal-Nr.
						befestigter Anteil in %							mittlere Geländeneigung				Dichte	Anzahl		
		oben	unten	einzeln l	zusammen Σl	Nr.	35	40	45	50	55		$J_g < 1\%$	$1\% \leq J_g \leqq 4\%$	$4\% < J_g = 10\%$	$J_g > 10\%$	D	einzeln	zus.	
–	–		–	in m	in m	–	in ha	in ha	in ha	in ha	in ha	in ha	–	–	–	–	in E/ha	in E	in E	–
1	2		3	4	5	6	7	8	9	10	11	12	13	14	15	16	17	18	19	20
15	Endstr.	11	5	53,5	53,5		0,39								0,43					
16	Lange Str.	5	13	80,0	133,5		0,365								0,43					
18	Am Paß	23	13	25,0	158,5		0,125								0,43					
19	Lange Str.	15	13	69,0	227,5		0,52								0,43					
17	Schrägstr.	13	17	89,0	316,5		0,43								0,43					
14	Lange Str.	5	3	81,5	398,0			0,41						0,44						
12	Lange Str.	1	3	44,0	442,0			0,19						0,44						
13	Wallstr.	3	7	75,5	517,5			0,33						0,44						
11a	Landstr.	101	7	48,0	565,5			0,161					0,37							200 l/s
5a	Landstr.	7	7b	100,0	665,5			0,218					0,37							
4	Landstr.	7b	17	90,0	755,5			0,162					0,37							
1a	Landstr.	17	21	32,0	787,5			0,10					0,37							
8	Parallelstr.	19	19e	48,0	835,5		0,25								0,43					
9	Parallelstr.	19e	19f	50,5	885,0		0,28								0,43					
10	Bergstr.	19f	7	54,0	939,0		0,307								0,43					
11b	Landstr.	103	7	52,0	991,0						0,187		0,51							100 l/s
5b	Landstr.	7	7b	100,0	1091,0						0,136		0,51							
1b	Landstr.	7b	19c	120,0	1211,0						0,17		0,51							
7	Parallelstr.	19	19a	51,0	1262,0				0,25						0,51					
6	Parallelstr.	19a	19b	51,0	1313,0				0,24						0,51					
3	Parallelstr.	19d	19b	19,0	1332,0				0,085						0,51					
2	Querstr.	19b	19c	34,5	1366,5				0,07						0,51					
—	Landstr.	19c	21	13,0	1379,5				—											
0	Landstr.	ab 21	—	—	—				—											

Anmerkung: Die Fließzeit beträgt bei diesem Beispiel $T \leqq 10$ min, d.h. nach Gl. (31.1) erste Form $Q_R = \frac{1,262}{1,262} \Sigma\, 126,2 \cdot \Psi_s \cdot A_E$, oder zweite Form $Q_R = 1,262 \cdot \Sigma\, 100 \cdot \Psi_s \cdot A_E$.

Tafel **102**.2 Listenkopf für Massenermittlung von Kanalbaumaßnahmen

Bauteil	Schacht		Länge	Verlegelänge der Rohre in m											Baugruben											
				Material: *Stz SN* Kreis-Ø in cm						Mat.: . . . . Ei-Profil b/h in cm			Mat.: . . . . Sonst. Profile (Zchg.)		Länge in m bei Tiefen von . . . bis . . . in m											
Nr.	von Nr.	bis Nr.	zwischen den Schachtmitten	20	25	30	40	50	60	60/90	70/105	90/135	Haube 2:2	Rinnenquerschnitt 2:2	< 1,25	1,26 bis 1,75	1,76 bis 2,0	2,01 bis 2,25	2,26 bis 2,50	2,51 bis 2,75	2,76 bis 3,0	3,01 bis 3,25	3,26 bis 3,50	3,51 bis 3,75	3,76 bis 4,0	Bodenklasse nach DIN 18300
14	5	6	105		49	54												30								2,23
																			40	25						2,24
																										2,25
																										2,26

Berechnungsregendauer $T = 10$ min; $r_{10,n=1} = 1{,}262 \cdot 100 = 126{,}2$ l/(s · ha); $r_{15,n=1} = 100$ l/(s · ha);
Fließzeit $t < 10$ min

Schmutzwasserabfluß häuslich		Schmutzwasserabfluß gewerblich		Fremdwasserabfluß	Trockenwetterabfluß	Regenabfluß		Mischwasserabfluß	Gefälle		Querschnitt		Rauhigkeit	Vollfüllung		Trockenwetter-Geschw.	Regenwetter		Bemerkungen
einzeln Q_h	zus. ΣQ_h	einzeln Q_g	zus. ΣQ_g	Q_f	Q_t	einzeln Q_r	zus. ΣQ_r	Q_{ges}	Sohle J_s	Wsp. J_w	Form	Größe	k_b	Leist. Q_v	Geschw. v_v	v_t	Geschw. v_m	Füllh. h_m	
in l/s	in l/s	in l/s	in l/s	in l/s	in l/s	in l/s	in l/s	in l/s	in ‰	in ‰	–	in mm	in mm	in l/s	in m/s	in m/s	in m/s	in cm	
21	22	23	24	25	26	27	28	29	30	31	32	33	34	35	36	37	38	39	40
						21,2	21,2		6,67		Ø	250	1,5	49	1,0		0,96	11,5	min Ø = DN 250
						19,8	41		6,67		Ø	250		49	1,0		1,08	18	
						6,8	6,8		5		Ø	250		43	0,87		0,64	6,75	
						28,2	28,2		5		Ø	250		43	0,87		0,91	15	
						23,3	99,3		14,3		Ø	300		110	1,55		1,77	22,2	
						22,8	22,8		6,25		Ø	250		48	0,97		0,96	12,3	
						10,6	10,6		8,33		Ø	250		55	1,12		0,87	7,3	
						18,3	51,7		6,25		Ø	300		77	1,09		1,2	17,7	
						7,5	207,5		5		Ei	500/750		430	1,5		1,47	39,8	min Ei = 500/750
						10,2	269,4		5		Ei	500/750		430	1,5		1,55	46,5	
						7,6	277		5		Ei	500/750		430	1,5		1,56	47,5	
						4,7	381		5		Ei	500/750		430	1,5		1,67	58,5	
						13,6	13,6		12,5		Ø	250		68	1,38		1,09	7,5	
						15,2	29,1		7,7		Ø	250		53	1,08		1,13	12,8	
						16,7	45,8		16,7		Ø	250		78	1,59		1,7	13,5	
						12,0	112,0		5		Ø	400		148	1,18		1,32	30,4	
						8,8	166,6		5		Ø	500		268	1,36		1,47	28	
						10,9	177,5		5		Ø	500		268	1,36		1,5	29	
						16,1	16,1		14,7		Ø	250		73	1,49		1,21	8	
						15,5	31,6		14,7		Ø	250		73	1,49		1,43	11,5	
						5,5	5,5		16,7		Ø	250		78	1,59		0,94	4,5	
						4,5	41,6		20		Ø	250		86	1,74		1,72	12,3	
						0	219,1		16,7		Ø	400		271	2,16		2,44	26,8	
						0	600,1		2,5		Ei	700/1050		737	1,31		1,28	70,4	**Abfluß hinter Schacht 21**

Straßenabläufe						Austauschboden			Schächte: Schachtunterteile				Schächte: Abstürze Höhendifferenz in m		Schächte: Schachtringe Ø in m 1,0 mit Höhe				Schächte: Schachtabdeckungen in Stück für Klasse				
									gemauert		Fertigteile	Systemstücke	äußere (Untersturz) Rohr Ø cm	innere von Ø ... bis Ø ...	in m		in Stück						
Anzahl Stck.	Ø in cm	Einzellänge in m	mittl. Tiefe in m	Bodenklasse n. DIN 18300	Straßenabläufe Stck. l = lang k = kurz	Strecke von ... bis ...	Menge in m³	erf. Bodenart	rund	eckig					25	50	Konus 60	Auflagering	A	B	C	D	E
1	15	5	1,30	2,23	1	10 m vor Sch. 5a bis Sch. 6	350	Kies $U \geqq 4$	2				1 · 0,6; Ø 15		1	6	2	3				2	
1	15	5	1,30	2,24	1																		
				2,25																			
				2,26																			

Tafel **104**.1 Listenrechnung für die RW-Kanäle nach Bild **92**.2 (RW-Gebiet mit längsten Fließzeiten > T). Die Spalten 17 bis 19, 21 bis 26, 34 und 42 werden bei MW-Kanälen zusätzlich ausgefüllt.

Kanal-Nr. Gebiets-Nr.	Straßenname	Haltung von Schacht Nr. oben	Haltungs-Nr. unten	Länge einzeln l	Länge zusammen Σl	Fläche A_E befestigter Anteil in % Nr.	35	40	45	50	55		Spitzenabflußbeiwert mittlere Geländeneigung $J_g < 1\%$	$1\% \leq J_g \leqq 4\%$	$4\% < J_g = 10\%$	$J_g > 10\%$	Einwohner Dichte D	Anzahl einzeln	Anzahl zus.	Zufluß von Kanal-Nr.
–	–		–	in m	in m	–	in ha	in ha	in ha	in ha	in ha	in ha	–	–	–	–	in E/ha	in E	in E	–
1	2		3	4	5	6	7	8	9	10	11	12	13	14	15	16	17	18	19	20
15	Endstr.	11	5	53,5	53,5		0,39								0,43					
16	Lange Str.	5	13	80,0	133,5		0,365								0,43					
18	Am Paß	23	13	25,0	158,5		0,125								0,43					
19	Lange Str.	15	13	69,0	227,5		0,52								0,43					
17	Schrägstr.	13	17	89,0	316,5		0,43								0,43					
14	Lange Str.	5	3	81,5	398,0			0,41						0,44						
12	Lange Str.	1	3	44,0	442,0			0,19						0,44						
13	Wallstr.	3	7	75,5	517,5			0,33						0,44						
11a	Landstr.	101	7	48,0	565,5			0,161					0,37							200 l/s
5a	Landstr.	7	7b	100,0	665,5			0,218					0,37							
4	Landstr.	7b	17	90,0	755,5			0,162					0,37							
1a	Landstr.	17	21	32,0	787,5			0,10					0,37							
8	Parallelstr.	19	19e	48,0	835,5		0,25								0,43					
9	Parallelstr.	19e	19f	50,5	885,0		0,28								0,43					
10	Bergstr.	19f	7	54,0	939,0		0,307								0,43					
11b	Landstr.	103	7	52,0	991,0						0,187		0,51							100 l/s
5b	Landstr.	7	7b	100,0	1091,0						0,136		0,51							
1b	Landstr.	7b	19c	120,0	1211,0						0,17		0,51							
7	Parallelstr.	19	19a	51,0	1262,0				0,25						0,51					
6	Parallelstr.	19a	19b	51,0	1313,0				0,24						0,51					
3	Parallelstr.	19a	19b	19,0	1332,0				0,083						0,51					
2	Querstr.	19b	19c	34,5	1366,5				0,07						0,51					
—	Landstr.	19c	21	13,0	1379,5				—											
0	Landstr.	ab 21	—	—	—				—											

Anmerkung: Die Fließzeiten betragen bei diesem Beispiel teilweise $T > 5$ min, d. h. n. Gl. (31.1) zweite Form $Q_R = \varphi_{t,n=1}\ \Sigma\ 100 \cdot \Psi_s \cdot A_E$.

Tafel **102**.2 Fortsetzung

Nutzungsart der Fläche	Aufbruch befestigter Flächen in m; m² Länge × Breite	Fläche	Befestigungsart	Unterbau	Hausanschlüsse Anzahl Stck.	Ø in cm	Einzellänge in m (horizontal)	mittl. Tiefe in m	Boden-Klasse n. DIN 18300	Verschluß-teller Stck.	Absturzhöhe Δh in m
Straße	80 × 1,40	112	3 cm Afb., 10 cm Agb.	10 cm Sch. 60 cm Kies	2	15	6	1,80	2,23	2	1 × 0,5
					2	15	7 u. 8	1,60	2,24	2	2 × 0,8
									2,25		
									2,26		

Berechnungsregendauer $T = 5$ min; $r_{5,n=1} = 1{,}713 \cdot 100 = 171{,}3$ l/(s · ha); $r_{15,n=1} = 100$ l/(s · ha); Fließzeiten t teilweise > 5 min

Zeitbeiwert φ	Regenabfluß einzeln Q_{r15}	Regenabfluß zusammen ΣQ_{r15}	Regenabfluß zusammen Q_R	Fließzeit einzeln t	Fließzeit zug. Σt	Fließzeit zug. Σt	Mischwasserabfluß Q_{ges}	Gefälle Sohle J_s	Gefälle Wsp. J_w	Querschnitt Form	Querschnitt Größe	Rauhigkeit k_b	Vollfüllung Leist. Q_v	Vollfüllung Geschw. v_v	Trockenwetter-Geschw. v_t	Regenwetter Geschw. v_m	Regenwetter Füllh. h_m	Bemerkungen
–	in l/s	in l/s	in l/s	in s	in s	in min	in l/s	in ‰	in ‰	–	in mm	in mm	in l/s	in m/s	in m/s	in m/s	in cm	
27	28	29	30	31	32	33	34	35	36	37	38	39	40	41	42	43	44	45
1,713	16,8	16,8	28,8	50	50	0,83		6,67		Ø	250	1,5	49	1,0		1,07	13,5	min Ø = DN 250
1,713	15,7	32,5	55,7	64	114	1,9		6,67		Ø	300		80	1,13		1,25	15	min Ei = 500/750
1,713	5,4	5,4	9,3	69	69	1,15		5		Ø	250		43	0,87		1,0	18,5	
1,713	22,4	22,4	38,4	70	70	1,17		5		Ø	250		43	0,87		0,99	18,3	
1,713	18,5	78,8	134,9	43	157	2,62		14,3		Ø	350		176	1,83		2,05	22,8	
1,713	18,0	18,0	30,8	77	77	1,28		6,25		Ø	250		48	0,97		1,06	14	
1,713	8,4	8,4	14,4	46	46	0,77		8,33		Ø	250		55	1,12		0,95	8,8	
1,713	14,5	40,9	70,1	61	138	2,3		6,25		Ø	250		77	1,09		1,24	18,5	
1,23	6,0	206	253,4	31	631	10,5		5		Ei	500/750		430	1,5		1,53	45	t bis Schacht 101 = 10 min
1,165	8,1	255	297	62	693	11,6		5		Ei	500/750		430	1,5		1,61	49,5	
1,11	6,0	261	297	60	753	12,6		5		Ei	500/750		430	1,5		1,61	49,5	Z. 27–30: 1,11 · 261 = 290 < 297; 297 maßgebend
1,09	3,7	343,5	374	19	772	12,9		5		Ei	500/750		430	1,5		1,65	57,5	
1,713	10,8	10,8	18,5	35	35	0,6		12,5		Ø	250		68	1,38		1,17	8,8	
1,713	12,0	22,8	39,1	42	77	1,3		7,7		Ø	250		53	1,08		1,21	15,8	
1,713	13,2	36,0	61,7	30	107	1,8		16,7		Ø	250		78	1,59		1,8	16,5	
1,54	9,5	109,5	168,6	35	395	6,6		5		Ø	500		268	1,36		1,48	28	t bis Schacht 103 = 6 min
1,437	6,9	152,4	219	65	460	7,7		5		Ø	500		268	1,36		1,54	34	
1,34	8,7	161,1	219	78	538	8,97		5		Ø	500		268	1,36		1,54	34	Z. 27–30: 1,34 · 161,1 = 216 216 < 219
1,713	12,8	12,8	21,9	39	39	0,65		14,7		Ø	250		73	1,49		1,31	9,3	
1,713	12,2	25,0	42,8	32	71	1,2		14,7		Ø	250		73	1,49		1,59	13,5	
1,713	4,3	4,3	7,4	19	19	0,32		16,7		Ø	250		78	1,59		1,02	5,3	
1,713	3,6	32,9	56,4	18	89	1,5		20		Ø	250		86	1,74		1,91	14,5	
1,713	0	194	332,3	5	94	1,57		16,7		Ø	500		490	2,49		2,74	29,5	
1,09	0	537,5	586	0	772	12,9		2,5		Ei	700/1050		737	1,31		1,43	76,7	Abfluß hinter Schacht 21

Anmerkung: Die zahlenlosen Spalten 21 bis 26 wie in Tafel **102**.1 wurden hier fortgelassen.

Wasserhaltung: Strecke von	Strecke bis	Länge insges. in m	Länge der Absenkung in m für offene Whtg.	Vakuum-verf.	Brunnen	Länge der Strecken in m für Absenkhöhen in m: <0,5	0,5 bis 1,0	1,0 bis 1,5	1,5 bis 2	Sonstiges	Bemerkungen
Sch. 5	Sch. 6	105	30			30					
				75			75			vorhandener Kanal zwischen Schacht 5a und 5 neben der Baugrube	

2.7.12 Leistungsbeschreibungen und Kostenvoranschlag

Zum Entwurf gehört auch der Kostenvoranschlag. Dieser enthält kurzgefaßte Leistungsbeschreibungen, während die Bauausschreibung vollständig sein muß, weil sie Vertragsbestandteil wird.

Es empfiehlt sich, besonders für den wenig erfahrenen Ingenieur, die Standardleistungsbücher des Gemeinsamen Ausschusses Elektronik im Bauwesen (GAEB) [4] o.ä. zu benutzen. Für Maßnahmen des Kanalbaues sind die Leistungsbereiche 02 (Erdarbeiten DIN 18300) und 09 (Abwasserkanalarbeiten DIN 18306) besonders wichtig.

Die Ordnung der Verschlüsselung der Texte ist so vorgenommen, daß sie für Leistungsverzeichnisse in herkömmlicher Art und zur Anwendung in der Datenverarbeitung geeignet ist. Jeder Text besteht aus max. fünf Textteilen, von denen jeder eine drei- bzw. zweistellige Nummer hat, unter welcher er im Teil C der Standardleistungsbücher auffindbar ist. Tafel **106**.1 zeigt zwei Textbeispiele für Erd- und Verlegearbeiten im Kanalbau.

Die im Kostenvoranschlag einzusetzenden Preise sollten kalkuliert werden, aber dem konjunkturellen Stand der Preise im Mittel angepaßt werden, evtl. durch besonderen Hinweis. Maßgebend für die Kostenermittlung ist der Zeitpunkt der Entwurfsaufstellung. Die Preise können später mit Hilfe des Bauindex grob an die Preisentwicklung angeglichen werden.

Tafel **106**.1 Ausschreibungstexte nach GAEB [4]

Beispiel 1 Zusammenstellung der Textteile:								
02	T1	T2	T3	T4	T5		Menge	Einheit
	501					Boden der **Gräben** für Abwasserkanäle ab Geländeoberfläche		
		51				**ausheben.** Der **Boden** wird Eigentum des Auftragnehmers und ist zu **beseit**igen. Verbau gemäß DIN 18303 nach Wahl des Auftragnehmers.		
			03			Bodenklassen DIN 18300 Fassung Dez 1958, Abschn. 2.23–**2.26**		
				32		Aushubtiefe bis 3,00 m		
					25	Lichte Breite der Sohlen bis 1,70 m		
						daraus Kurztext:		
02	501	51	03	32	25	**Gräben ausheben Boden beseit–2.26**	250	m
Beispiel 2 Langtext (für Leistungsverzeichnis zusammengestellt)							Menge	Einheit
09	121	13	01	10	02	Rohre für Abwasserkanäle, Verlegung nach DIN 4033 einschl. Auflager und Einbettung aus Sand oder Feinkies in vorhandenen Gräben, Grabentiefe 1,75 bis 3,00 m.		
						Steinzeugrohre DIN 1230–SN (normalwandig) **DN 500.** Dichtung mit Vergußmasse DIN 4038	250	
						daraus Kurztext:		
09	121	13	01	10	02	**Steinzeugrohre DN 500**	250	m

2.7.13 Erläuterungsbericht

Er wird erst beim Abschluß der Entwurfsbearbeitung unter Auswertung der Notizen, die man sich dabei gemacht hat, aufgestellt. In der Gliederung hält man sich zweckmäßig an etwa diese Reihenfolge, s. auch [39a]:

1. Allgemeine Hinweise
2. Anlaß zum Entwurf
3. Lage des Ortsgebietes (Wasserverhältnisse, Bevölkerung, gewerbliche Wirtschaft)
4. Vorarbeiten, Planunterlagen und ihre Beschaffung
5. Entwässerungsgebiet
6. Vorfluter
7. bestehende Entwässerungsanlagen
8. geplantes Entwässerungsverfahren
9. Berechnungsgrundlagen
10. Bemessen der Kanäle
11. Linienführung der Kanäle
12. Sohlengefälle der Kanäle
13. Tiefenlage der Kanäle
14. Baustoffe und Bauwerke
15. Lüften und Spülen der Kanäle
16. Hausanschlüsse
17. Abwasserbehandlung
18. Herstellungskosten
19. Gebühren
20. weitere Erläuterungen

2.7.14 Bestandspläne (**107**.1)

Sie halten die Straßenkanäle, Anschlußleitungen oder Anschlußstutzen lage- und höhenmäßig fest. Leider werden sie oft nicht angefertigt. Da bis auf die Schachtabdeckungen alles unter der Erde liegt, orientiert man sich am besten an diesen. Längenmaße werden jeweils auf den unteren Schacht einer Haltung (Mittelpunkt der Schachtabdeckung) als Nullpunkt bezogen. Bei Anschlußstutzen ist die Mitte des Verschlußtellers einzumessen. Die Länge der Anschlußleitungen ist von der Achse des Straßenkanals aus festzulegen. Angaben über Gefälle und Baustoffe sind ebenfalls aufzunehmen.

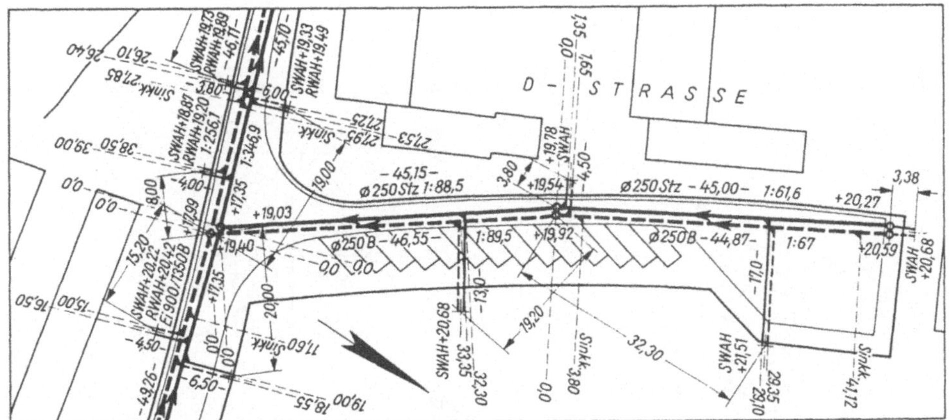

107.1 Bestandsplan (SWAH ≙ Schmutzwasser-Anschlußhöhe, RWAH ≙ Regenwasser-Anschlußhöhe)

Man bezeichnet:

Steinzeug	= Stz	Grauguß	= Guß	Beton mit Stz-Sohlschalen	= BStz
Beton	= B	duktiler Guß	= dGuß	Asbestzement	= Az
Stahlbeton	= SB	Walzbeton	= WB	Polyvenylchlorid	= PVC
Mauerwerk	= M	Schleuderbeton	= SchlB	Polyäthylen	= PE
Stahl	= St	Betonkeramik	= BK	glasfaserverstärkte Kunststoffe	= GFK

Bestandspläne sollten besser zu viel als zu wenig Maßangaben enthalten; sie sind in DIN 4050 behandelt.

2.8 Statische Berechnung von Entwässerungsleitungen

2.8.1 Baugrubenbreite

Rohrleitungen der Ortsentwässerung werden fast ausschließlich in Gräben verlegt. Bei der Erdlast der Kanäle unterscheidet man zwischen Graben- und Dammbedingung. Die Grabenbedingung (**108**.1) liegt vor, wenn die Baugrubenbreite im Verhältnis zur Überdeckungshöhe klein ist und damit gerechnet werden kann, daß durch die Verspannung des Füllbodens gegen die Baugrubenwand des gewachsenen Bodens entlastende

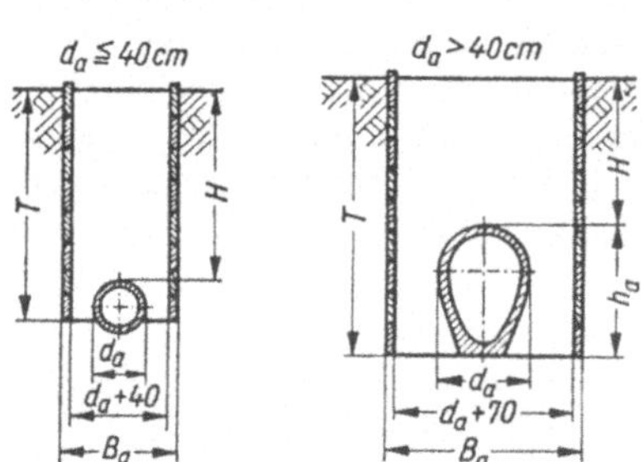

108.1 Einzelbaugruben

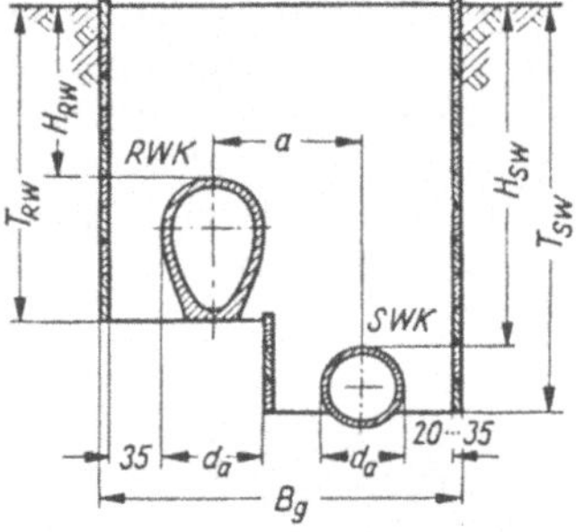

108.2 Doppelbaugrube (Stufengraben)

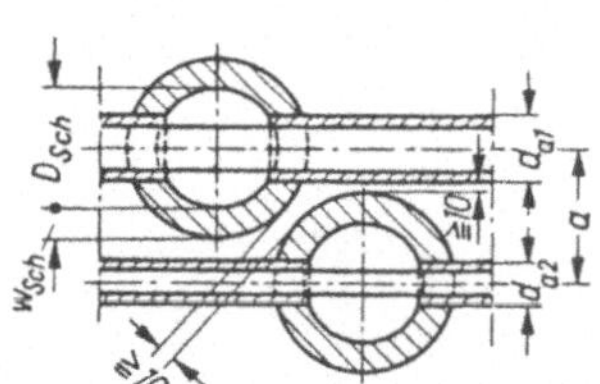

108.3 Doppelschacht-Ermittlung des Achsabstandes der Kanäle

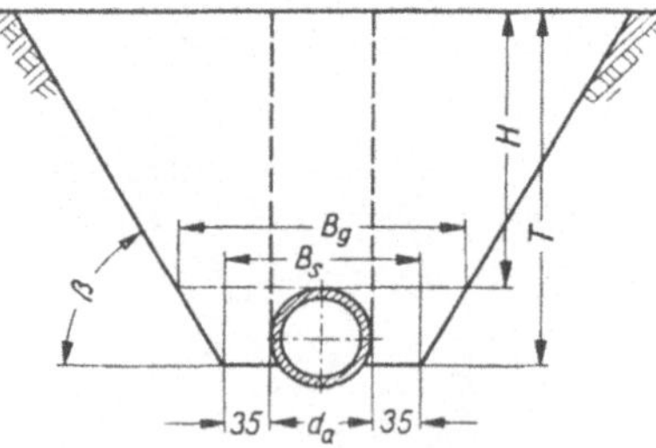

108.4 Geböschte Baugrube
$B_S \geqq d_a + 40$ für $d_a \leqq 40$ cm
oder $d_a > 40$ cm und $\beta < 60°$
$B_S \geqq d_a + 70$ für $d_a > 40$ cm

Reibungskräfte für den Rohrscheitel entstehen (Silotheorie). Bei der Dammbedingung (**108**.2 und **108**.4) können wegen der großen Baugrubenbreite diese entlastend wirkenden Kräfte nicht in Rechnung gesetzt werden, sondern es kann im Gegenteil eine zusätzliche Belastung des Rohres dadurch eintreten, daß sich die Erdteile neben dem Rohr stärker setzen als das Rohr selbst mit seiner Auflast. Grabenbedingung tritt bei den meisten Einzelbaugruben auf. Dammbedingungen meist bei Doppelbaugruben und unter Dämmen.

Als lichte Breite (Tafel **109**.1) gilt bei unverkleideter Baugrube die Sohlenbreite, bei verkleideter Baugrube der lichte Abstand der Schalwände.

Aus wirtschaftlichen Gründen werden schmale Baugruben angestrebt. Für die statische Berechnung interessiert nicht die lichte Breite der verschalten Baugrube, sondern der Abstand der Erdwände B_g; es ist also die Verschalung zweimal zu addieren (**108**.1 und **108**.2).

Weiter interessiert nicht die Breite an der Sohle der Baugrube, sondern die in Scheitelhöhe des Rohres (**108**.4).

Bei Doppelbaugruben bestimmt der Achsabstand der beiden Kanäle die Baugrubenbreite. Der Sockel, auf dem der höher liegende Kanal ruht, sollte möglichst verbohlt werden; dadurch wird der Achsabstand verringert. In der Regel bestimmen die Abmessungen der Schächte den Achsabstand der Kanäle (**108**.3).

Bei nicht kreisförmigen Profilen gilt die größte Außenbreite des Rohrschaftes als Rohrdurchmesser d_a.

Die Angaben der Tafel **109**.1 gelten für Baugrubentiefen bis 5 m. Bei größeren Baugrubentiefen ist die Grabenbreite im Einzelfall festzulegen.

Die DIN 18300 rechnet abweichend von DIN 4124 den Arbeitsraum vom größten Außendurchmesser bzw. der größten Breite der Rohrleitung und berücksichtigt die Verschalung mit 2 · 0,15 m. Dies ist bei Leistungsverzeichnissen mit m³-Bodenaushub und bei der Abrechnung von Wechselboden von Gewicht.

Tafel **109**.1 Lichte Baugrubenbreite B_i nach DIN 4124

Art der Baugrube	Böschungswinkel β in °	äußerer Rohrdurchmesser d_a in m	B_i in m bei T $\leqq 1{,}75$ m	B_i in m bei T $> 1{,}75$ m
unverkleidet	beliebig	$\leqq 0{,}40$	$d_a + 0{,}40$ $\geqq 0{,}60$	$d_a + 0{,}40$ $\geqq 0{,}80$
	$\leqq 60$	$< 0{,}40$	$d_a + 0{,}40$	
	> 60	$> 0{,}40$	$d_a + 0{,}70$	
verkleidet	–	$\leqq 0{,}40$	$d_a + 0{,}40$ $\geqq 0{,}60$	$d_a + 0{,}40$ $\geqq 0{,}80$
		$> 0{,}40$ $\leqq 0{,}60$	$d_a + 0{,}70$ $\geqq d_a + 0{,}50$	
		$> 0{,}40$ $\leqq 1{,}75$	$d_a + 0{,}70$	
		$> 1{,}75$	$d_a + 1{,}00$	

2.8.2 Rohrbelastung (vgl. auch [86], ATV-A 127 [1])

Es gibt mehrere theoretische Überlegungen und praktische Versuche, die Lasten für erdverlegte Leitungen rechnerisch zu erfassen. Da Kanäle meist in Gräben verlegt werden, kann man für das Füllgut die Silotheorie anwenden. Man nimmt an, daß das Füllgut an den Wänden abgleitet und durch die Reibungskräfte einen Teil seines Gewichtes auf die Wände absetzt. Nur der andere Teil lastet auf dem Rohrscheitel.

Janssen hat diesen Vorgang zuerst berechnet, Marston wendete die Silotheorie auf Erdgräben an. Voellmy berücksichtigte die Elastizitätstheorie und die Rankinsche Erddrucktheorie. Kehr und Wetzorke [86] führten Messungen an erdverlegten Rohren durch und stellten fest, daß die Silotheorie mit dem Verhältnis K_1 zwischen Horizontal- und Vertikalkomponente von 0,5 anwendbar ist (vgl. auch DIN 1055 Bl. 6). Man geht davon aus, die vorhandene Last mit der Bruchlast der Rohre beim Scheiteldruckversuch zu vergleichen. Neuere Überlegungen enthält das Arbeitsblatt A 127 der ATV [1], die hier berücksichtigt werden sollen.

Die Erdlast P_E kann als ruhende Last angesehen werden:

$$p_E = \varkappa \cdot \gamma_B \cdot H \quad \text{in kN/m}^2 \quad \text{und} \quad P_E = \varkappa \cdot \gamma_B \cdot H \cdot d_a \quad \text{in kN/m} \tag{110.1}$$

oder nach Wetzorke, wenn keine Lastkonzentration λ über dem Rohrscheitel berücksichtigt wird (überschläglich):

$$P_E = \varkappa \cdot \gamma_B \cdot H \cdot B_g \quad \text{in kN/m} \tag{110.2}$$

$\varkappa$ = Abminderungsfaktor infolge von Reibungskräften an den Grabenwänden, abhängig vom Verhältnis H/B_g und von der Bodenart (Tafel **111**.1)

Mit größer werdender Grabenbreite B_g nähert sich $\varkappa$ dem Wert 1,0. Im Fall der Dammschüttung ist $\varkappa$ = 1,0.

$$\varkappa = \frac{1 - e^{-2H/B_g \cdot K_1 \cdot \tan\delta}}{2\, H/B_g \cdot K_1 \cdot \tan\delta} \quad \text{und} \quad \text{für } K_1 = 0{,}5;\ \delta = \varphi' \text{ (Wetzorke)}: \quad \varkappa = \frac{1 - e^{-H/B_g \cdot \tan\varphi'}}{H/B_g \tan\varphi'} \tag{110.3}$$

φ' = Winkel der inneren Reibung des drainierten Bodens (Kies = 35°, Sand = 30°, sandiger Ton = 25°, Ton = 20°)
δ = Wandreibungswinkel
γ_B = Raumgewicht des Füllbodens in kN/m³ nach ATV-A 127 = 20 kN/m³
B_g = Grabenbreite über dem Rohrscheitel in m
H = Überdeckungshöhe in m
K_1 = Verhältnis von horizontalem zu vertikalem Erddruck

Für geböschte Baugruben (**108**.4) gilt wenn:

$$\varphi' \leqq \beta \leqq 90°: \varkappa_\beta = 1 - \frac{\beta}{90} + \varkappa_{90} \frac{\beta}{90}$$ β in Grad, $\varkappa_{90}$ für B_g über dem Rohrscheitel

$$0 \leqq \beta < \varphi': \varkappa_\beta = 1$$

$$\beta = 0 \text{ (Damm)}: \varkappa_\beta = 1$$

Tafel **111**.1 Kennwerte der Bodenarten

Nr.	Bodenart	γ_B	φ'	Verformungsmodul E_B [N/mm²]					
		in kN/m³	in °	bei Proctordichte in % (D_{Pr}) 85	90	92	95	97	100
G 1	Nichtbindige Böden	20	35	2,4	6	9	16	23	40
G 2	Schwachbindige Böden	20	30	1,2	3	4	8	11	20
G 3	Bindige Mischböden, Schluff (bindiger Sand und Kies, bindiger steiniger Verwitterungsboden)	20	25	0,8	2	3	5	8	13
G 4	Bindige Böden (Ton, Lehm)	20	20	0,6	1,5	2	4	6	10

Maßgebend für die Abminderung der Erdlast in Gräben sind der Seitendruck auf die Grabenwände, ausgedrückt durch das Verhältnis K_1 von horizontalem Seitendruck auf die Grabenwände zu vertikalem Erddruck, sowie der wirksame Wandreibungswinkel δ. Zur Wahl dieser Parameter werden vier Fälle der Bauausführung unterschieden.

A1. Lagenweise gegen den gewachsenen Boden verdichtete Grabenverfüllung (ohne Nachweis des Verdichtungsgrades): $K_1 = 0{,}5$; $\delta = \frac{2}{3}\varphi'$.

A2. Senkrechter Verbau des Rohrgrabens mit Kanaldielen oder Leichtspundprofilen, die erst nach dem Verfüllen gezogen werden; Verbauplatten oder -geräte, die bei der Verfüllung des Grabens schrittweise entfernt werden; unverdichtete Grabenverfüllung; Einspülen der Verfüllung (nur geeignet bei Böden der Gruppe G1): $K_1 = 0{,}5$; $\delta = \frac{1}{3}\varphi'$.

A3. Senkrechter Verbau des Rohrgrabens mit Spundwänden, Holzbohlen, Verbauplatten oder -geräten, die erst nach dem Verfüllen entfernt werden: $K_1 = 0{,}5$; $\delta = 0$.

A4. Lagenweise gegen den gewachsenen Boden verdichtete Grabenverfüllung mit Nachweis der Proctordichte: $K_1 = 0{,}5$; $\delta = \varphi'$. Die Proctordichte ist gemäß ZTVE-StB nachzuweisen. Die Überschüttungsbedingung A4 ist nicht anwendbar bei Böden der Gruppe G4.

Wenn auf der Oberfläche des Grabens ruhende, gleichmäßig verteilte Flächenlasten vorhanden sind, z. B. Lagergut oder Fundamente, dann wird deren Druck auf den Scheitel des Rohres erfaßt mit den Gleichungen:

$$p_{E,0} = \varkappa_0 \cdot p_0 \quad \text{in kN/m}^2 \quad \text{und} \quad P_{E,0} = \varkappa_0 \cdot p_0 \cdot d_a \quad \text{in kN/m} \tag{111.1}$$

p_0 = Oberflächenbelastung in kN/m² Grabenoberfläche
$\varkappa_0$ = Abminderungsfaktor: $\varkappa_0 = e^{-2H/Bg \cdot K_1 \cdot \tan\delta}$ (111.2)

Verkehrslasten sind für Rohrkanäle besonders schwierig zu erfassen. Die vertikalen Spannungen im Boden werden nach der Theorie von Boussinesq berechnet. Sie stellen eine bewegliche oder dynamische Last dar. Es gilt

$$p_v = \varphi \cdot p \quad \text{in kN/m}^2 \qquad P_v = \varphi \cdot p \cdot d_a \quad \text{in kN/m} \tag{111.3}$$

p = Bodenspannung infolge Verkehrsbelastung in kN/m², bezogen auf die Grundrißfläche des Rohres (Tafel **112**.1, **113**.1, **114**.1, **114**.2)
d_a = äußerer Rohrdurchmesser in m, φ = Stoßfaktor

Der Beiwert φ berücksichtigt sowohl die zusätzliche Wirkung aus der Bewegung als auch die durch die Rohrsteifigkeit bewirkte Lastkonzentration. Die hervorgerufenen Rohrbeanspruchungen hängen wesentlich von der Lastverteilungsfunktion der Straßendecke ab.

Tafel **112**.1 Bodenspannungen p infolge Verkehrslasten **SLW 60**, Überdeckungshöhen H = 0,5 bis 3,0 m, abhängig vom Rohr-DN

H	200	250	300	350	400	500	600	700	800	900	1000	1200	1400	1600
,50	107,65	103,54	99,96	96,79	93,90	88,67	84,58	81,06	77,94	75,14	72,62	68,29	64,66	61,18
,55	97,92	94,69	91,84	89,30	86,95	82,68	79,29	76,36	73,72	71,34	69,18	65,44	62,27	59,20
,60	88,99	86,43	84,17	82,13	80,23	76,74	73,95	71,51	69,30	67,29	65,46	62,25	59,51	56,82
,65	80,98	78,96	77,14	75,50	73,97	71,12	68,82	66,80	64,95	63,26	61,71	58,97	56,61	54,28
,70	73,92	72,30	70,84	69,51	68,27	65,94	64,05	62,37	60,82	59,40	58,09	55,77	53,74	51,72
,75	67,73	66,43	65,26	64,18	63,16	61,26	59,69	58,29	57,00	55,81	54,70	52,73	50,99	49,25
,80	62,35	61,30	60,34	59,46	58,63	57,06	55,76	54,60	53,52	52,51	51,58	49,90	48,42	46,92
,85	57,67	56,82	56,04	55,32	54,63	53,34	52,26	51,29	50,38	49,53	48,74	47,32	46,05	44,76
,90	53,62	52,92	52,28	51,68	51,12	50,04	49,15	48,33	47,57	46,86	46,19	44,97	43,89	42,78
,95	50,10	49,52	48,99	48,50	48,04	47,14	46,39	45,71	45,07	44,46	43,90	42,86	41,93	40,98
1,00	47,04	46,56	46,13	45,72	45,33	44,58	43,96	43,38	42,84	42,33	41,85	40,97	40,17	39,35
1,05	44,38	43,98	43,62	43,28	42,96	42,33	41,80	41,32	40,86	40,43	40,02	39,27	38,59	37,89
1,10	42,05	41,73	41,42	41,14	40,87	40,35	39,90	39,49	39,11	38,74	38,39	37,75	37,17	36,56
1,15	40,02	39,75	39,50	39,26	39,03	38,59	38,22	37,87	37,55	37,23	36,94	36,39	35,89	35,37
1,20	38,24	38,01	37,80	37,60	37,41	37,04	36,72	36,43	36,15	35,89	35,64	35,17	34,74	34,29
1,25	36,66	36,47	36,29	36,13	35,97	35,65	35,39	35,14	34,90	34,68	34,46	34,07	33,70	33,32
1,30	35,27	35,11	34,96	34,82	34,68	34,42	34,19	33,98	33,78	33,59	33,41	33,07	32,76	32,43
1,35	34,02	33,89	33,76	33,64	33,53	33,31	33,12	32,94	32,77	32,60	32,45	32,16	31,89	31,61
1,40	32,91	32,80	32,69	32,59	32,49	32,30	32,14	31,99	31,85	31,71	31,58	31,33	31,10	30,86
1,45	31,91	31,81	31,72	31,64	31,55	31,39	31,26	31,13	31,01	30,89	30,77	30,56	30,37	30,16
1,50	31,00	30,92	30,84	30,77	30,70	30,56	30,45	30,34	30,23	30,13	30,03	29,85	29,69	29,51
1,55	30,17	30,10	30,03	29,97	29,91	29,80	29,70	29,61	29,52	29,43	29,35	29,19	29,05	28,90
1,60	29,40	29,35	29,29	29,24	29,19	29,09	29,01	28,93	28,85	28,78	28,71	28,57	28,45	28,32
1,65	28,70	28,65	28,60	28,56	28,52	28,43	28,36	28,29	28,23	28,16	28,10	27,99	27,89	27,77
1,70	28,04	28,00	27,96	27,92	27,89	27,82	27,75	27,70	27,64	27,59	27,53	27,44	27,35	27,25
1,75	27,43	27,39	27,36	27,33	27,30	27,23	27,18	27,13	27,08	27,04	26,99	26,91	26,83	26,75
1,80	26,85	26,82	26,79	26,76	26,74	26,68	26,64	26,60	26,56	26,52	26,48	26,41	26,34	26,27
1,85	26,30	26,28	26,25	26,23	26,20	26,16	26,12	26,08	26,05	26,02	25,98	25,92	25,86	25,80
1,90	25,78	25,76	25,74	25,72	25,70	25,66	25,63	25,59	25,56	25,53	25,51	25,45	25,40	25,35
1,95	25,28	25,26	25,24	25,23	25,21	25,18	25,15	25,12	25,10	25,07	25,05	25,00	24,96	24,91
2,00	24,80	24,79	24,77	24,76	24,74	24,71	24,69	24,66	24,64	24,62	24,60	24,56	24,52	24,48
2,05	24,34	24,33	24,31	24,30	24,29	24,26	24,24	24,22	24,20	24,18	24,17	24,13	24,10	24,07
2,10	23,90	23,88	23,87	23,86	23,85	23,83	23,81	23,79	23,77	23,76	23,74	23,71	23,69	23,66
2,15	23,46	23,45	23,44	23,43	23,42	23,40	23,39	23,37	23,36	23,34	23,33	23,30	23,28	23,26
2,20	23,04	23,03	23,02	23,01	23,01	22,99	22,98	22,96	22,95	22,94	22,93	22,90	22,88	22,86
2,25	22,63	22,62	22,61	22,61	22,60	22,59	22,57	22,56	22,55	22,54	22,53	22,51	22,49	22,47
2,30	22,23	22,22	22,22	22,21	22,20	22,19	22,18	22,17	22,16	22,15	22,14	22,13	22,11	22,09
2,35	21,84	21,83	21,83	21,82	21,81	21,80	21,79	21,79	21,78	21,77	21,76	21,75	21,73	21,72
2,40	21,45	21,45	21,44	21,44	21,43	21,42	21,42	21,41	21,40	21,39	21,39	21,37	21,36	21,35
2,45	21,08	21,07	21,07	21,06	21,06	21,05	21,04	21,04	21,03	21,03	21,02	21,01	21,00	20,99
2,50	20,71	20,71	20,70	20,70	20,69	20,69	20,68	20,67	20,67	20,66	20,66	20,65	20,64	20,63
2,55	20,35	20,34	20,34	20,34	20,33	20,33	20,32	20,32	20,31	20,31	20,30	20,29	20,29	20,28
2,60	19,99	19,99	19,99	19,98	19,98	19,97	19,97	19,97	19,96	19,96	19,95	19,95	19,94	19,93
2,65	19,64	19,64	19,64	19,64	19,63	19,63	19,62	19,62	19,62	19,61	19,61	19,60	19,60	19,59
2,70	19,30	19,30	19,30	19,29	19,29	19,29	19,28	19,28	19,28	19,27	19,27	19,26	19,26	19,25
2,75	18,96	18,96	18,96	18,96	18,96	18,95	18,95	18,95	18,94	18,94	18,94	18,93	18,93	18,92
2,80	18,63	18,63	18,63	18,63	18,63	18,62	18,62	18,62	18,62	18,61	18,61	18,61	18,60	18,60
2,85	18,31	18,31	18,31	18,30	18,30	18,30	18,30	18,29	18,29	18,29	18,29	18,28	18,28	18,28
2,90	17,99	17,99	17,99	17,99	17,98	17,98	17,98	17,98	17,98	17,97	17,97	17,97	17,96	17,96
2,95	17,68	17,68	17,67	17,67	17,67	17,67	17,67	17,67	17,66	17,66	17,66	17,66	17,65	17,65
3,00	17,37	17,37	17,37	17,37	17,36	17,36	17,36	17,36	17,36	17,36	17,35	17,35	17,35	17,35

Der Schwingbeiwert φ wird unabhängig von H eingesetzt: SLW 60, φ = 1,2; SLW 30, φ = 1,4; LKW 12, φ = 1,5.

Für Verkehrsbelastungen aus Schienenverkehr gilt das in der DV 804 (BE) der Deutschen Bundesbahn angegebene Belastungsbild UIC 71:

$$H = 1{,}5\ \text{m} : p = 48\ \text{kN/m}^2;$$
$$H \geqq 5{,}5\ \text{m} : p = 20\ \text{kN/m}^2\ (\text{f. 1 Gleis});\ p = 30\ \text{kN/m}^2\ (\text{für 2 und mehr Gleise})$$

Tafel **113**.1 Bodenspannungen p infolge Verkehrslasten **SLW 30**, Überdeckungshöhen H = 0,5 bis 3,0 m, abhängig vom Rohr-DN

H	200	250	300	350	400	500	600	700	800	900	1000	1200	1400	1600
,50	60,92	58,59	56,57	54,77	53,13	50,17	47,86	45,87	44,11	42,52	41,09	38,65	36,59	34,62
,55	54,38	52,59	51,01	49,59	48,29	45,92	44,04	42,41	40,94	39,62	38,42	36,34	34,58	32,87
,60	48,68	47,28	46,04	44,92	43,89	41,98	40,45	39,12	37,91	36,81	35,81	34,05	32,55	31,08
,65	43,75	42,66	41,68	40,79	39,96	38,43	37,18	36,09	35,09	34,18	33,34	31,86	30,59	29,33
,70	39,53	38,66	37,88	37,17	36,51	35,26	34,25	33,35	32,53	31,77	31,07	29,82	28,74	27,66
,75	35,91	35,22	34,60	34,03	33,49	32,48	31,65	30,91	30,22	29,59	29,00	27,96	27,04	26,11
,80	32,82	32,27	31,76	31,30	30,86	30,04	29,35	28,74	28,17	27,64	27,15	26,27	25,49	24,70
,85	30,17	29,72	29,32	28,94	28,58	27,90	27,34	26,83	26,36	25,91	25,50	24,75	24,09	23,42
,90	27,90	27,54	27,20	26,90	26,60	26,04	25,58	25,15	24,76	24,38	24,04	23,40	22,84	22,26
,95	25,95	25,65	25,38	25,13	24,88	24,42	24,03	23,68	23,35	23,03	22,74	22,20	21,72	21,23
1,00	24,27	24,03	23,80	23,59	23,39	23,00	22,68	22,38	22,11	21,84	21,59	21,14	20,73	20,31
1,05	22,82	22,62	22,43	22,26	22,09	21,77	21,50	21,25	21,01	20,79	20,58	20,19	19,84	19,48
1,10	21,56	21,39	21,24	21,09	20,95	20,68	20,46	20,25	20,05	19,86	19,68	19,35	19,06	18,74
1,15	20,46	20,32	20,19	20,07	19,96	19,73	19,54	19,36	19,20	19,04	18,89	18,61	18,35	18,09
1,20	19,50	19,39	19,28	19,18	19,08	18,89	18,73	18,58	18,44	18,31	18,18	17,94	17,72	17,49
1,25	18,66	18,57	18,47	18,39	18,31	18,15	18,01	17,89	17,77	17,65	17,54	17,34	17,15	16,96
1,30	17,92	17,84	17,76	17,69	17,62	17,49	17,37	17,27	17,16	17,07	16,97	16,80	16,64	16,48
1,35	17,26	17,19	17,13	17,07	17,01	16,90	16,80	16,71	16,62	16,54	16,46	16,31	16,18	16,03
1,40	16,67	16,61	16,56	16,51	16,46	16,36	16,28	16,21	16,13	16,06	16,00	15,87	15,75	15,63
1,45	16,14	16,09	16,05	16,01	15,96	15,88	15,81	15,75	15,69	15,63	15,57	15,46	15,36	15,26
1,50	15,66	15,62	15,58	15,55	15,51	15,44	15,39	15,33	15,28	15,23	15,18	15,09	15,00	14,91
1,55	15,23	15,19	15,16	15,13	15,10	15,04	14,99	14,95	14,90	14,86	14,82	14,74	14,67	14,59
1,60	14,83	14,80	14,77	14,75	14,72	14,67	14,63	14,59	14,55	14,52	14,48	14,41	14,35	14,29
1,65	14,46	14,44	14,42	14,39	14,37	14,33	14,29	14,26	14,23	14,20	14,16	14,11	14,05	14,00
1,70	14,12	14,10	14,08	14,06	14,05	14,01	13,98	13,95	13,92	13,89	13,87	13,82	13,77	13,73
1,75	13,81	13,79	13,77	13,75	13,74	13,71	13,68	13,66	13,63	13,61	13,59	13,55	13,51	13,46
1,80	13,51	13,49	13,48	13,46	13,45	13,42	13,40	13,38	13,36	13,34	13,32	13,28	13,25	13,21
1,85	13,22	13,21	13,20	13,19	13,18	13,15	13,13	13,12	13,10	13,08	13,06	13,03	13,00	12,97
1,90	12,96	12,95	12,93	12,92	12,91	12,90	12,88	12,86	12,85	12,83	12,82	12,79	12,77	12,74
1,95	12,70	12,69	12,68	12,67	12,67	12,65	12,63	12,62	12,61	12,59	12,58	12,56	12,54	12,52
2,00	12,46	12,45	12,44	12,43	12,42	12,41	12,40	12,39	12,38	12,36	12,35	12,33	12,32	12,30
2,05	12,22	12,21	12,21	12,20	12,19	12,18	12,17	12,16	12,15	12,14	12,13	12,11	12,10	12,08
2,10	11,99	11,99	11,98	11,97	11,97	11,96	11,95	11,94	11,93	11,92	11,92	11,90	11,89	11,87
2,15	11,77	11,77	11,76	11,76	11,75	11,74	11,73	11,73	11,72	11,71	11,71	11,69	11,68	11,67
2,20	11,56	11,55	11,55	11,54	11,54	11,53	11,53	11,52	11,51	11,51	11,50	11,49	11,48	11,47
2,25	11,35	11,35	11,34	11,34	11,33	11,33	11,32	11,32	11,31	11,30	11,30	11,29	11,28	11,27
2,30	11,15	11,14	11,14	11,14	11,13	11,13	11,12	11,12	11,11	11,11	11,10	11,09	11,09	11,08
2,35	10,95	10,94	10,94	10,94	10,94	10,93	10,93	10,92	10,92	10,91	10,91	10,90	10,90	10,89
2,40	10,75	10,75	10,75	10,75	10,74	10,74	10,73	10,73	10,73	10,72	10,72	10,71	10,71	10,70
2,45	10,56	10,56	10,56	10,56	10,55	10,55	10,55	10,54	10,54	10,54	10,53	10,53	10,52	10,52
2,50	10,38	10,38	10,37	10,37	10,37	10,37	10,36	10,36	10,36	10,35	10,35	10,35	10,34	10,34
2,55	10,19	10,19	10,19	10,19	10,19	10,18	10,18	10,18	10,18	10,17	10,17	10,17	10,16	10,16
2,60	10,02	10,01	10,01	10,01	10,01	10,01	10,00	10,00	10,00	10,00	10,00	9,99	9,99	9,98
2,65	9,84	9,84	9,84	9,84	9,83	9,83	9,83	9,83	9,83	9,82	9,82	9,82	9,82	9,81
2,70	9,67	9,67	9,66	9,66	9,66	9,66	9,66	9,66	9,66	9,65	9,65	9,65	9,65	9,64
2,75	9,50	9,50	9,50	9,49	9,49	9,49	9,49	9,49	9,49	9,49	9,48	9,48	9,48	9,48
2,80	9,33	9,33	9,33	9,33	9,33	9,33	9,32	9,32	9,32	9,32	9,32	9,32	9,31	9,31
2,85	9,17	9,17	9,17	9,17	9,16	9,16	9,16	9,16	9,16	9,16	9,16	9,16	9,15	9,15
2,90	9,01	9,01	9,01	9,01	9,00	9,00	9,00	9,00	9,00	9,00	9,00	9,00	8,99	8,99
2,95	8,85	8,85	8,85	8,85	8,85	8,85	8,85	8,84	8,84	8,84	8,84	8,84	8,84	8,84
3,00	8,70	8,69	8,69	8,69	8,69	8,69	8,69	8,69	8,69	8,69	8,69	8,69	8,68	8,68

Zwischen diesen Werten darf geradlinig interpoliert werden.
H = 1,5 m bzw. $H = d_i$ (Innendurchmesser) sind Mindestwerte für Überdeckung

$$\varphi \text{ unter Gleisen} = 1{,}40 - 0{,}1\,(H - 0{,}50) \geqq 1{,}0 \text{ mit } H \text{ in m}$$

Diese Werte werden in Gl. (111.3) zur Berechnung von p_v eingesetzt.
Bei Flugplätzen sind die anzusetzenden Lasten bei der Flughafenverwaltung zu erfragen.

Tafel **114**.1 Bodenspannungen p infolge Verkehrslasten **LKW 12,** Überdeckungshöhen H = 0,5 bis 3,0 m, abhängig vom Rohr-DN

H	150	200	250	300	350	400	500
,50	52,95	50,61	48,68	46,99	45,50	44,14	41,68
,55	46,49	44,72	43,24	41,94	40,78	39,71	37,75
,60	40,98	39,63	38,49	37,48	36,57	35,73	34,18
,65	36,31	35,27	34,38	33,59	32,88	32,21	30,97
,70	32,33	31,52	30,83	30,21	29,65	29,11	28,12
,75	28,94	28,31	27,77	27,27	26,82	26,40	25,60
,80	26,04	25,54	25,11	24,72	24,36	24,02	23,38
,85	23,55	23,15	22,81	22,50	22,21	21,93	21,41
,90	21,40	21,08	20,81	20,56	20,32	20,10	19,68
,95	19,53	19,28	19,06	18,86	18,67	18,49	18,14
1,00	17,91	17,70	17,53	17,36	17,21	17,06	16,78
1,05	16,49	16,32	16,18	16,04	15,92	15,80	15,57
1,10	15,24	15,10	14,99	14,88	14,78	14,68	14,49
1,15	14,13	14,02	13,93	13,84	13,76	13,68	13,52
1,20	13,16	13,07	12,99	12,92	12,85	12,78	12,66
1,25	12,29	12,22	12,15	12,09	12,04	11,98	11,88
1,30	11,51	11,45	11,40	11,35	11,31	11,26	11,18
1,35	10,82	10,77	10,73	10,69	10,65	10,61	10,54
1,40	10,20	10,16	10,12	10,09	10,06	10,03	9,97
1,45	9,63	9,60	9,57	9,55	9,52	9,50	9,45
1,50	9,13	9,10	9,08	9,05	9,03	9,01	8,97
1,55	8,67	8,64	8,62	8,61	8,59	8,57	8,54
1,60	8,25	8,23	8,21	8,20	8,18	8,17	8,14
1,65	7,87	7,85	7,84	7,83	7,81	7,80	7,78
1,70	7,52	7,51	7,49	7,48	7,47	7,46	7,44
1,75	7,20	7,19	7,18	7,17	7,16	7,15	7,14
1,80	6,91	6,90	6,89	6,88	6,87	6,87	6,85
1,85	6,64	6,63	6,62	6,62	6,61	6,60	6,59
1,90	6,39	6,38	6,37	6,37	6,36	6,36	6,35
1,95	6,15	6,15	6,14	6,14	6,14	6,13	6,12
2,00	5,94	5,94	5,93	5,93	5,92	5,92	5,91
2,05	5,74	5,74	5,73	5,73	5,73	5,72	5,72
2,10	5,55	5,55	5,55	5,54	5,54	5,54	5,53
2,15	5,38	5,38	5,37	5,37	5,37	5,37	5,36
2,20	5,21	5,21	5,21	5,21	5,21	5,20	5,20
2,25	5,06	5,06	5,06	5,05	5,05	5,05	5,05
2,05	4,92	4,91	4,91	4,91	4,91	4,91	4,91
2,35	4,78	4,78	4,78	4,77	4,77	4,77	4,77
2,40	4,65	4,65	4,65	4,65	4,64	4,64	4,64
2,45	4,53	4,53	4,52	4,52	4,52	4,52	4,52
2,50	4,41	4,41	4,41	4,41	4,41	4,41	4,40
2,55	4,30	4,30	4,30	4,30	4,30	4,30	4,29
2,60	4,19	4,19	4,19	4,19	4,19	4,19	4,19
2,65	4,09	4,09	4,09	4,09	4,09	4,09	4,09
2,70	4,00	4,00	4,00	3,99	3,99	3,99	3,99
2,75	3,90	3,90	3,90	3,90	3,90	3,90	3,90
2,80	3,82	3,81	3,81	3,81	3,81	3,81	3,81
2,85	3,73	3,73	3,73	3,73	3,73	3,73	3,73
2,90	3,65	3,65	3,65	3,65	3,65	3,65	3,65
2,95	3,57	3,57	3,57	3,57	3,57	3,57	3,57
3,00	3,49	3,49	3,49	3,49	3,49	3,49	3,49

Tafel **114**.2 Bodenspannungen p infolge Verkehrslasten **SLW 60, SLW 30, LKW 12,** Überdeckungshöhen H = 3,0 bis 10,0 m

H	SLW 60	SLW 30	LKW 12
3,00	17,34	8,68	3,49
3,10	16,75	8,38	3,35
3,20	16,17	8,10	3,21
3,30	15,62	7,82	3,09
3,40	15,09	7,55	2,97
3,50	14,57	7,29	2,86
3,60	14,08	7,05	2,75
3,70	13,60	6,81	2,65
3,80	13,15	6,58	2,56
3,90	12,71	6,36	2,47
4,00	12,29	6,15	2,38
4,10	11,88	5,94	2,30
4,20	11,49	5,75	2,23
4,30	11,12	5,56	2,15
4,40	10,76	5,38	2,08
4,50	10,42	5,21	2,02
4,60	10,09	5,05	1,95
4,70	9,77	4,89	1,89
4,80	9,47	4,74	1,83
4,90	9,18	4,59	1,78
5,00	8,90	4,45	1,72
5,20	9,37	4,19	1,62
5,40	7,89	3,95	1,53
5,60	7,44	3,72	1,44
5,80	7,03	3,51	1,36
6,00	6,64	3,32	1,29
6,20	6,29	3,15	1,22
6,40	5,96	2,98	1,16
6,60	5,66	2,83	1,10
6,80	5,37	2,69	1,05
7,00	5,11	2,56	1,00
7,20	4,86	2,43	,95
7,40	4,63	2,32	,91
7,60	4,42	2,21	,87
7,80	4,22	2,11	,83
8,00	4,03	2,02	,79
8,20	3,86	1,93	,76
8,40	3,69	1,85	,73
8,60	3,54	1,77	,70
8,80	3,39	1,70	,67
9,00	3,26	1,63	,64
9,20	3,13	1,56	,62
9,40	3,00	1,50	.59
9,60	2,89	1,44	,57
9,80	2,78	1,39	,55
10,00	2,68	1,34	,53

Bei geringen Überdeckungshöhen, ≦ 1 m, kann der so errechnete Lastanteil größer werden als der auf die Grundrißfläche des Rohres entfallende Raddruck des Regelfahrzeuges. In diesem Falle ist anstelle von $p \cdot d_a$ der unmittelbare Lastanteil des Regelfahrzeuges (Radlast) maßgebend.

Tafel **115**.1 Verkehrsbelastung p nach der DIN 1072 Nov. 67

Regel-fahrzeug	Gesamtlast in kN	Radlast kN vorn	Radlast kN hinten	Ersatzlast in kN/m²	Zuordnung
SLW 60	**600**	**100**		**33,3**	BAB, B, L, S
SLW 30	**300**	**50**		**16,7**	K, G, W_S, S
LKW 12	**120**	**20**	**40**	**6,7**	W_L

BAB Bundesautobahnen
B Bundesstraßen
L Landstraßen (LIO)
S Stadtstraßen
K Kreisstraßen
W_S Hauptwirtschaftswege
W_L Wirtschaftswege für leichten Verkehr

Regelfahrzeuge

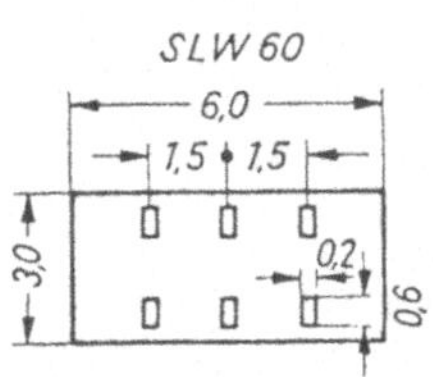

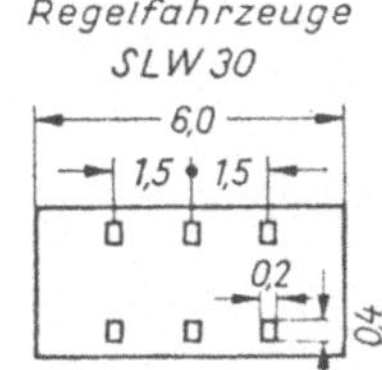

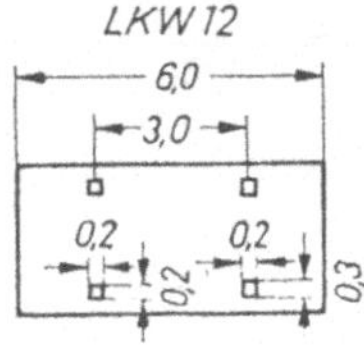

Lastkonzentration. Durch unterschiedliche Steifigkeit des Rohres und des umgebenden Bodens werden die Lasten über dem Rohr konzentriert. Die Größe des Konzentrationsfaktors ist außerdem abhängig von der tatsächlichen relativen Ausladung a; der relativen Überdeckung H/d_a, der relativen Grabenbreite B/d_a.

Die wirksame relative Ausladung a' erhält man aus der tatsächlichen relativen Ausladung a (**115**.3), multipliziert mit dem Verhältnis der Verformungsmoduln des Bodens über dem Rohr E_1 und seitlich des Rohres E_2:

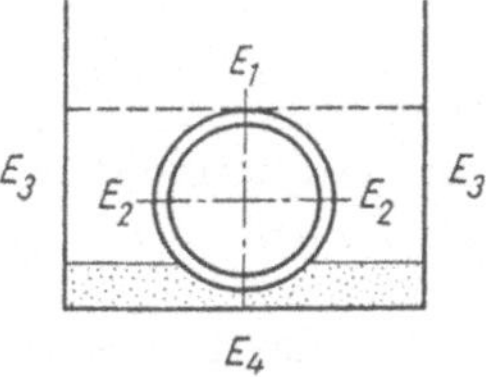

115.2 Bezeichnung der Verformungsmoduln für die verschiedenen Bodenzonen

$$a' = a \cdot E_1/E_2; \quad E_1 = E_2 \text{ ergibt } a' = a$$

Bei geringer Verdichtung neben dem Rohr oder wenn Sackungen durch Grundwassereinfluß zu befürchten sind, wird $E_1/E_2 \geqq 2$ gesetzt.

Die den Lagerungsfällen nach Abschn. 2.8.3 entsprechenden Verdichtungsgrade sowie die als Richtwerte den Bodenarten nach Tafel **111**.1 zugeordneten Verformungsmoduln

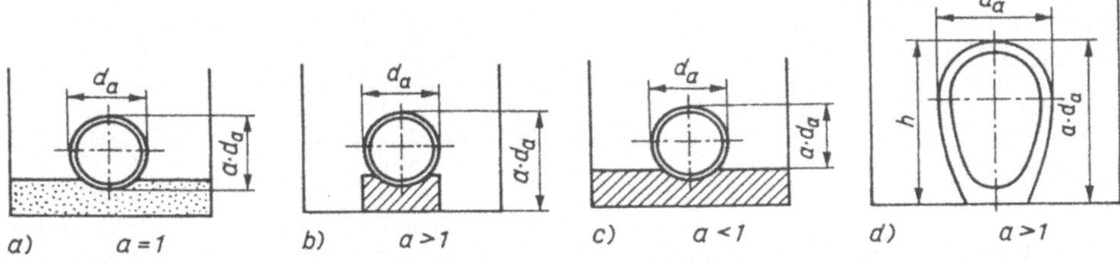

115.3 Relative Ausladung a bei verschiedenen Einbauzuständen

E_1 und E_2 sind Abschn. 2.8.3 zu entnehmen. Für gewachsenen Boden sind die Werte E_3 und E_4 durch Versuche zu ermitteln, soweit nicht $E_3 = E_2$ und $E_4/E_1 = 10$ gesetzt wird. In der Regel kann bei Verlegung im Damm $E_1 = E_2 = E_3$ gesetzt werden. Mögliche Ansätze zur Verringerung von E_2 nach ATV-A 127 [1].

Für die Abhängigkeit des Konzentrationsfaktors λ_R über dem Rohr von der relativen Grabenbreite B_g/d_a gilt die idealisierte Annahme

$$\lambda_R = \lambda_{RG} = \frac{\lambda_R - 1}{3} \cdot \frac{B_g}{d_a} + \frac{4 - \lambda_R}{3} \quad \text{im Bereich } 1 \leqq B_g/d_a \leqq 4 \text{ (Graben geringer Breite)} \tag{116.1}$$

und für λ_B neben dem Rohr

$$\lambda_B = \frac{4 - \lambda_R}{3} = \text{const.} \qquad \text{im Bereich } 4 \leqq B_g/d_a \leqq \infty \tag{116.2}$$

Es ergeben sich die idealisierten Spannungsumlagerungen nach **116**.1.

Oberer Grenzwert von λ ist durch die Scherfestigkeit des Bodens gegeben:

$$\lambda_{gr} = 1 + 4\,K_1 \tan\varphi' \qquad \varphi' = 37{,}5° \tag{116.3}$$

$\lambda_R = \max \lambda$, wenn $V_S \geqq 100$ (starre Rohre) im Bereich $4 \leqq B_g/d_a \leqq \infty$

Allgemein gilt für max λ die Formel nach Leonhardt [ATV-A 127]. Der maximal mögliche Konzentrationsfaktor $\lambda_R = \max \lambda$ für ein starres Rohr und $B_g/d_a = \infty$ (breiter Graben, Dammschüttung – vgl. auch **116**.2) beträgt:

$$\max \lambda = 1 + \frac{a'\, H/d_a}{4{,}0 + 2{,}4\, E_1/E_4 + (0{,}55 + 1{,}8\, E_1/E_4)\, H/d_a} \tag{116.4}$$

gültig in den Grenzen $0{,}5 \leqq a' \leqq 3$ und $0{,}25 \leqq E_4/E_1 \leqq \infty$.
$E_4/E_1 = 10$ und $E_3 = E_2$, wenn E-Werte nicht durch Versuche ermittelt werden.

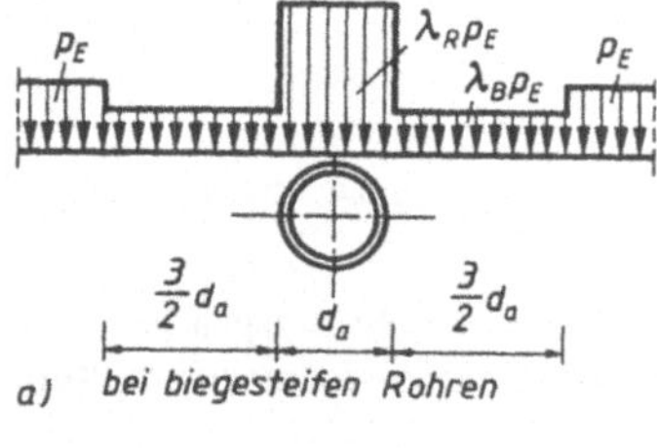

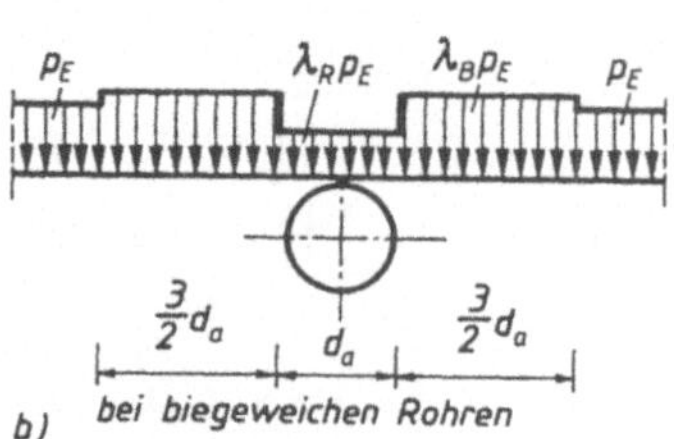

116.1 Umlagerung der Bodenspannungen bei breiten Baugruben $4 \leqq B_g/d_a \leqq \infty$

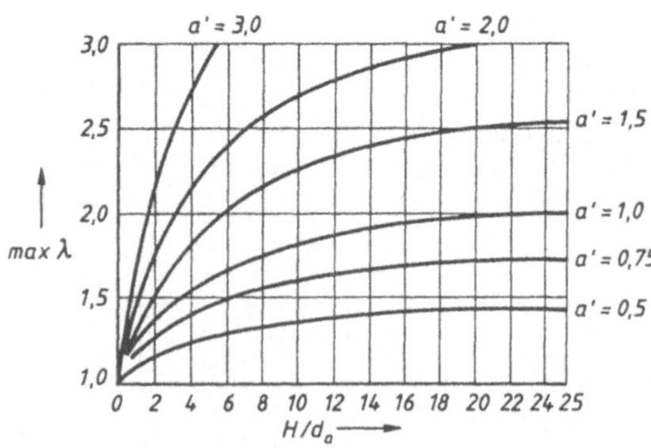

116.2 Konzentrationsfaktor max λ für biegesteife Rohre und für $B_g/d_a = \infty$ und $E_4 = 10 \cdot E_1$

Die vertikale Gesamtbelastung des Rohres ist dann:

$$q_v = \lambda\,(\varkappa \cdot \gamma \cdot H + \varkappa_0 \cdot p_0) + p_v \qquad (117.1)$$

und die Gesamtauflast

$$F_{ges.} = q_v \cdot d_a \qquad (117.2)$$

Der Seitendruck q_h ist abhängig vom vertikalen Druck im Boden neben der Rohrleitung (s. **116**.1)

$$q_h = K_2 \cdot \lambda_B \cdot (\varkappa \cdot \gamma_B \cdot H + \varkappa_0 \cdot p_0) + K_2 \cdot \gamma \cdot \frac{d_a}{2} \quad \text{mit } K_2 \text{ n. Tafel } \mathbf{118}.5 \qquad (117.3)$$

Das Erddruckverhältnis K_2 im Boden neben dem Rohr ist abhängig von der Systemsteifigkeit

$$V_{RB} = S_R / S_{Bh}$$

mit $S_R = E_R \cdot J/r\ \text{m}^3 \triangleq$ Rohrsteifigkeit; $E_R \triangleq$ Elastizitätsmodul d. Rohres;
und $S_{Bh} = 0{,}6 \cdot \zeta \cdot E_2 \triangleq$ Horizontale Bettungssteifigkeit;
$\zeta \triangleq$ Korrekturfaktor (1,0 bis 2,2 bei $E_2/E_3 = 1{,}0$ bis 0,02)

$J = \dfrac{s^3}{12}$ in $\text{cm}^4/\text{cm} = \text{cm}^3$ = Trägheitsmoment des Rohres

s = Wandstärke in cm, $r_m = \frac{1}{2}(r_a + r_i)$ = mittlerer Radius

und λ_B aus $\lambda_B = \dfrac{4 - \max \lambda}{3} = \text{const.}$ (117.4)

Wenn die Auflagerreaktionen nach Abschn. 2.8.3 bereits eine horizontale Komponente enthält (Lagerungsfall II), darf der Seitendruck nach Gl. (117.3) erst oberhalb des Auflagers angesetzt werden.

2.8.3 Lagerungsfälle

Folgende Lagerungsfälle werden unterschieden:

a) Lagerungsfall I. Auflager im Boden. Vertikal gerichtete und rechteckförmig verteilte Reaktionen. Dieser Lagerungsfall gilt für den Spannungsnachweis biegesteifer und biegeweicher Rohre.

b) Lagerungsfall II. Festes Auflager (z. B. Beton) nur für biegesteife Rohre. Radial gerichtete und rechteckförmig verteilte Reaktionen.

c) Lagerungsfall III. Auflager und Einbettung im Boden für biegeweiche Rohre. Vertikal gerichtete und rechteckförmig verteilte Reaktionen. Dieser Lagerungsfall gilt nur für den Verformungsnachweis biegeweicher Rohre (s. Abschn. 2.8.8).

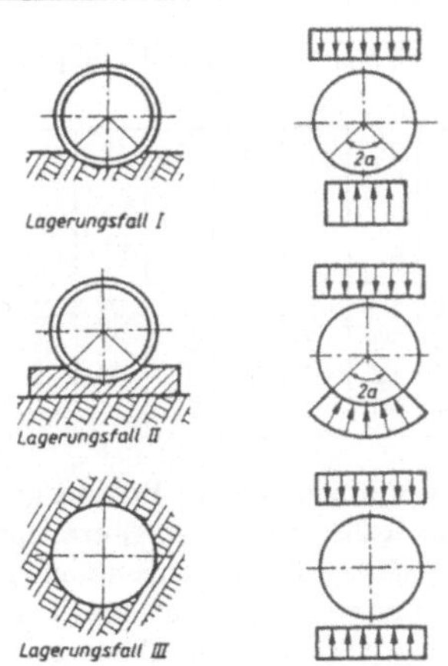

117.1 Lagerungsfälle

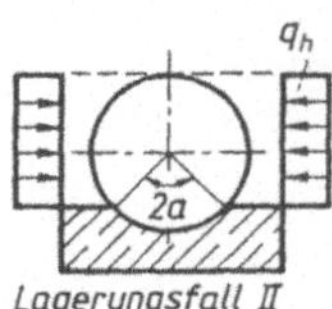

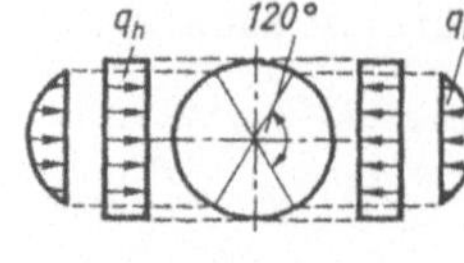

118.1 Seitendruck
q_h Anteil infolge vertikaler Erdlast
q_h^* Reaktionsdruck infolge Rohrverformung

Tafel **118**.2 Einbauziffern EZ

Lagerungs-fall	Auflager-winkel $2a$	Einbau-ziffer EZ
I	60°	1,59
	90°	1,91
	120°	2,18
II	90°	2,17
	120°	2,50
	180°	3,69

Für Rohre mit Fuß nach DIN 4032 Form KFW mit der Wanddicke im Scheitel s_2 und der Wanddicke in der Sohle s_3 gilt

$$EZ = 1{,}07 \left(\frac{s_3}{s_2}\right)^2 \qquad (118.1)$$

Für Eiprofile nach DIN 4032 Form EF kann $EZ = 2{,}1 = \text{const}$ angesetzt werden.

Tafel **118**.4 Verformungsmoduln E_1 und E_2

Überschüttungs-bedingung		A1		A2 und A3		A4	
Einbettungs-bedingung		B1		B2 und B3		B4	
Verdichtungsgrad D_{Pr} in % Verformungsmodul $E_{1,2}$ in N/mm²		D_{Pr}	$E_{1,2}$	D_{Pr}	$E_{1,2}$	D_{Pr}	$E_{1,2}$
Boden Gruppe	G1	95	16	90	6	97	23
	G2	95	8	90	3	97	11
	G3	92	3	90	2	95	5
	G4	92	2	90	1,5	—	—

Bei gleichwertiger Verdichtung des Bodens neben und über dem Rohr kann $E_2 = E_1$ erreicht werden. E_2 darf nicht größer E_1 angenommen werden, ausgenommen bei Bodenaustausch in der Leitungszone oder Einbettungsbedingung B4.

Der Seitendruck auf die Rohrleitung setzt sich zusammen aus dem Anteil q_h infolge vertikaler Erdlast und gegebenenfalls dem Bettungsreaktionsdruck q_h^* infolge Rohrverformung bei weichen Rohren:

$$q_h = K_2 \lambda_B (\varkappa \cdot \gamma_B \cdot H + \varkappa_0 \cdot p_0) + K_2 \cdot \gamma_B \frac{d_a}{2}$$

$$q_h^* = (q_v - q_h) \cdot K^*$$

Tafel **118**.3 Werkstoffkennwerte

Werkstoff	Elastizitäts-modul E_R in N/mm²	Wichte γ_R in kN/m³	Biegezug-spannung Rechenwert σ_R
Asbestzement	25000	20	s. DIN 19850
Beton	30000	24	s. DIN 4032
Gußeisen-ZM (duktil)	170000	70,5	s. DIN 19690
Gußeisen- (Lamellengraphit)	100000	71,7	s. DIN 19522, T 2
Polyethylen-hart (HDPE)	1000/ 150[1])	9,5	s. DIN 19537
Polyvinylchlorid (PVC)-hart	3600/ 1750[1])	13,8	s. DIN 19534
Stahl-ZM	210000	77	s. DIN 1629 u. DIN 1626
Stahlbeton	30000	25	s. DIN 4035
Spannbeton	39000	25	s. DIN 4227
Steinzeug	50000	22	s. DIN 1230

[1]) Kurzzeit-/Langzeitrechenwert. Die Werte gelten nur für extrudierte glatte Vollwandrohre.

Tafel **118**.5 Erddruckverhältnis K_2

1	2	3
Boden Gruppe	K_2 $V_{RB} > 0{,}1$	$V_{RB} \leqq 0{,}1$
G1	0,5	0,4
G2	0,5	0,3
G3	0,5	0,2
G4	0,5	0,1
Bettungsreaktionsdruck	$q_h^* = 0$	$q_h^* > 0$

Einbettungsbedingungen für die Rohrleitung. Für die Einbettung in der Leitungszone werden vier Einbettungsbedingungen B1 bis B4 unterschieden:

B1: Lagenweise gegen den gewachsenen Boden bzw. lagenweise in der Dammschüttung verdichtete Einbettung (ohne Nachweis des Verdichtungsgrades)

B2: Senkrechter Verbau innerhalb der Leitungszone mit Kanaldielen oder Leichtspundprofilen, die erst nach dem Verfüllen gezogen werden
Verbauplatten und -geräte, unter der Voraussetzung, daß die Verdichtung des Bodens nach dem Ziehen des Verbaus sichergestellt ist
Einspülen der Einbettung (nur geeignet bei Böden der Gruppe G1)

B3: Senkrechter Verbau innerhalb der Leitungszone mit Spundwänden, Holzbohlen, Verbauplatten oder -geräten, ohne daß nach dem Ziehen eine wirksame Nachverdichtung erfolgt

B4: Lagenweise gegen den gewachsenen Boden bzw. lagenweise in der Dammschüttung verdichtete Einbettung mit Nachweis der nach ZTVE-StB erforderlichen Proctordichte. Die Einbettungsbedingung B4 ist nicht anwendbar bei Böden der Gruppe G4

Tafel **119**.1 Verformungsbeiwerte

Auflagerwinkel	c_{v1}	c_{v2}	c_{h1}	c_{h2}
60°	−0,1053	+0,0640	+0,1026	−0,0658
90°	−0,0966	+0,0640	+0,0956	−0,0658
120°	−0,0893	+0,0640	+0,0891	−0,0658
180°	−0,0833	+0,0640	+0,0833	−0,0658

2.8.4 Sicherheitsbeiwerte

Grundlagen. Die Sicherheitsbeiwerte sind auf der Grundlage der probabilistischen Zuverlässigkeitstheorie ermittelt. Dabei werden die Streuungen der Belastbarkeit der Rohre (z.B. Festigkeit, Abmessungen) und der Belastung (z.B. Bodeneigenschaften, Verkehrslasten, Einbaubedingungen) berücksichtigt.

Aufgrund der unterschiedlichen Streuungen der Festigkeiten, Abmessungen, Steifigkeiten und Prüfmethoden sowie der unterschiedlichen Inanspruchnahme der Stützfunktion des Bodens ergeben sich für die verschiedenen Rohrwerkstoffe bei gleicher Versagenswahrscheinlichkeit unterschiedliche Sicherheitsbeiwerte.

Sicherheitsbeiwerte gegen Versagen der Tragfähigkeit. Hierunter fallen die Versagensarten Bruch und Instabilität. Die erforderlichen Sicherheitsbeiwerte sind in Abhängigkeit von den Sicherheitsklassen in den Tafeln **120**.1 u. **120**.2 angegeben. Den Sicherheitsklassen sind Versagenswahrscheinlichkeiten p_f zugeordnet.

Die Sicherheitsbeiwerte beziehen sich für die Werkstoffe
- Asbestzement, Beton, Gußeisen-ZM, Polyethylen-hart (HDPE), Polyvinylchlorid (PVC)-hart und Steinzeug auf die 5-%-Fraktile der Ringbiegezugfestigkeit;
- Stahlbeton auf die Rechenwerte nach DIN 1045;
- Stahl auf die 5-%-Fraktile der Biegestreckgrenze (0,2%).

Sicherheitsklasse A: Regelfall
- Gefährdung des Grundwassers
- Beeinträchtigung der Nutzung
- Versagen hat beachtliche wirtschaftliche Folgen

Tafel **120**.1 Sicherheitsbeiwerte, Versagen durch Bruch

Rohrwerkstoff	γ	
	Sicherheitsklasse A (Regelfall) $p_f = 10^{-5}$	Sicherheitsklasse B (Sonderfall) $p_f = 10^{-3}$
Asbestzement Beton Steinzeug	2,2	1,8
Stahlbeton	1,75	1,4
Polyethylen-hart (HDPE) Polyvinylchlorid (PVC)-hart	2,5	2,0
Stahl-ZM Gußeisen-ZM	1,5	1,3

Tafel **120**.2 Sicherheitsbeiwerte, Versagen durch Instabilität

Rohrwerkstoff	γ	
	Sicherheitsklasse A $p_f = 10^{-5}$	Sicherheitsklasse B $p_f = 10^{-3}$
Stahl Gußeisen-ZM Polyethylen-hart (HDPE) Polyvinylchlorid (PVC)-hart	2,5	2,0

$p_f \triangleq$ Versagenswahrscheinlichkeit

Sicherheitsklasse B: Sonderfall
- Keine Gefährdung des Grundwassers
- Geringe Beeinträchtigung der Nutzung
- Versagen hat geringe wirtschaftliche Folgen

2.8.5 Tragfähigkeitsnachweis

Dieser Nachweis gilt für Steinzeugrohre nach DIN 1230, Betonrohre nach DIN 4032 und Az-Rohre nach DIN 19850. Die ungünstigste Beanspruchung wäre die der Scheiteldruckprüfung, bei der die Rohre linienförmig belastet werden. Eine Last- und Auflagerkraftverteilung erfolgt nicht. Je sorgfältiger und lastverteilender jedoch die Rohre in der Baugrube gelagert sind, desto geringer werden sie bei gleich großer Belastung beansprucht, oder desto höher kann die Belastung gegenüber der Scheiteldruckprüfung sein. Durch die Einbauziffer EZ (s. Abschn. 2.8.3) werden die Einbaubedingungen gegenüber der Scheiteldruckkraft F_N berücksichtigt.

Die in Abschn. 2.8.3 angegebenen Einbauziffern sind ohne Berücksichtigung des Seitendruckes nach Abschn. 2.8.2 berechnet. Damit wird ein Ausgleich geschaffen dafür, daß beim Tragfähigkeitsnachweis Eigengewicht und Wasserfüllung meist unberücksichtigt bleiben. Die Ergebnisse bleiben damit im allgemeinen auf der sicheren Seite. Bei Nennweiten $\geqq$ 500 kann es vorteilhaft sein, Seitendruck, Eigengewicht und Wasserfüllung zu berücksichtigen.

Der Sicherheitsfaktor γ wird nachgewiesen mit Hilfe der Gleichung

$$\gamma = \frac{EZ \cdot F_N}{F_{ges}}, \quad \gamma \geqq \text{nach Tafel } \mathbf{120}.1 \text{ und } 2, \qquad (120.1)$$

oder

$$EZ_{erf} \geqq \frac{\gamma\, F_{ges}}{F_N} \quad \text{oder} \quad F_{ges} \leqq \frac{EZ \cdot F_N}{\gamma}$$

Ist die Tragfähigkeit F_{ges} kleiner als die errechnete Gesamtbelastung, dann sind entweder Rohre mit einer höheren Scheitelprüflast zu verwenden oder die Einbaubedingungen der vorgesehenen Rohre durch Vergrößerung der Einbauziffer zu verbessern.

Durch Deformationsschichten über oder auf der oberen Rohrhälfte lassen sich erhebliche Lastumlagerungen auf die Erdteile neben dem Rohr erzielen. Man benutzt Schaumstoffplatten mit E-Werten von 60 bis 200 kN/m² in etwa 5 cm Dicke. Leonhardt erreichte mit vorgewalktem Schaumstoff ($E = 60$ kN/m²) von 4,2 cm Dicke und einer Breite $= 1{,}5 \cdot d_a$ eine Abminderung der Erdlast auf 13% derjenigen ohne Deformationsschicht. Die Steinzeugindustrie bietet das System Flexogres an. Es besteht aus Polyäthylen-Schaumstoffplatten, 3 cm bis 8 cm dick und 2 m lang, und dem Rohr. Der Verformungsmodul der Platte beträgt bei 50% Stauchung $E \approx 200$ kN/m².

2.8.6 Berechnungsbeispiel

Gegeben: Doppelbaugrube (**121**.1), auch Stufengraben mit Füllboden = Sand $\gamma = 20$ kN/m³, gute Verdichtung, Baugrube verkleidet; SLW 60.

Bauausführung nach Fall A1: $K_1 = 0{,}5$; $\delta = \frac{2}{3}\,\varphi'$, s. Abschn. 2.8.2 und Tafel **111**.1.

Bodenart 2 (Sand): $\gamma_B = 20$ kN/m³; $\varphi' = 30°$; $E_1 = 3{,}0$ bei 90% Proctordichte; $E_4/E_1 = 10$

$\delta = \frac{2}{3} \cdot 30 = 20°$

1 SW-Kanal

$DN = 300$ V Stz $d_a = 300 + 2 \cdot 37 = 374$ mm

$F_N = F_N = 65$ kN/m

$H_1 = 17{,}0 - (14{,}0 + 0{,}3 + 0{,}037) = 2{,}663$ m

$H_2 = 19{,}0 - 17{,}0 = 2{,}0$ m

$B_g = 1{,}0$ m

1.1 Unterer Grabenteil

$H_1/B_g = 2{,}663/1{,}0 = 2{,}663$

$$\varkappa = \frac{1 - e^{-2 \cdot 2{,}663 \cdot 0{,}5 \cdot \tan 20°}}{2 \cdot 2{,}663 \cdot 0{,}5 \cdot \mathrm{tg}\, 20°} = 0{,}64 \qquad \text{s. Gl. (110.3)}$$

$$p_{E_1} = 0{,}64 \cdot 20 \cdot 2{,}663 = 34{,}1 \text{ kN/m}^2 \qquad \text{s. Gl. (110.1)}$$

$$P_{E_1} = 34{,}1 \cdot 0{,}374 = 12{,}76 \text{ kN/m} \qquad \text{s. Gl. (110.2)}$$

1.2 Der verbreiterte Grabenteil, oberhalb + 17,0 NN wird als Auflast berechnet

$$\varkappa_0 = e^{-2 \cdot 2{,}663 \cdot 0{,}5 \cdot \tan 20°} = 0{,}38 \qquad \text{s. Gl. (111.2)}$$

$$p_0 = 2{,}0 \cdot 20 = 40 \text{ kN/m}^2$$

$$p_{E_2} = 0{,}38 \cdot 40 = 15{,}2 \text{ kN/m}^2 \qquad \text{s. Gl. (111.1)}$$

$$P_{E_2} = 15{,}2 \cdot 0{,}374 = 5{,}68 \text{ kN/m}$$

1.3 Lastkonzentration. Die Verformbarkeit des Rohres wird nicht berücksichtigt.

$a = 1$ (nach **115**.3)

$a' = a \cdot E_1/E_2 = 1 \cdot 3{,}0/3{,}0 = 1{,}0$

$E_4/E_1 = 10$ gesetzt

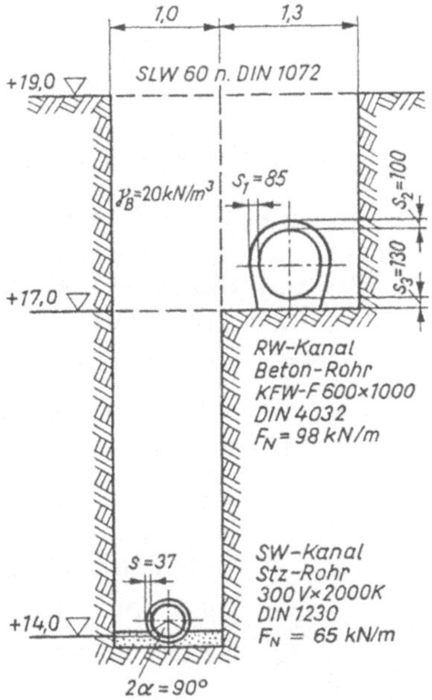

121.1 Doppelbaugrube (Stufengraben) Bauausführung nach Fall 1: Bodenart 2 (Sand)

$$\max \lambda = 1 + \frac{1{,}0 \cdot 2{,}663/0{,}374}{4{,}0 + 2{,}4 \cdot 1/10 + (0{,}55 + 1{,}8 \cdot 1/10) \cdot 2{,}663/0{,}374} \qquad \text{s. Gl. (116.4)}$$

$$\max \lambda = 1{,}754 = \lambda_R \qquad \text{wegen } 1 \leqq B_g/d_a = 2{,}67 \leqq 4$$

$$\lambda_{RG} = \frac{1{,}754 - 1}{3} \cdot \frac{1{,}0}{0{,}374} + \frac{4 - 1{,}754}{3} = 1{,}42 \qquad \text{s. Gl. (116.1)}$$

Oberer Grenzwert:

$\lambda_{gr} = 1 + 4 \cdot K_2 \tan \varphi' = 1 + 4 \cdot 0{,}5 \cdot 0{,}5774 = 2{,}155 > \mathbf{1{,}42}$ s. Gl. (116.3)

1,42 ist maßgebend

1.4 Verkehrslast

$p_v = \varphi \cdot p$ p für eine Überdeckungshöhe $H = H_1 + H_2 = 4{,}663$ m s. Gl. (111.3)

$p_v = 1{,}2 \cdot 10{,}09 = 12{,}108\ \text{kN/m}^2 \sim 12{,}11\ \text{kN/m}^2$

$P_v = 12{,}108 \cdot 0{,}374 = 4{,}528\ \text{kN/m}$

1.5 Gesamtlast

$q_v = 1{,}42\,(34{,}1 + 15{,}2) + 12{,}11 = 82{,}12\ \text{kN/m}^2$ s. Gl. (117.1)

$F_{ges} = 82{,}12 \cdot 0{,}374 = 30{,}71\ \text{kN/m}$ s. Gl. (117.2)

Näherungsweise nach Wetzorke (110.2):

$$F_{ges} = 0{,}64 \cdot 20 \cdot 2{,}663 \cdot 1{,}0 + 0{,}38 \cdot 40 \cdot 1{,}0 + 4{,}528 = 53{,}81\ \text{kN/m}$$

1.6 Sicherheit (s. **117**.1) mit Auflagerwinkel $2\alpha = 90°$

$$\gamma = \frac{1{,}91 \cdot 65}{30{,}71} = 3{,}11 > 1{,}8, > 2{,}2$$ nach Gl. 120.1 und Tafel **120**.1

hier wäre auch der Einsatz von Rohren Stz 300 N × 2000 K DIN 1230 mit normaler Wandstärke N (F_N = 48 kN/m) in beiden Sicherheitsklassen möglich:

$$\gamma \approx \frac{1{,}91 \cdot 48}{30{,}71} = 2{,}99 > 1{,}8, > 2{,}2$$

2 RW-Kanal (Gleichungsbezüge wie bei 1 SW-Kanal)

DN = 600, KFW-F; $d_a = 600 + 2 \cdot 85 = 770$ mm

$F_N = 98$ kN/m

$H = 19{,}0 - (17{,}0 + 0{,}130 + 0{,}600 + 0{,}100) = 1{,}17$ m

$B_g = 2{,}3$ m

2.1 $H/B_g = 1{,}17/2{,}3 = 0{,}509$

$$\varkappa = \frac{1 - e^{-2 \cdot 0{,}509 \cdot 0{,}5 \cdot \tan 20°}}{2 \cdot 0{,}509 \cdot 0{,}5 \cdot \tan 20°} = 0{,}91$$

$p_E = 0{,}91 \cdot 20 \cdot 1{,}17 = 21{,}36\ \text{kN/m}^2$

$P_E = 21{,}36 \cdot 0{,}770 = 16{,}45\ \text{kN/m}$

2.2 Lastkonzentration

$a = 1 \quad a' = a \cdot E_1/E_2 = 1 \cdot 3{,}0/3{,}0 = 1{,}0$

$$\max \lambda = 1 + \frac{1{,}0 \cdot 1{,}17/0{,}77}{4{,}0 + 2{,}4 \cdot 1/10 + (0{,}55 + 1{,}8 \cdot 1/10) \cdot 1{,}17/0{,}77}$$

$\max \lambda = 1{,}28$

wegen $1 \leqq B_g/d_a = 2{,}99 \leqq 4$

$$\lambda_{RG} = \frac{1{,}28 - 1}{3} \cdot \frac{2{,}3}{0{,}77} + \frac{4 - 1{,}28}{3} = 1{,}185$$

$\lambda_{gr} = 2{,}155$ wie unter 1.3, **1,185** ist maßgebend

2.3 Verkehrslast

$p_v = 1{,}2 \cdot 37{,}50 = 45{,}0 \text{ kN/m}^2$ für eine Überdeckungshöhe von $H = 1{,}17$ m

$P_v = 45{,}0 \cdot 0{,}770 = 34{,}65 \text{ kN/m}$

2.4 Gesamtlast

$q_v = 1{,}2 \cdot 21{,}36 + 45{,}0 = 70{,}63 \text{ kN/m}^2$

$F_{ges} = 70{,}63 \cdot 0{,}770 = 54{,}39 \text{ kN/m}$

2.5 Sicherheit mit $EZ = 1{,}07 \left(\frac{130}{100}\right)^2 = 1{,}81$ nach Gl. (118.1)

$$\gamma = \frac{1{,}81 \cdot 98}{54{,}39} = 3{,}26 > 1{,}5, > 2{,}3$$

2.8.7 Spannungsnachweis

Der Spannungsnachweis wird in der Regel für Stahl-ZM-, Stahlbeton-, Spannbeton- und Gußeisen-Rohre ausgeführt.

Für diese Rohre führt man die Berechnung der Schnittkräfte unter den äußeren Lastannahmen durch. Das exakte statische Verfahren nach der Schalentheorie ist aufwendig. Man kann aber Rohre als Ringträger rechnen und den Schnittpunkt der Rohrachsen als Angriffspunkt der 3 statisch unbekannten Größen (*M, N, Q*) als elastischen Pol wählen und vereinfacht sich damit die Matrix. Schwierig ist die Annahme der Lastverteilung im Boden. Man wählt die gleichmäßig oder parabelförmig verteilte Last. Sicherheitshalber kann man auch den passiven Erddruck seitlich der Rohre vernachlässigen. Die Auflagerdruckverteilung ist statisch schwer bestimmbar und abhängig von der Weichheit des Bodens.

Tafel **124**.1 gibt Beiwerte *m* und *n* entsprechend den Schnittgrößen M = Moment und N = Normalkraft für die verschiedenen Lagerungsfälle (**117**.1) an. Positive Biegemomente entstehen bei gezogener Faser an Rohrinnenwand, positive Normalkräfte bei Zugspannung im Wandquerschnitt. Die Querkräfte in Ringrichtung können vernachlässigt werden. Die Beiwerte gelten nur für Kreisquerschnitte mit konstanter Wanddicke.

Mit den Beiwerten *m* und *n* werden die Schnittkräfte nach folgenden Gleichungen ermittelt:

Vertikale Gesamtbelastung q_v:

$$M_{qv} = m_{qv} \cdot q_v \cdot r_m^2 \quad (123.1)$$

$$N_{qv} = n_{qv} \cdot q_v \cdot r_m \quad (123.2)$$

Seitendruck q_h:

$$M_{qh} = m_{qh} \cdot q_h \cdot r_m^2 \quad (123.3)$$

$$N_{qh} = n_{qh} \cdot q_h \cdot r_m \quad (123.4)$$

Horizontaler Reaktionsdruck q_h^*:

$$M_{qh}^* = m_{qh}^* \cdot q_h^* \cdot r_m^2 \quad (123.5)$$

$$N_{qh}^* = n_{qh}^* \cdot q_h^* \cdot r_m \quad (123.6)$$

Eigengewicht:

$$M_g = m_g \cdot \gamma_R \cdot s \cdot r_m^2 \text{ oder } M_g = m_g' \cdot F_g \cdot r_m \quad (123.7)$$

$$N_g = n_g \cdot \gamma_R \cdot s \cdot r_m \qquad N_g = n_g' \cdot F_g \quad (123.8)$$

Wasserfüllung:

$$M_w = m_w \cdot \gamma_w \cdot r_m^3 \text{ oder } M_w = m_w' \cdot F_w \cdot r_m \quad (123.9)$$

$$N_w = n_w \cdot \gamma_w \cdot r_m^2 \qquad N_w = n_w' \cdot F_w \quad (123.10)$$

Überdruck p_e:

$$M_{pe} = (p_i - p_a)\, r_i \cdot r_a \left(\frac{1}{2} - \frac{r_i \cdot r_a}{r_a^2 - r_i^2} \cdot l_n \frac{r_a}{r_i}\right) \quad (123.11)$$

$$N_{pe} = p_i \cdot r_i - p_a \cdot r_a \quad (123.12)$$

Tafel **124**.1 Momenten- und Normalkraftbeiwerte
Vorzeichen: Moment:
+ Zug auf Rohrinnenseite Normalkraft: + Zug
− Zug auf Rohraußenseite − Druck

Lagerungsfall/2α	Schnittstelle	Momentenbeiwerte					Normalkraftbeiwerte				
		m_{qv}	m_{qh}	m_{qh}^*	m_g / m_g'	m_w / m_w'	n_{qv}	n_{qh}	n_{qh}^*	n_g / n_g'	n_w / n_w'
III/180°	Scheitel	+0,250	−0,250	−0,181	+0,345	+0,172	0	−1,000	−0,577	+0,167	+0,583
					+0,055	+0,055				+0,027	+0,186
	Kämpfer	−0,250	+0,250	−0,208	−0,393	−0,196	−1,000	0	0	−1,571	+0,215
					−0,063	−0,063				−0,250	+0,068
	Sohle	+0,250	−0,250	−0,181	+0,441	+0,220	0	−1,000	−0,577	−0,167	+1,417
					+0,070	+0,070				−0,027	+0,451
I/60°	Scheitel	+0,286	−0,250	−0,181	+0,459	+0,229	+0,080	−1,000	−0,577	+0,417	+0,708
					+0,073	+0,073				+0,066	+0,225
	Kämpfer	−0,293	+0,250	+0,208	−0,529	−0,264	−1,000	0	0	−1,571	+0,215
					−0,084	−0,084				−0,250	+0,068
	Sohle	+0,377	−0,250	−0,181	+0,840	+0,420	−0,080	−1,000	−0,577	−0,417	+1,292
					+0,134	+0,134				−0,066	+0,411
I/90°	Scheitel	+0,274	−0,250	−0,181	+0,419	+0,210	+0,053	−1,000	−0,577	+0,333	+0,667
					+0,067	+0,067				+0,053	+0,212
	Kämpfer	−0,279	+0,250	+0,208	−0,485	−0,243	−1,000	0	0	−1,571	+0,215
					−0,077	−0,077				−0,250	+0,068
	Sohle	+0,314	−0,250	−0,181	+0,642	+0,321	−0,053	−1,000	−0,577	−0,333	+1,333
					+0,102	+0,102				−0,053	+0,424
I/120°	Scheitel	+0,261	−0,250	−0,181	+0,381	+0,190	+0,027	−1,000	−0,577	+0,250	+0,625
					+0,061	+0,061				+0,040	+0,199
	Kämpfer	−0,265	+0,250	+0,208	−0,440	−0,220	−1,000	0	0	−1,571	+0,215
					−0,070	−0,070				−0,250	+0,068
	Sohle	+0,275	−0,250	−0,181	+0,520	+0,260	−0,027	−1,000	−0,577	−0,250	+1,375
					+0,083	+0,083				−0,040	+0,438
II/90°	Scheitel	+0,266	−0,245		+0,396	+0,198	+0,038	−0,989		+0,285	+0,643
					+0,063	+0,063				+0,045	+0,205
	Kämpfer	−0,271	+0,244		−0,460	−0,230	−1,000	0		−1,571	+0,215
					−0,073	−0,073				−0,250	+0,068
	Sohle	+0,277	−0,224		+0,524	+0,262	−0,452	−0,718		−1,587	+0,707
					+0,083	+0,083				−0,253	+0,225
II/120°	Scheitel	+0,240	−0,232		+0,314	+0,517	−0,020	−0,960		+0,105	+0,552
					+0,050	+0,050				+0,016	+0,176
	Kämpfer	−0,240	+0,228		−0,362	−0,181	−1,000	0		−1,571	+0,215
					−0,058	−0,058				−0,250	+0,068
	Sohle	+0,202	−0,187		+0,291	+0,145	−0,558	−0,540		−1,918	+0,541
					+0,046	+0,046				−0,305	+0,172
II/180°	Scheitel	+0,163	−0,163		+0,071	+0,035	−0,212	−0,788		−0,500	+0,250
					+0,011	+0,011				−0,080	+0,080
	Kämpfer	−0,125	+0,125		0	0	−1,000	0		−1,571	+0,215
					0	0				−0,250	+0,068
	Sohle	+0,087	−0,087		−0,071	−0,035	−0,788	−0,212		−2,642	+0,179
					−0,011	−0,011				−0,420	+0,057

Spannungsermittlung. Mit den so ermittelten Schnittkräften werden die Spannungen berechnet zu:

$$\sigma = \frac{N}{A} \pm \frac{M}{W} \alpha_k \tag{125.1}$$

Korrekturfaktor α_k zur Berücksichtigung der Krümmung der inneren (i) bzw. äußeren (a) Randfaser

$$\alpha_{ki} = 1 + \frac{1}{3} \frac{s}{r_m} = \frac{3 \cdot d_i + 5 \cdot s}{3 \cdot d_i + 3 \cdot s} \qquad \alpha_{ka} = 1 - \frac{1}{3} \frac{s}{r_m} = \frac{3 \cdot d_i + s}{3 \cdot d_i + 3 \cdot s} \tag{125.2}$$

Die nach (125.1) ermittelte Spannung σ im Gebrauchszustand ist mit dem Rechenwert σ_R aus Tafel **118**.3 zu vergleichen. Aus dem Verhältnis beider Spannungen ergibt sich der vorhandene Sicherheitsbeiwert γ.

$$\gamma = \frac{\sigma_R}{\sigma} \tag{125.3}$$

2.8.8 Berechnungsbeispiel

Druckrohrleitung DN 800 Stahlbeton nach DIN 4035 in geböschter Baugrube, Überdeckung 2,50 m $= H$, Betriebsdruck $p_e = 3$ bar; Wandstärke $s = 130$ mm; $\gamma_B = 20$ kN/m³; $\varphi' = 30°$; G2; Verkehrslast SLW 60; $\gamma_R = 25$ kN/m³; B45; $E_R = 37000$ N/mm²; $2\alpha = 90°$. Lagerungsfall I/90. (Gleichungsbezüge für Lastermittlung wie in Abschnitt 2.8.6)

$d_a = 800 + 2 \cdot 90 = 980$ mm; $\quad r_m = 1/2\,(400 + 490) = 445$ mm

$B_g = 1050 + 2 \cdot 784 = 2618$ mm oberhalb des Rohres; $\quad H/d_a = 2{,}5/0{,}98 = 2{,}55$

$H/B_g = 2{,}50/2{,}618 = 0{,}955$; $\quad B_g/d_a = 2{,}618/0{,}98 = 2{,}67$

$$\varkappa_{90°} = \frac{1 - e^{-2 \cdot 0{,}955 \cdot 0{,}5 \cdot \tan 30°}}{2 \cdot 0{,}955 \cdot 0{,}5 \cdot \tan 30°} = 0{,}769$$

$$\varkappa = 1 - \frac{45}{90} + 0{,}769 \frac{45}{90} = 0{,}885$$

$p_E = 0{,}885 \cdot 20 \cdot 2{,}50 = 44{,}25$ kN/m²

$P_E = 44{,}25 \cdot 0{,}980 = 43{,}365$ kN/m

$a' = a \cdot E_1/E_2 \qquad E_1/E_2 = 1$

$a' = a \approx 0{,}8 \qquad E_1/E_4 = 1/10$

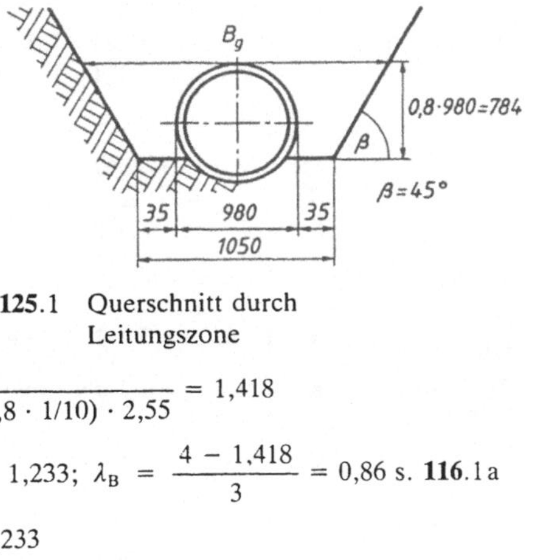

125.1 Querschnitt durch Leitungszone

$$\max \lambda = 1 + \frac{1 \cdot 2{,}55}{4{,}0 + 2{,}4 \cdot 1/10 + (0{,}55 + 1{,}8 \cdot 1/10) \cdot 2{,}55} = 1{,}418$$

$$\lambda_R = \frac{1{,}418 - 1}{3} \cdot \frac{2{,}618}{0{,}98} + \frac{4 - 1{,}418}{3} = 1{,}233; \quad \lambda_B = \frac{4 - 1{,}418}{3} = 0{,}86 \text{ s. } \mathbf{116}.1\text{a}$$

$\lambda_{gr} = 1 + 4 \cdot 0{,}5 \cdot \tan 30° = 2{,}1547 > 1{,}233$

$p_v = 1{,}2 \cdot 20{,}67 = 24{,}8$ kN/m²

$P_v = 24{,}8 \cdot 0{,}98 = 24{,}3$ kN/m

$q_v = 1{,}233 \cdot 44{,}25 + 24{,}8 = 79{,}36$ kN/m²

$F_{ges} = 79{,}36 \cdot 0{,}98 = 77{,}77$ kN/m

$q_h = 0{,}5 \cdot 0{,}86 \cdot 44{,}25 + 0{,}5 \cdot 20 \cdot 0{,}445 = 23{,}48$ kN/m², q_h^* wird vernachlässigt.

Schnittkräfte (S ≙ Scheitel, K ≙ Kämpfer, So ≙ Sohle), s. Gl. (123.1) bis (123.12)

aus q_v:

$$\begin{aligned}
&\text{S:} \quad M_{qv} = +0{,}274 \cdot 79{,}36 \cdot 0{,}445^2 = +4{,}306 \text{ kN} \cdot \text{m/m}\\
&\text{K:} \quad\quad\;\; = -0{,}279 \cdot 79{,}36 \cdot 0{,}445^2 = -4{,}385 \text{ kN} \cdot \text{m/m}\\
&\text{So:} \quad\quad\; = +0{,}314 \cdot \underbrace{79{,}36 \cdot 0{,}445^2}_{15{,}715} = +4{,}935 \text{ kN} \cdot \text{m/m}
\end{aligned}$$

$$\begin{aligned}
&\text{S:} \quad N_{qv} = +0{,}053 \cdot 79{,}36 \cdot 0{,}445 = 1{,}87 \text{ kN/m}\\
&\text{K:} \quad\quad\;\; = -1{,}0 \cdot 79{,}36 \cdot 0{,}445 = -35{,}38 \text{ kN/m}\\
&\text{So:} \quad\quad\; = -0{,}053 \cdot \underbrace{79{,}36 \cdot 0{,}445}_{35{,}315} = -1{,}87 \text{ kN/m}
\end{aligned}$$

aus q_h:

$$\begin{aligned}
&\text{S:} \quad M_{qh} = -0{,}25 \cdot 23{,}48 \cdot 0{,}445^2 = -1{,}162 \text{ kN} \cdot \text{m/m}\\
&\text{K:} \quad\quad\;\; = +0{,}25 \cdot 23{,}48 \cdot 0{,}445^2 = +1{,}162 \text{ kN} \cdot \text{m/m}\\
&\text{So:} \quad\quad\; = -0{,}25 \cdot 23{,}48 \cdot 0{,}445^2 = -1{,}162 \text{ kN} \cdot \text{m/m}
\end{aligned}$$

$$\begin{aligned}
&\text{S:} \quad N_{qh} = -1{,}0 \cdot 23{,}48 \cdot 0{,}445 = -10{,}45 \text{ kN/m}\\
&\text{K:} \quad\quad\;\; = 0 \cdot 23{,}48 \cdot 0{,}445 = 0 \text{ kN/m}\\
&\text{So:} \quad\quad\; = -1{,}0 \cdot 23{,}48 \cdot 0{,}445 = -10{,}45 \text{ kN/m}
\end{aligned}$$

aus Eigengewicht:

$$\begin{aligned}
&\text{S:} \quad M_g = +0{,}419 \cdot 25 \cdot 0{,}09 \cdot 0{,}445^2 = +0{,}187 \text{ kN} \cdot \text{m/m}\\
&\text{K:} \quad\quad\; = -0{,}485 \cdot 25 \cdot 0{,}09 \cdot 0{,}445^2 = -0{,}216 \text{ kN} \cdot \text{m/m}\\
&\text{So:} \quad\quad = +0{,}642 \cdot \underbrace{25 \cdot 0{,}09 \cdot 0{,}445^2}_{0{,}4456} = +0{,}286 \text{ kN} \cdot \text{m/m}
\end{aligned}$$

$$\begin{aligned}
&\text{S:} \quad N_g = +0{,}333 \cdot 25 \cdot 0{,}09 \cdot 0{,}445 = +0{,}333 \text{ kN/m}\\
&\text{K:} \quad\quad\; = -1{,}571 \cdot 25 \cdot 0{,}09 \cdot 0{,}445 = -1{,}571 \text{ kN/m}\\
&\text{So:} \quad\quad = -0{,}333 \cdot \underbrace{25 \cdot 0{,}09 \cdot 0{,}445}_{1{,}0} = -0{,}333 \text{ kN/m}
\end{aligned}$$

aus Wasserfüllung:

$$\begin{aligned}
&\text{S:} \quad M_w = +0{,}21 \cdot 1{,}0 \cdot 0{,}445^3 = +0{,}0185 \text{ kN} \cdot \text{m/m}\\
&\text{K:} \quad\quad\; = -0{,}243 \cdot 1{,}0 \cdot 0{,}445^3 = -0{,}0214 \text{ kN} \cdot \text{m/m}\\
&\text{So:} \quad\quad = +0{,}321 \cdot \underbrace{1{,}0 \cdot 0{,}445^3}_{0{,}08812} = +0{,}0283 \text{ kN} \cdot \text{m/m}
\end{aligned}$$

$$\begin{aligned}
&\text{S:} \quad N_w = +0{,}667 \cdot 1{,}0 \cdot 0{,}445^2 = +0{,}132 \text{ kN/m}\\
&\text{K:} \quad\quad\; = +0{,}215 \cdot 1{,}0 \cdot 0{,}445^2 = +0{,}043 \text{ kN/m}\\
&\text{So:} \quad\quad = +1{,}333 \cdot \underbrace{1{,}0 \cdot 0{,}445^2}_{0{,}198} = +0{,}264 \text{ kN/m}
\end{aligned}$$

aus Überdruck: $p_e = p_i$, $p_a = 0$

$$\left.\begin{aligned}&\text{S:}\\&\text{K:}\\&\text{So:}\end{aligned}\right\} \quad M_{pe} = 3 \cdot 10^2 \cdot 0{,}4 \cdot 0{,}49 \left(1/2 - \frac{0{,}4 \cdot 0{,}49}{0{,}49^2 - 0{,}4^2} \cdot \ln \frac{0{,}49}{0{,}4}\right) = 0{,}2 \text{ kN} \cdot \text{m/m}$$

$$\text{S:} \quad N_{pe} = +3 \cdot 10^2 \cdot 0{,}4 = +120 \text{ kN/m}$$

Resultierende Momente:

$$\begin{aligned}
&\text{S:} \quad M = +4{,}306 - 1{,}162 + 0{,}187 + 0{,}0185 + 0{,}2 = +3{,}54 \text{ kN} \cdot \text{m/m}\\
&\text{K:} \quad M = -4{,}385 + 1{,}162 - 0{,}216 - 0{,}0214 + 0{,}2 = -3{,}26 \text{ kN} \cdot \text{m/m}\\
&\text{So:} \quad M = +4{,}935 - 1{,}162 + 0{,}286 + 0{,}0283 + 0{,}2 = +4{,}287 \text{ kN} \cdot \text{m/m}
\end{aligned}$$

Resultierende Normalkräfte:

$$\begin{aligned}
&\text{S:} \quad N = +1{,}87 - 10{,}45 + 0{,}333 + 0{,}132 + 120 = +111{,}89 \text{ kN/m}\\
&\text{K:} \quad N = -35{,}38 + 0 - 1{,}571 + 0{,}043 + 120 = +\ 83{,}09 \text{ kN/m}\\
&\text{So:} \quad N = -1{,}87 - 10{,}45 - 0{,}333 + 0{,}264 + 120 = +107{,}61 \text{ kN/m}
\end{aligned}$$

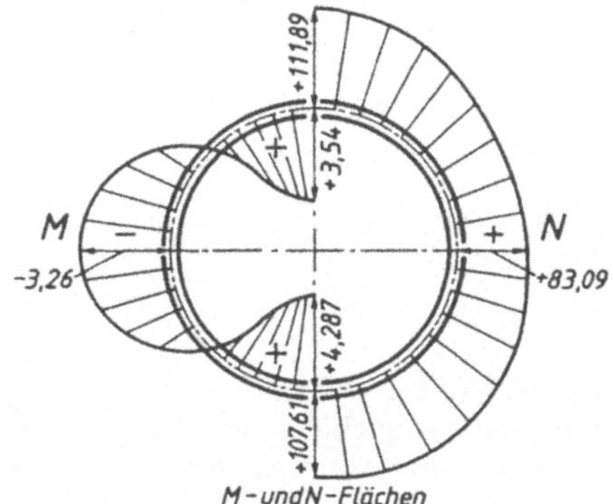

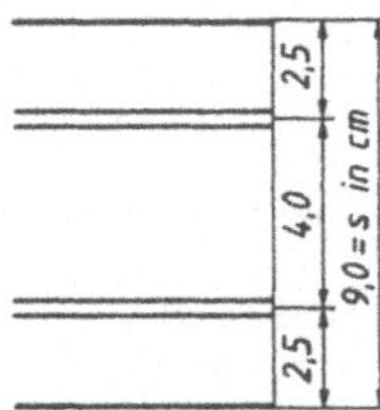

127.2 Längsschnitt durch Rohrwand mit Bewehrung

127.1 Momenten- und Normalkraftflächen für ein Rohr DN 800

$$A = 0{,}09 \cdot 1{,}0 = 0{,}09 \text{ m}^2/\text{m} \qquad W = \frac{0{,}09^2 \cdot 1{,}0}{6} = 0{,}00135 \text{ m}^3/\text{m}$$

Daraus würde sich z. B. bei homogenem Material die Spannung im Scheitel außen ergeben:

S: $$\sigma_a = +\frac{111{,}89}{0{,}09} - \frac{3{,}54}{0{,}00135} \cdot 0{,}933 = -1203{,}3 \text{ kN/m}^2 = -120{,}3 \text{ N/cm}^2 \quad \text{s. Gl. (125.1)}$$

mit $$\alpha_{ki} = 1 + 1/3 \cdot \frac{0{,}09}{0{,}445} = 1{,}067 \qquad \alpha_{ka} = 1 - 1/3 \cdot \frac{0{,}09}{0{,}445} = 0{,}933 \quad \text{s. Gl. (125.2)}$$

Größte Randspannung in der Sohle innen zu:

So: $$\sigma_a = +\frac{107{,}61}{0{,}09} + \frac{4{,}287}{0{,}00135} \cdot 1{,}067 = +4583{,}98 \text{ kN/m}^2 = +458{,}4 \text{ N/cm}^2$$

Bemessung als bewehrter Betonquerschnitt gemäß DIN 1045 als B45; $E_B = 37000$ MN/m², Stahl 220/340 RU:

S, innen: $M_S = 3{,}54 - 111{,}89 \cdot 0{,}02 = +1{,}30$ kN · m/m

$k_h = 6{,}5/\sqrt{1{,}30/1{,}0} = 5{,}7 \rightarrow k_s = 8{,}21$

$$\text{erf } A_S = \frac{1{,}3}{6{,}5} \cdot 8{,}21 + \frac{10 \cdot 111{,}89}{126} = 10{,}52 \text{ cm}^2/\text{m}$$

erf Ø 10, 10,52/0,79 = 13,31 Stck/m → (a = 7,5 cm) a = 6,5 cm (s. So, innen)

K, innen: $M_S = -3{,}26 - 83{,}09 \cdot 0{,}02 = -4{,}92$ kN · m/m

$k_h = 6{,}5/\sqrt{4{,}92/1{,}0} = 2{,}93 \rightarrow k_s = 8{,}51$

$$\text{erf } A_s = \frac{-4{,}92}{6{,}5} \cdot 8{,}51 + \frac{10 \cdot 83{,}09}{126} = 0{,}153 \text{ cm}^2/\text{m}$$

K, außen: $M_S = -3{,}26 + 83{,}09 \cdot 0{,}02 = -1{,}6$ kN · m/m

$k_h = 6{,}5/\sqrt{1{,}6/1{,}0} = 5{,}14 \rightarrow k_s = 8{,}25$

$$\text{erf } A_S = +\frac{1{,}6}{6{,}5} \cdot 8{,}25 + \frac{10 \cdot 83{,}09}{126} = 8{,}62 \text{ cm}^2/\text{m}$$

gewählt Ø 10, a = 6,5 cm, A_S = 12,15 cm²/m

So, innen: $M_S = 4{,}287 - 107{,}61 \cdot 0{,}02 = +2{,}135$ kN · m/m

$k_h = 6{,}5/\sqrt{2{,}135/1{,}0} = 4{,}45 \rightarrow k_s = 8{,}31$

$$\text{erf}\,A_S = \frac{2{,}135}{6{,}5} \cdot 8{,}31 + \frac{10 \cdot 107{,}61}{126} = 11{,}52\ \text{cm}^2/\text{m}$$

gewählt ∅ 10, 11,52/0,79 = 14,58 Stck/m → $a = 6{,}5$ cm, $A_S = 12{,}15$ cm²/m

2.8.9 Verformungsnachweis

Die Lastaufnahme dünnwandiger, verformbarer Rohre (**PVC, PE**) unterscheidet sich wesentlich von der bei starren Rohren. Diese Rohre sind nachgiebiger als der umgebende Boden. Die Rohre werden weniger belastet als starre Rohre, weil sich in dem Erdkeil zusätzliche Setzungen ergeben und damit Gewölbebildung über dem Rohr. Es gibt zur Berechnung mehrere Theorien mit unterschiedlichen Ergebnissen. Der einflußreichste Faktor ist das Verformungsverhalten des Bodens in der Rohrleitungszone. Bekannt sind die Theorien von Spangler, Bossen, Molin und Leonhardt. Leonhardt liegt dem ATV-Arbeitsblatt A127 zugrunde und soll hier wiedergegeben werden.

Die relative Verformung der Rohre soll für den Langzeitnachweis nicht größer als 6% sein.

$$\delta_v = \frac{\Delta d_v}{2r_m} \cdot 100 = c_v^* \frac{q_v - q_h}{S_R} \cdot 100 \text{ in } \% < 6\% \qquad (128.1)$$

Die vertikale Durchmesseränderung Δd_v wird nach Lagerungsfall III (s. Abschn. 2.8.3) berechnet:

$$\Delta d_v = c_v^* \frac{q_v - q_h}{S_R} 2 \cdot r_m \qquad (128.2)$$

$c_v^* = c_{v1} + c_{v2} \cdot K^*$ mit c_{v1} – Beiwert für Δd_v infolge q_v (s. Tafel **119**.1)
c_{v2} – Beiwert für Δd_v infolge q_h^* (128.3)

$K^* = \dfrac{c_{h1}}{V_{RB} - c_{h2}}$ Reaktionsdruckbeiwert mit c_{h1} – Beiwert für Δd_h infolge q_v
c_{h2} – Beiwert für Δd_h infolge q_h^*
(128.4)

$$V_{RB} \mathrel{\hat{=}} \text{Systemsteifigkeit } V_{RB} = \frac{S_R}{S_{Bh}} \qquad (128.5)$$

Mit der Systemsteifigkeit V_{RB} wird der Grad der Inanspruchnahme von horizontalen Bettungsreaktionsdrücken erfaßt.

Die Berechnung der Verformungen mit Hilfe der Verformungsmoduln nach Tafel **118**.4 ergibt Mittelwerte. Um größere Verformungen infolge veränderter Bodeneigenschaften zu erfassen, wird E_2 für den Verformungsnachweis auf ⅔ des nach ATV-A 127 Gleichung (6.02) berechneten Wertes zurückgestuft. Kriecheffekte werden bei den Bodenarten OU, OT und OH der Gruppe G4 berücksichtigt, indem bei der Berechnung der Langzeitverformung für E_2 und E_3 die Hälfte der Werte eingesetzt wird.

Steifigkeitsverhältnis. Das Steifigkeitsverhältnis ist abhängig von der Rohrsteifigkeit S_R, vom Beiwert der vertikalen Durchmesseränderung c_v^* bzw. c_{v1}, gegebenenfalls von der Steifigkeit einer Deformationsschicht S_D sowie von der vertikalen Bettungssteifigkeit des Bodens seitlich des Rohres S_{Bv}.

Die Mindestrohrsteifigkeit (Langzeit) min $S_R = 3 \cdot 10^{-3}$ N/mm² wird vorausgesetzt. Das Steifigkeitsverhältnis wird wie folgt berechnet:

a) bei Berücksichtigung des horizontalen Bettungsreaktionsdruckes

$$V_S = \frac{S_R}{|c_v^*| \cdot S_{Bv}} \tag{129.1}$$

b) ohne Berücksichtigung des horizontalen Bettungsreaktionsdruckes (siehe Abschnitt 2.8.2)

$$V_S = \frac{S_R}{|c_{v1}| \cdot S_{Bv}} \tag{129.2}$$

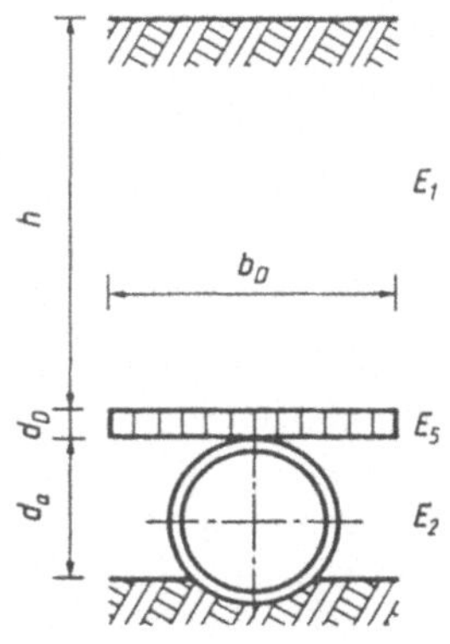

129.1 Deformationsschicht

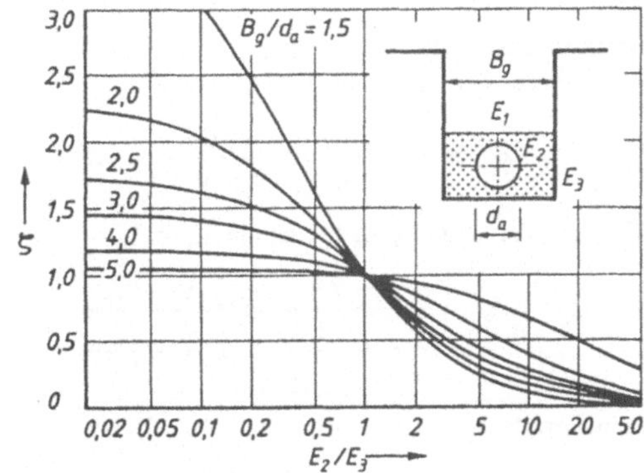

129.2 Korrekturfaktor ζ

c) bei Berücksichtigung einer Deformationsschicht (s. Abschn. 2.8.5). Für den vereinfachten Nachweis mit $S_R = \infty$ und $K_2 = 0$ gelten die Grenzen $2 \cdot q_v \leqq E_D \leqq 1/5 \cdot E_1$.

$$V_S = \frac{S_D}{S_{Bv}}$$

Darin bedeuten:

$$S_R = \frac{E_R \cdot I}{r_m^3} \triangleq \text{Rohrsteifigkeit} \tag{129.3}$$

$$S_D = E_D \frac{b_D}{d_D} \triangleq \text{Steifigkeit der Deformationsschicht}$$

mit E_D = Elastizitätsmodul der Deformationsschicht
b_D = Breite der Deformationsschicht

$$S_{Bv} = \frac{E_2}{a} \triangleq \text{Vertikale Bettungssteifigkeit}$$

$$S_{Bh} = 0{,}6 \cdot \zeta \cdot E_2 \triangleq \text{Horizontale Bettungssteifigkeit} \tag{129.4}$$

2.8.10 Berechnungsbeispiel

Rohr PE hart 1000 × 31 nach DIN 8074; Überdeckungshöhe $H = 5{,}0$ m; bindiger Mischboden $\gamma = 20$ kN/m³; $\varphi' = 25$; $\delta = 25°$; geforderte Betriebszeit 50 Jahre; $E_R = 150$ N/mm² = Elastizitätsmodul nach 50 Jahren; nur Erdauflast, Bauausführung A4; $E_2 = 2$ N/mm²; $D_{Pr} = 90\%$; $E_2/E_3 = 0{,}5$; Auflagerwinkel $2\alpha = 90°$: G3 (Gleichungsbezüge für Lastermittlung wie in Abschn. 2.8.6)

$$d_a = 100 \text{ cm} \qquad B_g = 100 + 2 \cdot 0{,}35 + 2 \cdot 0{,}06 = 182 \text{ cm}; \qquad B_g/d_a = 1{,}82$$

$$H = 5{,}0 \text{ m}; \qquad H/d_a = 5{,}0/1{,}0 = 5{,}0 \qquad H/B_g = 5{,}0/1{,}82 = 2{,}747$$

$$\varkappa = \frac{1 - e^{-2 \cdot 2{,}747 \cdot 0{,}5 \cdot \tan 25°}}{2 \cdot 2{,}747 \cdot 0{,}5 \cdot \tan 25°} = 0{,}28$$

$$p_E = 0{,}28 \cdot 20 \cdot 5{,}0 = 28 \text{ kN/m}^2; \qquad \lambda_R = 1{,}0 \text{ angen.}$$

$$P_E = 28 \cdot 1{,}0 = 28 \text{ kN/m}$$

Lastkonzentration:
λ_0 der Wert von λ_R an der Stelle $V_S = 0$:

$$\lambda_0 = \frac{4 \cdot K_2}{3 + K_2} = \frac{4 \cdot 0{,}2}{3 + 0{,}2} = 0{,}25$$

V_{S1} der Wert von V_S an der Stelle $\lambda_R = 1$:

$$V_{S1} = \frac{1 - K_2}{1 - \frac{1}{4 \cdot a'}} = \frac{1 - 0{,}2}{1 - \frac{1}{4 \cdot 1}} = 1{,}067; \qquad \max \lambda = 1{,}65 \text{ nach } \mathbf{116}.2 \text{ für } a' = 1{,}0$$

damit ergibt sich

$$\lambda_R = \frac{\max \lambda \cdot V_S + \frac{V_{S1}}{1 - \lambda_0} \lambda_0 \cdot (\max \lambda - 1)}{V_S + \frac{V_{S1}}{1 - \lambda_0} (\max \lambda - 1)} \leqq 4$$

$$= \frac{1{,}65 \cdot 0{,}336 + \frac{1{,}067}{1 + 0{,}25} \cdot 0{,}25\,(1{,}65 - 1)}{0{,}336 + \frac{1{,}067}{1 + 0{,}25} (1{,}65 - 1)} = 0{,}778 \quad \text{mit} \tag{130.1}$$

$$V_S = \frac{S_R}{|c_v^*| \cdot S_{Bv}} = \frac{0{,}00327}{0{,}0073 \cdot 2/3 \cdot 2} = 0{,}336; \qquad \text{s. Gl. (129.1)}$$

$$\lambda_B = \frac{4 - \lambda_R}{3} = \frac{4 - 0{,}778}{3} = 1{,}074 \qquad \text{s. Gl. (116.2)}$$

Vertikale Gesamtlast:

$$q_v = 0{,}778 \cdot 28 = 21{,}784 \text{ kN/m}^2 = 0{,}0218 \text{ N/mm}^2$$

Reaktionsdruck neben dem Rohr:

$$q_h = K_2 \cdot \lambda_B \cdot \varkappa \cdot \gamma_B \cdot H + K_2 \gamma_B \cdot \frac{d_a}{2} = 0{,}2 \cdot 1{,}074 \cdot 0{,}28 \cdot 20 \cdot 5{,}0 + 0{,}2 \cdot 20 \cdot \frac{1{,}0}{2} =$$

$$= 8{,}014 \text{ kN/m}^2 = 0{,}008 \text{ N/mm}^2$$

Berechnung der Durchbiegung:

$$d_m = \frac{1{,}0 + 0{,}938}{2} = 0{,}969 \text{ m}; \qquad r_m = 0{,}969/2 = 0{,}4845 \text{ m}$$

$$J = 3{,}1^3/12 = 2{,}483 \text{ cm}^3 = 2483 \text{ mm}^3$$

$$S_R = E_R \cdot J/r_m^3 = 150 \cdot 2483/484{,}5^3 = 0{,}00327 \text{ N/mm}^2$$ s. Gl. (129.3)

$$S_{Bh} = 0{,}6 \cdot \zeta \cdot E_2 = 0{,}6 \cdot 1{,}5 \cdot 2/3 \cdot 2 = 1{,}2 \text{ N/mm}^2$$ s. Gl. (129.4)

$$V_{RB} = S_R/S_{Bh} = 0{,}00327/1{,}2 = 0{,}002725 < 0{,}1$$ s. Gl. (128.5)

$$K^* = \frac{0{,}0956}{0{,}002725 + 0{,}0658} = 1{,}395$$ s. Gl. (128.4)

$$c_v^* = -0{,}0966 + 0{,}0640 \cdot 1{,}395 = -0{,}0073$$ s. Gl. (128.3)

$$K_2 = 0{,}2 \qquad \text{(s. Tafel } \mathbf{118}.5)$$

$$\Delta d_v = -0{,}0073 \frac{0{,}0218 - 0{,}008}{0{,}00327} \cdot 2 \cdot 484{,}5 = -29{,}85 \text{ mm}$$ s. Gl. (128.2)

$$\delta_v = -\frac{29{,}85}{2 \cdot 484{,}5} \cdot 100 = -3{,}08\% < -6\%$$

3 Bauliche Gestaltung von Entwässerungsanlagen

3.1 Baustoffe der Entwässerungsleitungen

3.1.1 Steinzeug

Steinzeug hat sich als Rohrwerkstoff für Entwässerungsleitungen sehr bewährt. Rohre, Formstücke, Sohlschalen und Platten werden aus Ton unter Zugabe von Schamotten als Magerungsmittel geformt, mit Spatglasur überzogen und gebrannt. Sie haben den großen Vorzug, von saurem oder alkalischem Abwasser nicht angegriffen zu werden. Eine Ausnahme bildet die Flußsäure. Außerdem ist Steinzeug sehr abriebfest (vgl. Abschn. 3.2.3). Hohe Fließgeschwindigkeiten bis $v = 10$ m/s sind unbedenklich. I. allg. hat sich Steinzeug beim Bau von Schmutzwasserkanälen in Form von Rohrfertigteilen durchgesetzt, während es bei Mischwasserkanälen als Wandverkleidung oder Sohlschalen Verwendung findet.

Anforderungen an Rohre und Formstücke (Auszug aus DIN 1230, Teil 1 bis 3)
Beschaffenheit. Rohre und Formstücke aus Steinzeug sollen beim Anschlagen mit einem harten Gegenstand einen klar (einwandfrei) klingenden Ton geben. Der Scherben muß hart und fest sein, Farbunterschiede haben keinen Einfluß auf die Qualität.

Die Oberfläche des Schaftes von Rohren und Formstücken wird durch eine keramische Glasur gebildet. Die Außenflächen der Spitzenden dürfen auf eine Länge, die der Muffentiefe entspricht, unglasiert bleiben. Bei Rohren und Formstücken der Nennweiten (DN) 100 bis 200 darf die Glasur der äußeren Oberfläche entfallen, die der inneren Oberfläche dann, wenn die Anforderungen an die Wandrauhigkeit und die Abriebfestigkeit erfüllt sind.

Die Rohre und Formstücke müssen frei von Schäden und Fehlern sein, die ihre Einsatzfähigkeit hinsichtlich der Verlegung und des Kanalbetriebs beeinträchtigen. Optische Mängel wie Glasurfehlstellen, Unebenheiten und geringfügige Beschädigungen an der Oberfläche schließen die Verwendung nicht aus, sofern hierdurch die Dichtheit und Dauerhaftigkeit nicht eingeschränkt werden.

Maße. Die Maße nach DIN 1230 T 1 (Ausg. Jan. 1986), Tafel **133**.1, **133**.2, **133**.3 und **134**.1, müssen eingehalten werden. Zulässige Abweichungen für Maße ohne Toleranzangabe: ±5%.

Durchmesser: Der mittlere Innendurchmesser (Mittel aus Kleinst- und Größtwert) des Schaftes d_1 muß der zusätzlichen Anforderung entsprechen, daß der daraus berechnete Querschnitt den aus dem Zahlenwert der Nennweite in mm berechneten Querschnitt um nicht mehr als 3% unterschreiten darf.

Wanddicke: Der Unterschied zwischen kleinster und größter Wanddicke des Rohrschaftes darf nicht größer sein als 2 mm für DN bis 300 oder 3 mm für DN über 300.

Baulänge: Gegenüberliegende Innenseiten des Rohrschaftes dürfen in der Länge um höchstens 2% des Zahlenwertes der Nennweite in mm differieren.

Abweichung des Rohrschaftes von der Geraden: Bei der Messung nach Abschn. 6.1.2 darf die auf die Baulänge bezogene Abweichung des Rohrschaftes von der Geraden die in Tabelle 1 (DIN 1230, T 2) angegebenen Werte nicht überschreiten.

Tafel **133**.1 Maße von Rohren und Formstücken mit Steckmuffe K, Regelausführung N

Nennweite DN	d_1	d_3	s_1	m_1 min.	Scheiteldruckkräfte F_N in kN/m n. DIN 1230
200	202	242	20	70	32
250	252	296	22	70	40
300	302	350	25	70	48
350	352	404	27	70	50
400	402	460	30	70	50
(450)	452	516	33	70	50
500	503	581	39	70	60
600	603	687	44	80	60
700	704	790	46	80	60
800	805	895	48	80	60
900	906	1002	51	80	60
1000	1007	1109	55	80	60
1200	[2])				60
1400					
1600					
1800					
2000					

Eingeklammerte Werte möglichst vermeiden

Tafel **133**.2 Maße von Rohren und Formstücken mit Steckmuffe K, verstärkte Ausführung V

Nennweite DN	d_1	d_3	s_1	m_1 min.	Scheiteldruckkräfte F_N in kN/m n. DIN 1230
200	202	262	30	70	60
250	252	318	33	70	60
300	302	374	37	70	65
350	352	430	40	70	70
400	402	490	45	70	75
(450)	452	548	49	70	80
500	503	607	54	70	80
600	603	721	61	80	90
700	704	831	64	80	90
800	805	941	68	80	90
900	[2])				90
1000					90

Tafel **133**.3 Maße von Bogen

Nennweite	Radius bei Bogen				e
	15°	30°	45°	90°[1])	
DN	r	r	r	r	min.
100	500	300	205	140	70
125	500	320	215	140	70
150	600	320	215	150	70
200	650	375	265		70
250	700	410	310		70
300	1000	580	375		70
≧ 350	[2])				

[1]) Bogen 90° dürfen nur für den Anschluß von Falleitungen an Grundleitungen verwendet werden. Innerhalb von Grundleitungen sind sie nicht zulässig.

[2]) Sonderanfertigung nach Vereinbarung

Steinzeugrohre werden in Einwegverpackungen angeliefert.

Steinzeug-Vortriebsrohre werden für DN 150 bis DN 1000 in geschlossener Bauweise eingesetzt. Die Rohrenden werden stumpf gestoßen mit Zwischenlage eines Hartholzringes und mit Stahl- oder Kunststoffmanschette verbunden. Bis DN 400 ist die Dichtung in der Kunststoffmanschette integriert. Bei der Stahlmanschette wird die Dichtung durch Profilringe erreicht.

Tafel **134**.1 Maßbezeichnungen von Rohren, Abzweigen, Muffen, Bogen von Steinzeug-Rohren

Rohre (Tafel **133**.1 und **133**.2)

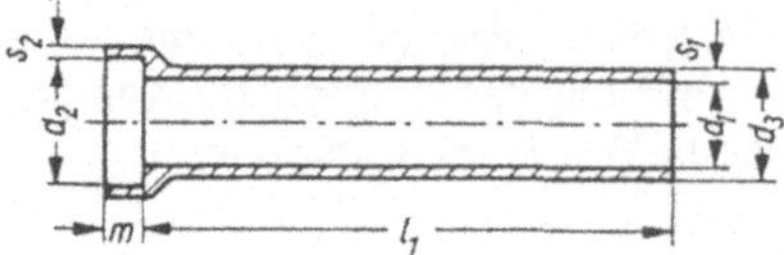

Bezeichnung eines Steinzeugrohres (R) von Nennweite 400, Baulänge l_1 = 2000 mm, mit verstärkter Wanddicke (V):

Rohr DIN 1230 – R 400 V × 2000 K

Abzweige

Für Abzweige gelten die Maße nach Tabelle 6 DIN 1230, T 1. Weitere Maße sind in den folgenden Bildern festgelegt.

Stutzen von Abzweigen werden nur in normaler Ausführung (N) hergestellt.

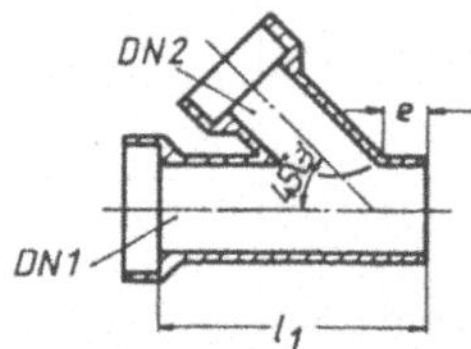

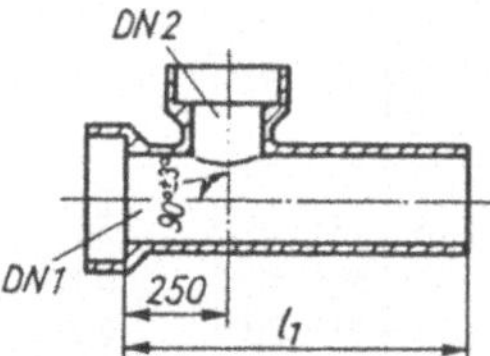

Abzweig (A). Bezeichnung eines Steinzeug-Abzweiges (A) 45° von Nennweite DN 1 = 200, Regelausführung (N), Stutzen Nennweite DN 2 = 150, Baulänge l_1 = 500 mm, mit Steckmuffe K:

Abzweig DIN 1230 – A 45 – 200 N 500 K 150

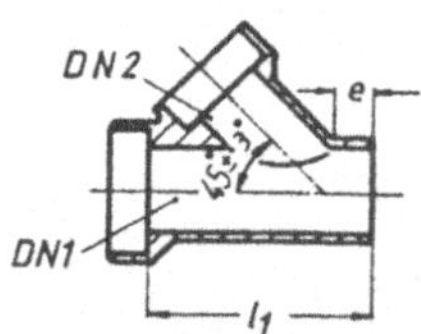

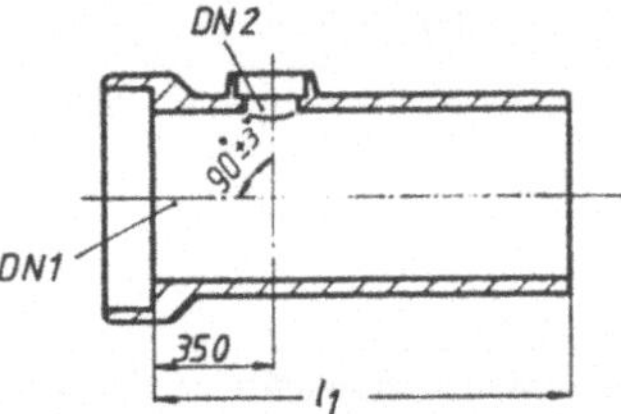

Kompaktabzweig (AK). Bezeichnung eines Steinzeug-Kompaktabzweiges (AK) 90° von Nennweite DN 1 = 500, verstärkte Ausführung (V), Stutzen Nennweite DN 2 = 150, Baulänge l_1 = 1000 mm, mit Steckmuffe K:

Abzweig DIN 1230 – AK 90 – 500 V 1000 K 150

Bogen (Tafel **133**.3)

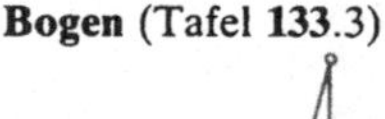

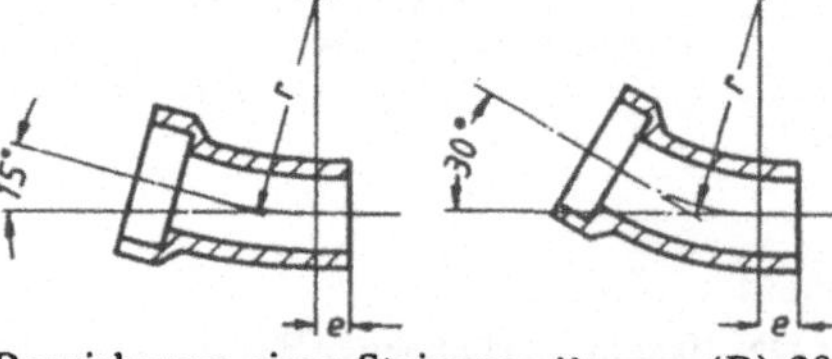

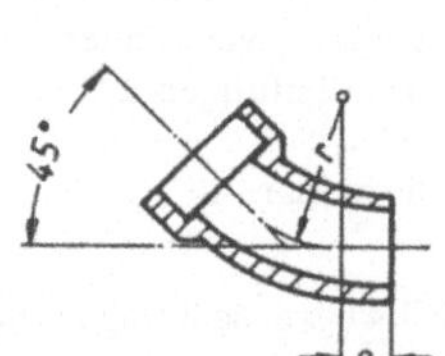

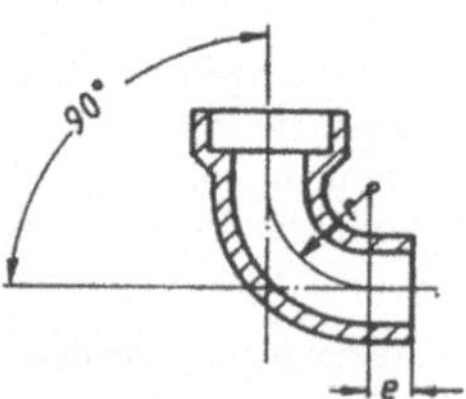

Bezeichnung eines Steinzeug-Bogens (B) 30° von Nennweite (DN) 150, unglasierte innere Oberfläche (U), Regelausführung (N):

Bogen DIN 1230 – B 30 – 150

3.1.2 Beton

Betonrohre haben sich bei Entwässerungsleitungen seit langem bewährt. Meistens werden fertige Rohre für Regen- und Mischwasserkanäle verwendet. Fertigbetonrohre werden fabrikmäßig im Rüttelpreßverfahren mit senkrechter Achse hergestellt. Für unbewehrte Fertigbetonrohre gilt DIN 4032 (nachfolgend Auszug).

Rohrformen. Betonrohre und -formstücke haben kreisförmige und eiförmige Abflußquerschnitte oder Sonderquerschnitte. Sie werden ohne oder mit Fuß, mit Muffe oder Falz mit normaler oder – für kreisförmige Rohre – mit verstärkter Wanddicke hergestellt. Sonderformen mit Wanddicken und Scheiteldruckkräften entsprechend den statischen Erfordernissen sind zulässig.

Es bezeichnet:

- K kreisförmige Rohre ohne Fuß
- KW kreisförmige Rohre ohne Fuß, wandverstärkt
- KF kreisförmige Rohre mit Fuß
- KFW kreisförmige Rohre mit Fuß, wandverstärkt
- EF eiförmige Rohre mit Fuß

Die Ausführung der Rohrenden mit Muffe oder Falz wird durch Anfügen von -M für Muffe und -F für Falz bezeichnet.

Maße, Bezeichnung

Rohre. Die Baulänge l_1 in mm muß ein durch 500 ganzzahlig teilbarer Wert sein; die zulässige Abweichung beträgt ± 1%. Die gewünschte Baulänge ist in der Bezeichnung anzugeben. Die Maße der Rohre sind in den Tafeln **136**.1 und **138**.1 aufgeführt.

Seiten- und Scheitelzuläufe. Seitenzuläufe für Rohre mit Muffe bzw. Falz nach Tafel **136**.1 werden mit Muffe in den Nennweiten 100, 150 und 200 hergestellt. Die Achse des Seitenzulaufs bildet mit der Achse des Durchgangsrohres einen Winkel α von 45° oder 90° und ist bei Rohren mit Fuß 10° gegen die Waagerechte nach oben geneigt. Die Achsen müssen sich schneiden.

Herstellung

Beton. Für Bereitung, Verarbeitung und Nachbehandlung gelten sinngemäß die Anforderungen nach DIN 1045.

Transportbewehrung. Stahleinlagen als Transportbewehrung müssen mindestens 20 mm von Beton überdeckt sein.

Rohre für betonschädliche Wässer und Böden. Rohre und Formstücke, die Berührung mit angreifenden Wässern, Böden und Gasen haben, müssen so hergestellt oder geschützt werden, daß sie deren Angriffen widerstehen. Betonangreifende Wässer, Böden und Gase sind nach DIN 4030 zu beurteilen. Für die Herstellung von Beton mit hohem Widerstand gegen chemische Angriffe ist sinngemäß DIN 1045 zu beachten.

Maßnahmen gegen Temperatureinwirkungen. Bei der Lagerung der Rohre können bei ungleichmäßiger Erwärmung oder Abkühlung schädliche Spannungen in der Rohrwand auftreten. Geeignete Gegenmaßnahmen sind z. B. Abdecken, Feuchthalten oder weißer Deckanstrich. Müssen die Rohre bei Frost im Freien gelagert werden, so ist dafür zu sorgen, daß sie nicht mit dem Boden zusammenfrieren und daß sich in ihnen kein Wasser ansammeln kann.

Anforderungen. Rohre und Formstücke müssen zum Zeitpunkt der Auslieferung, spätestens im Betonalter von 28 Tagen, den nachfolgenden Anforderungen genügen.

Beschaffenheit. Rohre und Formstücke müssen von gleichmäßiger Beschaffenheit sein. Sie dürfen keine Beschädigungen oder Stellen aufweisen, die ihren Gebrauchswert, z. B. Festigkeit, Wasserdichtheit oder Dauerhaftigkeit, beeinträchtigen. Kleine Kerben und unregelmäßig verlaufende, spinnennetzartige Schwindrisse sind für den Gebrauchswert ohne Belang, wenn die Anforderungen

Tafel **136**.1 Maß-Bezeichnungen von Rohren, Rohrverbindungen, Bogen und Seitenzuläufen von Beton-Rohren

a) Rohre mit kreisförmigem Querschnitt

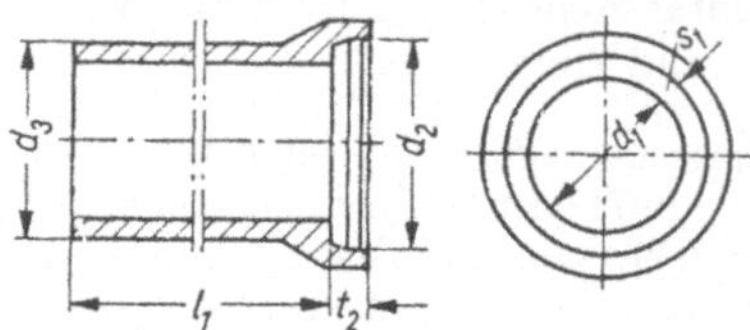

1. Kreisförmige Rohre mit Muffe, Formen K und KW

Bezeichnung eines kreisförmigen Muffenrohres ohne Fuß in wandverstärkter Ausführung (KW-M), von Nennweite 400 und Baulänge l_1 = 2000 mm:

Betonrohr DIN 4032-KW-M 400 × 2000

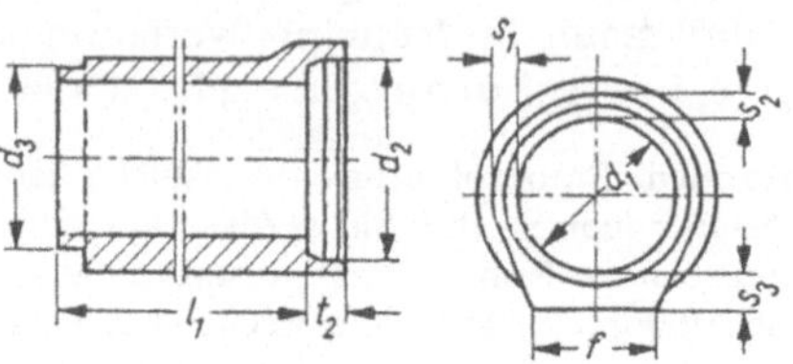

2. Kreisförmige Rohre mit Muffe, Formen KF und KFW

Bezeichnung eines kreisförmigen Muffenrohres mit Fuß mit normaler Wanddicke (KF-M), von Nennweite 500 und Baulänge l_1 = 2000 mm:

Betonrohr DIN 4032-KF-M 500 × 2000

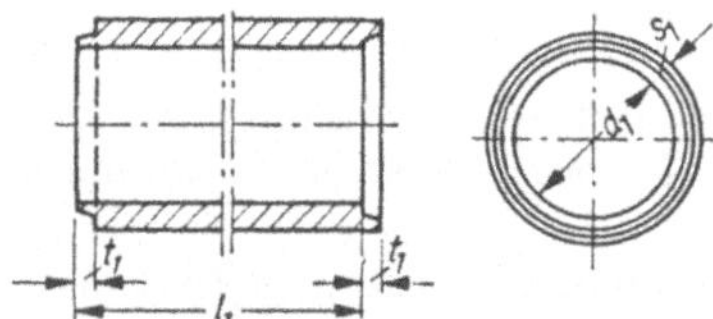

3. Kreisförmige Rohre mit Falz, Formen K und KW

Bezeichnung eines kreisförmigen Falzrohres ohne Fuß mit normaler Wanddicke (K-F), von Nennweite 250 und Baulänge l_1 = 1000 mm:

Betonrohr DIN 4032-K-F 250 × 1000

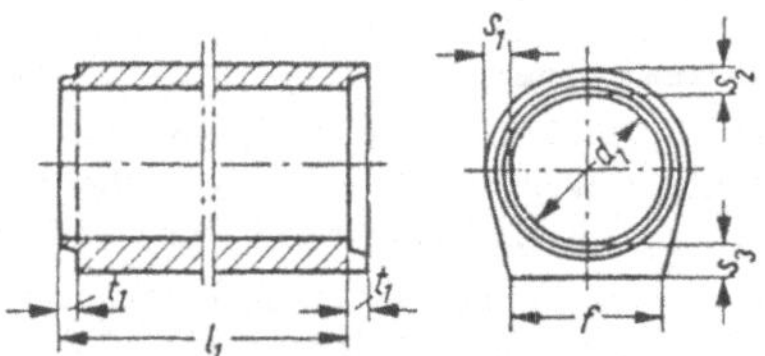

4. Kreisförmige Rohre mit Falz, Formen KF und KFW

Bezeichnung eines kreisförmigen Falzrohres mit Fuß in wandverstärkter Ausführung (KFW-F), von Nennweite 800 und Baulänge l_1 = 1000 mm:

Betonrohr DIN 4032-KFW-F 800 × 1000

b) Rohre mit eiförmigem Querschnitt

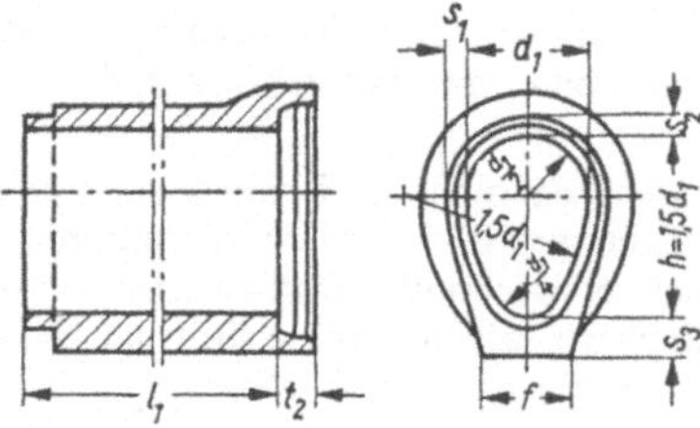

1. Eiförmige Rohre mit Muffe, Form EF

Bezeichnung eines eiförmigen Muffenrohres (EF-M), von Nennweite 600/900 und Baulänge l_1 = 2000 mm:

Betonrohr DIN 4032-EF-M 600/900 × 2000

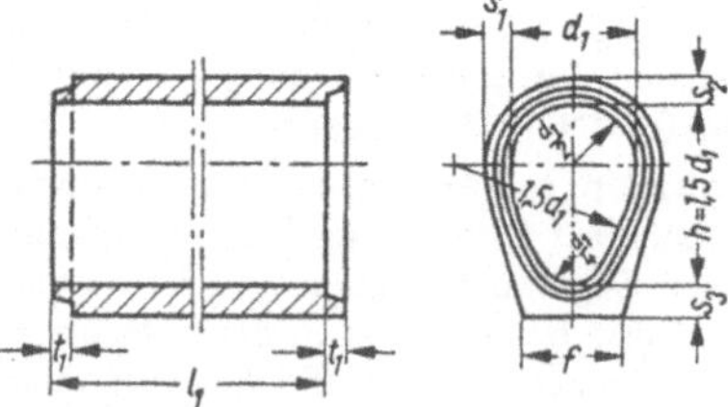

2. Eiförmige Rohre mit Falz, Form EF

Bezeichnung eines eiförmigen Falzrohres (EF-F), von Nennweite 800/1200 und Baulänge l_1 = 1000 mm:

Betonrohr DIN 4032-EF-F 800/1200 × 1000

Tafel **136**.1, Fortsetzung

c) Rohrverbindungen

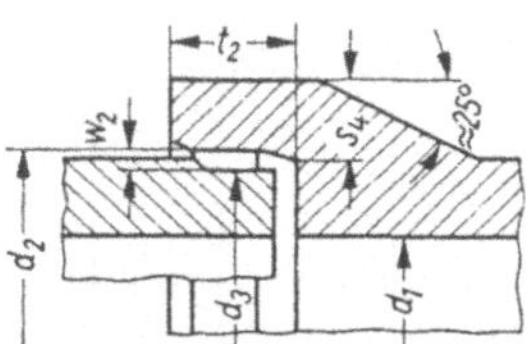

1. Rohrverbindung bei Muffenrohren für Rollringdichtung (Auswahl)

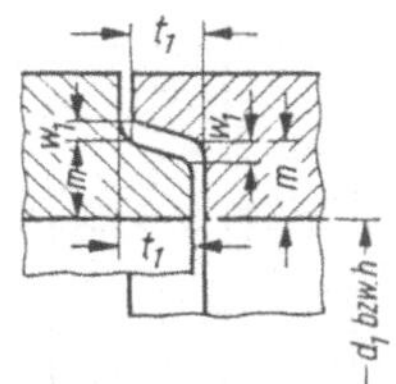

2. Rohrverbindung bei Falzrohren

d) Bogen. Bogen werden nur mit kreisförmigem Querschnitt und ohne Fuß in den Nennweiten nach Tabelle 7 (DIN 4032) hergestellt.

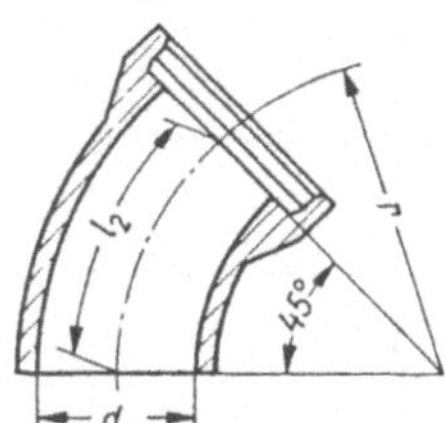

Übrige Maße wie a)1. und c)1.

1. Bogen mit Muffe

Bezeichnung eines Bogens mit Muffe (B-M), von Nennweite 150:

Bogen DIN 4032-B 150

Tabelle 7 (DIN 4032) Bogen

Nennweite (DN)	$r \approx$	Baulänge l_2
100	2,5 d_1 = 250	1,96 d_1 = 195
150	2,0 d_1 = 300	1,57 d_1 = 235
200	2,0 d_1 = 400	1,57 d_1 = 315

e) Rohre mit Seitenzulauf

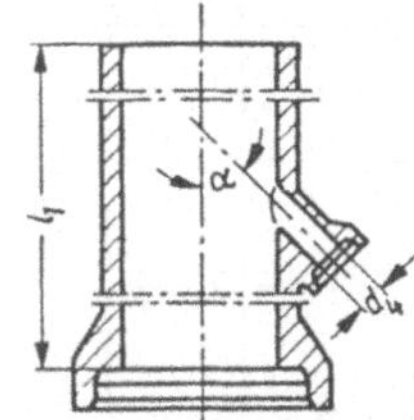

1. Rechter Seitenzulauf bei kreisförmigem Durchgangsrohr mit Fuß und Muffenverbindung

Bezeichnung eines rechten (R) bzw. linken (L) Seitenzulaufs (S) unter 45° mit kreisförmigem Durchgangsrohr mit Muffe und Fuß (KF-M), von Nennweite 800 und Zulaufrohr von Nennweite 100 sowie Baulänge l_1 = 2000 mm:

Betonrohr DIN 4032-KF-M 800 × 2000 mit Seitenzulauf DIN 4032-RS 45 × 100.

Bei kreisförmigen Durchgangsrohren ohne Fuß fällt die Angabe „rechts" bzw. „links" weg.

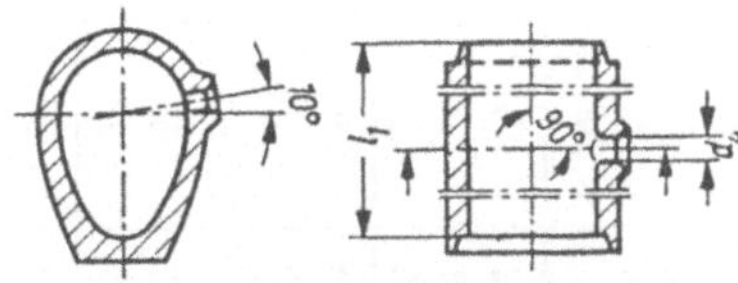

2. Rechter Seitenzulauf bei eiförmigem Durchgangsrohr und Falzverbindung

Bezeichnung eines rechten (R) bzw. linken (L) Seitenzulaufs (S) unter 90° mit eiförmigem Durchgangsrohr mit Falz (EF-F), von Nennweite 600/900 und Zulaufrohr von Nennweite 150 sowie Baulänge l_1 = 1000 mm:

Betonrohr DIN 4032-EF-F 600/900 × 1000 mit Seitenzulauf DIN 4032-LS 90 × 150

Tafel 138.1 Maße und Scheiteldruckkräfte von Beton-Rohren

	Nennweite (DN)	Fuß-breite	Mindestwanddicken K	KF u. EF		KW	KFW			Muffen-tiefe	Muffen-wanddicke	Falzmaße			Scheiteldruckkraft F in kN/m min.	
		$f \approx$	s_1	s_1	s_2 und s_3	s_1	s_1	s_2	s_3	t_2	s_4	t_1	m	w_1	K und KF	KW und KFW
Kreisförmige Rohre	100	80	22	22	22	—	—	—	—	60	30	16	11	4	24	—
	150	120	24	24	24	—	—	—	—	60	35	16	12	4	26	—
	200	160	26	26	26	—	—	—	—	60	40	18	13	4	27	—
	250	200	30	30	30	—	—	—	—	60	45	18	15	5	28	—
	300	240	40	40	40	50	50	50	65	80	50	20	18	5	30	50
	400	320	45	45	45	65	50	65	90	80	55	22	21	6	32	63
	500	400	50	50	60	85	70	85	110	90	60	26	25	6	35	80
	600	450	60	60	70	100	85	100	130	90	70	30	29	7	38	98
	700	500	70	70	80	115	100	115	150	90	80	34	33	7	41	111
	800	550	75	75	90	130	115	130	170	90	85	38	37	8	43	125
	900	600				145	130	145	195	100	95	40	41	8		138
	1000	650	nach Vereinbarung			160	145	160	215	100	100	44	45	9	Die Scheiteldruckkräfte sind entsprechend den statischen Erfordernissen festzulegen	152
	(1100)	680				175	160	175	240	100	115	48	48	9		166
	1200	730				190	170	190	260	100	125	50	51	10		181
	(1300)	780				205	185	205	280	110	135	50	54	10		194
	1400	840				220	200	220	300	110	140	50	57	10		207
	(1500)	900				235	215	235	320	110	140	50	60	10		220
Eiförmige Rohre	500 × 750	320	—	64	84	—	—	—	—	—	—	26	32	6	61	
	600 × 900	375	—	74	98	—	—	—	—	—	—	30	37	7	69	
	700 × 1050	430	—	84	110	—	—	—	—	—	—	34	42	7	75	
	800 × 1200	490	—	94	122	—	—	—	—	—	—	38	47	8	77	
	900 × 1350	545	—	102	134	—	—	—	—	—	—	40	51	8	80	
	1000 × 1500	600	—	110	146	—	—	—	—	—	—	44	55	9	83	
	1200 × 1800	720	—	122	160	—	—	—	—	—	—	50	61	10	86	

Eingeklammerte Nennweiten möglichst vermeiden.

dieser Norm erfüllt sind. Die Rohrenden müssen vollkantig geformt sein. Rohre mit Seitenzulauf dürfen im Innern am Ansatz keine Unebenheiten aufweisen. Rohre und Formstücke dürfen nach dem Erhärten nicht geschlämmt werden.

Maße. Die Maße müssen den Tafeln **136**.1 und **138**.1 entsprechen. Bei Rohren darf die innere Rohrwand nicht mehr als 0,5% der Baulänge von der Geraden abweichen. Die Fußfläche von Rohren mit Fuß muß parallel zur Rohrachse sein, ihre Abweichung von der Ebene darf nicht mehr als 0,5% der Baulänge betragen. Die Stirnflächen der Rohrenden sollen rechtwinklig zur Rohrachse stehen. Die zulässige Differenz zweier gegenüberliegender Mantellinien (Länge von Stirnfläche zu Stirnfläche) darf die in Tab. 1 oder 2 enthaltenen Werte (DIN 4032) nicht überschreiten.

Festigkeit. Scheiteldruckfestigkeit. Bei der Prüfung nach Abschn. 8.3.1 (DIN 4032) müssen die in Tafel **138**.1 angegebenen Mindestwerte der Scheiteldruckkraft in kN/m Baulänge erreicht werden.

Festigkeit von Bruchstücken. Die durchgeführten Prüfungen an Bruchstücken haben nur orientierenden Charakter.

Festigkeit des Betons (Würfeldruckfestigkeit, Wasserzementwert). Bei der ggf. neben den Prüfungen nach Abschn. 8.3.1 und 8.3.2 (DIN 4032) durchgeführten Prüfung des Betons nach Abschn. 8.3.3 (DIN 4032) müssen die Prüfergebnisse in entsprechender Relation zu den Ergebnissen der Scheiteldruckprüfung stehen. Der Beton muß dabei mindestens der Festigkeitsklasse B 45 entsprechen.

Wasserdichtheit. Bei der Prüfung nach Abschn. 8.4 (DIN 4032) dürfen bei 0,5 bar (5 m WS) Innendruck die in Tab. 9 (DIN 4032) angegebenen Werte der Wasserzugabe nicht überschritten werden, auch wenn feuchte Flecken oder einzelne Tropfen an der Rohrwand auftreten.

Wandrauheit. Die Rauheit der Innenflächen von Rohren und Formstücken muß die Anwendung der Werte der Betriebsrauheit des ATV-Arbeitsblattes A 110 [1n] ermöglichen.

Abriebfestigkeit. Der Abriebfestigkeit kommt bei hohen Fließgeschwindigkeiten und extremer Sandfracht (z.B. Steilstrecken) besondere Bedeutung zu. Sofern hierfür ein Nachweis erforderlich wird, sind Anforderungen und ein geeignetes Prüfverfahren zu vereinbaren.

Rohrverbindungen. Rohr, Rohrverbindung und Dichtmittel bilden eine technische Einheit. Für die allg. Anforderungen an Rohrverbindung gilt DIN 19543. Rohrverbindungen mit Dichtringen sind nach DIN 4060, T 1, Rohrverbindungen mit kalt verarbeitbaren plastischen Dichtstoffen sind nach DIN 4062 (erf. Bandquerschnitte) zu prüfen.

Solange die Maße der Muffenverbindungen nach Abschn. 4.1.3 noch nicht in allen Einzelheiten festgelegt sind, hat der Rohrhersteller die Dichtringe nach DIN 4060 Bl. 1 in der Regel mitzuliefern.

In der DIN 4032, Ausgabe Juni 1973, wurden die Scheiteldruckkräfte F_N für wandverstärkte, kreisförmige Rohre im Nennweitenbereich DN 300 bis DN 1500 neu festgelegt.

Es besteht eine fast lineare Abhängigkeit von der Nennweite:

$$F_N = 9{,}6 + 0{,}14 \text{ DN in kN/m}$$

Die Betondruckfestigkeit muß für alle Betonrohre mindestens der Festigkeitsklasse B45 nach DIN 1045 entsprechen.

Normale Betonrohre sind billiger als Steinzeugrohre, aber empfindlicher gegen chemische Angriffe. Da frisches häusliches Abwasser Beton nicht angreift, könnten sie auch als SW-Leitungen verwendet werden. Man zieht jedoch hierfür Steinzeugrohre vor, um eine Sicherheit gegen das – an sich unzulässige – Einleiten von aggressivem gewerblichem Abwasser zu haben. Grundwasser kann aggressive Kohlensäure und Sulfate enthalten. Besonders Sulfate sind gefährlich. Diese können auch im Schmutzwasser durch Fäulnis aus Schwefelwasserstoff entstehen. Man kann den Beton jedoch durch Mischzusätze oder besondere Zemente (z.B. Dyckerhoff Sulfadur) gegen Sulfate bei pH-Werten 7 bis 6 beständig machen.

Korrosionsschutz bieten auch Innenbeschichtungen, z.B. aus PVC-Folie oder Kunstharz, besser ist ein inneres Schutzrohr aus PE oder Polyesterharzbeton und außen Stahlbeton (Gekaton-Rohr u.a.).

Bei Verwendung zementgebundener Baustoffe beurteilt man das Angriffsvermögen eines Wassers nach einer chemischen Analyse. Für Wasser vorwiegend natürlicher Zusammensetzung (Grund- und Oberflächenwasser) sind in der DIN 4030 Grenzwerte aufgestellt worden:

Tafel **140**.1 Beurteilung des Angriffsgrades natürlicher Wässer nach DIN 4030

Angreifende Bestandteile	Angriffsgrad[1])		
	schwach angreifend	stark angreifend	sehr stark angreifend
Säuren pH-Wert	6,5 bis 5,5	5,5 bis 4,5	< 4,5
Kalklösende Kohlensäure CO_2 in mg/l	15 bis 30	30 bis 60	> 60
Ammonium NH_4^+ in mg/l	15 bis 30	30 bis 60	> 60
Magnesium Mg^{2+} in mg/l	100 bis 300	300 bis 1500	> 1500
Sulfat SO_4^{2-} in mg/l	200 bis 600	600 bis 3000	> 3000

[1]) Für die Beurteilung ist der Wert der chemischen Analyse maßgebend, der den höchsten Angriffsgrad ergibt; liegen zwei oder mehr Werte im oberen Viertel eines Bereichs (bei pH-Wert im unteren), so ist der Angriffsgrad außer bei Meerwasser um eine Stufe zu erhöhen.

Die Fließgeschwindigkeit in Betonrohren sollte $v \leqq 6$ m/s sein. Bei hohen Geschwindigkeiten und bei aggressivem Abwasser kleidet man die Rohre durch aufgelegte oder eingelassene Steinzeug-Sohlschalen aus. Man kann die Rohre auch innen durch eine Kunststoffbeschichtung auf Polyesterbasis (Dicke ≈ 1,5 mm) schützen. Die Rauhigkeit der Wand (k_b-Wert) wird dadurch verringert. Verschiedene Firmen stellen Rohre nach DIN 4032 mit größerer Scheiteldrucklast her. Sie werden als Atlasrohre (**140**.2), Großlastrohre o.a. bezeichnet. Eine besondere DIN-Vorschrift ist in Vorbereitung. Die Scheiteldruckfestigkeit ist etwa dreimal so groß wie bei normalen Betonrohren gleicher Nennweiten nach DIN 4032.

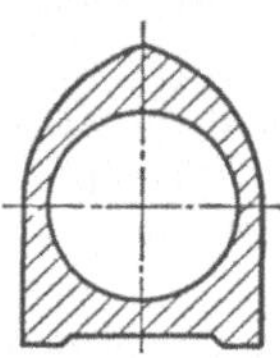

140.2
Atlas-Betonrohr

3.1.3 Rohrverbindungen für Steinzeugrohre nach DIN 1230 und Betonrohre nach DIN 4032

3.1.3.1 Rohrverbindungen für Muffenrohre

Eine altbewährte Rohrverbindung für Maßnahmen geringen Umfangs ist das Dichten mit Gießring und Vergußmasse. Die Vergußmasse soll eine Temperatur von 170 °C haben und dünnflüssig sein. Sie wird in eines der beiden Löcher des Gießringes gegossen bis sie in dem zweiten Loch aufsteigt. Nach dem Erhärten wird der Gießring abgenommen. Für Qualität und Verarbeitung der Vergußmasse gilt DIN 4038. Die Prüfung bei Anlieferung erfolgt nach DIN 1995. Rohrverbindungen mit Muffenverguß werden nur noch in speziellen Fällen angewandt.

In den letzten Jahren sind viele neue Rohrverbindungen entwickelt worden, welche die Verlegearbeiten vereinfachen. Die Rollringe (Denso-Chemie, Westland-Gummiwerke, Phoenix-Gummiwerke, Mücher, Cordes tecotect u.a.) haben sich gut eingeführt. Der Ring wird auf das Spitzende gelegt und dieses in die Muffe des vorher verlegten Rohres geschoben. Der Ring rollt dabei mit (**141**.1). Man unterscheidet weiche (**141**.1), harte und Rollringe mit Stahlring. Ebenfalls gut bewährt haben sich die Steckmuffenverbindungen (Fachverband Steinzeugindustrie). Bei der Steckmuffe K (**141**.2) für Rohre ≧ NW 200 wird im Werk auf dem Spitzende und in der Muffe je ein Kunststoffbelag aus Polyurethan aufgebracht. Beim Verlegen werden beide Beläge fest miteinander verpreßt. Bei der Steckmuffe L für Rohre ≦ NW 200 befindet sich nur in der Muffe ein Lamellen- oder Lippenring aus synthetischem Kautschuk, welcher in Vergußmasse verankert ist (**141**.3 und **141**.4). Die Anfertigung trägt besonders den häufigen Rohrverkürzungen und der Formstückverwendung bei Hausanschlußleitungen Rechnung. Die Maßtoleranzen der Rohrenden werden gut überbrückt. Bei Grundstücksentwässerungen findet auch die Spachtelmasse nach DIN 4062 Verwendung (auf sorgfältige Verwendung und Wurzelfestigkeit achten).

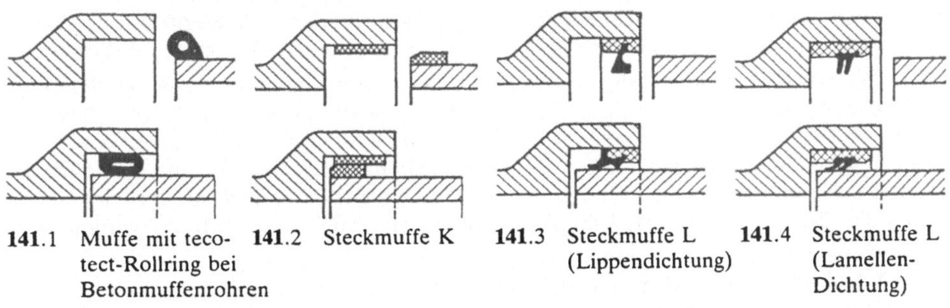

141.1 Muffe mit tecotect-Rollring bei Betonmuffenrohren **141**.2 Steckmuffe K **141**.3 Steckmuffe L (Lippendichtung) **141**.4 Steckmuffe L (Lamellen-Dichtung)

3.1.3.2 Rohrverbindungen für Falzrohre

Falzverbindungen sind schwieriger herzustellen. Es werden meist plastische Teer- oder Bitumenbänder verwendet, die sowohl auf den Falz als auch in die Nut gelegt werden. Die Rohre müssen in Längsrichtung stark aneinandergepreßt werden. Dabei verformen sich die Bänder und füllen die Hohlräume zwischen Falz und Nut plastisch aus. Die Dichtung von Falzrohren ist besonders bei äußerem Grundwasserüberdruck problematisch. Die Dichtungsbänder müssen dann sehr sorgfältig aufgebracht werden (**141**.5).

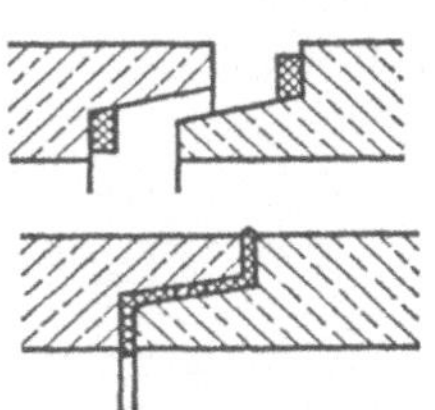

141.5 TOK-Band bei Betonfalzrohren

3.1.4 Stahlbetonrohre und Stahlbetondruckrohre (DIN 4035)

Die Konstruktionsmerkmale der Rohre, z.B. Baulänge, Wanddicke, Rohrform, Rohrverbindung, Betonstahlbewehrung, bestimmen das Herstellverfahren. Die Rohre werden liegend oder stehend mit unterschiedlichen Verdichtungsverfahren, die auch kombiniert werden können, hergestellt, z.B.: Stampfen, Pressen, Rütteln bzw. Vibrieren, Schleudern und Walzen.

Nach dem **Rüttelverfahren** werden Rohre beliebiger Querschnitte in stehenden Formen, die an Kern und Außenform mit Rüttelaggregaten besetzt sind, hergestellt. Dieses Verfahren hat in den letzten Jahren für die Herstellung von Rohren großer Durchmesser an Bedeutung gewonnen.

Beim kombinierten **Rüttelpreßverfahren** wird zusätzlich zur Vibration ein parallel zur Rohrachse wirkender Verdichtungsdruck mit hydraulisch wirkendem Preßstempel auf den Beton aufgebracht und damit zugleich die Obermuffe geformt.

Eine spezielle Art des Rüttelverfahrens ist das **Vakuumverfahren.** Der Frischbeton wird bei gleichzeitigem Rütteln einem Unterdruck ausgesetzt. Damit wird der Beton zusätzlich verdichtet und überschüssiges Anmachwasser entzogen.

Den sogenannten **Radialverdichtungsverfahren** (Packerhead-, Schleuderwalz-, Schleuderpreßverfahren u.a.) ist gemeinsam, daß der Beton rechtwinklig zur Rohrachse verdichtet wird. Bei diesen Verfahren wird das Rohr zwischen einer senkrecht stehenden Außenform und einem vertikal bewegten, rotierenden Preßwerkzeug gebildet. Der Frischbeton wird zunächst an die Außenform geschleudert und anschließend mittels Preßbacken oder Preßwalzen verdichtet.

Die Wirkung der Zentrifugalkraft wird beim **Schleuderverfahren** zur Betonverdichtung genutzt. In die horizontal gelagerte, rotierende äußere Rohrform wird Beton eingebracht und gleichmäßig verteilt. Anschließend wird die Drehzahl der Schleudermaschine gesteigert, wodurch der Beton verdichtet und überschüssiges Anmachwasser abgegeben wird.

Beim **Walzverfahren** erfolgt die Rohrfertigung in einem kombinierten Schleuder- und Walzvorgang. Die Rohrform hängt waagerecht auf einer rotierenden Welle, wobei die Rohrwanddicke durch Laufringe bestimmt wird. Die Umfangsgeschwindigkeit der Rohrform ist gerade so groß, daß der kontinuierlich erdfeucht eingebrachte und an die Formwand geschleuderte Beton dort haften bleibt. Durch die rotierende Welle wird der Beton gegen die Form dicht gewalzt. Spannbetonrohre und -druckrohre, ≧ B 55, werden nach unterschiedlichen Verfahren hergestellt:

Beim **Wickel-Verfahren** wird die Ringbewehrung unter Vorspannung auf ein vorgefertigtes Kernrohr aufgewickelt, das u.U. bereits eine Längsvorspannung erhalten hat. Dann wird eine zusätzliche Betondeckschicht aufgebracht, die als Verbundbeton den Korro-

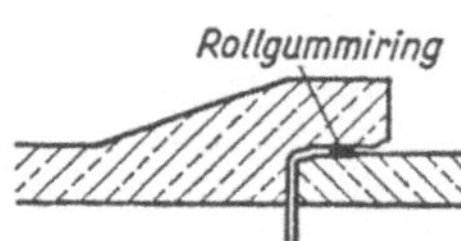

142.1 Glockenmuffe mit Rollring eines Walzbetonrohres (Dyckerhoff & Widmann)

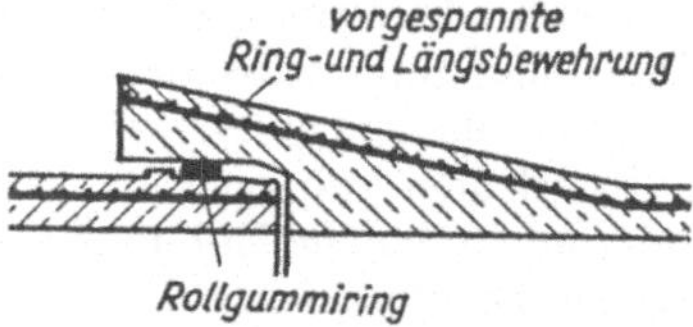

142.2 Muffe mit Rollring eines Sentabspannbetonrohres (Dyckerhoff & Widmann)

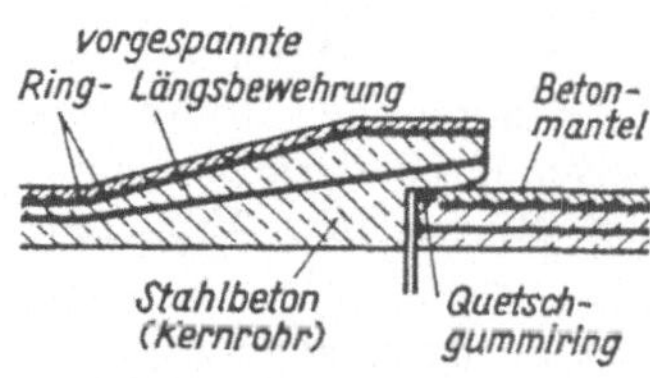

142.3 Muffe mit Quetschgummiring eines Schleuderbeton-Vorspannrohres (Züblin)

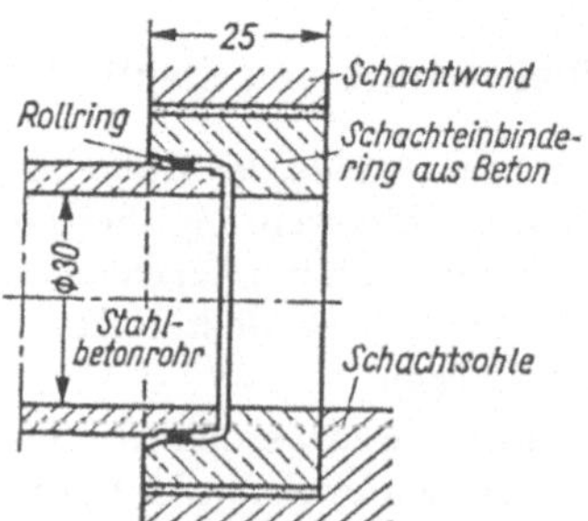

142.4 Schachtanschluß für ein Stahlbetonrohr (Hagewe, Ötigheim)

Tafel **143**.1 Übersicht der Betonrohrarten

Rohrart Benennung	Norm	Werkstoff	Nenndruck-bereich in bar	Nennweiten-bereich in mm
Betonrohre kreisförmiger Querschnitt mit und ohne Fuß mit – normaler Wanddicke – verstärkter Wanddicke eiförmiger Querschnitt Sonderquerschnitte und -formen	DIN 4032	Beton nach DIN 4032 und DIN 1045	drucklos	100 bis 800 300 bis 1500 500/750 bis 1200/1800
Stahlbetonrohre kreisförmiger Querschnitt sonstige Formen	DIN 4035	Stahlbeton nach DIN 4035 und DIN 1045	drucklos	250 bis 4000 und größer
Stahlbetondruckrohre	DIN 4035	Stahlbeton nach DIN 4035 und DIN 1045	für den Einzelfall zu bemessen	250 bis 4000 und größer
Spannbetonrohre kreisförmiger Querschnitt sonstige Formen	DIN 4035 (als Anhalt)	Spannbeton nach DIN 4227	drucklos	500 bis 4000 und größer
Spannbetondruckrohre	DIN 4035 (als Anhalt)	Spannbeton nach DIN 4227	für den Einzelfall zu bemessen	500 bis 4000 und größer
Filterrohre	Richtlinien	haufwerkporiger Beton	drucklos	80 bis 400

sionsschutz für die Bewehrung und eine zusätzliche Wandverstärkung darstellt. Das Kernrohr des **Spannbeton-Blechmantel-Rohres** enthält anstelle der vorgespannten Längsbewehrung einen dünnwandigen zylindrischen Blechmantel. Beim **Sentab-Verfahren** wird das Rohr in einem Arbeitsgang hergestellt. Stahlbewehrung und Beton werden zwischen eine dehnbare Außenschalung und eine den Innenkern umgebende Gummihülle eingebracht und durch Rütteln verdichtet. Mit Wasserdruck von innen bis zur endgültigen Härtung des Betons wird das Rohr dann aufgeweitet und die Ringbewehrung vorgespannt. Bild **142**.1 bis **142**.4 zeigen Rohrverbindungen von Stahlbetonrohren. Tafel **143**.1 gibt eine Übersicht der z. Z. gebräuchlichen Betonrohrarten.

3.1.5 Mauerwerk

Zur Herstellung von Mauerwerk im Kanalbau verwendet man vorwiegend Kanalklinker (Tafel **144**.1). Die besonderen Steinformen des Schachtklinkers oder des Keilklinkers ergeben sich aus den rund zu mauernden Grundrissen bzw. Gewölben. Neben der Verwendung bei Einsteigschächten und anderen Bauwerken der Stadtentwässerung wird Mauerwerk bei größeren Kanalprofilen eingesetzt. Die Stampf- oder Stahlbetonbaukörper werden innen mit Kanalklinkern ausgemauert oder das Klinkermauerwerk wird hintermauert. Da die Wandrauhigkeit gering sein soll, muß auf glatte Fugen Wert gelegt

Tafel **144**.1 Kanalklinker nach DIN 4051

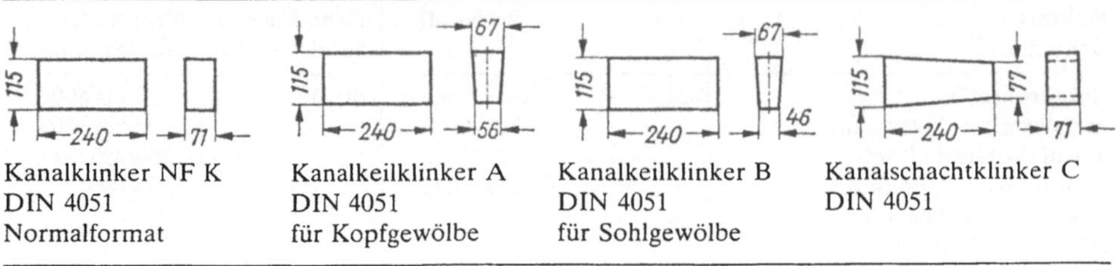

Kanalklinker NF K DIN 4051 Normalformat | Kanalkeilklinker A DIN 4051 für Kopfgewölbe | Kanalkeilklinker B DIN 4051 für Sohlgewölbe | Kanalschachtklinker C DIN 4051

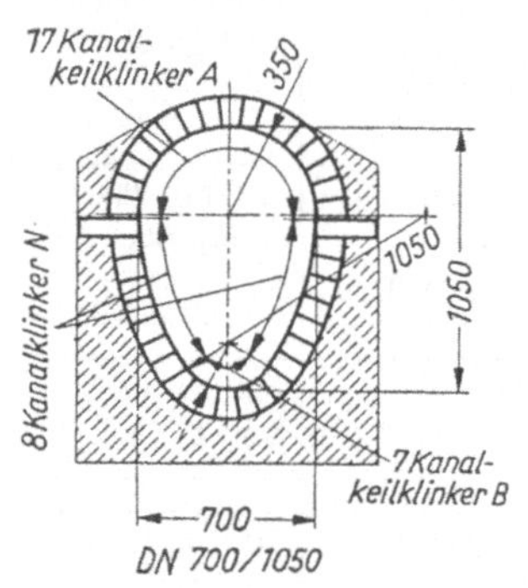

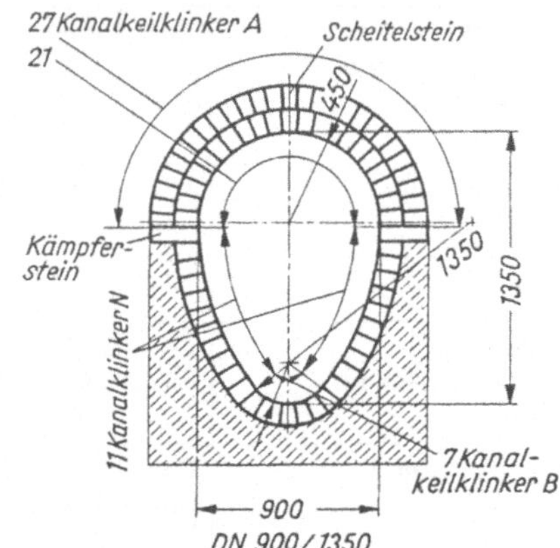

144.2 Gemauerte Kanäle

werden. Während die Hintermauersteine Hartbrandziegel im Normalformat sein können, sind für die Innenflächen wegen der Profilwölbung und Verschleißfestigkeit Kanalklinker nach DIN 4051 erforderlich. Bei Wölbungen mit $r \geqq 1$ m sind auch normale Ziegelformate verwendbar. Die lichte Profilhöhe soll bei gemauerten Profilen (**144**.2) $\geqq$ 1,2 m sein, damit die Verfugung und weitere Nachverfugungen ausgeführt werden können. Als Mörtelmischung schreibt das ATV-A 139 [1] Zementmörtel der Mörtelgruppe III DIN 1053, T 1 vor. Für DN 700/1050 und DN 800/1200 wird vollständige Halbsteinummauerung (115 mm), bei DN 900/1350 und DN 1600/2400 besteht das Gewölbe aus zwei Reihen zu 115 mm.

Ein Traßzusatz ist für die Dichte des Mörtels günstig. Ausgewaschene Fugen müssen neu verstrichen werden. Bei Leitungen mit starkem Gefälle und bei MW-Kanälen schützt man die Sohle durch Steinzeugschalen gegen Abschleifen und chemische Aggression. Gemauerte Kanäle haben wenig Stoßfugen.

3.1.6 Asbestzementrohre (Az)

Das Material wird für Gefälleleitungen, Abwasserdruckrohre und für die Hausentwässerung als Fall- und Erdleitungen (NW 50 bis 2000) verwendet. Hauptbestandteil ist die Asbestfaser und Portland-Zement nach DIN 1164 (Anteil 85 bis 90%). Hohe Verdichtung, glatte Oberfläche, lange Rohrstücke, geringes Gewicht und einfache Rohrverbindungen sind Vorteile der Asbestzementrohre. Sie sind jedoch, ähnlich wie Betonrohre, wegen des Zementgehaltes chemischen Angriffen ausgesetzt, allerdings nicht in dem gleichen Ausmaße. Anstriche aus Steinkohlenteerpech, Bitumen, Epoxidharzbeschichtung oder sulfatbeständige Zemente steigern den Korrosionswiderstand. Die Rohre werden durch Wicklung von 0,1 mm starken Asbestlagen um einen Stahlkern hergestellt. Bei dem Autoklavverfahren bzw. der Hochdruckdampfhärtung wird dem Zement Quarzmehl zugesetzt, das den bei der Zementerhärtung entstehenden freien Kalk bindet. Die Rohre sind durch geringeren Gehalt an freiem Kalk weniger der Aggression ausgesetzt.

Maßgebende DIN-Vorschriften sind DIN 19800 (Az-Druckrohre), DIN 19850 (Asbestzementrohre und -formstücke für Abwasserkanäle) und für Hausinstallationen DIN 19830, 19831 und 19841 (Az-Abflußrohre und -formstücke). Die Rohrverbindung der Az-Rohre wird entweder durch Überschiebmuffen mit Reka-Dichtungsringen (Fa. Eternit) (**145**.1) oder aber durch Steckmuffen mit Gummirillenring- oder Gummikeilringdichtung mit Kittabschluß (Fa. Eternit) hergestellt. Als zugfeste Rohrverbindung dient die ZOK-Kupplung (**145**.2). Auch Vortriebsrohre aus Asbestzement DN 200 bis 2000 in geschlossener Bauweise werden in letzter Zeit verwendet (Herstellung n. DIN 19800 und DIN 19850 mit Zulassung des Instituts für Bautechnik Berlin). Tafel **145**.3 gibt einen Überblick.

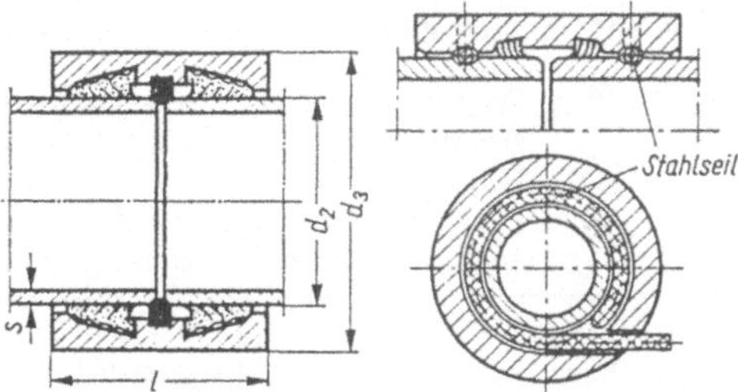

145.1 Reka-Kupplung (Eternit)

145.2 Zugfeste ZOK-Kupplung (Eternit)

Tafel **145**.3 Normen und Einsatzbereiche von Asbestzementrohren

Rohrart Benennung	Maßnorm	Techn. Lieferbedingungen	Werkstoff	Nenndruckstufe	Nennweitenbereich
Asbestzementrohre für Druckrohrleitungen	DIN 19800 Teil 1	DIN 19800 Teil 2	Asbestzement nach DIN 19800 Teil 2	2,5 bis 16	65 bis 2000
Asbest-zement-Abfluß-rohre (Grundstücksentw.) mit Muffe / ohne Muffe	DIN 19831 Teil 1 / DIN 19841 Teil 1	DIN 19830	Asbestzement nach DIN 19830	drucklos	50 bis 200
Asbestzementrohre für Abwasserkanäle (Gefälleleitungen)	DIN 19850 Teil 1	DIN 19850 Teil 1	Asbestzement nach DIN 19850 Teil 1	drucklos	100 bis 1500

3.1.7 Kunststoffrohre

Kunststoffrohre werden neuerdings für Abwasserleitungen häufiger verwendet. Rohre aus PVC-U und PE-HD werden in DN von 100 bis 1200 mm und, als Profilwickelrohre bis DN 1800 geliefert. Die Rohrverbindung wird bei PVC-U-Rohren meist durch Steckmuffen mit Gummidichtring und bei PE-HD-Rohren geschweißt hergestellt (**147**.1). Besonders in der Installation von Abwasserleitungen innerhalb von Gebäuden ist das PP-s-Rohr (Polypropylen schwerentflammbar) verbreitet. Andere Kunststoffarten sind das Polyethylen (PE), Polyester (auch glasfaserverstärkt) und für Muffendichtungen Polyurethan oder Epoxid-Harze. Der Vorteil des Kunststoffes für die Abwassertechnik liegt in seiner chemischen Beständigkeit gegen die meisten hier möglichen Verunreinigungen, in der ausreichenden mechanischen Festigkeit, der leichten Verwendbarkeit, geringem Gewicht und ausreichender Wärme- und Kältebeständigkeit (Tafel **146**.1). Das Rohr hat

Tafel **146**.1 Widerstandsfähigkeit von Kunststoffen der Abwassertechnik gegenüber chemischen Angriffen (× = beständig, ○ = bedingt widerstandsfähig, – = unbeständig) nach [49].
Dies sind Richtwerte, welche durch veränderte Zusammensetzung der Kunststoffe, andere Vorzeichen bekommen können, für T = 20 °C und Dauereinwirkung

Kunststoffart	Polyester vernetzt	Epoxy	Polyurethan	Polyäthylen	Polyvinylchlorid hart	weich gemacht
Elastizitätsmodul E in 10^5 N/cm²	2,9 bis 4,5 11 bis 40¹)		0,85 bis 1,05	0,1 bis 0,3	2,8 bis 3,4	
	härtbar			thermoplastisch		
Kurzzeichen	UP	EP	PUR	PE	PVC	
Säuren, konzentriert	○	○	–	○	×	○
Säuren, schwach	×	×	○	×	×	×
Laugen, konzentriert	○	○	–	×	×	○
Laugen, schwach	×	×	○	×	×	×
Alkohole	×	×	–	× (–)	×	–
Ester	–	×	×	○	–	–
Ketone	–	○	○	○	–	–
Äther	○	–	×	○	–	–
Chlorkohlenwasserstoffe	–	○	–	–	–	–
Benzol	○	×	○	–	–	–
Benzin	×	×	×	–	×	–
Treibstoff	×	×	○	–	–	–
Mineralöl	×	×	×	○	×	○
Tierische und pflanzliche Öle und Fette	×	×	×	○	×	○

¹) in Matten

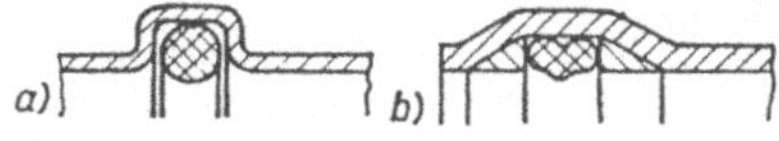

147.1 a) PVC-Rohr-Muffe DN < 250 mit Gummidichtungsring
b) PVC-Rohr-Muffe DN ≧ 250 mit Luftpolsterdichtungsring (Gebr. Anger, München)

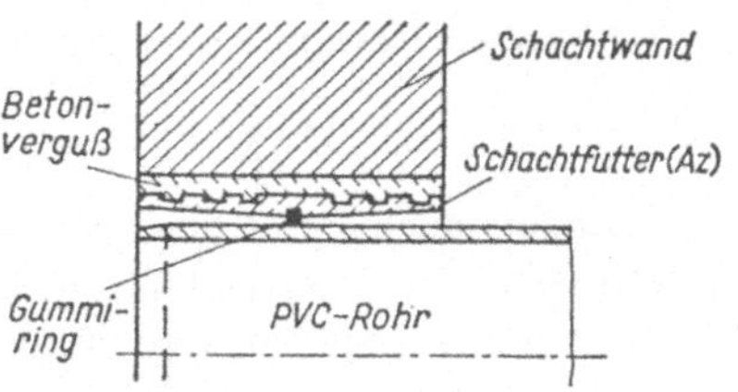

147.2 Schachtanschluß für ein PVC-Rohr (Gebr. Anger, München)

eine besonders glatte Wand, die auch nach längerem Gebrauch glatt bleibt. Die Betriebsrauhigkeit (k_b) ist gering = 0,25 bis 0,4 mm. Maßgebend sind für PVC die DIN-Normen 8061, 8062, 19534, für Polypropylen DIN 19560 und für PE-HD die DIN-Normen 8074, 8075 und 16934.

Der gelenkige Anschluß für Kunststoffrohre an Schächte kann durch ein Schachtfutter (**147**.2) erfolgen.

Extrudierte nahtlose Rohre und Formstücke aus Polyäthylen hart (HDPE) nach DIN 8075 bzw. DIN 19537 und Abmessungen nach DIN 8074 werden im Abwasserleitungsbau als DN 100 bis 1200 (ab DN 700 branchenüblich DN = Außendurchmesser *d*) und in fünf verschiedenen Wanddickenreihen eingesetzt. Die Rohre werden in Handelslängen von 6,0 und 12,0 m hergestellt (Sonderlängen bis 300 m sind lieferbar) und durch Schweißen nach DVS 2207 T 1 bzw. T 2 entweder durch Stumpfschweißen mit Hilfe eines Schweißspiegels (Heizelementstumpfschweißung) oder durch Heizelementschweißen mittels Widerstandsdrähten (Elektroschweißmuffe) unlösbar miteinander verbunden.

3.1.7.1 Kunststoffrohre mit Profilwand

Es handelt sich um Rohre aus PVC, PE oder PP, die im Wickelverfahren hergestellt und mit einer schraubenförmig umlaufenden Profilverstärkung versehen oder als Doppelwandprofil gefertigt werden.

Es können Rohre fast jeden Durchmessers, zur Zeit bis DN 3150, in beliebiger Wanddikke hergestellt werden. Die Wanddicke kann gegenüber einem Vollwandrohr wegen der Profilverstärkung gering gehalten werden. Es ergibt sich bei gleicher Rohrsteifigkeit eine wesentliche Gewichtseinsparung. Des weiteren lassen sich Glasfasern oder Stahldrähte zur Erhöhung der Innendruckfestigkeit oder Hohlprofile zur materialsparenden Erhöhung des Widerstandsmomentes für eine bestimmte Ringsteifigkeit einwickeln (**147**.3).

Spiralkanalrohre werden in Baulängen bis 6,0 m hergestellt. Die Rohre erhalten zum besseren Erreichen glatter Übergänge einseitig Muffen und werden je nach Nennweite von innen oder außen verschweißt.

Für Spiralrohre gilt die Norm DIN 16961 „Rohre aus thermoplastischen Kunststoffen mit profilierter Wandung und glatter Rohrinnenfläche".

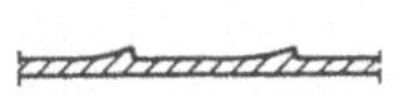
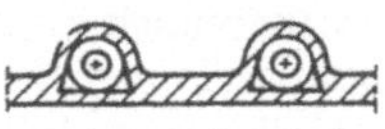
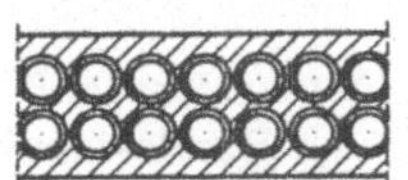
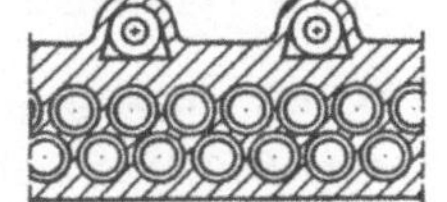

147.3 Profilwände von Kunststoffrohren (Spiralrohre) (Fa. BauKu GmbH)

3.1.7.2 Glasfaserverstärkte Kunststoffrohre (GFK-Rohre)

Glasfaserverstärkte Kunststoffe bestehen aus den beiden Komponenten Harz und Glasfasern unter Zugabe von Füllstoffen. Als Harz wird vorwiegend Polyesterharz und in geringem Umfang auch Epoxidharz eingesetzt.

Nach DIN 16869, T 1, wird als Füllstoff hauptsächlich Quarzsand mit einer Korngröße von 0,25 bis 1 mm zugegeben. Der Füllstoff erhöht die Rohrsteifigkeit.

Die Herstellung erfolgt durch:

Handlaminieren. GFK-Matten oder -Gewebe werden auf eine Form oder das Bauteil aufgelegt und das Harz von Hand aufgetragen.

Faserspritzverfahren. Harz, Glasfasern und Füllstoffe werden gleichzeitig auf eine Form aufgespritzt.

Wickelverfahren. Lagenweises maschinelles Aufwickeln von harzgetränkten Rovings oder Gewebebändern auf einen rotierenden Wickeldorn.

Schleuderverfahren. Entweder Einlegen einer Glasfasermatte in einen Hohlzylinder. Dieser wird anschließend in Rotation versetzt und gleichzeitig über eine Leitung das Harz zugegeben. – Oder in den sich drehenden Hohlzylinder werden über einen Zugabearm Harz, geschnittene Glasfasern sowie der Füllstoff gleichzeitig oder nacheinander mit dem Ziel eines Schichtenaufbaus eingebracht.

Man erhält beim Schleuderverfahren ein Rohr mit einem definierten Außendurchmesser und glatter Außenseite. Bei den anderen Herstellungsverfahren ist die Innenwand glatt und der Innendurchmesser durch die Form festgelegt.

GFK-Rohre werden in offener Bauweise als Freispiegel- oder Druckleitungen DN 200 bis DN 2000 (Längen: 6, 9, 12 oder 18 m, Drücke bis PN 6) und in geschlossener Bauweise in Form von Vortriebsrohren (Außendurchmesser DN 272 bis DN 2047, Längen 1 bis 3 m) verlegt.

Die heute zum Einsatz kommenden Abwasserrohre werden fast ausschließlich im Wickel- oder im Schleuderverfahren hergestellt.

Der Wandaufbau, z. B. von geschleuderten GFK-Rohren für den Einsatz im Abwassersektor, ist in DIN 19565 T 1, April 1985, festgelegt.

3.1.8 Stahlrohre

In der Regel wird dieser Werkstoff nur bei besonderen Anforderungen im Abwasserleitungsbau, wie für Druckrohre, Düker, Halbdüker, Schutzrohre, Rohrbrücken oder in schwierigem Gelände verwendet. Für Rohre und Formstücke aus Stahl als Abwasserleitungen gilt DIN 19530. Stahlrohre sind unabhängig vom Angriffsgrad nach dieser Norm, T 2, innen mit einem Korrosionsschutz in Form einer Plastomerbeschichtung, unter Verwendung eines Haftvermittlers, zu versehen.

3.1.9 Gußeiserne Rohre

In der Abwassertechnik dienen Graugußrohre vornehmlich als Abflußrohre in Gebäuden. Seit 1956 werden in der Bundesrepublik Deutschland duktile Gußrohre hergestellt. Der Unterschied zum Grauguß liegt in der Form des Graphitanteils. Grauguß enthält Lamellengraphit, duktiler Guß Kugelgraphit. Dadurch werden besonders die mechanischen Eigenschaften bestimmt. Grauguß ist spröde, duktiler Guß hat eine hohe Zugfestigkeit (mind. 420 N/mm^2) und eine beachtliche Verformbarkeit (Mindestbruchdehnung duktiler Schleudergußrohre 10%). Außerdem ist duktiles Gußeisen im Gegensatz zum Grauguß schweißbar.

Erdverlegte Gußrohre müssen einen äußeren und inneren Korrosionsschutz erhalten. Für den äußeren Korrosionsschutz schreibt DIN 19690 eine bituminöse Grundlage gemäß DIN 30674 vor. Der innere Korrosionsschutz ist entsprechend DIN 19690 in Form einer Zementmörtel-Auskleidung herzustellen. Für extreme korrosionschemische Beanspruchungen können die Rohre innenseitige Sonderbeschichtungen, z. B. Zementmörtel-Auskleidungen auf der Basis von Tonerdeschmelzzement oder Auskleidungen mit Epoxidharz erhalten.

Rohre aus duktilen Gußeisen werden als Druckleitungen oder für Leitungen in schwierigem Gelände eingesetzt.

Nach DIN 19690 und DIN 19691 sind sie für den Bau von erdverlegten Freispiegelleitungen und für den Bau von Druckleitungen bis PN 6 im Bereich von DN 100 bis DN 2000 zugelassen.

3.1.10 Rohre aus Verbundwerkstoffen

Um die Vorteile verschiedener Werkstoffe zu nutzen, wurden Verbundrohre entwickelt. Man verwendet meist zwei Schichten, Tragschicht und Korrosionsschutzschicht. Die Tragschicht wird von einem Beton- bzw. Stahlbetonrohr nach DIN 4032 bzw. 4035 gebildet, die innenliegende Schutzschicht besteht aus Keramik, Kunststoff oder Polyesterharzbeton.

3.1.10.1 Beton-Keramik-Rohr (BK-Rohr)

Es verbindet das korrosionsbeständige Steinzeugrohr nach DIN 1230 mit der hohen Tragfähigkeit des Stahlbetonrohres. Eine Anpassung an nahezu alle Belastungen bei gleichzeitiger Korrosionssicherheit ist möglich. Die Rohre werden für Verlegung im offenen Graben oder für Rohrvortrieb hergestellt und können in Nennweiten von DN 250 bis DN 1400 und Längen bis zu 1,75 m geliefert werden.

3.1.10.2 Beton-Kunststoff-Rohr

Hier wird die innere Schutzschicht aus Kunststoffen gebildet. Für die Verwendung der Auskleidungsmaterialien in Form von Bahnen, Platten oder rohrförmigen Körpern muß die Richtlinie des Instituts für Bautechnik Berlin eingehalten werden.

Folgende Rohrfabrikate werden verwendet: Stahlbetonrohre mit einer PVC-weich-Folie der Systeme Amerplate, Leschuplast und Dynamit-Nobel. Beton- und Stahlbetonrohre mit PVC-hart-Stegplatten, System BKU der Friedrichsfeld GmbH. Stahlbetonrohre mit einem inneren PVC-hart-Rohr (Trovidur) oder einem gewickelten (System Berringer) oder geschleuderten GFK-Rohr (System Hobas).

Eine weitere Variante stellen die Stahlbetonrohre mit Kunstharzausschleuderung der Firmen Züblin und Möller (Hamburg) dar. Das Aufschleudern der Kunstharzschicht erfolgt im Werk. Beton-Kunststoff-Rohre sind nicht an bestimmte Nennweiten gebunden. Die Ausbildung der Rohrverbindung muß auch den Korrosionsschutz für die Stirnwände der Rohre sichern.

3.1.11 Bauvolumen und Abschreibungssätze

Im Jahr 1979 betrug die Kanallänge der SW- und MW-Kanäle in der Bundesrepublik Deutschland ≈ 198000 km, der RW-Kanäle ≈ 45000 km und auf den Grundstücken ≈ 600000 km Erdleitungen. Etwa 82% der Kanäle ist jünger als 50 Jahre, 1% älter als 100 Jahre.

Über die tatsächliche Nutzungsdauer läßt sich daraus noch wenig ableiten. Die Abschreibungssätze verschiedener Institutionen weisen deshalb sehr unterschiedliche Werte aus (Tafel **150**.1). Die gleichen Sätze weist das ATV-A133 [1] und die Kommunale Gemeinschaftsstelle für Verwaltungsvereinfachung (KGSt) aus. Höher sind die Abschreibungssätze des Bundesfinanzministers (BMF) für steuerliche Zwecke. Dazwischen liegen der Bundesbauminister (BMBau) und Steenbock, R. (Steinzeug Kurier 3.84). Das Kommunalabgabengesetz (KAG) enthält bei den Bauwerken relativ hohe Sätze. Es sei aber darauf hingewiesen, daß die Örtlichkeit maßgebend für Abweichungen sein kann.

In den Großstädten haben 60 bis 85% der Kanäle eine Nennweite DN $\leqq$ 400. Der Rest besteht aus vorgefertigten Rohren, Ortbeton- und Mauerwerkskanälen. Bei den Werkstoffen führen mit großem Abstand Steinzeug und Beton, jeweils in den Bereichen 35 bis 55%. Der Trend bis zum Jahr 2000 erscheint hier gleichlaufend, jedoch wird den Kunststoffrohren ein Wachstum auf 5 bis 10%-Anteil vorausgesagt.

Tafel **150**.1 Abschreibungssätze für Anlagen der Abwassertechnik nach [75a]

Gegenstand	Abschreibungssätze in %				
	Steenbock	BMF	BMBau	KAG	KGSt/ATV A 133
Kanalrohre einschl. Grundstücksanschlüsse und Straßenabläufe		5		2–2,5	1–2 (1,25–2,5)
Asbestzement					
Beton/Stahlbeton (Schmutzwasser)	2,5–3		2–3,3		
Beton/Stahlbeton (Regenwasser)			1,7–2,5		
Steinzeug			1–1,25		
Ortbeton mit Innenauskleidung	1,5–2		1		
Mauerwerk					
Kunststoff	2,5–3				
Stahl	3–3,5				
Druckrohrleitungen	3–3,5				2–3,5
Einstieg- und Kontrollschächte	wie Kanalrohre		Beton 1,25–1,7; Klinker 1–1,25		
Sonderbauwerke in den Rohrleitungen (ohne maschinelle Einrichtung), wie z. B.					
Einlaufbauwerke					
Auslaufbauwerke	2,5–3,5	2,5		3	1,5–2,5
Regenrückhalte- und -überlaufbauwerke					
Zusammenführungs- und Trennungsbauwerke					
Andere Bauwerke insbesondere Pumpwerke und Kläranlagen (ohne maschinelle Einrichtung)	2,5–3,5	5	1,7–3,3	5	2,5–3,5
Maschinelle Einrichtungen	5–20	(10)	2,5–5		4–20
als Durchschnittswert	10				

3.2 Leitungsbau

3.2.1 Offene Bauweisen

Es sind darunter Bauverfahren zu verstehen, die es ermöglichen, Kanäle in einer offenen Baugrube herzustellen. Begrenzt ist die Anwendung durch die maximal zu erreichende Tiefe, durch die Verkehrsbeeinträchtigung in stark befahrenen Stadtstraßen, durch die Setzungsgefahr für Anliegergebäude und durch Platzmangel für die Arbeitsvorgänge. Außerdem besteht immer Abhängigkeit vom Wetter. Geräuschbelästigungen der Umgebung sind unvermeidbar.

Bild **151**.1 zeigt, wie groß der Arbeitsraum ist, den ein verhältnismäßig tiefer Rohrgraben mit größerem Rohrprofil (∅ 1,40 m) schon benötigt. Dabei ist hier der ausgehobene Boden nicht einmal neben der Baugrube gelagert, sondern abgefahren worden, ein Verfahren, das bei Platzmangel immer erforderlich ist. Man fährt den Boden der ersten Haltung ab und füllt dann immer den Boden der nächsten Haltung in die vorherige. Für die letzte Haltung wird der Boden der ersten wieder herbeigeholt.

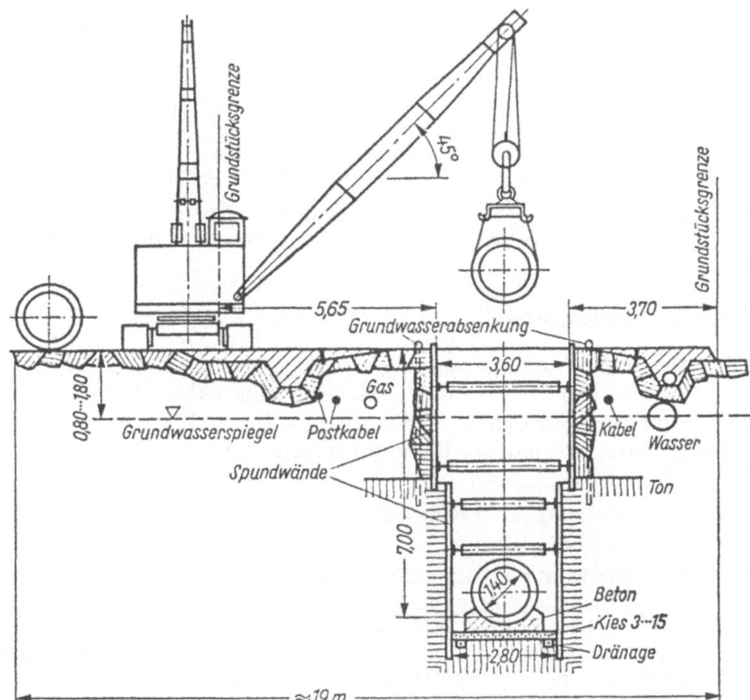

151.1
Querschnitt durch Kanalbaustelle in offener Bauweise

3.2.1.1 Vermessungsarbeiten

Vor Beginn der Ausschachtungsarbeiten wird die Leitungsführung in den Straßen bzw. im Gelände abgesteckt. Hierbei wird jeder Schacht auf Grenzsteine, Gebäudeecken usw. mit Winkelspiegel, Bandmaß oder anderen Hilfsmitteln eingemessen und durch Fluchtstäbe gekennzeichnet. Durch Einfluchten weiterer Stäbe zwischen den Schächten wird der genaue Verlauf der Leitung festgelegt. Zu beiden Seiten der Fluchtstäbe, rechtwinklig und mit Abstand zum Leitungsverlauf, können dann Pfähle für Peilbretter oder Höhenmarkierungen eingegraben werden. Bei Verwendung von Leitungspeiltafeln werden Peilbretter waagerecht an die Pfähle, ≈ 1,00 bis 1,50 m über Geländeoberkante, genagelt. Die Visierlinie verläuft dann zwischen den Visieren (Pfähle mit Peilbrettern) parallel zur Leitungssohle. Diese Arbeiten vereinfachen sich bei Verwendung von Kanalbau-Laser-Geräten (Abschn. 3.2.1.5). Es wird dann an den Schächten nur Lage und Tiefe ausgepflockt. Die gefällegerechte Verlegung der Rohre erfolgt dann mit Hilfe des Laserstrahles.

Beispiel (**152**.1)

Schacht 1:	Leitungssohle	140,00 m üNN
	Geländeoberkante	142,10 m üNN
	nivellierter Nagel	142,63 m üNN
Schacht 3:	Leitungssohle	140,40 m üNN
	Geländeoberkante	142,80 m üNN
	nivellierter Nagel	143,15 m üNN

Gewählte Visierhöhe der Rohrpeiltafel 3,50 m
(Bei der Grabenpeiltafel muß man einen Zuschlag = Rohrstärke + Bettungsschicht machen.)

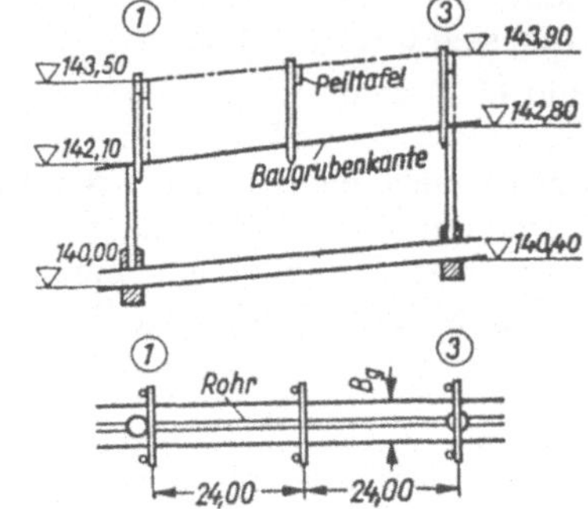

152.1 Setzen der Peiltafeln

Schacht 1: 140,00 + 3,50 = 143,50 m üNN = Höhe des Peilbrettes
143,50 − 142,63 = 0,87 m = Höhe des Peilbrettes über dem Nagel

Schacht 3: 140,40 + 3,50 = 143,90 m üNN = Höhe des Peilbrettes
143,90 − 143,15 = 0,75 m = Höhe des Peilbrettes über dem Nagel

3.2.1.2 Bodenaushub

Die Baugrubenbreite ist von dem zu verlegenden Rohrdurchmesser abhängig und so zu bestimmen, daß bei normaler Bauausführung neben dem Rohr in Kämpferhöhe bei übersteigbaren Rohren (d_a < 400 mm) ein freier, ≧ 20 cm breiter Arbeitsraum vorhanden ist. Mindestbreite der Baugrube ist jedoch 80 cm, bei größeren Tiefen entsprechend mehr (s. Abschn. 2.8.1).

Bei nicht übersteigbaren Rohren (d_a ≧ 400 mm) soll der Arbeitsraum neben dem Kämpfer ≧ 35 cm breit sein.

Die Straßendecke ist sorgfältig aufzuschneiden bzw. zu -brechen. Der Boden wird zweckmäßig auf einer Baugrubenseite gelagert, um die andere für Abtransport und Lagern von Baustoffen freizuhalten. Zwischen Baugrube und ausgehobenem Boden ist ein ≈ 60 cm breiter Zwischenraum vorzusehen, damit Rohrverlegekräne eingesetzt werden können und die Gefährdung der Baugrube durch Auflast vermindert wird. Die Baugrube ist sorgfältig abzusperren und zu beleuchten.

Bei geböschten Baugruben (**153**.1a) richtet sich die Böschungsneigung nach der Bodenart, der Bauzeit und den Belastungen der Böschungen. I. allg. können folgende größte Böschungswinkel vorgesehen werden:

a) nichtbindiger oder weicher bindiger Boden	$\beta = 45°$
b) steifer oder halbfester bindiger Boden	$\beta = 60°$
c) leichter Fels	$\beta = 90°$
d) schwerer Fels	$\beta = 80°$

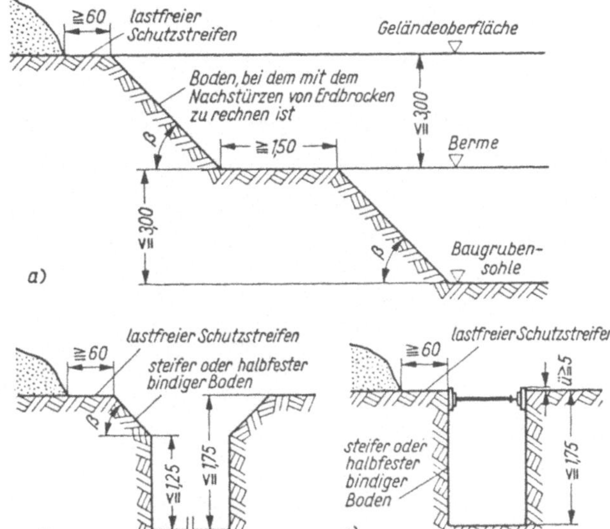

153.1
Baugruben ohne Verbau (nach DIN 4124)
a) geböschte Baugrube
b) Baugrube mit senkrechter Wand und geböschten Kanten
c) Baugrube mit senkrechter Wand und Saumbohle

Baugruben und Gräben bis zu 1,25 m Tiefe dürfen i. allg. ohne besondere Sicherung mit senkrechten Wänden hergestellt werden.

Bei 1,25 bis 1,75 m hohen Wänden im standfesten, gewachsenen Boden genügt es i. allg., den mehr als 1,25 m über der Sohle liegenden Bereich der Wand abzuböschen (**153**.1b) oder mit Saumbohlen zu sichern (**153**.1c).

3.2.1.3 Einsteifen der Baugrube[1])

Nach den Unfallverhütungsvorschriften der Tiefbau-Berufsgenossenschaft müssen alle Gräben für Leitungen mit $T \geqq 1{,}25$ m, soweit sie nicht in Fels oder ähnlich standfestem Boden ausgeführt werden, der Bodenart, den Grundwasserverhältnissen und der Straßenbefestigung entsprechend abgeböscht oder sachgemäß verbaut (abgesteift) werden. Die Baugrube ist so zu verkleiden, daß der Arbeitsraum möglichst wenig beschränkt wird und Umsteifungen vermieden werden. Holzbohlen sollen ≧ 5 cm dick sein. In Großstädten werden 6 bis 8 cm Dicke erforderlich. Die Bohlen sind 4,5 m lang und 20 cm breit, sollen parallel besäumt und mindestens an der Baugrubenwand scharfkantig sein. Brusthölzer müssen ≧ 8/12 cm Querschnitt haben. Weil die Steifen nur durch Reibungskräfte gehalten werden, dürfen sie nicht benutzt werden, um in die Baugrube zu gelangen oder sie zu verlassen; hierfür sind Leitern bereitzuhalten. Die Steifen dürfen nur mit besonderer Vorsicht und in dem Maße beseitigt werden, wie die Baugrube verfüllt wird.

Waagerechter Verbau (**154**.1, **154**.2) wird gewählt, wenn der Boden mindestens so standfest ist, daß er auf die Tiefe einer Bohlenbreite frei abgeschachtet werden kann, bevor die Bohle eingezogen wird. Ausbohlen und Ausschachten müssen miteinander Schritt halten. Die Schalbohlen müssen durch Brusthölzer verbunden werden, die über 3 bis 4 Bohlen greifen (**154**.1). Der Abstand der Brusthölzer ist von der Tiefe der Baugrube und vom Erddruck abhängig; er beträgt gewöhnlich 1,5 bis 2,5 m. Jedes Bohlenende muß

[1]) DIN 18303.

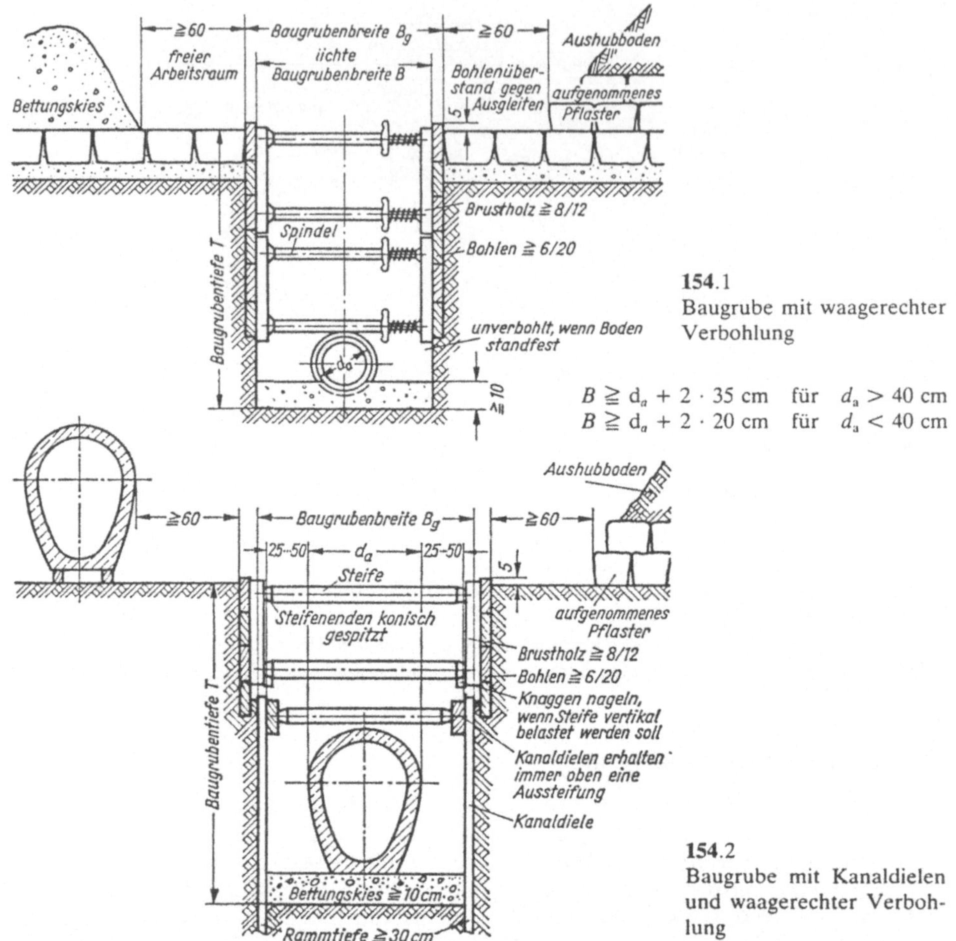

154.1 Baugrube mit waagerechter Verbohlung

$B \geqq d_a + 2 \cdot 35$ cm für $d_a > 40$ cm
$B \geqq d_a + 2 \cdot 20$ cm für $d_a < 40$ cm

154.2 Baugrube mit Kanaldielen und waagerechter Verbohlung

abgesteift werden. Die oberste Bohle ist zum Schutz für die Arbeiter in der Baugrube 5 cm über den stehenden Boden zu ziehen. Steifen sollen am Ende konisch gespitzt werden, damit sie nicht splittern. Auch Schachtbaugruben müssen gut ausgesteift sein. Vernachlässigt werden oft die Stirnwände zu den Kanalbaugruben hin, von denen aus dann der Boden abrutscht.

Baugruben mit Bohlen zwischen I-Trägern (Rammträgerverbau) werden angelegt, wenn Steifen in der Baugrube stören würden oder bei großen Baugrubenbreiten. Die I-Träger müssen 1,5 m, als Mittelstützen sogar 3,0 m unter die Baugrubensohle reichen. Die Bohlen sollen fest gegen das Erdreich gepreßt werden. Hohlräume zwischen Baugrubenwand und Schalung sind auszufüllen (**155**.2).

Bild **155**.3 zeigt eine Baugrube von 8,0 m Tiefe, die nach den Vorschriften der Bauberufsgenossenschaft Hamburg angelegt wurde. Es gelten folgende Abmessungen:

bis 6,0 m Tiefe Bohlen 6/20 cm, Brusthölzer 10/16 cm, Steifen ∅ 15 cm

über 6,0 m Tiefe Stahlspundwand, Brusthölzer 16/18 cm, Steifen ∅ 17 cm

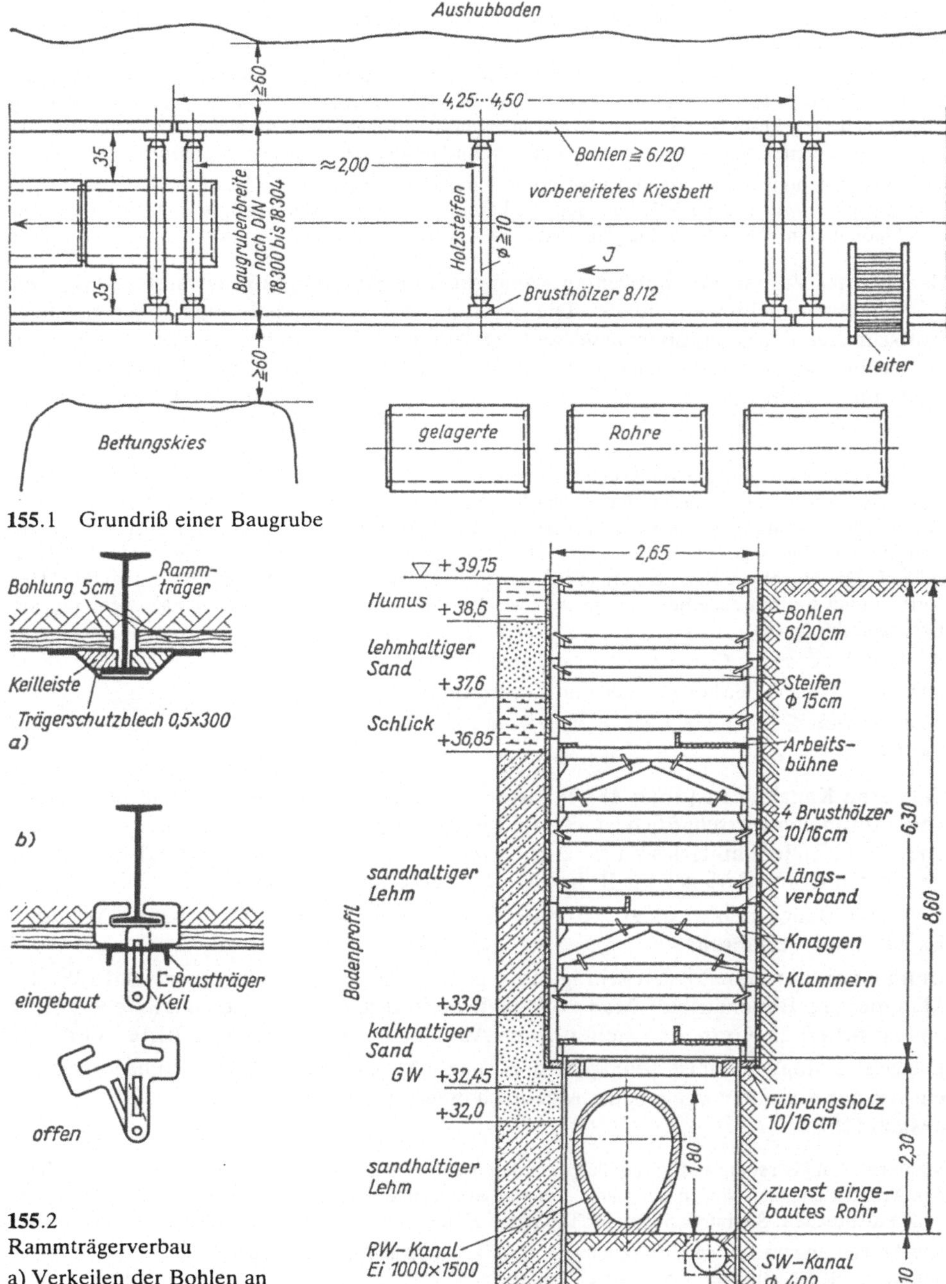

155.1 Grundriß einer Baugrube

155.2 Rammträgerverbau
a) Verkeilen der Bohlen an den Rammträgern
b) Befestigung der Bohlen mit Schipplie-Eisen

155.3 Querschnitt einer tiefen horizontal verschalten Baugrube

Alle Steifen sind gegen Abrutschen durch Knaggen oder Spitzklammern zu sichern. Die Steifenlänge beträgt höchstens 2,40 m.

Die angegebenen Abmessungen gelten nur für Rohrgräben normaler Abmessungen. Wo die Maße in Breite und Tiefe (bis 8,80 m) überschritten werden, ist die behördliche Genehmigung beim Bauaufsichtsamt unter Vorlage von Zeichnungen und statischen Berechnungen zu beantragen. Die Gleitbohlen dienen zur Sicherung der Steifen beim Herablassen schwerer Kanalrohre.

Der Baugrubenquerschnitt ist im Entwurf festzulegen. Er beeinflußt die Bemessung der einzubauenden Rohre. Weichen die örtlichen Gegebenheiten von den Annahmen ab, so muß durch zusätzliche Maßnahmen vor Ort ein Ausgleich erreicht werden.

Senkrechter Verbau wird notwendig, wenn eine lose Bodenart (körnig, wasserhaltig) den waagerechten nicht mehr zuläßt. Die ≈ 1,5 bis 5,0 m langen Bohlen sollen mit dem Fortschreiten der Baugrubenausschachtung senkrecht eingetrieben werden. Bei tieferen Baugruben werden sie schräg nach außen gerichtet geschlagen, um den Arbeitsraum nach unten nicht zu verengen. Sie sollen eingebaut ≧ 30 cm unter die Baugrubensohle reichen (**154**.2).

Häufig verkleidet man die Baugrube durch stählerne Kanaldielen. Man kann sie verwenden, wenn die Verkleidung nicht durch ein Schloß gedichtet werden muß. Die Dielen sollen sich seitlich gut überdecken und ≧ 30 cm in den Boden hinabreichen. Sie sind oben immer abzusteifen (Gurte und Steifen). Die stählernen Spreizen sind gegen Herunterfallen durch Hängeeisen oder dgl. zu sichern. Die einzelnen Kanaldielen sollen durch Keile fest an das Erdreich gepreßt werden. Der Verbau muß statisch berechnet und geprüft werden. Als Anhaltswerte gelten bei Verwendung von Breitflanschträgern:

Abstand des obersten Gurtes von Grabenkante ≦ 1,0 m

lotrechter Abstand der horizontalen Gurte ≦ 2,0 m

unterster Gurt ≦ 1,7 m über Grabensohle, wenn Kanaldielen ≧ 0,6 m unter Grabensohle gerammt werden

Stählerne Kanaldielen (Tafel **157**.1) lassen sich wieder verwenden, so daß ihr Einsatz verhältnismäßig wirtschaftlich ist. Sie sind jedoch teurer als ein horizontaler Bohlenverbau. Beim Ziehen hinterlassen sie einen schmalen Hohlraum, der nachträglich leicht zu verdichten ist (Widerlager für Rohrkämpfer muß erhalten bleiben).

Bei tiefen Baugruben wird der Verbau in mehreren Stufen (Gefachen) ausgeführt. Es gibt zwei Verfahren:

Einrammen der Kanaldielen schräg, 10:1 geneigt, gegen die Baugrubenwand (**157**.2). Man spart am Bodenaushub. Man steift auch die so gerammten Dielen mit Spindelsteifen ab und sichert die Gurte und Steifen durch Aufhängen an den Dielen (Kölner Verbau).

Die zweite Möglichkeit ist, senkrecht zu rammen. Man setzt die nächste Bohle immer um ein von der Ramme vorgegebenes Maß nach innen ab. Hier erhält man größeren Bodenaushub (**157**.3).

Stählerne Kanalstreben und Spindelköpfe müssen den „Grundsätzen für den Bau und die Prüfung der Arbeitssicherheit von in der Länge verstellbaren Aussteifungsmitteln für den Leitungsgrabenbau“ entsprechen. Sie müssen von der TBG geprüft und mit einem Prüfkennzeichen versehen sein.

Die Aussteifung waagerechter Grabenverkleidungen muß aus rahmenartigen Konstruktionen bestehen, d. h. alle Brusthölzer oder Aufrichter müssen mindestens durch zwei Streben gehalten werden. Dies gilt auch bei Umsteifungen während der Rohrverlegungsarbeiten oder beim Rückbau. Ein Ansetzen der Streben auf der Verkleidung ist unzulässig. Beim senkrechten Verbau sind Gurthölzer oder Gurtträger durch Hängeeisen o. ä. an der Grabenwand aufzuhängen (**157**.3).

Tafel **157**.1 Abmessungen von Kanaldielen[1])

Fabrikat	Bezeichnung	Querschnitt	Breite b in mm	Höhe h in mm	Dicke t in mm	Gewicht je m² Wand g in kg	Widerstandsmoment W in cm³/m	Stahlsorte *St*	Stahlsorte *Sp*	übliche Längen l in m
Hoesch[2])	HKD 220		220	31	5,5	51,8	32		45	1,3 bis 3,5
	HKD 400		400	50	5	46	85		45	3,5 bis 5,0
Krupp[3])	KD II		330	35	5,5	51	55		37	3,5 bis 4,5
	KD III		375	38	5,5	53	70		37	3,5 bis 4,5
Larssen[4])	UKD II		330	33	6	51	55	37	45	2,5 bis 6,0

[1]) Alle Typen werden auf Wunsch mit einer Lochung ∅ 40 mm, 150 mm von der Oberkante entfernt, geliefert.
[2]) Hoesch AG Westfalenhütte, Dortmund
[3]) Hütten- und Bergwerke Rheinhausen AG, Hüttenwerk Rheinhausen
[4]) Hüttenunion Dortmund

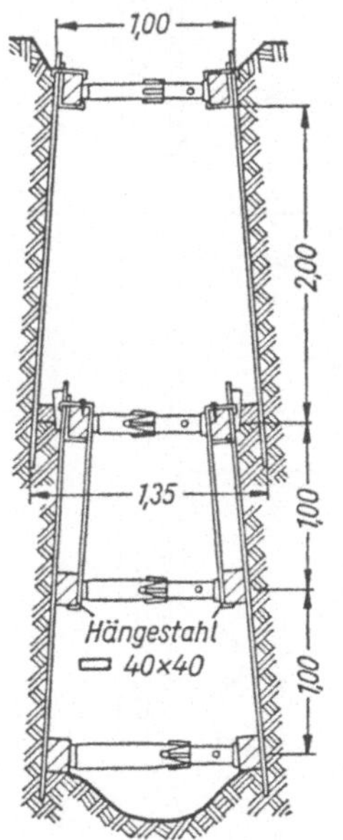

157.2 Kölner Verbau mit Spindelspreizen

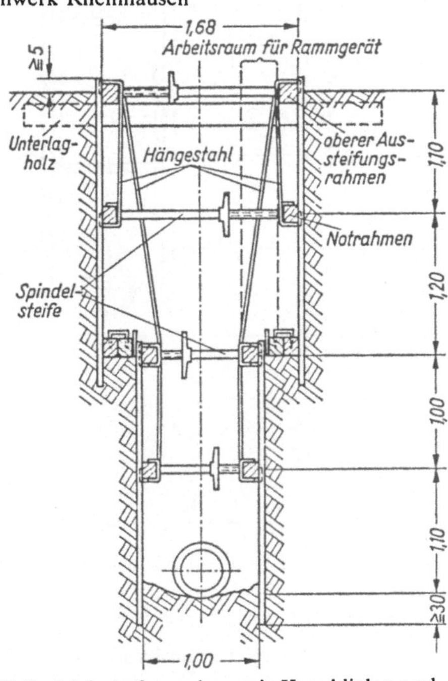

157.3 Mehrstufenausbau mit Kanaldielen und Spindelsteifen

Über diese grundlegenden Bestimmungen hinaus werden in den Abschnitten 6 und 7 der DIN 4124 weitere Angaben zur Mindestgüte und zu den Abmessungen der Verbauteile gemacht. Außerdem werden Normausführungen für waagerechten und senkrechten Verbau (Normverbau) festgelegt, die bei Einhaltung der Voraussetzungen ohne Standsicherheitsnachweis verwendet werden dürfen. Konventioneller Verbau ist sehr lohnaufwendig. Deshalb wurden Verbaugeräte entwickelt, mit deren Hilfe ein Holzbohlen- oder Kanaldielenverbau außerhalb des Grabens vorgefertigt werden kann (Verbaukörbe) oder die das Vorstrecken eines senkrechten Verbaus im Graben erleichtern (Vorstreckgeräte, Verbauwagen). Diese Geräte bezeichnet man als Verbauhilfsgeräte. Sie sind nicht Bestandteil des Verbaus selbst. Voraussetzung für ihren Einsatz ist, daß die Wände maschinell ausgehobener Leitungsgräben bis zum Einsetzen oder Vorstrecken des nächsten Verbauabschnittes, standfest sind. Der Grabenaushub darf höchstens um die Länge eines Verbaufeldes, bei Vorstreckgeräten höchstens um 3,50 m vorauseilen. Der Rückbau muß konventionell ohne Hilfe des Verbaugerätes erfolgen. Verbauhilfsgeräte bedürfen eines Prüfzeichens durch den Fachausschuß Tiefbau.

Verbauplatten, Kammerplatten. Als Verbauplatten kommen überwiegend werksgefertigte, bis zu 3,50 m lange und bis zu 3,0 m hohe Verbaufelder zum Einsatz. Die beidseitigen Verbauplatten bestehen aus waagerecht übereinanderliegenden, verschweißten Stahlprofilen. Darauf aufgeschweißte senkrechte Führungsschienen (Gurtungen, Aufrichter) aus Profilstahl dienen dem gelenkigen Anschluß der Streben. Als Ergänzung zu den Grundelementen gibt es Aufstockelemente. Die maximal zulässige Grabentiefe liegt nach Prüfbescheinigung zwischen 4 und 7 m (**158**.1).

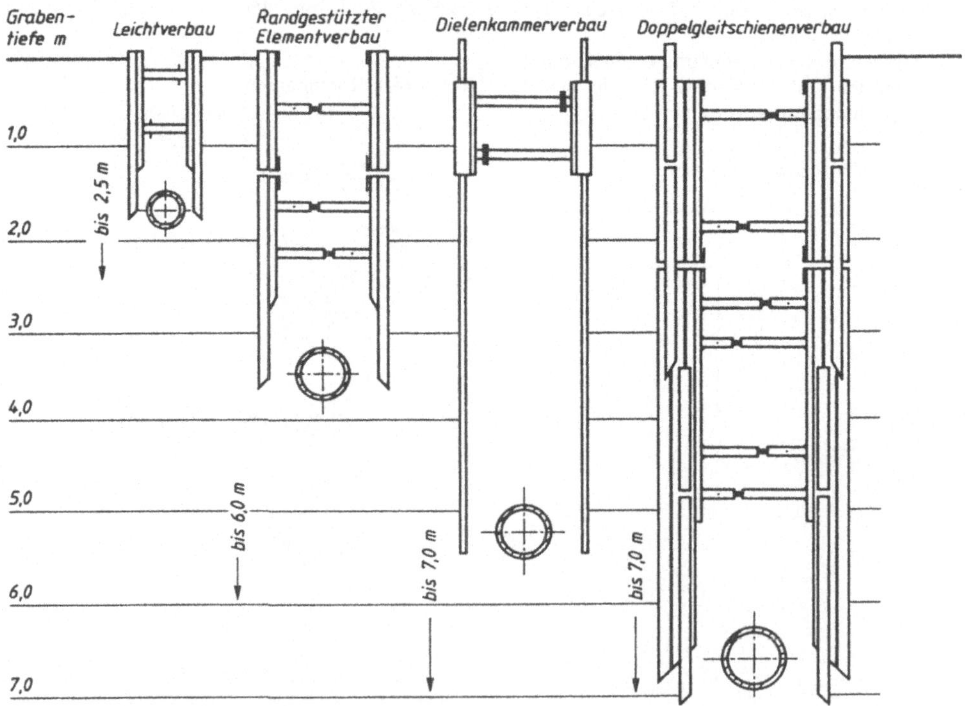

158.1 Einsatzbereiche von Kammerelementen

Die Bauarten der Verbauelemente unterscheiden sich durch die Schwere der Ausführung und durch die Lage der Führungsschienen. Leichtere Bauarten haben nur eine Führungsschiene in der Mitte, schwerere Bauarten haben Führungsschienen an beiden

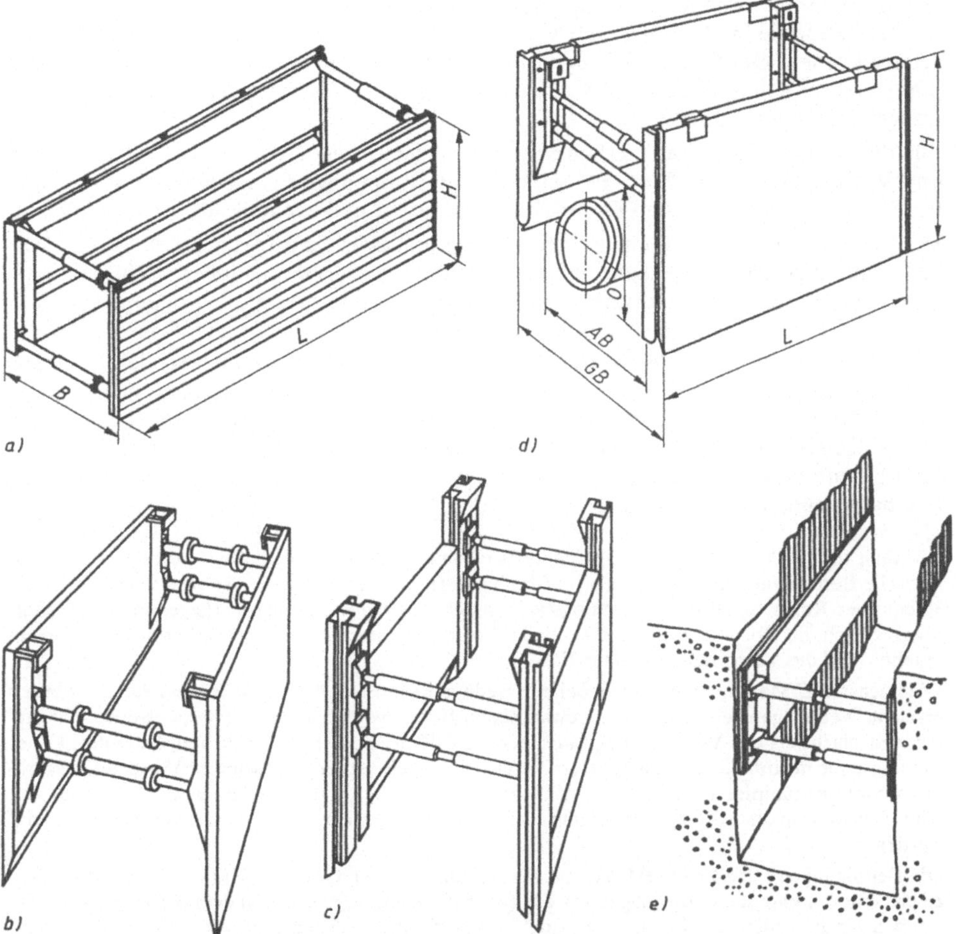

159.1 Verbauplatten, Kammerelemente

a) Graben-Verbau-Box. Stahlelement (Fa. Krings).
Maße in mm: L = 3500, H = 1800, O = 950, Grabenbreite 1150 bis 1520, Arbeitsbreite 980 bis 1350 oder L = 3500, H = 2600, O = 1500, GB 1150 bis 1520, AB 980 bis 1350

b) Randgestützte Verbauplatten

c) Verbauplatten mit Gleitschienen

d) Dielen-Kammer-Element (Fa. Krings) aus zwei Kammerplatten, die durch Teleskop-Gewinde-Spindeln verbunden sind. Die in die Kammerplatte eingearbeiteten Mittelstege bzw. Abstandhalter übertragen den Bodendruck von der Außenwand auf die horizontal angeordneten Tragbalken. Zwischen beiden ist ein Freiraum zum Einbringen der Dielen. Länge 3730, B = Einstellbreite 1250 bis 1950, Höhe wahlweise 750 oder 1500

e) Kammerplattenverbau mit Kanaldielen

Enden (**159**.1b). Je Führungsschiene sind mindestens zwei Streben einzubringen, die so hoch angesetzt werden können, daß darunter ein ausreichender Raum für die Rohrverlegung verbleibt.

Wenn die Grabenwände nicht standfest sind, dürfen Stahlverbauplatten nur eingesetzt werden, wenn sie im Absenkverfahren eingebracht werden und keine fließenden Bodenarten anstehen. Der Grabenaushub darf dann bis höchstens 50 cm unterhalb der Verbauplatten vorauseilen. Wenn die Verbauelemente nicht nachrutschen, werden sie vom Baggerlöffel nachgedrückt.

Für den Verbau im Absenkverfahren gut geeignet ist die Trennung von Gleitschienen und Verbauplatten. Ein Paar Gleitschienen mit Streben wird eingebracht und anschließend die Stahlplatten in die Führungsnuten eingelegt und ebenfalls abgesenkt (**159**.1c).

Bei tieferen Rohrgräben können Gleitschienen mit zwei Führungsnuten eingesetzt werden. Die zunächst abzusenkenden Verbauplatten werden in die äußeren Nuten eingeführt. Im unteren Grabenabschnitt werden die Verbauplatten an den oberen vorbei in den inneren Nuten abgesenkt und beim Rückbau als erste gezogen (**158**.1).

Eine Weiterentwicklung der Verbaukörbe in Richtung Plattenverbau ist der Kammerplatten- oder Dielenkammerverbau. Die Kammerelemente, 75 cm bis 2 m hoch, besorgen die Grabenaussteifung im oberen Grabenbereich. Anschließend werden Kanaldielen in die Kammern eingeführt und während des Aushubs eingerammt oder einvibriert (**159**.1d und e). Kammerplattenverbau war bisher bis zu einer Tiefe von 8 m zugelassen. Die bauartabhängige zulässige Tiefe setzt die Prüfbescheinigung fest.

Rückbau und Rohrstatik. Der fachgerechte Rückbau des Verbaus beeinflußt besonders auch die statische Berechnung der Rohrleitung (s. Abschn. 2.8). Danach werden im Rohrbettungsbereich bis 30 cm über Rohrscheitel die Einbettungsbedingungen B1 bis B4, im darüberliegenden Überschüttungsbereich die Überschüttungsbedingungen A1 bis A4 unterschieden. Nach diesen Bedingungen ergeben sich die Verformungsmoduln E_B.

Die höchsten E-Moduln ergeben sich bei den Bedingungen B1 und A1 bzw. B4 und A4. Sie werden erreicht, wenn lagenweise gegen den gewachsenen Boden verdichtet wird. B4/A4 erfordert zusätzlich den Nachweis des Verdichtungsgrades nach ZTVE. Lagenweises Verdichten bedeutet, in der Leitungszone maximale Schütthöhe 30 cm, oberhalb dürfen mittlere und schwere Verdichtungsgeräte (Vibrationsstampfer über 25 kg, Explosionsstampfer über 100 kg, Rüttelplatten über 300 kg, Vibrationswalzen über 600 kg Arbeitsgewicht) erst ab einer Scheitelüberdeckung von 1 m eingesetzt werden.

Die Bedingungen B1/A1 bzw. B4/A4 sind nur bei unverbauten Gräben oder bei verbauten Gräben zu erreichen, wenn der Verbau lagenweise zurückgenommen und erst nach dem Rückbau gegen die Grabenwände verdichtet wird. Das ist durch herkömmlichen waagerechten Verbau, durch Plattenverbau mit Gleitschienen oder mit einem Dielenkammerverbau erreichbar. Beim Verdichten gegen Kanaldielen können nur die Bedingungen B2/A2, gegen Holzbohlen, Spundwände oder Verbauplatten nur die Bedingungen B3/A3 erreicht werden, mit niedrigeren E-Moduln.

3.2.1.4 Rohrlagerung

Im Bereich der Gründungsfläche der Leitung darf die Sohle nicht aufgelockert werden. Die Gefahr der Lockerung ist beim Einsatz von Grabenbaggern besonders groß. Der letzte Boden sollte möglichst von Hand ausgehoben werden.

Die Lagerungsart der Rohrleitung im Graben beeinflußt ihre Tragfähigkeit wesentlich (s. Bild **115**.3). Bei Rohren mit Fuß verteilt sich der Druck auf die Rohrsohle gleichmäßig, damit ist eine größere Tragfähigkeit des Rohres gegeben. Bei Rohren ohne Fuß ist punktförmiges Auflagern zu vermeiden. Der Auflagewinkel soll ≧ 90° betragen.

Ist der anstehende, gewachsene Boden für die unmittelbare Lagerung der Rohre brauchbar, was für sandigen Boden und Feinkies, aber auch für bindigen Boden oft zutrifft, dann soll die Auflagerfläche entsprechend der Form der Rohraußenwand aus dem Boden so herausgeformt werden, daß das Rohr auf der ganzen Länge satt aufliegt. Unter den Muffen ist die Mulde entsprechend zu vertiefen.

Ist der Boden für unmittelbares Auflagern ungeeignet, dann muß die Grabensohle tiefer ausgehoben und ein Auflager aus Sand, Feinkies oder Beton hergestellt werden. Bei Sand oder Kies soll die Auflagerschicht ≧ 1/10 DN + 10 cm dick sein. Die Schicht ist gut zu verdichten. Besteht die Gefahr, daß Sand als Auflagerschicht ausgespült werden kann, so sollen die Rohre auf Beton gelagert werden. Die Betongüte soll mindestens B 15 sein. Eine Bewehrung kann erforderlich sein. Das Betonauflager wird meist fertig hergestellt, und die Rohre werden in die vorgeformte Oberfläche in Mörtel verlegt.

I. allg. kommt man mit den in Abschn. 2.8.3 gezeigten Lagerungsarten und der Rohrummantelung in Ortbeton für vorgefertigte Rohre aus. Besonders schwierige Bodenarten erfordern jedoch noch weitere Konstruktionen. Bild **161**.1 zeigt ein Walzbetonrohr (Fa. Dywidag), das im Seeton des Tegernsees verlegt wurde. Hier hat man sich gegen den im feuchten Zustand auseinanderfließenden Seeton mit einem Maschendrahtgewebe geholfen, welches das Kies-Sand-Auflager zusammenhält. Es wurde in Trogform gebogen. An anderer Stelle mit sehr steinigem, ungleichmäßigem Untergrund hat man die gleiche Rohrart auf ein Betonbankett verlegt, das V-förmig hergestellt wurde (**161**.2). Durch eine 2-Linienlagerung wird die Spannungsspitze in der Rohrsohle abgemindert. Die Zwickel wurden nachträglich ausbetoniert; damit wird ein Auflagewinkel von 120° erreicht. Unter dem Rohr liegt eine Dränleitung zur offenen Grundwasserhaltung (s. Abschn. 3.2.4.1). Das wasserführende Schotterbett geht über die ganze Baugrubenbreite.

Die Tragfähigkeit kann durch eine Betonummantelung gesteigert werden. Das Rohr wird entweder bis über den Kämpfer oder aber ganz in Stampfbeton gehüllt. Man kann im letztgenannten Fall auch noch Baustahlgewebe über Kämpfer und Scheitel einlegen. Die Betongüte soll mindestens B 15 sein. In geeigneten Abständen sind Dehnungsfugen anzuordnen.

Bei nicht tragfähigen Schichten (Torf, Moor, Schlick) kleinerer Mächtigkeit unter der Sohle versucht man, nachträgliches Setzen der Leitung durch Austausch dieser Schichten

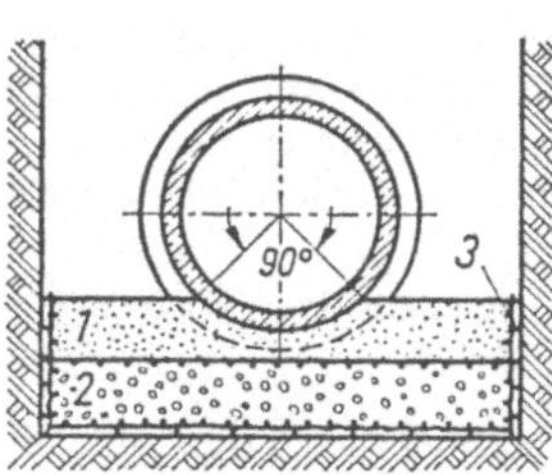

161.1 Dywidag-Walzbetonrohr im Seeton
1 Sand
2 Kies
3 Maschendraht

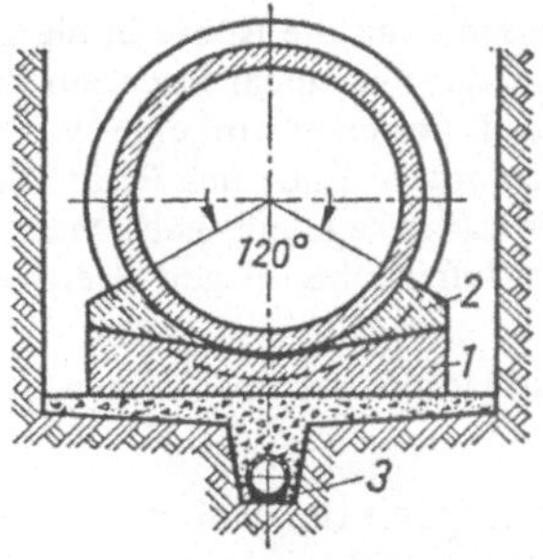

161.2 Dywidag-Walzbetonrohr auf einem Betonbankett
1 Bankett aus B 25
2 Zwickelbeton B 25
3 Dränleitung

gegen Sand und Kies zu vermeiden. Bei größerer Tiefenlage und Mächtigkeit der nicht tragenden Schichten ist eine Pfahlgründung mit hölzernen Pfählen oder Stahlbetonpfählen notwendig. Die Pfahlabstände betragen ≈ 3 bis 6 m. In größeren Abständen ist ein Pfahlzweibock vorzusehen, um u. U. auftretende horizontale Seitenlasten aufzunehmen. Das Leitungsgewicht wird durch Längsbalken auf die Pfähle übertragen. Holzwerk soll möglichst ganz im Grundwasser stehen. Bei aggressivem Grundwasser muß Beton durch besondere Zusätze verbessert werden.

3.2.1.5 Verlegen von Leitungen und Einrichten der Rohre

Zum Einrichten der Rohre können für jede Leitungshaltung drei Peilbretter gesetzt werden. Eine bewegliche Peiltafel wird auf die Rohrsohle gestellt und über die Peilbretter eingefluchtet (**162**.1a und b). Dieses Einrichten ist für jedes Rohr durchzuführen. Um die Höhe der Grabensohle beim Aushub zu bestimmen, benutzt man Grabenpeiltafeln, die ≈ 10 bis 20 cm länger sind als Rohrpeiltafeln.

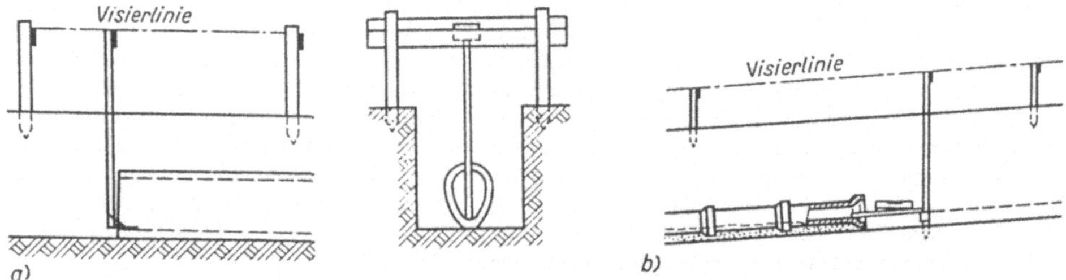

162.1 Einrichten der Rohre
a) Höhenlage der Rohrsohle, b) Höhenlage der Rohrsohle mit Achspfählen

Die Lage der Leitungen wird durch eine von Peilbrett zu Peilbrett gespannte Schnur und Abloten der Richtung bestimmt. Die Peilbretter wurden vorher so an die Pfähle geschlagen, daß die versetzte Zweifarbenmarkierung die Kanalachse festlegt.

Statt jedes Rohr einzeln in die richtige Lage zu bringen, können auch 3 bis 4 m entfernte Achspfähle in die Baugrubensohle geschlagen und ihre Oberkante wie vorher eingepeilt werden (**162**.1). Nach diesen Pfählen werden dann die Rohre in die geplante Lage und Höhe gebracht. Hierzu wird ein Richtscheit benutzt, das mit einem Ende auf den Pfahl, mit dem anderen Ende in die Rohrsohle gelegt wird. Auf das Richtscheit wird eine Wasserwaage gesetzt und mit der Neigung des Sohlengefälles befestigt. Das untere Ende des Richtscheites und damit das Rohrende wird dann so lange gehoben, bis die Wasserwaage einspielt. Man verlegt grundsätzlich von der tieferen zur höheren Stelle, so daß die Muffen oben liegen. Bei Verlegung größerer Profile wird jedes Rohr einzeln einnivelliert.

Diese Verlegeart spielt nur noch bei kurzen Leitungslängen und in der Grundstücksentwässerung eine Rolle.

Eine für die Genauigkeit der Rohrverlegung sehr vorteilhafte Neuentwicklung stellt der Laser-Strahl dar, welcher als „Kanalbau-Laser" im Leitungsbau Verwendung findet. Die Verlegung mit dem Laser-Gerät wird in der Regel bei Straßenkanälen bzw. langen Kanalstrecken eingesetzt.

Das Gerät hat die Form eines flachen Prismas. Es wird meist so aufgestellt, daß der Laserstrahl die Achse der zu verlegenden Leitung markiert. Zunächst wird die Zielachse durch eine Libelle horizontiert, dann wird die Steigung (Gefälle) direkt auf einer Skala eingestellt. Die Zielscheibe befindet sich im anderen Rohrende. Der Rohrleger verlegt das Rohr so, daß der Laserstrahl durch das Achsenkreuz der Zieltafel geht. Die Reichweite des Lasers beträgt etwa 180 m, automatische Neigungseinstellung, Neigungsbereich bis 25 bis 30%, Arbeitsgenauigkeit 0,01% (**163**.1).

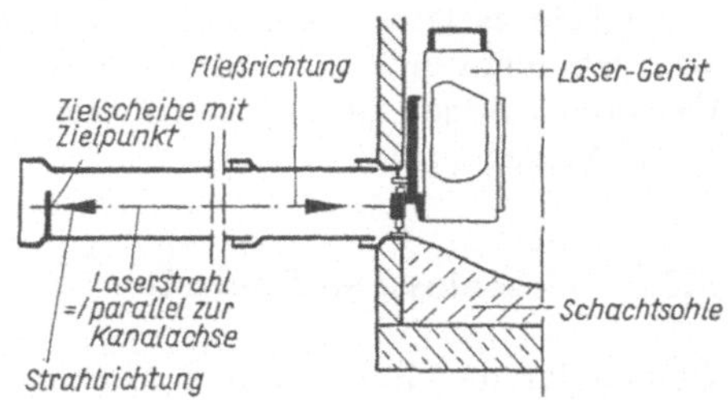

163.1 Kanallaser bei der Rohrverlegung

Kontrollen der Rohrverlegung. Die Kontrolle kann optisch mit einer Lampe und einem Kanalspiegel, mit einem Kanalfernauge oder hydraulisch durch den Druckversuch erfolgen. Die abzudrückende Kanalhaltung wird bei noch offener Baugrube beiderseits durch Verschlußdeckel wasserdicht gemacht. Der obere Verschluß erhält ein Standrohr von ≧ 5 m Höhe über dem tiefsten Sohlpunkt der Prüfstrecke. Die Haltung wird von unten her mit Reinwasser gefüllt, bis der Wasserspiegel im Standrohr 5 m über der Sohle steht. Während einer Dauer von 15 Minuten darf nur eine bestimmte Höchstwassermenge nachgefüllt werden, damit dieser Wasserspiegel nicht absinkt (DIN 4033). Tritt Wasser in der Haltung aus, so ist nachzudichten. Die Prüfstrecke soll 24 Stunden vorher bereits mit Wasser gefüllt sein.

Verfüllen des Rohrgrabens. Besonders sorgfältig ist der Graben beiderseits der Kämpfer und bis zu 30 cm über dem Scheitel (Leitungszone) mit Kies und feinem Sand zu verfüllen. Auch die restliche Baugrube ist lagenweise bei ständigem Verdichten des Bodens zu verfüllen. Schwere Maschinenstampfer oder Rüttelgeräte dürfen erst 1,0 m über Rohr-

Tafel **163**.2 Leistungswerte bei der Verdichtung von Baugruben (nach [48] Auszug), × ≙ empfohlen; ○ ≙ überwiegend geeignet

Geräteklasse	Gerät		Dienstgewicht in kg	Bodengruppe III (gemischt körnig bis bindig)		
				Eignung	Schütthöhe in cm	Anzahl der Übergänge
Leichte Verdichtungsgeräte (für Leitungszone)	Vibrationsstampfer	leicht	bis 25	×	bis 15	2 bis 4
		mittel	25 bis 60	×	15 bis 30	3 bis 4
	Explosionsstampfer	mittel	bis 100	×	15 bis 25	3 bis 5
	Rüttelplatten	leicht	bis 100	○	bis 15	4 bis 6
		mittel	100 bis 300	○	13 bis 25	4 bis 6
	Vibrationswalzen	leicht	bis 600	○	15 bis 25	5 bis 6
Mittlere und schwere Verdichtungsgeräte (oberhalb der Leitungszone)	Vibrationsstampfer	mittel	25 bis 60	×	15 bis 30	2 bis 4
		schwer	60 bis 200	×	20 bis 40	2 bis 4
	Explosionsstampfer	mittel	100 bis 500	×	25 bis 35	3 bis 4
		schwer	500	×	30 bis 50	3 bis 4
	Rüttelplatten	mittel	300 bis 750	○	20 bis 40	3 bis 5
		schwer	750	○	30 bis 50	3 bis 5
	Vibrationswalzen		600 bis 8000	×	20 bis 40	5 bis 6

scheitel eingesetzt werden. Beim Verfüllen unter Wasserzugabe (Einschlämmen) ist Vorsicht geboten, weil dabei ganze Bodenschichten ausgespült werden können (Sackungen). Gefrorener Boden darf nicht verfüllt werden. Auf [48] wird verwiesen. Tafel **163**.2 zeigt einen Auszug aus [48, Taf. I].

3.2.2 Geschlossene Bauweisen

Es sind darunter Bauverfahren zu verstehen, mit deren Hilfe die unterirdische Herstellung von Kanalisationsanlagen möglich ist. Trotz der gegenüber der offenen Bauweise höheren Kosten werden sie in letzter Zeit häufiger eingesetzt, weil folgende Vorteile bestehen:

1. Unabhängigkeit von Witterungs- und klimatischen Einflüssen und vom Tageslicht
2. geringe Störung des Verkehrsraumes durch die Baustelle
3. Geräuschbelästigungen lassen sich durch die Art der verwendeten Maschinen vermindern.
4. Vorhandene Anlagen auf der Erdoberfläche werden bei sachgemäßer Durchführung der geschlossenen Bauweise nicht gefährdet.
5. Man ist nicht an den Straßenraum als Trasse gebunden und kann nötigenfalls auch vorhandene Bebauung unterfahren.
6. Alle Einflüsse 1 bis 5 zusammen bewirken, daß die Bauzeit allein von dem Arbeitsfortschritt bestimmt wird.

Die höheren Baukosten entstehen durch den relativ größeren Maschineneinsatz, Einsatz von teuereren Bauhilfsgeräten sowie manchmal besonders gutem Rohrmaterial.

Die heute zur Verfügung stehenden Bauverfahren lassen sich unterteilen nach Vortriebsverfahren, Ausbruchverfahren und Ausbauverfahren (Herstellungsverfahren des Baukörpers).

Vortriebsverfahren. In Frage kommen die Bodenverdrängungs- und Bodenentnahmeverfahren, z.B. die Getriebezimmerung, das Messerverfahren, der Vortrieb im Kölner Verbau, der Schildvortrieb u.a.

Ausbruchverfahren. Es erfolgt durch Handausbruch, mechanischen Ausbruch oder in einer Kombination von beiden.

Ausbauverfahren (Herstellung des Baukörpers). Als wichtigste Verfahren sind hier zu nennen:

1. die ein- oder mehrschichtige Ausmauerung
2. horizontale Ausbohrung kurzer Strecken und nachträgliches Einziehen von Rohren (**165**.1)
3. Herstellen der Tunnelrohre in Ortbeton nach dem Colcrete-Verfahren; der hinter dem Schild verbleibende Hohlraum wird durch Nachpressen des Korngerüstes ausgefüllt
4. Versetzen von Fertigrohren im Ausbruchquerschnitt und die Verfüllung des freibleibenden Hohlraumes zwischen Rohrwand und anstehendem Gebirge (z.B. beim Gefrierverfahren)
5. Versetzen von Stahlbeton- oder eisernen Tübbings, die entweder als endgültiger Ausbau stehenbleiben oder einbetoniert werden; die statische Last wird von den Tübbings allein aufgenommen
6. Herstellung der Tunnelröhre durch Vorpressen von Stahlbetonrohren, Stahlrohren, Az-Rohren oder Verbundrohren von einer Preßgrube aus (s. Bild **167**.1). Das Vorpreßrohr kann direkt als Leitungsrohr oder als Mantelrohr für ein nachträglich noch einzuziehendes Leitungsrohr verwendet werden. Dieses Verfahren ist in den letzten Jahren im großstädtischen Kanalbau oft angewandt worden, weil es eine Anzahl von Vorteilen hat:

a) Der Baukörper ist von Arbeitsbeginn an bis vor Ort fertig. Insbesondere ist seine statische Sicherheit gewährleistet.

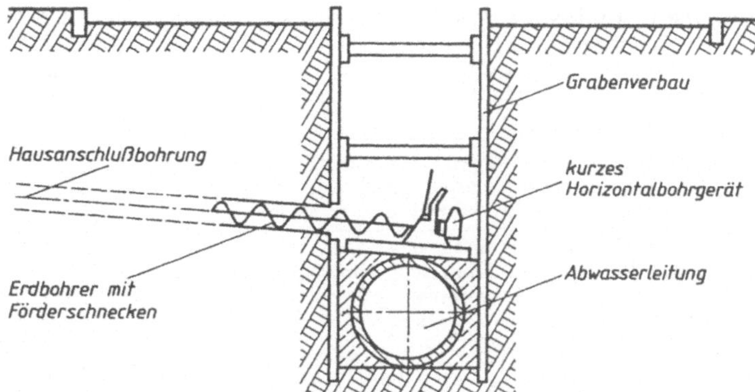

165.1 Herstellung von Hausanschlüssen mit leichtem Erdbohrgerät

b) Das Rohrmaterial kann bei der Herstellung im Werk einwandfrei überwacht und kontrolliert werden.

c) Der Beton hat schon beim Einbau seine volle Druckfestigkeit und Materialdichte.

d) Die Hohlraumbildung zwischen Rohrkörper und anstehendem Gebirge läßt sich bei guter Vortriebseinrichtung (Pressen) weitgehend vermeiden.

3.2.2.1 Horizontal-Bohrgerät zum Unterbohren kurzer Strecken

Diese Bohrgeräte sind seit Jahren im Gebrauch. Nach der Druckübertragung bezeichnet man sie als leichte Erdbohrgeräte bzw. Bohrpreßanlagen. Sie eignen sich zum Unterbohren von Straßen, Bahnen, Gräben, Erdbuckeln o. ä. auf Längen von 20 bzw. 40 m (**165**.1). Der Boden wird mit einer Bohr- und zugleich Förderschnecke durchbohrt und das Bohrgut zurückgeholt. In standfesten Böden können Bohrungen von 100 bis 350 mm ohne Verrohrung hergestellt werden.

Bei der Bohrpreßanlage wird zusätzlich ein Mantelrohr aus Stahl eingepreßt. Der Bohrkopf der Schnecke läuft direkt vor dem Ende des Mantelrohres. Auch nicht standfeste Böden können so angebohrt werden. Einsatz bis Mantelrohrnennweite von 400 mm.

Die Mindestüberdeckung bei beiden Verfahren beträgt 1,0 m.

3.2.2.2 Geschlossene Bauweise im Messervortrieb, Kölner Verbau und Preßbohrverfahren

Man kann keine besondere Norm für die Wahl des Verfahrens setzen, da die Durchführung der Baumaßnahmen sich nach den örtlichen Verhältnissen richtet.

In Hannover wurde ein Betonsammler (Nordstadtsammler) von ≈ 11 km Länge gebaut. Wegen der Verkehrsbelastung der zu unterfahrenden Straßen und aus anderen Gründen wurde dieser Sammler teilweise in geschlossener Bauweise hergestellt.

In einem Bauabschnitt erhielt der Kanal DN 1700, während die Kanalsohle ≈ 7,0 m unter Gelände lag. Der Untergrund bestand aus mittel- bis feinsandigen Böden. Als Vortriebsverfahren wählte man das Messerverfahren und den Kölner Verbau. Zunächst legte man Schächte an, von denen aus der Vortrieb beginnen konnte. Die Arbeiten an verschiedenen Abschnitten konnten parallel laufen. Die nächste Kanalstrecke wurde begonnen, während die erste noch nicht fertig war.

Beim Messerverfahren (**166**.2) werden über hufeisenförmige, gebogene Stahlprofilträger im Abstand von 1 m (Messergerüst) 4,5 m lange, 20 cm breite Stahldielen (Messer), die in einer

Tafel **166**.1 Horizontale Vortriebsverfahren für Leitungen unter DN 800; mögliche Vortriebslängen und Durchmesser

	Verfahren/Gerät	Arbeitsprinzip	max ∅	maximale Vortriebslänge in m
Bodenverdrängung	1. Erdverdrängungshammer	Verdrängung des Bodens bei selbsttätigem Vortrieb, gleichzeitiges Einziehen der Produktrohre ist möglich.	200	Erdverdrängungs-Hammer
	2. Horizontalramme mit geschlossenem Rohr	Verdrängung des Bodens mit gleichzeitigem Eintreiben eines Schutz- oder Produktrohres.	200	Horizontalramme
	3. Leichte Preßanlagen	Einpressen eines Gestänges. Beim Ziehen des Gestänges Aufweitung und Einzug des Produktrohres.	220	leichte Horizontalpreßanlage
Bodenentnahmeverfahren	4. Horizontalramme mit offenem Rohr	Eintreiben eines offenen Stahlrohres mittels Erdverdrängungshammer, nachträglicher Bodenabbau und -abförderung mittels Spülung oder Bohrschnecke.	800	Horizontalramme (offen)
	5. Leichtes Erdbohrgerät	Durchbohren des Bodens mittels Bohrkopf und Förderschnecke; nach Ziehen der Schnecke Einbau des Produktrohres. Bei speziellem Bohrkopf auch gleichzeitiges Einziehen der Rohre möglich.	280	leichtes Erdbohrgerät
	6. Bohrpreßgerät	Durchbohren mittels Bohrkopf und Abförderung des Bohrgutes mit Förderschnecken. Gleichlaufendes Einpressen eines Stahlschutzrohres, Bohrkopf läuft vor dem Rohr.	400	Preßbohranlage
	7. Preßbohrgerät	Wie 6., Bohrkopf läuft jedoch immer im Rohr bzw. maximal im Bereich der Rohrschneide.	1700	
				0 20 40 60 80 100

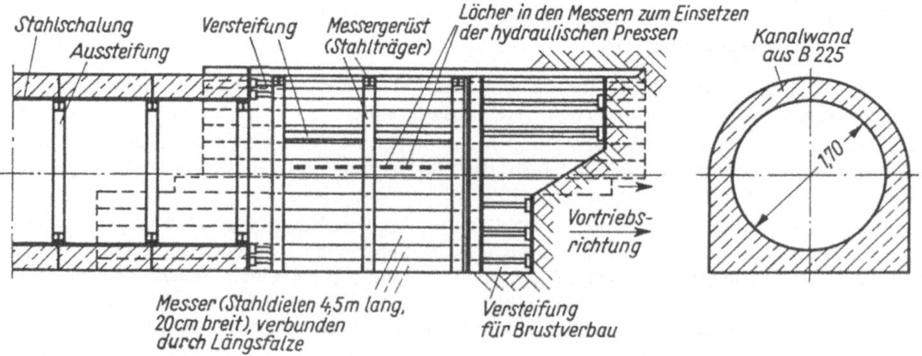

166.2 Messervortrieb

Längsnut wie bei Kanaldielen lose ineinandergreifen, mit einer hydraulischen Presse ins Erdreich vorgetrieben. Vor Ort wird der anstehende Boden von Hand gelöst und in Loren zum Förderschacht transportiert. Im hinteren Teil des von den Messern gebildeten Gewölbes wird nach Herstellen einer Betonsohle in Abschnitten von 1 m mit Hilfe einer Stahlinnenschalung das Kanalprofil betoniert. Der Beton B 25 wird mit Rüttlern verdichtet. Nach dem Betonieren werden die Messer wieder um 1 m vorgetrieben. Die Kanalsohle erhält zum Abschluß noch einen 2,5 cm dicken Estrich aus Quarzsandmörtel.

Beim Kölner Verbau werden Stahl-Kanaldielen über starre Bögen in Pfändung schräg nach oben und den Seiten vorgetrieben. Bei dem Sammler in Hannover betrug der Abstand der Bögen 1,3 bis 1,4 m. Der Stollen wurde in 70 m Länge aufgefahren und anschließend die Sohle in Abschnitten von 8 bis 12 m Länge sowie mittels Stahl-Innenschalung der Ortbetonkanal in 5-m-Abschnitten hergestellt. Dabei blieben die Kanaldielen als verlorene Schalung im Boden. Da hierbei keine Setzungen entstehen können, eignet sich das Verfahren besonders in setzungsgefährdeten Strecken.

In einem anderen Bauabschnitt dieses Sammlers wurde ein gewerblich genutztes Gelände unterfahren. Teilweise lag die Trasse auch in einer Straße mit 3- bis 5geschossiger Bebauung. Die Kanalsohle lag hier ≈ 6,5 m unter Gelände, der Grundwasserspiegel 3,0 m, Baugrund wasserführender Mittel- und Feinsand. Gewählt wurde das hydraulische Vorpreßverfahren mit Einbau von Schleuderbetonrohren (**167**.1). Die Grundwasserabsenkung wurde durch Tauchpumpen in 16 m tiefen Filterbrunnen erreicht, die im Abstand von 20 m erbohrt wurden. Die in großen Abständen angelegten Preßschächte wurden mit Stahlspundbohlen umschlossen, Abmessungen 4,5 m · 7,5 m, 6,5 m tief. Ein Schacht enthält Sohle, Pressen, Widerlager, Lager- und Führungsgerüst für Pressen, Druckring, Rohr, 2 hydraulische Pressen (Druckkraft 6000 kN), Ölpumpe und Mischanlage für ein Gleitmittel zur Minderung des Reibungswiderstandes (Bentonit). Über dem Schacht wurde ein Fördergerüst errichtet, um Rohre hinabzulassen und Ausbauboden fördern zu können. Die verwendeten Schleuderbetonrohre DN 1600 waren 3,3 m lang und hatten eine Wandstärke von 16 cm (Rohrverbindung nach **167**.1). Das erste Rohr trug den Schneidschuh. Er war mit dem Rohr durch Bolzen lose verbunden. Durch Handpressen, die sich gegen die Stirnwand des ersten Rohres abstützten, konnten mit dem Schneidschuh Steuermanöver ausgeführt werden. Das Bentonit konnte über einen Leitungskranz als Gleitmittel im Abstand von ≦ 20 m zwischen Rohraußenwand und Erdreich gedrückt werden. Bei großen Durchpreßstrecken (> 60 m) war zu erwarten, daß die große

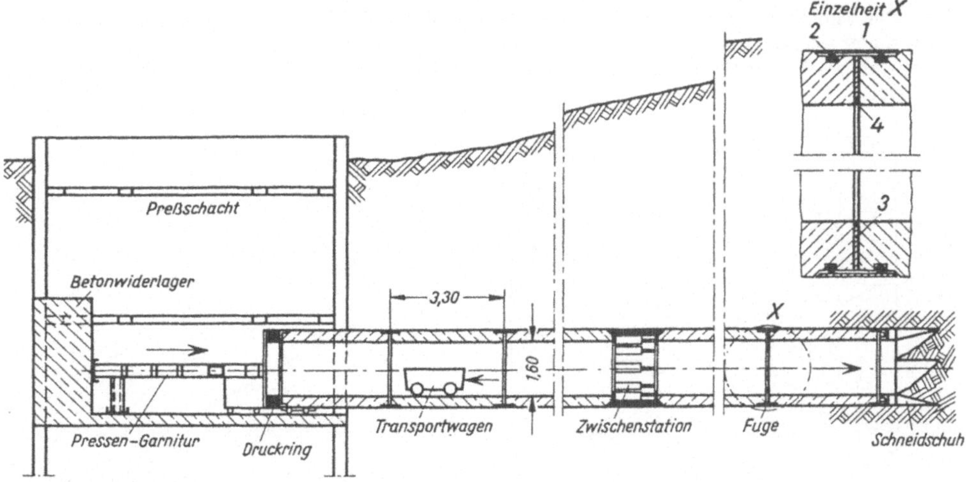

167.1 Hydraulisches Vorpreßverfahren (Längsschnitt)
1 Stahlring
2 Dichtungsring
3 Holzring
4 Nachträgliche Auskittung

Reibungskraft von den angesetzten Pressen nicht mehr aufgebracht werden konnte. Es wurden deshalb nach jeweils 66 m statt eines Rohres Zwischenpressen eingesetzt. Sie bestanden aus einem 2,0 m langen Stahlzylinder im Durchmesser des Überschiebringes, in den 10 hydraulische Pressen mit je 70 kN Druckkraft und 55 cm Hub eingebaut waren. Diese Pressen konnten den bis dahin vorgepreßten Rohrstrang vorschieben ohne Betätigung der Pressen im Vorpreßschacht. Der hinter den Zwischenpressen liegende Rohrteil wurde dann um 55 cm nachgeschoben. Die Vortriebsleistung/Tag betrug in 24 h Arbeitszeit im Mittel 6 m, max 12 m. Abstand der Preßschächte 35 bis 165 m. Die geschlossene Bauweise im Vorpreßverfahren wurde in letzter Zeit auch in Hamburg, Karlsruhe, Köln, Frankfurt (Main), München und anderen Großstädten angewandt. In München-Freimann wurden die Rohre DN 1200 eines Dükers unter der Isar ebenfalls im Vorpreßverfahren (mit Schildvortrieb) eingebracht. Zum Schutz gegen Abrieb erhielten sie eine Klinkerauskleidung. Um die Rohre nicht nach dem Einbau ausklinkern zu müssen, wurden sie im Betonwerk auf der Stirnseite stehend gemauert, bewehrt und betoniert. Die Klinkerung diente innen als Kern. Nach dem Verfugen wurden die Rohre nachbehandelt und im Betonwerk eingelagert.

3.2.3 Steilstrecken

Unter Steilstrecken versteht man in der Abwassertechnik Leitungsabschnitte, die wegen ihres steilen Gefälles eine besondere Bauausführung erfordern. Das Gefälle des Geländes ist steiler als das höchstzulässige Sohlgefälle der Kanäle.

Dagegen bezeichnet man in der Hydraulik Rohrleitungen dann mit steil, wenn der Abfluß im schießenden Bereich liegt. Das kritische Gefälle wird dabei überschritten (Tafel **168**.1).

Tafel **168**.1 J_{krit} und v_{krit} bei verschiedenen Nennweiten der Kreisprofile

Nennweite DN in mm	250	300	350	400	450	500	600	700	800
krit. Gefälle J_{krit} in $1/n$	1/55	1/60	1/60	1/60	1/65	1/65	1/70	1/70	1/70
krit. Geschw. v_{krit} in m/s	2,10	2,30	2,50	2,65	2,80	3,00	3,25	3,50	3,75

Hydraulik. Am Anfang einer Steilstrecke wird der Abfluß bei abnehmender Fließtiefe beschleunigt. Etwas später setzt die Luftblasenaufnahme ein und die Tiefe wächst wieder bis zu einem konstanten Höchstwert an. Dieser Wert plus Reverse gegen Zuschlagen ist Grundlage für die Wahl der Rohrweite DN.

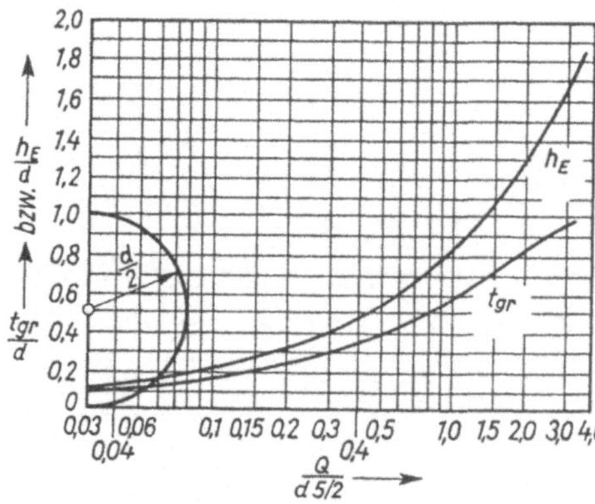

168.2 Grenztiefe t_{gr} und Energiehorizont H_E beim Kreisquerschnitt

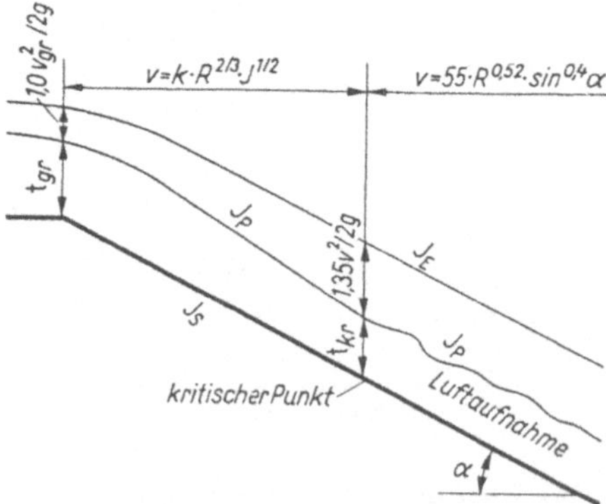

168.3 Abfluß in einer Steilstrecke mit schießendem Abfluß

In dem Fließquerschnitt treten in Abhängigkeit von der Wassertiefe h' zwei mögliche Fließgeschwindigkeiten auf. Es gibt lediglich eine Tiefe, bei der max$Q$ abgeführt wird. Dies ist die Grenztiefe t_{gr}. Der Abflußvorgang ist strömend, wenn $h' > t_{gr}$; und schießend, wenn $h' < t_{gr}$. t_{gr} kann zeichnerisch ermittelt werden. Man vergleicht die Energiehöhen

$$h_E = h' + Q^2/(A^2 \cdot 2\,g)$$

bei verschiedenen h' und const. Q. Zu min h_E gehört t_{gr}.

Bild **168**.2 zeigt die Grenztiefen im Kreisquerschnitt bei verschiedenen Q-Werten. Man kann berechnen:

1. Q bei Gerinneeinengung, wenn h_E constant bleibt
2. t_{gr} bei Sohlabstürzen
3. t_{gr}, um zu prüfen, ob Bewegung strömend oder schießend.

Beispiel: $Q = 1\ m^3/s$, $d = 1{,}0$ m, $k_b = 1{,}5$ mm. Gesucht: t_{gr}, h_E, v_{gr}, J_{gr}
$Q/d^{5/2} = 1{,}0$. Aus **168**.2: $t_{gr}/d = 0{,}58$; $t_{gr} = 0{,}58$ m und $h_E/d = 0{,}82$; $h_E = 0{,}82$ m.
$h_E - t_{gr} = v_{gr}^2/2\,g$; $v_{gr}^2/2\,g = 0{,}24$ m; $v_{gr} = 2{,}16$ m/s
nach Tafel **72**.1 voll $v = v_{gr}/1{,}03 = 2{,}10$ m/s
nach Tafel **72**.1 $J_{gr} = 1:204 = 4{,}9‰$

Bei Steilstrecken stellt sich wegen des starken Sohlgefälles oft schon am Anfang der Strecke die Grenztiefe ein. Es folgt nach wenigen Metern die schießende Wasserbewegung (**168**.3). Der Wasserstrahl durchsetzt sich nach dem kritischen Punkt (t_{kr}) stark mit Luft. Die Geschwindigkeitsverteilung über den Querschnitt ist sehr ungleichmäßig, deshalb wird $v^2/2\,g$ mit einem Faktor multipliziert, der von 1,0 am Anfang der Strecke auf 1,35 am kritischen Punkt anwächst. Die Wasserbewegung verläuft beschleunigt bis $J_E \approx J_P$. v bis zum kritischen Punkt kann nach den üblichen Formeln berechnet werden, auch z.B. nach $v = k \cdot R^{2/3} \cdot J^{1/2}$ (vgl. Abschn. 2.5.2).
Nach t_{kr} ist

$$v = 55\,R^{0{,}52} \cdot \sin^{0{,}4}\alpha$$

zu berechnen. $\alpha \triangleq$ Neigungswinkel der Rinnensohle [64].

Für Kanalisationsrohre ist ab der Gefällespanne $J = 6$ bis 20% die Bildung des Wasser-Luft-Gemisches zu beachten. Die Gemischbildung setzt etwa an der Stelle mit $Bou = 6{,}0$ ein.

$$Bou = \frac{v_w}{(g \cdot R)^{1/2}}$$

$Bou \triangleq$ Boussinesq-Zahl für Wasserabfluß ohne Luft, dimensionslos
$v_w \triangleq$ Wassergeschwindigkeit in m/s, $g \triangleq$ Erdbeschleunigung in m/s²
$R \triangleq$ hydraulischer Radius für Wasserabfluß ohne Luft in m

Luftkonzentration C und Gemischgeschwindigkeit v_G ergeben sich nach den Formeln

$$C = \frac{\text{Luftmenge}}{\text{Luftmenge + Wassermenge}} = 1 - \frac{1}{0{,}02\,(Bou - 6{,}0)^{1{,}5} + 1}$$

$$v_G = v_w\,(1 - C^{2{,}09}) \approx v_w\,(1 - C^2)$$

Der Rohrdurchmesser muß wegen der Gemischbildung und der Geschwindigkeitsverminderung des Gemisches u.U. vergrößert werden. Dies geschieht mit Hilfe des Vergrößerungsfaktors f_L.

$$Q_{Dim} = f_L \cdot Q_w; \quad f_L \text{ aus Bild } \mathbf{170}.1$$

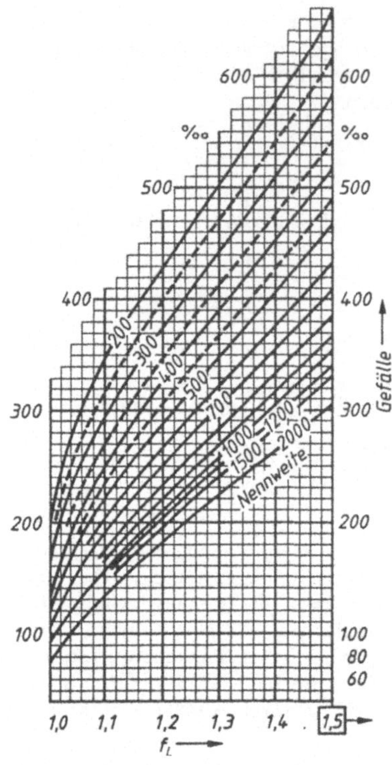

Beispiel (unter Verwendung von Hydraulik-Tabellen):

$J = 1:5 = 200‰$; $Q_w = 2750$ l/s; $k_b = 1,5$ mm;
erster Ansatz DN 600; nach **170**.1 $\rightarrow f_L = 1,1$

$Q_{Dim} = 1,1 \cdot 2750 = 3025$ l/s

$\rightarrow$ DN 700 mit $Q = 4128$ l/s,
nach **170**.1 $f_L = 1,12$

$Q_{Dim} = 1,12 \cdot 2750 = 3080$ l/s

$\rightarrow$ DN 700 $\triangleq$ gesuchter Durchmesser

voll $v_w = 10,73$ m/s;

$$\frac{2750}{4128} = 0,67 \rightarrow \frac{h'}{h} = 0,59;$$

$$\frac{v_w}{\text{voll } v_w} = 1,10$$

$R = 0,55 \cdot 0,35 = 0,193$ m;
$v_w = 1,1 \cdot 10,73 = 11,8$ m/s
nach Tafel **72**.1 und **73**.1

$$Bou = \frac{11,8}{(9,81 \cdot 0,193)^{1/2}} = 8,58 > 6$$

$$C = 1 - \frac{1}{0,02\,(8,58 - 6,0)^{1,5} + 1} = 0,077$$

Luftanteil $Q_L = Q_w \cdot C/(1 - C)$
$= 2750 \cdot 0,077/0,923 = 228$ l/s

$v_G = 11,8\,(1 - 0,077^{2,09}) = 11,74$ m/s
$< v_w = 11,8$ m/s

170.1 Vergrößerungsfaktor f_L für $k_b = 1,5$ mm

Es treten außerdem hohe Fließgeschwindigkeiten auf, die zu einem starken Abrieb des Rohrmaterials führen können. Die Grenze dieser Fließgeschwindigkeit festzustellen ist sehr schwierig. Sie ist vom Rohrmaterial abhängig. Bei Steinzeugrohren sind jedoch schon bei Geschwindigkeiten von 7,0 bis 10,0 m/s keine nachteiligen Folgen festgestellt worden. Als Maßstab sei hier nach der Formel von Prandtl-Colebrook die Geschwindigkeit bei Vollfüllung für $J = 1:5$ angegeben:

DN 150 voll $v = 5,10$ m/s DN 200 voll $v = 6,11$ m/s

Falls man also in der Lage ist, das Gefälle 1:5 bis 1:4 einzuhalten, können hinsichtlich der max Geschwindigkeiten keine Bedenken bestehen.

Die Abriebbeständigkeit *Ab* der Rohre wird beeinflußt von der Geschwindigkeit der mitgeführten Geschiebemenge und dem Mischwert des Geschiebes. Sie kann bei Steilstrecken vermindert werden. Die Abhängigkeiten sind etwa folgende:

Ab wird kleiner

a) mit steigender Geschwindigkeit v: $Ab \sim \frac{1}{v^2}$

b) mit erhöhter Geschiebemenge G: $Ab \sim \frac{1}{G}$

c) mit wachsendem Mischwert α, wobei α groß ist bei Geschiebe mit großem Korndurchmesser und stark unterschiedlicher Körnung: $Ab \sim \frac{1}{\alpha}$

Bei Abriebprüfungen am Institut für Wasserbau der Technischen Hochschule Darmstadt (Prof. Kirschmer) wurden für Steinzeugrohre bei praxisnahen, normalen Verhältnissen ($Q = 0,1$ m³/s, Feststoffanteil 50 mg/l) folgende Abriebbeständigkeiten *Ab* festgestellt:

v m/s	3,0	5,0	10,0
Ab Jahre	> 100	> 100	100

bei extremen Verhältnissen (Q = 1,0 m³/s, Feststoffanteil 100 mg/l)

v m/s	3,0	5,0	10,0
Ab Jahre	110	40	10
N Tage/Jahr	365	150	36

N ist die Nutzungsdauer in Tagen/Jahr, der das Rohr diesen extremen Beanspruchungen unterliegen kann, wenn es eine normale Gesamtnutzungsdauer erreichen soll.

Statik. Bei Längsneigungen von etwa 1:8 treten zusätzliche Beanspruchungen auf, die durch Längskräfte hervorgerufen werden. Sie setzen sich zusammen aus:

a) der Komponente des Rohrgewichtes in Rohrlängsrichtung
b) der Wandreibung des fließenden Wassers
c) der Komponente der Erdauflast und Verkehrsauflast in Rohrlängsrichtung

Es ist daher ratsam, bei herkömmlichen Rohrverlegungen (Steinzeug-, Betonmuffenrohre) zugfeste Rohrverbindungen zu wählen, oder bei K-Muffe, Konusdichtung oder Dichtungsring in Abständen von etwa 5 bis 10 m um die Muffen standfeste Betonwiderlager anzulegen. Bei großen Überdekkungshöhen ist außerdem die Vollummantelung vorzusehen mit zweckmäßigerweise horizontalen Sohlabstufungen.

Steilstrecken in Verbindung mit Übergangsbauwerken. Steilstrecken erfordern Überlegungen hinsichtlich des Rohrmaterials wegen Abrieb und bei der statischen Bemessung wegen Schwallerscheinungen und Unterdruck.

Die Fugen müssen besonders sorgfältig ausgebildet sein und die Leitungen müssen gegen Verschieben infolge von Druckstößen gesichert sein.

Innerhalb der Steilstrecke dürfen keine offenen Leitungsabschnitte vorhanden sein. Zur Reinigung der Leitungen nur geschlossene Reinigungsstücke verwenden.

Damit die in Steilstrecken vorhandene größere Energiehöhe nicht zu einem Rückstau in den ankommenden Kanal führt, ist am Anfang der Steilstrecke ein Übergangsbauwerk als Absturzschacht oder eine Übergangsstrecke vorzusehen.

Am Ende von Übergangsstrecken sind Be- und Entlüftungsschächte anzuordnen, deren Abdeckung über der Druckhöhe des ankommenden Kanals liegen muß. Die Abdeckungen sind gegen Abheben zu sichern. Der Übergang vom großen zum kleinen Profil ist hydraulisch zu gestalten.

Am Ende der Steilstrecke ist ein Übergangsbauwerk anzuordnen, das die Ableitung von 2 Q_t und die Energieumwandlung bei 2 Q_t überschreitender Wasserführung sicherstellt.

In dem Beispiel (**172**.1) für kleine Wassermengen gibt es unter Berücksichtigung des Vorstehenden folgende Möglichkeiten für die Ausführung der Haltung 3 bis 4:

Lösung a, Kanäle mit großem Gefälle (**172**.1a). Verlegung der Rohre in einem Gefälle von 1:5 bis 1:3. Ummantelung der Muffen im Abstand von ≧ 5,0 m, Verwendung von besonders guten Beton- oder Steinzeugrohren ≧ DN 200 im Bereich der Steilstrecke, Erweiterung des Profils am Einlauf bei Schacht 3, keine Tosbecken, sondern Vergrößerung des Profils in der Auslaufstrecke zwischen den Schächten 4 bis 5 auf DN 300, Rohrmaterial besonders guter Beton oder Steinzeug. Ab Schacht 5 wieder normale Profilgrößen DN 200 und Beton bzw. Steinzeug als Material. Die Abkrümmung muß wegen der Reinigungsmöglichkeiten in den Schächten selbst liegen. Das Anschneiden des Böschungsfußes wird dadurch umgangen, daß das Rohr in die Anschüttung gelegt wird. Falls eine Anschüttung in standfester Form möglich ist, wäre diese Lösung anzustreben.

Lösung b, Fallrohr (**172**.1b). Heranziehen des Schachtes 3 oder eines Zwischenschachtes so weit wie möglich an die Böschungskante und Herstellen einer Falleitung, die möglichst steil liegen sollte und aus Stahl hergestellt werden müßte, DN ≧ 200. Die Leitung ist zweckmäßigerweise durch Bohrung herzustellen. Schwierigkeiten macht das Auffangen der Leitung am Böschungsfuß. Hier müßte eine Horizontalbohrung in den Böschungsfuß von Schacht 4 her vorgetrieben werden, DN 300. Auslaufstrecken wie bei Lösung a. Die Reinigung des Fallrohres würde entfallen, und die horizontale Leitung vor dem Schacht 4 könnte von diesem her gereinigt werden.

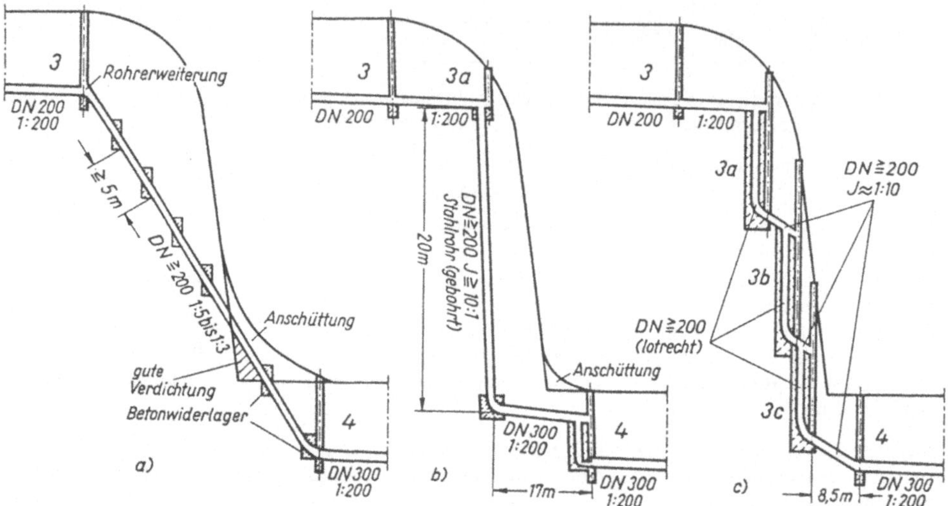

172.1 Verschiedene Möglichkeiten für die bauliche Ausbildung einer Steilstrecke (10fach überhöht dargestellt)

Lösung c, Kaskaden (**172**.1c). Auflösen der Steilstrecke in 3 Teilhaltungen mit 3 Absturzschächten. Es handelt sich um die konventionelle und bekannteste Bauweise für Steilstrecken. Die äußeren Abstürze an den Schächten 3a, 3b und 3c können in Steinzeugrohren DN ≧ 200 hergestellt werden. Sie sind dann mit Stampfbeton B ≧ 15 zu ummanteln. Einfacher ist die Herstellung in einem Rohrstück aus Stahl oder Eternit, das lediglich am Fuß ein Fundament erhalten müßte. Die Rohre der Horizontalstrecken sind aus Gründen der Belüftung und der Reinigung bis an die Schächte durchzuführen. Hier scheint das Gefälle 1:10 tragbar zu sein. Äußerste Vorsicht ist geboten bei Herstellung der Haltung 3c bis 4 durch das Anschneiden des Böschungsfußes. Evtl. ist hier ebenfalls auf ≈ 8,5 m Länge eine Horizontalbohrung erforderlich. Die Schächte sind am besten unter weitgehender Verwendung von Fertigteilen herzustellen, wobei nicht bis zum horizontalen Rohr gemauert zu werden braucht. Auslaufstrecke wie bei Lösung a.

Die hier beschriebene Steilstrecke führt kleine Wassermengen. Bei großen Wassermengen muß man die Höhenunterschiede in den Schächten selbst überwinden. Eine besondere bauliche Gestaltung wird dann erforderlich. ATV-A 241 [1] unterscheidet folgende Schachttypen:

Absturzbauwerke mit Schußrinne (**184**.2) werden angewandt bei DN > 800 und in Mischwasserkanälen mit besonders großem Trockenwetteranteil, sowie bei Schmutzwasserkanälen ab DN 400. Vor dem Bauwerk ist aus Gründen der Unfallsicherheit ein Einsteigschacht anzuordnen. Die Schußrinne soll so ausgebildet werden, daß das Wasser bis zum zweifachen Trockenwetterabfluß in der Rinne geführt wird. Die geometrische Form hierfür ist die Wurfparabel. Die dem Einlauf gegenüberliegende Wand soll als Prallwand ausgebildet werden.

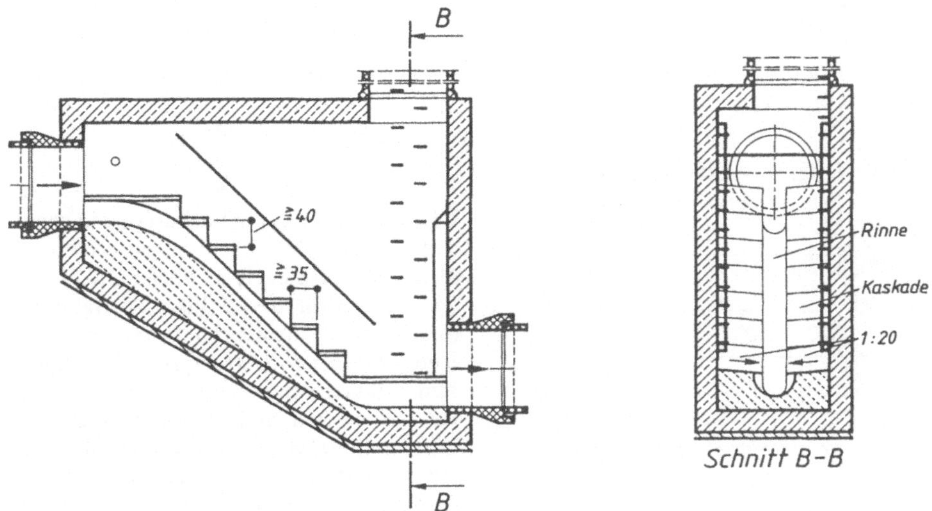

173.1 Innerer Absturz mit Rinne und Kaskade nach ATV-A 241 – Vertikalschnitte –

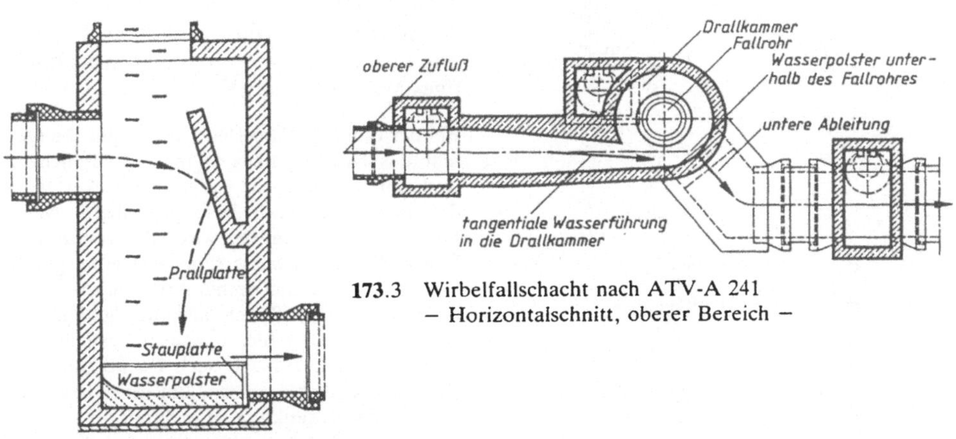

173.3 Wirbelfallschacht nach ATV-A 241 – Horizontalschnitt, oberer Bereich –

173.2 Fallschacht mit Prallplatte nach ATV-A 241 – Vertikalschnitt –

Absturzbauwerke mit Kaskaden (**173**.1) werden bei größeren begehbaren Kanälen ($h \geqq 1{,}80$ m) ausgeführt. Sie erhalten zur Ableitung des zweifachen Trockenwetterabflusses eine Rinne oder einen Unterlauf. Aus Gründen des Unfallschutzes sind Handläufe üblich.

Fallschächte (**173**.2) werden bei fehlender ständiger Schmutzwasserführung eingesetzt, z. B. bei Regenwasserkanälen im Trennverfahren oder bei Entlastungskanälen im Mischverfahren. Bei stärkeren Zuflüssen oder größeren Höhenunterschieden ist die Anordnung von Prallplatten zur Energieumwandlung erforderlich. Bei allen Absturzbauwerken ist für gute Entlüftung zu sorgen. Fallschächte sollen ein Wasserpolster zum Schutz der Sohle erhalten. Dieses soll sich selbsttätig entleeren können.

Der Wirbelfallschacht (**173**.3) wird in besonderen Fällen bei großen Höhenunterschieden eingesetzt. Eine hydraulische Berechnung ist erforderlich.

3.2.4 Wasserhaltung

Für die Sicherung von Kanalbauten gegen Grundwasser kommen im wesentlichen folgende Verfahren in Frage:

3.2.4.1 Offene Wasserhaltung

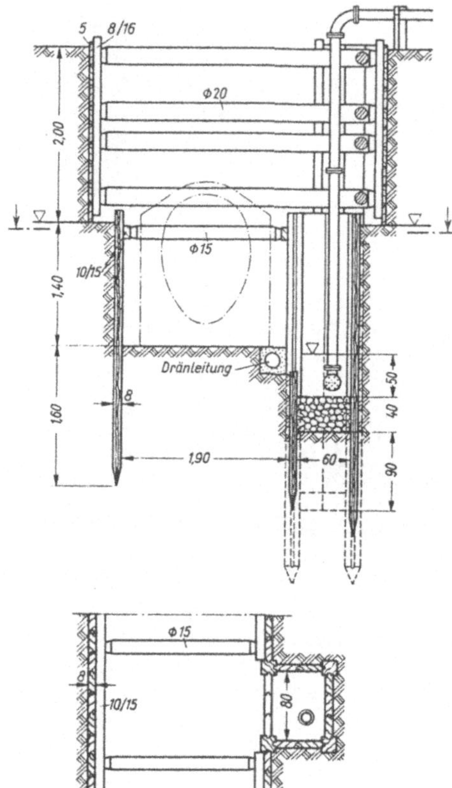

174.1 Kanalbaugrube mit offener Wasserhaltung

Die offene Wasserhaltung ist in sandigen Böden ≈ 30 bis 60 cm unterhalb des Grundwasserspiegels möglich (**174**.1). Um das Wasser in der Sohle der Baugrube oberflächlich abzuleiten, wird entweder eine grobe Kiesschüttung oder bei stärkerem Wasserandrang eine Längsdränage verlegt, die mit Steinschlag oder grobem Kies umhüllt wird. Aus Pumpensümpfen, die in gewissen Abständen anzulegen sind, wird das Wasser mit Hand- oder Motorpumpen gehoben und abgeleitet. Membran- (Diaphragma-), Kreisel- oder auch Tauchpumpen (Flygt-, Robot- u. ä. Pumpen sind gut geeignet, da sie auch sandhaltiges Wasser fördern).

Bei der offenen Wasserhaltung besteht die Gefahr des Nachströmens feiner Bodenteilchen, wodurch das umgebene Erdreich gelockert werden kann, und zwar besonders dann, wenn Fließsand angeschnitten wird, der unter dem Druck des Grundwassers in Bewegung gerät. Durch Spundwände verhindert man zwar das Fließen von den Seiten her; der gefährliche Auftrieb von unten bleibt dagegen bestehen. Es ist ratsam, die Dränage nach Beendigung der Bauarbeiten dichtzusetzen, um eine dauernde Grundwasserabsenkung zu verhindern.

3.2.4.2 Grundwasserabsenkung durch Brunnen

In sandigen Böden mit einem Durchlässigkeitsbeiwert $k_f \geqq 0{,}01$ m/s wird eine trockene Baugrube am vollkommensten durch die Grundwasserabsenkung mit Rohrbrunnen erreicht (**175**.1). Der Grundwasserspiegel wird so weit abgesenkt, daß die Baugrube trocken ist und normal ausgesteift werden kann. Es werden meist Filterrohre DN 150 aus Stahl 2 bis 3 mm dick oder Kunststoff mit Filterschlitzen in eine Bohrung DN 200 bis 250 eingesetzt. Stahlrohre sind mit Tressengewebe 0,5 bis 0,9 mm umgeben. Der Abstand der Rohrbrunnen soll etwa der wasserführenden Schicht entsprechen, er beträgt 4 bis 7 m. Man rechnet mit einer Fließgeschwindigkeit im Rohr v = 0,75 bis 1 m/s. Die

Filterfläche wird je nach Größe der Sandkörnung bemessen. Ist die Hälfte der Sandkörner < 0,25 mm < 0,50 mm < 1,00 mm, so kann die Eintrittsgeschwindigkeit entsprechend ≦ 0,5 mm/s ≦ 1,0 mm/s ≦ 2,0 mm/s sein.

In das Filterrohr hängt man ein Saugrohr DN 100 aus Stahl und schließt es an eine horizontale Saugleitung DN 150 bis 200 an. Diese steigt zur Pumpe hinan. Die Pumpe steht in der Mitte oder am Ende von 6 bis 8 Brunnen. Sie wird zunächst 3 bis 4 m über der vorgesehenen Baugrubensohle aufgestellt. Ist die Saughöhe für Kreiselpumpen zu groß, setzt man Tauchpumpen ein, welche so tief in den Brunnen gehängt werden, daß sie das Wasser nur unter Druck fördern. Ist die Absenkung zu groß, setzt man die Pumpe bei der nächsten Brunnenreihe höher. Wenn die Saugleitungen innerhalb der Baugrube verlegt werden sollen, ist die Baugrube um 30 bis 40 cm zu verbreitern. Der Boden wird zunächst bis auf den Grundwasserspiegel ausgehoben und eingesteift, dann werden die Brunnen gebohrt. Für die Berechnung einer Grundwasserabsenkung wird auf [72] verwiesen.

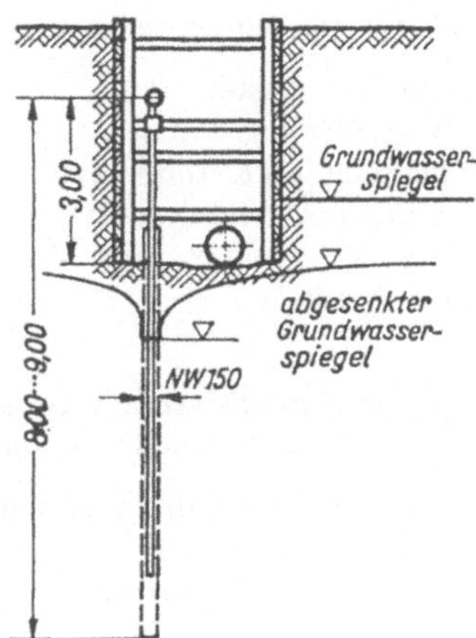

175.1 Grundwasserabsenkung durch Brunnen

3.2.4.3 Grundwasserabsenkung durch das Vakuumverfahren

Für kiesig-sandige Böden mit $k_f = 10^{-3}$ bis 10^{-7} m/s und für feinkörnig-sandige bis lehmige Erdschichten mit $k_f = 10^{-5}$ bis 10^{-7} m/s und mit Korngröße $d_{10} = 0{,}03$ bis 0,003 mm, hat sich das Spülfilterverfahren – auch Vakuumverfahren genannt bewährt. Bei diesen Böden wird das Wasser durch Adhäsion an den Körnern festgehalten. Es fließt nicht durch die Schwerkraft in das Filterrohr, sondern muß hineingesaugt werden. Dies geschieht jedoch nur zum Teil durch eine Vakuumpumpe. Der Rest des Wassers wird durch den atmosphärischen Überdruck im Boden festgehalten. Gleichzeitig werden die Sandkörner zusammengepreßt, so daß Feinsand bei 1 bis 2 m hoher, steiler Böschung steht (**175**.2).

In geringen Abständen (1 m) werden Kunststoffilter aus PVC-hart ∅ 1,75″ bis 2,0″ mit eiserner Spülspitze durch Wasser und Druckluft (10 m in 5 min) in den Boden eingespült und an ein Saugrohrnetz angeschlossen. Die Filter sitzen so tief, daß ihre Oberkante ≈ 1 m unterhalb der Baugrubensohle liegt. Sie werden über ein Aufsatzrohr mit Gummisaugschläuchen (Spiralschläuche) an eine verzinkte Sammelleitung angeschlossen, die zur Pumpe führt.

Die Pumpen sollen vor Beginn des Bodenaushubs 12 bis 48 h ohne Unterbrechung laufen. Eine Reservepumpe ist bereitzuhalten. Eine Pumpe bedient 50 m Sammelrohr. Es werden doppelt wirkende Membranpumpen oder Kreiselpumpen verwendet. Zum Einspülen braucht man eine Druckpumpe von ≦ 25 bar.

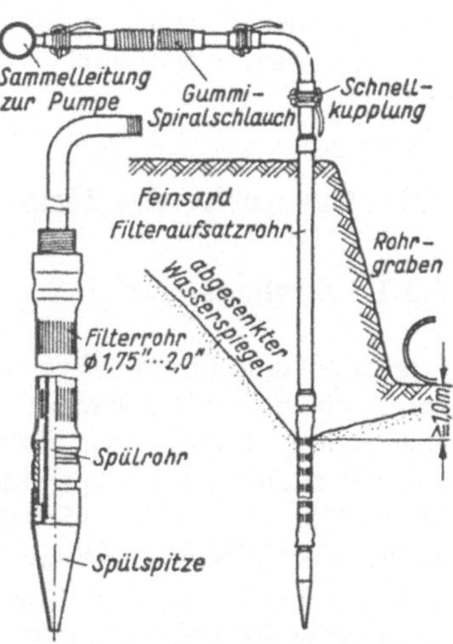

175.2 Vakuumverfahren

3.2.4.4 Grundwasserabsenkung durch Elektro-Osmose-Verfahren

Man kann anstelle des Unterdrucks auch den Wasserspiegel durch elektrischen Gleichstrom, der das Wasser zu einer Kathode zieht, absenken. Als Anode wählt man alte Stahlteile, als Kathode dient das Filterrohr des Brunnens oder Kathodenstäbe, die an die äußere Filterwand gesetzt werden. Als Stromquelle dienen Gleichstromaggregate mit $\leqq$ 100 V Spannung. Das Verfahren ist teuer und wird nur bei schwierigsten Bodenarten angewandt.

3.2.4.5 Stabilisierung nicht stehender Böden unter gleichzeitiger Grundwasserhaltung durch das Gefrierverfahren oder durch chemische Verfestigung

Beim Gefrierverfahren wird durch horizontal in den Boden getriebene Gefrierlanzen von 20 bis 30 m Länge eine Eiszone rund um den Ausbaukern geschaffen. Sie stabilisiert den Boden durch Einfrieren des darin enthaltenen Wassers mittels Gefriermittel (z. B. Freon 22) bei 20 bis 25°C und schützt damit die Arbeitsvorgänge vor Grundwasser. Das Verfahren arbeitet sicher, ist aber teuer. Es ist anwendbar, wenn die Grundwasserabsenkung oder der Schildvortrieb nicht geeignet sind. Es wurde bisher vorwiegend bei senkrechtem Arbeitsgang (Brunnenbau) eingesetzt, eignet sich aber auch für horizontale Bauweisen (Kanalbau). In Frankfurt (Main) und Hamburg hat es sich bei der geschlossenen Kanalbauweise (**176**.1) bewährt. Wegen der beschränkten Gefrierlanzenlänge müssen in Abständen von 40 bis 50 m Vorpreßschächte oder mit 20 bis 30 m Abstand Kavernen als Arbeitsräume angelegt werden.

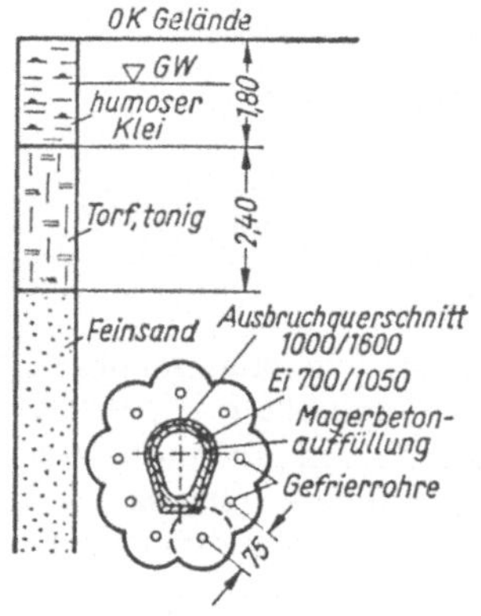

176.1 Gefrierverfahren (Anwendung in Hamburg)

Wenn Bauwerke im Schildvortrieb mit Druckkraft unterfahren werden müssen, kann es zweckmäßig sein, unerwünschte Setzungen durch chemische Bodenverfestigung auszuschalten.

3.3 Bauwerke der Ortsentwässerung

3.3.1 Straßenabläufe

Straßenabläufe führen das von den Straßen abfließende Regenwasser den Straßenleitungen zu und halten in den meisten Fällen außerdem den Sand zurück, der von den Straßen abgespült wird. Der Abstand zweier Abläufe beträgt meist 30 bis 50 m. Man rechnet für einen Straßenablauf mit einem Einzugsgebiet A_E = 300 bis 600 m^2 Straßen- und Gehwegfläche. Die Abläufe, auch Straßensinkkästen genannt, werden mit Betonrohren DN 150 an die RW- oder MW-Kanäle in Kämpferhöhe angeschlossen.

In Stadtstraßen soll die Rinne für das Oberflächenwasser je nach der Art der Straßenbefestigung ein Mindestgefälle von 0,4 bis 0,6% haben. Die meisten Straßen haben ein ausreichendes Längsgefälle. Dann verläuft die Rinnensohle parallel zur Bordsteinkante.

Bei Straßen ohne oder mit geringerem Längsgefälle muß die Rinnensohle Hochpunkte (Gefällbrechpunkte) und Tiefpunkte (Straßenabläufe) erhalten (**177**.1). An den Hochpunkten ragt die Oberkante Bordstein etwa 9 bis 10, an den Tiefpunkten 18 cm über die Rinnensohle hinaus. Das Gefälle zwischen den beiden Punkten soll ≧ 0,5% sein. Damit ergibt sich ein Ablaufabstand von ≧ 36,0 m.

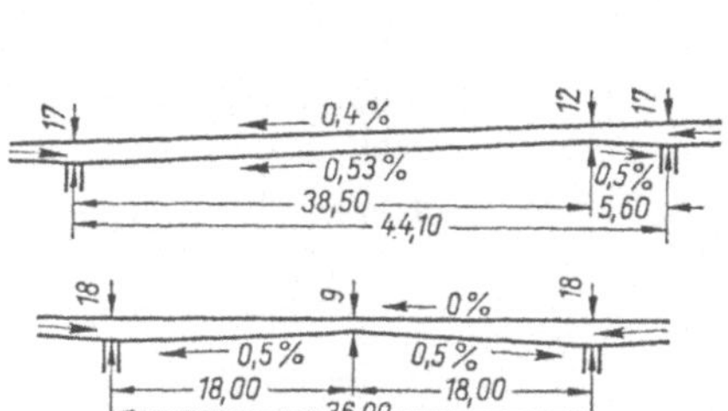

177.1 Mindestgefälle in Straßenrinnen

177.2 Straßenkreuzung

Bei Straßenkreuzungen sollen (**177**.2) die Abläufe so angeordnet werden, daß die Fußgängerüberwege wasserfrei bleiben. Die Entwässerung vom Kreuzungen und Plätzen kann schwierig sein. Sie ist jedoch abhängig von den aus fahrdynamischen Gesichtspunkten projektierten Längs- und Quergefällen der Straßen. Man trägt in einen Lageplan M 1:200 oder größer die Höhenschichtlinien der Differenzen 5 oder 10 cm ein und setzt danach die Straßenabläufe. Straßenbahnschienen haben eine eigene Entwässerungsleitung, die in Abständen in den Straßenkanal abwirft.

Straßenabläufe (**178**.1) werden aus Einzelteilen nach DIN 4052 T 3 ohne oder nach DIN 4052 T 4 mit Eimer zusammengesetzt. Die lichte Weite ist 450 mm. Man unterscheidet im wesentlichen zwei Typen. Straßenabläufe mit Schlammeimer werden am häufigsten verwendet (**178**.1a und b). Man benutzt sie bei ausreichendem Kanalgefälle und auch dann, wenn in kleineren Gemeinden der Betrieb eines Schlammsaugewagens nicht lohnen würde. Ihre Aufsatzschlitze sollen möglichst quer zur Straßenachse liegen. Zum höhenmäßig richtigen Einbau der Aufsätze dienen Ausgleichringe aus Beton. Oft ist es schwierig, den Höhenunterschied zwischen Ablaufstutzen und Kanalkämpfer mit den genormten, geraden Rohrfertigteilen zu überwinden. Dann sollten Krümmer verwendet werden, um zu vermeiden, daß die Rohre in den Muffen verkantet werden. Geruchverschlüsse werden nicht mehr häufig verwendet, da man erkannt hat, daß die Öffnung des Ablaufes zum Straßenkanal für die Lüftung des unterirdischen Kanalnetzes wertvoll ist.

Die Straßenabläufe unterscheiden sich in der Form des Aufsatzes und in der Tiefe des Schaftes. Bei normalen Abläufen verwendet man die tiefe Ablaufform (langer Eimer, Form A) (**178**.1a), bei kurzen Schäften wird der kurze Eimer (Form B) eingesetzt (s. Bild **178**.2b). Diesen Ablauf verwendet man bei flacher Lage des Straßenkanals. Der Aufsatz bildet den Abschluß des Straßenablaufs nach oben. Er enthält den Rost und bei seitlichem Einlauf des Wassers (**178**.1b) eine Reinigungsöffnung. Bei Autobahnen und Landstraßen werden Aufsätze mit Scharnierdeckeln verwendet (**178**.2).

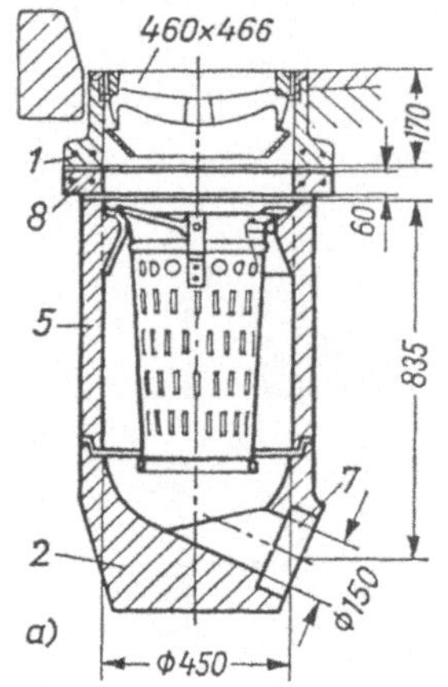

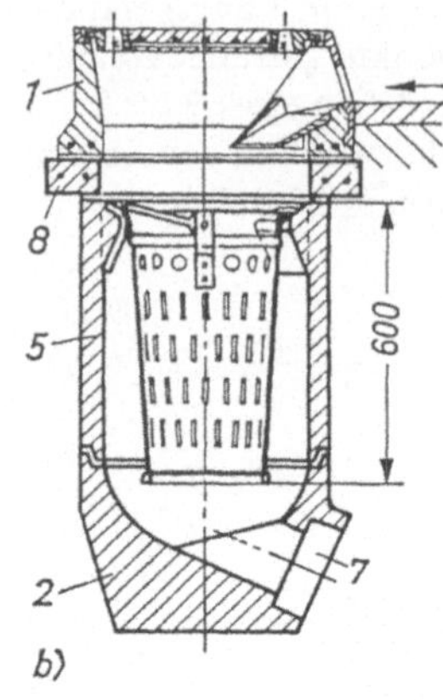

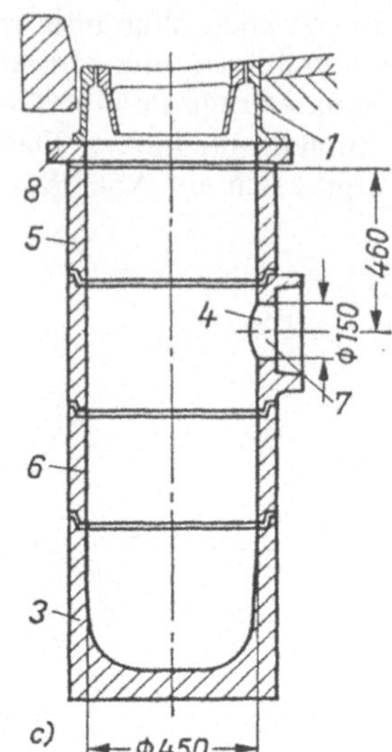

178.1 Straßenabläufe (DIN 4052)

1 Aufsatz
2 Bodenteil
3 Schlammfang
4 Muffenteil
5 Schaft (mit bzw. ohne Tragnocken)
6 Schaftzwischenteil
7 Ablauf d = 150 mm
8 Ausgleichring

Bei steilen Straßen (Längsgefälle ≧ 8%) verwendet man Doppelroste, da die höhere Geschwindigkeit des abfließenden Wassers schwieriger in die vertikale Komponente umzulenken ist. Bei Bergstraßen (Längsgefälle wesentlich größer als das Quergefälle)

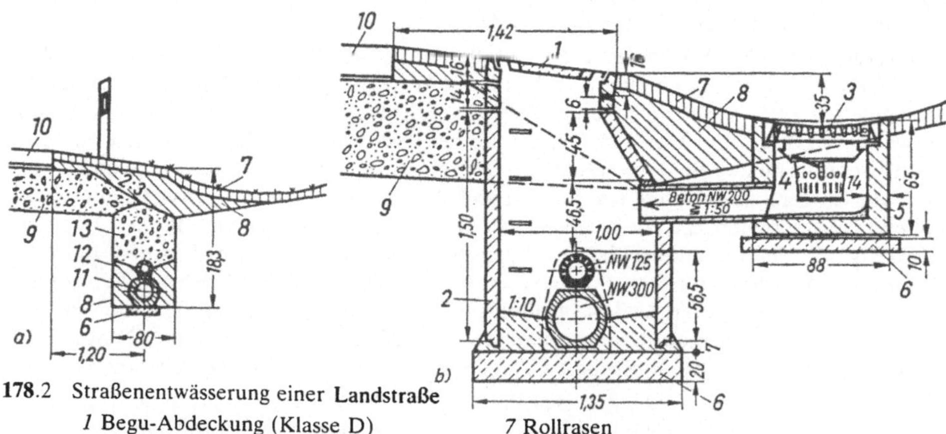

178.2 Straßenentwässerung einer **Landstraße**

1 Begu-Abdeckung (Klasse D)
2 Schachtelement (Fertigteil)
3 Gußeiserner Autobahnablauf
4 Schlammeimer (kurze Form nach DIN 4052)
5 Fertigteilschacht
6 Arbeitssohle B 15
7 Rollrasen
8 bindiger Dammbaustoff
9 Frostschutzschicht
10 Straßendecke
11 Betonrohr mit Doppelfuß
12 Betonfilterrohr
13 Filterkies 0,2 bis 30 mm

strömt das Wasser schräg über die Fahrbahn. Man verwendet Abläufe in Rinnenform, die quer über die Fahrbahn gehen und mit Gitterrosten aus Stahl abgedeckt sind.

Straßenabläufe mit Schlammfang (**178**.1c) werden periodisch durch Schlammwagen mit Absaugeinrichtung entleert. Sie kommen bei kleinem Gefälle der Straßenleitungen und bei starkem Sandanfall (Kieswege, Streusand) in Frage.

Die Entwässerung der Landstraßen hat neben der Ableitung des Wassers von der Straßenoberfläche auch noch die Entfernung des Sickerwassers aus dem Untergrund der Straße (Frostgefahr) zur Aufgabe. Bei kleineren Wassermengen leitet man das Wasser durch das Quergefälle der Straße in seitliche Rinnen, Gräben oder Mulden ab.

Möglichst oft wird es dann von Quergräben oder -kanälen von der Straße zu Vorflutern abgeführt. Bei größeren Wassermengen ist es erforderlich, längs der Straße in den Randstreifen oder Mulden Entwässerungskanäle anzulegen (**178**.2a). Der Entwässerungskanal aus Beton (*11*) trägt die Dränleitung (*12*) für die Entwässerung des Planums. In Abständen gibt der Drän das Wasser in den Kanal ab. Die Entwässerungsmulde ist mit Abläufen (*3*) versehen, die das Oberflächenwasser in die Kontrollschächte und von dort in den RW-Kanal abgeben (**178**.2b). Die Schächte sind weitgehend unter Verwendung von Fertigteilen hergestellt. Oberhalb des Dräns muß bis zur Frostschutzschicht durchlässiger Filterkies 0,2 bis 30 mm verwendet werden.

3.3.2 Schachtbauwerke

3.3.2.1 Einsteigschächte

Der Einsteigschacht gliedert sich in Schachtunterteil mit Arbeitsraum, Schachtoberteil und Schachtabdeckung. Man unterscheidet vier Typen:

1. Schächte aus Fertigteilen (**180**.1). Der Schacht besteht nur aus vorgefertigten Beton- oder Werkteilen, die örtlich verschieden geformt sein können. Bild **180**.1 zeigt Einsteigschacht der Stadtentwässerung Hamburg. Bild **180**.2 zeigt einen Schacht aus Eternit-Fertigteilen. Hierzu gehören auch Schächte mit vorgefertigten Bau- und Sohlrinnensystemen (Fertigteilschächte – Abschn. 3.3.2.6), s. auch Bild **187**.1, **188**.1, **188**.2.

2. Schächte mit eckig oder rund gemauertem Schachtunterteil und einem Oberteil aus fertig gelieferten Schachtringen. Der Übergang zwischen beiden wird bei größeren Unterteilen durch eine Stahlbetonplatte hergestellt (**181**.1b und **182**.1).

3. Schächte mit bis zur Geländeoberkante hochgeführtem Mauerwerk (**181**.3).

4. Schächte aus Ortbeton, Betongüte mind. B 35 (DIN 1045). Bewehrung nach statischen Erfordernissen.

Der Schachtunterteil ist so geräumig anzulegen, daß die dort zu leistenden Arbeiten (s. Abschn. 3.3.7) durchgeführt werden können. Die lichte Weite des Schachtes ergibt sich aus der Zahl und Größe der zu verbindenden Kanäle, soll jedoch ≧ 1,0 m ∅ bzw. ≧ 1,0 m □ sein. Größere Schächte erhalten stets einen eckigen Grundriß. Das Fundament unter der tiefsten Leitungssohle soll ≧ 20, besser 30 cm dick sein. Die Sohlenrinne ist entweder aus Beton oder Estrich, durch eine Steinzeugsohlschale oder aus Kanalklinkern herzustellen. Sohlschalen kommen nur bei gerader Rinne in Frage. Die Rinne ist bei Kreisprofilen ≦ 500 mindestens bis zum Scheitel, bei größeren Profilen, > 500, und bei Eiprofilen > 50 cm über die Sohle oder bis min h' für 2 Q_{tr} hochzuziehen. Bei starken Höhendifferenzen der Kanäle bestimmt die größte Bankethöhe die Konstruktion der

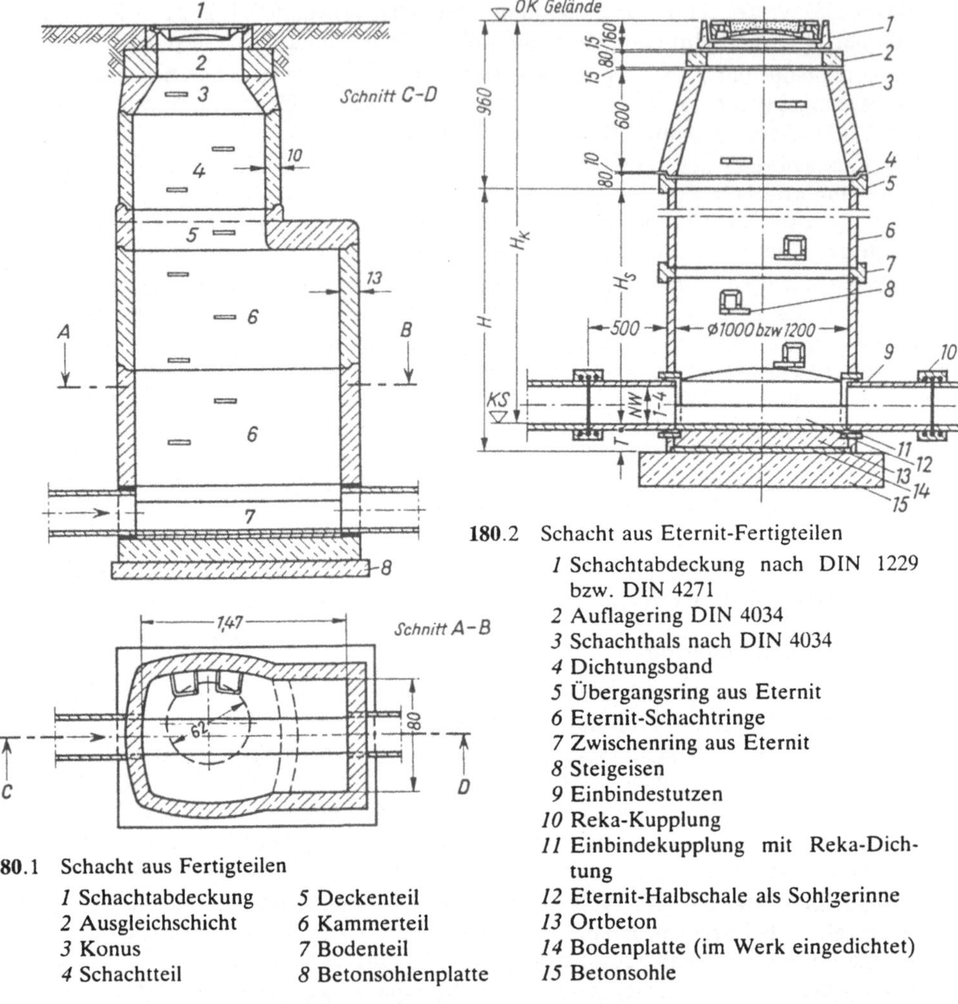

180.1 Schacht aus Fertigteilen

1 Schachtabdeckung
2 Ausgleichschicht
3 Konus
4 Schachtteil
5 Deckenteil
6 Kammerteil
7 Bodenteil
8 Betonsohlenplatte

180.2 Schacht aus Eternit-Fertigteilen

1 Schachtabdeckung nach DIN 1229 bzw. DIN 4271
2 Auflagering DIN 4034
3 Schachthals nach DIN 4034
4 Dichtungsband
5 Übergangsring aus Eternit
6 Eternit-Schachtringe
7 Zwischenring aus Eternit
8 Steigeisen
9 Einbindestutzen
10 Reka-Kupplung
11 Einbindekupplung mit Reka-Dichtung
12 Eternit-Halbschale als Sohlgerinne
13 Ortbeton
14 Bodenplatte (im Werk eingedichtet)
15 Betonsohle

Sohlrinne. Die seitlichen Bankettflächen sollen zur Schachtwand hin ≦ 1:20 steigen. Die Sohlrinne soll im Schacht gleichmäßig fallen oder bei größerem Höhenunterschied in Form einer flachliegenden Wendelinie, max Neigung 45°, geführt werden. Gebogene Sohlenrinnen sollen einen Krümmungsradius der Achse von ≧ 2 *d* des oder der anschließenden Kanäle haben. Rohre sind voll in das Mauerwerk des Schachtes einzubinden und bis zur Innenwand durchzuführen. Falze sind sauber abzuschlagen. Die Rohre werden mit Keilsteinen überwölbt. Der Scheitelstein soll mittig auf der senkrechten Rohrachse sitzen. Aus Gründen der Sauberkeit sind alle Ecken und Kanten der Fließrinne zu runden.

Die Wände des Arbeitsraumes werden meist aus 24 cm oder 36,5 cm dickem Mauerwerk hergestellt, und zwar aus einwandfreien Kanalklinkern nach DIN 4051 und DIN 105. Innen sind die Wände mit möglichst kalkarmem Zement zu verfugen. Bei größeren

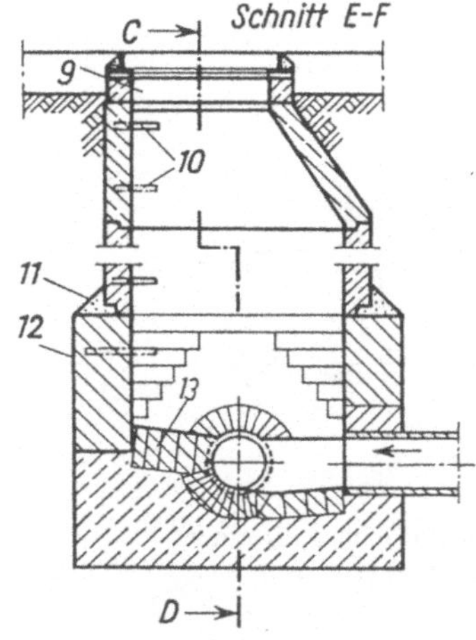

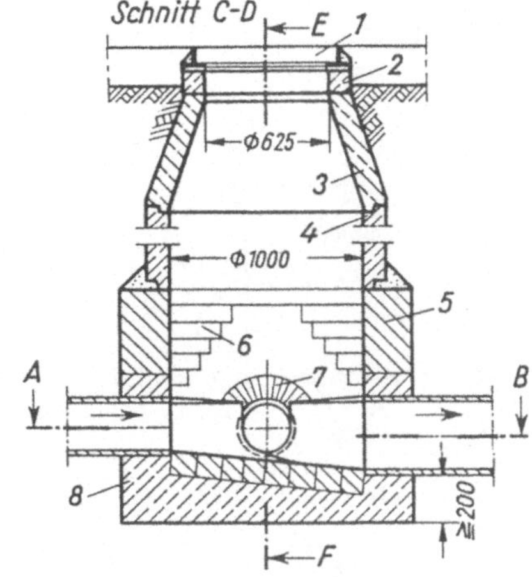

181.1 Normalschacht mit eckigem Schachtunterteil

1 Schachtabdeckung
2 Auflagering
3 Schachthals
4 Schachtring
5 Mauerwerk der Wand, Sohle und Podest
6 verzogenes Mauerwerk
7 Stützschicht
8 Fundamentbeton
9 Schmutzfänger
10 Steigeisen
11 Mörtelschräge
12 3facher Schutzanstrich auf Außenputz
13 Bankett mit Gefälle 1:20

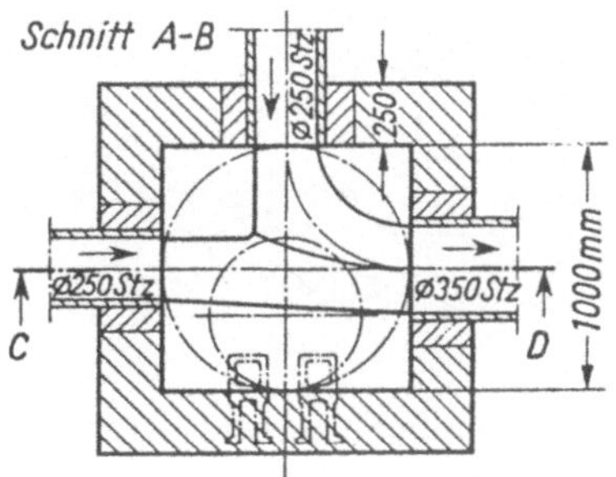

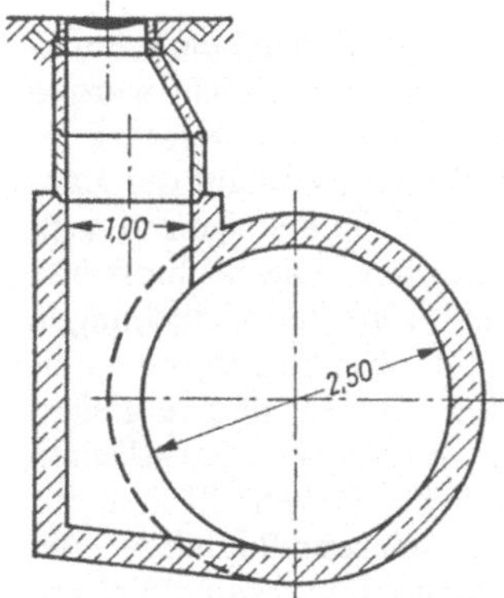

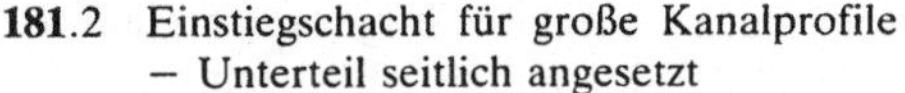

181.2 Einstiegschacht für große Kanalprofile – Unterteil seitlich angesetzt

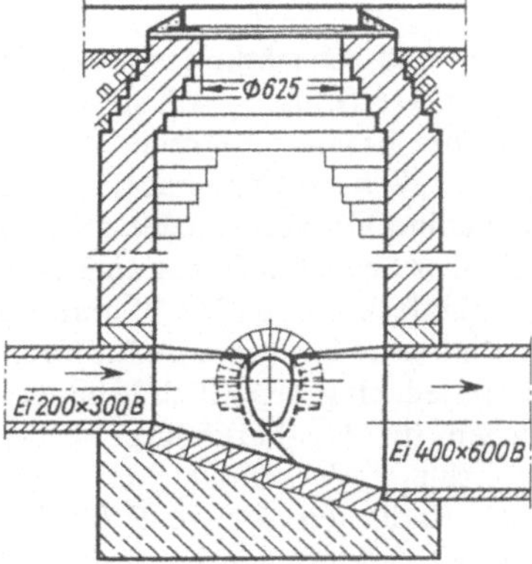

181.3 Gemauerter Schacht

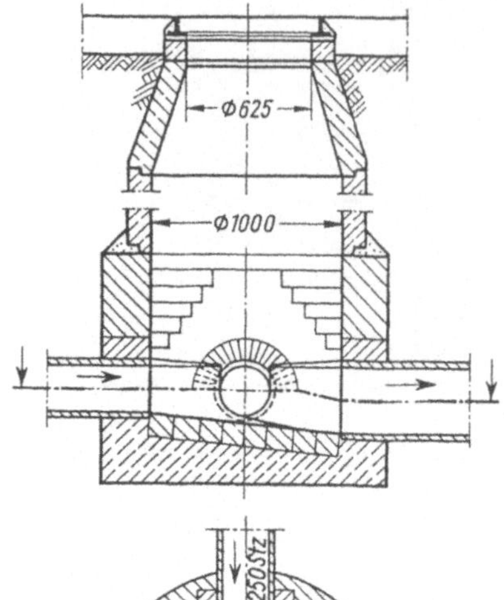

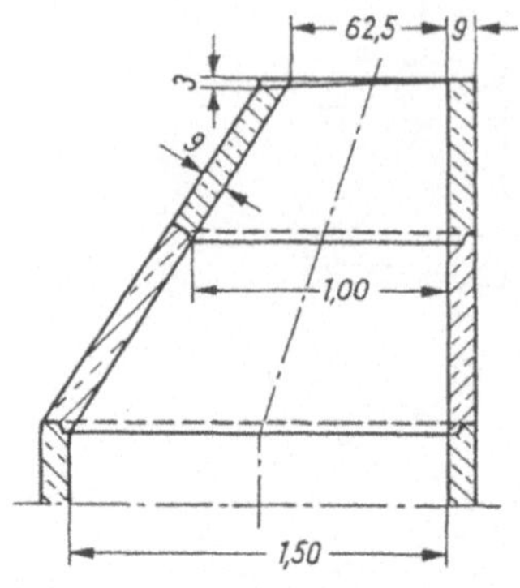

182.2 Schachtabschluß für einen Schacht Ø 150 cm

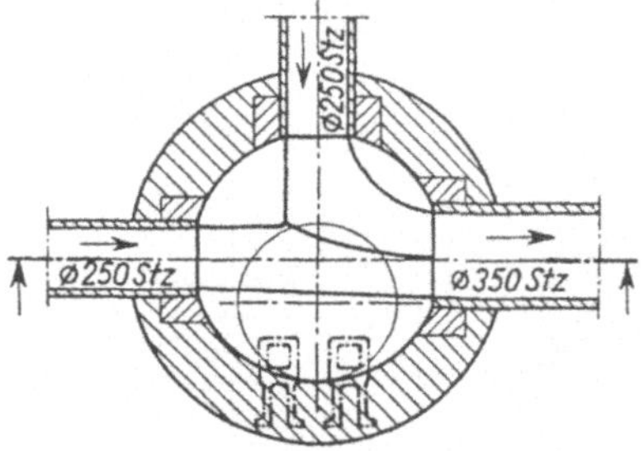

182.1 Normalschacht mit rundem Schachtunterteil

Schächten empfiehlt es sich, den Arbeitsraum bis zu 2,0 m lichte Höhe über den Bankettflächen hochzumauern; er ist dann begehbar. Die Wände kleinerer Schächte sind ≧ 25 cm über den höchsten Rohrscheitel senkrecht zu mauern und erst dann zu verziehen. Die Kanäle sind damit fest eingebunden. Im Übergang vom Unterteil zum Schachtring kragen die Steine mit mindestens fünf Schichten stufenweise aus. Eine andere Möglichkeit zeigt Bild **182**.2. Die Außenflächen des Schachtunterteils erhalten einen 1 bis 2 cm dicken Rapputz; bei aggressivem Grundwasser kommt darauf ein dreifacher Schutzanstrich aus Bitumen.

Schachtringe und Schachtkonus müssen an der Einstiegwand eine durchgehende Senkrechte bilden. Der Einstieg soll so liegen, daß die Bankettflächen auch erreicht werden können. In der Einstiegsenkrechten werden drei oder vier Steigeisen je m versetzt. Es empfiehlt sich, Schachtringe mit 0,25 m Steigeisenabstand zu wählen, weil auf der Baustelle dann keine Verwechslungen möglich sind. Mauerwerk erhält lange Steigeisen nach DIN 1212. Der Schachthals hat eine obere lichte Weite von 625 mm. Die Schlupfweite der Schachtabdeckung soll ≧ 610 mm sein. Die DIN 1229 klassifiziert die Abdeckungen nach der Einbaustelle. Klasse A für Grünflächen und Flächen, die nicht als Verkehrsflächen gelten, jedoch gelegentlich begangen werden. Klasse B für Gehwege und vergleichbare Flächen, für Pkw-Parkhäuser. Klasse D für Fahrbahnen von Straßen, Parkflächen und vergleichbare Verkehrsflächen. Klasse E für nicht öffentliche Verkehrsflächen mit bes. hohen Radlasten. Klasse F für Flugbetriebsflächen von Verkehrsflughäfen. Bei Schächten mit Betonringen ist die Schachtabdeckung auf Schichten aus Kanalklinkern oder mindestens einem Auflagering, aber < 16 cm Auflageringhöhe insgesamt zu lagern, damit beim Versetzen der Abdeckung auf Straßenhöhe der Konus nicht tiefer gesetzt oder angeschlagen werden muß. Die Abdeckung hat Lüftungsöffnungen und einen herausnehmbaren Schmutzfänger nach DIN 1221. Die Straßenbefestigung soll dicht an die Abdeckung anschließen und hat bei Pflasterstraßen zweckmäßigerweise quadratische, sonst runde Form.

Doppelschächte. Sie fassen beim Trennsystem zwei Einzelschächte zusammen. Es darf keine Verbindung zwischen den Kanälen entstehen. Lediglich Wandteile können beiden gemeinsam sein. Konstruktiv besser ist es, zwei Einzelschächte ohne Verbindung versetzt nebeneinander anzuordnen.

3.3.2.2 Einlaufbauwerke

Sie werden vorgesehen, um Oberflächenwasser in eine Regen- oder Mischkanalisation aufzunehmen. Das Oberflächenwasser muß ohne Überflutung des Geländes aufgenommen werden. Mitgeführte Sinkstoffe (Sand, Geröll) sind vor oder im Bauwerk aufzufangen (Sand-, Geröllfang). Die konstruktiven Lösungen hängen von der Wassermenge, der Tiefe und dem zur Verfügung stehenden Platz ab.

Ausgeführt werden:

- Schächte mit vertiefter Sohle (Sandfangraum zwischen Schachtsohle und Sohle des abgehenden Kanals);
- Bauwerke mit drainierten Sandkammern;
- Bauwerke mit meist offenen Langsandfängen (drainiert und undrainiert);
- Bauwerke mit rundem Sandfang (meist offen zur GOK);
- Bauwerke mit Tiefsandfängen (meist geschlossen).

3.3.2.3 Umleitungs- und Verbindungsbauwerke (**183**.1)

Bei Richtungsänderungen und zum Zusammenführen mehrerer Kanäle mit großer Wasserführung sind Normalschächte nicht verwendbar. Es sind entsprechende Bauwerke unter besonderer Beachtung des Strömungsvorganges anzulegen. Das Sohlengerinne darf nicht zu stark gekrümmt sein. Der Krümmungsradius der Sohlrinnenachse soll $\geqq$ 2 DN, bei großen Profilen, $\geqq$ DN 1200, > 12 m wegen der Reinigung sein. Meist schließt eine Stahlbetondecke von möglichst $\geqq$ 2,0 m lichter Höhe über dem Bankett bzw. der Sohlrinne das Schachtunterteil nach oben ab. Lange Bauwerke erfordern zwei Einstiege.

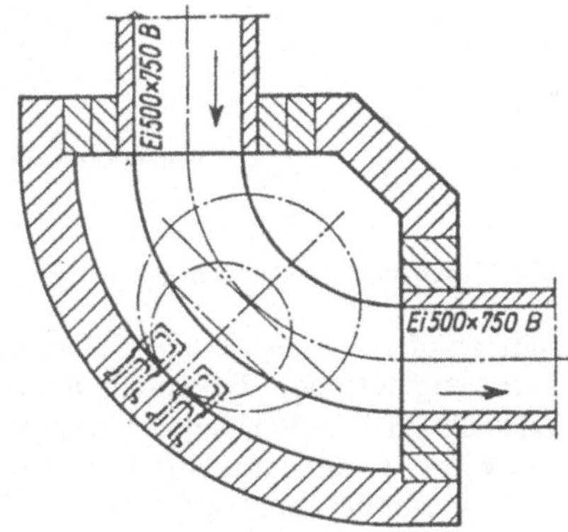

183.1 Umleitungsbauwerk

3.3.2.4 Absturzbauwerke

Ein Schacht wird als Absturzbauwerk ausgebildet, wenn er eine größere Höhendifferenz zwischen zwei Kanälen zu überwinden hat. Man unterscheidet äußere Abstürze (Untersturzbauwerke, **184**.1) und innere Abstürze (**184**.2). S. auch **173**.1 bis 3.

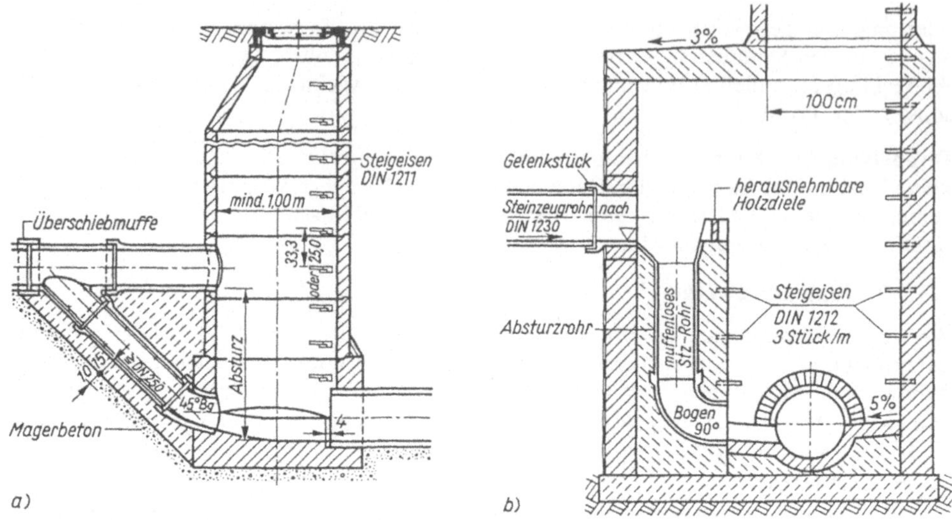

184.1 a) Schacht mit äußerem Absturz (außenliegender Untersturz)
b) Schacht mit innerem Absturz (innenliegender Untersturz)
(nach ATV-A 241)

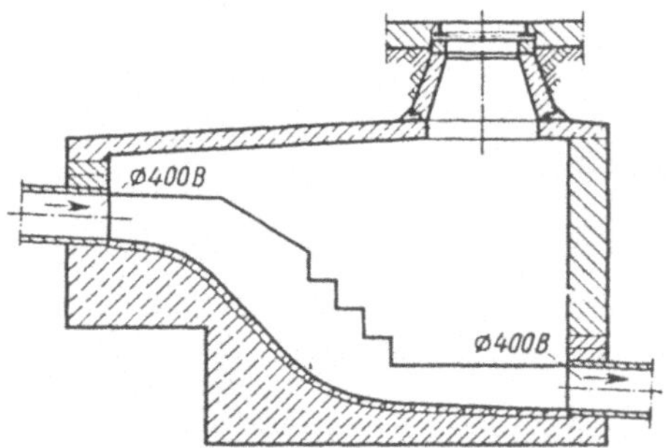

184.2 Schacht mit innerem Absturz

Beim Untersturzbauwerk zweigt in der Sohle des ankommenden Kanals vor dem Schacht eine Falleitung ab, durch die das Wasser zur Schachtsohle und zum abgehenden Kanal geleitet wird. Der ankommende Kanal ist außerdem bis zur Schachtwand weiterzuführen, weil diese Öffnung zur Reinigung dient. Die Fallrohre sollen voll mit Stampfbeton ummantelt werden. Ihr Profil kann kleiner als das der Kanalhaltung, mindestens jedoch DN 200 sein. Ab DN 500 des ankommenden Kanals empfiehlt sich für die Falleitung DN 250. Sie sollte auch bei Betonkanälen aus Steinzeug bestehen. Bei Kanälen mit großer Wasserführung, d. h. ≧ DN 400 (SW) und ≧ DN 800 (MW, RW) sind ein innerer Absturz (**184**.2) und das Sohlengerinne als Parabel mit Wendepunkt auszubilden. Die Schußrinne ist so tief auszubilden, daß bei Kreisprofilen der Scheitel, bei Eiprofilen der Kämpfer erreicht wird. Die Einsteigöffnung soll über der tiefsten Stelle des Podestes angeordnet werden. Seitlich des Podestes sind Halteeisen anzubringen. Daneben verwendet man noch Absturzbauwerke mit Kaskaden, Fallschächte und Wirbelfallschächte (s. ATV-A 241).

3.3.2.5 Konstruktionsanleitung für Schachtbauwerke

Normalschächte erfordern keine besonderen Konstruktionspläne. Diese werden bei schwierigen Schächten notwendig. Hier soll eine einfache Schachtgruppe mit eckigem bzw. rundem Grundriß behandelt werden (**185**.1).

Zunächst trägt man Kanalachsen und Kanalbreiten des größeren Schachtes in Kämpferhöhe im Grundriß auf und legt die Fließrinnen im Schacht durch tangentiale Verbindung der Kämpferinnenseiten fest. Um Unstetigkeiten in den Kurven zu vermeiden, benutzt man ein Kreis- oder ein Kurvenlineal. Durch die Abzweigungspunkte der Fließgerinne verlaufen die Innenkanten der Seitenwände des Schachtes, und zwar stets senkrecht zu den jeweiligen Kanalachsen. Es ergeben sich damit die Lichtmaße des Schachtgrundrisses. Die Hauptfließrinne, vom größten ankommenden Kanal zum abgehenden, läuft

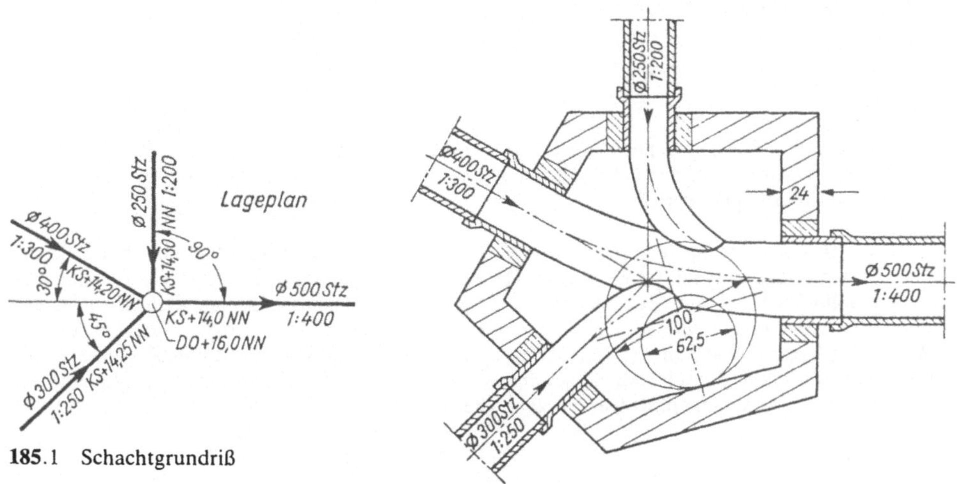

185.1 Schachtgrundriß

durch. Die anderen (Nebenfließrinnen) münden darin ein. Unter Umständen fehlende Wände ergänzt man so, daß für die Auftritte der Bankette genügend Breite ≧ 25 cm übrigbleibt. Die anzutragende Wanddicke ist durch die Länge der Kämpfersteine gegeben, denn diese sollten nicht in die Seitenwand hineinreichen. Die kleineren, rund ausgeführten SW-Schächte werden so angeordnet, daß die Achsabstände der Kanäle möglichst klein werden. Hierdurch wird der stark beanspruchte Straßenraum und die Rohrgräben schmal, die statische Beanspruchung der Rohre aus Erdlast klein.

Im Aufriß ist darauf zu achten, daß die Anzahl der zu verziehenden Schichten nicht zu klein ist. Der größte Abstand von einer Schachtecke bis zur Innenkante des untersten Schachtringes ist maßgebend. Man sollte nicht mehr als 5 bis 6 Schichten verziehen.

Ist der Schacht größer, so erhält der untere gemauerte Schachtteil als Abschluß eine Betondecke mit Einstiegsöffnung. Die Anzahl der Schachtringe ist nach dem bis zur Straßenoberfläche zu überwindenden Höhenunterschied auszurechnen. Die Abmessungen von Schachtring (Bauhöhe = 500 mm) und Schachthals (Bauhöhe = 600 mm) sind nach DIN 4034 genormt. Schachtringe mit Bauhöhe = 250 mm werden auf Wunsch geliefert. Für Auflagering und Schachtabdeckung sind 250 mm Höhe zu rechnen. Es empfiehlt sich, bei Muffenrohren dicht an den Außenkanten der Schachtwände Muffen als Bewegungsfugen für den Schacht anzuordnen und erforderlichenfalls die ersten Rohrstücke am Schacht in verkürzter Form einzubauen (**186**.1). Das Ablängen der Rohre erfolgt durch Trennscheiben, Schneidketten oder Schneidringe (Stzg). Für den untersten Schachtring verwendet man auch Fußauflageringe (**186**.2).

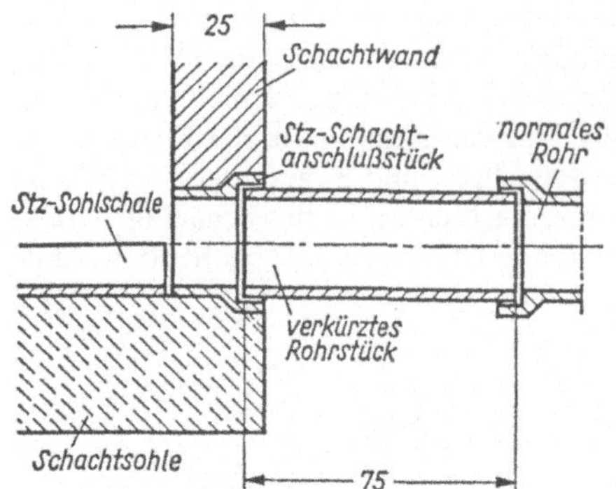

186.1 Bewegungsfuge am Schacht durch besondere Anschlußformstücke (Fachverband Steinzeugindustrie)

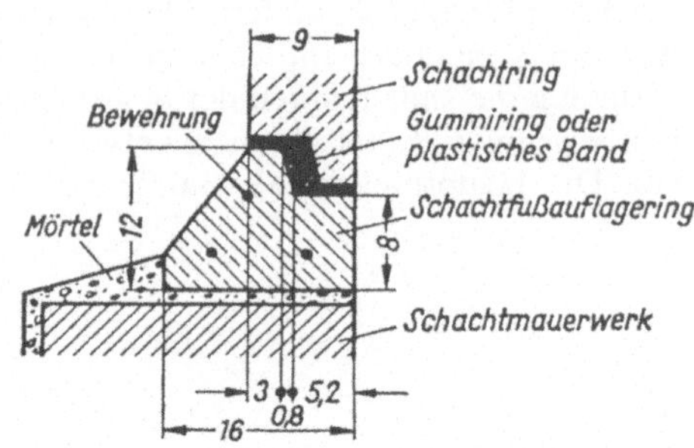

186.2 Schachtfußauflagerung für den untersten zylindrischen Schachtring

Die Bankettflächen der Schachtunterteile (**186**.3) sind meist zu der Hauptfließrinne hin geneigte Ebenen. Man konstruiert sie mit Hilfe eines Dreiecks (ABC), dessen Endpunkte sich höhenmäßig aus den Sohlhöhen der am Schacht ankommenden und abgehenden Kanäle errechnen lassen. Nimmt man z. B. Punkt C mit $\frac{2}{3}d$ über Sohlhöhe an, ergibt sich $20{,}07 + \frac{2}{3} \cdot 0{,}50 = 20{,}41$ m. In Bild **186**.3 ist das Rohr Ø 150 mm das Fallrohr eines äußeren Absturzes. Seine Sohlhöhe am Schacht kann man frei wählen. Sie soll so hoch gewählt werden, daß der aufzunehmende Nebenkanal hoch in die Hauptfließrinne eingeführt werden kann (bei Punkt 3).

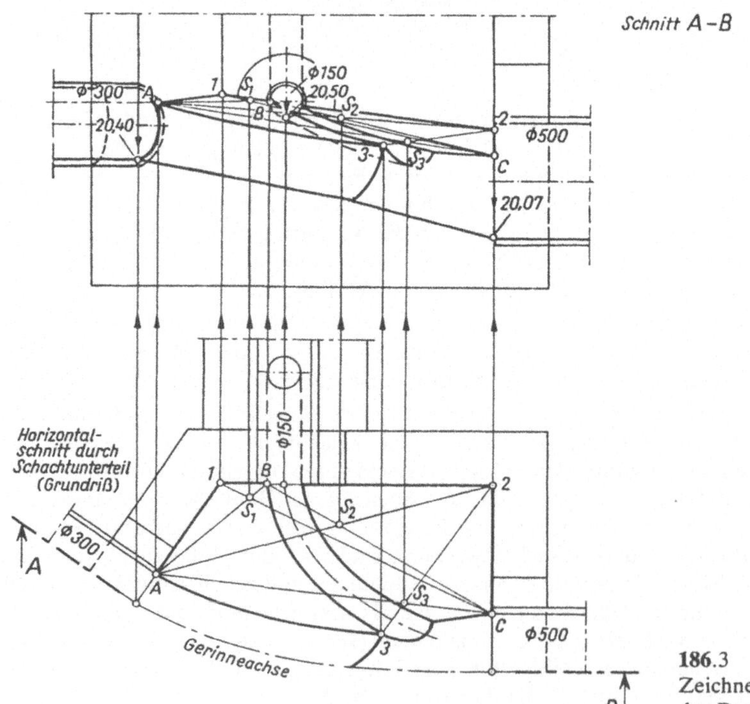

186.3 Zeichnerische Konstruktion der Bankettfläche

Wenn die Endpunkte des Hilfsdreiecks höhenmäßig festliegen, ergeben sich alle weiteren Konstruktionspunkte, z. B. 1, 2 und 3 durch Hilfsstrahlen, die man auf die Dreiecksebene legt. Z. B. schneidet der Hilfsstrahl von A nach 2 die Dreiecksseite BC im Punkt S_2. Man projiziert S_2 auf die entsprechende Dreiecksseite im Schnitt $A - B$, verbindet mit A und verlängert über S_2 hinaus. Auf diesem freien Strahlende liegt Punkt 2, den man aus dem Grundriß heraufprojiziert. So lassen sich auch punktweise die Kanten der Fließrinnen aus dem Grundriß in den Schnitt $A - B$ projizieren (z. B. Punkt 3). Hat man so die notwendigen Eckpunkte der Bankettfläche A 1 B 2 C 3 gefunden, verbindet man diese im Schnitt $A - B$. Man sollte versuchen die Bankethöhen so anzupassen, daß die Bankettfläche um eine horizontale Achse zur Hauptfließrichtung gekippt werden kann. Die Neigung der Bankettflächen soll 1:20 betragen.

3.3.2.6 Fertigteilschächte

Hierunter versteht man Bausysteme in Fertigbauweise, die für einfache Schächte (Normalschächte) verwendet werden können. Eine Serienherstellung der Einzelteile ist möglich, weil der Verwendungsanlaß sich oft wiederholt. Als ein Beispiel sei hier der Delta-Caus-Schacht, Typ A, angeführt. Er besteht aus vorgefertigten Betonteilen, die unter Verwendung von Zement mit hohem Sulfatwiderstand hergestellt werden und eine hohe Beständigkeit gegen aggressives Wasser haben. Durch ein besonderes Herstellungsverfahren wird wasserdichter Beton B 35 erreicht. Die Wandstärke beträgt 10 cm.

Die Verbindung der einzelnen Schachtteile erfolgt wasserdicht mit Quetschgummiringen. Das Schachtunterteil wird mit dem jeweiligen Gerinneprofil sowie den Zu- und Abläufen in Spezialformen in einem Arbeitsgang gefertigt.

Rohranschlüsse sind für alle Rohrarten der Dimensionen 15, 20, 25 und 30 cm vorgesehen. Die Rollgummiringverbindungen der Rohranschlüsse der Schachtunterteile stellen eine elastische Verbindung her.

Im Schachtboden ist das Gerinne für den Hauptdurchlauf und die Seiteneinläufe mit einem Gefälle von 2% vorgefertigt. Es werden drei Standardausführungen A 1, A 2, A 3 hergestellt, die ständig vorrätig sind. Darüber hinaus werden die Ausführungen A 4 bis A 15 hergestellt, welche andere oft vorkommende Sohlrinnenformen berücksichtigen (**187**.1).

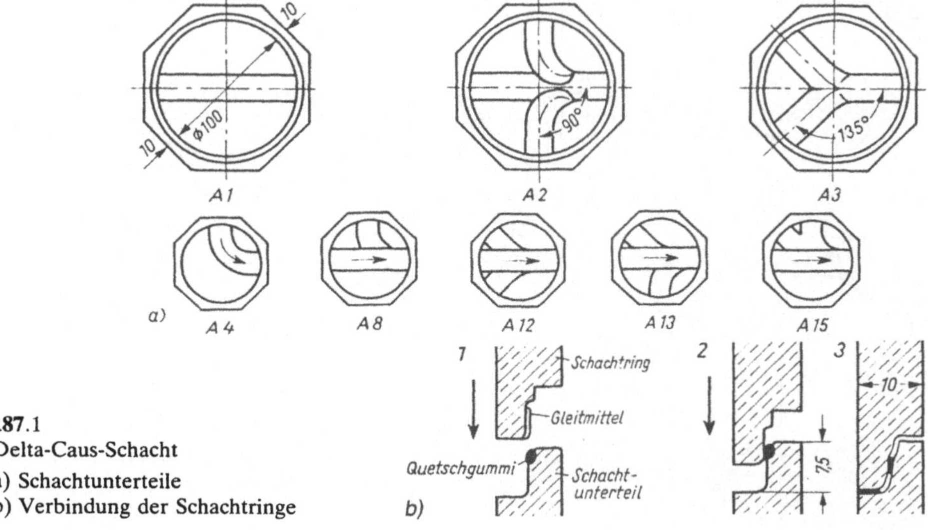

187.1
Delta-Caus-Schacht
a) Schachtunterteile
b) Verbindung der Schachtringe

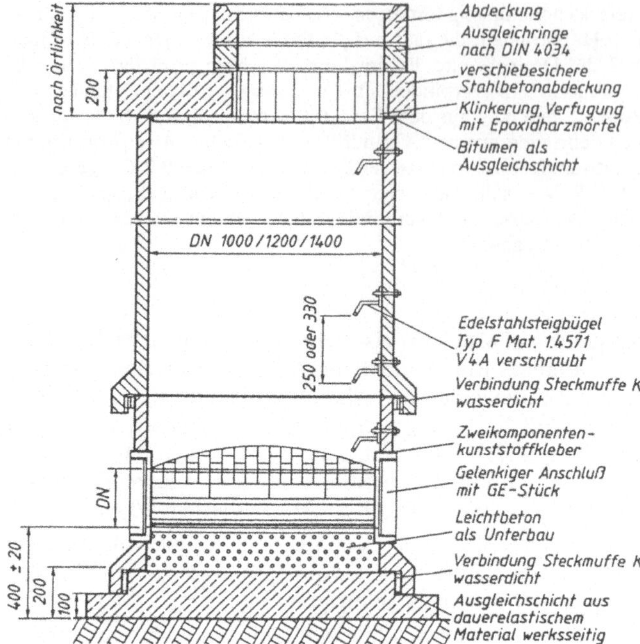

188.1
Steinzeug-Schacht (Stz-Ges. und Meyer-Betonwerk)

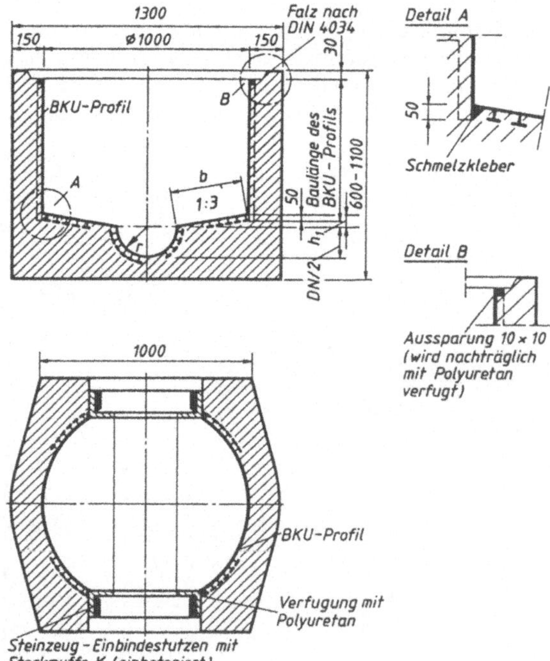

188.2
Fertigteilschacht mit Korrosionsschutz aus PVC-hart (BKU-System)

Die Verbindung zwischen Schachtboden, Schachtringen und Schachthals erfolgt durch eine flexible Quetschgummiringverbindung. Diese ist wasserdicht. Der Quetschgummiring wird über dem ersten Absatz aufgelegt. Der Falz des aufzusetzenden Teiles wird mit einem Gleitmittel bestrichen und dann gleichmäßig aufgesetzt.

Für besonders aggressives Abwasser steht der Steinzeug-Schacht zur Verfügung. Er besteht überwiegend aus Steinzeugbauteilen und wird in einem Spezialbetrieb vorgefertigt (**188**.1). Er ist völlig korrosionsfest, dauerhaft haltbar, wasserdicht, leicht montierbar, begehbar und wartungsfreundlich.

Ähnliche Anforderungen sind durch Fertigteilschächte mit PVC-hart-Auskleidung (BKU-System o. a.) zu erfüllen (**188**.2). Diese Auskleidungen lassen sich auch bei Ortbetonschächten verwenden. Fugen im inneren Bereich können mit Polyurethan-Spachtelmasse korrosionsfest und wasserdicht gegen äußere Wasserdrücke bis 1,5 bar gedichtet werden.

3.3.3 Regenentlastungsbauwerke

Auf das Arbeitsblatt A 128 der ATV [1] wird hingewiesen. Diese Richtlinien gelten für Regenentlastungen im Kanalnetz und im Klärwerk.

Die beim Mischverfahren abzuleitenden Regenwassermengen übertreffen den Trockenwetterabfluß um ein Vielfaches. Würde die gesamte Mischwassermenge Q_{MW} dem Hauptsammler, der Kläranlage oder dem Pumpwerk zugeführt, so müßten diese außerordentlich groß bemessen werden, und die Bau- und Betriebskosten würden hoch sein. Zur Entlastung des Mischwassernetzes sind an geeigneten Stellen Regenentlastungsanlagen vorzusehen. Sie leiten bei Erreichen einer bestimmten Verdünnung des Schmutzwassers durch Regenwasser, der kritischen Mischwassermenge $Q_{krit} = Q_s + m \cdot Q_s = (1 + m)\,Q_s$, den darüber hinaus abfließenden Teil des Mischwassers $Q_{RÜ}$ dem Vorfluter zu. Das Maß dieser Verdünnung richtet sich im wesentlichen nach der Aufnahmefähigkeit des Vorfluters und wird von der Wasseraufsichtsbehörde festgesetzt. Vor Kläranlagen ist häufig die Verdünnung 1 + 1 anzutreffen. Nur bei Anlagen mit Langzeitbelüftung und ausreichend bemessenen Nachklärbecken oder Teichkläranlagen kann $m > 1$ sein.

Zu den Regenentlastungsanlagen des Mischsystems gehören: Regenüberläufe, Regenüberlaufbecken, Kanalstauräume. Regenklärbecken des Trennverfahrens dienen der Regenwasserbehandlung.

3.3.3.1 Berechnungswassermengen

Trockenwetterabfluß Q_t. Er setzt sich zusammen aus dem Anteil aus Wohngebieten und Kleingewerbe (Q_x), dem gewerblichen und industriellen Anteil (Q_g) und dem Fremdwasser (Q_f) (vgl. Abschn. 1.2):

$$Q_t = Q_x + Q_g + Q_f = Q_S + Q_f$$

Die kritische Regenspende r_{krit}. Dies ist die Regenspende in l/(s · ha), bei der ein Regenüberlauf rechnerisch noch nicht anspringt. Bei größerem MNQ des Vorfluters kann r_{krit} abgemindert und damit die Anzahl der Entlastungen vergrößert werden. Ein $r_{krit} >$ 15 l/(s · ha) ist bei Vorflutern mit geringer Wasserführung zu wählen. Ergeben sich Verhältnisse $Q_{krit}/Q_S \leqq 4$, so sollte als Mischungsverhältnis 4 gewählt werden. Die Er-

Tafel **190**.1

MNQ/Q_s	0,5	1	2	3	4	5	7	10	20	30	
r_{krit} in l/(s · ha)	15	14,8	14,3	14	13,7	13,5	13,1	12,7	11,7	11,2	
MNQ/Q_s	40	50	70	100	200	300	400	500	700	1000	ab 1300
r_{krit} in l/(s · ha)	10,8	10,5	10	9,4	8,5	8,1	7,7	7,6	7,3	7,1	7,0

mittlung in Abhängigkeit vom Verhältnis MNQ/Q_S kann nach Tafel **190**.1 durchgeführt werden. Zwischenwerte können interpoliert werden, r_{krit} kann erhöht werden.
Eine andere Ermittlung berücksichtigt zusätzlich die Wassergüte, die Fließgeschwindigkeit im Vorfluter, Speicherraum im Kanalnetz und Niederschlagshöhe [39].

r_{krit} = kritische Regenspende in l/(s · ha)

$$r_{krit} = f\left(\frac{A}{B}\right)$$

mit $A = \frac{N}{400}$ (N = mittlere örtliche Niederschlagshöhe in mm)

$$B = f\left(\frac{Q}{Q_S}\right) \cdot s \cdot k$$

Q = langjähriges mittleres Sommerniedrigwasser in l/s des Vorfluters
s = Beiwert, der die Selbstreinigungskraft des Vorfluters ausdrückt:

Tafel **190**.2 Beiwert s in Abhängigkeit von der Wassergüteklasse und der Fließgeschwindigkeit v des Vorfluters

Wassergüteklasse	s im Vorfluter		
	v groß, Wassertiefe klein	v mittelgroß	v klein, Stau
I, II wenig o. mäßig verschmutzt	1,2	0,8	0,6
III stärker verschmutzt	0,9	0,6	0,4
IV stark verschmutzt (nach Saprobiensystem)	0,6	0,4	0,3

k = Beiwert, der Speichervermögen des Kanalnetzes berücksichtigt; ohne Speicherung $k = 1$

$$k = \frac{S}{300 \cdot Q_0}$$

S = Volumen aller Speicherräume in m^3
Q_0 = max Abfluß vor dem Überlaufbauwerk in m^3/s
300 = Speicherzeit in s eines normalen Kanalnetzes = 5 min

Beispiel: Gegeben $N = 500$ mm, Vorfluter Wassergüte III, v mittelgroß, $s = 0,6$ m/s
$S = 600\ m^3$, $Q_0 = 1,0\ m^3/s$, $k = 2$
$Q = 5\ m^3/s$, $Q_S = 0,1\ m^3/s$, $\frac{Q}{Q_S} = 50$

Nach **191**.1 ergibt sich rechtsherum, ausgehend von der Abszisse mit $\frac{Q}{Q_S}$ $r_{krit} = 4$ l/(s · ha)

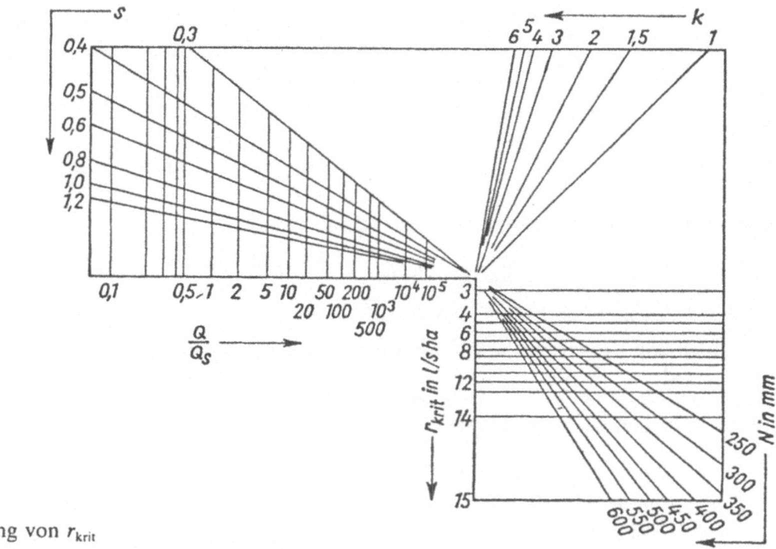

191.1 Ermittlung von r_{krit}

Der kritische Regenwasserabfluß $Q_{\text{r krit}}$. Es ist die mit r_{krit} ermittelte Regenwasserabflußmenge des Einzugsgebietes A_{E} eines Entlastungsbauwerkes

$$Q_{\text{r krit}} = r_{\text{krit}} \cdot Z \cdot A_{\text{E, bef}} \quad \text{in l/s}$$

$A_{\text{E, bef}}$ ≙ befestigter Flächenanteil von A_{E} in ha oder die mit Ψ_{m} multiplizierte Fläche A_{E} (Abschn. 1.4).

Z ≙ Abminderungsfaktor. Berücksichtigt wird die mögliche Verminderung der kritischen Regenwassermenge bei langen Fließzeiten ($t_{\text{f}} > 200$ min), weil die Mischwassermenge durch Abflachung der Ganglinie geringer wird.

$$Z = 1 - t_{\text{f}}/200; \qquad Z \geqq 0{,}5$$

t_{f} ≙ Fließzeit bis zum Entlastungsbauwerk in min. Sind weitere Entlastungen vorgeschaltet, so ist die Fließzeit vom letzten Bauwerk ab einzusetzen. Für Regenüberlaufbecken und Kanalstauräume ist $Z = 1$ zu setzen.

Der kritische Mischwasserabfluß Q_{krit}

$$Q_{\text{krit}} = Q_{\text{t}} + Q_{\text{r krit}} + Q'_{\text{r krit}} \quad \text{in l/s}$$

$Q'_{\text{r krit}}$ ≙ im Kanal zugeführter kritischer Mischwasserabfluß aus oberhalb liegenden Regenüberläufen.

3.3.3.2 Regenüberläufe (RÜ)

Sie leiten mindestens den kritischen Mischwasserabfluß Q_{krit} zur Kläranlage. Unterhalb von Q_{krit} findet keine Entlastung zum Vorfluter statt.

Das Entlastungsbauwerk wird zweckmäßig nach der Vereinigung mehrerer Leitungen an Stellen angeordnet, die dem Vorfluter naheliegen. Es besteht aus dem Überfallbauwerk und dem Entlastungkanal zum Vorfluter. Überfallbauwerke, die nur dann in Aktion treten, wenn Betriebseinrichtungen (z. B. Pumpen) ausfallen oder in anderen Notfällen geöffnet werden, nennt man Notauslässe.

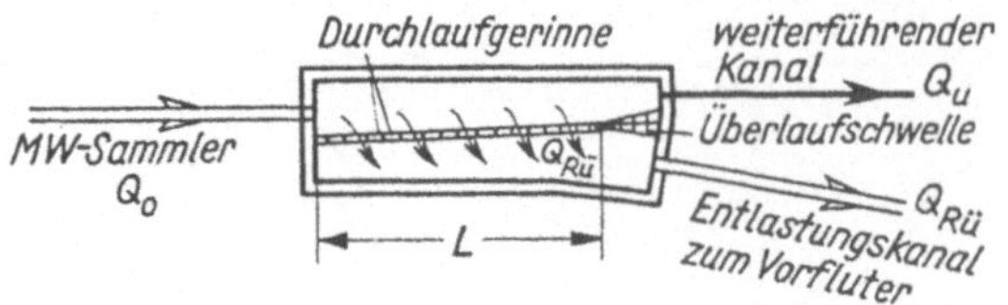

$Q_o = Q_{MW} = Q_S$ bis max Q_{MW}
$Q_u = Q_S$ bis Q_{krit} bis max Q_u
$Q_{RÜ} = 0$ bis $(Q_{MW} - Q_{krit})$
bis (max Q_{MW} − max Q_u)

192.1 Regenüberlauf (schematisch)

Die kritische Mischwassermenge berechnet sich aus:

$$Q_{krit} = Q_t + Q_{r\,krit} + Q'_{r\,krit} \quad \text{(Formelzeichen s. Abschn. 3.3.3.1)}$$

oder $$Q^{+}_{krit} = Q_t + r^{+}_{krit} \cdot A_{E,bef} \cdot Z + Q_{ab}$$

r^{+}_{krit} ≙ erhöhte Regenspende r_{krit} für Regenüberläufe, die Regenüberlaufbecken nachgeschaltet sind,

Q_{ab} ≙ RW-Ausfluß aus dem vorgeschalteten Regenüberlaufbecken ohne Q_t-Anteil, der insgesamt in Q_t enthalten ist

oder $$Q^{++}_{krit} = Q_t + r^{++}_{krit} \cdot A_{E,bef} \cdot Z$$

r^{++}_{krit} ≙ erhöhte Regenspende r_{krit}, wenn Schmutzwasser aus einer Trennkanalisation mitaufgenommen wird.

Q_t ≙ Trockenwetterabfluß aus dem Mischwasser- und aus dem Trennsystem

Berechnung der Regenüberläufe. Als Regenüberläufe werden eingesetzt:

Überläufe mit hochgezogenem Wehr (Berechnungsbeispiel 1)

Überläufe mit Bodenöffnungen (Springüberlauf, Leaping Weir) im schießenden Abflußbereich

Streichwehre mit seitlich angeordneten, niedrigen Wehrschwellen, deren Wehrhöhe auf Abflußhöhe von Q_{krit} liegt (Berechnungsbeispiel 2)

Zungenüberläufe mit Trennblechen in Höhe des Wasserspiegels von Q_{krit} mit $h \geqq 0{,}25$ m.

Hydraulik. Je nach Lage der Schwellenhöhe zum Unterwasserspiegel unterscheidet man zwischen vollkommenem oder unvollkommenem Überfall, je nach Richtung der Überlaufschwelle zur Fließrichtung zwischen senkrechtem Überfall und Streichwehr. Die Aufgabe stellt sich dem Ingenieur entweder so, daß er mit angenommener Wehrhöhe die Länge der Drosselstrecke, die Stauhöhe und die Wehrlänge $l_{RÜ}$ berechnet (bei hoher Wehrschwelle) oder daß er bei angenommener Länge der Staustrecke l_D und errechneter Wehrhöhe, Stauhöhe und Wehrlänge $l_{RÜ}$ berechnet.

Die Abwassertechnische Vereinigung ATV-A 128 [1] empfiehlt die durch Beiwerte ergänzte Formel von Poleni:

$$l_{RÜ} = \frac{\eta \cdot Q_{RÜ}}{2/3 \cdot c \cdot \mu \sqrt{2g} \cdot h_m^{3/2}} \text{ in m} \quad \text{oder} \quad h_m = \left(\frac{3 \cdot \eta\, Q_{RÜ}}{2c \cdot l_{RÜ} \cdot \mu \sqrt{2g}}\right)^{2/3} \quad (192.1)$$

$Q_{RÜ}$ in m³/s; $g = 9{,}81$ m/s²

η = Sicherheitsbeiwert = 1,5 für Streichwehre ohne Stau vor Q_u oder unvollkommenem Überfall
= 1,0 für Wehre senkrecht zur Fließrichtung und Streichwehre mit Stau

μ = Überfallbeiwert, der die Form der Wehrkrone berücksichtigt (**193**.1)

c = Beiwert, der den unvollkommenen Überfall berücksichtigt (Tafel **193**.2)

h_m = rechnerischer Mittelwert für die Höhe des Wasserspiegels im Mischwasserkanal über der Wehrkrone in m (**193**.3 und **193**.4). Oft wird $h_m = h_u$ gesetzt.

Bei Streichwehren $h_m = h_u + \frac{1}{4}(h_o - h_u)$ (193.1)

mit $h_o = t_o - p_o$; für $t_o \leqq p_o$ ist $h_o = 0$ und $h_m = 1/2\, h_u$

und $h_u = t_u - p_u$; für $t_u \leqq p_u$ ist $h_u = 0$ und $h_m = 1/2\, h_o$

Bei $t_u > d_u$ steht der weiterführende Kanal (Q_u, v_u) unter Stau. Man kann dann t_u berechnen nach

$$t_u = m \cdot d_u + \frac{v_u^2}{2\,g}(1 + \lambda_e) + l_D(J_e - J_s) \quad \text{oder} \quad l_D = \frac{s_u - m \cdot d_u - 0{,}07\, v_u^2}{J_e - J_s} \qquad (193.2)$$

t_u = Stauhöhe vor dem weiterführenden Kanal in m. Sie muß angenommen werden und soll nicht höher liegen als der Wasserspiegel des Oberwassers.
d_u = Durchmesser des weiterführenden Kanals in m
λ_e = Beiwert für Eintrittsverlust $\geqq 0{,}35$
l_D = Länge der Staustrecke in m, der Drosselstrecke
m = Beiwert für Drucklinie am Ende der Drossel, abh. von der Froude-Zahl. Näherungsweise = 1.

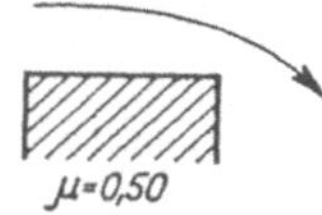

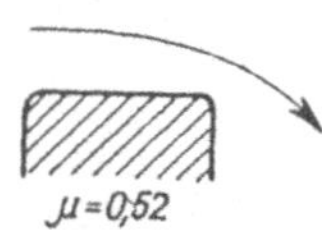

193.1 μ = Werte für Überfallkanten

Tafel **193**.2 Beiwerte c für unvollkommenen Überfall

h^*/h_m	0	0,1	0,2	0,3	0,4	0,5	0,6	0,7	0,8	0,9	1,0
c	1,0	0,99	0,98	0,97	0,96	0,94	0,91	0,86	0,78	0,62	0

h^* = Höhe des Wasserspiegels im Entlastungskanal über der Wehrkrone (**193**.3). Beim vollkommenen Überfall ist $h^* = 0$ und $c = 1$.
J_e = Gefälle der dynamischen Drucklinie. Sie läßt sich ermitteln aus Tafel **65**.1 oder **70**.1 als das Sohlgefälle, in das der weiterführende Kanal gelegt werden müßte, um die erforderliche Wassermenge abzuführen.
J_s = Sohlgefälle der Staustrecke

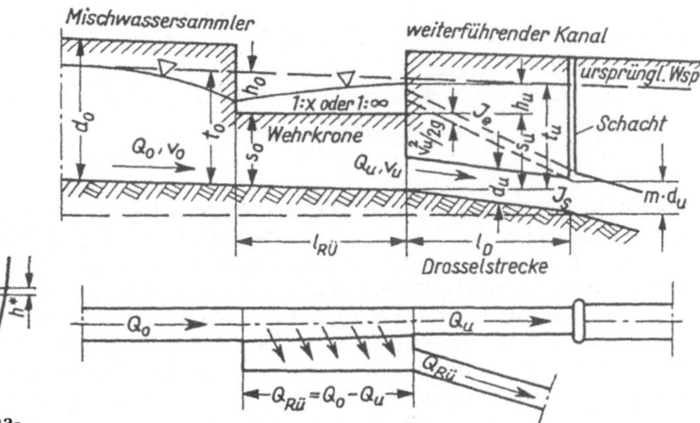

193.3 Querschnitt (schematisch)

193.4 Überlaufbauwerk (Bezeichnungen)

Bauliche Gestaltung (**194**.1). Allgemein gelten die gleichen Baugrundsätze wie für Schachtbauwerke (s. Abschn. 3.3.2). Das Durchlaufgerinne ist zügig zu führen. Die Übergänge vom Mischwassersammler zum weiterführenden Kanal (min d_u = 20 cm) sind sorgfältig auszubilden.

Die Sohle des weiterführenden Kanals am Bauwerk soll einige Zentimeter unterhalb der Sohle des Mischwassersammlers liegen. Die Wehrkrone soll möglichst hoch liegen, mindestens jedoch 25 cm über der Sohle des Durchlaufgerinnes. Das Wehr ist fest einzubauen.

In besonderen Fällen ist auch ein Dammbalkenwehr zulässig, wenn bei fortschreitendem Ausbau des Kanalnetzes erst später die endgültige Wassermenge aus dem Einzugsgebiet zufließt.

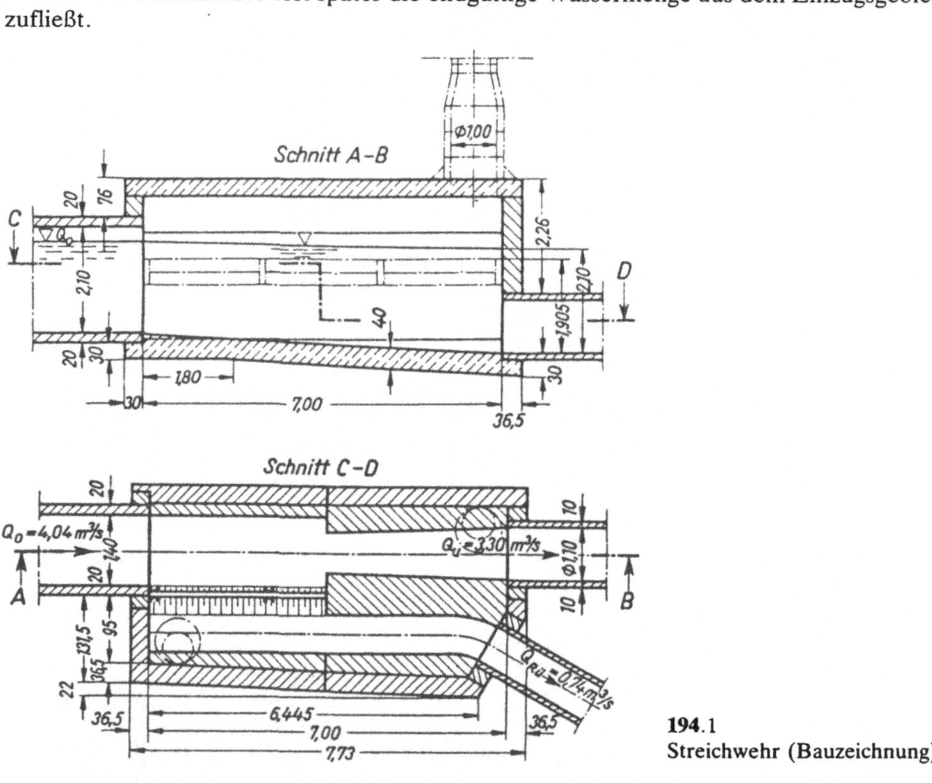

194.1
Streichwehr (Bauzeichnung)

Beispiel 1: Regenüberlauf mit hochgezogenem Wehr. Dieser liegt vor, wenn die Wehrhöhe höher ist als die Fülltiefe bei Q_{krit}. Wehrhöhe bei $v \geqq 0{,}5$ m/s für Q_t im Zulaufkanal so hoch wie möglich, $\geqq 0{,}6\ d_o$. Abfluß von Q_{krit} soll strömend sein. Dies ist durch Beruhigungsstrecken mit geringerem Sohlgefälle erreichbar. Die Wehroberkante soll über dem Bemessungswasserspiegel des Vorfluters liegen. Die Drosselstrecke sollte einen Durchmesser $d_u \geqq 0{,}20$ m haben. Sie soll Q_t ohne Rückstau abführen. Bei Q_{krit} darf der Stau höchstens bis zur Wehrhöhe reichen. Die Wehrkrone soll waagerecht und $\geqq 0{,}05$ m über dem Scheitel des weiterführenden Kanals liegen. Verschiedene Ausbaustufen lassen sich durch Drosselschieber oder durch Veränderung der Wehrhöhe erreichen.

$Q_S = Q_t = 20$ l/s; max $Q_{MW} = 1600$ l/s; $Q_{krit} = 120$ l/s. Es soll ein Überlauf mit hochgezogenem Wehr berechnet werden.

1. Zulaufkanal

$J_S = 1:600$; $k_b = 1,5$ mm; MW-Kanal $d_o = 1400$ mit voll $Q = 2353$ l/s und voll $v = 1,51$ m/s; bei max $Q_{MW} = 1600$ l/s:

$$\frac{\text{vorh } Q}{\text{voll } Q} = \frac{1600}{2353} = 0,68 \rightarrow \frac{h'}{h} = 0,61 \quad h' = 0,61 \cdot 1400 = 854 \text{ mm}; \ \frac{\text{vorh } v}{\text{voll } v} = 1,06;$$

$$\text{vorh } v = 1,06 \cdot 1,51 = 1,6 \text{ m/s}; \qquad \text{bei } Q_S = 20 \text{ l/s: } \frac{20}{2353} = 0,0085 \rightarrow \frac{h'}{h} = 0,0625;$$

$h' = 87,5$ mm

$$\frac{\text{vorh } v}{\text{voll } v} = 0,32; \text{ vorh } v = 0,32 \cdot 1,51 = 0,483 \text{ m/s}$$

Energiehöhe am Bauwerkseinlauf

$$h_{E,o} = h' + \frac{v^2}{2g} = 0,0875 + \frac{0,483^2}{2g} = 0,099 \text{ m}$$

Bei max Q_{MW} herrscht strömender Fließzustand.
Schwellenhöhe am Wehranfang, Annahme

$$s_o = 0,6 \cdot 1400 = 840 \text{ mm}$$

Sie wird so festgelegt. Der Rückstau soll nicht über Rohrscheitel steigen.

2. Drosselstrecke. Wegen der kurzen Länge gewählt:

$$k_b = 1,5 \text{ mm } (k_b = 0,25 \text{ mm möglich}); \ J_s = 1:200 = 0,005$$

Um $Q_{krit} = 120$ l/s in freiem Gefälle abzuführen wäre ein Durchmesser $d_u = 400$ mm erforderlich. Damit bei Q_{krit} ein Stau entsteht, wird $d_u = 250$ mm gewählt.
bei Q_S: voll $Q = 42,6$ l/s; voll $v = 0,87$ m/s

$$\frac{\text{vorh } Q}{\text{voll } Q} = \frac{20}{42,6} = 0,47 \rightarrow h' = 0,48 \cdot 250 = 120 \text{ mm} \quad \text{vorh } v = 0,99 \cdot 0,87 = 0,86 \text{ m/s}, > 0,5 \text{ m/s}$$

$$h_{E,u} = 0,120 + \frac{0,86^2}{2g} = 0,16 \text{ m}$$

Die Sohlhöhendifferenz zwischen Ein- und Auslauf sollte mindestens betragen

$$\Delta h = h_{E,u} - h_{E,o} = 0,16 - 0,099 = 0,061 \text{ m}$$

Δh wird mit 0,10 m angenommen.
Schwellenhöhe am Wehrende

$$s_u = 840 + 100 = 940 \text{ mm}$$

Länge der Drosselstrecke (aus Q_{krit})

$$v_u = \frac{Q_{krit}}{A} = \frac{0,120}{0,049} = 2,45 \text{ m/s}$$

$$\text{mit } A = \frac{\pi \cdot d^2}{4} = \frac{\pi \cdot 0,25^2}{4} = 0,049 \text{ m}^2 \quad \text{erf } J_e = 1:25,32 = 0,0395 \text{ aus Tafel } \mathbf{70}.1$$

$$\text{aus } t_u = d_u + \frac{v_u^2}{2g}(1 + \lambda_e) + l_D(J_e - J_s) \tag{195.1}$$

mit $\lambda_e = 0{,}35 \rightarrow \frac{v_u^2}{2\,g}(1 + \lambda_e) = \frac{2{,}45^2}{2\,g}(1 + 0{,}35) = 0{,}41$ m; $t_u = s_u$ gesetzt

$$l_D = \frac{t_u - d_u - 0{,}41}{J_e - J_s} = \frac{0{,}94 - 0{,}25 - 0{,}41}{0{,}0395 - 0{,}005} = 8{,}12 \text{ m}$$

gewählt 10,0 m > min $l = 20 \cdot d_u = 20 \cdot 0{,}25 = 5{,}0$ m

Nachweis des selbständigen Füllens der Drosselstrecke beim kritischen Abfluß (**196**.1).
Bei scharfkantigen Einläufen füllen sich die Drosselstrecken u. U. nicht vollständig. Es wird dann ein geringeres Q_u abgeführt, und der Überlauf springt an, bevor Q_{krit} erreicht ist.

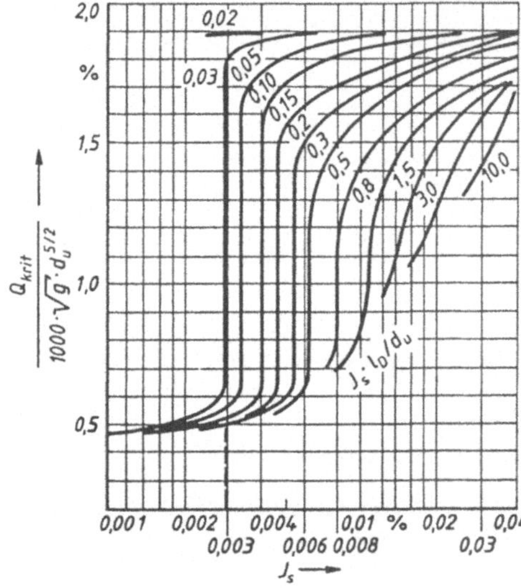

196.1 Selbsttätiges Füllen des Ablaufs. Es liegt der Widerstandsbeiwert $\lambda = 0{,}02$ zu Grunde.
Anwendung z. B. bei Vollfüllung, Rechenpunkt links vom dazugehörigen Parameter $\frac{J_s \cdot l_D}{d_u}$ bedeutet Vollfüllung

$$\frac{Q_{krit}}{1000 \cdot \sqrt{g} \cdot d_u^{5/2}} = \frac{120}{1000\,\sqrt{g} \cdot 0{,}25^{5/2}} = \frac{120}{97{,}9} = 1{,}23$$

$$\text{Parameter}\ \frac{J_s \cdot l_D}{d_u} = \frac{0{,}005 \cdot 10{,}0}{0{,}25} = 0{,}20$$

Drosselstrecke füllt sich selbständig.

3. Überfallwehr. Überschlägliche Wehrlänge

$$l_{RÜ} = \frac{4}{1000} \cdot \frac{\max Q_{MW}}{d_o}$$

$$l_{RÜ} = \frac{4}{1000} \cdot \frac{1600}{1{,}4} = 4{,}6 \text{ m} \quad \text{gew. } 5{,}0 \text{ m}$$

$$Q_{RÜ} = Q_{max} - Q_{krit} = 1600 - 120 = 1480 \text{ l/s}$$

aus $l_{RÜ} = \frac{\eta \cdot Q_{RÜ}}{\frac{2}{3} \cdot c \cdot \mu \cdot \sqrt{2\,g} \cdot h^{3/2}}$

mit

$\mu = 0{,}64$; $c = 1{,}0$; $\eta = 1{,}0$ (Stirnwehr)

$$h_{RÜ} = \left(\frac{1{,}0 \cdot 1{,}48}{\frac{2}{3} \cdot 1{,}0 \cdot 0{,}64 \cdot \sqrt{2\,g} \cdot 5{,}0}\right)^{2/3}$$

$h_{RÜ} = 0{,}29$ m

$t_u = p_u + h_{RÜ} = 0{,}94 + 0{,}29 = 1{,}23$ m, ≙ 1,13 m über Sohle Zulauf < 1,4 m = Scheitel Zulaufkanal

Beispiel 2: Streichwehr mit niedriger Überfallschwelle und unvollkommenen Überfall. Das Bauwerk soll bei der Verdünnung $Q_{krit} = (1 + 4)\,Q_S$ beginnen Mischwasser abzuwerfen.

Gegeben max $Q_{MW} = 1000$ l/s $\quad Q_S = 15$ l/s $\quad Q_{krit} = (1 + 4)\,Q_S = (1 + 4)\,15 = 75$ l/s
$d_u = 0{,}35$ m $\quad l_D = 20$ m $\quad J_s = 1{:}250 \quad \lambda_e = 0{,}25$ Höhen und Gefälle nach Bild **196**.2.

196.2 Lageplan zum Beispiel

1. Die Höhe der Wehrkrone richtet sich nach der Füllhöhe h' des MW-Kanals bei Q_{krit} vor dem Wehr. Zunächst wird der MW-Kanal bemessen für max Q_{MW}.

$$Q = 1000 \text{ l/s} \qquad J = 1{:}800$$

nach Tafel **66**.1 erf $z = 1{,}0\,\sqrt{800} = 28{,}3$

Gewählt nach Tafel **66**.1: Ei 900/1350 mit voll $Q = 30{,}4/\sqrt{800} = 1{,}073\ \text{m}^3/\text{s} = 1073$ l/s

Füllhöhe h' bei Q_{krit}:

$$\frac{\text{vorh } Q}{\text{voll } Q} = \frac{75}{1073} = 0{,}07 \qquad \text{nach Tafel } \mathbf{74}.1 \quad \frac{h'}{h} = 20\% \qquad h' = 0{,}2 \cdot 1{,}35 = 0{,}27\,\text{m} = s_o$$

Die Wehrkrone liegt nach Bild **196**.2 auf 14,00 + 0,27 = 14,27 m NN.

2. Die Stauhöhe t_u vor dem weiterführenden Kanal (Q_u) richtet sich nach der möglichen Stauhöhe und der Länge des Wehres, d. h. nach dem für das Bauwerk zur Verfügung stehenden Platz.

Wenn beim Anwachsen von $Q_{MW} < Q_{krit} < \max Q_{MW}$ der Wasserspiegel vor dem weiterführenden Kanal nicht über die Wehrkrone hinaussteigt ($t_u = s_u$, $h_u = 0$), so fließt $\max Q_{RÜ} = \max Q_{MW} - Q_{krit}$ im Entlastungskanal ab. Ist $h_u > 0$, dann wird Q_u größer und $Q_{RÜ}$ kleiner. Bei $h_u = 0$ ist die erforderliche Wehrlänge $l_{RÜ}$ am größten. Da dann oft überlange Bauwerke entstehen, nimmt man gleich eine Stauhöhe $t_u > s_u$ an. Der Stau t_u sollte nicht über den Scheitel des MW-Kanals hinausgehen.

t_u wird errechnet für $\max Q_u > Q_{krit}$ aus Gl. (195.1), indem man v_u und J_e einsetzt.

Angenommen: $\max Q_u = 150\ \text{l/s} = 0{,}150\ \text{m}^3/\text{s} > 0{,}075\ \text{m}^3/\text{s} = Q_{krit}$

$$d_u = 0{,}35\ \text{m; nach Tafel } \mathbf{65}.1 \text{ wird } n = 2{,}31/0{,}15^2 = 102{,}5 \qquad J_e = \frac{1}{103} = 0{,}0098$$

Nach Tafel **65**.1 ist

$$v_u = \frac{Q_u}{A_u} = \frac{0{,}15}{0{,}096} = 1{,}56\ \text{m/s} \qquad \frac{v_u^2}{2g} = \frac{1{,}56^2}{2 \cdot 9{,}81} = 0{,}124\ \text{m}$$

$$l_D = 20\ \text{m} \quad J_s = 1:250 = 0{,}004 \quad \lambda_e = 0{,}25$$

Mit Gl. (195.1) erhält man

$$t_u = 0{,}35 + 0{,}124\,(1 + 0{,}25) + 20\,(0{,}0098 - 0{,}004) = 0{,}621\ \text{m} \approx 0{,}62\ \text{m}$$

Nach Bild **196**.2 liegt t_u auf 13,95 + 0,62 = 14,57 m üNN.

3. Die Füllhöhe im Entlastungskanal errechnet sich aus der dort bei $\max Q_{MW}$ anfallenden Wassermenge unter Berücksichtigung von 2. $Q_{RÜ} = \max Q_{MW} - \max Q_u = 1000 - 150 = 850$ l/s. Zunächst wird der Entlastungskanal bemessen für $Q_{RÜ}$.

$$Q = 850\ \text{l/s} \quad J = 1:400\ (\mathbf{196}.2) \quad \text{nach Tafel } \mathbf{65}.1 \quad z = 0{,}850\,\sqrt{400} = 19$$

Gewählt nach Tafel **65**.1 NW 1000 mit voll $Q = 24{,}9/\sqrt{400} = 1{,}245\ \text{m}^3/\text{s} = 1245$ l/s

$$\text{Füllhöhe } h'\text{:}\ \frac{\text{vorh } Q}{\text{voll } Q} = \frac{1000}{1245} = 0{,}80 \quad \text{nach Tafel } \mathbf{72}.1 \quad \frac{h'}{h} = 67\% \qquad h' = 0{,}67 \cdot 1{,}0 = 0{,}67\ \text{m}$$

Der Wasserspiegel liegt nach Bild **196**.2 auf 13,80 + 0,67 = 14,47 m üNN.

$$h^* = 14{,}47 - 14{,}27 = 0{,}20\ \text{m} \quad (\text{vgl. Bild } \mathbf{193}.3) \quad 14{,}27 \mathrel{\hat{=}} \text{Wehrkronenhöhe über NN}$$

Da $h^* > 0$, handelt es sich um einen unvollkommenen Überfall.

4. Die Füllhöhe t_o im MW-Kanal bei $\max Q_{MW} = Q_0$ errechnet sich unter Berücksichtigung von 1.

$$Q = 1000\ \text{l/s} \quad J = 1:800\ (\mathbf{196}.2) \qquad \frac{\text{vorh } Q}{\text{voll } Q} = \frac{1000}{1073} = 0{,}93 \quad \text{nach Tafel } \mathbf{74}.1 \quad \frac{h'}{h} = 81\%$$

$$h' = 0{,}81 \cdot 1{,}35 = 1{,}09\ \text{m} = t_o$$

Der Wasserspiegel liegt nach Bild **196**.2 auf 14,00 + 1,09 = 15,09 m üNN.

5. Die Länge des Wehres $l_{RÜ}$ wird für den Mischwasserzufluß max Q_{MW} bestimmt.

$$h_u = t_u - s_u = 14{,}57 - 14{,}27 = 0{,}30 \text{ m} \quad h_o = t_o - s_o = 15{,}09 - 14{,}27 = 0{,}82 \text{ m}$$

Nach Gl. (193.1) wird $h_m = 0{,}3 + \frac{1}{4}(0{,}82 - 0{,}3) = 0{,}43$ m

$$\frac{h^*}{h_m} = \frac{0{,}20}{0{,}43} = 0{,}47; \quad \text{nach Tafel } \mathbf{193}.2 \text{ ist } c = 0{,}95$$

μ gewählt nach Bild **193**.1 zu $\mu = 0{,}52$ $\eta = 1{,}5$ (Streichwehr) $Q_{RÜ} = 850$ l/s $= 0{,}850$ m³/s
Nach Gl. (192.1)

$$l_{RÜ} = \frac{1{,}5 \cdot 0{,}85}{2/3 \cdot 0{,}95 \cdot 0{,}52 \sqrt{2 \cdot 9{,}81} \cdot 0{,}43^{3/2}} = 3{,}10 \text{ m}; \quad \text{gewählt } l_{RÜ} = 3{,}10 \text{ m}$$

3.3.3.3 Regenwasserbecken

Man unterscheidet nach [39 a] Regenwasserrückhaltebecken, Regenüberlaufbecken und Regenklärbecken (**198**.1).

Regenwasserrückhaltebecken speichern bei starkem Regen einen Teil der ankommenden Wassermenge Q_{max} und geben sie langsam wieder ab. Der unterhalb liegende Kanal, das Pumpwerk oder die Kläranlage sind durch die Abminderung der Abflußspitze entlastet. Diese Becken haben keinen Überlauf zum Vorfluter und können das Wasser nur in das Netz weitergeben. Durch die Füllung des Beckens verlängert sich die Abflußzeit t insgesamt, und damit verteilt sich die abfließende Wassermenge über einen längeren Zeitraum, die Spitze wird abgebaut.

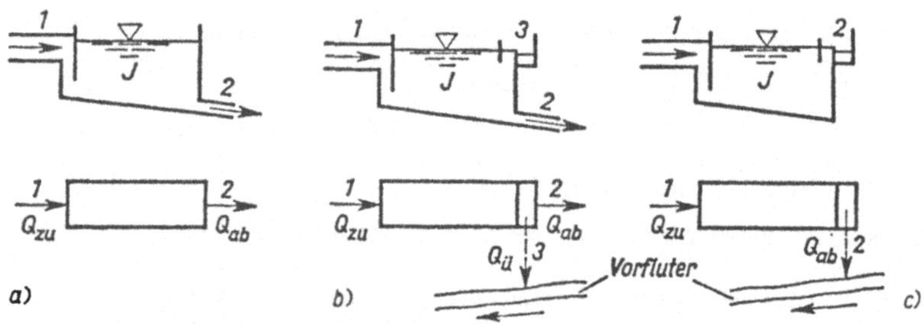

198.1 Regenwasserbecken nach [39a]
a) Regenwasserrückhaltebecken, b) Regenüberlaufbecken, c) Regenwasserklärbecken
1 Zufluß
2 Abfluß
3 Überlauf

Das Regenüberlaufbecken hat zusätzlich noch einen Überlauf zum Vorfluter. Die Regenwasserspitze wird hier nach Vorklärung in den Vorfluter abgegeben. Die zufließende Wassermenge Q_{max} wird durch Verzögerung und durch Verminderung um $Q_ü$ verkleinert. Bis zum Beginn des Überlaufs wirkt dieses Becken wie ein Rückhaltebekken. Der Überlauf tritt bei einer bestimmten kritischen Regenspende (r_{krit}) in Funktion.

Regenwasserklärbecken sollen das Regenwasser durch Absetzen der Schmutzstoffe vor Ablauf in den Vorfluter mechanisch reinigen. Sie kommen in Kläranlagen und vor Ausläufen in Frage.

Anwendung. Rückhalte-, Überlauf- und Klärbecken kommen vor

1. Beim Bau neuer Kanalnetze für Randgebiete mit bestehenden langen Vorflutsammlern. Man muß berücksichtigen, daß die Becken eine gewisse Speicherhöhe und damit einen Höhenverlust benötigen

2. Beim Bau insgesamt neuer Kanalnetze, um Baukosten, Pumpkosten usw. zu ersparen. Es werden meist natürliche Geländemulden als Teiche angelegt und in die städtebauliche Planung mit einbezogen

3. Zur Sanierung überlasteter Kanalnetze. Man erspart den Neubau von Sammlern. Da hier meist kein Gefälle zur Verfügung steht, müssen die Becken flach sein oder durch Pumpen die verlorene Speicherhöhe wieder ausgeglichen werden.

4. Zur Entlastung des Vorfluters meist als Regenüberlaufbecken (s. Bild **198**.1 b). Daneben erreicht man beim Mischsystem eine Vorklärung des ersten stark verschmutzten Abwasserzuflusses

5. Zur Entlastung der Mischwasser-Kläranlage. Das Becken sammelt einen Teil des Mischwassers und gibt es bei Trockenwetter meist über Pumpen an die Kläranlage weiter. Außerdem kann es bei Trockenwetter als Ausgleichbecken für den Schmutzwasserzufluß dienen. Regenwasserbecken werden im Zuge eines Kanalnetzes meist als geschlossene Anlagen, in Kläranlagen und in Randgebieten als offene Beton- oder Erdbekken angelegt.

Bauliche Ausführung. Diese hängt von den örtlichen Bedingungen ab. Die zur Verfügung stehende Höhe entscheidet über die Art der Leerung: Gefälleabfluß oder Leerung durch Pumpwerk.

Bei geringer Höhe steht im ungünstigsten Falle nur die Differenz zwischen Wasserspiegel Trockenwetterzufluß und der zulässigen Rückstauebene als Stauhöhe zur Verfügung. Die Staukurve für das oberhalb liegende Netz ist zu ermitteln. Im Einstaubereich treten Ablagerungen und der längste Rückstau auf.

Müssen die Becken durch Abwasserpumpen entleert werden, so wachsen die Bau- und Betriebskosten. Diese Becken sollten dann vor ohnehin notwendige Hebewerke gelegt werden.

Offene Becken sollte man nur anlegen, wenn keine hygienische Gefährdung besteht, in der Regel nur bei reinem Regenwasser (Trennsystem). Dann sollte die ständige Füllhöhe $\geqq$ 1,0 m sein, Ufer $<$ 1:1,5, Teichform möglich. Tauchwände, Rampen zur besseren Reinigung, und Umzäunung sind zweckmäßig.

Geschlossene Becken sind bei Mischkanalisation und in Wohngebieten üblich. Langgestreckte Becken in Kammern aufteilen. Runde Becken erhalten tangentialen Einlauf.

Bemessung

Regenwasserrückhaltebecken. Die Bemessung ist deshalb schwierig, weil der für das Kanalnetz maßgebende Regen nicht für die Beckenbemessung gilt. Der max Inhalt läßt sich durch Vergleichsrechnung für Regen verschiedener Dauer T und Häufigkeit n ermitteln. Es gibt aber auch verschiedene Iterationsverfahren, z. B. nach Müller-Neuhaus [53], Randolf [59] und Malpricht [44].

Annen und Londong [2] benutzen die Differenzfläche zwischen Zu- und Abflußganglinie zur Ermittlung des Speicherraumes für verschiedene Regenspenden.

Richtlinien für die Bemessung, die Gestaltung und den Betrieb gibt das Arbeitsblatt A 117 der ATV [1].
Der erforderliche Beckeninhalt ergibt sich häufig aus länger anhaltendem Regen, deren $Q_R <$ als das Q_R für die Bemessung der Kanäle (**200**.1).

$$Q_{zu} = r_{15,n=y} \cdot A_{E,bef} \quad \text{oder} \quad Q_{zu} = r_{15,n=y} \cdot \Psi_m \cdot A_E \quad \text{oder} \quad Q_{zu} = r_{15,n=y} \cdot A_{red}$$

Für die Becken werden geringere Regenhäufigkeiten n als bei Kanälen gewählt, weil die Becken nur selten überstaut werden dürfen. $n = 0{,}5$ bis $0{,}2$ bei Rohrzuläufen und $n = 0{,}1$

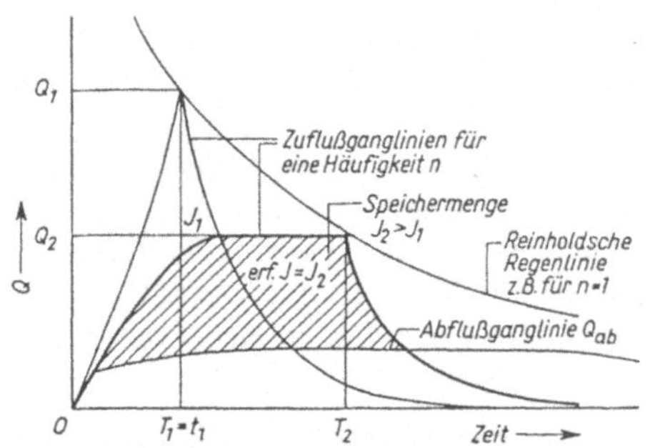

200.1 Ermittlung des Speicherinhalts aus verschiedenen Regenereignissen

200.2 Ermittlung des Bemessungswertes BR für Regenrückhaltebecken

bei offenen Zuläufen sind üblich. Bei Abflußverhältnissen $\eta = Q_{ab}/Q_{zu} > 0{,}2$ wächst die Sicherheit gegen Überstauungen. Nachfolgend wird ein Näherungsverfahren nach ATV-A 117 [1] beschrieben.

Es bedeuten:

A_E = Fläche des Einzugsgebietes in ha für das Regenwasserbecken ($A_{red} \approx A_{E,bef} = \Psi \cdot A_E$)
Ψ = mittlerer Abflußbeiwert
t_f = Fließzeit in min bis zum Rückhaltebecken
$r_{15,n=y}$ = Regenspende in l/(s · ha)
Q_{ab} = Ablaufmenge des Rückhaltebeckens in l/s, bei Speicherbecken mit anschließender Drosselstrecke ist Q_{ab} nicht konstant. Es hat sein Minimum bei Beginn der Speicherung und sein Maximum bei max Stauhöhe (**200**.1). Man rechnet mit dem Mittelwert

$$Q_{ab} = \frac{1}{2}(\min Q_{ab} + \max Q_{ab})$$

Q_{zu} = zufließende Wassermenge in l/s

$$Q_{zu} = Q_{r15} = r_{15,n=y} \cdot A_E \cdot \Psi_m \quad \text{in l/s} \tag{200.1}$$

$$\eta = \frac{Q_{ab}}{Q_{r15}}$$

Aus Bild **200**.2 wird der Bemessungswert BR abgelesen. Erforderlicher Beckeninhalt

$$\text{erf}\, J = BR \cdot \frac{Q_{zu}}{1000} \quad \text{in m}^3 \tag{200.2}$$

Beispiel: Der Ablaufkanal hat eine Leistung von Q_{ab} = 300 l/s. Es soll ein Gebiet von 40 ha mit $\Psi = 0{,}30$ und einer Fließzeit von t_f = 30 min angeschlossen werden. Berechnung für $n = 1{,}0$ und alternativ für $n = 0{,}2$.

1. $r_{15,n=1} = 100$ l/(s · ha) $\varphi = 0{,}615$ nach Tafel **14**.1

$Q_R = 100 \cdot 40 \cdot 0{,}3 \cdot 0{,}615 = 738$ l/s [nach Gl. (31.1)] = Berechnungswassermenge für das Kanalnetz

$Q_R > Q_{ab}$ Es ist ein Rückhaltebecken erforderlich

2. Für die Überstauungshäufigkeit $n = 1{,}0$

$Q_{zu} = Q_{r15,n=1} = 100 \cdot 40 \cdot 0{,}3 = 1200$ l/s

$$\eta = \frac{Q_{ab}}{Q_{zu}} = \frac{300}{1200} = 0{,}25 \qquad t_f = 30 \text{ min}$$

Nach Bild **200**.2 ergibt sich $BR = 450$ s erf $J = 450 \dfrac{1200}{1000} = 540$ m³ nach Gl. (200.2)

3. Für die Überstauungshäufigkeit $n = 0{,}2 \rightarrow r_{15,n=0,2} = 1{,}783 \cdot 100 = 178{,}3$ l/(s · ha)

$n = 0{,}2 \rightarrow \varphi = 1{,}783 \qquad Q_{zu} = 1{,}783 \cdot 1200 = 2140$ l/s $= Q_{r15,n=0,2}$

$$\eta = \frac{300}{2140} = 0{,}14;\ t_f = 30 \text{ min nach } \mathbf{200}.2 \quad BR = 700; \quad \text{erf } J = 700 \frac{2140}{1000} = 1498 \text{ m}^3$$

Ausführungsbeispiel. Auch bei Regenwasserableitung von Bundes- und Landesstraßen spielen Regenwasserrückhaltebecken eine erhebliche Rolle. Bei dem in Bild **201**.1 gezeigten Becken handelt es sich um die Aufgabe, das Regenwasser der Straße sowie das einer Tank- und Rasthofanlage zurückzuhalten. Das in Stahlbeton ausgeführte Becken ist normalerweise ≈ 70 cm hoch gefüllt, so daß etwa auslaufendes Öl zwischen tief herabgezogenen Tauchwänden festgehalten wird. Bei Regenwetter füllt sich der Speicherraum J, weil die Leistung der 6 Abflußrohre NW 50 begrenzt ist. Das Wasser läuft dann unter Staudruck ab. An der Ablaufseite befindet sich quer zur Durchflußrichtung eine Schlammrinne mit einem Schlammsumpf, aus dem von Zeit zu Zeit der Schlamm abgesaugt wird. Zu diesem Zweck öffnet man vorher den Grundablaß Ø 50 und läßt das Wasser abströmen, bis sich Öl oder Schlamm im Ablauf zeigen. Dann wird geschlossen, der Rest durch Schlammsaugewagen entfernt. Dieses Rückhaltebecken erfüllt zugleich die Aufgabe eines Öl- und Benzinabscheiders.

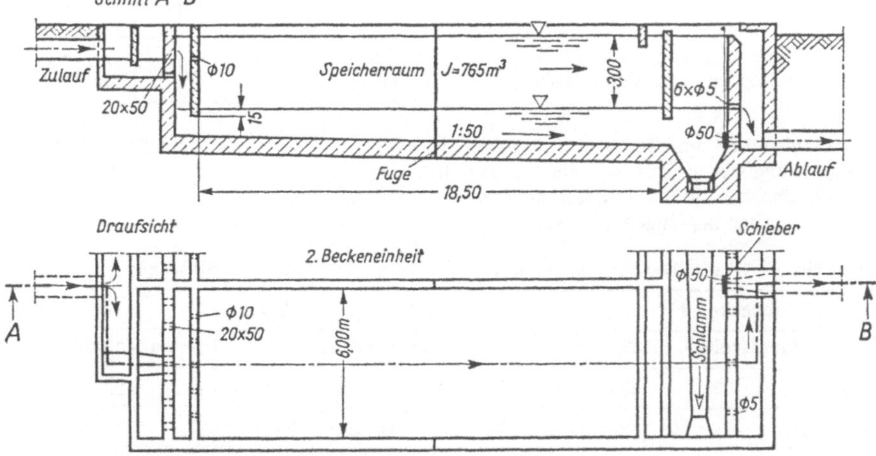

201.1 Rückhaltebecken für eine Bundesstraße

Regenüberlaufbecken und Kanalstauräume. Nach dem Arbeitsblatt A 128 der ATV [1] gelten auch sie als Entlastungsbauwerke. Man unterscheidet:

Fangbecken, welche den Spülstoß (erste Phase des Mischwasserabflusses nach Regenbeginn) aufnehmen. Sie werden danach wieder entleert oder nur von Q_t durchflossen. Einsatz bei nicht vorentlasteten Einzugsgebieten, wenn $t_f \leqq 15$ min.

Im Nebenschluß werden sie über ein Trennbauwerk beschickt, Q_t und Q_{ab} gehen am Becken vorbei zum Klärwerk. Nach Füllung des Beckens tritt der Beckenüberlauf in Aktion. Es entsteht kein Gefälleverlust. Bei Trockenwetter und kleinen Regen mit $Q_R \leqq Q_{ab}$ kein Zufluß zum Becken. Entleerung durch Pumpe mit konstanter zusätzlicher Beschickung des Klärwerkes.

Im Hauptschluß geht der Klärwerkszufluß durch das Becken. Einfache Anordnung, kein Trennbauwerk, eventuell Gefälleverlust, Entleerung ohne Pumpe, Abfluß schwankend ohne Steuervorrichtung.

Durchlaufbecken haben zusätzlich einen Überlauf für geklärtes Wasser (Klärüberlauf), der vor dem Beckenüberlauf anspringt und das im Becken mechanisch geklärte Mischwasser zum Vorfluter leitet.

Bemessung. Man erhält einen den Regenüberläufen vergleichbaren Schutz durch Bemessung nach Bild **202**.1. Die kritische Regenspende r_{krit} sollte $\geqq$ 10 l/(s · ha) sein. Das Stauvolumen berechnet sich zu:

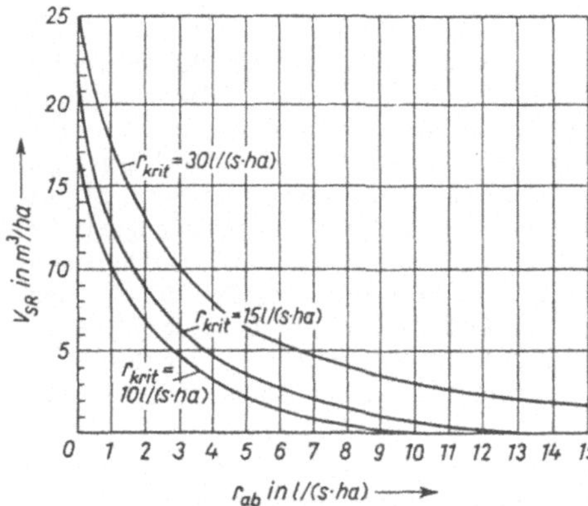

202.1 Bemessungsdiagramm für Regenüberlaufbecken ohne Vorentlastung

$$V = V_{SR} \cdot a \cdot A_{E,bef} \quad \text{in m}^3$$

Die zum Klärwerk abgeführte Regenspende beträgt dann

$$r_{ab} = \frac{Q_{ab}}{A_{E,bef}}$$

Mit wachsender Fließzeit im Kanalnetz = t_f gelangt immer mehr, aber nach dem ersten Spülstoß geringer verschmutztes Wasser ins Becken. Den Abmindersfaktor a kann man wie folgt berücksichtigen:

Fließzeit t_f in min	5	10	15	20	25	30	>30
Fließzeit-faktor a	1,0	1,25	1,48	1,63	1,74	1,82	1,92

Durchlaufbecken im Kanalbereich sollen $\geqq$ 100 m³, Fangbecken $\geqq$ 50 m³ Inhalt haben. In Durchlaufbecken sollen mindestens folgende Durchflußzeiten t_{DB} eingehalten werden:

r_{krit} in l/(s · ha)	30	15	10
t_{DB} in min	10	17	20

Tafel **202**.2 Überfallwassermengen an den Entlastungsstellen der RW-Becken

Bauwerk	Fangbecken *FB*		Durchlaufbecken *DB*	
	Hauptschluß	Nebenschluß	Hauptschluß *HS*	Nebenschluß *NS*
Q_{TB}	–	$Q_{zu} - Q_{ab} - Q_t$	–	$Q_{zu} - Q_{ab} - Q_t$
$Q_{BÜ}$	$Q_{zu} - Q_{ab} - Q_t$	$Q_{zu} - Q_{ab} - Q_t$	$Q_{zu} - \max Q_{KÜ} - Q_{ab} - Q_t$	$Q_{zu} - \max Q_{KÜ} - Q_{ab} - Q_t$
$Q_{KÜ}$	–	–	$\geqq Q_{krit} - Q_{ab} - Q_t$	$\geqq Q_{krit} - Q_{ab} - Q_t$

Beispiel 1: Fangbecken im Hauptschluß

$A_{E,bef} = 15$ ha, z. B. aus $\psi \cdot A_E$ $\qquad Q_f = 7$ l/s

$t_f = 12$ min (keine Vorentlastung) $\qquad Q_t = Q_S + Q_f = 25$ l/s;

$r_{krit} = 10$ l/(s · ha) $\qquad Q_{ab} = 25$ l/s (konstant)

$Q_S = 18$ l/s $\qquad \max Q_{MW} = 1500$ l/s

1. Volumen

$$r_{ab} = \frac{Q_{ab}}{A_{E,bef}} = \frac{25}{15} = 1{,}67 \text{ l/(s} \cdot \text{ha)} \qquad V = V_{SR} \cdot a \cdot A_{E,bef}$$

$V_{SR} = 8$ m³/ha nach **202**.1; $\quad a = 1{,}34$ (für $t_f = 12$ min)

$V = 8 \cdot 1{,}34 \cdot 15 = 160{,}8$ m³

2. Wehrlänge des Beckenüberlaufs

$$l_{BÜ} = \frac{\eta \cdot Q_{BÜ}}{\frac{2}{3} \cdot c \cdot \mu \cdot \sqrt{2g} \cdot h_{BÜ}^{3/2}} \qquad c \text{ und } \eta = 1{,}0; \quad \mu = 0{,}6 \text{ gewählt} \quad h_{BÜ} = 0{,}2 \text{ m gewählt}$$

$\max Q_{MW} \sim 1{,}0 \cdot 100 \cdot 15{,}0 = 1500$ l/s

$Q_{BÜ} = \max Q_{MW} - Q_{ab} - Q_t = 1500 - 25 - 25 = 1450$ l/s

$$\text{erf } l_{BÜ} = \frac{1{,}45}{\frac{2}{3} \cdot 0{,}6 \cdot \sqrt{2g} \cdot 0{,}2^{3/2}} = 9{,}15 \text{ m} \rightarrow 9{,}2 \text{ m}$$

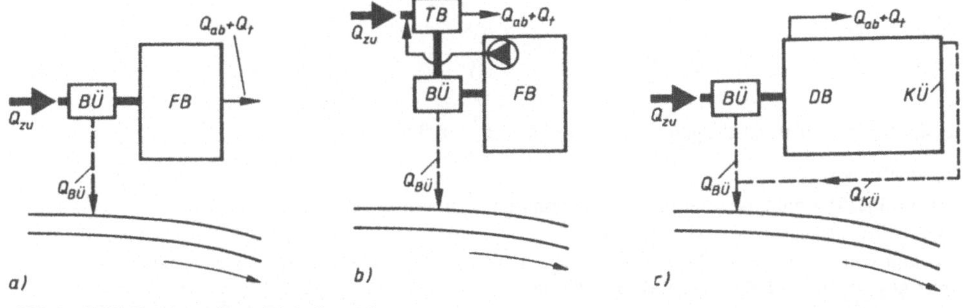

203.1 RW-Becken (Betriebsschema)
TB ≙ Trennbauwerk, BÜ ≙ Beckenüberlauf, KÜ ≙ Klärüberlauf
a) Fangbecken FB im Hauptschluß
b) Fangbecken FB im Nebenschluß
c) Durchlaufbecken DB im Hauptschluß

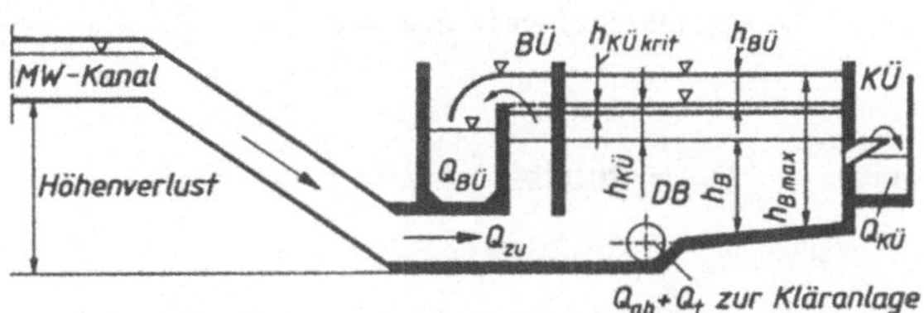

203.2 Durchlaufbecken im Hauptschluß, Überlaufphase.
Bei Zulauf über Hebeanlagen muß die Förderhöhe bis zum Wasserspiegel BÜ gehen.

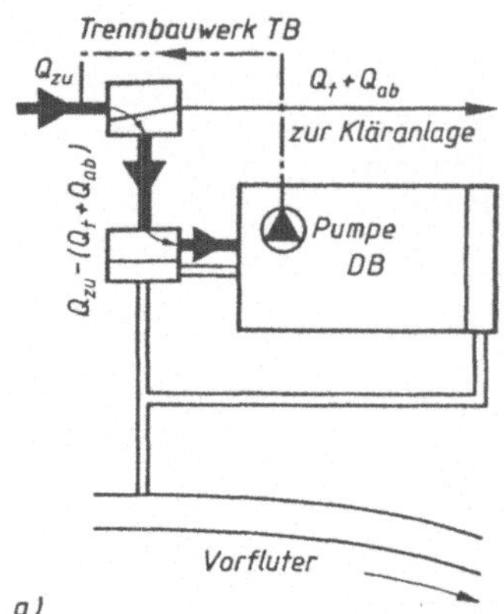

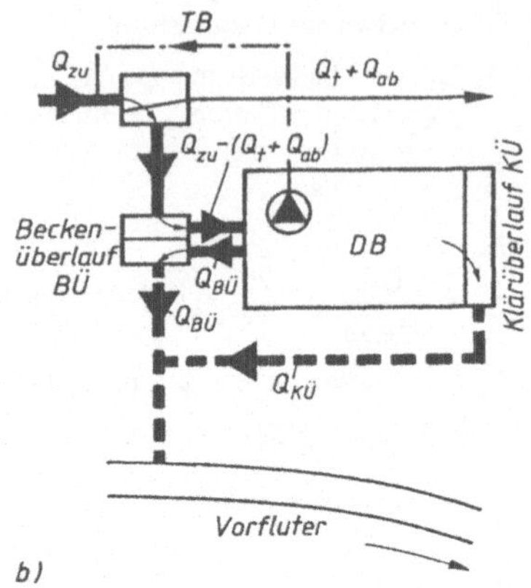

204.1 Durchlaufbecken im Nebenschluß
a) Füllphase b) Überlaufphase

Beispiel 2: Durchlaufbecken im Nebenschluß

$A_{E,bef} = 30$ ha $t_f = 30$ min $r_{krit} = 15$ l/(s · ha) $Q_S = 40$ l/s $Q_F = 10$ l/s

$Q_t = Q_S + Q_f = 50$ l/s; $Q_{ab} = 50$ l/s (konstant) max $Q_{MW} = 3400$ l/s

$Q_{krit} = 15 \cdot 30 + 50 = 500$ l/s

Bild **204**.1 zeigt das Becken a) während der Füllung b) in gefülltem Zustand mit Überläufen.

1. Volumen

$$r_{ab} = \frac{Q_{ab}}{A_{E,bef}} = \frac{50}{30} = 1{,}67 \text{ l/(s} \cdot \text{ha)} \quad V = V_{SR} \cdot a \cdot A_{E,bef} = 10 \cdot 1{,}82 \cdot 30 = 546 \text{ m}^3$$

gewählte Beckenabmessungen: $L = 26{,}0$ m; $B = 6{,}0$ m; $h = 3{,}5$ m

2. Stauhöhen

Als größte Stauhöhe werden 0,8 m angenommen. max $h = 3{,}5 + 0{,}8 = 4{,}3$ m

Der größte Klärüberlauf max $Q_{KÜ}$ ergibt sich bei einer max horizontalen Fließgeschwindigkeit im Becken von max $v = 0{,}05$ m/s überschläglich zu max $Q_{KÜ} = 1000 \cdot B \cdot \max h \cdot \max v$
max $Q_{KÜ} = 1000 \cdot 6{,}0 \cdot 4{,}3 \cdot 0{,}05 = 1290$ l/s

Der max Beckenabfluß $Q_{BÜ}$ ergibt sich zu $Q_{BÜ} = \max Q_{MW} - \max Q_{KÜ} - Q_t - Q_{ab}$

$$Q_{BÜ} = 3400 - 1290 - 50 - 50 = 2010 \text{ l/s}$$

3. Überfallhöhe des Beckenüberlaufs = $h_{BÜ}$

$$l_{BÜ} \text{ (Wehrlänge)} \quad h_{BÜ} = \left(\frac{Q_{BÜ}}{\frac{2}{3} \cdot \mu \cdot \sqrt{2g} \cdot B} \right)^{2/3}$$

mit $Q_{BÜ} = 2010$ l/s
$$h_{BÜ} = \left(\frac{2{,}01}{\frac{2}{3} \cdot 0{,}6 \cdot \sqrt{2g} \cdot 6{,}0} \right)^{2/3} = 0{,}33 \text{ m}$$

Die Höhe der Überlaufkante für $Q_{BÜ}$ liegt dann bei $h = 4{,}30 - 0{,}33 = 3{,}97$ m über Beckensohle. Die Stauhöhen für $Q_{KÜ}$ bis zum Anspringen vom Beckenüberlauf liegen zwischen 3,97 und 3,50 = 0,47 m.

Schlitzhöhe für den Klärablauf $e = \dfrac{\max Q_{KÜ}}{l_{BÜ} \cdot \mu \cdot \sqrt{2g\,h}}$; e mit 0,085 m angenommen

$$e = \frac{1{,}29}{6{,}0 \cdot 0{,}65\,\sqrt{2g\,(0{,}8 - 0{,}043)}} = 0{,}086 \approx 0{,}085 \text{ m}$$

4. $Q_{KÜ}$ vor dem Anspringen des Beckenüberlaufs

$$Q_{KÜ} = e \cdot L \cdot \mu \cdot \sqrt{2g \cdot h} \qquad Q_{KÜ} = 0{,}085 \cdot 6{,}0 \cdot 0.65 \cdot \sqrt{2g\left(0{,}47 - \frac{0{,}085}{2}\right)}$$

$$Q_{KÜ} = 0{,}960 \text{ m}^3/\text{s}$$

Regenspende beim Anspringen des Beckenüberlaufs:

$$Q_r = Q_{KÜ} + Q_{ab} = 960 + 50 = 1010 \text{ l/s}$$

$$r_{BÜ} = \frac{Q_r}{A_{E,bef}} = \frac{1010}{30} = 33{,}7 \text{ l/(s} \cdot \text{ha)} > r_{krit} = 15 \text{ l/(s} \cdot \text{ha)}$$

Kanalstauräume. Es ist zweckmäßig, Kanalstauräume wie ein Fangbecken im Hauptschluß anzulegen. Man unterscheidet oben und unten liegende Entlastungen (**205**.1 und **205**.2). Ein Kanalstauraum sollte nur dann angeordnet werden, wenn beim Trockenwetterabfluß eine ausreichende Schleppspannung zur Beseitigung von Ablagerungen vorhanden ist ($v \geqq 0{,}8$ m/s). Bei automatischen Spülhilfen genügt $v \geqq 0{,}5$ m/s. Das Stauprofil

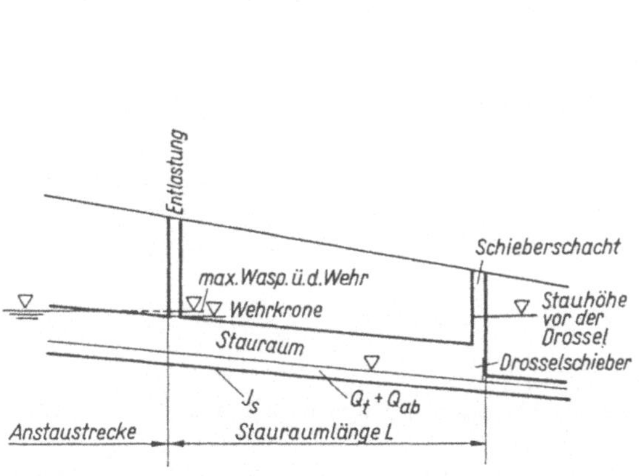

205.1 Schema eines Kanalstauraumes mit oben liegender Entlastung (= Beckenüberlauf)

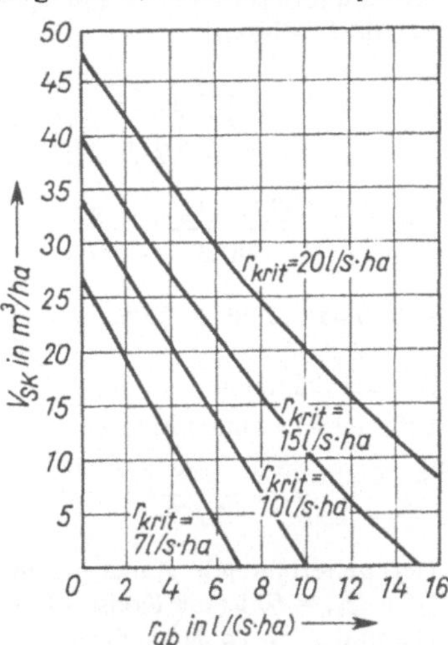

205.2 Ermittlung des spezifischen Speichervolumens für Kanalstauräume mit unten liegender Entlastung nach ATV-A 117 [1]

sollte ≧ das Profil des ankommenden Kanals sein. Am Stauende werden gesteuerte Schieber oder Drosseleinrichtungen vorgesehen, die den Abfluß im Staufalle begrenzen. Die Entlastungspunkte liegen soweit oberhalb des Stauraumes, wie es unter Hinblick auf das Rückstauniveau möglich ist.

Bemessung. Kanalstauraum mit unten liegender Entlastung (**205**.2)

$$\text{erf } V = V_{SK} \cdot b \cdot A_{E,bef} \quad \text{in m}^3$$

V_{SK} ≙ spezifischer Beckeninhalt in m^3/ha nach **205**.2

b ≙ Fließzeitfaktor, abhängig von der Fließzeit t_f bis zum Stauraum. b berücksichtigt die Verringerung der Überlaufmenge mit wachsender Fließzeit.

t_f in min	0	15	30
b	1,2	1,1	1,0

Beispiel: Kanalstauraum mit obenliegender Entlastung (**205**.1):

$A_{E,bef}$ = 10 ha; t_f = 15 min
r_{krit} = 30 l/(s · ha); Q_t = 30 l/s
max Q_{MW} = 1000 l/s; Q_{ab} = 30 l/s

$$r_{ab} = \frac{Q_{ab}}{A_{E,bef}} = \frac{30}{10} = 3 \text{ l/(s} \cdot \text{ha)}$$

Volumenbemessung wie beim Fangbecken im Hauptschluß nach **202**.1 (nicht nach **205**.2 wegen oben liegender Entlastung) mit $V_{SR} = V_{SK}$:

$$V = V_{SK} \cdot a \cdot A_{E,bef} = 10 \cdot 1{,}48 \cdot 10 = 148 \text{ m}^3$$

als Stauprofil gewählt zusammengesetztes Profil D 10 nach **76**.1f mit J_s = 3‰ und k_b = 1,5 mm nach Prandtl-Colebrook

r = 1,0 m; b = 2,0 m; d_o = 2,0 m
voll $Q = 0{,}87 \cdot 7{,}94 = 6{,}91 \text{ m}^3/\text{s}$; $A = 2{,}933 \cdot 1{,}0^2 = 2{,}933 \text{ m}^2$
voll $v = 0{,}932 \cdot 2{,}53 = 2{,}36$ m/s

$$\frac{Q_t + Q_{ab}}{\text{voll } Q} = \frac{60}{6910} = 0{,}0087 \rightarrow \frac{h'}{h} \cdot 100 \approx 10\%$$

$v = 0{,}45 \cdot 2{,}36 = 1{,}062$ m/s mit einer durchflossenen Fläche von $A = \frac{0{,}060}{1{,}062} = 0{,}057 \text{ m}^2$

Für den Stauraum steht der Querschnittsanteil $\Delta A = 2{,}933 - 0{,}057 = 2{,}876 \text{ m}^2$ zur Verfügung.
Erforderliche **Stauraumlänge**

$$L = \frac{148}{2{,}876} = 51{,}5 \text{ m}$$

Der weiterführende Kanal erfordert mit J_S = 3‰, k_b = 1,5 mm nach Prandtl-Colebrook für $Q_t + Q_{ab}$ = 60 l/s ein Kreisprofil mit d_u = 0,35 m.

Die Entlastung (Beckenüberlauf) liegt im oberen Bereich der Staustrecke. Die Wehroberkante liegt etwa 2,0 m (Profilhöhe) über der Kanalsohle.

Größte Stauhöhe über dem Drosselschieber $h \max \approx 2{,}0 + 3‰ \cdot 51{,}5 = 2{,}16$ m

v hinter dem Drosselschieber $= \sqrt{2g \cdot h\max}$ $v = \sqrt{2g \cdot 2{,}16} = 6{,}51$ m/s

erf Drosselquerschnitt $A_d = \frac{Q_t + Q_{ab}}{\mu \cdot v}$ $A_d = \frac{0{,}060}{0{,}6 \cdot 6{,}51} = 0{,}015 \text{ m}^2$ (μ ≙ Abflußbeiwert für Drosselschieber)

bei Drosselschieber DN 300 mm $\frac{A_d}{A} = \frac{0{,}015}{0{,}071} = 0{,}22$

Bei Verstopfungen muß sich dieser Schieber automatisch öffnen.

Wehrlänge beim Beckenüberlauf mit Näherungsformel

$$\text{erf } l_{BÜ} = \frac{4 \cdot \max Q_{BÜ}}{d_o} = \frac{4\,(1{,}0 - 0{,}060)}{2{,}0} = 1{,}88 \text{ m}$$

gewählt $l_{BÜ} = 2{,}0$ m

$$\max Q_{BÜ} = \max Q_{MW} - Q_t - Q_{ab}$$

$$\text{Überfallhöhe } h_{BÜ} = \left(\frac{\max Q_{BÜ}}{\frac{2}{3} \cdot \mu \cdot \sqrt{2g} \cdot l_{BÜ}}\right)^{2/3} = \left(\frac{1{,}0 - 0{,}060}{\frac{2}{3} \cdot 0{,}65 \cdot \sqrt{2g} \cdot 2{,}0}\right)^{2/3} = 0{,}39 \text{ m}$$

Wehrhöhe und Fülltiefe im oberhalb liegenden Kanal nach **76**.1f:

$$\frac{\max Q_{MW}}{\text{voll } Q} = \frac{1000}{6910} = 0{,}145 \rightarrow \frac{h'}{h} \cdot 100 \approx 30$$

$h' = 0{,}3 \cdot 2{,}0 = 0{,}6 \text{ m} < 2{,}0$ m. Der Wasserspiegel beim Füllvorgang liegt unterhalb der Überlaufkante. Überlauf tritt erst nach Füllung des Stauraumes ein.

Regenwasserklärbecken. Diese werden nach klärtechnischen Gesichtspunkten bemessen (Abschn. 4.1.2 und 4.4.4).

3.3.4 Kreuzungsbauwerke

3.3.4.1 Düker

Wenn eine Entwässerungsleitung Wasserläufe, Untergrundbahnen, Kanäle oder andere Tiefbauten kreuzen muß und dabei die Sohllinie der Leitung nicht beibehalten werden kann, dann muß man die Kanäle „dükern". In Abwasserdükern sind Sinkstoffe und fäulnisfähige Stoffe mitzuführen. Das erfordert eine größere Geschwindigkeit zur Erzielung einer guten Schleppspannung. Je größer die Fließgeschwindigkeit v, desto größer ist aber auch der Reibungsverlust h_r und damit der Wasserspiegelhöhenunterschied zwischen Ober- und Unterwasser, d.h. zwischen Dükereinlauf und -auslauf. Der Bemessung eines Schmutzwasserdükers für das Trennverfahren ist der größten Schmutzwassermenge max Q_s die Geschwindigkeit $v = 1{,}50$ m/s zugrunde zu legen. Dann werden in den meisten Fällen auch in den Stunden geringen Schmutzwasseranfalles nicht zu kleine Geschwindigkeiten auftreten. Bei Regenwasserdükern des Trennverfahrens ist zu berücksichtigen, daß besonders stark wechselnde Durchflußmengen möglich sind. Bei größtem Abfluß max Q ist eine Geschwindigkeit $v = 3{,}0$ bis 4,0 m/s vorzusehen, damit auch bei kleinen Regenfällen die Geschwindigkeiten noch so groß sind, daß sich kein Sand ablagert.

Beim Mischverfahren empfiehlt es sich, die Entwässerungsleitung bei der Dükerung in zwei oder mehr Leitungen aufzuteilen, und zwar so, daß der Trockenwetterabfluß durch ein kleines Rohr geleitet wird. Durch einen oder mehrere in dem Einlaufbauwerk nacheinander angeordnete Überfälle werden dann die Regenwassermengen einem bzw. mehreren Dükerrohren zugeführt. Denselben Zweck erreicht man, wenn die Einläufe zu den einzelnen Dükerrohren auf verschiedenen Höhen liegen (**208**.1). Auch wenn bei konstanter Wassermenge ein Rohr genügt, sollte aus Gründen der Unterhaltung und des Betriebes bei längeren Dükern ein zweites Dükerrohr angeordnet werden. Für jedes Rohr sind in der Einlauf- und Auslaufkammer Verschlüsse vorzusehen (min d_1 = 150 mm).

I. allg. kann die Neigung des Dükers auf der Einlaufseite steiler sein als auf der Auslaufseite (≈ 1:6). Sieht man von vornherein eine regelmäßige Reinigung vor oder besteht Raummangel, so wird der absteigende Teil des Dükers senkrecht angeordnet. Größere Düker werden mit Druckluftstationen gekoppelt. Man kann dann durch Zugabe von

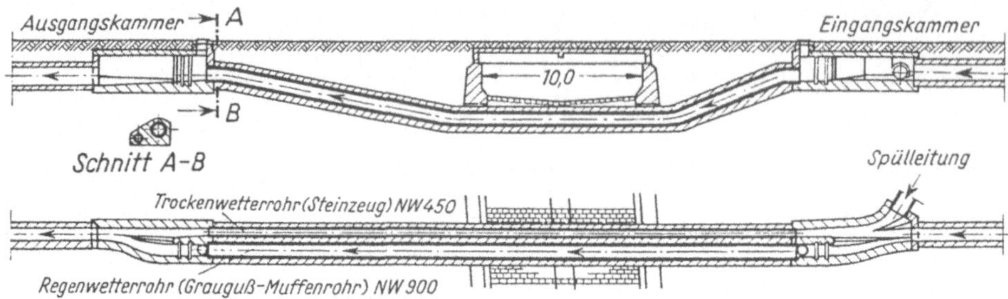

208.1 Abwasserdüker

Druckluft (Druckluftpolster über dem Wasserspiegel) den Fließquerschnitt verkleinern und damit bei kleineren Durchflußmengen die Fließgeschwindigkeit erhöhen bzw. den Düker periodisch ausblasen (vgl. Abschn. 3.3.5.8).

Baustoffe für Abwasserdüker sind hauptsächlich Grauguß, Stahl oder Stahlbeton, duktiler Guß, Asbestzement oder Kunststoff. Zur Sicherung der Rohrlage werden die Dükerrohre häufig in Beton verlegt, mindestens am Ein- und Auslauf. Bei der Kreuzung von Wasserläufen wird die Rinne zur Aufnahme des Rohres in der Flußsohle so tief ausgehoben, daß darin das Dükerrohr mit ≈ 0,60 bis 1,00 m Überdeckung verlegt werden kann. Eine Steinschüttung als Schutz ist häufig angebracht.

Schmutzwasserdüker müssen regelmäßig gereinigt werden. Dazu können schwimmende Kugeln dienen, deren Durchmesser kleiner ist als die LW des Dükerrohres. Die Kugel wird durch den Druck des Wassers bewegt und treibt abgelagerte Stoffe vor sich her. Auch durch vorübergehenden Aufstau des ankommenden Wassers und plötzliches Freigeben läßt sich ein Wasserstoß erzeugen, der abgelagerte Stoffe mitreißt.

Bauverfahren. Beim Bau von Flußdükern, dem hauptsächlichen Anwendungsgebiet, kommen folgende Bauverfahren in Frage:

1. Absenken der vormontierten (verbundenen) Dükerrohre von einem Gerüst. Die Rinne ist vorher ausgebaggert, durch Schrapperwinden hergestellt oder ausgespült (Spülbagger).
2. wie 1., jedoch Absenkung von Schwimmkranen
3. Absenken von Stahlrohren mit Kugelgelenk (Bewegungswinkel zwischen zwei Rohren) rohrweise. Das folgende Rohr *2* wird über Wasser mit dem vorigen *1* verbunden und dann die Gelenkstelle abgesenkt. Dabei wird Rohr *1* verlegt, während Rohr *2* schräg im Flußquerschnitt liegt mit dem freien Ende über Wasser. Die Montage des nächsten Rohres beginnt. Man benötigt jedoch Stahlrohre großer Länge (abhängig von der Wassertiefe). Die Schiffahrt ist nicht behindert.
4. Einschwimmen der luftgefüllten, verschlossenen, fertigen Dükerrohre und Versenken in die vorher ausgebaggerte Rinne durch Einfüllen von Wasser.
5. Einziehen des am Ufer fertig montierten Dükers durch Winden oder Zugmaschinen in die ausgebaggerte Rinne (große Montagelänge quer zum Fluß ist am Ufer erforderlich).

6. Durchpressen von Rohren (s. Abschn. 3.2.2). Eine Wasserhaltung wird entweder offen, durch Druckluft oder durch Einfrierverfahren erforderlich.

7. Einspülen der Rohre. Es müssen flexible Rohre (Kunststoff) verwendet werden. Die Rinne in der Flußsohle wird durch ein stabiles Spülgerät geöffnet, die Rohre (oft mehrere übereinander) eingezogen und durch Spülen sofort wieder geschlossen. Es sind Rohre LW $\leqq$ 300 verwendbar. Das Verfahren eignet sich besonders bei starker Strömung und rolligem Boden, wenn sich eine Baggerrinne schwer offen halten läßt (Vibro-Einspülverfahren).

8. Herstellen einer Tunnelröhre unter Druckluft und deren Ausbau. Dies ist die älteste Bauweise (s. Abschn. 3.2.2). Sie ist bei großen Profilen geeignet oder bei mehreren Dükerleitungen, die dann in dem Tunnelrohr verlegt werden.

Abwasserdüker werden oft mit anderen Dükerrohren zu einem Dükerbündel verbunden (**209**.1).

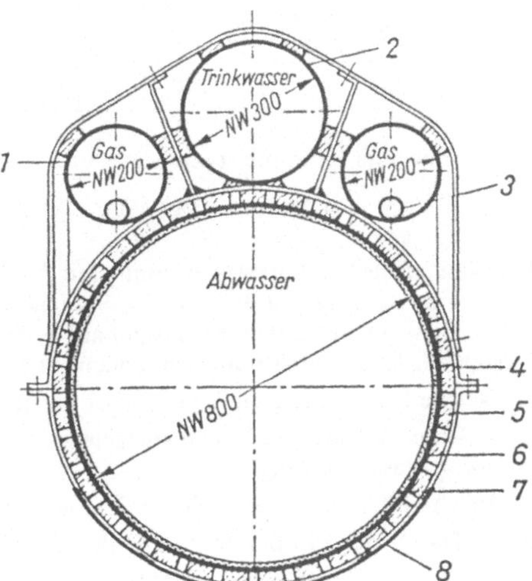

209.1
Rohrbündel eines Dükers

1 Stahlrohr, innen Leinölanstrich, außen 3,5 mm Polyäthylen-Isolierung
2 nahtloses Stahlrohr, innen 5 mm Zementmörtel, außen 4,5 mm Polyäthylen-Isolierung
3 Kondensatsammeltöpfe
4 Stahlbänder
5 Latten 2,5/5,0 cm
6 Stahlrohr
7 Zementmörtel-Auskleidung mit 2 Deckanstrichen aus Epoxyharz, außen Rostschutz-Deckanstrich aus Epoxyharz und
8 Blechhülle

Hydraulik. Die Durchflußmenge ist

$$Q = A \cdot v \text{ in m}^3\text{/s} \qquad (209.1)$$

$$J = \lambda \cdot \frac{1}{d} \cdot \frac{v^2}{2g} \qquad h_r = \lambda \cdot \frac{L}{d} \cdot \frac{v^2}{2g} \quad \text{für das gerade Rohr} \qquad (209.2)$$

A = Querschnittsfläche des Dükerrohres in m²
v = Fließgeschwindigkeit in m/s im Düker, v_1 vor, v_2 hinter dem Düker
d = Rohrdurchmesser in m
L = Dükerlänge in m
Gl. (209.2) ist in der Tafel **70**.1 für k_b = 1,5 mm ausgewertet
λ = Reibungsbeiwert nach Prandtl-Colebrook

Alle übrigen Reibungsverluste durch Geschwindigkeitsänderung am Dükereinlauf v, durch Eintritt e und Austritt a des Wassers, durch Krümmer k, Schieber s und sonstige Formstücke F werden berücksichtigt durch:

$$\Sigma h_i = \Sigma\lambda_i \cdot \frac{v^2}{2\,g} \quad \text{und} \quad h_v = \frac{1{,}1}{2\,g}(v_2^2 - v_1^2) \quad \text{(bei Geschwindigkeitsänderung)} \tag{210.1}$$

Die Summe aller Verlusthöhen ergibt dann

$$h_{ges} = \left(\lambda_e + \lambda_a + \lambda_{Kr} + \lambda_F + \lambda \cdot \frac{L}{d}\right)\frac{v^2}{2\,g} + h_v \tag{210.2}$$

λ_e = 0,5 bei scharfer Kante, = 0,1 bis 0,01 bei Ausweitung, 0,25 bis 0,1 bei durchgehender Sohle
λ_a = 1,0 bei Austritt unter Wasser, 0 = bei freiem Austritt
λ_{Kr} = abhängig vom Krümmungsradius und vom -winkel
λ_F = abhängig vom Formstück, λ_F = 0,22 bis 0,09 für Schieber ohne Einschnürung
λ-Werte ≙ ζ-Werten nach Tafel **226**.1

1. Gebogene Krümmer λ_{Kr}:

Winkel	$R = d_i$	$R = 2d_i$	$R = 4d_i$
45°	0,14	0,09	0,08
90°	0,21	0,14	0,11

2. Geschweißte Krümmer (geknickte Verbindungen): λ_{Kr} mit 2 Rundnähten

15° = 0,02 30° = 0,1 45° = 0,15 60° = 0,4 90° = 1,0

Beispiel: Eine Schmutzwasserleitung mit J = 1:500, max Q_s = 110 l/s und Eiquerschnitt 500/750 ist auf L = 50 m Länge zu dükern. Die Sohlenhöhe der Entwässerungsleitung liegt am Dükereinlauf auf + 30,00 m üNN, am Dükerauslauf auf + 29,90 m üNN, der Scheitel am Einlauf + 30,75 m üNN. Der Düker ist aus Stahlrohren zu bauen; er hat einen 30°- und einen 45°-Krümmer.

1. Welche lichte Weite muß der Düker haben?

2. Welcher Aufstau des Wasserspiegels in der Zulaufleitung ergibt sich dann bei größter und bei mittlerer Wasserführung?

3. Welche Füllhöhe ergibt sich bei dem geringsten SW-Abfluß min Q = 42 l/s?

Zu 1. Da für den Größtabfluß im Düker die Geschwindigkeit v = 1,50 m/s gewählt werden kann, ergibt sich ein kreisförmiger Dükerquerschnitt mit

$$A = \frac{0{,}11}{1{,}5} = 0{,}073 \text{ m}^2 \quad \text{und} \quad d = 1{,}13\,\sqrt{0{,}073} = 0{,}305 \text{ m}$$

Gewählt wird ein Stahlrohr DN 300 mit A = 0,0707 m².

Zu 2. Der Aufstau des Wasserspiegels vor dem Düker muß einen so großen hydraulischen Druck erzeugen, daß die Reibungsverluste h_{ges} im Düker ausgeglichen werden.

Reibungsverlust im geraden Rohr h_r:

J = 1:80 voll v = 1,55 m/s nach Tafel **70**.1

$$h_r = J \cdot L = \frac{1}{80} \cdot 50 = 0{,}625 \text{ m} \quad \text{nach Gl. (209.2)}$$

Profilberechnung des Eiprofils: Die Füllhöhe h' im Ei-Querschnitt 500/750 vor bzw. hinter dem Düker bei Q = 110 l/s und J = 1:500 beträgt nach Tafel **70**.1 und **74**.1 mit

$$\text{voll } Q = 0{,}271 \text{ m}^3\text{/s} \quad \text{voll } v = 0{,}94 \text{ m/s} \quad \frac{\text{vorh } Q}{\text{voll } Q} = \frac{0{,}110}{0{,}271} = 0{,}406$$

$$\frac{h'}{h} = 0{,}49 \quad \text{und} \quad \frac{\text{vorh } v}{\text{voll } v} = 0{,}95$$

$$h' = 0{,}49 \cdot 0{,}75 = 0{,}37 \qquad \text{vorh } v = 0{,}95 \cdot 0{,}94 = 0{,}89 \text{ m/s}$$

$$h_v = \frac{1{,}1}{19{,}62}(0{,}89^2 - 0{,}89^2) = 0 \text{ m}, \; v_2 = v_1$$

$$\Sigma h_i = (\lambda_e + \lambda_{Kr30} + \lambda_{Kr45}) \cdot \frac{v^2}{2\,g} \quad \text{nach Gl. (210.2)}$$

$$= (0{,}1 + 0{,}1 + 0{,}15) \cdot \frac{1{,}55^2}{19{,}62} = 0{,}043 \approx 0{,}05 \text{ m}$$

Gesamtverlusthöhe im Düker

$$h_{ges} = h_r + h_v + \Sigma h_i \qquad h_{ges} = 0{,}625 + 0 + 0{,}05 = 0{,}675 \text{ m} \approx 0{,}68 \text{ m}$$

Der Wasserspiegel am Dükerauslauf stellt sich also auf 29,90 + 0,37 = 30,27 m üNN ein. Wenn die volle Verlusthöhe von 0,68 m geodätisch zur Verfügung stünde, ergäbe sich vor dem Dükereinlauf ebenfalls eine Füllhöhe von 0,37 m. Hier muß sich jedoch der Wasserspiegel wegen des nötigen hydraulischen Überdrucks auf 30,27 + 0,68 = 30,95 m üNN aufstauen. Der Scheitel des Rohres auf +30,75 m üNN wird also um 30,95 − 30,75 = 0,20 m überstaut.

Zu 3. Es sei der Fall des geringsten SW-Abflusses mit min $Q_S = Q = 42$ l/s untersucht. Die Geschwindigkeit im Düker beträgt jetzt

$$v = \frac{Q}{A} = \frac{0{,}042}{0{,}0707} = 0{,}6 \text{ m/s}$$

Die Reibungsverluste ergeben sich zu

$$J = 1:512 \text{ voll } v = 0{,}61 \text{ m/s} \quad \text{nach Tafel \textbf{70}.1} \quad h_r = J \cdot L = \frac{1}{512} \cdot 50 = 0{,}098 \text{ m}$$

Profilberechnung des Eiprofils

$$\frac{\text{vorh } Q}{\text{voll } Q} = \frac{0{,}042}{0{,}271} = 0{,}155 \quad \text{und} \quad \frac{h'}{h} = 0{,}295 \quad \frac{\text{vorh } v}{\text{voll } v} = 0{,}77 \text{ nach Tafel \textbf{74}.1}$$

$$h' = 0{,}295 \cdot 0{,}75 = 0{,}22 \text{ m} \quad \text{vorh } v = 0{,}77 \cdot 0{,}94 = 0{,}723 \text{ m/s}$$

$$h_v = \frac{1{,}1}{19{,}62}(0{,}723^2 - 0{,}723^2) = 0 \text{ m}, \; v_2 = v_1$$

$$\Sigma h_i = (0{,}1 + 0{,}1 + 0{,}15)\frac{0{,}61^2}{19{,}62} = 0{,}0066 \text{ m}$$

$$h_{ges} = 0{,}098 + 0 + 0{,}0066 = 0{,}105 \text{ m} \approx 0{,}11 \text{ m}$$

Der Wasserspiegel am Dükerauslauf stellt sich auf 29,90 + 0,22 = 30,12 m üNN ein, während der Wasserspiegel vor dem Düker ohne Stau auf 30,00 + 0,22 = 30,22 m üNN stehen würde. Der Reibungsverlust im Düker h_{ges} = 11 cm entspricht etwa dem geodätischen Höhenunterschied der beiden Wasserspiegel von 10 cm.

Sind bei einem Dükerbau die anschließenden Leitungsstrecken noch nicht vorhanden und hat man die Möglichkeit, deren Höhen- und Gefällverhältnisse zu bestimmen, dann wird man diese und den Düker so bemessen, daß kein Rückstau auftritt. Bei Mischwasserdükern unter Flußläufen wird man häufig vor dem Dükereinlauf eine Entlastung durch Regenwasser-Überlaufbauwerke vorsehen, um die Abmessungen des Dükers zu verringern.

3.3.4.2 Heber

Ein Heber ist eine geschlossene Leitung, die einen tiefer gelegenen Wasserspiegel mit einem höher gelegenen verbindet. Dabei liegt der Scheitel der Leitung höher als die obere Wasserspiegellinie. Der Höhenunterschied der zu verbindenden Wasserspiegel muß jedoch mindestens so groß sein wie die durch die Bewegung des Wassers in der Heberleitung verbrauchte Reibungshöhe. Die größte Hubhöhe h = Höhenunterschied zwischen dem Ausgangswasserspiegel und dem höchsten Punkt der Heberleitung ist durch den Luftdruck bestimmt. Sie beträgt zwar theoretische 10,33 m, praktisch wird man jedoch weit darunter bleiben müssen. Zum Anspringen eines Hebers muß entweder ein Unterdruck (Evakuierungsanlage, Vakuumpumpe) erzeugt werden, oder der Heber muß zunächst im freien Zulauf anlaufen und später erst mit Unterdruck gefahren werden. Für Abwasseranlagen sollte man wegen der mitgeführten Schmutzstoffe Heber vermeiden.

3.3.4.3 Rohrbrücken

Rohrbrücken mit der alleinigen Aufgabe der Wasserüberführung sollten nur über Geländemulden gebaut werden. Man kann Rohre aus Stahl oder Stahlbeton verwenden. Stahlbetonrohre (nach Abschn. 3.1.4) werden aus statischen Gründen etwa bei 1/5 L unterstützt. Als Rohrverbindung wählt man Muffen mit Roll- oder Quetschgummidichtung (elastisch). Die Stützen haben oben Gabeln zur Rohrlagerung. In Abständen sind zwei Schrägstützen (Stützenjoch) zu setzen, um horizontale Kräfte aufzunehmen (**212**.1). In bebauten Gegenden sollte man diese Nur-Rohrbrücken vermeiden.

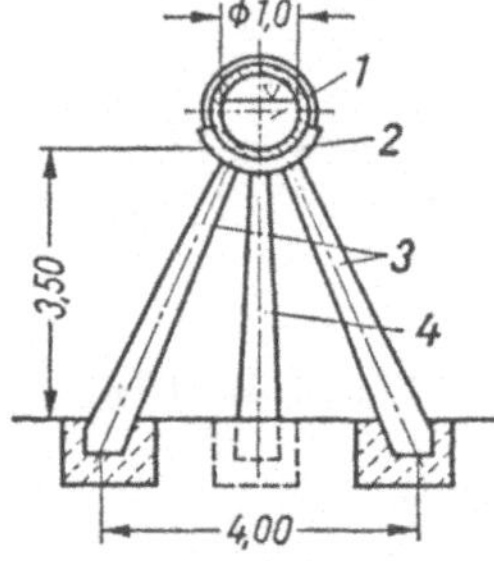

212.1 Rohrbrücke auf Sattelstützen

1 Stahlbetonrohr
2 Gabel (Rüttelbeton)
3 Doppelstütze (Schleuderbeton)
4 Einzelstütze (Schleuderbeton)

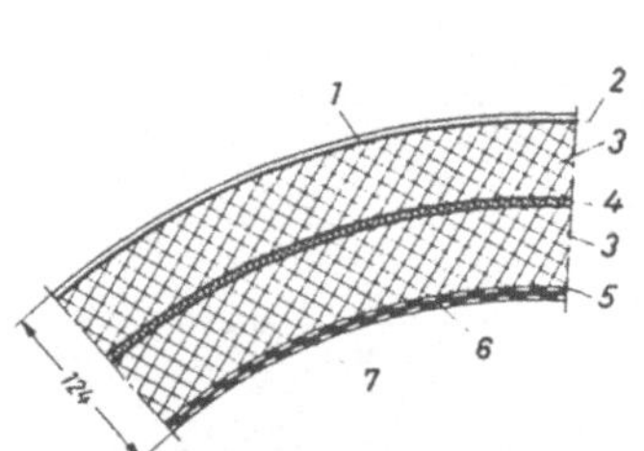

212.2 Isolierung des Stahlrohres einer Rohrbrücke

1 Stahlband □ 50/5 im Abstand von 80 cm
2 Schutzmantel, Zinkblech d = 1 mm zweimal mit Bitumen gestrichen
3 Korkplatten 200/300/50 mm getränkt
4 Korksteinkitt
5 Außenschutz: bituminierte Binden
6 Stahlrohr DN 600, d = 10 mm
7 Innenschutz: Kunststoffbeschichtung

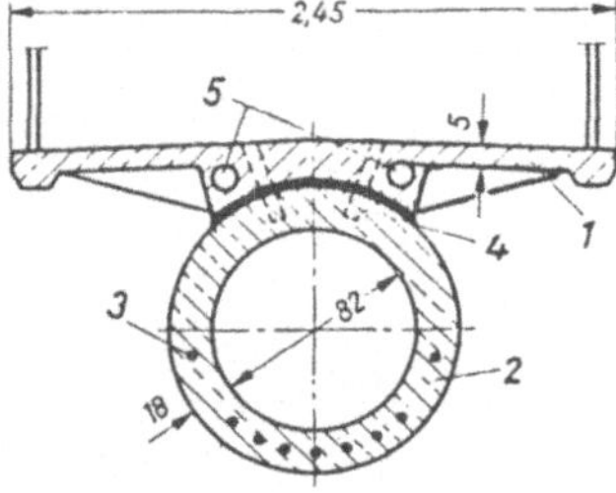

212.3 Fußgängerbrücke als Rohrbrücke in Baiersbronn (Schwarzwald)

1 Stahlbetonplatte
2 Spannbetonrohr (Bauart Züblin)
3 Spannglieder
4 Bolzen ∅ 14 aus V2A-Stahl
5 Kabelkanäle

Kasten- oder Rohrprofile können jedoch auch als Tragkonstruktion für Fußgängerbrükken o.ä. dienen. Man kombiniert die Aufgabe einer Abwasserleitung mit der einer Brücke (**212**.3). Die Isolierung eines Stahlrohres zeigt **212**.2.

Eine dritte Möglichkeit ist das Anhängen von Rohren an Brücken.

Beiderseits einer Rohrbrücke sind in jedem Fall zur Überwachung und Reinigung des Rohrabschnitts Einsteigschächte anzulegen.

3.3.4.4 Bahnkreuzungen

Unterführungen von Kanälen durch Bahnanlagen sind am besten im Vorpreßverfahren (s. Abschn. 3.2.2.2) herzustellen. Man kann auch stählerne Mantelrohre durchpressen und dann das eigentliche Kanalrohr einziehen. Beiderseits der Bahnkreuzung sind außerhalb der Bodendrucklinien des Bahnkörpers Einsteigschächte zur Überwachung und Reinigung des Kanals anzulegen (siehe auch Arbeitsblatt W 305-DVGW und Richtlinien der Deutschen Bundesbahn über Kreuzungen von Wasserleitungen mit DB-Gelände (WasserleitungskrRichtl.)).

3.3.5 Abwasserhebung

3.3.5.1 Pumpen und Antriebsmaschinen

Man unterscheidet zwischen Heben mit Druckluft und Heben durch eine Fördermaschine (Pumpen, Schnecken). Als Abwasserpumpen waren früher wegen ihrer Unempfindlichkeit und ihres guten Wirkungsgrades meist Kolbenpumpen in Gebrauch. Heute hat die Kreiselpumpe bei der normalen Abwasserförderung den Vorzug, weil sie wenig Raum fordert, geringe Anschaffungs- und Unterhaltungskosten verursacht und durch die direkte Kupplung mit den Antriebsmaschinen im Betrieb billiger wird. Abwasserpumpen verlangen unter Verzicht auf den gewohnten Wirkungsgrad der Reinwasserpumpen einen großen Durchgangsquerschnitt für das Laufrad; denn als Verunreinigungen können Sperrstoffe, wie Lumpen und Stricke, Schwerstoffe, wie Kies und Steine, Schwimmstoffe wie Öl und Fäkalien auftreten. Bei gewerblichem Abwasser kommt noch die chemische Aggressivität hinzu. Kanalrad-Kreiselpumpen und Freistromräder erfüllen am besten die Forderungen der Abwasserhebung mit großem Durchgang. Bei normalem häuslichen Abwasser sind Rechen bereits entbehrlich, wenn der Pumpendurchgang ≧ 100 mm ist. Die Laufradweite muß dann der Nennweite von Saug- und Druckstutzen entsprechen. In Bild **213**.1b ist ein abgeschirmtes, geschlossenes Einkanalrad dargestellt. Der Wasserstrom wird ungeteilt durch das Laufrad (Einkanal-) geleitet. Dieses hat zwei Aufgaben. Einmal soll der Wasserstrom aus der zentralen Zufließrichtung in die tangentiale Abgangsrichtung umgeleitet werden. Zum anderen muß der Wasserstrom die nötige Zentrifugalbeschleunigung bekommen, um die im Druckrohr vorhandene Wassersäule weiterbewegen zu können. Die Pumpe hat je einen Reinigungsdeckel am Gehäuse und am Saugstück; das Laufrad ist beidseitig durch Dichtungsringe abgedichtet (s. auch Bild **214**.1). Die Stopfbüchse besitzt eine Sperrung zum

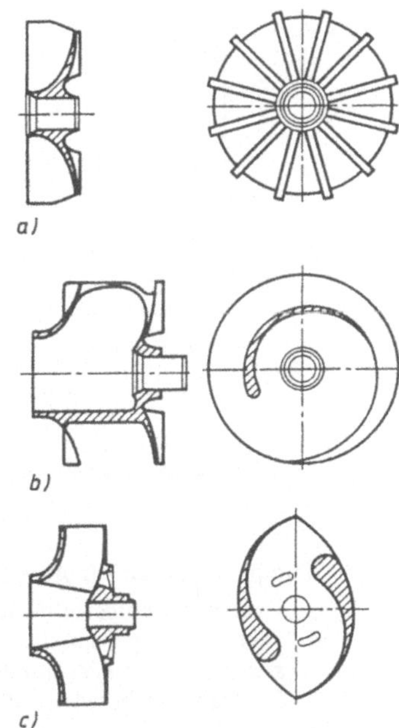

213.1
Laufradformen von Abwasserpumpen
a) Freistromrad
b) Einschaufelrad (Einkanalrad)
c) Zweikanalrad (Dreikanalrad, Schraubenrad)

Anschluß von Sperrwasser oder Fett. Diese Pumpenart kann mit 1, 2 (**213**.1c) oder 3 Kanalrädern ausgerüstet werden (Teilung des Wasserstromes in 1, 2 oder 3 Teile). Nicht abgeschirmte Laufräder haben weniger Randscheibenreibung und kleineren Rotationsschub. Sie sind für breiige Flüssigkei-

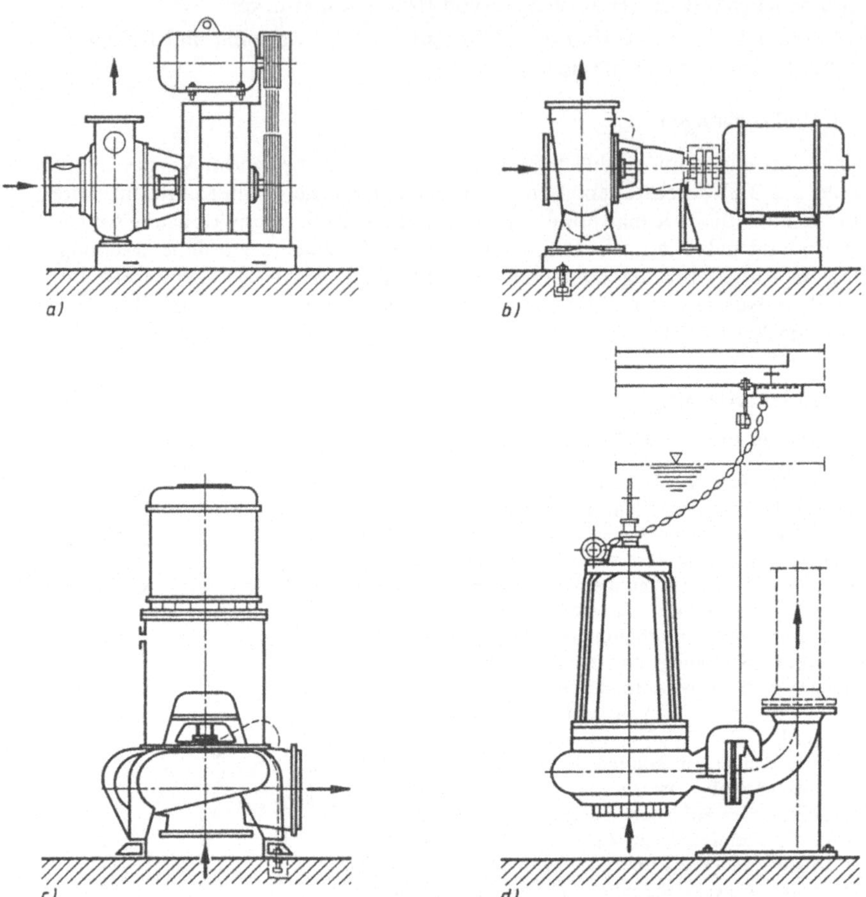

214.1 Pumpenbauarten zur Abwasserförderung (V = Vorteile, N = Nachteile)

a) Horizontal aufgestellte Kreiselpumpe mit aufgeständertem Motor. Geringer Grundflächenbedarf, gewünschte Pumpendrehzahl durch Übersetzung mittels Riementrieb herstellbar (Leistungsveränderung möglich). Gute Kontrollmöglichkeiten (V)
Laufräder: Überwiegend Einschaufelrad, Zwei- und Dreikanalrad, Freistromrad, Glokkenrad.
Trockenaufstellung

b) Horizontal aufgestellte Kreiselpumpe. Motor und Pumpe direkt gekuppelt.
Kurze Reparaturzeiten, gute Kontrollmöglichkeit aller rotierenden Teile (V)
Baulänge bestimmt Breite des Tiefbauteils der Pumpstation, durch starre Kupplung nur mit Asynchrondrehzahlen zu betreiben (N)
Laufräder: Überwiegend für Zwei- und Dreikanalrad, Glockenrad, Freistromrad.
Trockenaufstellung

ten und Schlamm mit sandigen Beimengungen geeignet. Abgeschirmte Laufräder haben Randscheiben und sind besonders für die Förderung von Rohabwasser geeignet. Sie sind gegen Faserstoffe gut geschützt. Bei der Förderung von vorgereinigtem Abwasser (durch Rechen, Sandfang, Siebkessel und evtl. kleine Absetzbecken in Form vergrößerter Pumpensümpfe) verwendet man Kanalräder mit mehreren Durchgängen oder Laufradformen mit flacherer Kennlinie und höherem Wirkungs-

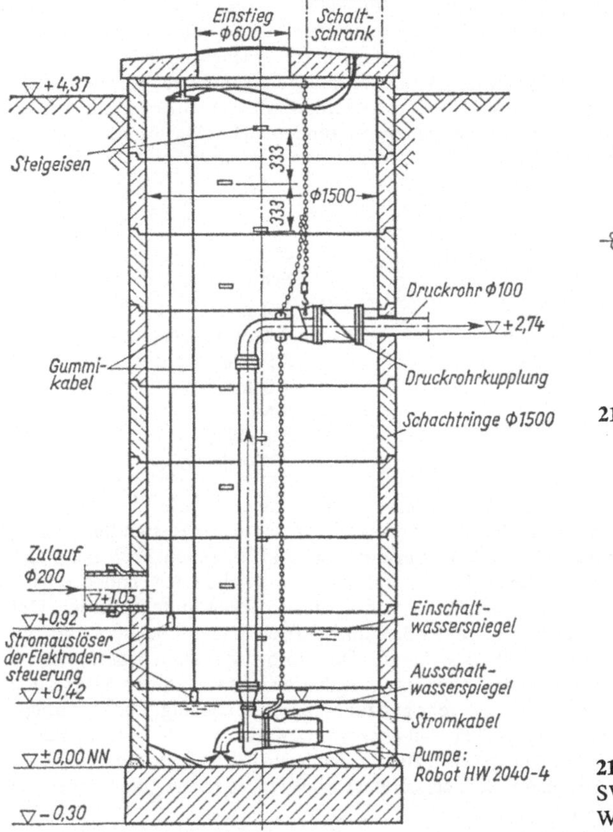

215.1
SW-Tauchmotorpumpstation für ein Wochenendhausgebiet, Längsschnitt

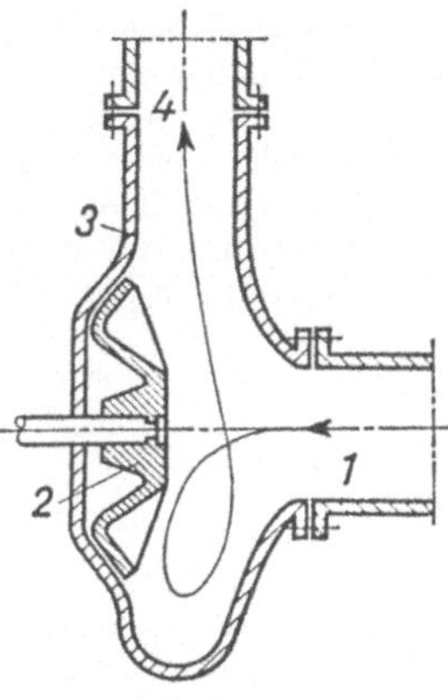

215.2 Schnitt durch Freistrompumpe (schematisch)
1 Zufluß *3* Gehäuse
2 Wirbelrad *4* Druckrohr

Fortsetzung Legende **214**.1

c) Vertikal aufgestellte Kreiselpumpe mit direkt aufgesetztem Motor.
Geringer Grundflächenbedarf, durch vertikale Aufstellung gute Montagemöglichkeiten, gute Kontrollmöglichkeiten (*V*)
Für Demontage des Laufrades müssen Motor und Laterne demontiert werden (*N*)
Laufräder: Einschaufelrad, Zwei- und Mehrkanalrad, Glockenrad, Freistromrad.
Trockenaufstellung

d) Vertikal aufgestellte Tauchmotorpumpe.
Überflutungssicher, kompakte Bauweise (Block-), große Typenauswahl, Leistungsanpassung durch Austausch des Aggregats (*V*). Keine Sichtkontrolle für Drehrichtung und Wellenabdichtung, nur bedingt trocken (*N*)
Laufräder: Einschaufelrad, Zweikanalrad, Freistromrad, Zerkleinerungsrad
Meist Naßaufstellung

grad. Die steilere Pumpen-Kennlinie in Verbindung mit einer flachen Rohrkennlinie macht den Einsatz bei Parallelbetrieb mehrerer Pumpen wirtschaftlich. Ebenso kann man bei vorgereinigtem Abwasser erwägen, ob die Pumpe nicht selbstansaugend aufgestellt werden kann (Baukostenersparnis, weil der Pumpenraum flach unter- oder oberhalb der Geländeoberfläche liegt). Bei Tauchmotorpumpen bilden Kanalradpumpe und Motor einen Tauchkörper, der im Abwasser steht oder hängt (**215**.1). Sie können absolut betriebssicher hergestellt werden und haben sich bei vielen Anlagen, auch als Baustellenpumpen, gut bewährt. Bei den Wirbelrad- oder Freistrompumpen ist das Laufrad durch ein Freistromrad (**213**.1a) ersetzt; Verstopfungen können nicht auftreten, da das Abwasser dieses nicht durchfließt. Das Freistromrad erzeugt durch höhere Drehzahl einen rotierenden Förderstrom (**215**.2), der das Abwasser in das tangential abgehende Druckrohr drückt. Eine Förderhöhe bis zu 100 m kann erreicht werden. Zerkleinerungspumpen haben meist ein Freistromrad mit davorgesetztem entweder rotierendem Schneidrotor oder mit dem Gehäuse festverbundenem, verstellbarem Messer.

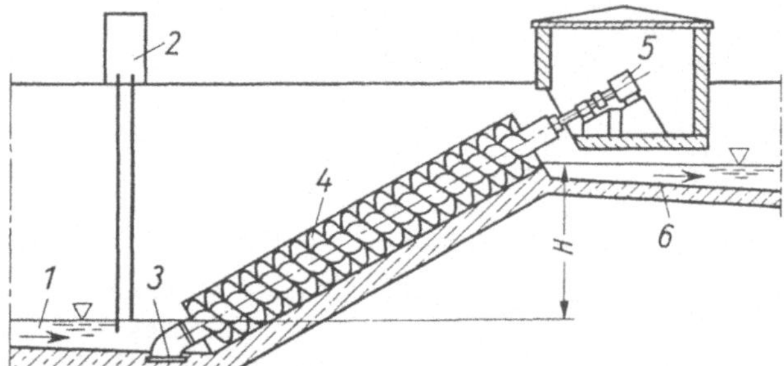

216.1
Schneckenhebewerk
1 Zulauf
2 Elektrodensteuerung
3 Fußlagerung
4 Schnecke
5 Motor
6 Ablauf
H Förderhöhe

Schneckenhebewerke (**216**.1) sind für geringe Förderhöhen und -längen sowie für große Wassermengen und stark verschmutztes Abwasser besonders geeignet. Wesentlicher Bestandteil ist eine langsam laufende Förderschnecke von 40 bis 2000 l/s Leistung. Sie läuft in einem Trog aus Stahlblech oder Beton. Das Abwasser wird in dünner Schicht auf den Spiralflächen der Schnecke nach oben geschraubt. Bei Förderhöhen $\geqq$ 4 bis 7 m schaltet man zwei Schnecken hintereinander. Der Antrieb liegt oben und ist durch Untersetzungs- oder auch Winkelgetriebe mit der Schnecke gekoppelt. Die Drehzahlen der Schnecke betragen 20 bis 85 U/min. Die Motordrehzahlen liegen bei 1000 bis 1400 U/min. Der Fuß taucht nur wenig in das Abwasser ein. Die Anlage wird durch Elektroden automatisch gesteuert. Schnecken eignen sich auch sehr gut zur Schlammförderung. Die Wirkungsgrade für das Gesamtaggregat liegen bei 60 bis 70%. Schneckenhebewerke werden in Kläranlagen häufig zur Abwasser- und Schlammhebung eingesetzt. Bei der Sanierung des Tegernsees (Bayern) hat man in die SW-Ringleitung in Abständen Schneckenhebewerke eingeschaltet, um wieder auf normale Kanaltiefen zurückzugelangen.

Ein besonderes Problem bildet die Förderung von Regenwasser. Die Regenwettermenge ist erheblich größer als die Trockenwettermenge. Beim Mischsystem kann diese $\leqq$ 2% des Regenwetterabflusses betragen. Regenwasserpumpen werden jedoch nur zeitweise (30 bis 60 Tage/Jahr) eingesetzt, während Schmutzwasserpumpen durchgehend fördern. Die Anforderungen an RW-Pumpen lassen sich mit großer Leistung bei verhältnismäßig kleinen Förderhöhen umreißen. Als Laufräder verwendet man Propeller- oder Schraubenräder. Sie haben eine hohe Drehzahl. Man stellt die Pumpen in vertikaler Naßaufstellung auf (**217**.1).

Bemerkenswert sind Abwasser- und Regenwasserhebewerke mit stufenlos selbstregulierendem Förderstrom nach Stähle Prerotations-System.

Eine vertikal aufgestellte Abwasserpumpe mit dem Schneckenkanalrad taucht in einen Pumpensumpf. Das Abwasser kann bei Normalförderstrom unbeeinflußt zufließen, bei sinkendem Zuflußstrom erfolgt eine geringe Niveausenkung und gleichzeitig durch die Form des Pumpensumpfes eine Vordrallbewegung (Prerotation) im Drehsinne des Pumpenrades. Dadurch verringert sich der Pumpenförderstrom. Er paßt sich dem Zufluß an.

In Bild **217**.2 fließt Wasser auf Niveau A durch einen konzentrisch zur Pumpenachse ausgebildeten zylindrischen Pumpensumpf in den Saugtrichter. Es wird durch die Pumpe in den Steigschacht und den Abflußkanal oder in ein Druckrohr gefördert. Der Förderstrom entspricht der Pumpencharakteristik.

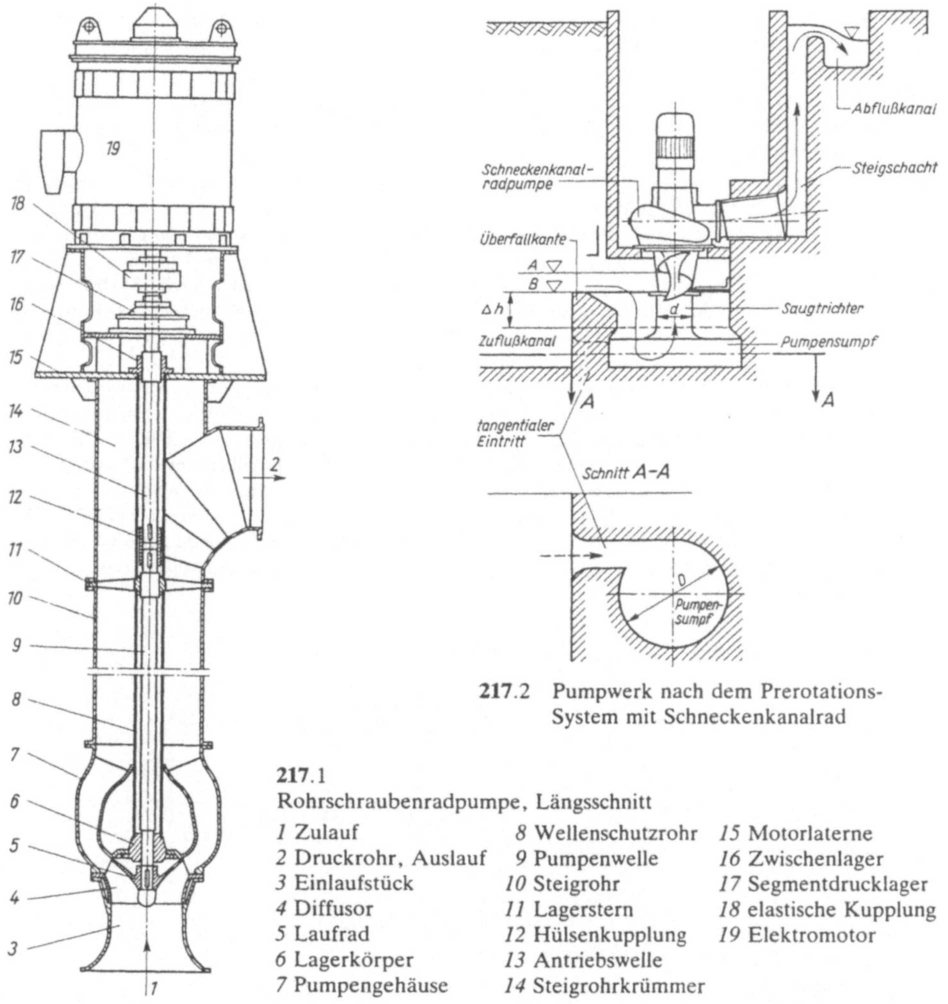

217.2 Pumpwerk nach dem Prerotations-System mit Schneckenkanalrad

217.1
Rohrschraubenradpumpe, Längsschnitt

1 Zulauf
2 Druckrohr, Auslauf
3 Einlaufstück
4 Diffusor
5 Laufrad
6 Lagerkörper
7 Pumpengehäuse
8 Wellenschutzrohr
9 Pumpenwelle
10 Steigrohr
11 Lagerstern
12 Hülsenkupplung
13 Antriebswelle
14 Steigrohrkrümmer
15 Motorlaterne
16 Zwischenlager
17 Segmentdrucklager
18 elastische Kupplung
19 Elektromotor

Ist der Zufluß geringer als der Normalförderstrom der Pumpe, so sinkt das Niveau im Zuflußkanal auf Niveau B, wobei das Wasser über die Überfallkante in den Pumpensumpf fällt.

Durch den Normalförderstrom der Pumpe senkt sich der Wasserspiegel im Pumpensumpf, so daß ein Niveauunterschied Δh zwischen Zuflußkanal und Pumpensumpf entsteht. Dadurch fließt Wasser durch einen tangentialen Eintritt in Richtung des gestrichelten Pfeiles vom Zuflußkanal in den Pumpensumpf mit einer Geschwindigkeit von annähernd $v = \sqrt{\Delta h \cdot 2g}$. Im Pumpensumpf entsteht eine Drallbewegung mit etwa der gleichen Umfangsgeschwindigkeit an der Zylinderwand. Am Saugtrichter herrscht eine Rotationsgeschwindigkeit

$$v_R = \frac{\sqrt{\Delta h \, 2g \cdot D}}{d}$$

im Drehsinn des Schneckenkanalrades. Die Relativgeschwindigkeit des Schneckenkanalrades zur Rotationsgeschwindigkeit des Wassers verringert sich und der Förderstrom der Pumpe, wie auch ihre Leistungsaufnahme, sinken.

Bei rechenlosen Abwasserpumpwerken wird die Schneckenkanalradpumpe besonders bei Textilien und Dickstoffen aller Art eingesetzt. Der Prerotations-Pumpensumpf ist dann als offener Kanal ausgebildet.

Bei der Schlammförderung verwendet man vorwiegend Freistromrad- oder Einkanalradpumpen. Bei Faulschlamm (Schlamm aus den Faulbehältern) kann mit einem Nachentgasen gerechnet werden, so daß sich im Laufrad Gasblasen bilden, die den Förderstrom unterbrechen. Man verwendet die horizontale Aufstellung mit oben offenen Laufrädern. Das Gas kann dann über ein Entlüftungsrohr am Saugstutzen entweichen. Zur Schlammförderung werden auch Kolbenmembran-Pumpen verwendet. Sie sind selbstansaugend und haben keine Stopfbuchse. Das Fördergut gelangt nicht wie bei den Kolbenpumpen früherer Bauart in den Arbeitsraum des Zylinders, sondern wird durch eine Membrane aus beständigem Werkstoff (Gummi oder Kunststoff) von diesem ferngehalten. Der Zylinder-Arbeitsraum ist mit Öl oder Reinwasser gefüllt. Die Membrane überträgt die Kolbenbewegung und damit die Druckveränderungen auf die Förderflüssigkeit. Es ist möglich, auf große Förderhöhen zu pumpen. Die Fördermenge kann durch Verstellen des Kolbenhubes während des Betriebes (mit Handrad) verändert werden. Schließlich sei die Gruppe der rotierenden Verdrängerpumpen (Mohno-Pumpen) erwähnt. Sie wirken selbstansaugend bis zu 8 m Höhe, fördern bis auf 150 m Druckhöhe und Fördermengen bis 350 m³/h (**218**.1). Die Drehzahl kann geregelt werden. Das Fördergut wird durch einen wulstförmigen rotierenden Verdränger kontinuierlich bis in das Druckrohr (*2*) gefördert. Die Pumpen können hochviskose Schlämme mit einem Feststoffgehalt bis zu 40% fördern.

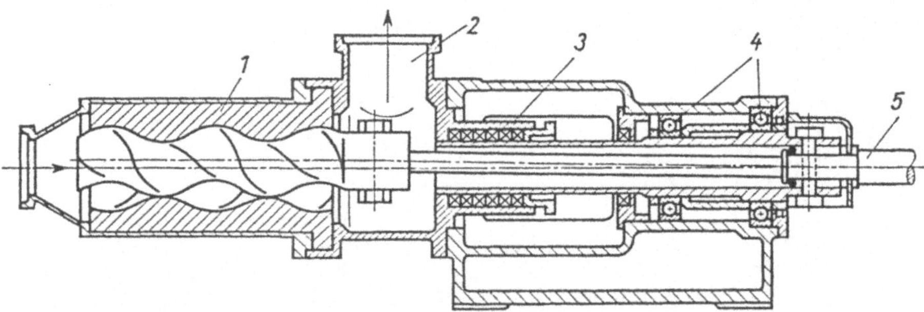

218.1 Verdrängerpumpe (Mohno-Pumpe), Längsschnitt
1 Stator
2 Druckrohr
3 Stopfbüchse
4 Kugellager
5 Antriebswelle

Wenn Abwasser oder Schlamm mit hohem Gehalt an Schmutzstoffen oder Sand aus tiefen Schächten, Sandfang- oder Schlammtrichter gefördert werden soll, werden Drucklufttheber (Mammutpumpen) verwendet (**219**.1). Vor der Förderung wird der Pumpenfuß (*5*) durch Druckwasser (*3*) freigespült. Dann wird durch Rohr (*2*) von einem Gebläse (*1*) Druckluft (3 bis 5 bar) in den Pumpenfuß (*5*) gegeben. Diese Druckluft mischt sich mit Wasser im Förderrohr (*4*) und verringert hier das spezifische Gewicht. Der Gegendruck der Wasserfüllung im Silo auf die Mündung des

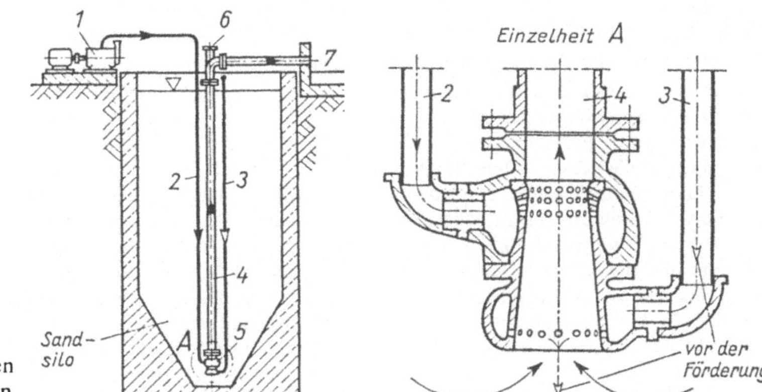

219.1
Druckluftheber
(Mammutpumpe)
1 Gebläse
2 Druckluft
3 Druckwasser
4 Förderrohr
5 Pumpenfuß
6 Reinigungsstutzen
7 Sandwaschbecken

Tafel **219**.2 Anwendungsbereiche von Abwasserpumpen

Abwasserbeschaffenheit/ Fördergut	Förderstrom in l/s	Förderhöhe in m	Pumpentyp
stark verunreinigtes Abwasser mit hohem Faserstoffgehalt, Schlamm	15– 300	5–150	Freistrompumpe, Einkanalradpumpe
normal verunreinigtes Abwasser, Schlamm	50– 1000	5– 50	Zwei- und Dreikanalradpumpe
grob vorgereinigtes Abwasser	500– 2500	5– 30	Schraubenradpumpe
Regenwasser und vorgereinigtes Abwasser	1000–10000	8– 30	Rohrschraubenpumpe
Regenwasser und stark verdünntes bzw. vorgereinigtes Abwasser	500–10000	5– 25	Propellerpumpe
eingedickter Schlamm	0– 100	0–150	Verdrängerpumpe
vorgereinigtes Abwasser mit Sinkstoffen	0– 50	⅔ der Eintauchtiefe	Druckluftheber

Förderrohres ist so groß, daß das Wasser-Sand-Luft-Gemisch im Förderrohr über die Wasserspiegelhöhe im Sandsilo hinaussteigt. Dieses Maß nennt man die Förderhöhe. Je nachdem wieviel Luft (*2*) eingegeben wird, läßt sich die Höhe der Förderung über den Wasserspiegel hinaus beeinflussen.

Förderhöhe + Eintauchtiefe = Höhe von Einlauf bis Auslauf des Förderrohres. Der Wirkungsgrad ist gering.

Die Eintauchtiefe des Förderrohres soll mindestens das 1,5fache der Förderhöhe betragen. Mammutpumpen fördern alle Stoffe, welche der Querschnitt des Förderrohres hindurchläßt. Das Förderrohr muß in einen offenen Behälter ausmünden, damit die Luft entweichen kann. Die Leistung der Mammutpumpe beträgt 0,5 bis 75 l/s auf 15 m Förderhöhe bei stark verschmutztem Abwasser.

Antriebsmaschinen sind hauptsächlich Elektromotoren. Sie haben Drehzahlen von ≈ 485 bis 2850 U/min und werden direkt mit der Welle der Kreiselpumpe gekoppelt oder über einen Keilriemen angeschlossen. Sie brauchen nur wenig Wartung, erfordern aber Niederspannung und damit eine Umspannanlage. Drehzahlregelung ist bei den üblichen Drehstrommotoren schlecht möglich, wird aber in besonderen Fällen zur Anpassung an wechselnde Fördermengen vorgenommen. Sie werden durch einen Motorschutzschalter (Schütz) eingeschaltet.

Dieselmotoren sind von der Stromzufuhr unabhängig und werden oft als Notaggregat verwendet. Sie haben Drehzahlen von 500 bis 1500 U/min und werden durch Riemen- oder Zahnradgetriebe mit den Pumpen verbunden. Sie müssen regelmäßig gewartet und mit Treibstoff versorgt werden.

Gasmotoren werden zur energiemäßigen Ausnutzung des Faulgases auf Kläranlagen eingesetzt. Dieses Gas hat einen Heizwert von ≈ 25000 kJ/m^3. Von den Gasmotoren können Generatoren zur Stromerzeugung, Pumpen oder Gebläse (zur Drucklufterzeugung) angetrieben werden. Ihre Drehzahlen liegen zwischen 400 bis 1800 U/min. Man setzt zwei Typen ein. Otto-Gasmotoren sind ohne flüssigen Kraftstoff zu betreiben. Das Gas-Luft-Gemisch wird in den Zylindern verdichtet, die Zündung wird durch eine Zündkerze zeitlich gesteuert. Bei mangelnder oder ausbleibender Gaszufuhr aus dem Faulraum muß auf elektrischen Strom oder Stadtgas zurückgegriffen werden. Diesel-Gasmotoren werden ebenfalls mit einem Gemisch von Gas und Luft betrieben, aber zur Zündung wird flüssiger Kraftstoff eingespritzt, der sich an dem heißen Gemisch entzündet und damit die ganze Zylinderladung zündet. Die Motoren können während des Betriebes bei Gasausfall automatisch auf Dieselbetrieb umgeschaltet werden. Durch eine Veränderung des Dieselkraftstoffanteils kann man sich der verfügbaren Klärgasmenge anpassen. In größeren Kläranlagen kann es vorteilhaft sein, beide Typen nebeneinander einzusetzen. Die Entscheidung für eine der beiden Typen ist von der Verbindung zur Fremdenergie, vom Faulbehälterbetrieb u. a. abhängig.

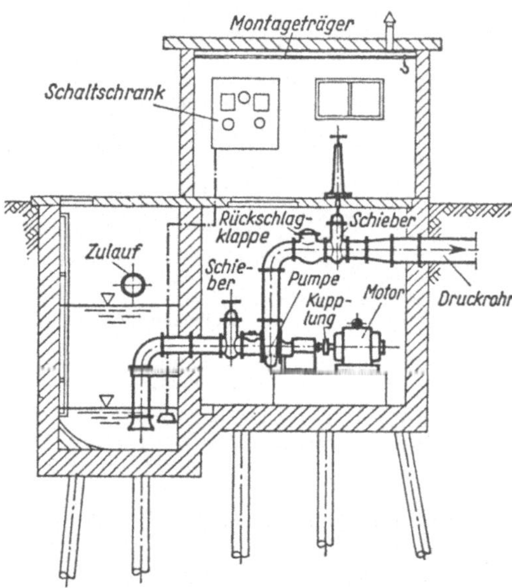

220.1 Kreiselpumpe in horizontaler Aufstellung

3.3.5.2 Pumpwerksarten

Das Pumpwerk wird nach der Aufstellungsart der Kreiselpumpen bezeichnet.

Pumpwerke mit Kreiselpumpe in horizontaler Aufstellung (**220**.1) haben bei mittelgroßem Grundriß eine kleine Bauwerkshöhe und sind für flachen Zulauf geeignet. Der E-Motor ist bei Hochwasser gefährdet. Es entfällt die motortragende Decke. Die Pumpen sind nicht selbstansaugend. Bei Aufstellung oberhalb des Einschaltwasserspiegels muß am Saugstutzen eine Entlüftung vorgesehen werden. Alle Maschinen sind leicht zugänglich.

Pumpwerke mit Kreiselpumpen in vertikaler Trockenaufstellung (**221**.1) kommen weniger häufig vor. Der Grundriß ist klein. Eine Zwischendecke ist erforderlich, um den Motor aufzustellen, der bei langer Welle hochwasserfrei stehen oder aber auch direkt auf der Pumpe sitzen kann (aufständern).

Pumpwerke mit Kreiselpumpen in vertikaler Naßaufstellung (**221**.2) kommen für kleinere Anlagen in Frage. Sie benötigen einen kleinen Grundriß. Der Motor steht hochwasserfrei im Maschinenhaus, die Pumpe befindet sich darunter im Pumpensumpf; damit entfällt das Nebeneinander von Pumpenraum und Pumpensumpf. Bei Störungen ist die Pumpe nur zu erreichen, wenn der Pumpensumpf geleert wird. Siebkesselpumpwerke arbeiten vollautomatisch und sind sehr betriebssicher. Das zulaufende Schmutzwasser wird durch einen Kessel mit horizontalem Sieb gefiltert bevor es den Pumpensumpf erreicht und läuft den Kreiselpumpen als vorgereinigtes Abwasser zu. Die

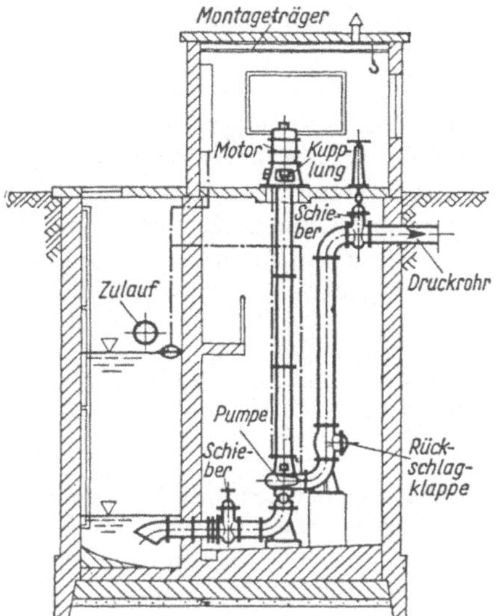

221.1 Kreiselpumpe in vertikaler Trockenaufstellung

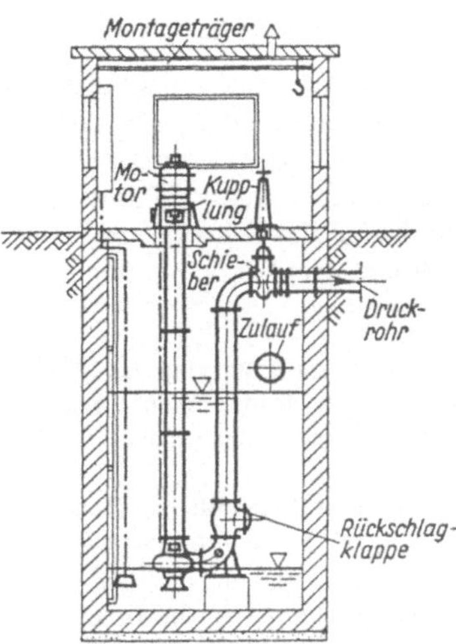

221.2 Kreiselpumpe in vertikaler Naßaufstellung

Gefahr der Verstopfung ist gering. Es werden meist zwei Siebkessel mit je einer Kreiselpumpe vorgesehen. Während die eine das Schmutzwasser aus dem Pumpensumpf durch ihren Siebkessel ins Druckrohr fördert und dabei die Schmutzstoffe mit herausdrückt, läuft das Abwasser über den anderen Kessel zu. Die Pumpen fördern abwechselnd. Bei großem Abwasseranfall arbeitet eine dritte Pumpe mit und fördert direkt ins Druckrohr. Diese Pumpwerke erfordern einen großen Grundriß, arbeiten aber besonders hygienisch, da das Abwasser keine offenen Rechen und Pumpensümpfe durchfließt.

3.3.5.3 Bau von Abwasserpumpwerken

Es gilt die allgemeine Entwurfsregel, Form und Größe des Bauwerkes nach den Betriebseinrichtungen, also von innen nach außen zu konstruieren. Wichtigste Unterlage ist die Einbauzeichnung der Maschinenteile. Hauptbestandteile eines Pumpwerkes sind Pumpen-, Motoren- und Schaltraum, Pumpensumpf, Traforaum und die Betriebsräume.

Die Stationen des Abwassers in einem Pumpwerk sind Zulaufkanal – Rechen (falls erforderlich) – Sandfang (falls erforderlich) – Pumpensumpf – Saugrohr – Pumpe – Druckrohr – Auslaufschacht des Druckrohres – Vorflutkanal des Druckrohres.

In der Abwasserhebung verwendet man die verschiedensten Steuereinrichtungen: Handschaltung, wasserstandsabhängige Steuerungen, wie Schwimmschalter, Wasserstandsschalter und pneumatische Schaltung, weiterhin die elektrische Schaltung, die druckabhängige Steuerung, wie Druckschalter oder Kontaktmanometer, und schließlich die Zeitsteuerung. Die Absperrschieber (meist Gehäuseschieber) erlauben ein Absperren der Pumpen gegen Druckrohr und Pumpensumpf. Normalerweise sind sie geöffnet und werden entweder von Hand, hydraulisch oder pneumatisch geschlossen. Die Rückschlagklappe soll druckseitig zwischen Schieber und Pumpe liegen. Bei mehreren Pumpen erhält jede einen Schieber und eine Rückschlagklappe. Abwasserpumpstationen erfordern gute Lüftung durch Lüftungsrohre oder künstliche Belüftungsanlage. Da die am häufigsten vorkommende vertikale Pumpenaufstellung tiefe Gebäude erfordert, muß schon im Grundriß für

Treppen und Podeste Platz vorgesehen werden, die die Station nicht nur besteigbar machen, sondern auch einfache Montagen und Wartungsarbeiten ermöglichen. Auch der Pumpensumpf soll durch eine Leiter (möglichst herausnehmbar) zugängig sein.

Montageträger und -öffnungen sind zweckmäßig. Für größere Montagen, z.B. Ein- und Ausbau von Maschinenteilen, ist meist an der obersten Decke des Bauwerkes ein Träger mit Laufkatze und in jeder Zwischendecke eine Montageöffnung vorzusehen. Schließlich ist bei Trockenaufstellung der Pumpenraum mit einer Lenzpumpe auszustatten, die aus einer Sammelrinne das Schwitz- und Reinigungswasser des Pumpenraumes in den Pumpensumpf fördert. Bei kleinen Anlagen genügt eine Handpumpe. Reinwasseranschluß ist immer zu empfehlen.

Bei der bautechnischen Gestaltung des Innern eines Abwasserpumpwerkes ist sowohl ästhetischen als auch hygienischen Forderungen Rechnung zu tragen. So sind z.B. Platten für Wände und Fußböden ein wichtiges Bauelement.

Kleine Pumpstationen. Wesentlichen Einfluß auf den einwandfreien Betrieb haben Wahl und Aufstellung der Pumpen, die sich ihrerseits wiederum auf die Konstruktion des Bauwerks auswirken.

Bei kleinen Stationen finden besonders Tauchmotorpumpen mit Freistromrädern, Kanalrädern oder Zerkleinerungspumpen ihr bevorzugtes Einsatzgebiet (s. Abschn. 3.3.5.1).

Der Pumpenraum ist wegen der Betriebssicherheit für zwei Pumpen auszulegen. Diese sollten durch Relaisumschaltung abwechselnd betrieben werden. Das Ein- und Ausschalten wird üblicherweise wasserspiegelgesteuert und die zweite Pumpe bei Erreichen des Eichpegels zugeschaltet.

Die leichtere Wartung, das schnellere Erkennen von Störungen und Verstopfungen spricht für eine Trockenaufstellung der Pumpen. Die kostengünstigere Bauausführung für eine Naßaufstellung mit wenig Platzbedarf und ohne Berücksichtigung der Überflutungssicherheit. Die moderne ex-geschützte Tauchpumpe ist heute so funktionssicher und wartungsarm (halbjährliche Inspektionen), daß die wirtschaftliche Ausführung mittels Tauchpumpen in kompakten, vorgefertigten Pumpenschächten oft bevorzugt wird.

Eine künstliche Lüftungsanlage, die etwa einen Luftwechsel von 10 1/h ermöglicht, ist für Kleinpumpwerke unwirtschaftlich. Die natürliche Belüftung über die Lüftungshaube im Schachtdeckel reicht für eine Durchlüftung des Schachtes vor dem Einsteigen aus. Verstopfungen können auch ohne Einstieg beseitigt werden, wenn die Pumpe über ein Spühlrohr, das an einen Hydranten angeschlossen werden kann, freigespült wird.

Die feuchtigkeitsgesättigte Luft im Schacht verlangt, daß alle Aggregate, Leitungen und Stahlkonstruktionen korrosionsgeschützt sind. Die Schächte sind durch Sicherheitssteigeisen oder stationäre Leitern besteigbar. Um Verschmutzungen und Unfälle zu vermeiden, sollten die Auftritte nicht bis in den Staubereich hineinreichen.

Das einfachste Kleinpumpwerk ist eingeschossig mit etwa ebenerdiger Abdeckung. Es wird immer bei geringer Schachttiefe oder bei Einsatz nur einer Pumpe zur Anwendung kommen.

Bei zweigeschossiger Ausführung brauchen die Tauchpumpen am Gestänge nur bis über die Zwischendecke gehoben zu werden, wofür Montagehaken in der Deckenplatte vorgesehen sind. Auf dem Gitterrost der Zwischendecke abgestellt, kann der Ölstand bequem kontrolliert, und die Pumpen abgespritzt werden.

Die Ausführung mit Betriebshaus und Tür erleichtert das Begehen, ermöglicht die überflutungssichere Unterbringung des Schaltschrankes und das Aufbewahren von Werkzeugen und Ersatzteilen. Sanitäre Einrichtungen können installiert werden. Die Einbindungen der Rohre werden bauseits vorgenommen: für Beton- und Steinzeugrohre mit Asbestzement-Stutzen und Übergangskupplungen oder Beton- bzw. Steinzeugstutzen direkt eingebunden; für Stahlrohre mit Stahl- oder Asbestzement-Hülsen und Roll-, Stemm- oder Quetschgummidichtungen; für Asbestzement-Rohre mit Reka-Einbindekupplung.

Die Pumpensumpfsohle sollte um 10 bis 15 cm über die Sohlplatte aufbetoniert werden, um den Pumpen-Fußkrümmer ohne Schwächung der Bodenplatte verankern zu können. Die Trichterwände werden unter einem Neigungswinkel von 60° hochgezogen. Einen ausreichenden Speicherraum erzielt man wegen der Trichterausbildung weniger durch große Schachtquerschnitte als durch eine größere Schachttiefe. Zusätzlich kann auch der Zulaufkanal mit überdimensioniertem Querschnitt als Speicherraum genutzt werden.

Der Schachtdurchmesser richtet sich damit ausschließlich nach Aufstellung der Pumpen und der Leitungsführung. Als Platzbedarf kann für zwei Pumpen etwa ein Durchmesser von 1,5 bis 2,5 m angesetzt werden (maximale Förderleistung etwa 80 m^3/h). Asbestzement-Pumpen-Schächte können in der gewünschten Bauhöhe (bis 5 m) in einem Stück an die Baustelle geliefert werden. Schachtringe werden bis zur erforderlichen Tiefe fugendicht aufeinandergesetzt. Fertigschächte mit hohem Schachtunterteil erleichtern die Wasserhaltung. In diesen Bauweisen ist auch ein zweigeschossiger Pumpenschacht mit Fundament, Zwischendecke und vorgefertigter Abdeckung an einem Tag aufzustellen (**223**.1). Bei hohem Grundwasserstand wird zur Auftriebssicherung auf das Fundament oder die dann auskragende Zwischendecke ein Betonkranz aufgesetzt, der den Schacht ≧ 1,1fach gegen Auftrieb schwerer macht.

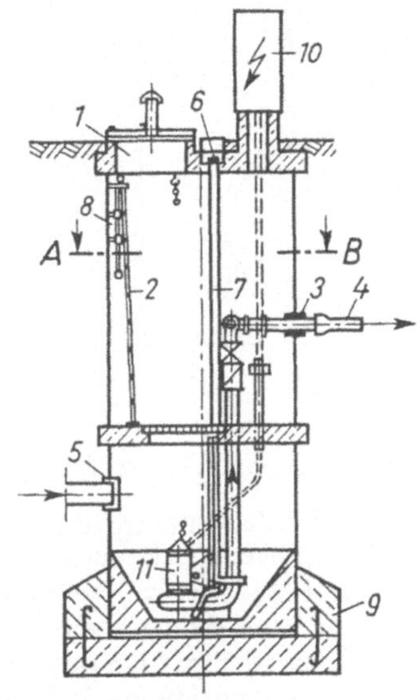

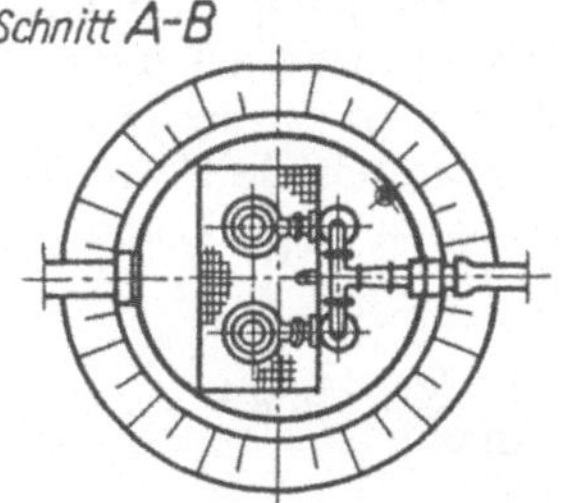

223.1

Zweigeschossiges Kleinpumpwerk

1 Einstieg
2 Leiter
3 AZ-Hülse
4 Druckleitung
5 Zufluß mit AZ-Einbindekupplung
6 Anschluß für C-Schlauch
7 Spülleitung
8 Ausziehbare Haltestange
9 Fundamentplatte mit Auftriebssicherung
10 Schaltschrank
11 Tauchmotorpumpe

In besonderen Fällen können Betonringe, vertikale Walzbetonrohre oder Asbestzement-Schächte auch in Brunnengründung abgesenkt werden. Die Einbindungen und die Sohle werden dann nachträglich von innen oder außen eingesetzt.

Für besondere Betriebsarten oder Pumpenaggregate können z. B. Asbestzement- oder Betonschächte als Serienschächte werkmäßig hergestellt werden. Das Niederdruck- und Saugdrucksystem (Abschn. 3.3.5.9), die die Sammlung von Abwasser unabhängig von der Topographie erlauben, benötigen Sammel- und Pumpenschächte (**224**.1). In Gebieten mit schlecht tragfähigen Böden, hohem Grundwasserstand, unzureichender Vorflut oder Streubesiedlung werden dann viele gleichartige Schächte erforderlich, so daß sich eine Standardausführung lohnt.

Im allgemeinen werden bei schlechten Vorflutverhältnissen und kleinen Gemeinden mit konventioneller Gefälleentwässerung mehrere kleine Pumpwerke erforderlich. Durch den weiteren Ausbau

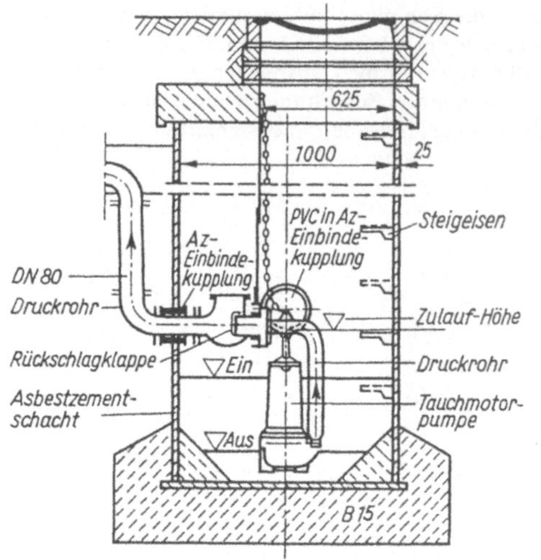

der Abwassernetze ist somit auch mit einer Zunahme der Hebe- und Pumpwerke zu rechnen. Hinzu kommt das Bestreben, unrentable oder unbefriedigend arbeitende kleine Kläranlagen stillzulegen und statt dessen das Abwasser zu größeren Zentralkläranlagen zu pumpen. Hierbei entsteht das Problem der langen Abwasserdruckleitungen (z.B. Anfaulung des Wassers).

224.1
Vertikalschnitt durch Kleinpumpwerk (Standardausführung bei Niederdruckentwässerungen)

3.3.5.4 Berechnung von Abwasserpumpwerken

Förderstrom. Der Förderstrom Q_p in l/s muß gleich oder größer als die Zulaufmenge Q_z in l/s sein ($Q_p \geqq Q_z$). Wenn Erweiterungen des Einzugsgebietes zu erwarten sind, macht man Zuschläge. Bei Stationen mit mehreren Pumpen wählt man den wechselnden Wassermengen entsprechend Pumpen verschiedener Leistung. Die Leistung der einzelnen Kreiselpumpe wird durch ihre Charakteristik ausgedrückt. Der Betriebspunkt liegt in der Nähe des Wirkungsgradmaximums. Jede Änderung des Förderstromes, z.B. durch Drosseln des Druckrohres oder Ändern der Drehzahl n, verändert den Wirkungsgrad.

Pumpensumpf. Kreiselpumpen arbeiten mit konstanter Leistung und können sich an wechselnde Wassermengen nur durch die Größe der Arbeitspause anpassen. Aufgabe des Pumpensumpfes ist es, die in der Pumppause zufließende Wassermenge zu speichern. Seine nutzbare Größe V wird zwischen Ein- und Ausschaltwasserspiegel gemessen. V ist abhängig von Q_p, Q_z und dem größtzulässigen Schaltspiel max i. Als Erfahrungsformel gilt

$$V \geqq \frac{0{,}9\, Q_p}{\max i} \quad \text{in m}^3 \qquad (224.1)$$

mit Q_p = Förderstrom in l/s, Q_z = zufließende Wassermenge
und i = Anzahl der Ein- bzw. Ausschaltungen je Stunde, für Abwasserpumpen, maximal 6 1/h $\leqq i \leqq$ 15 1/h. Man kann jedoch i notfalls bis auf 201/h erhöhen.

Die Formel der Gl. (224.1) wird aus dem Betriebsablauf bei Kanalradpumpen mit Pumpzeit und Pausenzeit abgeleitet. Es betragen:

die Füllzeit oder die Zeit der Pumppause $t_{\text{Pause}} = \dfrac{V}{Q_z}$;

die Pumpzeit $t_p = \dfrac{V}{Q_p - Q_z}$;

die Schaltzeit (Periode zwischen 2 Einschaltungen) $t_s = t_{\text{Pause}} + t_p = 3600/i$ in s.

Daraus erhält man: $i\ (t_{\text{Pause}} + t_p) = 3600$; $i\left(\frac{V}{Q_z} + \frac{V}{Q_p - Q_z}\right) = 3600$

$$i \cdot V\left(\frac{Q_p}{Q_z\,(Q_p - Q_z)}\right) = 3600; \quad i = \frac{3600 \cdot Q_z\,(Q_p - Q_z)}{Q_p \cdot V} \qquad (225.1)$$

Hierin ist Q_p die konstante Förderleistung.

Das Schaltspiel i ist von Q_z abhängig. Es liegt zwischen 0 und einem Maximum:

$$\frac{di}{dQ_z} = \frac{3600}{Q_p \cdot V}\,(Q_p - 2\,Q_z) = 0; \quad Q_p = 2\,Q_z; \quad Q_z = \frac{Q_p}{2}$$

eingesetzt in Gl. (225.1)

$$V = \frac{3600 \cdot Q_p}{4 \cdot \max i} = \frac{900 \cdot Q_p}{\max i} \text{ in l oder } \frac{0{,}9 \cdot Q_p}{\max i} \text{ in m}^3 \text{ mit } Q_p \text{ in l/s}$$

Da der Absturz des Abwassers in den Pumpensumpf einen geodätischen Höhenverlust bedeutet, der durch Energieaufwand wieder ausgeglichen werden muß, ist stets sorgfältig die Notwendigkeit eines Pumpwerkes zu prüfen.

Druckrohr. Druckrohrleitungen dienen dem Transport des Abwassers vom Pumpwerk bis zum Druckrohrauslauf. Während des Pumpens wird der Förderstrom Q_p ständig ins Druckrohr geschoben, während die gleiche Wassermenge am Auslauf das Rohr verläßt. Beim Abschalten der Pumpe belastet die Wassersäule im Druckrohr die sich schließende Rückschlagklappe. Bei großen Förderhöhen kann dies einen Rückstoß auf das Pumpwerk bewirken. Man hilft sich in diesen Fällen mit Schwungrädern, deren Trägheit die Pumpe langsam auslaufen läßt, mit Druckausgleichbehältern, oder langsam schließenden Rückschlagventilen. Das Druckrohr soll wegen des großen Volumens der ruhenden Wassersäule nicht zu groß bemessen sein. Stehendes Abwasser im unbelüfteten Druckrohr fault leicht. Deshalb muß die Fließgeschwindigkeit während der Förderung so groß sein, daß sich keine Schmutzstoffe ablagern, und während der Pumppause abgesetzte Stoffe wieder aufgenommen und weiterbefördert werden. Der Rohrquerschnitt darf wegen der Reibungsverluste aber auch nicht zu klein sein.

Man wählt die Fließgeschwindigkeit in den Grenzen $v = 0{,}8$ bis $2{,}4$ m/s. Für das Druckrohr gilt

$$A = \frac{Q_p}{v} \quad \text{m}^2 = \frac{\text{m}^3/\text{s}}{\text{m/s}}$$

$$d = \sqrt{\frac{4A}{\pi}} = 1{,}13\,\sqrt{A} \quad \text{m} = \sqrt{\text{m}^2}$$

Manometrische Förderhöhe h_D. Man versteht darunter die am Manometer ablesbare Flüssigkeitssäule. Sie setzt sich zusammen aus der geodätischen Förderhöhe H_{geo} = Höhenunterschied zwischen Ausschaltwasserspiegel im Pumpensumpf und, falls keine Hochpunkte dazwischen liegen, dem inneren Rohrscheitel am Druckrohrauslauf. Dazu kommt die Verlusthöhe h_r infolge Rohrreibung bei der Förderung, so daß $h_D = H_{geo} + h_r$. An sich gehören noch Ein- und Austrittsverluste, Krümmerverluste usw. dazu. Jedoch genügt es, bei längeren Abwasserdruckrohren nur die Energieverluste im geraden Rohr anzusetzen. Man benutzt zur Ermittlung der Verlusthöhe h_r die Formel von D'Aubuisson und Weisbach mit λ nach Prandtl-Colebrook (s. Abschn. 2.5.3) bzw. für Armaturen und Formstücke die Formel $h_{r,A}$.

Tafel **226**.1 Widerstandsbeiwerte ζ nach Gleichung (227.1)

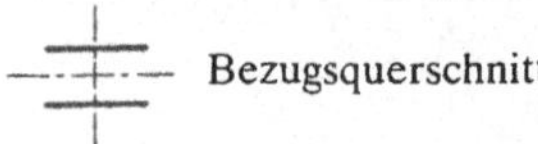

Einlauf in ein Rohrstück

kantiger Einlauf	sehr scharf normal gebrochen starke Phase	$\zeta = 0{,}5$ $\zeta = 0{,}25$ $\zeta = 0{,}2$
abgerundeter Einlauf	je nach Glätte normal	$\zeta = 0{,}06$ bis $0{,}005$ $\zeta = 0{,}05$
Einlaufgehäuse mit abgeschrägtem Einlauf		$\zeta = 0{,}20$

Auslauf (Auslaßverlust) $\zeta = 1$

Querschnittsveränderungen

d_1/d_2		0,5	0,6	0,7	0,8	0,9
ζ bei	$\alpha = 8°$	0,12	0,09	0,07	0,04	0,02
	$\alpha = 16°$	0,19	0,14	0,09	0,05	0,02
	$\alpha = 25°$	0,33	0,25	0,16	0,08	0,03

d_1/d_2	1,2	1,4	1,6	1,8	2,0
ζ	0,02	0,05	0,10	0,17	0,26

≈ 10–30°

Krümmer gebogen

α		45° Oberfläche glatt	45° Oberfläche rauh	60° Oberfläche glatt	60° Oberfläche rauh	90° Oberfläche glatt	90° Oberfläche rauh
ζ für	$R = d$	0,14	0,34	0,19	0,46	0,21	0,51
	$R = 2d$	0,09	0,19	0,12	0,26	0,14	0,30
	$R \geqq 5d$	0,08	0,16	0,10	0,20	0,10	0,20

segmentgeschweißt

α	45°	60°	90°
Anzahl der Rundnähte	2	3	3
ζ	0,15	0,2	0,25

Hintereinandergeschaltete 90°-Krümmer

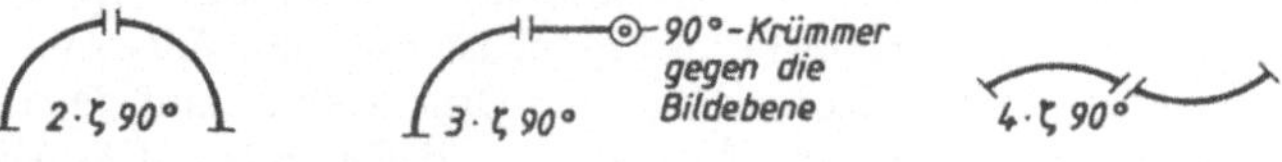

T-Stücke (Stromtrennung)

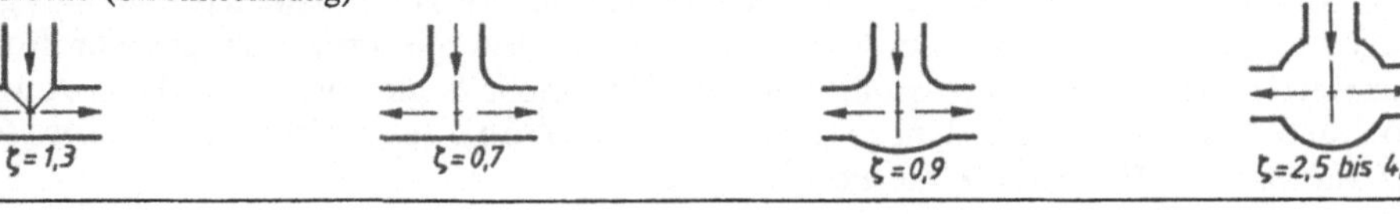

Tafel **226**.1 Fortsetzung

Rückflußverhinderer HYDRO-STOP

	DN	50	100	150	200	250	300	400
	v = 2 m/s	5	6	8	7,5	6,5	6	7
ζ bei	v = 3 m/s	1,8	4	4,5	4	4	1,8	3,4
	v = 4 m/s	0,9	3	3	2,5	2,5	1,2	2,2

Flachschieber (Schieber ganz geöffnet)

DN	100	200	300	400	500	600 bis 800	900 bis 1200
ζ	0,18	0,16	0,14	0,13	0,11	0,10	0,09

Ovalschieber und Rundschieber (Schieber ganz geöffnet)

DN	100	200	300	400	500	600 bis 800	900 bis 1200
ζ	0,22	0,18	0,16	0,15	0,13	0,12	0,11

Klappenverschlüsse (Froschklappen, Hochwasserverschlüsse) ζ = 1,0 bis 1,5 (Näherung)

$$h_r = \lambda \frac{l}{d} \cdot \frac{v^2}{2g} \quad \text{m} = \frac{\text{m}}{\text{m}} \cdot \frac{(\text{m/s})^2}{\text{m/s}^2}$$

bzw.

$$\Sigma \cdot \zeta \cdot \frac{v^2}{2g} \quad \text{m} = \frac{(\text{m/s})^2}{\text{m/s}^2} \qquad (227.1)$$

λ = Verlustbeiwert, er fällt mit steigendem d
$\lambda \approx$ 0,03 bis 0,025 bei $d \leqq$ 500 mm
$\lambda \approx$ 0,025 bis 0,020 bei $d >$ 500 mm

d = Durchmesser des Druckrohres in m
$\zeta \triangleq$ Widerstandsziffer des betreffenden Rohrleitungsteils (s. Tafel **226**.1)

genauere Ermittlung nach Moody-Diagramm (**227**.1)

l = Länge des Druckrohres in ı
v = Fließgeschwindigkeit im Dı
g = Erdbeschleunigung = 9,81 m/s

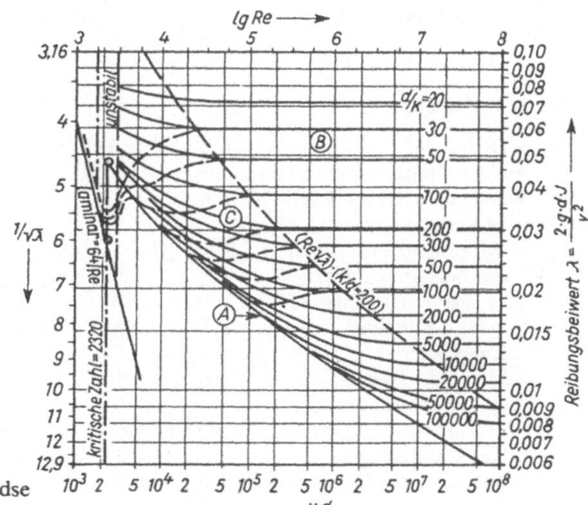

227.1
Moody-Diagramm

A = Kurve des **glatten** Verhaltens:

$$1/\sqrt{\lambda_o} = 2 \lg \left(\frac{Re \cdot \sqrt{\lambda_o}}{2,51}\right)$$

B = Bereich des **rauhen** Verhaltens:

$$1/\sqrt{\lambda} = 2 \lg \left(\frac{3,71 \cdot d}{k}\right)$$

C = **Übergangs**bereich:

$$1/\sqrt{\lambda} = -2 \lg \left(\frac{2,51}{Re \cdot \sqrt{\lambda}} + \frac{k}{3,71 \cdot d}\right)$$

--- interpolierte Kurven nach Nikuradse zwischen d/k = 30 und d/k = 1000

Tafel **228**.1 Rauhigkeitswerte k für verschiedene Rohrwerkstoffe und -betriebszustände (vergleiche auch Abschn. 2.5.3, k_b-Werte)

Werkstoff und Rohrart	Zustand der Rohre	k in mm	
Gußrohre	bituminiert zementiert	0,1 0,025	bis 0,15
gebrauchte Gußrohre	Rostnarben bis Verkrustungen	1 bis 1,5 bis 3	
neue nahtlose Stahlrohre	gewalzt oder gezogen	0,02	bis 0,05
neue längsgeschweißte Stahlrohre		0,04	bis 0,1
neue Stahlrohre mit Überzug	verzinkt bituminiert zementiert galvanisiert	0,1 0,05 0,025 0,01	bis 0,15
gebrauchte Stahlrohre	Rostnarben bis Verkrustungen	0,15	bis 4
Asbestzementrohre	neu	0,03	bis 0,1
neue Betonrohre	Glattstrich mittelglatt bis rauh	0,3 1	bis 0,8 bis 3
Steinzeugrohre, Schleuderbetonrohre		0,25	
gezogene und gepreßte Rohre aus Kunststoff oder NE-Metallen	neu gebraucht		bis 0,01 bis 0,03

Motorleistung. Man benutzt die Formeln

$$P = \frac{\gamma \cdot Q_p \cdot h_D}{102\, \eta_p \cdot \eta_M} 1{,}2 \quad \text{in kW}$$

$$\text{oder} \quad P = \frac{\varrho \cdot g \cdot Q_p \cdot h_D}{1000\, \eta_p \cdot \eta_M} 1{,}2 \quad \text{in kW} = \frac{\text{kg} \cdot \text{m} \cdot \text{m}^3 \cdot \text{m} \cdot \text{kW}}{\text{m}^3 \cdot \text{s}^2 \cdot \text{s} \cdot \text{Watt}} \qquad (228.1)$$

$\text{m}^2 \cdot \text{kg/s}^3$ = Watt aus $F \cdot g \cdot \text{m/s} = \text{kg} \cdot \text{m/s}^2 \cdot \text{m/s}$ = Watt

Hierin bedeuten:

ϱ = Dichte der Förderflüssigkeit in kg/m³
g = Normalfallbeschleunigung in m/s²
h_D = manometrische Förderhöhe in m
Q_p = Förderstrom in m³/s

Hilfsgrößen:
1 N = 1 kg · m/s²
1 Watt = 1 N · m/s

η_p = Wirkungsgrad der Pumpe (überschläglich) geschlossenes, mehrfach

beschaufeltes Kanalrad	= 0,8 bis 0,9
2- bis 3-Kanalrad	= 0,75 bis 0,85
Ein-Kanalrad	= 0,5 bis 0,8
Mammutpumpen	= 0,3 bis 0,4
Schneckenhebewerke	≈ 0,6
Freistromrad	= 0,45 bis 0,6
Siebkesselanlagen	= 0,3
pneumatische Hebeanlagen	= 0,3 bis 0,4

η_M = Wirkungsgrad der Antriebsmaschine einschließlich Kraftübertragung (überschläglich)

Drehstrommotor mit Riementrieb oder mit direkter Kupplung und vertikaler Welle	= 0,85
Drehstrommotor mit direkter Kupplung und horizontaler Welle	= 0,85
Dieselmotor	= 0,35
Gasmotor	= 0,3

Die genauen Wirkungsgrade sind abhängig von der Förderleistung

Falls die Maschinenbaufirma die Leistungsberechnungen nicht selbst durchführt, sind die genauen η-Werte dort zu erfragen.

Bei Motoren von Schlammpumpen schlägt man 50 bis 60% zum errechneten Leistungsbedarf hinzu. Man berücksichtigt damit die Zähflüssigkeit des Schlammes und hat einen Leistungsüberschuß zum periodischen Freispülen der Leitungen.

3.3.5.5 Berechnungsbeispiel (229.1 und 229.2)

Ein Siedlungsgebiet mit 8000 E soll an eine Pumpstation angeschlossen werden. Wasserverbrauch Q_d = 160 l/(E · d) einschließlich Fremdwasser, Trennsystem. Druckrohrlänge l = 2100 m.

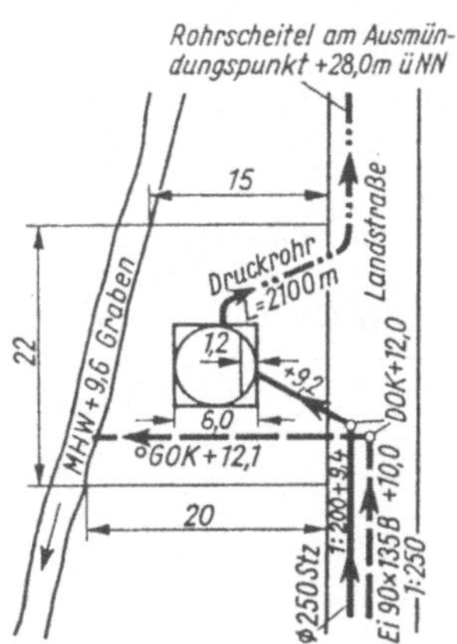

229.1 Lageplan einer Pumpstation

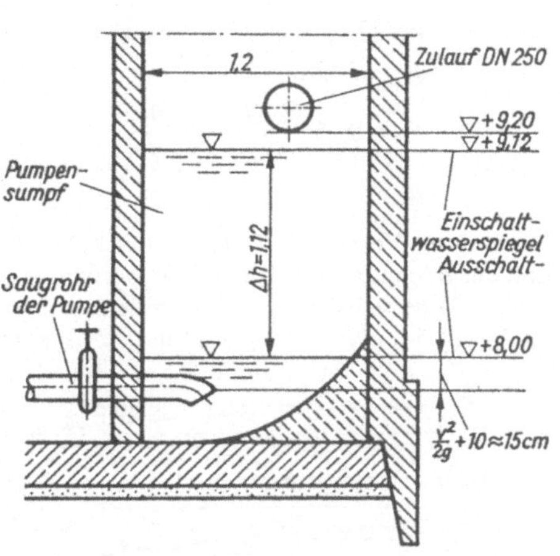

229.2 Längsschnitt durch den Pumpensumpf

Wassermengen

$$\max Q_z = Q_{14} = \frac{8000 \cdot 160}{14 \cdot 3600} = 25{,}4 \text{ l/s} \quad \text{und nachts} \quad Q_z = Q_{36} = \frac{8000 \cdot 160}{36 \cdot 3600} = 9{,}9 \text{ l/s}$$

Zahl der Pumpen

Gewählt: 2 Pumpen mit je $Q_{p1,2}$ = 30 l/s = 108 m³/h und 1 Pumpe mit Q_{p3} = 15 l/s = 54 m³/h

Pumpensumpfgröße für $Q_{p1,2}$ = 30 l/s und max i = 6 1/h

$$\text{erf. } V = \frac{0{,}9 \cdot 30}{6} = 4{,}5 \text{ m}^3$$

Grundfläche = Kreisabschnitt des Senkbrunnens mit d = 6 m, Pfeilhöhe 0,4 r = 1,2 m; entspricht nach Tafel **73**.1 der Füllhöhe von 20%.

$$\text{Grundfläche } A = 0{,}447\, r^2 = 0{,}447 \cdot 3^2 = 4{,}0 \text{ m}^2$$

$$\Delta h = \frac{4{,}5}{4{,}0} = 1{,}12 \text{ m} = \text{Wasserspiegeldifferenz im Pumpensumpf}$$

Druckrohr

Gewählt: $v = 1{,}0 \frac{\text{m}}{\text{s}}$ $\quad A = \frac{0{,}03}{1{,}0} = 0{,}03 \text{ m}^2$ $\quad d = 1{,}13 \sqrt{0{,}03} = 0{,}196 \text{ m}$

Gewählt: $d = 0{,}2$ m mit $A = 0{,}0314$ m² vorh $v = \frac{Q_{p1}}{A} = \frac{0{,}030}{0{,}0314} = 0{,}96$ m/s

bei Q_{p3}: vorh $v = \frac{Q_{p3}}{A} = \frac{0{,}015}{0{,}0314} = 0{,}48$ m/s

Diese Geschwindigkeit ist nicht ausreichend. Bei $v \leqq 0{,}6$ m/s besteht die Gefahr der Schmutzstoffablagerung im Druckrohr. Man kann aber annehmen, daß beim Tagesbetrieb mit $v = 0{,}96$ m/s Ablagerungen wieder aufgenommen und weitertransportiert werden. Zur Spülung kann man die Pumpen 1 und 2 parallel laufen lassen.

Manometrische Förderhöhe h_D

bei $Q_{p1,2}$

$$H_{geo} = 28{,}0 - 8{,}0 = 20{,}0 \text{ m}$$

$$h_r = 0{,}03 \frac{2100}{0{,}2} \cdot \frac{0{,}96^2}{2 \cdot 9{,}81} = 14{,}8 \text{ m}$$

$$h_D = 34{,}8 \text{ m}$$

bei Q_{p3}

$$H_{geo} = 20{,}0 \text{ m}$$

$$h_r = 0{,}03 \frac{2100}{0{,}2} \cdot \frac{0{,}48^2}{2 \cdot 9{,}81} = 3{,}7 \text{ m}$$

$$h_D = 23{,}7 \text{ m}$$

Nach dieser Vorberechnung muß mit Hilfe der Pumpenkennlinien (**230**.1) der Pumpentyp gewählt und die Rechnung ggf. wiederholt werden. Es würde sich für $Q_{p1,2}$ der Pumpentyp A mit $Q_p = 115$ m³/h = 32 l/s > 108 m³/h und $h_D = 38$ m > 34,8 m eignen. Für Q_{p3} käme Typ C mit $Q_p = 71$ m³/h = 19,7 l/s > 54 m³/h und $h_D = 27$ m > 23,7 m in Frage.

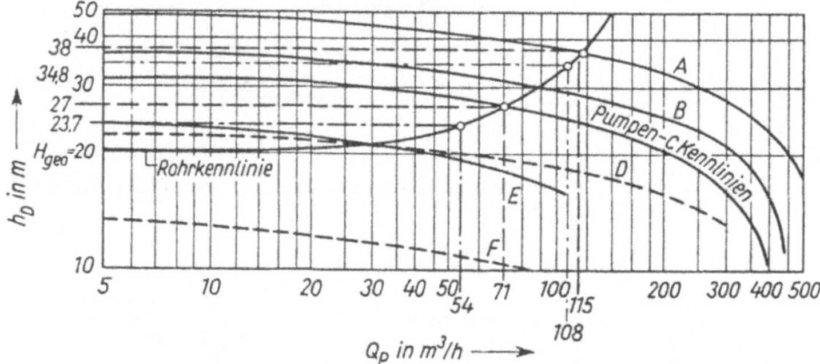

230.1 Ausschnitt aus einem Diagramm von Pumpenkennlinien

Wenn man nicht die volle Rohrkennlinie zeichnen will, genügt es, einen Punkt vor und einen hinter dem Schnittpunkt mit der Pumpenkennlinie zu berechnen und zu verbinden (eingabeln).

Motorleistung. (Kanalradpumpe mit vertikaler Welle und direkter Kupplung, einschließlich 20% Leistungszuschlag.) Gl. (228.1)

$$P_{1,2} = \frac{\varrho \cdot g \cdot Q_p \cdot h_D}{1000\, \eta_p \cdot \eta_M} \cdot 1{,}2 = \frac{1000 \cdot 9{,}81 \cdot 0{,}032 \cdot 38}{1000 \cdot 0{,}85 \cdot 0{,}7} \cdot 1{,}2 = 24{,}1 \text{ kW}$$

$$P_3 = \qquad = \frac{1000 \cdot 9{,}81 \cdot 0{,}0197 \cdot 27}{1000 \cdot 0{,}85 \cdot 0{,}7} \cdot 1{,}2 = 10{,}5 \text{ kW}$$

Wegen der eingesetzten η-Werte nur überschläglich.

Vorhandenes Schaltspiel

$$V + Q_z \cdot t_p = Q_p \cdot t_p \tag{230.1}$$

Inhalt des Pumpensumpfes und die über die Pumpzeit t_p zufließende Wassermenge Q_z muß der während der Pumpzeit t_p geförderten Wassermenge Q_p entsprechen.

bei $Q_z = Q_{14}$ bei $Q_z = Q_{36}$

$t_{p1.2}$ = Pumpzeit während einer Schaltung in s für Pumpe 1 oder 2

$$t_{p1.2} = \frac{V}{Q_p - Q_{14}} = \frac{4500}{32 - 25{,}4} \qquad t_{p3} = \frac{4500}{19{,}7 - 9{,}6} = 446 \text{ s} = 7{,}4 \text{ min}$$

$$= 682 \text{ s} = 11{,}4 \text{ min}$$

$$V = Q_{14} \cdot t_{Pause}; \quad t_{Pause} = \text{Dauer der Pumppause in s} \tag{231.1}$$

$$t_{Pause} = \frac{V}{Q_{14}} = \frac{4500}{25{,}4} = 177 \text{ s} = 2{,}95 \text{ min} \qquad t_{Pause} = \frac{V}{Q_{36}} = \frac{4500}{9{,}9} = 455 \text{ s} = 7{,}6 \text{ min}$$

$$t_s = t_{p1.2} + t_{Pause} = 11{,}4 + 2{,}95 = 14{,}35 \text{ min} \qquad t_s = t_{p3} + t_{Pause} = 7{,}4 + 7{,}6 = 15{,}0 \text{ min}$$

t_s = Dauer zwischen 2 Einschaltungen = Schaltzeit

$$i = \frac{60}{14{,}35} = 4{,}2 \text{ 1/h} < 6 \text{ 1/h} \qquad i = \frac{60}{15{,}0} = 4{,}0 \text{ 1/h} < 6 \text{ 1/h}$$

Die Berechnung der Pump- und Pausenzeiten spielen bei Stationen, die in ein gemeinsames Druckrohr fördern eine besondere Rolle. Die Zeitperioden werden dann wechselseitig zur Förderung ausgenutzt.

3.3.5.6 Abwasserdruckrohrleitungen (232.1)

Bei der Wahl der Rohrleitungstrasse wird es nur selten möglich sein, die kürzeste Verbindung zwischen Pumpstation und Ausmündungsschacht zu wählen. Die Nutzung des Geländes zwingt zur Anlehnung an Straßen, Wasserläufe, Flurgrenzen usw. Die Trasse sollte außerhalb der Straßenkörper liegen, notwendigenfalls im Gehweg. Fremde Geländestreifen sind durch eine Grunddienstbarkeit zu sichern. Spätere Verwendung des Geländes ist zu prüfen, weil sonst ggf. Umlegungen erforderlich werden. Überbauung der Druckleitung ist nicht erlaubt. Wenn Kreuzungen mit Verkehrswegen unvermeidlich sind, empfiehlt es sich, die Bundesbahn-Vorschrift über Kreuzungen von Wasserleitungen mit Bundesbahngelände (DVGW-Regelwerk [17]) bzw. örtl. Straßenbauvorschriften anzuwenden. Schutzrohre mit entsprechendem Differenzquerschnitt und beiderseitigen Kontrollschächten sind erforderlich. Die Punkte horizontaler Richtungsänderung sind bei nicht zugfesten Rohrverbindungen durch Widerlager gegen Verschieben zu sichern.

Beim Entwurf der Druckleitungen im Längsschnitt sollte eine von der Pumpstation zum Auslauf steigende Höhenlage angestrebt werden. In Abständen von 200 bis 300 m sollen Reinigungsschächte vorgesehen werden. Unvermeidliche Hochpunkte erhalten Entlüftungsvorrichtungen, welche kurz hinter dem Hochpunkt angelegt werden. Tiefpunkte erhalten Entleerungsvorrichtungen, welche durch eine Vorflut oder ein Sammelbecken ergänzt werden können. Eine innere Frostgefahr besteht für Abwasserdruckrohre bei großen Pumppausen. Da auch Grund- und Sickerwasser außen gefrieren und damit das Rohr zerstören können, ist es notwendig, die frostfreie Verlegung anzustreben, d. h. $\geqq$ 1,5 m Rohrüberdeckung. Zu große Überdeckungshöhen, $\geqq$ 3,0 m, erschweren notwendige Instandsetzungsarbeiten.

Am Ende des Druckrohres ist ein Auslaufbauwerk vorzusehen. Es ist grundsätzlich mit überschüssiger Druckenergie an der Druckrohrmündung zu rechnen. Diese ist un-

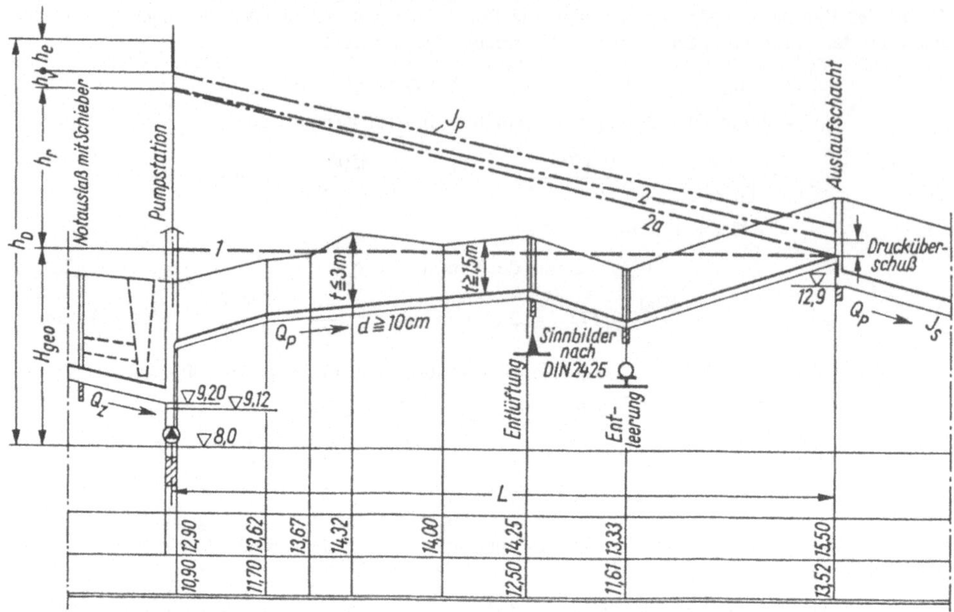

232.1 Längsschnitt einer Druckrohrleitung

1 hydrostatische Drucklinie
2 tatsächliche hydrodynamische Drucklinie
*2*a gerechnete hydrostatische Drucklinie
h_v Geschwindigkeitshöhe = $v^2/2g$
h_e Eintrittsverluste (durch Armaturen in der Pumpstation) = $\lambda \cdot v^2/2g$
h_D, H_{geo}, h_r s. Abschn. 3.3.5.4

schädlich zu machen. Bei kleinen Wassermengen genügt ein horizontaler Auslauf mit anschließender Übergangsstrecke oder eine vertikale Abkrümmung des Rohres, bei größeren ist ein Tosbecken erforderlich. Die Art des Auslaufbauwerkes hängt von der weiteren Vorflut des Abwassers ab. Bei anschließenden Gefälleleitungen wählt man einen (evtl. vergrößerten) Schacht; vor Kläranlagen und kleineren Wasserläufen mündet man in einem Tosbecken mit Vorflut zu den offenen Gerinnen bzw. zum Wasserlauf aus; bei größeren Gewässern geschieht die Einleitung direkt, jedoch mit überdeckendem Wasserpolster und Sicherung der Einleitungsstelle (Strömung).

Bei der Auswahl des Rohrmaterials ist die Beanspruchung zu berücksichtigen. Die normalen Betriebsdrücke in den Abwasserdruckrohren sind meist so gering, daß der Nenndruck des verwendeten Rohres ≧ 10 bar nicht ausgenutzt wird. Kritisch sind Druckstöße, die beim Ausschalten der Pumpen durch das Zurückfallen der Wassersäule auftreten können. Diese werden durch Abreißen des Wasserkörpers an Hochpunkten infolge entstandener Lufteinschlüsse gefördert. Es treten zunächst Unterdrücke auf, denen Druckstöße im unteren Ende des Rohres folgen. Diese können mehrfach so hoch wie die hydrostatische Druckhöhe sein. Man sollte dies bei der Nenndruck-Auswahl für die Rohre beachten. Diese Drücke sind auch von den Widerlagern der Rohrkrümmungen und den Festflanschen der Rohreinführung in der Pumpstation aufzunehmen.

Die äußeren Kräfte entstehen durch Erddruck und Verkehrslast (vgl. Abschn. 2.8). Hier kann die Verkehrslast bei flach verlegten Rohren große Spannungen hervorrufen. Die Rohre sind ggf. zusätzlich zu sichern. Der Erddruck wird i. allg. aufnehmbar sein. Biegezugspannungen und Längskräfte können durch Rohrdehnungsstücke in ihrer Wirkung verringert werden.

Der Werkstoff der Rohre hängt von Durchmesser, Länge, Verlegebedingungen, Druckhöhen, Pumpenart, der chemischen Angriffsfähigkeit des Abwassers u. a. ab. Zur Auswahl stehen Gußeisen, duktiles Gußeisen, Stahl, Schleuderbeton, Stahlbeton, Asbestzement und Kunststoff-Rohre (Tafel **233**.1).

Tafel **233**.1 Werkstoffe und Verbindungen von Druckrohren der Abwassertechnik

Werkstoffe	Verbindungen	
Stahlrohre nach DIN 1626 für schmelzgeschweißte Rohre und nach DIN 1629 für nahtlose Rohre	Schweißverbindungen: Stumpfschweißung Einsteckschweißmuffe Kugelschweißmuffe Überschiebschweißmuffe	Gummigedichtete Verbindungen: Schraubmuffe Sigurmuffe Stemmverbindung: Stemm-Muffe Flanschverbindung
Gußeiserne Druckrohre nach DIN 28550	Muffenverbindungen: Schraubmuffe (DN 40 bis 600) Stopfbuchsenmuffe (DN 500 bis 1200)	
Druckrohre aus duktilem Guß nach DIN 28600	Flanschverbindung	Muffenverbindungen: Schraubmuffe Stopfbuchsenmuffe Steckmuffe (TYTON)
Stahlbeton- und Spannbetondruckrohre nach DIN 4035	Falz oder Glockenmuffe mit Gleitring- oder Rollringdichtung ohne Muffe für Vortriebsverfahren	
Asbestzementdruckrohre nach DIN 19800	Asbestzement-Kupplung Asbestzement-Langkupplung Gibault-Kupplung Flansch-Kupplung	
Polyäthylen-(PE)hart-Rohre nach DIN 8074/75	Schweißverbindungen: Heizelementstumpfschweißung Muffenschweißen mit Elektroschweißfittings Muffenschweißen mit Heizelement Extrusionsschweißung Schraubverbindungen mittels Vorschweißbund und Losflansch	

Stahl- und auch Gußrohre müssen innen durch Bitumen, Steinkohlenteerpech, Epoxyharze oder Zement; außen durch Wicklungen von Glasvliesbahnen mit Teerpech oder Bitumen und Kathodenschutz gegen chemische Angriffe gesichert werden. Beton und Asbestzement erhalten erforderlichenfalls gleiche Anstriche. Polyäthylen ist durch Chlor-Kohlenwasserstoffe, Benzin, Mineralöle, Äther u. a. gefährdet (Tafel **146**.1).

Druckstöße. Beim plötzlichen Absperren oder Drosseln des Wasserstromes, aber auch beim Abstellen einer fördernden Pumpe können, insbesondere bei langen Rohrleitungen, Wasserschläge (plötzliche, starke Drucksteigerungen) auftreten, die für die Armaturen, für die Rohrleitung und die Pumpe selbst gefährlich werden können.

Die in einer Rohrleitung fließende Wassermasse besitzt eine Geschwindigkeitsenergie. Diese kann nicht vernichtet, sondern nur in Arbeitsleistung umgewandelt werden. Beim plötzlichen Abbremsen der bewegten Wassermassen wird sie in Druckenergie verwandelt, die bis zum Bruch führen kann. Die Größe der Drucksteigerung hängt von der Zeit ab, in welcher Dehnarbeit zu leisten ist, und von der Dehnfähigkeit des Materials. Je elastischer das Material, desto geringer die Drucksteigerung.

Wasserschläge beim Drosseln oder Sperren können durch langsames Schließen des Absperrorganes verhindert werden.

Beim Abstellen einer Pumpe hört ihre Förderung sofort auf, weil der Förderdruck quadratisch mit der Drehzahl zurückgeht und die Drehzahl der rotierenden Teile von Pumpe und Motor mangels Schwungmasse rasch abnimmt. Die in der Saug- und Druckleitung in Bewegung befindliche Wassermasse wird durch den an der Auslaufstelle vorhandenen Gegendruck, den statischen Gegendruck und Rohrwiderstand abgebremst. Je kleiner diese Gegenkräfte sind, um so länger dauert die Bremsung.

Bei langen Druckleitungen mit großer Wassersäule wird diese nicht gleichzeitig mit dem Aufhören der Pumpenförderung zum Stillstand kommen. Die bewegten Massen saugen Wasser durch die Pumpe und die Saugleitung nach, und es kann sich in der Druckleitung ein Unterdruck bilden, der zum Abreißen der Wassersäule führt. In der Druckleitung treten Druckschwingungen auf. Nach dem Stillstand der Massen bricht das Vakuum zusammen, und es entsteht ein starker Schlag durch die plötzliche Druckerhöhung und die zurückfallende Wassersäule.

Druckschwingungen können auch entstehen, wenn von mehreren laufenden Pumpen eine abgeschaltet wird.

Wasserschläge und -schwingungen können auch durch nicht geeignete Rückschlagklappen oder Rückschlagventile verursacht werden. Wenn diese nicht gleichzeitig mit dem Stillstand der Druckwassersäule schließen, fließt aus der Druckleitung Wasser in den Brunnen zurück. Dabei wird dann das Ventil oder die Klappe zugerissen, und es entsteht ein kräftiger Schlag, verbunden mit länger anhaltenden Schwingungen. Zur Vermeidung solcher Schläge sind bezüglich ihres Querschnittes reichlich bemessene Ventile zu verwenden. Rückschlagventile oder Klappen sollen möglichst federbelastet sein. Die praktisch masselose Gegenkraft der Feder bewirkt ein rechtzeitiges Schließen.

Zur Vermeidung von Wasserschlägen beim Abstellen von Pumpen gibt es mehrere Möglichkeiten:

1. Drosseln der Fördermenge vor dem Abstellen der Pumpe so weit, daß nur noch eine geringe Fließgeschwindigkeit herrscht.

Die Drosselung der Fördermenge kann auch mittels Elektroventilen vorgenommen werden. Diese schließen dann, bevor die Pumpe abschaltet. Wenn für die Schließzeit das 20- bis 40fache der Reflexionszeit μ der Druckwelle gewählt wird, entsteht in der Regel kein Wasserschlag.

2. Wenn ein Abreißen der Wassersäule beim Abstellen der Pumpe zu erwarten ist, empfiehlt sich der Einbau eines möglichst federbelasteten Rückschlagventiles mit Umführungsleitung knapp oberhalb der Stelle, an welcher das Abreißen der Wassersäule zu erwarten ist. Auch Gegengewichte und Hydraulikdämpfer sind möglich.

3. Anordnung eines Windkessels nahe der Pumpe und dessen Verbindung mit der Druckleitung durch eine Stichleitung. Die Größe des Kessels muß berechnet werden.

4. Einbau von schweren Massen (Schwungrädern) zwischen Motor und Pumpe, die ein langsames Auslaufen der Pumpe bewirken.

Druckstoßberechnung (überschläglich): Die Zeit für die Fortbewegung der Druckwelle von der Pumpe zum Druckleitungsende und zurück bezeichnet man als Reflexionszeit μ

$$\mu = \frac{2 \cdot l}{a} \qquad \mathrm{s} = \frac{\mathrm{m} \cdot \mathrm{s}}{\mathrm{m}}$$

l = Länge der Rohrleitung in m
a = Geschwindigkeit der Druckwelle (Schallgeschwindigkeit) in m/s. Sie ist abhängig vom Rohrdurchmesser, der Wandstärke, der Dichte der Förderflüssigkeit und dem E-Modul der Rohre.
1200 bis 1300 m/s bei Stahlrohren
1000 bis 1200 m/s bei Gußeisenrohren
300 bis 400 m/s bei PVC-Rohren
200 bis 300 m/s bei PE-Rohren

Die Größe eines Wasserschlages ist abhängig vom Betriebspunkt der Pumpe und vom Rohrleitungssystem. Den theoretischen Höchstwert für den Wasserschlag kann man nach folgender Formel berechnen:

$$\Delta p = \varrho \cdot a \cdot \Delta v;$$

mit $\Delta p = \max H$, $\varrho = \frac{1}{g}$, $\Delta v = v - 0 = v$ ergibt sich

$$\max H = \frac{a \cdot v}{g} \qquad \mathrm{m} = \frac{\mathrm{m} \cdot \mathrm{m} \cdot \mathrm{s}^2}{\mathrm{s} \cdot \mathrm{s} \cdot \mathrm{m}}$$

v = Fließgeschwindigkeit im Druckrohr in m/s
g = Normalfallbeschleunigung = 9,81 m/s²

Um die Druckstoßgefahr abschätzen zu können, sollte man folgende Fragen prüfen:

1. Ist die nach Formel $\max H = \frac{a \cdot v}{g}$ ermittelte Wasserschlaghöhe größer als die manometrische Förderhöhe der Pumpe im Betriebspunkt oder größer als der maximal zulässige Rohrleitungsdruck?
2. Schließt irgendein Ventil in der Rohrleitung in kürzerer Zeit als der Reflexionszeit μ?
3. Verläuft die Rohrleitung über ausgeprägte Hochpunkte?

Falls einer dieser Punkte zutrifft, sollte man Vorkehrungen gegen Druckstöße treffen.

4. Man kann auch einen Faktor $K = l \cdot v/\sqrt{h_D}$ ermitteln. Bei $K > 70$ wird eine Druckstoßberechnung empfohlen.

3.3.5.7 Ausführungsbeispiele größerer Abwasserpumpwerke

Abwasserpumpwerk Gladbeck-Hahnenbach (**236**.1). Dieses Pumpwerk ist eine der vielen Anlagen der Emschergenossenschaft im Ruhrgebiet und steht im Tiefpunkt eines Senkungsgebietes. Die Antriebsmotore liegen hochwasserfrei, die Zwischenwellen sind ≈ 12 m lang.

Die Pumpen haben folgende Leistungen:

Nr.	Pumpe		Motor		
	Q_p l/s	h_D m	kW	Volt	n U/min
1	500	12	105	380	730
2	500	12	105	380	730
3	1000	16	245	5000	580
4	2000	16	445	5000	485
5	2000	16	445	5000	485
6	2000	16	445	5000	485

Mischwasserpumpwerk Lübeck-Burgtor (**236**.2). Es ist ein Rundbau. Der Einlaufkanal mündet in den Pumpensumpf, der den Pumpenkeller im Halbkreis umschließt. Trommelrechen mit Unterwasserzerkleinerung und hochfahrbaren Gittertafeln sind vorgeschaltet. Am Ende des Pumpensumpfes sind für den Wasseranfall bei Starkregen drei Propellerpumpen aufgestellt. Der Trockenwetterzufluß wird von Kanal- und Schraubenradpumpen gefördert, die im Pumpenkeller stehen und wasserstandsabhängig mit einer Maelger-Druckschaltung gesteuert werden. Die runde Bauform fordert eine radiale Vereinigung der Druckstutzen. Die Hauptdruckleitung verläßt hinter einem Sammelbehälter in Form von drei Leitungen (DN 600) das Pumpwerk.

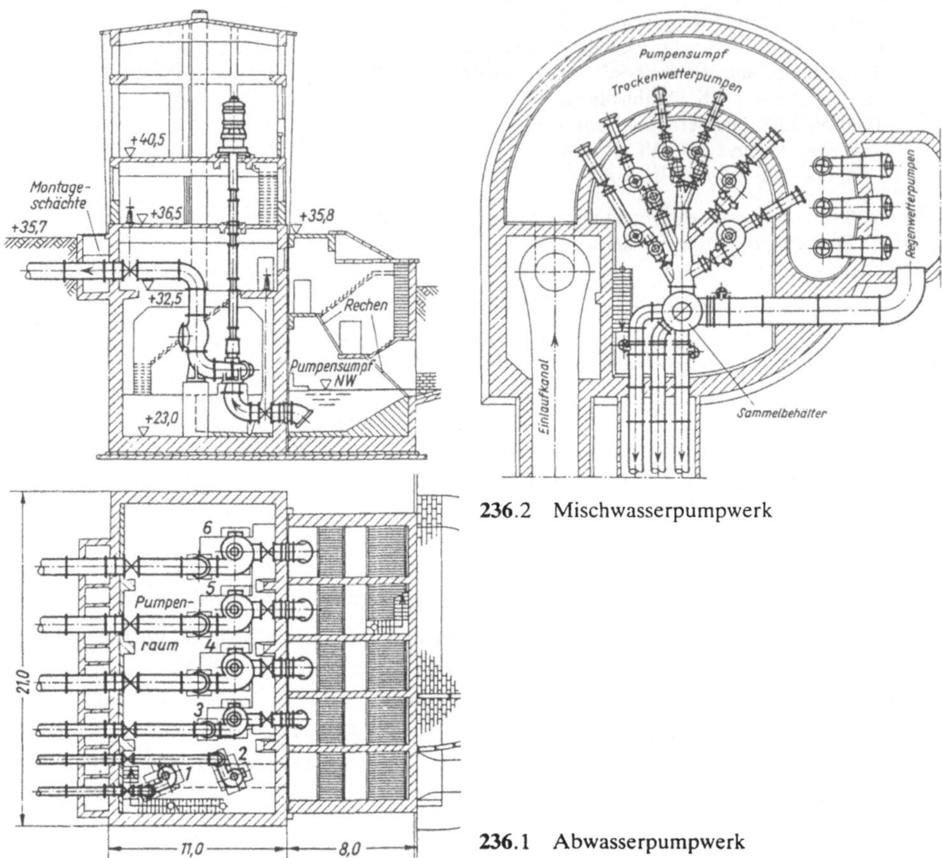

236.2 Mischwasserpumpwerk

236.1 Abwasserpumpwerk

Mischwasserpumpwerk Hamburg-Hafenstraße (237.1). Das Abwasser wird diesem Pumpwerk aus drei Stadtteilen zugeleitet. Grobe Schwimmstoffe hält eine Rechenanlage zurück; das übrige Rechengut wird unter Wasser zerkleinert und durchströmt die Pumpen. In Sandfängen wird der mitgeführte Sand ausgeschieden, um die Pumpen vor Abrieb zu schützen. Das Abwasser wird aus dem Pumpensumpf über Druckausgleichs-Entlüftungsturm, Druckrohrleitung und Elbdüker zum Klärwerk Köhlbrandhöft gefördert. Bei Trockenwetter fallen 350000 m^3/d Abwasser an.

3.3.5.8 Pneumatische Abwasserförderung

Technik des Verfahrens. Bei der pneumatischen Abwasserförderung wird das Abwasser von der Druckluft pfropfenförmig durch die Transportleitung geschoben.

Über einen Vorschacht fließt das Abwasser einem Kessel (Arbeitsbehälter) zu. Hat sich dieser gefüllt, schaltet sich ein Kompressor ein und die Zuleitung wird geschlossen. Sobald Druckausgleich mit der Druckleitung erreicht ist, öffnet sich das druckseitige Rückschlagventil und der Behälterinhalt wird in die Druckleitung gedrückt. Dabei ergibt sich eine Vermischung des Abwassers mit Druckluft, was zu einer ständigen Sauerstoffabgabe an das Abwasser und zur Verhinderung des Anfaulens führt. Es bilden sich Luftblasen, die sich nach Abschalten des Kompressors allmählich entspannen. Die

Blasenbildung wird von der Anzahl der Hoch- und Tiefpunkte beeinflußt. Am Druckrohrauslauf entsteht ein gleichmäßiger Ausfluß, der noch längere Zeit nach dem Abschalten anhält. Die Säuberung der Druckleitung kann durch Nachblasen (Freiblasen nur mit Druckluft) erreicht werden.

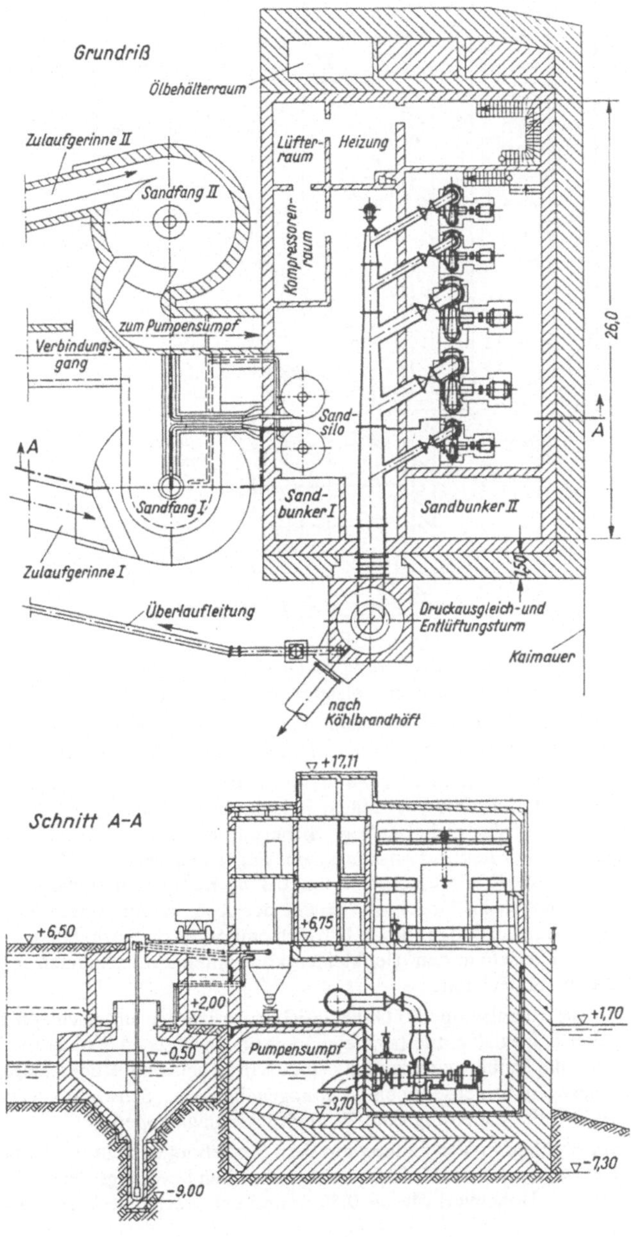

237.1
Mischwasserpumpwerk

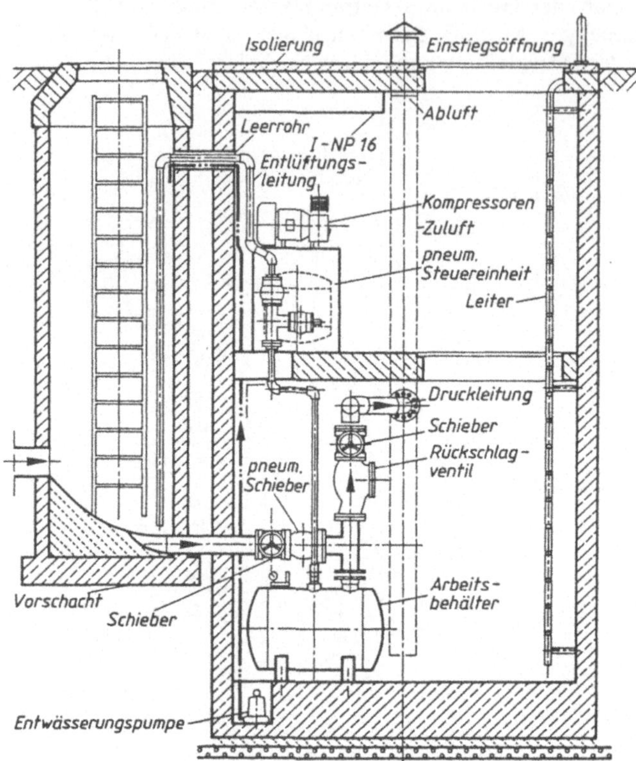

238.1
Schnitt durch eine Pneumatische Abwasserhebeanlage

Die pneumatische Förderung bietet sich an, wenn das Abwasser frischgehalten werden muß, um Korrosionen und Geruchsbelästigungen zu vermeiden.

Aus wirtschaftlichen und technischen Gründen kommt sie für Zuflüsse bis etwa 80 l/s in Betracht. Die bisher größte Förderhöhe ist 115 m, die größte Druckleitungslänge 12 km.

Der bauliche Teil kostet etwa soviel wie der bei Kreiselpumpen in Trockenaufstellung. Der maschinelle Teil und die Steuerung ist jedoch teurer. Entlüftungen, Entleerungen, Revisions- und Spülschächte werden nicht benötigt. Sicherungsmaßnahmen gegen Druckstöße entfallen. Ein Wirkungsgrad wie bei Laufrädern kann nicht angegeben werden. Der Vergleich über Kennlinien ist nicht möglich, da Kompressoren volumetrische Kennlinien aufweisen, Kreiselpumpen zentrifugale. Bei Verengungen im Druckrohr drückt der Kompressor weiter, bis sich ein Sicherheitsventil öffnet. Vergleichsrechnungen über Jahresstromkosten bei vorhandenen Anlagen ergaben höhere Kosten als bei Kreiselpumpen. Bei kleinen konstanten Fördermengen sind die Stromkosten mit Freistromrädern vergleichbar.

Für die zulaufseitige Rückschlagsicherung werden unterschiedliche Lösungen gewählt: zwangsgesteuerte Spezialventile (-schieber) mit pneumatischen Schiebern, da bei hydraulischen oder elektrischen die Schließzeiten zu lang sind, schräg versetzte Rückschlagklappen, deren einwandfreie Wirkungsweise firmenseitig bis 4 bar angegeben wird; Schwimmkugelventile in einem senkrecht geführten Teil der Zuleitung oder Winkelrückschlagklappen.

Ein Problem in Verbindung mit dem Schließorgan stellt die Höhenanordnung der Arbeitsbehälter dar. Meist wird der Zufluß in diese von oben bevorzugt. Selbst bei kleineren Nennweiten bedeutet das aber Höhenverluste bis 0,80 m und entsprechende Mehrkosten des baulichen Teils.

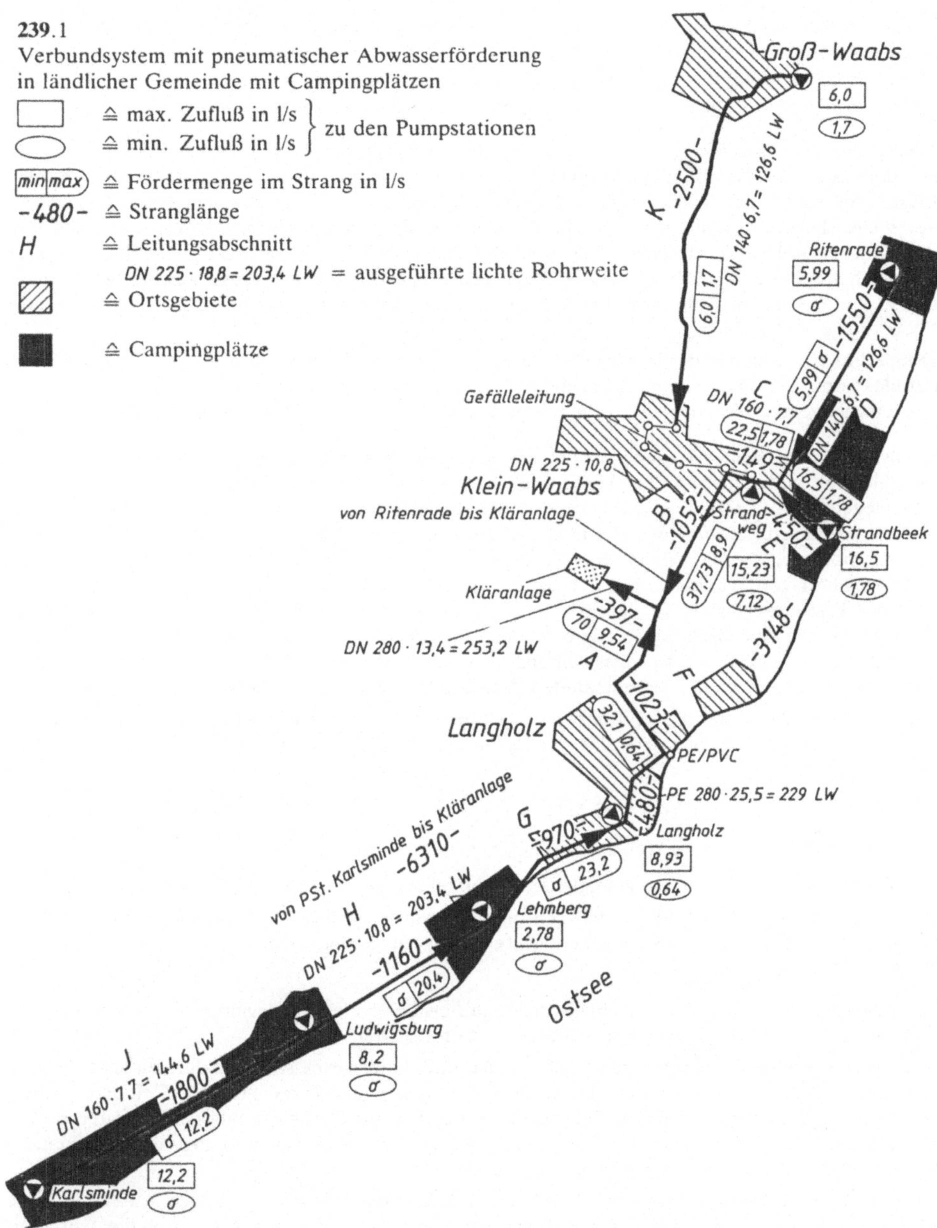

239.1 Verbundsystem mit pneumatischer Abwasserförderung in ländlicher Gemeinde mit Campingplätzen

Aus betrieblichen Gründen werden zwei bis drei Arbeitsbehälter benötigt, die wechselweise gefüllt werden. Gebräuchliche Inhalte 50 l bis 2000 l.

Das Druckrohr wird senkrecht nach oben aus dem Behälter geführt. Es beginnt 0,10 bis 0,15 m über dessen Sohle, so daß darunter ein Absetzraum bzw. Geröllfang für Steine und gröbere Abfallstoffe entsteht. An den Behältern sind Revisionsöffnungen zur Reinigung vorzusehen.

Pneumatische Pumpwerke werden mit ein bis drei Kompressoren betrieben, die entsprechend dem wechselnden Abwasserzufluß eingesetzt werden. Die Kompressorengröße ist so zu wählen, daß im Teillastbereich gefahren wird, da dann die Energiekosten geringer sind.

Als druckseitige Rückschlagsicherung kommen häufig Kugelventile zum Einsatz.

Berechnung von Druckleitung und Pumpwerk. Herkömmliche Berechnungsmethoden können wegen der systemspezifischen Eigenarten nicht angewendet werden. Da die Hochpunkte nicht entlüftet werden, sind in der Druckleitung Lufteinschlüsse vorhanden, die sich bei der Förderung laufend verändern. Dieser Vorgang wird beeinflußt von den Längen der Druckrohr-Abschnitte, vom Rohrdurchmesser und der Fördergeschwindigkeit. Bei Verbundsystemen (**239**.1) geht die Anzahl der zeitgleich arbeitenden Pumpwerke in die Rechnung ein, da keine gegenseitige Verriegelung stattfindet. Der maximale und minimale Abwasseranfall und dazwischen liegende Mengen werden bei der Berechnung berücksichtigt.

Durch die große Anzahl der komplexen, teilweise iterativen, Berechnungsvorgänge ist der Einsatz der elektronischen Datenverarbeitung sinnvoll. Hierfür wurden Programme entwickelt. Es werden die Energiekosten, die Antriebsleistungen und der günstigste Rohrdurchmesser ermittelt.

Fließverhältnisse beim Wassertransport mit Lufteinschlüssen. Größere Lufteinschlüsse in der Druckleitung bilden sich in den Abschnitten hinter den Hochpunkten. In diesen Bereichen liegt Freispiegelabfluß (Teilfüllung) vor. Bei stationär gleichförmigem Fließvorgang verläuft die Drucklinie hier parallel zur Rohrachse. Die Druckverluste sind wegen des verminderten Fließquerschnitts und des höheren v größer als in einer Leitung ohne Lufteinschlüsse. Da hier häufig schießendes Fließverhalten vorliegt, entsteht am Ende der Luftblase ein unvollständiger Wechselsprung mit weiteren Energieverlusten. In den mit Steigung verlaufenden Strecken wird je nach Größe der Förderintervalle eine Blasenströmung entstehen. Die Reibungsverluste einer Zweiphasenströmung sind höher als die einer Flüssigkeitsströmung mit einer homogenen Masse. Dies kann jedoch unberücksichtigt bleiben, da der Volumenanteil des Gases gegenüber der Flüssigkeit gering ist.

Die Luftzufuhr beim normalen Förderbetrieb ist begrenzt. Der Weitertransport der Luftblasen, die Selbstentlüftung der Leitung, tritt ab einer bestimmten Fließgeschwindigkeit auf. Als untere Grenzgeschwindigkeit gilt

$$v = \sqrt{g \cdot d}\,(0{,}825 + 0{,}25\,\sqrt{J})$$

$J \triangleq$ Leitungsgefälle, nur bei kleinem J

Die hiernach errechneten Geschwindigkeiten liegen relativ hoch, z. B.: DN 100, $J = 0 \rightarrow v = 0{,}82$ m/s.

Bei der Dimensionierung sind sie meist geringer. Es wurden jedoch schon bei DN 200 und $v = 0{,}3$ bis 0,4 m/s größere Lufttransporte beobachtet. Ist v zu gering, erfolgt der Luftaustausch beim Nachblasvorgang.

Nachblasvorgang. Durch den Nachblasvorgang mit erhöhter Fließgeschwindigkeit wird verhindert, daß das Abwasser anfault oder sich Ablagerungen festsetzen.

Die Geschwindigkeitszunahme ergibt sich daraus, daß die eingespeiste Druckluft zunächst Wasser in den Übergabeschacht verdrängt. Damit wird die Wassersäule kürzer, und die Reibungsverluste geringer. Mit geringer werdendem Gegendruck expandiert die Druckluft und schiebt weiteres Wasser zum Auslauf, bis die maximale Geschwindigkeit erreicht ist. Über die Länge der Nachblaszeit kann die günstigste Fließgeschwindigkeit bestimmt werden.

Sind in der Druckleitung Tiefpunkte, so läuft während des Nachblasvorganges Wasser in diese zurück. Es kommt zu gegenläufigen Strömungen von Druckluft und Wasser, was die Durchmischung fördert und Ablagerungen verhindert.

Rohrleitungen oder Teilstücke davon, die nur teilweise mit Abwasser gefüllt sind, erfahren ebenfalls Druckaufbau und Zunahme der Fließgeschwindigkeit, weil die Luftströmung zu Wellenbildung führt. Die dadurch verursachte Querschnittsänderung ergibt nach kurzer Zeit Vollfüllung des Rohres, d.h. Bildung eines Pfropfens.

3.3.5.9 Entwässerungssysteme im Druck- oder Saugverfahren

Druckentwässerung. Sie besteht aus einem Druckrohrnetz, möglichst in Ringanordnung mit Anschluß-Druckrohrleitungen und Schmutzwasserförderanlagen für jeden Anschlußnehmer (**241**.1). Die Regenwasserableitung muß in konventioneller Bauweise erstellt werden oder entfällt. Ablagerungen werden durch automatische Spülstationen beseitigt. Als Förderaggregate werden pneumatische (Druckluftheber = Hochdruckentwässerung) oder hydraulische (Tauchmotor-Pumpen = Niederdruckentwässerung wegen der geringeren erreichbaren Förderdrücke) eingesetzt. Eine gleichzeitige Verwendung beider Aggregatgruppen in einem System ist nur nach Angleichung der Fördercharakteristiken möglich.

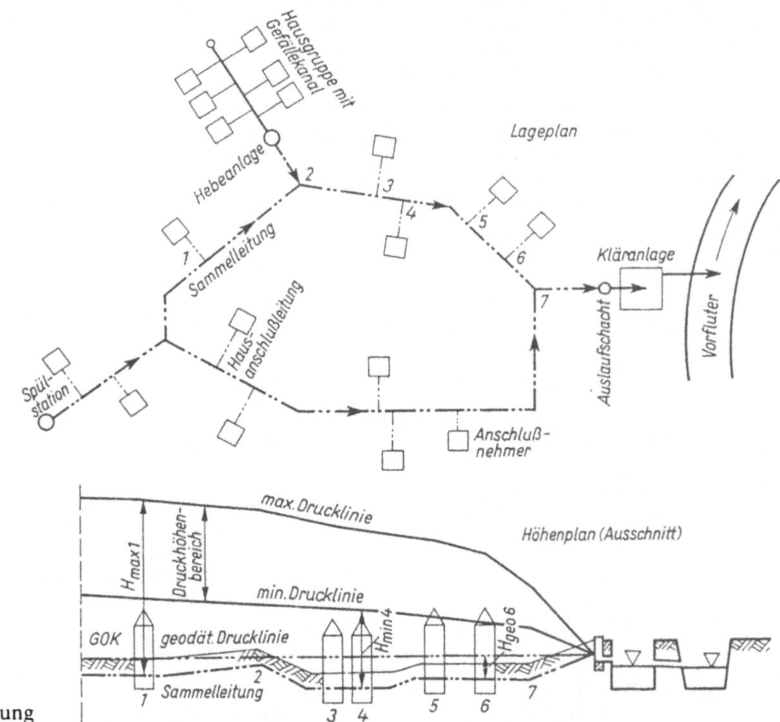

241.1 Systemplan für Druckentwässerung

Die Druckentwässerung wird im wesentlichen aus wirtschaftlichen Gründen angewandt. Folgende örtliche Bauverhältnisse begünstigen ihren Einsatz:

1. Weitläufige Bebauung (Streusiedlung oder Wohnblocks in großem Abstand);
2. Fehlendes Geländegefälle (Gefälleleitungen würden sehr große Tiefen erreichen, z. B. Siedlungen in der Marsch);
3. Ungünstiger Baugrund (flach verlegte Druckrohre erfordern keine Gründung oder Bodenaustausch);
4. Hoher Grundwasserstand (entscheidende Kostenfrage, meist kann die Grundwasserhaltung bei flachen Druckrohren vermieden werden);
5. Bebauung in Tiefgebieten (Teilgebiete einer Ortsentwässerung werden an das hochliegende Hauptgebiet angeschlossen);

6. Vorteile bei der Baudurchführung (größere Schnelligkeit beim Leitungsbau, geringere Verkehrsbehinderung, schmale Rohrgräben, Durchpressung der Hausanschlüsse);

7. Kein Fremdwasser.

Die Nachteile liegen in der Kostenverlagerung vom öffentlichen in den privaten Bereich mit den höheren Kosten für die Förderaggregate gegenüber einer normalen Grundstücksentwässerung.

Die Bemessung der Druckentwässerung erfolgt nach Einwohnerzahl oder Wassermenge (**242**.1). Rohrnennweite ≧ 100 mm für die Sammelleitung, Hausanschlüsse ≧ 80 mm. Es wird für den gewählten Rohrdurchmesser der Reibungsverlust entlang der ganzen Rohrleitung errechnet. Verlusthöhe zuzüglich der geodätischen Förderhöhe darf die max. manometrische Förderhöhe der Förderaggregate nicht übersteigen (≈ 40 m), sonst erneute Dimensionierung mit größeren Rohrdurchmessern. Verwendet man Zerkleinerungspumpen (s. Abschn. 3.3.5.1), dann können die Sammelleitungen DN ≧ 65 mm und die Hausanschlüsse DN ≧ 32 mm haben. Hydraulischer Nachweis ist erforderlich.

Die Förderaggregate (**242**.2) werden in Wohngebäuden durch den Badablauf am stärksten belastet. In Standardausführungen reichen pneumatische Druckanlagen für 10 EG und 1 Badewanne, bei Saugdruckanlagen für 20 EG und 2 Badewannen aus. Bei größeren Leistungen werden die Kompressoren verstärkt oder vermehrt, die Sammelbehälter vergrößert oder Doppelanlagen verwendet. Hydraulische Aggregate (Tauchmotorpumpen) werden nach Pumpen- und Rohrkennlinien bemessen (Abschn. 3.3.5.4).

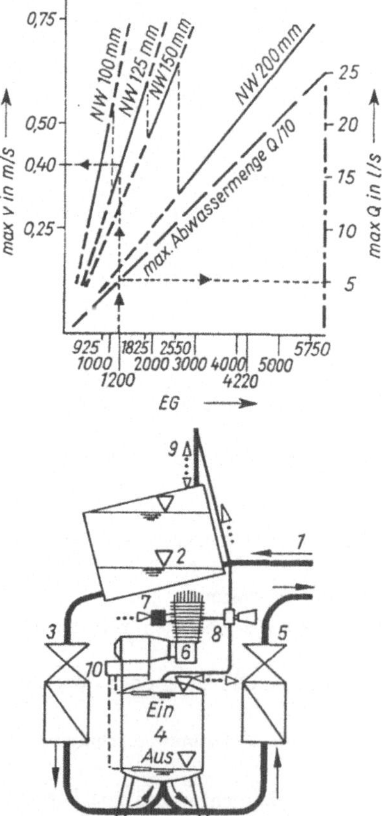

242.1
Dimensionierung der Sammeldruckrohrleitungen nach Einwohnerzahl oder Abwassermenge. Für so dimensionierte Strecken sind Rohrreibungsverluste zu ermitteln nach Prandtl-Colebrook mit $k = 0{,}007$ mm und 25% Aufschlag für Abwasser und mit gegenüber dem Diagramm verdoppelten max. Q-Werten

242.2
Schema einer pneumatischen Druckanlage

1 Schmutzwasserzulauf
2 Vorbehälter mit Alarmschaltung
3 Umlauf mit Absperrschieber und Rückflußverhinderer
4 Arbeitsbehälter mit Ein-Aus-Schaltung
5 Druckrohrleitung mit Absperrschieber und Rückflußverhinderer
6 Luftkompressor
7 Ansaugfilter und Schalldämpfer
8 Druckluft- und Entspannungsleitung mit Magnetventil
9 Be- und Entlüftungsleitung
10 Schaltkasten

Unterdruckentwässerung (Vakuumentwässerung). Das System beruht auf dem Prinzip der Vakuumerzeugung in Transportleitungen für Abfälle und Abwasser. Das Leitungssystem erhält durch eine Vakuum-Pumpe Unterdruck von 0,6 bis 0,7 bar. Die Schmutzwassermenge wird als Pfropfen in die Leitung gezogen. Der Transport in Kunststoffleitungen DN 65 bis DN 150, PN 10 endet in einem Sammelbehälter (Vakuumtank). Von dort kann das Abwasser dann konventionell, durch SW-Pumpe, weitertransportiert werden. Die Rohre werden mit Hoch- und Tiefpunkten versehen, damit sich Abwasserpfropfen bilden, die dann vom Luftdruck gegen das Vakuum bewegt werden. Verlegung in frostfreier Tiefe.

Die Hausinstallationen werden normal, wie bei Gefälleentwässerung, ausgeführt. Der Anschluß der Hausanschlußleitung an das Vakuum-Transportnetz erfolgt entweder im Keller des Gebäudes oder in einem Schacht davor.

Regenwasser wird konventionell abgeleitet. Jede Wohneinheit bzw. jede Hauseinheit sollte einen eigenen Anschluß haben.

Das Schmutzwasser läuft im freien Gefälle zu. In einem Vakuumventil wird das Abwasser mit Luft gemischt und tritt als Gemisch aus dem Ventil aus. Das Ventil wird elektronisch geöffnet und durch Federdruck wieder geschlossen (Fa. Schluff).

Mit der Unterdruckentwässerung kann man Einzugsgebiete bis zu 8 km Durchmesser entwässern, wenn der tiefste Anschlußpunkt nicht tiefer als $\approx$ 1,0 m unter dem Niveau der Vakuumstation liegt. Noch tiefer liegende Teilgebiete lassen sich durch eine Vakuumnebenstation anschließen, die nur aus einem Vakuumtank besteht, der an die Hauptleitung angeschlossen ist. Ohne eine weitere Vakuumpumpe wird der Unterdruck auf die Nebenstation und das daran angeschlossene Netz übertragen. Das Schmutzwasser aus dem Teilgebiet sammelt sich im Tank der Nebenstation und muß mittels SW-Pumpe und SW-Druckrohr zur Kläranlage befördert werden. In ähnlicher Weise können Einzugsgebiete nachträglich erweitert werden. Die Leistung der Vakuumpumpe der Hauptstation muß aber angepaßt werden.

Anwendungsbereich der Unterdruckentwässerung entspricht dem der Druckentwässerung (**241**.1). Die Kostenvorteile gegenüber einem System mit Gefällekanälen entsprechen etwa denen der Druckentwässerung mit geringerem Aufwand für den Hausanschluß, aber Mehrkosten für die Vakuumanlage und den Sammelbehälter.

3.3.6 Unterhaltung, Betrieb und Sanierung der Entwässerungsanlagen

3.3.6.1 Unterhaltung und Betrieb

Unter „Kanalbetrieb" versteht man die funktionelle (betriebliche) und die bauliche Unterhaltung aller Anlagen der Ortsentwässerung. Seine Einrichtungen sind stark von der Größe der Ortschaft abhängig. In der Regel ist es in den Städten Aufgabe der Entwässerungsämter, die Überwachung, Reinigung und Unterhaltung durch eigenes ortskundiges Personal durchzuführen. Lediglich Neubauten und Sanierungen im Rahmen des Betriebes werden i. allg. an private Unternehmen vergeben.

Abwasserleitungen sind von Zeit zu Zeit zu reinigen. Dies wäre weniger notwendig, wenn bei der Planung stets die Mindestforderungen der Hydraulik erfüllt werden könnten. Gefälle und Querschnitt der Leitungen lassen sich jedoch nicht immer so wählen, daß Verschlammung, Sandablagerung oder Rückstau vermieden werden.

Eine Kanalstrecke ist zu reinigen,

1. wenn Ablagerungen so stark werden, daß das Abwasser nicht mehr ungehindert ablaufen kann und Rückstau bereits Ablagerungen im Oberlauf erzeugt, oder bei Verstopfungen;
2. wenn eine regelmäßige Wartung ansteht;
3. als Vorbereitung für eine Inspektion oder Schadensbeseitigung.

Anzeichen für Rohrschäden bzw. für das Eindringen von Grundwasser sind u.a.:

1. Sandtreiben im Kanal
2. Sackung des Erdreiches und des Straßenpflasters
3. Ständige starke Wasserführung in Schmutz- und Mischwasserkanälen während der Nachtzeit.

Die Häufigkeit der regelmäßigen Reinigungen richtet sich nach dem Zustand des Leitungssystems.

Wie die Inspektion müssen auch die laufend wiederkehrenden Arbeiten nach einem bestimmten Plan abgewickelt werden. Bei einem rationell geführten Kanalbetrieb wird die laufende Überwachung mit den Reinigungsarbeiten gekoppelt. Im allgemeinen ist anzustreben, alle Kanalstrecken etwa einmal jährlich zu reinigen, Straßensinkkästen und Kanäle mit ungünstigen Abflußverhältnissen entsprechend häufiger. Für die Reinigung kommen verschiedene Verfahren zur Anwendung.

Die wirtschaftlichste Art der Reinigung ist die Verstärkung der Schleppspannung des Abwasserstromes durch Spülen, entweder durch vorübergehenden Aufstau von Abwasser oder Zuführung von Fremdwasser. Bevorzugtes Instrument ist das **Hochdruckspülverfahren (HD-Verfahren).**

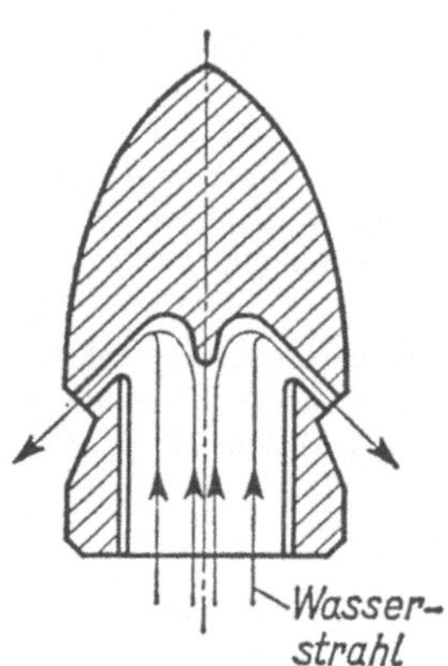

244.1 Reinigungsdüse für Hochdruck-Spülgeräte (Unterschiedliche Formen im Einsatz)

Die Spüleinrichtung wird zweckmäßig mit einer Schlammsaugeeinrichtung kombiniert. Die Hochdruckspülpumpe hat einen eigenen Kraftantrieb und meist auch einen Spülwasserbehälter von 1000 bis 7000 l Inhalt. Man verwendet Mehrkolbenhochdruckpumpen mit 80 bis 200 bar Wasserdruck und einer Leistung von 320 l/min. Wirtschaftlicher Einsatzbereich bis Kanal-∅ 600 mm. Aggregate mit 12 m^3 Wassertank und Pumpenleistungen von 800 l/min werden für größere Kanalquerschnitte eingesetzt. Der Druckschlauch hat eine Länge von 80 bis 300 m und endet in einem Spülkopf, aus dem das Wasser durch ringförmig angebrachte Bohrungen nach rückwärts austritt. Der Rückstoß treibt den Spülkopf (**244**.1) vorwärts und zieht den Schlauch nach. Ist der Endpunkt der zu reinigenden Strecke, meist ein Schacht, erreicht, wird der Schlauch mit einer auf dem Fahrzeug befindlichen Haspel zurückgeholt, wobei der Schlamm vor dem Spülkopf hergetrieben wird. Bei diesem Verfahren wird nur von der Straßenoberfläche aus gearbeitet. Die Kanalschächte brauchen nicht mehr bestiegen zu werden. Es entfällt damit die Anwendung der Sicherheitsvorschriften für Kanalarbeiter. Für die Reinigung der Schächte verfügen die Hochdruckspülwagen zusätzlich über eine Spritzpistole.

Der Nachteil dieser Spülverfahren ist jedoch, daß sie die Ablagerungen nicht aus den Kanälen entfernen, sondern nur verlagern. Gelingt es, die Schmutzstoffe in Kanäle mit größerer Wasserführung zu bringen, werden sie dort weitertransportiert; meist bleiben sie aber unterhalb der Spülstelle wieder liegen. Ziel der Spülung sollte es sein, die Ablagerungen, meist Sand, an die Schächte zu transportieren und aus dem Kanal abzusaugen.

Neuerdings kommen Kombigeräte mit Wasserrückgewinnungsanlagen zum Einsatz. Bei diesen Geräten wird das mit den Feststoffen aus dem Kanal abgesaugte Abwasser über Filter geleitet und so aufbereitet, daß es der Hochdruckpumpe als Spülwasser wieder zugeführt werden kann.

Damit wird nicht nur der Reinwasser-Verbrauch eingeschränkt, sondern es entfallen auch die

Leerlaufzeiten, die durch das Füllen der Wasserbehälter entstehen. Die Geräte können so lange ohne Unterbrechung arbeiten, bis der Schlammbehälter mit Feststoffen gefüllt ist.

Mechanische Reinigungsgeräte dienen zum Lösen von festen Ablagerungen und danach zum Räumen dieser Feststoffe. Sie werden durch die Schächte eingebracht und durch den Kanal gezogen oder gedrückt (Spirale).

Als Gerät für hartnäckige Ablagerungen werden Ziehgeräte benutzt wie Wurzelschneider (**245**.2), Rohrschaber (**245**.4), Kanalspiralen (**245**.5), Kanalpflüge (**245**.6) und Kanalbohrer.

245.1 Gummischeibenbürste

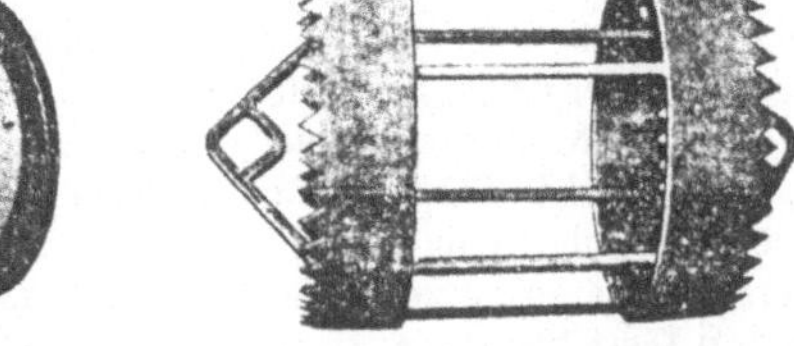

245.2 Wurzelschneider

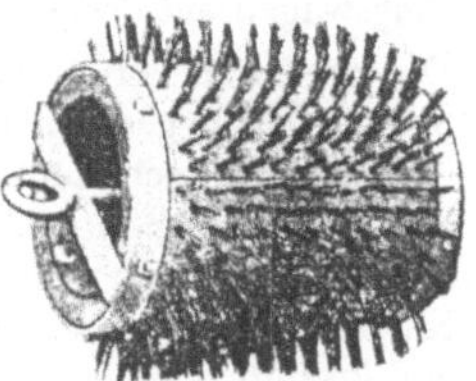

245.3 Kanalreinigungsbürste

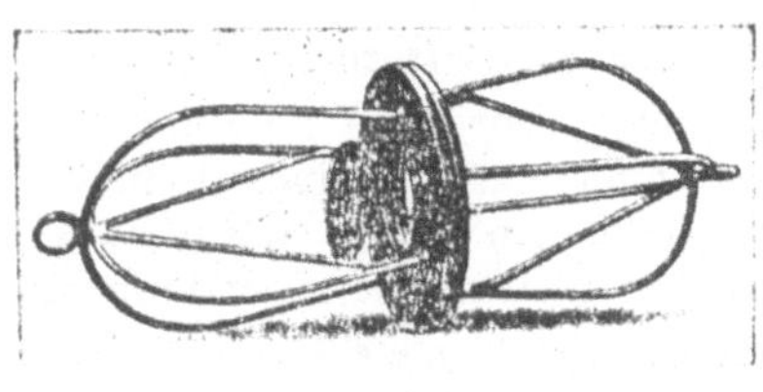

245.4 Rohrschaber

245.5 Kanalspirale

245.6 Kanalpflug

Mit Kanaleimern, Sohlschaufeln, Schrappern, Reinigungsbürsten (**245**.3) oder Gummischeibenbürsten werden Ablagerungen zu den Schächten transportiert, Spezialgeräte stellen der „Sielwolf", der „Kanaljumbo" und, bei Druckrohren, Molche dar.

Neuere Geräte mit dynamischer Wirkung sind der Rohrkreismeißel, drehend arbeitende Bohr- und Fräsgeräte (z. B. Schlagbohrdüsen), Hochdruckschneidgeräte, Sandstrahlgeräte. Schließlich sei auf die Zugabe von Druckluft (Verminderung des Fließquerschnitts) oder von Polymeren (Abminderung des Reibungswiderstandes rauher Rohrwände) hingewiesen. Chemische Reinigungsverfahren werden bei bes. Inkrustationen und Wurzeleinwuchs (geschäumte Herbizide) eingesetzt. Fette, Phenole, mineralische Öle können auch durch Anreicherung des Abwassers mit Bakterien (Sphaerotilus) beseitigt werden (biologisches Reinigungsverfahren, lange Einwirkdauer).

Fremdwasser fernzuhalten, ist ebenfalls eine Aufgabe des Kanalbetriebes. Fremdwasser (s. Abschn. 1.2.2) ist alles Wasser, das eigentlich nicht in das Kanalnetz gehört, oder z. B. Regenwasser, das beim Trennsystem in die falschen Kanäle (Schmutzwasserkanäle) fließt. Falschanschlüsse, deren Suche erhebliche Mühe bereitet, sind die Ursache. Ein sicheres Zeichen dafür ist die erhöhte Belastung der SW-Kanäle bei Regenwetter. Man spült die Hausanschlüsse mit gefärbtem Wasser, um die Fehler zu finden. Oft werden bei Kanalneubauten Grundstücke falsch an die vorsorglich eingebauten Abzweige angeschlossen. Um dies zu vermeiden, werden z. B. rote (SW) und blaue (RW) Plastikbänder bei gleichem Rohrmaterial oder eingefärbte Verschlußstopfen verwendet.

Auch Grundwasser, das über undichte Stellen in die Kanäle gelangt, ist als Fremdwasser anzusehen. Es senkt den Grundwasserstand im Gelände und belastet die Entwässerungsleitungen, Pumpen und Kläranlagen; außerdem kommen häufig große Mengen Sand mit, und oft entstehen Straßensackungen und -einbrüche. In verdächtigen Gebieten muß man die Wassermenge in den SW-Kanälen nachrechnen. Bei Grundwasserzustrom ist die Tagesabflußkurve parallel nach oben verschoben, und der Abwasseranfall je Einwohner und Tag erhöht.

Größte Schwierigkeiten für den Kanalbetrieb bereitet immer wieder das örtlich genaue Auffinden von undichten Stellen oder Verstopfungen. Man benutzt heute vielfach das Kanalfernauge. Das Aufnahmegerät wandert durch die Leitung und wirft sofort ein Bild auf den Bildschirm im Beobachtungswagen auf der Straße.

Die zur Unterhaltung des Netzes in die Kanäle absteigenden Arbeiter sind durch giftige Gase und Schmutzstoffe gesundheitlich gefährdet. Leider ist die Feststellung solcher vielfältig vorkommenden Gase immer noch nicht einwandfrei möglich. Moderne Gasmeßgeräte zeigen den Gehalt an einzelnen Gaskomponenten (expl. Gase, O_2, CO, H_2S, SO_2) an. Erst nach sorgfältiger Prüfung darf ein Schacht oder Kanal bestiegen werden. Bei allen Unglücksfällen ist schnellste Hilfe geboten. Die Kanalkolonnen sind dazu mit Sicherheitsgeräten auszurüsten, wie Preßluftatemgeräte, bestehend aus Preßluftflasche, Atemschlauch und Gesichtsmaske, sowie Frischluftgebläse, mit denen man Frischluft in die Kanäle drückt oder Gase absaugt, und schließlich Brustgurte mit Karabinerhaken und Leinen.

Geruchsbelästigungen aus Straßenkanälen können verschiedene Ursachen haben:

1. Ablagerungen, welche faulen. Sie entstehen durch schwaches Spiegelgefälle, Fremdkörper, fehlerhafte Ausbildung der Rohrverbindungen und Hausanschlüsse, Rückstau, zeitweise Nichtbenutzung, z. B. bei Anfangshaltungen oder in Gewerbe- und Industriebezirken, fehlerhafte Ausbildung der Schächte, z. B. der äußeren und inneren Abstürze mit nicht geführtem Wasserfluß, Umleitung, zu flach angelegter Trockenwetterrinnen im Mischsystem, zu niedrige, zeitweise überstaute Bankette.

2. Einleitung von anaerob angefaultem Abwasser, z. B. aus zeitweise nicht benutzten Hauskläranlagen oder zeitweise (mehrere Tage) nicht benutzten Abscheidern und Sandfängen.

3. Zu lange Fließzeiten und zu geringe Belüftung des fließenden Abwassers (z. B. Hauptsammler ohne Hausanschlüsse mit großen Schachtabständen, Vorflutkanäle langer, zu groß bemessener Druckrohre).

Die bauliche Unterhaltung des Kanalnetzes umfaßt als häufigste Arbeiten:

1. Ausbessern der Schächte (z. B. Verfugung, Steigeisenersatz, Schmutzfängerersatz, Sohlenausgleich bei Setzungen).

2. Ersatz zerstörter Kanalstrecken (z. B. als Folge von Grundwasserwirkung, Setzungen, gesteigerter Verkehrslasten, Korrosion, betrieblich nicht zu beseitigender Verstopfungen).

3. Einbau zusätzlicher Schächte und höhengerechter Versatz von Schachtabdeckungen (bei Setzungen und bei Straßendeckenerneuerungen).

3.3.6.2 Sanierung

Grundsätzlich unterliegen alle Bauwerke einer Abnutzung. Nach DIN 31051 liegt ein Schaden dann vor, wenn die Funktionsfähigkeit unzulässig beeinträchtigt ist. Durch die Wartung kann der Eintritt eines Schadens verzögert werden.

Folgende **Schäden** können in Kanalisationen auftreten:

Mechanischer Verschleiß durch ungeeignete Werkstoffe, Feststofftransport, Kavitation, ungeeignete Reinigungsverfahren.

Außenkorrosion durch Nichtbeachtung der Gefährdungskonzentrationen z.B. nach DIN 4030 für zementgebundene Werkstoffe für das Grundwasser; in den Boden oder in das Grundwasser gelangende aggressive Substanzen; elektrochemische Einwirkungen bei metallischen Werkstoffen; Korrosion bei mechanischer Beanspruchung; fehlender oder beschädigter Korrosionsschutz.

Innenkorrosion durch Nichtbeachtung von DIN 1986, T 3, oder ATV-A 115 [1]; Nichtbeachtung der Grenzwerte (z.B. DIN 4030 für zementgebundene Werkstoffe); Betriebsbedingungen mit biogener Säure-Korrosion in teilgefüllten Entwässerungskanälen und Bauwerken aus säureempfindlichen Werkstoffen.

Risse durch Nichtbeachtung von DIN 4033, ATV-A 127 [1]; Beschädigung der Rohre beim Transport, Verlegen, Überschütten oder Verdichten.

Längsrisse durch Linienlagerung der Rohre; Undichtigkeiten; mechanischem Verschleiß; Korrosion oder Verformung.

Querrisse durch Einwirkung von unzulässigen Einzellasten (Punktlagerung, Reiten der Muffe, Steine in der Leitungszone); starrer Schachtanschluß; Folge von Undichtigkeiten; mechanischem Verschleiß, Korrosion oder Verformung.

Verformung bei statisch biegeweichen Rohren über den zulässigen Wert durch Nichtbeachtung von DIN 4033, ATV-A 127.

Häufige Ursachen sind: fehlende oder fehlerhafte statische Berechnung, Einbau ungeeigneter Rohre, Abweichungen der Last- oder Auflagerbedingungen von Rechnungsannahmen, unsachgemäßes Verlegen, mangelhafte Ringraumverfüllung bei geschlossener Bauweise, unsachgemäße Verwendung von Verdichtungsgeräten, unsachgemäße Beseitigung des Verbaus, Temperatureinwirkungen, Folge von Undichtigkeiten, mechanischer Verschleiß oder Korrosion.

Trassen- und Gefälleänderungen durch mangelhafte Planung; unvorhersehbare Hindernisse bei der Bauausführung; Setzungen; hydrogeologische Einwirkungen; Belastungen.

Undichtigkeiten durch Nichteinhalten von DIN 1986, DIN 4033, DIN 19550, Werkstoffnormen oder Regelwerke; Werkstoffalterung; als Folge eines oder mehrerer der vorgenannten Schäden.

Abflußhindernisse durch Ablagerungen; Inkrustationen; in den Rohrquerschnitt ragende feste Hindernisse.

Rohrbruch und Einsturz durch Ausweitung von Rissen, Korrosion, Verschleiß, Verformungen.

Verfahren zur Sanierung, Instandsetzung oder Erneuerung von Kanalisationen

1. Freilegen der Schadensstelle durch Aufgraben. Punktförmige Schadensbeseitigung in offener Baugrube. Bei allen Schäden und allen DN. Anschlüsse nicht berührt. U.U. zeitweise Verkehrsbeeinträchtigung.

2. Teil- und Vollauskleidung begehbarer Kanäle und Bauwerke durch Montage meist nicht tragender Auskleidungselemente (GFK o.a.). Anwendbar bei Korrosion, Rissen. DN $\geqq$ 800; haltungsweise. Querschnittsverminderung.

3. Reliningverfahren (Querschnittsverminderung)

a) Wickelrohr-Relining. Einschieben eines aus PVC-Steg-Profilstreifen hergestellten Wickelrohres mit Kreisquerschnitt in die zu sanierende Haltung. Der Ringraum wird in der Regel verfüllt. DN 200 bis DN 900; haltungsweise; Anschlüsse in offener Baugrube.

b) Schlauch-Relining. Ein mit Kunstharz getränkter vorgefertigter Filzschlauch wird in die zu sanierende Haltung eingebracht und durch hydraulischen Innendruck an die Rohrinnenwand gepreßt. Die Erhärtung erfolgt durch Wärmezufuhr DN 150 bis DN 2000; haltungsweise, bis 300 m; Anschlüsse werden nachträglich von innen aufgebohrt.

c) Rohrstrang-Relining. Einziehen eines durchgehenden Kunststoffrohres (PE) mit Kreisquerschnitt in die zu sanierende Haltung. Der verbleibende Ringraum wird in der Regel verfüllt. DN 100 bis DN 2000; haltungsweise, ≦ 700 m; Anschlüsse in offener Baugrube; evtl. längere Einziehbaugrube; Schweißung vor Ort.

d) Kurzrohr-Relining. Einbringen von Einzelrohren in die zu sanierende Haltung. Der verbleibende Ringraum wird in der Regel verfüllt. Alle DN; haltungsweise; abhängig vom Verfahren; Anschlüsse in offener Baugrube; bei größeren DN Startbaugrube erforderlich.

4. Beschichtungsverfahren (Querschnittsverminderung)

a) Auspreßverfahren in nicht begehbaren Rohren (ZM-Verfahren). Herstellung eines Ringraumes mit Hilfe einer wiederverwendbaren, mit Abstandshaltern versehenen Schlauchschalung (luft- oder wassergefüllt), der mit Zementmörtel ausgepreßt wird. Anwendbar bei Undichtheit, Rissen, Korrosion; DN 150 bis DN 300; haltungsweise; ≦ 50 m; Anschlüsse verschließen und nachträglich aufbohren in offener Baugrube.

b) Tate-Verfahren. Einbringen von Zementmörtel zwischen einem Preßkolben und einem Verdrängungskörper. Beim Durchziehen wird der Mörtel vom Verdrängungskörper an die Rohrwand gepreßt. Anwendbar bei Rissen, Korrosion; DN 100 bis DN 600; haltungsweise, ≦ 90 m; Anschlüsse verschließen und nachträglich aufbohren in offener Baugrube.

c) Centriline-Verfahren (Querschnittsverminderung). Anbringen von Beschichtungsmaterial an die Rohrinnenwand durch einen rotierenden Schleuderkopf. Anwendbar bei Rissen, Korrosion; DN 100 bis DN 6000; haltungsweise ≦ 120 m, DN ≦ 600, ≦ 450 m, DN > 600; Anschlüsse unbehandelt.

5. Injektionsverfahren (Penetryn-/Posatryn-Verfahren). Abdichtung undichter Rohrverbindungen durch Injektion von Acrylharzen unter Verwendung eines Packers, Kamera vorweg. Anwendung bei örtlich begrenzten Undichtheiten; DN 150 bis DN 4500, Eiquerschnitte; haltungsweise, ≦ 150 m; Anschlüsse nicht berührt.

6. Berstverfahren. Durchziehen eines Berst- bzw. Verdrängungskörpers mit statischer oder dynamischer Kraftwirkung auf die Rohrwand. Zerstörung der Rohrwand und Verpressung der Bruchstücke in den Boden. Einbau der neuen Leitung (Rohrstrang oder Vorpreßrohre) mit gleichem DN hinter dem Berstkörper. Anwendung bei allen Schäden, außer Einsturz; DN 100 bis DN 400; haltungsweise, ≦ 120 m; Anschlüsse in offener Baugrube zuvor abtrennen.

4 Abwasserreinigung

4.1 Grundlagen der Abwasserreinigung

4.1.1 Wirkung von Abwassereinleitungen auf die Gewässer

Vorfluter für Abwasser sind öffentliche Gewässer, ein See, ein Fluß oder das Meer. Bevor das Abwasser dahin gelangt, muß es soweit geklärt werden, daß für Menschen, Tiere und Pflanzen kein Schaden entstehen kann. Es darf auch in ästhetischer Hinsicht das Bild der Landschaft nicht stören. Die häufigsten Abwasserschäden sind Sauerstoffmangel, Geruch, Schlammablagerungen, Versalzung oder Vergiftung durch Chemikalien. Die immissionsbedingten Folgen sind z. B. Fischsterben, Trinkwasserverseuchung, Gefährdung des Menschen beim Baden, Trübung von großen Gewässerabschnitten.

Die Abwasserreinigung hat die Aufgabe, Schäden durch Abwassereinleitungen in den Gewässern zu vermeiden. Um die Wirkung eines Reinigungsverfahrens beurteilen zu können, muß man wissen, welche Stoffe im Gewässer Schaden anrichten. Diese Beurteilung wird durch die vielfältigen biologischen, chemischen und physikalischen Prozesse im Gewässer erschwert.

Man kann die Gewässer in drei Gruppen einteilen, die Stehenden Gewässer (Seen, Flachseen), die Fließenden Gewässer (Quellabflüsse, Gebirgsbäche, Flüsse, Ströme) und die Küstengewässer (Wattenmeer).

Stehende Gewässer. Die stehenden Gewässer werden meist nur teilweise durchflossen. Durch Umwälzvorgänge wird das Stoffwechselgeschehen bestimmt. Die typischen Eigenschaften sollen an einem tieferen See erläutert werden, dessen innere Strömungsabläufe wesentlich durch die unterschiedliche Dichte des Wassers bestimmt werden. Wasser hat seine größte Dichte bei +4°C und der feste Aggregatzustand (Eis) ist leichter als der flüssige. Es ergibt sich daraus eine mit der Jahreszeit wechselnde, thermische Schichtung des Wasserkörpers (**249**.1).

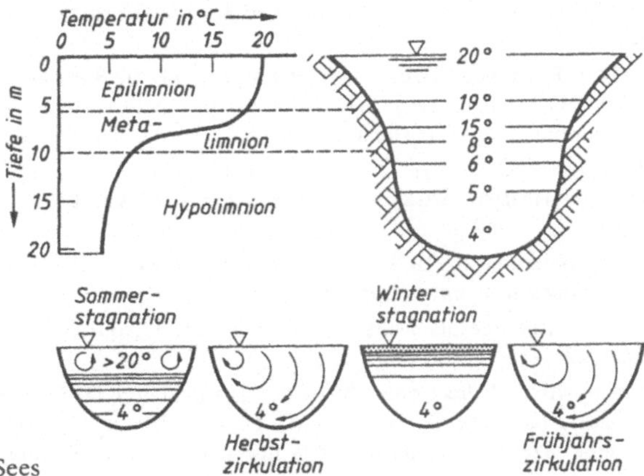

249.1 Thermische Schichtung eines Sees

Während der Sommer-Stagnation wird das ca. +4°C kalte Tiefenwasser (Hypolimnion) von dem warmen Oberwasser (Epilimnion) überschichtet. Dazwischen liegt die Sprungschicht (Metalimnion) mit dem Temperatursprung. In dieser Zeit kann nun das Epilimnion durch Windeinfluß umgewälzt und mit Sauerstoff versorgt werden. Das Hypolimnion und das Metalimnion bleiben dagegen unverändert.

Im Herbst kühlt sich das Oberwasser ab. Ist Temperatur-Gleichheit (+4°C) im gesamten Wasserkörper erreicht, erfolgt die Umwälzung (Zirkulation) bis zum Grund. Dabei wird Sauerstoff in das Hypolimnion und aus dem Bodenschlamm rückgelöste Nährstoffe in das Epilimnion transportiert. Diese Phase wird Herbst-Zirkulation genannt.

Im Winter schichtet sich das kalte (0° bis +4°C), spezifisch leichtere Wasser über das Tiefenwasser. Dadurch entsteht die Winter-Stagnation, evtl. mit Eisdecke. Im Frühjahr dann wieder Temperatur-Ausgleich mit Frühjahrs-Zirkulation.

Die absetzbaren Stoffe, im kommunalen Abwasser ca. 200 g/m^3, sinken im See auf den Grund und werden in der Schlammschicht anaerob und aerob abgebaut. Dadurch kann eine Belastung des O_2-Haushaltes im Hypolimnion eintreten, die besonders an den Stellen mit Abwassereinleitungen z. B. zu Schlammtreiben bei Blähschlammentwicklung führt.

Die organischen sauerstoffzehrenden Stoffe (BSB_5) belasten den Sauerstoffhaushalt direkt, da sie schnell von den heterotrophen Organismen (Bakterien, Pilze, Protozoen) unter O_2-Verbrauch in organische Substanz umgewandelt werden. Wenn das Abwasser sich in das fast immer umgewälzte Epilimnion einschichtet, kann die O_2-Zehrung durch O_2-Aufnahme aus der Atmosphäre ausgeglichen werden. Die Endprodukte der biologischen Oxidation, wie H_2O, CO_2, Nitrat und Sulfat belasten den O_2-Haushalt des Gewässers dann nicht. Die Schmutzstoffe führen nur zu einer Schädigung, wenn die O_2-Zehrung den O_2-Eintrag übersteigt.

Von nachhaltiger Wirkung auf die Beschaffenheit eines Sees ist die Zufuhr von Pflanzennährstoffen, besonders Phosphor- und Stickstoffverbindungen. Der Phosphor kann als Minimumfaktor das Wachstum der autotrophen Organismen (Phytoplankton, Algen, Wasserpflanzen) begrenzen. Zum Aufbau neuer Zellsubstanz benötigen die Organismen verschiedene Elemente und Verbindungen in optimalen Konzentrationen. Der Stoff mit der geringsten Konzentration begrenzt als Minimumfaktor die Wachstumsgeschwindigkeit. Auch Stickstoff kann zum Minimumfaktor werden. Das Verhältnis von P- zu N-Verbindungen beträgt für ein optimales Wachstum etwa 1:10. Bei hoher P-Konzentration wird das P/N-Verhältnis < 1:10. Dann wirkt der Stickstoff begrenzend.

Bei der Primärproduktion entsteht organische Substanz (Algen usw.) aus anorganischen Stoffen (CO_2, H_2O, Salze usw.). Sie wird durch den Nährstoffgehalt bestimmt. Ist er gering, so spricht man von einem oligotrophen Gewässer, ist die Zufuhr hoch, so liegt ein eutrophes Gewässer vor.

Im Epilimnion wirkt sich die Massenentwicklung von Plankton-Algen (Algenblüte) dadurch negativ aus, daß

– die Nutzung als Bade- und Erholungsgewässer durch Färbung und Geruch der verfaulenden Algenmassen beeinträchtigt wird;

– die Entnahme als Trinkwasser erschwert ist, durch Verstopfen der Filter und Geruch und Geschmack.

Ein positiver Effekt entsteht in der zusätzlichen O_2-Produktion der Algen durch Photosynthese-Prozesse (biogene O_2-Produktion). Die O_2-Bilanz ist jedoch nur bei Belichtung positiv. Bei hoher Algenkonzentration kann nachts durch die Algen-Atmung ein absoluter O_2-Schwund verursacht werden.

Im Hypolimnion ist die sekundäre Belastung des O_2-Haushaltes entscheidend. Es entsteht im Epilimnion durch die Zufuhr von 1 mg P etwa 100 mg Algen-Trockenmasse, die ins Hypolimnion absinkt und dort von heterotrophen Organismen unter Verbrauch von 140 mg O_2/g abgebaut wird. Da im kommunalen Abwasser nach biologischer Reinigung noch ca. 10 mg P/l enthalten sind, errechnet sich eine sekundäre Belastung des O_2-Haushaltes im Hypolimnion von $10 \cdot 140 = 1400$ mg

O_2/l. Dagegen ist die primäre Belastung mit z. B. 20 mg O_2/l des gereinigten Abwassers gering. Der durch die Photosynthese der Algen im Epilimnion erzeugte Sauerstoff kann das Defizit im Hypolimnion während der Stagnation nicht ausgleichen. Der O_2-Gehalt im Hypolimnion nimmt daher langsam ab, was zum Sauerstoffmangel führen kann. Erst in der folgenden Zirkulationsphase kann dies ausgeglichen werden. Die Zufuhr von P-Verbindungen in einen See wirkt besonders nachteilig dadurch, daß die Phosphate mit dem Fe(3) schwerlösliche Verbindungen bilden, die absinken und im Bodenschlamm das Phosphat-Depot eines Sees vergrößern. So lange in der oberen Bodenschlammschicht aerobe Verhältnisse herrschen, ist das Phosphat gebunden. Geht aber der aerobe Zustand durch zunehmende O_2-Zehrung in einen anaeroben über (Umkippen des Sees), so wird das Fe(III) zum Fe(II) reduziert und damit das Phosphat rückgelöst. Während der folgenden Zirkulationsphase wird es wieder in das Epilimnion transportiert. Durch diesen Kreislauf kann das Phosphat immer wieder zur Produktion von Algenmasse genutzt werden.

Sind im Abwasser nicht abbaubare Schadstoffe enthalten, reichern sich diese ebenfalls an. Sie bilden schwerlösliche, absetzbare Verbindungen, die im Bodenschlamm verbleiben, z. B. Schwermetall-Hydroxide. Organische Verbindungen, z. B. PCB, Insektizide, Herbizide, werden von den Organismen aufgenommen und reichern die Nahrungskette an.

Die Flachseen haben gegenüber den tiefen Seen keine thermische Schichtung. Der durchlichtete Wasserkörper kann ganzjährig vom Wind umgewälzt werden, sehr günstig für die O_2-Versorgung. Allerdings bleiben auch die eutrophierenden Stoffe in Schwebe, so daß vom Frühjahr bis Herbst eine starke Algenentwicklung möglich ist (**251**.1).

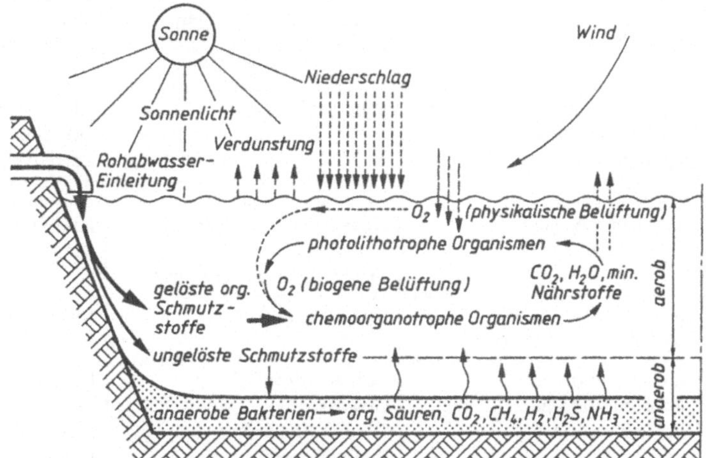

251.1 Biologische Vorgänge in einem mit Schmutzstoffen belasteten Flachsee und auch in einem unbelüfteten Abwasserteich

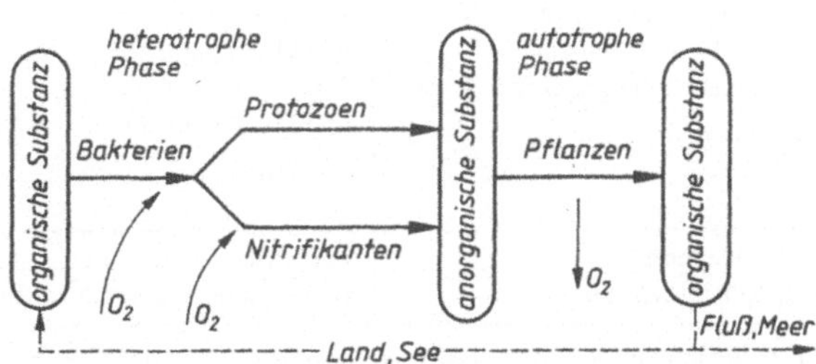

251.2
Ablauf der natürlichen Selbstreinigung im Gewässer

Fließgewässer. Das Wasser wird in der turbulenteren Strömung stetig umgewälzt, so daß abhängig von Fließgeschwindigkeit und Wassertiefe Luftsauerstoff aufgenommen wird. Dennoch ist die primäre Belastung des Vorfluters durch die sauerstoffzehrenden Stoffe des Abwassers von entscheidender Bedeutung (**251**.2). Die Einleitung von sauerstoffzehrenden Stoffen kann so groß werden, daß die O_2-Aufnahme den Bedarf nicht deckt. Die O_2-Konzentration kann dann bis zum Wert 0 abnehmen. Das Gewässer kippt um. Fischsterben, Fäulnisprozesse und Absterben der aeroben Flora und Fauna sind die Folge. Gegenüber dem See wird das Abwasser in ein kleineres Wasservolumen eingemischt. Es können bei Niedrigwasser kritische Sauerstoffdefizite eintreten.

Die für den See gefährlichen Pflanzennährstoffe (P, N) führen dagegen meist nicht zu Eutrophierungserscheinungen, da im Fließgewässer diese Stoffe kontinuierlich oder periodisch (bei Hochwasser) abtransportiert werden.

Küstengewässer. Die norddeutschen Küstengewässer werden durch das Wattenmeer geprägt. Dieser Lebensraum hat seine eigenen Gesetze.

Tafel **252**.1 Wirkungen der schädlichen Inhaltsstoffe von kommunalem Abwasser auf die Gewässer und die Möglichkeiten ihrer Elimination nach [39b]

Stoffgruppe	Auswirkungen im Gewässer	Eliminationsverfahren
1. Absiebbare und absetzbare Stoffe	Schlammablagerungen, Fäulnisvorgänge, Sauerstoffentzug	Siebung, Sedimentation
2. Nichtabsetzbare, biologisch abbaubare organische Stoffe (suspendiert oder gelöst)	Sauerstoffentzug	Biologische Verfahren (Belebungs-, Tropfkörperverfahren)
3. Ammoniak im Ablauf biologischer Anlagen	Sauerstoffentzug, Giftwirkung auf Fische, Erschwerung der Trinkwasseraufbereitung	Biologische Nitrifikation (Belebungs-, Tropfkörperverf., chem.-physik. Strippung)
4. Abfiltrierbare Stoffe im Ablauf biol. Anlagen	Sauerstoffentzug	Mikrosiebung, Filtration
5. Gelöste anorganische Pflanzennährstoffe (Nitrat, Phosphat)	Eutrophierung der Gewässer, Sauerstoffzehrung (Sekundärbelastung, Erschwernis der Trinkwasseraufbereitung	Nitrat: Biol. Nitrifikation – Denitrifikation Phosphat: Chemische Flockungsfiltration, Biologische P-Elimination
6. Gelöste, biologische resistente organische Stoffe	Vergiftung, Verödung, Akkumulation in Nahrungsketten, Erschwernis der Trinkwasserversorgung	Aktivkohleadsorption, Chemische Oxklation
7. Gelöste anorganische Stoffe		Ionenaustausch*) Elektrodialyse*) Umgekehrte Osmose*) Destillation*)
8. Pathogene Mikroorganismen	Verschlechterung der hygienischen Beschaffenheit	Desinfektion (Chlor, Ozon)

*) In kommunalen Abwasserreinigungsanlagen noch nicht eingesetzt.

Unter dem Wattenmeer versteht man die flache Schwemmlandküste. Das organische Material besteht vorwiegend aus Plankton-Organismen, die sowohl aus den Flüssen als auch aus dem Meer stammen. Sie sterben beim Übergang vom Süß- bzw. vom Salz- zum Brackwasser weitgehend ab.

Das Wattenmeer ist ein Biotop mit hohem Umsatz von organischer Substanz. Die Organismen, wie Muscheln, Schnecken, Würmer, Krebse haben sich auf das Nährstoffangebot durch Plankton-Organismen eingestellt. Für die Einleitung von Abwasser ergibt sich daraus ein großes Abbaupotential für organische Stoffe. Aber auch feinverteilte Schadstoffe können von den Organismen aufgenommen und gespeichert werden. Pathogene Keime, Schwermetall-Hydroxide und schwerabbaubare toxische Verbindungen können sich in den Organismen anreichern. Die Meerestiere werden dadurch für den Verzehr unbrauchbar.

Neben diesen biologischen Faktoren spielen noch Salzgehalt und Tidebewegungen eine Rolle. Wird Abwasser in Salzwasser eingeleitet, so wird eine schnelle Vermischung durch Dichte-Unterschiede behindert. Es bilden sich Abwasser-Fahnen aus, die von der Tide verdriftet, die Organismen schädigen. In einer Flußmündung wird der Abfluß des Wassers durch die Tideeinflüsse in eine Hin- und Herbewegung umgewandelt, was zur Anreicherung der Abwasserschmutzstoffe führt. Auch wird die Süßwasser-Biozönose des Abwassers beim Übergang in Salzwasser geschädigt. Es muß sich eine neue Salzwasser-Biozönose aufbauen, die dem Abbau der spezifischen Schmutzstoffe angepaßt ist. Eine weitere Belastung der Küstengewässer entsteht durch die Einleitung der eutrophierenden Stoffe von den Fließgewässern. Die Eutrophierung wird dadurch in den marinen Lebensraum verlagert. Ein umfassender Schutz der Küstengewässer muß bei den Einleitern der Fließgewässer beginnen.

4.1.2 Zusammensetzung des Abwassers

Sie wird durch Probenahmen ermittelt. Neben der Abwassermenge (s. Abschn. 1) ändert sich über den Tagesverlauf auch die Zusammensetzung. Um die notwendigen Informationen darüber zu erhalten, benötigt man Probenahmen.

Für einen ersten Überblick eignet sich die Mischprobe über den Zeitraum eines Tages (24-Stunden-Misch-Probe). Sie soll mit einem automatischen Probenehmer am Kläranlagen-Zulauf gezogen werden, und die Schöpfmenge der zufließenden Abwassermenge entsprechen (mengenproportionale Probe). Die Probe muß gekühlt werden, damit die biologischen Prozesse nicht vorzeitig anlaufen. Ein genaueres Bild liefern Mischproben von zwei Stunden Dauer. Im Hinblick auf die Aufgabe der Abwasserreinigung ist es zweckmäßig, die Daten als Zeit-Ganglinien aufzutragen. Daraus ergeben sich Hinweise über Schwankungen der Zusammensetzung des Abwassers (Konzentrationsganglinien).

Für die Berechnung einer Kläranlage müssen durch Multiplikation von Konzentration und Abwassermengen die Frachten errechnet und als Frachtganglinien aufgetragen werden. Diese beiden Darstellungen liefern wichtige Hinweise für Klärverfahren und Bemessung der Anlage. Der Vergleich von Zu- und Ablaufganglinien läßt Folgerungen für den Betrieb der Anlage zu.

Abwasser enthält ungelöste und gelöste Schmutzstoffe. Ein Teil der ungelösten Stoffe hat die Fähigkeit, sich abzusetzen. Mit absetzbar bezeichnet man in der Abwassertechnik jedoch nur diejenigen Stoffe, die sich innerhalb von 2 Stunden in ruhigem Wasser zu Boden schlagen; sie machen ≈ ⅔ der gesamten Schwebestoffe aus.

Nach der chemischen Beschaffenheit wird ferner zwischen anorganischen und organischen Stoffen unterschieden. Die letztgenannten bestimmen vor allem den Charakter des häuslichen Abwassers. Faulige Zersetzung organischer Reste entsteht durch Eiweiß-

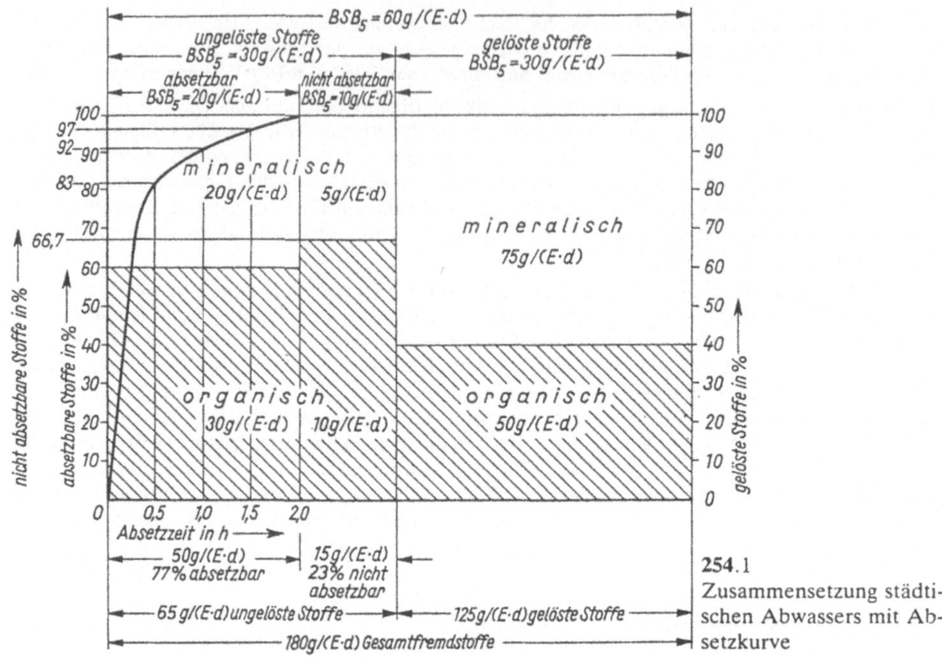

254.1 Zusammensetzung städtischen Abwassers mit Absetzkurve

gehalt und Fäulnisbakterien. Der dabei entstehende Schwefelwasserstoff ist die Ursache für den üblen Geruch. Bild **254**.1 zeigt die Zusammensetzung normalen städtischen Abwassers für deutsche Verhältnisse.

Die Stoffwechsel-Endprodukte von Mensch und Tier sind Rückstände der aufgenommenen Nahrungsmittel. Harnstoff und Eiweiß sind unter ihnen wegen ihres Gehalts an Stickstoff und Kohlenstoff von besonderer Bedeutung. Alle diese Stoffe zerfallen durch chemische oder biochemische Umwandlungen rasch.

Ferner enthält städtisches Abwasser unzählige kleinste Lebewesen, vor allem Bakterien. Diese nutzen die organischen Reste als Nahrungsquelle und vermehren sich sehr schnell. Man rechnet mit etwa 70 Millionen Keimen (Protocyten) je cm^3 Abwasser. Unter den Keimen befinden sich neben fäulniserregenden Bakterien auch Krankheitserreger, die als pathogene Keime sehr gefährlich werden können. Ein erheblicher Anteil der Bakterienmasse (etwa 6 bis 30%) ist beim Zufluß in die Kläranlage noch biologisch aktiv.

4.1.3 Parameter der Abwasserverschmutzung

Die Verschmutzungsparameter informieren über die Veränderung des Wassers durch Nutzung. Sie sollen für bestimmte Stoffgruppen typisch sein und eine Beurteilung der Reinigungsmöglichkeiten zulassen.

Physikalische Eigenschaften. Von Bedeutung ist die Temperatur. Wichtiger ist die Menge der absetzbaren Stoffe, die mit dem Abwasser abtransportiert werden. Ihre Menge ist unterschiedlich, ihre Zusammensetzung bei kommunalem Abwasser etwa konstant: ⅓ inertes und ⅔ organisches Material.

Der pH-Wert. Der pH-Wert soll dem von Brauchwasser entsprechen. Werte über 8 und unter 6,5 zeigen an, daß Abwasser mit Laugen- bzw. Säure-Eigenschaften vorliegt. Plötzliche Abweichungen vom Neutralwert 7 stören, konstante Werte auch im schwach-sauren oder -alkalischen Bereich ermöglichen eine biologische Behandlung.

Der chemische Sauerstoffbedarf (*CSB*). Der überwiegende Anteil der Schmutzstoffe im Abwasser ist organischer Art. Diese sind biologisch abbaubar. Die Menge der Substanzen wird indirekt durch ihre chemische Oxidation bestimmt. Es gibt zwei Methoden mit unterschiedlich starken Oxidationsmitteln, nämlich Kaliumdichromat und Kaliumpermanganat. Kaliumdichromat oxidiert fast alle organischen Substanzen. Kaliumpermanganat nur einen Teil. Die Werte werden als *CSB* mit Nennung des Oxidationsmittels angegeben. Eine Unterscheidung zwischen biologisch abbaubaren und biologisch nicht abbaubaren Stoffen ist hierbei nicht möglich. Die Werte für den Kaliumdichromat-*CSB* liegen bei kommunalem Abwasser um 600 mg O_2/l. Sie können aber für industrielle Abwässer im Bereiche von mehreren Tausend mg O_2/l liegen. Die Werte für den Kaliumpermanganat-*CSB* liegen zwischen 300 bis 400 mg O_2/l. Es gibt keine Relation zwischen den beiden Methoden.

Eine besondere Bedeutung hat der Kaliumdichromat-*CSB* für die Messung der Restverschmutzung. Er dient zur Ermittlung der Schadeinheiten für die Abwasserabgabe. Um nicht nur die über den BSB_5 erfaßten biologisch leichter abbaubaren Stoffe, sondern auch die biologisch schwerer abbaubaren Stoffe zu erfassen, wird die Menge der organischen Stoffe im Abwasserabgabengesetz nicht als biochemischer Sauerstoffbedarf *BSB*, sondern als chemischer Sauerstoffbedarf *CSB* gemessen.

Als Schiedsmethode ist das ISO-Verfahren (International Standardization Organisation) entwickelt worden, das zwischen Bund, Ländern, BDI, VCI und ATV als endgültige Analysenmethode anerkannt worden ist. Diese Methode wird den Verwaltungsvorschriften nach § 7a WHG zugrunde gelegt. Neben der Schiedsmethode wurden auch einfachere Verfahren zur angenäherten Bestimmung des *CSB* im Rahmen der Eigenkontrolle eingeführt. Diese Feldmethoden sind inzwischen weiterentwickelt worden.

Der organische Kohlenstoff. Er markiert den Anteil an organischen Substanzen entweder als Gesamt-Kohlenstoff (*TOC* ≙ total organic carbon) oder als gelöster organischer Kohlenstoff (*DOC* ≙ dissolved organic carbon). Auch dieser Parameter unterscheidet nicht nach abbaubaren und nicht abbaubaren Substanzen. Die Werte für den *DOC* schwanken bei kommunalem Abwasser zwischen 50 bis 150 mg C/l. Bestimmung erfolgt mit automatischen Analysegeräten. Wenn das Verhältnis BSB_5/TOC konstant ist, kann man so auch den BSB_5 bestimmen.

Der biochemische Sauerstoffbedarf (BSB_5). Sauerstoff spielt bei der Abwasserreinigung die entscheidende Rolle. Ohne seine Mitwirkung kann eine Reinigung des Abwassers nicht vor sich gehen. Im Stoffwechsel der Bakterien werden zunächst die unbeständigen Schmutzstoffe in beständige Oxide umgewandelt. Diese Oxidation ist ein biologischer Prozeß, der nur unter Zufuhr von Sauerstoff stattfinden kann. Man spricht daher vom aeroben Reinigungsvorgang und von aeroben Bakterien. Da sich die Bakterien unter günstigen Lebensbedingungen, d. h. bei ausreichender Feuchtigkeit sowie bei Vorhandensein von Sauerstoff und Nährstoffen sehr schnell vermehren, kann der Verbrauch an Sauerstoff als Maßstab für die Verschmutzung des Wassers dienen. Verschmutztes Wasser hat einen „biochemischen Sauerstoffbedarf", abgekürzt *BSB*. Er nennt die Sauerstoffmenge (O_2) in mg/l, die notwendig ist, um die im Abwasser enthaltenen organischen Stoffe mit Hilfe von Bakterien abzubauen. Ohne künstliche Intensivierung verteilt sich dieser Sauerstoffbedarf und damit die Reinigung über ≈ 25 Tage (Tafel **256**.1).

Tafel **256**.1 *BSB* erster Stufe im lufthaltigen Wasser bei verschiedenen Temperaturen, bezogen auf den fünftägigen Sauerstoffbedarf BSB_5, bei 20°, nach Fair = 1,0. Z.B.: BSB_5 = 300 mg/l; voller *BSB* bei 5°C = 1,02 · 300 = 306 mg/l

Zeit in Tagen	Temperaturen in °C					
	5°	10°	15°	**20°**	25°	30°
1	0,11	0,16	0,22	0,30	0,40	0,54
2	0,21	0,30	0,40	0,54	0,71	0,91
3	0,31	0,41	0,56	0,73	0,93	1,17
4	0,38	0,52	0,68	0,88	1,11	1,35
5	0,45	0,60	0,79	**1,00**	1,23	1,47
6	0,51	0,68	0,88	1,10	1,31	1,56
8	0,62	0,80	1,01	1,23	1,45	1,66
10	0,70	0,90	1,10	1,32	1,52	1,71
14	0,82	1,02	1,21	1,40	1,58	1,74
20	0,92	1,10	1,28	1,45	1.61	–
25	0,97	1,14	1,30	**1,46**	–	–
voller Sauerstoffbedarf erster Stufe	0,7 · 1,46 = 1,02	0,8 · 1,46 = 1,17	0,9 · 1,46 = 1,32	1,0 · 1,46 = **1,46**	1,1 · 1,46 = 1,61	1,2 · 1,46 = 1,76

Tafel **256**.2 Gebräuchliche Mittelwerte des BSB_5[1])

Abwasserinhaltstoffe Stoffgruppen	Sauerstoffbedarf in 5 Tagen			
	$gBSB_5/(E \cdot d)$		$gBSB_5/m^3$ Abwasser	
	a)	b)	mit a) bei Q_d = 150 l/(E · d)	mit b) bei Q_d = **200** l/(E · d)
Absetzbare Schwebestoffe	19 oder	**20**	130	**100**
Nicht absetzbare Schwebestoffe	12 } 35	**10** } **40**	80 } 230	**50** } **200**
Gelöste Stoffe	23	**30**	150	**150**
	54	**60**	360	**300**

[1]) Die Werte sollen vor Neuplanungen möglichst gemessen werden.

Die Abnahme des *BSB* an einem Tage beträgt bei T = 20°C immer ≈ 20,6% des Restbedarfs, d.h. für den ersten Tag $\frac{0,3}{1,46} \cdot 100 = 20,6\%$ usw.

Bei niedrigen Temperaturen verläuft der Abbau langsamer, bei höheren Temperaturen schneller. Zum Vergleich verschiedenen Abwassers benutzt man den biochemischen Sauerstoffbedarf nach 5 Tagen, den BSB_5. Er beträgt 68,4% des Gesamt-*BSB*. Die BSB_5-Angabe charakterisiert den Grad der Abwasserverschmutzung, jedoch nur für die Schmutzstoffe, die sich biologisch abbauen lassen, nicht etwa für Chemikalien anorganischer Art. Den BSB_5 = 54 g/(E · d) oder **60 g/(E · d)** bezeichnet man auch als „Einwohnergleichwert" (EG) des BSB_5.

Der BSB_5 gilt als Maß für die Konzentration an fäulnisfähigen organischen Substanzen. Repräsentative Messungen haben ergeben, daß je Einwohner heute im Mittel 60 g BSB_5/d in das Abwasser abgegeben werden. Davon rund ein Drittel in absetzbaren, der Rest in gelösten organischen Stoffen (Tafel **256**.2). Die BSB_5-Konzentration ist abhängig vom Wasserverbrauch je Einwohner. Im Mittel liegen die Werte für kommunales Abwasser bei 300 mg/l, in industriellem und gewerblichen Abwasser auch wesentlich höher.

Neben der aeroben Reinigungsphase gibt es noch die anaerobe Phase, die vornehmlich in den Faulbehältern der Kläranlage eine Rolle spielt. Die hier lebenden Bakterien kommen ohne Luft aus, brauchen aber ebenfalls Sauerstoff, den sie aus den Verbindungen des Schlamms abspalten. Chemisch betrachtet nennt man diesen Prozeß deshalb „Reduktion". Die organischen Feststoffe des Frischschlamms setzen sich dabei zum größten Teil in Faulgas um, das hauptsächlich aus Methan und Kohlendioxyd besteht (s. Abschn. 4.6).

Man bezeichnet den Sauerstoffverbrauch von Mikroorganismen, der sich unmittelbar auf die physiologische Verwertung der von außen an die Zelle herangeführten Nährstoffe bezieht, als Substratatmung. Es ist ausschließlich der Sauerstoffbedarf für die Substratatmung, der als proportionale Größe die Konzentration an umsetzbarer Substanz darstellt.

Stehen den Organismen keine Nährstoffe zur Verfügung, sind sie gezwungen, zur Dekkung ihres Energiebedarfes zellintern gespeicherte, sog. Reservestoffe abzubauen. Den daraus resultierenden Sauerstoffverbrauch bezeichnet man als endogene Atmung. Diese schließt an die Substratatmung an. Sie wird durch die während der Substratatmung stattfindende Reservestoffbildung angeregt und hat die Bedeutung einer Folgereaktion. Die Fähigkeit zur physiologischen Verwertung gelöster organischer Substanz ist weitgehend auf Bakterien beschränkt. Höhere Organismen, Protozoen, sind auf Teilchennahrung angewiesen.

Da jedoch nur für die gelöste organische Substanz eine Meßzahl gesucht wird, darf der Sauerstoffbedarf der höheren Organismen in der BSB-Probe (Bakterien- und Phytoplanktonfresser) eigentlich nicht in die Analyse mit einbezogen werden.

Ebenfalls auszuklammern wäre der Sauerstoffverbrauch infolge Nitrifikation. Diese spielt für den Sauerstoffhaushalt von Oberflächengewässern eine sehr wichtige Rolle, die Überlagerung zweier, in der Regel streng aufeinanderfolgend ablaufender biologischer Reaktionen, führt zu einem verfälschten Bild.

Der BSB_5 setzt sich aus der Summe der vier Teilreaktionen zusammen (**257**.1), vergleiche auch Tafel **370**.1, Zeile 20 bis 23.

1. Substratatmung der Bakterien bei der physiologischen Verwertung der gelösten organischen Substanz,
2. Endogene, innere Atmung der Bakterien nach Abschluß der Substratatmung,
3. Atmung höherer Mikroorganismen wie Bakterienfresser etc. und
4. Atmung der Nitratbakterien.

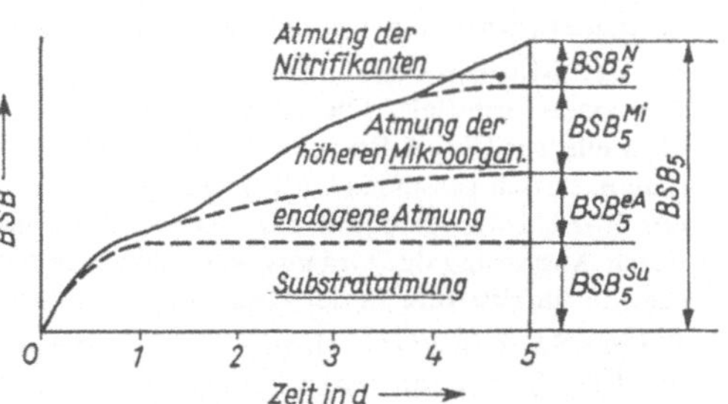

257.1 Schematische Aufteilung der BSB-Kurve für 0 bis 5 Tage

Erklärt werden sollte, daß der BSB_5 in der biologischen Abwasseranalyse als der wichtigste Verschmutzungsparameter gilt. Er dient zur Bestimmung der Konzentration an gelöster organischer, biologisch abbaubarer Substanz. Er wird dieser Aufgabe nur mit großen Einschränkungen gerecht.

Der BSB_5 ist vielmehr als Ergebnis eines Entwicklungsprozesses anzusehen, in dessen Verlauf die Zusammensetzung der Lebensgemeinschaft in der Probe eine qualitative und quantitative Änderung erfährt.

Der Vorgang mag der Selbstreinigung in einem Fließgewässer entsprechen. Der momentane Zustand der Schmutzstoffkonzentration ist verfälscht.

Diese Kritik am BSB_5 wird bereits seit vielen Jahren geübt. Wenn dieser Parameter in der Abwasseranalyse bisher weiterverwendet wurde, so deshalb, weil eine entsprechende Alternative fehlte.

Mit Einführung des sogenannten Pollumaten als Meßinstrument wird die Konzentration an organischer Substanz direkt proportional zum Sauerstoffbedarfswert innerhalb einer kurzen Analysenzeit (< 30 Minuten) erfaßt.

Bei der BSB_5-Bestimmung mißt man die Sauerstoffmenge, die durch die mikrobiellen Stoffwechselprozesse beim Abbau der Schmutzstoffe im aeroben Milieu bei +20°C in 5 Tagen verbraucht wird. Generell ist folgendes zu beachten:

1. Die O_2-Zehrung kann nur ungehemmt ablaufen, wenn eine artenreiche Bakterienbiozönose vorhanden ist und kein Mangel an anorganischen Nährsalzen, z.B. P-, N-Verbindungen, besteht. Andernfalls muß die Abwasserprobe mit Bakteriensuspensionen geimpft und mit Nährsalzen angereichert werden.
2. Enthält das Abwasser für die Entwicklung hemmende Faktoren, wie z.B. extreme pH-Werte, Desinfektionsmittel, Schwermetallsalze, so müssen diese entfernt werden, z.B. durch Neutralisation, da sonst zu niedrige BSB_5-Konzentrationen gemessen werden.
3. Für die BSB_5-Bestimmung sind im Laufe der Zeit verschiedene Methoden entwickelt worden, die keine vergleichbaren Ergebnisse liefern.

Bei der Verdünnungsmethode muß das Abwasser mit Rein-Wasser soweit verdünnt werden, daß die Zehrung zwischen 1 bis 8 mg O_2/l in 5 d liegt, da im Reinwasser bei 20°C ca. 9 mg O_2/l gelöst sind und davon mindestens 1 mg O_2/l gezehrt, aber noch 1 mg O_2/l vorhanden sein soll. Bei Abwasserproben unbekannter Konzentration ist es schwer, das richtige Verdünnungsverhältnis zu treffen. Man geht von einer normalen O_2-Zehrung aus, d.h. täglich 20,6% der noch verhandenen Kohlenstoffverbindungen, und vom Beginn der Nitrifikation erst nach 5 Tagen. Sind neben Ammoniumverbindungen schon Nitrifikanten im Abwasser enthalten, kann bereits vorher ein O_2-Verbrauch durch Nitrifikation eintreten. Der gemessene BSB_5 wäre dann zu hoch. Um diese Fehlerquelle auszuschalten, wird dem Verdünnungswasser Allythioharnstoff als Nitrifikationshemmer zugegeben.

Bei der Manometrischen BSB-Bestimmung wird die O_2-Zehrung des unverdünnten Abwassers ermittelt. Die Abwasserprobe wird in einem Gefäß eingeschlossen, in dem sich im Gasraum zur CO_2-Adsorption Lauge befindet. Durch die O_2-Zehrung entsteht ein Unterdruck, der manometrisch gemessen wird. Die manometrischen Verfahren haben den Vorteil, daß der Verlauf der O_2-Zehrung verfolgt werden kann und anomale Zehrungsabläufe, z.B. durch Hemmstoffe oder durch Anpassung der Organismen erkennbar sind. Außerdem liegen in dem unverdünnten Abwasser alle Inhaltsstoffe in der Originalkonzentration vor.

Bei der Sapromat-Methode ist die O_2-Menge nicht mehr begrenzt. Der durch die O_2-Zehrung und CO_2-Absorption verursachte Unterdruck löst einen Impuls aus, durch den elektrolytisch Sauerstoff erzeugt und dem Meßgefäß zugeführt wird, bis der verbrauchte Sauerstoff wieder aufgefüllt ist. Aus der Impulszahl kann direkt die verbrauchte O_2-Menge abgelesen werden. Die Messung erfolgt im Original-Abwasser bei gleichbleibender O_2-Konzentration ohne Begrenzung der Meßzeit.

Stickstoff (s. Abschn. 4.5.4.2). Im Rohabwasser finden wir ihn als organischen Stickstoff, als Harnstoff, oder bei beginnenden Abbauprozessen in Form von Ammoniak.

Nitritstickstoff ist meist nur wenig vorhanden. Nitratstickstoff kann in höheren Konzentrationen vorhanden sein, wenn in der Kanalisation nicht bereits soviel Sauerstoff verbraucht wurde, daß es zu Nitratreduktionen kam. Im gereinigten Abwasser bewirken Nitratstickstoff und Ammoniak Eutrophierung der Gewässer.

Phosphor (s. Abschn. 4.5.4.1). Phoshor nimmt in der Regel die Rolle des Minimumstoffes im Gewässer ein. Eine Erhöhung führt zur Intensivierung des Algenwachstums. Deshalb werden für Phosphorkonzentrationen im behandelten Abwasser bei Einleitung in stehende Gewässer, Grenzwerte festgelegt. Die Reduktion der Phosphorgehalte wird durch zusätzliche Klärelemente vorgenommen (s. Abschn. 4.5.4.1).

Hygienische Parameter. Es gibt keine routinemäßige Untersuchung des rohen oder gereinigten Abwassers auf pathogene Keime. Sie wird nur in speziellen Fällen verlangt. Als Maß für die potentielle Anwesenheit pathogener Keime gilt der Coli-Test.

Gifte. Aus den Kenntnissen über die Ansammlung von Giftstoffen in Flußsedimenten erhält die Untersuchung auf Schwermetalle und Pesticide eine zunehmende Bedeutung. Sie wird verlangt, wenn Abwasserschlämme landwirtschaftlich verwertet werden sollen. Besondere Beachtung verdient die Untersuchung der Industrieabwässer und der industriellen Kläranlagen. Sie erstreckt sich vor allem auf Nickel, Cadmium, Kupfer, Zink, Blei, Quecksilber und Chrom.

Kinetik. Eine biologische Abwasserreinigung ist nur dann möglich, wenn die vorhandenen Substanzen Nährstoffcharakter haben. Im kommunalen Abwasser sind dies organische Stoffe aus den Haushalten. Der BSB_5-Test gibt einen Hinweis, ob sauerstoffverbrauchende Reaktionen stattfinden. Ein Test für den Nährstoffcharakter ist dies nicht.

Die zeitliche Bewertung ergibt, daß bei kommunalem Abwasser in der Regel eine zwei- oder dreistufige Reaktion vorliegt. Bei einer Versuchstemperatur von 20°C besitzt die erste Stufe eine Reaktionsgeschwindigkeit von ca. 3 bis 5 g Sauerstoffverbrauch je kg Bakterienstickstoff und Minute. Kommunales Abwasser ist eine Nährlösung mit relativ schlechten Nährstoffeigenschaften.

Die Reaktionsgeschwindigkeiten von gewerblichen Abwässern können höher sein; vor allem, wenn die Verschmutzung aus Kohlenhydraten besteht. Wichtig erscheint die Kinetik bei einförmigem industriellem Abwasser, wenn dieses zur Produktion von Biomasse verwendet werden soll. Ebenso bedeutsam ist die Kinetik bei der Mischung von Abwässern. Man erkennt hier, ob die Mischung zu einer Veränderung der Abbaubarkeit führt. Schließlich spielt auch die Adaptation (Anpassung) und die Kinetik bei der Beurteilung des Nährlösungscharakters eine Rolle. Ein Beispiel dafür ist das System Belebtschlamm-Phenol. Phenol läßt sich nur in geringen Konzentrationen abbauen. Bei höheren Konzentrationen kommt es zur Hemmung durch Substratüberschuß. Starke Konzentrationsschwankungen an Phenol können in einer Kläranlage nicht behandelt werden.

Der Plateau-*BSB* nach Hartmann. Der Plateau-*BSB* gibt an, wie groß der Sauerstoffbedarf des Systems Abwasser-Bakterien für die Primärreaktionen ist. Die Bestimmung kann über die Beobachtung einer Langzeit-*BSB*-Kurse erfolgen oder in wenigen Minuten durch die Pollumat-Methode. Da Sekundärreaktionen sicher fehlen, sind die Plateau-Werte niedriger als der BSB_5. Für kommunale Abwässer liegen sie um 30 bis 70 mg O_2/l.

Das C:N:P-Verhältnis. Die meisten chemoorganotrophen Organismen haben eine Zusammensetzung mit einem Kohlenstoff-Stickstoffverhältnis von C/N 4:1. Geht man davon aus, daß etwa 50% der Nährstoffe oxidiert werden müssen, um die verbleibenden 50% in Organismenmasse umzuwandeln, so müßte eine optimale Nährlösung ein C:N-Verhältnis von 8:1 haben. Da ein Teil der organischen Stoffe im Abwasser bakteriell nicht vertretbar ist, wäre das Verhältnis von 12:1 ideal. Unter diesen Bedingungen würde aller Stickstoff zum Aufbau der Organismenmasse benötigt und kein Stickstoff im gereinigten Abwasser verbleiben. Das C:N-Verhältnis wird damit zum Maßstab für das Abwasser als Nährlösung. Kommunales Abwasser hat in der Praxis jedoch ein C:N-Verhältnis von etwa 5:1 bis 2:1. Es ist aus diesem Grunde nicht möglich, in einem einfachen biologischen Verfahren das Abwasser so zu reinigen, daß der gesamte Stickstoff in Organismenmasse gebunden wird. Das ideale C:P-Verhältnis liegt bei 30:1. Diesem kommt die Abwasserzusammensetzung sehr nahe. Trotzdem wird Phoshor nicht vollständig eliminiert, weil ein Großteil aus Polyphosphaten der Waschmittel stammt, die durch chemoorganotrophe Organismen nicht verwertet werden.

4.2 Anforderungen an die Abwasserbehandlung

4.2.1 Grenzwerte für Abwassereinleitungen

4.2.1.1 Mindestanforderungen

Nach § 7a Absatz 1 des Wasserhaushaltsgesetzes in der Fassung vom 16. Okt 1976 (BGBl. I S. 3017) wurde die Erste Allgemeine Verwaltungsvorschrift über Mindestanforderungen an das Einleiten von Schmutzwasser aus Gemeinden in Gewässer – 1. Schmutzwasser VwV – vom 24. Jan 1979 erlassen [18].

Diese allgemeine Verwaltungsvorschrift gilt für in Gewässer einzuleitendes Schmutzwasser, das in Kanalisationen gesammelt wird und im wesentlichen aus Haushaltungen oder Haushaltungen und Anlagen stammt, die gewerblichen Zwecken dienen, sofern die Schädlichkeit dieses Schmutzwassers mittels biologischer Verfahren mit gleichem Erfolg wie bei Schmutzwasser aus Haushaltungen verringert werden kann; oder das von einzelnen eingeleitet wird und im wesentlichen aus Haushaltungen oder Einrichtungen wie Gemeinschaftsunterkünften, Hotels und Gaststätten oder Anlagen stammt, die anderen als den vorher genannten gewerblichen Zwecken dienen, sofern es gleichartiges Schmutzwasser ist. Außerdem für Schmutzwasser, das in einer Flußkläranlage behandelt worden ist, sofern es nach seiner Herkunft dem vorgenannten Abwasser entspricht.

Diese Vorschrift gilt nicht für Kleineinleitungen im Sinne des § 8 in Verbindung mit § 9 Absatz 2 Satz 2 des Abwasserabgabengesetzes und für befristete Zwischenlösungen zur Sanierung der Abwasserverhältnisse aufgrund von Planungen des Landes.

Folgende Mindestanforderungen werden an das Einleiten von Schmutzwasser, das in Anlagen behandelt worden ist, mit deren Bau nach dem 31. Dez 1978 begonnen wurde, gestellt:

Tafel **260**.1 Mindestanforderungen nach der 1. Schmutzwasser VwV vom 24.1.1979

Proben nach Größenklassen	Absetzbare Stoffe in ml/l	Chemischer Sauerstoffbedarf (*CSB*) in mg/l	Biochemischer Sauerstoffbedarf (BSB_5) in mg/l
Größenklasse 1			
< 60 kg/d BSB_5 (roh)			
Stichprobe	0,3	–	–
2-h-Mischprobe	–	180	45
24-h-Mischprobe	–	120	30
Größenklasse 2			
60 bis 600 kg/d BSB_5 (roh)			
Stichprobe	0,3	–	–
2-h-Mischprobe	–	160	35
24-h-Mischprobe	–	110	25
Größenklasse 3			
> 600 kg/d BSB_5 (roh)			
Stichprobe	0,3	–	–
2-h-Mischprobe	–	140	30
24-h-Mischprobe	–	100	20

Die Anforderungen zum Schutz der Gewässer werden ständig angepaßt und sind z.Z. in einer 3. Novelle zur 1. Schmutzwasser VwV festgelegt. Die wichtigsten Daten (neue Mindestanforderungen) sind (Qualifizierte Stichprobe oder 2-h-Mischprobe):

*) gültig ab 1. 1. 89
**) gültig > 5000 EG ab 1. 1. 92
***) gültig > 50000 EG ab 1. 1. 92

CSB		BSB_5	NH_4-N	P_{ges} in mg/l
< 1000 EG	> 1000 EG			
150*)	130*)	30*)	10**)	2***)

Eine 4. Fassung mit wiederum verringerten Werten und eine 5., die auch Denitrifikation vorsieht, sind in der Beratung. Ein Wert gilt als nicht eingehalten, wenn das arithmetische Mittel aus den letzten fünf Untersuchungen diesen Wert überschreitet. Nur bei Einhaltung kann die Abwasserabgabe halbiert werden. Die Werte erhalten eine rechtsverbindliche Bedeutung, weil damit die **allgemein anerkannten Regeln der Technik** (a.a.R.d.T.) vorgegeben sind. Der **Stand der Technik** bezeichnet i. allg. den Entwicklungsstand zum gegenwärtigen Zeitpunkt und geht über die Regeln der Technik hinaus, meist ohne schon zur Regel geworden zu sein.

4.2.1.2 Wasserrechtlicher Bescheid

Folgende Kriterien sind im Bescheid nach Bundes- und Landesrecht zu beachten:
- Die ordnungsgemäße Erfüllung der Abwasserbeseitigungspflicht,
- die sich aus den Mindestanforderungen nach § 7a WHG ergebenden Grenzen,
- mögliche Verschärfungen aus internationalen oder nationalen Emissionsnormen,
- mögliche Verschärfungen aus Notwendigkeiten der Gewässerbewirtschaftung.

Die Grenzwerte für die Abwassereinleitung folgen aus den Mindestanforderungen und ihren evtl. Verschärfungen, also allein aus wasserrechtlichen Kriterien und nicht aus Kalkulationen im Zusammenhang mit der Abwasserabgabe.

§ 7a WHG fordert, daß in der Erlaubnis Menge und Schädlichkeit des Abwassers so gering gehalten werden, wie dies den a.a.R.d.T. entspricht. Für die Inhaltsstoffe im Abwasser ergibt sich daraus die Forderung nach Schmutzfrachtbegrenzung. Sie soll gewässerrelevant bei vernünftigem Überwachungsaufwand erfolgen.

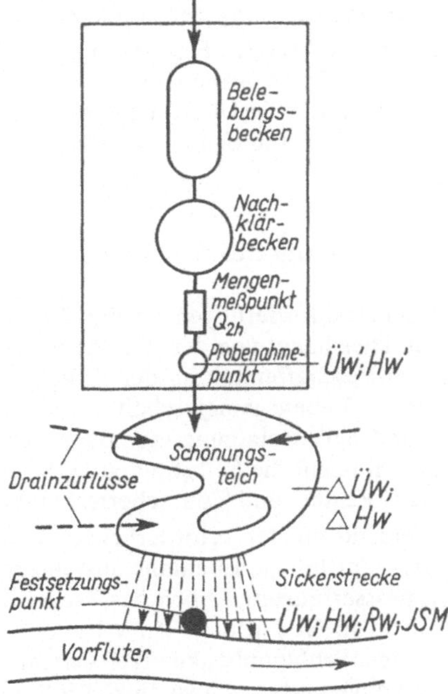

Q_{2h} = 2-h-Wassermenge, *Üw* = Überwachungswert, *Hw* = Höchstwert, *JSM* = Jahresschmutzwassermenge, *Rw* = Regelwert, *ΔÜw*, *ΔHw* = Wirkung des Schönungsteiches. *Üw* und *Hw* gelten als eingehalten, wenn *Üw'* = *Üw* + *ΔÜw* und *Hw'* = *Hw* + *ΔHw* eingehalten werden

261.1 Wasserrechtliche Meßpunkte bei einer Kläranlage mit Schönungsteich

In der Regel werden folgende Grenzwerte festgelegt:
- die Abwasserhöchstmenge in 2 h,
- die einzuhaltenden Konzentrationen für die verschiedenen Summenparameter (absetzbare Stoffe, *CSB*, BSB_5) oder Einzelsubstanzen,
- Probeentnahmepunkt,
- Art der Probeentnahme (geschöpfte Probe, 2-h-Mischprobe),
- Bestimmungsverfahren für die Proben,
- Art der Begrenzung (absoluter Höchstwert, 4 von 5 Wert, i. d. R. Überwachungswert: Er ist einzuhalten; er gilt auch als eingehalten, wenn das arithmetische Mittel der letzten 5 Untersuchungen diesen Wert nicht übersteigt),
- zusätzlich schärfere Begrenzung der Schmutzfracht, als sie dem Produkt aus Abwassermenge und Konzentration entspricht.

§ 7a WHG fordert eine Schmutzfrachtreduzierung, die den a. a. R. d. T. entspricht. Diese beziehen sich auf den Abwasserstrom von der Entstehung des Abwassers bis zum Ablauf der letzten Behandlungsstufe vor Einleitung in das Gewässer. In öffentlichen Kläranlagen ist Festsetzungspunkt für die Grenzwerte i. allg. der Kläranlagenablauf.

Bei Abwassereinleitungen aus Industriebetrieben wird die Schmutzfracht vor Vermischung des Abwassers mit nicht behandlungsbedürftigen Teilströmen (gering verschmutztes Niederschlagswasser, Kühlwasser) begrenzt.

Erfordert die Immissionsbetrachtung eine größere Schmutzfrachtreduzierung, als dies den Mindestanforderungen entspricht, folgt daraus eine Verschärfung der Werte, nicht aber eine Verschiebung der Festsetzungspunkte.

Die abgabenrechtlichen Festsetzungspunkte für Jahresschmutzwassermenge, Regel- und Höchstwerte der Abgabeparameter sind identisch mit den wasserrechtlichen Festsetzungspunkten für die Überwachungswerte. Bild **261**.1 zeigt die Problematik für den Fall des nachgeschalteten Schönungsteiches.

4.2.2 Belastung des Vorfluters

Die Mindestanforderungen an die Abwasserreinigung können darüber hinaus erhöht werden. Dies hängt von der Art des Vorfluters ab, insbesondere von dessen Wasserführung und Beschaffenheit an der Einleitungsstelle. Ein natürliches Gewässer mit seiner natürlichen Lebensgemeinschaft verhält sich wie ein Organismus, der Abwehrbereitschaft und Selbstreinigungsvermögen besitzt. Ist die Belastung mit Schmutzstoffen zu groß, dann reicht die Selbstreinigungskraft nicht aus, den gesunden Zustand wiederherzustellen. Fäulnis und Tod beherrschen dann das Gewässer.

Entscheidend für den erforderlichen Reinigungsgrad des Abwassers ist die Wasserführung des Vorfluters. Ebenfalls ausschlaggebend sind vor allem Größe und Dauer der Niedrigwasserführung. Auch das Wasserlaufgefälle und damit die Wassergeschwindigkeit sind von Bedeutung, denn bei $v < 0{,}3$ m/s sinken die Schwebstoffe zu Boden und bilden Schlammbänke, die sich an der Flußsohle allmählich zersetzen. Neben Wassermenge und -geschwindigkeit interessiert es, ob der Vorfluter schon mit Schmutzstoffen vorbelastet ist. In diesem Fall kann er weniger Schmutzstoffe ohne Schaden aufnehmen.

4.2.3 Selbstreinigung des Vorfluters

Alle Vorgänge biologischer und physikalisch-chemischer Art, die im Wasserlauf den Abbau der Schmutzstoffe bewirken, bezeichnet man als Selbstreinigung des Gewässers. Anorganische (mineralische) Stoffe führen zu einer „Versalzung" des Vorfluters. Diese chemischen Verbindungen können das biologische Leben beeinflussen besonders wenn sie giftig sind. Von überragender Bedeutung sind die im städtischen Abwasser reichlich enthaltenen organischen Schmutzstoffe. Sie werden im Flußlauf durch Kleinlebewesen abgebaut, die man allgemein als „Saprobien" (Schmutzfresser) bezeichnet. Dazu gehören vor allem Bakterien und niedere Lebewesen. Sie ernähren sich von organischen Resten des Abwassers und dienen selbst wieder höheren Organismen als Nahrung. Man ordnet die Gewässer nach ihrem Verschmutzungsgrad verschiedenen Güteklassen zu (Tafel **263**.1).

Tafel **263**.1 Gütegliederung der Fließgewässer (LAWA-Vorschlag Okt 1975)

Güteklasse	Grad der organischen Belastung	Saprobitat (Saprobienstufe)	Chemische Parameter		
			BSB_5 in mg/l	Ammonium in mg/l	Sauerstoff in mg/l
I	unbelastet bis sehr gering belastet	Oligosaprobie	1	Spuren	> 8
I bis II	gering belastet	Oligosaprobie mit betamesosaprobem Einschlag	1 bis 2	um 0,1	> 8
II	mäßig belastet	ausgeglichene Betamesosaprobie	2 bis 6	< 0,3	> 6
II bis III	kritisch belastet	alpha-betamesosaprobe Grenzzone	5 bis 10	< 1	> 4
III	stark verschmutzt	ausgeprägte Alphamesosaprobie	7 bis 13	0,5 bis mehrere mg/l	> 2
III bis IV	sehr stark verschmutzt	Polysaprobie mit alphamesosaprobem Einschlag	10 bis 20	mehrere mg/l	< 2
IV	übermäßig verschmutzt	Polysaprobie	15	mehrere mg/l	< 2

Unter normalen Verhältnissen ist ein Gewässer mit Sauerstoff gesättigt, d. h. es ist so viel Sauerstoff im Wasser gelöst, wie es dem Sättigungswert bei der herrschenden Temperatur entspricht. Wasser nimmt Sauerstoff sowohl aus der Luft als auch durch die Photosynthese der Wasserpflanzen auf. Dieser Sauerstoffvorrat ermöglicht den luftbedürftigen, im Wasser schwebenden Kleinlebewesen (Plankton), die organischen Stoffe des eingeleiteten Abwassers zu oxydieren und zu „mineralisieren".

Man spricht vom Sauerstoffhaushalt des Gewässers. Bei angemessenen Abwassermengen reicht der Sauerstoffvorrat eines Gewässers für eine aerobe Reinigung durch „luftbedürftige" Bakterien ≈ 25 Tage. Erst wenn Vorrat und Nachschub an Sauerstoff zu gering sind, um den Bedarf zu decken, kommt es zu unerwünschten anaeroben Prozessen, bei denen „Fäulnisbakterien" mitwirken. Es bildet sich Bodenschlamm, der bis auf die oberste Schicht von ≈ 4 mm Dicke in Fäulnis übergeht. Die hierbei entstehenden Gase

Tafel **264**.1 Sauerstoff-Sättigungswert von Wasser in mg/l

Wassertemperatur °C	0	5	10	15	20	25	30
salzfreies Wasser	14,6	12,8	11,3	10,2	9,2	8,4	7,6
Meerwasser	11,3	10,0	9,0	8,1	7,4	6,7	6,1

bestehen zu 70% aus Stickstoff-Verbindungen. Der Sättigungswert des Wassers an gelöstem Sauerstoff ist abhängig von der Temperatur und dem Luftdruck (Tafel **264**.1). Der Sauerstoff-Fehlbetrag ist derjenige Teil des Sättigungswertes, der dem Wasser zu einer bestimmten Zeit fehlt, den es aber möglichst schnell wieder zu ersetzen bestrebt ist. Je mehr Sauerstoff fehlt, desto schneller nimmt das Wasser ihn wieder auf. Die Aufnahme hängt vom Fließvorgang im Gewässer und seiner Oberfläche ab (Tafel **264**.2).

Tafel **264**.2 Sauerstoffaufnahme von Gewässern bei T = 20°C nach [19]

Sauerstoffaufnahme	der durchfließenden Wassermenge in % des Fehlbetrages, wenn der Fehlbetrag		der Wasseroberfläche (ohne Mitwirkung der Wasserpflanzen) in g/(m² · d) Sättigungsgrad in %					
Gewässer	abnimmt	gleichbleibt	100	80	60	40	20	0
kleiner Teich	10,9 bis 20,6	11,5 bis 23,0	0	0,3	0,6	0,9	1,2	1,5
großer See	20,6 bis 29,2	23,0 bis 34,5	0	1,0	1,9	2,9	3,8	4.8
langsam fließender Fluß	29,2 bis 36,9	34,5 bis 46,0	0	1,3	2,7	4,0	5,4	6,7
großer Fluß	36,9 bis 49,9	46,0 bis 69,0	0	1,9	3,8	5,8	7,6	9,6
rasch fließendes Gewässer	49,9 bis 68,4	69,0 bis 115	0	3,1	6,2	9,3	12,4	15,5
Stromschnelle	> 68,4	> 115	0	9,6	19,2	28,6	38,4	48,0

F a i r [19] hat ein Schätzungsverfahren (Tafel **264**.3) entwickelt, mit dem ermittelt werden kann, wie stark Abwasser bei der Einleitung in ein Gewässer verdünnt werden muß, wenn ein bestimmter Mindestgehalt G an Sauerstoff im Gewässer nicht unterschritten werden soll. Zu unterscheiden sind dabei der

Tafel **264**.3 Belastungsziffer z nach [19]

Gewässer	a) unterer Grenzfall 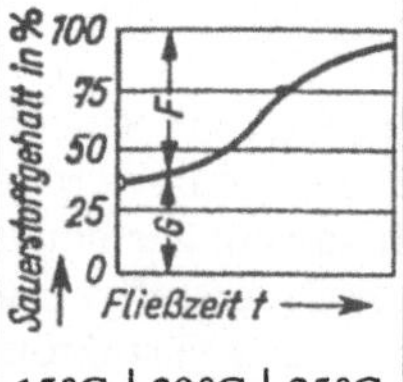			b) oberer Grenzfall 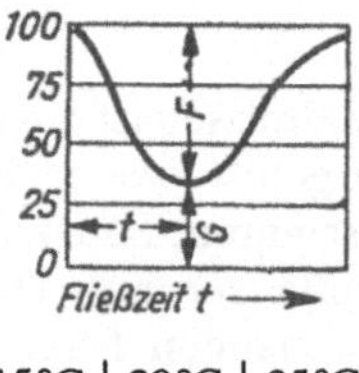			kritische Fließzeit t in Tagen bis zum Absinken auf dem Mindestsauerstoffgehalt G bzw. bis zum Erreichen des größten Sauerstoff-Fehlbetrages max F		
	15°C	20°C	25°C	15°C	20°C	25°C	15°C	20°C	25°C
kleiner Teich	0,6	0,5	0,4	2,1	1,6	1,3	5,9	5,0	4,3
großer See	1,1	0,9	0,7	2,7	2,1	1,6	4,5	3,9	3,3
langsam fließender Fluß	1,6	1,2	0,9	3,2	2,5	2,0	3,8	3,2	2,8
großer Fluß	2,2	1,7	1,3	4,0	3,2	2,5	3,0	2,6	2,3
rasch fließendes Gewässer	3,5	2,7	2,1	5,4	4,3	3,3	2,3	2,0	1,8
Stromschnelle	220	17,0	13,0	25,0	20,0	15,0	0,6	0,6	0,5

untere Grenzfall a), bei dem der Sauerstoffgehalt im Gewässer unterhalb der Einleitungsstelle von Abwasser gleich dem Mindestbetrag G ist, und der

obere Grenzfall b), bei dem das Gewässer mit Sauerstoff voll (= 100%) gesättigt ist.

Die Ausgangsgleichung ist

$$\text{zul}\, BSB_5 = F \cdot z \tag{265.1}$$

zul BSB_5 = zulässiger biochemischer Sauerstoffbedarf im Gewässer in mg/l

F = Sauerstoff-Fehlbetrag im Gewässer in mg/l

z = Belastungsziffer; sie hängt einmal von der Wassertemperatur und zum anderen davon ab, ob der untere oder der obere Grenzfall gegeben ist.

Tafel **264**.3 gibt ferner für den oberen Grenzfall b) die kritische Fließzeit t an, in welcher der Sauerstoffgehalt des Gewässers auf den Mindestgehalt G absinkt.

4.2.4 Berechnungsbeispiele

Beispiel 1: Eine Stadt mit 60000 EG will das Schmutzwasser in einer Kläranlage behandeln und dann einem kleineren Fluß zuleiten, der in einen großen Fluß mündet. Dieser soll in der Lage sein, die Schmutzstoffe weiter abzubauen. Das Selbstreinigungsvermögen des kleineren Flusses ist zu prüfen (**265**.1).

$$Q = v_m \cdot A_m = v_m \cdot t_m \cdot b_m = 0{,}6 \cdot 2{,}50 \cdot 14{,}0 = 21 \text{ m}^3\text{/s}$$

v_m = mittlere Fließgeschwindigkeit

$A_m = t_m \cdot b_m$ = mittlerer Flußquerschnitt

t_m = mittlere Tiefe

b_m = mittlere Breite

Q_s = 150 l/(E · d)

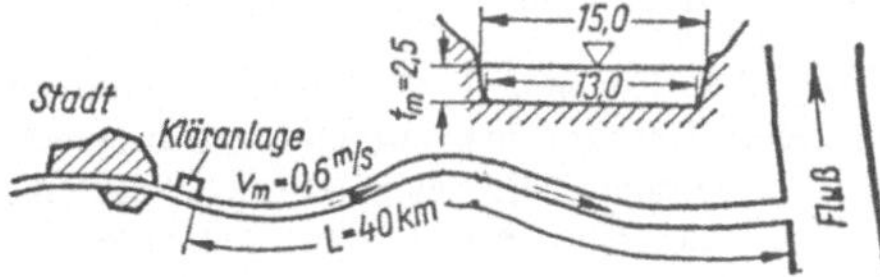

265.1 Lageplan

Das nach mechanisch-biologischer Klärung täglich, zeitlich gleißmäßig verteilt, einzuleitende Schmutzwasser hat einen BSB_5 = 25 mg/l (s. Abschn. 4.2.1).

Der kleine Fluß hat bis zur Mündung eine Fließzeit

$$t = \frac{L}{v_m} = \frac{40000}{0{,}6 \cdot 60 \cdot 60} = 18{,}5 \text{ h}$$

Diese Zeit steht ihm zum teilweisen Abbau des BSB zur Verfügung. Nach Tafel **256**.1 werden 30% des BSB_5 am 1. Tag gedeckt. Nach 18,5 h Fließzeit beträgt näherungsweise, wenn man in Bild **265**.2 im unteren Bereich die Kurve durch eine Gerade ersetzt, der

$$BSB_{18{,}5\,\text{h}} = \frac{18{,}5}{24} \cdot \frac{30}{100} \cdot 25 = 5{,}78 \text{ mg/l}$$

Dieser Wert würde nur für das vor 18,5 h eingeleitete Abwasser gelten. Da jedoch laufend eingeleitet wird, liegt der mittlere BSB des in 18,5 h eingeleiteten Abwassers zwischen 0–5,78 mg/l. Er beträgt wiederum näherungsweise

mittlerer $BSB = 0{,}6 \cdot 5{,}78 = 3{,}47$ mg/l

265.2 Abbau des BSB, bezogen auf den BSB_5 = 100% (Summenlinie)

Während der Fließzeit von 18,5 h befindet sich nur der entsprechende Anteil der täglichen Abwassermenge mit dem entsprechend verringerten *BSB* im Fluß

$$BSB = \frac{18{,}5}{24} \cdot \frac{150 \cdot 60000 \cdot 3{,}47}{1000} = 24073 \text{ g}$$

Dies wäre etwa der Gesamt-*BSB* bis zur Einmündung in den großen Fluß. Diesem Sauerstoffbedarf ist das Angebot *A* gegenüberzustellen.

Die Oberfläche des Flusses ist

$$O = b \cdot L = 15{,}0 \cdot 40000 = 600000 \text{ m}^2$$

Während 18,5 h beträgt die notwendige Sauerstoffaufnahme

$$A_{18{,}5} = \frac{24073}{600000} = 0{,}04 \text{ g/m}^2$$

bzw. umgerechnet auf den Tag

$$A_{24} = \frac{24}{18{,}5} \, 0{,}04 = 0{,}052 \text{ g/(m}^2 \text{ d)}$$

In Tafel **264**.2 liest man in Zeile 4 durch Interpolieren den Sättigungsgrad 99,45% ab. Das entspricht nach Tafel **264**.1 bei T = 20°C dem Sauerstoffgehalt von 0,9945 · 9,2 = 9,15 mg/l, der ausreicht, um das Fischleben mit dem Bedarf von 3 bis 4 mg/l zu erhalten, auch wenn Bodenschlamm noch Sauerstoff verbrauchen sollte.

Bei stoßweiser Einleitung würde sich ein höherer *BSB* ergeben.

Beispiel 2: Ein in 2 Tagen durchflossener See mit $O = 100000 \text{ m}^2$ Oberfläche und $t_m = 3{,}0$ m mittlerer Tiefe soll mechanisch und biologisch vorgereinigtes Schmutzwasser einer Stadt am Seezufluß aufnehmen. Mit welcher Einwohnerzahl *E* darf die Stadt den See beanspruchen, wenn 8 mg/l gelöster Sauerstoff erhalben bleiben sollen?

Nach Abschn. 4.2.1 ist der Rest-BSB_5 = 30 mg/l. Q_s = 200 l/(E · d)

Der See ist bei 20°C mit 9,2 mg/l gesättigt (Tafel **264**.1). Bei 8 mg/l Restsauerstoffgehalt beträgt der Sättigungsgrad

$$\frac{8{,}0}{9{,}2} \, 100 = 87\%$$

Aus Tafel **264**.2 erhält man hierfür eine Sauerstoffaufnahme von 0,65 g/(m² d). Dann beträgt die Gesamtaufnahme unter der Bedingung des gleichmäßig verteilten Durchflusses

$$A = \frac{0{,}65 \cdot 100000}{1000} = 65 \text{ kg/d}$$

Der Bedarf für 2 Tage Durchflußzeit ist nach Bild **265**.2

$$BSB \text{ im Mittel} = 0{,}6 \cdot 0{,}54 \cdot 30 = 9{,}72 \text{ mg/l}$$

und $$\text{Gesamt-}BSB = \frac{9{,}72 \cdot 200 \cdot 2 \cdot E}{1000 \cdot 1000} = 0{,}0039 \cdot E \text{ in kg}$$

Wenn man *A* = *BSB* setzt, ergibt sich

$$E = \frac{65 \cdot 2}{0{,}0039} = 33330 \text{ Einwohner}$$

Es sind aber $\frac{1{,}0 - 0{,}54}{1{,}0} \, 100 = 46\%$ des BSB_5 oder $\frac{1{,}46 - 0{,}54}{1{,}46} \, 100 = 63\%$ des Gesamt-*BSB* von den Gewässern unterhalb des Sees aufzubringen.

Beispiel 3: Eine Stadt mit E = 30000 Einwohnern leitet Q_S = 150 l/(E · d) im Mittel in einen langsam fließenden Fluß bei 15 °C Wassertemperatur. Dessen Sauerstoffgehalt soll nicht unter 7 mg/l sinken. Das Abwasser wird nach mechanisch-biologischer Klärung mit BSB_5 = 20 mg/l eingeleitet. Nach Tafel **264**.3 sind für den unteren und oberen Grenzfall zu schätzen:

1. zulässiger Sauerstoffbedarf zul BSB_5 in mg/l
2. erforderliche Verdünnung des Abwassers
3. erforderliche Wasserführung des Flusses Q in m³/s
4. zulässige Abwasserlast AL in E/(l · s)
5. kritische Fließzeit t in Tagen im oberen Grenzfall
6. zul BSB_5, wenn der Fluß einen Eigenbedarf von BSB_5 = 1 mg/l hat

Lösung

1. Zulässiger Sauerstoffbedarf mit z nach Tafel **264**.3
   Fall a): $z = 1{,}6$ und zul $BSB_5 = F \cdot z = 3{,}2 \cdot 1{,}6 = 5{,}12$ mg/l; $F = 10{,}2 - 7 = 3{,}2$ mg/l
   Fall b): $z = 3{,}2$ und zul $BSB_5 = F \cdot z = 3{,}2 \cdot 3{,}2 = 10{,}24$ mg/l
2. erforderliche Verdünnung V
   Fall a): 20/5,12 = 3,9fach Fall b): 20/10,24 = 1,95fach
3. erforderliche Wasserführung $Q = Q_S \cdot E \cdot V$
   Fall a): $Q = \dfrac{150 \cdot 30000}{24 \cdot 60 \cdot 60}\, 3{,}9 = 52{,}2 \cdot 3{,}9 = 204$ l/s $= 0{,}204$ m³/s
   Fall b): $Q = 52{,}2 \cdot 1{,}95 = 102$ l/s $= 0{,}102$ m³/s
4. Abwasserlast $AL = E/Q$
   Fall a) $AL = 30000 : 204 = 147 \dfrac{E}{(\text{l/s})}$ Fall b): $AL = 30000 : 102 = 294 \dfrac{E}{(\text{l/s})}$
5. Nach Tafel **264**.3 ist t = 3,8 d
6. zul BSB_5 bei Eigenbedarf des Flusses von BSB_5 = 1,0 mg/l
   Fall a): zul $BSB_5 = 5{,}12 - 1 = 4{,}12$ mg/l Fall b): $BSB_5 = 10{,}24 - 1 = 9{,}24$ mg/l

Beispiel 4 (**267**.1): Die Berechnung der Abwasserlast eines Flusses (s. a. Beispiel 3) ist ein altes, oft angewandtes Verfahren zum Aufstellen eines Reinhalteplanes für ein Flußsystem. Man bezieht die Selbstreinigung des Flusses auf die im Augenblick belastenden Einwohnergleichwerte. Diese nehmen durch die Selbstreinigung mit der Fließzeit ab. Als Hilfsmittel dient die Selbstreinigungskurve, die für jeden Fall aufgestellt werden kann, wenn bekannt ist, um wieviel Prozent der BSB_5 mit der Fließzeit abnimmt (**268**.2). Die Auswertung erfolgt zweckmäßig in Tabellenform (Tafel **268**.1).

Im Beispiel 3 war für einen langsam fließenden Fluß bei 15 °C Wassertemperatur und dem geforderten Restsauerstoffgehalt 7 mg/l bei mechanisch-biologischer Vorreinigung die Höchstwasserlast im Fall a) mit 147 E/(l · s) errechnet worden. Aus dem Vergleich mit Spalte 10 der Tafel **268**.1 ist nun zu

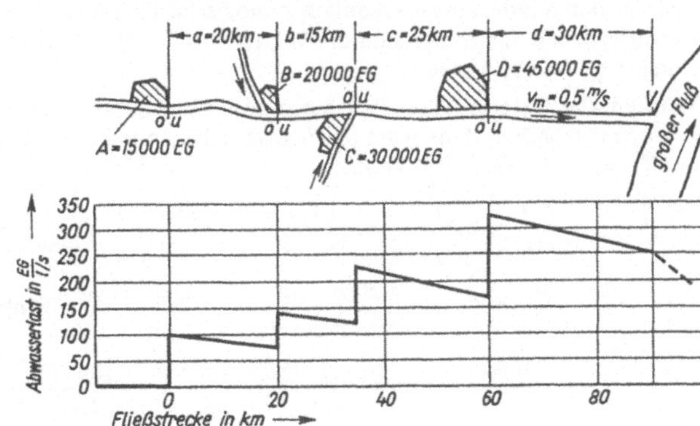

267.1
Lageplan und Linie der Abwasserlast zum Beispiel 4

Tafel **268**.1 Abwasserlastberechnung

1	2	3	4	5		6	7		8	9	10	11
Station	NNW des Flusses	Nebenfluß; Ort oder Industrie	EG = E + EG der Industrie	Abschnitt		Vorbelastung	Beiwert nach **268**.2		örtl. Zugang	Gesamtbelastung	EG-Abwasserlast $\frac{\text{Sp. 9}}{\text{Sp. 2}}$	BSB_5-Abwasserlast 0,0347 · Sp. 10
	l/s		EG		km	EG		EG	EG	EG	$\frac{\text{EG}}{\text{l/s}}$	$\frac{\text{mg } BSB_5}{\text{l}}$
A_u	150	Ort *A*	15000			0			15000	15000	100	3,47
B_o	160	–	–	*a*	20	15000	0,83	12400	–	12400	78	2,71
B_u	230	Ort *B*	20000			12400			20 000	32400	141	4,89
C_o	230	–	–	*b*	15	32400	0,87	28300	–	28300	123	4,27
C_u	260	Ort *C*	30000			28300			30000	58300	225	7,81[1])
D_o	270	–	–	*c*	25	58000	0,79	46 200	–	46200	172	6,0
D_u	273	Ort *D*	45000			46200			45000	91200	333	11,6[1])
V	280	–	–	*a*	30	91200	0,77	70 000	–	70000	250	8,7[1])

[1]) Zu hoch, die Zehrung könnte Fischbestand gefährden, Reinigungsleistungen erhöhen.

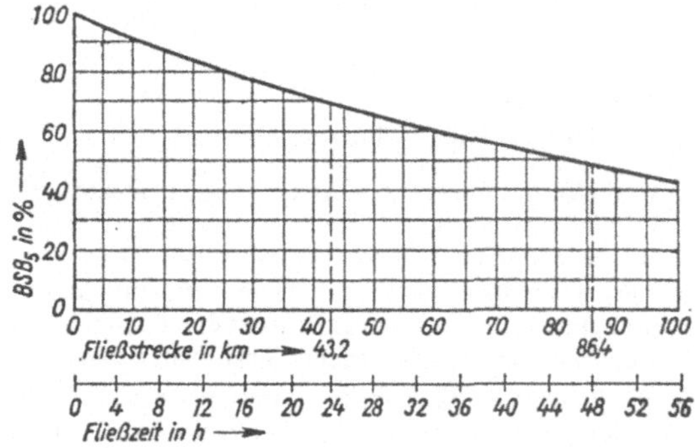

268.2
Selbstreinigungslinie für v = 0,5 m/s Fließgeschwindigkeit und 30% tägliche Abnahme des Sauerstoffbedarfs

folgern, daß mindestens mechanisch-biologische Kläranlagen mit Rest-BSB_5 = 20 mg/l für alle Orte zu fordern sind. Teilweise sind die Werte > 147 $E/(\text{l} \cdot \text{s})$. Hier müßten noch höhere Reinigungsleistungen gefordert werden.

Würden alle Orte in Bild **267**.1 mechanisch-biologische Kläranlagen mit einem Ablauf BSB_5 von = 20 g/m³ erhalten, dann wäre die Abwasserlast in mg BSB_5/l Wasserführung des Flusses zu berechnen (Spalte 11, Tafel **268**.1) aus:

$$\frac{1000}{150} = 6{,}67 \quad \frac{\text{l} \cdot \text{EG} \cdot \text{d}}{\text{m}^3 \cdot \text{l}} = \frac{\text{EG} \cdot \text{d}}{\text{m}^3} = \frac{\text{EG}}{\text{m}^3\ \text{Schmutzwasser/d}}$$

$$\frac{20}{6{,}67} = 3 \quad \frac{\text{g } BSB_5 \cdot \text{m}^3}{\text{m}^3 \cdot \text{EG} \cdot \text{d}} = \frac{\text{g } BSB_5}{\text{EG} \cdot \text{d}} = \text{Einleitung}$$

$$\frac{3 \cdot 1000}{3600 \cdot 24} = 0{,}0347 \quad \frac{\text{g } BSB_5 \cdot \text{mg} \cdot \text{d}}{\text{EG} \cdot \text{d} \cdot \text{g} \cdot \text{s}} = \frac{\text{mg } BSB_5}{\text{EG} \cdot \text{s}}$$

und für eine Abwasserlast von $1\,\frac{\text{EG}}{\text{l/s}}$:

$$0{,}0347 \cdot 1 = 0{,}0347\,\frac{\text{mg } BSB_5 \cdot \text{EG}}{\text{EG} \cdot \text{s} \cdot \text{l/s}} = \frac{\text{mg } BSB_5}{\text{l}} = BSB_5\text{-Abwasserlast}$$

Faktor 0,0347 wird mit den Werten der Spalte 10 multipliziert, z. B. Zeile A_u:

$$0{,}0347 \cdot 100 = 3{,}47\,\frac{\text{mg } BSB_5}{\text{l}} \text{ (Spalte 11).}$$

4.2.5 Einleiten von Abwasser in Seen und Küstengewässer

Abwasser vermischt sich mit dem Wasser eines Sees oder des Meeres nur sehr langsam. Diese für die Selbstreinigung nachteilige Tatsache hat folgende Gründe:

1. die Fließbewegung des Vorflutwassers ist klein
2. das gegenüber der Vorflut meist wärmere Abwasser breitet sich als obere Schicht in der Umgebung der Einleitungsstelle aus
3. die höhere Wichte des Meerwassers unterstützt diese Schichtung

Einige hydraulische Gegebenheiten können entlastend wirken, wie die Gezeitenströmung, die Strömung in Küstengewässern überhaupt und der Wind. Durch die Ausbildung der Einleitung läßt sich der Mischvorgang ebenfalls wirkungsvoll begünstigen, indem man z. B. das Abwasser an mehreren Stellen einleitet oder den Rohrauslaß möglichst tief legt.

Für die Ausbreitung der Abwasserzone Z im Meer bei nicht vorgereinigtem Abwasser ist in [19] folgende Beziehung angegeben

$$Z = E\,(11{,}5 - 3{,}5 \lg E) \quad \text{in km}^2 \tag{269.1}$$

mit E = Zahl der angeschlossenen Einwohner in Tausend $\leqq 1000$. Mit dieser Gleichung läßt sich die Entfernung r der Einleitungsstelle von der Küste ermitteln, wenn diese von lästigen Verunreinigungen frei bleiben soll.

Es gilt auch nach [20]:

$$Q' = 1000\,Q/(11{,}5 - 3{,}5 \lg E) \quad \text{mit } Q \text{ in l/d} \quad \text{und } Q' = \text{l/(d} \cdot \text{km}^2)$$

Beispiel: Für eine Stadt von 400000 Einwohnern, die das Abwasser geklärt in die See leitet, erhält man bei Rest-BSB_5 = 20 mg/l und 3 g BSB_5/EG · d einen fiktiven Wert

$$E = \frac{3}{60} \cdot 400000 = 20000 \qquad Z = 20\,(11{,}5 - 3{,}5 \lg 20) = 20{,}3 \text{ km}^2 = 20300000 \text{ m}^2$$

$$r = \sqrt{\frac{20300000}{\pi}} = 2542 \text{ m}$$

4.2.6 Reinigungswirkung von Kläranlagen

Kläranlagen können aus Abwasser kein Trinkwasser machen; sie sollen jedoch eine möglichst große Reinigungswirkung erzielen. Selbst wenn wenig Schmutzstoffe verbleiben, belasten diese den Vorfluter, meist ein öffentliches Gewässer, oft sehr stark. Die ungeklärte Einleitung von Schmutzwasser in Gewässer ist nicht erlaubt. Die Gewässer

	Abbau des BSB_5 in %
Siebe	5 – 10
Chlorung	15 – 30
Becken: Absetz-	25 – 40
Becken: Flockungs-	40 – 50
Becken: Fällungs-	50 – 85
Tropfkörper	80 – 95
Belebungsverfahren	75 – 95
Belebungsanlage mit Simultanfällung	85 – 98 $P_{ges} \leq 2$
Belebungsanlage mit vorgeschalteter Denitrifikation (Rücklauf 300 %)	85 – 98 $N_{ges} \leq 10$
mehrstufige Kläranlagen	80 – 99
natürlich belüftete Teichanlagen	80 – 97
künstlich belüftete Teichanlagen	90 – 99
Bodenfilter	90 – 95

0 10 20 30 40 50 60 70 80 90 100
Abbau des BSB_5 in % ⟶

270.1 Reinigungswirkung von Kläranlagen, bezogen auf den BSB_5

würden damit eine Aufgabe erhalten, der sie nicht gewachsen sind. Beim Neubau von Kläranlagen wird daher von den Aufsichtsbehörden für Binnengewässer mit Recht die vollbiologische Reinigung gefordert. Rechen, Sandfänge und Absetzbecken bilden dann lediglich deren mechanisch wirkende Vorstufe. Auch bei Städten am Meer kann man sich nicht auf den mechanischen Teil allein beschränken. Bild **270**.1 stellt die Reinigungswirkung der am häufigsten vorkommenden Klärverfahren gegenüber.

4.2.7 Abwasserreinigungsverfahren

Bestimmte Verfahren werden häufig, andere dagegen seltener angewandt, obwohl ihre Reinigungswirkung ebensogut oder besser ist. Platzmangel und Wirtschaftlichkeit sind dann für die Wahl des Verfahrens ausschlaggebend.

Natürliche Verfahren

1. Absetzen des Abwassers in Geländemulden oder Erdbecken mit Ausfaulen der am Boden lagernden Sinkstoffe
2. Versickern des Abwassers auf Rieselwiesen oder Rieselfeldern
3. Versickern des Abwassers in dränierten Bodenfiltern
4. Aufenthalt des Abwassers in Fischteichen unter Verdünnung durch Bachwasser
5. Verregnung des Abwassers
6. Natürlich belüftete Oxidationsteiche
7. Pflanzenanlagen

Künstliche Verfahren

1. Flach- oder Trichterbecken mit daneben gelagertem selbständigem Faulraum und zweistöckige Absetzbecken mit unten liegendem Faulraum
2. Fällungsbecken
3. Tropfkörperverfahren

4. Belebungsverfahren
5. Belüftete Teichanlagen
6. Kombinationen der zuvor genannten Anlagen meist als mehrstufige Kläranlagen
7. Kombinationen der künstlichen Verfahren mit natürlichen als mehrstufige Kläranlagen
8. Kombination von Belebungsanlagen mit Anlagen der Fällungsreinigung (P-Elimination) oder Filtration
9. Anlagen nach 3. oder 4. zur Nitrifikation und Anlagen zur Denitrifikation

Künstliche Verfahren kommen in der Regel mit kleinerem Raum aus. Da sich bei ihnen (außer bei offenen Faulräumen) der gerucherzeugende anaerobe Teil der Reinigung in geschlossenen Behältern oder unter dem Wasserspiegel abspielt, sind sie im wesentlichen geruchlos. Sie erfordern fachmännische Bedienung.

4.3 Bestandteile und Kosten einer Kläranlage

4.3.1 Bestandteile

Die Bauwerke einer konventionellen, künstlichen Kläranlage für vorwiegend kommunales Abwasser bilden ihrem Zweck nach vier Gruppen (**271**.1 bis **279**.2):

1. Mechanische Reinigung: Einlauf, Rechen, Sandfang, Vorklärbecken
2. Biologische Reinigung: biologische Stufe, Nachklärbecken, Auslauf
3. Chemische Reinigungsstufe: Fällungsstufen, selbständig oder simultan; Denitrifizierungen (nicht generell)
4. Schlamm- und Gasbehandlung: Faulbehälter, Betriebsgebäude, Eindicker, Gasbehälter, Schlammtrockenbeete, thermische Schlammbehandlung, künstliche Trocknung, Schlammverbrennung.

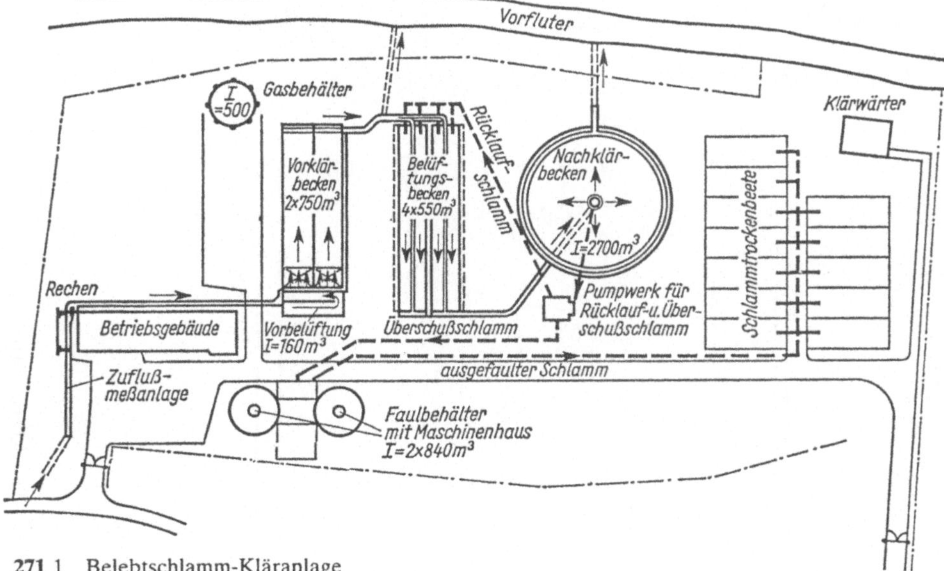

271.1 Belebtschlamm-Kläranlage

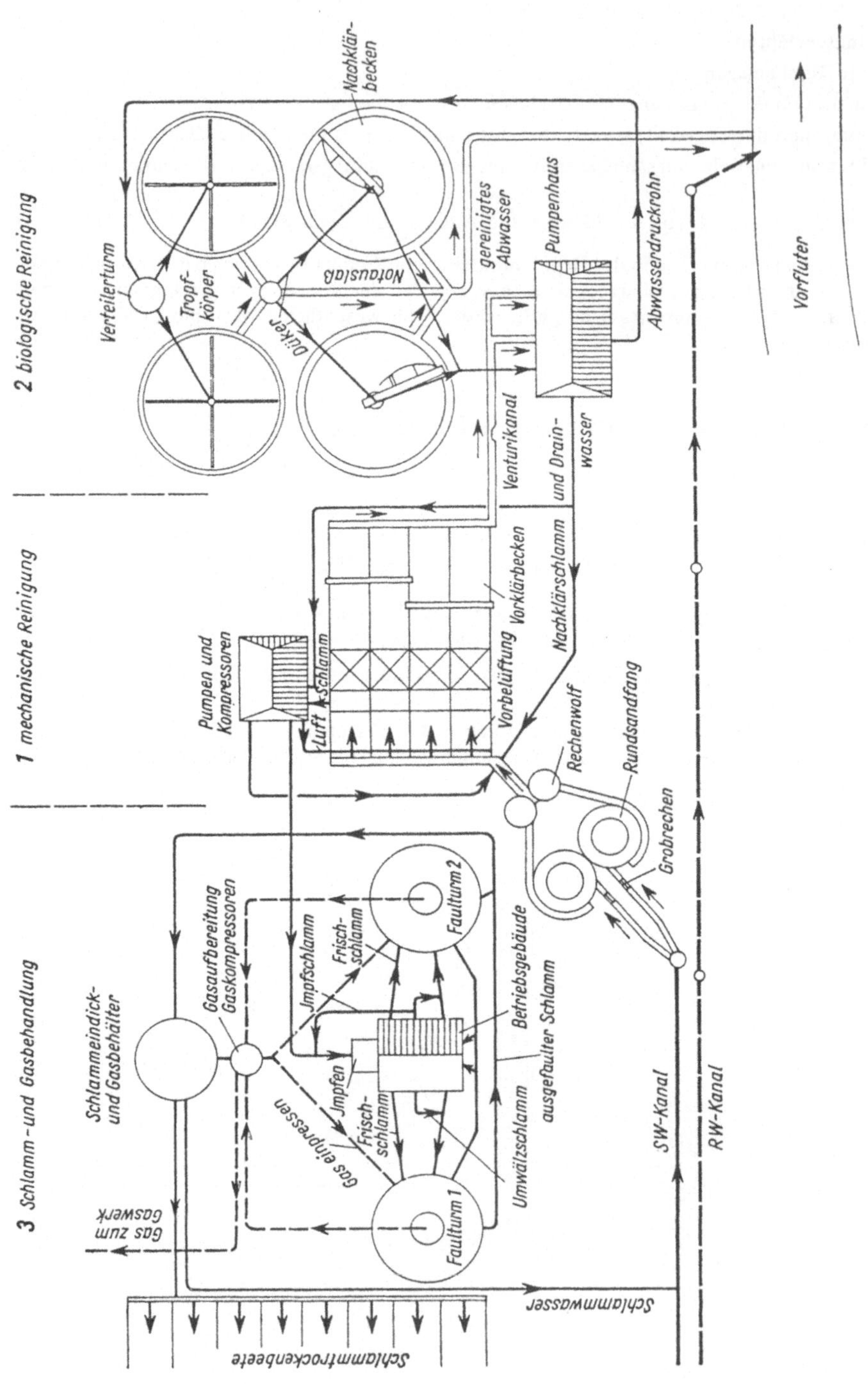

272.1 Tropfkörper-Kläranlage

Hinzu kommt das umfangreiche unterirdische Netz von Druckrohren, Dükern, Schlamm-, Luft- und Gasleitungen und Kanälen. Während die Faultürme ihr eigenes Betriebsgebäude haben, sollte man versuchen, im übrigen für Pumpen und Kompressoren mit einem Maschinenhaus auszukommen. Dessen Standort muß sorgfältig geplant werden. Soweit höhenmäßig möglich, wird das Abwasser in oberirdischen Gerinnen durch die Anlage geleitet. Hat das vorgesehene Gelände brauchbares Gefälle, ist zu überlegen, ob eine oder mehrere Abwasserhebungen eingespart werden können, auch wenn dafür Erdarbeiten erforderlich sind. Der ausgefaulte Schlamm braucht nicht in unmittelbarer Nähe der Anlage weiterbehandelt zu werden, sondern kann auch über längere Strecken in Polder, Trokkenbeete, Deponien oder zur landwirtschaftlichen Verwertung gepumpt werden.

Größere Kläranlagen erhalten feste Straßen, um mit Transport- und Betriebsfahrzeugen an die Bauwerke heranzukommen. Zeckmäßig ist es, dem Klärmeister ein Wohnhaus auf dem Gelände oder in dessen Nähe zu erstellen. Alarmvorrichtungen müssen ihn schnell herbeirufen können. Die gesamte Anlage ist möglichst mit einem breiten Grünstreifen (Baumbewuchs) zu umgeben. In der Kläranlage sollen gut gepflegte Grün- oder Blumenflächen, Strauch- und Baumbepflanzungen für ein gefälliges Bild sorgen.

Das Planen und Bauen von abwassertechnischen Anlagen, meist in der Nähe von Flüssen, unterhalb von Städten und Gemeinden, ist immer ein Eingriff in das Landschaftsbild und damit in die Natur. Abwassertechnische Anlagen sind städtebaulich, verkehrstechnisch und landschaftspflegerisch in die Umgebung einzubinden. Vorgabe ist der abwassertechnische Entwurf. Planungsziel ist es, den Eingriff in die Natur möglichst gering und schadlos zu gestalten. Die Mitwirkung eines Architekten ist u. U. empfehlenswert. Diese Arbeiten sind zeitlich vor Beginn der Planfeststellung einzuordnen. Der Vorentwurf für die gesamte Kläranlage muß aufgestellt, in den Lageplan eingetragen, und dann den Trägern öffentlicher Belange vorgelegt werden.

Schon bei der städtebaulichen Lösung sollte die Anlage bei vorgegebener Verfahrenstechnik für den geringsten Flächenbedarf entwickelt werden, damit Grundstückskosten und Baukosten der Außenanlagen niedrig bleiben. Hochbauten mit ihrer Höhenstaffelung und Ausdehnung werden konzentriert und minimiert, damit möglichst geringer umbauter Raum entsteht. Man erreicht so geringe Außen- und Dachflächen.

Der Architekt hätte für den Hochbau die Planung im Maßstab 1:100 herzustellen und gemeinsam mit dem Klärwerksplaner den Bauantrag, die Berechnungen, die Bau- und Betriebsbeschreibung anzufertigen und der Bauaufsicht einzureichen. Die weitere Ausführungsplanung etwa im Maßstab 1:50, Ausschreibung und Bauleitung kann vom Planungsbüro selbst oder vom Architekten durchgeführt werden. Jedoch sollten die Ausführungszeichnungen und Details des Hochbaues in jedem Fall auch mit dem Architekten abgestimmt werden. In diesem Bereich des Hochbaus gibt es viele neue Gesetze, Verordnungen, Vorschriften und technische Verfahren, die in die Ausführungszeichnungen einfließen müssen.

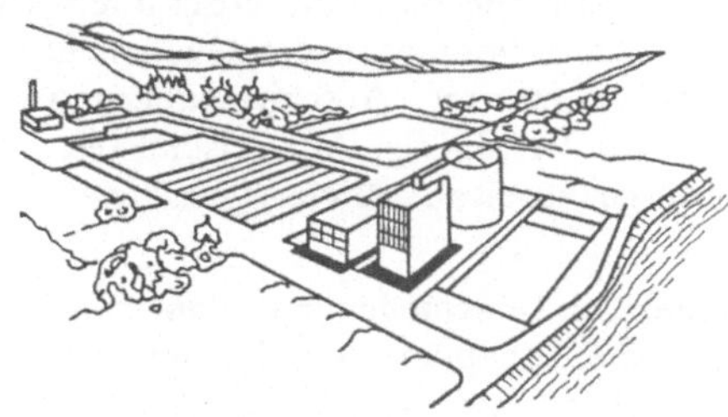

273.1 Kläranlage nach städtebaulichem Planungskonzept in der Nähe einer Wohnbebauung

Während früher Bau und Betrieb der Kläranlagen im wesentlichen von wasserrechtlichen und abwassertechnischen

Grundsätzen sowie von den Anforderungen des Gewässerschutzes bestimmt waren, so verstärken sich die Forderungen des Immissionsschutzes, besonders hinsichtlich Geräusch (Lärm) und Geruch, sowie der Landschaftspflege. Das Schutzbedürfnis hat sich in Richtung auf eine verschärfte Beurteilung von Immissionen entwickelt. Diese Entwicklung hat ihren Niederschlag im heutigen Immissionsschutz. Während das Wasserrecht grundsätzlich die a.a.R.d.T. zugrundelegt, geht das Immissionsschutzrecht grundsätzlich vom Stand der Technik aus. Neben den technischen Lösungen für einen ausreichenden Immissionsschutz im Klärwerk selbst gehören zu den wichtigen Maßnahmen des passiven Immissionsschutzes auch Regelungen in der Bauleitplanung mit Ausweisung ausreichender Schutzabstände zwischen Klärwerken und Siedlungsgebieten.

Kann man Geräusche (Lärm) mit Hilfe technischer Meßmethoden quantitativ und qualitativ bewerten, so fehlen jedoch vergleichbare Möglichkeiten für Gerüche. Hier stehen z. Z. nur sensorische Methoden zur Verfügung. Die Bewertung von Gerüchen richtet sich in erster Linie nach ihrer Wahrnehmbarkeit, nach der Häufigkeit ihres Auftretens wie nach der notwendigen Verdünnung mit unbelasteter Luft bis zur Wahrnehmbarkeitsgrenze, also mehr nach quantitativen, weniger nach qualitativen Maßstäben.

Immissionen setzen Emissionen voraus. Auch für Maßnahmen gegen Emissionen sind jeweils kritische Immissionen der Maßstab. Es gebührt daher den Vermeidungstechnologien des aktiven Immissionsschutzes mit der Minimierung der Emissionen der Vorrang vor einem passiven Immissionsschutz. Dabei ergibt sich als System, daß Gerüche in Abwasseranlagen nur zum Teil aus primären Quellen (mit dem Abwasser eingeleiteten Osmogenen), sondern nicht zuletzt aus sekundären Quellen stammen, vor allem als Folgeprodukte aus anaeroben, reduzierenden Prozessen; daß die Wirkungsmechanismen für das Austreten von Osmogenen Aerosolbildung, Stripp-Effekte oder Ausgasen, hier wiederum besonders durch Turbulenzen, sein können; und daß sich dabei häufig große freie Oberflächen, wie z. B. von Belebungsbecken als besonders kritische Emissionsquellen erweisen.

Geeignete Vermeidungstechnologien sollten daher primär das Entstehen von Geruchskomponenten und deren Freisetzen verhindern. Demgegenüber sind das Erfassen, Binden, Fixieren, Verdünnen oder Zerstören entstandener Osmogene nachrangig. Hier ist noch hinzuzufügen, daß eine Beseitigung von Osmogenen, wenn sie erst einmal entstanden sind, nur durch chemische Fixierung oder durch oxidative Zerstörung möglich ist. Beides sind, wie auch das vorher notwendige Erfassen der Osmogene, sehr aufwendige technische Vorgänge.

Für die Minimierung von Geräusch-Emissionen gelten im Prinzip gleichartige Grundsätze. Hier liegen die Quellen immer in den Klärwerken selbst, selten in der Abwasserzuführung. Abschirmende und geräuschdämmende technische Einrichtungen stehen zur Verfügung. Als Beispiel seien einzeln aufgestellte gekapselte Gebläse oder einzeln gekapselte Antriebsaggregate für mechanische Belüfter genannt.

Kläranlagen verschiedener Verfahren und Größenordnungen. Die Bilder **275**.1 bis **279**.2 zeigen die Lagepläne und Betriebsschemata einiger ausgeführter Kläranlagen unterschiedlicher Größenordnungen und Reinigungsaufgaben.

Bild **275**.1 stellt eine Kläranlage für 2000 EG und Trennsystem dar. Auf die Vorklärung wurde verzichtet. Der Belebungsgraben reinigt das Abwasser und stabilisiert aerob den Schlamm. Da der Vorfluter ein Binnensee mit Neigung zur Eutrophierung ist, sollen Phosphate und Nitrate mit zurückgehalten werden. Die Phosphate werden durch Zugabe von Fällmitteln simultan zur Klärung

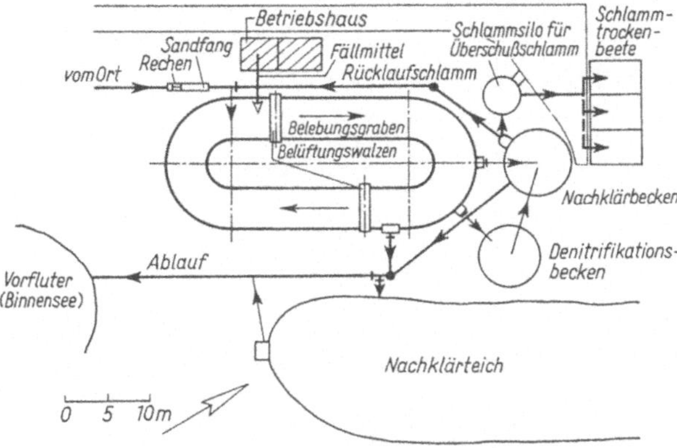

275.1
Kleine Kläranlage für 2000 EG

im Belebungsgraben und Nachklärbecken gefällt. Der Stickstoff wird in einem Denitrifikationsbekken entfernt. Zur Sauerstoffanreicherung dient ein Naturbecken als Nachklärteich. Der Klärschlamm wird im Schlammsilo und auf Trockenbeeten entwässert. Die Anlage gibt eine sehr geringe Restschmutzmenge an den Vorfluter ab. Platzbedarf etwa 0,2 ha.

Bild **275**.2 zeigt die Kläranlage der Stadt Schüttorf für Trennsystem. Die biologische Stufe wird mit der Absicht eine besonders hohe Reinigungswirkung zu erreichen wiederholt (zweistufige biologische Anlage).

1. Stufe: Belebungsbecken und Zwischenklärbecken,

2. Stufe: Tropfkörper und Nachklärbecken.

Der Klärschlamm wird aerob (in einem getrennten, offenen Stabilisierungsbecken) behandelt: durch Nahrungsentzug erfolgt der bakterielle Abbau der organischen Substanz. Platzbedarf etwa 1,2 ha (38000 EG).

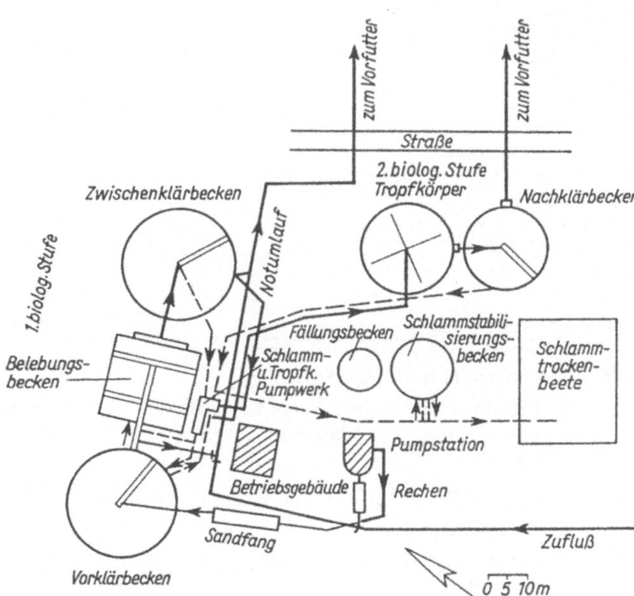

275.2
Lageplan einer Kläranlage für 38000 EG mit zwei biologischen Stufen

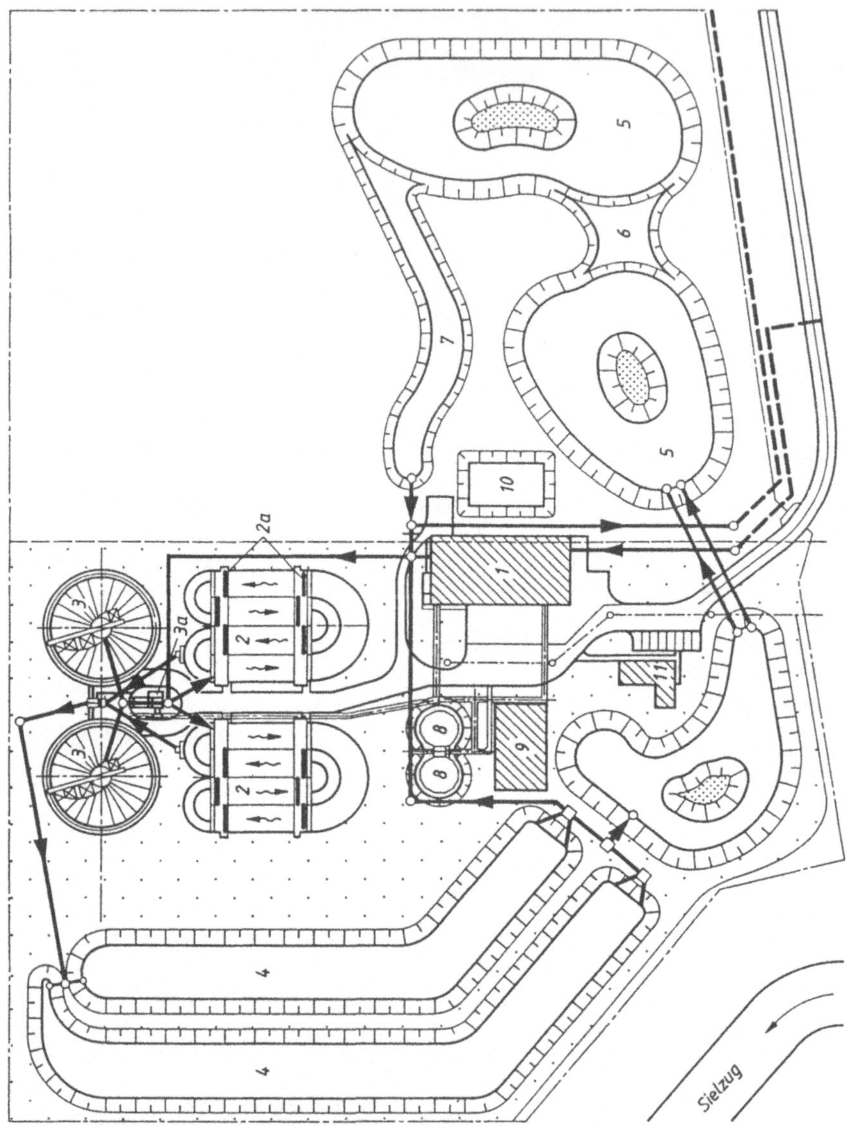

276.1 Kläranlage Husum (80000 EG)

1 Einlauf- u. Betriebsgebäude mit Siebstation, Sandfang, Maschinenkeller und Leitwarte
2 Belebungsbecken mit Mammutrohren (2a)
3 Nachklärbecken
3a Pumpwerk f. Rücklaufschlamm
4 Flachwasserteich
5 Oxidationsteiche
6 Flachwasserzone
7 Ablaufgraben
8 Schlammeindicker
9 Schlammentwässerungsgebäude
10 Abluftreinigung (Kompostfilter)
11 Personalräume

Bild **276**.1 zeigt das Klärwerk der Stadt Husum (80000 EG). Das Reinigungsverfahren sieht neben dem Abbau der Kohlenstoffverbindungen auch die Elimination des Stickstoffs vor. Das Abwasser wird über eine Siebanlage (2 mm Spaltweite) direkt einer Schwachlast-Belebung zugeleitet. Diese besteht aus 2 Umlaufgräben mit je 6 Mammutrotoren. Der erste Fließabschnitt bleibt unbelüftet und bildet die anoxische Zone zur N-Elimination, danach folgt die Nitrifizierungszone (Prinzip der simultanen Denitrifikation). Es folgen 2 Rundbecken zur Nachklärung. Dieser biologischen Stufe wurde eine Schönungsteich-Anlage aus Flachwasser-, Oxidationsteichen und Flachwasserzonen nachgeschaltet. Hier sollen die Reste von Nitraten und Phosphaten weiter abgebaut, und Entkeimung erreicht werden. Da der Ablauf der Kläranlage im Tidebereich liegt, bilden die Teiche zugleich Speichervolumen für den Einstau während des Hochwassers.

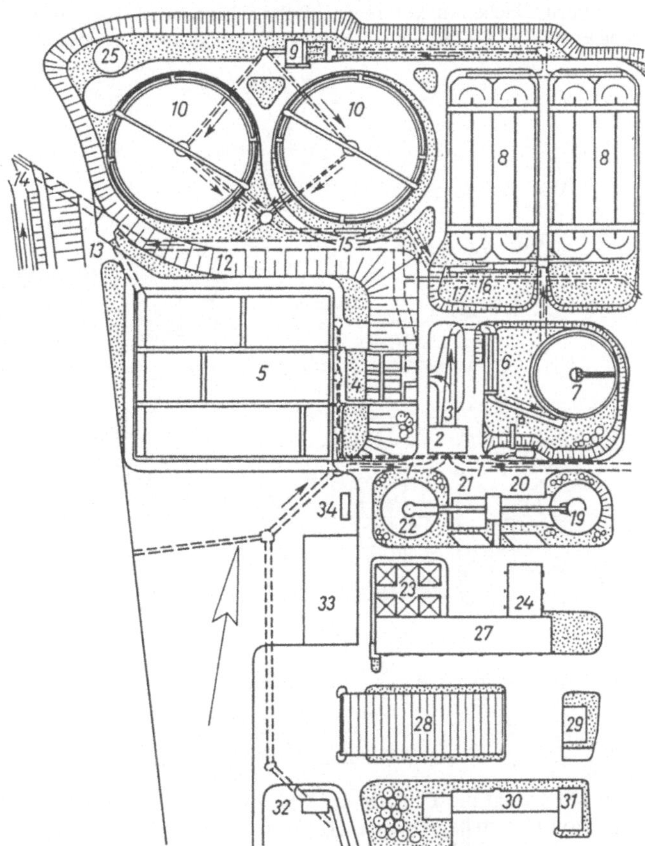

277.1 Lageplan einer Kläranlage für 120000 EG, kombiniert mit einem Kompostwerk

1 Zulaufkanal
2 Rechengebäude
3 Regenüberlauf
4 Hochwasser-Regenwasserhebewerk
5 Regenklärbecken
6 Sandfang
7 Vorklärbecken (vorh.)
8 Belebungsbecken
9 Zwischenhebewerk
10 Nachklärbecken
11 Ablaufschacht
12 verrohrte Vorflut (vorh.)
13 Hochwasserabsperrbauwerk/Regenauslaß
14 Auslauf in den Angerbach (vorh.)
15 Mengenmessung Rücklaufschlamm
16 Rücklaufschlammzuleitung
17 Überschußschlammablaufschacht
18 Rohschlammhebewerk
19 Faulbehälter (vorh.)
20 Betriebsgebäude (vorh.)
21 Betriebsgebäude
22 Faulbehälter
23 Vor-/Nacheindicker
24 Schlammentwässerungsanlage
25 Gasbehälter
27 Garagen
28 Kompostwerk
29 Garagen
30 Garagen, Fuhrpark
31 Sozialgebäude
32 Müllgrube
33 Kompostfilter
34 Propangasbehälter

Bild **277**.1 zeigt die Kläranlage Duisburg-Huckingen für Mischsystem. Belebungs- und Nachklärbecken sind baulich bereits in mehrere Einheiten aufgelöst. Bei Regenwetter fließt eine bis 20fache Wassermenge zu. Um die Kläranlage zu entlasten, ist ein Regenklärbecken vorgeschaltet. Bei lang anhaltendem, stärkerem Regen wird ein Teil des Abwassers nur mechanisch gereinigt. Der Klärschlamm wird anaerob ausgefault (Faulbehälter), eingedickt, und zusammen mit Hausmüll im benachbarten Kompostwerk kompostiert. Bemessungswerte: 120000 EG, $Q_s = 375$ l/s, $Q_{rw} = 6875$ l/s.

Bild **278**.1 stellt die Großkläranlage der Stadt Düsseldorf-Süd im ursprünglichen Ausbauzustand (1974) dar. Der Lageplan zeichnet sich durch eine besonders klare räumliche Gliederung aus. Zulaufhebewerk mit 6 Schnecken, Rundsandfang, quer gestellte Vorklärbecken, Belebungsbecken, Nachklärbecken als Rechteckbecken und Verteilerrinne. Anaerobe Schlammbehandlung in 3 Faulbehältern, Nacheindicker, mechanische Schlammentwässerung und Verbrennung. Bei Rhein-Hochwasser muß der Kläranlagenablauf gehoben werden. Platzbedarf etwa 17 ha (1300000 EG).

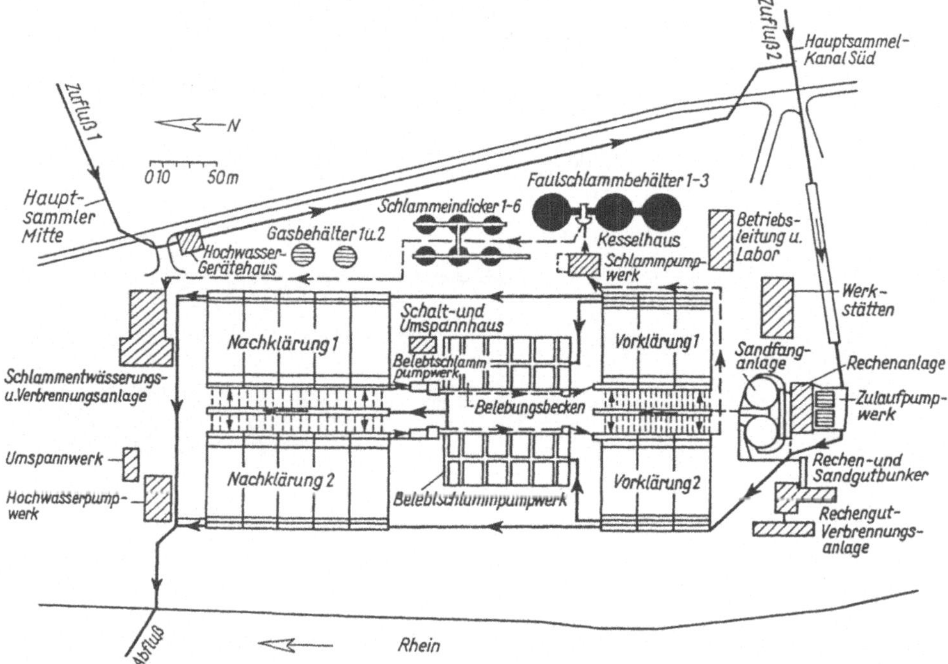

278.1 Lageplan einer Kläranlage für 1300000 EG

Bild **279**.1 zeigt die Planung des Umbaus der Kläranlage Düsseldorf-Süd. Die Ausbaugröße von 1,3 Mio EG wird beibehalten. $Q_{d,t}$ konnte auf 170000 m³/d und $Q_{h,rw}$ auf 18720 m³/h zurückgenommen werden. Die Biologie wurde zweistufig vorgesehen nach dem *AB*-Verfahren mit Teilregenrückhaltung und zusätzlicher Filtration. Dazu wurden die vorhandenen Vorklärbecken umgebaut. ⅓ werden Regenbecken, ⅙ Adsorptionsbecken und ½ Zwischenklärung. Die 2. Stufe der Schwachlastbelebung mit Nitrifikation und Denitrifikation wird anstelle der früheren Belebungsbecken erstellt. Die Denitrifikation ist in 2 Umlaufgräben vorgeschaltet. Belüftung der *B*-Stufe durch feinblasige Druckluft. Die Nachklärbecken werden unverändert übernommen. Die zusätzliche Filterstufe sorgt für eine Schwebstoffentnahme, insbesondere bei Überlastung der Nachklärung.

Der Phosphor wird in der *A*-Stufe biologisch zu $\geqq 50\%$ eliminiert. Das Schlammwasser der Schlammbehandlung wird durch Fällung behandelt. Ebenso erfolgt eine Simultanfällung mit Eisensalz auf ca. 2 mg P/l in der *B*-Stufe.

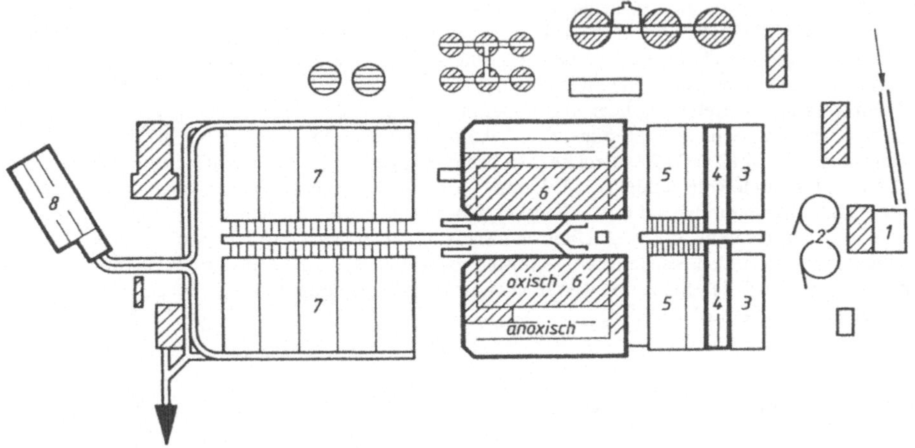

279.1 Kläranlage Bild **278**.1 nach Umbau und Erweiterung (unterstrichene Bauwerke sind verfahrenstechnisch neu)

1 Zulaufpumpwerk u. Rechenhaus
2 Sandfang
3 Regenbecken
4 Adsorptionsbecken
5 Zwischenklärung
6 Belebungsbecken
7 Nachklärbecken
8 Filtration
□ Um- bzw. Neubauten

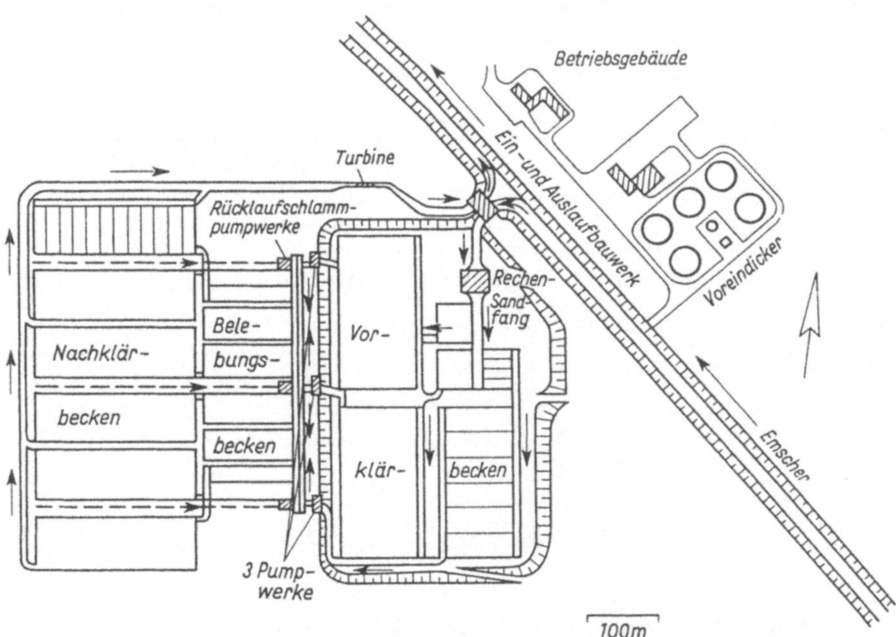

279.2 Lageplan für Flußkläranlage Emschermündung für 5 Mio EG

Bild **279**.2 stellt als Besonderheit die Flußkläranlage Emschermündung der Emschergenossenschaft dar. Der Flußlauf der Emscher wird mit max. 30 m^3/s voll durch die Kläranlage geleitet. Im dichtbesiedelten Emschergebiet, ≈ 768 km^2 groß, waren die Flußläufe zu Hauptsammlern eines Entwässerungsnetzes geworden. Die mechanische Klärstufe liegt tief. Danach wird das Abwasser durch 3 Pumpwerke in die Belebungsbecken gehoben. Diese bestehen aus 12 Beckengruppen mit je 5 = 60 Simplex-Kreiseln. Schlammbelastung B_{TS} = 0,5 kg BSB_5/(kg TS · d). Die Nachklärung hat 6 Bekkengruppen mit je 12 = 72 Rechteckbecken, welche hinter dem Beckeneinlauf eine Flockungszone haben, in der durch Rührpaddeln die Bildung von Flockenhaufen des Belebtschlamms bewirkt wird. Der Rücklaufschlamm wird durch Schneckenhebewerke in die Belebung gebracht. 2 Voreindicker für Vorbeckenschlamm und 3 für Überschußschlamm verringern das Schlammvolumen. 5 Wirbelradpumpen fördern den Schlamm ≈ 18 km weit nach Bottrop in die zentrale Schlammbehandlungsanlage. Dort wird der Schlamm weiter entwässert und verbrannt. Der Platzbedarf der Anlage beträgt 75 ha bei etwa 5 Mio. EG.

4.3.2 Kosten der Kläranlagen

Sie setzen sich zusammen aus den Bau- und Betriebskosten. Siehe auch [14, 24a, 73].

4.3.2.1 Baukosten

Die Baukosten werden bestimmt durch:

1. Die Größe der Anlage, bezogen auf die Zahl der angeschlossenen Einwohner oder die zufließende Abwassermenge.
2. die Art des vorgeschalteten Kanalisationssystems (Misch- oder Trennsystem).
3. den geforderten Reinigungsgrad.
4. spezifische Faktoren, wie örtliche Planungsverhältnisse, örtliche Preisentwicklungen, Ausstattung der Anlage.

Über den Einfluß der Ausbaugröße liegen mehrere Untersuchungen vor. Bild **280**.1 zeigt eine Kostenrelation, bezogen auf die EG (Einwohnergleichwerte). Die vollbiologische Anlage von 100000 EG hat den Faktor 1. Andere Größenordnungen sind darauf bezogen. Es handelt sich um Mittelwerte, welche Abweichungen von ≈ ± 50% erfahren können [14]. Man kann davon ausgehen, daß die gemittelten Baukosten einer nach den Mindestanforderungen von 1979 ausgerüsteten (s. Abschn. 4.2.1.1) 100000 EG-Anlage

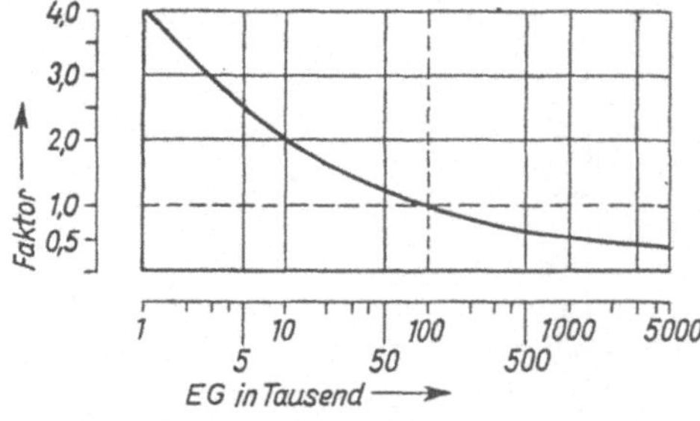

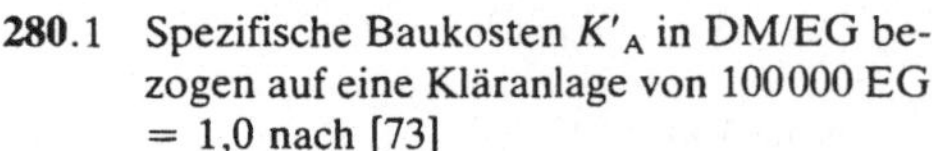

280.1 Spezifische Baukosten K'_A in DM/EG bezogen auf eine Kläranlage von 100000 EG = 1,0 nach [73]

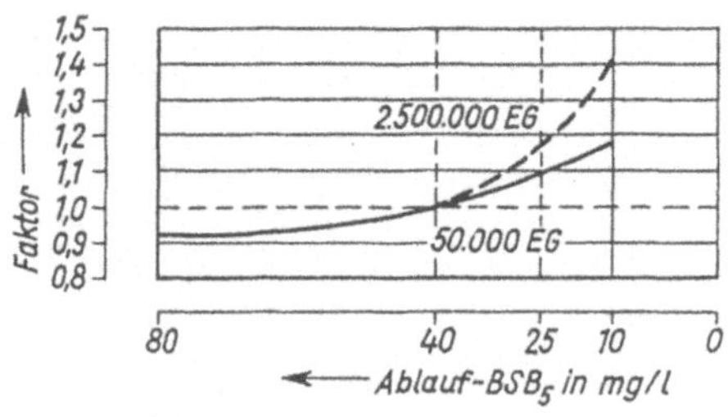

280.2 Baukosten in Abhängigkeit vom Reinigungsgrad nach von der Emde

im Jahre 1988 etwa 240 DM/EG betragen haben. Dieser Wert wäre mit dem Bauindex *i* auf den Zeitstand der Ermittlung zu bringen.

Der Anstieg der Baukosten, bezogen auf die Wassermenge, ist geringer als der auf die Einwohnergleichwerte (EG) bezogene. Dies ist wohl aus der geringeren Verschmutzung des Abwassers und der steigenden Abwassermenge beim Größerwerden der Anlagen zu erklären. Die auf die Abwassermenge bemessenen Teile der Anlage sind weniger kostenaufwendig als die auf den Verschmutzungsgrad (Belebungsbecken, Faultürme) bemessenen.

Größere Kläranlagen sind mit geringeren, spezifischen Baukosten zu erstellen als kleinere. Tropfkörperanlagen können etwa mit 20% höheren Baukosten angesetzt werden als Belebungsanlagen. Dieser Kostenunterschied vermindert sich mit zunehmender Ausbaugröße.

Bei Anlagen über 25000 EG ist er gering. Die Baukosten von Kompaktanlagen (Kombinationsbauweise) in ihrer bezeichnenden Größenordnung von 3000 bis 15000 EG sind geringer als die der Anlagen in aufgelöster Bauweise gleicher Größe. Eine Ausnahme bilden Oxidations- und Belebungsgräben. Diese können nach [14] bis zu 5000 EG etwa 30% unter der Mittelkostenkurve nach Bild **280**.1 angesiedelt werden. Über Teichkläranlagen werden hier keine Aussagen gemacht. Wesentlichen Einfluß haben bei ihnen die Grundstückskosten.

Der in der Kläranlage zu erzielende Reinigungsgrad hat ebenfalls Einfluß auf die Baukosten. Bild **280**.2 zeigt den Vergleich für zwei Kläranlagen von 50000 und 2500000 EG bezogen auf den BSB_5 im Ablauf (nach v. d. Emde).

Um bei der Anlage für 50000 EG den Ablaufwert von 40 mg/l auf 20 mg/l zu verbessern, erhöhen sich die Baukosten um 12%. Bei der Anlage für 2500000 EG beträgt der Mehraufwand bei gleichem Effekt 25%. Man kann allgemein sagen, daß die Steigerung des Reinigungsgrades sich bei kleinen Anschlußwerten geringer auswirkt als bei größeren. Der Kostenanteil, welcher nicht zum Reinigungsprozeß gehört, ist bei kleinen Anlagen größer (z.B. Erschließung, Betriebsgebäude). Der spezifische Kostenaufwand, für den klärtechnischen Teil, ist bei großen Anlagen größer.

Die Art des vorgeschalteten Kanalisationssystems wirkt sich besonders auf die zufließende Wassermenge aus. Beim Mischsystem beträgt diese ein Mehrfaches (2, 3faches) der Schmutzwassermenge. Der Bau von Regenwasserrückhaltebecken oder -überlaufbecken wirkt hier kostensparend, weil der max. Zufluß stark vermindert wird. Die auf die Wassermenge bemessenen Kläranlagenteile werden jedoch beim Mischsystem größer als beim Trennsystem.

Der Einfluß aller anderen spezifischen Faktoren kann erheblicher für die Baukosten sein als die bisher aufgeführten. Bucksteeg [14] hat die Gesamtbaukosten in 16 Einzelpositionen unterteilt und für jede untere, mittlere und obere Kostenwerte in % der Gesamtkosten ermittelt (**282**.1). Die Summenlinie ergibt dann den Gesamtkostenfaktor für die drei Kostenbereiche. Diese Linien sind auch für Kläranlagen anderer Reinigungsverfahren aufgestellt worden.

Folgende kostenbestimmende Einflüsse für die einzelnen Positionen kann man feststellen: Planungs- und Bauleitungskosten sind abhängig von der Größe der Kläranlage und dem Schwierigkeitsgrad des Entwurfs. Sonderfachleute (Baugrund) und Gutachten verteuern diese Positionen. Grunderwerbskosten hängen von der Lage und der bisherigen Nutzung des Kläranlagengeländes ab. Außerdem sind die Grundstückspreise abhängig von dem Siedlungsbereich (Großstadt,

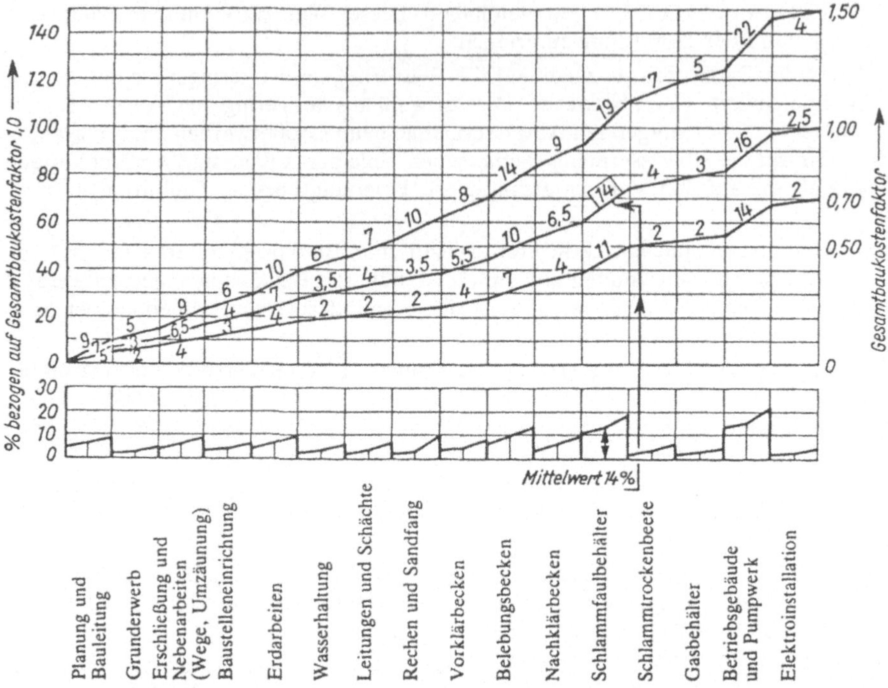

282.1 Kostenfaktoren für Einzelpositionen einer Belebungsanlage in aufgelöster Bauweise und die Summenlinie zum Gesamtkostenfaktor einer Kläranlage nach [14]

ländl. Bereich). Erschließung und vorbereitende Nebenarbeiten bedingen große Preisunterschiede durch den Aufwand an Erschließung (Strom, Wasser, Gas, Straßenbau). Nebenarbeiten sind Rodung, Vorfluterausbau, Aufspülungen, Verlegung von Straßen und Versorgungsleitungen, notwendige zusätzliche Abwasserhebungen außerhalb der Kläranlage. Baustelleneinrichtung. Abhängig von Lage, Zufahrt für Bauverkehr, Bodenbewegungen, Hochwassergefahr. Erdarbeiten und Grundwasserhaltung sind ein sehr unsicherer Kostenfaktor, dessen Anteil von 4 bis 10% bzw. von 2 bis 6% reichen kann, manchmal noch weit darüber hinaus. Grundwasserstand, Baugrund, Bodenbewegungen, Auftriebssicherung, sind Faktoren, welche auch die Standortplanung entscheidend beeinflussen können. Leitungen und Schächte auf dem Kläranlagengelände sind durch die Leitungstrassen und den Einbau kostenvariabel. Rechen und Sandfang, Hand- oder automatisch geräumte Rechen, Rechengutzerkleinerung, -verpackung, Sandfangart, -belüftung, -räumung, Sandwäsche.

Vorklär- und Nachklärbecken. Bauweisen wie Rechteck-, Rund- oder Kombinationsbecken; Konstruktion und Auftriebssicherung. Belebungsbecken. Belüftungssystem und Beckenkonstruktion, Anzahl der selbständigen Einheiten. Tropfkörper. Art und Qualität des Füllmaterials, der Bauweise der Umfassungswände, Überdachung u.a. Schlammfaulbehälter. Behälterform, -material, -bauweise und -größe. Einfluß haben auch Art der Isolierung, Beheizung und der angestrebte Betriebszustand (Stufenbetrieb). Schlammtrockenbeete. Diese können auch durch Polder, Geländeauffüllung, maschinelle oder thermische Trocknung u.a. ersetzt werden. Kosten sind abhängig vom Verfahren, von der Ausbildung der Anlage und der Betriebseinrichtung (Räumer). Gasbehälter. Behälterbauweise und -material. Betriebsgebäude und Pumpwerke. Ausstattung mit Pumpen, Kompressoren, Heizungseinrichtungen, Stromerzeugung, Gaswäsche; Anzahl, Art und Größe der Räume, z. B. Schaltzentrale, Labor, Werkstatt, Garagen, Geräteräume, Sozialräume, Heizöllager u. a.; baulicher Aufwand und Innenausstattung. Elektroinstallation. Ausrüstungsgrad mit Maschinen, Automatisierung, z. B. der Schaltzentrale. Zu berücksichtigen ist die regionale Baupreisbildung und der Ausschreibungszeitpunkt. Hieraus können ≈ ± 15%-Differenzen auf den bautechnischen Teil entstehen. Dieser umfaßt etwa 2/3 der Gesamtkosten, so daß 2/3 · 15 = 10% auf die Gesamtkosten entfallen können.

Beispiel: für eine überschlägliche Baupreisermittlung (**280**.1 und **282**.1). Belebungsanlage für 100000 EG, normale Bauverhältnisse und Ausstattung, jedoch Grundwasserhaltung für alle Bauteile notwendig. Zum Zeitpunkt der Kostenermittlung soll der Index für den Stahlbetonbrückenbau gegenüber 1988 um 5% erhöht sein (i = **1,05**).

Spezifische Ausbaukosten $K'_A = 240 \cdot 1{,}20 \cdot 1{,}0 \cdot 1{,}05 = 302$ DM/EG.

Gesamtbaukosten $K_A = 302 \cdot 100000 = 30200000$ DM

Spezifischer Kostenwert	= **240,–** DM/EG
Gesamtbaukostenfaktor (**282**.1):	
Planung und Bauleitung	0,07
Grunderwerb: minderwertiger Acker	0,02
Erschließung und Nebenarbeiten:	
Strom, Wasser, Straße in der Nähe, kleiner Hochwasserdeich gegen extreme Hochwasser	0,09
Baustelleneinrichtung: keine Erschwernisse	0,04
Erdarbeiten: flachgründige Bauwerke, standfester, kiesiger Boden	0,05
Wasserhaltung: erheblich für alle Bauwerke	0,06
Leitungen und Schächte	0,06
Rechen und Sandfang: automatisch geräumter Rechen mit Rechengutzerkleinerung und belüfteter Sandfang	0,09
Vorklärbecken	0,06
Belebungsbecken	0,10
Nachklärbecken	0,07
Schlammfaulbehälter: zwei Einheiten, aufwendige Isolierung und Verkleidung	0,19
Schlammtrockenbeete: Betonsohle und seitliche Dränage	0,07
Gasbehälter	0,03
Betriebsgebäude	0,16
Elektroinstallation: weitgehende Automatisierung der Anlage	0,04
Gesamtbaukostenfaktor	**1,20**
Auslastungsfaktor der Bauindustrie = p	
Durch gute Auftragslage ist die Bauindustrie normal ausgelastet. p = **1,0**	
Baukostenindex = i	

4.3.2.2 Betriebskosten

Die Betriebskosten lassen sich unterteilen in:

1. Personalkosten
2. Sachkosten (Unterhaltungskosten der baulichen Anlagen, Maschinen, Miete, usw.)
3. Stromkosten

Mittlere Werte zeigt Bild **284**.1. Kleinere Anlagen haben höhere spezifische Betriebskosten als große. Das Diagramm ist wieder auf die Anlage mit 100000 EG = 1 bezogen.

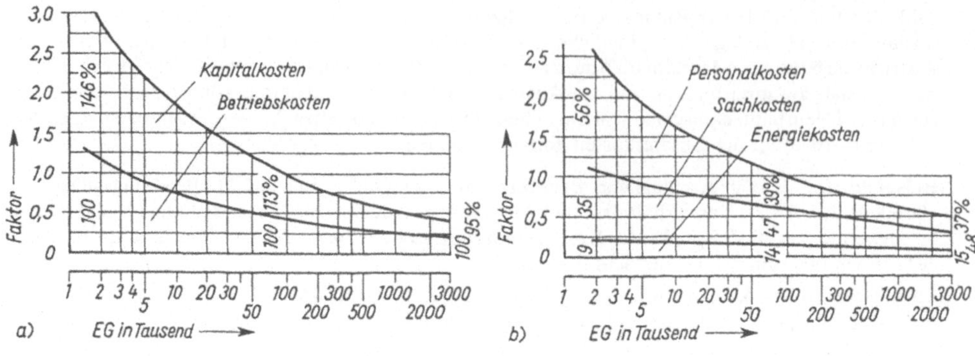

284.1 a) spezifische Jahreskosten K_E in DM/(EG · a) } bezogen auf eine Kläranlage von
b) spezifische Betriebskosten K'_B in DM/(EG · a) } 100000 EG = 1 nach [73]

Einfluß auf die Betriebskosten haben: Art und Umfang der Reststoffbeseitigung, Abwasserbeschaffenheit, Reinigungsverfahren, ggf. in Verbindung mit topographischen Gegebenheiten (z. B. Freigefälletropfkörperanlagen, Reinigungsgrad, Ausrüstung, Auslastung und Alter der Anlage, Betriebsorganisation, Qualifikation des Personals, besondere örtliche Verhältnisse.

Die Personalkosten sind steigend und werden bei gleichbleibendem Anstieg die beiden anderen Kostenanteile überflügeln. Der Personalaufwand läßt sich aufgliedern nach Arbeiten in Verbindung mit dem Klärprozeß = *P* (Steuern von Maschinen, manuelle Arbeiten, Überwachung) und Instandhaltungsarbeiten = *J* (Inspektion, Wartung, Reparatur). Der Anteil der Prozeßarbeiten ist bei größeren Anlagen wegen der größeren Mechanisierung und Automatisierung kleiner als bei kleinen. Die Instandhaltung nimmt entsprechend der Schwierigkeit der Maschinen zu. Das Verhältnis beträgt etwa bei

	Kläranlage mit Schlammstabilisierung 3000 EG	Kläranlage mit Energieerzeugung 200000 EG	Kläranlage mit Energieerzeugung 2000000 EG
J	36%	46%	67%
P	64%	54%	33%

4.3.2.3 Möglichkeiten zur Kostensenkung

Diese Möglichkeiten sind vorwiegend bereits im Planungsstadium für eine Ortsentwässerung und im Entwurf der Kläranlage zu berücksichtigen. Sie betreffen die Bauausführung, die betriebliche Organisation und den Maschineneinsatz.

Planung. Eine große Kläranlage arbeitet wirtschaftlicher als mehrere kleine. Wenn wegen der schrittweise baulichen Entwicklung, der Ortsentwässerung oder wegen zu teurer Verbindungsleitungen oder Pumpwerke die Konzentration nicht möglich ist, sollte man gemeinsame Einrichtungen betreiben, z. B. Schlammbehandlung (Schlammtransport durch Pumpen); zentrale Schaltwarte und Labor bei gleichem Automationsstand der Anlagen; Zentralwerkstatt mit Fachpersonal; möglichst Konzentration aller Baueinheiten (auch Pumpwerke, Rechen, Sandfang) auf dem Kläranlagengrundstück.

Entwurf (vgl. Abschn. 4.3.2.1). Vereinfachung auf dem Bau- und Maschinensektor, z. B. einfache Baukonstruktionen (Fertigteile); Bau von wenigen großen Becken und Behältern; Kombinationsbauweise (vgl. Abschn. 4.5.2.4), Vorklär-/Belebungsbecken, Belebungs-/Nachklärbecken, bei kleinen Anlagen Blockbauweise aller Einheiten des Klärprozesses möglich (vgl. Abschn. 4.7); Maschineneinheiten gering halten, dafür große Leistung der Einheit, möglichst ein Fabrikat, betriebssichere Konstruktionen, leichte Auswechselmöglichkeit der Aggregate zu Reparaturzwecken; elektrische Schalteinrichtungen in trockenen Schaltzentralen unterbringen (Verringerung der Störungen, Verlängerung der Betriebsdauer); Ausschaltung von Entwurfsmängeln durch Beteiligung des Betriebes am Entwurf (bei größeren Anlagen).

Betriebsorganisation. Austauschbarkeit des Personals (Ausnahme; Spezialisten) wegen 24-h-Betrieb; vorbeugende Instandhaltung der Maschinen (kein Betriebsausfall, Kosten geringer als Reparatur); Automatische Analysengeräte im Labor; Zentralwerkstatt auf einer Anlage; Schulung des Personals; automatische Meß- und Steuergeräte.

Bei kleinen Kläranlagen wird der Personalaufwand zu hoch, wenn die Anlage dauernd besetzt sein soll. Hier sollte so geplant werden, daß eine tägliche (z. B. 2 h) Wartungszeit für den Klärwärter ausreicht. Vertretungen und technische Hilfen können durch „Kläranlagen-Nachbarschaften" erfolgen. Es besteht auch die Möglichkeit für Maschinenteile oder für die ganze Anlage Wartungsverträge mit erfahrenen Firmen abzuschließen.

4.3.2.4 Jährlicher Kostenaufwand

Die laufenden jährlichen Kosten einer Kläranlage setzen sich zusammen aus:

1. Kapitaldienst (Abschreibung und Verzinsung des Anlagekapitals = K_A)
2. Betriebskosten = K_B

Die Kosten einschl. derjenigen für alle übrigen Anlagen der Stadtentwässerung werden durch Gebühren gedeckt. Die Veranlagung ist örtlich verschieden. Sie kann als Festbetrag je Einwohner und Jahr oder je Abortsitz und Jahr erhoben werden. In letzter Zeit setzt sich die Veranlagung nach dem Wasserverbrauch mehr und mehr durch. Der Abschreibungszeitraum n für Kanäle beträgt 50 bis 100, für Kläranlagen 30 bis 50, für Maschinen 5 bis 20 Jahre. Man erhält als jährliche Kosten, bezogen auf die Abwassermenge = K_Q

$$K_Q = K_B + \left(\frac{p}{100} + \frac{1}{n}\right)\frac{K_A}{Q_a} \quad \text{in} \quad \frac{\text{DM}}{\text{m}^3} = \frac{\text{DM}}{\text{m}^3} + \left(\frac{1}{\text{a}}\right)\frac{\text{DM}}{\text{m}^3/\text{a}}$$

oder, bezogen auf die Anzahl der angeschlossenen Einwohner = K_E

$$K_E = K'_B + \left(\frac{p}{100} + \frac{1}{n}\right) \cdot K'_A \quad \text{in} \quad \frac{\text{DM}}{\text{E} \cdot \text{a}} = \frac{\text{DM}}{\text{E} \cdot \text{a}} + \left(\frac{1}{\text{a}}\right)\frac{\text{DM}}{\text{E}}$$

Es bedeuten

$Q_a = \frac{Q_s \cdot 365 \cdot E}{1000}$ = Abwassermenge in m³/Jahr
Q_d = tägliche Abwassermenge je Einwohner l/(E · d)
E = Einwohnerzahl (oder EG = Anzahl der Einwohnergleichwerte)
K_B = Betriebskosten in DM/m³
K'_B = Betriebskosten in DM/(E · a)
p = Zinssatz in % pro Jahr
n = Abschreibungsszeitraum in Jahren
K_A = Anlagekosten in DM
K'_A = Anlagekosten in DM/E

Beispiel: Die Kläranlage einer Stadt mit E = 120000 arbeitet mechanisch-biologisch nach dem Trennsystem mit einem Schmutzwasseranfall Q_d = 200 l/(E · d). Für 8% Verzinsung und 50 Jahre

Abschreibung ist die Belastung K_Q in DM/m³, K_E in DM/(E · a) und die jährlichen Gesamtkosten K_a in DM/a zu errechnen. Die spezifischen Baukosten sollen im Jahre 1988 betragen haben

$$0{,}98 \cdot 240 = 235 \text{ DM/E} \quad (0{,}98 \text{ aus Bild } \mathbf{280}.1;\ 100 = \text{Richtwert} \cdot \text{Kostenfaktor} \cdot \text{Index})$$

Die Gesamtbaukosten betrugen

$$K_A = 235 \cdot 120000 \approx 28200000 \text{ DM}$$

Die jährliche Abwassermenge beträgt

$$Q_a = \frac{200 \cdot 120000 \cdot 365}{1000} = 8760000 \text{ m}^3\text{/a}$$

Die Betriebskosten sollen betragen (nach **284**.1 a) (sicherheitshalber werden die Werte für 100000 EG eingesetzt)

$$K'_B = \left(\frac{8}{100} + \frac{1}{50}\right) \cdot 235 \cdot \frac{100}{113} \cdot 1{,}0 = 20{,}8 \text{ DM/(E} \cdot \text{a)} \quad (\text{Faktor } 1{,}0 \text{ aus } \mathbf{284}.1\text{a})$$

$$K_B = \frac{20{,}8}{0{,}200 \cdot 365} = 0{,}285 \text{ DM/m}^3 \quad \text{mit } p = 8\% \text{ und } n = 50 \text{ Jahre}$$

$$K_Q = 0{,}285 + \left(\frac{8}{100} + \frac{1}{50}\right)\frac{28200000}{8760000} = 0{,}61 \text{ DM/m}^3$$

$$K_E = 20{,}8 + \left(\frac{8}{100} + \frac{1}{50}\right) \cdot 235 = 44{,}3 \text{ DM/(E} \cdot \text{a)} = 100\% + 113\% \quad (\text{nach } \mathbf{284}.1\text{a})$$

Die jährlichen Gesamtkosten betragen

$$K_a = 0{,}61 \cdot 8760000 \approx 5343600 \text{ DM/a}$$

davon beträgt der Betriebskostenanteil K_{Ba}

$$K_{Ba} = 0{,}285 \cdot 8760000 = 2496600 \text{ DM/a}$$

Dieser läßt sich nach **284**.1 b aufschlüsseln in etwa

14%	Energiekosten	=	349524 DM/a
47%	Sachkosten	=	1173402 DM/a
39%	Personalkosten	=	973674 DM/a
	zusammen	=	2496600 DM/a

4.4 Mechanische Abwasserreinigung

4.4.1 Absetzen und Flotation

Teilchen, deren Wichte größer ist als die des Wassers, setzen sich ab. Andere, die sich erst nach Zugabe von Chemikalien zusammenballen, bezeichnet man als ausgeflockte Teile. Entstehen durch den Zusatz von Chemikalien unlösliche Stoffe, die sich absetzen, so spricht man von Fällung. Diese Vorgänge des Absetzens finden in den Sandfängen und Absetzbecken einer Kläranlage statt.

Das Aufschwimmen und Ausscheiden von Schwebestoffen, die leichter als Wasser sind, nennt man auch Flotation. Das Aufschwimmen kann durch fein verteilte Luftbläschen, die sich ihnen anlagern, und durch die Zugabe von Chemikalien (Flotationsmittel) beschleunigt werden.

4.4.1.1 Absetzen von körnigen Stoffen

Ein Teilchen, das Gewicht und Form während des Absetzens oder Aufsteigens nicht verändert, wird so lange beschleunigt, bis der Widerstand der Flüssigkeit dem Ab- oder Auftrieb des Teilchens entspricht. Sobald sich Gleichgewicht zwischen diesen Kräften einstellt, fällt oder steigt das Teilchen mit konstanter Geschwindigkeit.

Im Laboratorium kann man die Absetzzeit von körnigen Teilchen mit einem Absetztrichter messen, der mit verunreinigtem Wasser gefüllt wird und so lange stehen bleibt, bis das Wasser klar ist. Das Ergebnis läßt sich auf den Absetzraum einer Kläranlage übertragen.

Die Sinkgeschwindigkeit v_s des kleinsten Teilchens ist

$$v_s = h/t \quad \text{m/h} \tag{287.1}$$

h = Trichterhöhe in m $\quad$ t = Absetzzeit in h
Q = Wassermenge in m^3/h $\quad$ O = Oberfläche in m^2

oder bei kontinuierlich durchfließender Wassermenge

$$v_s = Q/O \text{ m/h} \tag{287.2}$$

Aus Gl. (287.2) erkennt man, daß die Tiefe des Beckens bedeutungslos ist; das Teilchen ist in Sicherheit, sobald es sinkend den Durchflußbereich verlassen hat.

Gleichgültig ist auch, ob der Absetzraum horizontal oder vertikal durchflossen wird. Da die Tiefe keinen Vorteil bietet, bevorzugt man aus konstruktiven Gründen den horizontalen Durchfluß. Bei diesem wirken auf das Teilchen zwei Geschwindigkeitskomponenten: horizontal die Fließgeschwindigkeit und vertikal die Sinkgeschwindigkeit. Die Resultierende bestimmt den Weg des Teilchens im Absetzraum.

Aus Bild **287**.1 ist ablesbar

$$\frac{v_s}{v} = \frac{h}{L} \qquad L = h\,\frac{v}{v_s}$$

Man könnte so die Länge eines Sandfanges berechnen, verwendet aber Gl. (287.3) und erhält das gleiche Ergebnis

$$v_s = \frac{Q}{O} = \frac{v \cdot A}{b \cdot L} = \frac{v \cdot b \cdot h}{b \cdot L} \qquad L = \frac{v}{v_s}\,h \tag{287.3}$$

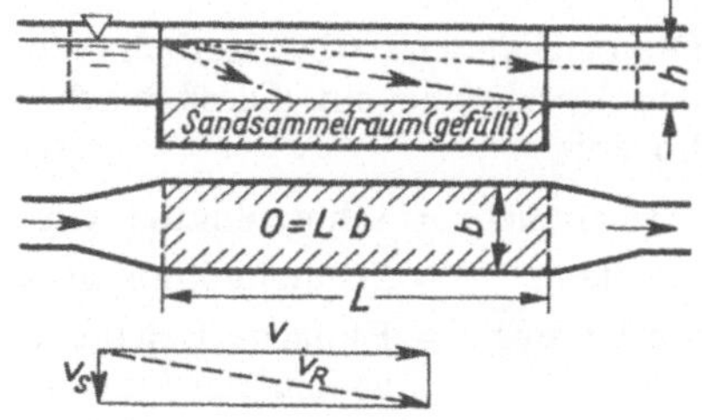

287.1
Schema eines Langsandfangs
v = Fließgeschwindigkeit
v_s = Sinkgeschwindigkeit
v_R = resultierende Geschwindigkeit
–··–·· Weg der nichtabsetzbaren Teilchen
– – – – Weg der kleinsten } absetzbaren Teilchen
–·–·–· Weg der größeren } absetzbaren Teilchen

Je größer Wichte und Volumen eines Teilchens sind, um so größer ist seine Sinkgeschwindigkeit (s. Tafel **295**.1).

Bei horizontalem Durchfluß darf die Fließgeschwindigkeit eine gewisse Grenze nicht überschreiten, damit die Teilchen am Boden liegen bleiben. Sie beträgt für Sand v_{gr} = 0,3 bis 0,6 m/s.

Bei senkrecht aufsteigendem Durchfluß muß $v_{gr} < \min v_s$ sein; andernfalls wird das kleinste Korn aufwärtsgeschwemmt.

Gl. (287.3) kann man sich anschaulich etwa so vorstellen, daß stündlich eine Wassersäule von Q/O m Höhe je m² Oberfläche von oben durch den Wasserspiegel gedrückt wird. Nur körnige Teilchen, deren Sinkgeschwindigkeit größer ist als die Durchdrückgeschwindigkeit, eilen der Wassersäule voraus und bleiben im Absetzraum zurück. Auf dieser Vorstellung beruht der häufig an Stelle von Sinkgeschwindigkeit verwendete Ausdruck „Flächenbelastung" oder „Oberflächenbeschickung".

4.4.1.2 Absetzen von Flocken

Organische Schwebestoffteilchen und Flocken, die aus chemischen Flockungsmitteln entstehen, bilden beim Zusammenstoßen Gruppen von verschiedener Größe, Gewicht und Form. Die Sinkgeschwindigkeit ist um so größer, je größer die Teilchengruppe ist. v_s wächst also, wenn sich neue Teilchen anlagern, was z. B. geschieht, wenn Flocken mit großer Sinkgeschwindigkeit kleinere einholen. Auch Turbulenz kann diese Flockung fördern. Man erkennt, daß beim Absetzvorgang derjenige Absetzraum überlegen ist, der den Flocken die beste Möglichkeit zur Zusammenballung gibt. Bei Räumen gleichen Volumens V ist dies der mit der größeren Tiefe. Die Tiefe des Beckens und damit die Länge der Durchflußzeit t_R spielen hier also eine Rolle. Absetzräume für flockige Bestandteile berechnet man deshalb mit der Gleichung

$$V = Q \cdot t_R \tag{288.1}$$

Die Durchfließzeit t_R ist hier eine rechnerische; die tatsächliche ist stets kürzer, da infolge von Gewichts- und Temperaturunterschieden nicht alle Teile des Beckens gleichmäßig durchflossen werden. Deshalb läßt sich auch das Meßergebnis in einem 0,4 m hohen Versuchsglase nicht auf ein Absetzbecken übertragen. Die aufsteigende Wasserbewegung ist bei flockigen Bestandteilen besonders vorteilhaft: das Wasser wird beim Aufsteigen durch die fallenden Flocken gefiltert, und das Zusammengehen der Teilchen gefördert.

Absetzbare Schwebstoffe in normalem häuslichem Abwasser sinken in ≈ zwei Stunden zu Boden; damit liegt die obere Grenze für die Größe von Absetzbecken fest. Bild **254**.1 zeigt die Absetzwirkung für verschiedene Durchflußzeiten.

4.4.2 Siebe und Rechen

Die mechanische Abwasserbehandlung schließt normalerweise Rechen/Sieb, Sandfang und Vorklärung ein. Diese mechanischen Reinigungsstufen erfüllen folgende Funktionen:

Rechen/Sieb = Schutzfunktion gegenüber Pumpen

Sandfang = Schutzfunktion gegenüber Pumpen und Sandablagerungen

Vorklärung = Einfache Behandlungsstufe zur Feststoffentfernung gleichzeitige Entlastung der biologischen Stufe und *BSB*-Reduzierung

Die mechanische Vorbehandlung hat somit zwei Aufgaben zu erfüllen:

1. Schutz der nachfolgenden Ausrüstungen
2. Reduzierung von Feststoffen und *BSB*

Einfachste Anlagen einer Abwasserreinigung sind Siebe oder Rechen. Sie kommen als selbständige Reinigungsanlagen vor Regen- und Notauslässen in Frage. In Kläranlagen bilden sie das erste Reinigungselement. Sie sind hier notwendig wegen der groben Schwimmstoffe (Lumpen, Holzstücke, Faserstoffe, Mullbinden). Diese Stoffe würden den Betrieb des Sandfangs oder des Vorklärbeckens erschweren. Wegen des groben Zustandes der Stoffe verwendet man in den Kläranlagen bevorzugt Rechen. Grobrechen sind vor dem Sandfang, Feinrechen, meist in Form von maschinellen Rechen, hinter dem Sandfang angeordnet.

4.4.2.1 Siebe

Die Reinigungswirkung von Sieben ist, verglichen mit Absetzbecken, verhältnismäßig gering. Man unterscheidet Fang- und Spülsiebe oder Siebscheiben und Siebtrommeln. Am gebräuchlichsten ist die Siebtrommel. Sie dreht sich um eine waagerechte oder vertikale Achse. Das Abwasser strömt entweder von außen zu und fließt, von den Siebstoffen befreit, im Innern ab. Durch eine verhältnismäßig hohe Drehgeschwindigkeit werden die außen haftenden Siebstoffe abgespült. Da die hohe Drehzahl einen entsprechenden Aufwand an Antriebskraft erfordert, betreibt man auch Siebtrommeln mit geringerer Geschwindigkeit und beseitigt die Siebstoffe durch besonders zugeführtes Druckwasser oder Bürsten. Das Abwasser wird im Innern der Trommel zugeführt.

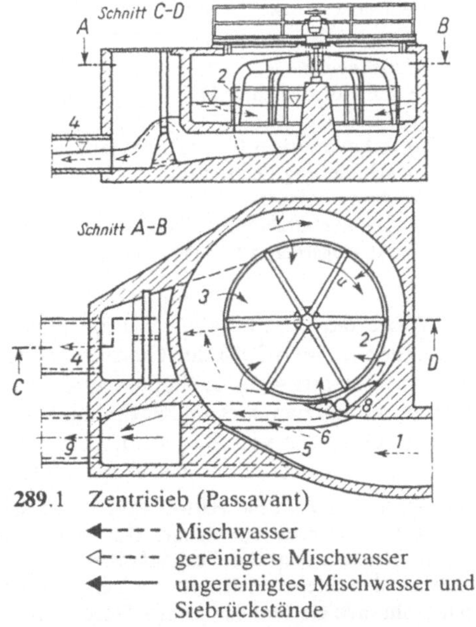

289.1 Zentrisieb (Passavant)
- Mischwasser
gereinigtes Mischwasser
ungereinigtes Mischwasser und Siebrückstände

Vor Regenauslässen des Mischsystems, aber auch des Trennsystems, wurde das Zentrisieb (Fa. Passavant) (**289**.1) eingesetzt. Es besteht. aus einer senkrecht angeordneten Trommel (*2*) an mehreren radial angeordneten Trägerrahmen, welche mit der senkrechten Hauptwelle fest verbunden sind. Diese Welle ist mit ihrem Fuß auf einem Betonsockel in wasserdichtem Wälzlager gelagert. Das obere Wälzlager der Welle liegt in der Betondecke oder in einem Stahlrahmen. Die Welle wird durch Elektromotor mit Untersetzungsgetriebe bewegt. Das Sieb der Trommel besteht aus gelochten Blechen mit großer, freier Siebfläche, Löcher 3 bis 4 mm ∅. Die Siebtrommel hängt in einem Umlaufkanal (*3*), dessen Breite sich verringert. Durch ein Schütz (*5*) und eine Überlaufschwelle (*6*) wird die Wassermenge zugeleitet. Das Sieb bewegt sich mit einer Umfanggeschwindigkeit $u >$ die Fließgeschwindigkeit v im Umlaufkanal. v bleibt während des Umlaufs etwa konstant. Durch diese Geschwindigkeitsdifferenz wird am Sieb eine Wirbelzone erzeugt, die verhindert, daß sich leichte Stoffe (Papier, Textilien) festsetzen. Schwere Stoffe werden nach außen abgedrängt. Eine verstellbare Düsenklappe (*7*) vor der Ablauföffnung (*8*) (senkrecht) bildet zusammen mit dem Siebmantel eine düsenförmige Einengung und unterstützt so das Ablösen von klebenden Stoffen.

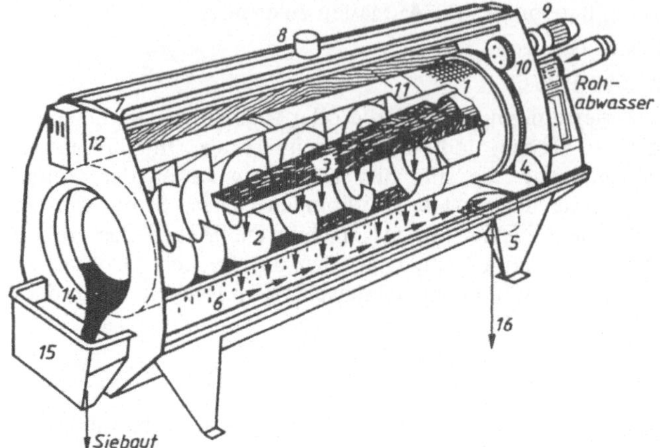

290.1 Abwasserfeinsiebtrommel Roto-Klär, Fa. Noggerath (Spritzschutzhaube geöffnet)

1 Siebtrommel
2 Schnecke
3 Einlaufrohr (hier Halbschale)
4 Laufrolle
5 Schmiernippel für zentrale Fettschmierung der Laufrollen
6 Abwasserauffangtrog
7 Spritzschutzhaube
8 Absaugstutzen (Ventilator)
9 Zahnradgetriebemotor
10 Antriebsritzel
11 Bürstenwalze
12 Bürstenjustiervorrichtung
13 Hygienekapselung des Siebgutaustritts
14 Siebgutaustritt
15 Hygienekapselung der Siebgutrutsche
16 Abwasserablauf

Die Weite der Siebmaschen beträgt allgemein 1 bis 5 mm. Siebanlagen mit ≈ 1-mm-Öffnungen können 30% der Gesamtschwebestoffe des Abwassers beseitigen, mit 15 mm Schlitzweiten nur ≈ 16%. Siebanlagen finden zur teilweisen mechanischen Klärung städtischen Schmutzwassers in Kläranlagen Verwendung; sie sind auch für Gewerbe- und Industrieabwasser von Bedeutung. Die Menge des Siebgutes beträgt 15 bis 25 l/(E · Jahr). Eine Feinsiebtrommel zeigt **290**.1.

Der Feinrechen nach Fa. Huber (**291**.1) hat Stabweiten von 5 bis 15 mm und ist in Gerinnen von 0,4 bis 1,2 m Breite einsetzbar. Der Siebrechen nach Fa. Huber arbeitet nach dem gleichen Prinzip, hat aber statt des Rechenkorbes ein Sieb mit einer Maschenweite ≧ 1 mm. Das Abwasser fließt an der offenen Stirnseite in den Rechenkorb hinein (*1*) und durch dessen Stäbe in das weiterführende Gerinne hinaus (*8*). Verunreinigungen werden von den Rechenstäben (*3*) zurückgehalten. Dadurch verengt sich der freie Querschnitt und es entsteht ein Rückstau. Bei entsprechender Rückstauhöhe schaltet sich der auf einer zentrischen Mittelachse sitzende, umlaufende Rechenkamm (*2*) ein. Seine Zinken reinigen, durch die Rechenstäbe hindurchgreifend, den Rechenkorb, nehmen das Rechengut heraus und werfen es oben in die Förderschnecke (*5*) ab. Diese transportiert es aus dem Gerinne. Zur besseren Reinigung läuft der Rechenkamm oben um ≈ 15° zurück. Die Zinken werden durch einen Abstreifer (*4*) gereinigt. Das Rechengut wird während des Förderns kompaktiert (*6*), entwässert und auf einen Feststoffgehalt von ≈ 40% gebracht. Abfuhr im Kontainer.

Eine weitergehende Entwicklung stellen die Bemühungen dar, das Vorklärbecken durch eine leistungsfähigere Siebung des Abwassers zu ersetzen. Nach diesen Gesichtspunkten wurden die ersten Kläranlagen Anfang der 70er Jahre mit Hydrosieben ausgerüstet,

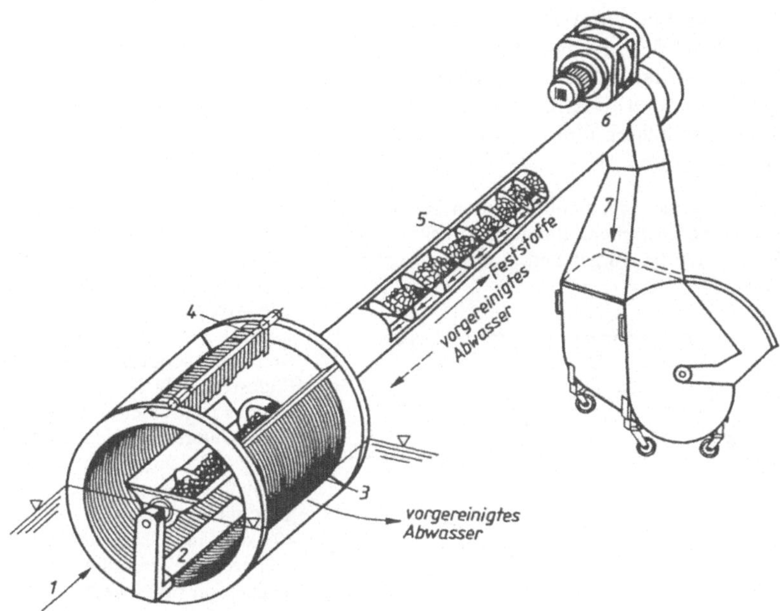

291.1 Feinrechen bzw. Siebrechen nach Huber

mit denen man gute Erfahrungen sammelte. Die allgemeinen Vor- und Nachteile zwischen Siebung und Vorklärung können wie folgt zusammengefaßt werden.

Vorteile:

Baulich sehr kompakte Reinigungsstufe,

Äußerst geringe Bauarbeiten (besonders wichtig bei Überdachung der Anlage),

Guter Rückhalt von Grobstoffen,

Gute Schutzfunktion für die Ausrüstung der nachfolgenden Kläranlagenteile,

Keine anaeroben Verhältnisse oder Schlämme,

Keine Feinrechen erforderlich.

Nachteile:

Geringe *BSB*- und Feststoffreduzierung,

Druckverluste 1 bis 3 m,

Verstopfungsgefahr bei höheren Fettgehalten.

4.4.2.2 Stabrechen

Es sind dies meist Grobrechen mit fest eingebauten, 1:2 bis 1:3 geneigten Stäben aus Flach-, Rund- oder Profilstahl mit Durchgangsweiten von 2 bis 5 cm. Zu geringe Durchgangsweiten sind unzweckmäßig, weil Papierreste und Kotstoffe am Durchgang gehindert würden. Der Rechen wird oft von Hand gereinigt. Bei großen Anlagen ist eine automatische und maschinelle Abräumung des Rechengutes vorteilhaft. Dies kann anschließend durch eine Zerkleinerungsmaschine zerkleinert und ins Abwasser zurückgegeben werden.

Jeder Rechen verursacht einen Stau und einen Gefälleverlust des strömenden Wassers. Die Durchflußgeschwindigkeit soll $v \geqq 0{,}6$ m/s sein, damit sich kein Sand absetzt. Jeder Rechen erhält einen Stauumlauf, der einen besonderen Rechen mit ≈ 10 cm Durchgangsweite hat. Die Rechengutmenge hängt von der Durchgangsweite ab und beträgt bei 4 bis 5 cm lichter Weite (Grobrechen) 2 bis 3 l/(E · Jahr), bei 2 bis 3 cm (Feinrechen) 5 bis 10 l/(E · Jahr).

Da die Arbeit am handbedienten Rechen unhygienisch ist, sollte man immer eine maschinelle Räumung anstreben. Beim Handrechen (**292**.1) sollte man nicht durch Konstruktionsfehler dem Klärwärter die Aufgabe erschweren. Wichtig ist eine glatte Führung der Rechenharke, alle Rechenstäbe (*1*) voll in die Sohle einzulassen [vorbereitete Aussparung mit Winkeleisen (*4*) und Sohlsprung], Abschluß der Stäbe ≈ 20 cm über den Bedienungspodest (*3*), ausreichende Breite des Podestes 0,8 bis 1,5 m, Anordnung eines Tropfbleches in Muldenform (*2*) oder eines horizontalen Gatters vor dem Podest. Die Länge der Stäbe soll $\leqq 2{,}0$ m sein, da sonst die Rechenharke nicht sicher geführt werden kann. Der Neigungswinkel der Stäbe zur Sohle beträgt 20 bis 40°, d.h. max Rinnenhöhe 0,70 bis 1,30 m. Bei größeren Höhen ordnet man einen zweistufigen Rechen an (DIN 19554, T 1).

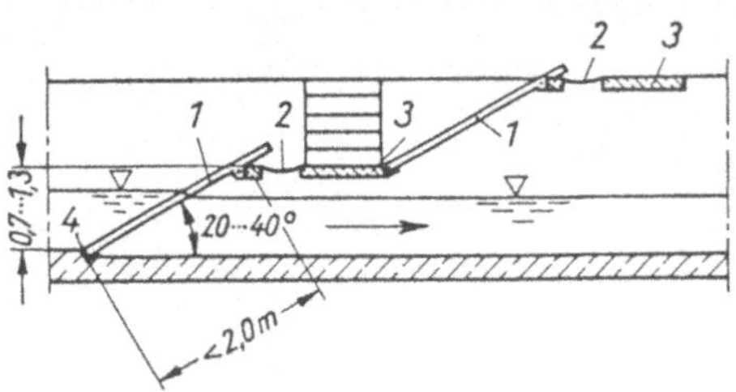

292.1 Längsschnitt durch zweistufigen Handrechen
1 Rechenstäbe
2 Abtropfrinne
3 Bedienungspodest
4 Winkeleisen

4.4.2.3 Maschinell bediente Rechen

Man sollte maschinell arbeitende Rechen bei jeder größeren Anlage vorsehen. Sie haben hygienische und betriebliche Vorteile. Der Stababstand kann 1,0 cm oder sogar kleiner sein. Die Rechen werden durch eine Wasserspiegel-Differenzschaltung automatisch eingeschaltet, die bei einem bestimmten Stau vor dem Rechen anspringt. Das Rechengut wird meist abtransportiert und dem Faulturm wegen der Schwimmdeckenbildung nicht zugeführt. Bild **293**.1 zeigt einen Greiferrechen (Fa. Passavant) mit einem Rotorzerkleinerer für das Rechengut (*8*). Dieses wird hier zerkleinert dem Abwasser wieder zugegeben. Rechenbreiten = Kammerbreite *b*, Rostlänge(Stab-) = *l* und lichter Stababstand *e* sind nach DIN 19554, T 1, folgende:

b in m	0,8; 1,0; 1,2 bis 2,4; 2,8; 3,2 bis 4,8
e in m	0,015; 0,02; 0,025; 0,04; 0,06; 0,08; 0,1
l in m	0,6; 0,8; 1,0 bis 2,8

Die Stabneigung beträgt 75%.
Weitere Maßangaben s. DIN 19554, T 1

Eine gute Alternative stellt der sehr betriebssichere Gegenstromrechen (z.B. Fa. W. Röder) dar. Der Rechenkamm greift hier von hinten, gegen die Fließrichtung, in den Rechen ein, nimmt das Rechengut auf und wirft es nach oben über eine Schurre ab. Schaltung durch Füllstandsmesser bei erhöhtem Wasserstand vor dem Rechen. Lichte Stababstände 8 bis 12 mm Feinrechen, 13 bis 100 Grobrechen (**293**.2). Maße s. DIN 19554, T 3.

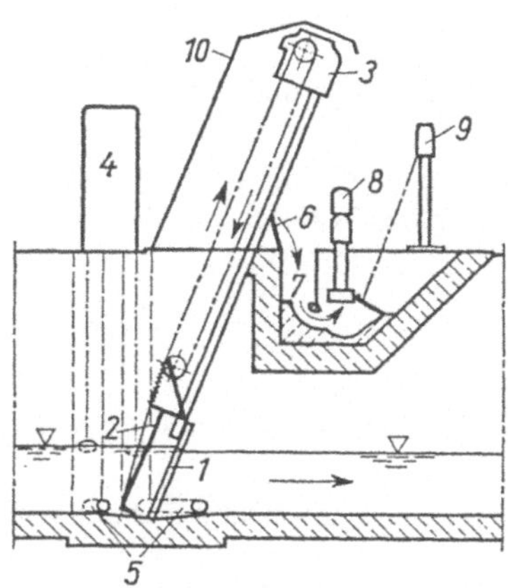

293.1 Greiferrechen (auch Kammrechen)
1 Rechen
2 Greifer
3 Antrieb
4 Wasserspiegel-Differenzschaltung
5 Verbindungskanäle zu den Schwimmerschächten
6 Abstreifblech für Rechengut
7 Schwemmrinne
8 Rotorzerkleinerer
9 Hubwinde
10 Verkleidung

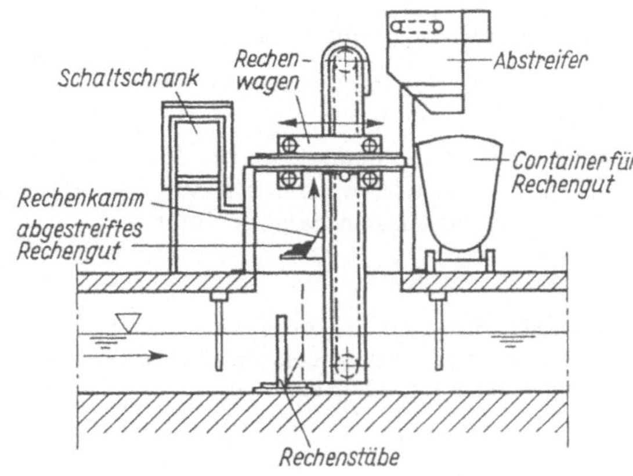

293.2 Gegenstromrechen

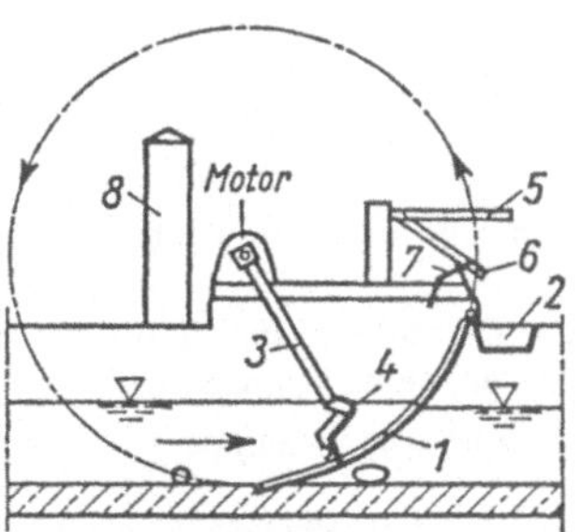

293.3 Bogenrechen
1 Rechenrost
2 Abtropfrinne
3 Harkenarm
4 Harkenschaufel
5 Lenker
6 Abstreifarme
7 Abstreifer
8 Staumeßgerät und Wasserspiegeldifferenzschaltung

Bild **293**.3 zeigt einen Bogenrechen. Die vertikalen Rechenstäbe sind bogenförmig gekrümmt. Das Rechengut wird zweckmäßig aus der Abtropfrinne (*2*) durch Reinwasser weggespült und anschließend abgefahren oder maschinell zerkleinert (DIN 19554, T 2). Nennradien r = 1,2; 1,6; 2,0 m, Kammerbreiten b = 0,3 bis 2,0 m.

Außerdem gibt es noch Rechentrommeln (**307**.1) mit Zerkleinerungsvorrichtungen, wie Messerwellen oder Zerreißkämmen, die zwischen die ringförmigen Rechenstäbe greifen und mit Hilfe der Rotationsbewegung das Rechengut zerkleinern. Abwasserzulauf von außen in das Innere der Trommel.

Der Condux-Kanalhai ist ein Unterwasser-Schneidzerkleinerer mit vertikaler Antriebswelle. Er wird in die Abwasserleitungen eingebaut. Kernstück ist der rotierende Messerkorb mit schräg stehenden Roststäben, Drehzahl 530 l/min, Durchsatzleistungen 30 bis 100 m^3/h.

4.4.2.4 Berechnung von Stabrechen

Die Bemessung der Rechenanlagen hängt von der Abwassermenge und der Menge des mitgeführten Rechengutes ab.

Überschläglich kann man die Gerinnebreite im Rechenbereich (Kammerbreite) b durch die Kontraktionsziffer K ermitteln, welche die Kontraktion des Wassers und die größte Stabbelegung zusammen berücksichtigt.

$$b = b_1/K$$

b_1 = Gerinnebreite vor dem Rechen
K = kann bei maschinell gereinigten Grobrechen mit 0,75 für Trockenwetterabfluß, und mit 0,85 für Regenwetterabfluß angenommen werden.

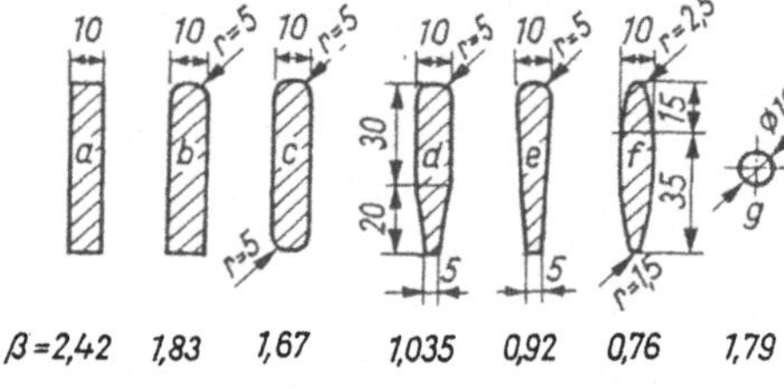

294.1 Formfaktoren β für Rechenstäbe

Der Rechenstau ist nach der Formel von Kirschmer zu errechnen.

$$\Delta h = \beta \left(\frac{s}{e}\right)^{4/3} \cdot \frac{v^2}{2\,g} \cdot \sin \delta$$

Δh = Stauverlust
s = Stabdicke
e = lichter Stababstand
$v^2/2\,g$ = Geschwindigkeitshöhe vor dem Rechen
δ = Neigungswinkel der Stäbe
β = Formfaktor für Stabquerschnitt (**294**.1).

Beispiel: Für die Kläranlage einer Stadt mit 120000 EG, w = 180 l/(EG · d), Trennsystem ist ein maschineller Grobrechen zu bemessen.

$$Q_{14} = 1540 \text{ m}^3/\text{h} = 430 \text{ l/s}$$

Rechteck-Gerinne vor dem Rechen b_1 = 600 mm, J = 1:400, h'_{14} = 0,55 m, v = 1,27 m/s

erf. $b = 600/0{,}75 = 800$ mm

gew.: s = 15 mm, e = 40 mm, β = 1,67, δ = 60°, $v^2/2\,g$ = 0,082 m

$$\Delta h \text{ (unverschmutzt)} = 1{,}67 \cdot \left(\frac{15}{40}\right)^{4/3} \cdot 0{,}082 \cdot \sin 60° = 0{,}032 \text{ m}$$

bei max. Verschmutzung soll angenommen werden:

$$s = 45 \text{ mm}, e = 10 \text{ mm}$$

$$\Delta h \text{ (verschmutzt)} = 1{,}67 \cdot \left(\frac{45}{10}\right)^{4/3} \cdot 0{,}082 \cdot \sin 60° = 0{,}88 \text{ m}$$

Es wird das obere Drittel des eingetauchten Stabes als verschmutzt, die unteren zwei Drittel als unverschmutzt angenommen.

$$\Delta h = \tfrac{2}{3} \cdot 0{,}032 + \tfrac{1}{3} \cdot 0{,}88 = 0{,}315 \text{ m}$$

Man sollte die offenen Fließrinnen mindestens doppelt so tief machen als die größte Fülltiefe beträgt, d.h. hier $h \geqq 1{,}10$ m.

Die Stabanzahl n beträgt:

$$n = \frac{b - e}{s + e} = \frac{800 - 40}{15 + 40} = 13{,}8 = 14$$

Rechengutmenge R = etwa 3 l/(EG · a) jährlich $R = 3 \cdot 120000/1000 = 360 \text{ m}^3/\text{a}$

4.4.3 Sandfänge

Sandfänge findet man vor selbständigen maschinellen Einrichtungen der Abwassertechnik, wie Sieben, Rechen, Pumpstationen, Hebeanlagen und in Kläranlagen. Vor den Anlagen des Mischsystems sind Sandfänge unbedingt erforderlich. Beim Trennsystem findet man Sandfänge im Regenwassernetz und in den Schmutzwasser-Kläranlagen. Sie können hier zwar in verkleinerter Form angelegt werden, aber entbehrlich sind sie nicht, denn auch im SW-Netz werden körnige Bestandteile (von Küchenabfällen, Falschanschlüssen, Schadstellen usw.) mit abgeführt.

Die Fließgeschwindigkeit im Sandfang wird so weit vermindert, daß körnige Sinkstoffe (nach Tafel **295**.1) z. B. Sand von d = 0,1 bis 0,2 mm in einen besonderen Raum ohne Durchfluß, den Sandsammelraum, absinken können.

Sand hat eine hohe Verschleißwirkung auf Maschinen, stört im Zulauf der Absetzbecken und würde in den Schlammtrichtern der Becken und im Faulraum feste, sedimentierte Massen bilden, welche nur mit besonderen Hilfen gefördert werden könnten.

Sand lagert sich bei horizontalem Durchfluß ab, wenn die Fließgeschwindigkeit v = 0,3 bis 0,6 m/s beträgt. Offene Fließgerinne in den Kläranlagen sollen deshalb ein $v \geqq$ 0,6 m/s haben. Die Schwierigkeit der Sandfangbemessung liegt in der Anpassung der Fließquerschnitte an die verschiedenen Wassermengen (s. Abschn. 1.2 und 1.3). Der große Unterschied zwischen Q_{36} und Q_{MW} bei Mischwassersandfängen ist hier besonders unangenehm. Der Sandanfall beträgt nach [24] 5 bis 12 l/(E · Jahr).

Tafel **295**.1 Sinkgeschwindigkeit v_s in m/h absetzbarer Teile nach [24]

Korndurchmesser d mm	1,0	0,5	0,2	0,1	0,05	0,01	0,005
Quarzsand $v_s = 2412 \cdot d^2$ für $d < 0{,}1$ mm	502	258	82	24	6,1	0,3	0,06
Kohle	152	76	26	7,6	1,5	0,08	0,015
Schwebestoffe des häuslichen Abwassers	122	61	18	3	0,76	0,03	0,008

Die Wahl des Sandfangtyps wird durch folgende Faktoren bestimmt:

1. Betrieblich
Größe und Schwankung der Abwassermenge; Trenn- u. Klassiereffekt; Sandmenge; Art der Sandräumung; Art des Sandabtransports; Eingliederung ins Klärsystem; Wartungsmöglichkeit; Frage nach zusätzlichen Effekten, wie Flotation von Schwimmstoffen, Flockung von Schwebestoffen, Vorbelüftung zur Auffrischung des Abwassers, Adsorptionswirkung.

2. Bautechnisch
Platzbedarf;
Höhenlage;
Baugrund- und Grundwasserverhältnisse;
Schalungsaufwand;
maschinelle Ausrüstung.

4.4.3.1 Langsandfang

Diese Ausführung wurde früher sehr häufig gebaut. Man bemißt seine Fließgerinne für v = 0,30 bis 0,60 m/s. Dies erreicht man durch Verbreiterung des Zuflußgerinnes. Um diese Fließgeschwindigkeit bei den wechselnden Wassermengen des Trennverfahrens, insbesondere aber beim Mischverfahren einhalten zu können, werden mehrere Fließ-

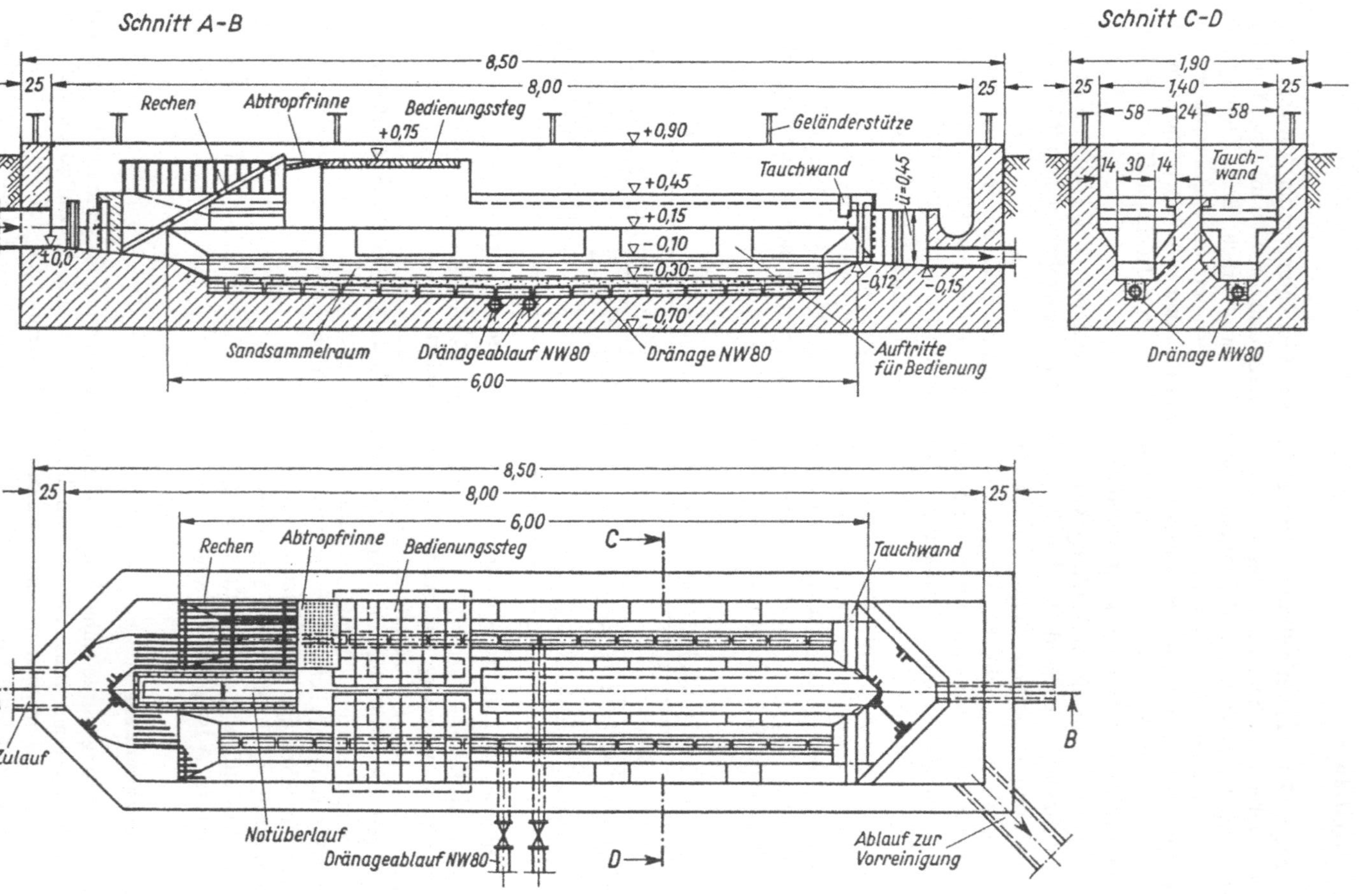

296.1 Langsandfang für kleinere Kläranlage nach Schreiber

rinnen nebeneinander angeordnet. Wegen der Räumung sind mindestens zwei Rinnen vorzusehen. Der Sandfang soll $\leqq$ 30 m lang sein. Die bauliche Ausbildung richtet sich nach der Art der Sandräumung. Bei kleineren Anlagen (**296**.1) wird die waagerechte Sohle des Sandfangs mit einer in Kies gebetteten Dränleitung versehen, die geschlossen bleibt, solange der Sandfang in Betrieb ist.

Nach dem Absperren einer Rinne wird der darin abgesetzte Sand durch diese Sickeranlage entwässert und dann von Hand, bei größeren Anlagen maschinell, herausgenommen. Der Sandsammelraum ist so zu bemessen, daß der Sand von mehreren Tagen in einer Kammer Platz findet. Man kann die Sandsammelräume auch als tiefe, unten geschlossene, trapezförmige oder ausgerundete Rinnen ausbilden, in denen sich ein Sand-Wasser-Gemisch sammelt, das durch Düsen angesaugt und durch Drucklufttheber gefördert wird (**301**.3). Häufig sinken unerwünscht auch leichtere organische Stoffe mit zu Boden. Um diesen Schlamm zu entfernen, kann in die Sandfangsohle eine Belüftungsvorrichtung eingebaut werden. Vor dem Ausräumen des Sandes bläst man von unten her Druckluft ein. Der aufgewirbelte feine Schlamm wird dann von dem darüberfließenden Abwasser mitgeführt. Das ausgebaggerte Sand-Schlamm-Gemisch kann auch außerhalb des Sandfangs in einer besonderen Sandwäsche behandelt werden. Dies ist empfehlenswert, wenn der Sand anschließend als Streu- oder Bausand verwendet werden soll.

Ständig belüftete Sandfänge (**297**.1 und **298**.1) dienen auch der Vorbelüftung des Abwassers.

Durch einen einmal richtig eingestellten Lufteintrag im Sandfang wird eine von der zufließenden Wassermenge fast unabhängige Umwälzung des Abwassers erreicht. Die hierdurch erzeugte Turbulenz muß dabei so gering sein, daß der Sand zu Boden sinkt, aber auch so groß, daß Schlammteilchen nicht im Sandfang zurückgehalten werden.

Daneben wird das Einblasen der Luft zum Flotieren von Fett und Öl genutzt. Seitlich neben dem Sandfang wird eine Fettfangzelle angeordnet, in der das flotierte Fett und Schwimmstoffe zurückgehalten werden. Bemessungswerte sind beim Berechnungsbeispiel 2 aufgeführt.

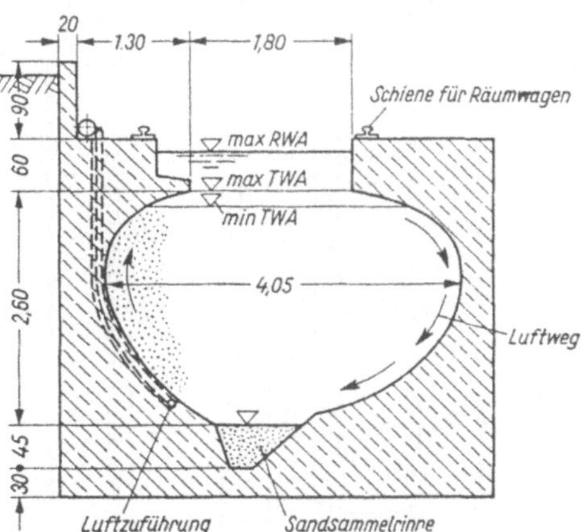

297.1 Querschnitt eines belüfteten Sandfangs in einer Kläranlage für Mischsystem (Heilbronn)

Bild **298**.1 zeigt den Sandfang einer großen Kläranlage. Das Abwasser fließt nach Förderung durch ein Schneckenhebewerk zu. Durch ein elektrisch angetriebenes Drehtor kann die Rinnenbeschikkung geregelt werden. Die Sohlen der Fließrinnen sind parabolisch geformt und haben in der Mitte eine Sammelrinne für den Sand, aus welcher der Drucklufttheber direkt und ständig fördert. Beim Abfluß für Überlaufwasser trennt sich das mitgeförderte Abwasser vom Sand, welcher durch die Sandförderanlage in den Transportkübel gebracht wird. Das Abwasser verläßt den Sandfang durch den Ablauf. Die Abflußregelung erfolgt wieder durch ein Drehtor und ein Schütz. Dieser Sandfang ist außerdem belüftet. Durch das Belüftungssystem wird Druckluft (max 1800 m^3/h) zugeführt, welche in den Fließrinnen für eine ständige Umwälzung mit einer Randgeschwindigkeit v = 25 bis 30 cm/s sorgt. Der Drucklufteintrag wird gerade so groß gehalten, daß sich nur mineralische, aber keine organischen Sinkstoffe absetzen können. Die Belüftung der Sandfänge empfiehlt sich, um angefaultes Abwasser aufzufrischen. Dies kann auch mit der Absicht geschehen, in dem anschließenden Vorklärbecken eine biologische Teilreinigung zu erzielen. Durch geringere Luftzufuhr läßt sich im Sandfang ein schnelles Aufschwimmen von Öl und Fett erreichen.

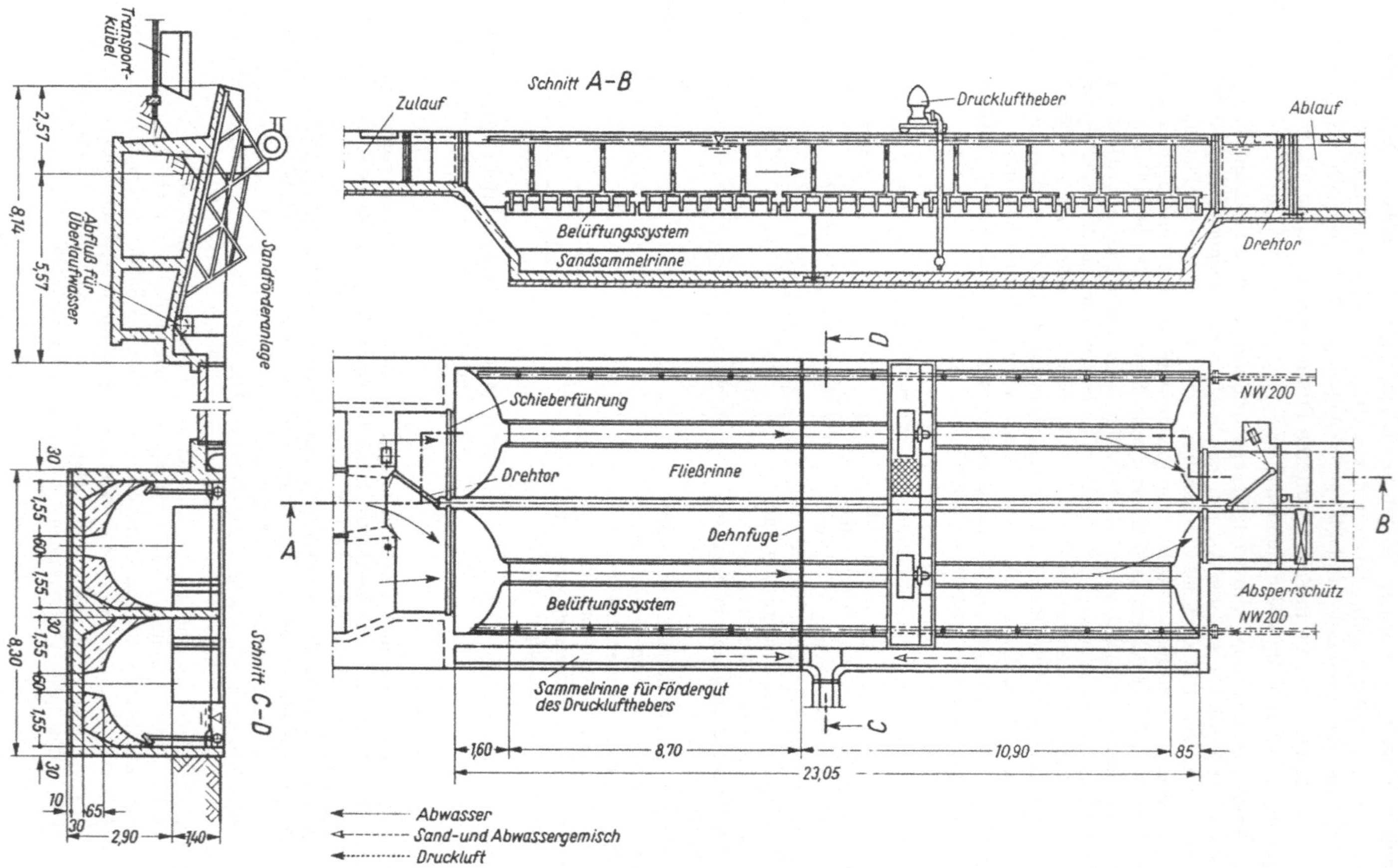

298.1 Belüfteter Langsandfang einer großen Kläranlage (Emschergenossenschaft)

Beispiel 1: Für die Kläranlage einer Stadt mit 120000 EG, Abwasseranfall $Q_d = 180$ l/(E · d) und Trennsystem ist für einen Sandanfall von 10 l/(E · Jahr) ein Langsandfang zu bemessen.

$$Q_{14} = \frac{120000 \cdot 180}{14 \cdot 1000} = 1540 \text{ m}^3/\text{h} = 430 \text{ l/s}$$

$$Q_{36} = \frac{120000 \cdot 180}{36 \cdot 1000} = 600 \text{ m}^3/\text{h} = 167 \text{ l/s}$$

Rechteck-Gerinne vor dem Rechen $b_1 = 600$ mm, $J = 1{:}400$, $h'_{14} = 0{,}55$ m; $h'_{36} = 0{,}26$ m.

Querschnittsberechnung mit $v = 0{,}3$ m/s $= 3$ dm/s

$$\text{für } Q_{14} \quad A = \frac{Q_{14}}{v} = \frac{430}{3} = 144 \text{ dm}^2 = 1{,}44 \text{ m}^2$$

Mit einer Füllhöhe $h'_{14} = 0{,}58$ m im Zulaufgerinne ergibt sich

$$b_{14} = \frac{A}{h'_{14}} = \frac{1{,}44}{0{,}55} = 2{,}62 \text{ m}$$

$$\text{für} \quad Q_{36} \quad A = \frac{167}{3} = 56 \text{ dm}^2 = 0{,}56 \text{ m}^2$$

Mit einer Füllhöhe $h'_{36} = 0{,}26$ m im Zulaufgerinne ergibt sich

$$b_{36} = \frac{0{,}56}{0{,}26} = 2{,}15 \text{ m}$$

Gewählt: 2 Rinnen mit $b = 0{,}75$ m und 1 Rinne mit $b = 1{,}00$ m (nachts außer Betrieb)

Sandfanglänge L: Es wird gefordert, daß sich Sand mit 0,1 mm Korndurchmesser noch absetzt. Seine Sinkgeschwindigkeit beträgt nach Tafel **295**.1 $v_s = 24$ m/h

Damit ergibt sich die Sandfangoberfläche

$$O_{14} = \frac{Q_{14}}{v_s} = \frac{1540}{24} = 64 \text{ m}^2$$

Tagsüber werden alle 3 Rinnen beschickt. Daher ist $b = 2 \cdot 0{,}75 + 1{,}0 = 2{,}5$ m. Man erhält eine wirksame Sandfanglänge

$$L = \frac{O_{14}}{b} = \frac{64}{2{,}5} = 25{,}6 \text{ m} \quad \text{gewählt } 26{,}0 \text{ m}$$

Nachts werden 2 Rinnen mit $b = 2 \cdot 0{,}75 = 1{,}50$ m beschickt. Man erhält ein absetzbares Kleinstkorn für

$$v_s = \frac{Q_{36}}{O_{36}} = \frac{600}{1{,}50 \cdot 26{,}0} = 15 \text{ m/h}$$

nach Tafel **295**.1 für Quarzsand

$$v_s = 2412\, d^2$$

$$\text{oder} \quad d = \sqrt{\frac{v_s}{2412}} \quad d = \sqrt{\frac{15}{2412}} = 0{,}079 \text{ mm}$$

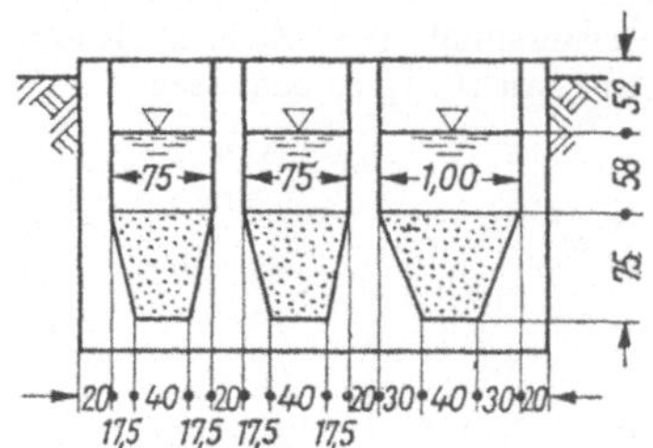

300.1 Querschnitt der Sandsammelrinnen

Sandsammelraum (**300**.1)

$$2\ A_1 = 2\ \frac{0{,}75 + 0{,}40}{2}\ 0{,}75 = 0{,}86\ \text{m}^2$$

$$A_2 = \frac{1{,}0 + 0{,}40}{2}\ 0{,}75 = 0{,}52\ \text{m}^2$$

$$\Sigma A = 1{,}38\ \text{m}^2$$

Sandvolumen $= A \cdot L = 1{,}38 \cdot 26{,}0 = 35{,}8\ \text{m}^3$

Für den Sandanfall = 10 l/(E · Jahr) wird

$$V_{\text{Sand}} = \frac{10 \cdot 120000}{1000} = 1200\ \text{m}^3/\text{Jahr}$$

Anzahl der Räumungen $n = \dfrac{1200}{35{,}8} = 33{,}5$ je Jahr, d.h. 365/33,5; jeden 11. Tag ist auszuräumen. Diese Berechnung ist nur erforderlich, wenn der Sandfang von Hand oder durch Greifer geräumt wird. Die Anordnung eines Sammelraumes bei Drucklufthebern hat nur betriebliche Bedeutung.

Beispiel 2: Für 120000 EG, $Q_d = 180$ l/(E · d) und Mischsystem ist ein belüfteter Langsandfang zu bemessen.
Bemessungswerte für belüftete Langsandfänge ($Q_t \triangleq$ Trockenwetterzufluß, $Q_{rw} \triangleq$ Regenwetterzufluß)

Sandfang:

Aufenthaltszeit	$t_R \geqq 8$ bis 20 min für Q_t	$t_R \geqq 3$ bis 10 min für Q_{rw}
Fließgeschwindigkeit	$v_L \leqq 0{,}07$ bis 0,12 m/s für Q_t	$v_L \leqq 0{,}2$ bis 0,25 m/s für Q_{rw}
Umwälzgeschwindigkeit	$v_Q = 0{,}2$ bis 0,4 m/s	
Luftmenge	$Q_L = 5$ bis 14 $\text{m}_L^3/(\text{lfdm} \cdot \text{h})$	
oder	$Q_L = 1$ bis 2,5 $\text{m}_L^3/(\text{m}^3 \cdot \text{h})$, die größeren Werte bei grobblasiger Belüftung	

$Q_{14} = 1540\ \text{m}^3/\text{h} = 430\ \text{l/s} = Q_t$; $Q_{rw} = 3600\ \text{m}^3/\text{h} = 1000\ \text{l/s}$

Querschnittsflächen	$A \leqq 15\ \text{m}^2$
Energiebedarf	$\approx 5\ \text{Wh/m}_L^3 \cdot m^*$; $m^* \triangleq$ Einblastiefe
Sandfanglänge	$L = 15$ bis 60 m
Einblastiefe	$t_E = 0{,}7 \cdot t$; Sohlneigung 40 bis 45°

$b/t_m \approx 0{,}8$

$Q_L = (0{,}63 + 0{,}52 \cdot \ln t_E)^{-0{,}62}$ in $\text{m}_L^3/(\text{m}^3 \cdot \text{h})$ für feinblasige,

$Q_L = (0{,}07 + 0{,}76 \cdot \ln t_E)^{-1{,}33}$ in $\text{m}_L^3/(\text{m}^3 \cdot \text{h})$ für grobblasige Belüftung

Sandfang: gew. 2 Rinnen mit $b = 1{,}6$ m, mittlere Tiefe $t_m = 2{,}0\ \text{m} = t_E$, Länge $L = 33{,}75$ m
$O = 2 \cdot 1{,}6 \cdot 33{,}75 = 108\ \text{m}^2$; $V = 108 \cdot 2{,}0 = 216\ \text{m}^3$; $A = 2 \cdot 1{,}6 \cdot 2{,}0 = 6{,}40\ \text{m}^2$; grobblasige Belüftung.

bei $Q_{14} = Q_t$:

$$q_A = \frac{1540}{108} = 14{,}26\ \text{m/h} \qquad v_L = \frac{Q_{14}}{A} = \frac{0{,}43}{6{,}40} = 0{,}07\ \text{m/s}$$

$$t_R = \frac{216}{0{,}43} = 502\ \text{s} \approx 8{,}4\ \text{min}$$

Tafel **301**.1 Rechteckbecken als Sandfang mit Saugräumer nach DIN 19551, T 3, Hauptmaße

b_1	0,8; 1,0; 1,2 bis 2,6	2,8; 3,2; 3,6 bis 6	7; 8; 9 bis 16
b_2, b_3, b_4	0,4; 0,5; 0,6 usw.	0,4; 0,6; 0,8 usw.	
$c \geqq$	0,25		0,3
t	0,6; 0,8; 1,0 bis 4; 4,4; 4,8 bis 6		
$m \geqq$	0,2; bei zeitweise leerem Becken 0,6		

Absetzwirkung = 86% Korn ∅ 0,125 bis 0,16; 95% Korn ∅ 0,16 bis 0,2 nach **301**.2

bei Q_{rw}:

$$q_A = \frac{3600}{108} = 33{,}3 \text{ m/h} \qquad v_L = \frac{Q_{rw}}{A} = \frac{1{,}0}{6{,}40} = 0{,}16 \text{ m/s}$$

$$t_R = \frac{216}{1{,}0} = 216 \text{ s} = 3{,}6 \text{ min}$$

Absetzwirkung = 75% Korn ∅ 0,125 bis 0,16; 82% Korn ∅ 0,16 bis 0,2; 95% Korn ∅ 0,2 bis 0,25

Luftmenge $Q_L \sim 10 \cdot 2 \cdot 33{,}75 = 675 \text{ m}_L^3\text{/h}$ für Auslegung der Gebläse.

Im Betrieb $Q_L = (0{,}07 + 0{,}76 \ln 2{,}0)^{-1{,}33} \approx 2{,}0 \text{ m}_L^3/(\text{m}^3 \cdot \text{h})$

$Q_L = 2{,}0 \cdot 216 = 432 \text{ m}_L^3\text{/h}$

Nach **301**.2 kann die Aufenthaltszeit abhängig vom abgesetzten Korn-∅ des Sandes gewählt werden.

Bild **301**.3 zeigt die Abmessungen des berechneten Sandfangs nach DIN 19551, T 3 mit Saugräumer.

$$b = b_1 - b_4 = 2{,}8 - 1{,}2 = 1{,}6 \text{ m}; \; c = 0{,}25 \text{ m}; \; t = 2{,}4 \text{ m}; \; m = 0{,}2 \text{ m}.$$

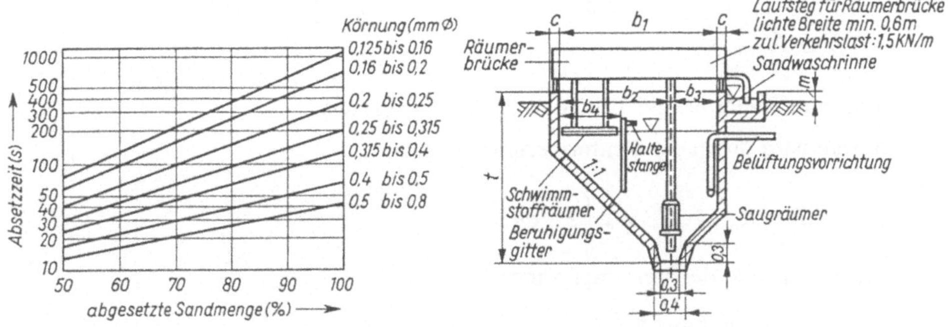

301.2 Korngröße und Anteil der abgesetzten Sandmenge im belüfteten Sandfang, abhängig von t_R. Umwälzgeschwindigkeit 0,3 m/sec (nach Kalbskopf)

301.3 Querschnitt durch einen belüfteten Sandfang nach DIN 19551, T 3, Maße in m

Zur Einhaltung der konstanten Durchflußgeschwindigkeit bei wechselnder Füllhöhe h', hier h gesetzt, in den Fließrinnen kann man bei unbelüfteten Langsandfängen **Stauprofile** am Sandfangauslauf oder Venturimeßstrecken verwenden. Die hydraulische Funktion der Stauprofile ist nur bei schießendem Abfluß gegeben. Man kann sie dann

zur Wassermengenmessung benutzen. Der Sandsammelraum verändert den Fließquerschnitt je nach Sandfüllung. Dies erschwert das Einhalten einer konstanten Geschwindigkeit durch Stauprofile.
Das Berechnungsverfahren stützt sich auf die Bedingung, daß die durchfließende Wassermenge im Sandfang und am Stauauslauf bei einem bestimmten Wasserstand jeweils gleich bleibt, obwohl für beide Fließstationen verschiedene hydraulische Bedingungen vorliegen.

Es gilt der allgemeine Ansatz für Stauprofile

$$\underbrace{Q(h) = K \cdot h^{n}}_{\text{für Stauprofil}} = \underbrace{v \int_0^h b(h)\,\mathrm{d}h}_{\text{für Sandfang}} \tag{302.1}$$

Die Gleichung ist erfüllt, wenn

$$b(h) = \frac{n}{v} K \cdot h^{n-1} \tag{302.2}$$

Es bedeuten

K, n = Konstante
v = Fließgeschwindigkeit im Sandfang
$b(h)$ = Breite der Sandfangfließrinne, abhängig von h
h = Fülltiefe im Sandfang und am Staublech

Es ergeben sich z. B. folgende Kombinationen:

1. Die Wassermenge ist linear zur Füllhöhe h am Stauprofil (lineare Charakteristik); $n = 1$

$$Q(h) = K \cdot h = v \cdot b \cdot \int_0^h \mathrm{d}h = v \cdot b \cdot h$$

$$b = \frac{K}{v} = K_1$$

d. h. konstante Breite der Fließrinne, oder Rechteckprofil.

2. Der Stau wird durch ein Venturigerinne erreicht

$$Q(h) = K \cdot b_1 \cdot h^{3/2} = v \int_0^h b \cdot \mathrm{d}h$$

$n = 3/2$; b_1 = Breite des Venturigerinnes

$$b = \frac{3}{2} \cdot \frac{K \cdot b_1 \cdot h^{1/2}}{v} = K_2 \cdot h^{1/2}$$

oder $h = K_2' \cdot b^2$, d. h. die Fließrinne des Sandfangs hat Parabelform.

3. Das Stauprofil ist parabelförmig mit $n = 2$

$$Q(h) = K \cdot h^2 = v \int_0^h b \cdot \mathrm{d}h \qquad b = \frac{2}{v} K \cdot h = K_3 \cdot h$$

d. h. die Fließrinne verbreitert sich linear = dreieckförmiger Sandfangquerschnitt.

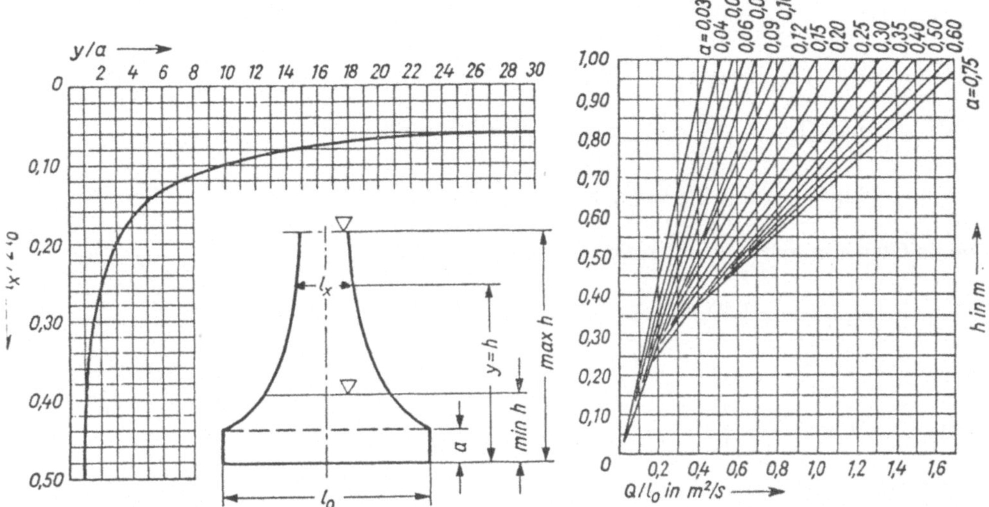

303.1 Querschnittsbezeichnungen und Hilfstafeln zur Berechnung eines linearen Sandfangauslaufs nach Di Ricco [13]

Di Ricco [13] schlägt für den Sandfang mit einem Auslauf linearer Charakteristik folgende Gleichungen vor (**303**.1)

$$Q = \mu_0 \sqrt{2\,a \cdot g}\left(h - \frac{1}{3}\,a\right) l_0 \quad \text{in m}^3/\text{s} \tag{303.1}$$

$$l_x = \frac{2}{\pi} \cdot l_0 \cdot \arcsin \sqrt{y/a} \quad \text{in m} \tag{303.2}$$

μ_0 = Verlustbeiwert
g = Fallbeschleunigung
l_0, l_x, a (s. **303**.1)

Experimentelle Untersuchungen haben ergeben, daß die Fließgeschwindigkeiten im Sandfang nicht gleichmäßig sind, sondern in der Nähe der Sohle und Wände kleiner als in der Mitte des Fließquerschnitts. Gegenüber anderen Auslaufformen treten für v = 0,3 m/s die geringeren Abweichungen beim Auslauf nach Di Ricco im Verhältnis zur Berechnung auf. Die Verlustbeiwerte μ_0 ändern sich mit der Füllhöhe y. Als Ergebnis wurde festgestellt, daß sich die Gleichungen für eine Entwurfsbearbeitung eignen. Wegen der Sandsammlung wurde für den Sandfang ein Trapezquerschnitt gewählt (**303**.2).

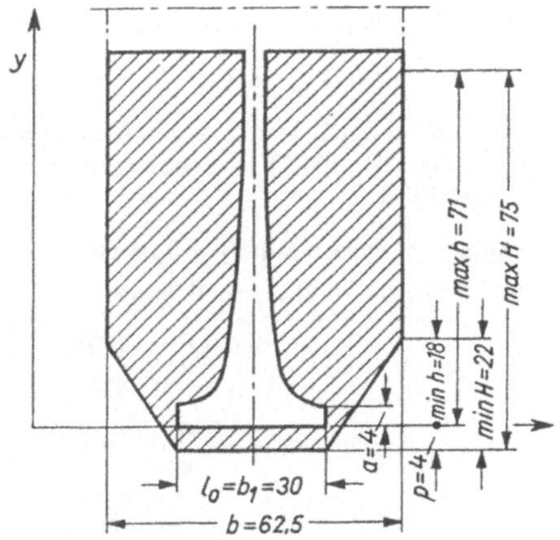

303.2 Auslaufquerschnitt zum Berechnungsbeispiel [13]

Gegenüber dem Rechteckprofil ergibt sich damit eine Ergänzungsbedingung

$$\max h = \max H - p \text{ (s. } \mathbf{303}.2)$$

Aus Gl. (303.1) ergibt sich

$$\max Q = \mu_0 \sqrt{2\, g \cdot a} \left(\max h - \frac{1}{3}\, a\right) l_0 \quad \text{und}$$

$$\min Q = \mu_0 \sqrt{2\, g \cdot a} \left(\min h - \frac{1}{3}\, a\right) l_0$$

beide Gleichungen dividiert, ergibt

$$\frac{\max Q}{\min Q} = \frac{\max h - \dfrac{a}{3}}{\min h - \dfrac{a}{3}}$$

mit $M = \dfrac{\max Q}{\min Q}$

ergibt sich

$$M \left(\min h - \frac{a}{3}\right) = \max h - \frac{a}{3}$$

$$a = 3\, \frac{M \cdot \min h - \max h}{M - 1} \tag{304.1}$$

Für die hydraulische Wirksamkeit der Größe von a ist notwendig, daß

$$M \min h \geqq \max h \quad \text{d.h. } M \geqq \frac{\max h}{\min h} \geqq \frac{\max H - p}{\min H - p}$$

$$p \leqq \frac{M \min H - \max H}{M - 1} \tag{304.2}$$

Die lineare Charakteristik des Auslaufs tritt ein, wenn

$$\min h \geqq a, \quad \text{d.h.} \quad a \leqq \min H - p \tag{304.3}$$

Man muß bei der Bemessung des Auslaufprofils die Größe von p zunächst wählen, um a nach der Bedingung Gl. (304.1) zu bekommen. Eine schnelle Entwurfsbearbeitung ermöglichen die Diagramme **303**.1.

Beispiel: Gegeben $\min Q = 0{,}06\ \text{m}^3/\text{s}$, $\max Q = 0{,}25\ \text{m}^3/\text{s}$, $v_s = 40\ \text{m/h} = 0{,}0111\ \text{m/s}$
Durchflußzeit $t = 60$ s, $v = 0{,}30$ m/s

Lösung: $\max A = \dfrac{\max Q}{v} = \dfrac{0{,}25}{0{,}30} = 0{,}834\ \text{m}^2 \qquad \min A = \dfrac{\min Q}{v} = \dfrac{0{,}06}{0{,}30} = 0{,}20\ \text{m}^2$

$$\text{erf. } \max O = \frac{\max Q}{v_s} = \frac{0{,}25}{0{,}0111} = 22{,}5\ \text{m}^2$$

$$\text{erf. } L = 0{,}30 \cdot 60 = 18\ \text{m} \qquad \text{erf. } b = \frac{22{,}50}{18} = 1{,}25\ \text{m}$$

Gewählt: 2 Sandfangrinnen mit $b = 0{,}625$ m, Beschickung je $Q/2$. Für die Sohlenbreite b_1 wird 0,30 m gewählt.

$$\min H = \frac{\min F \cdot 2}{(b + b_1)\,2} = \frac{0{,}20 \cdot 2}{(0{,}625 + 0{,}30)\,2} = 0{,}216 \text{ m, aufgerundet} = 0{,}22 \text{ m}$$

$$\max H = \min H + \frac{\max A - \min A}{2\,b} = 0{,}22 + \frac{0{,}834 - 0{,}20}{2 \cdot 0{,}625} = 0{,}73 \text{ m},$$

aufgerundet = 0,75 m

$$M = \frac{0{,}25}{0{,}06} = 4{,}17 \qquad p \leqq \frac{4{,}17 \cdot 0{,}22 - 0{,}75}{4{,}17 - 1} \leqq 0{,}053 \text{ m} \qquad \text{gewählt } p = 0{,}04$$

$$\max h = 0{,}75 - 0{,}04 = 0{,}71 \qquad \min h = 0{,}22 - 0{,}04 = 0{,}18 \text{ m}$$

Aus Gl. (304.1) erhält man

$$a = 3\,\frac{4{,}17 \cdot 0{,}18 - 0{,}71}{4{,}17 - 1} = 0{,}038 \sim 0{,}04 \text{ m}$$

Nach Bild **303**.1 ergeben sich für $a = 0{,}04$ m und $\min h = 0{,}18$ m

$Q/l_0 = 0{,}10$. Mit $Q = \min Q = 0{,}06/2 = 0{,}03$ m³/s errechnet sich $l_0 = \dfrac{0{,}03}{0{,}10} = 0{,}30$ m.

Für $a = 0{,}04$ m und $\max h = 0{,}71$ m ergibt sich $Q/l_0 = 0{,}37$.

Mit $Q = \max Q = 0{,}25/2 = 0{,}125$ m³/s errechnet sich $l_0 = \dfrac{0{,}125}{0{,}37} = 0{,}338$ m.

Gewählt wird $l_0 = 0{,}30$ m.

Die übrigen Werte l_x des Auslaufschlitzes berechnet man mit der Gl. (303.2) oder mit Hilfe von **303**.1. Es ergeben sich in m:

y	0,04	0,05	0,08	0,10	0,20	0,30	0,50	0,70
l_x	0,30	0,211	0,15	0,131	0,089	0,072	0,054	0,046

4.4.3.2 Tiefsandfang

Für kleinere Kläranlagen oder zur Klärung von Regenwasser wird bei Platzmangel auch der Tiefsandfang verwendet. Er besteht aus einem runden Betonzylinder mit unten angesetztem Kegelstumpf (**306**.1). Oben ist er offen oder teilweise abgedeckt. Das Abwasser fällt zunächst in einem Schacht abwärts, wobei die schwersten Sandteile bereits zum Sandsammelraum weitersinken. Das Abwasser mit dem Restsandanteil unterströmt eine oder mehrere Tauchwände und steigt wieder auf. Dies ist die entscheidende Phase des Absetzvorgangs. Die Aufwärtsgeschwindigkeit v ist durch den großen Querschnitt ($O_1 + O_2$) sehr verringert, so daß man größenmäßig in den Bereich der Sinkgeschwindigkeiten v_s von Quarzsand kommt. Sandteile und andere Schwebestoffe, deren $v_s > v$, sinken langsam in den Sandsammelraum ab. Von hier wird durch Drucklufttheber (*3*) das Sand-Abwasser-Gemisch gefördert. Durch die Leitung (*5*) können die Ablagerungen im Sandsammelraum vor der Förderung mit Hilfe von Druckluft und Wasser gelockert und flockige Bestandteile entfernt werden. An verschiedene Wassermengen Q_x paßt man sich durch ringförmige Tauchwände an, welche den Fließquerschnitt der steigenden Wassermenge verringern. Die oberen Kantenhöhen der Tauchwände entsprechen den Füllhöhen im Ablaufgerinne (*2*).

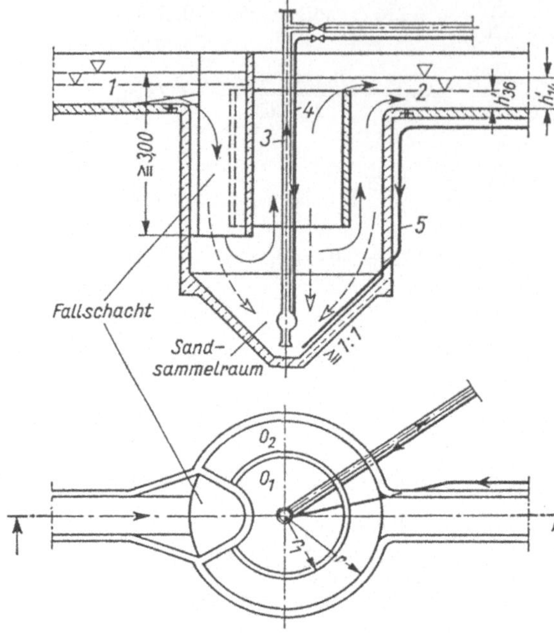

306.1
Tiefsandfang
1 Zulauf
2 Abfluß
3 Drucklufttheber
4 Luftleitung
5 Leitung für Luft und Wasser zum Auflockern der Sandablagerungen vor der Förderung h'_{36} = Füllhöhe bei Q_{36}, h'_{14} = Füllhöhe bei Q_{14}

Beispiel: Ein Tiefsandfang soll berechnet werden für

$Q_{14} = 1540 \text{ m}^3/\text{h} \qquad h'_{14} = 0{,}55 \text{ m}$

und $Q_{36} = 600 \text{ m}^3/\text{h} \qquad h'_{36} = 0{,}26 \text{ m}$

Es soll sich ein Korn mit dem Durchmesser $d = 0{,}2$ mm absetzen. Gesucht ist die wirksame Oberfläche (= Fließquerschnitt des steigenden Abwassers).

$v_S = 82$ m/h für Korn-∅ 0,2 mm nach Tafel **295**.1

$$O = \frac{Q}{v_s} \qquad O_{14} = O_1 + O_2 = \frac{1540}{82} = 18{,}8 \text{ m}^2 \qquad O_{36} = O_2 = \frac{600}{82} = 7{,}32 \text{ m}^2$$

Macht man für den Fallschacht einen Abzug von 1/7 der gesamten lichten Sandfangoberfläche, dann erhält man

$$O_1 + O_2 = \frac{6}{7}\pi \cdot r^2 = 18{,}8 \text{ m}^2$$

$$r = \sqrt{\frac{7 \cdot 18{,}8}{6 \cdot \pi}} = 2{,}64 \text{ m} \quad d = 2 \cdot 2{,}64 = 5{,}28 \text{ m}$$

$$O_1 = O - O_2 = 18{,}8 - 7{,}32 = 11{,}48 \text{ m}^2$$

$$O_1 = \frac{11}{12} \cdot \pi \cdot r_1^2 = 11{,}48 \text{ m}^2 \left(\frac{1}{12} = \text{Abzug von } O_1 \text{ für Anteil des Fallschachtes}\right)$$

$$r_1 = \sqrt{\frac{12 \cdot 11{,}48}{11 \cdot \pi}} = 2{,}0 \text{ m} \qquad d_1 = 2 \cdot 2{,}0 = 4{,}0 \text{ m}$$

4.4.3.3 Rundsandfang

Das Abwasser wird tangential in einen flachen Trichter geleitet und durchströmt ihn horizontal (**307**.1). Durch die rund geleitete Strömung entsteht ähnlich wie bei Flußkrümmungen eine Querströmung, die außen abwärts gerichtet ist und Sinkstoffe mit abwärts nimmt. Das Spiegelgefälle fällt zum Mittelpunkt des Kreises, während die Fließgeschwindigkeit v (horizontal) des Abwassers außen etwas geringer ist als innen. Der Sand wird in den inneren Trichterbereich angeschwemmt und kann von dort durch Drucklufttheber gefördert werden. Da auch hier nur ein Sand-Abwasser-Gemisch gefördert werden kann, muß in einem besonderen Sandsammelraum das Abwasser abgetrennt werden. Vor der Sandförderung können durch Druckluft und Wasser die Ablagerungen

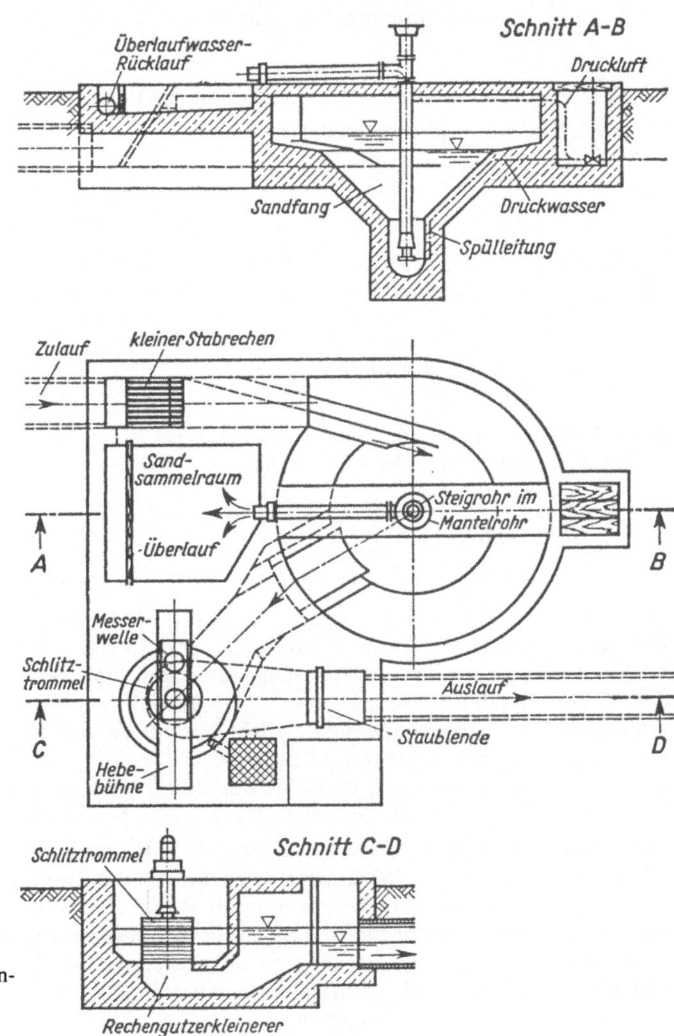

307.1
Rundsandfang mit Rechengutzerkleinerer
(Bauart Geiger)

gelockert und organische, flockige Bestandteile entfernt werden. Bei größeren Anlagen wird das Sand-Wasser-Gemisch in hochliegende Absetztrichter gefördert, aus denen das Abwasser zurückfließt und der Sand durch ein Kegelventil in der Trichterspitze direkt auf Lastwagen abgelassen werden kann. Rundsandfänge werden vor Pumpstationen oder in Kläranlagen verwendet. Es können mehrere Rundsandfänge nebeneinander angelegt werden. Die Sohle des Ablaufgerinnes soll etwas höher als die Sohle des Zulaufs liegen. Der Ablauf führt in etwa radialer Richtung aus dem Sandfang heraus und liegt an derselben Seite wie der Zulauf, damit das Abwasser möglichst eine fast volle Kreisbewegung ausführt. Die Fließgeschwindigkeit im Zulaufgerinne soll $v \approx 0{,}75$ m/s sein. Nach Geiger berechnet sich die theoretische Absetzzeit im Rundsandfang mit

$$t_R = \frac{\text{Absetzraum } V}{\text{Abwassermenge } Q_x} = \frac{\text{m}^3}{\text{m}^3/\text{s}}$$

$t_R = 30$ bis 45 s

Vergleichsweise beträgt die Absetzzeit in einem Langsandfang von 15 m Länge 50 s.

Man wählt also t_R und errechnet V

$$V = t_R \cdot Q_x$$

$Q_x = Q_R$ bei Regenwetter (Mischsystem), $Q_x = Q_8$ bis Q_{18} bei Trennsystem

Die Fa. Geiger hat auch Flach-Sandfänge, $d = 2$ bis 16 m, für Ring- oder Bogenströmung entwickelt. Sie dienen zur Abscheidung von Sinkstoffen aus großen Wassermengen.

Beispiel: Ein Rundsandfang soll berechnet werden für $Q_{12} = 0{,}334$ m³/s. t_R wird gewählt mit 30 s
$V = 30 \cdot 0{,}334 = 10{,}02\ \text{m}^3 \approx 10\ \text{m}^3$

Die Fülltiefe h'_{12} im offenen Zulaufgerinne beträgt 0,50 m. Als Absetzraum V soll nur der Teil oberhalb des oberen Trichterrandes angesehen werden. Es sollen zwei Rundsandfänge gewählt werden. Die mittlere Tiefe des Absetzraumes beträgt 0,65 m

$$O = \frac{10}{0{,}65} = 15{,}4\ \text{m}^2, \text{ je Sandfang } 7{,}7\ \text{m}^2$$

$$r = \sqrt{\frac{O}{\pi}} = \sqrt{\frac{7{,}7}{\pi}} = 1{,}57\ \text{m} \quad d = 3{,}14\ \text{m} \quad \text{gewählt } d = 3{,}20\ \text{m}$$

Eine besonders gute Trennung von Sand und Flocken wird durch den belüfteten Rundsandfang erreicht (**309**.1). Das Abwasser wird durch den Einlauf tangential in den Sinkraum geleitet, die schweren Stoffe sinken in den Sandsammelraum ab und das Abwasser verläßt zusammen mit den Schwebestoffen über den Steigraum den Sandfang. Eine Mammutpumpe fördert das Sand-Wasser-Gemisch in den Sandbehälter, das Schaltspiel der Pumpe kann durch Zeitschaltung dem Betrieb angepaßt werden. Ein Gebläse versorgt die Ring- und die Dauerbelüftung mit Luft.

Ein Kompressor mit Druckkessel versorgt die Druckbelüftung und die Mammutpumpe mit Druckluft bis 8 bar. Wichtigstes Element für die Trennschärfe zwischen Sand und Flocken ist die Ringbelüftung am unteren Rand der Tauchwand. Sie unterstützt den Austritt der Schwebestoffe in den Steigraum (Flotationswirkung) und besteht aus zwei Halbkreisrohren mit Düsenabstand 10 cm. Durch die ständige Belüftung des Sandsammelraumes wird der Sand gut ausgewaschen und Flocken entfernt. Der Sandfang arbeitet bis auf die Maschinen wartungsfrei.

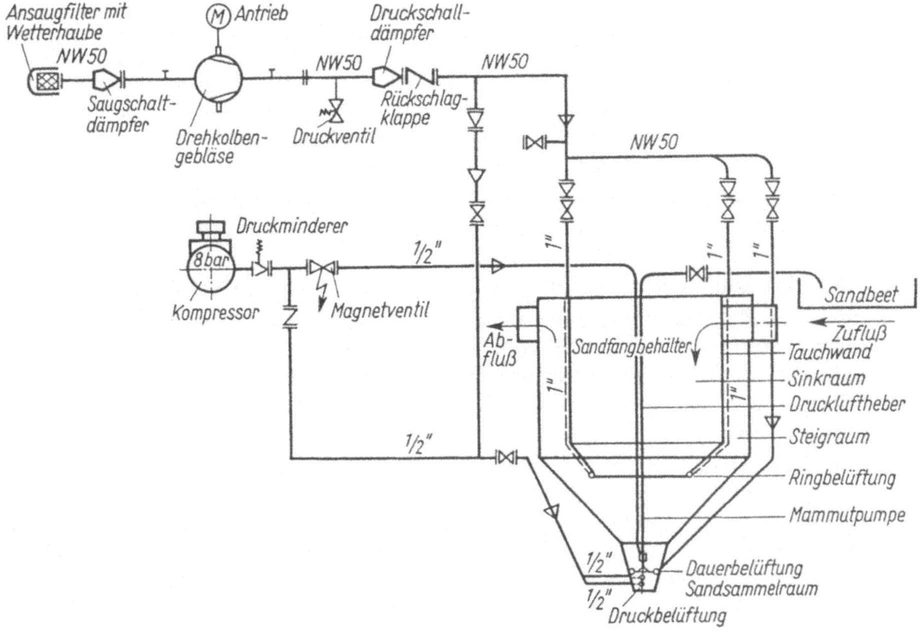

309.1 Schema des belüfteten Rundsandfangs System Strate

4.4.3.4 Hydrozyklon

Hydrozyklone sind Zentrifugalabscheider, die vorzugsweise zur Entsandung, Eindikkung und auch Klassierung industrieller Trüben und Schlämme eingesetzt werden. Bild **309**.2 zeigt den Querschnitt eines Hydrozyklons. Bei Hydrozyklonen wird im Gegensatz zur Zentrifuge der Umlauf der Flüssigkeitsströmung nicht durch den Antrieb einer rotierenden Trommel, sondern durch tangentiales Zuführen des Gemisches unter Druck erreicht. Der Zyklon hat keine beweglichen Teile. Er besteht aus:

dem zylindrischen Einlaufraum mit tangentialem Einlauf,
dem Konusgehäuse,
der Überlaufdüse in der Zentralachse des zylindrischen Einlaufraumes und
der Unterlaufdüse am unteren Ende des Konusgehäuses.

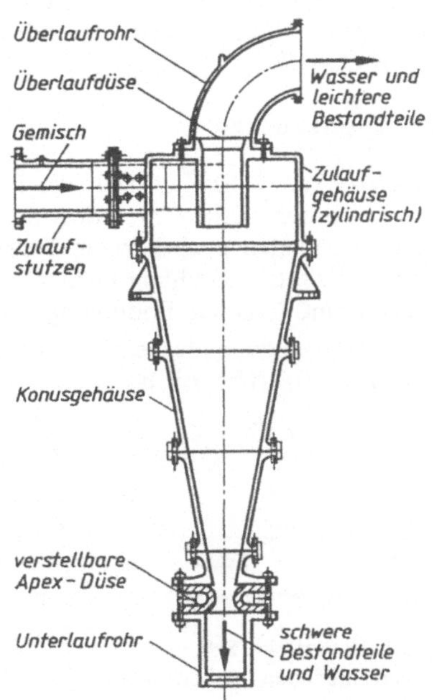

309.2 Querschnitt durch Hydrozyklon

Die zu entsandende Flüssigkeit wird unter Druck tangential in den Einlaufraum geleitet und dort einer Rotationsbewegung unterworfen. Dabei werden spezifisch schwere Feststoffe gegen die Wandung geschleudert und rutschen dort entlang zur Unterlaufdüse ab. Das spezifisch leichtere Material gelangt ins Zentrum der Rotationsbewegung und wird mit dem weitaus größeren Flüssigkeitsanteil durch die Unterlaufdüse in den Kläranlagenzulauf zurückgeführt.

Hydrozyklone können auf Kläranlagen eingesetzt werden

a) zur Trennung des Sandes aus dem Abwasser bei kleinen Zuflußmengen,
b) zur Auswaschung organischer Bestandteile aus Sandtrüben bei Sandfängen mit geringer selektiver Wirkung,
c) bei fehlenden Sandfängen zur Entsandung von Schlamm aus Absetzbecken.

Der Ablauf der Zyklone ist im allgemeinen ein flüssiges Sand-Wasser-Gemisch. Eine nachträgliche Trennung des Sandes vom Wasser in einem Klassierer, Absetzbehälter oder direkt auf Trockenflächen ist erforderlich. Ein Hydrozyklon wird nach der Trennkorngröße ausgelegt. Kleine Trennkorngrößen erfordern hohe Arbeitsdrücke und kleine Zyklondurchmesser.

Die Wahl eines geeigneten Hydrozyklontyps und die Installation wird zweckmäßig im Einvernehmen mit der Lieferfirma vorgenommen. Typen mit Durchmesser unter 300 mm sind wegen der Verstopfungsgefahr ungeeignet. Der Feststoffanteil der Gemische soll 3% bis 6% nicht überschreiten. Um das dynamische Gleichgewicht im Zyklon zu erhalten, dürfen nur Pumpen mit konstanter Förderleistung (Kreiselpumpen) verwendet werden.

Der Einsatz von Hydrozyklonen für die direkte Abwasserentsandung wird betrieblich wegen der geringen Durchsatzleistung und aus wirtschaftlichen Gründen wegen der hohen Betriebsdruckhöhen auf kleine Abwassermengen beschränkt bleiben.

Von Vorteil gegenüber den konventionellen Sandfängen ist der erreichbare hohe Abscheidungsgrad feiner Korngrößen und der gute Trenneffekt spezifisch leichter organischer Schwebstoffe.

4.4.4 Absetzbecken

Im Absetzbecken vollziehen sich die in Abschn. 4.4.1 beschriebenen physikalischen Vorgänge. Vornehmlich werden dort die flockigen Bestandteile des Abwassers zurückgehalten, ferner aber auch körnige Teilchen mit kleinerem Korndurchmesser, die von dem vorgeschalteten Sandfang nicht zurückgehalten wurden. Die bauliche Ausbildung der Becken muß folgende Bedingungen erfüllen (**310**.1):

1. schnelle Beruhigung des einfließenden Wassers und Vernichtung der kinetischen Energie im Einlaufbereich,

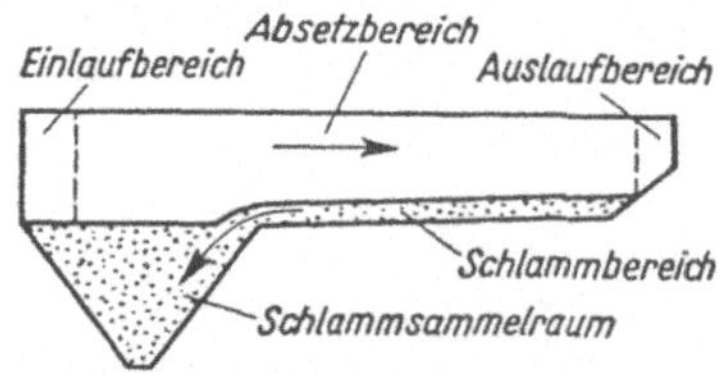

310.1 Absetzbecken (Schema der verschiedenen Beckenbereiche)

2. Ruhe im Hauptteil, dem Absetzbereich des Beckens, damit der Absetzvorgang gefördert wird,
3. möglichst wenig Störung im Auslaufbereich,
4. besonders stabile und ruhige Strömungen im Schlammbereich an der Sohle, damit der abgesetzte Schlamm nicht wieder aufgewirbelt wird,
5. störungsarme Räumung des Schlammes und Weiterleitung in den Schlammsammelraum,
6. Zurückhalten des Schwimmschlammes.

Die Absetzwirkung richtet sich nach der tatsächlich vorhandenen Absetzzeit. Die rechnerische Absetzzeit wird als Grundlage der Bemessung eines Beckens gewählt. Man erkennt aus der Absetzkurve (**254**.1), daß die absetzbaren Schwebestoffe sich in der Vorklärung bei 2,0 h Absetzzeit mit 100% absetzen. Man erkennt jedoch, daß bei einer Absetzzeit von 1,5 h schon ≈ 95%, bei 1,0 h ≈ 90% und bei 0,5 h ≈ 83% der Stoffe sich absetzen. Trotzdem bemißt man manchmal für t_R = 2,5 h oder mehr und berücksichtigt dabei, daß die tatsächliche Absetzzeit geringer ist als die rechnerische. Man bezeichnet das Verhältnis von beiden Absetzzeiten als den hydraulischen Wirkungsgrad eines Absetzbeckens. In England hat man den Verteilungsindex eingeführt. Er ist das Verhältnis der Zeit, in der 90% der Zulaufwassermenge den Auslauf passieren, zu der Zeit, in der 10% durchfließen. Die Messungen sind schwierig. Man hat es mit Färbeversuchen, Salzlösungen, Isotopenmessungen u. a. versucht. Der hydraulische Wirkungsgrad hängt von mehreren Faktoren ab. Die größte Rolle spielen Form und Ausbildung des Ein- und Auslaufes, Beckenform, spezifisches Gewicht und Temperatur des zulaufenden Abwassers und des Beckeninhaltes, Außenluft-Temperatur und Wind, Salzgehalt des Abwassers, unterschiedliche Verschmutzungsgrade u. a. Bestehen beim Mischsystem keine besonderen Regenwasserbecken, dann reduziert sich die Absetzzeit bei Regenwetter erheblich. Mindestens sollte jedoch die Absetzzeit für den Regenwetterzufluß 20 min betragen.

Die Tafeln **331**.1 und **331**.2 machen Angaben über die Bemessungswerte von Absetzbecken und die Verminderung der BSB_5-Fracht durch den Absetzvorgang.

Entgegen den verbreiteten, optisch bedingten Annahmen muß festgestellt werden, daß in Absetzbecken üblicher Bauart der Fließvorgang, durch Errechnen der Reynoldschen Zahl $Re = \frac{v \cdot R}{\nu}$ (v = Fließgeschwindigkeit, ν = kinematische Zähigkeit von Wasser = $1{,}31 \cdot 10^{-6}$ m²/s) nachgewiesen, immer turbulent ist [28]. Der hydraulische Radius $R = A/U$ (s. Abschn. 2.5), als Maßstab für die hydraulische Brauchbarkeit des Fließquerschnitts, ist bei Rundbecken 1,6- bis 1,8mal so groß wie bei Rechteckbecken mit vergleichbarer Tiefe. Die Froudesche Zahl $Fr = \frac{v^2}{R \cdot g}$, als Maßstab für die Stabilisierung eines Fließvorgangs nach Störungen, wächst mit kleinerem R. Man kann also sagen, daß das Absetzbecken mit kleinerem R brauchbarer ist. Es ist auch anschaulich erkennbar, daß beim radialen Durchfluß des Rundbeckens ungeordnete Strömungen begünstigt werden.

Der Schlamm wird in Flachbecken zum Trichter geräumt und dann abgelassen, in Trichterbecken direkt aus den Trichtern abgelassen. Die Trichtergröße wird für ½ bis 1 Tag Aufenthaltszeit bemessen (Schlammengen nach Tafel **448**.1). Während dieser Zeit dickt der Schlamm noch ein, d. h. er gibt Schlammwasser nach oben in den Absetzraum ab. Die Neigung der Trichtersohlen soll min 1,2 : 1, besser steiler sein. Der Schlamm wird durch einfache Steigrohre DN ≧ 150 abgelassen. Damit alle Schlammteile zum Rohreinlauf gelangen, soll die Grundfläche des Trichters nicht größer als 1,20 · 1,20 m bzw. ∅ 1,20 m sein.

Der hydraulische Überdruck zwischen dem Wasserspiegel des Beckens und der Höhe des Auslaßschiebers am Steigrohr muß immer größer sein als der Reibungsverlust beim Schlammfluß, so daß der Schlamm ohne Hebeanlagen gefördert werden kann. Der Auslaßschieber sitzt 1,0 bis 1,5 m unter dem Wasserspiegel. Vom Schlammablaßschacht am Beckenrand fließt der Schlamm (Wassergehalt > 90%) meist in freiem Gefälle ab. Beim Ablassen durch Betätigung eines Handschiebers kann man Farbe und Konsistenz des Schlammes beobachten. Neben dem Auslaßstutzen hat das Steigrohr einen 2. blind abgeflanschten Stutzen, von dem aus das Rohr zu reinigen ist. Beim automatisch gesteuerten Schlammabzug wird ein magnetischer Durchflußmesser in der Steigleitung betätigt, der auf die Schlammdichte geeicht ist. Die Unterschiede in der Schlammdichte (-viskosität) sind so groß, daß dadurch ein Doppelschütz vor dem Auslauf des Schlammablaßschachtes gesteuert werden kann. Der Schwimmschlamm wird durch einen besonderen Schild des Räumers auf der Wasseroberfläche des Beckens abgeräumt und im Schlammablaßschacht mit dem Sinkschlamm zusammengegeben.

Die gelösten und halbgelösten Stoffe kann man im Absetzbecken auch durch Fällmittel entfernen. Es entstehen in kurzer Zeit große, schwere Flocken, die sich absetzen. Man benutzt zusätzliche Reaktionsbecken mit Aufenthaltszeiten von ≦ 20 min und fördert die Durchmischung mit Hilfe von Rührwerken. Das nachgeschaltete Absetzbekken hat eine 2- bis 3fache Schlammenge aufzunehmen. Die Aufenthaltszeit t muß um das 1,5- bis 2fache erhöht werden. Als Fällmittel sind z. B. geeignet

20 bis 30 g Ferrichlorid/m³ Abwasser
40 bis 50 g Ferrisulfat/m³ Abwasser

4.4.4.1 Flachbecken

Flachbecken haben waagerechten Durchfluß und bei großer Oberfläche eine Tiefe von 1,0 bis 5,0 m. Man unterscheidet nach der Grundrißform Rechteckbecken, Langbecken und Rundbecken. Der Absetzvorgang oder die vertikale, nach unten zunehmende Konzentration des Schlammes sind die baulich maßgebenden Faktoren.

Rechteckbecken (312.1, 313.1, 315.1). Das Verhältnis von Breite:Länge soll max 1:4 sein, Mindestbreite 5 m. Maßgebend für die Hauptmaße ist das Normblatt DIN 19551 (**312**.1). Es wurde versucht, darüber hinaus Abmessungen festzulegen (**313**.1).

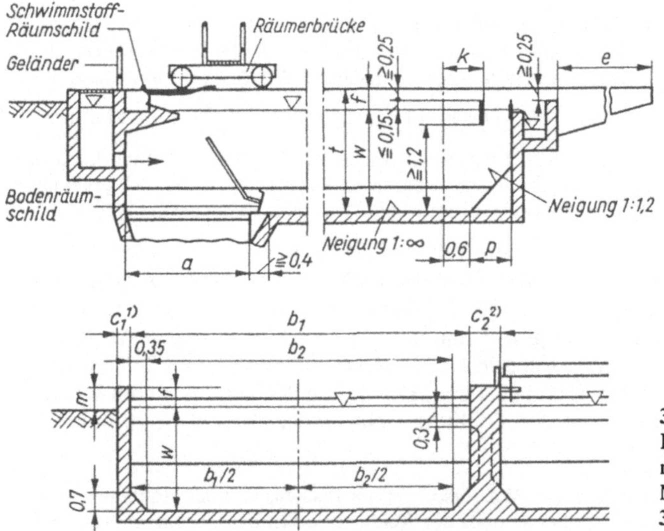

312.1 Rechteckbecken mit Schildräumer nach DIN 19551, T 1 Maßbezeichnungen der Tafel **314**.1

Bild **313**.1 zeigt zwei nebeneinanderliegende Beckeneinheiten mit je 2 Schlammtrichtern. Dieser Entwurf ordnet bei normaler Beckentiefe den Nennbreiten von 5 bis 12 m je einen Typ Längsräumer zu, dessen Maß auf die Abmessungen des Beckens, Lage der Tauchwand, Länge des Schlammtrichters, Versetzraum am Beckenende von Einfluß sind. Hat der Räumer ein Schwimmschlammschild mit Räumrichtung zur Beckeneinlaufseite, dann sollen zweckmäßig die Endpunkte für Boden- und Schwimmschlammschild zeitlich zugleich erreicht werden, um den automatischen Steuervorgang zu vereinfachen. Andererseits haben die Rohre des Sinkschlammschildes einen max Neigungswinkel zur Beckensohle, so daß sich daraus bei gegebener Rohrlänge und max Beckentiefe die Länge des Schlammtrichters ergibt. Es sollten hier lediglich die Zusammenhänge der Abmessungen aufgezeigt werden. Es ist erkennbar, daß die erforderliche Betriebseinrichtung des Räumers im

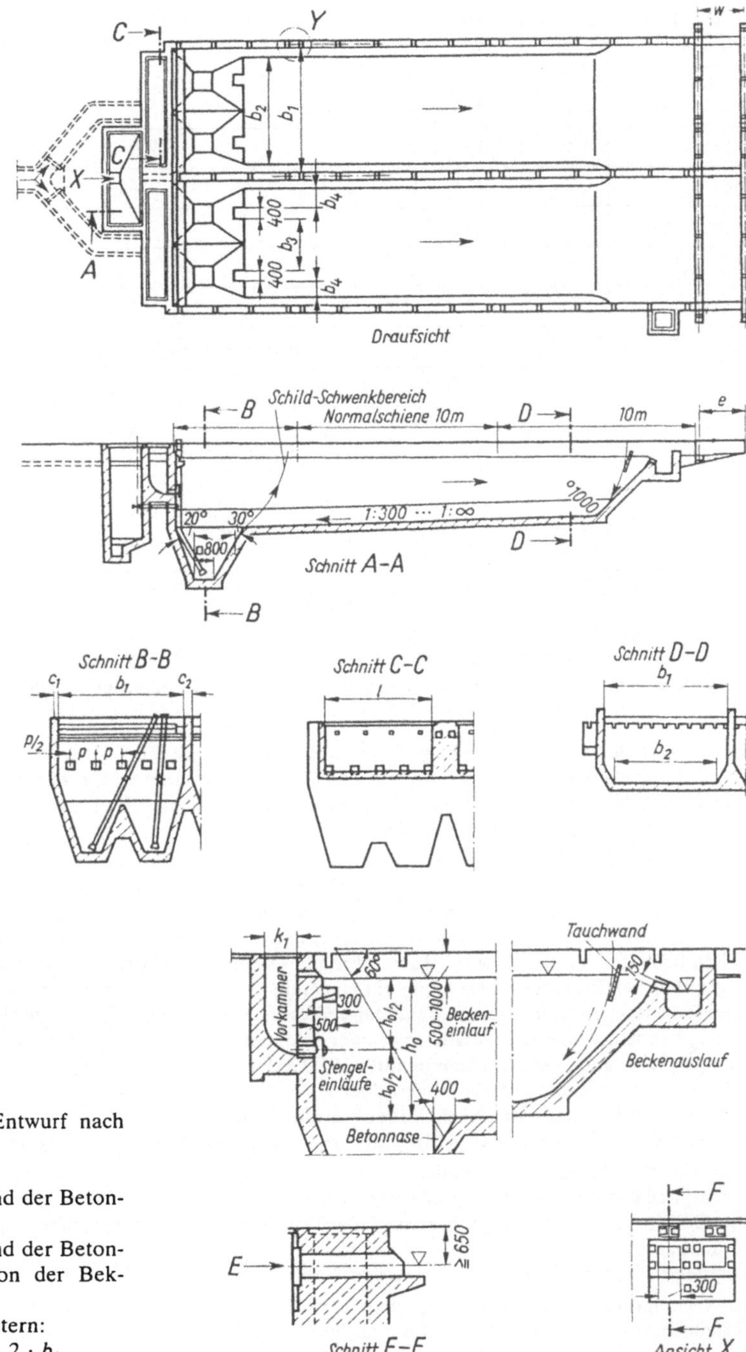

313.1
Rechteckbecken (Entwurf nach DIN 19551)
w = Wassertiefe
b_3 = lichter Abstand der Betonüberstände
b_4 = lichter Abstand der Betonüberstände von der Beckenschräge
Bei 2 Schlammtrichtern:
$b_2 = b_3 + 2 \cdot 0{,}4 + 2 \cdot b_4$

Tafel **314**.1 Maße für Rechteckbecken mit Schildräumer nach DIN 19551, T 1 (**312**.1 und **313**.1)

b_1	4	5	6	7	8	10	12	14	16
b_2	3,3	4,3	5,3	6,3	7,3	9,3	11,3	13,3	15,3
b_3	1,6	2,1	2,6	3,1	3,6	2,6	3,6	3,1	3,6
b_4	0,45	0,7	0,95	1,2	1,45	1,45	1,45	1,2	1,45
c_1 min.[1]	0,25					0,3			
c_2 min.[2]	0,7					0,9			
e	3					4			
f	0,4; 0,6; 0,8; 1; 1,2								
m min.	0,2; bei zeitweise leeren Becken (z. B. Regenbecken) 0,6								
t	2,4	2,6	2,8	3	3,2	3,4	3,6	3,8	4
a[3]	2,45	2,6	2,75	2,9	3,05	3,2	3,35	3,5	3,65
k min.	1,1	0,95	0,8	0,7	0,55	0,4	0,25	0,15	0
p min.	0,8	0,85	0,9	0,95	1	1,05	1,1	1,15	1,2
r	2,9	3,15	3,4	3,65	3,9	4,15	4,4	4,65	4,9

[1]) Fahrbahnbreite für einen Räumer
[2]) Fahrbahnbreite für zwei benachbarte Räumer
[3]) Maße a für b_1 = 14 und 16 m nach Angaben des Schildräumerherstellers

Falle seiner Normung die Beckenmaße mit beeinflussen mußte. Früher wurde jeder Räumer seinem Becken angepaßt (mitunter auch heute noch). Die Norm kam in Zusammenarbeit zwischen den Herstellern der Maschinen und den Bauwerksplanern zustande. Wenn nicht ganz besondere Gründe vorliegen, sollte man sie verwenden.

Räumer der Rechteckbecken haben Räumgeschwindigkeiten von v_r = max 3 cm/s. Der Räumschild mit Gummimanschette, Schildhöhe 40 bis 90 cm, gleitet auf der Beckensohle entlang bis zum Trichterrand. Dort ist der Endpunkt auf zwei Betonnasen, welche das Abrutschen des Schlammes ohne Restrand und mit einem gewissen Spiel in den Schlammtrichter gestatten. Danach wird der Schild hochgezogen. Nach jeder Räumfahrt gibt es eine Leerfahrt, v_f = max 9 cm/s. Hierin besteht gegenüber der Rundbeckenräumung ein Nachteil. Die Räumerbrücke kann, mit mehreren Räumschilden ausgerüstet, mehrere nebeneinanderliegende Beckeneinheiten zugleich räumen. Die Beckensohle ist horizontal, Gefälle 1:∞, oder schwach geneigt (≈ 1:300). Meist liegt der Schlammtrichter gleich unter dem Beckeneinlauf; in Bild **315**.1 jedoch am Beckenende, weil hier eine Vorbelüftung in dem Zulaufgerinne angeordnet ist und das eintretende Abwasser erst einmal wieder beruhigt werden muß. Bei Nachklärbecken mit ≧ 30 m Länge sollte man den Transportweg des Schlammes durch eine zweite Abzugslinie ≈ 15 bis 20 m hinter dem Einlauf verkürzen.

Die Vorbelüftung ist ein übliches Mittel, um nicht mehr frisches Abwasser (Dükertransport, lange Fließwege) mit Luft anzureichern. Die Belüftungszeit ist sehr kurz und beträgt 5 bis 20 min. Als Belüftungsaggregat werden meist Oberflächenbelüfter (Rotoren, Kreisel) benutzt. Bei stark fetthaltigem Abwasser (Anlagern der Luftblasen an Fetteile und dadurch verstärktes Auftreiben) empfiehlt sich eine längere Belüftung von 20 bis 30 min (s. Abschn. 4.5.2).

In Nachklärbecken von Belebungsanlagen wird der Pendelschildräumer eingesetzt. An der Räumerbrücke sind zwei Räumschilde an je zwei unterschiedlich langen Drahtseilen aufgehängt. Die Schilde nehmen durch den Gleitwiderstand eine schräge Stellung zur Bewegungsrichtung ein.

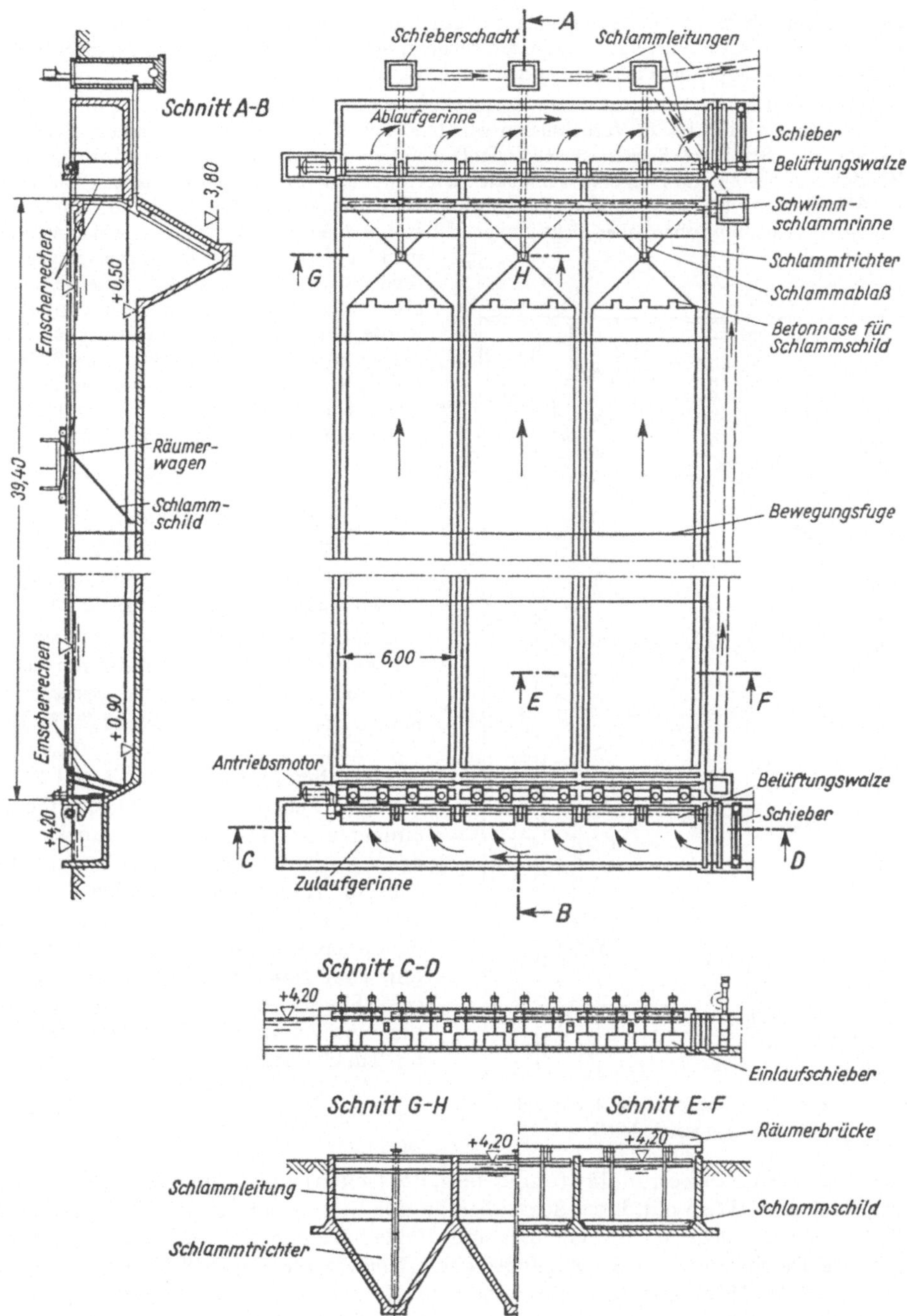

315.1 Rechteckbecken mit Vorbelüftung und vor dem Ablauf liegenden Schlammtrichtern

Der Schlamm gleitet an ihnen entlang in eine flache Bodenrinne, die in der Längsachse des Beckens verläuft. Die Brücke führt außerdem eine Schlammpumpe mit, welche laufend den Schlamm abzieht. Die Schilde pendeln mit der Fahrtrichtung. Es gibt keine Leerfahrten.

Langbecken unterscheiden sich von Rechteckbecken nur durch das Seitenverhältnis. Etwa ab Breite : Länge ≈ 1 : 8 bis zu Verhältnissen von 1 : 20 und kleiner bezeichnet man ein Becken als Langbecken. Bei diesen Becken ist wegen der langen Leerfahrt eine Bandräumung vorteilhaft. Der Bandräumer besteht aus zwei endlos umlaufenden Kettenbändern an jeder Beckenlängsinnenseite. Im Abstand von 3 bis 5 m sitzen darauf die festmontierten Schlammschilde, welche auf dem Beckenboden Sinkschlamm, oben, aber nicht immer, Schwimmschlamm abräumen. Die Schlammentnahmen für beide Schlammarten liegen entgegengesetzt (**391**.1). Es sind auch Langbecken ausgeführt worden, deren Länge dadurch reduziert wurde, daß man die beiden Hälften übereinander anordnete (Kläranlage Hamburg-Stellinger Moor). In jedem Beckenteil läuft ein Bandräumer. Beide Räumer befördern den Schlamm in einen gemeinsamen Schlammtrichter.

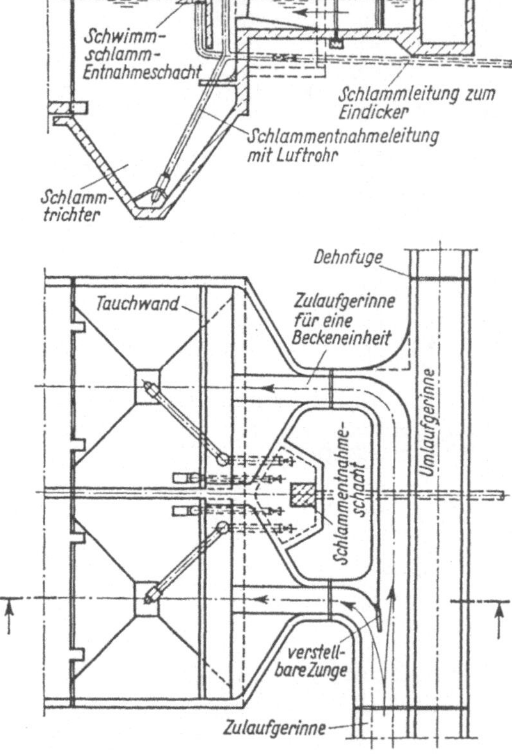

316.1 Einlaufbauwerk für ein Rechteckbecken (Emschergenossenschaft)

Flachbecken unterscheiden sich voneinander durch verschiedene Ein- und Auslaufkonstruktionen. Hier werden immer wieder neue Vorschläge angeboten.

Die üblichsten Beckeneinläufe sind der Stengeleinlauf (**313**.1) aus Rohren mit im Abstand von 5 bis 10 cm davorgesetzten Kugelschalen, die Schlitzwand (**317**.4) von der Emschergenossenschaft entwickelt, der Beruhigungsrechen (**319**.1 und **391**.1), die tiefe Tauchwand (**316**.1), der Geigereinlauf aus T-förmigen Rohrstücken, deren Ausläufe gegeneinander gerichtet sind, die Rückwärtseinläufe bei Rechteckbecken als vorgezogene Querrinnen, aus denen das Abwasser seitlich oder nach unten, aber zunächst entgegen der eigentlichen Fließrichtung austritt und schließlich die normale Überlaufkante mit geschlitzter Tauchwand. Alle Konstruktionen sollen die Einlaufzone verkürzen und die Energie des ankommenden Abwassers zerstören.

Die üblichsten Beckenausläufe sind die glatte (selten) und die gezackte Überlaufkante (**317**.1 und **317**.2) mit durch Schrauben an der Blechwand befestigten Blechen oder PVC-Platten, welche höhenverstellbar sind. Beide haben bei Vorklärbecken eine davorgesetzte Tauchwand. Der Beruhigungsrechen (Emscherrechen) (**319**.1), der horizontale Schrägschlitz (**317**.2) und die Schlitzwand (**317**.4) werden ohne Tauchwand bei größeren Becken verwendet. Die Konstruktionen sollen den Auslaufbereich verkürzen und das Übertreten von Schlammteilchen in die Auslaufrinne verhindern.

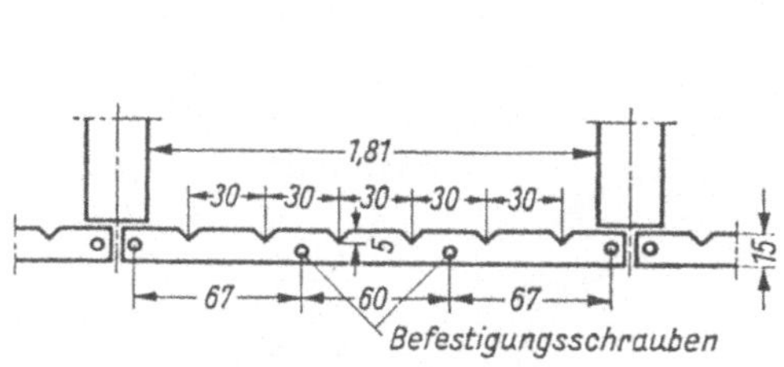

317.1 Gezackte Überlaufbleche an einer Überlaufrinne

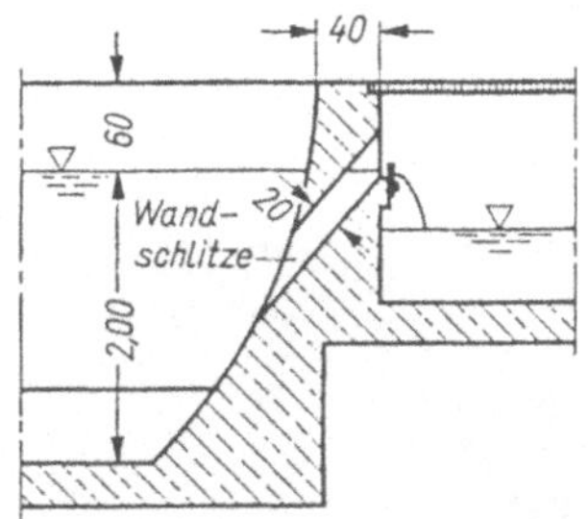

317.2 Auslauf eines Rechteckbeckens mit Tauchwand und gezackten Blechen

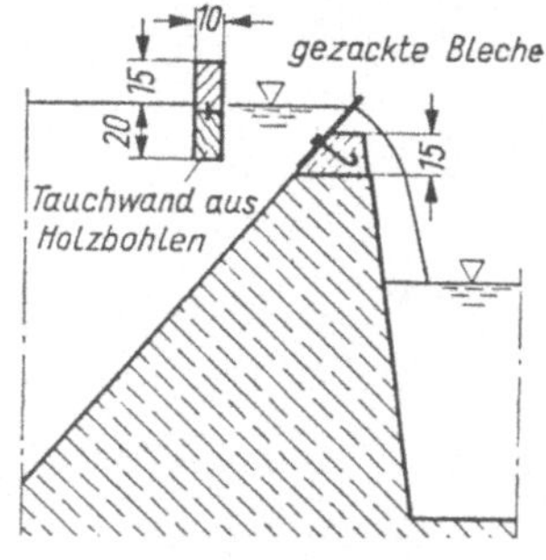

317.3 Auslauf eines Rechteckbeckens mit horizontalem Schrägschlitz

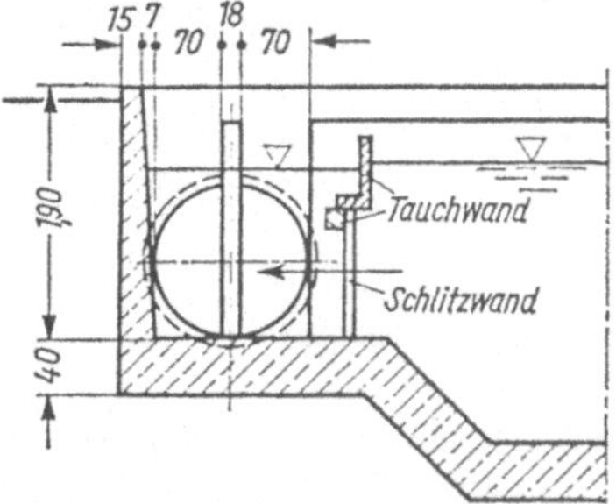

317.4 Auslauf eines Rechteckbeckens mit Schlitzwand (Emschergenossenschaft)

Rundbecken (**318**.1) haben meist radialen, von innen nach außen gerichteten Durchfluß, bei großer Oberfläche und einer Tiefe zwischen 2,5 bis 5,0 m. Der Grundriß ist rund. Das Verhältnis von Beckendurchmesser:mittlerer Beckentiefe liegt bei 10:1 bis 50:1. Es nimmt mit steigendem Durchmesser zu. Die Durchmesser liegen bei 12 bis 60 m. Die Normalausführung richtet sich nach DIN 19552 (Tafel **318**.2). Hier sind die gebräuchlichsten Nenngrößen d_1 und Laufkreisdurchmesser d_3 des Räumers von 12 bis 60 aufgeführt. Damit der abgesetzte Schlamm vom Räumerschild in den Schlammtrichter gefördert werden kann, muß der Schlammschild über den Trichterinnenrand hinausragen. Das Maß e schreibt vor, wie weit der Trichterrand von der Außenkante des Mittelbauwerks mindestens entfernt sein soll. Weitere Maße sind für Rundbecken aus DIN 19552, T 1 und 2 zu entnehmen.

Der Räumer mit Schlammschild ist ständig in kreisender Bewegung. Der Schlamm wandert an dem Schild entlang zum Schlammtrichter in der Mitte. Da sich die Schlammmenge zur Mitte hin vergrößert, hat der Schlammschild eine Spiralform mit stets gleichem oder sich zur Mitte vergrößerndem Winkel α zwischen Tangente und Verbindungslinie zum Mittelpunkt. Damit wird die Sohlenneigung entlang dem Schlammschild stetig größer. Die Beckensohle eines Rundbeckens muß stärker als beim Rechteckbecken geneigt sein, weil die Räumung rechtwinklig zur Sohlenneigung erfolgt. Der Schlamm soll durch seine Schwerkraft am Räumschild entlang rutschen. Man wählt Sohlenneigungen von 1:7,5 bis 1:20. Lange Schlammschilde sind durch Rollenlager unterstützt. In großen Rundbecken benutzt man die 2-Zonen-Räumung oder den Nierskratzer (Jalousieräumer) (**318**.3). Durchgehende Räumschilde sind für schnellen Schlammabfluß

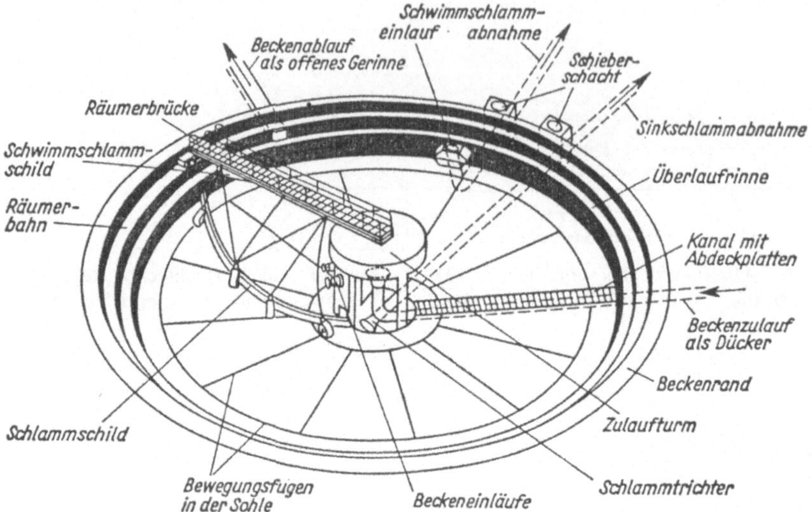

318.1 Rundbecken (Schema der Betriebseinrichtungen)

Tafel **318**.2 Rundbecken mit Räumerbrücke nach DIN 19552, T 1 Hauptmaße in m, teilweise

<table>
<tr><td>d_1</td><td>12</td><td>13</td><td>14</td><td>15</td><td>16</td><td>17</td><td>18</td><td>20</td><td>22</td><td>24</td><td>26</td><td>28</td><td>30</td><td>32</td><td>35</td><td>40</td><td>45</td><td>50</td><td>60</td></tr>
<tr><td>$c \geqq$</td><td colspan="8">0,25</td><td colspan="5">0,3</td><td colspan="3">0,4</td><td colspan="3">0,5</td></tr>
<tr><td>d_2</td><td colspan="4">2; 3</td><td colspan="9">3; 4</td><td colspan="6">4; 6</td></tr>
<tr><td>$e \geqq$</td><td colspan="13">0,2</td><td colspan="3">0,3</td><td colspan="3">0,4</td></tr>
<tr><td>$k_1 \leqq$</td><td colspan="13">1</td><td colspan="3">1,5</td><td colspan="3">2</td></tr>
<tr><td>$k_2 \leqq$</td><td colspan="13">1,8</td><td colspan="3">2,5</td><td colspan="3">3,2</td></tr>
</table>

Wasserspiegel bis Beckenrand $f = 0{,}4$ bis 1,6
Beckenüberstand $m \geqq 0{,}2$;
Wassertiefe am Beckenaußenrand $w = 1{,}2$ bis 4 m (Vergleiche **312**.1).
k_1 = Abstand Überlaufkante bis Beckeninnenwand bei einer Rinne; k_2 = – bei mehreren Rinnen

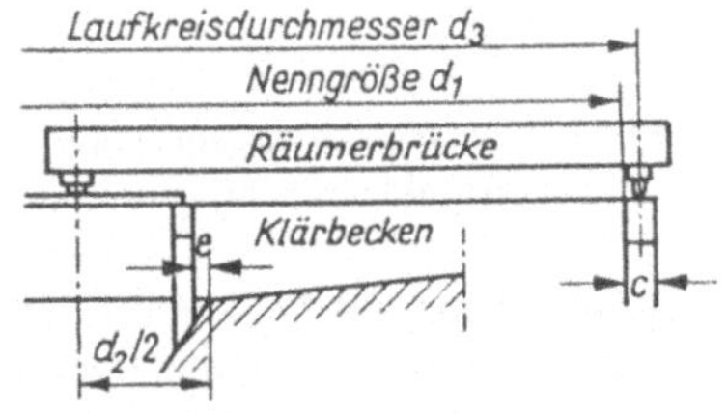

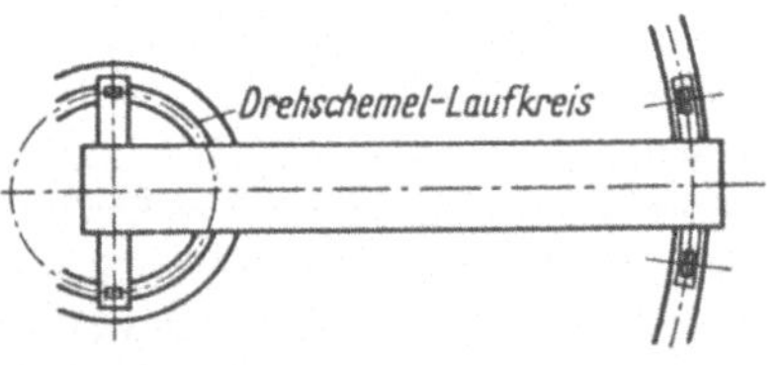

jedoch zweckmäßig. Die Räumbrücke ist auf dem Mittelbauwerk durch einen Königszapfen geführt und auf einem Stahlquerträger mit Schienen gelagert. Die Laufräder außen auf dem Beckenrand sind meist aus Gummi. Die Stromzuführung erfolgt in der Mitte durch Schleifring (Aussparungen für Kabelrohr in Beckensohle und Mittelbauwerk).

Schwieriger als beim Rechteckbecken ist die Schwimmschlammabnahme. Der Schwimmschlammschild ist nicht genau radial, sondern zur Außenwand nach rückwärts ver-

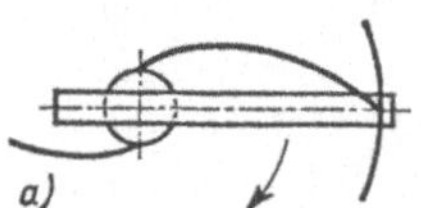

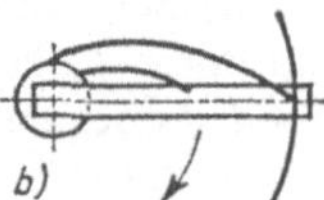

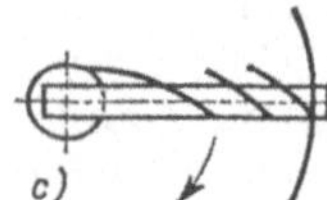

318.3
Formen von Räumschilden
a) Spiralform
b) Zweizonenräumer
c) Nierskratzer

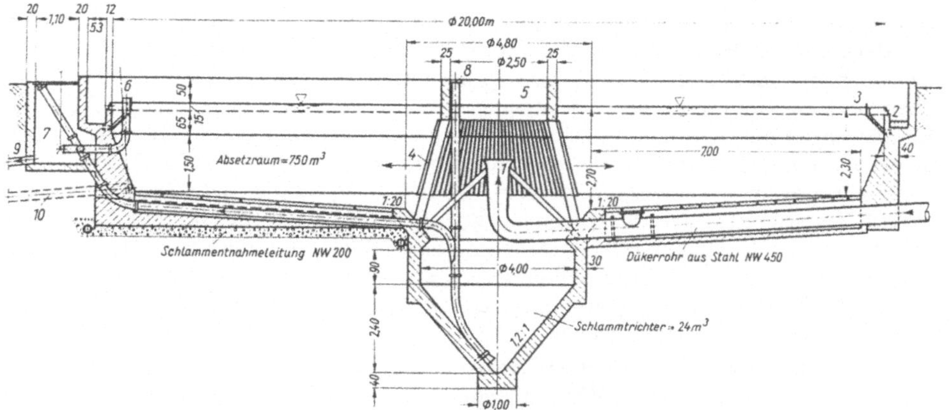

319.1 Schnitt durch ein Rundbecken mittlerer Größe (d = 20,0 m)

1 Zulauf
2 Ablaufrinne mit Gefällebeton
3 Tauchwand aus PVC-Material
4 Beruhigungsrechen
5 Mittelbauwerk
6 Schwimmschlammentnahme
7 Schlammentnahmeschacht
8 Blindflansch mit Druckluftanschluß
9 Schlammleitung zum Eindicker
10 Grundablaßleitung

schwenkt, so daß der Schlamm nach außen am Schild entlang wandert. Er wird am Beckenrand durch einen Einlauftrichter abgenommen, an dem sich das letzte Ende des Schildes durch Schanierdrehung vorbeiklappt (**319**.1). Der Rücklaufschlamm von Belebungsanlagen soll nach dem Absetzen im Nachklärbecken möglichst schnell wieder in das Belebungsbecken zurückgebracht werden. Gut bewährt hat sich hier der **Saugräumer** (**319**.2). Die kurzen Räumschilde bilden Schlammtaschen, aus denen der Schlamm durch Saugrohre oder Saugdüsen abgezogen wird. Die Rohre entleeren in einen Sammelbehälter in Beckenmitte, entweder durch Überdruck zwischen Wasserspiegel und Schlammspiegel, durch Heberleitung oder durch Pumpen in jedem Saugrohr. Von dort fließt der

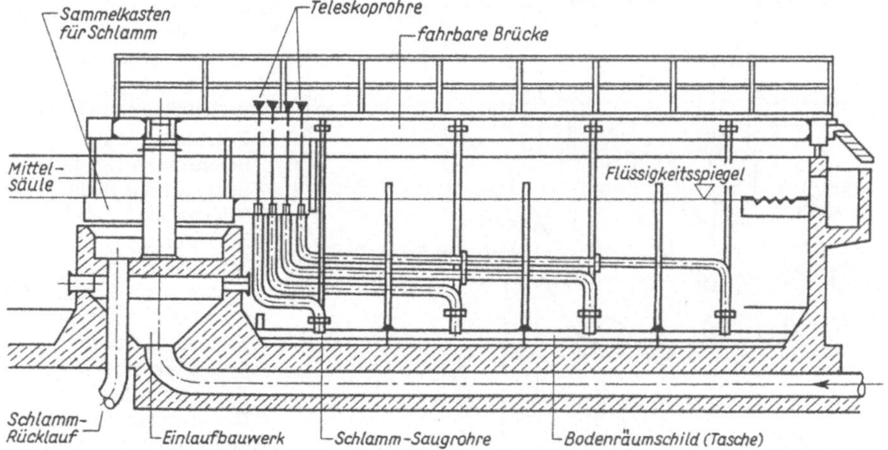

319.2 Saugräumer in einem Rundbecken (Schnitt durch die Mittelachse)
(Maße nach DIN 19552, T 2) – Rechteckbecken mit Saugräumer nach DIN 19551, T 4

Schlamm über das Rücklauf-Rohr ab. Saugrohre beginnen ≈ 10, Saugdüsen ≈ 5 cm über der Beckensohle. Bei Nachklärbecken mit ∅ ≦ 30 m genügt eine Räumerbrücke über den Beckenradius, bei ∅ 25 bis 40 m kragt die Brücke mit insgesamt 1,5 · Beckenradius über, bei ∅ > 40 m sollte die Brückenlänge dem Beckendurchmesser entsprechen. Die Einrichtungen zur Förderung des Rücklaufschlammes sollten für ein RV = 1,5 · Q_t bemessen sein, die Förderleistung aber stufenlos zurücknehmbar sein. Die Durchmesser der Saugrohre sind so zu wählen, daß v = 0,4 bis 1,0 m/s beträgt. Die Umlaufgeschwindigkeit des Räumers am Beckenrand liegt bei 2 bis 4 cm/s. Saugräumer fördern in Schlammrinnen (Rechteckbecken) oder in einen Schlammschacht (Rundbecken). Bei Anwendung eines hydraulischen Hebers muß der Wasserspiegel der Schlammrinne unterhalb des Beckenwasserspiegels liegen. Dies bedeutet eine weitere Hebung des Rücklaufschlammes ins Belebungsbecken.

In der konstruktiven und statischen Lösung ist das Rundbecken vorteilhaft. Auch die Rundbeckensohle benötigt gewöhnlich Dehnungsfugen. Es sind jedoch schon Rundbekken mit d ≦ 50 m ohne Fugen in Vakuumbeton hergestellt worden. Der Schlammtrichter mit Mittelbauwerk erfordert oft andere grundbautechnische Maßnahmen als der übrige Beckenteil (Senkbrunnen, Auftriebssicherung). Verhältnismäßig selten sind Rundbekken mit transversalem Durchfluß, auch Gleichstrombecken genannt. Der Abwasserdurchfluß geht hier von einer Beckenseite zur anderen. Man versucht die hydraulischen Vorteile des Rechteckbeckens trotz runder Form mit den Vorteilen bei der Schlammräumung des Rundbeckens zu verbinden.

Normalerweise werden Rundbecken durch Einlaufdüker beschickt. Das Einlaufbauwerk, auch Mittelbauwerk genannt, bedarf besonderer konstruktiver Überlegungen, die sich nach Menge und Art des Abwassers richten. Bild **320**.1 zeigt einen Einlauf für große

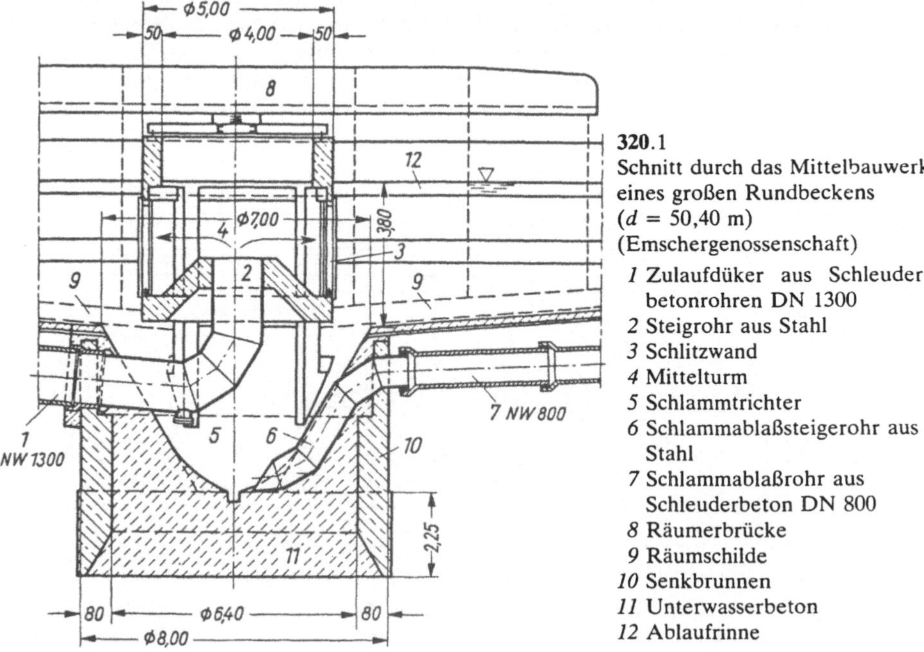

320.1
Schnitt durch das Mittelbauwerk eines großen Rundbeckens (d = 50,40 m) (Emschergenossenschaft)

1 Zulaufdüker aus Schleuderbetonrohren DN 1300
2 Steigrohr aus Stahl
3 Schlitzwand
4 Mittelturm
5 Schlammtrichter
6 Schlammablaßsteigerohr aus Stahl
7 Schlammablaßrohr aus Schleuderbeton DN 800
8 Räumerbrücke
9 Räumschilde
10 Senkbrunnen
11 Unterwasserbeton
12 Ablaufrinne

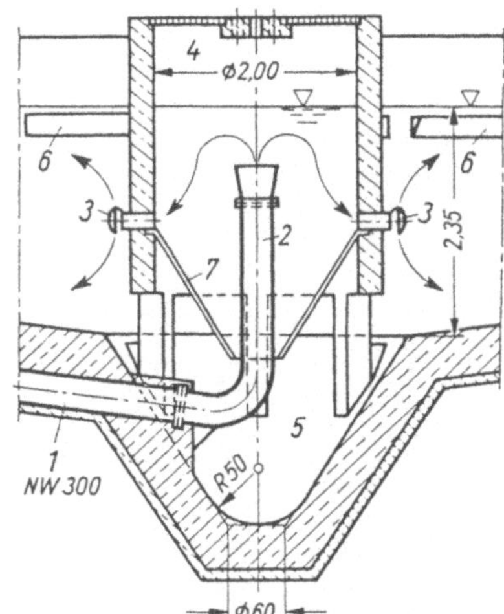

321.1 Schnitt durch das Mittelbauwerk eines kleinen Rundbeckens (d = 13,0 m)
1 Zulaufdüker aus Stahl *DN* 300
2 Steigrohr
3 Stengel-Einläufe
4 Mittelturm
5 Schlammtrichter
6 Beckenauslauf (horizontale Schrägschlitze)
7 Blechtrichter

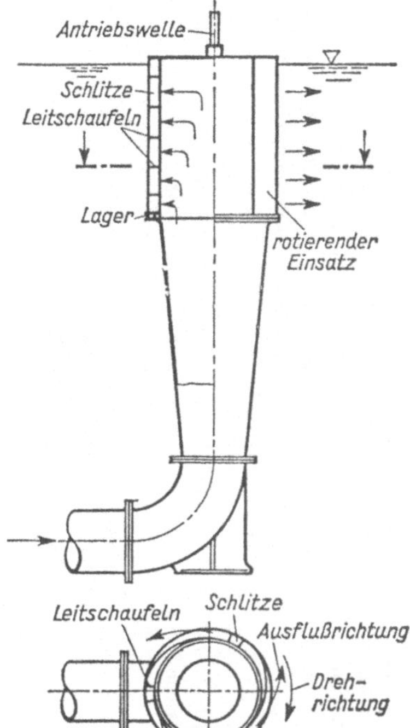

321.2 Einlauf eines Rundbeckens mit drehbarem Zylinder [45]

Wassermengen. Das Abwasser wird nach Verlassen des Dükerrohres direkt in die horizontale Fließrichtung überführt. Der Schlamm gelangt nur durch Räumung in den Trichter. Bild **319**.1 zeigt ein Rundbecken mittlerer Größe.

Die Schlammteile können hier auch auf direktem Weg, durch Absinken, in den Trichter gelangen. Diese Möglichkeit ist nur vorzusehen, wenn nicht die Gefahr besteht, daß der Wasserstrom den Trichter auskolkt und damit dem Schlamm keine Möglichkeit zum Absetzen läßt. Bild **321**.1 zeigt den Einlauf eines kleinen Rundbeckens mit Stengeleinläufen. Das teilweise Abwärtsströmen des Wassers ist erwünscht. Es soll soviel Schlamm wie möglich direkt durch den Blechtrichter in den darunterliegenden Schlammtrichter abrutschen.

Besondere Überlegungen hat man auch immer wieder dem Dükerauslauf selbst gewidmet, teilweise mit der Absicht, das Abwasser besser über die Tiefe des Beckens zu verteilen. In Bild **323**.1 sind Kreisringplatten mit kleiner werdenden Durchlässen übereinandergesetzt, die ein abgestuftes horizontales Austreten des Abwassers bewirken. In Bild **321**.2 ist über das konisch erweiterte Zuflußrohr ein rotierender Blechmantel mit 3 senkrechten Schlitzen von 150 mm Breite und je 5 waagerechten Leitschaufeln aufgesetzt. Der Blechmantel rotiert durch den Wasseraustritt (Rückstoß), und das Wasser fließt tangential zum Zylinder in das Becken. Geiger macht einen Vorschlag (**323**.2), durch den die in 2 Ebenen angeordneten Einlauföffnungen (*4*) im Mittelturm mit gleichgroßen Abwassermengen versorgt werden sollen. Es wird um den Dükerauslauf (*1*) eine

Tafel **322**.1 Schlammräumsysteme für Nachklärbecken von Belebungsanlagen nach [39d]

Beckenart	Räumsystem	Räumung des Bodenschlamms	Räumung des Schwimmschlamms	Schlammentnahme und Weiterförderung	Anwendung
Flachbecken, rechteckig oder rund; horizontaler Durchfluß	Schild-räumer	Gerader (Rechteckb.) oder gebogener Bodenschild (Rundb.) schiebt den Schlamm in einen Trichter oder in Abzugsöffnungen	durch Schwimm-schlammschild	Durch Wasserüberdruck $\geqq$ 0,5 m WS über Steigleitung in einen Pumpenschacht. Von dort durch Pumpen, Schnecken oder Drucklufttheber.	Rundbecken mit starker und Rechteck-becken mit horizontaler oder schwach geneigter Sohle
	Saugräumer	Der Bodenschild ist in der Draufsicht V- oder X-förmig geknickt. An den Einknickpunkten sitzt das Absaugrohr. Saugdüsen sind gerade, in der Ansicht ein flaches Dreieck. Bodenbreite ist durch mehrere Saugrohre abgedeckt.	durch Schwimm-schlammschild	Mit Drucklufttheber, Tauch-pumpen, Propellerpumpen oder hydraulischem Heber in Schlammrinne mit min J = 0,4%, Rücklaufmenge variabel durch polumschaltbaren Motor, Frequenzsteuerung oder das Prärotationsprinzip.	Rundbecken und Rechteckbecken mit horizontaler oder schwach geneigter Sohle
Flachbecken, rechteckig; horizontaler Durchfluß	Bandräumer	Räumbalken aus Holz oder Stahl an umlaufenden Ketten (Abstand 3 bis 5 m) schieben den Schlamm zum Abzugspunkt.	Skimrinne	wie beim Schildräumer	Lange Rechteckbecken und mehrstöckige Rechteckbecken
	Pendel-schild-räumer	Die Bodenschilde stellen sich durch unterschiedlich lange Seile schräg zur Räumrichtung. Der Schlamm rutscht am Schild entlang in eine Bodenrinne. Geräumt wird bei Hin- u. Rückfahrt.	durch Schwimm-schlammschild in einer Richtung	Aus der Bodenrinne mit Drucklufttheber oder Pumpe in eine Schlammrinne parallel zur Beckenlängswand.	Längere Rechteck-becken mit zwei Abzugspunkten
Trichter-becken; vertikaler oder horizontaler Durchfluß	Steigleitung	Maschinelle Räumung entfällt. Schlamm sinkt in den/die Trichter. Schlammabzug durch Steigleitungen und hydr. Überdruck in Schlammschacht.	meist ohne	Mit Schöpfrad oder Pumpe	Dortmundbecken
	Druckluft-heber oder Pumpe	Abzug aus Trichterspitze und Weiterförderung in Rohrleitung. Nur kurze Förderstrecke bei Druckluft-hebern.	meist ohne	s. Räumung	Dortmundbecken

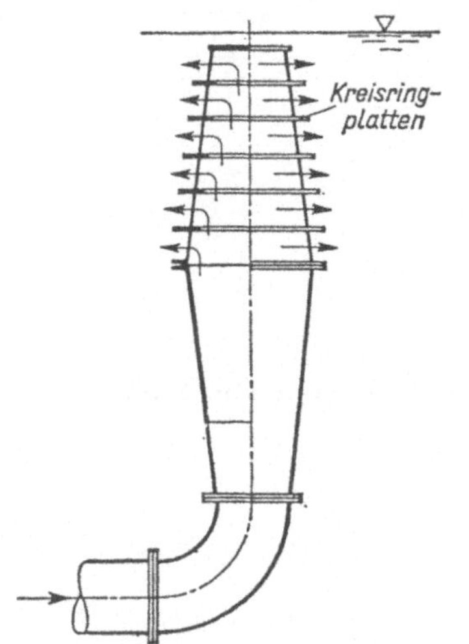

323.1 Einlauf eines Rundbeckens mit Kreisringplatten [45]

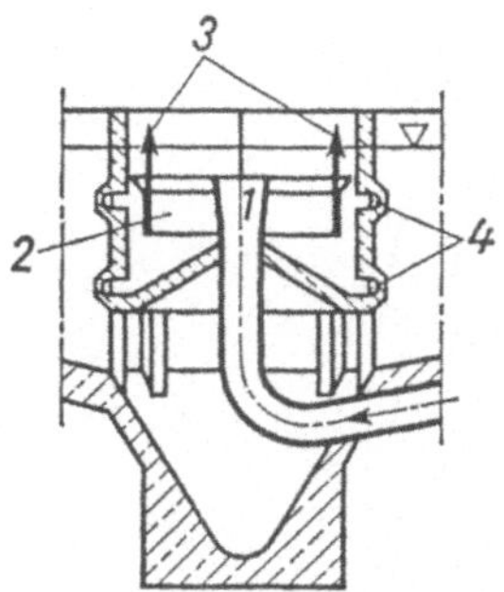

323.2 Einlaufvorrichtung für Rundbecken

1 Zulauf
2 ringförmige Tauchwand
3 Spindeln
4 Einlauföffnungen im Mittelturm

durch Spindeln (*3*) höhenverstellbare, ringförmige Tauchwand (*2*) angeordnet, die auf die Wassermengen eingestellt werden kann und damit die obere Einlaufebene vor zu starkem Abwasserstrom schützt.

4.4.4.2 Trichterbecken

Der Unterschied zu den Flachbecken liegt in der Sammlung des Schlammes. Bei Trichterbecken ist die Sohle in einen oder mehrere Trichter aufgegliedert, die den sinkenden Schlamm unmittelbar aufnehmen. Kein Räumer stört die Schlammsammlung. Die Bekken eignen sich besonders gut für leichten Schlamm, z. B. als Nachklärbecken einer Belebtschlammanlage. Jeder Trichter braucht ein Schlammförderrohr. Es gibt horizontal (**324**.2) und vertikal (**324**.3) durchflossene Trichterbecken. Die Trichter haben steile Wände, Neigung 1,7:1 (60°). Die vertikale Wasserbewegung mit ihren Vorteilen (vgl. Abschn. 4.4.1.2) kann bei dieser Beckenform besonders gut ausgenutzt werden. Bei Flächenbelastungen $q_A \geqq 0{,}8$ m/h bildet sich in Nachklärbecken von Belebungsanlagen ein Flockenfilter. Die Gefahr des Schlammverlustes durch Übertreiben der Schlammteile ist dann verringert. Ein konstruktiver Nachteil ist bei größeren Durchmessern bzw. Rechteckabmessungen die proportional wachsende Tiefe der Trichterbecken. Hierfür gilt auch das in Abschn. 4.4.4.3 für zweistöckige Anlagen Gesagte.

4.4.4.3 Zweistöckige und kombinierte Absetzanlagen

Diese Absetzanlagen sind vorwiegend aus wirtschaftlichen Gründen entwickelt worden.

Als Vorteile kann man ansehen:

Kurze Fließwege des Schlammes; Einsparung eines selbständigen, beheizten Faulraumes durch einen zwar unbeheizten aber dennoch durch das Darüberwegströmen des Abwassers wärmetechnisch verhältnismäßig optimal gehaltenen Faulraum; bei schlechtem Untergrund Ausnutzung des Gründungsraumes oder bei tiefster Gründung nur einmalige Ausführung der Gründungskonstruk-

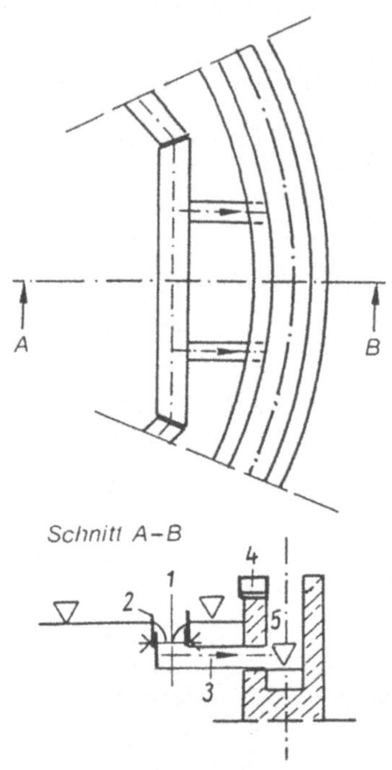

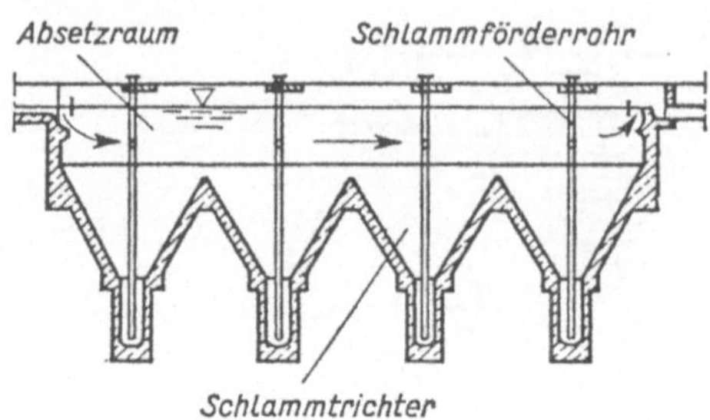

324.2 Horizontal durchflossenes Trichterbecken

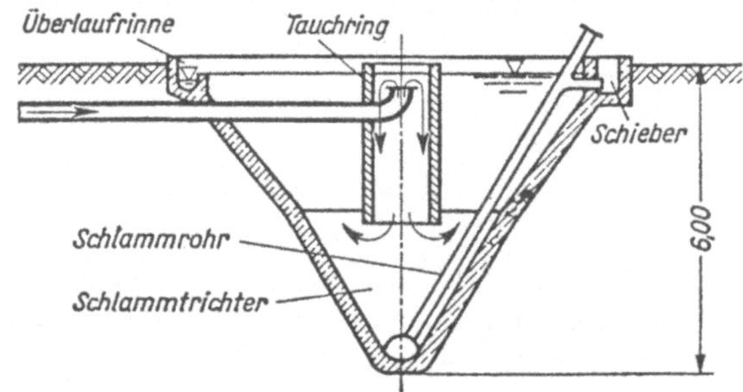

324.1 Ablauf von Nachklärbecken mit vorgesetzter Rinne

1 Rinne aus Blech oder Kunststoff
2 Zahnwehr (höhenverstellbar)
3 Rohrstutzen mit Vorschweißflanschen
4 Fahrbahn für Räumer aus Betondielen
5 Ablaufrinne aus Ortbeton

324.3 Rundes Trichterbecken (Dortmundbrunnen)

tion (Pfähle, Senkbrunnen, usw.); Einsparung eines Eindickbehälters, da Schlammwasserabgabe in dem Absetzraum ständig möglich ist.

Als Nachteile gelten:

Strömungstechnische Mängel im Absetzraum wegen der als Rutschflächen für den Schlamm schrägen Rinnensohlen; sehr große Faulräume und u. U. keine vollkommene Ausfaulung des Schlammes wegen zu geringer Temperaturen durch fehlende Heizung; meist keine Schlammumwälzung; Anfaulung des Abwassers durch Gärprodukte aus dem Faulraum und damit Beeinträchtigung der biologischen Stufe; bei gutem Baugrund tiefe Gründung, die durch eine teure Wasserhaltung noch erschwert werden kann.

Die aufgeführten Gesichtspunkte schränken die Verwendung der zweistöckigen Anlagen auf kleine Kläranlagen i. allg. $\leqq$ 15000 EG ein.

Emscherbrunnen (vgl. Bemessungsbeispiel Abschn. 4.7.8). Der konstruktiv einfachste Typ ist der Emscherbrunnen (rund) oder das Emscherbecken (rechteckig) (**325**.1). Eine Fließrinne mit überlappter offener Sohle nennt man Emscherrinne. Der Schlamm des

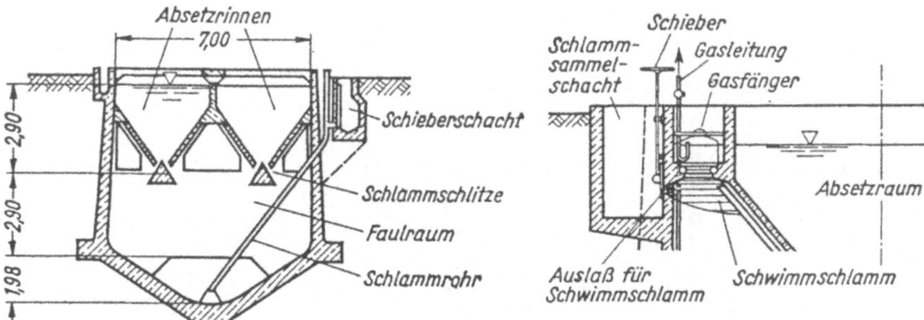

325.1 Querschnitt eines Emscherbeckens

325.2 Gasabnahme am Emscherbecken

Absetzbeckens rutscht auf den schrägen Sohlflächen, Neigung ≧ 1,2:1, durch horizontale Schlitze mit einer Schlitzweite von ≧ 20 cm in den Faulraum. Aufsteigen kann durch diese Schlitze nur das Schlammwasser. Weder Schlammteile noch Gasblasen gelangen wegen des vertikalen Steigweges durch die überdeckte Öffnung nach oben. Es sollen für den Schlammablaß aus den Trichtern des Faulraumes Steigrohre LW ≧ 150 und für das Gas besondere Gasentnahmevorrichtungen (**325**.2) vorgesehen werden. Die Aufenthaltszeit des Schlammes im Faulraum kann nach Bild **449**.1 bestimmt werden. Imhoff [24] bezieht die Faulraumgröße auf die Anzahl der angeschlossenen Einwohner (Tafel **325**.3). Als Faulraum gilt der Raum unterhalb der Schlammschlitze. Schwierig ist bei den Emscheranlagen die Abnahme des Schwimmschlammes und die Zerstörung der Schwimmschlammdecke. Dies geschieht durch Öffnungen des Schlammraumes oder neben den Emscherrinnen. Um die Wärmeabgabe des Faulraumes an das kalte Grundwasser zu verringern, verwendet man besondere Auskleidungen und Anstriche mit geringer Wärmeleitzahl. Es gibt auch über oder teilweise über die Erde gesetzte zweistöckige Anlagen, welche dann geringere Baukosten, dafür jedoch das Verlegen der Abwasserhebung vor den Emscherbrunnen erfordern. Diese Anordnung ist nur dann von Vorteil, wenn die 2. Abwasserhebung zum Tropfkörper eingespart werden kann. Bei kleinen Kläranlagen in Kombinationsbauweise (s. Abschn. 4.7) rüstet man die Faulräume und die Absetzbecken auch mit Schlammräumern (**318**.3) und mit Umwälzeinrichtungen aus (**327**.1).

Tafel **325**.3 Faulraumgrößen für Emscherbecken nach [24] in l/EG a) und mögliche zusätzliche Belastung mit Fäkalschlamm nach ATV-A 123 [1] in l/(EG · Woche) b)

	Art der Kläranlage				
	Absetzanlage	Tropfkörperanlage schwach-	hoch- belastet	Belebungsanlage schwach-	hoch- belastet
a)	50	75	100	150	100
b)		1	2	3	2

Kombinierte Emscherbrunnen. Böhnke [9] schlägt für kleine Kläranlagen kombinierte Emscherbrunnen vor. Er verbindet die Emscherrinne und den Schlammfaulraum mit einem Dortmundbrunnen und erhält damit Vor-, Nachklärbecken und den Faulraum in einem Bauwerk (**326**.1) mit rundem Grundriß. In der Mitte befindet sich der Dortmundbrunnen, welcher als Nachklärbecken (*N*) dient. Das Vorklärbecken ist als ringförmige Emscherrinne (*V*), die in beiden Richtungen beschickt werden kann, wodurch man eine gleichmäßige Schlammbelastung des Faulraumes (*F*) erhält, darumgesetzt. Zur

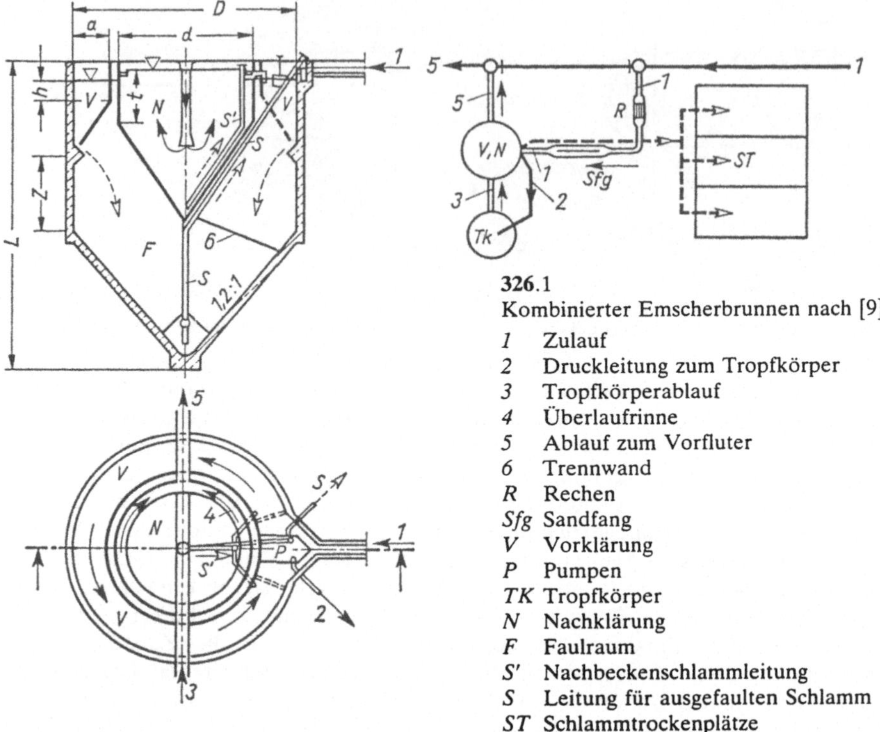

326.1
Kombinierter Emscherbrunnen nach [9]

1 Zulauf
2 Druckleitung zum Tropfkörper
3 Tropfkörperablauf
4 Überlaufrinne
5 Ablauf zum Vorfluter
6 Trennwand
R Rechen
Sfg Sandfang
V Vorklärung
P Pumpen
TK Tropfkörper
N Nachklärung
F Faulraum
S' Nachbeckenschlammleitung
S Leitung für ausgefaulten Schlamm
ST Schlammtrockenplätze

Vermeidung eines direkten Wasserflusses vom Ein- zum Auslauf des Vorklärteiles wird in den Brunnen unterhalb der Pumpenkammer eine Trennwand (*6*) eingesetzt. Nachdem das Abwasser die Vorreinigung (*V*) durchflossen hat, sammelt es sich in der Pumpenkammer und wird durch die Pumpe (*P*) auf den Tropfkörper (*TK*) gefördert. Der Tropfkörperablauf fließt dem Dortmundbrunnen im offenen Gerinne (*3*) und Fallrohr zu und wird hier nachgeklärt. Der Wasserspiegel in der Nachklärung (*N*) liegt etwa 50 cm höher als der in der Vorreinigung. Dadurch wird es möglich, den Nachklärschlamm (*S'*) durch Wasserüberdruck laufend in die Vorreinigung (*V*) zu geben. Er setzt sich zusammen mit dem Frischschlamm ab und wird auch mit diesem zusammen im Faulraum (*F*) des Emscherbrunnens ausgefault. Eine Mammutpumpe fördert ihn mit Druckluft durch die Leitung (*S*) auf die Schlammtrockenplätze (*ST*).

Diese Anlage läßt sich in Ortbeton herstellen. Sie kann jedoch aus Beton- oder Stahlfertigteilen vorgefertigt werden. Für den kombinierten Emscherbrunnen sind folgende Bemessungsannahmen zugrunde gelegt worden (Tafel **325**.3):

Vorklärung (*V*): $t_R = 1{,}5$ h; Pumpensumpf (*P*) = ⅛ des Ringumfangs (*V*): Sohlneigung von (*V*) und (*N*) = 1,5:1; Breite *a* von (*V*) = 1,0 oder 1,5 m

Nachklärung (*N*): $t_R = 2{,}0$ h; ⅓ des Trichterinhalts bleibt bei Volumenberechnung außer Ansatz

Faulraum (*Fr*): $B_{Fr} = 60$ l/EG; Sohlneigung = 1,2:1; obere Begrenzungslinie = Verbindungslinie der Wandvorsprünge. Als Wasserverbrauch *w* liegt 100 oder 150 l/(EG · d) zugrunde.

Es ergeben sich z. B. für 3000 EG und w = 150 l/(EG · d) folgende Abmessungen:

a = 1,0 m d = 5,22 m D = 7,76 m h = 2,08 m
t = 2,22 m Z = 2,33 m L = 11,87 m 153 l umbauter Raum/EG

Maschinell geräumte zweistöckige Absetzanlagen. Als ausgeführte Beispiele für diese Anlagen sollen das Üdemer Becken, die Kremer-Absetzbecken (Kremer Klärgesellschaft, Bonn) und die Anlagen der Fa. Dorr-Oliver, Wiesbaden, genannt werden. Man verzichtet hier auf die steile Anordnung der Sohlen des Absetzraumes und auch des Faulraumes und räumt den Schlamm auf flach nach innen oder nach außen geneigten Sohlflächen durch meist kombinierte Räumgeräte ab.

Durch bauliche Vorteile wegen der geringen Tiefe gegenüber dem Emscherbrunnen herkömmlicher Bauart ergeben sich wirtschaftlichere Ausführungen.

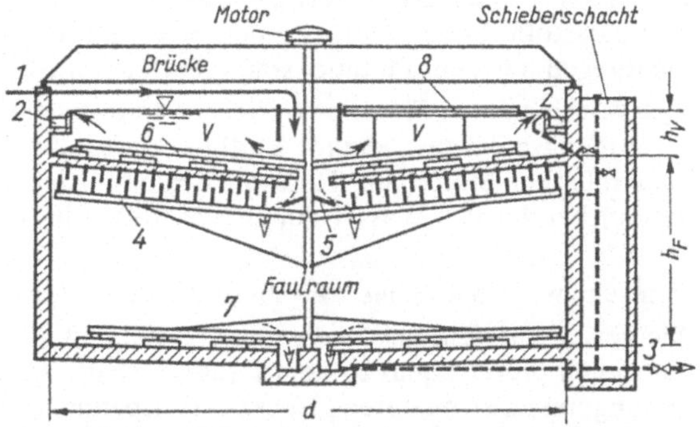

327.1
Maschinell betriebener Emscherbrunnen nach Dorr-Oliver (Querschnitt durch Rundbecken)
1 Zulauf
2 Überlaufrinnen
3 Schlammabzug
4 Schwimmdecken-Zerstörer
5 Schlammverschluß
6 Räumschild
7 Bodenkratzer
8 Schwimmschlammbeseitiger in *V*
V Vorklärbecken

Bild **327**.1 zeigt den maschinell geräumten Emscherbrunnen der Firma Dorr-Oliver. Diese Anlage ist für eine mechanische Abwasserreinigung vorgesehen. Das Bauwerk ist rund, sein oberer Teil ist als Klärbecken (*V*) ausgebildet, während der darunter liegende Raum als Schlammfaulraum dient. Beide Räume sind durch Öffnungen in der Mitte der Zwischendecke in Verbindung. Ein besonderer Schlammverschluß (*5*) verhindert das Eindringen von Faulgas und Schwimmschlamm in das Klärbecken. Die Sohle des Faulraumes ist ebenfalls schwach geneigt und hat in der Mitte eine Vertiefung, in die der Faulschlamm durch den Räumer (Bodenkratzer) (*7*) gelangt. Von dort wird er in freiem Gefälle oder durch Pumpen auf die Trockenplätze weiterbefördert.

Gewisse Vorteile dieser Anlage bestehen in der Schlammräumung (3 Räumer) durch eine Antriebsvorrichtung, in der systematischen Zerstörung der Schwimmschlammdecke und in der möglichen Einsparung eines Sandfangs, da der Sand im Faulraum mit abgeräumt werden kann. Diese Absetzanlagen werden normalerweise über Gelände errichtet. Das Abwasser muß dann vor der Anlage gehoben werden. Man kann das Bauwerk jedoch auch in den Boden einlassen, muß dann aber u. U. den Schlamm abpumpen.

Tafel **327**.2 Maße von maschinell geräumten Emscherbrunnen (Dorr-Oliver)

EG	Q in m³/h	d in m	h_v in m	h_F in m	Fr in m³
2500	35	6	2,5	5,5	156
5000	63	8		5,5	277
7000	97	10		5,5	432
10000	139	11		5,5	522
15000	208	14		6	796
20000	275	16		6	1206
26000	361	19		6	1698

Bemessungsgrundlagen (s. auch Tafel **327**.2)
t_R = 1,5 bis 2,0 h q_A = 1,25 bis 1,50 m/h B_{Fr} = 50 bis 70 l/EG
(B_{Fr} = Faulraumbelastung, s. Abschn. 4.6.2.3)

In einer anderen Ausführung der Firma wird der obere Teil in Vor- und Nachklärbecken unterteilt. Diese Absetzanlage dient dann als kombinierter Bestandteil einer vollbiologischen Reinigungsanlage durch Tropfkörper oder Belebungsbecken. Das Betriebsschema ähnelt dem der in Bild **326**.1 dargestellten Anlage.

4.4.5 Flotationsbecken

Unter Flotation versteht man das Auftreiben von ungelösten Schmutzstoffen aus dem Abwasser bis an die Oberfläche mit Hilfe von kleinen Luftblasen. Die flotierten Schmutzstoffe bilden hierbei einen Schwimmschlamm, der durch geeignete Räumvorrichtungen aus dem Flotationsraum entfernt wird.

Die verschiedenen Flotationsverfahren unterscheiden sich durch die Art und Weise der Erzeugung möglichst kleiner Luftblasen. Die älteste Art ist das Aufschwemmen von mineralischen Stoffen mit Hilfe von Schaum. Eine andere Möglichkeit ist die Elektroflotation, bei der das Wasser durch Elektrolyse in Wasserstoff- und Sauerstoffgas zerlegt wird.

Ein sehr wirtschaftliches Verfahren ist die Entspannungs-Flotation.

Sie beruht auf dem physikalischen Gesetz, daß die Menge der in Flüssigkeiten lösbaren Gase sich proportional zu dem Druck verhält, unter dem die Flüssigkeit steht. Bei der Erzeugung eines niederen Druckes (Entspannung) tritt die Luftmenge aus dem Abwasser aus, welche zuvor bei höherem Druck zusätzlich gelöst werden konnte.

Die aus dem gelösten in den gasförmigen Zustand übergehende Luft wird in kleinsten, gleichmäßig verteilten Bläschen frei, ähnlich dem Entweichen des Kohlendioxyds beim Öffnen von Brauseflaschen. Diese Luftblasen sind stabil und vereinigen sich schlecht miteinander. Sie steigen langsam auf und bekommen mit den absinkenden und schwebenden Schmutzteilen und Schlammflocken Kontakt. Durch Adhäsion bleiben sie an diesen Teilen hängen und tragen sie nach oben. Dort treten sie nicht sofort aus der Wasseroberfläche aus, sondern bilden eine Blasenschicht. Diese hat große Auftriebskräfte, welche die an die Oberfläche mitgenommenen Schmutzstoffe eindickt.

Die Abwasserreinigung durch das Abtrennen der flotierbaren Inhaltsstoffe und das Eindicken des entstehenden Schwimmschlamms erfolgen zugleich. Die Eindickung ist weitergehender als bei der Schwerkraft-Eindickung. Man kann diese vorteilhafte und zusätzliche Nebenwirkung der Flotation auch als Hauptverfahren anwenden, wie z. B. bei der Flußkläranlage Emschermündung (**279**.2) für den Schwimmschlamm. Gut eignet sich auch der belebte Schlamm für die Eindickung (*TS*-Gehalt bis 6% ohne, 8 bis 12% mit Flockungsmitteln).

Hauptanwendungsgebiet ist die Reinigung von flotierbarem Industrieabwasser (Verunreinigung mit flockigen, faserigen, fett- und eiweißhaltigen Stoffen), z. B. Schlachthöfe, Seifenfabriken, fleischverarbeitende Betriebe, Papier- und Tuchfabriken, Gerbereien, Brauereien.

Die Reinigungsleistung wird noch gesteigert, wenn außer den Sink- und Schwebestoffen auch Stoffe entfernt werden, die mit Hilfe von Chemikalien ausgeflockt werden können.

Menge und Art der Flockungsmittel werden nach wirtschaftlichen Gesichtspunkten festgelegt.

Die Flotation dient meist zur Vorreinigung mit dem Ziel der Stoffausscheidung und BSB_5-Reduzierung. Manche Industrie-Abwässer werden durch die Flotation für eine biologische Nachreinigung vorbereitet.

Aber nicht nur in der mechanischen Stufe kann die Flotation anstelle von Vorklärung und Voreindickung eingesetzt werden, sondern auch in der biologischen Stufe anstelle der konventionellen Nachklärbecken. Die großen Absetzbecken können dann durch kleinere, ohne Flockungsmittelzugabe betriebene Flotationsbecken mit etwa 30 Minuten Durchflußzeit ersetzt werden. Durch Zugabe von Fällungsmitteln läßt sich auch die dritte Reinigungsstufe durchführen.

Eine weitere Anwendung ist die Entschlammung des Faulwassers.

Auf die Bemessung der Kläranlagenteile hat die Flotation folgende Einwirkung: Bei herkömmlichen Vorklärbecken mit 2stündiger Aufenthaltszeit liegt die Oberflächenbelastung bei etwa 1,5 bis 2 $m^3/(m^2 \cdot h)$. Bei der Flotation kann man mit sehr hohen Oberflächenbelastungen von 4 bis 8 $m^3/(m^2 \cdot h)$ und Aufenthaltszeiten von nur 10 bis 30 Minuten arbeiten. Dies bedeutet, daß nur 1/4 bis 1/8 des beim Absetzverfahren erforderlichen Beckenvolumens benötigt wird.

Während beim Absetzvorgang nur die absetzbaren Stoffe, bis etwa 35% der Gesamtverschmutzung, beseitigt werden können, werden bei der Flotation auch nicht absetzbare Stoffe entfernt und so die Schmutzstoffe ohne Flockung um etwa 40%, mit Flockung um etwa 60% verringert. Die biologische Stufe wird dadurch entlastet und kann kleiner bemessen werden.

In den konventionellen Kläranlagen fällt der Primärschlamm mit 4 bis 5% Trockensubstanz und der Sekundärschlamm mit 0,5 bis 1,5% an. Durch die Flotation werden die Schlämme ohne Flockung auf etwa 6%, mit Flockung bis auf 16% Trockensubstanz eingedickt.

Man kann also in wirtschaftlicher Weise Vorklärung und Schlammeindickung auch durch ein Flotationsbecken ersetzen. In überlasteten Kläranlagen erspart die Umfunktionierung auf Flotation den Neubau der entsprechenden Anlagenteile.

Der Energiebedarf der Entspannungs-Flotation liegt bei 0,11 bis 0,16 kWh/m^3 Abwasser. Der untere Wert gilt für größere Anlagen mit einem Stundendurchsatz von etwa 150 bis 300 m^3/h = 3600 bis 7200 m^3/d und der obere Wert für kleinere Anlagen mit einem Stundendurchsatz von etwa 40 bis 150 m^3/h = 960 bis 3600 m^3/d. Bei Anwendung einer chemischen Flockung kommen an Betriebskosten etwa 3 bis 8 Dpf/m^3 hinzu, davon entfallen etwa 1 bis 6 Dpf/m^3 auf die Flockungsmittelkosten und 1 bis 2 Dpf/m^3 auf die Energiekosten für die zusätzliche Belüftung des Flockungsbeckens. Bild **330**.1 zeigt das Betriebsschema einer Entspannungsflotation.

Technologie des Verfahrens. Die Anreicherung der Schlammsuspension mit Luftbläschen erfolgt dadurch, daß ein Teil des geklärten Abwassers als Rücklaufwasser einem Druckkessel zugeführt wird. Hier geht die dem Betriebsdruck entsprechende Luftmenge in Lösung. Das luftgesättigte Wasser wird dann dem Flotationsbecken über Drosselventile entspannt zugeführt. Dabei soll eine hydraulisch wirkungsvolle Verteilung des Druckwassers erreicht werden. Einleitungsstellen sind unterhalb des Beckeneinlaufs und in der Sohle des Flotationsraumes zweckmäßig. Besonders im Einlaufbereich wird eine wirk-

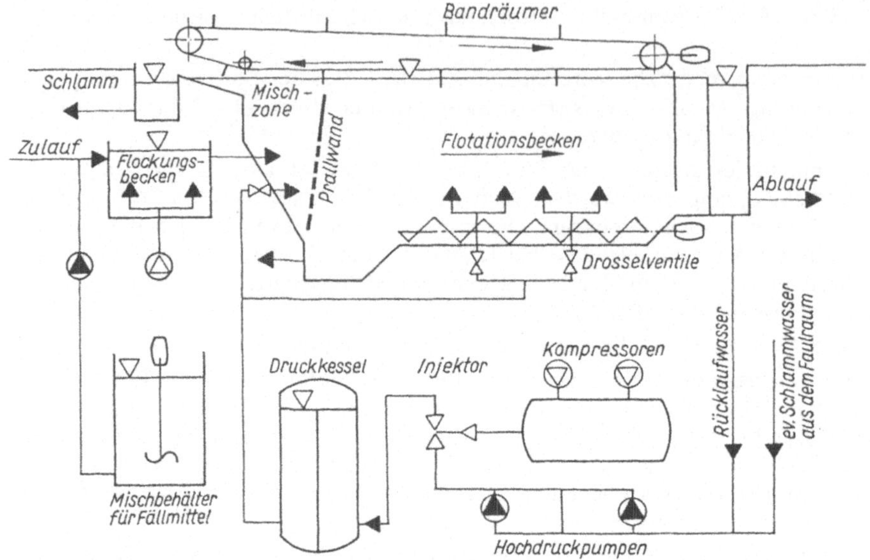

330.1 Schema der Entspannungsflotation mit Fällmittelzugabe

same Mischzone zwischen Luftblasen und Schlammteilen geschaffen. Das von den aufsteigenden flotierten Teilen abgetrennte Schlammwasser läuft über dem Boden durch eine Tauchwand ab. Der flotierte Schlamm wird durch einen Bandräumer (v = 25 bis 35 cm/min, Tauchtiefe der Räumschilde 1,5 bis 2,5 m) gegen die Fließrichtung des Abwassers abgeräumt. Das Blasenluftvolumen wird durch die Aufenthaltszeit des Wassers im Druckkessel bei dem gewählten Betriebsdruck bestimmt. Der Kessel wird für t_R = 1,0 bis 2,5 min ausgelegt. Der Sättigungsgrad beträgt dann etwa 80 bis 95%. Der Kessel hat Zwischen- oder Etagenwände, die einen Kurzschlußstrom verhindern.

Die Flotationswirkung ist von der Entspannungsdruckdifferenz abhängig. Man wählt einen Druck von 3 bis 4 bar und entspannt auf 1 bar (Normaldruck). Unter 3 bar geht die flotierte Schlammenge zurück, über 4 bar reißt die Schlammdecke auf. Bei Polyelektrolyten als Fällmittel 3,6 bis 4 bar Druck. Das Flotationsbecken wird für 20 bis 30 min, die Misch- oder Anlagerungszone für 0,5 bis 1 min Durchflußzeit bemessen. Die Rücklaufwassermenge kann ein mehrfaches der Abwassermenge (30 bis 250%) ausmachen. Sie ist bei den Durchflußzeiten zu berücksichtigen.

Meist werden die Becken als längsdurchflossene Rechteckbecken (Länge/Breite = 2:1 bis 4,6:1, Tiefe entsprechend 1,8 bis 3,1 m) ausgebildet.

Die Betriebsparameter für die Schlammeindickung werden im allgemeinen aus Erfahrungswerten abgeleitet. Ohne Flockungsmittel wählt man $B_A \leqq 12$ kg $TS/(m^2 \cdot h)$ und $q_A \leqq 3\ m^3/(m^2 \cdot h)$, mit Polyelektrolyten als Fällmittel $B_A \leqq 18$ kg $TS/(m^2 \cdot h)$ und $q_A \leqq 3\ m^3/(m^2 \cdot h)$, für Bemessung $q_A \leqq 2{,}3\ m^3/(m^2 \cdot h)$ [35].

4.4.6 Berechnung von Absetzbecken

Die Bemessung ist abhängig von der Zusammensetzung des Abwassers und dem Verwendungszweck des Beckens. Zu berücksichtigen ist der Fremdwasserzufluß und die Kanalisierungsart des Einzugsgebietes (Trenn- oder Mischbecken).

4.4.6.1 Durchflußzeiten (Tafel 331.1)

Angenommen wird die rechnerische Durchflußzeit $t_R = V/Q$.

Die allgemeinen Mindestdurchflußzeiten für Vorklärbecken sollten sein:

bei mech. Reinigung 1,2 bis 1,4 h;
bei chem. Fällung 0,3 bis 0,5 h;
bei Tropfkörperanlagen 1,2 h;
bei Belebungsanlagen 0,3 bis 0,5 h.

Für die Bemessung gilt Tafel **331**.1. Als Wassermenge Q ist die das Absetzbecken durchfließende Wassermenge einzusetzen. Bei Vorklärbecken kann diese zusätzlich Schlammwasser aus dem Faulturm oder aus dem Rücklaufschlamm enthalten; bei Nachklärbecken in Tropfkörperanlagen das Rücklaufwasser, wenn es aus der Ablaufrinne entnommen wird. Bei Nachklärbecken von Belebungsanlagen wird die Rücklaufschlammenge nicht bei der Volumenermittlung berücksichtigt, jedoch bei der Bemessung der Eindick- und Räumzone.

Tafel **331**.1 Erforderliche rechnerische Durchflußzeiten t_R in h und zulässige Flächenbeschickungen q_A in m/h bei Trockenwetterzufluß, maßgebend für die Bemessung

	Vorklärbecken		Nachklärbecken		Zwischenklärbecken	
	t_R in h	q_A in m/h	t_R in h	q_A in m/h	t_R in h	q_A in m/h
nur mech. Reinigung	1,7 bis 2,5	1,5 bis 0,8	–	–	–	–
bei chem. Fällung	0,5 bis 0,8	4 bis 2,5	2 bis 3	1,5 bis 1	1	<2,5
bei Tropfkörperanlagen	1,7 bis 2,5	1,5 bis 0,8	2 bis 3	1,5 bis 1	2,5	<2
bei Belebungsanlagen	0,5 bis 1,0	4 bis 2,5	2 bis 3,5	(s. **333**.1)	1,5	<2,5

Tafel **331**.2 Einwohnerbezogene BSB_5-Fracht nach Durchfluß eines Vorklärbeckens, abhängig von der Durchflußzeit $t_{R,t}$

Durchflußzeit im Vorklärbecken bezogen auf Trockenwetterabfluß $t_{R,t}$ in h	Einwohnerbezogene BSB_5-Fracht g/(EG · d)
0,5 bis 1,0	50
1,0 bis 1,5	45
> 1,5	40

Sofern Messungen keine höheren Werte ergeben, ist vor der Kläranlage für die Verschmutzung des Abwassers eine BSB_5-Fracht von mindestens 60 g/(EG · d) anzusetzen. Werden absetzbare Stoffe dem Abwasser durch ein Vorklärbecken entnommen, so kann die Abwasserverschmutzung vor der biologischen Stufe nach Tafel **331**.2 verringert werden.

4.4.6.2 Flächenbeschickung (Tafel **331**.1)

Die zulässige Flächenbeschickung hängt von dem Feststoffgehalt und den Absetzeigenschaften des Schlammes ab. Bei vertikal durchflossenen Nachklärbecken der Belebungsanlagen können die Werte q_A der Tafel **331**.1 um bis zu 30% erhöht werden. Für vertikal durchflossene Nachklärbecken ist die Flächenbeschickung maßgebend für die Dimensionierung, auch bei reinem Flockenschlamm.

Bei der **Bemessung der Nachklärbecken von Belebungsanlagen** sind zusätzliche Nachweise erforderlich, die sich aus dem leichten Belebtschlamm und aus der möglichen Schlammverdrängung in die Nachklärung bei Q_{rw} ergeben. Belebungsbecken und Nachklärbecken bilden klärtechnisch eine Einheit. Zusammenstellung der Berechnungsgrößen in Tafel **336**.1.

Das Nachklärbecken hat folgende Aufgaben:

1. Trennung des gereinigten Abwassers vom belebten Schlamm
2. Eindickung und Sammlung des abgesetzten belebten Schlammes
3. Zwischenspeicherung von belebtem Schlamm, der durch erhöhten Zufluß, i. d. R. bei Regenwetter, aus dem Belebungsbecken verdrängt wird

Die Absetzwirkung wird beeinflußt von:

1. Bauart des Beckens
2. Schlammvolumen des eingeleiteten belebten Schlammes
3. Flächenbeschickung der Nachklärung
4. Absetzfähigkeit des Schlammes (Schlammindex)
5. Rücklaufverhältnis

Schlammvolumenbelastung

$$B_v = \frac{q_A \cdot TS_R \cdot ISV}{1000}$$

$$\text{in} \quad m^3\ TS/(m^3 \cdot h) = \frac{m^3 \cdot kg\ TS \cdot l \cdot m^3\ TS}{m^2 \cdot h \cdot m^3 \cdot kg\ TS \cdot l}$$

$$B_v \leqq 0{,}2 \text{ bis } 0{,}4\ m^3/(m^2 \cdot h)$$

Vergleichsschlammvolumen. Bei höherem Schlammvolumen $\geqq$ 250 ml/l wird der Absetzvorgang bei der Ermittlung des Schlammindexes behindert.

Schlammindex, ermittelt nach 30 min Absetzzeit

$$ISV = \frac{SV}{TS} \quad \text{in} \quad \frac{ml}{g} = \frac{ml \cdot l}{l \cdot g}$$

Falls das Schlammvolumen $SV \geqq 250$, wird die Probe verdünnt und das Ergebnis mit dem Verdünnungsfaktor multipliziert. Das so ermittelte Schlammvolumen ist das Vergleichsschlammvolumen *VSV*. Kann wegen fehlender Abwasserproben, z. B. bei Neubauten von Ortsentwässerungen, *VSV* nicht ermittelt werden, kann man mit den angenommenen Werten TS_R und *ISV* das *VSV* errechnen.

$$VSV = TS_R \cdot ISV$$

ISV nach Tafel **336**.1. Bei chemischer Fällung kann sich der Schlammindex erheblich vermindern.

Flächenbeschickung bei Nachklärbecken der Belebungsanlagen. Maßgebend ist das Vergleichsschlammvolumen (**333**.1), mit q_A ist die Oberfläche des Nachklärbeckens zu errechnen:

$$A_{NK} = Q_t/q_{A,t},$$

nachzuprüfen ist der Wert $q_{A,rw} = Q_{rw}/A_{NK}$. Ist er größer, muß A_{NB} entsprechend vergrößert werden. Die Regenwetterzuflüsse sollen nicht größer als $Q_{rw} = 2Q_t + Q_f$ sein.

Steigt bei Regen die Flächenbeschickung an, dann verringert sich das Schlammvolumen im Belebungsbecken durch Verlagerung der Feststoffe ins Nachklärbecken:

$$\Delta TS_{R,rw} = TS_{R,t} - \Delta TS_R; \quad TS_{RS,rw} = TS_{RS,t} + 2{,}0$$

Bei Überschreitung der zulässigen Flächenbeschickung nach Bild **333**.1, bei Regenwetterzufluß, erhöhen sich u. U. die absetzbaren Stoffe im Abfluß der Nachklärung. Bei Regenwetterzufluß sollte q_A bei horizontal durchströmten Nachklärbecken 1,6 m/h und bei vorwiegend vertikal durchströmten Nachklärbecken je nach dem Verhältnis Fließweg:Tiefe 2,08 bzw. 2,4 m/h und die Schlammvolumenbeschickung 600 l/(m^2 · h) nicht überschreiten (**333**.1 und Tafel **336**.1).

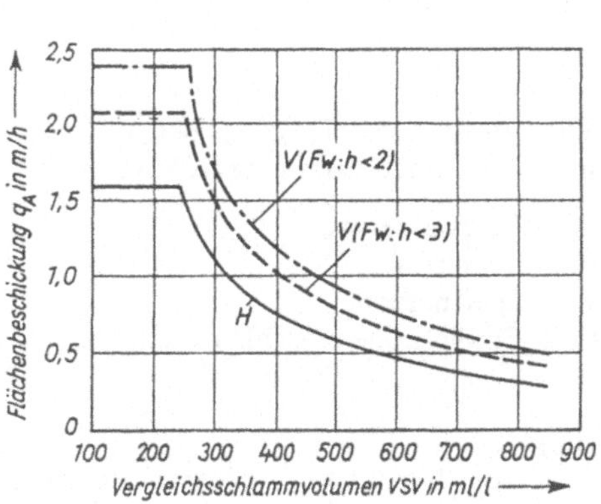

333.1
Oberflächenbeschickung von Nachklärbecken der Belebungsanlagen in Abhängigkeit vom Vergleichsschlammvolumen nach [1] – A126
H = Horizontal durchflossene Nachklärbecken
V = Vertikal durchflossene Nachklärbecken
Fw : h = Fließweg : Beckentiefe

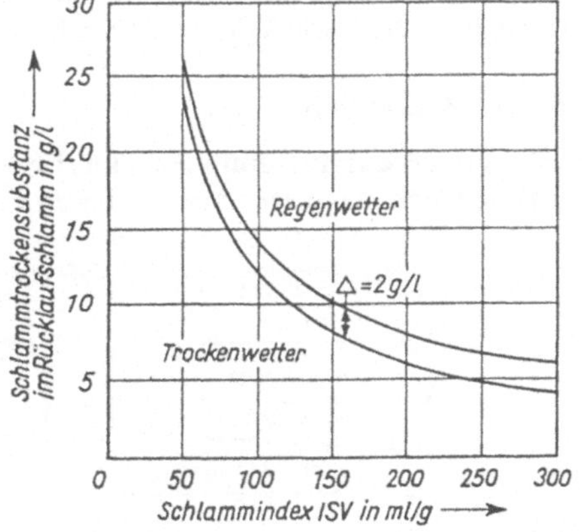

333.2 Erreichbare Schlammtrockensubstanz im Rücklaufschlamm nach [1] – A131

Rücklaufverhältnis. Zwischen Belebungsbecken und Nachklärbecken besteht wegen des Feststoffgehaltes im Belebungsbecken TS_R und des Rücklaufschlammes TS_{RS} eine Wechselbeziehung. Sie kann durch das Rücklaufverhältnis RV beeinflußt werden. Hierzu sind im Abschnitt 4.5.2 weitere Ausführungen gemacht. Danach gilt für den Gleichgewichtszustand

$$RV = \frac{TS_R}{TS_{RS} - TS_R}$$

TS_{RS} nach Bild **333**.2. Bei der Bemessung des Nachklärbeckens soll das so errechnete RV eingesetzt werden. Man kann sogar den Wert TS_{RS} nach **333**.2 noch verringern.

Für die Bemessung der Fördereinrichtungen für Rücklaufschlamm sollte ein Rücklaufverhältnis von ca. 1,0 bis maximal 1,5 bezogen auf den Trockenwetterzufluß = 1,0 bis 1,5 · Q_t berücksichtigt werden. Bei höherem Rücklaufverhältnis kann der Absetzvorgang in der Nachklärung beeinträchtigt werden. Insbesondere bei schnell steigendem Rücklaufverhältnis erhöht sich die Turbulenz im Nachklärbecken, wodurch das Absetzverhalten des belebten Schlammes sich verschlechtert.

Es erhöhen sich die Feststoffe im Ablauf. Die Rücklaufschlammförderung ist durch Abstufung der Pumpenleistungen oder durch Drehzahlregelung an wechselnde Mengen anzupassen. Zweckmäßig ist eine automatische Anpassung.

Bei Anlagen mit vorgeschalteter Denitrifikation ist ein hohes *RV* erforderlich (s. **427**.1). Hier ist es zur Entlastung der Nachklärung zweckmäßig, den Abfluß des Belebungsbeckens direkt in die Denitrifikationszone zurückzuführen.

Die Abhängigkeit des Eindickgrades des belebten Schlammes in der Nachklärung kann nicht einheitlich festgelegt werden. Deshalb sind in **333**.2 Kurven für die erreichbaren Feststoffgehalte des Rücklaufschlammes angegeben. Diese Kurven wurden nach Betriebsergebnissen aufgestellt.

Der erreichbare Eindickgrad wird neben den Schlammeigenschaften durch die Eindickzeit und die darin vorherrschenden Druckverhältnisse in der Schlammschicht bestimmt. Auf die Eindickung des belebten Schlammes an der Beckensohle haben damit die Höhe der Schlammschicht und die Verweilzeit des Schlammes in dieser Schicht Einfluß. Diese beiden Größen werden durch die Feststofffracht, ihre Verteilung im Nachklärbecken, die Art der Schlammräumung, das Rücklaufverhältnis und die Form des Nachklärbeckens beeinflußt.

4.4.6.3 Beckentiefe

a) Horizontal durchströmte Nachklärbecken. Die erforderliche Tiefe des Nachklärbeckens setzt sich aus folgenden Teiltiefen zusammen, von oben nach unten (**334**.1):

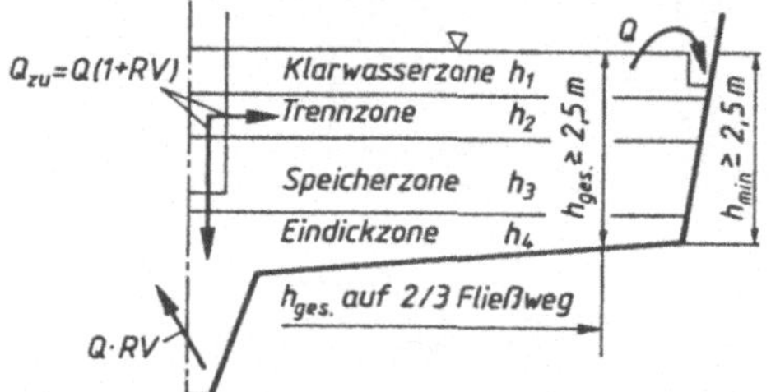

h_1 ≙ Klarwasserzone
h_2 ≙ Trennzone
h_3 ≙ Speicherzone
h_4 ≙ Eindickzone einschl. Räumzone

334.1
Tiefe von Rundbecken. Längsschnitt durch Rundbecken von Beckenachse bis Beckenrand

Für die Klarwasserzone ist eine Mindesttiefe von h_1 = 0,50 m vorzusehen.

In der Trennzone erfolgt die Verteilung und die Trennung des Schlamm-Wasser-Gemisches in seine beiden Komponenten. Ihre Tiefe soll bei Trockenwetterzufluß mit h_2 = 1,0 m angesetzt werden. Bei Speicherzonentiefen h_3 von > 1,0 m kann bei Prüfung des Regenwetterzuflusses h_2 auf 0,5 m ermäßigt werden, weil die Funktion der Trennzone von der Speicherzone teilweise mit übernommen wird.

Die Speicherzone mit der Höhe h_3 ist wegen möglicher Schlammverlagerung aus der Belebung in die Nachklärung bei Regenwetterzufluß zu berücksichtigen.

Die Tiefe der Speicherzone ergibt sich aus:

$$h_3 = \frac{\Delta TS_R \cdot V_{BB} \cdot ISV}{500 \cdot A_{NB}} \quad \text{in m} = \frac{\text{kg } TS \cdot \text{m}^3 \cdot \text{l} \cdot \text{m}^3}{\text{m}^3 \cdot \text{m}^2 \cdot \text{kg } TS \cdot \text{l} \cdot 2}$$

ΔTS_R ist die Differenz der Feststoffgehalte im Belebungsbecken bei Trockenwetter- und Regenwetterzufluß.

Im Hinblick auf eine gesicherte Reinigungsleistung ist darauf zu achten, daß der Feststoffgehalt im Belebungsbecken bei Regenwetterzufluß nicht unter 70% desjenigen bei Trockenwetter absinkt, und die Differenz, der Feststoffgehalte im Belebungsbecken, bei Regenwetter zu Trockenwetter $\Delta TS_R = 1{,}3$ kg/m³ nicht übersteigt. Man wählt

$$\text{bei } TS_{R,t} \geqq 4{,}3 \rightarrow \Delta TS_R = 1{,}3;$$

$$\text{bei } TS_{R,t} < 4{,}3 \rightarrow \Delta TS_R = 0{,}3 \cdot TS_{R,t}$$

Für die Berechnung der E i n d i c k z o n e gilt die e m p i r i s c h e Formel:

$$h_4 = \frac{TS_R \cdot ISV}{1000}(1 + RV) = \frac{VSV}{1000}(1 + RV)$$

in m mit TS_R in kg TS/m³ und ISV in l/kg TS

$$h_{ges} = h_1 + h_2 + h_3 + h_4$$

Die errechnete Beckentiefe h_{ges} ist für horizontal durchströmte Nachklärbecken mit geneigter Beckensohle auf ⅔ des Fließweges einzuhalten. Sie soll dort mindestens 2,50 m betragen. Bei runden Nachklärbecken darf sie an keiner Stelle 2,0 m unterschreiten.

b) Vorwiegend vertikal durchströmte Nachklärbecken. Die Zonenhöhen h_1 und h_2 werden wie bei a) eingesetzt.

Bei vertikal durchströmten Nachklärbecken mit und ohne Schlammräumung ist als wirksame Oberfläche A_{NB} die Oberfläche der Trennzone anzusetzen. Für die Speicherzone, die Eindickzone und evtl. die Trennzone können die sich durch Multiplikation der Oberflächen A_{NB} mit den entsprechenden Zonentiefen h_2 bis h_4 errechneten V o l u m e n in den Bereich des Trichters verlegt werden. h_3 und h_4 sind dann i.d.R. > nach a) gefordert.

$$V_3 = \frac{\Delta TS_R \cdot V_{BB} \cdot ISV}{500} \quad \text{in m}^3 = \frac{\text{kg } TS \cdot \text{m}^3 \cdot \text{l} \cdot \text{m}^3}{\text{m}^3 \cdot \text{kg } TS \cdot \text{l} \cdot 2}$$

und $$V_4 = \frac{TS_R \cdot ISV}{1000} \cdot A_{NB} = \frac{VSV}{1000} A_{NB} \quad \text{in m}^3$$

$$h_4 = \frac{TS_R \cdot ISV}{1000}$$ wird ohne Berücksichtigung von RV angesetzt.

Man geht davon aus, daß bei Trichterbecken wegen ihrer Tiefe eine Durchströmung selbst der Eindickzone nicht mehr erfolgt (**335**.1).

Die hier angegebenen Bemessungswerte entsprechen sinngemäß dem ATV-Arbeitsblatt A 131 [1].

Die Bemessung der Nachklärung von Kombibecken ist hinsichtlich der Flächenbeschickung und der Mindesttiefen gleichfalls nach den Richtlinien vorzunehmen.

Die Richtlinien gelten auch für Nachklärbecken von Belebungsanlagen mit Sauerstoffbegasung.

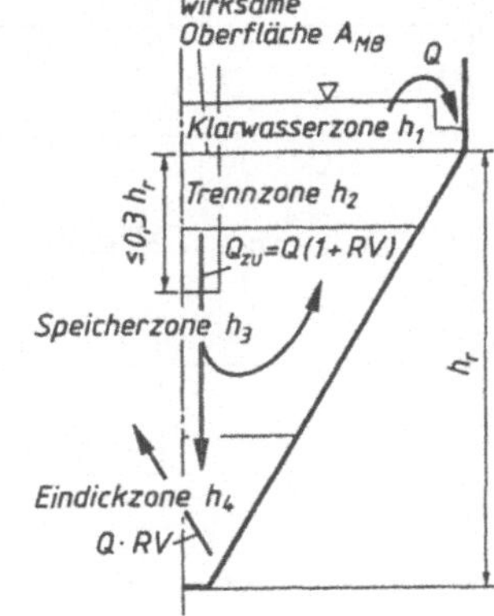

335.1
Tiefe von Trichterbecken. Längsschnitt von Beckenachse bis Beckenrand

Ist eine weitere Reinigungsstufe der Belebungsanlage nachgeschaltet, können höhere Gehalte an absetzbaren bzw. an abfiltrierbaren Feststoffen im Abfluß des Nachklärbeckens der ersten Stufe (Zwischenklärbecken) zugelassen werden. Sofern die nachgeschaltete zweite biologische Stufe diese Feststoffgehalte verarbeitet und zurückhält, kann für Zwischenklärbecken eine bis zu 100% höhere Flächenbeschickung eingesetzt werden.

Tafel **336**.1 faßt die Berechnungsgrößen für Nachklärbecken von Belebungsanlagen nochmals zusammen.

Tafel **336**.1 Berechnungsgrößen für die Bemessung von Nachklärbecken des Belebungsverfahrens

<table>
<tr><th></th><th colspan="4">1. Nachklärbecken mit horizontalem Durchfluß</th><th>2. Nachklärbecken mit vertikalem Durchfluß</th></tr>
<tr><td rowspan="2">Bemessungswert</td><td rowspan="2">Trockenwetterabfluß Q_t
Ablauf-TS < 30 mg TS/l
ΔTS_R = 0 mg TS/l</td><td colspan="3">Regenwetterabfluß $Q_{rw} = 2\,Q_s + Q_f$</td><td rowspan="9">wie 1.</td></tr>
<tr><td>ΔTS_R = 0 mg TS/l</td><td colspan="2">ΔTS_R > 0 mg TS/l</td></tr>
<tr><td>Schlammindex ISV in l/kg TS oder ml/g TS</td><td colspan="2">Abwasser mit geringem gewerbl. Anteil
Abwasser mit hohem gewerbl. Anteil</td><td>$B_{TS} > 0{,}05$
100 bis 150
150 bis 200</td><td>$B_{TS} < 0{,}05$
75 bis 100
100 bis 150</td></tr>
<tr><td>Vergleichsschlammvolumen VSV in l TS/m³</td><td>$TS_R \cdot ISV$</td><td>$TS_R \cdot ISV$</td><td colspan="2">$(TS_R - \Delta TS_R) \cdot ISV$</td></tr>
<tr><td>Trockensubstanzgehalt in der Belebung TS_R in kg TS/m³</td><td>$TS_{R,t}$ richtet sich nach Berechnung der Beleb.-B.</td><td>$TS_{R,rw} = TS_{R,t}$</td><td colspan="2">$TS_{R,rw} = TS_{R,t} - \Delta TS_R$</td></tr>
<tr><td>Trockensubstanzgehalt des Rücklaufschlammes TS_{RS} in kg TS/m³</td><td>$TS_{RS,t} = \frac{1200}{ISV}$</td><td colspan="3">$TS_{RS,rw} = \frac{1200}{ISV} + 2{,}0$</td></tr>
<tr><td>Zul. Feststoffverfrachtung ΔTS_R in kg TS/m³</td><td>0</td><td>0</td><td colspan="2">bei $TS_{R,t} \geqq 4{,}3 \rightarrow$
$\Delta TS_R = 1{,}3$
bei $TS_{R,t} < 4{,}3 \rightarrow$
$\Delta TS_R = 0{,}3 \cdot TS_{R,t}$</td></tr>
<tr><td>Rücklaufverhältnis RV in %</td><td>$RV_t = \frac{TS_{R,t}}{TS_{RS,t} - TS_{R,t}} \leqq 1{,}5$</td><td colspan="3">$RV_{rw} = \frac{TS_{R,rw}}{TS_{RS,rw} - TS_{R,rw}} \leqq 0{,}75$</td></tr>
<tr><td>Volumen des Nachklärbeckens V_{NK} in m³</td><td colspan="4">$Q_t \cdot t_R$ mit t_R = 2 bis 3,5 h, auch $A_{NK} \cdot h_{ges}$</td></tr>
<tr><td>Flächenbeschickung q_A in m³/(m² · h)</td><td colspan="4">< 300/VSV, < 1,6</td><td>bei Fließweg-Länge/Tiefe < 3:
< 1,3 · 300/VSV, < 2,08
bei Fließweg-Länge/Tiefe < 2:
< 1,5 · 300/VSV, < 2,4</td></tr>
<tr><td>Zul. Schlammvolumenbelastung B_V in m³/(m² · h)</td><td colspan="2">$q_{A,t} \cdot TS_R \cdot ISV/1000 \leqq 0{,}2$ bis 0,4</td><td colspan="2">$q_{A,rw} \cdot TS_{R,rw} \cdot ISV/1000 \leqq 0{,}6$</td><td rowspan="2">wie 1.</td></tr>
<tr><td>Oberfläche des Nachklärbeckens A_{NK} in m²</td><td>$Q_t/q_{A,t}$</td><td colspan="3">$Q_{rw}/q_{A,rw}$</td></tr>
<tr><td>Tiefe des Nachklärbeckens $h_{ges} = h_1 + h_2 + h_3 + h_4$ in m</td><td colspan="4">$h_1 = 0{,}5$; $h_2 = 1{,}0$; $h_3 = \frac{\Delta TS_R \cdot V_{BB} \cdot ISV}{500 \cdot A_{NK}}$; $h_4 = \frac{TS_R \cdot ISV}{1000}(1 + RV)$</td><td>$h_1$=0,5; h_2=1,0; h_3 wird berechnet aus dem Speichervolumen
$V_3 = \frac{\Delta TS_R \cdot V_{BB} \cdot ISV}{500}$
h_4 wird berechnet aus dem Volumen der Eindickzone $V_4 = \frac{TS_R \cdot ISV}{1000} \cdot A_{NK}$</td></tr>
<tr><td>Rechnerische Durchflußzeit t_R in h</td><td>V_{NK}/Q_t</td><td colspan="3">V_{NK}/Q_{rw}</td><td rowspan="2">wie 1.</td></tr>
<tr><td>Zul. Beschickung der Überfallkanten q_l in m³/(m · h)</td><td colspan="4">$\leqq$ 5 bis 10</td></tr>
</table>

4.4.6.4 **Parallelplattenabscheider** (Lamellenseparator)

Durch Einbau schräg liegender Ebenen in ein Absetzbecken ist es möglich, die verfügbare Absetzfläche zu vervielfachen. Die Neigung dieser Ebenen sollte so stark sein, daß die abgetrennten Feststoffe auf ihnen nach unten gleiten können. Die effektive Absetzfläche A_{eff} wird durch die Plattenfläche A, die Plattenzahl und deren Neigung bestimmt (**337**.1).

$$A_{eff} = n \cdot A \cdot \cos \alpha$$

Die Absetzfläche umfaßt eine errechenbare Anzahl von geneigten Platten, die zu einer Einheit zusammengefaßt werden. Unter Lamelle wird die Flüssigkeitsschicht zwischen zwei Platten verstanden. Gegenüber konventionellen Anlagen erzielt man eine 10- bis 20fache Oberflächenvergrößerung.

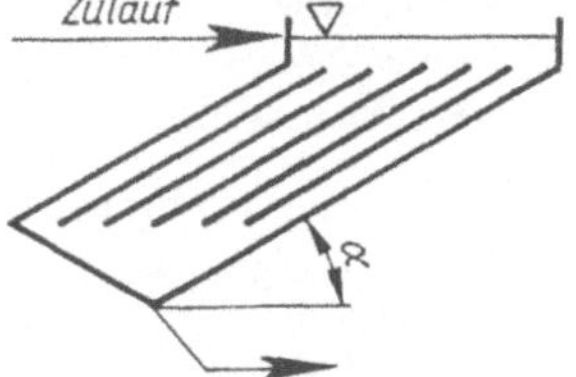

337.1 Schematischer Vertikalschnitt durch einen Lamellenseparator

Diese Abscheidetechnik wird bisher insbesondere in der Industrie und bei kleineren, kommunalen Kläranlagen mit flockigen Schlämmen aus der Phosphatfällung in der dritten Reinigungsstufe eingesetzt. Der Abscheider kann im Gleichstrom oder im Gegenstrom (Abwasser strömt gegen die Absetzrichtung der Schlammteile) betrieben werden.

Beispiel für Parallelplattenabscheider. Es ist der Abscheider für eine Schlammstabilisierungsanlage als Nachkläreinheit zu bemessen.

650 EG; $q_s = 150$ l/($E \cdot$ d); $BSB_5 = 60$ g/($E \cdot$ d); $Q_d = 650 \cdot 0{,}150 = 97{,}5$ m³/d;

$$TS_R = 4 \text{ kg } TS/\text{m}^3_{Bb};\ Q_{12} = \frac{97{,}5}{12} = 8{,}13 \text{ m}^3/\text{h};\ V_{Bb} = 50 \text{ m}^3$$

Lamellenseparator (Nachkläreinheit):

$V_{NB} = Q_{12} \cdot t_{NB} = 8{,}13 \cdot 1{,}0 = 8{,}0$ m³; gew. Becken mit $B \cdot L \cdot h = 2{,}0 \cdot 2{,}3 \cdot 2{,}0 = 9{,}2$ m³; $\alpha = 45°$; Anzahl der Lamellen $n = 12$;

Lamellenlänge $l = 1{,}30$ m, Lamellenfläche $1{,}3 \cdot 2 = 2{,}6$ m²

$A_{eff} = 12 \cdot 2{,}6 \cdot 0{,}707 = 22$ m²; $q_A = Q_{12}/A_{eff} = 8{,}13/22 = 0{,}37$ m³/(m² · h) $< 0{,}5$;
$B_A = q_A \cdot TS_R = 0{,}37 \cdot 4{,}0 = 1{,}48$ kg TS/(m² · h) $< 2{,}5$

4.4.6.5 **Berechnungsbeispiele**

Beispiel 1: Berechnungsbeispiel für ein Rechteckbecken als Vorklärbecken. Die Tropfkörper-Kläranlage einer Stadt mit 60000 EG und einem Abwasseranfall $q_d = 220$ l/(EG · d) soll Rechteckbecken als Vorklärbecken erhalten. Mischsystem: $Q_{rw} = 2 \cdot Q_S + Q_f$; $Q_f = 60\%$ von Q_d. Der Tropfkörperrücklauf wird in des Vorklärbecken zurückgegeben. Die Hauptmaße des Vorklärbeckens sind zu bestimmen.

Falls aus der Schlammbehandlung Schlammwasser o. a. zugegeben wird, ist dies besonders zu berücksichtigen.

$$Q_S = Q_{18} = \frac{60000 \cdot 220}{18 \cdot 1000} = 733 \text{ m}^3/\text{h};\ \text{Fremdwasser } Q_f = 0{,}6\,\frac{60000 \cdot 220}{24 \cdot 1000} = 330 \text{ m}^3/\text{h}$$

$Q_t = Q'_{18} = 733 + 330 = 1063$ m³/h; RV des Tropfkörpers = 1,0;
$Q_{(1+RV)} = 2 \cdot 1063 = 2126$ m³/h

$$Q_{rw} = 2 \cdot Q_S + Q_f = 2 \cdot 733 + 330 = 1796 \approx 1800 \text{ m}^3/\text{h}$$

Gewählt nach Tafel **331**.1: $t_R = 2{,}0$ h; $q_A = 1{,}0$ m/h

$$\text{erf Absetzvolumen } V_{VB} = Q_{(1+RV)} \cdot t_R = 2126 \cdot 2{,}0 \approx 4252 \text{ m}^3$$

$$\text{erf Beckenoberfläche } A_{VB} = Q_{(1+RV)}/q_A = 2126/1{,}0 = 2126 \text{ m}^2$$

Gewählt werden 4 Becken mit je 525 m², Abmessungen $b_1 = 7$ m, $L = 525/7 = 75$ m
Verhältnis $b_1/L = 1{:}10{,}7 < 1{:}4$.

Weitere Abmessungen nach Tafel **314**.1 und Bild **312**.1

$$b_2 = 6{,}3 \text{ m};\ b_3 = 3{,}1 \text{ m};\ b_4 = 1{,}2 \text{ m};\ c_1 = 0{,}4 \text{ m};\ c_2 = 0{,}7 \text{ m};\ w = 2{,}40 \text{ m}$$

$$e = 3 \text{ m};\ f = 0{,}6 \text{ m};\ t = 3{,}0 \text{ m};\ a = 2{,}9 \text{ m};\ k > 0{,}7;\ p > 0{,}95;\ r = 3{,}65 \text{ m}$$

Sohlenneigung in Längsrichtung $1{:}\infty$.

Unter Abzug der Schlammzone ergibt sich folgendes vorh. Volumen (**338**.1)

Beckenquerschnitt $F = 7{,}0 \cdot 1{,}7 + \dfrac{7{,}0 + 6{,}6}{2} \cdot 0{,}4 = 14{,}62 \text{ m}^2$

Absetzvolumen vorh $V_{VB1} = F \cdot L = 14{,}62 \cdot 75 = 1096{,}5 \text{ m}^3 > 4252/4 = 1063 \text{ m}^3$

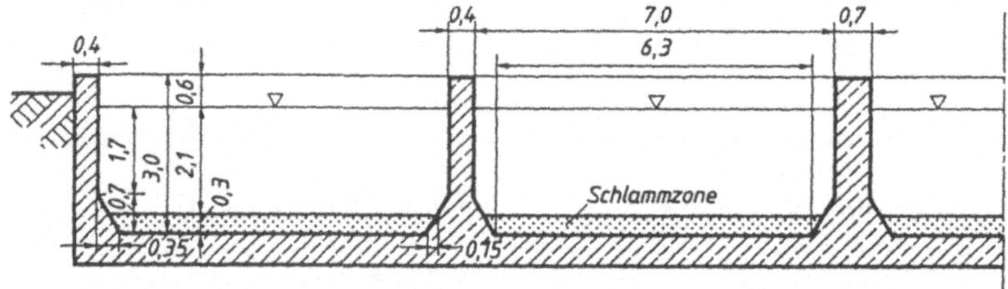

338.1 Beckenquerschnitt zum Beispiel 1

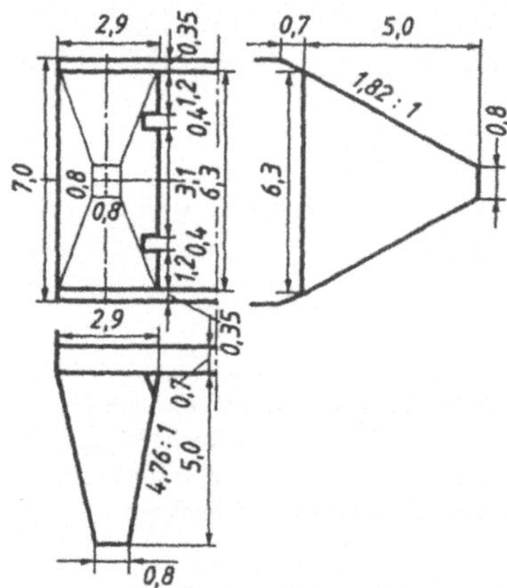

338.2 Schlammtrichter zum Beispiel 1

Schlammtrichter (**338**.2)

Schlammenge $s = 1{,}50$ l/(EG · d) (Tafel **448**.1)

Gesamte Schlammenge $S = s \cdot E = \dfrac{1{,}50 \cdot 60000}{1000} = 90 \text{ m}^3/\text{d}$; für 1 Becken $90/4 \approx 22 \text{ m}^3/\text{d}$

Trichtertiefe 5,0 m, schwächste Trichterneigung 5:2,75 = 1,82:1 in Querrichtung vorh Trichtervolumen $V = \frac{h}{3}(G + \sqrt{G \cdot g} + g)$

$$= \frac{5}{3}(2{,}9 \cdot 6{,}3 + \sqrt{6{,}3 \cdot 2{,}9 \cdot 0{,}8^2} + 0{,}8^2) = 37{,}22 \text{ m}^3,$$

d. h. Trichterräumung etwa täglich, aber max Stapelzeit $t_R = 37{,}22/22 = 1{,}7$ d

Bei Regenwetterzufluß ergeben sich folgende Werte (ohne Tropfkörperrücklauf)

$$t_R = \frac{V}{Q_{rw}} = \frac{4 \cdot 1096{,}5}{1800} = 2{,}44 \text{ h}; \quad q_A = \frac{Q_{rw}}{A_{VB}} = \frac{1800}{4 \cdot 525} = 0{,}86 \text{ m/h}$$

Bei gleichbleibender Tropfkörperbeschickung müßte man $Q_{RV} = 2126 - 1800 = 326$ m³/h zurückpumpen.

Jedes Becken erhält eine Ablaufrinne quer mit 2 Überfallkanten, insgesamt eine Kantenlänge von $l = 4 \cdot 2 \cdot 7{,}0 = 56$ m. Die hydraulische Belastung der Überlaufkanten beträgt

$$q_l = \frac{Q}{l} \text{ in } \frac{\text{m}^3}{\text{h} \cdot \text{m}}.$$

$$q_l = \frac{2126}{56} = 38 \text{ m}^3/(\text{h} \cdot \text{m}) \text{ bzw. bei Regenwetter: } q_l = \frac{1800}{56} = 32 \text{ m}^3/(\text{h} \cdot \text{m})$$

Für ein Vorklärbecken sind diese Werte ausreichend. Sie sollen < 60 m³/(h · m) bei Trockenwetterabfluß sein. Bei $Q_{rw} \leqq 180$ m³/(h · m).

Beispiel 2: Berechnungsbeispiel für ein Rundbecken als Nachklärbecken einer Belebungsanlage. Die Belebungs-Kläranlage einer Stadt mit 120000 EG, Abwasseranfall $q_d = 180$ l/(EG · d), soll als Nachklärbecken ein Rundbecken erhalten. $Q_{rw} = 2 \cdot Q_t + Q_f$; $Q_f = 100\%$ von Q_d. Mischsystem. Die Hauptmaße des Nachklärbeckens sind zu bestimmen.

$$Q_S = Q_{18} = \frac{120000 \cdot 180}{18 \cdot 1000} = 1200 \text{ m}^3/\text{h} = 333 \text{ l/s};$$

$$Q_f = \frac{120000 \cdot 180}{24 \cdot 1000} = 900 \text{ m}^3/\text{h} = 250 \text{ l/s}$$

$$Q_t = Q'_{18} = 1200 + 900 = 1200 \text{ m}^3/\text{h} = 583 \text{ l/s}$$

$$Q_{rw} = 2 \cdot Q_S + Q_f = 2 \cdot 1200 + 900 = 3300 \text{ m}^3/\text{h} = 917 \text{ l/s}$$

$RV_t = 0{,}5$ bei Q_t; $ISV = 120$ l/kg TS; TS im Ablauf immer < 300 mg/l, d. h. $< 0{,}3$ ml/l, hier mit < 30 mg/l angenommen.

$TS_R = 3{,}3$ kg TS/m³; $TS_{RS} = 10{,}0$ kg TS/m³ bei Q_{ti} $TS_{RS} = 12{,}0$ kg TS/m³ bei Q_{rw}. $V_{BB} = 5500$ m³

1. erf $V_{NB} = Q_t \cdot t_R$; t_R nach Tafel **331**.1 $= 3{,}5$ h; erf $V_{NB} = 2100 \cdot 3{,}5 = 7350$ m³
2. erf $A_{NB} = Q_t/q_A$; q_A nach **333**.1; dazu $VSV = TS_R \cdot ISV = 3{,}3 \cdot 120 = 396$ l TS/m³ ≈ 400

   zul $q_A = 300/VSV = 300/400 = 0{,}75$ m/h; bei $Q_{rw} \leqq 1{,}6$ m/h

   erf $A_{NB} = 2100/0{,}75 = 2800$ m² bei Q_t; erf $A_{NB} = 3300/1{,}6 = 2063$ m² bei Q_{rw}

maßgebend der größere Wert.

3. Schlammvolumenbelastung (nach Kalbskopf u. Londong)

$$\text{erf } B_V = q_A \cdot TS_R \cdot ISV/1000 = 0{,}75 \cdot 3{,}3 \cdot 120/1000$$
$$= 0{,}297 \text{ m}^3\ TS/(\text{m}^2 \cdot \text{h}) \leqq 0{,}2 \text{ bis } 0{,}4 \text{ m}^3\ TS/(\text{m}^2 \cdot \text{h})$$

4. Tiefenbemessung (**334**.1)

$$h_1 = 0{,}50 \text{ m (Mindesttiefe)}$$

$$h_2 = 1{,}0 \text{ m bei } Q_t$$

$$h_3 = \frac{\Delta TS_R \cdot V_{BB} \cdot ISV}{500 \cdot A_{NB}} = \frac{1{,}0 \cdot 5500 \cdot 120}{500 \cdot 3180} = 0{,}42 \text{ m}$$

Verdrängung der TS im Belebungsbecken mit 30% von $TS_R = 0{,}3 \cdot 3{,}3 = 1{,}0$ angenommen.

$$h_4 = \frac{TS_R \cdot ISV}{1000}(1 + RV) = \frac{3{,}3 \cdot 120}{1000}(1 + 0{,}5) = 0{,}59 \text{ m}$$

erf h_{ges} im Abstand ⅔ r_i von der Beckenmitte = 0,5 + 1,0 + 0,42 + 0,59 = 2,51 m, gewählt 2,60 m > 2,5 m.

5. Dimensionierung (**341**.1)
Gewählt werden 2 Rundbecken mit $h_m = 2{,}60$ m und $d_1 = 45{,}0$ m nach Tafel **318**.2
Laufkreisdurchmesser $d_3 = d + c = 45{,}0 + 0{,}5 = 45{,}5$ m; $J_s = 1{:}15$; gewählt $r_i = 22{,}50$ m; vorh $A_{NKI} = 1590 \text{ m}^2$, Gesamtbeckenoberfläche $A_{NK} = 2 \cdot 1590 = 3180 \text{ m}^2 > 2800 \text{ m}^2$

Die mittlere Tiefe h_m liegt im Abstand $\frac{2}{3} r_i$ von der Mittelachse entfernt.

$$h_o = 2{,}60 + \frac{1}{15} \cdot \frac{2}{3} \cdot 22{,}50 = 3{,}50 \text{ m}$$

$$w = h_u = 2{,}60 - \frac{1}{15} \cdot \frac{1}{3} \cdot 22{,}50 = 2{,}10 \text{ m}$$

Volumenberechnung

$$V_1 = \frac{\pi \cdot d_1^2}{4} \cdot h_1 = \frac{\pi \cdot 45^2}{4} \cdot 1{,}42 = 2258 \text{ m}^3$$

$$V_2 = \frac{\pi \cdot h}{12}(D^2 + D \cdot d + d^2)$$

$$= \frac{\pi \cdot 0{,}70}{12}(45^2 + 45 \cdot 44{,}3 + 44{,}3^2) = 1096 \text{ m}^3$$

$$V_3 = \frac{\pi \cdot 1{,}31}{12}(44{,}3^2 + 44{,}3 \cdot 5{,}0 + 5{,}0^2) = 758 \text{ m}^3$$

vorh $V_{NKI} = 4112 \text{ m}^3$; ohne Berücksichtigung Vouten am Beckenrand

Gesamtvolumen $V_{NK} = 2 \cdot 4112 = 8224 \text{ m}^3 > 7350 \text{ m}^3$

Der anfallende Rücklauf- und Überschußschlamm wird laufend ins Belebungsbecken zurückgefördert. Der Schlammtrichter hat im wesentlichen fördertechnische Bedeutung.

$$V = \frac{\pi \cdot 2{,}52}{12}(5{,}0^2 + 5{,}0 \cdot 0{,}8 + 0{,}8^2) = 19{,}6 \text{ m}^3$$

Die Schlammenge für eine hochbelastete Belebungsanlage beträgt nach Tafel **448**.1 $s = 5{,}0$ l/(E·d) (frischer Überschußschlamm)

Die tägliche Schlammenge beträgt $S = \frac{5{,}0 \cdot 120000}{1000} = 600 \text{ m}^3/\text{d}$, je Becken $600/2 = 300 \text{ m}^3/\text{d}$

die Speicherzeit nötigenfalls $t_R = \frac{19{,}6}{300} = 0{,}065 \text{ d} = 1{,}56 \text{ h}$

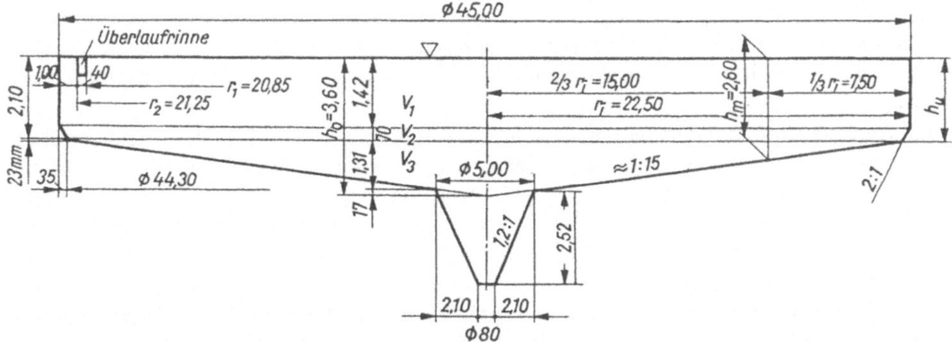

341.1 Längsschnitt durch Rundbecken zu Beispiel 2 (zweifach überhöht gezeichnet)

Überlaufkanten. Ihre Belastung soll nicht höher als $q_l = 5$ bis $10\ \mathrm{m^3/(m \cdot h)}$ sein, damit keine Schlammteile mitgerissen werden. Die erforderliche Überfallänge l beträgt für $Q_t/2$

$$\text{für } Q_t/2\text{:} \quad l = \frac{Q_t}{2 \cdot q_l} = \frac{2100}{2 \cdot 5} = 210\ \mathrm{m}; \quad \text{für } Q_{rw}/2\text{:} \quad l = \frac{3300}{2 \cdot 5} = 330\ \mathrm{m}$$

Gewählt wird eine 0,4 m breite, zum Beckenmittelpunkt hereingezogene Rinne mit den beiden Kantenabständen $r_1 = 20{,}85$ m und $r_2 = 21{,}25$ m von der Mittelachse (**341**.1).

Es ergibt sich vorh $l = 2\pi\,(20{,}85 + 21{,}25) = 265\ \mathrm{m} > 210\ \mathrm{m}$, bei Q_{rw} würde $q_l = 3300/(2 \cdot 265) = 6{,}23\ \mathrm{m^3/(m \cdot h)}$ etwas zu hoch.

Falls diese Lösung nicht ausreicht, kann man zwei Rinnen mit kurzen Verbindungsrinnen nach Bild **341**.2 wählen. Bei dem hier abgebildeten Beckengrundriß würde sich bei 3 Überlaufkanten ergeben

$$l = 2\pi\,(22{,}0 + 20{,}4 + 20) = 392\ \mathrm{m}$$

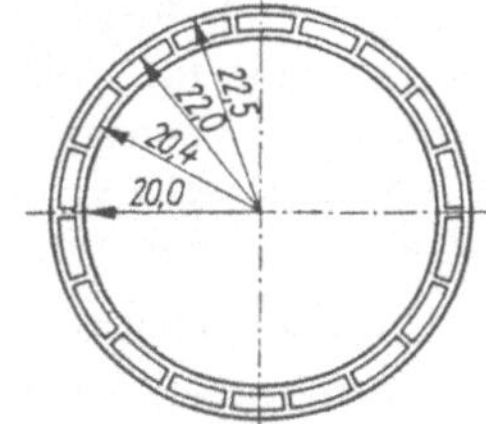

341.2 Überlaufrinnen (Kantenlänge verdreifacht)

Bild **341**.2 zeigt ein Rundbecken mit vorgesetzter, zweiter Ablaufrinne. Hier dient die Betonrinne *e* nur noch als Sammelrinne ohne Überlauf. Die Überlaufkanten b ziehen das geklärte Abwasser aus dem Becken ab.

4.5 Biologische Abwasserreinigung

Schon seit langer Zeit ist man bemüht, die aeroben biologischen Vorgänge der Selbstreinigung im Gewässer, unter natürlichen Bedingungen, für zeitlich und räumlich begrenzte Reaktionen nutzbar zu machen. Im Gewässer sind die Umsetzungsprozesse durch die geringe Konzentration der Schmutz-/Nährstoffe, die geringe Organismendichte (0,1 bis 0,3 g *TS*/l) und die oft unzureichende Sauerstoffversorgung und Durchmischung begrenzt. Eine wirksame Selbstreinigung benötigt viele Tage. Das erforderliche Volumen ist groß (Seen, Teiche).

Soll der Reinigungsprozeß schneller und damit in einem kleineren Reaktor-Volumen ablaufen, so sind folgende Voraussetzungen gegenüber einem natürlichen Vorfluter zu schaffen:

Die Zahl der abbauenden Organismen muß stark erhöht werden; die Schmutzstoffe dürfen nicht in zu starker Verdünnung eingeleitet werden; der erhöhte Sauerstoffbedarf muß gedeckt werden; eine vollkommene Durchmischung des Systems muß gewährleistet sein.

Die Betriebsstufe der biologischen Abwasserreinigung stellt nach den mechanischen Kläreinrichtungen die zweite Gruppe der Bauwerke einer Kläranlage dar. Man rechnet dazu den eigentlichen Träger der biologischen Reinigung, Tropfkörper oder Belebungsbecken sowie Nachklärbecken und deren Wiederholungen bei zweistufigen Anlagen. Die Wirkung der verschiedenen Klärverfahren zeigt Bild **270**.1.

Man kann davon ausgehen, daß bei den gebräuchlichsten biologischen Verfahren, dem Tropfkörper- und dem Belebungsverfahren die Reinigung von heterotrophen Organismenarten durchgeführt wird. Beim Tropfkörper bilden die Organismen den auf dem Füllmaterial haftenden biologischen Rasen, über welchen das Abwasser rieselt. Beim Belebungsverfahren schweben sie als belebte Flocken im Abwasser. Hier ist die Menge der Organismen durch betriebliche Vorgänge zu verändern, der Prozeß ist steuerbar. Beim Tropfkörperverfahren ist dies nur auf dem Weg der unterschiedlichen Belastung beschränkt möglich. Die Bakterienzelle besteht aus der äußeren Schleimhülle, der Zellwand, der cytoplasmatischen Membran, dem Protoplasma und dem Zellkern. Die Nährstoffe des Abwassers gelangen durch Diffusion oder aktiven Transport in das Zellinnere und unterliegen hier den Stoffwechselvorgängen. Bei hochmolekularen Stoffen erfolgt durch Enzyme außerhalb der Zelle eine Spaltung in niedermolekulare Teile, welche dann die Zellwand und die cytoplasmatische Membran passieren können. Die Anzahl der chemischen Verbindungen, welche von den Bakterien verarbeitet werden können, ist sehr groß, sofern die Lebensgrundlagen erhalten bleiben. Technologisch können folgende Voraussetzungen genannt werden:

1. Zugänglichkeit der Schmutzstoffe gegenüber biochemischen Reaktionen
2. Ausreichende Sauerstoffmenge
3. Ausreichende Nahrungsmenge
4. Keine Bakteriengifte
5. Günstige Lebensbedingungen wie Temperatur, Feuchtigkeit, ggf. Ansiedlungsflächen, pH-Wert (6,5 bis 8) u. a; gute Verteilung der Abwasserinhaltsstoffe, des Sauerstoffs und der Mikroorganismen im Reaktionsraum oder -körper
6. Ausreichende Reaktionszeit (Kontaktzeit)

Durch die Stoffwechselprozesse der Organismen des belebten Schlammes oder des biologischen Rasens werden die Schmutzstoffe aus dem Abwasser entfernt. Ein Teil wird im sogenannten Energiestoffwechsel unter Sauerstoffverbrauch und Energiegewinn zu anorganischen Endprodukten wie H_2O, CO_2, Nitrat, Sulfat u. a. umgewandelt, die im Ablauf als Gase oder Salze verbleiben. Der andere Teil wird im Baustoffwechsel in Biomasse umgewandelt, die im Nachklärbecken durch Absetzen von dem gereinigten Abwasser getrennt und als Überschußschlamm weiterbehandelt wird. Die Verteilung der Schmutzstoffe auf diese beiden Abbauwege ist hauptsächlich von der Schlammbelastung abhängig. Ein Teil der Schmutzstoffe kann durch Adsorption an die Flocken gebunden und mit dem Überschußschlamm entfernt werden.

4.5.1 Festbettkörperverfahren

Allgemein versteht man unter Festbettkörpern:
Tropfkörper (Abschn. 4.5.1.1 bis 4.5.1.6)
Tauchtropfkörper bzw. Scheibentauchkörper (Abschn. 4.7.6)
Getauchte Festbettkörper (statisch, dynamisch, Schwebekörper) (Abschn. 4.5.1.7)

Tropfkörper bestehen im wesentlichen aus grobkörnigem, porösem Material, das durch seine Beschaffenheit dem biologischen Rasen viele und gute Ansiedlungsflächen bieten soll. Der Rasen bildet sich nach einer Einarbeitungszeit von ~ 2 bis 3 Wochen und besteht aus Bakterien und niederen Lebewesen, den Protozoen. Diese wandeln die organischen Schmutzstoffe in absetzbare, zum Teil mineralische Stoffe um. Der biologische Rasen stellt also eine organische Substanz dar, die entweder im Tropfkörper selbst abgebaut oder hinausgespült und als Schlamm weiter behandelt wird.

Im Tropfkörper entwickelt sich der Reinigungsvorgang mit zunehmender Kontaktzeit von oben nach unten. Den verschiedenen Reinigungsphasen entsprechen jeweils unterschiedliche Biozönosen. In den oberen Schichten finden sich polysaprobe Bakterienarten, im unteren Teil auch Kleinlebewesen des α- und β-mesaproben Bereichs. Diese biologische Gliederung ist für schwachbelastete und hohe Tropfkörper stärker ausgeprägt als für hochbelastete und flache. Der Einfluß nitrifizierender Bakterien wird erst in einer bestimmten Tiefe beginnen und nach unten zunehmen.

Diese biologische Abstufung erklärt, daß bei gleichbleibender Belastung der Reinigungsverlauf für die verschiedenen Inhaltsstoffe im Abwasser nur durch Erfahrungswerte in Zahlen umgesetzt werden kann.

Die Tropfkörperleistung wird durch Raumbelastung, Flächenbeschickung, Tropfkörperhöhe, Temperatur, Abwasserbeschaffenheit einschließlich Schadstoffgehalte, Art der Füllstoffe, betriebliche Sorgfalt beeinflußt. Leistungsminderungen können z. B. auf gewerbliche Schadstoffe, winterliche Abkühlung zurückgehen. Insbesondere gilt der Leistungsabfall im Winter als Nachteil, der die ganzjährige Einhaltung der Mindestanforderungen bei einstufigen Anlagen gefährdet.

Mit dem zuerst von Halvorson angewandten Rückpumpen von Abwasser, dem wiederholten Durchlauf durch den Tropfkörper, lassen sich verfahrenstechnische Vorteile erreichen.

– Konzentriertes Abwasser läßt sich auf günstige Werte von 100 bis 150 mg BSB_5/l verdünnen. Eine Verstopfung in den oberen Schichten wird vermieden. Der Einsatz des Tropfkörpers im einstufigen biologischen Verfahren mit Erreichen der Mindestanforderungen wird damit möglich.

– Belastungsstöße werden verringert.

– Die Oberflächenbeschickung und damit die Spülkraft läßt sich auch in Zeiten von vermindertem Zufluß genügend groß erhalten. – Bei mehrfachem Rücklauf findet ein längerer Kontakt zwischen Abwasser und biologischem Rasen statt.

– Die Reinigungsleistung pro Durchgang ist zwar kleiner, die Gesamtreinigungsleistung aber größer als ohne Rückpumpen. Für die Reinigungsleistung ist die Verringerung der Schmutzfracht maßgebend.

– Ausgeglichene Verteilung der Schmutzstoffe auf die Tropfkörpertiefe und damit gleichmäßigere Ansiedlung des biologischen Rasens. – Die Psychoda (Tropfkörperfliege)-Entwicklung wird verringert.

– Der Kläranlagenzufluß wird durch das sauerstoffhaltige Rücklaufwasser aufgefrischt. Außerdem bewirkt das mehrmalige Versprühen eine Sauerstoff-Anreicherung.

– Die im Tropfkörperablauf vorhandene biologische Substanz kann bereits in der Vorklärung das Abwasser anreichern (impfen).

– Die Einarbeitungsphase des Tropfkörpers wird verkürzt.

– Die im Rücklaufwasser enthaltenen Nitrate dienen als Sauerstoffquelle. Damit wird eine zusätzliche Denitrifikation ermöglicht. Der N_2-Abbau kann bis auf 65% gesteigert werden.

Den Vorteilen stehen einige Nachteile gegenüber; nämlich
– höherer Energieaufwand
– größere Vor- oder/und Nachklärbecken sowie Abwasserzuleitungen und -pumpen.

Nach den vorstehenden Ausführungen ist Rückpumpen besonders vorteilhaft, wenn stark verschmutztes, sauerstoffarmes Abwasser weitgehend gereinigt werden soll oder z. B. bei niedriger Tropfkörperhöhe, wenn im einfachen Durchlauf weder die ausreichende Spülkraft noch die gewünschten Reinigungsgrade erreicht werden.

Es ist weniger zu empfehlen, wenn das Abwasser infolge Verdünnung durch Fremdwasser einem höheren Tropfkörper ($H > 3{,}5$ m) bereits mit Konzentrationen unter 150 mg BSB_5/l zufließt. Bei kalten Temperaturen sollte unter entsprechenden Kontrollen die Rückpumpmenge und -zeit reduziert werden.

4.5.1.1 Berechnung von Tropfkörpern nach ATV-A 135

Das Volumen der Tropfkörper wird nach der Wahl der Raumbelastung B_R in kg BSB_5/(m^3_{TK} · d) berechnet. Die frühere Unterscheidung in Tropfkörper mit hoher, und solche mit schwacher Raumbelastung war fließend und unspezifisch. Nach ATV-A 135 unterscheidet man nur noch nach dem Reinigungsgrad (mit oder ohne Nitrifizierung). Für die Ablaufkonzentration und die Höhe der Ablauffracht ist die Flächenbelastung q_A in $m^3/(m^2_{TK} \cdot h)$ von Bedeutung. Sie ist durch Rücklaufwasser veränderbar.

q_A soll bei wechselnden Zuflüssen (Mischsystem) möglichst gleich bleiben. Daher wird bei geringem Abwasseranfall (nachts) oder generell gereinigtes Wasser aus dem Nachklärbecken zurückgepumpt (Rücklauf). Die Raumbelastung kann vorübergehend bis auf das 1,5fache gesteigert werden.

Je größer die Verschmutzung des Abwassers, desto höher werden bei gleicher Flächenbelastung die Tropfkörper. Ferner ist für die Belüftung der Temperaturunterschied zwischen Abwasser und Außenluft von großer Bedeutung. Halverson gibt für $\Delta t = 4°C$ eine Luftstromgeschwindigkeit 18 m/h an. Bei normaler Flächenbelastung $q_A = 0{,}8$ m/h und $\Delta t = 4°C$ wird damit ~ 20mal soviel Sauerstoff zur Verfügung gestellt, als das Abwasser zur Reinigung braucht. Der größte Teil des Sauerstoffs bleibt also ungenutzt. Die Luft strömt normalerweise von unten nach oben hindurch; ist jedoch die Außentemperatur höher als die des Abwassers, kann sich die Richtung ändern.

Der für das Füllgut vorzusehende Tropfkörperinhalt ergibt sich nach Wahl der Raumbelastung:

$$V_{TK} = \frac{B_B}{B_R}; \quad V_{TK} = \frac{\text{tägl. } BSB_5\text{-Zufuhr}}{BSB_5\text{-Raumbelastg.}} \quad \frac{\text{kg } BSB_5/\text{d}}{\text{kg } BSB_5/(\text{m}^3 \cdot \text{d})} = \text{m}^3 \qquad (344.1)$$

Die tägliche BSB_5-Zufuhr errechnet sich entweder aus der Zahl der Einwohnergleichwerte oder bei zuverlässigen Meßdaten über die Tagesfracht als Produkt aus Zufluß Q_d und BSB_5-Konzentration C_o in mg/l der abgesetzten 24-h-Mischprobe, d. h. ohne Berücksichtigung der Verschmutzung des Rücklaufs, jedoch unter Berücksichtigung von zu erwartenden Belastungszunahmen

$$V_{TK} = \frac{C_o \cdot Q_d}{1000 \cdot B_R} \quad \text{in m}^3 = \frac{\text{g} \cdot \text{m}^3 \cdot \text{m}^3_{TK} \cdot \text{d} \cdot \text{kg}}{\text{m}^3 \cdot \text{d} \cdot \text{kg } BSB_5 \cdot \text{g}} \qquad (344.2)$$

oder $$V_{TK} = \frac{C_o \cdot \text{EG}}{1000 \cdot B_R} \quad \text{in m}^3 = \frac{\text{g } BSB_5 \cdot \text{EG} \cdot \text{m}^3_{TK} \cdot \text{d} \cdot \text{kg}}{\text{EG} \cdot \text{d} \cdot \text{kg } BSB_5 \cdot \text{g}}$$

Bei bestimmten V_{TK} und B_R ist für eine gegebene oder durch Rückpumpen beeinflußbare Konzentration C_m am Drehsprenger die Ermittlung von Tropfkörperhöhe und -durchmesser durch die gewünschte Flächenbeschickung möglich:

$$q_A = \frac{Q_x}{A_{TK}} \quad \text{in} \quad \frac{\text{m}}{\text{h}} = \frac{\text{m}^3}{\text{h} \cdot \text{m}^2} \quad \text{oder} \quad q_A = \frac{Q_d}{x \cdot A_{TK}}$$

$$A_{TK} = V_{TK}/H_{TK} \rightarrow H_{TK} = \frac{x \cdot q_A \cdot V_{TK}}{Q_d} = \frac{x \cdot q_A \cdot C_o \cdot Q_d}{Q_d \cdot 1000 \cdot B_R} \tag{345.1}$$

Darin soll q_A gewählt werden (Tafel **346**.1). x soll die aus größerer Zulaufmenge und Konzentration während des Tages sich ergebende Zulaufmenge berücksichtigen, also z. B.: $x = 10$ bis 18; eigentlich $Q_d/x > Q_d/24$.

Die Höhe der Tropfkörperfüllung ergibt sich dann zu:

Ohne Rücklaufwasser Mit Rücklaufwasser

$$H_{TK} = \frac{x \cdot q_A \cdot C_m}{1000 \cdot B_R} \qquad H_{TK} = \frac{x \cdot q_{A(1+RV)} \cdot C_{m(1+RV)}}{1000 \cdot B_R} \tag{345.2}$$

$C_m > C_o$, z. B. aus 2-h-Mischprobe, z. Zt. der höchsten Konzentration (ohne Rücklauf)
$C_m < C_o$, wenn Rücklauf vorgesehen.

Eine genauere Berechnung der Konzentration des Rücklaufwassers ergibt ($\eta \triangleq$ Wirkungsgrad des *TK*):

$$C_{m(RV)} = (1 - \eta)\frac{C_m \cdot Q + C_{m(RV)} \cdot Q_{RV}}{Q + Q_{RV}} \rightarrow C_{m(RV)} = \frac{C_m \cdot Q}{\dfrac{Q + Q_{RV}}{1 - \eta} - Q_{RV}} \tag{345.3}$$

$$\text{Z. B.:} \quad Q + Q_{RV} = 1 + 1 \rightarrow RV = 1 \rightarrow C_{m(RV)} = \frac{C_m \cdot 1}{2/(1 - \eta) - 1} \tag{345.4}$$

$$\text{mit } \eta = 0{,}9 \rightarrow C_{m(RV)} = \frac{1}{19} C_m$$

Für normale Ausgangskonzentrationen $150 < C_o < 250$ mg BSB_5/l kann man zwischen höheren Tropfkörpern ohne, und niedrigeren mit Rückpumpen wählen. Soweit bei Anwendung von Formel (345.1) die Höhe zwischen 2,80 und 4,20 m liegt, sollte der Bemessung kein Rücklauf zugrunde gelegt werden, sondern lediglich für Pumpen, Rohrleitungen und Drehsprenger die Rückpumpmöglichkeit vorgesehen werden. Niedrigere Tropfkörper sind nur dort zu bauen, wo das Abwasser bereits sehr dünn zufließt oder wegen angestrebtem Freigefälle eine normale Höhe zu groß wäre. ATV-A 135 empfiehlt jedoch Rückpumpbetrieb, um eine Mischkonzentration $C_m \leqq 150$ mg/l im Tropfkörperzulauf herzustellen. Hierfür wie auch für einen teilweisen Ausgleich größerer Schwankungen der Zuflußmenge genügt ein Rückpumpverhältnis $RV \leqq 1$.

Der benötigte Durchmesser ergibt sich aus dem Nutzvolumen unter Berücksichtigung des Mittelschachtes:

$$V_{TK} = \frac{\pi \cdot H_{TK}}{4}(d_1^2 - d_{MS}^2) \rightarrow d_1 = \sqrt{\frac{4\, V_{TK}}{\pi \cdot H_{TK}} + d_{MS}^2}$$

mit $d_1 \triangleq$ innerer Tropfkörperdurchmesser;
$d_{MS} \triangleq$ äußerer Durchmesser des Mittelschachtes.

Bei größeren Tropfkörpern ($d_l > 20$ m) kann der Einfluß des Mittelschachtes vernachlässigt werden. Für die Dimensionierung ist die DIN 19553 (s. Abschn. 4.5.1.3) zu beachten.

Bei der Ausbildung der Drehsprenger wird ein

$$SK = q_A/(a \cdot n) \quad \text{in} \quad \text{mm/Arm}$$

$a \mathrel{\hat{=}}$ Zahl der Drehsprengarme; $n \mathrel{\hat{=}}$ Umdrehungen/h

von 2 bis 6 mm je Beregnung empfohlen.

Die Berechnungsgrößen sind in Tafel **346**.1 zusammengestellt.

Tafel **346**.1 Bemessungswerte für Tropfkörper und Tauchtropfkörper zur Einhaltung der Mindestanforderungen nach [1] ATV-A 135 (Übersicht für alle Tropfkörperarten)

Bemessungswert	brocken-gefüllter Tropf-körper	Kunststoff-Tropfkörper mit einer spezifischen Oberfläche A_n von			Scheiben-tauch-körper[1])
		100 m^2/m^3_{TK}	150 m^2/m^3_{TK}	200 m^2/m^3_{TK}	
Raumbelastung B_R in kg/(m³d)	0,4	0,4	0,6	0,8	–
Flächenbelastung B_A in g/(m²d)	–	4	4	4	8
Oberflächenbeschickung $q_{A(1+RV)}$ in m/h	0,5 bis 1,0	0,8 bis 1,0	1,0 bis 1,5	1,2 bis 1,8	–
Rücklaufverhältnis RV	1 + (≦ 1)	1 + (≦ 1)	1 + (≦ 1)	1 + (≦ 1)	1 + 0
Überschußschlammanfall $ÜS_R/B_R$ in kg/kg	0,8	0,8	0,8	0,8	0,8
bei weitgehender Nitrifikation					
Raumbelastung B_R in kg/(m³d)	0,2	0,2	0,3	0,4	–
Flächenbelastung B_A in g/(m²d)	–	2	2	2	4
Oberflächenbeschickung $q_{A(1+RV)}$ in m/h	0,4 bis 0,8	0,6 bis 1,0	0,8 bis 1,2	1,0 bis 1,5	–
Rücklaufverhältnis RV	1 + (≦ 1)	1 + (≦ 1)	1 + (≦ 1)	1 + (≦ 1)	1 + 0
Überschußschlammanfall $ÜS_R/B_R$ in kg/kg	0,6	0,6	0,6	0,6	0,6

[1]) nach Abschn. 4.7.7

4.5.1.2 Bau und Betrieb der Tropfkörper

Der vom Abwasser berieselte Tropfkörper kann aus harter Koksschlacke, Klinkerbrokken, wetterfestem Gesteinsschotter oder Kunststoffelementen bestehen. Bewährt hat sich als mineralische Füllung Lavaschlacke (DIN 19557). Als Korngrößen werden 16/40 und 40/80 mm empfohlen. Eine massive Umschließung u. U. ist beim niedrigen Tropfkörper nicht notwendig. Hochbelastete Tropfkörper sind zweckmäßig mit massiven Stein- oder Betonwänden zu umgeben, die vor dem Zutritt kalter Luft schützen und den Austritt von Fliegen verhindern. Zur guten Durchlüftung müssen in den senkrechten Wänden und in der Sohle Luftschlitze vorhanden sein. Ihr Querschnitt soll ≧ 1% der Tropfkörperoberfläche betragen. Zur gleichmäßigen Verteilung des Abwassers empfiehlt es sich, die Deckschicht des Tropfkörpers ≈ 25 cm dick aus feinerem Material (≈ 20 mm Korndurchmesser) herzustellen. Über der Sohle ist eine gröbere Stützschicht 80 bis 150 mm erforderlich, damit die Bodenlöcher für den Abzug des Wassers und den Zutritt der Luft frei bleiben (**347**.1). Das Abwasser wird durch Drehsprenger auf der Oberfläche verteilt, deren Drehbewegung durch den Rückstoß des austretenden Wasserstrahls entsteht. Sie haben 2 bis 8 Sprengerarme. Man kann auch mit einem Spülarm (großer Wasserstrom) und den anderen als Verteilerarmen (kleiner Wasserstrom) fahren. In dem

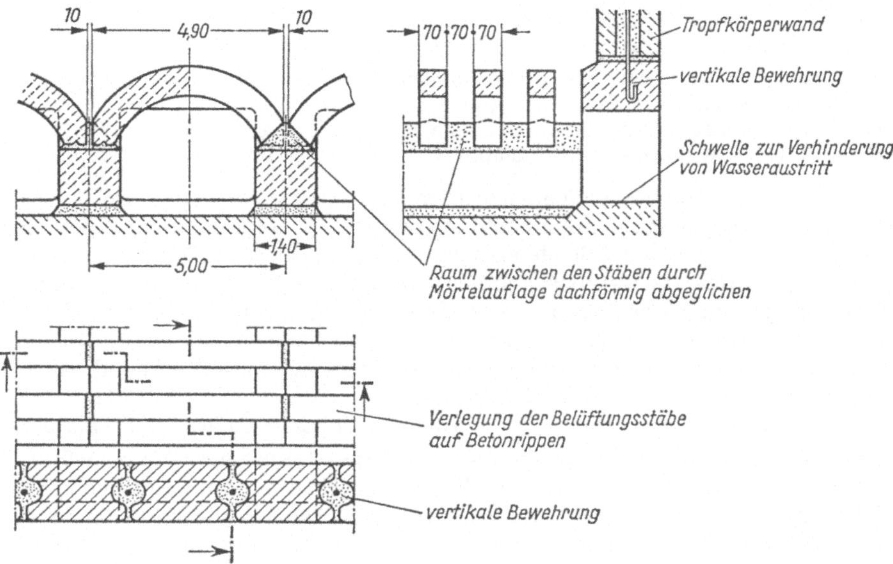

347.1 Tropfkörpersohle (Passavant)

Drehsprenger muß ein bestimmter Überdruck vorhanden sein, um den Rückstoß zu erzeugen. Seine Höhe ist von dem Durchmesser des Zulaufrohres abhängig, s. Tafel **352**.2. Die Drehsprengerarme sind um eine Mittelsäule gruppiert, den Verteilerkörper. Er ist so ausgebildet, daß sich das Abwasser auf die einzelnen Rohre bei guter Umlenkung mit möglichst kleinem Druckverlust verteilt. Besonders wichtig ist die Abdichtung zwischen dem stehenden und dem beweglichen Teil.

Die Herstellerfirmen verwenden meist Edelstahlmembrane und eine elastische Gummidichtung. Der Anpreßdruck zwischen den Dichtflächen ist durch eine im Kopf des Verteilerkörpers angeordnete, zugängliche Hubschraube so einstellbar, daß eine vollständige Abdichtung erzielt wird. Das Gewicht der umlaufenden Teile wird am Drehsprengerkopf durch Wälzlager aufgenommen, die in einer fettgefüllten Kammer sitzen und durch eine Staufferbüchse mit Fett versorgt werden. Die Verteilerrohre sind durch Stahlseile mit Spannschlössern gegen die Drehsprengersäule und untereinander abgespannt. Die Austrittsöffnungen der Verteilerrohre sind auf diesen so verteilt, daß die auf 1 m^2 entfallende Rohwassermenge überall gleich groß ist. Diese Öffnungen sind Bohrlöcher mit $d \geqq 8$ mm. Bei sehr geringen Flächenbelastungen $q_A \leqq 0{,}15$ m/h erhalten die Austrittsöffnungen zusätzlich Verteilerschaufeln, die das Rohwasser fächerförmig auf die Tropfkörperoberfläche verteilen. Die Rohre haben am Ende eine Gummiringdichtung, die bei der Rohrreinigung leicht zu öffnen ist. Der Drehsprenger kann durch Wasserrücklauf vollständig entleert werden. Ähnlich wie ein Pumpen-Druckrohr hat auch der Drehsprenger eine Kennlinie, die, mit der Kennlinie der Beschickungspumpe zum Schnitt gebracht, den Betriebspunkt liefert. Die Pumpe fördert die entsprechende Wassermenge auf die dazugehörige Förderhöhe. Oft bevorzugt man jedoch die Beschikkung durch ein Verteilerbauwerk. Das Zuführungsrohr führt man mit seinem letzten aufsteigenden Teilstück bei kleinen Tropfkörpern direkt durch das Tropfkörpermaterial, bei größeren erhält das Rohr einen Mittelschacht. Die DIN 19553 empfiehlt Maße für die Dimensionierung von Tropfkörpern, vgl. auch **352**.1. In Höhe der Drehsprengerarme erhält die Außenwand des Tropfkörpers eine Reinigungsöffnung. Die Rohre können durch Bürsten gereinigt werden. Bei großen Tropfkörpern treten am oberen Rand infolge der großen Temperaturdifferenzen zwischen warmem Abwasser und evtl. kalter Außenluft zusätzliche Biegemomente auf, die in Form verstärkter Bewehrung aufgenommen werden müssen, wenn keine vertikalen Risse entstehen sollen.

Es gibt auch überdachte Tropfkörper, die eine künstliche Luftzuführung erhalten müssen. Meist sind ihre Hauben aus Beton. Der Ruhrverband hat eine glasfaserverstärkte Kunststoffhaube aus Sektor-Elementen entwickelt, die einfach zu montieren und ebenso wie die Schaumstoffkuppel sehr viel leichter als eine massive Ausführung ist.

Der Abbauaufwand einer biologischen Kläranlage wird in kwh/kg $\eta \cdot BSB_5$ (Kilowattstundenbedarf je abgebautem kg BSB_5) ausgedrückt. Dieser Aufwand ist bei Tropfkörpern i. allg. geringer als bei Belebungsanlagen, jedoch ist bei den letzteren die Raumbelastung B_R oft wesentlich größer. Die Begrenzung von B_R nach oben wird einmal durch die bei zu großen Werten geringe Abbauleistung und andererseits durch die Verstopfungsgefahr gegeben. Man hat deshalb verschiedenes Füllmaterial erprobt, um hier Verbesserungen zu erzielen. Auf Kunststofftropfkörper (Abschn. 4.5.1.5) und Tauchtropfkörper (Abschn. 4.7.7) wird an dieser Stelle besonders hingewiesen. Man kann auch durch Versuche im großtechnischen Maßstab das optimale Füllmaterial ermitteln.

Für die Beschickung der Tropfkörper gibt es mehrere Lösungen (**348**.1 bis **349**.1). Beim flachen Tropfkörper wendet man auch Beschickungsbehälter an, wenn eine genügende Höhendifferenz vorhanden ist. Meist werden jedoch Pumpen eingesetzt, die bei einem Tropfkörper direkt oder bei mehreren über einen Verteilerturm oder einen Druckkessel fördern.

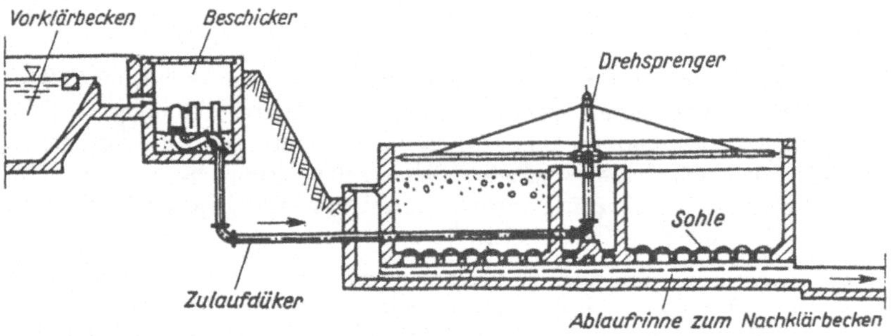

348.1 Tropfkörper mit Beschickungsbehälter

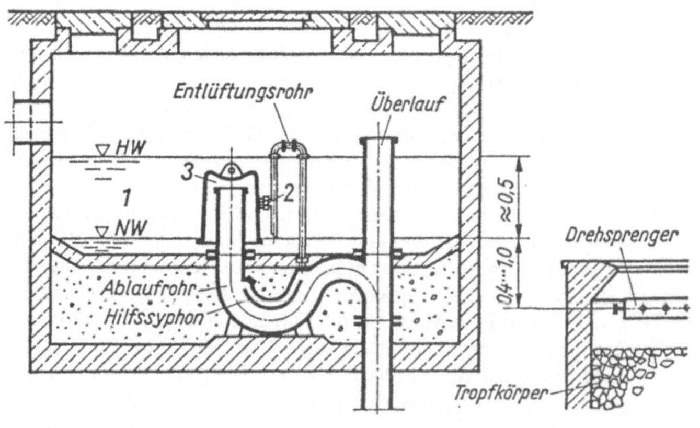

348.2 Beschickungsbehälter

1 leerer Behälter
2 Anschlußpunkt des Entlüftungsrohres
3 Heberglocke

Kleine Tropfkörper mit Nitrifikation kann man intermittierend beschicken, d.h. zeitweilig aussetzend. Normalbelastete Tropfkörper werden dagegen ununterbrochen beschickt. Die abgespülten Schlammteile sind noch organisch faulfähig und müssen in einem Nachklärbecken zurückgehalten werden.

Aus dem Beschickungsbehälter (**348**.2) wird mit dem zeitlichen Abstand einer Füllzeit immer nur die Wassermenge seines Volumens auf den Tropfkörper geschickt. Das vorgeklärte Abwasser fließt in den leeren Behälter (*1*), und der Wasserspiegel steigt. Vom Anschlußpunkt des Entlüftungsrohres (*2*) an der Heberglocke (*3*) ab kann die Luft nicht mehr entweichen. Das Abwasser steigt jedoch weiter und drückt die restliche Luft in der Glocke zusammen, bis es den Rand des Ablaufrohres erreicht hat. Inzwischen hat die zusammengedrückte Luft sich durch den Hilfssyphon schon bis zu seinem Tiefpunkt einen Ausweg gesucht. Plötzlich wandert sie durch seinen rechten aufsteigenden Ast nach oben und reißt jetzt durch Unterdruck das Abwasser nach, das so lange abfließt, bis Luft unter dem Rand der Heberglocke hindurch eintritt und den Abfluß unterbindet. Die Kammer ist dann leer; die Füllung beginnt von neuem. Bei der Beschickung mittels Verteilerturm (**349**.1) fördert eine Pumpe das Abwasser in diesen. Vom Turm aus läuft das Abwasser im freien Gefälle den Tropfkörpern zu. Jeder Tropfkörper erhält eine gleich große Wassermenge, wenn die Zulaufleitungen zwischen Turm und Tropfkörper den gleichen Druckverlust haben. Das bedeutet auch gleiche Anschlußlängen. Es ergibt

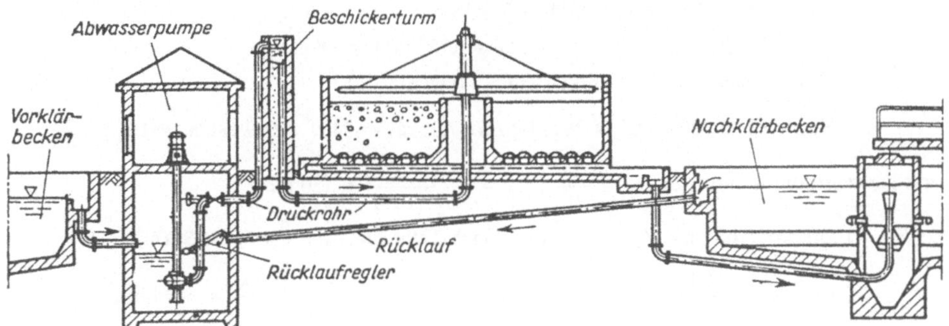

349.1 Tropfkörper mit Beschickerturm

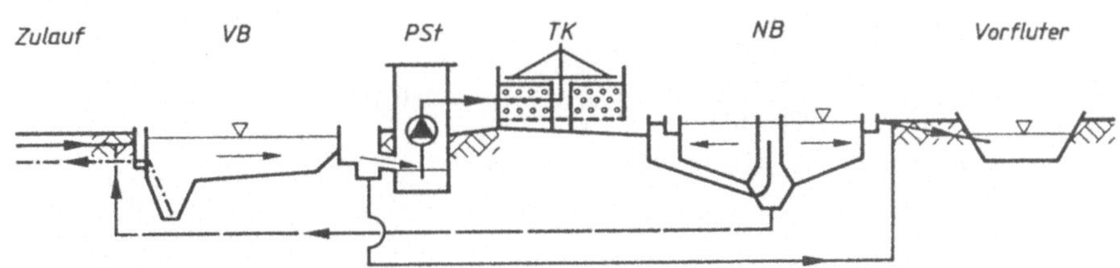

349.2 Schnitt durch einstufige Tropfkörper-Kläranlage mit den Fließwegen von Abwasser und Rücklauf durch die Vorklärung.

——— Regenentlastung bzw. Notauslaß
– – – – Rücklauf
–·–·– eingedickter Schlamm zur Schlammbehandlung
Ⓐ Pumpe

sich folglich immer eine Symmetrie in der Anordnung der Tropfkörper um den Beschikkerturm (**272**.1). Daraus folgen wieder bestimmte Tropfkörperzahlen bei der Anordnung vieler Tropfkörper, z.B. bei einem Turm 2, 3, 4, bei zwei oder mehr Türmen immer ein Vielfaches dieser Zahlen, also z.B. 6, 8, 9.

4.5.1.3 Berechnungsbeispiele

Berechnungsbeispiel 1: Mineralstoffgefüllte Tropfkörper. Die Kläranlage einer Stadt mit 60000 EG soll in einer biologischen Reinigungsstufe Tropfkörper erhalten. Ohne Nitrifizierung. Geforderte Abbauleistung $\eta \geqq 85\%$; Rest-$BSB_5 \leqq 20$ g/m³. Mischsystem. $Q_{rw} = 2 \cdot Q_s + Q_f$; $q_d = 200$ l/(EG · d); $BSB_5 = 60$ g/(EG · d); $Q_f = 50\%$ von Q_d.

$$Q_d = 200 \cdot 60000/1000 = 12000 \text{ m}^3/\text{d}; \qquad Q_f = 0{,}5 \cdot 12000 = 6000 \text{ m}^3/\text{d}$$

$$Q_{t,d} = 12000 + 6000 = 18000 \text{ m}^3/\text{d}; \qquad Q_{rw,d} = 2 \cdot 12000 + 6000 = 30000 \text{ m}^3/\text{d}$$

Stündliche Abwassermengen:

$$Q_s = Q_{16} = \frac{60000 \cdot 200}{16 \cdot 1000} = 750 \text{ m}^3/\text{h} = 208 \text{ l/s}$$

$$Q_f = 0{,}5 \frac{60000 \cdot 200}{24 \cdot 1000} = 250 \text{ m}^3/\text{h} = 69 \text{ l/s}$$

$$Q_t = 750 + 250 = 1000 \text{ m}^3/\text{h} = 278 \text{ l/s}$$

$$Q_{rw} = 2 \cdot Q_s + Q_f = 2 \cdot 750 + 250 = 1750 \text{ m}^3/\text{h} = 486 \text{ l/s}$$

BSB_5-Fracht nach der Vorklärung = 40 g/(EG · d)

$$B_B = 40 \cdot 60000/1000 = 2400 \text{ kg } BSB_5/\text{d}; \quad C_o = 2400 \cdot 1000/18000 = 133{,}3 \frac{\text{g}}{\text{m}^3};$$

mit Konzentrationsfaktor für $B_R = \frac{24}{16}$: $C_m = \frac{2400 \cdot 1000}{16 \cdot 1000} = 150$ g/m³

1. Erf. Tropfkörpervolumen V_{TK}: B_R gewählt nach Tafel **346**.1 mit 0,4 kg $BSB_5/(\text{m}^3_{TK} \cdot \text{d})$

$$\text{erf } V_{TK} = \frac{2400}{0{,}4} = 6000 \text{ m}^3_{TK} \quad \text{oder} \quad \text{erf } V_{TK} = \frac{133{,}3 \cdot 18000}{1000 \cdot 0{,}4} = 6000 \text{ m}^3_{TK}$$

ohne Rücklauf ergibt sich nach **353**.1 eine Abbauleistung von 86,2% > 85%

2. Flächenbeschickung q_A: $RV = 0{,}5$ und $q_{A(1+RV)} = 0{,}9$ m/h gewählt nach Tafel **346**.1

$x = 16$ nach Gl. (345.2)

$$\text{erf } H_{TK} = \frac{16 \cdot 0{,}9 \cdot 107{,}13}{1000 \cdot 0{,}4} = 3{,}86 \text{ m}; \quad C_m = 150 \text{ g/m}^3$$

$$Q = Q_t + Q_{RV} = 1000 + 500 = 1500 \text{ m}^3/\text{h}$$

107,13 g/m³ berechnet nach Gl. (345.4):

$$C_{m(RV)} = \frac{150 \cdot 1000}{\dfrac{1000 + 500}{1 - 0{,}85} - 500} = 15{,}8 \text{ g/m}^3 \rightarrow C_{m(1+RV)} = \frac{150 \cdot 1000 + 15{,}8 \cdot 500}{1000 + 500} = 107{,}13 \text{ g/m}^3$$

Restverschmutzung wäre 15,8 g BSB_5/m³ < 20 g BSB_5/m³

$$\text{Wirkungsgrad } \eta = \frac{150 - 15{,}8}{150} \cdot 100 = 89{,}5\% > 85\%$$

3. Dimensionierung

$$\text{erf } A_{TK} \approx V_{TK}/H_{TK} = 6000/3{,}86 = 1554 \text{ m}^2$$

nach Tafel **352**.2 gewählt 2 Tropfkörper mit $d_1 = 32$ m; $d_{MS} = 2{,}5 + 2 \cdot 0{,}25 = 3{,}0$ m; vorh H_{TK} = 3,90 m

$$\text{vorh } V_{TK} = \frac{\pi \cdot 3{,}9}{4}(32^2 - 3{,}0^2) \cdot 2 = 6218 \text{ m}^3 > 6000 \text{ m}^3$$

$$\text{vorh } A_{TK} = \frac{\pi}{4}(32^2 - 3{,}0^2) \cdot 2 = 1594 \text{ m}^2 > 1554 \text{ m}^2$$

4. Überprüfung weiterer Betriebszustände

4.1. Zufluß von Q_{rw} zur Kläranlage = 1750 m³/h

$$\text{vorh } q_A = 1750/1594 = 1{,}10 \text{ m/h}; \quad 1{,}10/0{,}9 = 1{,}22\text{fache } q_A$$

Bei max Q_{rw} wird auf das Rückpumpen verzichtet, bei Q_{rw} < max Q_{rw} wird die Rückpumpmenge gedrosselt, so daß $q_A = 1{,}1$ m/h nicht überschritten wird. Es wird aber immer der Schlamm aus dem Nachklärbecken ins Vorklärbecken zurückgepumpt.

4.2. Zufluß von $Q'_{36} = \dfrac{60000 \cdot 200}{36 \cdot 1000} + 250 = 583 \text{ m}^3\text{/h} = 162 \text{ l/s}$

Es soll nachts $q_A = 0{,}6$ m/h gehalten werden, d. h. der Rücklauf müßte $Q_{RV} + 583 = 0{,}6 \cdot 1594 \rightarrow Q_{RV} = 373$ m³/h betragen,

$$Q : Q_{RV} = 583 : 373 = 1 : 0{,}64$$

Pumpen, Druckrohre sollen für ein $RV = 1$, d. h. $Q_t + Q_{RV} = 2000$ m³/h ausgelegt werden. Der max mögliche Wert $q_A = 2000/1594 = 1{,}25 \text{ m/h} < 1{,}5$ m/h.

Berechnungsbeispiel 2: Kunststoffgefüllte Tropfkörper. Die Kläranlage einer Stadt mit Industrie soll in der ersten biologischen Stufe Kunststofftropfkörper (KTK) erhalten. Geforderte Abbauleistung $\eta \geqq 70\%$. Trennsystem. $BSB_5 = 1000$ g/m³; $Q_d = 24000$ m³/d einschl. Fremdwasser.

Stündliche Abwassermenge:

$Q_t = Q_{12} = \dfrac{24000}{12} = 2000 \text{ m}^3\text{/h} = 556 \text{ l/s}$; gemessene BSB_5-Fracht nach Vorklärung mit $t_{R,t} = 1{,}0$ h

$\rightarrow 850 \text{ g/m}^3$; $C_o = \dfrac{20400 \cdot 1000}{24000} = 850 \text{ g/m}^3$; $B_B = \dfrac{850 \cdot 24000}{1000} = 20400 \text{ kg } BSB_5\text{/d}$;

$C_m = \dfrac{20400 \cdot 1000}{12 \cdot 2000} = 850 \text{ g/m}^3$

1. Erf Tropfkörpervolumen V_{KTK}; B_R gewählt nach **357**.2; mittlere Kurve = 3,0 kg $BSB_5/(\text{m}^3 \cdot \text{d})$

$$\text{erf } V_{KTK} = \frac{20400}{3{,}0} = 6800 \text{ m}^3_{KTK} \quad \text{oder} \quad \text{erf } V_{KTK} = \frac{850 \cdot 24000}{1000 \cdot 3{,}0} = 6800 \text{ m}^3_{KTK}$$

2. Flächenbeschickung q_A; mit $RV = 1{,}0$; $q_{A(1+RV)} = 1{,}5$ m/h gewählt nach Tafel **346**.1; $A_R = 200$ m²/m³

$$x = 12; \quad \text{erf } H_{KTK} = \frac{12 \cdot 1{,}5 \cdot 531{,}3}{1000 \cdot 3{,}0} = 3{,}19 \text{ m} \qquad \text{nach (345.2)}$$

$$\text{mit } C_{m(RV)} = \frac{850}{2/(1-0{,}6)-1} = 212{,}5 \text{ g/m}^3 \rightarrow C_{m(1+RV)} = \frac{850 \cdot 2000 + 212{,}5 \cdot 2000}{2 \cdot 2000} = 531{,}3 \text{ g/m}^3$$

nach (345.4)

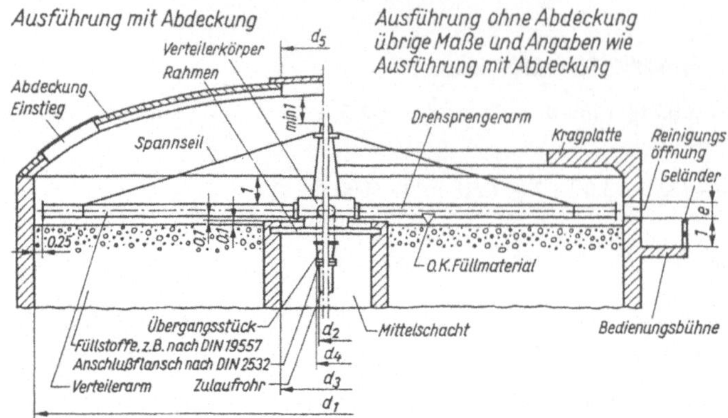

352.1 Hauptmaße eines Tropfkörpers mit Drehsprenger nach DIN 19553

Tafel **352.2** Abmessungen von Tropfkörpern

Durchmesser d_1 m	4,0 und um je 1,0 steigend					
Drehsprenger Anschlußweite d_2 mm	DN 80, 100, 125, 150, 200	DN 250, 300, 350	DN 400, 500, 600	DN 700, 800, 900	DN 1000, 1100	DN 1200
Mittelschacht Durchmesser d_3 m	1,5	2,0	2,5	3,0	3,5	4,0
Reinigungsöffnung e m	0,5	0,5	0,5	0,6	0,8	1,0

Die Zuordnung der Maße d_2, d_3 und e stellt einen Vorschlag der DIN 19553 dar.

Restverschmutzung wäre 212,5 g/m³ nach der 1. Reinigungsstufe, Weiterbehandlung bis zur Vollreinigung ist erforderlich.

Wirkungsgrad

$$\eta = \frac{850 - 212,5}{850} \cdot 100 = 75\% > 70\%$$

3. Dimensionierung

$$\text{Erf } A_{KTK} \approx V_{KTK}/H_{KTK} = 6800/3,19 = 2132 \text{ m}^2;$$

nach Tafel **352**.2 gewählt 2 Tropfkörper mit $d_1 = 38$ m;

$$d_{MS} = 2,5 + 2 \cdot 0,25 = 3,0 \text{ m}; \quad \text{gew } H_{KTK} = 3,20 \text{ m}$$

$$\text{vorh } V_{KTK} = \frac{\pi \cdot 3,2}{4}(38^2 - 3^2) \cdot 2 = 7213 \text{ m}^3 > 6800 \text{ m}^3$$

$$\text{vorh } A_{KTK} = \frac{\pi}{4}(38^2 - 3^2) \cdot 2 = 2254 \text{ m}^2 > 2132 \text{ m}^2$$

4. Überprüfung weiterer Betriebszustände

4.1. Nachtzufluß $Q_{36} = \frac{24000}{36} = 667$ m³/h

Gemessene Nachtkonzentration nach Vorklärung $C_o = 200$ g/m³.

Es soll $q_A = 0,8$ m/h gehalten werden, d. h. der Rücklauf müßte

$$Q_{RV} + 667 = 0,8 \cdot 2254 \rightarrow Q_{RV} = 1136 \text{ m}^3\text{/h betragen,}$$

$$Q : Q_{RV} = 667 : 1136 = 1 : 1,7$$

4.5.1.4 Weitere Überlegungen zur Bemessung und Ausbildung von Tropfkörpern

Die in den Abschnitten 4.5.1.1 und 4.5.1.3 angegebenen Werte zur Bemessung von Tropfkörpern mit der Einteilung nach der Raumbelastung dienen zur Ermittlung des Körpervolumens. Man ist in den letzten Jahren jedoch dazu übergegangen, statt der Belastung immer mehr den Reinigungsgrad als Kriterium der Bemessung anzusehen. In der Praxis betreibt man sowohl Tropfkörper mit einer Raumbelastung $B_R \geqq 4000$ g BSB_5/($m^3_{TK} \cdot d$) als auch solche mit $B_R = 100$ g BSB_5/($m^3_{TK} \cdot d$). Die in Abschn. 4.7.3 genannten Schreiber-Klärwerke haben ein $B_R = 350$ bis 450 g BSB_5/($m^3_{TK} \cdot d$) und dabei eine gute Abbauleistung. Als Anforderung für die Reinigungsleistung einer vollbiologischen Anlage gilt ein BSB_5 im Ablauf 20 bis 30 mg/l je nach Kläranlagengröße; oder als untere Grenze ein BSB_5-Abbau von 80%. Außer der BSB_5-Raumbelastung setzen die Flächenbelastung $q_A = Q/A_{TK}$ (zu hoher Durchsatz ≙ zu kurze Kontaktzeit; zu geringer Durchsatz ≙ Verstopfung), die Abwassertemperatur oder starke Verschmutzungen das Maß für den Abbau. Man versucht, alle diese Einflüsse zur Bemessung mit heranzuziehen.

Nach Rumpf läßt sich die Abbauleistung η in % für Mineralstoff-Tropfkörper durch folgende Formel ausdrücken (**353**.1)

$$\eta = 93 - 0{,}017\, B_R \text{ für } 100 < B_R < 1200 \text{ g } BSB_5/(m^3_{TK} \cdot d) \qquad (353.1)$$

Der Kaliumpermanganatverbrauch ($KMnO_4$-Verbrauch) nimmt i. allg. mit dem BSB_5-Abbau ebenfalls ab. Sein Abbau liegt zwischen 60 bis 80%, die Keimzahlen verringern sich um 70 bis 95%. Der $KMnO_4$-Verbrauch im Auslauf der Kläranlage bleibt bei vollbiologischer Reinigung fast immer unter 100 mg/l.

Während die Bakterien zunächst die organischen Kohlenstoff- und Stickstoffverbindungen angreifen und in Kohlendioxyd (CO_2) und Ammoniak (NH_3) umwandeln, folgt in einer zweiten Phase die Nitrifizierung, die Oxydation der Nitrite in Nitrate, welche dann im Tropfkörper-Ablauf verbleiben. In Tropfkörper-Anlagen findet die Nitrifizierung bei verminderter Raumbelastung statt. Sie wird durch niedrige Abwassertemperaturen ungünstig beeinflußt. Durch Rückpumpen kann man die Nitratmengen im Zulauf erhöhen. Sie dienen beim Abbau der Kohlenstoffverbindungen als Sauerstoffspender, während Stickstoff frei wird = Denitrifizierung.

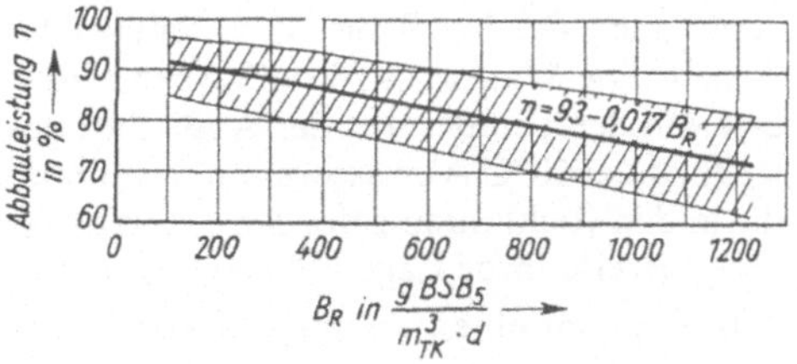

353.1
Abbaukurve für Tropfkörper nach Rumpf

Man hat festgestellt, daß bei einer erhöhten Raumbelastung von 600 bis 750 g BSB_5/($m^3_{TK} \cdot d$) der für die Vorflut unangenehme Nitratanfall (Förderung des Pflanzenwachstums) gering bleibt, aber die Mindestanforderungen für den BSB_5 und den $KMnO_4$-Verbrauch im Ablauf der Kläranlage nicht mehr erfüllt werden. Belastet man die Tropfkörper höher als mit 400 g BSB_5/($m^3_{TK} \cdot d$), kommt man in den Bereich der biologischen Teilreinigung.

Die Flächenbelastung q_A in m/h hat sowohl ihre Bedeutung für das Freispülen des Tropfkörpers von mineralisiertem biologischen Rasen als auch für die Länge der Kontaktzeit zwischen Abwasser und den Bakterien. Es gilt

$$\frac{t}{H} = \frac{k}{q_A^\delta} \tag{354.1}$$

t = Kontaktzeit in h
H = Höhe der Tropfkörperfüllung in m
k = konstanter Beiwert

q_A = Flächenbelastung = $\frac{Q}{O_{TK}}$ in m/h
δ = Exponent in der Größe 0,408 bis 0,82 (empirisch ermittelt)

Daraus ergibt sich für z.B. $\delta = 2/3$:

1. Die doppelte Wassermenge Q, z.B. $q_A = 1{,}6$ statt 0,8 m/h bedeutet eine Verringerung von t um 37%.
2. Behält man t bei und verdoppelt die Wassermenge Q, dann verdoppelt sich entweder O_{TK}, oder die Tropfkörperhöhe H nimmt um 60% zu.
3. Bei gleichem V, aber doppelter Höhe H, ist bei gleichem Q die Kontaktzeit t um 25% verlängert.

Bei höherer Kontaktzeit t verbessert sich auch die Reinigungsleistung.

Wesentlichen Einfluß auf den Betrieb eines Tropfkörpers hat das Rückpumpen. Es bietet folgende verfahrenstechnische Vorteile: Verdünnung des Zulaufs bei normalem Zufluß, Abschwächung von besonderen Belastungsstößen in der Abwasserverschmutzung, Erhalten der gewünschten Flächenbelastung q_A bei geringerem Zufluß (z.B. nachts), Sauerstoffanreicherung des Abwassers durch die Nitrate des Ablaufs.

Hingenommen werden müssen dafür evtl. Vergrößerung von Vor- und Nachklärbecken, der Pumpenleistung und der Verteilereinrichtungen sowie der höhere Energieaufwand, verkürzte Kontaktzeit des normalen Durchlaufs und Temperaturverminderung der Zulaufwassermenge durch die schon kühlere Rücklaufwassermenge (insbesondere bei niedrigen Temperaturen Verminderung der Abbauleistung).

Es überwiegen jedoch die Vorteile, dies um so stärker, je verschmutzter das Abwasser ist.

Da bei Temperaturen von $\leqq$ 10°C die im Tropfkörper vorhandenen höheren Organismen (höher stehend als Bakterien), welche für die Auflockerung des biologischen Rasens maßgebend sind, ihre Tätigkeit einstellen, verschlechtert sich die Abbauleistung. Aber auch die bei 0 bis 35°C lebensfähigen Bakterien verringern ihre biologische Arbeit. Die Wärme im Tropfkörper wird zuerst von der Abwassertemperatur und dann erst von der Temperatur der Außenluft bestimmt. Z.B. beträgt nach Pöpel die Abbauleistung bei 10°C Abwassertemperatur nur 62% der Leistung bei 20°C. In den USA wird die in den Richtlinien geforderte Reinigungsleistung der Tropfkörper von der geographischen Breite ihrer Lage abhängig gemacht.

Tucek nennt einen Temperaturkoeffizienten

$$k_1 = k_{20} \cdot 1{,}047^{T-20}, \quad \text{d.h. je Grad eine Veränderung um } 4{,}7\%.$$

Die Kurventafel (**355**.1) berücksichtigt für überschlägliche Bemessungen die verschiedenen Einflüsse für die Tropfkörperdimensionierung. Wenn für die Ermittlung der Raumbelastung B_R die BSB_5-Werte des Abwasserzuflusses nicht aus genauen Untersuchungen bekannt sind, kann dem 18-h-Mittel der Abwassermenge (Tagesmittel) ein 15-h-Mittel des BSB_5-Wertes zugeordnet werden. Die Kurventafel berücksichtigt bereits eine erhöhte Abwasserkonzentration am Tage gegenüber dem 24-h-Mittel. Das Verhältnis 1,2:1 liegt zugrunde. Die Kurventafel (**355**.1) gilt für Tropfkörper mit Lavaschlacke. Bei anderem Füllmaterial ist eine Korrektur vorzunehmen.

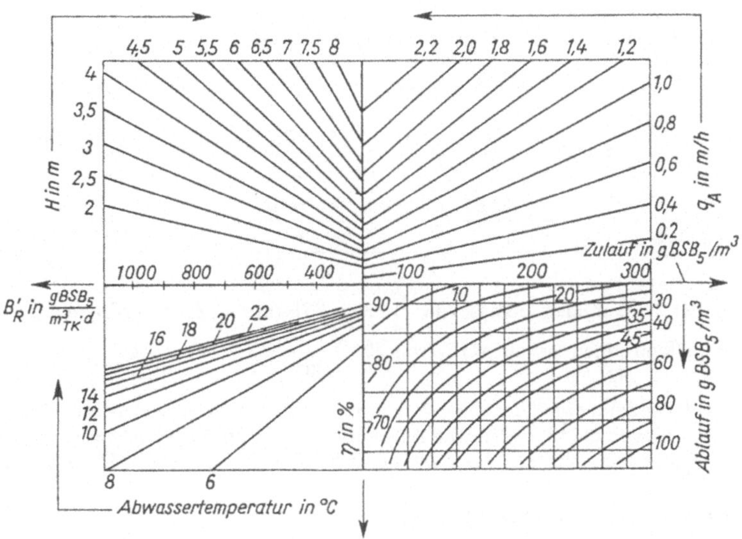

355.1 Bemessungstafel für Tropfkörper mit Lavaschlackenfüllung

Beispiel: Einer Tropfkörperanlage wird Q_{18} = 70 l/s mit 240 g BSB_5/m³ zugeleitet. Nach Vorklärung verbleibt ein Wert von 160 g BSB_5/m³. Dieser enthält den Konzentrationsfaktor von 1,2. Die Temperatur beträgt $T \geqq 16°C$. Der Ablauf soll eine Konzentration von 25 g BSB_5/m³ erreichen. q_A soll normal 1,0 m/h betragen, jedoch nötigenfalls auf 1,5 m/h gesteigert werden können.

Benutzung der Kurventafel: Man geht vom Zulauf-BSB_5 = 160 g BSB_5/m³ nach unten auf die Kurve 25 g BSB_5/m³, dann nach links, schneidet die Ordinate bei η = 84% (Abbauleistung) und trifft auf die Temperaturlinie T = 16°C. Von dort zeichnet man einen Strahl nach oben, der die Abszisse bei der fiktiven Raumbelastung $B'_R = 570 \frac{g\, BSB_5}{m^3_{TK} \cdot d}$ schneidet.

Im 1. Quadranten geht man ebenfalls vom Zulauf-BSB_5 = 160 g BSB_5/m³ aus, jedoch jetzt nach oben. Man trifft auf die Gerade q_A = 1,0 und zeichnet einen Strahl nach links. Der Strahl aus dem 3. und der aus dem 1. Quadranten treffen sich im 2. auf der Geraden für die Tropfkörperhöhe H = 4,0 m.

Es ergeben sich durch Rechnung

$$\text{bei } Q_{18}\text{:} \quad B_R = \frac{q_A \cdot 18 \cdot C_o}{H \cdot 1{,}2} \quad \frac{g\, BSB_5}{m^3_{TK} \cdot d} = \frac{\frac{m^3}{m^2_{TK} \cdot h} \cdot \frac{h}{d} \quad \frac{g\, BSB_5}{m^3}}{m_{TK}} \qquad \text{s. Gl. (345.2)}$$

$$B_R = \frac{1{,}0 \cdot 18 \cdot 160}{4{,}0 \cdot 1{,}2} = 600 \frac{g\, BSB_5}{m^3_{TK} \cdot d}$$

$$V_{TK} = \frac{C_o \cdot Q_d}{B_R} = \frac{\frac{g\, BSB_5}{m^3} \cdot \frac{m^3}{d}}{\frac{g\, BSB_5}{m^3_{TK} \cdot d}} \qquad \text{s. Gl. (344.2)}$$

$$Q_d = \frac{70 \cdot 3600 \cdot 18}{1000} = 4530\ m^3/d$$

BSB_5 im 24-h-Mittel vor dem Tropfkörper $= \frac{160}{1,2} = 133\,\frac{\text{g}\ BSB_5}{\text{m}^3}$; 1,2 ≙ Konzentrationsfaktor

$$V_{TK} = \frac{133 \cdot 4530}{600} \approx 1000\ \text{m}^3$$

bei $q_A = 1,5$ m/h und Q_{18}: $BSB_5 = \frac{Q_{18} \cdot BSB_5\,(\text{Zulauf}) + Q_{18/2} \cdot BSB_5\,(\text{Rücklauf})}{Q_{18} + Q_{18/2}}$

$$\frac{\text{mg}\ BSB_5}{\text{l}} = \frac{\text{l/s} \cdot \frac{\text{mg}\ BSB_5}{\text{l}} + \text{l/s} \cdot \frac{\text{mg}\ BSB_5}{\text{l}}}{\text{l/s}} \qquad BSB_5 = \frac{70 \cdot 160 + 35 \cdot 20}{105} = 113,3\,\frac{\text{g}\ BSB_5}{\text{m}^3}$$

In der Kurventafel (**355**.1) von 113,3 g BSB_5/m³ = Zulauf-BSB_5 ausgehend, erhält man links umlaufend einen Ablauf-BSB_5 von 20 $\frac{\text{g}\ BSB_5}{\text{m}^3}$.

Das Diagramm ermöglicht eine verhältnismäßig schnelle vergleichende Überprüfung von Tropfkörperleistungen bei verschiedenen Betriebsverhältnissen. Es liefert bei gering verschmutztem Abwasser brauchbare Werte, sonst sollte der Ablauf-BSB_5 nach Bild **353**.1 korrigiert werden.

4.5.1.5 Kunststofftropfkörper

Man versteht darunter Tropfkörper mit synthetischem Füllmaterial.

In den USA und Großbritannien haben sich Kunststoffplatten durchgesetzt. Sie bestehen aus Polystyrol, Polyurethan, PVC, Polyäthylen, Cloisonyle o.a., haben ein Hohlraumvolumen von 94 bis 97% und wiegen im Einbauzustand 40 bis 75 kg/m³. Die wirksame Oberfläche ist bis dreifach größer als bei Lavabrocken Ø 40 bis 80 mm. Die Durchlaufzeit ist geringer. Auf der IFAT (Internationale Fachmesse für Abwassertechnik) in München 1966 hat eine englische Firma erstmals Füllmaterial aus PVC mit $\gamma = 32$ kg/m³ (Lavaschlacke wiegt 960 bis 1440 kg/m³) unter dem Namen „Flocor" angeboten. Das Betriebsgewicht ist jedoch bei ≈ 350 kg/m^3_{TK}. In Deutschland hat man bei gewerblichem Abwasser mit Kunststoff Versuche gemacht und bei $B_R = 4000$ g BSB_5/(m³ · d) noch eine Teilreinigung erzielt. Während bei brockengefüllten Tropfkörpern ein Aufwand von

0,20 bis 0,50 kWh/kg BSB_5

erforderlich ist, kam man bei kunststoffgefüllten Körpern mit 0,08 bis 0,15 kWh/kg BSB_5 aus.

Bei der Hydropak-Füllung mit einer spez. Oberfläche von 200 m²/m³ (Lava 70 m²/m³) kann man mit $B_R = 3,0$ bis 15 kg BSB_5/(m³ · d) und $B_A = 15$ bis 75 g BSB_5/(m² · d) rechnen. Bei der

Tafel **356**.1 Vergleich verschiedener Tropfkörperfüllstoffe nach [8a]

Füllstoff Bezeichnung	Material	Dichte in kg/m³	Spezifische Oberfläche in m²/m^3_{TK}	Hohlraumanteil in Vol.-%
Surfpac (DOW)	Polystyren	64	82	94
Flocor (ICI)	PVC	37	85	98
Mini-Flocor	PVC	45	180	98
Cloisonyl	PVC	80	220	94
Bioprofil (VKW) 32 mm Abstand	PVC	40	160	98
Bioprofil 42 mm Abstand	PVC	32	120	99
Hydropak (Uhde)	PVC	—	200	96
Bionet (Nordd. Seekabelwerke)	PE	46	120 bis 160	95
Lavaschlacke 5 cm Durchmesser	Lava	1350	105	50

Verwendung von PVC-Material ergeben sich auch konstruktive Vorteile (leichte Tropfkörperwand, hohe Tropfkörper möglich).

Synthetische Füllkörper haben den Vorteil der vergrößerten Oberfläche und erfüllen gleichzeitig die prozeßbedingten Forderungen. Dabei ist die für die substratführende Abwassermenge tatsächlich erreichbare Netto-Fläche A_n um den Ausnutzungsfaktor a kleiner als die installierte Oberfläche A_o

$$A_n = a \cdot A_o$$

a ist für jedes Füllmaterial empirisch zu ermitteln. Die Tafel **357**.1 enthält die benetzbaren Flächenanteile und a für verschiedene Füllkörperformen. Vernachlässigt wurden der Bewuchs, die Flächenberührungen, hydromechanische Faktoren und Profilierungen der Einzelkörper.

Tafel **357**.1 Benutzbare Flächenanteile und a für verschiedene Füllkörperformen

Körperform	Ausführung	%-uale Benetzung der Flächenteile		Ausnutzungsfaktor a
Kugel	Massivkörper	obere Kugelhälfte untere Kugelhälfte	100% 40%	0,7
Zylinder	Hohlkörper (liegend)	obere Hälfte außen untere Hälfte außen Innenfläche	100% 40% 0%	0,35
	(stehend)	Außenfläche Innenfläche	30% 30%	0,3
	(geneigt)	Außenfläche Innenfläche	60% 20%	0,4
Platte	dünnwandig (vertikal)	Vorderseite Rückseite	30% 30%	0,3

Z. B.: Berechnung von a für Hohlkörper, liegend:

$$a = \frac{100 \cdot 0{,}25 + 40 \cdot 0{,}25 + 0 \cdot 0{,}5}{100} = 0{,}35$$

Der Ausnutzungsfaktor sagt nichts über den flächigen Bewuchs aus, der sich durch kapillare Ausbreitung des Abwassers und das feuchte Milieu in weiteren Bereichen bildet. Die Begrenzung ergibt sich durch die Kontaktmöglichkeit der Abwassermenge mit den Organismen. Die Flüssigkeit nimmt den widerstandsärmsten Weg durch den Füllstoff. Profilierungen und Ablagerungen führen zu

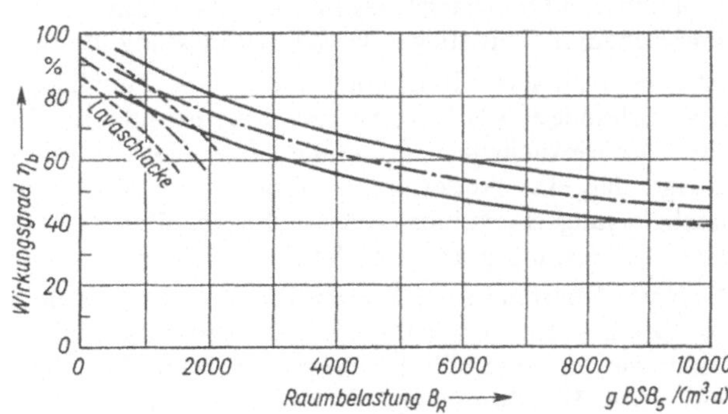

357.2
Leistungsdiagramm für Tropfkörper mit Kunststoff-Füllung nach Seyfried

Richtungswechseln, ohne eine ideale Verteilung bewirken zu können. Die Flächenausnutzung kann durch die hydraulische Beaufschlagung q_A in $m^3/(m^2 \cdot h)$ geändert werden. Der Ausnutzungsfaktor a steigt mit höherer Oberflächenbeschickung q_A. Die für die Reinigung möglichst optimal geformten Füllelemente mit großer spezifischer Oberfläche erfordern ein $q_A = 0{,}8$ bis $1{,}2\ m^3/(m^2 \cdot h)$, über $\geqq$ 20 h/d. Wenn dazu Abwasser zurückgeführt werden muß, so kann dies direkt vom Tropfkörperauslauf abgenommen werden.

Wenn für ein Füllmaterial die Größe der spezifischen Oberfläche durch a abgemindert wird, erweist sich auch die Flächenbelastung $B_A = B_R/A_n$ in g $BSB_5/(m^2 \cdot d)$ als geeignete Größe zur Ermittlung des Tropfkörpervolumens, z. B.:

$$B_R = 0{,}5 \text{ kg } BSB_5/(m^3_{TK} \cdot d); \quad A_o = 250\ m^2/m^3_{TK}; \quad a = 0{,}4$$
$$A_n = 0{,}4 \cdot 250 = 100\ m^2/m^3_{TK}$$
$$B_A = 500/100 = 5 \text{ g } BSB_5/(m^2 \cdot d)$$

Die nachfolgende Gegenüberstellung der Raumanteile eines mineralischen mit einem synthetischen Tropfkörper beruht auf Durchschnittswerten (Tafel **358**.1).

Tafel **358**.1

	TK mit mineralischer Füllung		*TK* mit synthetischer Füllung	
Füllvolumen	500 m^3	100 %	500 m^3	100%
Füllstoff-Volumenanteil	250 m^3	50 %	25 m^3	5%
biologischer Rasen, 0,5 mm dick	22,5 m^3	4,5%	50 m^3	10%
Ü-Schlamm	15 m^3	3 %	40 m^3	8%
Schlammalter	5 d		15 d	
Abwasserinhalt	40 m^3	8%	20 m^3	4%
bei q_A	0,8		1,2	
Kontaktzeit, Durchtropfzeit	15 min		5 min	
Stoffmenge	327,5 m^3	65,5%	135 m^3	27%
Freiraum	172,4 m^3	34,5%	365 m^3	73%

In England und Amerika wurden kunststoffgefüllte Tropfkörper mit Raumbelastungen bis etwa 9 kg $BSB_5/(m^3_{TK} \cdot d)$ für die Teilreinigung hochkonzentrierter gewerblicher Abwässer mit Erfolg eingesetzt. Aufgrund hoher Anschaffungskosten für Kunststoff-Füllungen liegen in Deutschland wenige Erfahrungen über den Betrieb mit Kunststoff-Tropfkörperanlagen vor.

Untersuchungen des Ruhrverbandes haben gezeigt, daß die Abbauleistung mit Zunahme der nutzbaren Oberfläche des Füllmaterials gesteigert werden kann. Der Wirkungsgrad nimmt ebenfalls mit steigender BSB_5-Belastung bis zu einer Grenze zu.

Mit dem Anstieg der Belastung ist auch eine Zunahme der optimalen Abwasserbeschikkung verbunden. Als Ursache gelten die bei höheren Konzentrationen sich stärker ausbildenden Bewuchsflächen und die längere Durchdringung des Rasens. Es hat sich auch gezeigt, daß eine Änderung der Oberflächenbeschickung q_A bei konstanter BSB_5-Flächenbelastung B_A keinen wesentlichen Einfluß auf die Abbauleistung ausübt. Damit wäre der Leistungsgrad weitgehend unabhängig von der Konzentration des Abwassers.

Die glatte Oberfläche des Kunststoffmaterials wirkt sich auf den Schlammaustrag positiv aus. Die abgestorbenen Organismen werden schnell ausgetragen. Es kommt nicht zu Faulprozessen innerhalb des Tropfkörpers, und der belebte Schlamm kann sich laufend neu bilden. Hierdurch wird die Abbauleistung ebenfalls gefördert.

Eine Anwendung von Tropfkörpern mit Kunststoff-Füllung ist bei einem BSB_5 im Zulauf zum Tropfkörper unter 200 mg/l nicht empfehlenswert. Durch die daraus bemessungsbedingte geringe Tropfkörperhöhe oder höhere Flächenbeschickung werden Kontaktzeit und Abbauleistung verringert. Bei höheren Zulaufkonzentrationen infolge gewerblicher oder industrieller Einflüsse eignen sich u. U. Tropfkörper mit Kunststoff-Füllung zur biologischen Teilreinigung als erste Stufe einer mehrstufigen Behandlung.

4.5.1.6 Tropfkörper bei zwei biologischen Reinigungsstufen

Unter einer zweistufigen biologischen Abwasserreinigung versteht man die Wiederholung der normalen biologischen Stufe, i. allg. mit dem Träger der Reinigung (Tropfkörper oder Belebungsbecken) und dem erforderlichen Absetzbecken. Man kann also kombinieren:

a) Tropfkörper 1 – Absetzbecken 1 – Tropfkörper 2 – Absetzbecken 2

b) Belebungsbecken 1 – Absetzbecken 1 – Belebungsbecken 2 – Absetzbecken 2

c) Belebungsbecken – Absetzbecken 1 – Tropfkörper – Absetzbecken 2

d) Tropfkörper – Absetzbecken 1 – Belebungsbecken – Absetzbecken 2

Bei der zweistufigen Tropfkörperanlage zu a) oder zu c) muß man meist vor die zweite Stufe wieder eine Abwasserhebung einschalten. Bei a) kann das Absetzbecken 1 auch entfallen. Hier können besonders bei der Verbindung zweier schwachbelasteter Tropfkörper die Tropfkörpergrößen so ausgeglichen sein, daß man die erste Stufe mit der zweiten auswechseln kann. Man spricht dann von Wechseltropfkörpern. Bei diesem Verfahren erhält der Tropfkörper 1 eine so hohe Raumbelastung B_R, daß er nach einer gewissen Zeit verschlammen würde. Schon vor diesem Zeitpunkt schaltet man jedoch um, so daß dann der Tropfkörper 2 die große Belastung bekommt und der Tropfkörper 1 das vorgereinigte Wasser mit einem niedrigen BSB_5-Wert. Er hat dann Zeit, neben der Abwasserreinigung auch noch den in ihm befindlichen Schlamm abzubauen.

Kehr und Möhle [30] berichten über Versuchsergebnisse mit Tropfkörpern in der zweiten Reinigungsstufe bei hochbelasteten Belebungsbecken in der ersten Stufe.

Durch die erste Stufe ist es möglich, bei hohem B_R den größten Teil der organischen Verunreinigungen, insbesondere die leicht abbaubaren, zu entfernen. Tropfkörper besorgen dann in der zweiten Stufe die Nachreinigung. Man stellte fest, daß auch bei einem kleinen $B_R = 110$ bis 640 g $BSB_5/(m^3 \cdot d)$ und $q_A \geqq 0{,}8$ m/h die Tropfkörper einwandfrei arbeiten, ohne daß der biologische Rasen aus Nahrungsmangel teilweise abstarb. Man kann die Raumbelastung B_R aber auch erheblich steigern, ohne daß die Abbauleistung leidet. So wird von einem Tropfkörper der zweiten Stufe mit

$$B_R = 4300 \text{ g } BSB_5/(m^3 \cdot d) \quad \text{und} \quad q_A = 1{,}4 \text{ m/h}$$

berichtet, der funktionierte. Man kann daraus schließen, daß sich Tropfkörper in der zweiten Stufe anders verhalten als in der ersten, bei der erhöhte Verschlammungsgefahr durch nicht zurückgehaltene Schwebestoffe der Vorklärung besteht. Außerdem führen die leicht abbaubaren Schmutzstoffe des mechanisch gereinigten Abwassers zu einem vermehrten Schlammanfall in der oberen Tropfkörperzone. Beide Dinge entfallen für den Tropfkörper der zweiten Stufe. Ein BSB_5 im Ablauf von $\leqq 20$ g/m^3 läßt sich durch die zweite Stufe fast immer erreichen.

Mit kunststoffgefüllten Tropfkörpern ergeben sich Vorteile gegenüber anderen Verfahren, wenn eine Vorreinigung hochkonzentrierter Abwässer angestrebt wird. Die Tropfkörper (*TK*) bieten gleichzeitig einen Schutz gegen Überlastung der nachgeschalteten Reinigungsstufen. Die angestrebte Reinigungsleistung kann durch eine einstufige Tropfkörperanlage, ggf. mit Rückpumpen, oder mit mehreren hintereinandergeschalteten Stufen erreicht werden. Bei Abwasser mit hoher BSB_5-Konzentration kann die hydraulische Belastung des *TK* durch Rückführen von bereits gereinigtem Abwasser erhöht werden. Zur biologischen Vollreinigung kann ein Belebungsverfahren oder ein konventioneller Tropfkörper nachgeschaltet werden. Wird eine Belebungsanlage gewählt, so kann auf die Nachklärung des *TK* u. U. verzichtet werden. Durch die Kombination Kunststoff-*TK* als Hochlaststufe mit nachgeschalteter Schwachlast-Belebungsstufe ergibt sich eine kostengünstige Lösung zur Reinigung organisch hochkonzentrierter Abwässer, wobei die Vorteile beider Verfahren ausgeschöpft werden können. Durch Reihenschaltung unterschiedlicher Verfahren wird eine hohe Unempfindlichkeit gegen Belastungsschwankungen und bessere Absetzeigenschaften des Schlammes erreicht. Bei Abwässern, die zur Bildung von Blähschlamm neigen, empfiehlt sich ebenfalls eine Vorbehandlung durch Kunststoff-*TK*. Wenn die Investitionskosten für *TK* mit Kunststoffelementen auch noch hoch sind, so bedeuten die niedrigen Betriebskosten jedoch einen wirtschaftlichen Vorteil.

Eine andere Verfahrensvariante der 2stufigen biologischen Abwasserreinigung mit *TK* ist die Vorschaltung einer Höchstlaststufe als Adsorptions-Belebungsbecken. Es entsteht das System der Adsorptions-Tropfkörperanlage (**360**.1). Gegenüber dem konventionellen einstufigen *TK*-Verfahren wird der Raumbedarf geringer. Wegen der hohen hydraulischen Belastung des *TK* kann auf das Rückpumpen verzichtet werden. Dies hat Auswirkungen auf die Nachklärung, welche hydraulisch entlastet wird. Ein weiterer Vorteil dieser Lösung ist die Ausnutzung des Überschußschlammes der Adsorptionsstufe zur Denitrifikation in einem der Nachklärung vorgeschaltetem Mischbecken.

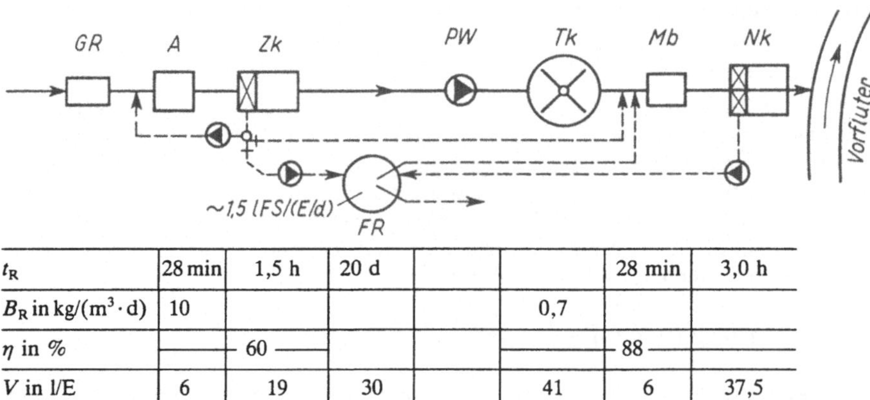

t_R	28 min	1,5 h	20 d			28 min	3,0 h
B_R in kg/(m³·d)	10				0,7		
η in %	60				88		
V in l/E	6	19	30		41	6	37,5

360.1 Adsorptions-Tropfkörperanlage
Q_d = 200 l/(E · d); q_t = 200/16 = 12,5 l/(E · h); B_B = 60 g BSB_5/(E · d) nach Böhnke
GR = grobmechanische Vorreinigung
A = Adsorptionsstufe
Zk = Zwischenklärung
FR = Faulbehälter
PW = Pumpwerk
Tk = Tropfkörper
Mb = Mischbecken
Nk = Nachklärung

4.5.1.7 Getauchte Festbettkörper

Die besondere Wirkung aller Festbettanlagen beruht in der Nitrifizierung. Die hier beschriebenen getauchten Festbettkörper stellen eine neuere Verfahrenstechnik dar. Gegenüber dem Tropfkörperverfahren besteht der Vorteil höherer Leistungsfähigkeit und Temperaturunabhängigkeit, gegenüber dem Tauchtropfkörperverfahren der geringerer Investitionskosten und höherer Betriebssicherheit, da keine mechanisch bewegten Teile verwendet werden. Der Energieaufwand ist relativ gering. Eingesetzt wird als Trägermaterial bevorzugt Polyäthylen, welches nicht porös, nicht auspreßbar und biologisch nicht abbaubar ist. Der Körper besteht aus senkrecht durchgehenden, seitlich durchlässigen Einzelelementen mit spezifischen Oberflächen von 100 bis 200 m^2/m^3. Sie müssen durch eine besondere Konstruktion zu größeren Einheiten verbunden und in den Becken befestigt werden. Die Versorgung mit Sauerstoff erfolgt über eine unter dem Festbett angeordnete Druckbelüftung. Als Trägermaterial kann/wurde auch Quarzkies oder Blähton eingesetzt. Tafel **361**.1 nennt Kenngrößen.

Tafel **361**.1 Kennwerte von Füllkörpern mit Quarzkies oder Blähton nach [59a]

	Quarzkies	Blähton
Körnung	5–7 mm	4–8 mm
eff. Korndurchmesser	5,8 mm	5,5 mm
Porenvolumen	42%	40%
spez. Oberfläche	600 m^2/m^3	680 m^2/m^3
Oberfläche je Rohrschuß	471 m^2	534 m^2
Oberfläche des Unterbaues mit einem Rohrschuß	567 m^2	611 m^2
Kornrohdichte	2,65 kg/l	1,1 kg/l
Rütteldichte	1,57 kg/l	0,69 kg/l

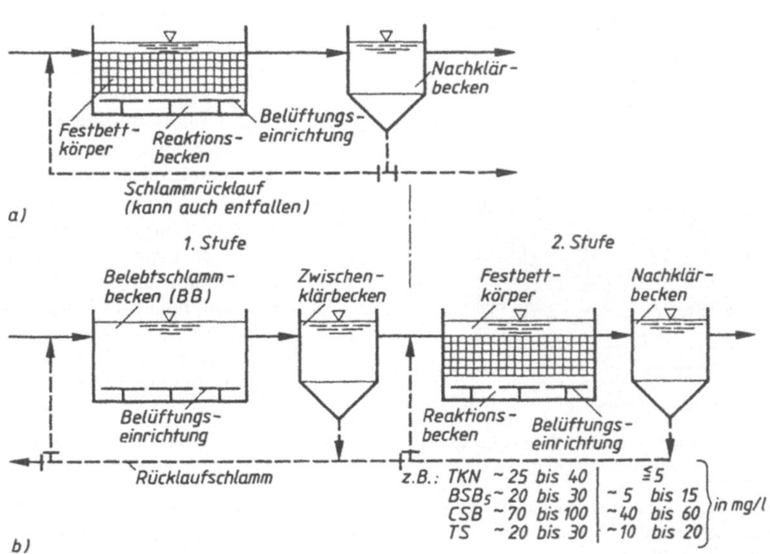

361.2 Einsatz von Festbettstufen
a) Einstufig, mit oder ohne Schlammrücklauf, b) Zweistufig, Festbett in der 2. Stufe

Die Reaktion beim Abbau der Abwasserverschmutzung beruht im wesentlichen auf einer Diffusion von Substrat und Sauerstoff in einen Biofilm aus Bakterien auf dem Trägermaterial mit einer bestimmten Abbaugeschwindigkeit. Eine Beeinträchtigung der Abbauleistung kann durch Ablösung von Biomasse, durch die Temperatur, den pH-Wert, durch Abwasserinhaltsstoffe u. a. eintreten. Insbesondere wird das starke Auftreten von Protozoen (Bakterienfressern) in der Biomasse oft nicht beachtet.

Folgende Erfahrungswerte und Versuchsergebnisse liegen bisher vor:

Getauchtes Festbett mit Schlammrückführung ≙ Belebungsverfahren mit getauchtem Festbett (**361**.2a). Das Festbett ist vorwiegend durch Protozoen besiedelt. Die Wirkung des Festbettes beruht daher auf der Elimination von Bakterien durch Protozoen. Bei hochbelasteten Belebungsanlagen trägt der erhöhte Anteil an Protozoen zu einer verbesserten Reinigungsleistung bei, da über die Freßkette Bakterien-Protozoen mehr Bakteriensubstanz gebildet wird.

Bei schwächer belasteten Anlagen trägt das Festbett dazu bei, freischwimmende Bakterien, die sich nicht in der Nachklärung absetzen, zu eliminieren. Hierdurch ergibt sich eine gewisse Ablaufverbesserung bei BSB_5 und CSB. Es treten auch weniger fadenförmige Bakterien auf.

Bei nitrifizierenden, schwach belasteten Anlagen, hat das Festbett keinen Einfluß auf die Ablaufbeschaffenheit.

Spezifische Angaben zum Verhältnis Festbettfläche zu Umsatzraten für BSB_5 und TKN[1]) können nicht gemacht werden.

Einstufige Tauchkörperanlage ohne Schlammrückführung (**361**.2a). BSB_5- und TKN-Abbau finden nacheinander statt. Das Volumen des Festbettes ergibt sich aus der Summe der für die BSB_5- und TKN-Fracht benötigten Festbettvolumen.

Bei niedrigem BSB_5/TKN-Verhältnis gelten die Bemessungsansätze wie bei der nachgeschalteten Tauchkörperstufe.

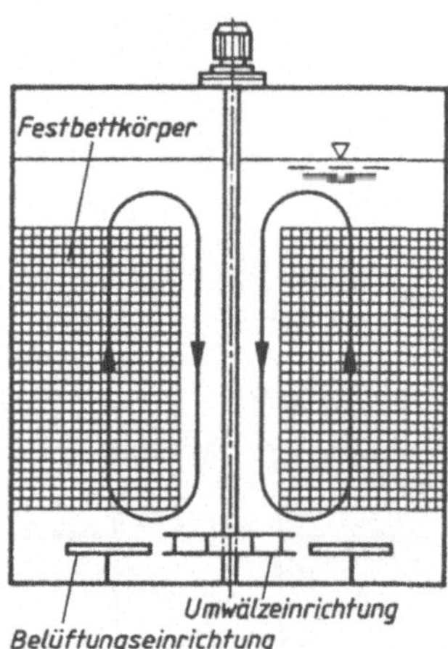

362.1 Festbett in der Strömungswalze

Eine Denitrifikation ist nicht möglich. Die Anlage ist relativ einfach zu betreiben. Optimale Verhältnisse sind bei gleichmäßiger Hydraulik möglich.

Von Vorteil ist eine gerichtete Strömungswalze mit $v \geqq 3$ m/h durch außermittige Stellung von Festbett und Belüftung. Hierdurch wird die Gefahr von Kurzschlußströmungen und eine Verschlammung vermieden (**362**.1).

Ebenso wirkt die Luftbeaufschlagung von ca. 5 bis 8 $Nm^3/(m^2$ Festbettgrundfläche · h). Diese Luftmenge kann größer sein als die für den Sauerstoffeintrag benötigte. Die Lufteintragswerte sind höher als beim Belebungsverfahren. Sie können 30 bis 40 g $O_2/(Nm^3 \cdot m)$ betragen. Als Alternative zur Einsparung von Energie wären Belüftung und Umwälzung voneinander zu trennen.

Für den BSB_5-Abbau wird bei der Tauchkörperanlage ohne Schlammrückführung ein relativ

[1]) TKN ≙ Kjeldal-Stickstoff. Stickstoffverbindungen, die nach einem von Kjeldahl entwickelten Analyseverfahren bestimmt werden. Dabei wird sowohl Ammoniumstickstoff als auch organisch gebundener Stickstoff erfaßt. Im Rohabwasser liegt fast der gesamte Stickstoff in Form des Kjeldahl-Stickstoffs vor, im biologisch behandelten Abwasser dagegen je nach Belastungsverhältnissen in mehr oder weniger oxidierter Form als Nitrat oder Nitrit.

großes Festbettvolumen benötigt. Es empfiehlt sich, BSB_5- und *TKN*-Elimination voneinander zu trennen und zweistufig durchzuführen. Der BSB_5-Abbau erfolgt weitestgehend in der ersten Stufe, der *TKN*-Abbau in einem Festbett der zweiten Stufe.

Die Nachgeschaltete Tauchkörperstufe dient vor allem der Nitrifikation.

Es empfiehlt sich eine BSB_5-Elimination in einer vorgeschalteten Belebungsstufe oder in einem Tropfkörper.

Eine Feststoffabtrennung (Zwischenklärbecken) in der ersten Stufe verbessert die Nitrifikationsleistung. Das Verfahren ist besonders für stickstoffhaltige industrielle Abwässer oder zur Verminderung des Ammoniumgehaltes einer kommunalen Belebungsanlage geeignet. Eine Denitrifikation ist nicht möglich. Im Ablauf aller Festbettanlagen sind absetzbare Stoffe enthalten, die abgeschieden werden müssen. Nachklärbecken, Filtration oder auch ein Schönungsteich sind daher erforderlich.

Gegenüber dem Belebungsverfahren können bis zu 4fach höhere Stickstoffraumbelastungen $\leqq$ 0,6 kg $TKN/(m^3 \cdot d)$ bei spezifischen Oberflächen von 200 m^2/m^3 angesetzt werden. Ein Mangel ist die fehlende Denitrifikationsleistung. Hier zeichnet sich der sinnvolle Einsatz einer Festbettstufe hinter Nitrifikations- und Denitrifikationsstufe ab. Die Nitrifikationsstufen können dann höher belastet werden.

Neben dem *TKN* werden auch der BSB_5 und der *CSB* reduziert. Diese Wirkung steigt mit der zunehmenden Zulaufkonzentration, womit die Ablaufkonzentration der Kläranlage insgesamt stabilisiert wird.

Da der Abbau der organischen Kohlenstoffverbindungen und die Oxidation des Stickstoffes zeitlich hintereinander ablaufen, muß das getauchte Festbett für den BSB_5-Abbau und die Nitrifikation berechnet werden. Für BSB_5 und *TKN* ergeben sich etwa gleich hohe Umsatzraten von $\approx$ 1,5 $g/(m^2 \cdot d)$. Der Wert von 2,0 $g/(m^2 \cdot d)$ sollte nicht überschritten werden. NH_4-N-Werte unter 10 mg/l lassen sich damit unter normalen Bedingungen erreichen, unter günstigen Bedingungen $\approx$ 4 mg/l. Zur Ermittlung des erforderlichen Festbettvolumens sind die für den Abbau vorgesehenen BSB_5- und *TKN*-Frachten zu addieren und durch die Umsatzrate zu dividieren. Es sei aber darauf hingewiesen, daß es noch keine allgemein gültigen Bemessungsverfahren gibt. Bemessungswerte sollten deshalb durch Versuche vor Ort gefunden werden [67a].

Beispiel:

BSB_5-Abbaurate 20 kg/d für nachgeschaltetes Festbett
TKN-Abbaurate 80 kg/d
BSB_5/TKN = 5 im Zulauf der Kläranlage
spezfische Festbettfläche = 200 m^2/m^3
angenommene Umsatzrate = 1,5 $g/(m^2 \cdot d)$

$$\text{erf Festbettfläche } FA = \frac{(20 + 80) \cdot 1000}{1{,}5} = 66\,667 \text{ m}^2$$

erf Festbettvolumen *FV* = 66667/200 = 333 m^3
Bei einer Festbetthöhe von 2,5 m → Grundfläche = 333/2,5 = 133 m^2
erf Luftdurchsatz = $5 \cdot 133$ = 665 Nm^3/h

Neben den hier beschriebenen statischen Festbettkörpern wird beim **dynamischen Festbettkörper** der Füllkörper mechanisch bewegt (z. B. Scheibentauchkörper).

Schwebekörper-Verfahren. Freie und fixierte (sessile) Biomasse wird wie bei den getauchten Festbetten kombiniert eingesetzt. Jedoch haftet die fixierte Biomasse auf und in frei schwebenden Schaumstoffwürfeln, Tonkugeln oder Materialschnipseln. Sie werden durch Druckluft in Schwebe gehalten. Bewährt hat sich bisher das Linpor-Verfahren (Fa. Linde).

Linpor-C-Verfahren. Dieses Verfahren wurde vornehmlich für den Kohlenstoff-Abbau entwickelt. Das Trägermaterial (Schaumstoffwürfel) bewirkt zusätzlich eine Vermehrung des Belebtschlammgehaltes. Da dieser und danach die Schlammbelastung den erforderlichen Beckeninhalt bestimmen, kann das Volumen des Belebungsbeckens reduziert werden. Überlastete Anlagen können so saniert werden.

Linpor-N-Verfahren. Dieses Verfahren dient der weitergehenden Abwasserreinigung in Form der NH_4-N-Oxidation. Es wird Reinigungsstufen nachgeschaltet, die zu hoch belastet sind und selbst keine ausreichende Nitrifizierung erbringen können. Ein Nachklärbecken ist nicht erforderlich, da sich wenig Trockenschlamm bei getrennter Nitrifizierung ausbildet. Die Schaumstoffwürfel werden durch ein Auslaufsieb am Ausschwimmen aus dem Becken gehindert. Dadurch entsteht ein hohes Schlammalter.

Bemessung. Wolf [90] schlägt vor, nachgeschaltete nitrifizierende Reaktoren nicht nach der BSB_5-Schlammbelastung, sondern nach der NH_4-Schlamm- bzw. Raumbelastung zu bemessen.

$$N_R = TS_R \cdot N_{TS} \quad \text{in} \quad \frac{\text{kg } NH_4\text{-N}}{m^3 \cdot d} = \frac{\text{kg } TS}{m^3} \cdot \frac{\text{kg } NH_4\text{-N}}{\text{kg } TS \cdot d}$$

Zwischen der NH_4-N-Raumbelastung und der Nitrifikationsrate besteht ein fast linearer Zusammenhang. Bei Schwebekörperanteilen von 25 bis 30 Volumenprozenten ergeben sich gleiche Abbauraten. Wolf empfiehlt mit 10 kg TS/m^3 Schaumstoffwürfel und Nitrifikationsleistungen von 30 g NH_4-N/kg $TS \cdot d$ bei 10°C zu rechnen. Eine Aufenthaltszeit von 2 h wird für kommunales Abwasser vorgeschlagen.

Beispiel: Eine Belebungsanlage mit Vorklärung, Belebungsbecken, Nachklärung soll soweit verbessert werden, daß bei 10°C ein NH_4-N-Ablauf von 4 mg/l eingehalten wird.

Q_d = 2000 m^3/d; Q'_{18} = 110 m^3/h; Säurekapazität des Trinkwassers KH = 3 mmol/l; Ablauf Nachklärung BSB_5 = 20 mg/l; NH_4-N = 15 mg/l

Der Belebungsanlage soll eine weitgehend nitrifizierende Stufe nach dem Linpor-N-Verfahren nachgeschaltet werden. Sessiler Anteil = 30%. Die erforderl. Raumbelastung beträgt:

$$N_R = 0{,}3 \cdot 10 \cdot 0{,}03 \cdot 15/(15 - 4) = 0{,}123 \text{ kg } NH_4\text{-N}/(m^3 \cdot d) \text{ in}$$

$$\frac{\text{kg } NH_4\text{-N}}{m^3 \cdot d} = \frac{m^3 \text{ Sess. Anteil}}{m^3 \text{ Becken}} \cdot \frac{\text{kg } TS}{m^3 \text{ Sess. Anteil}} \cdot \frac{\text{kg } NH_4\text{-N}}{\text{kg } TS \cdot d} \cdot \frac{NH_4\text{-N vor d. Reaktor}}{NH_4\text{-N (vor − nach d. Reaktor)}}$$

N_R	=	–	TS_R	N_{TS}	reziproker NH_4-N-Wirkungsgrad = $1/\eta_N$

Die tägl. NH_4-N-Fracht beträgt	N_d	= 2000 · 15/1000 = 30 kg NH_4-N/d
erf Reaktorvolumen	V	= 30/0,123 = 244 m^3
Aufenthaltszeit	t_R	= 244/110 = 2,22 h

4.5.2 Belebungsverfahren

Im Gegensatz zum Tropfkörper wird hier der Träger der biologischen Reinigung, der mit Bakterien und Protozoen belebte Schlamm, als Rücklaufschlamm vom Nachklärbecken in das Abwasser des Belebungsbecken hineingegeben. Außerdem wird Luft eingeblasen oder mechanisch eingetragen und damit Sauerstoff zugeführt. Es ist wichtig, alle Teile des Abwassers und den Sauerstoff an die einzelnen belebten Schlammflocken heranzubringen. Es hätte keinen Sinn, den Schlamm allein besonders hoch zu konzentrieren, weil dann Teile der flockigen Bakterienkolonien keinen Sauerstoff erhalten würden. Die technische Aufgabe besteht darin, in den Belebungsbecken den Sauerstoff gut zu verteilen und die Flocken in der Schwebe zu halten. Die Bakterien würden absterben, wenn sich der Schlamm auf dem Boden des Beckens absetzt. Jedes Belüftungsverfahren erfordert einen besonders angepaßten Beckenquerschnitt, damit diese Bedingungen erfüllt werden. Es empfiehlt sich eine enge Zusammenarbeit mit den Herstellern der Belüftungssysteme.

Die organischen Stoffe des zugeführten Abwassers werden vom Belebtschlamm adsorbiert und oxidiert oder zu neuer Zellsubstanz aufgebaut. Ein Teil des belebten Schlammes verzehrt sich selbst. Der Sauerstoffbedarf richtet sich nach dem BSB_5-Abbau und der belüfteten Schlammenge. Wenn soviel Luft vorhanden ist, daß sich die Abbaufähigkeit des belebten Schlammes voll entfalten kann, dann ist der Sauerstoffverbrauch von der Schlammbelastung abhängig. Bei geringer Schlammbelastung überwiegt die Oxidation der Zellsubstanz. Es wird mehr Sauerstoff je kg BSB_5 benötigt als bei höherer Schlammbelastung. Je höher die Schlammbelastung, desto mehr neue Zellsubstanz wird erzeugt, so daß ein Teil davon als Überschußschlamm aus dem Schlammumlauf entfernt werden muß.

Während ungelöstes Material durch physikalische oder physikalisch-chemische Vorgänge in der Vorklärung aus dem Abwasser entfernt werden kann, läßt sich dies bei gelösten Substanzen nur durch Umwandlung in eine ungelöste Form mit nachfolgender Sedimentation erreichen. In dieses Verfahrensschema gehört auch das Belebtschlammverfahren mit den hintereinander geschalteten, durch den Organismenrücklauf verknüpften Verfahrensschritten:

Bioreaktor, in dem die gelöste, von Saprobien verwertbare organische Substanz in sedimentierbare Organismenmasse überführt wird, und Nachklärbecken, das dazu dient, die gebildete Bakterienmasse als Rücklauf- und Überschußschlamm aus dem Abwasser zu entnehmen, welches damit als biologisch gereinigt gilt (**365**.1).

Das Nachklärbecken dient zur Sammlung des Überschuß- als Endprodukt, sowie des Rücklaufschlammes als Zwischenprodukt. Beides ist notwendig, um den Durchfluß im Bioreaktor im richtigen Verhältnis zu den Belebtschlammorganismen halten zu können.

Die Festsetzung der gelösten organischen Substanz als Biomasse ist ein anabolischer Vorgang, der Energie erfordert, die von heterotrophen Organismen aus der Oxidation von Nährstoffen gewonnen wird. Diese werden dabei bis in ihre mineralischen Grundbausteine CO_2, H_2O usw. zerlegt. Man bezeichnet diesen Vorgang als Abbau.

Eine vollständige Umwandlung der gelösten organischen Substanz in absetzbare Biomasse

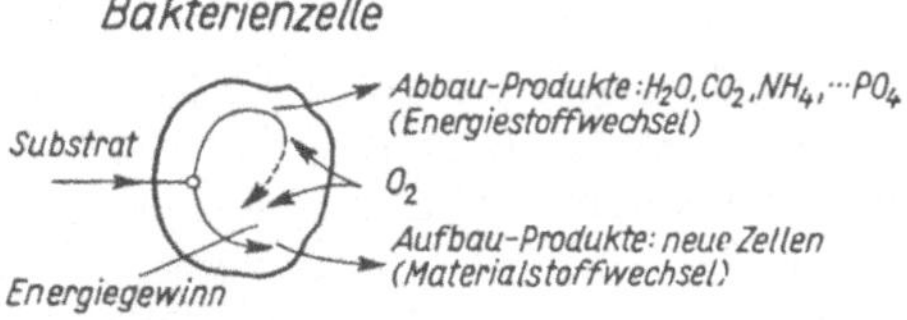

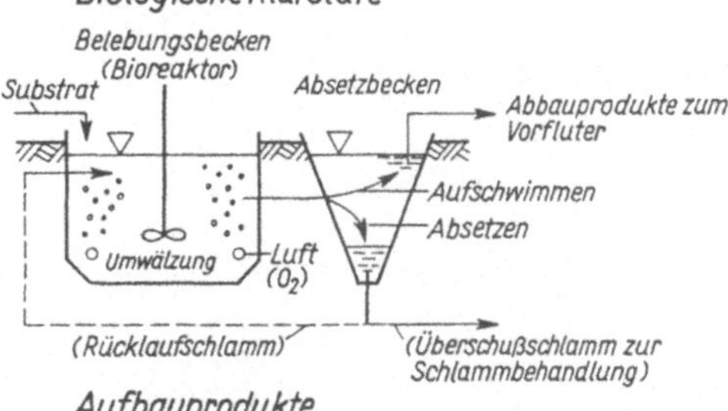

365.1 Prinzip des bakteriellen Stoffwechsels und der Verfahrensschritte in der biologischen Stufe einer Belebungsanlage nach [88]

(Aufbau) wäre ideal, ist aber nicht möglich. Ein gewisser Substratanteil wird zur Energieerzeugung verwendet, d. h. abgebaut, wobei gelöste Stoffwechselendprodukte entstehen und in das Abwasser gehen. Gelöste Substanz wird also teilweise in gelöste Substanz umgewandelt, ein Vorgang, welcher der Abwasserreinigung widerspricht, wenn die entstehenden Produkte den Kläranlagenablauf verschlechtern. Als Beispiel wäre das Ammonium zu nennen, das entsteht, wenn Eiweiß oder Aminosäuren abgebaut werden. Es trägt über die Nitrifikation zur Eutrophierung des Vorfluters bei.

Das Bestreben muß sein möglichst viel auf-, und möglichst wenig abzubauen. Dazu ist im Abwasser ein ausreichendes Angebot an Substanzen nötig, die die gespeicherte Energie leicht abgeben und dabei zu harmlosen Abbauprodukten wie CO_2 und H_2O zerfallen. Das Angebot an solchen Substanzen sollte so groß sein, daß die für den Aufbau geeigneten Nährstoffkomponenten vollständig diesem Zweck zugeführt werden können.

Als Richtzahl für eine in diesem Sinne optimal zusammengesetzte Nährlösung gilt ein Kohlenstoff-Stickstoff-Verhältnis C:N von > 12 und ein Kohlenstoff-Phosphor-Verhältnis C:P von etwa 30 bis 50. Diese optimalen Verhältnisse liegen im Abwasser praktisch nie vor. Meist besteht ein Defizit an Kohlenstoffverbindungen, so daß N- und P-haltige Verbindungen durch zusätzliche Verfahrungsschritte abgebaut werden müssen. Stickstoff und Phosphor erscheinen ohne diese in gelöster Form im Ablauf der Kläranlage.

Für die Berechnung einer Belebungsanlage ist der BSB_5-Abbau maßgebend. Man unterscheidet hinsichtlich der Belastung und der Abbauleistung verschiedene Leistungsgrade des Belebungsverfahrens:

Reinigungsgrad	Ablauf-BSB_5	Biochemische Abbauleistung
Vollreinigung	$\leqq$ 12 mg/l	Stabilisierung des Schlammes
	$\leqq$ 15 mg/l	Oxidation der gelösten Stickstoffverbindungen
	$\leqq$ 20 mg/l	Oxidation der Kohlenstoffverbindungen
Teilreinigung für Größenkl. 2 und 3	$\leqq$ 30 mg/l	Oxidation der Kohlenstoffverbindungen

Unter Belastung versteht man das Mengenverhältnis der Nährstoffe (Schmutzstoffe des Abwassers) zu den Bakterien des belebten Schlammes. Die im Abwasser enthaltenen Nährstoffe werden durch den biochemischen Sauerstoffbedarf B_R in g $BSB_5/(m^3_{BB} \cdot d)$ erfaßt ($m^3_{BB} \triangleq 1\ m^3$ des Belebungsbeckens). B_R wird auch die Raumbelastung des Belebungsbeckens genannt. Die Bakterienmenge des belebten Schlammes im Belebungsbecken wird durch das Trockengewicht des Schlammes TS_R in g TS/m^3_{BB} näherungsweise angegeben. Das Verhältnis beider Werte ergibt die Schlammbelastung B_{TS} in g $BSB_5/(g\ TS \cdot d)$.

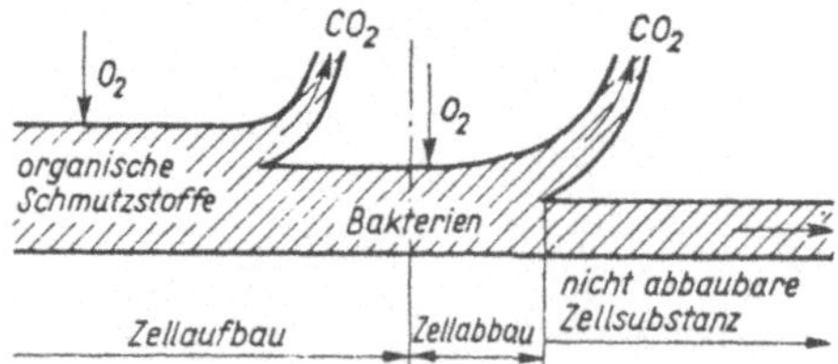

366.1 Schema der bakteriellen Zellenentwicklung beim Belebungsverfahren mit Substratmangel (aerobe Schlammineralisierung)

Zellaufbau:

$$\text{Organische Schmutzstoffe} + O_2 \xrightarrow[\text{Bakterien}]{\text{durch}} \text{Zellsubstanz} + CO_2 + H_2O + \text{Energie}$$

Zellabbau:

$$\text{Zellsubstanz} + O_2 \xrightarrow[\text{Bakterien}]{\text{durch}} CO_2 + H_2O + \text{Energie}$$

Die Schlammflocken im Becken bestehen aus einer schleimigen Masse, in welcher Bakterien und Protozoen (niedere Tierformen) leben. Diese nehmen bei ausreichendem Nährstoffangebot die organischen Stoffe des Abwassers auf und bilden durch Zellaufbau und Zellteilung neue Zellsubstanz. Diese ist mit den Flocken absetzbar. Sind nicht mehr genügend organische Stoffe zum weiteren Zellaufbau vorhanden, dann verzehren (oxidieren) die Bakterien ihre eigene, organische Zellsubstanz. Alle Prozesse sind nur möglich, wenn stets genügend Sauerstoff für die Zellatmung zur Verfügung steht. Grob vereinfacht kann das vorstehende Schema angegeben werden (**366**.1).

Bei der Belebung mit Schlammineralisation besteht ein akuter Nahrungsmangel, so daß die Bakterien sich selbst verzehren und organische Zellsubstanz oxidieren. Der Stickstoffgehalt des Ablaufs steigt im Gegensatz zu den anderen Verfahren. Die Schlammbelastung ist sehr gering. Demgegenüber besteht bei der normalbelasteten Belebung ein Gleichgewicht zwischen dem Nährstoffangebot und den abbauenden Kräften. Der Abbau verläuft schneller. Durch eine weitere Steigerung der Nahrungszufuhr, ein Überangebot, würde man zwar die Vermehrung der Bakterien weiter beschleunigen, diese würde aber nicht der Vermehrung der Nahrungszufuhr standhalten, und eine Teilreinigung der Schmutzstoffe wäre das Ergebnis. Es unterscheiden sich stark voneinander BSB_5-Belastung und BSB_5-Abbau. Die schwachbelastete Belebung kommt der Schlammineralisation sehr nahe; im Ablauf sind bei beiden Verfahren Nitrate zu finden.

Es ist weiter nachgewiesen worden, daß die Abbauleistung einer Belebungsanlage von der Einwirkzeit t und der Menge der belebten Substanz g $TS/\mathrm{m}^3_{\mathrm{BB}}$ abhängt. Das konstante Produkt aus beiden Werten g $TS/\mathrm{m}^3_{\mathrm{BB}} \cdot t_{\mathrm{R}}$ bedeutet auch etwa konstante Abbauleistungen. Die Einwirkzeit wird auch B e l ü f t u n g s z e i t genannt. Wenn t geändert wird, ändert sich auch die BSB_5-R a u m b e l a s t u n g des Belebungsbeckens [g $BSB_5/(\mathrm{m}^3_{\mathrm{BB}} \cdot \mathrm{d})$]. Große Belüftungszeiten bedeuten große Aufenthaltszeiten des Abwassers im Belebungsbecken und damit große Beckenvolumen. Eine geringere Belüftungszeit könnte man durch eine größere Schlammkonzentration ausgleichen. Die Dichte des Belebtschlammes im N a c h k l ä r b e c k e n soll jedoch nicht größer werden als beim M o h l m a n n-Index, das ist das Volumen in cm^3, das 1 g Trockensubstanz des Belebtschlammes nach einhalbstündiger Absetzzeit einnimmt, kurz Schlammindex genannt. Der Schlammindex schwankt stark. Ausgeflockter belebter Schlamm hat einen Index von 50 bis 100 cm^3/g TS. Der Feststoffgehalt TS_{RS} wäre z. B. bei 50 cm^3/g TS

$$\frac{1}{50} = 0{,}02 \text{ g } TS/\mathrm{cm}^3 \quad \text{oder} \quad \frac{100}{50} = 2\% \quad \text{oder} \quad 20 \text{ g } TS/\mathrm{l} = 20000 \text{ g } TS/\mathrm{m}^3$$

Durch Belastungsstöße oder Sauerstoffmangel steigt der Schlammindex schnell auf $\geqq 100$ cm^3/g TS an. Steigt der Schlammindex auf $\gg 200$ cm^3/g TS an, dann spricht man von Blähschlamm. Dieser entsteht bei übermäßiger Entwicklung von fadenförmigen Bakterien und Pilzen („sperrigen Lebewesen"). Für die Ermittlung der Rücklaufschlammenge empfiehlt es sich, die Werte

ISV = 100 bis 150 cm^3/g TS für Stabilisierung,
ISV = 150 bis 200 cm^3/g TS für Reinigung mit Nitrifikation,
ISV = 150 bis 200 cm^3/g TS für Vollreinigung

zugrunde zu legen. Bei nur häuslichem Abwasser verringern sich die Werte um 50 cm^3/g TS, in der Stabilisierung auf min ISV = 75 cm^3/g TS. Der Feststoffgehalt des Rücklaufschlammes wird gegenüber der Laborformel 1000/ISV in g TS/l unter Berücksichtigung des Absetzverhaltens manchmal mit 1200/*ISV* in g *TS*/l oder kg *TS*/m³ angenommen. Der belebte Schlamm wird aus dem Schlammtrichter des Nachbeckens in das Belebungsbekken zurückgeführt. Das Verhältnis von Rücklaufschlammenge Q_{RS} zu zufließender Abwassermenge Q nennt man Rücklaufverhältnis.

$$RV = Q_{RS}/Q$$

Man kann die vom Nachklärbecken abgeführte Menge an Trockensubstanz mit der zugeführten Menge vergleichen, wenn keine Vermehrung der Trockensubstanz im Nachklärbecken eintreten soll (**368**.1).

$$(Q_{RS} + Q_{ÜS}) \cdot TS_{RS} = (Q + Q_{RS} + Q_{ÜS}) \cdot TS_R$$

erweitert mit Q/Q:

$$\frac{Q_{RS} + Q_{ÜS}}{Q} \cdot Q \cdot TS_{RS} = \left(Q + \frac{Q_{RS}}{Q} \cdot Q + \frac{Q_{ÜS}}{Q} \cdot Q\right) TS_R$$

hieraus entfällt $Q_{ÜS}/Q$ = Überschußschlammenge/zufließende Wassermenge wegen geringer Größe. Mit $RV = Q_{RS}/Q$ ergibt sich

$$RV \cdot Q \cdot TS_{RS} = (1 + RV) \cdot Q \cdot TS_R$$

$$RV = \frac{TS_R}{TS_{RS} - TS_R} = \min RV \qquad (368.1)$$

mit TS_R = kg TS/m^3_{BB} und TS_{RS} = kg TS/m^3 Rücklaufschlamm

Das Rücklaufverhältnis ist jedoch außerdem vom Eindickungsgrad (Schlammindex) abhängig. Dieser hängt von der Durchflußzeit im Nachklärbecken ab [57].

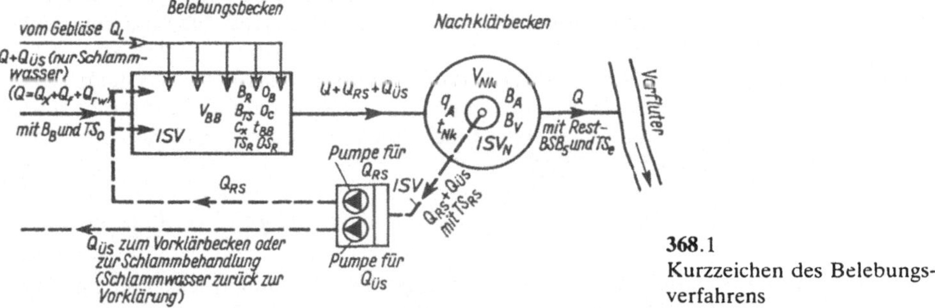

368.1 Kurzzeichen des Belebungsverfahrens

Kurzzeichen und Definition der Kennwerte des Belebungsverfahrens
vgl. DIN 4045 und Abschn. 4.7

B_B	kg BSB_5/d	BSB_5-Anfall je Tag = BSB_5-Fracht
B_A	kg $TS/(m^2 \cdot h)$ bzw. kg $BSB_5/(m^2_{TK} \cdot d)$ bzw. kg $BSB_5/(m^2 \cdot d)$	Oberflächenbelastung des Nachklärbeckens bzw. BSB_5-Flächenbelastung von Scheibentropfkörpern bzw. BSB_5-Flächenbelastung von Abwasserteichen
B_V	$m^3/(m^2 \cdot h)$	Schlammvolumenbelastung des Nachklärbeckens
B_R	kg $BSB_5/(m^3_{BB} \cdot d)$	BSB_5-Raumbelastung, bezogen auf den Inhalt des Belebungsbeckens
B_{TS}	kg BSB_5/(kg $TS \cdot d$)	Schlammbelastung

C_X	mg O_2/l	Sauerstoffgehalt im Belebungsbecken
C_S	mg O_2/l	Sauerstoffsättigungs-Konzentration
DB_R	kg BSB_5-Abbau/($m^3 \cdot d$)	Abbauleistung
E_B	kWh/kg BSB_5-Abbau	Abbauaufwand
ISV	ml/g TS oder l/kg TS	Schlammindex = VSV/TS_R
N	W oder kW	Installierte Maschinenleistung
N_R	kWh/($m^3_{BB} \cdot d$)	Spezifische installierte Maschinenleistung
W_R	W/m^3_{BB} oder kW/m^3_{BB}	Installierte Maschinenleistung, bezogen auf den Inhalt des Belebungsbeckens ≙ Leistungsdichte
K_1	m^3/(kg $TS \cdot h$)	Geschwindigkeitsbeiwert des Reinigungsverlaufs
O_B	kg O_2/kg BSB_5	OC load im Tagesmittel = $\alpha OC_R/B_R$ ≙ Sauerstofflast
O_N	kg O_2/kWh	Sauerstoffertrag in Reinwasser = OC_R/N_R
αOC_N	kg O_2/kWh	Sauerstoffertrag in Abwasser = $\alpha OC_R/N_R$
OC_R	kg O_2/($m^3 \cdot d$) oder kg O_2/($m^3 \cdot h$)	Sauerstoffzufuhr im Reinwasser, bezogen auf den O_2-Gehalt = 0
αOC_R	kg O_2/($m^3 \cdot d$) oder kg O_2/($m^3 \cdot h$)	Sauerstoffzufuhr in Abwasser; α ≙ Sauerstoffzufuhr-Faktor
OV	kg O_2/d	Sauerstoffverbrauch pro Tag
OV_R	kg O_2/($m^3 \cdot d$)	spezifischer Sauerstoffverbrauch pro m^3 Becken
q_R	$m^3/(m^3 \cdot d)$	Raumbeschickung eines Beckens
q_A	$m^3/(m^2 \cdot h)$ = m/h	Oberflächenbeschickung
q_d	l/(EG · d)	spezifischer Schmutzwasseranfall je EG und Tag
q_l	$m^3/(m \cdot h)$	Überfallkantenbeschickung $q_l = Q_x/l$
Q od. Q_d	m^3/d	Wassermenge pro Tag
Q_{18}	m^3/h	18-h-Mittel der SW-Menge
Q'_{18}	m^3/h	18-h-Mittel der SW-Menge mit Fremdwasser = $Q_{18} + Q_f$
Q_f	m^3/h oder m^3/d	Fremdwassermenge
Q_{rw}	m^3/h	Regenwettermenge
Q_{RS}	m^3/h	Rücklaufschlammenge
$Q_{ÜS}$	m^3/h	Überschußschlammenge
VS	ml/l oder l/m^3	Schlammabsetzvolumen oder Schlammvolumen $VS = ISV \cdot TS_R$
$t_{R,BB}$	h	Durchflußzeit im Belebungsbecken
$t_{R,NB}$	h	Durchflußzeit im Nachklärbecken
$t_{R,NB,rw}$	h	Durchflußzeit im Nachklärbecken für die max. Regenwettermenge
$ÜS_R$	kg TS/($m^3_{BB} \cdot d$)	Überschußschlammerzeugung im Belebungsbecken
TS_R	kg TS/m^3_{BB}	Schlamm-Trockensubstanz, bezogen auf den Inhalt des Belebungsbeckens
TS_{RS}	kg TS/m^3	Schlamm-Trockensubstanz im Rücklaufschlamm
TS_e	g TS/m^3	Trockensubstanzgehalt im Ablauf der Kläranlage
V_{BB}	m^3	Nutzinhalt des Belebungsbeckens
V_{NB}	m^3	Nutzinhalt des Nachklärbeckens
V_S	ml TS/l	Schlammvolumen in ml Schlamm/l Probe nach 30 min
VSV	ml TS/l	Vergleichsschlammvolumen, ermittelt bei unbehindertem Absetzen
RV_t		Schlamm-Rücklauf-Verhältnis z. B. Q_{RS}/Q_t, allgemein $RV = Q_{RS}/Q$
RV_{rw}		Schlamm-Rücklauf-Verhältnis bei Regenwetterzufluß Q_{RS}/Q_{rw}
β	–	Sauerstoffsättigungsfaktor
η_x	–	Wirkungsgrad (x ≙ Bezugsgröße)

Tafel **370**.1 Bemessungsgrößen für Kläranlagen des Belebungsverfahrens mit > 10000 EG, vgl. Bild **368**.1
Ausgangswerte q_d = 200 l/(E · d), BSB_5 = 60 g/(E · d), BSB_5 = 40 g/(E · d) abgesetzt, Schlammstabilisierung ohne Vorklärung

1	2	3	4	5	6		7	8
lfd. Nr.	Bemessungsgrößen	Kurzzeichen	Einheiten oder abgeleitete Einheiten	Schlammstabilisierung	Vollreinigung mit Nitrifikation	Denitrifikation	Rest-BSB_5 20 mg/l Mindestanf.	Rest-BSB_5 30 mg/l[4]) Teilreinigung
1	BSB_5-Raumbelastung	B_R	kg BSB_5/(m^3_{BB} · d)	0,20 bis 0,25	0,5		1,0	2,0
2	Schlammbelastung	B_{TS}	kg BSB_5/(kg TS · d)	0,05	0,15		0,3	0,6
3	Schlamm-Trockengewicht	TS_R	kg TS/m^3_{BB}	4 bis 5	3,3		3,3	3,3
4	Belüftungszeit bei Trockenwetter	$t_{R,BB} = V_{BB}/(Q_s + Q_f)$	h	–	3,0		2,0	1,0
5	Belüftungszeit bei Regenwetter	$\min t_{R,BB} = V_{BB}/(2Q_s + Q_f)$	h	–	1,5		1,0	0,5
6	Rücklaufverhältnis	RV	– oder %	*100*	*100*		*100*	*100*
7	Überschußschlammproduktion	$ÜS_R/B_R$	kg TS/kg BSB_5	1,0 bis 2,8	0,9		1,0	1,1
8	Überschußschlammproduktion	$ÜS_R$	kg TS/(m^3_{BB} · d)	0,20 bis 0,7	0,45		1,0	2,2
9	Schlammalter	$TS_R/ÜS_R$	d	≧ 20	9		4	2
10	Schlammindex Belebtschlamm[5])	ISV	ml/g TS	75 bis 150	100 bis 200		100 bis 200	100 bis 200
11	Schlammvolumen des Belebtschlammes	$VS = ISV \cdot TS_R$	l/m³	300 bis 750	250 bis 660		250 bis 660	250 bis 660
12	Schlamm-Trockengewicht des Rücklaufschlammes, Mittelwerte	$TS_{RÜ}$	kg TS/m³	6 bis 12	6,6		6,6	6,6
13	Raumbeschickung des Belebungsbeckens	q_R	m³Abwa/(m^3_{BB} · d)	0,83	2,5		5,0	10,0
14	ungelöste Stoffe im Zulauf	TS_0	g TS/m³Abwa	450[1])[2])	150[2])		150[2])	150[2])
15	ungelöste Stoffe im Ablauf	TS_e	g TS/m³Abwa	20[3])	20[3])		20[3])	20[3])
16	BSB_5 im Zulauf zur Kläranlage	BSB_5	g BSB_5/m³Abwa	300	300		300	300
17	BSB_5 im Zulauf zum Belebungsbecken	BSB_5	g BSB_5/m³Abwa	300[1])	200		200	200
18	BSB_5 im Ablauf des Nachklärbeckens	BSB_5	g BSB_5/m³Abwa	12	15		20	30
19	BSB_5-Abbaugrad im Belebungsbecken	η	–	0,96	0,925		0,92	0,85
20	O_2-Verbrauch für Substratatmung	$0{,}5 \cdot \eta \cdot B_R$	kg O_2/(m^3_{BB} · d)	0,1 bis 0,12	0,23		0,45	0,85
21	O_2-Verbrauch für Grundatmung	$e \cdot TS_R$	kg O_2/(m^3_{BB} · d)	0,055 · (4 bis 5) = 0,22 bis 0,275	0,103 · 3,3 = 0,34		0,118 · 3,3 = 0,39	0,129 · 3,3 = 0,43
22	O_2-Verbrauch für Nitrifikation	q_R 4,6 · $N(NO_3)_A$[6])	kg O_2/(m^3_{BB} · d)	0,103	0,31	0,19	–	–
22a	O_2-Verbrauch für Denitrifikation[6])	$q_R \cdot 1{,}7 \cdot N_D$	kg O_2/(m^3_{BB} · d)	0	0	0,04	0	0
23	O_2-Verbrauch insg. (Zeile 20 + 21 + 22)	OV_R	kg O_2/(m^3_{BB} · d)	0,42 bis 0,5	≈ 0,9	≈ 0,8	0,84	1,28
24	O_2-Gehalt im Belebungsbecken	C_x	mg O_2/l	1,0	2,0		2,0	2,0
25	O_2-Sättigung im Belebungsbecken	C_S	mg O_2/l	9,0	9,0		9,0	9,0
26	Reziproker Wert des O_2-Sättigungsdefizits = Zeile 25/(Zeile 25 – Zeile 24)	$C_S/(C_S - C_x)$	–	1,13	1,28		1,28	1,28
27	O_2-Zufuhr im Betriebszustand	$\alpha \cdot OC_R$	kg O_2/(m^3_{BB} · d)	0,47 bis 0,57	1,15	1,02	1,08	1,64
28	O_2-Last im Betriebszustand	$O_B = \alpha OC_R/B_R$	kg O_2/kg BSB_5	2,0 bis 2,85	2,3	2,1	1,08	0,82
29	O_2-Last für Bemessung	$O_B = \alpha OC_R/B_R$	kg O_2/kg BSB_5	2,5 bis 3,5	2,9	2,6	1,5	1,3
30	Konzentrations- und Zeitfaktor = Zeile 29/Zeile 28	γ	–	1,25	1,25		1,4	1,6

[1]) ohne Vorklärung [2]) unter Berücksichtigung des Rücklaufschlammes [3]) angenommener Wert
[4]) als 24-h-Mischprobe nicht ausreichend für Kl-Anlagen der Größenklasse 2 u. 3 im Sinne d. Mindestanforderungen
[5]) für Abwasser mit hohen organisch-gewerblichen Anteilen gelten die höheren Werte, bei nur häuslichem Abwasser die niedrigeren.
[6]) für Zeilen 22 u. 22a gelten folgende Annahmen, vgl. Gl. (315.3): $N_{(ges)Z}$ = 40; $N(NH_4)_Z$ = 30; $N_{(ges)A}$ = 30 (20); $N_{(org)A}$ = 2; $N(NH_4)_A$ = 1; $N(NO_3)_A$ = 27 (17); N_D = 0 (10); N_{US} = 10 in g N_2/m³. Werte in ( ) bei simultaner Denitrifikation.

Das Rücklaufverhältnis RV beträgt bei $TS_R = 5{,}0$ kg TS/m$^3_{BB}$ und $ISV = 100$ cm^3/g TS = 71%; bei $TS_R = 3{,}3$ kg TS/m$^3_{BB}$ und $ISV = 150$ cm^3/g TS = 70%. Um auch bei zeitweiligen Belastungskonzentrationen mit hohem Schlammindex ($\geqq 200$ cm^3/g TS) die notwendige Reserve zu haben, wählt man oft das $RV = 100\%$ (vgl. Tafel **370**.1). Kleinere RV bei schwerem (z. B. mineralisiertem) Schlamm, größere RV bei sehr leichtem Schlamm. Bei zuverlässigen TS-Werten kann man RV nach Gl. (368.1) verwenden, jedoch als min RV.

Man strebt an, einen bestimmten Schlammgehalt im Belebungsbecken einzuhalten. Der Zuwachs an belebtem Schlamm wird als Überschußschlamm $ÜS$ beseitigt. Er wird meist mit dem Frischschlamm der Vorklärung gemischt und vom Vorklärbecken zur Schlammbehandlung abgegeben.

Für die Ermittlung der Überschußschlammenge benutzt man die Überschußschlammproduktion in kg TS pro kg BSB_5 im Belebungsbecken = $ÜS_R/B_R$ (Bemessungswerte vgl. Tafel **370**.1, Zeile 7).

Zugrunde liegt die Formel von Kayser für $ÜS_R$ mit $b = 0{,}08 \cdot X \cdot F$ ($F = 1{,}072^{(T-15°)}$)

$$ÜS_R = q_R \cdot [0{,}6 \cdot (BSB_5 + TS_0) - TS_e] - b \cdot TS_R \quad \text{in kg } TS/(\text{m}^3_{BB} \cdot \text{d}) \qquad (371.1)$$

d. h. 1 kg BSB_5 liefert $\approx$ 1 kg TS Überschußschlamm/d; mit Nitrifikation $\approx$ 0,9 kg TS/d.

Bedeutung der Kurzzeichen vgl. Tafel **370**.1, Zeilen 13 bis 16. $b \cdot TS_R \triangleq$ Verminderung der aktiven Biomasse durch Autolyse (Selbstaufzehrung bei Nährstoffmangel)

Das Schlammalter ist das rechnerische Verhältnis der im Belebungsbecken vorhandenen Schlammtrockensubstanz TS_R in kg TS/m$^3_{BB}$ zur täglichen Überschußschlammerzeugung im Belebungsbecken $ÜS_R$ in kg TS/m$^3_{BB}$ · d. Es drückt aus, wie lange rechnerisch die Trockensubstanz im Kreislauf Belebungsbecken/Nachklärbekken/Belebungsbecken verbleiben kann, bevor sie als Überschußschlamm abgeführt wird. Zeitangabe erfolgt in Tagen.

$$t_{TS} = \frac{TS_R}{ÜS_R} = \frac{\text{kg } TS \cdot \text{m}^3_{BB} \cdot \text{d}}{\text{m}^3_{BB} \cdot \text{kg } TS} = \text{d}$$

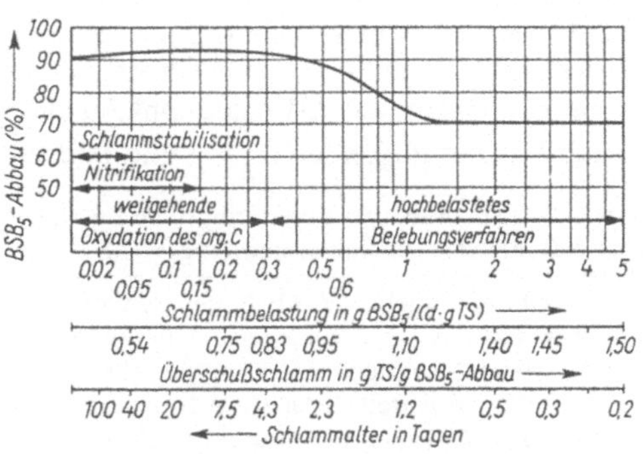

371.1 BSB_5-Abbau in Abhängigkeit von der Schlammbelastung und Zuordnung von Überschußschlammenge und Schlammalter nach Betriebsergebnissen

Zur Umformung der organischen Verunreinigungen des Abwassers in belebten Schlamm benötigen die Mikroorganismen Energie. Ein Teil der organischen Schmutzstoffe wird oxydiert und liefert diese für den Zellaufbau erforderliche Energie. Der hierfür notwendige Sauerstoffverbrauch wird als Substratatmung bezeichnet.

Außerdem wird ein Teil der gebildeten Bakterien-Substanz ständig oxidiert und damit aufgezehrt. Die hierfür notwendige Sauerstoffmenge wird endogene oder Grundatmung genannt (vgl. Abschn. 4.7).

Aus dem von Versuchen bekannten Sauerstoffeintragsvermögen der verschiedenen Belüftungssysteme unter Betriebsbedingungen und der rechnerisch erforderlichen Sauerstoffzufuhr erfolgt die Wahl des Belüftungssystems (s. Tafel **370**.1). Der Sauerstofflastwert $O_B = \alpha \cdot OC_R/B_R$ in kg O_2/kg BSB_5 stellt eine Beziehung zwischen dem Sauerstoffeintrag und der Verschmutzung des Abwassers her. Man bezeichnet ihn auch mit OC/load. Darunter versteht man das Verhältnis des tatsächlich eingetragenen Sauerstoffs

(Oxigenation Capacity) zur BSB_5-Belastung (load). Wegen der Grundatmung des Schlammes muß der O_2-Eintrag stets größer sein als der BSB. Die Sauerstoffeintragskapazität eines Belüftungsaggregates wird durch Versuche mit Reinwasser oder Abwasser bei bestimmten physikalischen Bedingungen ermittelt. Die auf das 18-h-Mittel umgerechnete BSB_5-Raumbelastung und der OC/load-Wert bestimmen den erforderlichen Sauerstoffeintrag der Belüftung je Stunde in $g\,O_2/(m^3_{BB} \cdot h)$. Der Sauerstofflastwert wird berechnet und den Erfahrungswerten der Praxis gegenübergestellt. Die angenäherte Gleichung für den Sauerstoffverbrauch der Mikroorganismen einschl. der Stickstoff-Oxidation lautet

$$OV_R = \underbrace{\underbrace{d \cdot \eta \cdot B_R}_{\text{Substrat-}} + \underbrace{e \cdot TS_R}_{\text{Grundatmung}}}_{\text{Kohlenstoffatmung}} + \underbrace{\underbrace{q_R(4{,}6\,N(NO_3^-)_A}_{\text{Nitrifikation}} + \underbrace{1{,}7\,N_D)}_{\text{Denitrifikation}}}_{\text{Stickstoffatmung}} \quad \text{in kg } O_2/(m^3_{BB} \cdot d) \tag{372.1}$$

Der Sauerstoffverbrauch (OV) der Mikroorganismen ergibt sich aus der Substrat- und der Grundatmung sowie dem Grad der Nitrifikation und Denitrifikation. Der Sauerstoffverbrauch ist vom Reinigungsziel und der Menge der verwertbaren Kohlenstoff- und Stickstoffverbindungen sowie ihrem Verhältnis zueinander abhängig. Meist wird der Sauerstoffverbrauch OV_R getrennt für die vier Anteile in Gl. (372.1) berechnet.

Man benutzt folgende Größen und Hilfsgrößen:

$\eta B_R \triangleq BSB_5$-Raumabbauleistung (0,96 bis 0,85 für einstufige Anlagen) in kg $BSB_5/(m^3_{BB} \cdot d)$
$d \triangleq$ Beiwert für Substratatmung = 0,5 in kg O_2/kg BSB_5

$TS_R \triangleq$ Feststoffgehalt des belebten Schlammes in kg TS/m^3_{BB}
$e = 0{,}24 \cdot X \cdot F \triangleq$ endogene Atmung der Feststoffe in kg $O_2/(\text{kg } TS \cdot d)$
0,24 ≙ endogene Atmung der aktiven Biomasse in kg $O_2/(\text{kg } akt.\ TS \cdot d)$
$X \triangleq$ Anteil der aktiven Biomasse (nach **373**.1) in kg $akt.\ TS$/kg TS
$F \triangleq$ Temperaturfaktor $= 1{,}072^{(T-15)}$ [1] (nach **373**.1) in %

B_{TS}	0,05	0,15	0,3	0,6	einsetzbar bei Temperaturen im BB von 15 bis 20°C	in kg $BSB_5/(\text{kg } TS \cdot d)$
e	0,055	0,103	0,118	0,129		in kg $O_2/(\text{kg } TS \cdot d)$

$q_R \triangleq$ Raumbeschickung in $m^3\ Q_d/(m^3_{BB} \cdot d)$

$N(NO_3^-)_A \triangleq$ Nitratstickstoff im Ablauf in g N/m^3

(372.2)

$$N_D = N_{ges\,Z} - N(NH_4^+)_A - N_{org\,A} - N_{ÜS} - N(NO_3^-)_A \quad \text{in g } N/m^3 \tag{372.3}$$

N_D: Anteil des umgesetzten zufließenden $N(NO_3)$ = Denitrifikation
$N_{ges\,Z}$: Gesamt-N im Zulauf
$N(NH_4^+)_A$: Ammonium-N im Ablauf
$N_{org\,A}$: Organ. N im Ablauf
$N_{ÜS}$: N-Entnahme durch Überschußschlamm
$N(NO_3^-)_A$: Nitrat-N im Ablauf

[1]) Ekama und Marais nennen ungünstigeren Temperaturfaktor $F = 1{,}123^{(T-20)}$, Downing $F = 1{,}103^{(T-15°)}$ (s. Abschn. 4.5.4.2), d.h. langsamere Wachstumsraten.

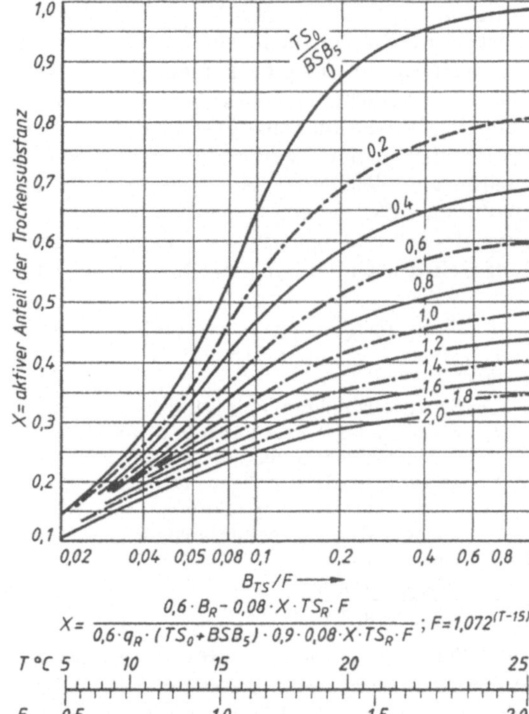

$$X = \frac{0{,}6 \cdot B_R - 0{,}08 \cdot X \cdot TS_R \cdot F}{0{,}6 \cdot q_R \cdot (TS_0 + BSB_5) \cdot 0{,}9 \cdot 0{,}08 \cdot X \cdot TS_R \cdot F}\,; \quad F = 1{,}072^{(T-15)}$$

T °C 5 10 15 20 25

F 0,5 1,0 1,5 2,0

373.1
Aktiver Anteil des belebten Schlammes nach [59a] = X

Beispiel:
$BSB_5 = 0{,}3$ kg/m³; $TS_0 = 0{,}40$ kg/m³;
$TS_0/BSB_5 = 1{,}3$ $T = 17{,}5$; $F = 1{,}18$;
$B_{TS} = 0{,}05$ kg/(kg · d);
$B_{TS}/F = 0{,}042$ kg/(kg · d); $X = 0{,}21$
(TS_0: Abfiltrierbare Stoffe im Zulauf)

Gl. (372.3) wird in der Literatur auch anders dargestellt, z. B.:

$$N_D = 0{,}9 \cdot TKN_Z - TKN_A - N(NO_3^-)_A - (1 - \eta_{VK}) \cdot \eta_B \cdot 0{,}05 \cdot BSB_{5,Z} \qquad (373.1)$$

$TKN \triangleq$ Kjeldal-Stickstoff (s. Fußnote 1, S. 362). Fast der gesamte Stickstoff im Zulauf liegt als TKN vor, $N_{ges\,Z} \approx 0{,}9\ TKN_Z$
$TKN_A \triangleq N(NH_4^+)_A + N_{org\,A}$
$N(NO_3^-)_A \triangleq$ Nitrat-N im Ablauf
$(1 - \eta_{VK}) \cdot \eta_B \cdot 0{,}05\ BSB_{5,Z} \sim N_{ÜS}$.

Durch das Zellwachstum im BB werden $\approx 5\%$ des abgebauten BSB_5 als Stickstoff von der Biomasse aufgenommen. Bei einstufigen Anlagen mit Vorklärbecken (VK) ist auch die BSB_5-Reduktion durch die Vorklärung zu berücksichtigen $= \eta_B \cdot (1 - \eta_{VK}) \cdot BSB_5$ gelangt in das BB. Bei zweistufigen Belebungsanlagen ohne Vorklärbecken ist eine höhere Stickstoffelimination durch den Biomassenaufbau zu berücksichtigen, bezogen auf den ges. BSB_5-Abbau. Die Gl. (373.1) ändert sich:

$$N_D = 0{,}9\ TKN_Z - TKN_A - N(NO_3^-)_A - \eta_{ges} \cdot 0{,}05 \cdot BSB_{5,Z} \qquad (373.2)$$

In der Regel werden die erforderl. Volumen für Nitrifikations- und Denitrifikationsstufe bei zweistufigen Anlagen kleiner. Bei diesen Anlagen findet der Stickstoffabbau in der 2. Stufe statt.

Die Sauerstoffzufuhr ist umgekehrt proportional dem Sauerstoffdefizit = Fehlbetrag des gelösten Sauerstoffs im Verhältnis zum Sättigungswert, d. h. bei einem geringen Sauerstoffgehalt C_x (großes Defizit) ist die Sauerstoffzufuhr pro Zeiteinheit klein. Bei großem C_x ist sie groß, es geht dann weniger Sauerstoff in Lösung. Wenn bei gleichem Sauerstoffverbrauch ein Belebungsbecken mit einem hohen Sauerstoffgehalt gefahren werden soll, ist die erforderliche O_2-Zufuhr hoch, weil wenig O_2 in Lösung geht. Oder, wenn in einem Belebungsbecken ein hoher O_2-Gehalt C_x gemessen wird, heißt dies, daß sich das Gleichgewicht zwischen O_2-Verbrauch und O_2-Aufnahme des Abwassers auf einem unwirtschaftlichen Gleichgewichtsniveau eingestellt hat. Eine geringere und wirtschaftlichere O_2-Zufuhr αOC_R würde den O_2-Gehalt C_x senken. Die erforderliche Sauerstoffzufuhr unter Betriebsbedingungen $= \alpha \cdot OC_R$ berechnet sich deshalb aus dem reziproken Sättigungsdefizit nach der Sauerstoffhaushaltsgleichung zu

$$\alpha \cdot OC_R = \frac{C_s}{C_s - C_x} \cdot OV_R \qquad (374.1)$$

darin bedeuten

OC_R = Sauerstoffzufuhr = kg $O_2/(m^3$ Reinwasser · d), durch Versuch in Reinwasser ermittelt, nachdem das Wasser durch Stickstoff oder Chemikalien O_2-Gehalt = 0 hatte.

C_s = angenommener Sauerstoff-Sättigungswert in mg O_2/l

C_x = angestrebter Sauerstoffgehalt im Belebungsbecken in mg O_2/l

α = Sauerstoffübertragungsfaktor $\approx$ 0,5 bis 1,0; auch > 1,0 von Reinwasser auf Abwasser. Die höheren Werte gelten für biologisch gereinigtes Abwasser. α ist auch von der Intensität der Umwälzung abhängig.

$$\alpha = \frac{OC_R \text{ Abwasser}}{OC_R \text{ Reinwasser}}$$

Tafel **370**.1 nennt zwei Werte für die O_2-Last $\alpha \cdot OC_R/B_R$ in kg O_2/kg BSB_5. Zeile 29 gilt für die Bemessung und berücksichtigt den Wechsel in der BSB_5-Konzentration am Tage und über die Tage der Woche. Zeile 28 nennt den O_2-Last-Wert im Betrieb. Der Konzentrations- und Zeitfaktor γ (Zeile 20) stellt die Beziehung her.

$$O_2\text{-Last (Bemessung)} = \gamma \cdot O_2\text{-Last (Betrieb)}$$

Wenn die Ganglinie der BSB_5-Fracht bekannt ist, kann man von dem Betriebswert ausgehen und ein entsprechendes Stundenmittel wählen (vgl. Berechnungsbeispiel Abschn. 4.5.2.2b).

4.5.2.1 Berechnung von Belebungsbecken

In der Literatur findet man Formeln und Richtwerte für die Bemessung von Belebungsanlagen. Diese werden auch hier angegeben (Tafel **370**.1). Man hat sie aus dem Betrieb von Kläranlagen, Versuchsanlagen oder im Labor ermittelt. Allgemein ist jedoch zu sagen, daß zwischen komplizierten mathematischen Formeln und den komplexen Reinigungsvorgängen keine ausreichend genauen Beziehungen hergestellt werden können. Man handelt deshalb nicht ungenau, wenn man einfache Bemessungsformeln und Erfahrungswerte verwendet. Bei größeren Anlagen oder solchen mit besonderer Zusammensetzung des Abwassers sollte man Versuche im technischen Maßstab durchführen. Immer ist es zweckmäßig, Sicherheitszuschläge mit einzurechnen. Einflüsse auf die Bemessungsgrößen haben:

1. Der Grad der Abwasserreinigung (vgl. Tafel **370**.1).
2. Die Größe der Anlage. Kleine Anlagen sind gegen unregelmäßige Belastungen empfindlicher als große.

3. Die Abwasserart. Erfahrungswerte gelten nur für häusliches Abwasser. Industrieabwasser ist zu unterschiedlich (vgl. Abschn. 4.8).

4. Die Verteilung und Konzentration des häuslichen Abwassers über lange Zeiträume (Jahr, Monate) oder über kürzere (mehrere Wochen, Woche, Tage). Hierzu gehört auch die Berücksichtigung von Mischwasserbelastungen oder anderen schubartigen Belastungen.

5. Die Frage, ob eine Phosphatfällung oder Nitrifizierung erreicht werden soll.

Anders als beim Tropfkörperverfahren geht man hier von der BSB_5-Schlammbelastung B_{TS} aus. Man kann jedoch nicht so einfach wie dort Richtwerte der Belastung angeben, weil diese in großen Spannen schwanken.

Falls es wirtschaftlich vertretbar ist, macht man mit dem vorhandenen Abwasser und dem vorgesehenen Belüftungssystem Versuche, um die optimale Belastung festzustellen. Wenn dies nicht möglich ist, wählt man die Raumbelastung B_R je m³ Belebungsbecken (m^3_{BB}) und Tag (d), z. B. für eine Vollreinigung mit 20 mg/l Rest-BSB_5 nach Tafel **370**.1

$$B_R = 1{,}0 \quad \text{kg } BSB_5/(m^3_{BB} \cdot d)$$

Bei normal verschmutztem Abwaser, $Q_d = 200$ l/(E · d) und $BSB_5 = 300$ g/m³ oder 60 g/(E · d), kann man auch hier die Raumbelastung B_R auf die Einwohnerzahl beziehen. Nach mechanischer Vorreinigung bleibt ein $BSB_5 = 40$ g/(E · d) (s. Tafel **256**.2)

z. B. $$B = \frac{1000}{40} = 25 \text{ E}/m^3_{BB} \qquad \frac{\text{g } BSB_5/(m^3_{BB} \cdot d)}{\text{g } BSB_5/(E \cdot d)} = \text{E}/m^3_{BB}$$

gerechnet für eine Raumbelastung $B_R = 1{,}0$ kg $BSB_5/(m^3_{BB} \cdot d)$

Die Beckengröße ergibt sich zu

$$V_{BB} = \frac{BSB_5 \cdot Q_d}{B_R} \qquad m^3_{BB} = \frac{\frac{g}{m^3} \cdot \frac{m^3}{d}}{g\ BSB_5/(m^3_{BB} \cdot d)} \tag{375.1}$$

Die Belüftungszeit $t_{R,BB}$ in Stunden ergibt sich als Aufenthaltszeit des Abwassers im Becken zu z. B.

$$\min t_{R,BB} = \frac{V_{BB}}{2\,Q_s + Q_f} \qquad h = \frac{m^3_{BB}}{m^3/h} \tag{375.2}$$

Der Schlammgehalt TS_R wird durch Versuch ermittelt oder nach Tafel **370**.1 gewählt. Aus der Raumbelastung B_R und dem Schlammgehalt TS_R errechnet man die Schlammbelastung

$$B_{TS} = \frac{B_R}{TS_R} \qquad \frac{g\ BSB_5}{g\ TS \cdot d} = \frac{g\ BSB_5/(m^3_{BB} \cdot d)}{g\ TS/m^3_{BB}} \tag{375.3}$$

Der Schlammindex ISV wird nach dem Reinigungsverfahren ermittelt. Er liegt zwischen 100 bis 200 cm³/g TS. Die Trockensubstanz im Rücklaufschlamm ergibt sich mit

$$TS_{RS} = \frac{1200}{ISV} \quad \text{in} \quad g\ TS/l$$

Das Rücklaufverhältnis RV errechnet sich aus

$$RV = \frac{TS_R}{TS_{RS} - TS_R} \quad \text{in} \div \text{oder } RV \cdot 100 \text{ in } \%$$

Die Rücklaufschlammenge beträgt

$$Q_{RS} = RV \cdot Q \quad \text{in} \quad \text{m}^3/\text{h}$$

Hat man durch Laboruntersuchung, nach Belüftungsversuch, durch Rechnung nach Gl. (371.1) oder aus dem Verhältnis $\ddot{U}S_R/B_R$ nach Tafel **370**.1, Zeile 7, den Wert $\ddot{U}S_R$ in kg $TS/(\text{m}^3_{BB} \cdot \text{d})$, dann ermittelt man die täglich anfallende Überschußschlammenge

$$\ddot{U}S = \ddot{U}S_R \cdot V_{BB} \quad \text{in} \quad \text{kg } TS/\text{d}$$

Die Menge des Überschußschlammes ergibt sich zu

$$Q_{\ddot{U}S} = \frac{\ddot{U}S}{TS_{RS}} \quad \text{in} \quad \frac{\text{kg } TS \cdot \text{m}^3}{\text{d} \cdot \text{kg } TS} = \frac{\text{m}^3}{\text{d}}$$

Die Sauerstoffzufuhr aus dem OC/load-Wert für die Bemessung nach Tafel **370**.1

$$O_B = \alpha \cdot OC_R/B_R \quad \text{in} \quad \text{kg } O_2/\text{kg } BSB_5$$

$$O_2\text{-Zufuhr/d} = O_B \cdot BSB_5 \text{ pro Tag} \quad \text{in} \quad \frac{\text{kg } O_2}{\text{d}} = \frac{\text{kg } O_2 \cdot \text{kg } BSB_5}{\text{kg } BSB_5 \cdot \text{d}}$$

Unter Berücksichtigung des gewählten Belüftungssystems wird die O_2-Zufuhr im Betriebszustand aus Tafel **376**.1 ermittelt

$$O_2\text{-Zufuhr in} \quad \frac{\text{g } O_2 \cdot \text{m Einblastiefe}}{\text{m}^3_L \cdot \text{m Einblastiefe}} = \frac{\text{g } O_2}{\text{m}^3_L}$$

Tafel **376**.1 Richtwerte für die Sauerstoffzufuhr bei verschiedenen Belüftungssystemen

	Belüftungssystem	bei Reinwasser = *R* im Betrieb = *B*	günstige Bedingungen		mittlere Bedingungen	
			O_2-Zufuhr $\frac{\text{g } O_2}{\text{m}^3_L \cdot \text{m}^{1)}}$	O_2-Ertrag $\frac{\text{kg } O_2}{\text{kWh}}$	O_2-Zufuhr $\frac{\text{g } O_2}{\text{m}^3_L \cdot \text{m}^{1)}}$	O_2-Ertrag $\frac{\text{kg } O_2}{\text{kWh}}$
Druckluftbelüftung						
	feinblasige Belüftung	*R*	14	2,2	10	1,7
		B	10	1,8	8	1,3
Bandbelüftung	tiefliegende mittelblasige Belüftung	*R*	7	1,4	6	1,1
		B	5,5	1,1	4,5	0,8
	hochliegende mittelblasige Belüftung	*R*	9	1,8	8	1,5
		B	7,5	1,5	6,5	1,2
	grobblasige Belüftung	*R*	6	1,2	5	0,9
		B	4,5	0,9	4	0,7
	flächenhafte Belüftung	*R*	20	3,2	15	2,4
		B	12	1,9	9,3	1,4
	Plattenbelüftung	*R*	27	3,9	20	2,9
		B	16,5	2,3	12	1,8
	Belüftung mit Umwälzung	*R*	17	3,0	13	2,3
		B	10,5	1,8	8	1,4
	Oberflächenbelüftung kg O_2/KWh		*R* günstig	*R* mittel	*B* günstig	*B* mittel
	Walzen in Umlaufbecken		1,7	1,3	1,5	1,15
	Kreisel in Umlaufbecken		2,1	1,6	1,9	1,4
	Kreisel in Mischbecken		1,8	1,3	1,8	1,15

[1]) m ≙ m Einblastiefe

Luftmenge

$$Q_L = \frac{O_2\text{-Zufuhr/d}}{O_2\text{-Zufuhr/m}_L^3} = \frac{\text{kg } O_2 \cdot \text{m}_L^3}{\text{d} \cdot \text{kg } O_2} = \frac{\text{m}_L^3}{\text{d}}$$

oder Ermittlung der O_2-Zufuhr/(m^3_{BB} · h)

$$O_2\text{-Eintrag} = \text{OC/load} \cdot B_{R18} \quad \text{in} \quad \frac{\text{g } O_2}{\text{m}^3_{BB} \cdot \text{h}} = \frac{\text{g } O_2}{\text{g } BSB_5} \cdot \frac{\text{g } BSB_5}{\text{m}^3_{BB} \cdot \text{h}}$$

Der Energiebedarf wird mit Hilfe des Arbeitsaufwandes A für den Eintrag von 1 m^3 Luft je m Einblastiefe für das betreffende Belüftungssystem ermittelt.

$$A' = A \cdot \text{m Einblastiefe in Wh/m}_L^3$$

Die erforderliche Leistung beträgt

$$N_{18} = \frac{Q_{L18} \cdot A'}{1000} \quad \text{in} \quad \text{kW} = \frac{\text{m}_L^3 \cdot \text{Wh} \cdot \text{kW}}{\text{h} \cdot \text{m}_L^3 \cdot \text{W}}$$

Damit keine sauerstoffarmen Zonen im Belebungsbecken entstehen, ist eine Mindestleistungsdichte W_R in W/m^3_{BB} erforderlich, die eine ausreichende Strömungsgeschwindigkeit gewährleistet. W_R ist vom Volumen des Belebungsbeckens abhängig (**377**.1).

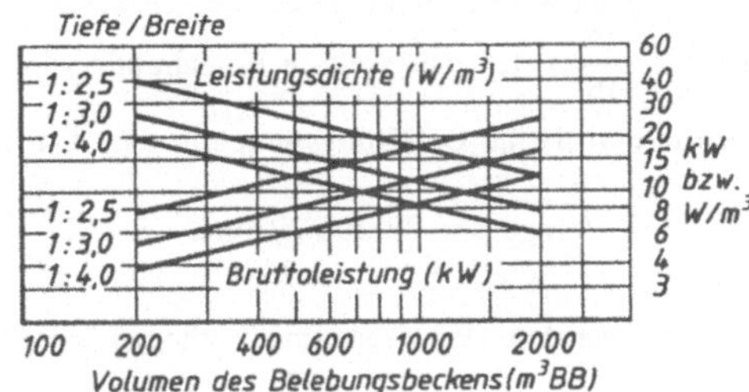

377.1
Erforderliche Leistung für ausreichende Strömungsgeschwindigkeit an der Beckensohle nach [39c]

4.5.2.2 Berechnungsbeispiel

Ausgangswerte. Es soll ein Belebungsbecken für Vollreinigung ohne Nitrifikation berechnet werden: Die Ausgangswerte sind: 120000 EG q_d = 180 l/(EG · d) BSB_5 = 340 mg/l Mischsystem. Diese Werte sollen gemessen worden sein. Sie weichen von den Grundwerten der Tafel **370**.1 [200 l/(E · d) und 60 g BSB_5/(EG · d)] hinsichtlich q_d ab.

Der BSB_5 beträgt nach der mechanischen Vorklärung nur noch

$$\frac{2}{3} \cdot 60 = 40 \text{ g } BSB_5/(\text{EG} \cdot \text{d})$$

Der Endwert der Reinigung soll ≦ 20 mg BSB_5/l sein. Damit wäre eine Reinigungsleistung von mindestens $\frac{143 - 20}{143} \cdot 100 = 86\%$ zu erbringen. Nach **371**.1 ist der Schlammbelastung B_{TS} = 0,3 ein Wert von 92% > 86% zugeordnet.

Ausgangswerte: Schmutzfracht B_B vor der Belebung = $\frac{40 \cdot 120000}{1000}$ = 4800 kg BSB_5/d

$$Q_d = \frac{180 \cdot 120000}{1000} = 21600 \text{ m}^3/\text{d}; \; Q_S = Q_{18} = \frac{21600}{18} = 1200 \text{ m}^3/\text{h};$$

$$Q_{36} = \frac{21\,600}{36} = 600\ \text{m}^3/\text{h};\quad Q_f = 100\%\ \text{von}\ Q_d = 21\,600\ \text{m}^3/\text{d};$$

$$Q_t = Q'_{18} = 21\,600/18 + 21\,600/24 = 1200 + 900 = 2100\ \text{m}^3/\text{h} = 583\ \text{l/s};$$

$$Q_{rw} = 2 \cdot Q_S + Q_f = 2 \cdot 1200 + 900 = 3300\ \text{m}^3/\text{h} = 917\ \text{l/s}$$

a) Bemessung des Belebungsbeckens mit Druckbelüftung. Als Schlammbelastung B_{TS} wird durch Versuch ermittelt oder gewählt nach Tafel **370**.1. Hier aus Sicherheitsgründen gegenüber Spalte 7, Zeile 2:

$$B_{TS} = 0{,}3\ \text{kg}\ BSB_5/(\text{kg}\ TS \cdot \text{d});\quad B_R = 900\,\frac{\text{g}\ BSB_5}{\text{m}^3_{BB} \cdot \text{d}} < 1{,}0\,\frac{\text{g}\ BSB_5}{\text{m}^3_{BB} \cdot \text{d}};$$

$$TS_R = 0{,}9/0{,}3 = 3\ \text{kg}\ TS/\text{m}^3_{BB};\ \text{gew.}\ TS_R = 3{,}3\ \text{kg}\ TS/\text{m}^3$$

$$\text{erf}\ V_{BB} = 4800/0{,}9 = 5333\ \text{m}^3_{BB}$$

Dieser Bemessung liegt eine gleichmäßige BSB_5-Fracht-Verteilung über den Tag zugrunde. Wenn die Ganglinien der BSB_5-Fracht und der Abwassermenge bekannt sind, läßt sich eine genauere Bemessung über das Stundenmittel durchführen.

z. B.: Tagesmittel – $BSB_5 = 4800/16 = 300\ \text{kg}\ BSB_5/\text{h}$
Tagesmittel – $Q_t = Q'_{18} = 2100\ \text{m}^3/\text{h}$

$$BSB_{5,t} = \frac{300 \cdot 1000}{2100} = 143\ \text{g/m}^3 \qquad \text{erf}\ V_{BB} = \frac{143 \cdot 2100 \cdot 24}{900} = 8008\ \text{m}^3_{BB}$$

Dieser Wert ist $> 5333\ \text{m}^3$ wegen der größeren BSB_5-Konzentration. Der Konzentrationsfaktor beträgt $\frac{24}{16} = 1{,}5$. Die weitere Berechnung wird hier mit $V_{BB} = 5333\ \text{m}^3$ durchgeführt.

Gewählt wird eine Belüftungsrinne mit dem Querschnitt $A = 16\ \text{m}^2$

$$\text{Länge der Belüftungsrinne}\quad L = \frac{V_{BB}}{A} = \frac{5333}{16} = 333\ \text{m, gewählt 340 m}$$

Gewählt werden vier nebeneinanderliegende Rinnen mit je $\frac{340}{4} = 85$ m Länge.

$$\text{vorh}\ V_{BB} = 4 \cdot 85 \cdot 16 = 5440\ \text{m}^3;\ \text{vorh}\ B_R = \frac{4800 \cdot 1000}{5440} = 882\,\frac{\text{g}\ BSB_5}{\text{m}^3_{BB} \cdot \text{d}} < 900$$

Belüftungszeit t_R bei Q_{rw}

$$t_R = 5440/3300 = 1{,}65\ \text{h} > 1{,}0\ \text{h}$$

Rücklaufschlammenge. Der Schlammgehalt TS_R im Belebungsbecken wurde errechnet (vgl. Tafel **370**.1)

$$TS_R = 3300\ \text{g}\ TS/\text{m}^3_{BB}$$

Mit diesem Wert ergibt sich die Schlammbelastung

$$B_{TS} = \frac{B_R}{TS_R} = \frac{882}{3300} = 0{,}27\,\frac{\text{g}\ BSB_5}{\text{g}\ TS \cdot \text{d}} < 0{,}3$$

Schlammindex $ISV = 120$ ml/g TS im Belebtschlamm

$$TS_{RS} = \frac{1200}{\text{Schlammindex}} = \frac{1200}{120} = 10\ \text{g}\ TS/\text{l} = 10000\ \text{g}\ TS/\text{m}^3$$

$$\text{min}\ RV = \frac{TS_R}{TS_{RS} - TS_R} = \frac{3300}{10000 - 3300} \approx 0{,}5 = 50\%,$$

gewählt $RV = 1{,}5\ Q_t$ wegen des Regenwetterdurchflusses. max Rücklaufwassermenge

$$Q_{RV} = 1{,}5 \cdot 2100 = 3150\ \mathrm{m^3/h}$$

gewählt 3 Pumpen mit je 1600 m³/h Leistung, davon 1 Pumpe in Reserve.

Überschußschlammproduktion. Annahme: 1 kg BSB_5 liefert 1,0 kg Überschußschlamm (vgl. Tafel **370**.1, Zeile 7)

$$\ddot{U}S_R/B_R = 1{,}0\ \mathrm{kg}\ TS/\mathrm{kg}\ BSB_5$$

$$\ddot{U}S_R = \ddot{U}S/V_{BB} = 4800/5440$$

$$\ddot{U}S = 4800 \cdot 1{,}0 = 4800\ \mathrm{kg}\ TS/\mathrm{d} = 0{,}88\ \mathrm{kg}\ TS/(\mathrm{m^3_{BB}} \cdot \mathrm{d})$$

Überschußschlammenge

$$Q_{\ddot{U}S} = \frac{\ddot{U}S}{TS_{RS}} = \frac{4800}{10} = 480 \frac{\mathrm{kg}\ TS \cdot \mathrm{m^3}}{\mathrm{d} \cdot \mathrm{kg}\ TS} = 480 \frac{\mathrm{m^3}}{\mathrm{d}}$$

bezogen auf den Zufluß zur Kläranlage

$$\frac{Q_{\ddot{U}S}}{Q_d} \cdot 100 = \frac{480 \cdot 100}{2 \cdot 21600} = 1{,}1\% \triangleq \text{geringe Menge}$$

Das Schlammalter beträgt im Mittel

$$TS_R/\ddot{U}S_R = 3{,}3/0{,}88 = 3{,}75\ \mathrm{d} \qquad \mathrm{d} = \frac{\mathrm{kg}\ TS \cdot \mathrm{m^3_{BB}} \cdot \mathrm{d}}{\mathrm{m^3_{BB}} \cdot \mathrm{kg}\ TS}$$

Sauerstoffzufuhr. Sauerstofflast OC/load für Bemessung angenommen mit

$$O_B = 1{,}5\ \mathrm{kg}\ O_2/\mathrm{kg}\ BSB_5 \text{ (nach Tafel 370.1)}$$

erf O_2-Zufuhr unter Bemessungsbedingungen

$$1{,}5 \cdot 4800 = 7200\ \mathrm{kg}\ O_2/\mathrm{d}$$

Bei gleichbleibender BSB_5-Konzentration, aber wechselnden Wassermengen ergeben sich

	im 18-h-Mittel (tagsüber)	im 36-h-Mittel (nachts)
	$\frac{7200}{18} = 400\ \mathrm{kg}\ O_2/\mathrm{h}$	$\frac{7200}{36} = 200\ \mathrm{kg}\ O_2/\mathrm{h}$
oder	$\frac{400 \cdot 1000}{5440} = 73{,}5 \frac{\mathrm{g}\ O_2}{\mathrm{m^3_{BB}} \cdot \mathrm{h}}$	$\frac{200 \cdot 1000}{5440} = 37 \frac{\mathrm{g}\ O_2}{\mathrm{m^3_{BB}} \cdot \mathrm{h}}$

anderer Berechnungsweg:

tagsüber $B_{R18} = \frac{882}{18} = 49 \frac{\mathrm{g}\ BSB_5}{\mathrm{m^3_{BB}} \cdot \mathrm{h}}$ OC/load $= 1{,}5 \frac{\mathrm{g}\ O_2}{\mathrm{g}\ BSB_5}$ (nach Tafel **370**.1)

erf O_2-Eintrag $= 1{,}5 \cdot 49 = 73{,}5 \frac{\mathrm{g}\ O_2}{\mathrm{m^3_{BB}} \cdot \mathrm{h}}$

nachts $B_{R36} = \frac{882}{36} = 24{,}5 \frac{\mathrm{g}\ BSB_5}{\mathrm{m^3_{BB}} \cdot \mathrm{h}}$ OC/load wie oben

erf O_2-Eintrag $= 1{,}5 \cdot 24{,}5 = 37 \frac{\mathrm{g}\ O_2}{\mathrm{m^3_{BB}} \cdot \mathrm{h}}$

Der O_2-Eintrag schwankt also zwischen den Werten 37 bis 73,5 g $O_2/(\mathrm{m^3_{BB}} \cdot \mathrm{h})$.

Belüftungssystem. Gewählt wird eine feinblasige Belüftung. Nach Tafel **376**.1 beträgt die O_2-Zufuhr für 1 m^3 Luft und 1 m Einblastiefe 10 g $O_2/(m_L^3 \cdot m)$, bei 3 m Einblastiefe $3 \cdot 10 = 30$ g $O_2/m_L^3 \cdot$ max stündliche Luftmenge:

$$\text{tagsüber} \quad Q_{L18} = \frac{400\,000}{30} = 13\,333 \; m_L^3/h \qquad \text{nachts} \quad Q_{L36} = \frac{200\,000}{30} = 6667 \; m_L^3/h$$

Filterrohrbelüftung mit 20 m^3 Luft/(m Rohrbelüfter · h).

Länge der Belüfter $L = 13\,333/20 = 667$ m

Bei einer Beckenlänge von 340 m entfallen $667/340 = 1{,}96$ m Rohrbelüfter/m Becken, erhöht auf 2,0 m. Dies bedeutet bei 1,0 m langen Luftverteilern einen Abstand von 0,50 m.

Wenn man berücksichtigt, daß 280 g O_2/m^3 Luft enthalten sind, wird die eingetragene Luft nur zu $30/280 = 0{,}107 = 10{,}7\%$ für den bakteriellen Abbau ausgenutzt.

Die Luftmenge errechnet sich auch aus dem O_2-Eintrag mit dem Ausnutzungsfaktor 10,7%

$$\text{tagsüber} \quad Q_{L18} = 73{,}5 \; \frac{5440}{280 \cdot 0{,}107} = 13\,346 \; m_L^3/h \approx 13\,333 \; m_L^3/h$$

$$\text{nachts} \quad Q_{L36} = 37 \; \frac{5440}{280 \cdot 0{,}107} = 6718 \; m_L^3/h \approx 6667 \; m_L^3/h$$

Die Luftmenge Q_{LB} in m^3 Luft/kg BSB_5-Abbau errechnet sich bei einem mittleren Sauerstofflastwert im Betrieb von $O_B = 1{,}08$ (s. Tafel **370**.1) zu

$$\text{tagsüber} \quad Q_{LB18} = 13\,346 \; \frac{1{,}08}{1{,}5} = 9609 \; m_L^3/h; \quad \text{nachts} \quad Q_{LB36} = 6718 \cdot \frac{1{,}08}{1{,}5} = 4837 \; m_L^3/h$$

das sind

$$\text{tagsüber} \quad Q_{LB} = \frac{9609 \cdot 1000}{0{,}86 \cdot 49 \cdot 5440} \approx 42 \text{ in } \frac{m_L^3}{\text{kg } BSB_5\text{-Abbau}} = \frac{m_L^3 \, m_{BB}^3 \cdot h \cdot g}{h \cdot g \; BSB_5\text{-Abbau} \cdot kg \cdot m_{BB}^3}$$

Dieser Wert würde mit den Vergleichswerten der Praxis etwa übereinstimmen.

Nach Tafel **370**.1 und Gl. (372.1) kann man den Sauerstoffverbrauch der Mikroorganismen bestimmen.

$$OV_R = 0{,}5 \cdot 0{,}86 \cdot 0{,}9 + 0{,}118 \cdot 3{,}3 = 0{,}78 \text{ kg } O_2/(m_{BB}^3 \cdot d)$$

$$0{,}86 = \eta = \frac{143 - 20}{143} = \text{Abbaugrad des } BSB_5 \text{ im Belebungsbecken} < 0{,}92 \text{ wegen des}$$

dünnen Abwassers.

Hieraus läßt sich die erforderliche Sauerstoffzufuhr unter Betriebsbedingungen errechnen

$$\alpha \cdot OC_R = 1{,}28 \cdot 0{,}78 = 1{,}0 \text{ kg } O_2/(m_{BB}^3 \cdot d) \quad \text{vgl. Gl. (374.1); 1,28 aus Tafel 370.1, Zeile 26}$$

Dieser Wert ist kleiner als der Wert der Tafel **370**.1 für Rest-BSB_5 = 20 mg/l = 1,08.

Energiebedarf. Der Bruttoenergiebedarf beträgt z. B. nach Firmenangaben für das vorgesehene Belüftungssystem ≈ 5,5 Wh/(m_L^3 · m Einblastiefe)[1]). Bei 3 m Einblastiefe $3 \cdot 5{,}5 = 16{,}5$ Wh/m_L^3

$$\text{tagsüber} \quad N_{18} = \frac{13\,346 \cdot 16{,}5}{1000} = 220 \text{ kW}$$

$$\text{nachts} \quad N_{36} = \frac{6718 \cdot 16{,}5}{1000} = 111 \text{ kW}$$

Vergleich mit Tafel **376**.1, Zeile 2 ergibt mit 1,8 kg O_2/kWh = 400/1,8 = 222 kW bzw. 200/1,8 = 111 kW

---

[1]) Statt m_L^3 wird häufig Nm_L^3 ≙ Normalkubikmeter Luft (Luft bei 0 °C, 760 Torr., trocken) verwendet.

Der Energieaufwand/kg BSB_5-Abbau im Betriebszustand beträgt mit

$$Q_{LB} = 42 \text{ m}_L^3/\text{kg } BSB_5\text{-Abbau} \quad N_{B.18} = \frac{42 \cdot 16{,}5}{1000} = 0{,}69 \text{ kWh/kg } BSB_5\text{-Abbau}$$

oder reziprok = 1,44 kg BSB_5-Abbau/kWh

Die Luftmenge/m³ Abwasser beträgt bei Q_{18}

$$Q_{L18} = \frac{Q_L}{Q_t} = \frac{9600}{2100} = 4{,}58 \text{ m}_L^3/\text{m}^3 \text{ zufließendem Abwasser}$$

Der Wert N_B läßt sich auf einem anderen Weg errechnen. Z.B. beträgt die Leistung für den Lufteintrag im Tagesmittel

$$N_{18} = 220 \text{ kW}$$

Dieser Wert wurde mit dem Bemessungs-O_B = 1,5 g O_2/g BSB_5 ermittelt.

Für den stündlichen Nachweis müßte der Betriebs-O_B = 1,08 g O_2/g BSB_5 herangezogen werden.

Die Luftmenge beträgt dann Q_{LB18} = 9609 m_L^3/h und

$$N'_{18} = \frac{16{,}5 \cdot 9609}{1000} = 159 \text{ kWh/h} \qquad N'_{36} = \frac{16{,}5 \cdot 4837}{1000} = 79{,}8 \text{ kWh/h}$$

Der BSB_5 beträgt 4800 kg BSB_5/d, der BSB_5-Abbau = 0,86 · 4800 = 4128 kg BSB_5-Abbau/d oder im Tagesmittel 4128/18 = 229 kg BSB_5-Abbau/h = $(\eta \cdot BSB_5)_{18}$

$$N_{B.18} = 159/229 = 0{,}69 \text{ in } \frac{\text{kWh} \cdot \text{h}}{\text{h} \cdot \text{kg } BSB_5\text{-Abbau}} = \frac{\text{kWh}}{\text{kg } BSB_5\text{-Abbau}}$$

Umwälzleistung nachts W_R = 79800/5440 = 14,67 W/m_{BB}^3 > 12 nach **377**.1.

b) Bemessung des Belebungsbeckens mit Kreiselbelüftung (alternativ zu Abschn. 4.5.2.2 a), jedoch mit BSB_5-Frachtganglinie Volumenermittlung wie bei a): erf V_{BB} = 5333 m³.

Die stündliche Sauerstoffzufuhr (Tafel **382**.1) richtet sich nach der BSB_5-Frachtganglinie. Bei geringer BSB_5-Belastung, vor allem in den Nachtstunden, muß überprüft werden, ob für die erforderliche Umwälzung oder für die Grundatmung des belebten Schlammes keine höheren Sauerstoffeinträge notwendig werden, als sich aus der BSB_5-Frachtganglinie ergeben.

Die Grundatmung beträgt nach Tafel **370**.1, Zeile 21: 0,118 · TS_R, im Mittel also 0,118 · 3,3 = 0,389 kg O_2/(m_{BB}^3 · d) = 0,389 · 5333 = 2077 kg O_2/d und 2077/24 = 86,5 kg O_2/h.

Es sind erforderlich

$$\frac{86{,}5 \cdot 1000}{3{,}3 \cdot 5333} = 4{,}92 \text{ g } O_2/(\text{kg } TS \cdot \text{h}) \quad \text{aus} \quad \frac{\text{kg } O_2 \cdot \text{m}_{BB}^3 \cdot \text{g } O_2}{\text{h} \cdot \text{kg } TS \cdot \text{m}_{BB}^3 \cdot \text{kg } O_2}$$

Dem entspricht eine Schlammbelastung von

$$\frac{4{,}92 \cdot 24}{1000 \cdot 2} = 0{,}059 \frac{\text{kg } BSB_5}{\text{kg } TS \cdot \text{d}} \quad \text{aus} \quad \frac{\text{g } O_2 \cdot \text{h} \cdot \text{kg } O_2 \cdot \text{kg } BSB_5}{\text{kg } TS \cdot \text{h} \cdot \text{d} \cdot \text{g } O_2 \cdot \text{kg } O_2}$$

Zum Vergleich beträgt die Schlammbelastung aus Grund- und Substratatmung

$$\text{mit} \quad B_R = \frac{4800}{5333} = 0{,}9 \frac{\text{kg } BSB_5}{\text{m}_{BB}^3 \cdot \text{d}} \qquad B_{TS} = \frac{0{,}9}{3{,}3} = 0{,}273 \frac{\text{kg } BSB_5}{\text{kg } TS \cdot \text{d}}$$

Tafel **382**.1 Leistungsverteilung entsprechend der BSB_5-Ganglinie mit $\alpha OC_R/B_R$ = 1,5 kg O_2/kg BSB_5 (Spalte 3) und O_2-Ertrag = 1,8 kg O_2/kWh (Spalte 4):

1 Tageszeit	2 BSB_5-Fracht	3 Spalte 2·1,5 O_2-Bedarf	4 Spalte 3:1,8 erforderlich	5 Leistung erforderlich je Becken	6	7
h	kg/h	kg O_2/h	KW	kg O_2/h	KW	Eintauchtiefe in cm
0 bis 8	133 (1/36)	200	111	33	18,5	20 um O_2-Bedarf
8 bis 12	272 (1/18)	408	227	68	38	37 abzudecken,
12 bis 16	295 (1/16,3)	442	246	74	41	41 abhängig
16 bis 20	204 (1/24)	306	170	51	28	29 vom
20 bis 24	163 (1/30)	244	136	41	23	24 Kreiseltyp
Tageswerte 24	4800[1])	7200[2])	4000[3])			

[1]) 4800 = 133 · 8 + 272 · 4 + 295 · 4 + 204 · 4 + 163 · 4 in kg/d

[2]) 7200 = 1,5 · 4800 in kg O_2/d

[3]) 4000 = 111 · 8 + 227 · 4 + 246 · 4 + 170 · 4 + 136 · 4 in kWh/d

Alle Werte in Spalte 3 sind größer als der O_2-Bedarf der Grundatmung = 86,5 kg O_2/h. Diese bedarf deshalb keiner weiteren Berücksichtigung.

Umwälzung im BB-Becken bei min BSB_5-Belastung von 18,5 kW (Spalte 6)
18500/922 = 20,1 Watt/m^3_{BB} > 8,5 Watt/m^3_{BB} ist ausreichend, nach **377**.1.

Als Belüftungssystem werden Kreiselbelüfter eingesetzt mit einem O_2-Ertrag = 1,8 kg O_2/kWh (s. Tafel **376**.1: unter günstigen Betriebsbedingungen im Klärwerk).

Beckenabmessung für erf V_{BB} = 5333 m^3_{BB}; 6 quadratische Einheiten mit je 5333/6 = 889 m^3_{BB}; Nutzinhalt, z.B.: B = 16 m, Tiefe T = 3,6 m; T/B = 1:4,4 vorh V_{BB} = 5530 m^3_{BB} > 5333 m^3_{BB}; Durchmesser des Kreiselbelüfters 2,3 m; 6 Einheiten mit polumschaltbaren Motoren und variablen Eintauchtiefen; vorh V_{BB1} = 5530/6 = 922 m^3_{BB} > 889 m^3_{BB}.

4.5.2.3 Bau und Betrieb der Belebungsbecken

Bauformen

Die vorgesehene Betriebsform und die Art der Belüftung haben Einfluß auf Grundriß, Tiefe und Querschnitt des Beckens. Man unterscheidet zwischen Umlaufbecken, voll durchmischte Rechteck- oder auch Rundbecken und Becken in Kaskadenbauweise.

Umlaufbecken werden punktförmig belüftet, z.B. nach **383**.2. Teile des Abwassers machen mehrfache Umläufe (**275**.1, **276**.2, **279**.1). Diese Becken sind gut geeignet, anoxische Vorzonen zur Denitrifizierung anzuordnen.

Volldurchmischte Becken werden meist mit Druckluft, dann Rinnenquerschnitt, oder durch Kreisel, dann quadratischer oder runder Grundriß, belüftet (**386**.1, **387**.2, **385**.1).

Becken in Kaskadenbauweise haben länglichen Rechteckgrundriß. Sie sind durch mehrere Querwände unterteilt. Das Abwasser durchfließt die Teilbereiche nacheinander (**388**.3). Gegenüber den volldurchmischten Becken erfolgt meist eine Leistungssteigerung der Reinigung. Wird z.B. die erste Kaskade als anoxische Mischzone betrieben, so kann auch Stickstoff eliminiert werden. Der Schlammvolumenindex ISV wird ebenfalls verbessert. Die Prozeßstabilität ist hoch. Die Belüftung erfolgt meist durch Druckluft. Ungleichmäßige O_2-Zufuhr für die Teilbereiche ist empfehlenswert, z.B. bei 4 Kaskaden im Verhältnis 0:2:1:1.

Arten der Belüftung

Von der Art des Lufteintrags her unterscheidet man zwischen der Oberflächenbelüftung, der Belüftung mit Druckluft und der Kombinierten Belüftung. Ein Betriebsschema zeigt Bild **386**.1.

Oberflächenbelüftung. Die mechanischen Belüfter (Oberflächenbelüfter) führen dem Abwasser den Sauerstoff aus der Luft über dem Wasserspiegel zu. Diese wird in Blasen in das Wasser eingetragen oder das Abwasser wird in die Luft verspritzt. In beiden Fällen entsteht eine große Kontaktfläche Luft/Abwasser, die durch das schnelle Umwälzen ständig erneuert wird.

Ein mögliches Verfahren ist die Walzenbelüftung (**383**.1). Das Belebungsbecken ist in Belüftungsrinnen aufgeteilt, die Längen bis zu 150 m haben können. Aus betrieblichen Gründen (nur eine Leitung für zwei Rinnen) wählt man möglichst eine gerade Anzahl. An den Längsseiten der Rinnen sind auf Konsolen die Stabwalzen gelagert. Eine Walze hat eine Länge von 3 bis 6 m; 4 bis 5 Walzen werden von einem Getriebemotor bewegt. Die Kraftübertragung auf die Welle erfolgt über einen Keilriemen. Die Walzenachse ist mit Bürstenmaterial oder Metallstäben besetzt. Hier ist eine ständige Entwicklung festzustellen, die mit Piassavaborsten und federnden Stahlkämmen begann, über Winkelstäbe zu Flachstahlstäben verlief und sicher noch nicht abgeschlossen ist. Bei parallel zur Walzenachse angeordneten Rundstäben spricht man von Käfigwalzen. Der Walzendurchmesser beträgt 40 bis 60 cm, geht aber bei den Käfigwalzen und dem Mammut-Rotor der Fa. Passavant bereits darüber hinaus. Die Walzen drehen sich zur Beckenwand hin, die Drehzahl beträgt etwa 100 bis 120 U/min. Der Beckenquerschnitt betrug bei dem Kessener Becken zunächst $\approx 16\ m^2$, wurde später jedoch wesentlich verkleinert und beträgt bei den jetzt üblichen Pasveerschen Becken 3 bis 8 m^2, die Rinnenbreite 3 bis 4 m (**383**.1). Das Abwasser und der Rücklaufschlamm können entweder an der Stirnseite der Rinnen punktförmig oder je an einer der Längswände eingegeben werden. In den

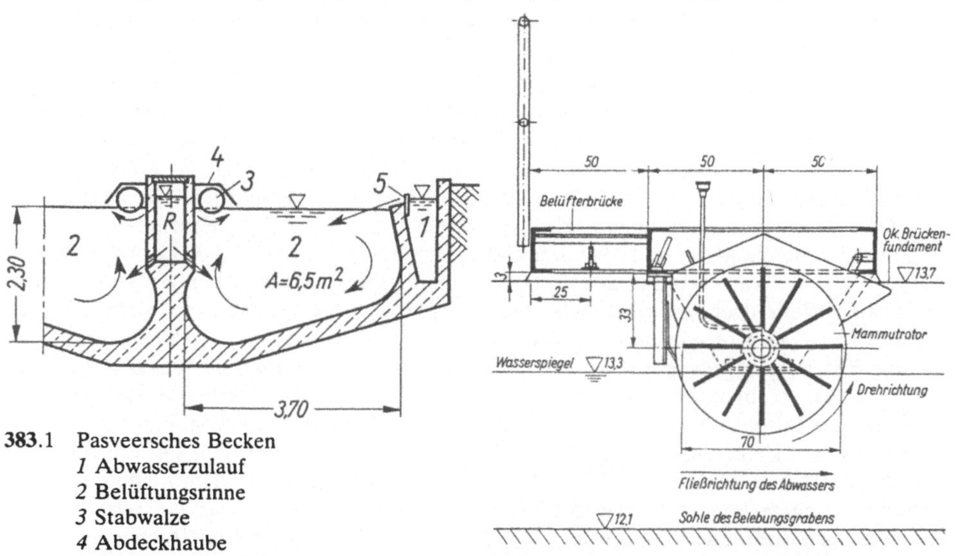

383.1 Pasveersches Becken
1 Abwasserzulauf
2 Belüftungsrinne
3 Stabwalze
4 Abdeckhaube
5 Gezahnte Überfallkante
R Rücklaufschlamm

383.2 Schnitt durch Mammutrotor (Fa. Passavant) in einem Belebungsgraben

Belüftungsrinnen entsteht neben der Längsströmung eine rotierende Querströmung, die von der Oberfläche her die Luftblasen in das Becken mitnimmt.

Diese Art der Walzenbelüftung wird in letzter Zeit häufiger abgelöst durch die Rotorenbelüftung.

Der Mammutrotor wirkt rechtwinkelig zur Hauptfließrichtung. Er dient zur Belüftung in Umlauf- oder Durchlaufbecken (**383**.2).

Durch den rotierenden Rotor wird Luft in das Abwasser eingetragen, eine Fließbewegung, und die Durchmischung im Becken erzeugt und damit die Grundbedingungen für die biologische Reinigung geschaffen: Turbulenz und Sauerstoffzufuhr. Der Mammutrotor besteht aus folgenden Teilen:

Antrieb mit zweistufigem Kegel-Stirnradgetriebe, aufgeflanschtem Drehstrommotor in V1-Bauart und Kupplung zwischen Motor und Getriebe. Ein auf dem Getriebe angeordneter Luftausgleichsfilter verhindert den Eintritt feuchter Luft.

Der Rotor mit Flansch-Rohrwelle trägt die aufgeklemmten 7,5 cm breiten, radial im 30°-Abstand und seitlich versetzt angeordneten Belüftungsstähle und die beiden Endbegrenzungsscheiben als Spritzschutz.

Eine elastische Kupplung verbindet Getriebe-Antriebszapfen und die Rotor-Flanschwelle. Sie nimmt den Anfahrstoß, im Betrieb auftretende Schwingungen und etwaige Fluchtungsungenauigkeiten auf.

Die Endlager ruhen lose in einem festen Lagerkörper mit elastischer Stützschale und können Längenausdehnungen und geringe Verlagerungen des Rotors kompensieren.

Zum Schutz gegen eindringendes Spritzwasser in Lager und Getriebe sind an den Wellenein- und -austrittsstellen Labyrinth-Abdichtungen vorgesehen, die mit Sperrfett gefüllt werden. Getriebe- und Endlager werden auf Betonfundamenten montiert. Diese werden durch einen bauseits zu erstellenden Betonlaufsteg mit Geländer und Gitterrostabdeckung verbunden. Es empfiehlt sich, den Mammutrotor mit einem leicht abnehmbaren Spritzschutz zu versehen.

In den letzten Jahren hat sich die Oberflächenbelüftung mit Kreiseln gut eingeführt. In Deutschland sind verschiedene Systeme vertreten: der BSK-Kreisel (**385**.2) (oder BSK-Turbine), der Vortair-Kreisel, der Gyrox-Kreisel, der Koppers-Hochleistungskreisel (auch Simplex-Kreisel), der Simcar-Kreisel (**385**.4), der Otto-Oberflächenbelüfter, der Hamburg-Rotor (**385**.5), der Biorotor, der HD-Belüfter (Fa. Passavant), der OS-Kreisel (Fa. O. Schulze), Kreisel-System Bischoff (**385**.1), Kreiselbelüfter (Fa. Landustrie Sneek, **385**.3) und schwimmende Aggregate wie Speedair-Aerator und Aqua-Lator u. a. Die Kreisel sind in der Mitte von runden oder quadratischen Becken an einer vertikalen Welle drehbar angebracht. Der Antrieb durch Getriebemotor sitzt auf einer Stahlbrücke. Die Kreisel sind so ausgebildet, daß das Abwasser von der Beckensohle aus in einem Strudel angesaugt und dann vom Kreisel radial flach über die Wasseroberfläche nach außen geschleudert wird. Durch Ansaugöffnungen wird dem durchströmenden Wasser im Kreisel Luft zugeführt. Die auftreffenden Wasserstrahlen rauhen die Wasseroberfläche stark auf und vergrößern dadurch die Oberfläche und den Lufteintrag. Außerdem entsteht eine intensive Umwälzung des Beckeninhalts und damit eine gute Verteilung der mitgerissenen feinen Luftbläschen. Unter der Kreiselachse entsteht im Bekken eine sich drehende Wassersäule. Die Fließgeschwindigkeit an der Beckensohle von 0,2 bis 0,5 m/s verhindert jede Schlammablagerung. Der Antrieb ist so ausgebildet, daß man den Kreisel in beiden Drehrichtungen, stoßend (vorwärts) oder schleppend (rück-

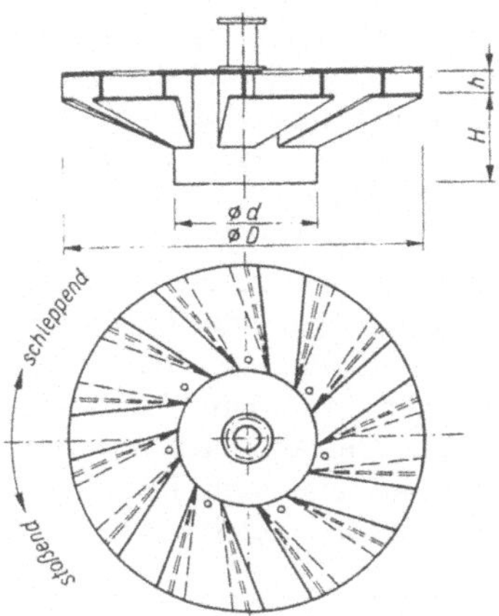

385.1 Oberflächenbelüfter
Fa. Bischoff KG in I-Form
D = 1900 bis 2900 mm

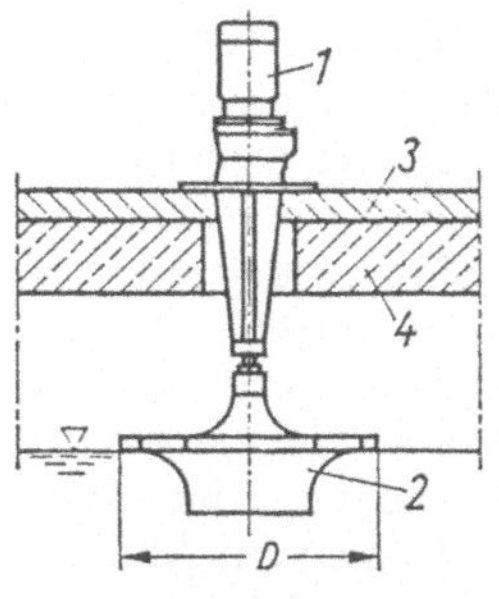

385.2 BSK-Kreisel
1 Getriebemotor
2 BSK-Kreisel
3 Grundplatte
4 Brücke

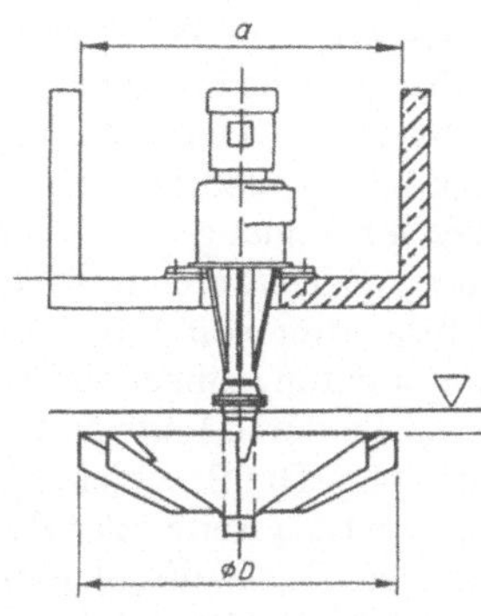

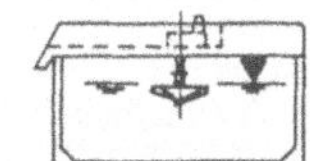

385.3 Kreiselbelüfter
(Fa. Landustrie Sneek)

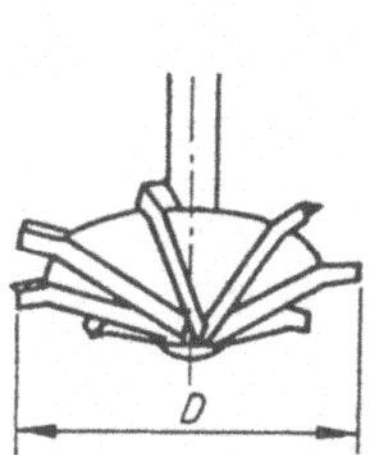

385.4 Simcar-Belüfter

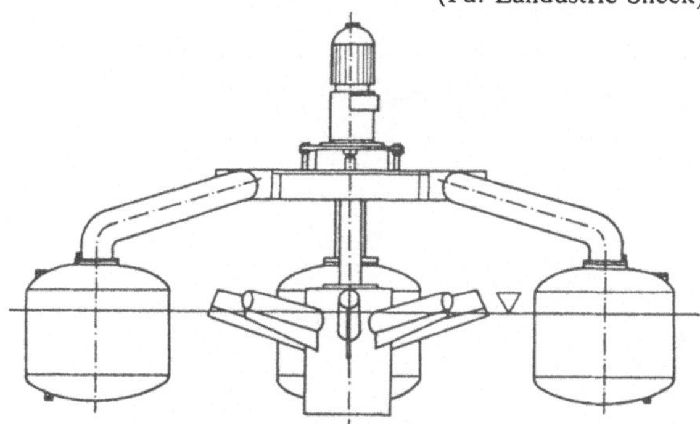

385.5 Hamburg-Rotor (Fa. Geiger) D = 1000 bis 3600 mm, schwimmend auf Pontons

wärts), betreiben kann. Außerdem können Drehzahl und Eintauchtiefe des Kreisels zwecks Anpassung an den erforderlichen Sauerstoffeintrag verändert werden. Bei größeren Kläranlagen kann man mehrere Kreisel hintereinanderschalten. Die Kreisel sind in Größen von d = 500 bis 4000 mm mit Eintragswerten von 5 bis 200 kg O_2/h lieferbar. Der Kraftbedarf je kg abgebauten BSB_5 beträgt ≈ 0,4 kWh. Die Kreisel können auf Schwimmern auch zur Belüftung von Gewässern eingesetzt werden. Für das B e c k e n eines K r e i s e l s gelten folgende Richtwerte: Tiefe/Breite = 1:3 bis 1:8; Tiefe 2,5 bis 4,5 m; Umfanggeschwindigkeit v_u = 3 bis 5 m/s; Wurfweite = $0{,}3 \cdot v_u^2$, z. B. bei v_u = 5m/s = $0{,}3 \cdot 5^2$ = 7,5 m; Leistungsdichte 20 bis 100 W/m^3.

Belüftung mit Druckluft. Für den Lufteintrag im Belebungsbecken sind drei Faktoren wesentlich: Eintragstiefe, Blasengröße und Turbulenz. In Druckluftbecken werden Sauerstoffeintrag und Turbulenz durch die Blasen der unter Druck eingetragenen Luft bewirkt. Im allg. liefert die feinblasige Belüftung bessere Abbauergebnisse; bei hochbelasteten Belebungsanlagen oder bei der Teilreinigung kann aber die grobblasige Belüftung vorteilhaft sein. **386**.2 zeigt verschiedene Möglichkeiten des Drucklufteintrages. Druckluftbecken sind in Rinnen aufgelöst, die etwa quadratische Querschnittsform haben, A = 10 bis 20 m^2. Der Lufteintrag erfolgte früher durch Luftkästen mit durchlässigen Abdeckplatten (**388**.1), heute i. allg. durch Rohrsysteme (**386**.1, **386**.2a, **387**.1 u. **387**.3). Man verwendet gelochte Stahlrohre 1 bis 4″ mit Bohrungen, geschlitzte Kunststoffrohre, Düsen, Filterrohre aus Metall oder Kiesfilterrohre, Körnung 60 bis 80. In Bild **387**.1 sind Rohrbelüfter von 1 m Länge verwendet, die in einem Abstand von 25 cm quer zur Längsrichtung eingebaut wurden. Durch Ausrundung oder Abschrägung der Innenkanten sowie durch Leitwände soll eine möglichst störungsfreie Querströmung in der Rinne entstehen. Die Beschickung der Rinnen mit Abwasser, Rücklaufschlamm und Luft kann von den Längsseiten der Becken aus gleichmäßig erfolgen. Man kann aber das Abwasser und den Rücklaufschlamm auch stufenförmig in Längsrichtung einleiten. Im letzten Drittel der Belüftungsrinnen sollte jedoch wegen der zu geringen Einwirkzeit des Belebt-

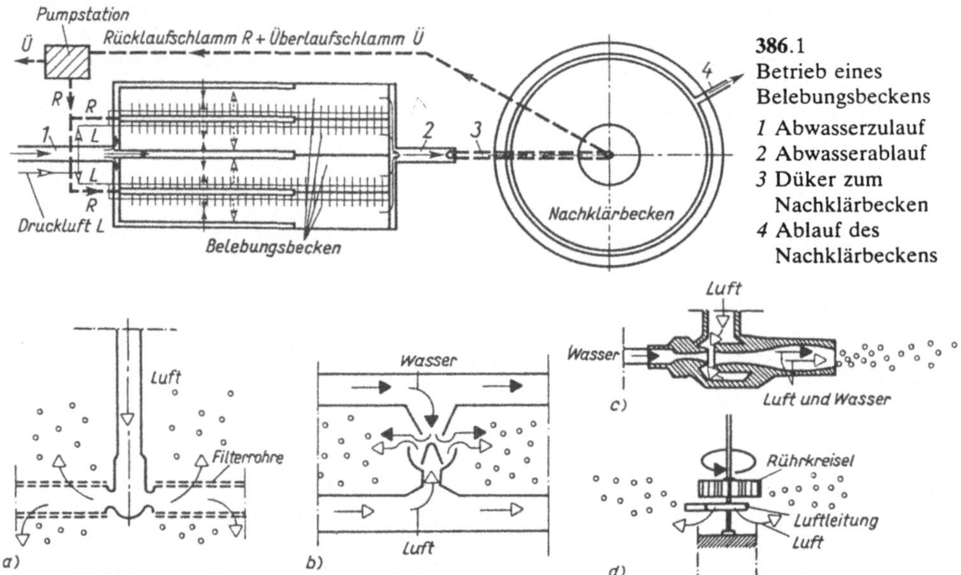

386.1 Betrieb eines Belebungsbeckens
1 Abwasserzulauf
2 Abwasserablauf
3 Düker zum Nachklärbecken
4 Ablauf des Nachklärbeckens

386.2 Möglichkeiten des Drucklufteintrages
a) Filterrohre (Membranfilter, Lochfilter, keramische Filter, Düsenrohre) als Verteiler
b) Gegenstrom-Prinzip (Mischvorgang intensiviert)
c) Ejektor-Prinzip (Strahl-Unterdruckwirkung)
d) Verteilerring für Luft mit Rührkreisel zur Raumverteilung

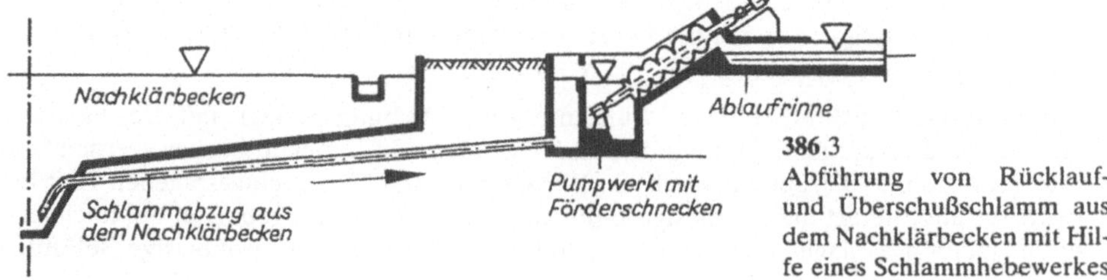

386.3 Abführung von Rücklauf- und Überschußschlamm aus dem Nachklärbecken mit Hilfe eines Schlammhebewerkes

schlammes kein Abwasser mehr zugegeben werden (**386**.1). Die Rücklauf- und Überschußschlammförderung erfolgt oft durch Schneckenhebewerke (**386**.3) oder Schöpfräder, um die Schlammflocken nicht zu zerstören. Bild **387**.2 zeigt verschiedene betriebliche Möglichkeiten der Beckenbeschickung mit dem über die Beckenlänge verlaufenden Reinigungsverlauf. Die Wahl des Verfahrens wird durch Abwasserart und Belüftungssystem bestimmt.

Die Druckluft wird aus betrieblichen Gründen möglichst von mehreren Gebläsen erzeugt. Beim Ausfall eines Gebläses fördern die anderen weiter, so daß es wegen fehlender Turbulenz nicht zu Schlammablagerungen kommt. Durch das Einschalten verschiedener Gebläse kann man sich dem

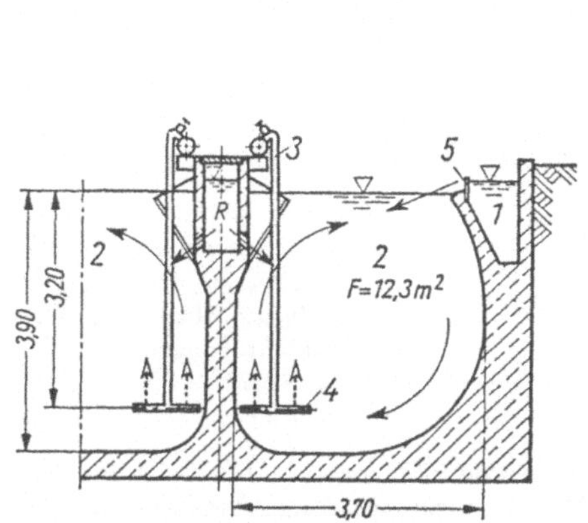

387.1 Druckluftbecken (Querschnitt)
1 Abwasserzulauf
2 Belüftungsrinne
3 Druckluftzufuhr
4 Rohrbelüfter
5 Gezahnte Überfallkante
R Rücklaufschlamm

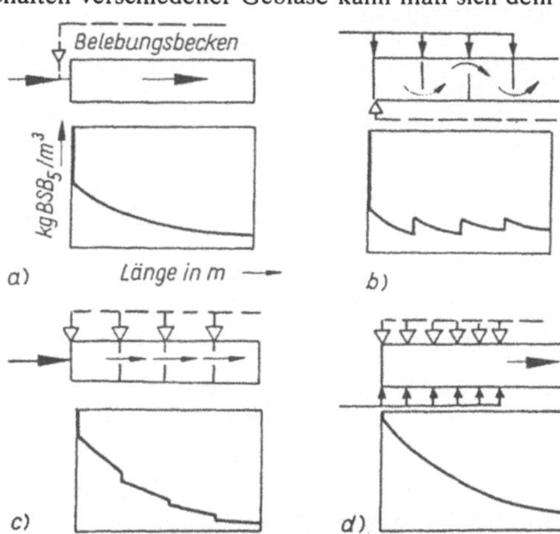

387.2 Betriebsformen und Reinigungsverlauf in Belebungsbecken
a) Abwasser und Rücklaufschlamm fließen am Beckenanfang zu (Piston-flow-Beschickung)
b) verteilte Abwasserzugabe (Gould), mit zum Beckenende abnehmender Luftzugabe = Schumacher (Bioxon)
c) verteilte Rücklaufschlammzugabe
d) verteilte Abwasser- und Rücklaufschlammzugabe

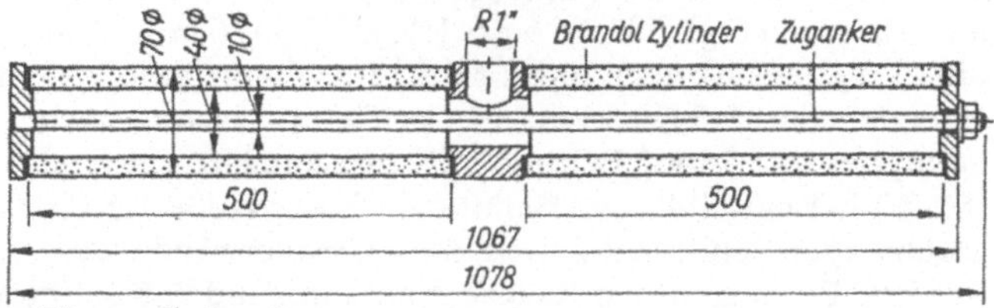

387.3 Schumacher-Rohrbelüfter 70 mm Ø, 1 m lang
Ausrüstung: 2 Brandol-Zylinder 70/40 mm Ø, 500 mm lang, zusammengespannt mit Zuganker aus rostfreiem Stahl, 2 Deckplatten und Mittelteil aus Grauguß, einbrennlackiert, Mutter aus Messing, Gummidichtungen mit Gewebeauflage. Gewicht etwa 7 kg.

Luftdurchsatz: 3 bis 15 m^3/h pro Belüfter bei wirtschaftlichstem Einsatz. In diesem Bereich ist der Sauerstoffertrag 3,8 bis 2,5 kg O_2/kWh. Luftdurchsatz bis 50 m^3/h möglich.

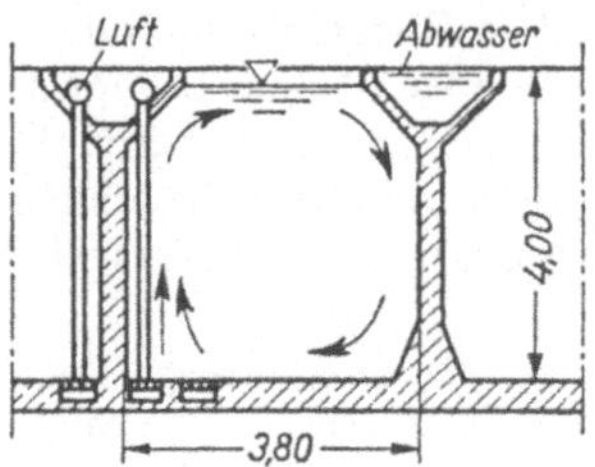

388.1 Hurdbecken

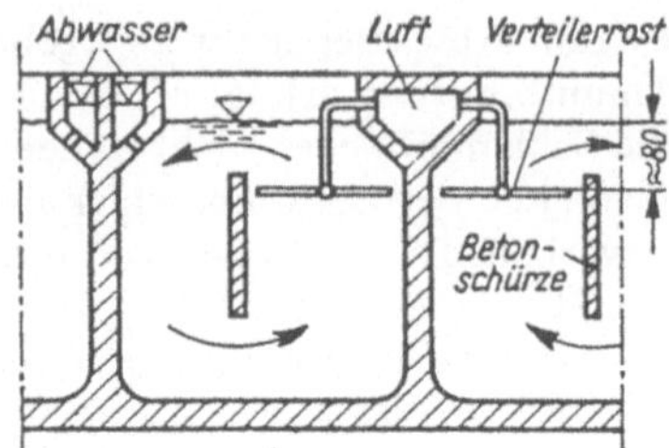

388.2 Inka-Belüftung

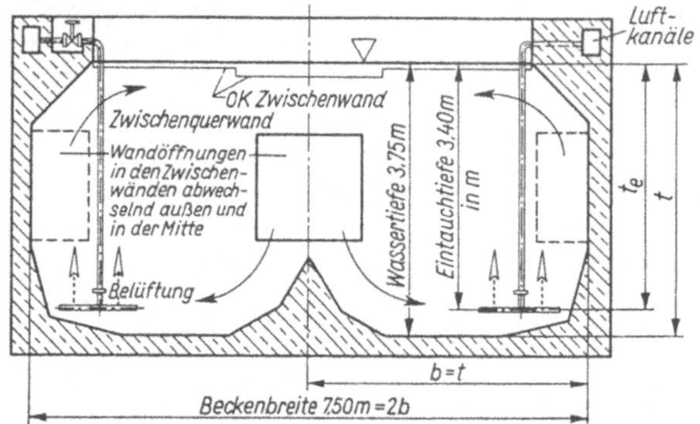

388.3 Belebungsbecken ohne Mittellängswand (Bemessungsvorschlag; Abzug für Beckenabschrägungen ≈ 7%: $F_{netto} = 3{,}75^2 - 0{,}07 \cdot 3{,}75^2 = 13\ m^2$)

erforderlichen Lufteintrag, der tagsüber mit der Belastung schwankt, anpassen. Die Steuerung kann durch Zeitschaltung oder durch Schaltung nach dem Verschmutzungsgrad des Abwassers automatisiert werden. Die Gebläse werden elektrisch oder direkt durch Faulgas-Motoren betrieben. Die Gebläse sind in einem massiv gebauten Raum vor Nässe und Kälte geschützt aufzustellen. Die Anlage muß übersichtlich und gut zu kontrollieren sein. Meist bringt man die Gebläse zusammen mit Transformatoren, Pumpen, Gasmotoren und der Schaltzentrale in einem gemeinsamen Betriebsgebäude unter.

Bei Druckluft-Belebungsbecken empfiehlt es sich, für kompliziertes Abwasser eine Versuchsanlage zu bauen. Diese kann als Teil der geplanten Gesamtanlage im Maßstab 1:1 oder in verkleinertem Maßstab 1:2 bis 1:10 betrieben werden. Es werden Belüftungsversuche mit verschiedenen Systemen durchgeführt.

Häufig werden Doppelbelüftungsrinnen ohne Mittellängswand eingesetzt (**388**.3). Allgemein kann man bei feinblasiger Belüftung von folgenden Richtwerten für das Becken ausgehen (vgl. **388**.3): $b/t \approx 1:1$; $t_e = 3$ bis 6 m; Luftmenge 1 bis 3 m_L^3/m_{BB}^3; Belüfter 5 bis 15 $m_L^3/(m \cdot h)$ oder 20 bis 60 $m_L^3/(m^2$ Filterfläche $\cdot$ h); Kerzenabstand 25 bis 50 cm; Energiebedarf 5,5 bis 6 Wh/($m_L^3 \cdot$ m Tiefe); Leistungsdichte > 10 W/m^3. Der Luftbedarf beträgt etwa 1,75 m_L^3/EG und 11% Ausnutzung bei feinblasiger Belüftung; 3,0 m_L^3/EG (6,5%) bei mittelblasiger Belüftung, Blasengröße 1,5 bis 3 mm; 3,5 m_L^3/EG (5,5%) bei grobblasiger Belüftung. Durch Zwischenquerwände kann der Strömungsweg verlängert werden. Es entsteht ein Kaskadenbecken. Bild **388**.3 gibt Verhältniswerte für Beckenquerschnitte mit Bandbelüftung an. Die Eintauchtiefe t_e soll $\geqq 1{,}0$ m sein. Größte Beckentiefe liegt etwa bei 6,0 m. Zunehmend oft werden flächenhafte Belüftungen eingesetzt, d.h. Verteilung der Bel.-Elemente über den ganzen Beckenboden, z.B. in Form von Domen, Tellern, Rohren oder von Plattenbelüftern.

Für industrielles Abwasser wird, bisher vereinzelt, eine Tiefstrombelüftung eingesetzt, bei der eingetragene Druckluft in große Wassertiefen vom Abwasser mitgenommen wird, wodurch die Kontaktzeit auf ≧ 3 min erhöht wird (15 bis 20 s bei horizontal durchströmten Becken). Die Anlagen haben kleinen Platzbedarf und u. U. geringe Baukosten (**389**.1). Das ICI(Imperial Chemical Industries Ltd.)-Tiefschachtverfahren wurde 1974 in England entwickelt.

Es ist ein Belebungsverfahren, daß sich durch hohe Sauerstoffeintragswerte (≦ 3 kg O_2/m^3), einem Sauerstoffertrag von 3 bis 4 kg O_2/kWh und einer Sauerstoffausnutzung bis 80% von anderen Verfahren unterscheidet. Der zur biologischen Reinigung erforderliche Luftsauerstoff wird in großer Tiefe (Kl A Leer 30 m) in den Abströmer (*2*) eingetragen. Die Luftblasen werden durch die abströmende Wassermenge mit in die Tiefe genommen und gehen infolge des wachsenden Wasserdruckes in Lösung. Nach Eintritt in den Aufströmer (*3*) vermindert sich der Druck und die überschüssige Luft tritt in Blasen wieder aus. Sie bilden zusammen mit dem belebten Schlamm ein Flotat.

Auch die modernen Turmbiologie-Anlagen der chemischen Industrie arbeiten mit großen Eintragstiefen (≧ 10 m) und erreichen sehr wirtschaftliche O_2-Einträge.

Kombinierte Belüftung. Bei der kombinierten Belüftung sind mechanisch wirkende Vorrichtungen zur Umwälzung und Druckluft eintragende zusammen wirksam. Man versucht, den großen Anteil der Druckluft, welcher in Druckluftbecken allein die Umwälzung bewirkt, funktionell durch mechanische Umwälzung zu ersetzen. Der Prototyp sind

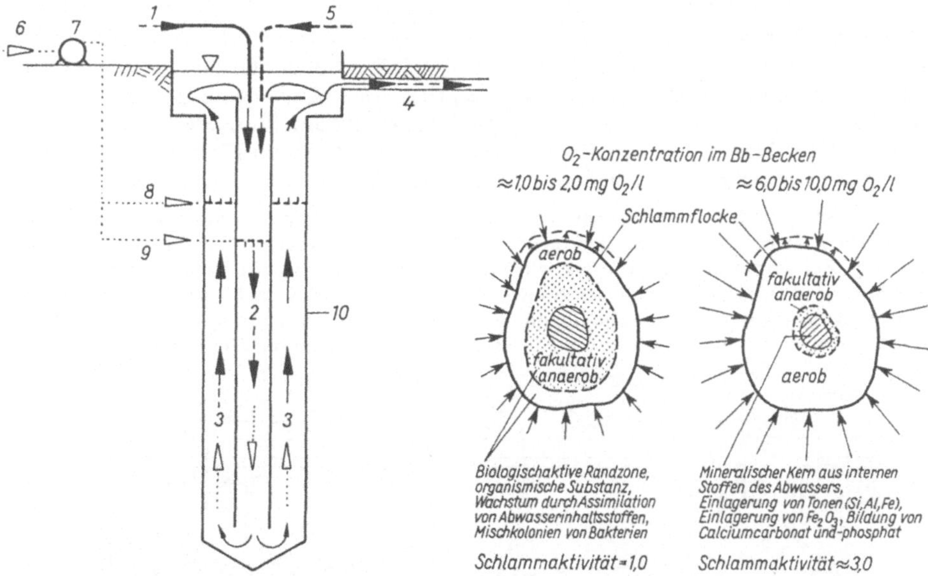

389.1 Tiefstrombelüftungseinheit (Fa. ICI)

1 Abwasser-Zulauf
2 Abströmer
3 Aufströmer
4 Ablauf
5 Schlammrücklauf vom Nachklärbecken
6 Luft
7 Kompressor
8 Start-Luft
9 Prozeß-Luft
10 Schacht

389.2 Belebtschlammflocke, Aufbau und Schlammaktivität als Funktion der O_2-Konzentration. Organischer Anteil etwa 70% (davon org. N 6 bis 8%, org. C ~ 30%); Anorganischer Anteil etwa 30% (davon Ca 0 ~ 23%, Al_2O_3 ~ 18%, Fe_2O_3 ~ 7%, SiO_2 ~ 32%, P_2O_5 ~ 13%)

Paddelräder. Beim Turbinenbelüfter sitzt im unteren Beckenteil ein Belüftungsrohrring, über den die Druckluft grobblasig zugeführt wird, und über den Luftaustrittsöffnungen rotiert um eine vertikale Welle ein Rührkreisel, der die Blasen fein verteilt und für die Umwälzung sorgt. Diese Kombination wird auch beim Aero-Accelator (**503**.1) eingesetzt. Bei beweglichen Belüftungseinrichtungen strömt das Abwasser meist im Gegenstrom über die an der Beckensohle wandernden Luftaustrittsrohre. Sauerstoffzufuhr und Umwälzung sind durch Luftmenge bzw. Fahrgeschwindigkeit getrennt zu regulieren (**487**.1).

Als eine alternative Betriebsform gilt die Sauerstoffbegasung des Belebungsbeckens. Der Einsatz der Sauerstoffbegasung ist insbesondere für eine Erweiterung oder Erhöhung des Wirkungsgrades einer überlasteten mit atmosphärischer Luft betriebenen Belebungsanlage geeignet. Bei unveränderten Raumbelastungen bringt die Sauerstoffbegasung gegenüber der Luftbegasung im Belebungsbecken folgende Vorteile (**389**.2):

- Erhöhung des gelösten Sauerstoffgehaltes im Belebungsbecken,
- Aktivitätssteigerung des Belebtschlammes,
- Verringerung des Schlammindexes,

und dadurch Erhöhung des Trockensubstanzgehaltes im Belebungsbecken bei gleichem Rücklaufverhältnis und folglich Verringerung der ursprünglichen Schlammbelastung.

4.5.2.4 Kombinierte Belebungsbecken

Schachtelbecken nach Schmitz-Lenders. Dieses Becken kombiniert Vor- und Nachklärbecken mit dem Belebungsbecken (s. Abschn. 4.7.5). Ein horizontal durchflossenes Rundbecken bildet den Zentralkörper, an welchen ringförmig das Belebungsbecken in Form einer Belüftungsrinne und als zweiter Ring das senkrecht durchflossene Nachklärbecken angefügt sind. Man erhält einen komplexen Baukörper, dessen Einheiten durch kurze Fließ- oder Förderwege miteinander verbunden sind (**390**.1).

Das Abwasser tritt über einen Düker zentral in das Vorklärbecken ein, durchfließt den Beruhigungsrechen des Einlaufbauwerks und regnet am Beckenumfang über ein Tropfblech in den Belüftungsring. Bei Störungen, die ein Ausschalten des Belüftungsbeckens erfordern, kann der Wasserspiegel im Vorklärbecken bis zu einer zweiten Rinnenkante, die normal überstaut ist, mechanisch vorgereinigt abgelassen werden. Die Belüftung geschieht durch eine Luftringleitung mittels Druckluft. Aus dem Belüftungsraum tritt das Abwasser wiederum am ganzen Umfang in den Nachklär-

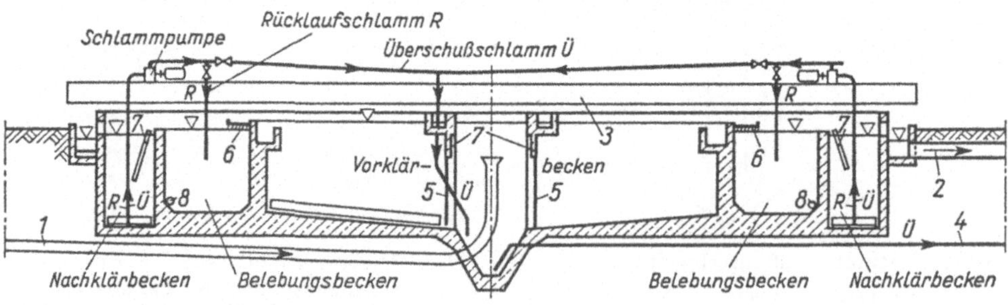

390.1 Schachtelbecken nach [71]

1 Zulauf
2 Ablauf
3 Räumerbrücke
4 Schlammablaß
5 Rechen
6 Tropfbleche
7 Tauchwand
8 Druckluftleitung

raum und unterströmt hier eine mit 4:1 geneigte Tauchwand, um anschließend aufwärts zu steigen. Das Schlammfilter steigt dabei nicht höher als bis Unterkante Tauchwand; Absetzzeit im Nachklärbecken t_R = 1,5 h. Über dem Schachtelbecken fährt kreisend eine Räumbrücke, an welcher die Schlammschilde für Vor- und Nachklärbecken befestigt sind. Nötigenfalls kann auch der Belüftungsring ausgeräumt werden, um dort abgelagerten Schlamm aufzuwirbeln. Der Vorbeckenschlamm wird im Mitteltrichter gesammelt und abgelassen, während die Schlammschilde im Nachklärbecken einen liegenden Winkel bilden, aus dessen Scheitel der Schlamm von Pumpen auf der Räumerbrücke abgesaugt wird. Aus der Pumpendruckleitung fließt der Rücklaufschlamm in den Belüftungsring und der Überschußschlamm in den Schlammtrichter des Vorbeckens. Die Leistung eines Schachtelbeckens kann durch Vorschalten eines Ausgleichbeckens bzw. einer Vorbelüftung noch gesteigert werden. Diese Anlagen eignen sich besonders für kleine und mittelgroße Klärwerke.

Es wurden bereits Schachtelbecken mit Belastungen von 2000 bis 45000 EG gebaut. Folgende Vorteile werden erreicht:

1. gleichmäßige Beschickung des Belüftungsraumes auf seiner ganzen Länge
2. Unterdrückung des im Belüftungsraum sich bildenden Schaumes durch Beregnung
3. gleichmäßige Beschickung des Nachklärraumes vom Belüftungsraum her am ganzen Umfang
4. senkrechte Wasserbewegung im verhältnismäßig flachen Nachklärraum
5. Betrieb der Schaber aller Klärräume durch eine Drehbrücke
6. Verhinderung von Schlammablagerungen im Belüftungsraum, in dem gegebenenfalls von der Brücke aus ein Schaber durch den Belüftungsraum gezogen wird
7. kurze Aufenthaltszeit des Belebtschlammes im Nachklärraum. Nach einer halben Umdrehung der Brücke wird der abgelagerte Schlamm entfernt
8. erleichterte Bedienung durch Zusammenfassung aller Klärvorgänge in einer Einheit
9. gleichmäßige Verteilung des Rücklaufschlammes im Belüftungsraum, unabhängig von der Rücklaufmenge

Das Schachtelbecken kann zusätzlich mit einem darunterliegenden Faulraum kombiniert werden. Man erhält dann die Kombination von vier Klärelementen in einem Bauwerk.

Hamburg-Becken (**391**.1). Dieses schaltet drei Beckeneinheiten hintereinander und vereinigt sie zu einer sehr langen Einheit. Die Übergänge sind durch die Einrichtung von einem Beruhigungsrechen bzw. von Schlammtrichtern räumlich markiert. Das Abwasser wird nach Vorbehandlung in Rechen, Sandfang und Vorklärbecken mit Vorbelüftung eingeleitet. Es durchfließt zwei Belüftungszonen, dann eine Absetz- und schließlich eine Nachklärzone. Das Hamburg-Becken wurde durch Kehr [28] und v. d. Emde nach umfangreichen Versuchen entwickelt und zum ersten Mal in Hamburg-Köhlbrandhöft, später in Kassel gebaut.

Das Becken hat eine mittels Kessener Bürsten belüftete Vorkammer (t_R = 5 min) als Belüftungszone 1. In der Belüftungszone 2, die aus Belüftungsrinnen mit Kessener Bürsten besteht (t_R = 25 min), wird der Bodenschlamm durch einen Schlammräumwagen in den Schlammtrichter 1 abgeräumt. Der Schwimmschlamm wird in die Absetzzone weitergegeben. Diese und die Belüftungszone 2 sind durch einen Emscherrechen (Beruhigungsrechen) getrennt. Die Absetzzone ist für t_R = 2 h berechnet, mittlere Geschwindigkeit $v_m \geqq 0{,}01$ m/s. In ihr erfolgt die Schlammräumung durch Bandräumer

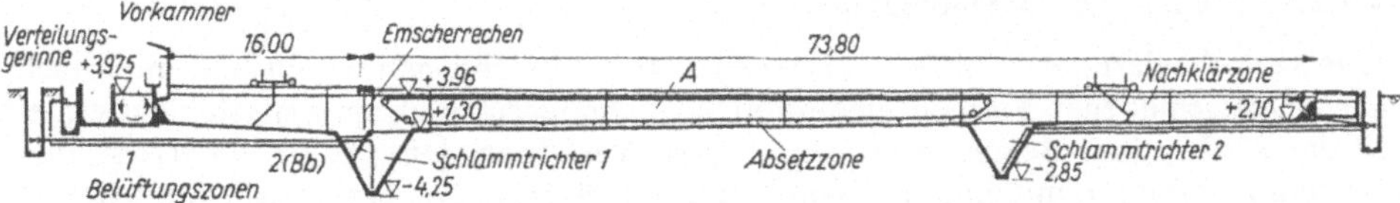

391.1 Längsschnitt durch das Hamburg-Becken (Stadtentwässerung Hamburg)

(Schildabstand 3 m) in den Schlammtrichter 1. Beim Rückgang an der Wasseroberfläche nehmen die Räumschilde den Schwimmschlamm mit zur Nachklärzone, wo er von einem weiteren Räumwagen übernommen und in die Fettrinne am Ende des Beckens gegeben wird. Dieser Räumwagen räumt zugleich den Bodenschlamm der Nachklärung in den Schlammtrichter 2. Eine Nebenaufgabe der Räumschilde, die besonders bei so langen Becken erwünscht ist, besteht darin, Windstau an der Oberfläche zu verhindern. Der Rücklaufschlamm wird aus dem Schlammtrichter 1 in den Zulauf zur Belüftungszone 1 gegeben. Der Schlamm im Trichter 2 wird als Überschußschlamm behandelt und zusammen mit dem Schlammüberschuß aus dem Trichter 1 in den Faulraum gegeben. Immer vier der 6,0 m breiten Einzelbecken sind bei der Schlammabnahme zusammengefaßt. In Hamburg wird häusliches Abwasser von 1120000 Einwohnern und gewerbliches Abwasser von 330000 EG (Q_{20} = 16000 m³/h) eingeleitet. In Kassel können max 400000 EG angeschlossen werden, z. Z. sind es 300000 (Q_{18} = 2600 m³/h).

Die Anlage in Hamburg kann insgesamt ohne Belüftung als Absetzbecken, bei kurzer Belüftungszeit in der Vorkammer und in der Belüftungszone 2 als mechanische Reinigungsanlage mit Vorbelüftung und Flockung und schließlich als hochbelastete Belebungsanlage gefahren werden.

Trichterbecken mit Belebungs- und Nachkläreinheiten. Ebenso wie das Schachtelbecken vereinigt dieses in Rundbauweise Vor-, Belebungs- und Nachklärbecken zu einem Bauwerk. Das Vorklärbecken ist hier jedoch ein Trichterbecken, an das die anderen beiden Funktionen in wechselnder Folge – Belebung und Nachklärung – ringförmig und in

392.1 Trichterbecken mit Belebungs- und Nachkläreinheiten

flacher Bauweise angehängt wurden. Es wurde beim Lübecker Klärwerk ausgeführt (**392**.1). Auf die Wahl des etwa 17 m tiefen Trichterbeckens kam man hier nicht nur wegen der hervorragenden Absetzwirkung, sondern auch wegen des ohnehin sehr tief anstehenden tragfähigen Bodens.

4.5.2.5 Mehrstufige Belebungsanlagen

Man versteht darunter Anlagen, in denen sich die Belebungsstufe ein oder mehrfach, auch in verschiedenen Formen wiederholt. Verfahrenstechnisch am weitesten entwickelt ist das **Adsorptions-Belebungsverfahren (A-B-Verfahren)** [10]. Es ist ein zweistufiges Belebungsverfahren mit einer höchstbelasteten 1. A-Stufe und einer normalen schwachbelasteten 2. B-Stufe (**393**.1). Kennzeichnend ist die Trennung der beiden Schlammkreisläufe und die sehr hohe Schlammbelastung der A-Stufe. Der normale Betriebsbereich der A-Stufe sollte bei Schlammbelastungen B_{TS} = 3 bis 6 kg BSB_5/(kg TS · d) liegen, höhere Belastungen sind möglich. Die 2. schwachbelastete Stufe arbeitet mit Schlammbelastungen $B_{TS} \leqq 0{,}30$, besser um 0,15 kg BSB_5/(kg TS · d). Ein höherer Wirkungsgrad der BSB_5-Eliminierung in der A-Stufe als 70% sollte nicht angestrebt werden, um noch ausreichend abbaubare Substanz in der 2. Stufe zu erhalten, dort auch wichtig für die Vorgänge der Nitrifikation und Denitrifikation.

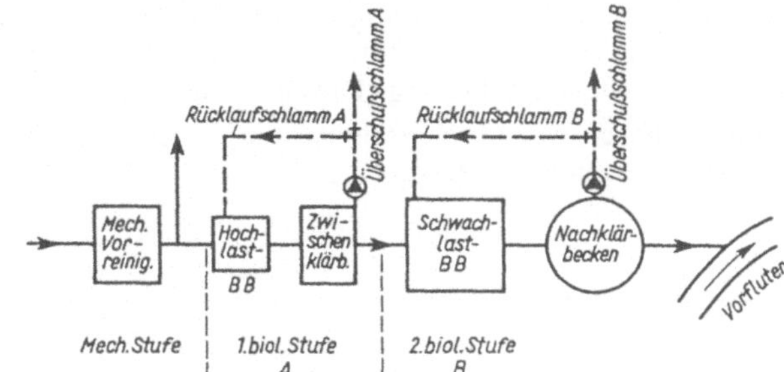

393.1
Schema Adsorptions-Belebungs-Verfahren (A-B-Verfahren)

Seit über 6 Jahren führt das Institut für Siedlungswasserwirtschaft der RWTH Aachen Versuche im halb- und großtechnischen Maßstab durch. Die Reinigungsleistung der A-Stufe wies starke Unterschiede in der BSB_5-Abbauleistung von

$$\eta = 72 \text{ bis } 14\% \text{ auf.}$$

Bemerkenswert war, daß trotz der geringen Leistung der A-Stufe die Reinigungsleistungen der B-Stufe für die Parameter BSB_5, CSB und TOC sehr gut waren.

Die A-Stufe kann über den Sauerstoffgehalt gesteuert werden. Ausreichende Sauerstoffversorgung (C_x = 1 bis 2 mg O_2/l) bedeutet eine aerobe Betriebsform, eine Sauerstoffunterversorgung eine fakultativ anaerobe Betriebsform. Für jede Betriebsform bildet sich eine eigene selbständige Biozönose aus, die in Abhängigkeit vom Sauerstoffdefizit unterschiedliche Wirkungsmechanismen entwickelt. Dabei wird der Belebtschlamm der A-Stufe nahezu ausschließlich von Bakterien (Prokaryonten) gebildet. Diese können bei ausreichender Sauerstoffversorgung durch aerobe Atmung einen intensiven Abbauprozeß betreiben, für die Bakterien die höchste Form der Energiegewinnung. Bei Unterversorgung mit Sauerstoff kann diese anpassungsfähige Gruppe der Prokaryonten auf eine Ersatzform ausweichen. Es bildet sich eine Lebensgemeinschaft, die den Abbauprozeß nur zum Teil durchführt. Entsprechend wenig Energie wird gewonnen. Bei diesem Prozeß entstehen durch Nährstoffspaltung neue Verbindungen, die diese Mikroorganismen nicht weiter verarbeiten können. Dafür stehen die spezialisierten Mikroorganismen (Eukaryonten) der B-Stufe zur Verfügung. Entscheidend ist, daß bei diesem Verfahren die angebotene Nahrungsmenge voll angegriffen wird, darunter auch schwer abbaubare Substanzen.

Verfahrenstechnisch entstehen folgende Vorteile: Die A-Stufe ist relativ unempfindlich gegenüber Belastungsstößen, starken Schwankungen des pH-Wertes, der Leitfähigkeit und der Temperatur. Sie besitzt eine hohe Pufferkapazität.

Wird die A-Stufe wegen toxischer Abwasserqualität unwirksam, so regeneriert sie sich in wenigen Stunden. Die hohe Wachstumsrate und das niedrige Schlammalter von 0,2 bis 0,6 Tagen bewirken dies. Durch Anpassung der Betriebsform der A-Stufe an die Abwasserzusammensetzung können optimale Voraussetzungen für den Abbauprozeß geschaffen werden. Bietet ein Abwasser aus biologischer Sicht keine Schwierigkeiten (kommunales Abwasser oder Abwässer mit leicht abbaubaren organischen Inhaltsstoffen), so kann bei aerober Betriebsweise bereits ein hoher Eliminationsgrad in der A-Stufe erreicht werden. Bei fakultativ anaerober Betriebsweise können dagegen schwerer abbaubare Verbindungen aufgeschlossen werden, so daß sie in einer weiteren biologischen Stufe eliminiert werden können.

Die B-Stufe kann unter günstigen Abbaubedingungen arbeiten. Es werden BSB_5-, CSB- und TOC-Ablaufkonzentrationen erreicht, wie bei einer einstufigen Anlage mit sehr niedriger Schlammbelastung. Dies gilt auch für Nitrifikation und Denitrifikation.

Neben diesen verfahrenstechnischen Vorteilen entstehen Kostenersparnisse durch Raum- und Energieersparnis.

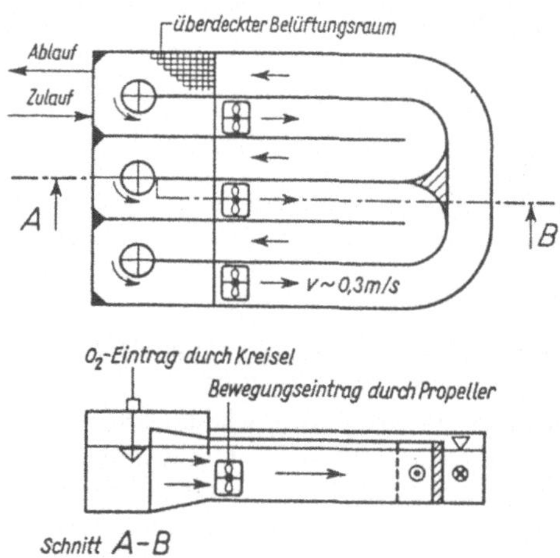

394.1 Trennung von Bewegung und Belüftung beim Einsatz der O_2-Begasung nach [16]

Insgesamt ist erwiesen, daß sich die zweistufige Verfahrenskombination nach dem A-B-Verfahren durch hohe Prozeßstabilität, große Pufferkapazität, hohe Eliminationsleistung und stabile Ablaufqualität auszeichnet. Ein weiterer Schritt wäre der Übergang vom Eintrag atmosphärischer Luft zu einer **Sauerstoffbegasung in der 2. biologischen Stufe** (**394**.1). Diese Verfahrenstechnik ist nach [16] z.B. für die 2. Stufe des Klärwerkes Krefeld vorgesehen. Um den Vorfluter vor Aufdüngung zu schützen und um die Denitrifikation und damit eine teilweise O_2-Rückgewinnung möglichst sicher zu erreichen, werden die Belebungsbecken nach dem Carrouselprinzip gebaut. Zusätzlich wird eine Trennung von Umwälzung und Belüftung eingerichtet, wodurch die Verbesserung der Denitrifikation erreicht werden soll.

Die Belüftungsräume der Carrouselbecken wurden überdeckt ausgebildet, so daß später eine Sauerstoffbegasung in diesen Kammern möglich wird. Durch die Umstellung würde ohne nennenswerte Erweiterungsbauten die Kapazität des Klärwerks von 800000 auf 1,2 Mio EG erhöht.

Das Prinzip eines Belebungsbeckens mit Sauerstoffbegasung nach dem Unox-Verfahren beruht darauf, daß vorgeklärtes Abwasser in ein geschlossenes Becken aus mehreren Kammern geleitet wird, in denen reiner Sauerstoff durch Kreisel eingetragen wird. Die Abwasser-, die Rücklaufschlamm- und die Sauerstoffzugabe erfolgt in die erste Kammer mit dem Vorteil, daß dem höchsten Sauerstoffbedarf des Abwassers auch die höchste Sauerstoffkonzentration zur Verfügung steht.

Danach fließt das Abwasser in eine konventionelle Nachklärung. Die Vorteile der mit reinem Sauerstoff betriebenen Belebungsanlagen sind durch zahlreiche Betriebsergebnisse belegt. Ebenso sind einige Schwierigkeiten bekannt, die besonders in der Ansäuerung des Abwassers durch das beim biologischen Abbau entstehende CO_2 entstehen.

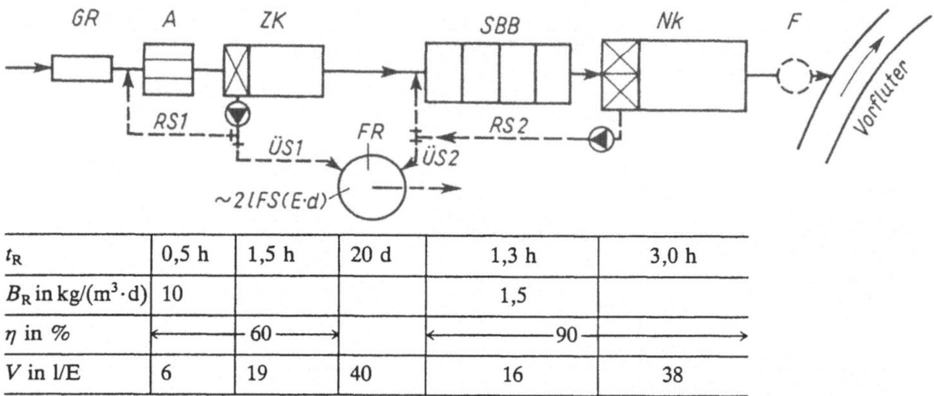

t_R	0,5 h	1,5 h	20 d	1,3 h	3,0 h
B_R in kg/(m³·d)	10			1,5	
η in %	←—— 60 ——→			←—— 90 ——→	
V in l/E	6	19	40	16	38

395.1 Verfahrensschema und spezifischer Raumbedarf einer Adsorptions-Sauerstoff-Anlage mit B_{TS} = 0,3 kg BSB_5/(kg TS · d) in der Sauerstoffbegasungsstufe
Q_d = 200 l/(E · d); q_h = 200/16 = 12,5 l/(E · h); B_B = 60 g BSB_5/(E · d) nach [16]
GR = grobmech. Vorreinigung SBB = Sauerstoffbegasungsbecken RS = Rücklaufschlamm
A = Adsorptionsstufe $ÜS$ = Überschußschlamm
ZK = Zwischenklärung NK = Nachklärung FR = Faulbehälter
F = Filtration

Dies führt dazu, daß der pH-Wert des zufließenden Abwassers erhöht werden muß, um in der Belebung die Lebensbedingungen der Mikroorganismen zu verbessern und die Reinigung des Abwassers zu sichern.

Da nach den vorliegenden Versuchsergebnissen bei A-B-Anlagen die Schmutzkonzentrationen und insbesondere die CO_2-erzeugenden C-Verbindungen in der Adsorptionsstufe zu mehr als 50% eliminiert werden, stellt die Adsorptions-Sauerstoffanlage eine vorteilhafte Kombination der beiden Reinigungsstufen dar. In der nachfolgenden O_2-Stufe wird entsprechend weniger CO_2 gebildet und eine mögliche Ansäuerung des Abwassers verringert. Die Adsorptionsstufe bewirkt eine CO_2-Entlastung der Sauerstoffstufe. Außerdem wird durch die Vorschaltung der A-Stufe ein erheblicher Teil der Gesamtverschmutzung eliminiert, wodurch der relativ teure Raumbedarf des Sauerstoffbegasungsbeckens verringert wird.

In **395**.1 ist das Verfahrensschema und der spezifische Raumbedarf für eine Adsorptions-Sauerstoffbegasungsanlage mit einer Schlammbelastung B_{TS} = 0,3 kg BSB_5/(kg TS · d) in der Sauerstoffstufe dargestellt. Da der Schlamm in der Sauerstoffstufe meist schwerer als bei luftbegasten Anlagen ist ($ISV \approx$ 100 ml/g) liegt der Trockensubstanzgehalt in dieser Stufe im Mittel bei TS_R = 5 kg TS/m³. Die Raumbelastung ergibt sich daraus zu B_R = 1,5 kg BSB_5/(m³ · d). Wegen des guten Schlammabsetzverhaltens wird der spezifische Raumbedarf der Nachklärung geringer. Insgesamt entsteht bei diesem Verfahren der geringste Raumbedarf. Die Herstellungskosten des Sauerstoffbeckens und der erforderlichen Sauerstofferzeugungsanlage aber brauchen die so erzielten Einsparungen teilweise wieder auf. Böhnke stellt für eine Anschlußgröße von 100000 EG die Lösungen gegenüber, wobei die 2. Stufe des AB-Verfahrens ungünstigerweise für eine Schlammbelastung von B_{TS} = 0,15 bemessen wurde (Tafel **396**.1).

Es stellen sich bei der einstufigen luftgegasten als auch bei der einstufigen sauerstoffbegasten Belebungsanlage fast die gleichen Kosten und Energiebedarfswerte ein. Dagegen

Tafel **396**.1 Kosten, Personal- und Energieaufwand von Abwasserreinigungsverfahren für eine Anschlußgröße von 100000 EG nach [16]

Position	Konventionelle Kläranlage $B_{TS} = 0{,}15$	Adsorptions-Belebungs-Verfahren $B_{TS} = 0{,}15$	O_2-Begasung $B_{TS} = 0{,}3$	Adsorptions-O_2-Begasungsverfahren $B_{TS} = 0{,}3$
geschätzte Baukosten in Mio DM	15,0	13,6	15,1	13,9
Jahreskosten in DM/(E·a)	27,01	24,49	27,75	25,29
Aufenthaltszeit in der Kläranlage (h)	13,5	8,8	6,8	5,6
Personalaufwand, Anzahl der Betreuer	8	9	9	9
spezifischer Energieaufwand kWh/(E · a)	15,2	9,0	15,2	9,4

sind die zweistufigen Verfahren von den Kosten und vom Energiebedarf her den einstufigen Verfahren überlegen.

B ö h n k e [11] versucht **Teichsysteme mit konventionellen Anlagenteilen** zu verbinden, um damit die Qualitäten der Abwasserteiche für höhere Anschlußwerte (bis 40000 EG) zu erhalten.

Eine Raumersparnis gegenüber Nur-Teichsystemen ist möglich, wenn

a) ein Großteil der gelösten organischen Belastung vorweg in einer biologischen Vorstufe in absetzbare Substanz umgewandelt wird und

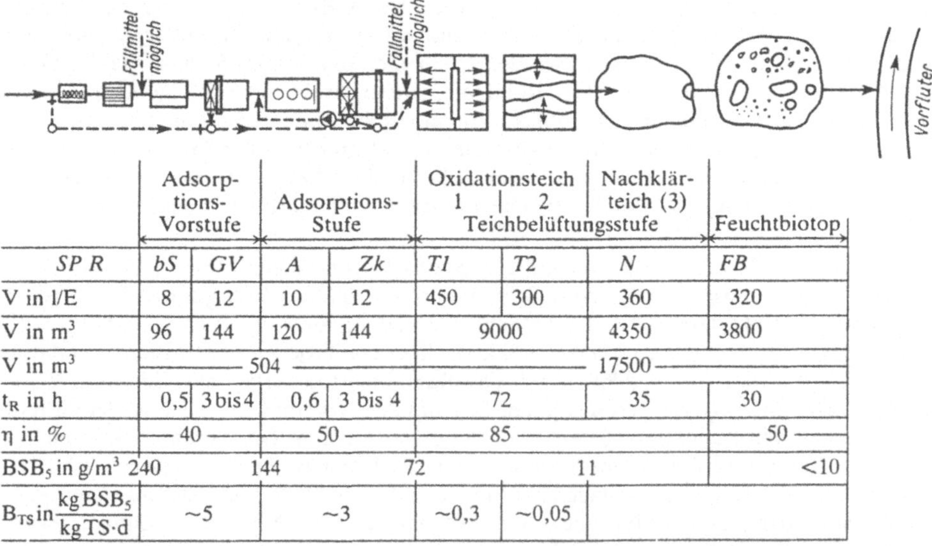

	Adsorptions-Vorstufe		Adsorptions-Stufe		Teichbelüftungsstufe: Oxidationsteich 1	2	Nachklärteich (3)	Feuchtbiotop
SP R	*bS*	*GV*	*A*	*Zk*	*T1*	*T2*	*N*	*FB*
V in l/E	8	12	10	12	450	300	360	320
V in m³	96	144	120	144	9000		4350	3800
V in m³	504				17500			
t_R in h	0,5	3 bis 4	0,6	3 bis 4	72		35	30
η in %	40		50		85			50
BSB_5 in g/m³	240		144		72		11	<10
B_{TS} in $\frac{kg\,BSB_5}{kg\,TS \cdot d}$	~5		~3		~0,3	~0,05		

396.2 Kombination einer Adsorptionsstufe mit einer Teichanlage für 12000 *EG* nach Böhnke [11]
SP = Schneckenpumpwerk *GV* = Grobvorklärung *T* = Teiche (1, 2, 3)
R = Rechen *A* = Adsorptionsstufe *N* = Nachklärteich
bS = belüfteter Sandfang *Zk* = Zwischenklärung *FB* = Feuchtbiotop

b) dieser vermehrt anfallende Schlamm in den nachfolgenden Teichen gespeichert und weitgehend stabilisiert werden kann.

Drei Möglichkeiten einer kombinierten, mehrstufigen Anlage werden aufgezeigt:

1. Vorschaltung einer hochbelasteten Adsorptions-Stufe,
2. Vorschaltung eines belüfteten Sandfanges als Adsorptionsstufe-Vorstufe sowie einer ebenfalls hochbelasteten Adsorptions-Stufe und
3. Vorschaltung eines belüfteten Sandfanges als Adsorptions-Stufe mit nachfolgendem hochbelasteten Tropfkörper.

Bei der 2. Lösung, z.B. für 12000 EG, werden durch die Vorschaltung der hochbelasteten Stufe zwar rund 500 m^3 Raum erforderlich, dafür aber 23650 m^3 Teichraum eingespart. Durch Änderung der Vorstufe ist auf derselben Fläche eine Erweiterung um 100% möglich. Weiterhin ist ein Schönungsteich als Feuchtbiotop nachgeschaltet. Der spezifische Energiebedarf sinkt von 1,14 kWh/kg BSB_5 auf 0,64 bis 0,85 je nach Wahl des Systems. Der erforderliche Wartungsaufwand einer solchen kombinierten Teichbelüftungsanlage ist größer als bei einer reinen Teichanlage, aber geringer als bei einer entsprechenden konventionellen Kläranlage mit Faulbehälter.

4.5.2.6 Anaerobe Abwasserbehandlung

Die wesentlichen Unterschiede zum aeroben Abbauprozeß liegen in der z.T. erheblich größeren Generationszeit (langsameres Wachstum) der fakultativ und obligat anaeroben Mikroorganismen sowie in dem mehrstufigen Abbau durch verschiedene Bakteriengruppen mit sehr unterschiedlichen, z.T. gegensätzlichen Forderungen in bezug auf Temperatur, pH-Wert, Wasserstoffpartialdruck, Stofftransport etc. Die aus der aeroben Prozeßtechnik übliche Bemessung von Anlagen, z.B. nach der Schlammbelastung, ist beim anaeroben Prozeß nicht möglich. Durchflußzeit bzw. Raumbelastung sind z.Z. noch unbefriedigende Hilfsgrößen zur Auslegung der Reaktionsräume.

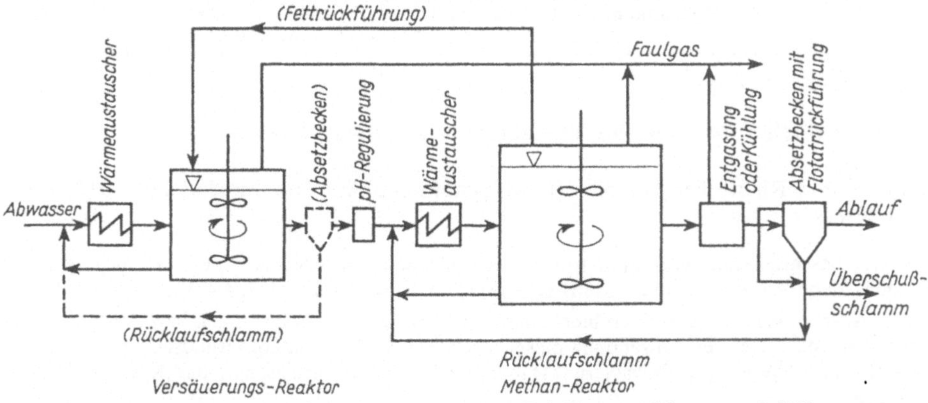

397.1 Verfahrensschema des zweistufigen anaeroben Belebungsverfahrens nach [69]

Die anaerobe Abwasser- und Schlammbehandlung ist ein bewährtes Verfahren, organisch hochverschmutztes Abwasser vorzubehandeln und verwertbares Biogas zu gewinnen. Auf eine durchdachte Prozeßtechnik ist dabei zu achten. Die Wirtschaftlichkeit der anaeroben Vorbehandlung ist in jedem Einzelfall zu untersuchen. Tafel **398**.1 stellt den aeroben und den anaeroben Abbauprozeß gegenüber (s. auch Abschn. 4.6.5.4).

Tafel **398**.1 Gegenüberstellung der wesentlichen Unterschiede zwischen dem aeroben und dem anaeroben Abbauprozeß nach [69]

Parameter	Aerober Abbauprozeß	Anaerober Abbauprozeß
Temperatur	je nach Temperatur des Abwassers etwa 5 bis 20 °C	Optimum der mesophilen Bakterien 30 bis 37 °C (oftmals Beheizung erforderlich)
pH-Wert	neutral	je nach Bakterienart sauer bzw. neutral
Abbau	im Regelfall setzt ein Organismus die Inhaltsstoffe zu CO_2, H_2O und Biomasse um	Stufenweiser Abbau der Verbindungen durch mehrere Bakteriengruppen zu CO_2, CH_4 und Biomasse
Generationszeiten, Wachstum	sehr schnelles Wachstum, geringe Generationszeiten (i. M. etwa 2 h); dadurch hohe Produktion an Biomasse (Oberschußschlamm)	relativ langsames Wachstum (besonders der methanogenen Bakterien, abhängig vom Substrat) Generationszeiten zwischen 12 h und 15 d; dadurch sehr geringe Produktion an Biomasse (Oberschußschlamm)
Prozeßtechnik, Verfahrenstechnik	einstufige Prozeßführung möglich; technische Gestaltung des Reaktionsraumes hat keine entscheidende Bedeutung für den Abbau.	mehrstufige Prozeßführung aus mikrobiologischer Sicht vorteilhaft; Prozeßführung und Reaktortechnik haben entscheidenden Einfluß auf die Leistungsfähigkeit des Verfahrens; mehrstufige Prozeßführung ist aufwendiger als einstufiger Betrieb
Bemessung, Dimensionierung	nach der Raumbelastung, Schlammbelastung oder Durchflußzeit möglich, da im Regelfall eine Bakterienart mit kurzen Generationszeiten für den Abbau ausreicht; Schlammbelastung ist definierbar, relativ geringes Schlammalter ist ausreichend	nach üblichen Kriterien nicht möglich, da verschiedene Bakterien mit sehr unterschiedlichen Generationszeiten beteiligt. Das erforderliche, hohe Schlammalter macht eine Schlammrückführung erforderlich. Bisher üblicher Bemessungswert: Raumbelastung

4.5.3 Natürlich-biologische Verfahren und Abwasserteiche

Maßgebende Richtlinien für die landwirtschaftliche Anwendung sind DIN 19650 und DIN 19655.

Die hier beschriebenen Verfahren fordern nur teilweise eine mechanische Vorreinigung durch Rechen, Siebe, Sandfänge und Absetzbecken (vgl. Abschn. 4.4.2, 4.4.3, 4.4.4).

Die in Abschn. 4.1.2 dargestellten biochemischen Vorgänge finden im Boden bzw. im Wasser der Fischteiche statt. Bei der Anwendung dieser Verfahren sind besondere Grundsätze der Pflanzenphysiologie, Fischbiologie, Bewässerungsgaben und -zeitpunkt, Frostschutz und Klima zu berücksichtigen.

Häusliches Abwasser kann z. B. zur landwirtschaftlichen Nutzung (vgl. Tafel **401**.1) verwendet werden für:

1. Nutzholzerzeugung im Walde
2. Futter-/Zuckerrüben, Industriekartoffeln, Ölfrüchte, Faserpflanzen bis 4 Wochen vor der Ernte
3. Speisekartoffeln und Getreide bis zur Blüte
4. Grünland und Grünfutterpflanzen bis 14 Tage vor dem Schnitt oder der Beweidung

4.5.3.1 Rieselverfahren

Auf geneigten Flächen wird die Fließbewegung des Abwassers mengenmäßig und zeitlich geregelt. Das Rieselverfahren wird nur noch selten angewandt.

Als geeigneter Boden kommt Sand in Frage. Die feinen Schwebestoffe werden in den Poren zurückgehalten und zusammen mit den gelösten organischen Schmutzstoffen abgebaut. Der erforderliche Sauerstoff wird von der Oberfläche her durch Dränleitungen zugeführt, die mit ≈ 4 bis 10 m Abstand und ≈ 1,20 tief verlegt werden.

Ihre Hauptaufgabe ist es jedoch, das gereinigte Wasser abzuleiten. Der Boden darf nicht zu stark mit Abwasser belastet werden, weil sonst seine Reinigungskraft schnell nachläßt. Bei 150 l/(E · d) kann man auf 1 ha Grünland das Abwasser von 500 bis 1000 Einwohnern oder 75 bis 150 m^3/(ha · d) unterbringen, wenn dies mechanisch vorgeklärt wurde.

Ackerflächen dürfen höchstens mit Abwasser von 100 E/ha beschickt (überstaut) werden. Dabei ist die Reinigung des Abwassers Hauptaufgabe, die landwirtschaftliche Nutzung Nebenzweck. Soll jedoch diese im Vordergrund stehen, so handelt es sich um eine weiträumige Landbewässerung mit der Begrenzung der Abwassermenge auf 30 E/ha.

Meistens wird das Abwasser durch Druckrohre an die Rieselfelder herangeführt und nach der Vorklärung in offenen Gräben auf die Felder verteilt. Diese können, je nach der Beschaffenheit des Geländes, als „Horizontalstücke“ oder als „Hangstücke“ hergerichtet werden. Horizontalstücke sind rings mit Gräben umgeben und werden von dort aus gleichmäßig überstaut (Stauberieselung). Den geneigten Hangstücken fließt das Abwasser vom Randgraben der oberen Seite aus zu, überrieselt sie gleichmäßig und versickert dabei (Hangberieselung). Von dem zugeführten Abwasser verdunsten etwa 3/12, weitere 4/12 fließen in den Dränrohren ab, und 5/12 werden von den Pflanzenwurzeln aufgenommen oder versickern ins Grundwasser.

Landwirtschaftliche Nutzung und die Unterbringung des Abwassers im Winter erfordern besondere Stauflächen. Auf ihnen wird das Abwasser für längere Zeit bei geringer Wassertiefe (10 bis 50 cm) gespeichert, um die eigentlichen Rieselflächen zu schonen.

Bei der Verrieselung wird ein meist völlig klarer Abfluß erzielt, der jedoch nicht immer den Mindestanforderungen entspricht; die Abnahme des BSB_5 beträgt 70 bis 80%. Die im Abwasser enthaltenen pathogenen Keime werden bis zu 99% vermindert. Die Kosten für Betrieb und Unterhaltung der Rieselfelder werden teilweise durch die Erträge des landwirtschaftlichen Betriebes gedeckt.

4.5.3.2 Bodenfilter

Man erreicht eine gute biologische Reinigung mit geringerem Flächenbedarf als beim Rieselverfahren. Bei 150 l/(E · d) beträgt die Belastung 2000 bis 5000 E/ha. Eine landwirtschaftliche Nutzung ist jedoch nicht möglich. Gute Vorklärung ist wichtig, damit die obere Bodenschicht nicht verstopft. Boden aus mittelfeinem sandigen Kies ist am besten geeignet; tonige oder lehmige Einlagerungen und die Humusschicht müssen entfernt werden. Der Korndurchmesser d_{10} soll zwischen 0,2 und 0,5 mm liegen, der Ungleichkörnigkeitsgrad $U = d_{60}/d_{10}$ zwischen 5 und 7. Q-Belastung ≈ 300 bis 750 m^3/(ha · d).

d_{10} mm	Flächenbelastung $q_A = \frac{Q}{A}$ m/h
0,2	0,8 bis 2,1
0,3	2,1 bis 4,2
0,4	4,2 bis 8,4
0,5	8,4 bis 12,5

Die einzelnen Flächen werden zweckmäßig quadratisch in einer Größe von etwa 1/2 ha angelegt und gut planiert, damit sie von Randgräben aus gleichmäßig überstaut werden können. In etwa 1,50 m Tiefe liegt eine Dränung. Bis die einzelnen Körner dieses natürlichen Bodenfilters sich mit der biologisch wirksamen Haut überziehen, vergehen mehrere Wochen (Einarbeitungszeit).

Während des Betriebes wird die Fläche 4 bis 8 cm hoch überstaut. Das Wasser ist nach 2 bis 4 Stunden versickert, so daß bis zur Beschickung am nächsten Tag eine Ruhepause eintritt, die zur Durchlüftung des Bodens nötig ist. Nach einer gewissen Betriebsdauer muß die Schlickschicht an der Oberfläche beseitigt werden. Der Abfluß aus Bodenfiltern ist klar und fäulnisunfähig, jedoch reich an Pflanzennährstoffen, die im Vorfluter das Pflanzenwachstum fördern. Die Bodenfilter eignen sich gut für kleine Abwassermengen; der Platzbedarf ist gegenüber den künstlichen biologischen Verfahren verhältnismäßig groß.

4.5.3.3 Pflanzenanlagen

In Pflanzenanlagen wird Abwasser einem mit besonderen Sumpfpflanzen besetzten Bodenkörper zugeführt, um diesen in horizontaler Richtung zu durchfließen. Es zeichnen sich derzeit mehrere Entwicklungsrichtungen ab, die aufgrund der jeweiligen Auffassung über die Pflanzen- und Bodenmechanismen zu unterschiedlichen Konstruktions- und Betriebsweisen führen. Am bekanntesten ist die „Wurzelraumentsorgung" nach Kickuth [15]. Folgende Wirkungen werden den Pflanzenanlagen zugeordnet: Sumpfpflanzen (emerse Limnophyten) dringen in den Boden mit ihrem Wurzelgeflecht bis zu etwa 1,0 bis 1,2 m tief ein, lockern ihn auf und erhöhen seine Wasserdurchlässigkeit. Sie besitzen ein luftleitendes Röhrensystem, über das Sauerstoff von den Wurzeln in den umgebenden Bodenkörper abgegeben wird, so daß biochemische Abbauvorgänge vollzogen werden. Im Abwasser enthaltene Kohlenstoffverbindungen werden u. U. nicht vollständig abgebaut. Es kommt im Boden zu einer Zunahme an organischer Masse. Der Verbleib des mit dem Abwasser in den Boden eingetragenen Stickstoffs ist noch ungeklärt. Gegenüber dem dreiwertigen Phosphor haben lehmige Böden ein hohes Bindevermögen. Die Bodenfiltration ist sehr wirksam zur Verminderung pathogener Keime aus dem Abwasser. Wegen der langsamen Entwicklung der Sumpfpflanzen ist die Einfahrphase besonders zu beachten. Um der Verschlammung eines Pflanzenbeetes entgegenzuwirken sowie aus Gründen der Hygiene und der Ästhetik sollte eine Absetzstufe sowie eine Schlammbehandlung vorgeschaltet werden. Außerdem ist die Frage zu lösen, wie das Abwasser auf den Boden, den es durchfließen soll, gebracht und gleichmäßig verteilt werden kann. Auch der Winterbetrieb erscheint problematisch.

Der Flächenbedarf von Pflanzenanlagen ist i. a. etwas kleiner als der für unbelüftete Teiche. Die Baukosten sind gegenüber Teichanlagen oder konventionellen technischen Kläranlagen nicht generell niedriger. Die Betriebskosten sind gegenüber unbelüfteten Teichanlagen etwa gleich. Die Erfahrungen mit den bisher vorhandenen Anlagen, die durch ortstypische Besonderheiten gekennzeichnet sind, reichen noch nicht aus, um die Methode den a.a.R.d.T. zuzurechnen. Ein Anwendungsbereich könnte in der weitergehenden Reinigung nach mechanisch-biologischen Behandlungsstufen von Kläranlagen zur Nährstoffreduzierung und zur Keimzahlverminderung liegen.

4.5.3.4 Beregnungsverfahren

Die Verregnung städtischen Abwassers auf landwirtschaftlichen Flächen kann nicht als selbständiges biologisches Reinigungsverfahren angesehen werden, da sie ohne Ergänzung durch andere natürliche oder künstliche biologische Verfahren während des ganzen Jahres nicht möglich ist. Regen- und Frostperioden sowie die Reifezeit der Feldfrüchte erzwingen Betriebspausen. Die wertvolle, düngende Beregnung durch das vorgeklärte

Abwasser steigert die landwirtschaftlichen Erträge. Jede Überlastung der Fläche verringert den Erfolg.

Das Verfahren ist für jede Geländeform geeignet. Der Wasserbedarf ist gering. Damit ergibt sich ein großer Anwendungsbereich für leichte bis schwere Böden mit durchlässigem Untergrund. Die jährlichen Beschickungshöhen liegen bei 120 bis 250 mm/a, d.h. bei w = 150 l/(E · d) 25 bis 60 E/ha; bei Verwertung auf Grünland ≦ 500 mm/a oder ≦ 90 E/ha. Die Kulturflächen werden nicht besonders hergerichtet. Man unterscheidet:

Ortsfeste Anlagen, bei häufiger Beregnung wertvoller Kulturen, nicht sehr häufig;

teilbewegliche Anlagen bei großen Flächen, die von einer Stelle versorgt werden; am häufigsten vollbewegliche Anlagen, bei Verwendung von Oberflächenwasser aus Wasserläufen, Seen usw.

Meist benutzt man Drehstrahlregner mit einem Strahlanstiegswinkel von ≈ 30°. Wurfweite und Beregnungsdichte können durch Auswechseln der Düsen geändert werden. Betriebsdruck 3 bis 3,5 bar.

Eine ergänzende Beregnung der Verwertungsfläche mit Frischwasser (Oberflächen- oder Grundwasser) ist möglichst vorzusehen. Entlastungsflächen, z.B. intermittierende Bodenfilter, Ödlandflächen oder Waldflächen, die an Stelle der Nutzflächen das Abwasser aufnehmen können, ≧ 1,5% der Nutzfläche, sollen angelegt werden.

Tafel **401**.1 zeigt eine Übersicht der landwirtschaftlich zweckmäßigen Flächenbelastungen.

Tafel **401**.1 Übersicht der landwirtschaftlich zweckmäßigen Flächenbelastungen bei den natürlich-biologischen Verfahren der Landbewässerung nach [24]

Verfahren	Zulässige Flächenbelastung für städtisches Abwasser bei 150 l/(E · d)		
	E/ha	m³/(ha · d)	m*WS*/a
Weiträumige Landbewässerung	30	4	0,15
Rieselfeld mit Ackerland	200	30	1,10
Rieselfeld mit Graswirtschaft	500 bis 1000	75 bis 150	2,74 bis 5,5
Rieselwiese mit Oberflächen-Reinigung	500 bis 1500	75 bis 225	2,74 bis 8,2
Bodenfilter	2000 bis 5000	300 bis 750	11 bis 27,4

4.5.3.5 Abwasserteiche

Die verschiedenen Methoden und Verfahrenstechniken, Bau- und Betriebsweisen von Abwasserteichen nehmen in den Diskussionen und in der Literatur über moderne Klärtechnik einen zunehmend breiteren Raum ein.

Es lohnt sich dieses Verfahren gründlicher zu betrachten. Es ist ebenso alt wie aktuell, wurde im Mittelmeerraum schon vor der Zeitwende, und in den letzten Jahren in Ländern mit sehr unterschiedlichen Klimaverhältnissen eingesetzt, z.B. Australien, Indien, Kanada, Alaska. Man versucht die günstigen Durchmischungsverhältnisse im Epilimnion eines natürlichen Staugewässers durch die Anlage künstlicher Teiche für die Abwasserreinigung auszunutzen.

Auch in Deutschland nimmt die Anwendung in den letzten Jahren stark zu, gefördert durch intensive Forschung und Verwendung neuer Verfahren und Installationen. Schließlich führen auch niedrige Bau- und Betriebskosten bei sinkenden Investitionshilfen und der aktuell werdende Anwendungsbereich der kleinen Gemeinden vermehrt zu Teichanlagen. Man unterscheidet einige Typen von Einzelteichen:

Der kleinere und tiefere anaerobe Teich dient meist der Vorreinigung oder als Provisorium. Die in Bayern gebauten Erdbecken gehören dazu. Weil der Ablauf oft noch eine hohe Sauerstoffzehrung hat, die Anlage u. U. nicht geruchsfrei arbeitet, ist sie zur alleinigen Behandlung des Abwassers nicht geeignet. Häufig eingesetzt wird der Teich jedoch als Vorstufe einer großräumigen oder einer konventionellen Anlage.

Aerobe Teiche, auch Oxidationsteiche genannt, haben große Flächen und werden durch den Zufluß sauerstoffreichen Verdünnungswassers oder durch den Eintrag des Luftsauerstoffes über die Oberflächen belüftet. In dieser Form werden sie bevorzugt in klimatisch günstigen Gebieten verwendet. Ihre Funktion hängt besonders von der Symbiose der Bakterien und Algen ab. Eine ganzjährig gleichmäßige Abbauleistung wird nicht immer erreicht, weil thermische Schichtungen nachteilig wirken. Als Schönungs- oder Nachklärteiche für den Ablauf aller Anlagenarten werden sie häufig eingesetzt.

In fakultativen Teichen finden sowohl aerobe (im Wasser), als auch anaerobe Vorgänge (an der Sohle) statt. Die in Deutschland gebräuchliche Form des Simultanteiches vereinigt beide Vorgänge. Dieses großräumige Klärverfahren kommt den natürlichen Selbstreinigungsvorgängen stehender und fließender Gewässer am nächsten. In beiden Fällen werden aerobe Abbauleistungen im freien Wasser und an der Sohle erzielt. Außerdem wird der Schlamm auf der Sohle aerob und nach etwa 4 mm Schlammtiefe anaerob weiter stabilisiert.

Natürlich belüftete Abwasserteiche. In ländlichen Bereichen bis etwa 1000 EG ist der Einsatz von natürlich belüfteten Abwasserteichen mit verhältnismäßig großem Flächenbedarf möglich. In den meist vorgeschalteten Faulteichen finden überwiegend Reduktionsvorgänge statt. Der Faulprozeß sollte im alkalischen Bereich gehalten werden (Geruchsbelästigung). In den dann folgenden Oxidationsteichen befindet sich nur der Bodenschlamm in Faulung. Im übrigen besteht ein Kreislauf zwischen heterotrophen und autotrophen Vorgängen. Besonders in Bayern (Bay) und in Schleswig-Holstein (SH) wurden Teiche gebaut.

Bei natürlich belüfteten Abwasserteichen mit Vorreinigung, die mindestens die absetzbaren Stoffe beseitigen sollte, geht man möglichst von einem Teichsystem mit mindestens drei Oxidations-Teichen aus. Die Flächenanteile der drei Oxidations-Teiche sollen sich etwa (SH) wie 30:40:30 verhalten. Als Flächenbelastung B_A werden $\geqq 4\,g\,BSB_5/(m^2 \cdot d)$ empfohlen, d.h. 10 bis 15 m^2/EG (SH) und 5 bis 10 m^2/EG (Bay). Teichtiefe: Absetz-Teich 2 bis 4 m, die weiteren Oxidations-Teiche 1,50 bis 0,8 m. Bei Beschickung durch Überfallschwellen $q_l \leqq 5\,m^3/(m \cdot h)$. Ein Nachteil entsteht durch Einfrieren der Teiche im Winter. Die Reinigungsleistung wird durch lange Frostperioden u. U. drastisch verringert. Kurze Frostzeiten sind unschädlich (**403**.1).

In den letzten Jahren wurde bei behördlichen Untersuchungen eine Vielzahl von Daten an zahlreichen natürlich belüfteten Abwasserteichanlagen gewonnen, die die Reinigungsleistung der Teiche am *CSB*, BSB_5, Stickstoff und Phosphor im praktischen Betrieb nachweisen. Bei Bemessung auf 5 m^2/EG können die *CSB*-Mindestanforderungen für Kläranlagen der Größenklasse 1 (< 60 kg BSB_5/d) von 180 mg/l für das arithmetische Mittel aus fünf 2-h-Mischproben und mit 100 mg/l für die filtrierte Probe eingehalten werden. Für die Ergebnisse der BSB_5-Untersuchungen gilt, daß die Mindestanforderungen von 45 mg/l für die 2-h-Mischprobe mit spezifischen Oberflächen von 5 m^2/EG bei den unfiltrierten und bei den filtrierten Ablaufproben eingehalten werden können.

Bei Teichgrößen von 10 m^2/EG können NH_4-N-Ablaufkonzentrationen von 15 mg/l und

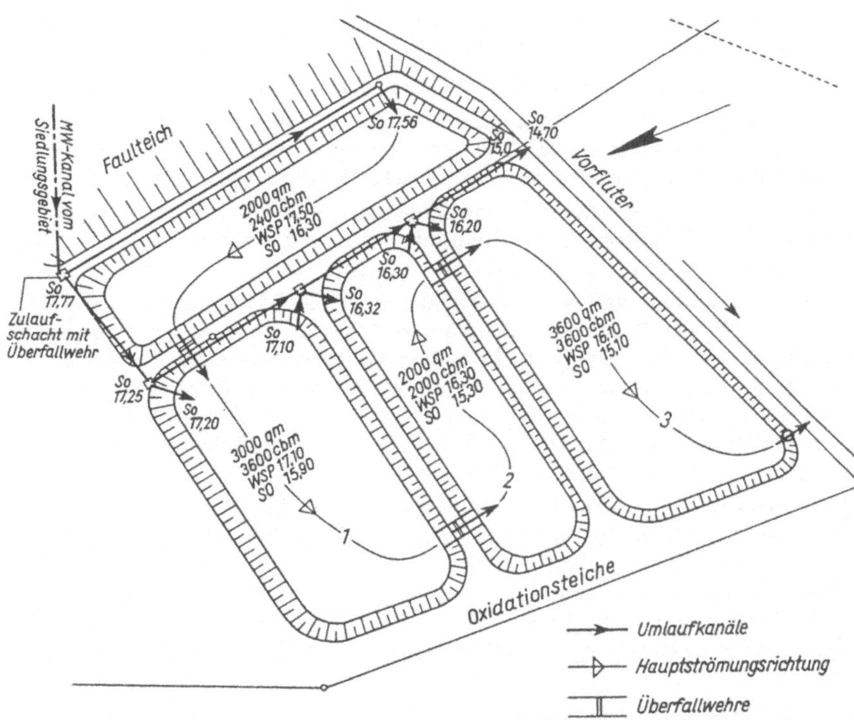

403.1 Grundriß einer natürlich belüfteten Teichanlage für 600 EG

PO_4-P-Ablaufkonzentrationen von 5 mg/l erreicht werden. Bei den ausgewählten Teichen trat Nitratstickstoff im Ablauf kaum auf. Bei Trocken- und Regenwetter sind die Ablaufwerte für Teiche > 5 m^2/EG etwa gleich. Es ist jedoch erforderlich, daß natürlich belüfteten Teichen mit Oberflächen von < 5 m^2/EG keine Mischwassermenge > das 30- bis 40fache des Trockenwetterzuflusses zugeführt wird. Im Winterbetrieb stiegen die mittleren Ablaufwerte gegenüber dem Sommerbetrieb beim *CSB* von 54 mg/l auf 59 mg/l und beim BSB_5 von 10 mg/l auf 17 mg/l [15].

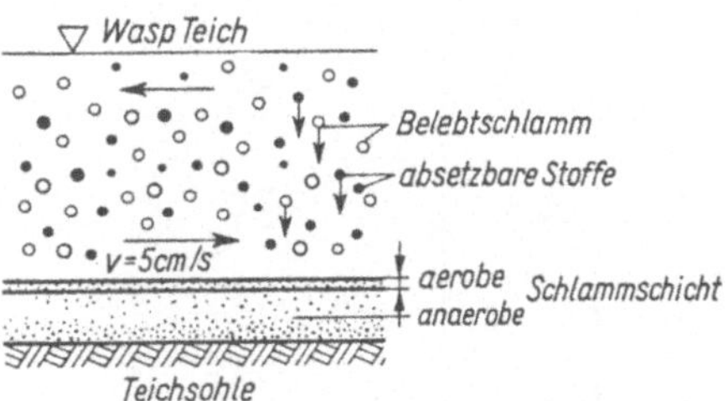

403.2 Reaktionszonen in einer Teichanlage

Künstlich belüftete Abwasserteiche. Diese Teiche sind Bioreaktoren, in denen folgende Vorgänge ablaufen [81]:

1. Sedimentation der absetzbaren Stoffe,
2. Aerober Abbau der absetzbaren Stoffe in der aeroben Schlammschicht,
3. Aerober Abbau durch schwebenden Belebtschlamm,

4. Aerober Abbau der gelösten Stoffe und der Schwebstoffe in den aeroben Schlammschichten durch seßhafte Bakterien,

5. Anaerober Abbau des Bodenschlammes unterhalb der aeroben Schlammschicht.

Für die Reinigungsleistung ist der aerobe Abbau maßgebend. Es gibt Teichsysteme, bei denen der Abbau durch die aerob aktiven Schlammschichten, und solche, bei denen der Abbau mit Hilfe des schwebenden Belebtschlamms überwiegt.

Bei belüfteten Abwasserteichen ohne Schlammrückführung überwiegt meist der Abbau durch die seßhaften Organismen. Belüftete Teiche mit Schlammrückführung können als großvolumige Belebungsanlagen bemessen werden.

Esser hat ermittelt, daß beim Abbau durch seßhafte Organismen eine Abhängigkeit von der Größe der benetzten Fläche und der Geschwindigkeit des darüberströmenden Wassers besteht. Die günstigste Geschwindigkeit beträgt 5 cm/s. Bei der hydraulischen Gestaltung belüfteter Abwasserteiche mit seßhaften Organismen sollte eine gleichmäßige Überströmung der benetzten Flächen durch sauerstoffreiches Wasser angestrebt werden. Turbulenzen behindern die Absetzvorgänge. Die Umwälzung des Wasserkörpers ist für den Sauerstoffhaushalt des Teiches von Bedeutung.

Der Abbau der organischen Verschmutzung durch den schwebenden Belebtschlamm hängt von der Schlammbelastung ab. Wenn kein Rücklaufschlamm zugeführt wird und aller Schlamm sich als Überschußschlamm absetzt, sind die gemessenen Trockensubstanzgehalte im freien Wasserkörper gering. Diese lassen sich wegen des fehlenden Rücklaufschlammes nicht erhöhen. Bei festgelegtem Teichvolumen und vorgegebener Teichtiefe ist mit Erhöhung der Belastung keine Vergrößerung der aerob aktiven Fläche möglich.

Man geht davon aus, daß sich die Menge der Biomasse nicht wesentlich mit der Raumbelastung ändert. Damit ist die Grenze der Schlammbelastung $B_{TS} \leqq 0{,}5$ kg BSB_5/(kg TS · d) festgelegt. Bei höheren Werten sinkt die Reinigungsleistung. In belüfteten Teichen treten im allgemeinen für den

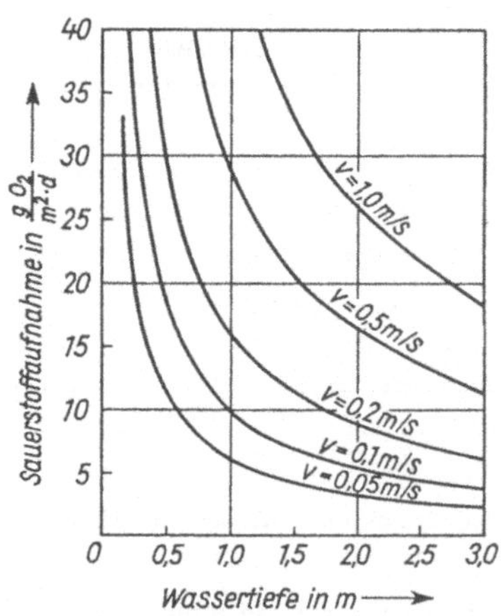

404.1 Sauerstoffaufnahme aus der Wasseroberfläche in Abhängigkeit von der Fließgeschwindigkeit und der Wassertiefe bei 20°C und 100% O_2-Defizit nach Edwards und Gibbs.

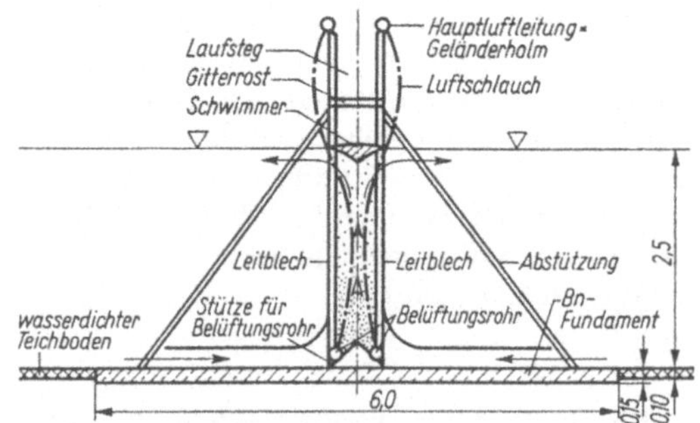

404.2 Linienbelüfter

schwebenden Belebtschlamm Trockensubstanzgehalte bis 50 mg/l auf. Bis zu 400 mg/l sollen erreichbar sein, wenn die Belüftungseinrichtungen dafür ausgelegt sind. Die Trockensubstanzgehalte in der aeroben Schlammzone sind wesentlich höher. Annahme 32 kg TS/m^3.

Bei z. B. einer aeroben Schlammzone von 5 mm Dicke, und einer Teichtiefe von 2,0 m, TS_R-Gehalt des schwebenden Schlammes 0,04 kg TS/m^3 erhält man einen mittleren Trockensubstanzgehalt

$$TS_R = \frac{0{,}04 \cdot 2{,}0 + 32{,}0 \cdot 0{,}005}{2{,}005} = 0{,}120 \quad \text{kg } TS/m^3$$

mit max $B_{TS} = 0{,}5$ kg $BSB_5/(\text{kg } TS \cdot \text{d})$

max $B_R = 0{,}5 \cdot 0{,}120 = 0{,}06$ kg $BSB_5/(m^3 \cdot \text{d})$

Dies ist auch aus Erfahrungen der Grenzwert der Raumbelastung bei belüfteten Teichen.

Daraus ergibt sich die max BSB_5-Flächenbelastung mit

$$B_A = 0{,}06 \cdot 2{,}0 = 0{,}12 \text{ kg } BSB_5/(m^2 \cdot \text{d})$$

(Teichtiefe 2,0 m)

Bei Aufteilung in 2 hintereinandergeschaltete Teiche kann davon ausgegangen werden, daß die übliche Schlammbelastung des ersten Teiches mit etwa $B_{TS} = 0{,}30$ und die des 2. Teiches mit $B_{TS} = 0{,}05$ angenommen werden kann.

Es ist empfehlenswert eine Grobentschlammung vorzuschalten. Flächenbelastung dieser Teiche bei Bemessung im Mittel $B_A = 10$ bis 30 g $BSB_5/(m^2 \cdot \text{d})$ mit einem Wirkungsgrad $\eta \geqq 90\%$ für die absetzbaren Stoffe. Wassertiefe 2 bis 4 m. Nutzinhalt 3 bis 6 m^3/EG. Danach folgen Oxidations-Teiche mit $t_R \geqq 5$ d und $B_A \geqq 4$ bis 6 g $BSB_5/(m^2 \cdot \text{d})$.

Teichsysteme werden mit Hilfe von BSB_5-Abbaudiagrammen und über die Flächenbelastung bemessen. Sie bestehen etwa aus einem Schlammteich (nicht immer), aus 2 bis 3 belüfteten Teichen und einem Nachklärteich.

Zum Lufteintrag kann man Injektorbelüfter, schwimmende Kreisel, Druckluftbänder oder Linienbelüfter (**404**.2) mit Druckluft benutzen. Der Lufteintrag dient der Umwälzung des Teichinhalts. Darüber hinaus soll der aerobe Sauerstoffbedarf gedeckt werden.

Abwasserteiche sollten undurchlässig sein. Der abgelagerte Schlamm hat selbst eine deutliche Dichtwirkung. Dieser muß sich jedoch erst bilden. Bei durchlässigem Untergrund empfehlen sich Dichtungen aus Folien, Lehm oder Bentonit. Wenn Untergrund und Grunderwerb günstig sind, liegen die Anlagekosten im unteren Bereich. Dies gilt auch für die Betriebskosten.

Der Reinigungsverlauf durch biologische Prozesse in der ersten Stufe wird durch die Formel von Streeter und Phelps beschrieben. Sie kann auch für die Vorgänge in unbelüfteten und belüfteten Teichen benutzt werden.

$$L_t = L_o \cdot e^{-k_1 \cdot t} \quad \text{oder} \quad L_t = L_o \cdot 10^{-k'_1 \cdot t} \quad \text{mit} \quad k'_1 = 0{,}4343 \cdot k_1$$

$$\text{und} \quad B_t = B_o \cdot (1 - e^{-k_1 \cdot t}) \quad \text{oder} \quad B_t = B_o \cdot (1 - 10^{-k'_1 \cdot t})$$

Es bedeuten:

L_o, B_o = Anfangskonzentration bzw. voller BSB der ersten Stufe

L_t, B_t = Konzentration bzw. BSB nach der Zeit t

k_1, k'_1 = ein von der Temperatur und anderen Einflüssen abhängiger Beiwert:

$k_{1.T} = k_{1.20°} \cdot 1{,}047^{(T-20°)}$, der die Abbaugeschwindigkeit beschreibt

Die Abbaugeschwindigkeit ist von der Art des Abwassers, der Temperatur und den hydraulischen Verhältnissen abhängig. Es wurden an belüfteten Abwasserteichen Abbaugeschwindigkeiten $k_1 = 0{,}2$ bis 0,7 l/d, das ist $k'_1 = 0{,}087$ bis 0,31 l/d gemessen. Vorsichtige Ansätze wären Werte $k'_1 = 0{,}05$ bis 0,1 l/d. k'_1 hat keinen Modellwert, sondern sollte möglichst nach Messungen an ähnlichen Anlagen gewählt werden.

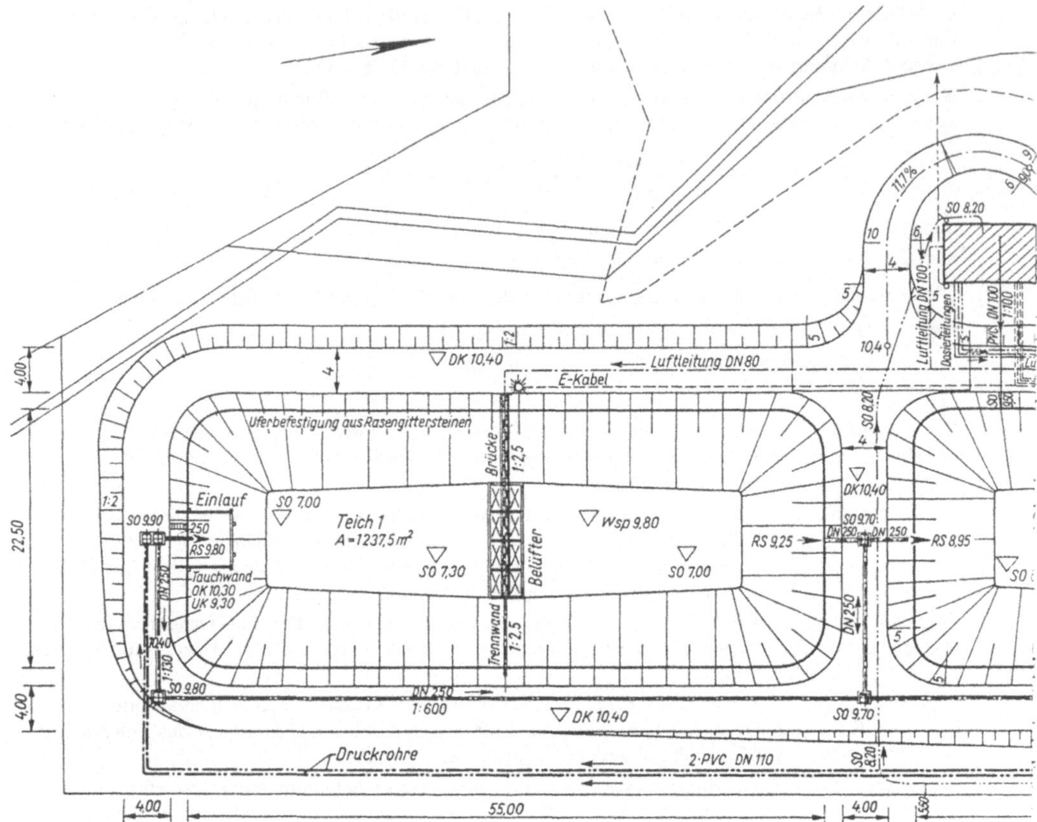

406.1 Grundriß einer künstlich belüfteten Teichanlage für 1300 EG

Tafel **406**.2 Abbaugeschwindigkeiten $k'_{1.T}$ und *BSB*-Werte B_o in Abhängigkeit von der Temperatur

Temperatur in °C	5	10	15	**20**	25	30
Täglicher Bruchteil des Abbaus in %	10,9	13,5	16,7	**20,6**	25,2	30,5
$k'_{1.T}$ in 1/Tag	0,050	0,063	0,079	**0,100**	0,126	0,158
B_o in % bezogen auf B_o bei 20° = 100%	70	80	90	**100**	110	120

Bei der Ermittlung der rechnerischen Abbauzeit = Aufenthaltszeit = t_R gilt bei Trennkanalisation der Zufluß $Q_d + Q_F$ bzw. $Q_{24} + Q_F$, bei Mischkanalisation der Regenwetterzufluß Q_{rW}.

Bemessungsbeispiel (**406**.1). Belüftete Teichanlage für Trennsystem 1300 EG mit Saisonbetrieb (Sommer: 1300 EG, Winter: 600 EG)

$q = 150$ l/(E · d) einschl. Fremdwasser

$Q_d = 0{,}150 \cdot 1300 = 195\ \text{m}^3/\text{d}$

$BSB_5 = 60$ g BSB_5/(E · d); $B_B = 0{,}06 \cdot 1300 = 78$ kg BSB_5/d

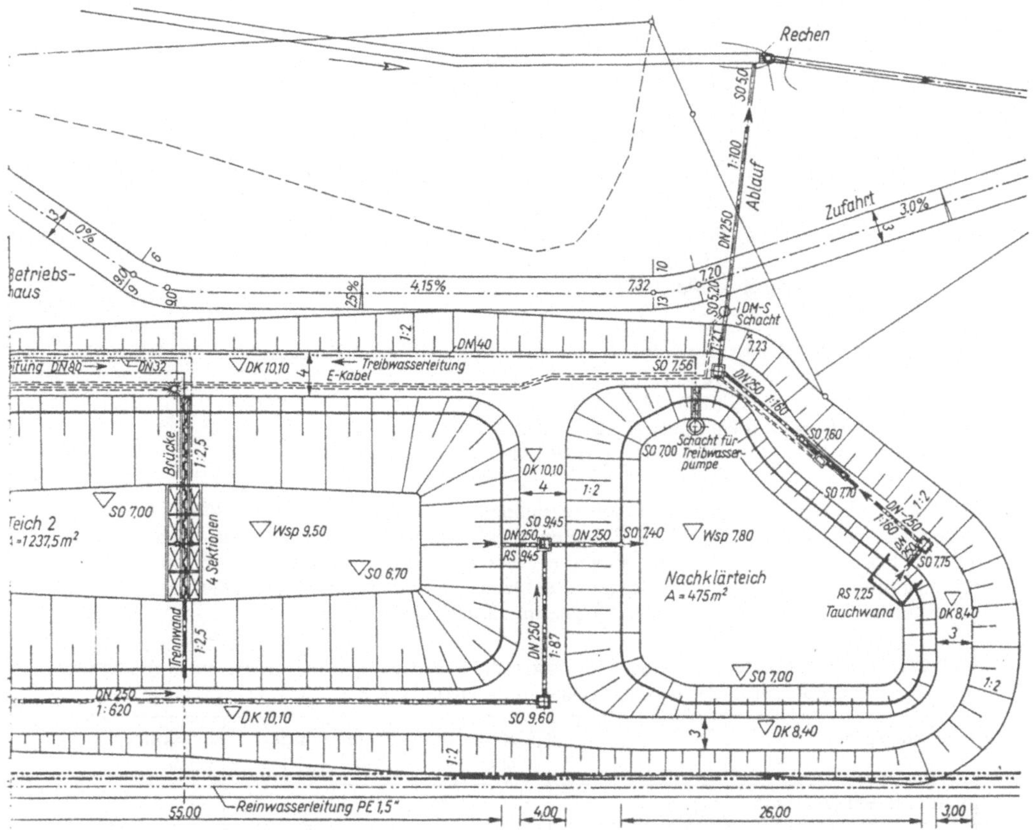

1. Teichstufe (belüftet):

1 Teich, Tiefe nach Schlammablagerung = 1,6 m; Länge = 55 m; Breite 22,5 m; Teichfläche A_1 = 1237,5 m^2; Volumen V_1 = 1237,5 · 1,6 = 1980 m^3; Zulauffracht = 78 kg BSB_5/d

BSB_5-Flächenbelastung B_A = 78000/1237,5 = 63 g BSB_5/(m^2 · d) Abbauleistung nach Abbaukurven des Herstellers des Belüftungssystems. Hier ersatzweise nach Streeter-Formel.

Durchflußzeit t_R = 1980/195 = 10,15 d; k_1' = 0,063 1/d ≙ T = 10°C

$L_t = 1{,}17 \cdot 78 \cdot 10^{-0{,}063 \cdot 10{,}15} = 20{,}93$ kg BSB/d

2. Teichstufe (belüftet):

Teich, Abmessungen wie in der 1. Teichstufe; Zulauffracht = 20,93 kg BSB/d

B_A = 20930/1237,5 = 16,91 g BSB/(m^2 · d)

t_R = 1980/195 = 10,15 d; k_1' = 0,063 1/d ≙ T = 10°C

$L_t = 20{,}93 \cdot 10^{-0{,}063 \cdot 10{,}15} = 4{,}8$ kg BSB/d = 4,1 kg BSB_5/d

3. Teichstufe (unbelüftet) = Schönungsteich

1 Teich, Teichfläche A_3 = 475 m^2; Zulauffracht = 4,8 kg BSB/d

B_A = 4800/475 = 10,11 g BSB/(m^2 · d); t_R = 475/195 = 2,44 d; k_1' = 0,05 1/d gewählt

$L_t = 1{,}02 \cdot 4{,}1 \cdot 10^{-0{,}05 \cdot 2{,}44} = 3{,}16$ kg BSB/d = 3,1 kg BSB_5/d

Ablaufkonzentration L = 3100/195 = 15,9 g BSB_5/m^3

Sauerstoffbilanz

B_B = 78 kg BSB_5/d B_{Ablauf} = 3,1 kg BSB_5/d
Abgebaute Schmutzfracht 78 − 3,1 = 74,9 kg BSB_5/d = 96%
OC/load = 1,5 kg O_2/kg BSB_5
erf. O_2-Eintrag = 1,5 · 74,9 = 112,35 kg O_2/d
Zus. O_2-Eintrag durch Teichoberflächen der Teiche 1 und 2 = 5 g $O_2/(m^2 \cdot d)$ daraus natürlicher O_2-Eintrag = 0,005 · (2 · 1237,5 + 457) = 14,75 kg O_2/d
erf. O_2-Eintrag durch künstliche Belüftung 112,35 − 14,75 ≈ 100 kg O_2/d
Eintragsleistung der Belüfter ≈ 20 g O_2/Nm^3
erf. Lufteintrag 100 : 0,02 = 5000 Nm^3/d
Q_{L24} = 5000/24 = 208 Nm^3/h

Energiebedarf

gewählt 2 Drehkolbengebläse, davon 1 Grundlast und 1 Reserve.
Leistungsaufnahme je Gebläse = 3,2 kW
O_2-Ertrag = 100/(3,2 · 24) = 1,3 kg O_2/kWh
η-BSB_5 = 74,9 kg/d bei 3,2 · 24 = 76,8 kWh/d
N_B = 76,8/74,9 ~ 1,0 kWh/kg BSB_5-Abbau

Nach den vorliegenden Erfahrungen sollten mindestens die Werte der Tafel **408**.1 eingehalten werden. Für Anschlußwerte ≧ 10000 EG können die erforderlichen Flächen meist nicht bereitgestellt werden. Die Anlagen arbeiten als Langzeitbelebungsanlagen. Es sollten mindestens 2 belüftete Teiche hintereinandergeschaltet werden. Bei kleineren Anlagen sind keine Sandfänge oder Rechen erforderlich. Bei größeren empfiehlt sich mindestens ein Rechen.

Tafel **408**.1 Bemessungsgrößen von Abwasserteichen (Mittelwerte bei mehreren nacheinander angeordneten Teichen) für Anlagen im Dauerbetrieb

Bemessungsgröße	Absetzteiche	unbelüftete Ox.-Teiche	belüftete Ox.-Teiche	Schönungsteiche
Aufenthaltszeit (Durchflußzeit) in d	> 1	20 bis 50	> 5	1 bis 5
Einwohnerbezogene Oberfläche in m^2/E				möglichst > 0,5
mit vorgeschaltetem Absetzbecken				
BSB_5-Ablauf 30 bis 40 mg/l		10 bis 15	> 2,0	
BSB_5-Ablauf 20 bis 30 mg/l		15 bis 20	> 2,5	
BSB_5-Ablauf 10 bis 20 mg/l		> 20	> 3,0	
ohne vorgeschaltete Absetzteiche		15	> 3,0	
zusätzl. bei Regenwasserbehandlung		5	> 1,5	
Einwohnerbezogenes Volumen in m^3/E	0,5			möglichst > 0,4
davon Schlammraum in m^3/E	0,15			
Raumbelastung in g/(m^3d) nach Abzug des Schlammraumes			15 bis 25[1])	
Sauerstofflast der Belüfter kg/kg			1 bis 1,5	
Energieaufwand für Umwälzung in W/m^3			0,7 bis 3	
Wassertiefe in m	> 1,5	0,8 bis 1,5	> 1,5	0,8 bis 2,0
Freibord über höchstem Wasserspiegel in m	> 0,3	> 0,3	> 0,3	> 0,3

[1]) In der 1. Teichstufe < 50

Der O_2-Bedarf für Nitrifizierung (2. Stufe) und der O_2-Eintrag durch Assimilation der Wasserpflanzen wurden vernachlässigt.

Die erreichten Reinigungseffekte entsprechen bei vorsichtiger Bemessung denen von Oxidationsgräben.

Der anfallende Primär- und Belebtschlamm kann jahrelang in den Teichen gestapelt werden. Auf anaerobem Wege wird er weitgehend stabilisiert. Der jährliche Schlammanfall liegt bei rund 50 l/(E · a). Bei ausreichender Bemessung treten keine Geruchs- und Lärmemissionen auf.

Die Fließgeschwindigkeiten sind in belüfteten Simultanteichen bei einem Energieeintrag von rund 1 Watt/m³ so gering, daß keine Belebtschlammflocken in Schwebe bleiben können. Beim Biolakverfahren wird durch die wandernden Belüfter die Flocke wieder aufgetrieben. Entsprechend wird die Reinigungsleistung bei den Simultanteichen im wesentlichen von den am Boden haftenden Aerobiern und zu einem geringeren Teil von den frei schwebenden Mikrobionten erbracht. Beim Biolakverfahren verschiebt sich dieser Anteil zugunsten der schwebenden Organismen.

Schlammräumungen aus den Simultanteichen sind erst nach 6 bis 10 Jahren erforderlich. Nach dem Biolakverfahren betriebene belüftete Teiche haben nur geringe Schlammlagerungskapazitäten, die Schlammenge wird in der Nachklärung gespeichert. Biolakanlagen weisen häufiger Rechen und Sandfänge auf.

Tafel **409**.1 Ablaufergebnisse belüfteter Teiche (Simultan-) nach [11]
2 hM ≙ 2-h-Mischprobe
24 hM ≙ 24-h-Mischprobe

$$\gamma = \frac{\text{Wert 24 hM}}{\text{Wert 2 hM}} \cdot 100$$

Parameter im Ablauf	Zeit	2 hM	24 hM	γ	Proben *n*
		in mg/l	in mg/l	in %	Anzahl *n*
BSB_5	über das Jahr	9,3	5,8	62,2	84
BSB_5	im Winter 1. 11. bis 15. 3.	9,4	5,6	59,6	44
CSB	über das Jahr	64,3	28,6	44,4	49
CSB	im Winter 1. 11. bis 15. 3.	62,3	25,9	42,0	27

Die erbrachten Reinigungsleistungen der belüfteten Teiche sind im Sommer wie im Winter gleichmäßig gut (Tafel **409**.1).

Nachteilig und anwendungsbeschränkend wirkt sich der hohe Flächenbedarf aus.

Tafel **409**.2 Flächenbedarf verschiedener Kläranlagensysteme, vgl. auch [11]

Anlagen-System	Anschlußbereich in EG	spezif. Flächenbedarf in m²/EG
natürlich belüftete Teiche	bis 1000/2000	10 bis 30
Schilf-, Binsensysteme Wurzelraumentsorgung	bis 3000/5000	5 bis 10
künstlich belüftete Teiche	300 bis 10000	2,0 bis 4
Kombination belüfteter Teiche mit konventionellen Anlageteilen	3000 bis 40000	> 1,0
konventionelle Systeme	500 bis 10000	1,2
	10000 bis 50000	0,6
	50000 bis 100000	0,5
	> 100000	0,4

Die künstlich belüfteten Teiche sind erheblich billiger als Belebungsanlagen mit Stabilisierung. Oder als Nitrifikationsanlagen mit $B_{TS} \leqq 0,15$. Die guten Abbauleistungen über das ganze Jahr sind auf die geringen Raumbelastungen und die langen Behandlungszeiten zurückzuführen. Ein Raumbedarf von rund 3 m^3/EG bringt etwa Behandlungszeiten von rund 10 bis 20 Tagen.

Abwasser-Fischteiche. Die gelösten organischen Schmutzstoffe des Abwassers werden durch Bakterien aufgenommen. Diese dienen niederen Lebewesen, wie Algen und Pilzen, als Nahrung. Damit entsteht eine Ernährungsgrundlage für höhere Lebewesen, wie Insektenlarven, Würmer und dgl., die wiederum den Fischen als Nahrung dienen.

Das mindestens entschlammte Abwasser soll zur Sauerstoffanreicherung mehr als 5fach mit Reinwasser (z.B. Bachwasser) verdünnt werden. Das Abwasser muß in den 50 bis 80 cm tiefen Teichen durch Einlaßvorrichtungen gut verteilt werden. 1 ha Teichfläche kann unter guten Voraussetzungen das Abwasser von 1500 bis 2000 Einwohnern aufnehmen. Die biologische Reinigungswirkung ist ausgezeichnet, der Abfluß ist fäulnisunfähig, und etwa 90% der organischen Schmutzstoffe werden abgebaut.

Fischteiche werden im Herbst abgefischt und sind im Winter ohne Besatz. Das Verfahren kann deshalb nur dort hygienisch befriedigend angewandt werden, wo entweder als Ersatz eine künstliche biologische Kläranlage zur Verfügung steht oder die Reinigungsleistung auch ohne Fischbesatz vorübergehend ausreicht. Nur selten jedoch sind die natürlichen Voraussetzungen für dieses Verfahren gegeben.

Fischteiche können auch als Nachklärteiche mechanisch-biologischer Kläranlagen eingesetzt werden. Man bemißt dann für $B_A \leqq 5$ g $BSB_5/(m^2 \cdot d)$. Wassertiefe $\approx$ 1,0 m, Verdünnung 2- bis 5fach. O_2-Gehalt bei Besatz mit Karpfen und Schleien $\geqq$ 3 bis 4 mg/l, bei Forellen $\geqq$ 6 bis 7 mg/l.

4.5.4 Weitergehende Abwasserreinigung

4.5.4.1 Phosphor

In städtischen Regionen gelangen z.Z. etwa 3 g Phosphor/(E · d) ins Abwasser. Davon sind etwa 1,8 g fäkal und 1,2 g aus Waschmitteln. Konzentration im Abwasser bei 10 bis 20 g/m^3. Bei landwirtschaftlich genutzten Flächen kommen 0,1 bis 0,8 kg P/(ha · a), bei Waldflächen 0,01 bis 0,13 kg P/(ha · a) hinzu. In der auftretenden Konzentration wirkt Phosphor auf den Menschen nicht giftig, doch wirkt er fördernd auf den Algenwuchs und damit sauerstoffzehrend in tieferen Regionen. Eutrophierung des Gewässers, Geruchs- und Geschmacksnachteile bei Trinkwasserentnahmen können die Folge sein. Auch wenn ausschließlich phosphatfreie Waschmittel verwendet würden, würden die Phosphorgehalte der menschlichen Ausscheidungen genügen, um eine Eutrophierung von Gewässern hervorzurufen.

Bei ungünstigen Vorflutverhältnissen wird eine Entfernung der Phosphor- und der Stickstoffverbindungen aus dem Abwasser verlangt, um die Nährstoffe für Pflanzenwuchs zu entfernen. Man spricht von der chemischen oder 3. Reinigungsstufe. Die Phosphate sind am Algenwachstum maßgebend beteiligt.

Die durch Lichtenergie ausgelösten Reaktionen während der Photosynthese sind vereinfacht folgende [68]:

$$H_2O + ATP \underset{\text{Chlorophyll}}{\overset{\text{Licht}}{\rightleftarrows}} ADP + P_{anorg} + \text{Energie}$$

$$\downarrow \qquad\qquad\qquad \uparrow$$

$$CO_2 + H_2O + ATP \xrightarrow[\text{Chlorophyll}]{\text{Licht}} ADP + P_{anorg} + (CH_2O) + O_2$$

mit ATP ≙ Adenosine-Tri-Phosphat } Hochmolekulare Phosphorverbindungen, die als Ener-
ADP ≙ Adenosine-Di-Phosphat } giespeicher in lebenden Zellen gebildet werden
P_{anorg} ≙ anorganischer Phosphor
(CH_2O) ≙ Grundeinheit der Kohlenhydrate

Die massenhafte Algenentwicklung stört den Sauerstoffhaushalt der Gewässer. Während bei der Photosynthese reiner Sauerstoff erzeugt wird und das Wasser in Algennähe 150 bis 300% Sauerstoffübersättigung erreichen kann, wird in den Nachtstunden und bei ungünstigen Witterungsbedingungen die Sauerstoffzehrung so groß, daß anaerobe Verhältnisse eintreten. Das Absterben der Algen führt zu Ablagerungen, später zu Rücklösungen von Phosphaten, Ammonium und organischen Kohlenstoffverbindungen. Diese Prozesse werden als sekundäre Verschmutzung wirksam und gefährden besonders stark die stehenden Gewässer.

Im Verlauf biologischer Reinigungsprozesse wird der Phosphatgehalt des Abwassers verringert. Die wesentlichen Vorgänge sind Einbau in biologische Zellmasse, Adsorption an Belebtschlammflocken und Fällungsmechanismen. Diese Prozesse laufen meist unkontrolliert ab, können jedoch auch auf eine bestimmte Phosphatelimination hin gesteuert werden. Um eine weitere Elimination zu erreichen, setzt man chemische Verbindungen zu, welche die Phosphate ausfällen. Man verwendet Eisensulfat, Eisenchlorid, Aluminiumsulfat oder Kalk. Geht man von einer Phosphorkonzentration des Rohabwassers im Bereich von 15 bis 20 mg P/l aus, so kann im Ablauf der mechanischen Stufe noch etwa 10 bis 15 mg P/l gefunden werden. Durch die biologische Stufe, Belebtschlamm- oder Tropfkörperverfahren, wird der Phosphatgehalt auf ≈ 5 bis 10 mg P/l verringert.

In wäßriger Lösung finden je nach H^+-Ionenaktivität drei schrittweise Dissoziationen statt, die von der Phosphorsäure zum Phosphation führen:

$$H_3PO_4 \rightleftharpoons H_2PO_4^- + H^+$$
$$H_2PO_4^- \rightleftharpoons HPO_4^{2-} + H^+$$
$$HPO_4^{2-} \rightleftharpoons PO_4^{3-} + H^+$$

Diese Gleichgewichtsreaktionen werden vom pH-Wert reguliert, der die Mengenanteile der drei dissoziierten Ionenformen bestimmt [22].

Aluminium-Phosphat-Fällung. Das Aluminium Al^{3+} ist ein biologisch inertes Material und bildet gut absetzbare Flocken. Es wird meist in Form von Aluminiumsulfat $Al_2(SO_4)_3 \cdot 18\,H_2O$ für die Phosphatfällung verwendet. In einer die Bildung von Aluminiumphosphat $AlPO_4$ begleitenden Reaktion werden gleichzeitig Al^{3+}-Ionen zu Aluminiumhydroxid $Al(OH)_3$ hydrolisiert:

$$Al_2(SO_4)_3 \cdot 18\,H_2O + 2\,PO_4^{3-} \rightarrow 2\,AlPO_4 \downarrow + 3\,SO_4^{2-} + 18\,H_2O$$
$$Al_2(SO_4)_3 \cdot 18\,H_2O + 6\,H_2O \rightarrow 2\,Al(OH)_3 \downarrow + 6\,H^+ + 3\,SO_4^{2-} + 18\,H_2O$$
$$6\,H^+ + 6\,HCO_3^- \rightarrow 6\,CO_2 + 6\,H_2O$$

Eisen-Phosphat-Fällung. Das zweiwertige Eisen Fe^{2+} bildet schlecht oder kaum absetzbare Flocken mit einem pH-Wert-Optimum im alkalischen Bereich von etwa 7,5 bis 8,5. Es wird hauptsächlich wegen seines geringen Preises für Eisen-(II-)Sulfat $FeSO_4$ verwendet. Zur Verbesserung der Fällungseigenschaften wird meist die Auf-Oxidation des zwei- zum dreiwertigen Eisen mittels Belüftung durchgeführt.

Das dreiwertige Eisen Fe^{3+} bildet ein schwerer lösliches Eisenphosphat $FePO_4$. Es wird als Eisenchlorid $FeCl_3$, Eisenchloridsulfat $FeClSO_4$ oder Eisen-(III-)Sulfat $Fe_2(SO_4)_3$ eingesetzt. Bei Eisenchlorid sind die Flockenbildung und die Absetzeigenschaften des Niederschlags besser als bei Eisensulfaten. Außerdem kann bei der Anwendung von Eisen-(III-)Sulfat die Bildung von kleineren Flocken mit größerer Adsorptionsfläche beobachtet werden.

Die dreiwertigen Eisenionen reagieren im Hinblick auf die Hydroxid- und die Phosphatreaktion chemisch wie die Aluminiumionen:

$$FeCl_3 \cdot 6\,H_2O + PO_4^{3-} \rightarrow FePO_4 \downarrow + 3\,Cl^- + 6\,H_2O$$
$$FeCl_3 \cdot 6\,H_2O + 3\,H_2O \rightarrow Fe(OH)_3 \downarrow + 3\,H^+ + 3\,Cl^- + 6\,H_2O$$
$$3\,H^+ + 3\,HCO_3^- \rightarrow 3\,CO_2 + 3\,H_2O$$

Kalk-Phosphat-Fällung. Die Phosphatfällung mit Kalziumionen Ca^{2+} verläuft anders als die mit Aluminium- oder Eisensalzen. Die Vorgänge bei der Kalziumphosphatfällung sind noch nicht vollständig bekannt. Das Phosphation wird durch die Zugabe von Kalk und die gleichzeitige pH-Wert-Erhöhung als Hydroxylapatit, das unterschiedliche Zusammensetzung haben kann, ausgefällt. Sehr

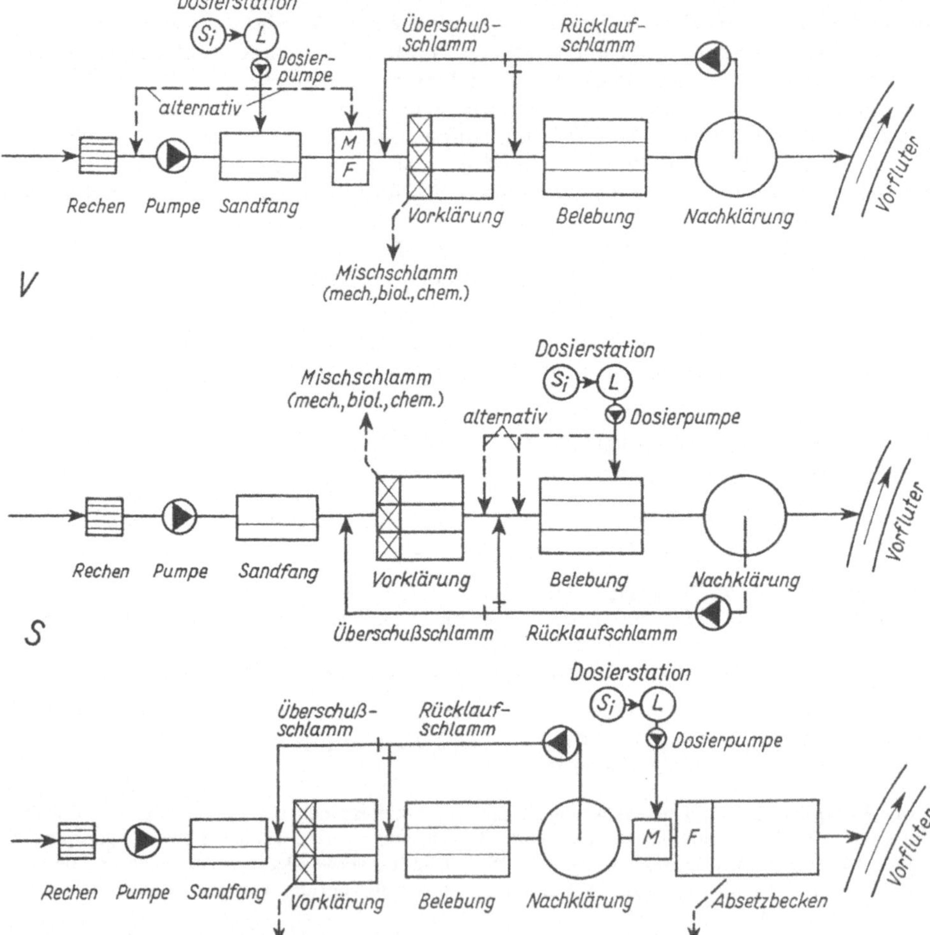

412.1 Schema von Kläranlagen mit P-Fällung
V = Vorfällung, *S* = Simultanfällung, *N* = Nachfällung
Si = Silo, *L* = Lösebehälter, *M* = Mischbecken, *F* = Fällungsbecken

wahrscheinlich wird zuerst Kalziumhydrogenphosphat $CaHPO_4 \cdot 2\,H_2O$ gebildet, das mit der Zeit in das stabilere Apatit $Ca_{10}(PO_4)_6(OH)_2$ übergeht. Die chemischen Reaktionen verlaufen etwa wie folgt:

$$2\,Ca(OH)_2 \rightarrow 2\,Ca^{2+} + 4\,OH^-$$

$$2\,Ca^{2+} + HPO_4^{2-} + 4\,OH^- \rightarrow Ca_2HPO_4(OH)_2 + 2\,OH^-$$

$$4\,Ca_2HPO_4(OH)_2 + 2\,Ca^{2+} + 2\,HPO_4^{2-} \rightarrow Ca_{10}(PO_4)_6(OH)_2 \downarrow + 6\,H_2O$$

Eisen- und Aluminiumsalze werden als Fällmittel in Kläranlagen einfach proportional zum Abwasserzufluß oder nach einer Programmierten Ganglinie zudosiert. Für die Optimierung der Chemikalienzugabe erscheinen Trübung, Leitfähigkeit oder Alkalität geeignet. Auch die Steuerung nach der Phosphorfracht ist üblich.

Die Löslichkeit der Chemikalien ist vom pH-Wert abhängig. Günstige pH-Werte liegen für $AlSO_4$ bei 5 bis 7,5; für $FeSO_4$ bei 3,5 bis 6,5; für Kalk bei 10 bis 12. Das Abwasser kann bei seinem Durchgang durch Belebungs- und Nachklärbecken gleichzeitig behandelt werden; dann setzt man z. B. nach der Vorklärung $FeCl_3$ zu. Oder man schaltet dem Nachklärbecken der biologischen Stufe ein Fällungs- und ein Absetzbecken als dritte Reinigungsstufe nach. Das Chemikal wird dann vor dem Fällungsbecken zugegeben.

Die Vorfällung ist auch zur Sanierung von überlasteten Kläranlagen geeignet. In jedem Falle muß das Vorklärbecken für eine Aufenthaltszeit t_R = 1,5 bis 2,0 h und $q_A \leqq$ 1,0 $m^3/(m^2 \cdot h)$ bemessen sein. Fällmittelzugabe so, daß der pH-Wert des Abwassers 6 bis 9. Die BSB_5-Last der biologischen Stufe verringert sich um max. 60%. Der Gehalt an Gesamt-P geht um ≈ 70% zurück.

Die Simultanfällung nur bei Aufenthaltszeiten im Belebungsbecken von $t_R \geqq 4$ h vorsehen. Nachklärbecken $t_R \geqq 3$ h, $q_A \leqq 1{,}0$ $m^3/(m^2 \cdot h)$. Der Gehalt an Gesamt-P geht um ≈ 80% zurück.

Die Nachfällung ist hinsichtlich der Phosphate am wirksamsten. Die Aufenthaltszeit in der Fällungsstufe und den Flockungsstufen $t_R \approx 0{,}5$ h. Rührwerk der Fällungsstufe Umfangsgeschwindigkeit $u \geqq 0{,}6$ m/s, letzte Flockungsstufe $\leqq 0{,}2$ m/s. Die Sedimentationsstufe verlangt für Absetzen t_R = 2 bis 2,5 h, q_A = 0,7 bis 1,0 $m^3/(m^2 \cdot h)$; für

Tafel **413**.1 Einsatzbereiche der Fällmittel-Grundsubstanzen zur P-Fällung

Fällmittelbasis	Einsatzbereich	Lagerung, Dosierung	Eigenschaften
Fe(III) $FeCl_3$ $FeSO_4Cl$	Vor-, Simultan-, Nachfällung	Lagerung schwierig	Gute Absetzeigenschaften; erhöhter Wassergehalt im Schlamm; Schlamm gut entwässerbar
Fe(II) $FeSO_4$	Vorfällung bei Vorbelüftung, Simultanfällung	einfach	Schlamm wie vor; billig; Verunreinigungen wirken ungünstig
Al(III) $Al_2(SO_4)_3$	alle Möglichkeiten	einfach	Absetzeigenschaften schlechter
Ca(II) CaO $Ca(OH)_2$	Vor-, Nachfällung	Lagerung einfach; Dosierung aufwendig	Bei hohem pH-Wert des Abwassers, hoher Materialverbrauch; gute Absetzeigenschaften

Tafel **414**.1 Handelsübliche Eisensalze

Feste Eisensalze			Flüssige Eisensalze		
Eisen(II)-Sulfate	$FeSO_4 \cdot 7\ H_2O$ $FeSO_4 \cdot 6{,}5\ H_2O$ $FeSO_4 \cdot H_2O$	Feuchtes **Salz** Feingranulat Pulver oder **Granulat**	Eisen(III)- Salz-Lösungen	$FeCl_3$ $FeClSO_4$ $Fe_2(SO_4)_3$	ca. 40%ige korrosive **Lösungen**
Eisen(III)-Sulfate	$Fe_2(SO_4)_3 \cdot$ 0 bis 9 H_2O	Pulver oder Granulat	Eisen(II)- Salz-Lösungen	$FeCl_2$ ($FeSO_4$)	ca. 20 bis 30%ige korrosive Lösungen
Eisen(III)- Chloride	$FeCl_3$ $FeCl_3 \cdot 6\ H_2O$	hygroskopi- sches Pulver zerfließliches Granulat			

Tafel **414**.2 Transport und Lagerung von Eisensalzen

		Transport	Lagerung
Salz	Eisen(II)-Sulfat feucht	Lkw-Kipper	Einsumpfbunker
Granulat	Eisen(II)-Sulfate getrocknet	Silo-Zug	Hochsilo
Lösung	Eisen(II)- und Eisen(III)-Salze gelöst	Tkw, gummiert	Kunststofftank

Flotation $t_R = 0{,}6$ bis $0{,}8$ h, $q_A = 3{,}0$ bis $6{,}0\ m^3/(m^2 \cdot h)$; für Lamellen-Separator $q_A = 0{,}4$ bis $0{,}5\ m^3/(m^2 \cdot h)$ (vgl. Abschn. 4.5.2.2 $A_{eff} \triangleq$ projizierte Platten-Fläche).

Der zusätzliche Schlammanfall bei Vor- und Nachfällung beträgt ≈ 20 bis 50 Volumen-%, bei der Simultanfällung 0 bis 40 Volumen-%. Die optimale Wirkung von Fällungsstufen erreicht man am besten durch Versuche.

Die Flockungsfiltration (s. Abschn. 4.5.5) wird eingesetzt, wenn hohe Anforderungen, 0,5 bis 0,1 mg P/l, an die Ablaufkonzentration gestellt werden. Die Werte können in Kombination einer Simultan- oder Nachfällung mit der Flockungsfiltration erreicht werden. Es werden Mehrschichtfilter mit hohem Filterbett und langen Filterlaufzeiten benutzt. In der Flockungsfiltration werden oft Eisen(III)-Verbindungen mit Polyelektrolyten als Flockungshilfsmittel verwendet. Folgende Bemessungshilfsmittel werden empfohlen [90]:

Filteraufbau 1,5 m Hydroanthrazit (1,6 bis 2,5 mm ∅)
0,4 m Quarzsand (0,7 bis 1,2 mm ∅)
Filtergeschwindigkeit $v_A = 4$ bis 6 m/h; Filterlaufzeit > 24 h;
Filterrückspülung mit Luft und Wasser.

Zur Prozeßtechnik der P-Fällung ist darauf hinzuweisen, daß der Wirkungsgrad der Fällung wesentlich von der Einbringung des Fällmittels abhängt. Es sind zu unterscheiden: 1) die intensive

Durchmischung in 0,1 bis 1 s; 2) Verbindungs- und Teilchenbildung (Entstabilisierung) in < 1 s; 3) Mikroflockung in 15 bis 30 s; 4) Makroflockung in 10 bis 30 min; 5) die Flockenabtrennung. Auf eine schnelle und energiereiche Mischung und Entstabilisierung ist besonderer Wert zu legen. Zu geringe Turbulenz oder zu lange Durchfließzeiten verschlechtern den Wirkungsgrad, ebenso wie zu hohe Turbulenz bei der Makroflockung, welche die Metallflocken zerstören würde.

Die Wirtschaftlichkeit der Verfahren ist bei der Planung speziell zu überprüfen. Generell ergibt sich, daß die Simultanfällung bei < 2 mg P/l Ablaufkonzentration, die Kombination Simultan-/Nachfällung bei < 1 mg P/l und die Kombination Simultanfällung/Flockungsfiltration bei < 0,5 mg P/l am günstigsten abschneiden.

Die Fällmittelmenge wird aus dem Mol-Verhältnis Me-Mol/P-Mol (Me ≙ Metall) bestimmt (**415**.1).

Beispiel: Simultanfällung; 11,6 mg P/l im Zulauf Belebung; Rest-P = 2 mg/l; Q_d = 200 m³/d; P-Fracht = 11,6 · 200/1000 = 2,32 kg P/d; P-Mol = 30,9 g/Mol; Fe-Mol = 55,85 g/Mol; nach **415**.1 ergibt sich ein Molverhältnis von 1,3.

$$\text{erf Fe} = 1{,}3\,\frac{2{,}32 \cdot 1000}{30{,}9} = 75 \text{ Mol Fe/d} \rightarrow$$

$$75 \cdot 55{,}85/1000 = 4{,}19 \text{ kg Fe/d}$$

Daraus errechnet sich die Fällmittelmenge/d mit dem jeweils bekannten Fe-Gehalt des Fällmittels.

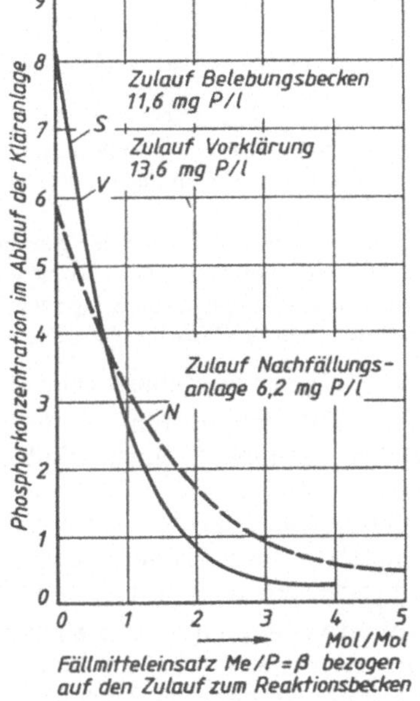

415.1
Phosphorelimination in Abhängigkeit vom Fällmitteleinsatz
Me ≙ Metallmol; *S* ≙ Simultanfällung;
V ≙ Vorfällung; *N* ≙ Nachfällung
P ≙ Phosphormol

Bei der biologischen Phosphorelimination wird die Entnahme des Phosphors aus dem Abwasser **ohne** Zugabe von Fällmitteln angestrebt. Der Phosphor kann nur über eine Festlegung im Schlamm aus dem System entfernt werden.

Normalerweise wird der Phosphor mit ≈ 1% der zufließenden BSB_5-Fracht, $\Delta P_{ges}/BSB_5$-Fracht ≈ 0,01, eliminiert. Die Trockensubstanz enthält 1,5 bis 2% Phosphor. Ziel der biologischen Phosphorelimination ist eine Steigerung dieser Verhältnisse.

Die vorgeschlagenen Verfahren sehen für den belebten Schlamm eine anaerobe Zone vor, in der weder gelöster Sauerstoff noch Nitrat oder Nitrit zur Verfügung stehen. Es entstehen dadurch für bestimmte Bakterien Wachstumsvorteile insofern, als sie mehr Phosphor in ihren Zellen speichern können als sie für den eigentlichen Stoffwechsel benötigen. Dadurch erhöht sich der P-Gehalt des belebten Schlammes und P wird über den Überschußschlamm entfernt.

Eine Besonderheit der P-speichernden Mikroorganismen ist die Fähigkeit zur Rücklösung und Wiederaufnahme des Phosphors. Unter anaeroben Bedingungen geben sie

Orthophosphat ab und unter aeroben Bedingungen, also z.B. im Belebungsbecken, nehmen sie mehr als das zuvor rückgelöste Phosphat wieder auf. Voraussetzung für den Prozeß ist leicht abbaubares Substrat.

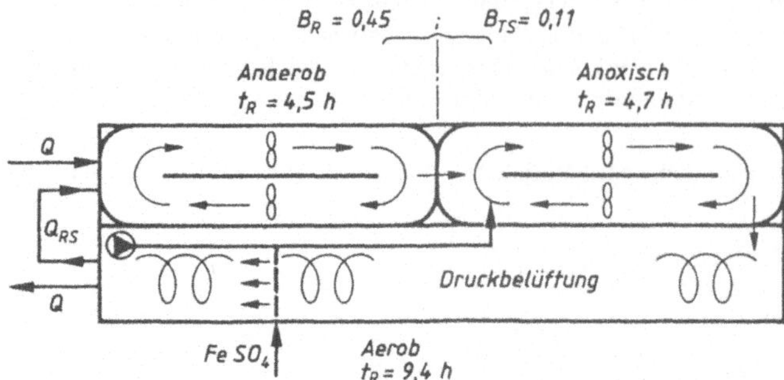

416.1 Biologisch-chemische Phosphorelimination an der Kläranlage Berlin-Ruhleben nach [90]

Das Verfahren wird beispielhaft an der Kläranlage Ruhleben erläutert (**416**.1). Bei einer Aufenthaltszeit in der anaeroben und in der anoxischen Zone von je 4,5 h und einer Belüftungszeit von 9,4 h und einem Zulauf-Phosphat von 8 mg/l wurde ein Ablaufwert von 1,6 mg/l erreicht. B_R in den beiden Vorzonen 0,45 kg $BSB_5/(m^3 \cdot d)$, B_{TS} = 0,11 kg $BSB_5/(kg\ TS \cdot d)$, P/BSB_5 im Zulauf 0,032.

Besondere Verfahren zur biologischen Phosphorelimination sind:

Das Phostrip-Verfahren. Ein Teil des mit Phosphor angereicherten Rücklaufschlammes wird dem „Stripper", einem Eindicker mit langer Aufenthaltszeit, zugeführt. Er bildet die anaerobe Zone. Die Rücklösung des Phosphors in ihm führt zu Konzentrationen von 40 bis 60 mg/l. Die Festsetzung des Phosphors erfolgt anschließend durch Kalkfällung, $Ca(OH)_2$, des Schlammwassers. Die Feststoffe aus dem Stripper werden wieder ins Belebungsbecken zurückgeführt und können neuen Phosphor aufnehmen [90].

Beim Phoredox-Verfahren wird einer Belebungsanlage mit vorgeschalteter Denitrifikation ein weiteres anaerobes Becken vorgeschaltet, in welches Zulauf und Rücklaufschlamm geleitet werden (vgl. auch **416**.1). Es wird die gleichzeitige Elimination von P und N angestrebt. Dieses Verfahren kann vorteilhaft auch in der 1. Stufe einer zweistufigen Belebungsanlage eingesetzt werden, weil dort nicht mit einer P-Rücklösung durch Nitrat zu rechnen ist.

Das EASC-Verfahren (Extended Anaerobic Sludge Contact) bietet die Möglichkeit, bestehende Kläranlagen ohne wesentliche Umbauten für die P-Elimination nachzurüsten. Das Vorklärbecken wird zum anaeroben Absetzbecken umfunktioniert. Der Rücklaufschlamm wird zusammen mit dem Rohabwasser diesem Becken zugeführt. Der abgesetzte Schlamm gelangt über eine separate Leitung zusammen mit dem Beckenüberlauf ins Belebungsbecken. Das Substrat des Rohabwassers wird mit dem Rücklaufschlamm in Kontakt gebracht. Die Organismen können gelöste Substrate sehr schnell adsorbieren, so daß insgesamt kurze hydraulische Aufenthaltszeiten genügen. Nach dem Kontakt erfolgt im Absetzbecken die Trennung in Klarwasser- und Schlammzone. Letztere mit Schlammaufenthaltszeiten von $\geqq$ 10 h. Die P-Rücklösung aus dem Rücklaufschlamm kann weit fortschreiten, womit die Voraussetzung für eine vermehrte P-Aufnahme im nachfolgenden Belebungsbecken geschaffen ist.

4.5.4.2 Stickstoff

Der Stickstoff ist in der Natur in organischer und auch in anorganischer Form weit verbreitet. Im Rohabwasser findet er sich überwiegend in organisch gebundener Form und als Ammoniumion. In fließenden und stehenden Gewässern, wie auch bei der Abwasserreinigung, sind die Stickstoffverbindungen ständigen biochemischen Umsetzungen unterworfen. Die Formen des Stickstoffs sind etwa folgende [22]:

$NO_3^- - N$	≙ Nitrat-Stickstoff	NH_3	≙ Ammoniak
$NO_2^- - N$	≙ Nitrit-Stickstoff	$NH_4^+ - N$	≙ Ammonium-Stickstoff
N_2	≙ molekularer Stickstoff	N_{org}	≙ organisch gebundener Stickstoff
		N_{ges}	≙ Gesamtstickstoff (Summe aller Formen)

Die Reaktionsschritte in Gewässern zeigt **417**.1.

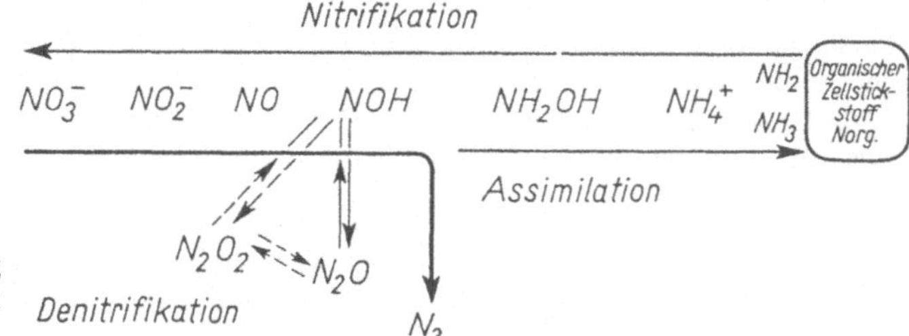

417.1 Biochemische Umwandlung von Stickstoffverbindungen in Gewässern nach [22]

Die Stickstoffverbindungen im Abwasser stammen hauptsächlich aus menschlichen und tierischen Exkrementen (Harn und Kot). Der Einwohnergleichwert für häusliches Abwasser

$$EG_N = 8 \text{ bis } 15 \text{ g } N_{ges}/(EG \cdot d), \quad \text{d.h.} \quad 40 \text{ bis } 100 \text{ g } N_{ges}/m^3$$

Die Belastung der Gewässer mit Nitrat- und Ammoniumsalzen infolge Ausschwemmung landwirtschaftlicher Nutzflächen ist häufig größer als der Anteil aus häuslicher Herkunft, in manchen Fällen bis zum 10- oder 100fachen.

Einige Wirkungen des Stickstoffs auf Eutrophierungsvorgänge im Gewässer:

Der in den Vorfluter gelangende Ammonium-Stickstoff wird dort zum größten Teil auf biologischem Wege in die Nitratform überführt. Der hierfür benötigte Sauerstoff wird dem Gewässer entzogen, so daß der Sauerstoffgehalt unter 4 mg O_2/l absinken kann. In manchen stehenden Gewässern, wie z. B. Seen oder Trinkwassertalsperren, kann eine Stickstoffzufuhr das Algenwachstum unangenehm steigern. Das Ammoniak ist als fischtoxische Substanz bekannt und Fischsterben infolge Einleitung ammoniakhaltiger Industrieabwässer sind nicht selten. Die Schädlichkeitsgrenze des freien NH_3 ist stark pH-Wert-abhängig und liegt für Fische bei 0,2 bis 2 mg/l. Hohe Nitrat- und Nitritkonzentrationen im Trinkwasser stellen ein Gesundheitsrisiko für die Bevölkerung dar (karzinogene Nitrosamine).

Die Elimination des im vorgeklärten Abwasser vorhandenen Ammonium-Stickstoffs findet in zwei Schritten statt. In einer ersten Stufe wird der Ammonium-Stickstoff zu Nitrat oxidiert (Nitrifikation). Darauf folgt als zweiter Schritt eine teilweise Reduktion des Nitrats zu molekularem Stickstoff (Denitrifikation). Diese findet unter anoxischen Bedingungen statt, d. h. unter Abwesenheit molekular gelösten Sauerstoffs bei gleichzeitigem Vorhandensein von Nitrat. Der molekulare Stickstoff als gelöstes Gas N_2 im Abwasser kann aufgrund seiner geringen Löslichkeit leicht ausgetrieben werden. Die Nitrifikation ist an den Stoffwechsel bestimmter spezialisierter Bakterien gebunden, während die Denitrifikation von einer Vielzahl bekannter Belebtschlammbakterien geleistet wird.

Der hohe Sauerstoffbedarf der ersten und die völlige Sauerstoffabwesenheit der zweiten Phase empfehlen eine verfahrenstechnische Trennung. Der gleichzeitige Abbau organischer Kohlenstoffverbindungen kann simultan mit der Nitrifikation oder in einer vorgeschalteten Belebungsanlage erfolgen.

Die Stickstofftrennung verläuft in 4 Phasen:

1. Ammonifizierung des organisch gebundenen Stickstoffs;
2. Nitrifikation des Ammonium-Stickstoffs;
3. Denitrifikation des Nitrat-Stickstoffs;
4. Austreiben des gasförmigen Stickstoffs.

Nur die 2. und 3. Phase müssen verfahrenstechnisch geplant und betrieben werden.

Chemische Reaktionen. Der organische Stickstoff im häuslichen Abwasser setzt sich aus Harnstoff und Eiweiß (Proteine) zusammen.

Diese Umwandlung des Harnstoffs zu Ammonium findet bereits im Kanalnetz und Vorklärbekken statt, so daß im Zulauf zur biologischen Stufe der Stickstoff zu etwa 90% in NH_4^+-Form vorliegt.

$$\begin{matrix} NH_2 \\ | \\ C = O \\ | \\ NH_2 \end{matrix} + 2\,H_2O + H^+ \xrightarrow{\text{heterotrophe Bakt.}} 2\,NH_4^+ + HCO_3^-$$

Die Eiweißsubstanzen des Abwassers sind wesentlich komplizierter aufgebaut und enthalten:

Kohlenstoff, Sauerstoff, Phosphor, Wasserstoff, Stickstoff, Schwefel.

Eiweiß wird über mehrere Phasen von heterotrophen Bakterien des Belebtschlamms in der Kläranlage abgebaut:

Eiweiße → Peptone → Polypeptide → Aminosäuren → Ammonium
↓
Harnstoff → Ammonium

Damit liegt als Endprodukt auch Ammonium vor.

Der Ammonium-Stickstoff wird durch verschiedene aerobe Mikroorganismen der Gattungen Nitrosomonas und Nitrobacter nitrifiziert. Die Nitrosomonas-Bakterien beziehen die zur Assimilation notwendige Energie aus der Oxidation des Ammoniums (Nitrifikation):

$$NH_4^+ + 1{,}5\,O_2 \xrightarrow{\text{Nitrosomonas}} NO_2^- + H_2O + 2\,H^+ + 58 \text{ bis } 84 \text{ kcal}$$

$$2\,H^+ + 2\,HCO_3^- \longrightarrow 2\,CO_2 + 2\,H_2O$$

Die weitere Oxidation des Nitrits NO_2 zu Nitrat NO_3 kann nur von der Bakteriengruppe Nitrobacter durchgeführt werden:

$$NO_2^- + 0{,}5\,O_2 \xrightarrow{\text{Nitrobacter}} NO_3^- + 15 \text{ bis } 21 \text{ kcal}$$

Bei der Denitrifikation des Nitrats wird unter bestimmten Umständen Nitrat- und Nitrit-Sauerstoff von fakultativen heterotrophen Bakterien anstelle gelösten Sauerstoffs als Elektronenakzeptor benutzt:

$$NO_3^- + 5\,H^+ + 5\,e^- \xrightarrow[\text{(heterotroph.)}]{\text{Denitrifikanten}} 0{,}5\,N_2 \uparrow + 2\,H_2O + OH^- - 86 \text{ kcal}$$

Diese summarisch dargestellte Reaktion führt über viele Zwischenprodukte. Fakultative Bakterien des Belebtschlamms können sich ohne Anpassungsschwierigkeiten von der Sauerstoffatmung auf die Nitrat-Atmung in anoxischem Milieu umstellen. Für den Ablauf der Nitrat-Atmung sind ferner Elektronendonatoren in Form organischer Kohlenstoffverbindungen erforderlich. Diese können im Belebtschlamm vorhanden sein oder von außen zugeführt werden. Wegen seines niedrigen Preises und raschen, vollständigen Abbaus wird in verschiedenen Fällen hierfür Methanol CH_3OH verwendet:

$$5\,CH_3OH + 6\,NO_3^- \xrightarrow[\text{(heterotroph.)}]{\text{Denitrifikanten}} 3\,N_2\uparrow + 5\,CO_2 + 6\,OH^- + 7\,H_2O - 180\,\text{kcal}$$

$$5\,CO_2 + 6\,OH^- \longrightarrow 5\,HCO_3^- + OH^-$$

Die Oxidation des Ammoniums kann nur von einer kleinen Gruppe spezialisierter nitrifizierender Bakterien durchgeführt werden.

Die meisten Mikroorganismen besitzen ein ausgeprägtes pH-Wert-Optimum. Der optimale Bereich ist relativ schmal und liegt im leicht alkalischen Milieu, für Nitrifikanten etwa zwischen 7,5 und 8,3. Die steile Abnahme der Atmungsaktivität außerhalb dieses Bereichs erfordert besondere Kontrolle des pH-Wertes für die Nitrifikationsstufe. Beim aeroben Abbau organischer Substanzen in der Belebungsanlage wird Kohlendioxid CO_2 gebildet, das durch das Belüftungssystem ausgeblasen wird. Daneben entstehen als Zwischenprodukte organische Säuren, deren Neutralisation einen Teil der vorhandenen Pufferkapazität verbraucht. Am stärksten wird die Alkalität jedoch während der Ammonium-Oxidation verringert, so daß es u. U. nur zu einer Teil-Nitrifizierung kommt. Alle Nitrifikanten sind obligat aerobe Bakterien, was eine ausreichende Sauerstoffversorgung voraussetzt. Der Sauerstoffübergang vom Wasser in die Bakterienzelle innerhalb einer Belebtschlammflocke ist nur gewährleistet, wenn die Sauerstoffkonzentration im Wasser ständig über 2 mg O_2/l gehalten wird.

Die Wachstumsgeschwindigkeiten der nitrifizierenden Bakterien liegen weit unter denjenigen anderer Belebtschlammbakterien. Diese langsame Vermehrung der Nitrifikanten kann bei Ausspülung zu Fehlmengen führen, die den Prozeß beeinträchtigen. Dies kann durch lange Aufenthaltszeiten im Belebungsbecken verbunden mit hohem Schlammalter verhindert werden.

Als Richtwert wird eine Schlammbelastung $B_{TS} < 0{,}1$ bis 0,2 kg BSB_5/(kg $TS \cdot$ d) und Belüftungszeiten zwischen 4 und 6 h angegeben. Das Schlammalter sollte im Sommer mindestens 2 bis 3 d, und im Winter 5 bis 7 d betragen.

Für die Praxis ist wichtig, daß die Nitrifikanten empfindlich auf schwankende BSB_5-Belastungen, Giftstoffe, Schwermetalle, rasche Temperaturwechsel und sonstige Veränderungen ihres Milieus reagieren. Eine Verringerung der Nitrifikationsleistung ist die Folge.

Verfahrenstechnik. Im mechanischen Teil einer konventionellen Kläranlage lassen sich, zusammen mit den absetzbaren Stoffen nur geringe Mengen organisch gebundenen Stickstoffs, etwa 10% von N_{ges}, entfernen. Ein ebenfalls beschränkter Anteil des Ammonium-Stickstoffs wird durch bakterielle Stickstoff-Assimilation in der Zellsubstanz gespeichert und in Form von Überschußschlamm abgezogen. Geht man von der empirischen Formel für Zellsubstanz $C_5H_7O_2N$ aus, so kann mit einer anteiligen Elimination von 8 bis 12% des Gesamtstickstoffs gerechnet werden.

Ohne besondere Verfahrensschritte ist eine weitergehende N-Elimination nicht möglich.

Am weitesten verbreitet sind Belebungsanlagen, in denen die Nitrifikation mit dem aeroben Abbau organischer Stoffe kombiniert in einem Belebungsbecken stattfindet. Die Nitrifikanten und aeroben Bakterien sind nebeneinander im Belebtschlamm enthalten.

Für die im zweiten Verfahrensschritt folgende Reduktion von Nitrat-Stickstoff ist ein Elektronendonator zur Ergänzung erforderlich. Je nach Art des Verfahrens ergeben sich

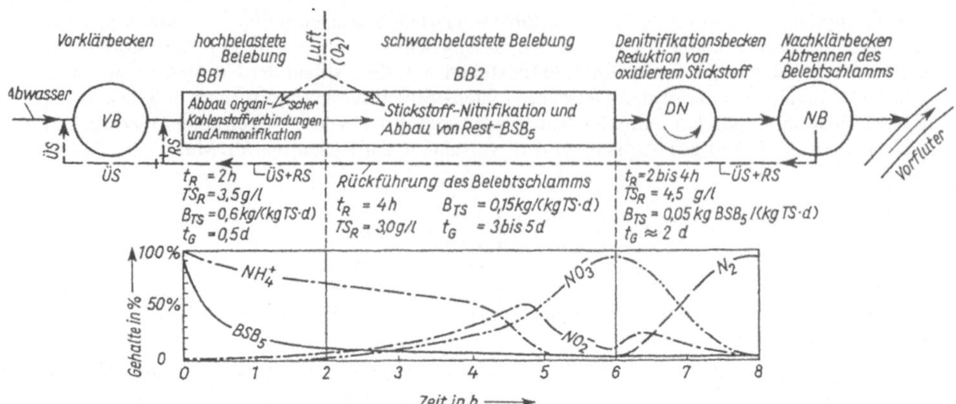

420.1 Schema des biologischen Reinigungsprozesses mit Nitrifikation und Denitrifikation in einer Belebungsanlage nach [22]; Prinzip der nachgeschalteten Denitrifikation;
t_G ≙ Generationszeit, *RS* ≙ Rücklaufschlamm, *ÜS* ≙ Überschußschlamm

verschiedene Möglichkeiten für das Reinigungsschema. Als Elektronendonator können organische Substanzen im Belebtschlamm und Rohabwasser verwendet oder von außen zugeführt werden (z. B. Methanol, Äthanol, Molasse).

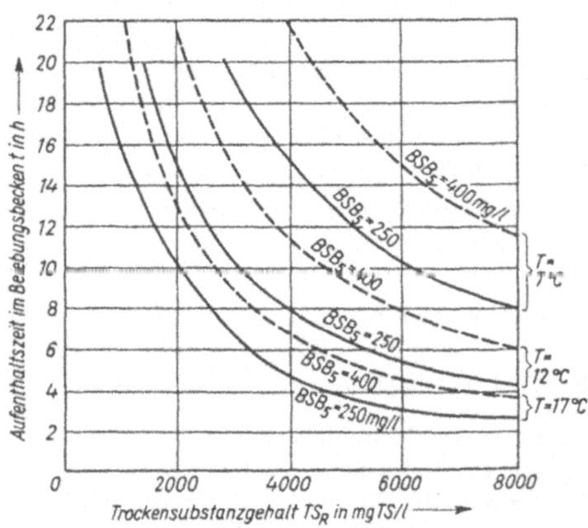

420.2 Abhängigkeiten von Trockensubstanzgehalt, Temperatur, Zulaufkonzentration und Aufenthaltszeit in einer Belebungsanlage mit gleichzeitiger Nitrifikation (nach Downing)

In **420**.1 ist der Fall einer Belebungsanlage mit Nitrifikation und Denitrifikation und den darin ablaufenden biologischen Vorgängen dargestellt. Die Bemessung einer Belebungsstufe für gleichzeitigen BSB_5-Abbau und Nitrifikation wird für eine BSB_5-Belastung durchgeführt, die die notwendigen Nitrifikationsprozesse ermöglicht. Die Stickstoffbelastung geht nicht in die Bemessung ein, weshalb eine Überprüfung der für die Nitrifikation erforderlichen Verfahrensbedingungen vorgenommen werden muß. Die für die Dimensionierung wichtigen Zusammenhänge zwischen Belebtschlammkonzentration, Temperatur, Zulaufkonzentration (als BSB_5 in mg/l) und Aufenthaltszeit sind nach Downing in **420**.2 zu erkennen.

Maßgebend für die Größe von Nitrifikationsanlagen sind die Nitrifikations- und Wachstumsraten μ. Neben der Temperatur, z. B. nach $\mu = 0{,}47\ e^{0.098(T-15)}$ in 1/d ist μ vom pH-Wert, der Ammoniumstickstoff- und der O_2-Konzentration abhängig. Schon bei einer $N(NH_4)$-Konzentration von ≈ 10 mg N/l wird z. B. bei 15 °C die maximale Wachstumsrate μ_{max} von 0,47 1/d fast erreicht. Höhere Konzentrationen bringen keine Steigerungen mehr. Das theoretische Mindestschlammalter ergibt sich zu $t_{TS} = 1/\mu = 2{,}13$ d. Praktisch rechnet man mit ≈ dreifacher Sicherheit, hier also min $t_{TS} \approx 6{,}5$ d.

Da die Denitrifikation ein relativ unempfindlicher Prozeß ist, genügt eine überschlägliche Bemessung. Schließt die Denitrifikationsstufe an die aerobe Behandlung an, so wird die Stickstoff-Reduktion vom Belebtschlamm selbst durchgeführt. Als Bemessungsgröße dient die Aufenthaltszeit t_R im Denitrifikationsbecken [22].

$$t_R = \frac{\Delta N(NO_3)}{oTS \cdot k} \cdot 24 \text{ in h}$$

$\Delta N(NO_3)$ = denitrifizierte Nitrat-Stickstoffmenge (Zulauf-N minus Ablauf-N) in mg N/l
oTS = organischer Trockensubstanzgehalt in mg org. TS/l
k = Denitrifikationsgeschwindigkeit in mg $N(NO_3)$/(mg org. $TS \cdot$ d)
= 0,05 für 10°C bis 0,15 für 20°C

Bei getrennter Denitrifikation mit eigenem Rücklaufschlammkreislauf muß eine gesonderte Berechnung des Schlammalters usw. durchgeführt werden. Auch für den Elektronendonator, z.B. Methanol, ist eine Ermittlung der Bedarfsmengen notwendig.

Die nach **420**.1 vorgenommene Erweiterung einer normalen Kläranlage zum Zweck der Stickstoffelimination wurde durch Einschaltung eines zusätzlichen Reaktionsbeckens zwischen Belüftungs- und Nachklärbecken erreicht. Das aerobe Becken (*BB*1 + *BB*2) muß optimale Wachstumsbedingungen für nitrifizierende Bakterien gewährleisten, d.h. hohes Schlammalter und intensive Belüftung. Die anoxische Stufe zur Denitrifikation (*DNB*) wird nur mit einem Rührwerk zur Durchmischung und Erleichterung des N_2-Austrags versehen. Die Aufenthaltszeit in beiden Stufen je ≧ zwei Stunden.

Die Stickstoffelimination hängt vom Erfolg der Nitrifikation im Belüftungsbecken ab, da die Denitrifikation quantitativ stattfindet. Der Belebtschlammgehalt im Zulauf zur anoxischen Stufe ist hierfür als Elektronendonator ausreichend, wenn die Schlammbelastung B_{TS} der aeroben Stufe < 0,1 bis 0,3 kg BSB_5/(kg $TS \cdot$ d) gewählt wird. Für eine ganzjährige Nitrifikation in unserem Klimabereich wird ein B_{TS}-Wert von 0,15 kg BSB_5/(kg $TS \cdot$ d) angegeben. Stabilisierte Schlämme mit geringer endogener Atmung verringern die Zufuhr an Elektronendonatoren und verzögern die Reaktion im Denitrifikationsbecken.

Eine Weiterentwicklung des Verfahrens stellt die Trennung von Kohlenstoff- und Stickstoffoxidation dar. In der ersten Stufe wird ein Belebungsbecken im Hochlastbetrieb gefahren und in einer nachfolgenden Schwachlast-Belebung nitrifiziert. Ein Schlammkreislauf umfaßt die erste Stufe mit Belüftungs- und Zwischenklärbecken, der zweite Nitrifikation, Denitrifikation und Nachklärbecken. Als Elektronendonator dient der Belebtschlamm der zweiten biologischen Stufe. Diese Verfahrensteilung ermöglicht den schrittweisen Ausbau einer Kläranlage zur Stickstoffelimination.

Noch weiter entwickelt kommt man auf die Trennung von Kohlenstoffoxidation, Nitrifikation und Denitrifikation mit drei Schlammkreisläufen (**421**.1). Alle drei Vorgänge sind getrennt steuerbar

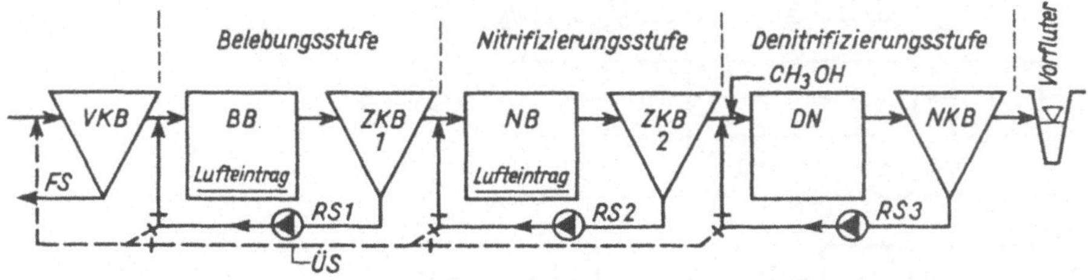

421.1 Belebungsanlage mit Stickstoffelimination in drei getrennten Verfahrensstufen nach [22]

VKB = Vorklärbecken
ZKB = Zwischenklärbecken
NKB = Nachklärbecken
BB = Belebungsbecken
NB = Nitrifikationsbecken
DN = Denitrifikationsbecken
CH_3OH = Methanol
FS = Frischschlamm
RS = Rücklaufschlamm
ÜS = Überschußschlamm

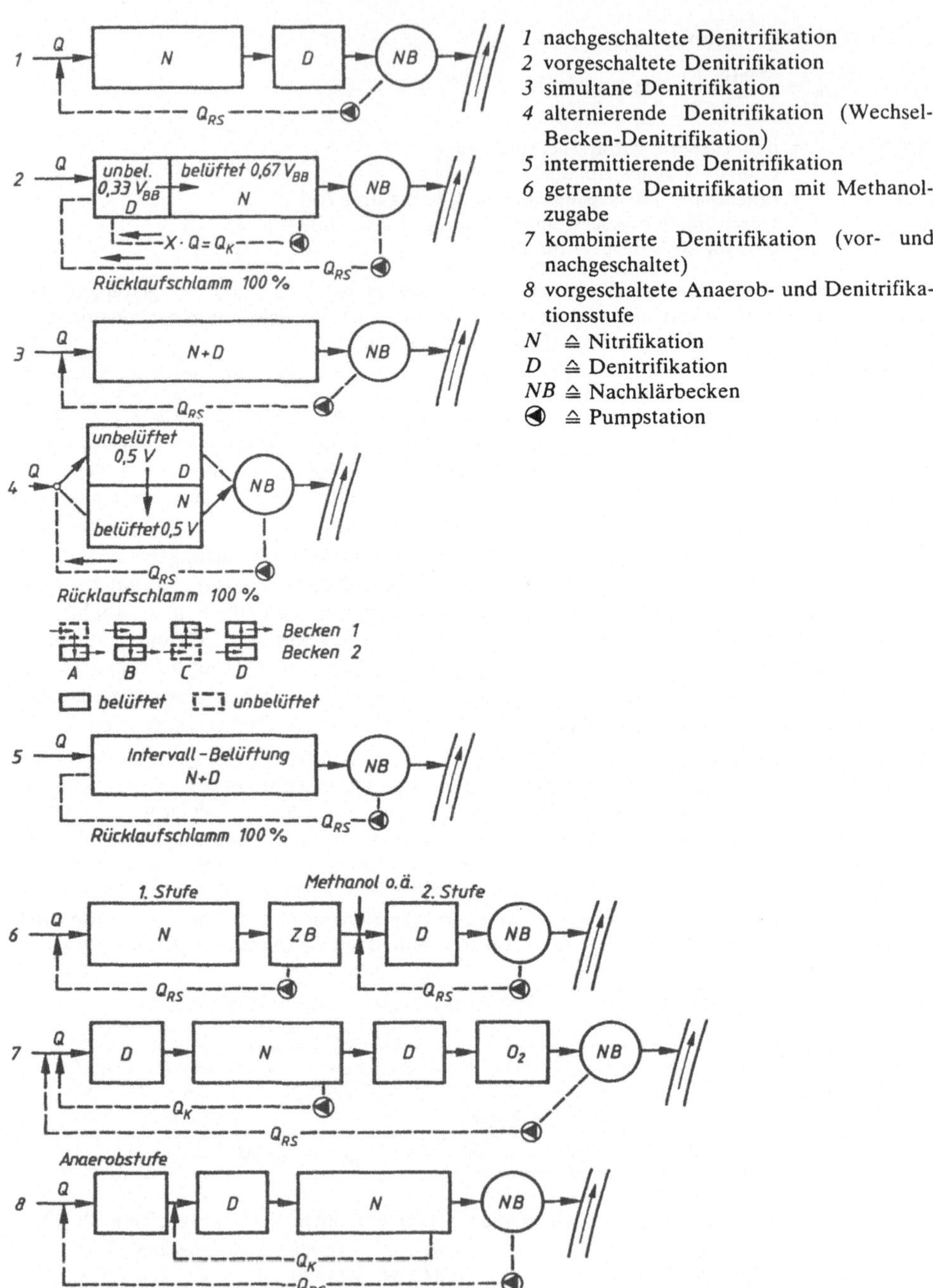

1 nachgeschaltete Denitrifikation
2 vorgeschaltete Denitrifikation
3 simultane Denitrifikation
4 alternierende Denitrifikation (Wechsel-Becken-Denitrifikation)
5 intermittierende Denitrifikation
6 getrennte Denitrifikation mit Methanolzugabe
7 kombinierte Denitrifikation (vor- und nachgeschaltet)
8 vorgeschaltete Anaerob- und Denitrifikationsstufe

N ≙ Nitrifikation
D ≙ Denitrifikation
NB ≙ Nachklärbecken
◀ ≙ Pumpstation

422.1 Zusammenstellung der Betriebsweisen von Belebungsanlagen zur Stickstoffentfernung nach [39c]

und können optimiert werden. Da der Zulauf zur Denitrifikationsstufe keine ausreichende Menge organischer Substrate mehr enthält, muß der zur Stickstoffreduktion erforderliche Elektronendonator von außen zugeführt werden. Hierfür eignen sich organische Substanzen, die rasch assimilierbar und billig sind. Es wurden Versuche mit Zucker, Alkoholen, organischen Säuren, Phenolen und Aldehyden gemacht. Als günstig hat sich Methanol erwiesen, da es schnell aufgenommen und vollständig oxidiert wird.

Die häufigsten Verfahren zur Denitrifikation sind folgende (**422**.1):

1. Beim **Belebungsverfahren mit nachgeschalteter Denitrifikation** wird das Abwasser im Belebungsbecken möglichst vollständig nitrifiziert und anschließend im unbelüfteten, durchmischten Denitrifikationsbecken das Nitrat durch die endogene Atmung des belebten Schlammes entfernt. Da der Sauerstoffverbrauch nach abgeschlossener Nitrifikation nur gering ist, ist auch die Denitrifikationsgeschwindigkeit begrenzt. Die Folge ist, daß große Denitrifikationsbecken erforderlich werden. Meist bleibt die Denitrifikation unvollständig.

2. Beim **Belebungsverfahren mit vorgeschalteter Denitrifikation** ist die Denitrifikationsgeschwindigkeit am größten, wenn nitrathaltiger belebter Schlamm aus dem Nitrifikationsbecken mit dem zufließenden Abwasser im vorgeschalteten, unbelüfteten Denitrifikationsbecken gemischt wird. Unter der Annahme, daß im Denitrifikationsbecken das gesamte mit dem bei den Rückläufen eingebrachte Nitrat eliminiert wird, läßt sich der Nitratgehalt im Ablauf der Kläranlage berechnen.

$$N(NO_3)_A = \frac{Q \cdot N(NO_3)\text{-gebildet}}{Q + Q_{RS} + Q_K} \quad \text{in} \quad g/m^3$$

Bei einem Gesamtrücklauf ($Q_{RS} + Q_K$) von 200% des Zulaufes (Q) ergibt sich bereits eine Stickstoffentfernung von etwa 67% (N-Bedarf für den Zellaufbau des Überschußschlammes eingeschlossen). Je höher der BSB_5 des Zulaufes und der Feststoffgehalt des belebten Schlammes ist, um so schneller verläuft die Denitrifikation. Positiv wirkt sich ein fehlendes bzw. kleines Vorklärbecken durch erhöhten Sauerstoffverbrauch aus. Im Ablauf des Nitrifikationsteils soll der Sauerstoffgehalt $\leqq$ 2 mg/l sein, da sonst zuviel Sauerstoff über den Kreislauf in den Denitrifikationsteil gelangt.

3. Beim **Belebungsverfahren mit gleichzeitiger (simultaner) Denitrifikation** besteht keine Trennung zwischen Nitrifikations- und Denitrifikationszone. Die Denitrifikation tritt dann auf, wenn die Anlage nitrifiziert und es im Belebungsbecken Zonen ohne gelösten Sauerstoff (anoxische Zonen) gibt. Dies betrifft z. B. Langbecken mit Druckbelüftung, wenn am Anfang des Belebungsbeckens der Sauerstoffverbrauch größer ist als die Sauerstoffzufuhr. Hier wird wegen des Sauerstoffmangels denitrifiziert. Auch im Umlaufbekken lassen sich Denitrifikationszonen herstellen. Grundlage der simultanen Denitrifikation ist, soviel Sauerstoff einzutragen, daß die Nitrifikation erfolgt, aber auch Zonen ohne gelösten Sauerstoff entstehen können, in denen denitrifiziert werden kann. Daher ist für die simultane Denitrifikation eine Steuerung der Belüftung nach dem Sauerstoffverbrauch des belebten Schlammes sinnvoll. Dennoch ist die simultane Denitrifikation in der Praxis schwierig darzustellen.

4. Belebungsanlagen mit alternierender Denitrifikation wurden in Dänemark entwikkelt. Sie bestehen aus zwei Belebungsbecken, die alternierend mit Abwasser beschickt oder belüftet werden. Der Prozeß hat vier Phasen. In Phase A wird im Belebungsbecken 1 denitrifiziert (Abwasser und nitrathaltiger Belebtschlamm werden ohne Belüftung gemischt), während Becken 2 belüftet wird (Nitrifikation). Die Phase A ist abgeschlossen, wenn Becken 1 nitratlos ist. Phase B ist eine kurze Zwischenphase mit Belüftung in beiden Becken. In der Phase C wird Becken 2 als Denitrifikationsbecken in gleicher Weise wie Becken 1 während der Phase A benutzt. Der Belüftungszyklus wird durch eine Übergangsphase D abgeschlossen, in der wie bei Phase B beide Becken nochmals belüftet werden.

5. Beim **Belebungsverfahren mit intermittierender Denitrifikation** wird der Wechsel zwischen aeroben und anoxischen Bedingungen in zeitlicher Folge durch intermittierende Belüftung erreicht. So wird zunächst stark belüftet, wobei nitrifiziert wird, während anschließend bei nur geringer Belüftung oder nur Mischung ohne Belüftung denitrifiziert wird. Der Wechsel sollte mindestens einmal pro Stunde erfolgen. Eine einfache Zeitsteuerung ist dort sinnvoll, wo die Belastung wenig schwankt (Trennkanalisation). Die intermittierende Denitrifikation wird nur für kleine Anlagen oder als Notmaßnahme bei Schwimmschlammbildung auf den Nachklärbecken angewandt.

6. Beim **Belebungsverfahren mit getrennter Denitrifikation und Methanolzugabe** wird die Nitrifikation von der Denitrifikation vollständig getrennt und beiden werden getrennte Schlammkreisläufe zugeordnet. Da nach der ersten Stufe das gereinigte Abwasser keine organischen Kohlenstoffverbindungen mehr enthält, die zu Sauerstoffverbrauch und damit zur Denitrifikation führen würden, muß eine Kohlenstoffquelle – meist Methanol – dem Abwasser zugegeben werden. In den letzten Jahren ist jedoch der Preis für das Methanol erheblich angestiegen. Als Alternative ist die Verwendung von konzentrierten organischen Industrieabwässern möglich. Diese müssen eine gute biologische Abbaubarkeit aufweisen, so daß die Denitrifikation mit ausreichender Geschwindigkeit ablaufen kann. Die zusätzliche Kohlenstofffracht und die zu denitrifizierende Nitrat-Fracht sind aufeinander abzustimmen, um eine vollständige Denitrifikation zu erreichen, aber keine Ablaufverschlechterung durch nicht verbrauchte organische Substanz entsteht.

7. Belebungsverfahren mit kombinierter (vor- und nachgeschalteter) Denitrifikation. Mit Hilfe eines vorgeschalteten Denitrifikationsbeckens kann eine vollständige Denitrifikation nur bei hohem Rücklaufverhältnis erreicht werden. Bei Anwendung der nachgeschalteten Denitrifikation sind lange Aufenthaltszeiten erforderlich. Bei Anwendung beider Verfahren ergeben sich Vorteile für eine weitgehende biologische Stickstoffentfernung. Um nachteilige Folgen durch die lange Aufenthaltszeit in der nachgeschalteten Denitrifikationsstufe zu vermeiden, ist vor dem Eintritt in das Nachklärbecken eine zweite Belüftungsstufe vorgesehen. Das Verfahren ist einzusetzen, wenn hohe Stickstoffelimination erreicht werden soll.

8. Belebungsverfahren mit vorgeschalteter Anaerob- und Denitrifikationsstufe. Bei den Untersuchungen zur biologischen Stickstoffentfernung wurde oft auch eine weitgehende Verminderung der Phosphorverbindungen festgestellt. Diese Phosphorentfernung ohne Zugabe von Chemikalien wurde erreicht, wenn die Denitrifikation möglichst vollständig war und der Schlamm im Nachklärbecken nur eine kurze Verweilzeit hatte. Die Phosphorentfernung kann noch verbessert werden, wenn dem Denitrifikationsbecken ein anaerobes Mischbecken für Zulauf- und Rücklaufschlamm vorgeschaltet wird.

Neben den hier beschriebenen biologischen Verfahren zur Stickstoffelimination können auch Festbettreaktoren (Tropfkörper, Sandbettfilter, Aktivkohlefilter) benutzt werden. Die lange Generationszeit der nitrifizierenden Bakterien wird durch lange Aufenthaltszeiten der Bakterien im Reaktor ausgeglichen.

Mit größerem Kontroll- und Wartungsaufwand können auch physikalisch-chemische Verfahren eingesetzt werden [22]. Dazu zählen die Ammoniak-Desorption (Stripping), der selektive Ionenaustausch und die Knickpunktchlorung. Anwendung bei stärker ammonium- und ammoniakhaltigem Abwasser.

Bemessung von Belebungsanlagen mit Denitrifikation. Ist eine weitgehende Nitrifikation ($N(NH_4^+)_A$ unter 3 mg/l) erforderlich, so ist bei Temperaturen im Belebungsbecken $\geqq$ 10°C für die Bemessung des Beckens V_{BB} von einer Schlammbelastung von 0,15 kg/(kg · d) und einem Feststoffgehalt $TS_R \geqq 3{,}3$ kg/m³ auszugehen. Dies ergibt eine Raumbelastung von $\geqq$ 0,5 kg/(m³ · d). Bei Temperaturen im Belebungsbecken unter 10°C ist die Schlammbelastung zu ermäßigen. Bei Abwasser mit hohem Schlammindex sollte $TS_R \leqq 2{,}5$ kg/m³ gewählt werden. Dadurch ergibt sich bei gleicher Schlammbelastung die geringere Raumbelastung von 0,38 kg/(m³ · d). Die Belüftungszeit sollte bei $Q_{rw} \geqq 1{,}5$ h sein.

Wegen der relativ geringen Belastung ergibt sich ein hohes Schlammalter. So werden auch biologisch langsam abbaubare Verunreinigungen und Stickstoffverbindungen oxidiert. Durch die längere Belüftungszeit können bei Trockenwetter Stoßbelastungen aufgefangen werden. Zur Gewährleistung einer gleichmäßig hohen Nitrifikation ist ein konstanter Feststoffgehalt im Belebungsbecken wichtig.

Für die angestrebte Stickstoffentfernung ist die Aufteilung des Belebungsbekkens V_{BB} in eine Denitrifikationszone $a \cdot V_{BB}$ und eine Nitrifikationszone $(1 - a)\, V_{BB}$ maßgebend. Für die vollständige Denitrifikation muß der im Nitrat verfügbare Sauerstoff ($2{,}9\, N_D$) kleiner sein als die Denitrifikationsatmung, etwa 70% der Kohlenstoffatmung $0{,}7 \cdot OV_C$. Damit ist für eine bestimmte Nitratfracht der Sauerstoffverbrauch zum Abbau der Kohlenstoffverbindungen maßgebend für das Volumen der Denitrifikationszone [39c]. Weitere Bemessungsansätze wird die z.Zt. bearbeitete Neufassung von [1] -A 131 enthalten.

$$\text{erf } OV_D = 2{,}9\, N_D$$
$$N_D = N_Z - N_{ÜS} - N_A$$
$$\text{vorh } OV_D = a \cdot OV_C \cdot 0{,}7$$
$$OV_C = c \cdot \eta \cdot CSB$$

Für vollständige N-Entfernung gilt:

$$\text{vorh } OV_D \geqq \text{erf } OV_D$$
$$a \cdot 0{,}7 \cdot c \cdot \eta \cdot CSB \geqq 2{,}9 \cdot N_D$$
$$a \geqq \frac{4{,}14 \cdot N_D}{c \cdot \eta \cdot CSB} \tag{425.1}$$

Einen ähnlichen Ansatz macht Kayser [59a] mit im Mittel $OV_D = 0{,}75\, OV_C$ (nach Ermel):

$$0{,}75 \cdot OV_C \cdot V_D \geqq 2{,}9/1000 \cdot N_D \cdot Q;$$

$$V_D \geqq 3{,}87\, \frac{N_D \cdot Q}{1000 \cdot OV_C} \tag{425.2}$$

Hierin bedeuten:

N_D = denitrifizierter NO_3-Stickstoff
N_Z = Stickstoff im Zulauf
$N_{ÜS}$ = Stickstoff im Überschußschlamm
N_A = Stickstoff im Ablauf
a = Anteil der Denitrifikationszone am Belebungsbecken
OV_C = Kohlenstoffatmung in kg $O_2/(m^3 \cdot d)$
c = Anteil des entfernten $CSB = \eta \cdot CSB$, der veratmet wird
0,7 bzw. 0,75 = Faktor für Umrechnung OV_C in OV_D
V_D = Volumen des Nitrifikationsbeckens

Für simultane Denitrifikation, Temperatur 15°C, Schlammalter t_{TS} = 10 d, $c \approx 0{,}6$ (aus CSB-Bilanz) ergibt sich:

$$a = 6{,}9 \frac{N_D}{\eta \cdot CSB}; \text{ mit } a = 0{,}25 \text{ werden denitrifiziert}$$

$$\frac{N_D}{\eta \cdot CSB} = \frac{0{,}25}{6{,}9} = 0{,}036 \text{ mg N/mg } CSB\text{-Abbau}$$

Für die vorgeschaltete Denitrifikation bei gleichen Bedingungen ergibt sich nach Kayser mit $a = 0{,}25$

$$\frac{N_D}{\eta \cdot CSB} = 0{,}05 \text{ mg N/mg } CSB\text{-Abbau}$$

Nach den vorliegenden Erfahrungen kann man folgende generelle Aussagen machen:

Für die N-Elimination wird mit der vorgeschalteten Denitrifikation das kleinste Denitrifikations-Volumen benötigt.

Für die Denitrifikation gilt: Je höher der BSB_5 des Zulaufes, desto mehr Stickstoff kann entfernt werden.

Je höher der Anteil des entfernten $BSB_5 = \eta \cdot BSB_5$, desto mehr Stickstoff kann entfernt werden.

Da das C/N-Verhältnis i. d. R. nicht konstant ist, z. B. an Werktagen und am Wochenende, ist es besser, bei vorgeschalteter Denitrifikation keine starren Beckenaufteilungen vorzunehmen.

Für eine hohe Stickstoffentfernung (η = 80 bis 90%) ist eine einstufige Belebungsanlage ohne Vorklärung mit möglichst geringer Schlammbelastung, z. B. 0,05 bis 0,1 kg/(kg · d), zweckmäßig. Für die teilweise Stickstoffelimination ist eine vorgeschaltete Denitrifikationszone von 15 bis 30% des Nutzinhaltes des Belebungsbeckens ausreichend. Bei einer Schlammbelastung von 0,15 kg/BSB_5 (kg TS · d) für simultane Nitrifikation ist ein vergrößertes Belebungsbecken nicht erforderlich. Bei Wassertemperaturen unter 12°C vermindert sich dann die Nitrifikationsrate. Dies gilt auch für die simultane Denitrifikation.

4.5.4.3 Berechnungsbeispiel für eine vorgeschaltete Denitrifikation

Kläranlage für 40000 E + EG, Mischsystem mit Nitrifikation und vorgeschalteter, teilweiser Denitrifikation, Vorklärbecken, q_d = 100 l/(EG · d); BSB_5 = 50 g/(EG · d) vor dem Belebungsbecken; Q_f = 25% von Q_d.

Ausgangswerte: B_B = 2000 kg BSB_5/d = BSB_5-Fracht; CSB-Fracht = 4000 kg CSB/d; Q'_d = 4000 + 0,25 · 4000 = 5000 m³/d; $Q_S = Q_{18}$ = 222 m³/h; Q_f = 42 m³/h; $Q_t = Q_S + Q_f$ = 264 m³/h; $Q_{rw} = 2\,Q_S + Q_f$ = 488 m³/h.

$$BSB_5 \text{ im 24-h-Mittel} = 2000 \cdot 1000/5000 = 400 \text{ g/m}^3$$

$$CSB \text{ im 24-h-Mittel} = 4000 \cdot 1000/5000 = 800 \text{ g/m}^3$$

Im Zulauf sind vorhanden: $N_{gesamt,Z}$ = 60 mg/l; $N(NH_4)_Z$ = 52 mg/l; geforderte Ablaufwerte bei Q_t $N(NH_4)_A \leqq 1$ mg/l; $N_{org.A} \leqq 3$ mg/l; $N(NO_3)_A \leqq 10$ mg/l; $N_{ÜS}$ ≙ Stickstoff im $ÜS$ = 15 mg/l; $N(NO_2)_A \approx 0$; N_D (durch Denitrifikation) = 31 mg/l aus 60 − 15 − (10 + 3 + 1) = 31 mg/l. Säurekapazität im Zulauf = 7 mmol/l. Abfiltrierbare Stoffe im Zulauf = TS_o = 200 mg/l.
Bemessungswerte nach Tafel **370**.1: B_{TS} = 0,15 kg BSB_5/(kg TS · d); TS_R = 3,3 kg TS/m³; RV bei Q_t = 1: $Q_{RS.t}$ = 264 m³/h; RV bei Q_{rw} = 0,75; $Q_{RS.rw}$ = 366 m³/h; ISV = 150 ml/g.

$B_R = 3{,}3 \cdot 0{,}15 = 0{,}495$ kg $BSB_5/(m^3_{BB} \cdot d)$; erf V_{BB} = 2000/0,495 = 4040 m^3_{BB};
vorh V_{BB} = 4000 m^3_{BB}; $t_{rw} = V_{BB}/(2\,Q_S + Q_f)$ = 4000/488 ≈ 8,2 h > 1,5 h;
Überschußschlamm-Anfall $ÜS$ = 0,9 · 2000 = 1800 kg TS/d (nach Tafel **370**.1)

$$q_R = Q_d/V_{BB} = 5000/4000 = 1{,}25 \text{ m}^3/(\text{m}^3 \cdot \text{d})$$

Bemessung für feinblasige Belüftung und vorgeschaltete Denitrifikation. Bei der vorgesehenen Denitrifikationsrate von 31/41 ≈ 0,75 = 75% (41 = 45 − 3 − 1) ist eine Rezirkulation (Kreislauf) von $(Q_{RS} + Q_K)/Q_{Zu}$ = 3,0 erforderlich (**427**.1). 3,0 · Q_t = 792 m³/h; davon werden 366 m³/h als $Q_{RS.rw}$ erbracht; 792 − 366 = 426 m³/h müßten durch getrennten Kreislauf = Q_K erbracht werden (**428**.1).

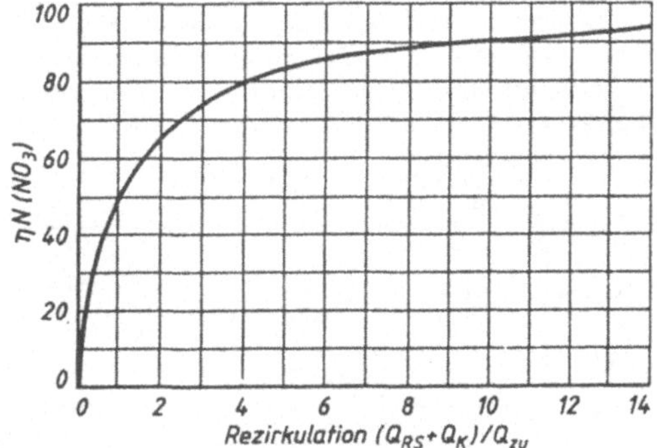

427.1
Nitratelimination bei vorgeschalteter Denitrifikation in Abhängigkeit von der Rezirkulation $\eta N(NO_3) = N_D/(N_D + N(NO_3)A)$

a) Größe der Denitrifikationszone nach [39c]:

$$a = \frac{4{,}14 \cdot N_D}{c \cdot \eta \cdot CSB} \quad \text{mit} \quad c = 0{,}6 \rightarrow a = 6{,}9 \frac{N_D}{\eta \cdot CSB} \quad \text{nach Gl.} \qquad (425.1)$$

$$\eta \cdot CSB = CSB\text{-Abbau: Rest-}CSB = 75 \text{ g/m}^3 \rightarrow \eta = \frac{800 - 75}{800} \approx 0{,}9 = 90\%;$$

$$N_D = 31 \text{ mg/l};\ CSB = 800 \text{ mg/l} \rightarrow a = 6{,}9 \frac{31}{0{,}9 \cdot 800} = 0{,}3;$$

V_D = 0,3 · 4000 = 1200 m³ ≙ Denitrifikationszone;
V_N = 0,7 · 4000 = 2800 m³ ≙ Nitrifikationszone.

Sauerstoffzufuhr (feinblasige Belüftung) unter Betriebsbedingungen (Tafel **376**.1) = 10 g/(m^3_L · m); Einblastiefe = 4,80 m; O_2-Zufuhr = 48 g O_2/m^3_L.

Sauerstoffverbrauch nach Gl. (372.1)

$$OV_R = 0{,}5 \cdot 1{,}0 \cdot 0{,}495 + 0{,}24 \cdot 0{,}43 \cdot 3{,}3 + 1{,}25\,(4{,}6 \cdot 0{,}010 + 1{,}7 \cdot 0{,}031)$$

$$OV_R = 0{,}2475 + 0{,}3406 + 0{,}1234$$

$$OV_R = 0{,}71 \text{ kg } O_2/(m^3 \cdot d)$$

$$OV = OV_R \cdot V_{BB} = 0{,}71 \cdot 4000 = 2840 \text{ kg } O_2/d$$

In der Denitrifikationszone beträgt die BSB_5-Raumbelastung

$$B_{R.D} = 2000/1200 = 1{,}67 \text{ kg } BSB_5/(m_D^3 \cdot d)$$

$OV_{R.D} = 0{,}5 \cdot 0{,}85 \cdot 1{,}67 + 0{,}24 \cdot 0{,}62 \cdot 3{,}3 = 1{,}2$ kg $O_2/(m_D^3 \cdot d)$ (Gl. (372.1) 1. Teil);
$TS_o/BSB_5 = 200/400 = 0{,}5$; $B_{TS} = 1{,}67/3{,}3 = 0{,}51 \rightarrow X = 0{,}62$, F = 1,0 (**373**.1);

$OV_D = 1{,}2 \cdot 1200 = 1440$ kg O_2/d = O_2-Verbrauch d. Kohlenstoffatmung in der Denitrifikationszone

Zugeführt werden der Denitrifikationszone an Nitratsauerstoff

$$N(NO_3) = 0{,}031 \cdot 5000 \cdot 2{,}9 = 500 \text{ kg } O_2/d$$

2,9 g O_2/g $N(NO_3)$ ≙
Sauerstoffmenge, die bei der Denitrifikation zurückgewonnen werden kann.

Bei ≈ 2,0 g/m³ gelöstem Sauerstoff im Rücklauf ergibt sich zusätzlich

$$N(NO_3) = 0{,}002 \cdot 5000 = 10 \text{ kg } O_2/d$$

In das Denitrifikations-Becken gelangen 500 + 10 = 510 kg O_2/d durch den Rücklauf. Dieser Wert ist < 1440 kg O_2/d = O_2-Verbrauch in der Deni-Zone. Man kann annehmen, daß der zugeführte Nitrat-Sauerstoff für die Denitrifikation voll genutzt wird. Die O_2-Zufuhr in der Nitrifikationszone beträgt (Betriebszustand) nach Tafel **370**.1

$$1{,}28 \cdot 2840 = 3635 \text{ kg } O_2/d$$

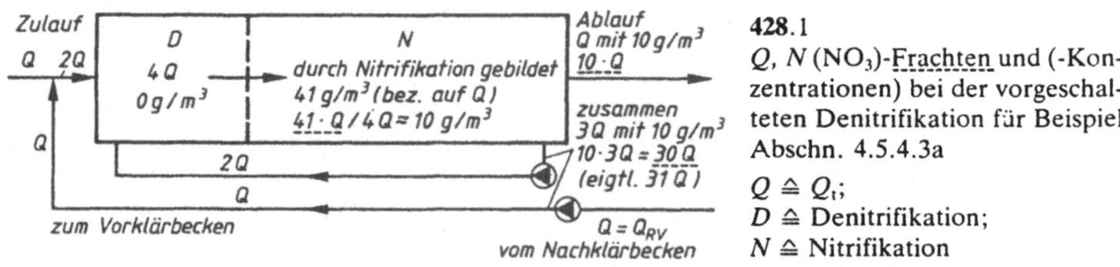

428.1 Q, $N\,(NO_3)$-Frachten und (-Konzentrationen) bei der vorgeschalteten Denitrifikation für Beispiel Abschn. 4.5.4.3a
Q ≙ Q_t;
D ≙ Denitrifikation;
N ≙ Nitrifikation

im 24-h-Mittel ergibt sich die Luftmenge

$Q_L = 3635/(24 \cdot 0{,}048) = 3156$ m_L^3/h (0,048 kg O_2/m_L^3 ≙ O_2-Zufuhr).

Luftmenge für Bemessung $Q_L = 1{,}25 \cdot 3156 = 3945$ m_L^3/h

Im Normalbetrieb wird die Denitrifikationszone nur umgewälzt. Ein Energiebedarf von 8 bis 10 W/m_D^3 ist erforderlich. Die Deni-Zone erhält aber auch Rohrbelüfter, um ggf. O_2 eintragen zu können.
In der Nitrifikationszone ergibt sich eine Leistungsdichte W_R mit dem Energiebedarf von 5,5 Wh/($m_L^3 \cdot$ m):

$$W_R = \frac{3156 \cdot 5{,}5 \cdot 4{,}8}{2800} = 29{,}8 \text{ W/m}^3$$

Die Gesamtleistung im Betriebszustand ergibt sich zu

$$N = 3156 \cdot 5{,}5 \cdot 4{,}8 = 83318 \text{ W} \quad \text{in} \quad \frac{m_L^3 \cdot \text{Wh} \cdot \text{m}}{\text{h} \cdot m_L^3 \cdot \text{m}} = \text{W}$$

Bei der BSB_5-Fracht von 2000 kg/d beträgt die spezifische Leistung ohne die Umwälzenergie in der Deni-Zone:

$$N_B = \frac{83318 \cdot 24}{2000 \cdot 1000} = 0{,}781 \text{ kWh/kg } BSB_5; \quad \frac{\text{W} \cdot \text{h/d}}{\text{kg } BSB_5\text{/d} \cdot \text{W/kW}} = \text{kWh/kg } BSB_5$$

Die Säurekapazität verringert sich auf ca.

$$7 - 46 \cdot 1/7 + 31 \cdot 1/14 = 2{,}64 \text{ mmol/l}$$

b) Größe der Denitrifikationszone nach Kayser [59a]

$$V_D = 3{,}87 \frac{N_D \cdot Q}{1000 \cdot OV_C}$$

Es soll die gleiche Kläranlage wie unter a) berechnet werden.

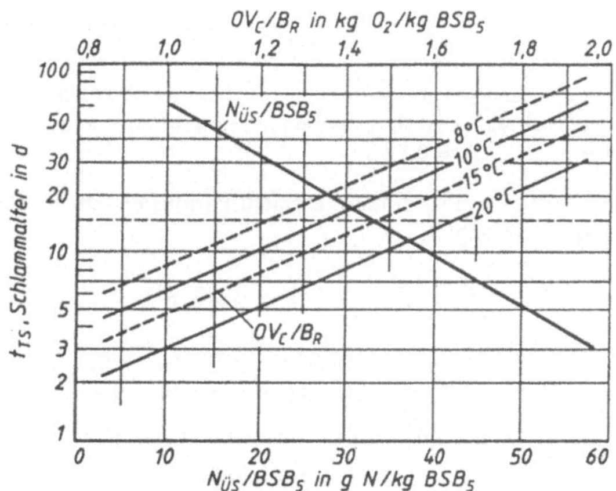

429.1 Sauerstoffverbrauch für Kohlenstoffabbau OV_C und in den Überschußschlamm eingebaute Stickstoffmenge $N_{ÜS}$ nach [59a]

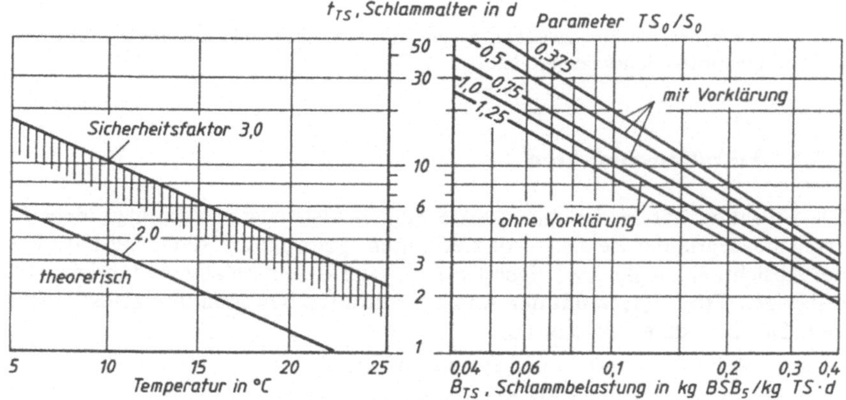

429.2 Erforderliche Schlammbelastung für Nitrifikation nach [59a]

Es handelt sich hier um eine Iteration. Das Denitrifikationsvolumen muß zunächst geschätzt werden.

$$\left.\begin{array}{l} V_D = \ \ 850\ m^3 \\ V_N = 2800\ m^3 \end{array}\right\} V = 3650\ m^3$$

Nach **429**.1 wird das Schlammalter benötigt. Dieses beträgt mit den Ausgangswerten $B_R = 2000/3650 = 0{,}548$ und $B_{TS} = 0{,}548/3{,}3 = 0{,}166$; nach **429**.2 mit angenommen $TS_o = 200$ g/m³ und dem Zulauf $BSB_5 = 400$ g/m³ $= S_o \rightarrow TS_o/S_o = 200/400 = 0{,}5$; t_{TS} = Schlammalter = 9 d.

Mit t_{TS} aus **429**.1 für 15°C $\rightarrow OV_C/B_R = 1{,}28$ kg O_2/kg BSB_5;

$$OV_C = 1{,}28 \cdot 0{,}548 = 0{,}7 \text{ kg } O_2/(m^3 \cdot d).$$

Bei einem geforderten $N(NO_3)_A \leqq 10$ mg/l ergibt sich aus **429**.1 mit $t_{TS} = 9$ d der Wert $N_{ÜS}/BSB_5 = 41$ g N/kg BSB_5. Daraus

$$N_{ÜS} = 41 \cdot 2000/5000 = 16 \text{ g N/m}^3 \text{ Abwasser}$$

Die N-Bilanz liefert $N_D = 60 - 16 - (10 + 3 + 1) = 30$ mg/l

$$\text{erf } V_D = 3{,}87 \frac{30 \cdot 5000}{1000 \cdot 0{,}7} = 829{,}3 \text{ m}^3 \rightarrow 850 \text{ m}^3$$

B_R nur für V_N wäre $= 2000/2800 = 0{,}71$ kg $BSB_5/(m^3_{BB} \cdot d)$; $B_{TS} = 0{,}71/3{,}3 = 0{,}215$ kg $BSB_5/(\text{kg } TS \cdot d)$. Nach **429**.2 ist dies eine noch zul Schlammbelastung für $TS_o/S_o = 0{,}5$ und 15°C, Sicherheitsfaktor 3, B_{TS} zul $\approx 0{,}22$.

c) Wird eine noch höhere Denitrifikationsleistung verlangt, z.B. $N(NO_3)_A \leqq 5$ mg/l, dann wäre V_D größer zu wählen

Ansatz: $$\left.\begin{array}{l} V_D = 1050\ m^3 \\ V_D = 2800\ m^3 \end{array}\right\} V = 3850\ m^3$$

$TS_o/S_o = 0{,}5$; $B_R = 2000/3850 = 0{,}52$; $B_{TS} = 0{,}52/3{,}3 = 0{,}157$; $t_{TS} = 9{,}5$ d; $OV_C/B_R = 1{,}3$; $OV_C = 1{,}3 \cdot 0{,}52 = 0{,}676$; $N_{ÜS}/BSB_5 = 40 \rightarrow N_{ÜS} = 40 \cdot 2000/5000 = 16$ g N/m³ Abwasser

$$N_D = 60 - 16 - (5 + 3 + 1) = 35$$

$$\text{erf } V_D = 3{,}87 \frac{35 \cdot 5000}{1000 \cdot 0{,}676} = 1002 \text{ m}^3 \rightarrow 1050 \text{ m}^3$$

Der Vergleich der Ansätze zwischen a) und b) + c) zeigt, daß die Rechnungen nach Kayser kleinere Denitrifikationsvolumen liefern.

4.5.5 Filtrationsverfahren

Die Filtration hat in der Abwassertechnik in den letzten Jahren größere Bedeutung erreicht. Begründet ist dies in den erhöhten, geforderten Reinigungsleistungen und in der Absicht, einen gleichwertigen Ersatz für das Belebtschlammverfahren zu finden. Die bisherigen Erfahrungen mit der Abwasserfiltration beweisen ihre große Leistungsfähigkeit. Der Einsatz erfolgte bisher

- als 3. Reinigungsstufe hinter der Nachklärung;
- hinter überlasteten Belebtschlamm-Anlagen oder
- als zusätzliche Sicherheit für gute Ablaufwerte;

- hinter Tropfkörperanlagen;
- hinter Flockungsanlagen, als biologische Stufe;
- als Flockungsfiltration.

Während die Entfernung der Schwebstoffe als ursprüngliche Aufgabe der Filter gilt, übernehmen sie heute auch als weitergehende Reinigungsaufgaben den biologischen Abbau organischer Stoffe (BSB_5, CSB), Entfernung des Rest-Phosphors durch Flockungsfiltration und die Stickstoffentfernung.

Zur Nachbehandlung biologisch vorgereinigter Abwässer werden Schnellfilter eingesetzt, deren Technik aus der Trinkwasserversorgung bekannt ist. Sie unterscheiden sich von den Trinkwasserfiltern durch die Korngröße des Filtermaterials sowie durch die Häufigkeit der Spülung. Die Filterschicht wird meistens aus verhältnismäßig grobkörnigem Kiessand gebildet. Es werden auch Anthrazit, Bims, Kunststoffgranulate und gebrannter Ton mit organischen Beimengungen eingesetzt.

Im Schnellfilter werden die suspendierten Stoffe weitgehend ausgeschieden. Von den kolloidalen Inhaltsstoffen werden Anteile zurückgehalten. Die Gesamtwirkung entsteht durch

- die Siebwirkung in der obersten Schicht;
- die Sedimentation in den Poren;
- die Adsorption an den Kornoberflächen;
- die biologische Aktivität von Mikroorganismen.

Bedeutung für die Wirkung und den Betrieb des Filters haben Korngröße und -zusammensetzung. Die Filterwirkung ist bei feinerem Korn besser als bei gröberem. Dieser Nachteil des gröberen Korns läßt sich durch eine größere Filterschichthöhe ausgleichen. Der Grob-Kornfilter verschlammt weniger und läßt sich leichter spülen, weil er mit höheren Strömungsgeschwindigkeiten ohne Sandverluste gespült werden kann.

Die Raumausnutzung kann mit zwei oder mehr Kornmaterialien unterschiedlicher Dichte verbessert werden. Für das leichtere Material ist eine gröbere Körnung zu wählen als für das schwerere. Häufig kommt der Zweischichtfilter mit Sand (ϱ = 2,6 g/cm^3) und Anthrazit (ϱ = 1,6 g/cm^3) zur Anwendung. Jede Schicht für sich sollte eine möglichst gleichförmige Körnung haben.

Wichtigster Bemessungswert ist die Filtergeschwindigkeit $v = Q/A$; $A \triangleq$ Filteroberfläche. Sie beeinflußt den Filterwiderstand, die Filterlaufzeit und die Filterwirkung. Je geringer sie ist, desto besser die Entnahmewirkung und Stabilität des Filters gegenüber Belastungsschwankungen. Bei den Raumfiltern tritt dieser Einfluß zurück, solange die Filtergeschwindigkeit $<$ 10 m/h ist. Die erforderliche Filtergeschwindigkeit bestimmt die Größe der Filterfläche und die Spülhäufigkeit. Sie wirkt sich damit auf die Bau- und Betriebskosten aus.

Bei den normalen Filterverfahren wird der Filter mit Filtration und Rückspülung betrieben. Menge und Beschaffenheit der Schwebstoffteilchen und das Wachstum der Mikroorganismen verursachen eine schnelle Verschlammung. Der Filter läßt sich nur störungsfrei betreiben, wenn er nach kurzen Laufzeiten, ca. 12 bis 24 Stunden, unter Anwendung hoher Spülgeschwindigkeiten, mit Wasser und Luft gespült wird.

Meist werden die Filteranlagen mit den Abläufen aus Tropfkörper- oder Belebungsanlagen beschickt, mit Schwebstoffgehalten und BSB_5-Werten unter 20 mg/l sowie Ammoniakwerten unter 5 mg/l. Im Filter werden 60% bis 80% der suspendierten Schwebstoffe entnommen. Die Abnahme des BSB_5 beträgt 50% bis 70%. Je mehr das Abwasser in der biologischen Stufe oxidiert wurde, um so besser ist die Filterwirkung. In nitrifizierten Abläufen werden Schwebstoff- und BSB_5-Werte unter 5 mg/l erreicht.

Unter Flockungsfiltration versteht man eine Filteranlage, welche die durch eine Fällungs- oder Flockungsanlage abscheidbar gemachten Stoffe aus dem Abwasser entfernt. Zu beachten sind Flokkungshilfsmittelmengen, Art dieser Stoffe, Reaktionszeit, Energieeintrag usw.

Flockungsfiltrationsanlagen werden zur Phosphatelimination eingesetzt. Dabei wird die Filtrationsstufe als 2. Stufe nach der Simultanfällung vorgesehen. Es lassen sich P-Werte $<$ 0,5 mg/l erzielen.

Um eine optimale Entfernung der suspendierten Schwebstoffe und eine ausreichende Standzeit der Filter von > 24 h zu erreichen, werden bevorzugt Zwei-Schicht-Filter eingesetzt. Der Filteraufbau von unten nach oben sieht dann beispielsweise so aus:

0,1 m Kiesstützschicht	4 bis 8 mm
0,5 m Quarzsand	effektive Korngröße 0,9 mm
0,8 m Hydroanthrazit	effektive Korngröße 1,6 mm.

4.5.5.1 Der Schnellfilter mit abwärtsgerichteter Strömung

Wegen der einfachen Wartung und Überwachung wird der offene Filter dem geschlossenen Druckfilter vorgezogen. Die Filtereinheiten haben meist rechteckigen Grundriß mit einer Fläche < 40 m^2. Beim Einschichtfilter aus Sand beträgt die Korngröße 1 bis 1,8 mm, Schichthöhe 0,8 bis 1,2 m. Beim Zweischichtfilter aus Anthrazit über Sand hat der Sand eine Körnung 0,8 bis 1,4 mm, Schichthöhe von 0,4 bis 0,6 m und der Anthrazit die Körnung 2 bis 3 mm, Schichthöhe 0,8 bis 1 m.

Die Filtergeschwindigkeit beträgt beim Trockenwetterabfluß 5 bis 15 m^3/h je m^2 Filterfläche. Der Wert von 15 sollte auch beim Regenwetterabfluß nicht überschritten werden. Erfahrungswerte für Einschichtfilter hinter leistungsfähigen Belebungsanlagen mit B_{TS} = 0,20 bis 0,25 kg $BSB_5/(kg\ TS \cdot d)$, ergaben im Filterablauf Restgehalte an suspendierten Stoffen und BSB_5-Werte $\leqq$ 10 mg/l mit einer Filtergeschwindigkeit von 7,5 m/h beim Trockenwetterabfluß. Bei Laufzeiten von 10 bis 30 h beträgt die Wasserspiegelhöhe normalerweise 1 bis 2 m. Ein einfacher Betrieb ergibt sich, wenn das Filtrat über ein Wehr abgenommen wird. Es muß dann hingenommen werden, daß der Wasserspiegel abhängig von Filterwiderstand und Zufluß schwankt.

Die Filterschicht ruht auf dem Filterboden, der mit Düsen ausgerüstet ist. Bei den meisten Düsenkonstruktionen ist zwischen Filterboden und Filterschicht eine Stützschicht aus grobkörnigem Material, 40 bis 50 cm hoch, angeordnet. Sie soll verhindern, daß Filtersand in die Düsen eintritt.

Nach Erreichen des von der maximalen Wasserspiegelhöhe abhängigen zulässigen Filterwiderstandes und ehe es zum Durchbruch der suspendierten Schmutzteilchen kommt, muß der Filter gespült werden. Dabei wird nach einem Spülprogramm Wasser und Luft eingesetzt. Die Spülgeschwindigkeit beträgt $\geqq$ 80 m/h. Von der angehobenen Filterschicht bis zur Überfallkante der Spülwasserablaufrinne ist ein Sicherheitsabstand $\geqq$ 20 cm vorzusehen. Die Spülgeschwindigkeit der Luft um 100 m/h dient der Ablösung der Schmutzstoffe. Sie erfolgt in Phasen von 1 bis 2 Minuten Dauer.

Abschließend wird mit Wasser gespült, um die Schmutzstoffe auszuschwemmen und die Luft auszutreiben. Beim Zweischichtfilter ist diese Klarspülung nötig, um das Filtermaterial neu zu klassieren.

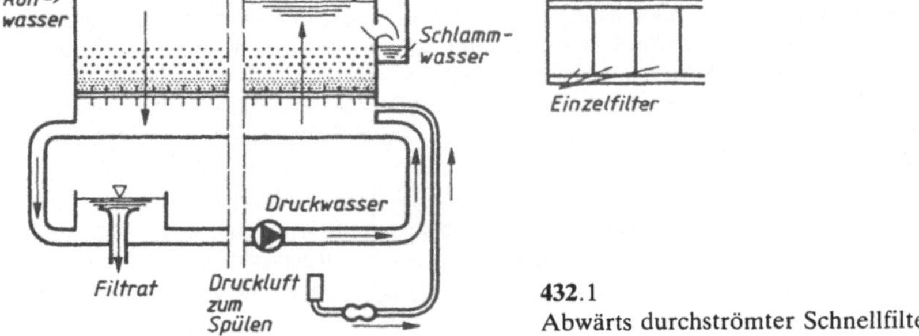

432.1
Abwärts durchströmter Schnellfilter (Raumfilter)

Die abwärts durchströmten Filter werden mit filtriertem Wasser gespült, das im Spülwasserbehälter bereitgehalten wird. Der Spülwasserverbrauch beträgt 3% bis 5% der behandelten Wassermenge.

Nach Bild **432**.1 wird die Funktion eines Schnellfilters (auch „Raumfilter") beschrieben. Das zu filtrierende Abwasser gelangt über eine Verteilerrinne, die Zuflußleitungen der einzelnen Filter und den seitlich angeordneten Rückspülwasserkanal in das Filterbecken. Es durchfließt die Filterschichten, den Filterboden und wird unter dem Düsenboden gesammelt und weitergeleitet. Durch die Verschmutzung des Filtermaterials entsteht ein Druckverlust, der das Ansteigen des Überstaus bewirkt. Wenn ein durch das hydraulische Profil der Anlage gegebener Höchstwert (max. WS) erreicht ist, wird der Filter rückgespült. Dies geschieht durch Schließen der Zulaufleitungen und Öffnen des Spülwasserzulaufs. Während der anschließenden Spülung werden Luft und Wasser gleichzeitig im Gegenstrom von unten nach oben durch die Filtermasse geleitet. Diese wird dabei verwirbelt und die Schmutzpartikel losgelöst. Der mit langstieligen Düsen bestückte Filterboden erlaubt eine Verteilung von Spülluft und -wasser. Um zu verhindern, daß Filtermasse ausgeschwemmt wird, ist der Spülwasserablauf geschlossen. Das Wasserniveau über dem Filter steigt bis zu einem Höchstwasserspiegel an. Danach werden Spülluftgebläse und Spülwasserpumpe abgestellt. Die Filtermasse sinkt zurück und das Rückspülwasser wird abgeleitet. Eine mögliche anschließende Klarspülung bewirkt die Ausschwemmung der Schmutzpartikel und eine evtl. Klassierung der Filterschichten. Die Rückspülung kann über einen Programmgeber oder einen Microprozessor automatisiert werden. Das Rückspülwasser gelangt meist in den Zulauf der Kläranlage.

Diese Überstaufiltration dient vorwiegend zur Entfernung von Schwebstoffen. Durch entsprechendes Material und vorhandenen Sauerstoff kommt es auch zum Abbau von gelösten organischen Verschmutzungen. Um eine ausreichende Sauerstoffmenge zu haben, wird bei der Überstaufiltration oft mit Vorbelüftung des Abwassers gearbeitet. Sauerstoffgehalte bis 9 mg/l sind möglich.

Die Vorbelüftung kann auch mit technischem Sauerstoff erfolgen. Dazu sind abgedeckte Begasungsbecken mit Oberflächenbelüftung notwendig. Es lassen sich O_2-Gehalte bis 30 mg/l erreichen. Da aber bei der Nitrifikation 4,6 g O_2/g $N(NH_4)$ benötigt werden, ist diese O_2-Konzentration schon bei Teilnitrifikation zu gering. Es sind bei 30 mg O_2/l ca. 6,5 mg/l $N(NH_4)$ oxidierbar. Will man höhere O_2-Gehalte erreichen, muß man eine unwirtschaftliche Druckbegasung durchführen.

4.5.5.2 Trockenfiltration

Um niedrige *CSB*-Werte zu bekommen, etwa in einer zweiten biologischen Stufe, ist eine bessere O_2-Versorgung als beim Überstaufilter nötig. Dies ist erreichbar durch eine künstliche Belüftung. Möglich sind:

- Vorbelüftung mit reinem Sauerstoff
- Luftdurchsatz im Gleichstrom
- Luftdurchsatz im Gegenstrom

Die Systeme der Trockenfiltration arbeiten meist nach dem Gleichstromprinzip (**434**.1). Das Abwasser durchrieselt das Filterbett von oben nach unten. Unter dem Düsenboden wird jedoch ein Unterdruck angelegt und so Luft im Gleichstrom zusammen mit dem Abwasser durch das Filter gesaugt. Es verbleibt kein Wasser über dem Filter, daher Trockenfilter. Er wird auch besonders dann eingesetzt, wenn eine Nitrifikation des Filtrats erreicht werden soll.

Die höhere Leistung dieses Filters wird durch den hohen Biomasseanteil im System und durch verbesserte Adsorption des biologischen Rasens erklärt. Das Filtermaterial Biolit z. B. ermöglicht sofort nach der Filterspülung wieder den biologischen Abbau ohne Einarbeitungszeit.

Meist wird auch hier mit einem 2-Schicht-Filter gearbeitet. Eine Schicht dient dem biologischen Abbau und eine weitere (Sand) der Abscheidung von Feinpartikeln (Raumfiltration).

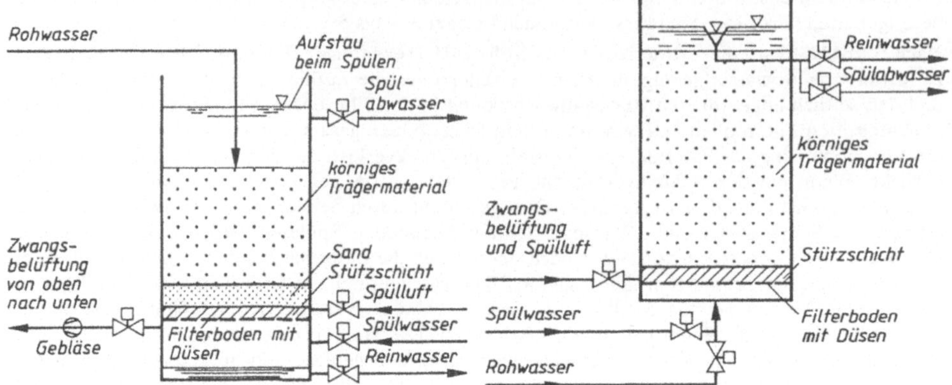

434.1 Prinzip der Trockenfiltration, System Biodrof

434.2 Prinzip der Aufstromfiltration, System Biofor

Die Aufnahmekapazität in kg TS/m^3 ist höher als bei den normalen Schnellsandfiltern. Die Vorteile des Trockenfilters als biologische Stufe sind:

- geringer Flächenbedarf;
- reduzierter Sauerstoffbedarf, da ein Teil der Feststoffe im Filterbett bereits zurückgehalten werden. Kolloide und Schwebstoffe werden vom biologischen Rasen absorbiert;
- keine Gefahr von Blähschlammbildung;
- Regelung des Sauerstoffeintrags durch Wasser-Luft-Verhältnis ist möglich;
- gute Anpassung an wechselnde Zuflüsse, Abschaltung einzelner Filter möglich.

Für die volle biologische Aktivität ist ein erheblicher Sauerstoffbedarf notwendig. Bei der Trockenfiltration ist ein Sättigungsgrad von 30 bis 60% erreichbar. Die Verrieselung des Abwassers über dem Filterbett bringt bereits eine Sättigung bis zu 50%. Der Sauerstoffgehalt kann durch Steuerung der Gebläseleistung optimiert werden.

Die Rückspülung erfolgt ähnlich wie beim Überstaufilter, aber keine kombinierte Luft-Wasser-Spülung. Die 2-Schicht-Filtration erfordert in größeren Zeitintervallen eine Klassierungsspülung.

4.5.5.3 Der aufwärts durchströmte Schnellfilter

Der aufwärts durchströmte Schnellfilter (Bild **434**.2) wird beim normalen Filterbetrieb wie auch während der Spülung von unten nach oben durchströmt. Die Ablaufrinnen dienen der Ableitung des Filtrats und des verschmutzten Spülwassers.

Der Wasserspiegel bleibt während des Filterlaufs konstant auf einer bestimmten Höhe. Als Filtermaterial kann ein Korngemisch aus Quarzsand mit Korngrößen 1 bis 3 mm dienen. Die Höhe der Filterschicht beträgt 1,2 bis 2 m. Die Filtergeschwindigkeit ist etwas höher als beim abwärts durchströmten Filter, sollte aber ebenfalls nicht mehr als 15 m/h betragen. Ein zu großer nach oben gerichteter Druck würde die Sandschicht anheben. Dann würden auch im Filter zurückgehaltene Schmutzstoffe ausgeschwemmt. Deshalb wird unterhalb der Sandoberfläche ein Gitterrost mit Stababstand 5 bis 10 cm eingesetzt, der die Kornschüttung festhält. Wegen möglicher Schmutzstoffdurchbrüche und der mikrobiellen Schleimbildung wird die Laufzeit im allgemeinen $\leqq$ 24 Stunden gehalten.

Die Düsen im Filterboden müssen so groß sein, daß mehrere Millimeter große Bestandteile hindurchgehen. Eine Stützschicht von 30 bis 40 cm Höhe ist ebenfalls notwendig. Das Korngrößenverhältnis zwischen größtem Filterkorn und dem Korn der Stützschicht soll 1:3 bis 1:4 sein. Die Spülung des Filters erfolgt wie beim abwärts durchströmten Filter in mehreren Phasen mit Wasser und Luft. Die Geschwindigkeiten betragen für Luft: 100 bis 120 m/h und für die Klarspülung mit Wasser 80 bis 120 m/h.

Tafel **435**.1 Auslegungsdaten für 2 Filteranlagen nach dem Aufstromprinzip Biofor (**435**.2)

		A	B
Einwohnergleichwerte (EG)		45000	16000
Anzahl der Filter		4	4
Vorbehandlung des Abwassers		Flotation mit Flockung/Fällung	Lamellenabscheider mit Flockung/Fällung
Filtrationsfläche (m^2)		4 · 24,5 = 98	4 · 10,5 = 42
Durchsatzgeschwindigkeit (m/h)		2,86 bis 8,16	2,4 bis 6,0
Tagesdurchsatz (m^3/d)		4400 bis 6100	720 bis 2540
Rohwasser:	*CSB*	280 mg/l	250 mg/l
	Schwebstoffe	280 mg/l	250 mg/l
	TKN	–	50 mg/l
	P_{ges}	–	15 mg/l
Filterablauf:	*CSB*	100 mg/l	50 mg/l
	Schwebstoffe	30 mg/l	20 mg/l
	TKN	–	$\leqq$ 10 mg/l (mit 20% Rezirkulation)
	P_{ges}	–	0,3 mg/l

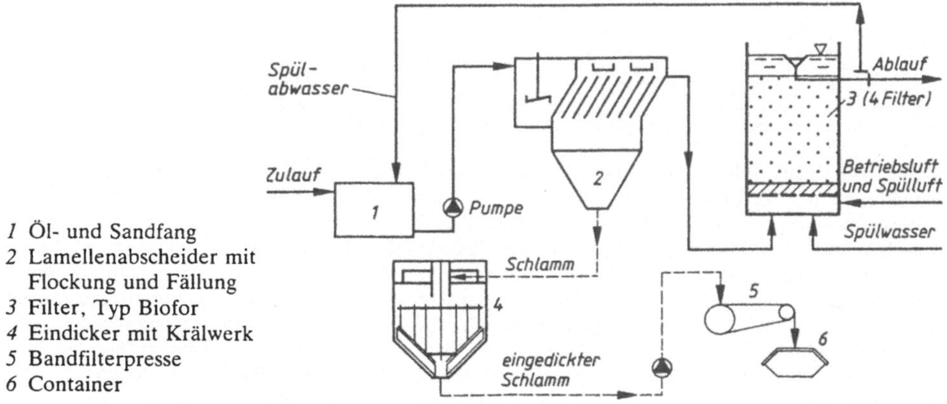

1 Öl- und Sandfang
2 Lamellenabscheider mit Flockung und Fällung
3 Filter, Typ Biofor
4 Eindicker mit Krälwerk
5 Bandfilterpresse
6 Container

435.2 Verfahrensschema einer Kläranlage mit Aufstromfiltration für 16000 EG; Q_d = 720 bis 2540 m^3/d

Bei der Aufstromfiltration, System Biofor, Fa. Ph. Müller, wird Wasser und Luft durch das Filter geschickt. Es lassen sich i. allg. höher belastete Abwässer als mit der Trockenfiltration reinigen.

Die hohe Konzentration an Biomasse, 4- bis 8mal höher als bei Belebungsanlagen, bewirkt einen intensiven biologischea Abbau und verkürzt die Aufenthaltszeiten. Außerdem lassen sich mit diesem System Nitrifikation und Denitrifikation durchführen. Verwendet werden Filterbetthöhen zwischen 2 und 4 m. Als Trägermaterial wird Biolit eingesetzt. Die Wassergeschwindigkeiten liegen zwischen 3 und 6 m/h. Die Luftmenge kann maximal im Verhältnis 1:2 eingestellt werden. Über die gesamte Höhe des Filterbetts ist eine ausreichende Sauerstoffversorgung sichergestellt. Luft und Wasser werden im Gleichstrom von unten nach oben durch das Filterbett geleitet. Beim Gegenstromprinzip würden Luftblasen im Filterbett die Filterlaufzeiten verkürzen können. Die Rückspülung erfolgt wie bei den anderen Systemen von unten nach oben.

Messungen ergeben, daß ein biologisch aktiver Filter dieser Art als Festbettreaktor einen geringeren Energieverbrauch hat als z. B. eine Belebtschlammanlage mit Drucklüftung. Bei einem Zulauf-BSB_5 von 200 mg/l ca. 50%. Die Filtergeschwindigkeit betrug 4 m/h. Bei größeren Schwebstoff/BSB_5-Verhältnissen steigt der Energieverbrauch wegen häufiger Rückspülung an.

4.5.5.4 Kontinuierlich betriebene Filter

Um den Wechsel zwischen Filtration und Rückspülung zu vermeiden, wurden verschiedene kontinuierlich betriebene Schnellfilter entwickelt. Zu den bekanntesten zählen zwei Filtersysteme, die als fertige Filtereinheiten hergestellt werden und für kleinere Abwassermengen in Betracht kommen.

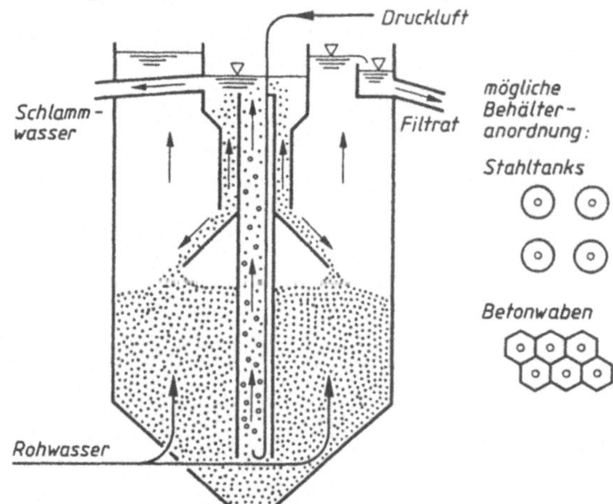

436.1
Prinzip des kontinuierlich betriebenen Schnellfilters, System Dynasand (Fa. Häny)

Beim Dynasand-Filter (**436**.1) besteht die Filtereinheit aus einem zylindrischen, oben offenen Behälter mit trichterförmigem Boden, der etwa 1 m hoch mit Filtersand gefüllt ist. Der Filter wird mit Filtergeschwindigkeiten von 5 bis 10 m/h aufwärts durchströmt. Der unten lagernde, am stärksten verschmutzte Sand wird in einem als Drucklufheber wirkenden Mittelrohr nach oben gefördert. Durch die Durchwirbelung des Luft-Wasser-Sand-Gemisches in diesem Steigrohr wird der Schmutz von den Sandkörnern gelöst. Am oberen Ende des Rohres ist eine Beruhigungskammer, in der die Sandkörner absinken, während die Flocken in Schwebe bleiben und mit dem Schlammwasser nach außen abgeführt werden. Der Sand fällt durch ein Mantelrohr auf die Sandschicht im Filter zurück. Filtration und Sandwäsche sind zwei gleichzeitig ablaufende Prozesse. Der Filterbehälter wird aus Stahl mit Durchmessern bis zu 2,50 m, größere Anlagen werden auch aus Beton hergestellt.

Der Simater-Filter hat ebenfalls Zylinderform. Das Wasser strömt radial von innen nach außen durch die nach unten bewegte Sandschicht. Der Sand wird unten abgenommen, außerhalb gewaschen und oben wieder zugegeben. Die Filterwirkung ist bei Filtergeschwindigkeiten von nur 3 bis 5 m/h und verhältnismäßig hohem Spülwasserverbrauch von ~ 5% des Filtrats gut.

Ein quasi kontinuierliches System stellt der Oberflächenfilter dar. Das Filtermaterial aus Quarzsand liegt auf durchlässigem Filterboden. Das Rohwasser überstaut den Filtersand, fließt hindurch in den darunter liegenden Sammelraum. Die Sandschicht ist nur 0,30 m stark und feinkörnig. Die Flocken werden dadurch im oberen Schichtteil zurückgehalten. Die Rückspülung erfolgt

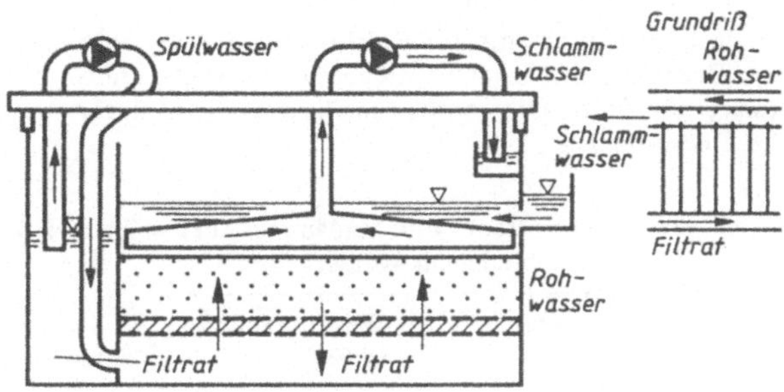

437.1 Prinzip des Oberflächenfilters

zellenweise durch Druckwasser über den Sammelraum und durch Absaugen von der Filteroberfläche. Beide Aggregate befinden sich auf einer Räumerbrücke, die nacheinander die Zellen überfährt. Als Spülwasser wird Filtrat, auch das der Nachbarzellen benutzt. Die Filtergeschwindigkeiten liegen bei $v_A \approx 5$ m/h. Bemessungsansatz ≈ 0,7 bis 0,8 m² Filterfläche/(l · s), Trockenwetterzufluß = Q_t (**437**.1).

4.5.5.5 Tuchfilter

Als Filtermedium werden Filtertücher oder Nadelfilz benutzt. Zur Zeit sind Tuchfilter in der Form von Trommel- und von Zellenfiltern (**437**.2) bekannt. Diese Verfahren haben ebenfalls einen kontinuierlichen Filterbetrieb. Die Reinigung der Filtertücher erfolgt hydraulisch/mechanisch oder nach dem Prinzip der Rückspülung bei Mikrosieben. Die Steuerung der Spülung wird durch Zeitschaltung oder nach dem Druckverlust vorgenommen. Die Lebensdauer der Filtertücher ist begrenzt, z. B. bei Nadelfilz 1 Jahr. Einsatz der Tuchfilter zur P-Nachbehandlung nach vorangehender Simultanfällung ergab P-Eliminationen von ca. 85% in der Nachbehandlung mit Einsatz von Fe-Salzen und Polymeren. Um Ablaufwerte von ≦ 0,2 mg P/l zu bekommen, sollten die Zulaufkonzentrationen möglichst ≦ 1,0 mg P/l sein. Die Filtergeschwindigkeit v_A beträgt ≈ 5 bis 6 m/h.

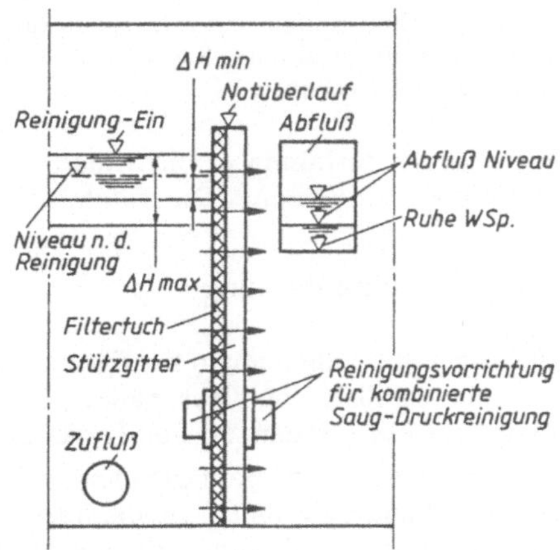

437.2
Prinzip des Zellenfilters (ein Filtermodul)

4.6 Behandlung des Abwasserschlammes

4.6.1 Grundlagen

Abwasserschlamm kann selten als flüssiger Rohschlamm beseitigt werden. Eine technisch sinnvolle Behandlung des Schlammes ist Voraussetzung für seine geordnete Beseitigung. Zwei Grundoperationen sind zu vollziehen:

a) die Stabilisierung der Schlamminhaltsstoffe mit der Absicht Geruchsfreiheit herzustellen. Energiereiche, instabile, höhermolekulare Stoffe werden in energiearme, stabile, niedermolekulare überführt. Die aerobe Stabilisierung wird unter Abschn. 4.7, die anaerobe unter Abschn. 4.6.2 beschrieben.

Tafel **438**.1 Konsistenz von Schlämmen bei verschiedenem Wassergehalt

Schlammbeschaffenheit	Wassergehalt in %
flüssig und pumpfähig	> 85
stichfest, noch plastisch, breiig, schmierend	65 bis 75
krümelig, nicht schmierend	60 bis 65
streufähig, fest	35 bis 40
staubförmig	10 bis 15

b) die Abtrennung des Schlammwassers. Schlämme aus dem mechanischen oder biologischen Reinigungsprozeß bestehen aus einem geringen Volumen-Anteil Trockensubstanz und hohem Wasseranteil (vgl. Tafeln **438**.1 und **438**.2). Die Entwässerung des Schlammes führt zu einer wesentlichen Volumenverminderung und zu einer Veränderung seiner physikalischen Eigenschaften. Je höher der erreichte Trockensubstanzanteil, desto größer der Energieaufwand. Verfahrensstufen sind z. B. Eindickung, maschinelle Entwässerung, Trocknung, Kompostierung, Veraschung.

Tafel **438**.2 Durch Eindickung erreichbare Feststoffkonzentration von Schlämmen (ohne Konditionierung)

Schlammart	Durch Eindikkung ohne Konditionierung erreichbare Feststoffkonzentration in %
Vorklärschlamm mit Industrieschlamm	10 bis 30
Vorklärschlamm	5 bis 12
Vorklärschlamm mit belebtem Schlamm	
ISV > 100 ml/g	4 bis 6
ISV < 100 ml/g	6 bis 11
aerob stabilisierter Schlamm	3 bis 5
Vorklärschlamm mit Tropfkörperschlamm	7 bis 10
Faulschlamm	
aus der Vorklärung	8 bis 14
aus der Belebungsanlage	6 bis 9
belebter Schlamm (thermisch konditioniert)	10 bis 15

Mit einigen Verfahren erreicht man beide Vorgänge, z. B. anaerobe Faulung, Kompostierung, Veraschung. Die Tafeln **438**.2 und **454**.1 geben Übersichten.

4.6.2 Schlammfaulung

Die konventionelle und am häufigsten eingesetzte Schlammbehandlung ist die anaerobe Schlammstabilisierung. Dieser anaerobe biochemische Prozeß spielt sich zwar ohne Luft, aber nicht ohne Sauerstoff ab. Träger der Schlammfaulung sind Bakterien.

Fakultative anaerobe Bakterien leisten in zwei Stufen (Hydrolyse und Versäuerung) die grobe Abbauarbeit, indem sie die hochmolekularen Stoffwechselendprodukte abbauen. Sie entnehmen Kohlenstoff und Sauerstoff aus den chemischen Verbindungen der organischen Stoffe, die sie durch Enzyme aufspalten. Es entstehen Alkohol, organische Säuren, Schwefelwasserstoff, Wasserstoff, Kohlendioxid und etwas Methan. In Wasser gelöst reagieren fast alle diese Stoffe sauer. Die Phase heißt deshalb saure Schlammfaulung. Sie würde einen schleimigen, grauen, übelriechenden, nicht ausgefaulten Schlamm liefern. Acetogene oder Acetat-Bakterien bilden Acetat (Essigsäure), Wasserstoff und Kohlendioxid in der 3. Phase.

Die wichtigste Bakteriengruppe in der 4. Phase nennt man Methanbakterien, weil Methan ihr wichtigstes Endprodukt ist. Diese Bakterien können organische Stoffe in kleinste Molekularform zerlegen. Dabei entstehen Ammoniak, Kohlendioxid und Methan. Die beiden letztgenannten Stoffe entweichen als Gase; Ammoniak verbindet sich mit Wasser zu Ammoniumhydroxid, einer starken Lauge. Diese „Methanfaulung" oder alkalische Schlammfaulung liefert einen ausgefaulten schwarzen und geruchlosen Schlamm (**439**.1).

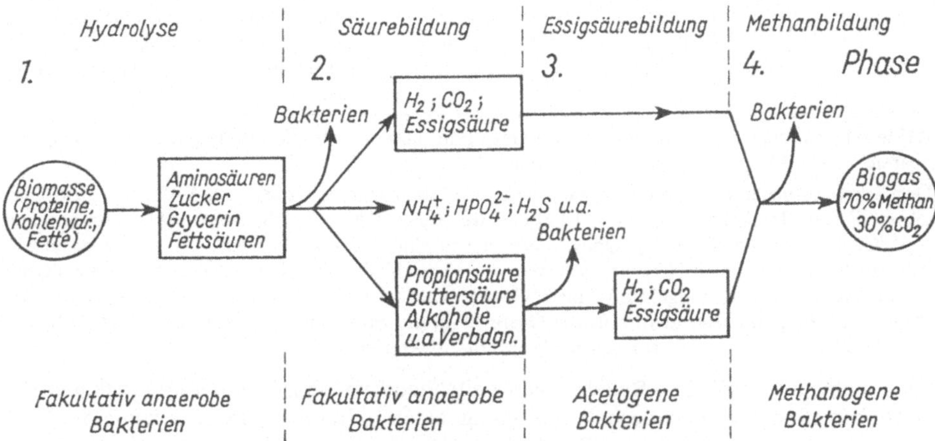

439.1 Schema der Stoffwechselprozesse bei der Faulung nach Schoberth

Alle Bakteriengruppen sind aufeinander angewiesen. Die ersteren leisten Vorarbeit, damit die Methanbakterien den Abbau vollenden können. Diese können jedoch nur in einer alkalischen Umgebung leben. Die saure Phase beim Beginn eines Faulprozesses überwinden sie nicht ohne Hilfe. Deshalb muß man den Faulraum „einarbeiten", indem zunächst wenig Frischschlamm hineingegeben oder durch alkalisches Abwasser, Kalkmilch oder Laub für das basische Übergewicht gesorgt wird. Während des Betriebes erhält man durch das Mischen des Frischschlammes mit älterem Faulschlamm, dem Impfschlamm, dieses Übergewicht aufrecht. Die Einarbeitungszeit läßt sich durch Beheizen des Faulraumes auf etwa 30°C verkürzen. Störungen des Betriebes kann man aus dem Gasrückgang und dem -anteil an CO_2 feststellen. Dieser beträgt normal 30 bis 35%, bei $>$ 37% kann eine Störung zur sauren Phase hin vorliegen. Die Säurekonzentration ist dann $\geqq 3$ g/l (Tafel **440**.1).

Methanbakterien sind sehr empfindlich. Sie brauchen Dunkelheit, ein feuchtes Milieu mit $> 50\%$ Wassergehalt, Ansiedlungsflächen, die man zusätzlich durch Asbest oder Eisenhydroxid schaffen kann, einen pH-Wert 7,0 bis 7,5, eine Konzentration von organischen Säuren von 0,5 bis 1,0 g/l und schließlich Temperaturen von möglichst 25 bis 35°C. Die Methanbakterien treten bevorzugt allein auf. Andere Bakterien und Protozoen treten an Art und Zahl stark zurück. Das gilt auch für Krankheitskeime. Es ist bisher nicht geklärt, worauf diese toxische (giftige) Wirkung der Bakteriengruppe zurückzuführen ist [62].

Tafel **440**.1 Gegenüberstellung der wesentlichen Merkmale von versäuernden und mesophilen, methanogenen Bakterien im einstufigen Prozeß nach [69]

Kriterium	Versäuernde Bakterien	Mesophile, methanogene Bakterien
Charakteristik	z. T. fakultativ anaerobe Bakterien	obligat anaerobe Bakterien
Temperatur-Optimum	30 °C	35 bis 37 °C
pH-Wert (Grenzwert)	(3,0) 5,3 bis 6,8	(6,8) bis 7,2
Generationszeiten, Wachstum	relativ geringe Generationszeiten (substratabhängig)	z. T. sehr lange Generationszeiten (substrat- und milieuabhängig)
Stofftransport (Durchmischung)	möglichst gute Durchmischung, um schnelle Hydrolyse und Versäuerung zu erreichen. Stofftransport von Abbauprodukten zur Methanisierung erfordert ebenfalls eine gute Durchmischung	möglichst geringe Umwälzung, (Scherkraftbeanspruchung), da acetogene und methanogene Bakterien in enger Symbiose existieren und sehr scherkraftempfindlich sind. Stofftransport und Abtransport der Abbauprodukte bedingen dagegen gute Durchmischung

Kritisch ist trotzdem die Einarbeitungszeit eines Faulraumes, d. h. die Zeit bis zum Entstehen einer ausreichenden Menge von Methanbakterien.

Der Temperaturbereich, in dem Methanbakterien leben können, reicht von +4°C bis +70°C. Es gibt in diesem Bereich zwei optimale Temperaturen bei +30°C (mesothermophiler Bereich) und bei +55°C (thermophiler Bereich). Obwohl die thermophilen Bakterien mehr Gas erzeugen, wendet man für Faulräume meist Heiztemperaturen von 25 bis 35°C wegen des geringeren Wärmeaufwandes an. Temperatursenkungen um 2 bis 3°C wirken sich sofort auf die Gasentwicklung (Abbauleistung) nachteilig aus. Bei Licht hört die Gasproduktion sofort auf. Schwefelwasserstoff (H_2S) und Chlor (Cl) zerstören, in Wasser gelöst, die Methanbakterien.

Ein Faulbehälter soll diese Bedingungen weitgehend erfüllen. Die wichtigsten dauernden Betriebsmaßnahmen sind deshalb das obengenannte „Impfen", die Beheizung des Faulraumes, eine möglichst häufige Beschickung mit frischem, nicht angefaultem Schlamm, dauernde Umwälzung des Faulrauminhaltes, Abnahme von Schlammwasser (in zunehmendem Maße werden die Faulräume als reine Bioreaktoren ohne Wasserabzug gefahren), Gassammlung und Ablaß des ausgefaulten Schlammes unter natürlichem Wasserüberdruck. Physikalisch bemerkenswert ist die erhebliche Verminderung des Schlammvolumens durch Abgabe des Faulwassers und die große Ausbeute an wertvollem Faulgas.

4.6.2.1 Bau der Faulräume

Zu unterscheiden ist zwischen kombinierten Anlagen, bei denen die Faulräume unter Absetzräumen liegen (s. Abschn. 4.4.4.4) und den selbständigen, geschlossenen Faulräumen. Es hätte wenig Sinn, beide Bauarten miteinander zu vergleichen, ihre Anwendung ist im wesentlichen von der Größe der Kläranlage abhängig.

Bei den modernen selbständigen Faulbehältern wendet man in Deutschland die Kugelform mit kegelförmiger Sohle und Decke an. Diese Form ist statisch sehr günstig (Membranspannungszustand) und hat eine im Verhältnis zum Rauminhalt kleine Oberfläche (**441**.1, **452**.1). Bei kleineren Faulbehältern wählt man die Becherform (**441**.2). Außerdem werden zylindrische Faulbehälter mit aufgesetzten Kegelstümpfen oben und unten gebaut (**443**.1, **451**.2). Durch die konische Decke ist die Schlammwasserspiegelfläche verkleinert und damit die Zerstörung der Schlammschicht zum

Zwecke des besseren Gasaustrittes erleichtert. Die Sohle, ≧ 1:1 geneigt, ermöglicht es dem Bodenschlamm, ohne weitere Räumvorrichtungen zur Mitte hin abzurutschen. Thon [78] unterteilt die in Deutschland üblichen Behältergrößen aus konstruktiven Gründen in 3 Gruppen:

kleine Behälter	1000 bis 2500 m^3
mittlere Behälter	2500 bis 5000 m^3
große Behälter	5000 bis 10000 m^3

Bei Faulbehältern treten wegen der hohen Gewichte Schwierigkeiten bei der Gründung des Bauwerks auf. Folgende Konstruktionen gelangen zur Ausführung [78]:

1. Behältergründung über dem unteren Kegel (Kläranlage München). Voraussetzung: tragfähiger, gleichmäßiger Baugrund. Vor der Ausführung sind Bodenuntersuchungen, Ermittlungen der Grundwasserverhältnisse und Setzungsbewegungen sowie Grundbruchberechnungen erforderlich.

2. Gründung mit zusätzlichem Fundamentring. Anwendbar bei tiefer anstehendem tragfähigem Baugrund oder bei geringerer zulässiger Bodenpressung. Der Fundamentring kann hohl sein und als Installationskanal dienen (Kläranlage Bremen-Seehausen).

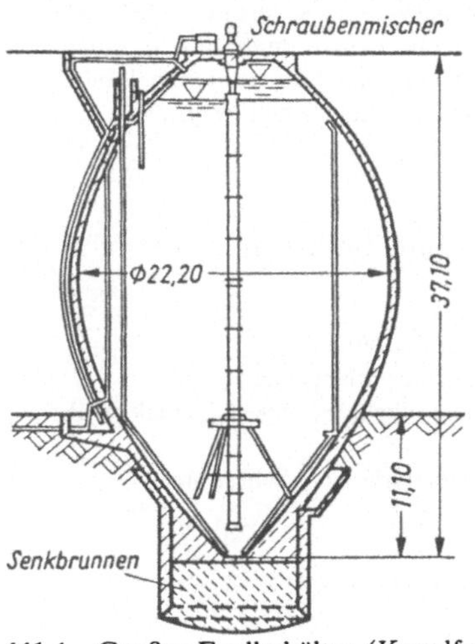

441.1 Großer Faulbehälter (Kugelform, J_{Fr} = 8000 m^3), Senkbrunnengründung

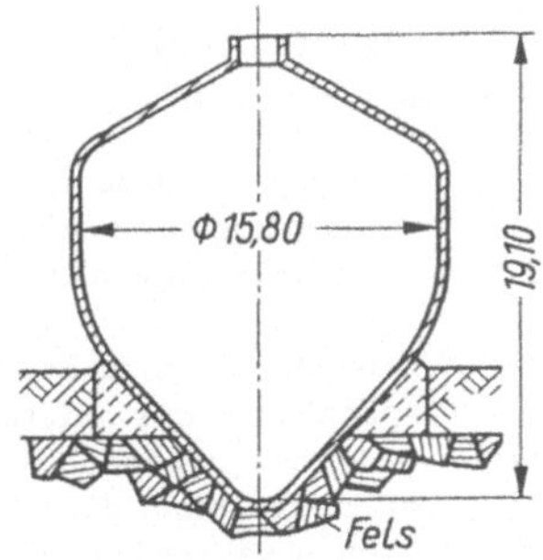

441.2 Kleinerer Faulbehälter (Becherform, J_{Fr} = 2000 m^3), auf tragfähigem Boden gegründet

3. Gründung auf Fels (**441**.2). Direkte Gründung oder Anordnung eines unbewehrten Betonfundamentes (Kläranlage Hof).

4. Gründung auf Stahlbetonsenkbrunnen (**441**.1), wenn tragfähiger Baugrund in großer Tiefe ansteht (Kläranlage Hamburg-Köhlbrandhof). Bei großem Grundwasserandrang Absenkung des Senkbrunnens unter Druckluft als Caisson. Der Brunnen erhält oben einen Kragen als Auflager für den Behälter.

Die Behälter werden zweckmäßig in vorgespannter Bauweise hergestellt, weil die Hauptkräfte als Zugkräfte in Ringrichtung auftreten. Der Spannbeton ist besonders geeignet, weil die Behälter wasserdicht und rissefrei sein sollen. Man kann abschnittsweise arbeiten und wasserdichte Arbeitsfugen herstellen, indem man die vorgespannten Eisen durch Muffenverbindungen verlängert (System Dywidag). Auch eine Herstellung aus Stahl ist möglich, aber weniger üblich. Vor Inbetriebnahme sollen eine Probefüllung durchgeführt und Undichtheiten beseitigt werden.

Ein Innenanstrich wäre nicht erforderlich, wenn der pH-Wert des Inhalts immer über 7 liegen würde. Der Schlamm ist dann nicht aggressiv gegen Beton. Zur Sicherheit sollte man den Beton aber durch eine besondere Behandlung schützen, meist dient hierzu ein Teer-Epoxid-Anstrich. Oberhalb des Schlammwasserspiegels ist wegen der aggressiven Bestandteile des Faulgases (H_2S u.a.) und der Dichtheit immer ein Anstrich vorzusehen. Man wählt Epoxid-Harze, Dicke 4 mm, Kunststoff-Folien o.ä. Es werden Risse bis zu 0,2 mm Breite überbrückt.

Große Bedeutung kommt der Wahl der Außenisolierung und Eindeckung zu. Die Isolierung soll die Wärmeabgabe nach außen verhindern, die Eindeckung schützt die Isolierung vor Nässe von außen. Als Isolierung werden meist Stein- oder Glaswolleplatten oder -matten und Kunstharzschaumplatten verwendet. Als Eindeckung verwendet man Wellasbestplatten in Schindelformat oder großformatig, Aluminium- und Kupferbleche.

Die Decke des Faulraumes ist bei größeren Faulbehältern fest mit dem anderen Bauwerksteil verbunden (s. z. B. Bild **443**.1 und **446**.1). Sie enthält eine Gashaube mit Gasableitung zum Gasbehälter, in dem ein geringer Gasüberdruck, etwa ≈ 35 mm WS, herrscht. Wenn im Faulturm der Wasserspiegel sinkt, tritt Gas vom Gasbehälter zurück. Durch den Überdruck wird verhindert, daß Luft eintritt, die im Verhältnis 5:1 bis 15:1 mit Faulgas gemischt, explosiv wirkt. Bei kleineren Kläranlagen kann die Faulraumdecke seitlich offen sein, während das Gas in der Mitte gesammelt wird. Die Decke ist überflutet und die Höhenschwankungen des Wasserspiegels pendeln sich oberhalb der Decke aus. Ebenfalls bei kleineren Anlagen kann man eine schwimmende, d.h. höhenverschiebliche Decke verwenden, die durch ihr Gewicht auf das Gas den erforderlichen Überdruck erzeugt. Die beiden letzten Konstruktionen erfordern eine zylindrische Behälterform.

4.6.2.2 Betrieb der Faulräume

Von seiner Entstehung im Absetzbecken bis zur Trocknung im Schlammbeet führt der Klärschlamm folgende Bezeichnungen:

Frischschlamm	= Schlamm aus dem Vor- oder Nachklärbecken
Mischschlamm	= Mischung von Schlamm aus Vor- und Nachklärbecken
Rücklaufschlamm	= im Belebungsbecken belebter und vom Nachklärbecken zurückgeführter Schlamm
Überschußschlamm	= im Belebungsbecken entstehender überschüssiger Schlamm
Faulschlamm	= Schlamm im Faulturm
Schwimmschlamm	= aufschwimmender Schlamm
Impfschlamm	= Faulschlamm, der mit Frischschlamm vermischt werden soll
Umwälzschlamm	= umgewälzter Faulschlamm
ausgefaulter Schlamm	= aus dem Faulturm abgelassener Schlamm
getrockneter, ausgefaulter Schlamm	= von der Schlammentwässerung kommender Schlamm

Der Frischschlamm (**443**.1, **444**.1) kommt meist als Mischung von Vor- mit Nachbeckenschlamm bzw. mit Überschußschlamm aus dem Schlammtrichter des Vorklärbeckens oder aus einem Voreindicker (s. Abschn. 4.6.3). Er wird von oben dem Faulturm zugeführt (**443**.1) (*2*). Zuvor wurde er im Pumpensumpf oder im Beschickungsrohr mit Faulschlamm geimpft. Da der Behälter nur täglich ein- bis zweimal beschickt wird, kann die Druckleitung durch Einsatz derselben oder einer anderen Pumpe (*3*) auch für den Umwälzschlamm benutzt werden. Die äußere Umwälzung kann jedoch auch ohne Erwärmung erfolgen. Die Schwimmschlammschicht wird einmal durch den Eintritt des Schlammes aus der Leitung (*2*) und zum anderen durch den Schraubenmischer (*13*) zerstört. Der Mischer arbeitet mit einem Schraubenrad im oberen Teil eines Steigrohres. Der Schlamm wird in Höhe des Wasserspiegels aus dem Steigrohr gehoben und zentrifugal herausgeschleudert. Dabei wird die Schlammdecke zerstört. Von unten steigt wieder neuer Faulschlamm nach, so daß sich zusätzlich eine innere Umwälzung des Inhalts ergibt. Das Schraubenrad wird über eine kurze Welle von einem E-Motor angetrieben, der auf der Gashaube installiert ist. Eine ähnliche Einrichtung zur Schlammdeckenzerstörung wäre der Rührkreisel (Fa. Geiger, Karlsruhe) mit 4 Flügeln (**446**.1) und ohne Steigrohr, der teilweise in den Schlammspiegel untertaucht und langsam rotiert. Um den

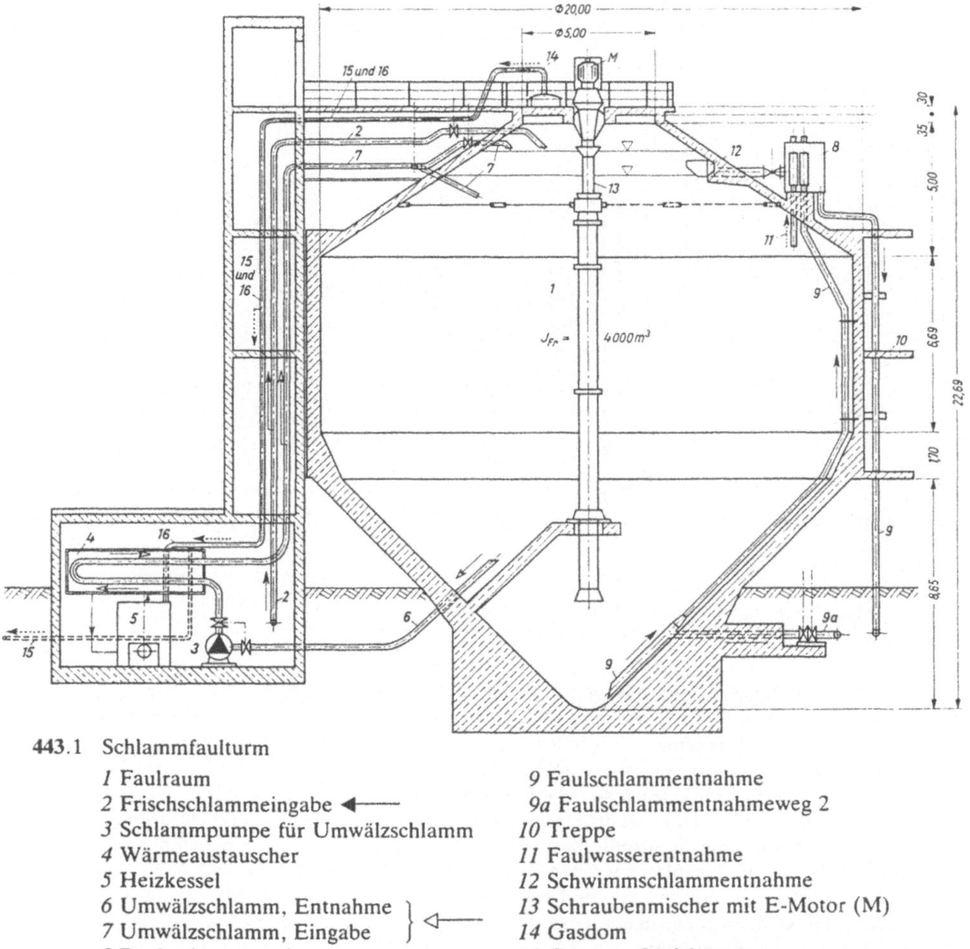

443.1 Schlammfaulturm

1 Faulraum
2 Frischschlammeingabe ◄——
3 Schlammpumpe für Umwälzschlamm
4 Wärmeaustauscher
5 Heizkessel
6 Umwälzschlamm, Entnahme } ◁——
7 Umwälzschlamm, Eingabe }
8 Beobachtungstopf
9 Faulschlammentnahme
9a Faulschlammentnahmeweg 2
10 Treppe
11 Faulwasserentnahme
12 Schwimmschlammentnahme
13 Schraubenmischer mit E-Motor (M)
14 Gasdom
15 Gas zum Speicher } ◄-------
16 Gas zum Heizkessel }

Inhalt umzuwälzen, kann auch komprimiertes Faulgas an der Sohle des Faulraumes eingeleitet werden. Diese Maßnahme optimiert den Faulprozeß und stabilisiert die Methanphase.

Die wichtigste Betriebsmaßnahme ist die Faulraumbeheizung. Einmal soll der kalte Frischschlamm möglichst schnell aufgeheizt und zum anderen soll die Temperatur innerhalb des gesamten Faulraumes möglichst konstant gehalten werden. Von den verschiedenen, bisher angewandten Heizsystemen haben sich folgende im modernen Faulraumbetrieb bewährt:

a) Heißwasser-Kreislaufheizung mit dem Heizkörper im Faulraum (**445**.1). Außerhalb des Faulraumes erhitztes Wasser strömt in geschlossenen Rohren oder Heizkörpern durch den Faulraum und wieder zurück zum Heizkessel. Die Wassertemperatur muß $\leqq$ 65 °C sein, weil sonst die Heizkörper verkrusten und dadurch die Wärmeabgabe vermindert wird. Man benutzt heute 3 bis 12, bis zu 8 m lange Eintauchheizrohre (**446**.1), die in die Faulraumdecke senkrecht eingehängt sind und während des Betriebes herausgezogen und überprüft werden können. Die Rohre bestehen aus

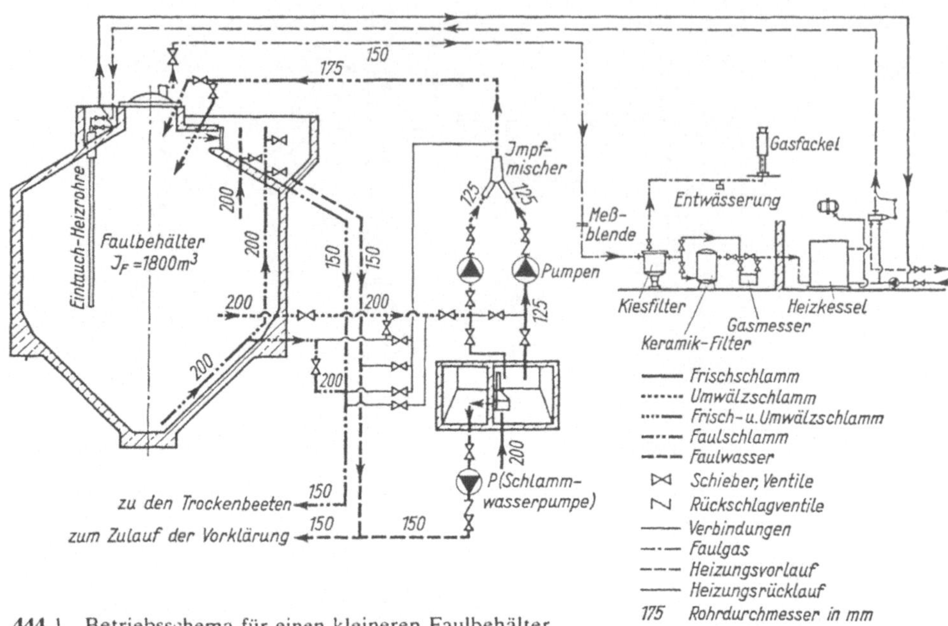

444.1 Betriebsschema für einen kleineren Faulbehälter

dem eigentlichen Heizrohr (Wärmeaustauschfläche) ∅ 100 bis 150 mm und der darin enthaltenen Einrichtungen zur Führung des Wassers. Die Rohre sind in Höhe des Wasserspiegels durch die Decke gesteckt, so daß sie ohne die Gefahr des Lufteintritts herausgenommen werden können. Sie sind einzeln von der Wasservor- und -rücklaufleitung lösbar. Sie werden vor dem Herausziehen durch Preßluft vom Wasser geleert, schwimmen auf oder werden herausgehoben. Gegenüber den fest im Faulraum installierten Heizkörpern ist damit ein Vorteil erreicht, denn diese sind nur nach Entleerung des Faulraumes kontrollierbar. Durch das untere Ende der Eintauchheizrohre kann zusätzlich noch Faulgas eingeblasen werden (Verbesserung der Heizung). Durch den Wärmeeintrag ergibt sich ferner eine innere, thermische Umwälzung des Faulrauminhalts (**445**.1c). Diese Heizung ist bei kleineren Anlagen gut geeignet, besonders wenn die Abwärme des Kühlwassers von Faulgasmotoren verwendet werden kann.

b) Schlamm-Umwälzheizung mit Wärmeaustausch außerhalb des Faulraumes durch Rohrsysteme. Der Umwälzschlamm wird aus der unteren Zone des Faulbehälters entnommen und nach der Erwärmung oben wieder eingegeben (Dauerbeheizung des Faulraumes) (**445**.1b und **443**.1). Bei der Frischschlammerwärmung (Beschickung des Faulbehälters) ist ein geradlinig verlaufender Teil der Beschickungsleitung mit mehreren hintereinanderliegenden Rohrummantelungen als Wärmeaustauscheinrichtung versehen. Mit Hilfe eines Mischrohres können Frischschlamm und eingedickter Faulschlamm auch gleichzeitig durch die erwärmte Beschickungsleitung gefördert werden. Man verbindet so die Vorerwärmung mit der -impfung des Frischschlammes. Als Heizmittel für Wärmeaustauscher verwendet man entweder Niederdruckwasserdampf ≦ 5 bar, Umlaufwasser einer Heißwasser-Heizungsanlage oder Kühlwasser aus Faulgasmotoren oder anderen Aggregaten. Falls nur ein Heizmittel mit geringer Temperatur, ≦ 60°C, zur Verfügung steht (z. B. Abwärme aus Faulgasmotoren), kann u. U. die Ummantelung des geraden Rohres zur Wärmeabgabe nicht ausreichen. Man vergrößert dann die Länge der Beschickungsleitung durch spiral- oder schlangenförmige Rohrführung zu einem Wärmeaustausch-Aggregat. Hierdurch entstehen zusätzliche Pumpwiderstände und damit höhere Betriebskosten für die Umwälzpumpen (**443**.1).

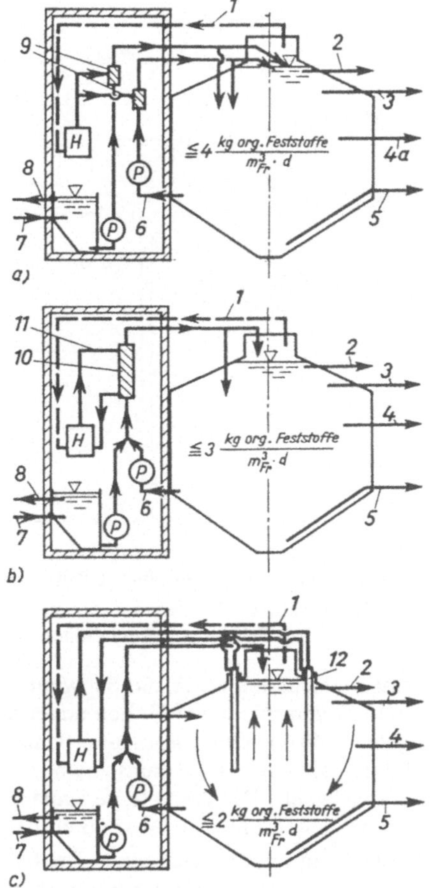

445.1
Faulraumbeheizung nach [62]
a) Wärmeeintrag mit Dampfdüse
b) Wärmeaustauscher
c) Eintauchheizrohre

1 Faulgas
2 Schwimmschlamm
3 Faulwasser
4 Dünnschlamm
4a Dünnschlamm (bei 2stufiger Faulung)
5 Faulschlamm
6 Umwälz- bzw. Impfschlamm
7 Frischschlamm
8 Schlammwasser
9 Dampfdüse und Niederdruck < 0,5 bar
10 Wärmeaustauscher
11 Niederdruckdampf, Warm- oder Heißwasser
12 4 bis 12 Eintauchheizrohre
H Heizkessel oder Faulgasmotor
P Pumpe

c) Schlamm-Umwälzheizung durch direkte Dampfzugabe (**445**.1a). Eine Dampfdüse wird als ein ≈ 1,5 m langes Paßstück in die Beschickungsleitung eingeflanscht. Der Wasserdampf wird mit ≦ 0,5 bar von der Düse in den fließenden Schlammstrom eingegeben.

Der Dampf wird durch viele kleine Löcher auf den ganzen Querschnitt der Schlammleitung gleichmäßig verteilt. Man erreicht durch eine Dampfdüse die Erwärmung von Frischschlamm um 20 bis 25°C. Der Dampfeintrag hat keine nachteilige Wirkung auf die Bakterienflora. Das Kondensat des Dampfes erhöht den Wassergehalt des Schlammes nur um < 0,3%. Der Wärmeeintrag kann mit Hilfe einer Spezial-Dampfdüse so weit gesteigert werden, daß der Schlamm auf ≧ 70°C ohne Verkrustungsgefahr für die Rohre erhitzt wird [62]. Diese starke Erwärmung wendet man zur Nacherhitzung oder Pasteurisierung des angefaulten Schlammes an, um ihn zur Naßdüngung auf Felder oder Viehweiden oder auch zur ungefährlichen Weiterlagerung abgeben zu können. Die Einwirkzeit beträgt je nach dem Grad der Pasteurisierung 4 bis 30 min. Krankheitskeime und Unkrautsamen werden abgetötet, der Gehalt an Pflanzennährstoffen jedoch nicht vermindert.

Die Ausmündungen der Ablaßleitungen für Faulwasser, Faulschlamm und Schwimmschlamm sind bei größeren Faulräumen meist in einem zusätzlichen Bauteil auf der schrägen Decke in der Schlammtasche untergebracht (**446**.1). Die Steigleitung (*11*) (**443**.1) für

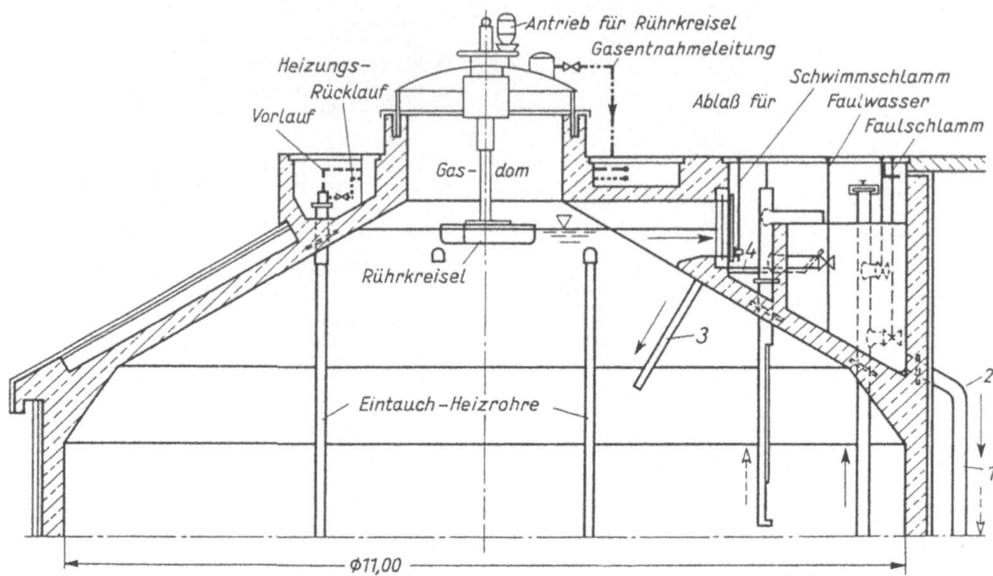

446.1 Längsschnitt durch den oberen Teil eines Faulbehälters
1 Fallrohr für Faulwasser
2 (verdeckt) Fallrohr für Faulschlamm
3 Beschickung für Impf- und Umwälzschlamm
4 Rechen vor dem Schwimmschlammauslaß

Faulwasser reicht bis unter die Schwimmschlammdecke. Oft sind mehrere Rohre mit Einläufen in verschiedenen Höhen angebracht, oder es ist ein höhenverstellbares Rohr vorhanden (**446**.1). Der ausgefaulte Schlamm wird über die Steigleitung und der nicht absinkbare, sperrige Schwimmschlamm durch die Entnahmeleitung oder durch ein Schütz abgelassen. Die dreigeteilte Schlammtasche gestattet es, die Schieber der Ablaßrohre zu bedienen und den Ausfluß zu beobachten (**446**.1).

Die Tasche kann auch durch einen Beobachtungstopf (**443**.1) ersetzt werden. Von hier aus gehen die Fallrohre an der Faulturmaußenwand oder im Treppen- oder Fahrstuhlturm des Betriebsgebäudes abwärts. Die Weiterleitung von Schlamm- und Faulwasser geschieht im natürlichen Gefälle. Ein unter der schrägen Sohle liegender Installationsgang nimmt meist die Ringleitungen für Faulgaseinpressung, Spülwasser, Sperrwasser und Umwälzschlamm auf.

Mehrstufige Schlammbehandlung. Um die Investitionskosten für die Schlammbehandlung (etwa 30% der Kosten für die Abwasserbehandlung) und um die Betriebskosten zu senken, bemüht man sich um Verfahren, die konventionelle Schlammbehandlung zu intensivieren und zu optimieren. Die allgemeinen Stoffwechselabläufe der anaeroben und der aeroben Schlammbehandlung sind in Bild **439**.1 dargestellt. Danach läßt sich der anaerobe Prozeß in mehrere nacheinander ablaufende Reaktionsphasen einteilen.

Bei der einstufigen anaeroben Schlammbehandlung laufen diese Phasen in einem Reaktor ab. Bei mehrstufigen anaeroben Verfahren lassen sich die für die einzelnen Phasen optimalen Milieubedingungen besser durch Phasentrennung und Mehrstufigkeit erreichen als in einem Gesamtreaktor. Hierdurch läßt sich der Schlammbehandlungsprozeß intensivieren und optimieren.

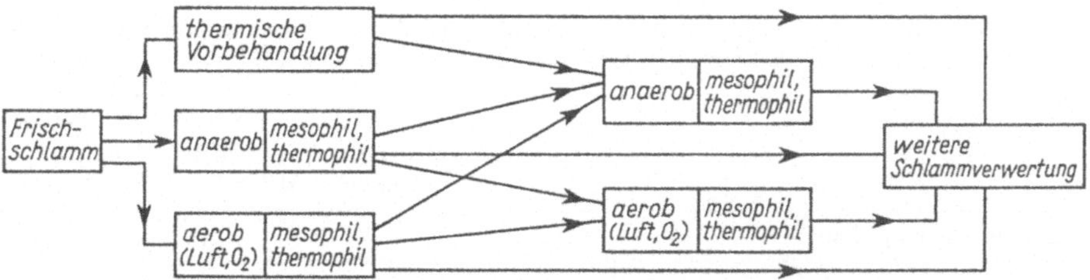

447.1 Mögliche Verfahrenskombinationen bei zweistufiger Schlammbehandlung

Neben der anaeroben Schlammbehandlung in mehrstufigen Anlagen sind auch Kombinationen von aeroben und anaeroben Schlammbehandlungsverfahren [69] sinnvoll. Die möglichen Kombinationen in mehrstufigen Verfahrenssystemen zeigt Bild **447**.1.

Die einzelnen aeroben oder anaeroben Verfahrensstufen lassen sich sowohl mesophil als auch thermophil betreiben. Es ergeben sich mehrere Verfahrensvarianten, aus denen die für die Abwasser- und Schlammbehandlung geeignetste ausgewählt werden kann. Allgemein sind folgende Vorteile durch die mehrstufige Schlammbehandlung zu erreichen: erhöhter Abbau der organischen Schlamminhaltsstoffe, erhöhte Methangasausbeute, erhöhte Prozeßstabilität, geringere Behältervolumen und damit Kosteneinsparungen, Erweiterungsmöglichkeiten bei überlasteten Anlagen mit geringen Kosten.

Neben diesen Kombinationen von aeroben und anaeroben Schlammbehandlungsstufen läßt sich auch durch Schlammvorbehandlung der Gesamtprozeß weiter intensivieren. Eine Möglichkeit wäre die thermische Vorbehandlung mit folgenden Vorteilen:

- verbesserte Eindickfähigkeit und Entwässerbarkeit der Schlämme,
- höhere Prozeßstabilität durch gleichmäßige Erwärmung des Rohschlammes,
- Reduzierung des Stickstoffgehaltes um 10 bis 20%,
- bessere Trübwasserqualität,
- seuchenhygienische Aufbereitung,
- geringe Geruchsentwicklung des ausgefaulten Schlammes.

Eine weitere mögliche Verfahrensvariante wäre die Kombination der aerob thermophilen Stufe mit einer anaeroben zweiten Stufe. Diese Verfahrenstechnologie wird gegenwärtig an der RWTH Aachen untersucht. Bei eintägigem Aufenthalt im aeroben Reaktor, der mit Sauerstoff begast wird, reduzieren sich die Aufenthaltszeiten in der zweiten anaeroben Stufe auf etwa 8 Tage. Weitere Vorteile:

- geringe Behältervolumen,
- hohe Prozeßstabilität,
- gute Entwässerungseigenschaften,
- weitgehende Pasteurisierung,
- optimale Anwendungsbereiche bei sauerstoffbegastem Klärverfahren und bei notwendigen Faulraumerweiterungen.

Wenn man in der sehr häufigen konventionellen Schlammbehandlung mehrere Faultürme bei großen anfallenden Schlammengen betreiben muß, ist es immer zweckmäßig, eine mehrstufige Schlammfaulung vorzusehen, da der Ausfaulprozeß sich in zeitlich aufeinanderfolgenden mehreren Stufen abspielt (**439**.1).

Tafel **448**.1 Mittelwerte für Schlammengen bei normalem häuslichem Abwasser (für Trennverfahren und Mischverfahren mit $RV \approx 1$), vgl. auch [24a, 41, 90, 91]

Schlammart		Feststoff-gehalt f in g/(E · d)	Wasser-gehalt in %	Schlamm-menge s in l/(E · d)
Absetzanlage mit Faulraum				
frischer, unter Wasser abgepumpter Schlamm aus Trichterbecken		50	97,5	2,0
frischer Schlamm, beim Herauspumpen vom überschüssigen Wasser getrennt (eingedickt)		50	95	1,0
Tropfkörperanlage mit Faulraum				
Schlamm der Nachklärbecken	s[1])	12	94	0,20
	h[1])	25	96	0,63
frischer, gemischter Schlamm aus Vor- und Nachklärbecken (nach ca. 1 d Eindickzeit)		75	95	1,50
ausgefaulter, gemischter, nasser Schlamm	mit Ablaß von Schlammwasser	45	90	0,45
	ohne Ablaß von Schlammwasser	45	97	1,50
ausgefaulter, gemischter, entwässerter Schlamm		45	70	0,15
Belebungsanlage mit Faulraum				
frischer Überschußschlamm		35	99,3	5,0
Überschußschlamm aus dem Belebungsbecken nach 0,5 h Absetzzeit		30	98,5	2,0
frischer Überschußschlamm, im Vorklärbecken gemischt mit Vorbeckenschlamm[2]) (nach ca. 1 d Eindickzeit)		80	96	2,0
ausgefaulter, gemischter, nasser Schlamm	mit Ablaß von Schlammwasser	50	94	0,83
	ohne Ablaß von Schlammwasser	50	97,5	2,0
ausgefaulter, gemischter, entwässerter Schlamm		50	80	0,25
Belebungsanlage mit aerober Schlammstabilisierung, mit Vorklärbecken				
gemischter Schlamm, eingedickt		60	97	2,0
gemischter Schlamm, entwässert		60	80	0,3
Belebungsanlage mit chemischer Fällung				
Vorfällung, Schlamm der Vorklärbecken, eingedickt		60	96	1,5
Vorfällung, ausgefault und eingedickt		50	95	1,0
Simultanfällung, Schlamm aus Vor- und Nachklärbecken, eingedickt		90	96	2,25
Simultanfällung, ausgefault und eingedickt		60	96	1,50
Nachfällung, Schlamm der Nachklärstufe, eingedickt		15	98,5	1,0

[1]) s bei Tropfkörperanlagen mit $B_R \leqq 0{,}20$, h bei Tropfkörperanlagen mit $B_R = 0{,}20$ bis 0,40

[2]) Wegen der Eindickwirkung ergibt sich ein größerer Feststoffgehalt als bei der Mittelbildung aus dem Primärschlamm der Absetzanlage und dem frischen Überschußschlamm

Man ordnet jeder dieser Stufen einen oder mehrere Faulbehälter zu. Bei zwei Behältern ist der erste der Vor-, der zweite der Nachfaulraum. Der Vorfaulraum wird gut beheizt (≈ 30 °C), ist geschlossen und durch die vorgenannten Maßnahmen intensiv betrieben. Die Umwälzung geschieht dauernd oder nur nachts. Der Schlamm wird dann in den Nachfaulraum gegeben, der gering oder gar nicht beheizt ist. Hier wird das restliche Faulgas, etwa 10%, aufgefangen und der Schlamm in Ruhe gelassen. Das sich oben sammelnde Faulwasser wird manchmal abgelassen. Der Nachfaulraum kann auch offen, dann unbeheizt und nicht isoliert sein. Je geringer die Temperaturen im zweiten Faulraum sind, desto schneller klingt die Faulung ab. Der Nachteil bei nur einer Faulstufe besteht in der gegeneinander gerichteten Wirkung von Umwälzen und Absetzen zum Zweck des Faulwasserablasses. Man erreicht durch die Zweistufigkeit eine wesentliche Volumeneinsparung. Man kann die Faulzeit durch weitere Abstufung (bis 4 oder 5 Stufen) noch mehr verringern. Für eine größere Kläranlage sollte man etwa folgende Gliederung der Schlammfaulung anstreben [62]:

Voreindicker, ein oder bei größeren Anlagen zwei beheizte Faulräume als Vorfaulräume, ein beheizter oder unbeheizter Nachfaulraum oder ein offener, unbeheizter Nacheindicker für eine Aufenthaltszeit von ≦ 3 Tagen.

4.6.2.3 Bemessen der Faulräume

Allgemein gilt: Je höher die Temperatur (≦ 37°C), desto geringer die Faulzeit. Man könnte also einen Faulraum J_{Fr} bemessen, wenn man seine Betriebstemperatur und die Frischschlammenge S in m³/d kennt; z. B. beträgt bei 30°C die Faulzeit nach Bild **449**.1 27 Tage. Damit wird

$$J_{Fr} = 27\,S \quad \text{in m}^3 \qquad (449.1)$$

Berücksichtigt man aber die Verringerung der Frischschlammenge durch das während des Faulens abzulassende Faulwasser, dann genügen oft wesentlich kleinere Faulräume. Für moderne, selbständige Faulbehälter rechnet man mit

$$J_{Fr} = 10 \text{ bis } 15\,S \quad \text{in m}^3 \qquad (449.2)$$

Imhoff bezieht u.a. die Faulraumgröße bei selbständigen Faulräumen auf die Zahl der angeschlossenen Einwohner in l/E (Tafel **449**.2):

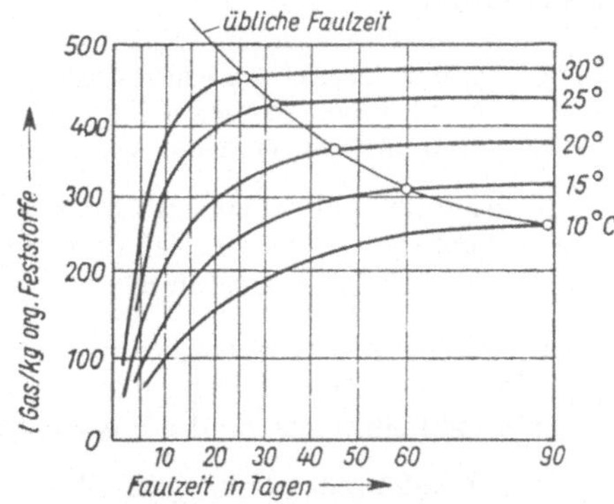

449.1 Gasentwicklung in Abhängigkeit von den Faulzeiten bei verschiedener Faultemperatur nach [24]

Tafel **449**.2 Faulraumgrößen selbständiger Faulräume [24a] in l/EG

Art der Kläranlage	Absetzanlage	Tropfkörperanlage	Belebungsanlage
beheizt auf 30°C	20	30	40
unbeheizt	150	220	320

Für selbständige Faulbehälter legt man überschläglich die tägliche Faulraumbelastung B_{Fr} durch organische Feststoffe je m³ Faulraum zugrunde (**445**.1):

$B_{Fr} \leqq 4\ \text{kg/m}^3_{Fr} \cdot \text{d}$	bei sehr gut betriebenen Faulräumen (Erwärmen des Frischschlammes, Impfen, gute Umwälzung, Schwimmdeckenbekämpfung, gleichmäßiges Erwärmen des Faulrauminhalts, 2stufige Faulung mit Zwischenimpfung, frühzeitiges Entfernen des Faulwassers)
$B_{Fr} \leqq 3\ \text{kg/m}^3_{Fr} \cdot \text{d}$	bei ebenfalls noch gut betriebenen Faulräumen (Wärmeaustauscher)
$B_{Fr} \leqq 1$ bis $2\ \text{kg/m}^3_{Fr} \cdot \text{d}$	bei Beheizung mit Eintauchrohren und gutem Betrieb

Organische Feststoffe betragen ⅔ des in Tafel **448**.1, Spalte 1, angegebenen Feststoffgehaltes f. Es sind dies Richtwerte, die man aufgrund genauer Berechnungen gefunden hat. Somit ergibt sich der Inhalt des Faulraumes zu

$$J_{Fr} = \frac{2}{3} \cdot \frac{f \cdot \text{E}}{B_{Fr} \cdot 1000} \qquad m^3_{Fr} = \frac{\frac{\text{g}}{\text{E} \cdot \text{d}} \cdot \text{E}}{\frac{\text{kg}}{m^3_{Fr} \cdot \text{d}} \cdot \frac{\text{g}}{\text{kg}}} \tag{450.1}$$

I. allg. gilt als Maßstab für den Faulvorgang die Gasentwicklung; sie verläuft zeitlich nach der Gleichung

$$G = G_e (1 - 10^{-k \cdot t}) \tag{450.2}$$

Ebenso kann man die Faulwasserabgabe berechnen mit

$$W = W_e (1 - 10^{-k \cdot t}) \tag{450.3}$$

Darin bedeuten:
G, W = bis zur Zeit t erzeugte Faulgas- bzw. Faulwassermenge
G_e, W_e = praktisch erzielbare Faulgas- bzw. Faulwassermenge
k = 0,03 bis 0,1 = Beiwert, der die Betriebsqualitäten des Faulraumes angibt;
k = 0,1 gilt für optimale Verhältnisse

Faultürme sollen bei gegebenem Inhalt möglichst kleine Oberflächen haben, damit die Wärmeabgabe gering bleibt. Behälterformen nach Bild **451**.1 ergeben günstige Verhältnisse bei einfacher Konstruktion.

Beispiel 1: Es ist eine selbständige Faulturmanlage zu berechnen. Ausgangswerte: 120000 EG; Q_d = 180 l/(E · d); Trennsystem; Tropfkörperverfahren

Mit Tafel **448**.1 erhält man für den Frischschlamm:

Feststoffgehalt f = 75 g/(E · d) = 5% und Schlammenge s = 1,50 l/(E · d)

Die mit 35 °C beheizten Faultürme können belastet werden mit

$$B_{Fr} = 3 \frac{\text{kg}}{\text{m}^3_{Fr} \cdot \text{d}}$$

Mit ⅔ f erhält man den Nutzinhalt des Faulraumes nach Gl. (450.1) zu

$$J_{Fr} = \frac{2 \cdot 75 \cdot 120000}{3 \cdot 3 \cdot 1000} = 2000\ \text{m}^3_{Fr}$$

bzw. bei zwei Faultürmen gleicher Größe je

$$J_{Fr1} = \frac{J_{Fr}}{2} = \frac{2000}{2} = 1000\ \text{m}^3_{Fr}$$

Für Form und Abmessungen nach Bild **451**.1 ergibt sich

$$D \approx 1{,}2\,\sqrt[3]{J_{\mathrm{Fr1}}} = 1{,}2\,\sqrt[3]{1000} = 12{,}0\ \mathrm{m}$$

Gewählt: $D = 12{,}0$ m und $H = 0{,}42 \cdot D = 0{,}42 \cdot 12{,}0 = 5{,}04$ m

Für die Frischschlammenge

$$S = \frac{s \cdot E}{1000} = \frac{1{,}50 \cdot 120\,000}{1000} = 180\ \mathrm{m^3/d} \quad (s \text{ nach Tafel } \mathbf{448}.1)$$

ist die rechnerische Faulzeit

$$t = \frac{2000}{180} = 11{,}1\ \text{Tage.}$$

Die tatsächliche Faulzeit ist jedoch wesentlich größer, wenn ständig Faulwasser abgelassen wird.

Beispiel 2 (**451**.2): Für eine Belebungsanlage sind selbständige Faulbehälter zu berechnen. Anschlußwert: 455000 EG

Mit Tafel **448**.1 erhält man für den Frischschlamm: Feststoffgehalt $f = 80$ g/(E · d) = 4,0%. Die Schlammenge $s = 2{,}0$ l/(E · d).

Die Faulbehälter sollen belastet werden mit

$$B_{\mathrm{Fr}} = 2{,}7\ \frac{\mathrm{kg}}{\mathrm{m^3_{Fr}} \cdot \mathrm{d}}$$

Der Nutzinhalt des Faulraumes ergibt nach Gl. (450.1)

$$J_{\mathrm{Fr}} = \frac{2 \cdot 80 \cdot 455\,000}{3 \cdot 2{,}7 \cdot 1000} \approx 9000\ \mathrm{m^3_{Fr}}$$

Gewählt werden 3 Faulbehälter mit je 3008 m³ nach Bild **451**.2.

Für die Frischschlammenge

$$S = \frac{s \cdot E}{1000} = \frac{2{,}0 \cdot 455\,000}{1000} = 910\ \mathrm{m^3/d}$$

beträgt die rechnerische Faulzeit

$$t = \frac{3 \cdot 3008}{910} = 9{,}92\ \text{Tage.}$$

Die tatsächliche Faulzeit ist wegen Faulwasserablaß größer.

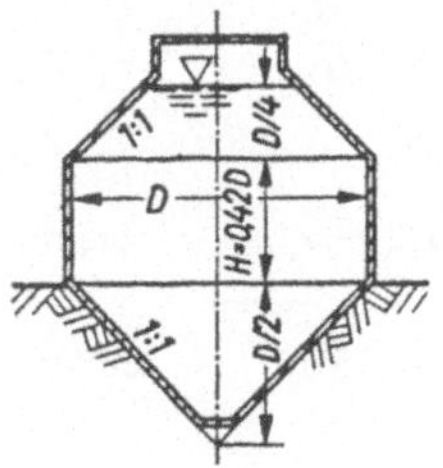

451.1 Behälterform mit geringer Oberfläche

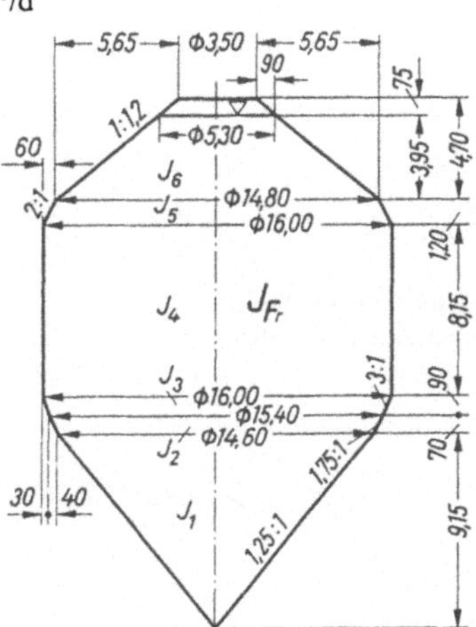

451.2 Inhaltsberechnung eines zylindrischen Faulbehälters

Bemessung eines Faulraumes (**451**.2):

$$J_1 = \frac{\pi \cdot d^2}{4} \cdot \frac{h}{3} = \frac{\pi \cdot 14{,}60^2}{4} \cdot \frac{9{,}15}{3} = 511{,}0 \text{ m}^3$$

$$J_2 = \frac{\pi \cdot h}{12}(D^2 + D \cdot d + d^2) = \frac{\pi \cdot 0{,}7}{12}(15{,}4^2 + 15{,}4 \cdot 14{,}6 + 14{,}6^2) = 123{,}5 \text{ m}^3$$

$$J_3 = \frac{\pi \cdot 0{,}9}{12}(16{,}0^2 + 16{,}0 \cdot 15{,}4 + 15{,}4^2) = 174{,}0 \text{ m}^3$$

$$J_4 = \frac{\pi \cdot d^2}{4} \cdot h = \frac{\pi \cdot 16{,}0^2}{4} \cdot 8{,}15 = 1640{,}0 \text{ m}^3$$

$$J_5 = \frac{\pi \cdot 1{,}2}{12}(16{,}0^2 + 16{,}0 \cdot 14{,}8 + 14{,}8^2) = 223{,}5 \text{ m}^3$$

$$J_6 = \frac{\pi \cdot 3{,}95}{12}(14{,}8^2 + 14{,}8 \cdot 5{,}3 + 5{,}3^2) = 336{,}0 \text{ m}^3$$

$$J_{Fr} = \Sigma J_x = 3008{,}0 \text{ m}^3$$

Runde Behälter sind aus den Formeln für Kegelstümpfe und Kugelschichten (**452**.1) oder Paraboloide zu berechnen.

Beispiel 3 (**452**.1): Für eine Belebungsanlage sind selbständige Faulbehälter zu berechnen. Anschlußwert: 230000 EG

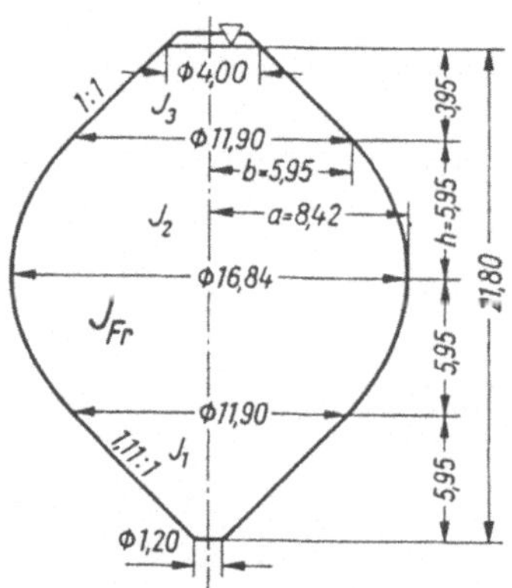

452.1 Inhaltsberechnung eines kugelförmigen Faulbehälters

Mit Tafel **448**.1 erhält man für den Frischschlamm: Feststoffgehalt f = 80 g/(E · d) = 4%, und Schlammenge s = 2,0 l/(E · d)

Der Faulbehälter soll belastet werden mit

$$B_{Fr} = 2{,}5 \frac{\text{kg}}{\text{m}_F^3 \cdot \text{d}}$$

Der Nutzinhalt des Faulraumes ergibt nach Gl. (450.1)

$$J_{Fr} = \frac{2 \cdot 80 \cdot 230000}{3 \cdot 2{,}5 \cdot 1000} = 4907 \text{ m}^3$$

Gew. werden 2 Faulbehälter mit je 2665 m³ nach Bild **452**.1. Für die Frischschlammenge

$$S = \frac{s \cdot E}{1000} = \frac{2{,}0 \cdot 230000}{1000} = 460 \text{ m}^3/\text{d}$$

beträgt die rechnerische Faulzeit $t = \frac{5280}{460} = 11{,}5$ Tage.

Bemessung des Faulraumes (**452**.1):

$$J_1 = \frac{\pi \cdot h}{12}(D^2 + D \cdot d + d^2) = \frac{\pi \cdot 5{,}95}{12}(11{,}9^2 + 11{,}9 \cdot 1{,}2 + 1{,}2^2) = 245 \text{ m}^3$$

$$J_2 = 2\frac{\pi \cdot h}{6}(3a^2 + 3b^2 + h^2) = 2\frac{\pi \cdot 5{,}95}{6}(3 \cdot 8{,}42^2 + 3 \cdot 5{,}95^2 + 5{,}95^2) = 2208 \text{ m}^3$$

$$J_3 = \frac{\pi \cdot h}{12}(D^2 + D \cdot d + d^2) = \frac{\pi \cdot 3{,}95}{12}(11{,}9^2 + 11{,}9 \cdot 4 + 4^2) = 212 \text{ m}^3$$

$$J_{Fr} = \Sigma J_x = 2665 \text{ m}^3$$

4.6.3 Schlammentwässerung

Das Schlammwasser kann lokalisiert als Außen- oder Innenflüssigkeit vorliegen. Tafel **453**.1 zeigt die verschiedenen Komponenten des Schlammwassers und ihre Mengenanteile. Die Intensität der Wasserbindung nimmt vom Hohlraumwasser in Richtung des Innenwassers zu. Die Abtrennung des Wassers folgt in der entsprechenden Reihenfolge mit den Verfahrensstufen

Eindickung
Entwässerung
Trocknung

Tafel **454**.1 zeigt den Anwendungsbereich und die Wirkung der verschiedenen z.Z. üblichen Verfahren. Jede der möglichen Verfahrensstufen sollte aus technischen und aus wirtschaftlichen Gründen soweit wie möglich unter Erreichen des technischen Optimums ausgenutzt werden.

Tafel **453**.1 Arten von Schlammwasser

Art des Schlammwassers (lokalisiert)	Mengenanteile in ausgefaultem, kommunalem Schlamm in %
Hohlraumwasser	≈ 70
Haft- oder Adhäsionswasser	≈ 22
Kapillarwasser Benetzungs- oder Adsorptionswasser Innenwasser (Zellflüssigkeit, Innenkapillarwasser)	≈ 8
zusammen	100

Die Schlämme weisen je nach Herkunft ein sehr unterschiedliches Wasserbindungsvermögen auf. Schlamm besteht nicht nur aus Flocken, sondern auch aus Sedimentationen, Kolloiden, Gele aus Hydroxiden. Die letzteren bilden sehr empfindliche, gallertartige Zusammenschlüsse, welche die Kompressibilität der Schlämme erhöhen können. Man kann drei Gruppen unterscheiden:

Gut entwässerbare Schlämme enthalten Anteile körniger Stoffe (Sand, Kohle usw.)

Mittel entwässerbare Schlämme enthalten wenig Gele. Dies sind die Mischschlämme aus häuslichem Abwasser ohne viel gewerbliches und industrielles Abwasser

Schlecht entwässerbare Schlämme enthalten größere Mengen an Gelen organischer Herkunft (biologische Schlämme) oder Hydroxide. Schlämme aus häuslichem Abwasser mit chemisch anorganisch oder organisch verunreinigtem Industrieabwasser. Hydroxidschlämme können ein sehr unterschiedliches Wasserbindungsvermögen haben.

Es stehen im wesentlichen zwei Techniken zur Verfügung: die Filtration und die Schweretrennung. Die Filtration bewirkt Trennung von fester und flüssiger Phase durch Filtermaterial. Der Trenneffekt hängt von der Maschenweite oder Porengröße des Filters ab. Nach einer bestimmten Laufzeit bildet sich aus den Feststoffen im Filter eine Eigenfilterschicht, deren kleineres Porengefüge dann den Trenneffekt bestimmt. Gebräuchliche Verfahren sind Unterdruck-(Vakuum)- und Überdruck-(Pressen)-Filtration, Siebeinrichtungen und auch Schlammplätze.

Die Schweretrennung beruht auf Dichteunterschieden zwischen Wasser und Feststoffen. Der Trenneffekt ist abhängig von den Dichtedifferenzen. Schlämme enthalten oft Teilchen, deren Dichte der Flüssigkeitsdichte ähnlich ist. Hier muß die Teilchengröße und -dichte künstlich erhöht werden (z.B. durch Flockung). Gebräuchliche Verfahren sind Eindickung, Flotationseindickung, Zentrifugen (verstärktes Schwerefeld).

Tafel **454**.1 Anwendungsbereiche und Leistung von Verfahren zur Schlammentwässerung
Schlämme ○ = gut, ◑ = mittelmäßig, ● = schlecht entwässerbar, *VS* ≙ Vorklärschlamm; *BS* ≙ Belebtschlamm

	Generelles Verfahren	Wirkkomponente	Spezifisches Verfahren	mittlere Leistung (Durchsatz) B_A in kg *TS*/(m² · d) bzw. B_V in m³/(m² · h)	mittlerer Restwassergehalt (ohne Konditionierung)	Entwässerbarkeit der behandelten Schlämme	mittlerer spezifischer Arbeitsaufwand
Natürliche Verfahren	Eindicken	Schwerkraft	Eindicker, kontinuierlich, diskontinuierlich betrieben	5 bis 150 kg *TS*/(m² · d) 0,5 bis 1,5 m³/(m² · h)	90 bis 85% ≈ 75% 99 bis 97%	◑ ○ ●	gering
	Entwässern	Schwerkraft (Versickerung) und thermische Kräfte	Schlammbeete	≈ 1 m³/(m² · a)	70 bis 60% 50 bis 30% 85 bis 75%	◑ ○ ●	
		(Verdunstung)	Schlammtrockenplätze Schlammpolder Schlammteiche	} ≈ 1 m³/(m² · a) s. Abschn. 4.5.3.5	≈ 50% 80 bis 75% ≦ 50% ≈ 50% 85 bis 80%	◑ ◑ bei sehr langer Lagerung ○ ●	
	Trocknen	Thermische Kräfte (Verdunstung)	Schlammtrockenbeete	gering	gering	nur in ariden Regionen	
Künstliche Verfahren	Eindicken	Schwerkraft	Eindicker, kontinuierlich, diskontinuierlich betrieben	*VS* 80 bis 120 kg *TS*/(m² · d) *VS*+*BS* 50 bis 70 kg *TS*/(m² · d) [1]) *BS* 25 bis 30 kg *TS*/(m² · d) 0,5 bis 3,0 m³/(m² · h)	90 bis 85% 75% 99 bis 97%	◑ ○ ●	
	Entwässern	bei statischen Verfahren: Druckunterschiede	Unterdruck-Filter Bandfilterpressen	10 bis 30 kg *TS*/(m² · h) 100 bis 200 kg *TS*/(m² · h)	80 bis 70% 70 bis 50% 85 bis 80%	◑ ○ ●	≈ 6 kWh/m³ ≈ 1 kWh/m³
			Überdruck-Filter	4 bis 10 kg *TS*/(m² · h)	65 bis 60% 40 bis 30% 75 bis 70%	◑ ○ ●	≈ 2 kWh/m³
		bei dynamischen Verfahren: Künstliche Schwerefelder	Zentrifugen, Dekanter mit Abscheidegraden > 95%	5 bis 20 m³ Schlamm/h = 200 bis 1500 kg *TS*/h	80 bis 70% 70 bis 50% 85 bis 80%	◑ ○ ●	≈ 2 kWh/m³
	Trocknen	Thermische Kräfte	Trockner		2 bis 1%	bei allen Schlämmen	

[1]) Fa. Atlas MAK nennt folgende Zul. B_A-Werte in kg *TS*/(m² · h) *VS* = 3,0 bis 5,0; *VS* + *BS* = 1,5 bis 2,5; *BS* = 0,5 bis 1,0; ausgefaulter Schlamm = 1,0 bis 1,5

4.6.3.1 Eindicken

Eindicker haben die Aufgabe, dem Frischschlamm oder dem ausgefaulten Schlamm möglichst weitgehend das Wasser zu entziehen. Auch die Schlammtrichter der Absetzbecken haben eine ähnliche Wirkung. Da alle Schlammbehandlungsanlagen kostspielig sind, ist es wichtig, den Schlamm so stark wie möglich einzudicken, um die zu behandelnde Schlammenge zu reduzieren und dadurch die Baukosten der nachgeschalteten Anlagen (Faulraum, Pumpen, Trockenbeete, Filter, Schleudern) zu senken.

Der Prozeß vollzieht sich in folgenden Zonen (von oben nach unten) (**456**.2):

Zone der freien } Sedimentation
Zone der behinderten }
Zone der Konsolidierung
Zone der Räumung

Maßgebend für den Eindickerfolg sind Aufenthaltszeit und Druckverhältnisse in der Konsolidierungszone. Bei nicht ausgefaultem Schlamm ist die Eindickzeit durch den Faulungsbeginn begrenzt. Diese Zeit und das Eindickverhalten des Schlammes sollten vor einem Behälterbau bekannt sein. Bemessungswerte (Parameter) sind (Tafel **454**.1):

Feststoff-Oberflächenbelastung

$$B_A = \frac{\text{Trockensubstanzmenge}}{\text{Oberfläche}} = \frac{TS\text{-Menge}}{O_E} \text{ in } \frac{\text{kg } TS}{\text{m}^2 \cdot \text{d}}$$

Oberflächenbeschickung (abhängig von der Beschickungszeit)

$$q_A = \frac{\text{Schlammenge}}{\text{Oberfläche}} = \frac{S}{O_E} \text{ in } \frac{\text{m}^3}{\text{h} \cdot \text{m}^2}$$

Schlammschichthöhe

$$V = O_E \cdot h_k = S \cdot t$$

(t = Aufenthaltszeit in der betreffenden Zone in h)

$$h_K = \frac{S \cdot t}{O_E} \qquad \text{m} = \frac{\text{m}^3 \cdot \text{h}}{\text{h} \cdot \text{m}^2}$$

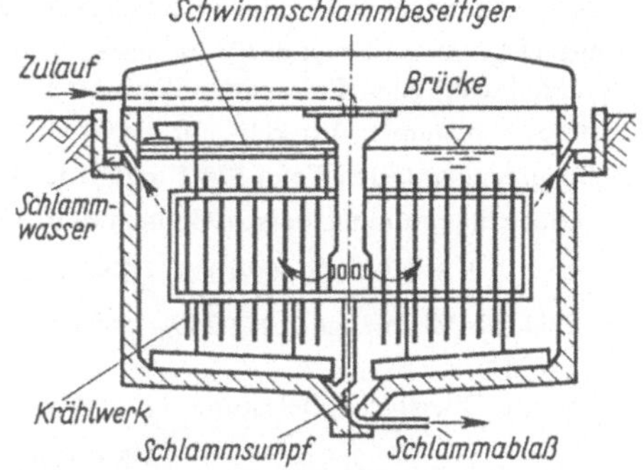

455.1 Schlammeindicker mit Krählwerk
d_1 = Innendurchmesser 5 bis 30 m nach DIN 19552, T 3

Die Bilder zeigen mögliche Formen von Eindickern. Eindickbehälter können als Absetzbecken mit flacher Sohle und Krählwerk oder turmförmig mit steiler Sohle ohne Krählwerk gebaut werden. Bild **455**.1 zeigt einen Eindickbehälter mit Krählwerk. Krählwerk und Antrieb werden von einer Brücke getragen, die den Eindicker überspannt. Das Aggregat ist rechenartig mit vertikalen Stäben ausgerüstet, die sich langsam rotierend bewegen und Kanäle in die Schlammzone ziehen, durch die das eingeschlossene Wasser aufsteigen kann. An der gleichen Drehachse befinden sich zwei Schlammräumschilde, welche den Schlamm zum Schlammsumpf räumen. Von hier wird er durch den Schlammablaß abgeleitet. Der Eindickungsgrad hängt von der Art des Schlammes und von der Belastung des Eindickers ab. Der Einsatz von Eindickern empfiehlt sich besonders bei

Industrie-Kläranlagen (Papier- und Zellstoffabriken, Chemiefaserindustrie, Raffinerien, Galvanisier- und Beizereibetriebe, Lederfabriken).

Bei Hydroxidschlämmen sollte $B_A \leqq 20$ kg $TS/(m^2 \cdot h)$ bei kontinuierlichem Schlammabzug sein.

Bei durch Metallhydroxide geflockte Rohschlämme kann man mit Erfolg Parallelplattenabscheider (Lamellenseparatoren) in Verbindung mit Krählwerkeindickern einsetzen (**456**.1). Als wesentlich wird der Kontakt der voluminösen, aus dem Separator herausfallenden Flocken mit dem Krählwerk angesehen. Dabei zerfallen die Flocken und ihre Teile verbinden sich nicht wieder. Der abgezogene Schlamm soll 15 bis 20 Gewichts-% Trockensubstanz, d. h. $\approx$ 150 bis 200 kg TS/m^3, enthalten. Bild **456**.1 zeigt das Prinzip des Lamellenseparators mit Eindicker (*LME*) der Fa. Passavant.

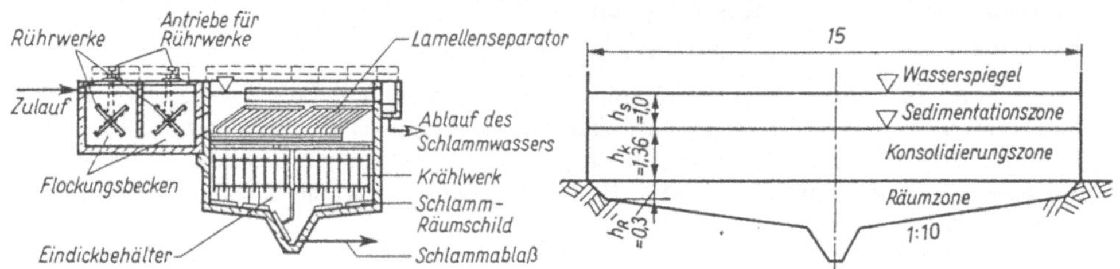

456.1 Vertikalschnitt durch Lamellenseparator mit Eindicker

456.2 Bemessung eines Schlammeindickers (Beispiel 1)

Bemessungsbeispiele für einen Schlammeindicker

Beispiel 1 (**456**.2): Es ist der Voreindicker (Vorklärschlamm mit belebtem Schlamm vor Eingabe in den Faulturm) einer Belebungsanlage mit 120000 EG, Trennsystem, zu bemessen. $ISV < 100$ ml/g

Art des Schlammes: Vorklär- mit belebtem Schlamm ($VS + BS$)

Schlammengen (nach Tafel **370**.1 und Tafel **448**.1)

Vorklärschlamm mit Überschußschlamm in Vorklärbecken voreingedickt

$$S = 2{,}0 \quad 120000/1000 = 240 \text{ m}^3/\text{d} \quad \text{mit} \quad 4{,}0\% \; TS$$

Trockensubstanzmenge $0{,}04 \cdot 240 = 9{,}6$ m³/d bei $\gamma = 1000$ kg/m³ $= 9{,}6 \cdot 1000 = 9600$ kg TS/d = TS-Menge

Gewählte Oberflächenbelastung $B_A = 60$ kg $TS/(m^2 \cdot d)$ nach Tafel **454**.1

erforderliche Oberfläche $O_E = \dfrac{TS\text{-Menge}}{B_A}$ $\quad O_E = \dfrac{9600}{60} = 160 \text{ m}^2 \quad \text{m}^2 = \dfrac{\text{kg } TS \cdot \text{m}^2 \cdot \text{d}}{\text{d} \cdot \text{kg } TS}$

gew. Durchmesser $D = 15{,}0$ m vorh. $O_E = 176$ m²

Der Schlamm soll je Tag 2 h lang vom Vorklärbecken in den Eindicker gepumpt werden.

$$\text{Oberflächenbeschickung } q_A = \frac{S_h}{O_E} \qquad \frac{\text{m}^3}{\text{m}^2 \cdot \text{h}} = \frac{\text{m}^3 \cdot \text{d}}{\text{d} \cdot \text{h} \cdot \text{m}^2}$$

$$h \mathrel{\hat{=}} \text{Pumpzeit/d} = 2 \text{ h/d} \qquad q_A = \frac{240}{2 \cdot 176} = 0{,}68 \text{ m}^3/(\text{m}^2 \cdot \text{h})$$

Der erreichbare Feststoffgehalt soll bei 8% liegen, d. h. 92% Wassergehalt.

Schlammenge nach der Eindickung S_2

$$S_2 = \frac{4{,}0}{8} \cdot S = \frac{4{,}0}{8} \cdot 240 = 120 \text{ m}^3/\text{d}$$

Schlammwasseranfall = 240 − 120 = 120 m³/d oder Schlammenge nach der Eindickung S_2 aus

$$\frac{TS\text{-Menge}}{\gamma \cdot \text{Eindickgrad}} = \frac{\text{kg } TS \cdot \text{m}^3 \cdot \cdot/\cdot}{\text{d} \cdot \text{kg} \cdot \cdot/\cdot} = \text{m}^3/\text{d} = \frac{9600 \cdot 100}{1000 \cdot 8} = 120 \text{ m}^3/\text{d}$$

Der mittlere Feststoffgehalt in der Konsolidierungszone wird mit 75% der Endeindickung angenommen 0,75 · 8% = 6%.

Dazu gehört das Schlammvolumen $S_K = \frac{9600 \cdot 100}{1000 \cdot 6} = 160 \text{ m}^3/\text{d}$

Aufenthaltszeit des Schlammes in der Konsolidierungszone t_K = 36 h = 1,5 d

$$V_K = S_K \cdot t_K$$

$$O_E \cdot h_K = S_K \cdot t_K \qquad h_K = \frac{S_K \cdot t_K}{O_E} \qquad h_K = \frac{160 \cdot 1{,}5}{176} = 1{,}36 \text{ m}$$

Die Höhe der Sedimentationszone wird mit 1,0 m = h_S (Erfahrungswert) angenommen.

Die Höhe der Schlammräumzone am Beckenrand wird mit 0,3 m = h_R angenommen.

456.2 zeigt die Abmessungen des Eindickers. Vgl. auch DIN 19552, T 3.

Beispiel 2 (**457**.1): Es ist der turmförmige Eindickbehälter einer Belebungsanlage mit aerober Stabilisierung für 6000 EG, Trennsystem zu bemessen. ISV > 100 ml/g

Art des Schlammes: frischer Überschußschlamm aus dem Nachklärbecken (Trichterbecken)

nach Tafel **370**.1: $TS_{RS} = TS_{ÜS}$ = 10 kg TS/m³

$$\frac{10 \cdot 100}{1000} = 1\% \; TS \text{ bei } \gamma = 1000 \text{ kg/m}^3$$

Schlammenge S:

zunächst $V_{BB} = \frac{6000 \cdot 60}{1000 \cdot 0{,}25} = 1440 \text{ m}^3$

TS-Menge = $ÜS_R \cdot V_{BB}$ = 0,2 · 1440
= 288 kg TS/d

0,01 · S = 288; S = 288 · 100 = 28800 kg/d
= 28,8 m³/d

Gewählte Oberflächenbelastung B_A
= 8,0 kg TS/(m² · d)

$$\text{erf. } O_E = \frac{288}{8} = 36 \text{ m}^2$$

gew. Durchmesser D = 6,8 m, vorh. O_E = 36,3 m²

Der Schlamm soll täglich 0,5 h lang vom Nachklärbecken in den Eindicker gepumpt werden.

$$q_A = \frac{28{,}8}{0{,}5 \cdot 36{,}3} = 1{,}59 \text{ m}^3/(\text{m}^2 \cdot \text{h})$$

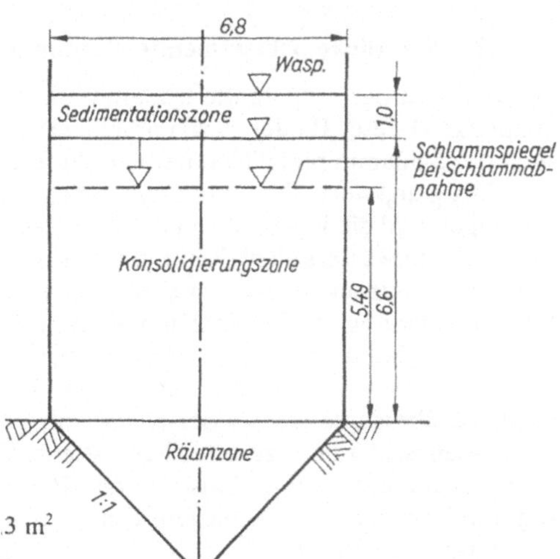

457.1 Bemessung eines Schlammeindickers und -speichers (Beispiel 2)

Der erreichbare Feststoffgehalt soll für 1 d Aufenthaltszeit bei 5% liegen, d. h. 95% Wassergehalt.

Schlammenge nach der Eindickung S_2

$$S_2 = \frac{1{,}0}{5{,}0} \cdot S = \frac{1{,}0}{5{,}0} \cdot 28{,}8 = 5{,}76 \text{ m}^3/\text{d}$$

Schlammwasseranfall = 28,8 − 5,76 = 23,04 m³/d

Wird der Eindickbehälter zugleich als Schlammsilo benutzt, z. B. für eine Aufenthaltszeit von 60 Tagen, ergeben sich folgende Werte:

TS-Menge für 60 d = 288 · 60 = 17280 kg TS/60 d
Endfeststoffgehalt 9% Endwassergehalt 91% (gegenüber Tafel **448**.1 ein vorsichtiger, höherer Wert)

Schlammenge nach der Speicherzeit $S_2 = \frac{1{,}0}{9} \cdot 28{,}8 = 3{,}2\ \text{m}^3/\text{d}$.

Mittlerer Feststoffgehalt mit 80% der Endeindickung angenommen: 0,8 · 9 = 7,2%
Dazu Schlammvolumen

$$S_K = \frac{1{,}0}{7{,}2} \cdot 28{,}8 = 4{,}0\ \text{m}^3/\text{d} \qquad \text{erf. } V_K = 4{,}0 \cdot 60 = 240\ \text{m}^3$$

$$h_K = \frac{V_K}{O_E} = \frac{240}{36{,}3} = 6{,}6\ \text{m}$$

Zusätzliche Annahmen $h_S = 1{,}0$ m; $h_R = 0$ m.

Bild **457**.1 zeigt Abmessungen dieses Eindick- und Speicherbehälters. Wenn wöchentlich = 7 d einmal Schlamm abgelassen wird, sinkt der Wasserspiegel um etwa

$$\Delta h = \frac{7 \cdot 5{,}76}{36{,}3} = 1{,}11\ \text{m}$$ und die Höhe der Konsolidierungszone auf 6,6 − 1,11 = 5,49 m

4.6.3.2 Natürliche Schlammentwässerung auf Schlammplätzen

Hierbei wird der ausgefaulte Schlamm mit 90 bis 98% Wassergehalt auf Schlammtrokkenplätze (Beete, Polder, Schlammteiche) gebracht. Nach Ablassen aus dem Faulraum steht der Schlamm plötzlich unter vermindertem Druck und hat folglich einen geringeren Gas-Sättigungswert. Das enthaltene Faulgas entweicht und bildet dabei Blasen, welche aufsteigen und die Feststoffe an die Oberfläche mitnehmen (Flotation). Der größere Teil des Schlammwassers fließt während dieser Phase durch die Bodenfilterschicht ab. Der Restschlamm trocknet etwa zwei Wochen nach, indem er weiteres Schlammwasser durch Verdunstung abgibt. Bei Schlämmen ohne Gasgehalt entfällt das Aufschwimmen, hier muß das Schlammwasser ständig oben abgenommen werden. Dieser Abzug von überstehendem Wasser ist besonders wichtig, da die Verdunstung den Schlamm entwässern und nicht die überstehende Wasserschicht verringern soll. Um eine schnelle Wasserabgabe des nassen Schlammes zu erreichen, ist eine Beschickung in dünnen Schichten von max. 20 cm Dicke notwendig. Zwischen den Beschickungsphasen sind Pausen für Wasserabzug und Verdunstung einzulegen. Ein Wechselbetrieb von mindestens zwei Plätzen oder Teichen ist erforderlich.

Bei normalen **Trockenbeeten** (**459**.1) entwässert der Schlamm nach unten (Versickerung) und oben (Verdunstung). Für den Abfluß nach unten ist eine Bodenfilterschicht mit Dränage erforderlich. Die Trockenbeete erhalten eine 10 bis 15 cm dicke Sandschicht und darunter etwa 30 cm Steinschlag, Schlacke oder Grobkies mit abgestuftem Korn. Die Sohldränagen sind schnell verstopft und müssen dann erneuert werden. Besser sind Hangdränagen aus PE- oder PVC-Dränrohren, mit Glasvlies ummantelt und in Kiespackungen verlegt (**459**.2). Nach [24] beträgt die mögliche jährliche Flächenbelastung ≈ 1,80 m^3 Schlamm je m^2 Fläche, wobei der Schlamm in 20 cm starken Schichten aufgebracht wird. Die tatsächliche Flächenbelastung ist geringer und beträgt im Mittel ≈ 1,0 m^3/(m^2 · a) mit einer mittleren fünfmaligen Beschickung im Jahr. Reserveflächen für

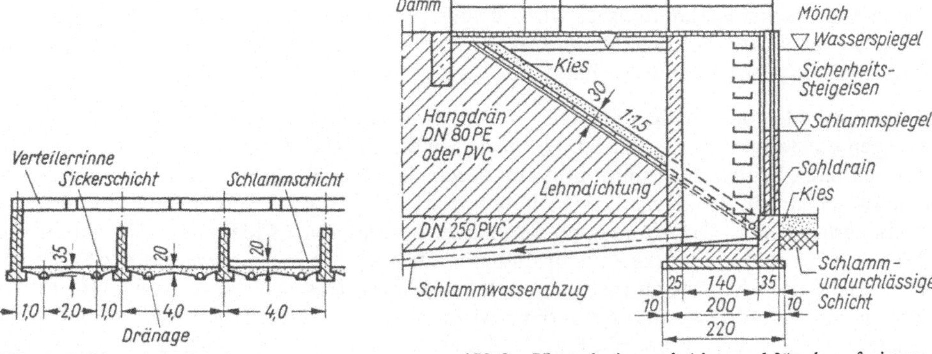

459.1 Schlammtrockenbeete

459.2 Hangdrain und Abzugs-Mönch auf einem Schlammplatz

eine längere Entwässerungsdauer infolge niederschlagsreicher Jahreszeit oder als Lagerflächen bei verzögerter Abfuhr sind vorzusehen. Die Beetflächen sollen so aufgeteilt werden, daß ein Beet mit einer einmaligen Beschickung gefüllt ist. Wiederholte Beschikkung stört den Trocknungsprozeß. Der Ruhrverband versucht Frischschlamm in aufgespülten Haufen zu entwässern und zu deponieren (**459**.3). Der alkalisierte und eingedickte Schlamm wird über einen Rohrturm versprüht und bildet um den Turm einen Haufen, von dessen Randflächen das austretende Wasser gut ablaufen kann. Vorteile: Hohe Verdunstungsraten, weil Schlammspiegel fast immer Luftkontakt hat; große Oberfläche, welche dem Wind besser ausgesetzt ist als in Beeten oder Teichen.

Bei kurzfristigen Deponien und bei Schlammtrockenbeeten spielt der Ausgangswassergehalt für die Wasserabgabe die entscheidende Rolle. Mit erhöhtem Feststoffgehalt steigt die Entwässerungsleistung. Der Endwassergehalt hängt von der Lagerzeit und dem Betrieb ab. Durch Zugabe von Flockungsmitteln (kationaktiv) während der Beschickung kann die Entwässerung stark verbessert werden.

Auf kleinen Kläranlagen werden die Trockenbeete von Hand geräumt. Bei größeren Anlagen ist eine maschinelle Räumung erforderlich. Man benutzt fahrbare Trockenbeetaufnehmer. Der aufgenommene Schlamm wird von einem Förderband in ein am Räumer mitgeführtes Zwischensilo gehoben, das am Ende des Trockenbeetes geleert wird

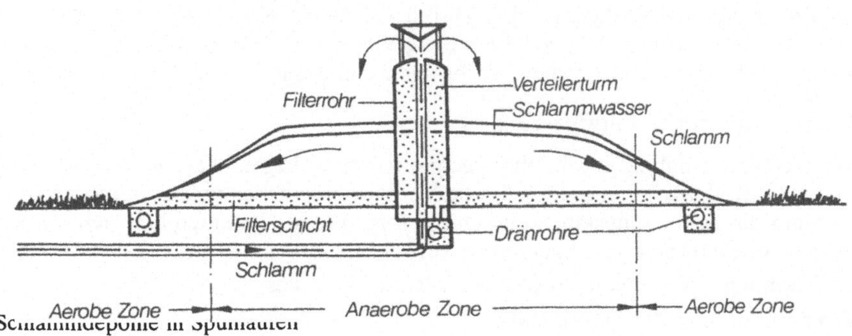

459.3 Schlammdeponie in Spülhaufen

(Bauart Passavant): Der Räumer läuft auf Schienen oder schienenlos. Eine andere Möglichkeit ist die Förderung durch Räumer mit vertikalen und horizontalen Transportschnecken. Beim Räumereinsatz wird jeweils die obere Schlammschicht geräumt. Bei Einsatz von Schrappern und Planierraupen, welche die volle Schicht räumen, kann die Dränage leicht beschädigt werden.

Schlammpolder oder -trockenplätze sind mit dem Aufkommen der größeren Schlammmengen entstanden. Sie ergänzen oder ersetzen die Trockenbeete. Auch sie werden vom getrockneten Schlamm geräumt und neu beschickt. Die Gesamt-Beschickungshöhen liegen zwischen 1,0 bis 4,0 m. Das Volumen der Plätze ist groß und erlaubt eine längere Zwischenlagerung. Die Umfassung der Plätze besteht aus Erddämmen. Sie haben wie die Trockenbeete eine Sickerschicht und eine Dränage. Jedoch entwässert der Schlamm von der zweiten Schicht ab fast nur noch nach oben. Das Schlammwasser muß in verschiedenen Füllhöhen durch besondere Abzugsschächte entfernt werden. Die Flächenbelastung liegt ebenfalls bei $\approx 1{,}0\ m^3$ Schlamm/($m^2 \cdot a$). Die Plätze werden in Lagen von 20 cm beschickt. Die nächste Lage darf erst nach Austrocknen der vorherigen aufgebracht werden. Die Plätze werden im Abstand von mehreren Jahren geräumt.

Schlammteiche sollen den Schlamm endgültig aufnehmen. Man nutzt Geländemulden oder Täler und vervollständigt sie durch zusätzliche Dämme zu einem geschlossenen Speicherraum. Dränagen, Sickerpackungen und Abzugschächte sind ebenfalls zu empfehlen. Nach dem Auffüllen werden die Schlammteiche wieder einer landwirtschaftlichen Nutzung zugeführt. Bild **460**.1 zeigt einen Teich üblicher Bauart mit Sohldränagen.

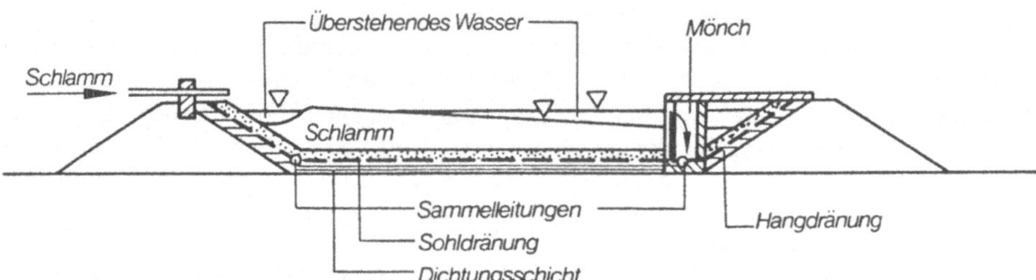

460.1 Schlammteich in üblicher Bauart

Auch hier sind Hangdränagen und Sickerschächte zweckmäßiger, die immer mit dem freien Ende das überstehende Wasser abziehen. Die Voreindickung des Schlammes ist für Teiche unwirtschaftlich. Nach [24] sind Teiche mit einem Deponievolumen für 10 bis 15 Jahre wirtschaftlich. Moore bilden ein geeignetes Deponie-Gelände. Sogar Großstädte, z. B. Hannover und Bremen, verbringen den ausgefaulten Klärschlamm ins Moor.

4.6.3.3 Künstliche Entwässerung

Die Verfahren haben jeweils ihre technologischen Eigenschaften, welche bestimmend sind für z. B. den Wirkungsbereich, die Verträglichkeitsbedingungen, die Betriebssicherheit und die Anpassungsfähigkeit. Durch folgende Maßnahmen läßt sich die Entwässerung von Schlämmen im allgemeinen verbessern:

a) Erhöhung der trennenden Kräfte, z. B. des Druckes

b) Verminderung der Schichtstärke

c) Stabilisierung des Kornaufbaues, z. B. durch Zugabe gröberer Kornfraktionen oder Flockungsmittel

d) Verringerung der Oberflächenspannung des Schlammwassers, z. B. durch höhere Temperatur oder oberflächenaktive Stoffe

Konditionierung von Abwasserschlämmen. Darunter versteht man Maßnahmen, welche den Zustand des Schlammes verändern mit dem Ziel, ihn leichter und besser zu entwässern. Man verbessert entweder die Schlammstruktur (z. B. durch Asche) oder vermindert das Wasserbindungsvermögen (Fällungsmittel). Die Wirkung der Filterhilfsmittel geht insgesamt jedoch nur bis zur Entfernung des Haft- und Kapillarwassers. Konventionelle Mittel sind Eisen-, Aluminiumsalze oder Kalkhydrat, neuere sind Polymere (natürliche oder synthetische Polyelektrolyten mit besonderer Wirkung auf die Stabilität von kolloiden Dispersionen).

Polymere bilden lockere, empfindliche Flocken. Für Druckentwässerung meist ungeeignet. Vor allem die Eigenschaften der Rohschlämme entscheiden über die Verbesserungsfähigkeit durch Filterhilfsmittel, welche auf der Anlagerung von z. B. Eisen-Ionen oder Polymeren an suspendierte Schlammteilchen mit Ladungsaustausch beruht. Dadurch wird die Teilchenoberfläche entstabilisiert und die Teilchen zur Koagulation befähigt.

Die heißthermische und die chemische Konditionierung mit Erhitzung bewirken durch Denaturierung der Schlamminhaltsstoffe (bes. Eiweißverbindungen) eine Änderung des Bindungsvermögens und der Struktur. Es entsteht jedoch bei der heißthermischen Konditionierung eine hohe Rücklösungsrate von Inhaltsstoffen.

Als Beispiel soll die **chemische Konditionierung** eines ausgefaulten Schlammes erläutert werden. Nach Verlassen des Faulturmes wird der Schlamm in einen geschlossenen Mischbehälter gegeben, dem eine Eisenchloridlösung $FeCl_3$ und Kalkmilch $Ca(OH)_2$ zugesetzt wird. Nach kurzer Durchmischung geht das Gemisch in einen Reaktions- und Pufferbehälter. Hier reagieren die Chemikalien mit dem Schlamm. Er ist zugleich Vorratsbehälter für eine Kolbenmembranpumpe, welche eine Kammerfilterpresse beschickt. Dort entsteht ein Druck von 12 bar, unter dem das Filtrat durch die Filtertücher entweicht. Der Filterkuchen hat einen Wassergehalt von etwa 50%.

Bei der **hochthermischen Konditionierung** wird der Schlamm bei 190 bis 200°C und 18 bis 20 bar 0,5 bis 0,75 h gekocht. Adsorptions- und Zellinnenwasser werden frei. Die Zellwände werden durch die starke Erhitzung teilweise zerstört.

Aus einem Voreindicker, der gleichzeitig als Ausgleichs- und Vorlagebehälter dient, läuft der Schlamm einer Hochdruckkolbenmembranpumpe zu. Diese drückt ihn mit 18 bar in die Wärmetauscher. Hier wird der Schlamm durch den Wärmeträger (Heißwasser oder Öl) auf 190 bis 200°C aufgeheizt und 0,5 bis 0,75 h lang im Reaktor gekocht. In dieser Zeit finden die Umwandlungsprozesse im Schlamm statt. Danach wird der Schlamm durch eine zweite Wärmeaustauschergruppe gedrückt, wo er seine Wärme wieder an den Wärmeträger zurückgibt. Es entstehen unangenehm riechende Gase (Mercaptane). Diese sollten oberhalb der Geruchsschwelle ($\approx$ 850°C) verbrannt werden. Der auf 45°C abgekühlte Schlamm kommt in den Nacheindicker, wo er auf 82 bis 85% Wassergehalt eindickt. Der Schlamm sollte fließfähig bleiben. Dieser thermisch konditionierte Schlamm wird weiter mit Kammerfilterpressen, Bandfilterpressen oder Vakuumfiltern entwässert. Das Schlammwasser wird im Eindicker als Filtrat abgezogen. Es enthält hohe Werte gelöster Substanzen mit BSB_5-Werten von $\approx$ 10000 g/m^3 bei Frischschlamm und $\approx$ 7000 g/m^3 bei Faulschlamm. Beachtlich sind auch die CSB-Werte. Dies ergibt eine hohe Sekundärbelastung für die Kläranlage. Erreichbarer Endwassergehalt ≈ 40%, keine Feststoffanreicherung durch Filterhilfsmittel.

Unterdruckfilter (Vakuumfilter). Bei diesem statischen Verfahren wird eine Druckdifferenz Δp erzeugt. Der Unterdruck beim Vakuumverfahren kann bis zu 0,8 bis 0,9 bar betragen. Man verwendet am häufigsten die Form der Trommelfilter (**462**.1). Der Schlamm wird vor der Filterung meist aufbereitet, indem man Metallsalze wie Eisensulfat oder Aluminiumchlorid als Filterhilfsmittel hinzugibt, welche zur besseren Lösung des Wassers von den Schlammteilchen beitragen. Es wurden auch Versuche mit Filterhilfsschichten aus Asche oder Holzmehl gemacht. Die Filterleistung liegt bei 70 bis 80% Wassergehalt.

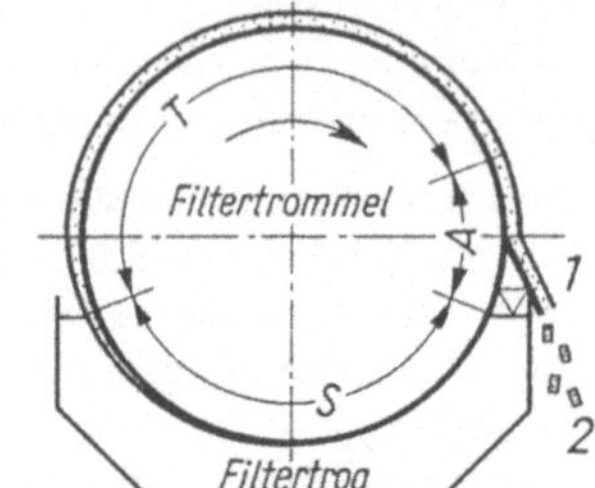

462.1 Trommelfilter
1 Schaber, *2* Filterzone
S Saug-, *T* Trocken-,
A Abnahmezone

Zu den neueren Entwicklungen ist das Komline-Filter zu rechnen. Hier soll das Filterband durch Waschdüsen gereinigt werden, damit seine Durchsatzleistung erhalten bleibt, Restwassergehalte von < 70% lassen sich nur erreichen, wenn vorher eine Eindickung auf ≦ 93% erzielt wurde. Betrieblich sind Vakuumfilter zuverlässig, jedoch energieaufwendig (≈ 6 kWh/m³ Schlammdurchsatz).

Überdruckfilter (Druckfilter). Überwiegend im Einsatz ist die Kammerfilterpresse (**462**.2; **463**.1). Frühere Mängel durch Verstopfung des Filtertuches, des schlechten Filterkuchenausfalls und der geringen Chargenzahlen gelten als behoben. Das Filtertuch Marsyntex aus Polyamid-Material (monofiler Faden, kalandriert und thermofixiert) hält z.B. 4000 Chargen aus. Verbesserungen zeigen auch Membran-Filterpressen (**462**.2). Die Filterplätten haben zusätzlich Membrane, die durch Druckluft den Filterkuchen zusätzlich pressen, wodurch die Chargenzeit verkürzt und der Durchsatz erhöht wird. Leistung s. Tafel **454**.1. Energieverbrauch ≈ 2 kWh/m³ Schlamm.

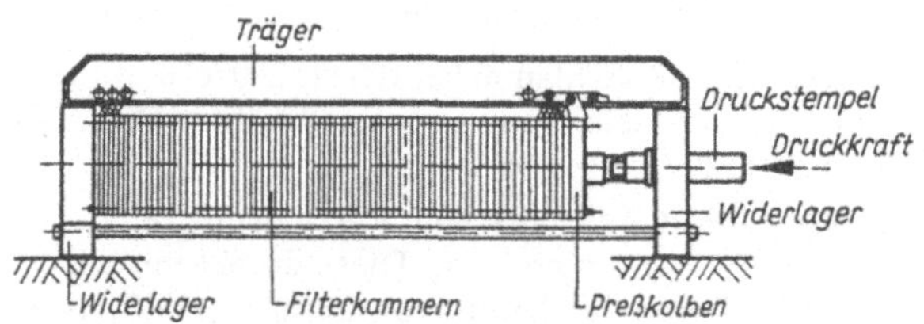

462.2 Schema einer Kammerfilterpresse Fabrikat Dekamat (Fa. Passavant)

Daten:

Kammernanzahl	20 bis 150
Filterfläche	20 bis 600 m²
Kammervolumen	0,6 bis 12 m³

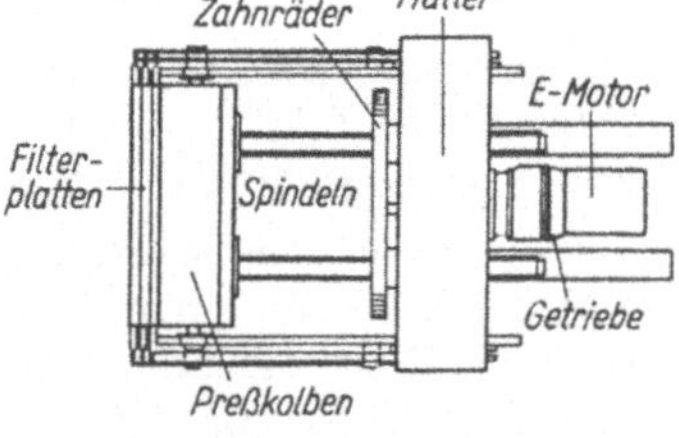

462.3 Verschlußschema einer automatischen Filterpresse (Fa. Edwards & Jones)

Bandfilterpressen (Siebbandpressen). Der Einsatz von organischen, polymeren Fällungsmitteln hat die Entwicklung der Bandfilterpressen stark gefördert. Die Siebbänder haben meist einen Kettenfaden aus Kunststoff und Schußfäden aus rostfreiem Stahl. Hinter der Seihzone wird in der Preß- und dann der Scherzone der erforderliche Druck auf den

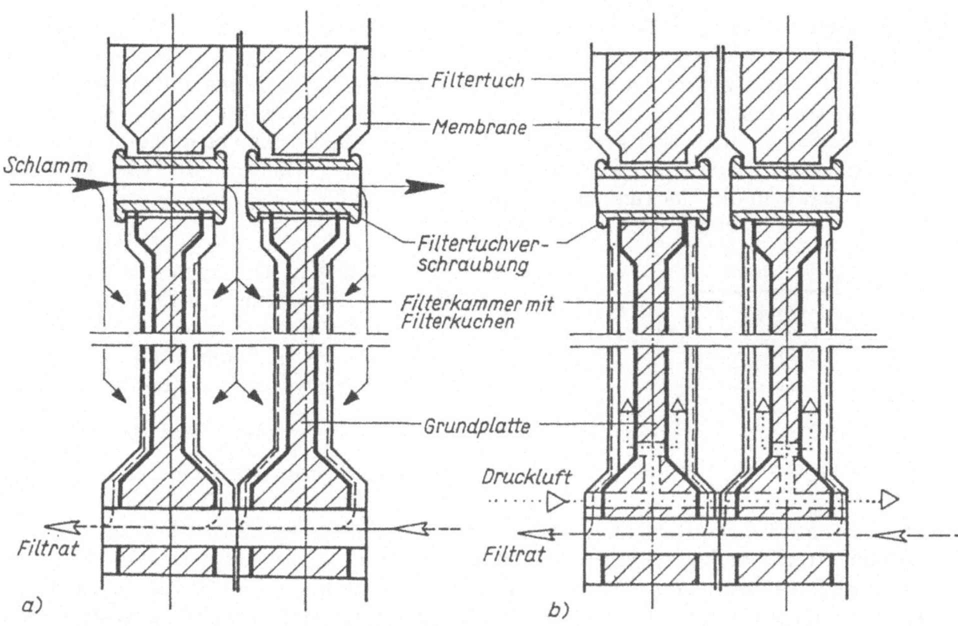

463.1 Funktionsschema einer Membranfilterpresse
a) Filtration, b) Pressen

Schlamm durch das Oberband ausgeübt. Die Leistung wird je m Bandbreite mit 100 bis 200 kg *TS*/(m · h) angegeben. Restfeuchten liegen bei 50 bis 80% und sind abhängig von der Entwässerbarkeit des Schlammes. Weiterentwicklungen sollen zu noch besserer Entwässerung führen. In dieser Richtung wirken stärkere Umlenkungen der Bänder über größere Winkel (Winkelpresse) und die häufige Wiederholung der Umlenkung. Die Drücke können über verstellbare Walzenregister reguliert werden (Guva-Turmpresse). Die Sibamat-Presse (Passavant) arbeitet mit Vorentwässerung durch Schwerkraft und Unterdruck (**463**.2). Trotzdem wird die Wirksamkeit der Bandfilterpressen gegenüber den Überdruck-Filtern deutlich zurückbleiben. Der Energieverbrauch ist mit 1 kWh/m^3 Schlamm sehr gering.

A Schlammzulauf
B Flockungsmittelzulauf
C Filterkuchenaustrag
D Filtratablauf
E Unterdruckentwässerung
F Abspritzwasser

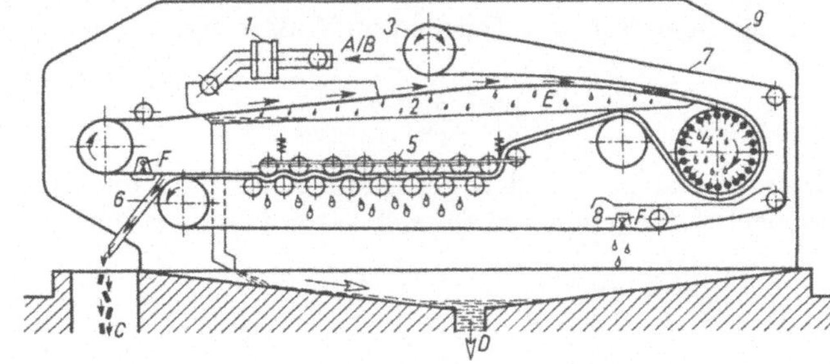

463.2 Funktionsschema der Bandfilterpresse Sibamat (Fa. Passavant)
1 Einlauf
2 Unterdruckzone
3 Andrücktrommel
4 Spezial-Entwässerungswalze
5 Preßrollen
6 Filterkuchenaustrag
7 Filterband
8 Abspritzvorrichtung
9 Kunststoffabdeckung

Zentrifugen. Abwasserschlämme haben meist größere Anteile feinster Teilchen, deren Dichte ≈ der des Wassers ist. Es tritt daher normalerweise keine klare Trennung der Phasen ein, sondern nur eine Klassierung. Der entwässerte Schlamm enthält die groben Teilchen, das Zentrifugat die leichteren, feineren, mit insgesamt großer Oberfläche. Sofern die Schlämme vorher geflockt wurden, werden die Flocken beim Aufprall auf die Manteltrommel wieder zerstört. Ausnahme Carbo-Floc-Verfahren. Mit Hilfe der Polymere verlegt man die Flockung in die Zentrifuge, so daß sich die Flocken erst nach dem Aufprall des Schlammes bilden (**464**.1).

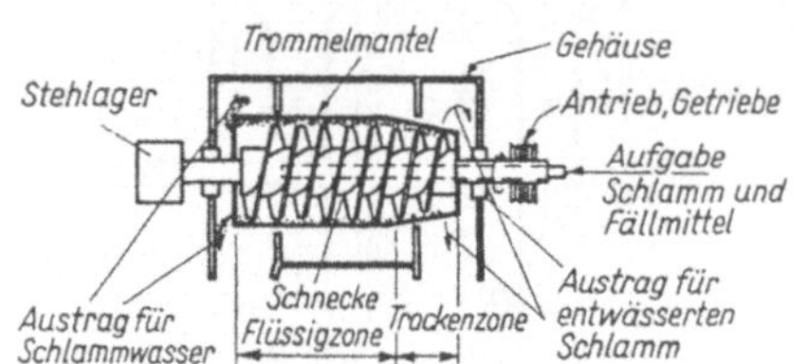

464.1 Schema einer Gleichstrom-Dekantier-Zentrifuge

Entwicklungen des Aggregats zielen auf Einfügen eines Schonganges, um die Zerstörung der Flocken und das Wiederaufmaischen des Schlammes zu vermeiden. Gleichzeitig wurde die Zentrifugenkennziffer $z = \frac{r \cdot \omega^2}{g}$ auf ≈ 400 bis 700 herabgesetzt. Erprobt wird eine Doppelkegel-Zentrifuge. Hier entfällt die Weiterbewegung des entwässerten Schlammes. Eine echte Trennung der Phasen Flüssig und Fest erscheint erreichbar. Mit Gegenstrom-Dekantern (n = 1125 1/min, Differenz-Drehzahl Δn = 9 1/min, Durchmesser der Wehrscheibe 365 mm) kann konditionierter Schlamm auf 70% Wassergehalt entwässert werden. Untersuchungen zeigen, daß eine optimale Zuordnung der Betriebsparameter die Leistungen noch verbessern kann, z. B. bei nur 65 bis 70% des Nenndurchsatzes. Rohschlämme erfordern einen höheren Zusatz an Flockungsmitteln als stabilisierte Schlämme. Der Energieverbrauch beträgt ≈ 1 bis 2 kWh/m³ Schlamm.

Kenngrößen der Zentrifugen:

$$\frac{v^2}{r} \quad b_z; \quad v = r \cdot \omega; \; z = \frac{b_z}{r}; \quad \omega = \frac{2\pi \cdot n}{60} = \frac{\pi \cdot n}{30}$$

$$z = \frac{\pi^2}{g}\left(\frac{n}{30}\right)^2 \cdot r = \frac{r \cdot \omega^2}{g} \approx r \cdot \left(\frac{n}{30}\right)^2 \mathrel{\hat{=}} \text{Zentrifugenkennziffer}$$

$$F = m \cdot b_z = \frac{G}{g} \cdot b_z = G \cdot z \mathrel{\hat{=}} \text{Zentrifugalkraft}$$

Für ein kugelförmiges Teilchen im Wasser ergibt sich

$$F = \frac{\pi \cdot d^3}{6} (\gamma_K - \gamma_W) \cdot z \tag{464.1}$$

Diese radial nach außen gerichtete Kraft muß durch die Reibung nach Stokes im maßgebenden laminaren Bereich vermindert werden.

$$R = 3\pi \cdot d \cdot \eta \cdot v_s \tag{464.2}$$

mit

d = ∅ des Schlammteilchens in m
γ_K = spezifisches Gewicht des Schlammteilchens
γ_W = spezifisches Gewicht des Schlammwassers
η = dynamische Zähigkeit des Wassers in kg · s/m²
g = Normalfallbeschleunigung in m/s²
v_s = Sinkgeschwindigkeit des Teilchens in m/s
b_z = Zentrifugalbeschleunigung in m/s²
n = Drehzahl in 1/min
ω = Winkelgeschwindigkeit in 1/s

Setzt man $R = F$ ergibt sich

$$3\pi \cdot d \cdot \eta \cdot v_s = \frac{\pi \cdot d^3}{6} (\gamma_K - \gamma_W) \cdot z \qquad (465.1)$$

$$d = \sqrt{\frac{18 \cdot v_s \cdot \eta}{(\gamma_K - \gamma_W) \cdot z}}$$

$$v_s = \frac{Q}{A} = \text{Flächenbelastung (vgl. Abschn. 4.4.1)}$$

Q = Durchsatzmenge in m^3/s
A = Klärfläche, senkrecht zur Abscheiderichtung in m^2
r = Radius des Umlaufrandes in m; L = Absetzlänge in der Trommel in m

$$v_s = \frac{Q}{2\pi \cdot r \cdot L} \qquad (465.2)$$

Die Trennkorngröße ergibt sich aus (464.1) und (465.2) mit $z = r \cdot \omega^2/g$

$$d = \frac{3}{r} \sqrt{\frac{Q \cdot \eta \cdot g}{\pi (\gamma_K - \gamma_W) \cdot \omega^2 \cdot L}} \qquad (465.3)$$

$$\text{m} = \frac{1}{\text{m}} \sqrt{\frac{\text{m}^3 \cdot \text{kg} \cdot \text{s} \cdot \text{m} \cdot \text{m}^3 \cdot \text{s}^2}{\text{s} \cdot \text{m}^2 \cdot \text{s}^2 \cdot \text{kg} \cdot \text{m}}}$$

nach Gl. (465.2) läßt sich die Entwässerung (Klassierung) von Schlämmen, d.h. Verminderung der Trennkorngröße, verbessern durch

a) Erhöhung der Gewichtsdifferenz $\Delta\gamma$
b) Erhöhung der Winkelgeschwindigkeit ω
c) Vergrößerung der Absetzlänge L
d) Vergrößerung des Radius r
e) Verringerung des Schlammdurchsatzes Q

Formelmäßig nicht erfaßt ist die wichtige Bedingung, keine Flocken zu zerstören.

Eine Weiterentwicklung stellt die Centripreß-Zentrifuge dar, welche eine zusätzliche Preßzone aufweist um Hohlraum-, Haft- und Kapillarwasser weitestgehend abzutrennen. Der Rotor wird dabei vergrößert. Um in der Preßzone zusätzlichen Druck auf den Schlamm geben zu können, werden die Drehmomente durch eine automatische Regeleinheit bis auf das Doppelte gesteigert. Die höheren Drücke auf Lager, Trommel- und Stirnwände werden durch stärkere Wände und entsprechendes Material aufgenommen. Es werden für kommunalen Klärschlamm Feststoffgehalte von 30 bis 35% erzielt. **466**.1 zeigt den Einsatz im Rahmen einer Schlammbeseitigung durch Verbrennung.

Schlammtrocknung. Bei der thermischen Trocknung wird der Schlamm in Trockentrommeln, Band-, Selektiv-, Etagen- oder Turbinentrocknern mit Hilfe von Wärme weiter entwässert. Um die Kosten niedrig zu halten, empfiehlt sich unbedingt eine vorherige Entwässerung nach mechanischem Verfahren.

Die Schlammtrocknung beruht auf der Verdunstung des Wassers. Die Wirtschaftlichkeit einer Anlage wird durch ihre Verdampfungsleistung bestimmt. Die hohen Kosten der

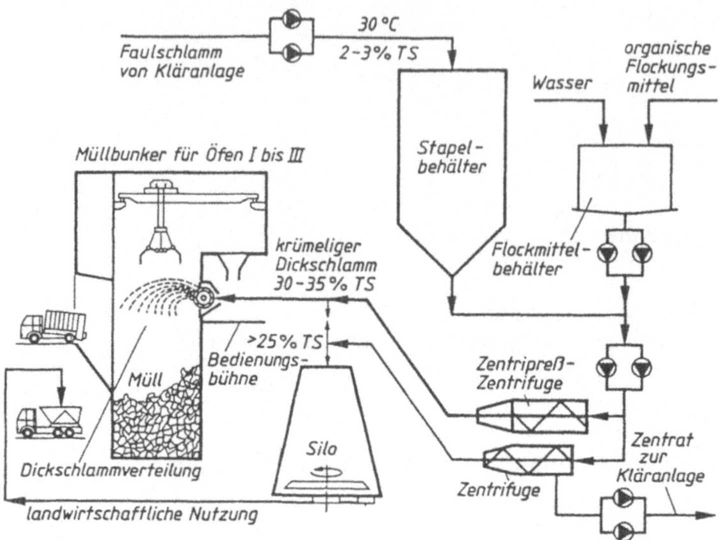

466.1 Schlammverbrennung nach Entwässerung durch eine Zentrifuge

thermischen Verfahren gehen auf den hohen Energiebedarf und die -kosten zurück. Die Kosten hängen direkt von der zu verdampfenden Wassermenge und damit bei einem gezielten Entwässerungsgrad vom Anfangswassergehalt ab.

Man kann die Trocknungsstufe mit der Verbrennungs-/Veraschungsstufe zusammenfassen. Hier kann eine begrenzte Vorentwässerung günstiger sein (z. B. bei Rohschlamm). Die Selbstgängigkeit der Veraschung ist bereits bei 70 bis 75% Wassergehalt gegeben. Für gut bis mittelmäßig entwässerbare Schlämme geht man auf diesen Wert bei Entwässerung und Trocknung zurück und erreicht damit etwa eine Kostenoptimierung des Gesamtverfahrens.

4.6.4 Schlammbeseitigung

Hierunter ist die Beseitigung der nach der Schlammbehandlung und -entwässerung verbleibenden Feststoffe mit dem noch gebundenen Wasser zu verstehen.

4.6.4.1 Landwirtschaftliche Schlammverwertung und Schlammbeseitigung

Bisher wurde Klärschlamm überwiegend unter dem Gesichtspunkt der kostengünstigen Beseitigung an die Landwirtschaft abgegeben. Von den Inhaltsstoffen waren überwiegend die Pflanzennährstoffe von Bedeutung. Heute gewinnen die Inhaltsstoffe durch die Gefährlichkeit der Schwermetalle, vor allem des Cadmiums, eine neue Bedeutung:

Mit dem Aufbringen von Klärschlämmen werden dem Boden Schwermetalle in unterschiedlichen Mengen zugeführt, die sich langfristig anreichern und beim Überschreiten gewisser Grenzwerte eine Gefährdung von Pflanze, Tier und Mensch bedeuten. Dieser Vorgang ist nicht rückgängig zu machen, d. h. die in den Boden gelangten Schwermetalle bleiben dort erhalten.

Da dem Boden auch Schwermetalle durch Immissionen aus der Luft und über die Düngung zugeführt werden, sollte alles vermieden werden, was zu einer weiteren Anreicherung im Boden führt. Ein um den Grenzwert belasteter Boden ist nur bedingt oder gar nicht mehr für die landwirtschaftliche Nahrungsmittelproduktion geeignet. Die Sanierung ist kaum und nur mit hohem finanziellem Aufwand möglich. Zur Gesunderhaltung landwirtschaftlich genutzter Böden muß die Zufuhr schwermetallhaltiger Klärschlämme unterbunden werden. Klärschlamm darf in der Landwirtschaft nur dann eingesetzt werden, wenn er hygienisch einwandfrei und innerhalb der vorgegebenen Grenzwerte arm an Schadstoffen ist.

Auf der Grundlage des § 15, Abs. 2, des Abfallbeseitigungsgesetzes (AbfG) wurde eine **Verordnung über das Aufbringen von Klärschlamm** (Klärschlammverordnung), BMI, erlassen, gültig ab 1.4.83, die eine bundeseinheitliche Regelung vorsieht. Zum Inhalt wäre festzustellen, daß die Mehrzahl der Kläranlagen, die Klärschlamm an die Landwirtschaft abgeben, und auch die Klärschlamm aufnehmenden landwirtschaftlichen Flächen dieser Verordnung unterliegen werden. Einen wesentlichen Bestandteil bilden die festgesetzten Schwermetallgrenzwerte für den Klärschlamm und für den Boden sowie die Höchstmengen der Klärschlammaufbringung auf landwirtschaftlich, forstwirtschaftlich oder gärtnerisch genutzte Böden (Tafel **467**.1).

Tafel **467**.1 Max. Gehalte von Schwermetallen im Schlamm und im Boden nach der Klärschlammverordnung vom 25.6.1982

Schadstoff	mg/kg Schlamm-*TS* a)	mg/kg lufttrockener Boden b)
Blei	1200	100
Cadmium	20	3
Chrom	1200	100
Kupfer	1200	100
Nickel	200	50
Quecksilber	25	2
Zink	3000	300

Außerdem werden Regelungen für Kläranlagenbetreiber und Landwirte zur Klärschlammaufbringung (Bodenuntersuchungen und Analysen der aufzubringenden Klärschlämme), über Einschränkungen bei besonderen Kulturen über Verbote (Überschreiten der Grenzwerte) sowie über Art und Umfang der Untersuchungen getroffen.

Ergibt sich durch eine Untersuchung, daß die Gehalte an Schwermetallen in der Durchschnittsprobe einen der Werte in Tafel **467**.1, Reihe a), übersteigen, darf Klärschlamm nur mit Genehmigung der zuständigen Behörde aufgebracht werden. Die Genehmigung ist zu erteilen, wenn eine Schädigung der Gesundheit von Mensch oder Tier nicht zu besorgen ist.

Das Aufbringen von Klärschlamm auf landwirtschaftlich oder gärtnerisch genutzte Böden ist verboten, wenn sich aus Bodenuntersuchungen ergibt, daß die Gehalte der Schwermetalle in der Durchschnittsprobe einen der Werte nach Tafel **467**.1, Reihe b), übersteigen.

Auf die in § 1 der Verordnung genannten Böden dürfen durch Klärschlamm innerhalb von drei Jahren nicht mehr als 5 t Trockensubstanz je Hektar aufgebracht werden. Diese Menge kann bis auf das Dreifache erhöht werden, wenn in den auf das Aufbringungsjahr folgenden acht Jahren kein Klärschlamm aufgebracht wird. Die zuständige Behörde kann Ausnahmen zulassen, sofern dies mit dem Wohl der Allgemeinheit, insbesondere mit dem Schutz der Gesundheit von Mensch und Tier, vereinbar ist. Der Klärschlammverordnung unterliegt nach § 1, wer

1. Abwasserbehandlungsanlagen mit einer Ausbaugröße von über 300 kg BSB_5/d = 5000 Einwohnergleichwerten betreibt und Klärschlamm zum Aufbringen auf landwirtschaftlich, forstwirtschaftlich oder gärtnerisch genutzte Böden abgibt oder dort selbst aufbringt;

2. Abwasserbehandlungsanlagen mit einer kleineren als der in Abs. 1 genannten Ausbaugröße betreibt, die nicht nur Schmutzwasser aus Haushaltungen oder ähnlich gering belastetes sonstiges Schmutzwasser behandeln, und Klärschlamm zum Aufbringen auf landwirtschaftlich, forstwirtschaftlich oder gärtnerisch genutzte Böden abgibt oder dort selbst aufbringt.

Unter Verwertung ist danach nur noch die Verwendung unschädlichen Klärschlammes aus kommunalen Kläranlagen zu verstehen, der als Bodenverbesserungsmittel für die Landwirtschaft wertvoll ist, weil er meist reich an organischen Stoffen und arm an schädlichen Bestandteilen ist. Man bringt ihn naß, feucht oder trocken aufs Feld. In jedem Fall muß der Schlamm aus hygienischen Gründen ausgefault, möglichst auch eingedickt und pasteurisiert sein [36].

Naßschlamm wird gepumpt oder von Tankwagen transportiert. Die Stärke der aufzubringenden Schicht richtet sich nach Anbauart, Bodenart und den Wasserverhältnissen. Beim Niersverband wurden auf Grünland 120 bis 250 m^3/ha im Jahr aufgebracht. Bei Grünlandbeschickung sollte der Schlamm vorher pasteurisiert werden. Man versteht darunter eine Erhitzung auf 55 bis 60°C für 10 min Dauer.

Feuchtschlamm ist Klärschlamm in mechanisch vorentwässertem Zustand, z.B. als Filterkuchen. Er läßt sich weniger gut transportieren.

Trockenschlamm wurde nach einer mechanischen Entwässerung oder durch Wärme so weit getrocknet, daß er zerkleinerungsfähig wird. Der Wassergehalt beträgt 40 bis 45%. Die Korngröße und der Wassergehalt müssen so groß sein, daß die Schlammteile nicht durch Luftbewegung vom Feld entfernt werden. Dieser Schlamm erhält dann als Streugut meist einen besonderen Vertriebsnamen. Er kann auch in kleinen Mengen abgepackt und weit transportiert werden. Der Verkaufspreis ist wesentlich höher als beim Naßschlamm. Er kann durch ergänzende Bodennährstoffzusätze noch erhöht werden, jedoch werden die Erzeugungskosten in keinem Fall gedeckt.

In vielen Fällen muß der Schlamm der Kosten wegen unverwertet beseitigt werden. In Amerika und England, früher auch in Deutschland (Hamburg, Flensburg), wurde er von Küstenstädten aus mit Tankschiffen oder Spezial-Schlammschiffen aufs Meer gefahren und dort ausgelassen oder, wie in Los Angeles, über ein Druckrohr ins Meer gepumpt. Aus hygienischen Gründen sollte dieser Schlamm ausgefault sein. ≈ 90% der Krankheitserreger sind dann vernichtet. Die Einleitungsstelle sollte mindestens 10 km von der Küste entfernt sein und eine möglichst große Wassertiefe haben. Die Schlammverschiffung ist nur noch vorübergehend für küstennahe Städte vertretbar. Dann ist sie wesentlich wirtschaftlicher als die künstliche Schlammentwässerung.

Nach dem Abfallbeseitigungsgesetz ist Faulschlamm, der nicht verwertet oder auf klärwerkseigenen Schlammlagerplätzen untergebracht werden kann, wie Abfall zu behandeln. Dies bedeutet in der Regel Deponie zusammen mit Müll. Es gelten dann die Grundsätze der natürlichen Schlammentwässerung (s. Abschn. 4.6.3.2) und der geordneten Deponie von festen Abfallstoffen. Die Statistik sagt, daß in 15% aller Deponien auch Klärschlamm abgelagert wird. Deponieschlamm sollte folgende Bedingungen erfüllen:

Tafel **468**.1 Mengenverhältnisse von Hausmüll und Klärschlamm bei einer Deponie

Hausmüll	Klärschlamm in kg *TS*/(E · a) (*WG* = Wassergehalt)	Gewichtsverhältnis Hausmüll : Schlamm	Volumenverhältnis Verdicht. Hausmüll : Schlamm
200 bis 300 kg/(E · a)	25 bis 30	1:0,125	–
1,2 bis 1,6 m^3/(E · a) (unverdichtet)	500 bis 700 (95% *WG*)	1:2,5	1:1,2 bis 1,7
0,3 bis 0,6 m^3/(E · a)	250 bis 350 (90% *WG*)	1:1,2	1:0,8 bis 0,6
(verdichtet)	100 bis 140 (75% *WG*)	1:0,5	1:0,35 bis 0,23
	60 bis 90 (60% *WG*)	1:0,33	1:0,2 bis 0,15

a) Entwässerung so weit, daß der deponierte Schlamm befahren und verdichtet werden kann (min 35% Trockensubstanz).

b) Schädliche oder störende Stoffe sollten in stabile, wasserunlösliche Verbindungen umgesetzt sein.

c) Gele sollten zerstört sein, damit keine Rücklösungen möglich.

d) Keine oder nur noch alkalische anaerobe Vorgänge.

Die Mengenverhältnisse zwischen Klärschlamm und Hausmüll zeigt Tafel **468**.1.

4.6.4.2 Schlammkompostierung

Die Kompostierung ist ein aerober biologischer Vorgang, an dem Mikroorganismen in großer Zahl beteiligt sind. Das Kompostgut oder die Rotte wird in Gärsilos und in Mieten so umgewandelt, daß die pathogenen Organismen absterben. Der erzeugte Kompost wird dann landwirtschaftlich verwertet. Der Grad und die Geschwindigkeit der Verrottung werden durch die Anfangsfeuchtigkeit der Stoffe, die Sauerstoffzufuhr, die Temperatur und das Verhältnis von Kohlenstoff zu Sauerstoff C/N bestimmt. Ein Verhältnis C/N ≈ 10 bis 15 wird als optimal angesehen. Dies läßt sich nur durch die Mischung des Klärschlammes mit kohlenstoffintensiven Stoffen wie Müll oder Torf erreichen. Besonders Müll als zu beseitigender Abfallstoff bietet sich an. Da die Anfangsfeuchtigkeit des Gemisches zwischen 37 und 42% liegen soll, ist die Vorentwässerung des Schlammes (s. Abschn. 4.6.3) notwendig. Wenn man die auf den Einwohnergleichwert bezogenen äquivalenten Mengen und die Wassergehalte von Schlamm und Müll kennt, kann der Grad der notwendigen Vorentwässerung des Schlammes bestimmt werden. Kompostwerke arbeiten i. allg. mit finanziellen Zuschüssen. Der Wert von Schlamm-Müllkomposten wird höher angesetzt als der von reinen Müllkomposten.

4.6.4.3 Schlammverbrennung (-veraschung)

Während bei der Verbrennung von Müll wegen des hohen C/N-Wertes oft Wärmeenergie gewonnen wird, muß beim Klärschlamm Energie in geringer Menge zugeführt werden. Um diese Energiezufuhr möglichst gering zu halten, wird der Wassergehalt des Schlammes durch mechanische Entwässerung (s. Abschn. 4.6.3.3) vor der Verbrennung vermindert. Das Restwasser verdampft im Verbrennungsofen durch die Hitze der Rauchgase. Trocknung und Verbrennung der Schlammtrockensubstanz liegen zeitlich unmittelbar hintereinander. Um ein vollständiges Ausbrennen zu erreichen, wird der Schlamm im Ofen häufig umgelagert. Dies erreicht man durch entsprechende Ausbildung der Öfen. Die bekanntesten Ofenbauarten sind der Drehrohr-, der Muffel-, der Stockwerks- und der Wirbelschichtofen. Der Schlamm rutscht auf Steilflächen ab, wird durch Krählarme abgeräumt oder durch Druckluft bewegt. Bei Temperaturen < 800°C (d. h. unterhalb der Sintergrenze der Schlammasche) entsteht keine Schlacke, bei > 700°C kein Geruch. Man heizt i. allg. mit Heizöl oder Klärgas, zusätzlich auch mit Kohle oder Müll.

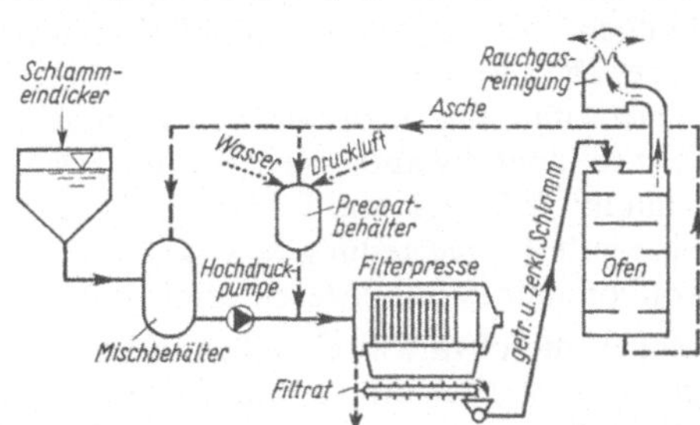

469.1 Schlamm-Asche-Verfahren (schematisch)

Der Aufwand an Energie ist abhängig vom Wassergehalt, vom Anteil an unbrennbarer Substanz und vom Heizwert des Schlammes. Nur der Wassergehalt ist durch geeignete Trocknungsmethoden beeinflußbar. Der Unterschied zwischen den Verbrennungsverfahren besteht neben der Ofenbauart in der Art der Schlammentwässerung. Die gebräuchlichsten Verfahren sind:

1. konventionelle Verfahren. Die Entwässerung ist vom Verbrennungssystem völlig unabhängig.

2. Schlamm-Asche-Verfahren. Die anfallende Asche wird als Filterhilfsmittel zur Schlammentwässerung verwendet (Precoat) (**469**.1).

3. Carbofloc-Verfahren. Verwendung von Dekantierzentrifugen. Auch kolloidale Feststoffe werden durch Behandlung des Schlammes mit Kalk und nachfolgender Neutralisation durch Kohlensäure zentrifugierbar.

4. Wirbelkammerverfahren. Zusätzliche Vertrocknung des Schlammes, Filterung unter Verwendung von Halbkoks.

Der Wirbelschichtofen besteht aus einer stehenden, zylindrischen Brennkammer. Im unteren Teil sind Luftverteilungskammer und Düsenboden. Daran schließt konisch die Wirbelkammer an. Oberhalb der Wirbelkammer Nachbrennraum mit Rauchgasaustritt (**470**.1).

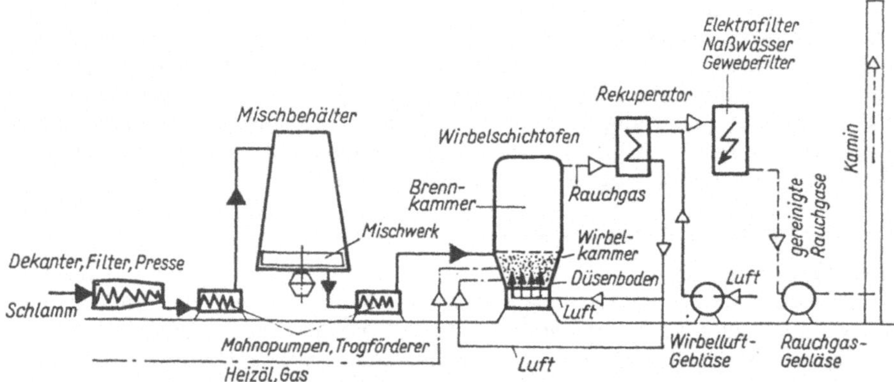

470.1 Schema Wirbelschichtverfahren (Fa. Uhde)

Der Gehalt an Trockensubstanz des aus dem Eindicker ankommenden Schlammes wird z.B. unter Zugabe eines Polyelektrolyten auf etwa 15 bis 25% *TS*-Gehalt erhöht. Der entwässerte Schlamm wird in einem Mischbehälter homogenisiert. In diesen Behälter können auch Abfälle wie Altöl, Ölemulsionen oder andere pastöse, pumpfähige Stoffe zugegeben werden. Eine Exzenterschneckenpumpe fördert den Schlamm zum Wirbelschichtofen. Die zuzuführende Verbrennungsluft kann zur Verbesserung der Energiebilanz rekuperativ auf etwa 500 °C vorgewärmt werden. Das Wirbelbett besteht aus Quarzsand mit 0,5 bis 2 mm Körnung. Der Anströmboden ist mit Spezialdüsen bestückt, die eine gute Luftverteilung bewirken. Die Luftgeschwindigkeit wird so eingestellt, daß ein vollkommenes Fluidisieren erreicht wird, etwa 1150 bis 1250 $Nm^3/(m^2 \cdot h)$.

Der in die etwa 750°C heiße Wirbelschicht eintretende Schlamm wird sofort über das gesamte Wirbelbett verteilt, zerrieben, getrocknet und gezündet. Durch die Luftgeschwindigkeit werden die brennenden Teile in den Nachbrennraum mitgerissen und brennen dort bei Temperaturen von 900 bis 950°C aus. Die Verweilzeit in der Brennkammer beträgt etwa 2 bis 3 s. Der Wirbelschichtofen wird so belastet, daß sich eine Luftüberschußzahl von $n = 1{,}1$ bis 1,2 einstellt. Reicht der Wärmehaushalt nicht aus, wird zusätzlich zum Schlamm Brennstoff in die Wirbelschicht eingedüst. Die gesamten Verbrennungsrückstände werden als Rauchgase ausgetragen. Diese verlassen den Ofen mit 900°C und wärmen im Rekuperator die Verbrennungsluft auf etwa 500°C vor. Sie kühlen sich dabei auf etwa 600°C ab. In einem nachgeschalteten Verdampfungskühler werden die Rauchgase auf die für den Elektrofilter zulässige Temperatur von 350°C abgekühlt. Zur Rauchgasreinigung können auch Naßwäscher oder Gewebefilter eingesetzt werden.

5. Heißbehandlungs-Verfahren. Der Schlamm wird von der Filterung bei 15 bar Druck und 200°C in einem Autoklaven behandelt.

6. Naßverbrennung. Der eingedickte Schlamm wird in einem Reaktor bei 120 bar unter 200°C unter Zugabe von Druckluft naß oxidiert.

7. Raymond-Verfahren. Der mechanisch vorgetrocknete Schlamm wird mit einer dreifachen Menge trockenen Schlamms gemischt und durch ein Rauchgasgebläse in einen Zyklon gegeben. Als Staub mit 5 bis 10% Wasser geht er dann in den Ofen oder zur Verwertung.

4.6.4.4 Gasgewinnung

Faulgas entsteht bei der anorganischen Zersetzung im Faulturm. Es besteht aus 65 bis 70% Methan und 30 bis 35% Kohlendioxyd. Daneben treten verschiedene andere Gase in kleinen Mengen, auch der geruchstarke Schwefelwasserstoff (H_2S) auf. Der Methangehalt bestimmt den Heizwert des Gases; 1 m^3 Faulgas hat $\approx$ 25000 kJ = 5600 kcal. Die Gasmenge ermittelt man aus der mit dem Frischschlamm zugeführten Menge der organischen Trockensubstanz, aus der Faulzeit und der Faultemperatur (s. Bild **449**.1).

Die Gasgewinnung lohnt sich bei mittleren und großen Kläranlagen, wenn tiefe Faulräume vorhanden sind und eine Gasdecke baulich angeordnet werden kann. Bei zweistöckigen Absetzbecken ist die Absetzrinne zugleich Gasdecke; bei selbständigen Faulräumen wird eine feste oder schwimmende Decke verwendet. Wird der ausgefaulte Schlamm abgelassen, dann darf keine Luft in den Faulraum nachdringen, weil Faulgas bei einer Verdünnung 1:5 bis 1:15 explosiv ist.

Ein besonderer Gasbehälter ist notwendig, wenn der Faulraum eine feste Gasdecke hat oder wenn eine Gaskraftanlage betrieben wird. Der Behälter ist mit dem Faulraum verbunden und hat beim Ansteigen des Schlammspiegels den Druck des komprimierten Gases aufzunehmen. Wenn täglich einmal Gas abgelassen wird, muß der Gasbehälter das Volumen der abgelassenen bzw. der zugeführten täglichen Frischschlammenge haben.

Schlammgas wird zur Beheizung von Gebäuden, Rechengut-Verbrennungsöfen und Faulbehältern verwendet. Man kann auch die Gesamtenergie der Kläranlage durch Gasmotoren erzeugen. Die Abgabe an das städtische Gaswerk lohnt sich, wenn die Hauptgasleitungen nicht zu weit entfernt liegen. Es ist dann eine Mischanlage erforderlich, weil der Heizwert des Faulgases größer, aber seine Zündgeschwindigkeit kleiner ist als die des Stadtgases. Man entfernt Schwefelwasserstoff durch Raseneisenerzfilter, CO_2 durch Auswaschen.

4.6.5 Behandlung und Beseitigung von Schlamm aus Kleinkläranlagen (Fäkalschlamm)

4.6.5.1 Rechtsgrundlagen

Durch das 4. Gesetz zur Änderung des Wasserhaushaltsgesetzes (WHG) vom 26.04.1976 wurden Vorschriften für die Abwasserbeseitigung in das Gesetz aufgenommen. Der § 18a Abs. 1 definiert die Abwasserbeseitigung und ordnet die Entwässerung von Klärschlamm zusammen mit der Abwasserreinigung der Abwasser- und nicht der Abfallbeseitigung zu. Unter Klärschlamm ist hier auch Fäkalschlamm zu verstehen. Durch § 18a Abs. 2 des WHG werden die Länder verpflichtet, die Abwasserbeseitigung grundsätzlich an Körperschaften des öffentlichen Rechts zu übertragen [31].

Die Landeswassergesetze (LWG) füllen diese Vorschriften aus, wobei die Länder frei sind in der Wahl der beseitigungspflichtigen Körperschaft und in der Festlegung des Umfangs der Beseitigungspflicht. Zweckmäßig erscheint es, die Gemeinden wegen ihrer Ortsnähe zu beauftragen.

Die Verpflichtung zur Abwasserbeseitigung umfaßt in der Regel auch das Abfahren des in abflußlosen Gruben gesammelten Abwassers und des Schlamms aus Hauskläranlagen und deren Einleitung und Behandlung in Abwasserbeseitigungsanlagen. Dies entspricht den Vorstellungen des Umweltschutzes, da vor einer abfalltechnischen Beseitigung, z.B. in der Form der landwirtschaftlichen Verwertung, eine Vorbehandlung dieser Stoffe und eine Kontrolle ihrer Beschaffenheit notwendig wird.

4.6.5.2 Menge und Beschaffenheit

Es wird im allgemeinen davon ausgegangen, daß das Abwasser aus abflußlosen Sammelgruben in der Zusammensetzung dem in zentralen Kanalisationen gesammelten häuslichen Abwasser entspricht. Bei der Behandlung von Schlamm aus Hauskläranlagen ist zu

Tafel **472**.1 Allgemeine Angaben zur Beschaffenheit von Fäkalschlamm aus Hauskläranlagen

	nach Arbeitsblatt A 123 der ATV in mg/l		nach TU München Forschungsergebnisse[1]) in mg/l	
Schlammenge		1000 l/(E · a)		950 l/(E · a)
Wassergehalt		98,5%		
Trockensubstanz			14000	13,3 kg/(E · a)
org. Trockensubstanz	10000	10 kg/(E · a)	10100	9,6 kg/(E · a)
BSB_5	10000	10 kg/(E · a)	4700	4,5 kg/(E · a)
BSB_5-Filtrat			1140	1,1 kg/(E · a)
CSB			15300	14,5 kg/(E · a)
CSB-Filtrat			3100	2,9 kg/(E · a)
$KMnO_4$-Verbrauch	16000	16 kg/(E · a)		
NH_3-Stickstoff	1600	1,6 kg/(E · a)		
Gesamtstickstoff	2300	2,3 kg/(E · a)		0,5 kg/(E · a)

[1]) bestätigt durch amerikanische Untersuchungen

berücksichtigen, daß dieser zwar in weit geringeren Mengen anfällt, aber eine erhöhte Schadstoffkonzentration enthält. Tafel **472**.1 zeigt, daß erhebliche Abweichungen bei allgemeinen Angaben bestehen. Diese bedürfen im einzelnen Planungsfall sorgfältiger Nachprüfung. Neben den organischen Verschmutzungen enthält der Fäkalschlamm auch grobe Verunreinigungen wie Sand, Steine, Textilien, Hygienestoffe, Glas, Plastik usw. Die Schwermetallkonzentrationen liegen nach amerikanischen und deutschen Untersuchungen unter den Grenzwerten für Klärschlamm und Boden nach der Klärschlammverordnung des BMI.

4.6.5.3. Kosten

Die Kosten für die Beseitigung des Fäkalschlamms setzen sich zusammen aus dem Anteil für die Abfuhr und dem Anteil für die Behandlung. Die Transportwege sollten so klein wie möglich gehalten werden, da die Mengen größer sind als bei festen Abfallstoffen. Es werden etwa 98% Wasser mitbefördert. Andererseits führt eine zu kleine Transportentfernung zu einer Vielzahl von Behandlungsanlagen, wodurch die Behandlungskosten entsprechend ansteigen. Nach überschläglichen Ermittlungen betragen bei einer Transportentfernung von 15 km die Transportkosten etwa 16 DM/m^3. Darüber hinaus ist damit zu rechnen, daß die Behandlung von Schlamm aus Hauskläranlagen einschließlich der endgültigen Beseitigung in Abfallbeseitigungsanlagen etwa 20 bis 25 DM kosten wird. Zusammen etwa 40 DM/m^3.

Die Behandlung von Abwasser aus abflußlosen Sammelgruben ist etwa mit 2,50 DM/m^3 zu veranschlagen. Zusammen etwa 18,50 DM/m^3. Die Menge dieses Abwassers beträgt nach ATV-A 123 20 l/(E · d) bzw. 7300 l/(E · a), ist also mehr als 7fach größer als die Schlammenge aus Hauskläranlagen.

Die Kosten für die Schlammabfuhr aus Hauskläranlagen liegen i. allg. niedriger als vergleichbare Kosten für den Anschluß an zentrale Ortsentwässerungsanlagen. Man übersieht bei diesem Vergleich oft, daß das aus den Hauskläranlagen abfließende Abwasser jedoch nur teilweise geklärt ist. Bei abflußlosen Sammelgruben liegen die Kosten jedoch aufgrund der größeren Menge erheblich darüber.

4.6.5.4 Behandlung von Fäkalschlämmen in zentralen Kläranlagen

In der Bundesrepublik Deutschland muß das Abwasser von etwa 8 bis 10 Mio. Einwohnern in Mehrkammerausfaulgruben, Mehrkammergruben, abflußlosen Sammelgruben und in Kleinkläranlagen mit Abwasserbelüftung behandelt werden, weil aufgrund örtlicher Verhältnisse oder aus wirtschaftlichen Gründen der Anschluß an eine zentrale Ortsentwässerung ausscheidet.

Die Fäkalienannahmestation hat folgende Aufgaben zu übernehmen:

1. Messung der angelieferten Fäkalschlammenge, z.B. mittels induktiven Durchflußmesser oder Ultraschallgeräten,

2. Entfernung der sperrigen und faserigen Stoffe, die in den nachfolgenden Behandlungsstufen zu Verschleiß, Verstopfung oder Ablagerung führen können,

3. Entfernung des Sandes (nicht in jedem Fall),

4. Speicherung des Fäkalschlammes in einem Stapelbehälter zum Ausgleich der ungleichmäßig angefahrenen Schlammenge.

Die Entfernung des Rechengutes erfolgt zweckmäßig durch eine Rechenanlage mit max. 25 mm Spaltweite. Die Rechenanlage sollte in einem geschlossenen Raum mit Zwangsentlüftung untergebracht werden. Die Abluft kann im Kompostfilter biologisch gereinigt oder im Waschturm chemisch behandelt werden. Wegen der Geruchsentwicklung ist die Behandlung des Rechengutes problematisch.

Die Speicherung des Fäkalschlammes zur Vermeidung von Überlastungen der Kläranlage ist Voraussetzung für einen störungsfreien Betrieb. Der hoch verschmutzte Fäkalschlamm kann in den belastungsschwachen Tagesstunden der Anlage zudosiert und in Zeiten starker Fäkalienzufuhr zu diesem Zweck über mehrere Tage gespeichert werden. Die Größe des Stapelraumes soll mindestens für die Anfuhr von 1 bis 3 Tageschargen bemessen werden. Für Fremdenverkehrsorte wird eine Speicherzeit bis zu 10 Tagen vorgeschlagen [8].

Die Stapelbehälter sollten folgende Konstruktionsmerkmale haben:

kegelförmig ausgebildete Sohle mit mind. 60° Neigung;

geschlossene Bauweise mit Zwangsentlüftung;

Anschlußkupplungen für Saugwagen und Reinigungseinrichtung;

Füllstands- und pH-Meßeinrichtung;

Einstiegsluke.

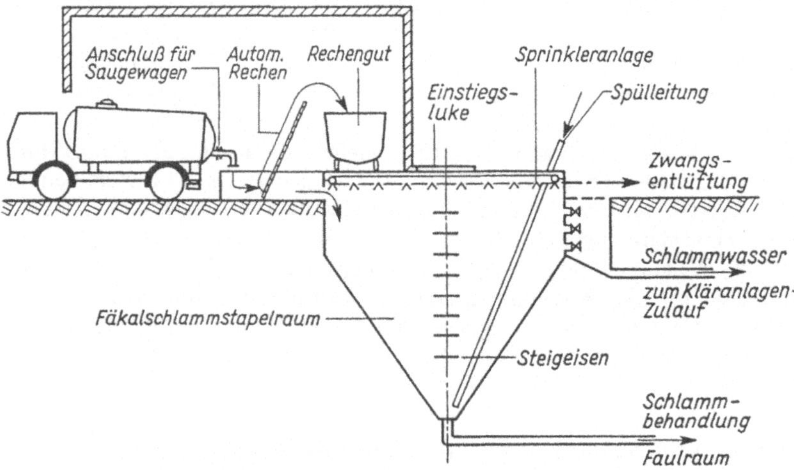

474.1 Fäkalschlamm-Stapelraum für Dosierung in den Faulbehälter nach [8]

1. Verfahren zur Mitbehandlung in konventionellen Kläranlagen

1.1 Mitbehandlung des Fäkalschlammes im Faulbehälter der zentralen Kläranlage. Dies gilt als die beste Methode der Fäkalschlammunterbringung in zentralen Kläranlagen. Die tägliche Zugabe von Fäkalschlamm in beheizte Faulbehälter mit 32° bis 35° Faultemperatur (mesophiler Temperaturbereich) führt nach ATV-Arbeitsblatt A 123 nur dann nicht zu betrieblichen Störungen, wenn die Tagesmenge $< 1/20$ des Faulbehältervolumens beträgt. Größere Schlammengen verändern pH-Wert und CO_2-Gehalt im Faulgas.

Eine Hemmung des Faulprozesses konnte nicht festgestellt werden. Der Gasanfall blieb proportional zur organischen Belastung. Bei nicht ausgelasteten Faulanlagen kann nach [8] mehr als 50% Fäkalschlamm täglich dem Faulbehälter zugeführt werden, wenn die Faulzeit größer als 30 Tage ist.

Als Folge der Fäkalschlammfaulung mit nachfolgender Schlammeindickung ist in der biologischen

Stufe die zusätzliche BSB_5-Fracht aus dem Faulschlammwasser (Filtrat) zu berücksichtigen. Aus Sicherheitsgründen sollte je nach Art der Schlammbehandlung mit folgender Belastung durch das Schlammwasser gerechnet werden:

1,0 kg BSB_5/m^3 bei maschineller Schlammentwässerung ohne vorherigen Trübwasserabzug im Faulbehälter oder Nacheindicker. Bis 2,0 kg BSB_5/m^3, wenn Trübwasser (in der Praxis Dünnschlamm) aus dem Faulbehälter in die biologische Stufe eingeleitet wird.

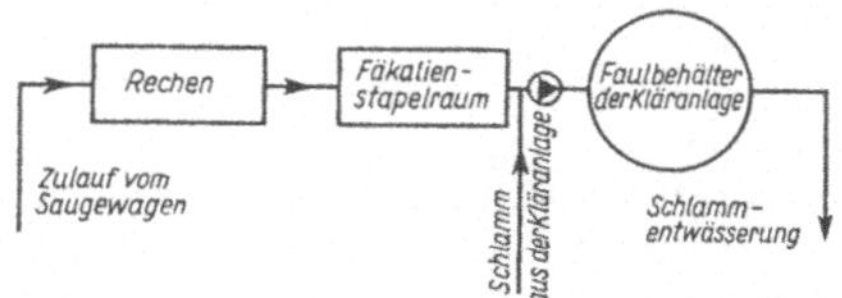

475.1 Schema der Fäkalschlamm-Mitbehandlung im Faulbehälter einer Kläranlage

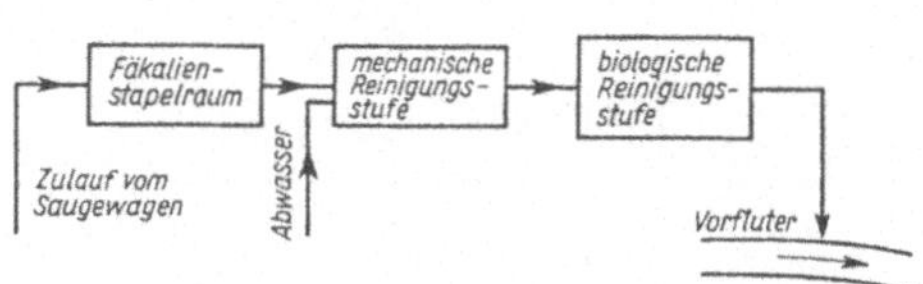

475.2 Schemá der Fäkalschlamm-Mitbehandlung in einer mechanisch-biologischen Kläranlage

In ausgelasteten Faulanlagen kann Fäkalschlamm nur dann aufgenommen werden, wenn der Faulbetrieb auf den thermophilen Temperaturbereich (etwa 50°C) umgestellt wird. Erfahrungsgemäß kann dann die Faulzeit auf 10 Tage reduziert werden. Der spezifische Gasanfall (l Gas/kg org. *TS*) liegt um 35 bis 40% höher als im mesophilen Bereich. Nachteilig verändert sich u. U. der Filterwiderstand (schlechtere Entwässerbarkeit).

1.2 Mitbehandlung des Fäkalschlammes in vollbiologischen Kläranlagen. Bei ausgelastetem Faulraum kann der Fäkalschlamm zusammen mit dem Abwasser in der mechanisch-biologischen Kläranlage behandelt werden. Dies ist eine schlechte Lösung, die meist zu einer schlechteren Reinigungsleistung führt. Die Vergrößerung der *CSB*-Verschmutzung im Kläranlagenablauf und Schlammentartungen in der biologischen Stufe können sogar die Abwasserabgabe erhöhen.

Die Bedingungen, unter denen eine Fäkalschlammitbehandlung zugelassen werden kann, sind nach [1] ATV-A 123

1. Ausbaugröße über 10000 EG,
2. Leistungsreserven in der biologischen Stufe,
3. mehrstündiger Abstand zwischen den Schlammzugaben, wenn kein Speicherbehälter vorhanden ist, aber jeweils $Q_{\text{Fäkalschlamm}} < 1/20\, Q_{\text{Abwasser}}$ (m^3/h),
4. bei größeren Mengen Speicherbehälter vorsehen und Zugabe in den belastungsarmen Zeiten.

Bei Annahme eines mittleren BSB_5 des Fäkalschlammes von 10 kg BSB_5/m^3 und 50%igem BSB_5-Abbau in der Vorklärung können die zulässigen täglichen Mengen aus ATV-A 123, abhängig von der Ausbaugröße und dem Auslastungssgrad, abgelesen werden.

Liegt der BSB_5 des Fäkalschlammes bei nur 5 kg BSB_5/m^3, kann die tägliche Zugabe verdoppelt werden.

Bei Kläranlagen ohne Vorklärung können befriedigende Reinigungsleistungen nur erreicht werden, wenn die Fäkalschlammenge < 5% der Zulaufwassermenge beträgt und die Kläranlage ohne Berücksichtigung der Fäkalschlammzugabe im Stabilisierungsbereich arbeitet.

2. Verfahren zur getrennten Fäkalschlammbehandlung

2.1 Aerob-thermophile Stabilisierung. Ein Verfahren zur getrennten Behandlung des Fäkalschlammes auf einer Kläranlage ist die getrennte aerobe thermophile Stabilisierung.

Hierbei wird Schlamm oder hochverschmutztes Abwasser in einem besonderen Reaktorbehälter belüftet und umgewälzt. Durch die mikrobiellen Oxidationsprozesse wird Wärme frei, so daß sich eine Temperatur > 45°C einstellt (exothermer Prozeß, thermophile Stabilisierung).

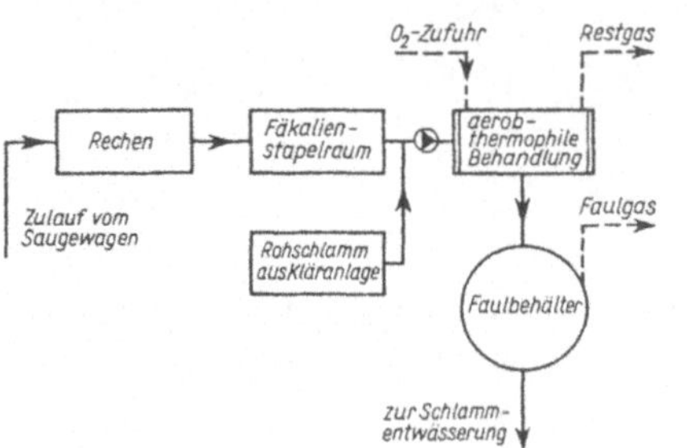

476.1 Schema der zweistufigen aerob-thermophilen und anaeroben Schlammbehandlung

Nach [43] kann dieser Prozeß jedoch nur aufrechterhalten werden, wenn die Schmutzkonzentration > 5000 mg BSB_5/l beträgt. Neben dem Vorteil eines geringen Reaktorvolumens wird nach [83] bei > 2 Tagen Belüftungszeit und pH-Werten > 8,5 eine Entseuchung des Schlammes erreicht.

Der entseuchte, aerob stabilisierte Schlamm kann u. U. auf landwirtschaftlich genutzte Flächen aufgebracht werden.

2.2 Zweistufige, aerob-thermophile und anaerobe, Schlammbehandlung. Ein neueres Schlammstabilisierungsverfahren wurde von [46] auch in Deutschland vorgestellt. Bei diesem Verfahren kann die Leistungsfähigkeit einer ausgelasteten Faulanlage um etwa 100% erweitert werden, wenn vor der Faulstufe in einem Reaktor der Schlamm etwa 1 Tag aerob-thermophil behandelt wird. Die Belüftung erfolgt mit Sauerstoff. Die biologischen Oxidationsvorgänge erzeugen so viel Wärme, daß in einem isolierten Reaktor die Temperatur durch Begrenzung der O_2-Zufuhr bei etwa 55°C konstant gehalten werden kann. Es erfolgt eine Entseuchung des Schlammes bei geringstmöglicher Oxidation organischer Substanz (**476**.1).

Der selbsterhitzte Schlamm wird nach dem Verlassen des Reaktors über Wärmetauscher auf 33 bis 35°C abgekühlt und im mesophilen Milieu im Faulbehälter anaerob behandelt. Hier ist noch eine Faulzeit von 8 bis 10 Tagen erforderlich.

Die Merkmale des Verfahrens sind etwa folgende: der Schlamm wird gut stabilisiert; der Schlamm wird entseucht; die Gesamtaufenthaltszeit ist kurz; das Verfahren arbeitet energiesparend und ist betrieblich stabil; keine Geruchsbelästigungen durch geschlossene Bauweise; niedrige Investitions- und Betriebskosten; das Schlammwasser erfordert eine biologische Nachbehandlung; der angefaulte Fäkalschlamm wird zuerst aerob und dann wieder anaerob behandelt (Hemmung möglich); höhere Betriebskosten durch Sauerstoffzufuhr als bei anaerober Behandlung.

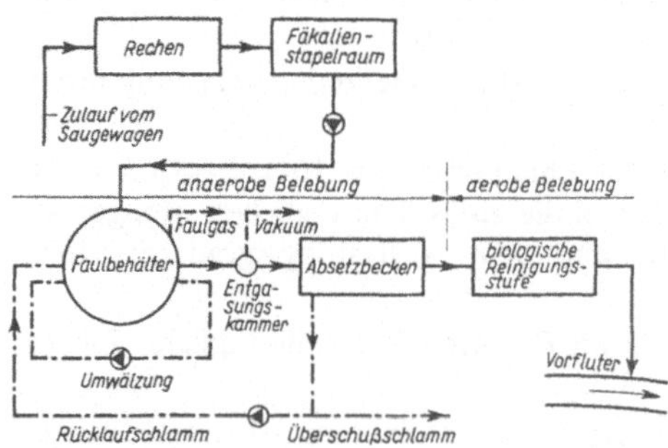

476.2 Schema der zweistufigen Schlammbehandlung nach dem anaeroben und aeroben Belebungsverfahren

2.3 Zweistufige Schlammbehandlung nach dem anaeroben und aeroben Belebungsverfahren. Die Faulung hochkonzentrierter Abwässer ist in Deutschland mit Erfolg in der Nahrungsmittelindustrie angewandt worden. Bei schlammarmem Abwasser muß zur Erhaltung der Populationsdichte im Faulbehälter mit anaerobem Rücklaufschlamm in einer Kombination Faulbehälter/Absetzbecken nach (**476**.2) gefahren werden. Nach [51], [67], [70] kann Fäkalschlamm erfolgreich mit diesem Verfahren vorbehandelt und in der biologischen Reinigungsstufe weiterbehandelt werden. Bei einer Aufenthaltszeit von 3 bis 10 Tagen im anaeroben Belebungsverfahren bei mesophiler Temperatur ist der Fäkalschlamm teilgereinigt. Die Restbehandlung erfolgt in einer biologischen Stufe.

4.6.5.5 Behandlung von Fäkalschlämmen in Abwasserteichen, durch maschinelle Systeme, Kalkzugabe und in Bodenfiltern

Wenn sich bei der Unterbringung des Fäkalschlammes zeigt, daß die freien Kapazitäten auf den zentralen Anlagen nicht ausreichen und für Einzugsgebiete keine geeigneten Anlagen zur Verfügung stehen oder Transportkosten zu hoch werden, muß abweichend von ATV-A 123 [1] der Schlamm auf Anlagen behandelt werden, für die es bisher noch keine a. a. R. d. T. gibt. Hierzu zählen Abwasserteiche und Anlagen, die eigens zur Fäkalschlammbehandlung errichtet werden [82].

Das Ziel der Fäkalschlammbehandlung bleibt auch hier:

1. Aufbereitung des Schlammes so weit, daß er den aus der Abfallbeseitigung zu stellenden Ansprüchen genügt oder landwirtschaftlich genutzt werden kann.

Im Falle der endgültigen Beseitigung als Abfall muß weitgehend Geruchsfreiheit erzielt werden. Eine Hygienisierung wird im allgemeinen nicht gefordert. Der Trockensubstanzgehalt soll nach dem Merkblatt M 7 $\geqq$ 35% betragen. Das Mengenverhältnis Hausmüll zu Schlamm ist wegen der Standsicherheit und Befahrbarkeit der Deponie zu überprüfen.

Soll eine landwirtschaftliche Verwertung vorgenommen werden, so ist der Schadstoffgehalt, z. B. Schwermetalle, zu beachten. Dieser kann mit den in der Abwasserreinigung üblichen Verfahren nicht verändert werden. Die landwirtschaftliche Verwertung verlangt keine besondere Entwässerung, wenn der Schlamm versprüht werden kann.

Wenn langfristig eine zulässig geringe Schadstoffkonzentration nicht gewährleistet werden kann, sollte man sich darauf einstellen, den Schlamm bis zur Deponiefähigkeit zu behandeln.

2. Behandlung des wässerigen Anteils. Die Art und Bemessung des Behandlungsverfahrens für den wässerigen Anteil sind vom Standort und der Art der Kläranlage abhängig. Bei der Einleitung in Gewässer sind die Mindestanforderungen nach der ersten Schmutzwasserverwaltungsvorschrift einzuhalten. Es können noch höhere Anforderungen gestellt werden.

Verfahren der Fäkalschlammbehandlung in Teichen. Eine gemeinsame Behandlung des festen und des flüssigen Anteils in unbelüfteten Teichen ist nur zusammen mit der Abwasserreinigung für ein kanalisiertes Einzugsgebiet sinnvoll. Es müssen aber freie Kapazitäten vorhanden sein oder eine neu zu bauende Anlage muß dafür bemessen sein. Schwierigkeiten treten bei der Zudosierung des Schlammes auf. Die Schlammenge von 1 $m^3/(E \cdot a)$ muß auf 2,75 $l/(E \cdot d)$ gedrosselt werden. Wegen der höheren Drosselungsgrenzen wird eine intermittierende Beschickung notwendig. Die Beschickungsintervalle sollten möglichst kurz sein. Zum Ausgleich gegenüber den Antransporten ist dann ein, besser zwei Vorlagebehälter erforderlich, damit ein Behälter gegebenenfalls zur pH-Wert-Verbesserung genutzt werden kann. Für Dosierpumpe und Umwälzung ist ein Stromanschluß erforderlich. Einfacher ist es, den Schlamm direkt aus den Transportfahrzeugen zuzugeben. Dabei ist darauf zu achten, daß der erste Teich nicht anaerob wird. Ein gemessener Sauerstoffgehalt in der ersten Teichstufe liegt bei 6 g O_2/m^3 für Anlagen, die zu rund 75% ausgelastet sind. Die niedrigsten Werte wurden mit 2 g O_2/m^3 festgestellt. 1 g O_2/m^3 sollte der anzustrebende Mindestwert sein. Es könnten also maximal etwa 5 g O_2/m^3 für den Schlammabbau ausgenutzt werden, wenn das O_2-Defizit zeitgerecht wieder ausgeglichen wird.

Das spezifische Teichvolumen des ersten Teiches beträgt z. B. bei 30% der Oberfläche der Gesamtanlage und 1,2 m Teichtiefe

$$0{,}3 \cdot 15 \cdot 1{,}2 = 5{,}4 \text{ m}^3/\text{E aus m}^2/\text{E} \cdot \text{m Tiefe}$$

Bei $Q = 0,3$ m³/E · d ergibt sich eine rechnerische Durchflußzeit von

$$t_R = 5,4/0,3 = 18 \text{ d}$$

Der BSB in 18 d = 1,44 · BSB_5 (bei 20°C)

Die mögliche zusätzliche Belastung des Teiches beträgt dann

$$5/1,44 = 3,47 \text{ g } BSB_5/\text{m}^3$$

Um nur 1 m³ Fäkalschlamm mit 6000 g BSB_5/m³ einbringen zu können, wären

$$6000/3,47 = 1729 \text{ m}^3 \text{ Teichvolumen erforderlich}$$

Dies entspräche einem Teich für 1729/5,4 = 320 E. Die Fäkalschlammanteile bei 320 zentral entsorgten Einwohnern sind aber in der Regel größer, so daß ohne eine Vergrößerung des Teichvolumens kein Fäkalschlamm eingeleitet werden dürfte. Man kann jedoch etwa vorhandene Bemessungsreserven ausnutzen. Bei kontinuierlicher Zugabe hat ein Einwohnergleichwert aus dem Fäkalschlamm eine BSB_5-Fracht von

$$1 \cdot 6000/365 = 16,4 \qquad \text{in} \frac{\text{m}^3/(\text{E} \cdot \text{a}) \cdot \text{g } BSB_5/\text{m}^3}{\text{d/a}} = \text{g } BSB_5/(\text{E} \cdot \text{d})$$

$\triangleq$ 16,4/60 = 0,27 EG aus der Abwasserreinigung.

Schon diese Rechnung spricht für eine kontinuierliche Zugabe des Schlammes. Die BSB_5-Fracht aus dem Schlamm und die Fracht aus dem Abwasser darf die Bemessungsannahmen nicht überschreiten. Die Mitbehandlung der Fäkalschlämme vermehrt die Stapelmenge und verkürzt die Räumperioden.

Bei der alleinigen Behandlung von Fäkalschlamm in belüfteten Teichen treten ähnliche Probleme auf wie bei unbelüfteten Teichen. Aus der üblichen Raumbelastung von 30 g BSB_5/(m³ · d) erhält man mit einer Teichtiefe von 1,8 m und einer Schmutzfracht von 16,4 g BSB_5/(EG · d) eine erforderliche Wasserfläche von etwa 0,3 m²/EG:

$$\frac{16,4}{30 \cdot 1,8} = 0,3 \text{ m}^2/\text{EG} \quad \text{in} \quad \frac{\text{g } BSB_5/(\text{EG} \cdot \text{d})}{\text{g } BSB_5/(\text{m}^3 \cdot \text{d}) \cdot \text{m}} = \text{m}^2/\text{EG}$$

Dies bedeutet mit 1 m³/(EG · a) eine Beschickungshöhe von

$$1,0/0,3 = 3,333 \text{ m/a} = 3333 \text{ mm/a} \quad \text{in} \quad \frac{\text{m}^3/(\text{EG} \cdot \text{a})}{\text{m}^2/\text{EG}} = \text{m/a}$$

Bei 700 mm/a Niederschlag und 900 mm/a Verdunstung = − 200 mm/a, ergibt sich ein Mengen-Bilanzüberschuß von 3333 − 200 = 3133 mm.

Der Schlamm ist jedoch mit angenommenen 6000 g BSB_5/m³ hochgradig verschmutzt. Zur Erzielung eines Ablaufes von < 30 g BSB_5/m³ ist etwa eine Reinigungsleistung von 99,6% erforderlich:

$$\frac{6000 - 30}{6000} \cdot 100 = 99,5\%$$

Um diese Abbauleistung zu erreichen, reichen zwei Teichstufen nicht aus. Das Volumen und die Anzahl der Teiche wäre wesentlich zu vergrößern. Dies führt zu größerer Verdunstung und Aufkonzentrierung des Ablaufs. Belüftete Teiche sind damit zur alleinigen Behandlung der Fäkalschlämme nicht gut geeignet.

Einen Weg bietet die Mitbehandlung in belüfteten Teichanlagen zur Abwasserreinigung, in denen noch freie Kapazitäten vorhanden sind oder die Bemessung neuer Anlagen für beide Aufgaben. Im Falle der intermittierenden Beschickung treten bei der Sauerstoffdeckung in der 1. Teichstufe Mängel auf, die durch erhöhte Sauerstoffzufuhr ausgeglichen werden müßten.

Für die Fäkalschlammbehandlung außerhalb zentraler Anlagen ist eine getrennte Behandlung der festen und der flüssigen Anteile zu empfehlen. Dies gilt auch für eine aerobe Behandlung in einer nur für die Schlammbehandlung errichteten Belebungsanlage. Da ohnehin der anfallende Überschußschlamm weiterbehandelt werden muß, sollte man von vornherein die relativ guten Absetzeigenschaften des Fäkalschlammes zur Trennung vom Schlammwasser ausnutzen und ihn zusammen mit dem Überschußschlamm behandeln. Auch Geruchsemissionen kann man so verringern.

Versuche ergaben, daß sich Fäkalschlämme mit den herkömmlichen Entwässerungsverfahren eindicken lassen:

	Eindickleistung auf	BSB_5 des Filtrats in g BSB_5/m^3
Schwerkrafteindickung	5% *TS*	1100
Zentrifuge	16% *TS*	850
Siebbandpresse	30% *TS*	1300
Kammerfilterpresse	42% *TS*	2000

Diese Werte streuen stark, so daß man Sicherheitszuschläge machen sollte.

Die Verschmutzung des Filtrats ist aber immer so hoch, daß zur Erzielung der Mindestanforderungen ein biologischer Abbau von etwa 98% erreicht werden muß. Die Trennung des festen und flüssigen Anteils sollte deshalb darauf ausgerichtet sein, den BSB_5 des Filtrats möglichst gering zu halten. Sinnvoll erscheint eine Kombination von Schwerkrafteindickung mit chemischer Fällung oder eine Zugabe von Polyelektrolyten oder Kalk. Mit 1 bis 2 kg Kalk pro m^3 Fäkalschlamm wird der pH-Wert des Schlammes auf 8,5 bis 9 angehoben, wodurch die organischen Säuren neutralisiert werden und Geruchsverminderung eintritt. Absetzbecken in Erdbauweise sollten für $> 0{,}6$ m^3/EG bemessen werden, damit sich ein ausreichender Wasserüberstand bildet. Die Schlammräumung der Absetzbecken erfolgt etwa jährlich. Der vorentwässerte Schlamm kann durch fahrbare oder stationäre maschinelle Anlagen weiter behandelt werden. Zur Aufnahme des Filtrats aus der maschinellen Entwässerung empfiehlt es sich ein zweites Becken anzulegen.

Der denkbare Einsatz mobiler Systeme, z. B. „Moos", „Hamster" o. a., zur Fäkalschlammentwässerung an der Hauskläranlage ist wegen der hohen BSB_5-Werte des Filtrats oder der langen Arbeitsphase problematisch. Der Einsatz auf Kläranlagen ist zweckmäßiger.

Um den mit mobilen Systemen, Dekanter oder Siebbandpresse vorentwässerten Schlamm auf den für eine Deponie erforderlichen *TS*-Gehalt zu bringen, ist eine weitere Behandlung mit Branntkalk geeignet (**479**.1). Die Vermischung von Kalk und Schlamm erfolgt durch Schneckenförderer oder Zwangsmischer. Die Branntkalkbehandlung hygienisiert den Schlamm durch pH-Wert-Erhöhung und Erwärmung. Sie verbessert die landwirtschaftliche Nutzung. Zur Filtratbehandlung eignen sich bekannte Verfahren für geringe Abwassermengen, etwa 2,5 l/(EG · d), und hohe Schmutzfracht, etwa 1000 bis 2000 g BSB_5/m^3 = 2,5 bis 5,0 g BSB_5/(EG · d).

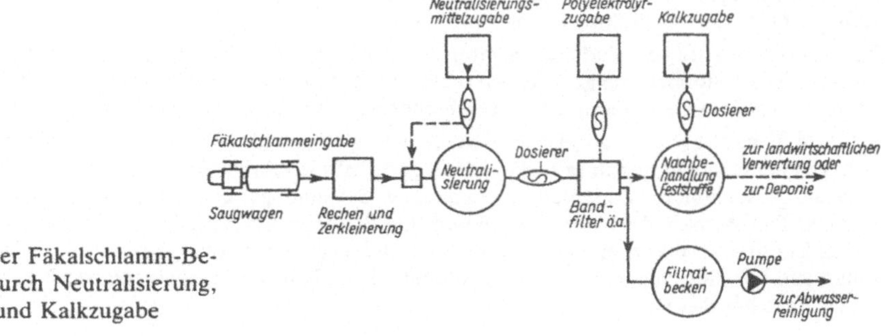

479.1
Schema einer Fäkalschlamm-Behandlung durch Neutralisierung, Bandfilter und Kalkzugabe

Da die 1. Schmutzwasserverwaltungsvorschrift den Ablauf auf 180 mg *CSB*/l in der 2-h-Mischprobe begrenzt, ist auch dieser Meßwert zu beachten. Bei einem Zulauf von z. B. 3000 g *CSB*/m³ wäre dann ein Abbau von 94% nötig. Dies fordert eine zusätzliche Behandlung zur normalen Biologie, z. B. Fällung oder Filtration.

Zur Filtration eignen sich bei kleinen Anlagen Sandfiltergräben, wie sie aus der DIN 4261 bekannt sind. Bei der geringen zu behandelnden Abwassermenge ergeben sich Filtergrabenlängen von 0,1 bis 0,2 m/EG.

Bodenfilter sollten nur angewandt werden, wenn das versickerte Abwasser in Dränagen aufgefangen und kontrolliert in Oberflächengewässer eingeleitet wird.

Bei Bemessung der Anlagen mit 10 m²/EG für Fäkalschlamm und 40 m²/EG aus abflußlosen Gruben beträgt mit 1 m³/(E · a) die Beschickungshöhe 0,1 m/a, bzw. mit 8 m³/(E · a) 0,2 m/a. Damit trocknen die Flächen unter Berücksichtigung von Niederschlag und Verdunstung ab:

-900 mm/a + 700 mm/a = -200 mm/a
-200 mm/a + 100 mm/a = -100 mm/a, bzw.: -200 mm/a + 200 mm/a = 0 mm/a

4.7 Kleine Kläranlagen

Bei der Planung von neuen Kläranlagen wird von den Wasserbehörden mindestens die vollbiologische Reinigung verlangt. Dies drückt sich zahlenmäßig in einem niedrigen BSB_5-Wert am Auslauf der Kläranlage aus. Die Forderungen liegen bei 10 bis 30 mg BSB_5/l. Es wird damit auch für die kleinsten Gemeinden der Bau einer gut arbeitenden Kläranlage notwendig. Mehrkammerklärgruben erfüllen diese Forderungen nicht. Die spezifischen Baukosten (DM/angeschlossen EG oder DM/m³ Abwasser) steigen jedoch mit sinkender Größe sehr schnell an. Man versucht daher für kleine Anlagen bis etwa 30000 EG Typen zu entwickeln, welche die aufgelöste Bauweise der konventionellen Kläranlagen aufgeben und die Klärelemente in Block- oder Schachtelbauweise vereinen. Hierdurch erreicht man wesentliche Einsparungen an Bau- und Betriebskosten. Im folgenden sind auch einige dieser kleinen Kläranlagen beschrieben. Die Auswahl erfolgte mit der Absicht, einen Überblick zu geben. Es gibt noch wesentlich mehr bewährte Typen von Kleinkläranlagen, vgl. auch [1] ATV-A 126, [9], [29], [52] und [65].

Belebungsanlagen mit gemeinsamer Schlammstabilisation sind in der Regel im Bau billiger, im Betrieb teurer als Tropfkörper- oder Tauchkörperanlagen. Es ist keine getrennte Schlammbehandlung notwendig. Die für die aerobe Schlammstabilisierung notwendige geringe Schlammbelastung bedingt lange Aufenthaltszeiten (Puffervermögen). Es lassen sich dadurch schwer abbaubare organische Schmutzstoffe besser eliminieren (niedriger *CSB*-Gehalt im Kläranlagenablauf) und Stickstoffverbindungen werden weitgehend oxidiert. Diese Anlagen sind bei leistungsschwachen Vorflutern geeignet für Anschlußwerte von 1000 bis 10000 EG.

Tropfkörperanlagen sind wegen ihrer einfachen maschinellen Einrichtungen verhältnismäßig betriebssicher. Stoßbelastungen werden schlecht aufgefangen. Sie sind temperaturempfindlich. Geschädigter biologischer Rasen arbeitet sich aber nach kurzer Zeit wieder ein.

Offene Emscherbecken oder Absetzteiche sind für kleine Anschlußwerte geeignet. Diese Anlagen benötigen wegen ihrer nicht absolut geruchsfreien Arbeitsweise größere Abstände von der Bebauung. Bei höheren Anschlußwerten muß der Schlamm getrennt aerob oder anaerob behandelt werden. Die Wirtschaftlichkeit ist in diesem Größenbereich besonders problematisch. Für ca. bis 10000 EG sind Tropfkörperanlagen nur bei besonders günstigen topografischen Verhältnissen wirtschaftlich. Für die Schlammbehandlung können offene Faulräume eingesetzt werden, die gleichzeitig als Speicher dienen.

Tauchkörperanlagen sind ähnlich zu beurteilen wie Tropfkörperanlagen. Sie sind gegen Witterungseinflüsse durch Überbau zu schützen. Der Anwendungsbereich liegt bei Anschlußwerten für einige hundert EG. Tauchkörperanlagen haben einen geringen Energieverbrauch.

Kompaktanlagen vereinen mehrere Klärelemente in einem Baukörper. Meist sind sie kostengünstiger als Anlagen in aufgelöster Bauweise. Durch die Kopplung der verschiedenen Klärvorrichtungen können nicht immer die optimalen Bemessungsgrößen eingehalten werden. Erweiterungen können nur durch Vervielfältigung der Einheit erreicht werden.

Es gelten grundsätzlich die gleichen Überlegungen wie bei größeren Kläranlagen (Abschn. 4.5). Man versucht mit kleinstem Raum auszukommen und erhält ggf. wirtschaftliche Anlagen durch Einsparung der Vorklärbecken und der Schlammfaulräume.

Der Schlammzuwachs in Belebungsanlagen wird durch die Schlammbelastung wesentlich beeinträchtigt. Ein weiterer Maßstab ist das Schlammalter, die rechnerische Aufenthaltszeit des Schlammes im Belüftungsbecken, zu ermitteln als Verhältnis von Schlammenge im Becken zur Menge des Überschußschlammes. Man hat festgestellt, daß bei einer geringen BSB_5-Belastung der Schlammflocke oder bei großem Schlammalter der Schlammüberschuß stark absinkt. Nach v.d. Emde unterscheidet man 3 Wachstumsphasen des Schlammes (**481**.1). In der logarithmischen Phase wächst die Schlammenge bei großem Schmutzstoffangebot unbeschränkt, in der zweiten Phase nimmt das Wachstum ab, weil die Schmutzstoffmenge nicht mitwächst, und in der dritten Phase dient die Substanz des Schlammes als Nahrung, weil die Schmutzstoffnahrung fehlt. Man spricht dann von aerober Mineralisierung oder Stabilisierung des Schlammes, die man in kleinen Belebungsanlagen zu erreichen sucht.

Neben den bis hierher beschriebenen Anlagen in technischer Bauweise, haben sich in den letzten Jahren Teichkläranlagen gut bewährt (Abschn. 4.5.3.5).

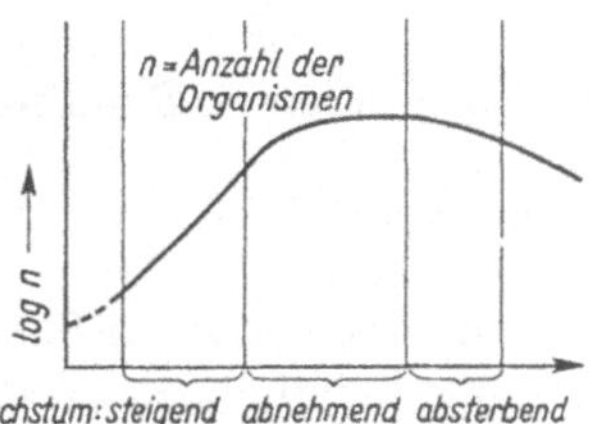

481.1 Wachstumsphasen der Mikroorganismen (idealisiert) nach v. d. Emde

4.7.1 Belebungsanlagen in Schachtbauweise

Diese Anlagen benutzen meist die Schlammbelebung und bestehen aus Vorklärung, Belüftung und Nachklärung (**482**.1). Die biologische Stufe arbeitet mit langen Aufenthaltszeiten des Schlammes, so daß eine Stabilisierung möglich ist. Die Belüftung erfolgt durch Druckluft (Gebläse) oder Injektoren und wirkt intermittierend, z.B. 12 h/d. In **482**.1 betreibt das Gebläse zugleich die Drucklufthebung (Prinzip der Mammutpumpe) des Rücklauf- und Überschußschlammes von der Nach- zur Vorklärung.

Der Rücklaufschlamm soll in anderen Anlagen durch die Verminderung des spezifischen Gewichts der Wassersäule im Belebungsbecken infolge Lufteintrag vom Nachklärbecken ohne Pumpen zurückfließen. Die Vorklärung ist mehrmals im Jahr zu entschlammen. Diese Anlagen werden vornehmlich für die Abwasserreinigung von geschlossenen Neubaugebieten für 50 bis 500 EG oder für Einzelhäuser eingesetzt, wenn noch keine allgemeine Ortsentwässerung besteht. Sobald diese nachgebaut wird, werden die Anlagen aufgehoben und das Gebiet an die größere Ortskläranlage angeschlossen.

Vom Betrieb und der Wartung her sind die Anlagen als Behelf zu bezeichnen. Es können jedoch bei nur häuslichem Abwasser gute Reinigungsleistungen erzielt werden.

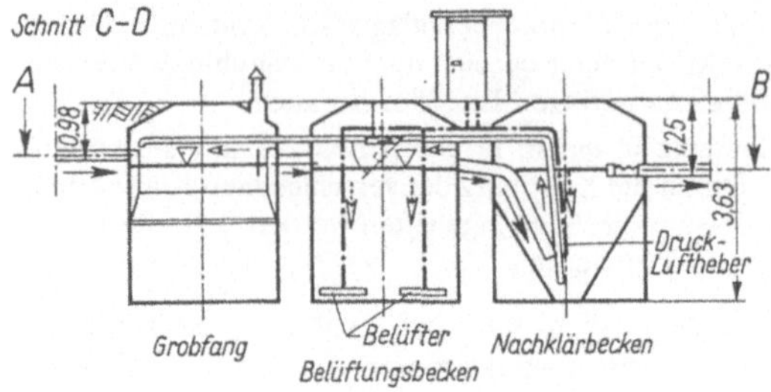

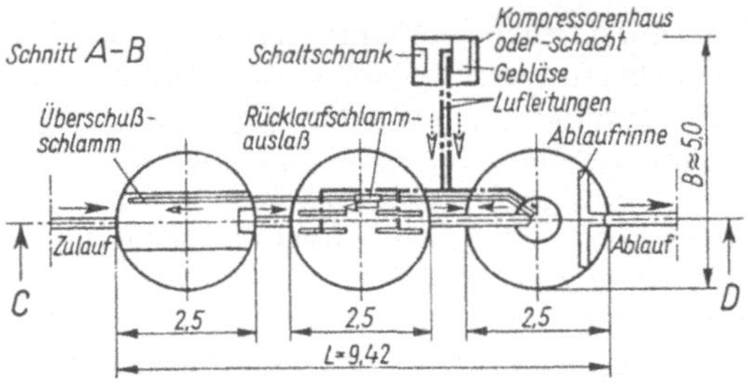

482.1
Funktionsschema einer OMS-Belebungsanlage für 60 EG

4.7.2 Oxidationsgraben — Belebungsgraben

Oxidationsgräben werden vermehrt seit 1954 gebaut. Die methodischen Grundlagen entwickelte Dr. Pasveer, Den Haag [55]. Die Anlagen bestehen im wesentlichen aus einem großen Belüftungsbecken in Form eines ovalen Umlaufgrabens. An einer Stelle des Grabens ist eine Belüftungswalze angebracht, die für den Lufteintrag und den Umlauf des Wassers sorgt. Die Reinigungsmethode besteht in der Belüftung des Abwassers und einer so weitgehenden Belüftung des Schlammes, daß er aerob mineralisiert und ohne Faulbehälter getrocknet werden kann. Anaerobe Faulprozesse sind ausgeschaltet. Dazu wird der Schlamm so lange in der Anlage zurückgehalten, bis ein hoher Gehalt an Schwebestoffen erreicht ist. Er beträgt das 10- bis 30fache der Schwebestoffmenge einer hochbelasteten Belebungsanlage. Die Schlammbelastung ist gering. Man rechnet mit etwa 50 bis 100 g BSB_5/(kg Trockensubstanz · d). Bei dieser geringen Substratmenge und einer hohen Sauerstoffzufuhr mineralisiert der Schlamm weitestgehend. Überschußschlamm wird ständig abgeführt, so daß der Schwebstoffgehalt konstant bleibt. Der Oxidationsgraben ist weitgehend unempfindlich gegen Stoßbelastung durch BSB_5-Zufuhr und anwendbar für aerob-biologisch ansprechbare Schmutzstoffe. Auch Abwässer aus Molkereien, Schlachthöfen, Brauereien, Kokereien und beschränkt aus Viehställen werden gut gereinigt. Sogar Giftstoffe können aufgefangen werden.

Die Schlammbelastung des Belebungsgrabens ist bis doppelt so groß wie beim Oxidationsgraben. Man unterscheidet im wesentlichen 3 Typen von Oxidations-(Belebungs-)gräben.

Der Aufstaugraben (**483**.1) ist geeignet für im Trennsystem entwässernde kleine Gemeinden oder Siedlungen bis 1000 EG. Der Graben wird nicht durchgehend gleichmäßig betrieben. Es gibt eine Belüftungs- und eine Absetzphase, während der sich die Walze abschaltet und der Schlamm zu Boden sinkt. Der Rinnenablauf öffnet sich, und das gereinigte Abwasser läuft über. Bei einem bestimmten Wasserstand schließt sich der

Ablauf und die Walze schaltet sich wieder ein. Die Entnahme des Überschußschlammes geschieht durch eine oberhalb des Wasserspiegels liegende Rinne, die dem Mammutrotor nachgeschaltet und in der wirksamen Länge verstellbar ist. Die Abnahme des Schlamm-Wassergemisches läßt sich so regulieren. Es durchströmt den Schlammbehälter; das Wasser fließt in den Graben zurück. Der Aufstaugraben kann nicht als Belebungsgraben betrieben werden. Bemessungsgrundlage etwa

$$B_R = 0{,}15 \text{ bis } 0{,}2 \text{ kg } BSB_5/(\text{m}^3 \cdot \text{d});\ B_{TS} = 0{,}05 \text{ kg } BSB_5/(\text{kg } TS \cdot d);$$
$$O_B = 2{,}5 \text{ bis } 3{,}5;\quad 1 \text{ bis } 2 \text{ Belüfterbrücken je Graben; Mammutrotor } \varnothing\ 0{,}7 \text{ m}.$$

Im Doppelgraben mit Wechselbetrieb (**483**.2) wird das Abwasser dem einen oder dem anderen Graben zugeführt. Der Graben ohne Zufluß dient als Absetzbecken und zur Entnahme des gereinigten Abwassers. Das System wird durch eine automatische Schaltanlage bedient. Es ist geeignet für Gebiete mit Misch- oder Trennsystem von 700 bis 3000 EG. Eine 20- bis 40fache Regenwettermenge kann behandelt werden. Der Überschußschlamm wird beim Grabenwechsel des Abwassers durch eine Emscherrinne entnommen. Wegen der zeitweisen Verwendung des Grabenvolumens als Absetzraum kann der Doppelgraben nicht als Belebungsgraben verwendet werden. Bemessungsgrundlage wie beim Einzelgraben.

Der Belebungsgraben mit nachgeschaltetem Absetzbecken (einfach oder doppelt) (**483**.3) arbeitet kontinuierlich. Es ist ein besonderes Absetzbecken nachgeschaltet, das vom Schlamm-Wasser-Gemisch durchströmt wird. Das gereinigte Abwasser

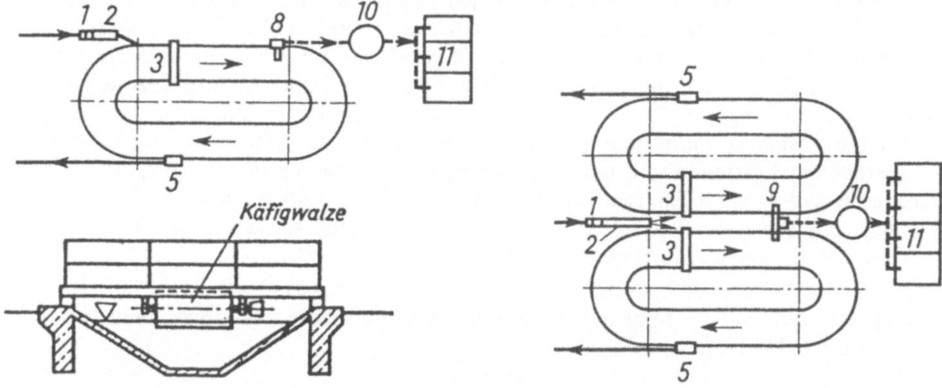

483.1 Aufstaugraben (Graben mit Belüftungsbrücke) **483**.2 Doppelgraben mit Wechselbetrieb

1 Grobrechen
2 Sandfang
3 Belüftungsbrücke mit Käfigwalze
4 Regenwasserüberlauf
5 Auslaufbauwerk
6 Nachklärbecken
7 Schlammhebewerk
8 Schlammfang
9 Verbindungsrinne mit Schlammfang
10 Schlammsilo
11 Schlammtrockenbeete
– – – – Überschußschlamm

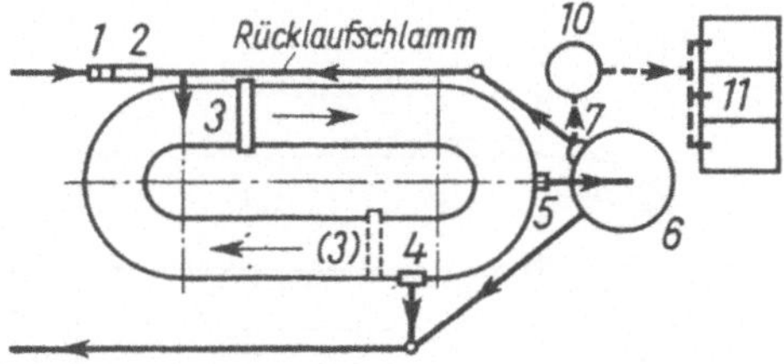

483.3 Graben mit nachgeschaltetem Absetzbecken

verläßt das Becken durch Überlauf zum Vorfluter, der Schlamm geht als Rücklaufschlamm in den Graben zurück oder als Überschußschlamm in den Schlammbehälter. Ein Schlammhebewerk ist erforderlich. Der Graben ist geeignet bei Trannkanalisation und bei Mischkanalisation von 1000 bis 8000 EG. Als Nachklärbecken empfiehlt sich ein Trichterbecken. Der Graben kann auch als Belebungsgraben verwendet werden. Bemessung als Oxidationsgraben für B_R = 0,15 bis 0,2 kg $BSB_5/(m^3 \cdot d) \approx 3$ EG/m³, als Belebungsgraben für B_R = 0,20 bis 1,0 kg $BSB_5/(m^3 \cdot d)$; B_{TS} = 0,05 bis 0,3 kg $BSB_5/(kg\ TS \cdot d)$; O_B = 2,5 bis 3,5; 1 bis 4 Belüfterbrücken. Grundrißform oval oder rund. Bei der Kombinationsbauweise liegt das Nachklärbecken innen und der Belebungsring außen. Herstellung meist in Ortbeton.

Rechen und Sandfang können entfallen. Fließgeschwindigkeit im Graben $v \geqq 0{,}30$ m/s. Bei standfesten Böden genügt Sicherung der Wasserspiegelzone, bei nicht standfesten Böden Befestigung der Grabenflächen durch Ortbeton, Betonplatten oder Ziegel, Bodenvermörtelung oder Zementstrich. Die Grabenböschung beträgt $\leqq$ 1:1,5, Grabentiefe $\leqq$ 1,2 m, mittlerer Radius = 5,0 m, Wasserspiegelbreite 3,0 bis 5,0 m, Energiebedarf $\approx$ 18 kWh/(EG · a).

Ebenfalls als Belebungsgräben gelten Becken mit rechteckigem Fließquerschnitt und vertikalen Wänden als Umlaufbecken, dazu Nachklärbecken mit Rundräumer. Die Belüftung erfolgt mit 2 bis 4 Mammutrotoren von 1,0 m ∅, Anschlußwerte von 4000 bis 30000 EG. Die gleiche Ausführung als Rundbecken mit 1 bis 3 Mammutrotoren, Nachklärbecken innen (Kombinationsbauweise).

Aus den Belebungsgräben üblicher Bauart wurden in den Niederlanden für höhere Anschlußwerte die Carrousel-Reaktoren entwickelt (**484**.1). Ein Kreisel sorgt für die Belüftung und die Strömung in dem Umlaufbecken. Belüfter mit einem Sauerstoffeintrag von = 150 kg O_2/h lassen Beckentiefen bis zu 5 m zu. In der Belüftungszone herrscht eine Spiralströmung vor. Die Wassermenge erhält durch die Umlenkungen um 180° und den Kreisel eine spiralförmige Strömung. Es entsteht ein guter Austausch zwischen eingetragenen Luftteilen und dem Abwasser. Es wird im Verhältnis zu quadratischen Kreiselbecken weniger Energie benötigt. Abmessungen des Umlaufkanals und der Belüftungszone sowie der Kreiseltyp bestimmen die Strömungsgeschwindigkeit, welche so groß sein muß, daß der Schlamm in Schwebe gehalten wird.

Ein weiteres bekanntes Umlaufbecken ist das Kombibecken der Fa. OMS für 1000 bis 10000 EG. Belüftung erfolgt mit Staustrahl. Nachklärbecken und Schlammsilo liegen innerhalb der Umlaufrinne.

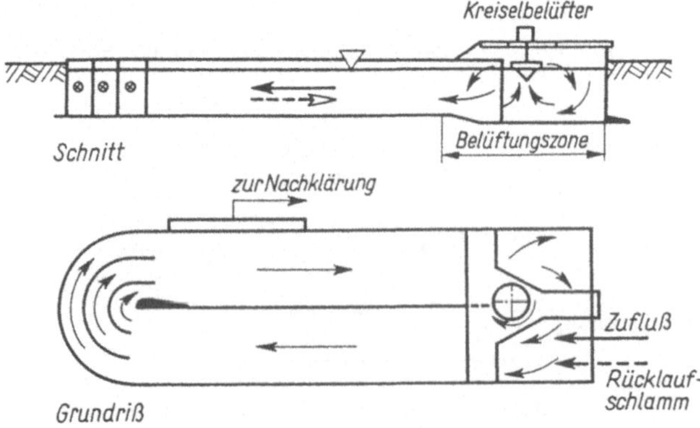

484.1 Funktionsschema eines Carrousel-Reaktors

4.7.3 Die Schreiber-Tropfkörper-Kläranlage

Sie stellt eine vollbiologische Abwasserreinigungsanlage mit Tropfkörper in Blockbauweise dar. Alle notwendigen Klärelemente (**485**.1) für mechanische und biologische Reinigung sowie die Pumpen sind in einem Bauwerk zusammengefaßt. Diese Kläranlagen werden seit 1953 gebaut und haben sich hinsichtlich des Ausgleichs von Wassermenge, Verschmutzungsgrad, Temperatur und pH = Wert innerhalb des Klärwerks gut bewährt. Der Betrieb ist vollautomatisch bis auf die Schlammbeseitigung. Durch die kompakte Bauweise wird an Grundstücksfläche, Baumassen und Leitungslängen gespart. Die Klärwerke sind für 300 bis 15000 EG in einem Bauwerk zu erstellen mit

$$Q_d = 100 \text{ bis } 200 \text{ l/(EG} \cdot \text{d)}$$

Betrieb der Anlage (**485**.1). Das Abwasser fließt vom Zulauf (*1*) in die Emscherrinne (*3*a) und über das Verbindungsrohr (*3*b) in die Emscherrinne (*3*c) und weiter durch die senkrechten Verbindungsschlitze (*4*) in die Absetzkammern (*V 1*) und (*V 2*). Von (*V 2*) gelangt es in den Pumpensumpf (*5*) und wird durch zwei vertikale Kreiselpumpen (*P*) in den Drehsprenger des Tropfkörpers gehoben. Es durchfließt den Tropfkörper (*T*) und gelangt über eine Sammelrinne (*6*) in das Nachklärbecken (*N*), aus dem es über eine Überfallschwelle zum Vorfluter abfließt (*2*). Ein Teil des Abwassers durchfließt die Anlage im Rücklauf ein zweites Mal (*R*).

Der Schlamm sinkt aus den Emscherrinnen (*3*a) und (*3*c) (s. oben) in die Speicher und Schlammfaulräume (*F*) der Anlage. Der in den Absetzkammern (*V*) lagernde Schlamm wird mit steigendem Wasserspiegel durch ein Steigrohr über einen Zwischenschacht in

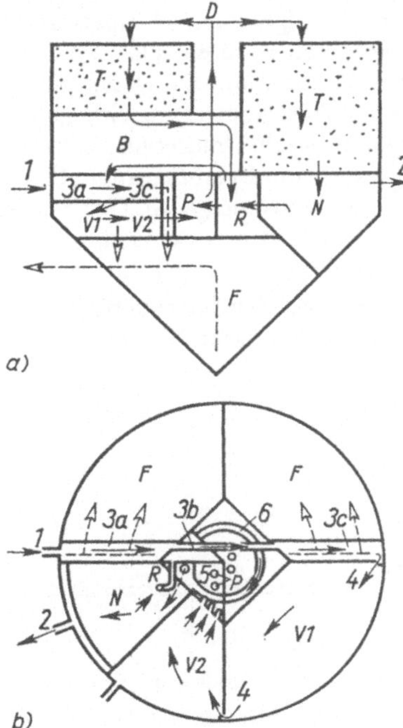

485.1
Schreiber-Kläranlage, Typ K
a) Schema der Funktion im senkrechten Schnitt
b) Lageplan der Kläreinheiten unterhalb der Zuflußebene (schematisch)

1 Zulauf
2 Auslauf
3a, 3c Emscherrinne
3b Verbindungsrohr
4 Verbindungsschlitze
5 Pumpensumpf
6 Sammelrinne

D Drehsprenger
V1, V2 Absetzkammern
B Betriebsraum
P Pumpen(-raum)
T Tropfkörper
N Nachklärbecken
R Rücklauf
F Faulkammer

die Faulkammern (*F*) gedrückt. Von hier führen zwei Schlammsteigerohre in den Schlammentnahmeschacht oder auf die Trockenbeete. Alle Schlammsteigerohre können auch mit Druckluft gefahren werden.

Die Pumpenausstattung besteht aus einer Betriebs- und einer Reservepumpe. Die Betriebspumpe schaltet über eine Zeitschaltung 15- bis 20mal in der Stunde ein. Die Reservepumpe wird durch Schwimmerschaltung automatisch bedient. Der Einschaltpunkt liegt beim Höchstwasserstand. Der Wasserspiegel wird um 2 bis 3 cm abgesenkt und der Tropfkörper erhält eine zusätzliche Flächenbelastung von 0,8 m/h, wenn die Pumpe sich einschaltet. Die Funktionen der Pumpen können gewechselt werden. Außerdem ist ein Kompressor vorhanden, der den Schlamm von einer Kammer zur anderen oder auf hochgelegene Trockenbeete hinausbefördert. Hierzu wird Druckluft in den Fuß der Steigrohre gegeben und so die Wirkung einer Mammutpumpe erzeugt. Durch die hohe Schaltzahl von 15 bis 20 ist fast eine kontinuierliche Beschickung des Tropfkörpers erreicht. Man kann jedoch auf Niveauschaltung umstellen.

Für Anlagen-Größen von 2000 bis 20000 EG in einem Bauwerk wird die gleiche Bauweise mit herausgenommenen Nachklärbecken (*N*) angeboten. Dieses wird dann als Trichterbecken neben die Kombination der anderen Kläranlagenteile gesetzt.

Infolge der Erweiterung und Erhöhung der Abbauleistungen vieler Klärwerke können die Tropfkörper als Vor- bzw. Adsorptionsstufe weiter benutzt werden.

4.7.4 Becken mit Kreiselbelüftung

Diese Becken werden in Rundbauweise oder quadratisch ausgeführt (**486**.1). Der Sauerstoffeintrag erfolgt durch Hochleistungskreisel, die frei in der Wasseroberfläche oder über Steigrohren rotieren. Das Abwasser fließt im Belebungsraum abwärts und steigt zum Kreisel wieder auf. Durch den Kreisel erfolgt eine Oberflächenbelüftung und durch die gelenkte Wasserbewegung eine gute Durchmischung des Abwassers. Der Sauerstoffeintrag kann durch Umdrehungszahl und Eintauchtiefe des Kreisels geregelt werden. Das Abwasser vom Belebungsraum fließt durch das Rohr (*3*) in das Nachklärbecken und über die Überlaufrinne (*4*) ab. Der belebte Schlamm sinkt im Nachklärraum abwärts und geht über Rohr (*6*) und Pumpstation (*7*) zum Belebungsraum zurück. Der Überschußschlamm wird von der Pumpstation zur Schlammbehandlung abgepumpt.

Diese Becken werden für beliebig hohe Anschlußwerte hergestellt. Sie sind bei Trenn- und Mischsystem anwendbar. Der Platzbedarf für die Anlagen ist mäßig.

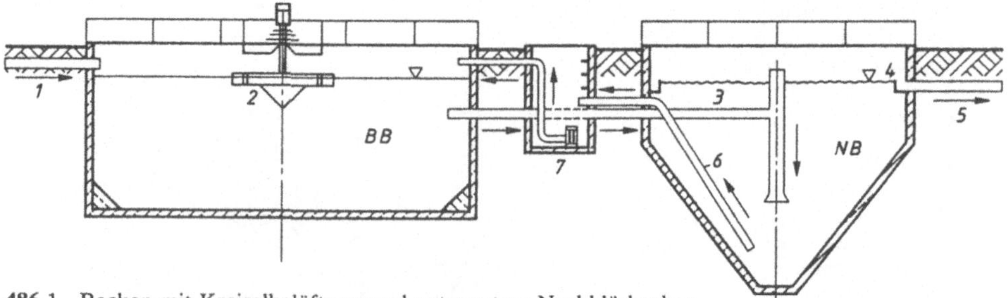

486.1 Becken mit Kreiselbelüftung und getrenntem Nachklärbecken
1 Zulauf; *2* Kreisel; *3* Ablauf vom BB; *4* Überlaufrinne; *5* Ablauf zum Vorfluter; *6* Steigrohr für RS und ÜS; *7* Pumpstation

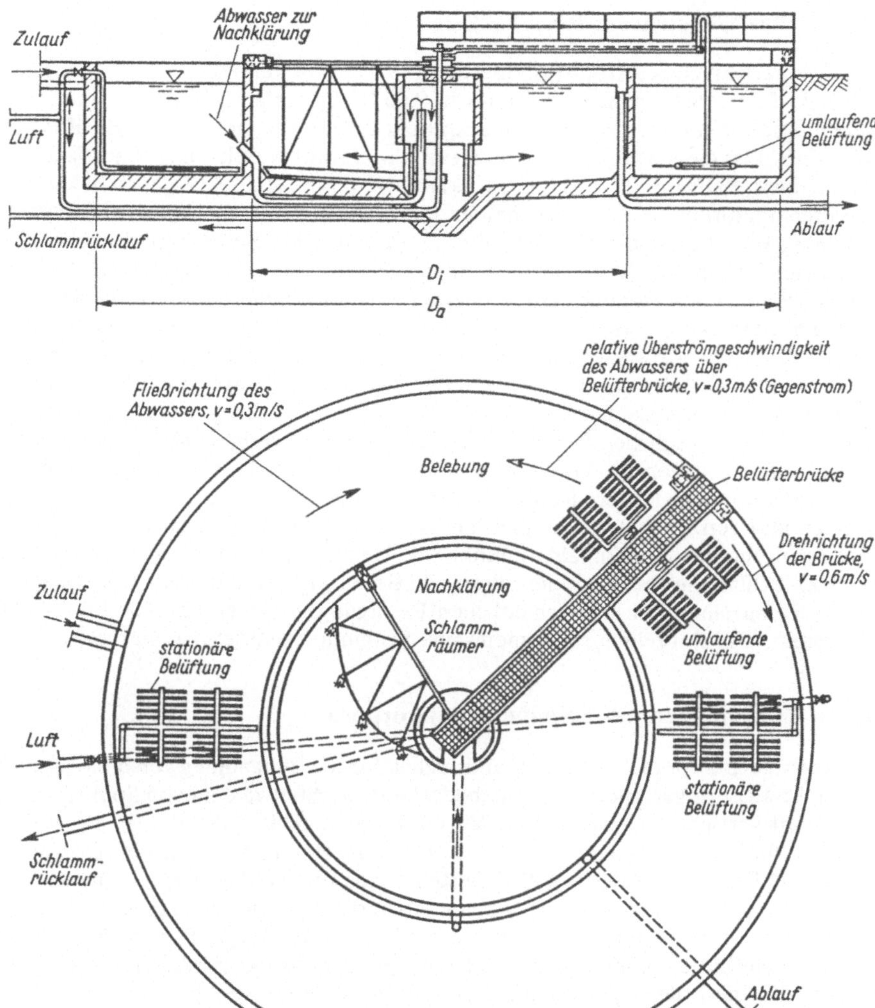

487.1 Schreiber-Gegenstrom-Rundbecken, Baureihe *GR* (auch ohne stationäre Belüftung)

EG	1000	1500	2000	2500	3000	3500	4000	5000
D_a (m)	12	14	16	18	20	22	24	26
D_i (m)	7	8	9	10	11	12	13	14
EG	6000	7000	8000	9000	10000	12000	13000	15000
D_a (m)	28	30	32	34	36	38	40	42
D_i (m)	15	16	17	18	19	20	21	22

4.7.5 Das Gegenstrom-Rundbecken

Die Schreiber-Gegenstrom-Rundbecken (**487**.1) sind vollbiologische Belebtschlammanlagen, die mit Schlammbelastungen von 0,05 bis 0,4 kg BSB_5/(kg TS · d) arbeiten. Im Belebungsbecken erfolgt der Kontakt mit dem Belebtschlamm und die Belüftung durch Druckluft. Das Gegenstrom-Becken vereinigt im Prototyp Belebungs- und Nachklärbekken in einem Bauwerk. Das runde Nachklärbecken liegt in der Mitte, das Belebungsbekken kreisringförmig darum. Über beiden läuft eine Drehbrücke, welche im Bereich der Belebung Belüftungseinrichtungen mitführt (umlaufende Belüftung). Daneben sind an bis zu vier Stellen der Beckensohle stationäre Belüfter angeordnet. Alle Belüfter bestehen aus herausschwenkbaren Filtereinheiten Brandol 60 und werden von einer Gebläsestation mit Druckluft versorgt. Bemerkenswert ist die mit $v = 0{,}6$ m/s umlaufende Belüftung, welche das Abwasser auf eine mittlere Horizontalgeschwindigkeit $v = 0{,}3$ m/s beschleunigt. So strömt es mit $v = 0{,}3$ m/s über die stationären Belüfter und mit einer relativen Geschwindigkeit von $v = 0{,}6 - 0{,}3 = 0{,}3$ m/s entgegen der Brückendrehrichtung über die beweglichen Belüfter. Die Luft wird feinblasig eingetragen und die Luftblasen erhalten gegen die horizontale Wasserbewegung einen verlängerten Weg nach oben und damit eine längere Kontaktzeit zum Belebtschlamm. Die Sauerstoffausnutzung ist hoch und beträgt $\approx 9{,}5\%$. Außerdem entstehen geringe Energiekosten für die Aufrechterhaltung der Horizontalströmung. Die Umwälzung und der Schwebezustand des belebten Schlammes ist durch die rotierende Belüftung gewährleistet. Die Anlagen werden in 6 Baureihen mit unterschiedlichen Reinigungsaufgaben für 1000 bis 200000 EG hergestellt. Die Baureihen für gemeinsame Schlammstabilisierung überwiegen.

4.7.6 Kläranlagen mit Scheibentauchkörpern

Scheibentauchkörper (*STK*) sind grundsätzlich für die Behandlung von biologisch abbaubaren Abwässern geeignet. Der Platzbedarf entspricht etwa dem von Spültropfkörpern. Besonders wirtschaftlich ist das *STK*-Verfahren für 100 bis 40000 EG. In dieser Größenordnung sind die Anlagen typisiert, z.B. Typ Isar, Rhein, Main, Mosel, Donau der Fa. Stengelin. Tauchtropfkörper (**489**.1) bestehen aus runden Scheiben, die nebeneinander auf einer Welle befestigt sind. Sie drehen sich und tauchen mit dem unteren Teil in einen Trog, der vom Abwasser durchflossen wird. Innerhalb weniger Tage bildet sich auf den Scheiben ein biologischer Rasen wie beim Spültropfkörper (s. Abschn. 4.5.1). Dieser Rasen adsorbiert die organischen Schmutzstoffe, oxidiert sie oder wandelt sie in neuen biologischen Rasen um. Dieser Vorgang ist aerob. Der erforderliche Sauerstoff wird beim Auftauchen der Scheibe aus der Luft aufgenommen. Der Abfluß enthält Stoffwechselendprodukte der Mikroorganismen und überschüssigen, abgefallenen, biologischen Rasen, der im Trog weiter biologisch aktiv ist und in einem Nachklärbecken herausgenommen wird. Das Verfahren wurde von Hartmann entwickelt. Die organischen Schmutzstoffe werden in eine absetzbare Form übergeführt und bei den schwachbelasteten Verfahren die biologische Substanz völlig oxidiert (Schlammstabilisierung).

Über die Bemessung von *STK*-Anlagen ist in den ATV-Arbeitsblättern A 122, A 129, A 135 etwas gesagt, vgl. auch Tafel **346**.1. Folgende zusätzl. Merkmale sollten beachtet werden: Bei mehrstufigen *STK*-Anlagen muß $B_A \leqq 0{,}04$ bis 0,06 kg $BSB_5/(m^2_{TK} \cdot d)$ sein; je m^2 Bewuchsfläche muß ein Wasservolumen $\geqq 4$ bis 6 l vorhanden sein; die Geschwindigkeitsdifferenz zwischen Scheibe und Abwasser $\leqq 20$ m/h; bei hintereinander geschalteten *STK* sind Zwischenwehre erforderlich, damit das Abwasser nicht direkt durchfließen kann.

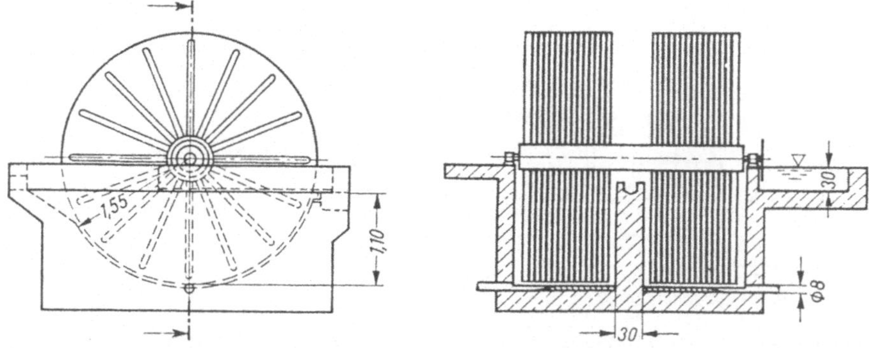

489.1 Tauchtropfkörper, zweistufig, Scheibendurchmesser 3,00 m

Der Tauchtropfkörper ist etwa mit $B_A{'}$ = 0,008 bis 0,02 kg $BSB_5/(m^2_{TK} \cdot d)$ bei Mindestanforderungen, mit B_A = 0,004 bei Nitrifikation und = 0,04 bei Teilreinigung zu belasten. Die höheren Werte gelten im Mittel bei 2 bis 4 Stufen. Das Abwasser hat beim Durchfluß keinen Gefälleverlust. Die Scheiben haben einen ∅ von 1,0, 2,0 oder 3,0 m. Sie bestehen aus leichtem Kunststoff; Scheibenabstand ≧ 15 mm. Die Walzenlängen betragen 1 bis 6 m mit 30 bis 180 Scheiben. Die Walzen können hinter- und nebeneinander angeordnet werden (mehrstufiger Betrieb), Drehzahl 0,8 bis 4 Umdrehungen/min, Antrieb durch Getriebemotoren, Kraftbedarf bei 3-m-Scheiben ≈ 75 W/m Welle, bei 2-m-Scheiben ≈ 50 W/m Welle.

Die genauere Bemessung der *STK* erfolgt auch mit Hilfe einer Abbaukurve, welche die Werte A/Q liefert, A = Scheibenfläche. Q ist die Bemessungswassermenge, welche geringer als normal sein kann, weil Belastungsspitzen durch die hohe Adsorptionskraft schnell abgebaut werden.

	EG	≦ 400	400 bis 1500	≧ 1500	Großanlagen
Q	Vor- und Nachklärbecken	Q_{10}	Q_{12}	Q_{14}	Q_{16} bis Q_{18}
	Tauchtropfkörper	Q_{16}	Q_{18}	Q_{18} bis Q_{20}	Q_{20} bis Q_{22}

Überschläglich kann man die erforderliche Plattenfläche nach den EG ermitteln (Werte nach Vorklärung und Mittelwerte bei mehrstufigen Anlagen):

BSB_5-Abbau in %	95	90	Teilreinigung
A qm/EG	3 bis 10	2 bis 5	2 bis 0,5

Hierbei gilt w = 100 bis 120 l/EG und 40 $\frac{\text{g } BSB_5}{\text{EG} \cdot \text{d}}$ vor dem Tauchtropfkörper, d.h. 60 $\frac{\text{g } BSB_5}{\text{EG} \cdot \text{d}}$ vor der Kläranlage. Vorklärbecken sollen $t_R \geq$ 0,5 bis 1 h Aufenthaltszeit haben, Nachklärbecken $t_R \geq$ 1,5 h; v_s des Nachbeckenschlammes ≈ 5 m/h. Die Becken werden als Emscher- oder Dortmundbrunnen und bei größeren Anlagen als Flachbecken ausgeführt. Bei sehr kleinen Becken vergrößert man die Aufenthaltszeit wegen der möglichen Kurzschlußströmungen. Es kann auch der von Spengelin entwickelte Trommelfilter, Typ Fangomat, als Nachklärfilter verwendet werden. Der Schlammfaulraum wird wie üblich bemessen, z.B. 100 l Faulraum/EG beim Emscherbrunnen. Der Schlamm des Nachbeckens wird mit einer Tauchkolbenpumpe in Zeitschaltung zum Vorbeckenzulauf gefördert (**490**.1).

Das Scheibentauchkörperverfahren zeigt eine sichere Reinigungsleistung auch bei wechselnder Wassermenge oder Verschmutzung. *STK* sind auch geeignet als nachgeschaltete

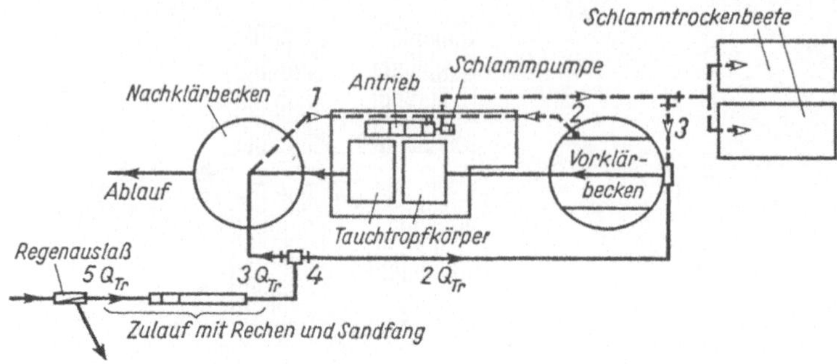

490.1 Kläranlagen mit Tauchtropfkörpern für 500 bis 2000 EG im Mischsystem

Q_{Tr} Trockenwetterzufluß
1 Schlammentnahme Nachklärbecken
2 Schlammentnahme Vorklärbecken
3 Schlammrückgabe zum Vorklärbecken
4 Verteilerbauwerk

Nitrifikationsstufe von nichtnitrifizierenden Anlagen. *STK*-Anlagen können unkompliziert mit einer simultanen Phosphatfällung ausgerüstet werden. Die Betriebskosten sind gering, die Wartung ist einfach. Die Baukosten können bei Verwendung von Betonfertigteilen niedrig gehalten werden. Es tritt keine Fliegenbelästigung auf. Die Anlagen können leicht erweitert werden. Der Winterbetrieb ist möglich, wenn man die Tauchkörper durch Überbauung schützt.

4.7.7 Teichkläranlagen

Klärteiche sind Abwasserbehandlungsanlagen. Erst wenn diese Bedingung eingehalten ist, kann man sie auch landschaftsgerecht anlegen. Die Grundlagen für die Klärtechnik der Teiche sind in Abschn. 4.5.3.5 behandelt.

Hier sollen weitere planerische Hinweise gegeben werden. Gegenüber technischen kleinen Kläranlagen bieten Klärteiche oft erhebliche Kostenvorteile. Durch das sehr große Klärvolumen kann man auch große Regenwetterabflüsse des Mischverfahrens mitbehandeln. Sie haben eine relativ hohe Prozeßstabilität, eine sehr hohe Betriebssicherheit und geringen Wartungsaufwand.

Kleine Ortschaften mit Mischkanalisation haben entweder keine oder nur eine Regenentlastung am Ortsausgang. Oft ist der unzureichende Vorfluter der Grund. Das Mischwasser kann zeitweise stark verschmutzt sein, z. B. nach Trockenperioden und Ablagerungen im Kanalnetz.

Es empfiehlt sich, die Teiche mit Umgehungsleitungen anzulegen. Man kann dann einen Teil des Mischwassers umleiten oder aufstauen. Man kann die Teiche zwecks Schlammräumung einzeln außer Betrieb nehmen. Die erforderlichen Ablaufwerte sollen auch während der Teichräumung erreicht werden.

Wie und in welcher Höhe die Regenwassermenge in die Teichanlage geleitet wird, hängt von den örtlichen Gegebenheiten ab. Bei groß bemessenen unbelüfteten Teichen ist es möglich, das gesamte Mischwasser mitzubehandeln. Bei belüfteten Teichen ist dies i. allg. nicht möglich. Von der Länge, dem möglichen Gefälle des Sammlers zwischen Ortslage und Kläranlage oder ob das Abwasser gehoben werden muß, hängt es ab, an welcher Stelle der Sammler durch Regenüberlaufbauwerke oder -überlaufbecken entlastet werden sollte. Auch die Nähe des Vorfluters am Entlastungspunkt spielt eine Rolle. Aus den planerischen Überlegungen heraus kommt man oft dazu, das Entlastungsbauwerk an den Ortsausgang zu legen. Ist dies nicht möglich, bietet sich die Entlastung vor der Teichkläranlage an, wobei man alle oder die ersten Teiche als Stauteiche verwenden kann. Es gibt folgende Betriebsmöglichkeiten:

Die gesamte Mischwassermenge durchfließt nacheinander die einzelnen Teiche einer großzügig bemessenen Teichanlage.

Ist der erste Teich ein kleinvolumiger Absetzteich, so wird ihm nur der kritische Mischwasserabfluß zugeführt. Das vorgeschaltete Entlastungsbauwerk wirkt dann als Regenüberlauf. Die Entlastungswassermenge kann dem Vorfluter oder den nachfolgenden Teichen zugeführt werden.

Eine größere Belastung entsteht, wenn der gesamte Mischwasserzulauf mit dem ersten Schmutzstoß dem Absetzteich zugeführt wird. Durch Drosselung des Teichablaufes entsteht im Absetzteich ein Aufstau als Fangbecken. Nach erreichter Stauhöhe wird über den vorgeschalteten Beckenüberlauf abgeworfenes Mischwasser dem Vorfluter oder den nachfolgenden Teichen zugeleitet.

Das Speichervolumen im ersten Teich errechnet sich aus der Differenz zwischen der Wasserspiegellage bei Trockenwetterzufluß und dem Stauwasserspiegel. Diese Aufstauhöhe hängt von dem zulässigen Höchstwasserspiegel im Zulaufkanal ab. Er sollte den Scheitel nicht überstauen.

4.7.7.1 Unbelüftete Teiche

In Norddeutschland werden unbelüftete Teiche mit 10 bis 20 m^2/EG bemessen und die Gesamtfläche z.B. auf 2 bis 4 Teiche aufgeteilt. Der erste Teich hat zur Aufnahme des Schlammes eine Wassertiefe von $\geqq$ 2,5 m, die sich zum Auslauf hin auf ~ 1,2 m verringert. Dadurch wird der Schlammstapelraum so groß, daß eine Räumung erst nach ca. 6 bis 10 Jahren erforderlich wird. Wegen der großen Oberfläche des ersten Teiches steht auch ein entsprechender Stauraum für Regenwasser zur Verfügung.

In Bayern hat sich eine flächensparendere Lösung entwickelt. Der erste Teich wird als Absetzteich mit 0,5 bis 1,0 m^3/EG ausgebildet. Der Schlamm muß etwa jährlich geräumt werden. Dies ist wegen der geringen Teichgröße nicht schwierig. Der Schlamm darf nicht über den Teichwasserspiegel hinausragen wegen der dann auftretenden Geruchsbelästigungen. Die folgenden Teiche werden mit 5 bis 10 m^2/EG bemessen und die Gesamtfläche auf zwei oder mehr Teiche verteilt.

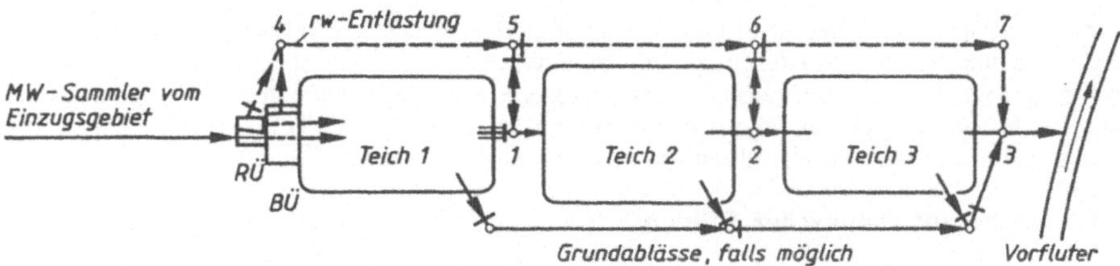

491.1 Teichanlage mit Mischwasserbehandlung
- – – → ≙ Teichumläufe, teilweise mit 2 Fließrichtungen, z.B. zwischen Schacht 1 und 5, Sohlgefälle nach 5, Wasserspiegelgefälle für *rw* nach 1
—+— ≙ Schieber
═══ ≙ Drosselstrecke
RÜ ≙ Regenüberlauf
BÜ ≙ Beckenüberlauf

Bei unbelüfteten Abwasserteichen beträgt die Aufenthaltszeit meist mehr als 50 Tage. Eine weitgehende Oxidation der Stickstoffverbindungen und eine teilweise Denitrifikation ist möglich. Bei starkem Algenwuchs wird auch die Phosphatkonzentration verringert.

Die letzte Teichstufe oder Schönungsteiche werden gelegentlich mit Fischen besetzt. Es besteht die Gefahr der veränderten Nutzung. Aus dem Abwasserteich wird ein Fischteich.

Bei den Jahresgesamtkosten ist zu beachten, daß der hohe Anteil für Grunderwerb und Erdbauwerke nicht abgeschrieben zu werden braucht. Für die wöchentliche Kontrolle, das Bekämpfen von Schädlingen und für zweimaliges Mähen fallen etwa 100 bis 200 Arbeitsstunden im Jahr an. Da der Schlamm meist nur geringe Anteile an Schadstoffen enthält, kann er landwirtschaftlich verwertet werden.

4.7.7.2 Belüftete Teiche

Belüftete Abwasserteiche eignen sich auch bei Mischkanalisationen mit > 1000 EG und auch, wenn Abwasser aus Gewerbebetrieben wie Molkereien, Brauereien oder Schlachtereien mitbehandelt werden soll. Dabei werden Anlagen mit und ohne vorgeschalteten Absetzteich eingesetzt.

Ist kompliziertes oder wechselndes Abwasser zu behandeln, werden mehr als 2 Teiche empfohlen. Für die Bemessung ist es zweckmäßig, die Abbauwerte der einzelnen Teichstufen zu ermitteln. Für einige Teichsysteme sind nach Erfahrungswerten ungefähre Abbauleistungen ermittelt worden.

Die Teichform und -größe ist abhängig von der Belüftungsart.

Als Bemessungswert wurde in Abschn. 4.5.3.5 eine Raumbelastung von 10 bis 20 g $BSB_5/(m^3 \cdot d)$ empfohlen. Ein guter Leistungsbereich bis zu 40 g $BSB_5/(m^3 \cdot d)$ ist erwiesen. Bei belüfteten Teichen mit einer Raumbelastung $\leqq$ 10 g $BSB_5/(m^3 \cdot d)$ kann Stickstoffoxidation eintreten. Die Aufteilung auf mehrere Teiche verbessert die Nitrifizierung.

Um keinen Schlammaustrag in den Vorfluter zu bekommen, ist als letztes eine Absetzzone oder ein Nachklärteich mit > einem Tag Durchfließzeit geeignet. Belüftete Teiche müssen entschlammt werden, sobald der abgesetzte Schlamm durch die Belüftung aufgewirbelt wird, oder 20% der Teichtiefe erreicht hat.

In belüfteten Teichen ohne Absetzteich davor, fällt bei häuslichem Abwasser eine Schlammenge von etwa 0,1 l/(E · d) mit einem Feststoffgehalt von 8 bis 10% an. Der Schlamm ist mineralisiert, weitgehend geruchlos und kann bei Einhaltung der Grenzwerte für Schadstoffe landwirtschaftlich verwertet werden.

Durch häufige Anwendung der belüfteten Teiche sind viele spezielle Belüfter entwickelt worden. Eine einfache und robuste Ausführung mit wenig Wartungsaufwand ist von Vorteil. Es ist zu berücksichtigen, daß jedes Belüftungsaggregat ein eigenes Strömungsbild erzeugt und dadurch eine spezielle Teichform bedingt. Bei Oberflächenbelüftern ist im Winter mit Vereisung zu rechnen, bei feinblasiger Belüftung kann Intervallbetrieb Verstopfungen bewirken.

4.7.7.3 Teiche mit chemischer Fällung

Abwasserteichanlagen können auch mit Einrichtungen zur Phosphateliminierung ausgerüstet werden. Wegen der besseren Einmischung des Fällmittels ist diese bisher nur bei belüfteten Teichanlagen eingesetzt worden. In den Teichen findet ein weitgehender Konzentrationsausgleich statt, so daß eine wassermengenabhängige Dosierung genügt.

Das Fällmittel wird meist vor dem letzten belüfteten Teich direkt oder in einem Mischbecken mit dem Abwasser vermischt. Die Flockung erfolgt denn im Teich, in dem sich auch der chemische Schlamm absetzt.

Wegen der Absetzbarkeit der chemischen Flocken haben sich Eisensalze als Fällmittel bewährt. Da der Schlamm aus Abwasserteichen landwirtschaftlich verwertet wird, muß die Fällmittelwahl angepaßt werden.

Die biologische Reinigung wird durch die Fällung nicht beeinträchtigt. Phosphatrücklösungen aus dem abgesetzten Schlamm sind nicht zu erwarten, wenn dieser ständig von sauerstoffhaltigem Wasser überströmt wird. Die Schlammengen werden durch den chemischen Schlamm beachtlich vermehrt.

4.7.7.4 Belüftete Teiche mit Schlammrückführung

Um den großen Flächenbedarf einzuschränken, sind auch belüftete Teichanlagen mit Schlammrückführung entwickelt worden. Die Teiche werden mit einem Feststoffgehalt bis 500 mg *TS*/l betrieben. Das Teichvolumen ist entsprechend verkleinert.

Teiche mit Schlammrückführung sind verfahrenstechnisch als schwach belastete Belebungsanlagen in Erdbauweise einzustufen. Sie sind wartungsintensiver und störanfälliger als belüftete Teiche.

4.7.7.5 Teiche in Kombination mit Tropfkörpern, Tauchkörpern oder Belebungsanlagen

Diese Kombinationen entstehen, um bestehende Teichanlagen oder technische Anlagen zu erweitern, ihre Reinigungsleistung zu verbessern oder um bei Teichanlagen den Flächenbedarf zu verringern.

Tropfkörper werden meist hinter dem ersten Teich angeordnet, der mindestens als Absetzteich mit 0,5 m^3/E zu bemessen ist. Der mit Raumbelastungen $B_R \leqq 0{,}4$ kg BSB_5/($m^3 \cdot$ d) bemessene Tropfkörper wird gleichmäßig beschickt. Der Rücklauf wird aus einem der nachgeschalteten Teiche entnommen. Die Aufenthaltszeit im Nachklärteich sollte > ein Tag sein. Zur Grobentschlammung können auch Siebanlagen eingesetzt werden.

Wegen des geringeren Energiebedarfs werden auch Tauchkörper mit Abwasserteichen kombiniert. Weil Tauchkörper bei angefaultem Abwasser eine geringere Reinigungsleistung erbringen, sollte bei vorgeschalteten Schlammteichen die Bemessung mit $B_A \leqq 8$ g $BSB_5/(m^2 \cdot d)$ erfolgen, und ≧ zwei Tauchkörperwalzen hintereinander eingesetzt werden.

Als Kombination von Teichen mit Bestandteilen des Belebungsverfahrens wäre der Einsatz eines Belebungsbeckens für Teilreinigung und nachgeschalteten Teichen zu nennen. Einer mehrstufigen Teichanlage wird z. B. eine Hochlaststufe, bestehend aus belüftetem Sandfang, der zugleich als Belebungsbecken dient, und ein Zwischenklärbecken vorgeschaltet. Die Teiche dienen auch als Speicher für den Schlamm dieser Vorklärstufe. Eine BSB_5-Abbauleistung in der Vorstufe von ≦ 60% ist möglich. Die Teiche besorgen als zweite, Schwachlaststufe, die Restreinigung. Damit läßt sich der Einsatzbereich von Teichen bis ca. 20000 EG erhöhen. Besonders geeignet sind Gemeinden mit wechselnden Anschlußwerten (Saisonbetrieb). Die Vorklärstufe kann dann außerhalb der Saison stillgelegt werden. Einarbeitungszeit beträgt ca. 2 bis 4 Wochen.

Ähnlich aufgebaut sind Adsorptions-Teichanlagen nach Böhnke. Die den Teichen vorgeschalteten Adsorptionsstufen, meist zwei, sind Höchstlaststufen mit $B_{TS} > 2{,}0$, möglichst 5,0 kg $BSB_5/(kg\ TS \cdot d)$.

4.7.7.6 Ablaufbehandlung im Schönungsteich

Durch die Nachbehandlung des biologisch gereinigten Ablaufs in flachen Teichen mit 1 m bis 1,50 m Wassertiefe und einer Aufenthaltszeit von etwa 2,5 Tagen, kann eine weitere Abnahme der suspendierten Stoffe erreicht werden. Das Algenwachstum wird gefördert und führt zu einem Anstieg des Schwebstoffgehaltes im Teichablauf. Dieser läßt sich durch Leitwände oder -dämme verhindern. Bleibt das Wasser im Sommer länger als drei Tage im Teich, so besteht die Gefahr starker Algenproduktion. Diese ist erwünscht, wenn weitere Nährstoffelimination erfolgen soll. Daneben werden im Schönungsteich auch die hygienischen und ästhetischen Eigenschaften des Kläranlagenablaufs verbessert. Die Abnahme der Gesamtkeimzahl und der Colibakterien beträgt ein bis zwei Zehnerpotenzen.

4.7.8 Bemessung von Kläranlagen für kleine Gemeinden

a) Belebtschlammverfahren

Die Kläranlage mit gemeinsamer Schlammstabilisation arbeiten mit einer niedrigen Schlammbelastung. Der Schlamm wird schwach ernährt und bildet nur wenig organische Zellsubstanz. Er wird unter aeroben Bedingungen neben dem Klärprozeß abgebaut. Der Überschußschlamm zeichnet sich durch geringe Fäulnisfähigkeit und gute Entwässerbarkeit aus. Diese ist jedoch nicht so gut wie bei anaerob ausgefaultem Schlamm. Ein Vorklärbecken kann entfallen, Rechen und Sandfang nicht. Die Vorteile des Verfahrens sind der große Belastungsspielraum und die einfache Schlammbehandlung. Die Reinigung einer größeren Regenwassermenge ist ohne Rückhaltebecken vor der Anlage möglich.

Anlagen mit getrennter Schlammstabilisation haben neben dem Belebungsbekken ein Stabilisierungsbecken für die aerobe Stabilisierung.

Kennwerte der Bemessung. Die Anlagen arbeiten zufriedenstellend, wenn bestimmte Bemessungswerte eingehalten werden. In Tafel **495**.1 sind diese Werte zusammengestellt. Entscheidend ist, daß der Betrieb die Einhaltung der Werte gewährleistet. Auf das ATV-Arbeitsblatt A 126 [1] wird hingewiesen. Vgl. auch Tafel **370**.1.

Bemessungsbeispiel (vgl. Bezeichnungen im Abschn. 4.5.2). Für eine kleine Gemeinde mit 2000 E soll eine Belebungsanlage mit gemeinsamer Schlammstabilisation bemessen werden.

Kanalisation: Mischsystem. Bioch. Sauerstoffbedarf = 60 g BSB_5/(E · d)

$$q_d = 150 \text{ l/(E} \cdot \text{d)} \qquad Q_d = \frac{2000 \cdot 150}{1000} = 300 \text{ m}^3\text{/d}$$

$$Q_S = Q_{12} = \frac{300}{12} = 25 \text{ m}^3\text{/h} \qquad Q_f = 5 \text{ m}^3\text{/h}$$

$$Q_t = Q'_{12} = Q_{12} + Q_f = 25 + 5 = 30 \text{ m}^3\text{/h} = Q_t$$

Bei max Regenwetter Verdünnung vor der Kläranlage auf

$$Q_{rw} = (1 + \text{m}) \cdot Q'_{12} = (1 + 2) \cdot 30 = 90 \text{ m}^3\text{/h}$$

$$\text{tägl. } BSB_5 = B_B = \frac{2000 \cdot 60}{1000} = 120 \text{ kg } BSB_5\text{/d}$$

Vorklärbecken ist nicht vorgesehen.

Tafel **495**.1 Bemessungswerte für Kläranlagen kleiner Gemeinden nach dem Belebungsverfahren mit Schlammstabilisation ohne Vorklärung (500 bis 10000 EG)

1	2	3	4	5	6	7	8
Lfd. Nr.	Kläreinheit	Bemessungsgrößen	Kurzzeichen	Einheiten	gemeinsame Stabilisierung bei max Trockenwetterzufluß Q_t	gemeinsame Stabilisierung bei max Regenwetterzufluß Q_{rw}	getrennte Stabilisierung Trockenwetterzufluß
1	Belebungsbecken	BSB_5-Raumbelastung	B_R	kg $BSB_5/(m^3_{BB} \cdot d)$	≦ 0,20	–	0,4 bis 1,0
2		Schlammbelastung	B_{TS}	kg BSB_5/(kg $TS \cdot d$)	≦ 0,05	–	0,1 bis 0,3
3		Schlamm-Trockengewicht	TS_R	kg TS/m^3_{BB}	≦ 4	–	2,5 bis 3,3
4		Belüftungszeit	$t_{R.BB}$	h	–	≧ 1,0	10,0 bis 2,0
5		Überschußschlamm-Anfall *ÜS*	$ÜS_R/B_R$	kg TS/kg BSB_5	≈ 1,0	–	
6		Schlammalter	$TS_R/ÜS_R$	d	≧ 25	–	4 bis 10 im BB-B.
7		O_2-Gehalt	C_x	mg O_2/l	≧ 1,0	> 0	≧ 2,0
8		O_2-Sättigung im *BB*	C_S	mg O_2/l	9	–	9
9		Reziproker Wert des O_2-Sättigungsdefizits	$C_S/(C_S - C_x)$	–	1,13	–	1,28
10		O_2-Last (Bemessung)	$\alpha OC_R/B_R$	kg O_2/kg BSB_5	≧ 2,5	–	2,5 bis 2,0
11		Sauerstoffertrag	O_N	kg O_2/kWh	≧ 1,5	–	≧ 1,5
12		Arbeitsaufwand	E_B	kWh/kg BSB_5-Abbau	≈ 1,0	–	≈ 1,0 im BB-B.
13		Umwälzleistung	W_R	Watt/m^3_{BB}	5	–	5
14		Sauerstoffeintrag, – ohne } getrennter – mit } Umwälzung	OC	g $O_2/(m^3_L \cdot m)$	 8 bis 10 12 bis 15	 – –	
15		Schlamm-Trockengewicht des Rücklaufschlammes[1]	TS_{RS}	kg TS/m^3	8 bis 16	10 bis 17	6,6 im Mittel
16		Schlammindex, Belebtschlamm häusl. Abwasser mit mäßigem Anteil von gewerblichem Abwasser mit erheblichem Anteil ...	ISV	ml/g	 75 75 bis 100 100 bis 150		
17	Nachklärbecken	Durchflußzeit	t_{NK}	h	≧ 2,5	≧ 1,5	≧ 2,5
18		Oberflächenbeschickung[2]	q_A	m/h	≦ 0,8	*) ≦ 1,6 *H*; ≦ 2,0 *V*	≦ 0,8
19		Schlamm-Oberflächenbelastung	B_A	kg $TS/(m^2 \cdot h)$	≦ 3	≦ 5,5 *H*; ≦ 7,5 *V*	< 3

[1]) s. Bild **333**.2 [2]) s. Bild **333**.1 *) *H* ≙ Horizontaldurchfluß *V* ≙ Vertikaldurchfluß

Bemessung Belebungsbecken = BB-Becken

gewählt B_R (nach Tafel **495**.1) = $0{,}2$ kg $BSB_5/(m^3_{BB} \cdot d)$

gewählt B_{TS} (nach Tafel **495**.1) = $0{,}05$ kg $BSB_5/(\text{kg } TS \cdot d)$

$$TS_R = B_R/B_{TS} = 0{,}20/0{,}05 = 4 \text{ kg } TS/m^3_{BB}$$

$$V_{BB} = \frac{\text{tägl. } BSB_5}{B_R} = \frac{120}{0{,}2} = 600 \text{ m}^3$$

Belüftungszeit

$$t_{R,t} = \frac{V_{BB}}{Q'_{12}} = \frac{600}{30} = 20{,}0\ \text{h} \qquad t_{R,rw} = \frac{V_{BB}}{Q_{rw}} = \frac{600}{90} = 6{,}7\ \text{h}$$

Gewählt wird ein Belebungsgraben nach Abschn. 4.7.2 mit dem Querschnitt $A = 1{,}2\,(5{,}1 + 1{,}5)/2 = 3{,}96\ \text{m}^3$ und der umlaufenden Länge $L = V_{BB}/A = 600/3{,}96 = 151{,}5$ m.

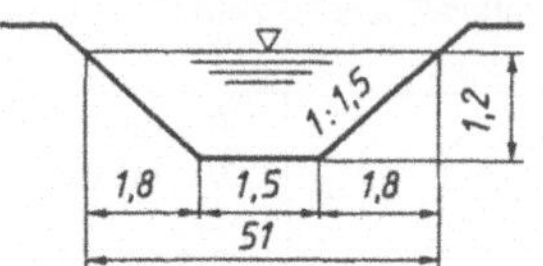

Belüftung: erf O_2-Menge $= 2{,}5 \cdot 120 = 300$ kg O_2/d;
im Betrieb $2{,}0 \cdot 120 = 240$ kg O_2/d
O_2/h $= 300/24 = 12{,}5$ kg O_2/h;
im Betrieb $240/24 = 10$ kg O_2/h

496.1 Querschnitt durch den Belebungsgraben

Der erf O_2-Menge wird durch 2 Belüftungswalzen ∅ 700 mm, $L = 3{,}0$ m eingetragen. Bei einer Eintauchtiefe von 11 cm beträgt $OC = \alpha \cdot OC/\text{m}_{\text{Walze}} \cdot 3 \cdot 2 = 0{,}8 \cdot 2{,}2 \cdot 3 \cdot 2 = 10{,}6$ kg O_2/h. Leistungsaufnahme $N = 3{,}3$ kW je Walze. Abbauaufwand $= \dfrac{2 \cdot 3{,}3 \cdot 24}{0{,}96 \cdot 120} = 1{,}38$ kWh/kg BSB_5-Abbau. Die Leistungsdichte beträgt dann $N_R = 2 \cdot 3{,}3 \cdot 1000/600 = 11\ \text{W/m}^3_{BB}$. Nach **377**.1 ist dieser Wert ausreichend für ein Becken mit Tiefe/Breite von 1:4, hier 1,2:5,1 = 1:4,25.

Bemessung Nachklärbecken = NK-Becken (vertikal durchströmt)

$ISV = 100$ ml/g angenommen

Trockenwetterzufluß:

$VSV = TS_R \cdot ISV = 4 \cdot 100 = 400$ ml/l
$q_A = 0{,}75$ (**333**.1) $\cdot$ 1,3 (30%-Erhöhung) = 0,975 m/h
gewählt $q_A = 1{,}0$ m/h
$A_{NK} = \max Q_t/q_A = 30/1{,}0 = 30\ \text{m}^2$ $\quad RV = Q_{12}/Q_{RS} = 1$ gewählt,
$TS_{RS} = 12$ kg TS/m^3 (**333**.1)

Regenwetterzufluß:

$TS_{RS,rw} = 14$ kg TS/m^3 (**333**.1) eingesetzt;
$TS_{R,rw} = 4 - 1{,}3 = 2{,}7$ kg TS/m^3_{BB} nach Tafel **336**.1.
$(\Delta TS_R = 1{,}3)$

$$RV = \frac{TS_{R,rw}}{TS_{RS,rw} - TS_{R,rw}} = \frac{2{,}7}{14 - 2{,}7} = 0{,}24$$

$VSV = TS_{R,rw} \cdot ISV = 2{,}7 \cdot 100 = 270$
$q_A < 1{,}8$ (nach **333**.1),
gewählt 1,5 m/h (≈ 30%-Erhöhung)
$A_{NK} = Q_{rw}/q_A = 90/1{,}5 = 60\ \text{m}^2$, maßgebend

Bemessung: gewählt Trichterbecken mit $D = 10$ m

$$\text{vorh } A_{NK} = \frac{\pi \cdot D^2}{4} = 78{,}54\ \text{m}^2$$

Trichterneigung 1,6:1; Trichtertiefe = 1,6 (5 − 0,4) = 7,36 m

Beckentiefe = 7,36 + 1,0 = 8,36 m

Die Zonen des Nachklärbeckens (**497**.1) sollen nach ATV-A 126 [1] folgende Tiefen bzw. Volumen haben in m bzw. m³:

Klarwasserzone $h_1 = 0{,}5$ m

Trennzone $h_2 = 1{,}0$ m,

wenn $h_3 > 1{,}0$ m, genügt für $h_2 = 0{,}5$ m

h_1 und h_2 sollen den zylindrischen Teil des Beckens bilden.

Speicherzone

$$V_3 = \frac{\Delta TS_R \cdot V_{BB} \cdot ISV}{500} = \frac{1{,}3 \cdot 600 \cdot 100}{500} = 156 \text{ m}^3$$

Eindickzone

$$V_4 = \frac{TS_R \cdot ISV}{1000} \cdot A_{NK} = \frac{4 \cdot 100}{1000} \cdot 78{,}54 = 31{,}4 \text{ m}^3$$

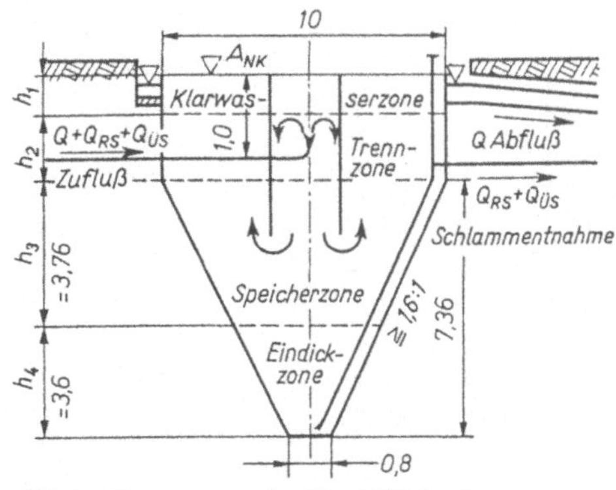

497.1 Bemessung des Nachklärbeckens

V_3 und V_4 bilden den Trichter-Teil des Beckens erf $V = 187{,}4$ m³

Vorhandene Abmessungen nach **497**.1:

$$\text{Trichter-Teil} = \frac{\pi \cdot 7{,}36}{12}(10^2 + 10 \cdot 0{,}8 + 0{,}8^2) = 209{,}3 \text{ m}^3 > 187{,}4$$

$$\text{Zylindr. Teil} = 78{,}54 \cdot 1{,}0 = 78{,}54 \text{ m}^3$$

$$V_{NK} = 287{,}84 \text{ m}^3$$

$h_3 = 3{,}73$ m; $h_4 = 3{,}63$ m $> 1{,}0 \rightarrow h_2 = 0{,}5$ m; $h_1 = 0{,}5$ m

Die rechnerischen Durchflußzeiten betragen:

$$t_{R,t} = 287{,}84/30 = 9{,}6 \text{ h} \qquad t_{R,rw} = 287{,}84/90 = 3{,}2 \text{ h} > 1{,}5$$

Bemessungsbeispiel für getrennte Stabilisierung. Es soll das vorstehende Beispiel für getrennte Stabilisierung berechnet werden. Es ändert sich das Belebungsbecken und ein Stabilisierungsbecken kommt hinzu.

Bemessung Belebungsbecken. Das Schlammalter A im Belebungsbecken wird mit 10 d gewählt. Nach Tafel **370**.1 ergibt sich mit $TS_R = 3{,}3$ kg TS/m^3_{BB} die Überschußschlammproduktion.

$$ÜS_R = TS_R/A = 3{,}3/10 = 0{,}33 \text{ kg } TS/(\text{m}^3_{BB} \cdot \text{d})$$

Diesem erhöhten Wert entspricht eine höhere Raumbelastung nach Tafel **370**.1:

$$B_R = ÜS_R/0{,}8 = 0{,}41 \text{ kg } BSB_5/(\text{m}^3 \cdot \text{d})$$

$$B_{TS} = B_R/TS_R = 0{,}41/3{,}3 = 0{,}125 \text{ kg } BSB_5/(\text{kg } TS \cdot \text{d})$$

$$V_{BB} = \frac{\text{tägl. } BSB_5}{B_R} = \frac{120}{0{,}41} = 293 \text{ m}^3$$ (gegenüber 600 m³ bei der gemeins. Stabilisierung)

$$t_R = \frac{V_{BB}}{Q'_{12}} = \frac{293}{30} = 9{,}8 \text{ h}$$

Bemessung Stabilisierungsbecken. Im Stabilisierungsbecken wird der Schlamm weiter belüftet, aber kein Rücklaufschlamm zugeführt. Das Schlammalter = der Aufenthaltszeit, wenn keine Eindickung erfolgen würde.

Bei einem angenommenen Gesamtschlammalter von 35 d verbleiben 35 − 10 = 25 d für das Stabilisierungsbecken. Bei einer Eindickung auf TS_R kann ein Faktor von 0,8; auf 2 TS_R von 0,6 berücksichtigt werden, z. B.

Tafel **498**.1 Zusammenstellung der Bauweisen von kleinen Kläranlagen mit Anschlußwerten bis ≈ 5000 EG

Kriterien	Pflanzenanlagen	Unbelüftete Teiche	Belüftete Teiche	Mechanisch-biologische Kläranlagen	
				Aufgelöste Bauweise	Kombinationsbauweise
Bemessung	Unterschiedliche Vorschläge für Aufbau und Fläche	geregelt			
Maschinen- u. Elektro-Ausrüstung	keine	keine	gering	voll, verfahrensabhängig	noch höher
Konstruktive Gesichtspunkte	Abwasserbeschickung und -abzug bedarf voll funktionsfähiger Einrichtungen	keine	keine	erprobte Lösungen für alle Details vorhanden	systemabh. Einheitskonstruktionen, Kombination der Bauwerke kann zu Bemessungsabhängigkeiten führen
Aufnahmevermögen gegenüber Schmutzstößen	groß			begrenzt	begrenzt
Speichervermögen gegenüber MW-Zuflüssen	nicht erprobt, wahrsch. begrenzt	groß		gering, Regenbecken erforderlich. Bei kleineren Anlagen RB-Entleerung schwierig	
Reinigungsleistung – allgemein	Erfahrungen entstehen		erprobt		meist erprobt
– organ. Stoffe	bisher noch unterschiedlich	Mindestanforderungen können eingehalten werden			
– Nährstoffe	gut bei funktionsfähigen Anlagen	mäßig	gering, nur durch zusätzl. Aufwand zu verbessern		
– Keime	gut bei funktionsfähigen Anlagen	erheblich	deutlich	gering, zus. Aufwand erforderlich	
Einfahrzeit	2 bis 3 Jahre	keine		2 bis 4 Wochen	
Betriebskontrollen Wartung	> bei unbel. Teichen, erhöhte Anforderungen für Pflanzenpflege	sehr gering		täglich	
Betriebskosten	> bei unbel. Teichen, besondere Pflanzenpflege	sehr gering	gering, Stromkosten beachtlich	hoch	
Baukosten	nicht niedriger als bei Teichen, meist deutlich höher	gering	mäßig	hoch	mäßig bis hoch
Flächenbedarf	sehr groß bis groß	sehr groß	groß	gering	sehr gering
Umweltverträglichkeit	landschaftl. Einbindung möglich Geruchsentwicklung möglich		Geräuschkontr. erf.	bes. Maßnahmen zur landschaftl. Einbdg. erforderlich Geruchsentwicklung möglich, aber leicht zu bekämpfen	
Anwendungsbereich	mit mech. Vorstufe für kleine Anlagen, als nachgesch. Stufe zur weitergehenden Abwasserreinigung	für ländl. Orte ≦ 1000 EG, auch bei Mischkanalisation	für Orte ≦ 5000 EG, bes. geeignet für Saisonbetrieb	Systemanpassung nach örtl. Verhältnissen	sorgfältige Systemauswahl bezügl. Verfahrenstechnik und Kosten. Bei Trennkanalisation geeignet, bei Mischkanalisation meist ungeeignet

$$2 \cdot TS_R \rightarrow A_{Stb} = 0{,}6 \cdot 25 = 15 \text{ d}$$

Die tägliche Überschußschlammenge aus der Belebung $ÜS = 0{,}33 \cdot 293 = 96{,}7$ kg TS/d mittlerer Trockensubstanzgehalt des Stab.Beckens = 96,7 · 15 = 1450 kg TS

$$\text{erf. } V_{Stb} = 1450/(2 \cdot 3{,}3) = 220 \text{ m}^3$$

b) Tropfkörperverfahren

Tropfkörperanlagen werden wie unter Abschn. 4.5.1.1 und nach Tafel **346**.1 bemessen.

4.7.9 Kläranlagen mit Direktfällung (499.1)

Die Reinigung der Abwässer erfolgt auf chemisch-physikalischem Wege. Neben dem Abbau der organischen Substanzen werden organische Stoffe, wie Phosphor, ausgetragen. Der gewünschte Reinigungsgrad kann den örtlichen Verhältnissen angepaßt werden. Wird größtmöglichste Reinigungsleistung gefordert, so ist das eine Frage der Bemessung und der einzusetzenden Menge an Fällmitteln. Das System dieser Kläranlage eignet sich für alle häuslichen Abwässer oder solche, die dem häuslichen Abwasser ähnlich sind.

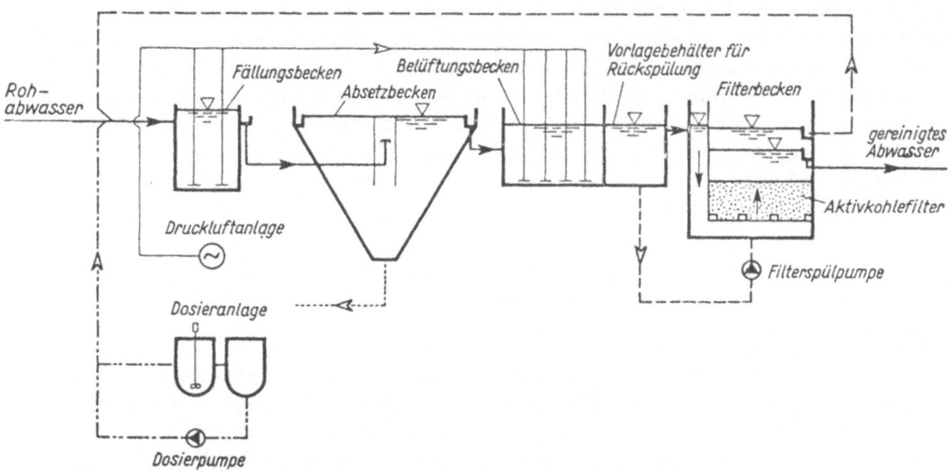

499.1 Schema einer Kläranlage mit Direktfällung (System Biosorbe)
— ·· —▷·· Fällungschemikalien
——▷— Druckluft
··········▷····· Klärschlamm
— — —▷— — Spülwasserkreislauf
——►— Abwasser

Fällungsbecken. Das Rohabwasser wird im Fällungsbecken mit den zudosierten Fällungschemikalien innig vermischt. Die notwendige Bewegung innerhalb des Fällungsbekkens kann durch Rührwerk oder eingeblasene Druckluft erzeugt werden. Aufenthaltszeit im Flockungsbecken ≈ 15 min. Ein wesentlicher Kostenfaktor ist die verbrauchte Chemikalienmenge. Gute Reinigungsergebnisse lassen sich bereits ab 300 g $Al_2(SO_4)_3/m^3$ und 2 g Polyelektrolyten/m^3 erzielen.

Dosierung. Die Dosierung der Fällungschemikalien ist problemlos mit der Zuleitungspumpe gekoppelt.

Absetzbecken. In dieser Stufe werden die absetzbaren Stoffe zusammen mit dem Flokkenschlamm ausgeschieden. Die Absetzzeit beträgt etwa 1 h. Die Reinigungsleistung dieser ersten Stufe beträgt gemessen am *CSB* bzw. BSB_5 über 70% und gemessen am Phosphor über 90%.

Belüftung. Für die Belüftung sind die üblichen Verfahren geeignet. Zweckmäßigerweise wählt man bei kleineren Anlagen Druckluft in Kombination mit dem Fällungsbecken.

Ein Gebläse übernimmt dann die Belüftung im Fällungs- und im Belüftungsbecken. Die Belüftungszeit beträgt 20 bis 30 min.

Filterung. Das belüftete, feststofffreie Abwasser wird in der letzten Stufe über ein Aktivkohle-Filter geleitet, Korngröße des Filtermaterials 0,6 bis 1,6 mm. Das Filter wird von unten nach oben durchflossen. Die max. Strömungsgeschwindigkeit beträgt 4 m/h; Filterschichthöhe 90 cm (10 cm Stützschicht, 80 cm Aktivkohlematerial). Im Filterporenvolumen lagern sich die durch die Vorbehandlung gebildeten Feinstflocken ab. Dabei spielt die adsorptive Wirkung der Aktivkohle eine Rolle. Der Filterwiderstand beträgt im sauberen Filter ≈ 10 cm und erhöht sich im Laufe eines Tages auf ≈ 30 bis 35 cm. Der innerhalb des Filters angelagerte Schlamm muß dann herausgespült werden. Das Filter wird ebenfalls von unten nach oben durchspült. Die Rückspülgeschwindigkeit beträgt 20 m/h. Infolge der Spülungsgeschwindigkeit lockert sich das Filterbett auf. Der darin enthaltene Schlamm tritt zusammen mit dem Spülwasser aus. Spüldauer 15 bis 20 min. Das Spülwasser wird in den Zulauf der Kläranlage zurückgeführt. Der ausgespülte Schlamm ist flockig und besitzt gute Absetzeigenschaften.

4.8 Gewerbliches und industrielles Abwasser

Von dem in Flüsse und Seen geleiteten geklärten Schmutzwasser ist der Anteil des Industrieabwassers etwa 3- bis 4fach so groß wie der des häuslichen Abwassers, jedoch sind davon etwa 60% unverschmutztes Kühlwasser. Der Rest des ungeklärten Schmutzwassers ist aber so vielfältig und intensiv verschmutzt, daß ein erheblicher Kläraufwand mit teilweise speziellen Techniken betrieben werden muß. Ein großer Teil des Industrieabwassers gelangt, von den Betrieben geklärt, direkt in die Gewässer, nur der kleinere Teil fließt in der städtischen Kanalisation über Kläranlagen ab. Literaturhinweise [5], [6], [69], [70], [74].

Es soll mit der Tafel **6**.1 und den Beispielen (**502**.1 bis **509**.1) ein Überblick und ein kurzer Einblick in die Aufgaben der Reinigung industriellen Abwassers gegeben werden. Jemand, der sich mit der Beseitigung von Industrieabwasser befaßt, kann sich nicht mit allgemeinen Angaben zufriedengeben, sondern benötigt eine genaue Darstellung des Produktionsganges, auch der Teilproduktionen mit ihrem Anteil an Schmutz- und Kühlwasser. Er wird vielleicht feststellen, daß Wasser der Produktion u. U. leicht oder unverschmutzt, Kühlwasser dagegen durch Öle o. a. verschmutzt ist und der Reinigung bedarf. Man kann auch nicht die Zahlen der Tafel **6**.1 und **513**.1 vorbehaltlos für einen Industriezweig übernehmen, sondern muß das Werk und seine speziellen Bedürfnisse kennen. Diese Zahlen dienen lediglich als Anhalt.

Bevor man eine Abwasserreinigung durchführt, ist die Trennung des zu behandelnden von dem unverschmutzten Abwasser nötig, um zu wirtschaftlichen Lösungen zu kommen. Zur Wasserersparnis sollte man Abwasserkreisläufe (Wiederverwendung des Wassers), Drosselung von Spülstrecken, o. a. einrichten. In neu entstehenden Betrieben sind die Kosten tragbar. Müssen jedoch diese Maßnahmen in vorhandenen Betrieben nachträglich verwirklicht werden, so erwachsen erhebliche Kosten.

Die Verfahrenstechnik bei der Behandlung von anorganischem Abwasser richtet sich nach den jeweiligen chemisch-physikalischen Eigenschaften der zu entfernenden Stoffe.

Die chemischen Verfahren der Abwasserbehandlung arbeiten mit chemischen oder chemischen und physikalischen Reaktionen. Die biologisch-bakteriologischen Vorgänge sind ausgeschaltet. Es gibt Prozesse mit und ohne Stoffumwandlung. Die Behandlung kann auch über mehrere Reaktionsstufen gehen. Nachfolgend werden einige chemische Grundreaktionen beschrieben.

Bei der Fällung versucht man, schwerlösliche Stoffe zu erhalten, welche man abtrennen kann, z. B.

$Fe_2(SO_4)_3$	$+ 3\,Ca(OH)_2$	$= 2\,Fe(OH)_3$	$+ 3\,CaSO_4$
Eisensulfat	+ Calciumhydroxid	= Eisenhydroxid	+ Calciumsulfat

Bei der Neutralisation entstehen meist Salze, welche durch Sedimentation oder Eindampfen abgetrennt werden können

H_2SO_4	$+ 2\,NaOH$	$= Na_2SO_4$	$+ 2\,H_2O$
Schwefelsäure	+ Natriumhydroxid	= Natriumsulfat	+ Wasser

Bei der Oxidation entstehen Sauerstoffverbindungen, welche unschädlich oder abtrennbar sind, z. B. Reaktion Natriumcyanid mit Chlorwasser

$$\begin{aligned} &NaCN + HOCl = NaOH + CNCl \\ &CNCl + H_2O = HCNO + HCl \\ &2\,HCNO + 3\,Cl_2 + H_2O = CO_2 + N_2 + 6\,HCl \end{aligned} \tag{501.1}$$

Stickstoff entweicht. Kohlendioxyd und Salzsäure bleiben ungelöst. Die Salzsäure wird neutralisiert durch vorhandene Base.

Die Reduktion von sechswertigem Chromoxid mit schwefeliger Säure zu dreiwertigem Chromsulfat, welches wasserlöslich ist und durch weitere alkalische Zusätze in unlösliches Hydroxid überführt wird, welches ausfällt

$$2\,CrO_3 + 3\,SO_2 = Cr_2(SO_4)_3$$

Eine grenzflächenaktive Adsorption wird ebenfalls durch die Zugabe von entsprechend aktiven Substanzen ins Abwasser erzeugt. An der Grenzfläche der adsorbierenden Stoffe werden die aus dem Abwasser zu entfernenden katalytisch zerstört oder stofflich konzentriert. Anwendung z. B. bei der Adsorption von Metallen oder bei der katalytischen Entgiftung cyanidhaltigen Abwassers durch Aktivkohle.

Verfahrenstechnisch verläuft die chemische Adsorption nach dem Schema

Wasser mit Schmutzstoff + Chemikal = Wasser + Chemikal mit Schmutzstoff

Der Schmutzstoff wird chemisch nicht verändert. Er kann gelöst oder ungelöst sein.

Die chemische Flockung kann man ebenfalls als Adsorptionsvorgang bezeichnen. Das Adsorptionsmittel wird chemisch erst gebildet und wirkt im Entstehen, z. B.

$FeCl_3 + 3\,NaOH = Fe(OH)_3 + NaCl$
Adsorptionsmittel

Wasser mit Farbstoff + $Fe(OH)_3$ = Wasser + $Fe(OH)_3$ mit Farbstoff

Es entstehen Eisenhydroxid-Flocken und Farbstoff, welche sich absetzen.

Entstehen Reaktionsprodukte mit einem spezifischen Gewicht kleiner als Wasser, so schwimmen sie auf und werden von der Oberfläche abgenommen. Man spricht von einer Flotation.

In neuerer Zeit werden auch Ionenaustauscher angewandt. Hier handelt es sich nicht um eine Entgiftungsanlage, sondern um eine Herausnahme der Gifte aus dem im Kreislauf geführten Abwasser. Diese Stoffe werden bis zum tausendfachen der Rohwasserkonzentration im Ionenaustauscher gesammelt und bei der Regeneration des Austauschers in einer einfachen Entgiftungsanlage unschädlich gemacht. Maßgebend für die Bemessung ist der Salzgehalt des aufzubereitenden Abwassers. Das Prinzip der Ionenaustauscher beruht darauf, daß zwischen den Ionen einer Lösung und festen, unlöslichen Körpern ein Austausch stattfindet. Sie bestehen aus festen Kunstharzen, in Kugelform Ø 0,3 bis 1,0 mm, auf die austauschaktive Stoffe aufgebracht wurden, welche Säuren und Laugen in fester Form darstellen. Die Austauscher bestehen aus Gerüsten, an denen diese Kugeln, in Aktivgruppen zusammengefaßt, hängen. Anwendung z.B. bei Galvanik-Abwasser.

Nachfolgend sind einige Reinigungsprozesse industrieller Anlagen beschrieben. Es handelt sich um eine Auswahl, die lediglich als Einführung in die besonderen Verfahrensabläufe gedacht ist.

4.8.1 Hochofenwerke

Das Wasser wird im Kreislauf genutzt (**502**.1). Außerdem kann noch eine Erzwäsche vorgeschaltet werden, die stark schlammhaltiges Abwasser liefert. Das Frischwasser wird aus dem Vorfluter, ausnahmsweise auch aus dem Grundwasser entnommen und in einem Klär- und Rückgewinnungsbecken (*Kl 1*) gesammelt. Der große Kreislauf nimmt das

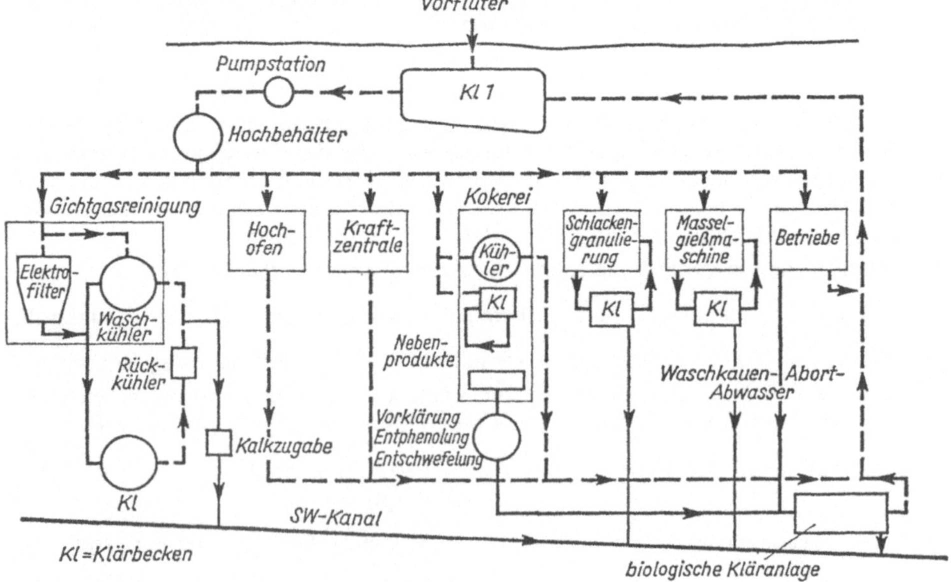

502.1 Wasserkreislauf eines Hochofenwerkes

wenig verschmutzte Abwasser aus den Hochöfen, der Kraftzentrale, dem Kühler der Kokerei und den Betrieben auf. Einen besonderen Kreislauf haben die Gichtgasreinigung mit vorgeschaltetem Elektrofilter, die Kokerei, die Schlackengranulierung und die Masselgießmaschinen. Das Schmutzwasser dieser Einrichtungen fließt in einem werkseigenen SW-Kanal ab und der städtischen Kanalisation zu. Das biochemisch zu reinigende Abwasser der Kokerei und der Betriebe geht über eine biologische Kläranlage wieder in den großen Kreislauf.

Die Gichtgase werden naß gereinigt. Das dabei entstehende Abwasser enthält die absetzbaren Teile der Asche, Eisenoxid, Kieselsäure, Schlacke und Erzteilchen sowie Kalk, Kohlenstoff und Magnesia, außerdem Cyanid, Schwefel, Phenol u.a. Zur Reinigung benutzt man Absetzbecken (s. Abschn. 4.4.4) mit $t_R \geqq 2$ h. Durch Zugabe von Fällungsmitteln, z.B. Kalkmilch (0,1 bis 0,2 g Kalk/l) kann das Absetzen gefördert werden. Vor den Beckenabläufen verwendet man Koksfilter, die den feinsten Restschlamm zurückhalten. Sehr unangenehm sind die giftigen Cyanidverbindungen, welche sich bei der anschließenden Weiterverwendung des geklärten Abwassers im Kreislauf stetig vermehren. Ist die Cyanidmenge zu groß, wird das Abwasser zusätzlich mit Ferrosulfat, Natronlauge und Schwefelsäure unter Zugabe von Luft oder durch Verdüsung dosiert behandelt und durch Filterpressen gedrückt. Der Filterschlamm (Blauschlamm) enthält etwa 45% Eisencyanidkalium. Man behandelt die Cyanidverbindungen auch durch Chlor in alkalischer Lösung.

Phenolhaltiges Abwasser entsteht in der Kokerei. Phenol kann in einer biologischen Kläranlage abgebaut werden, da sich die Bakterien auf Phenole einstellen. Der Gehalt an Phenol muß < 0,5% sein. Man verwendet oft den Aero-Accelator (Fa. Lurgi, Frankfurt/Main) (**503**.1). Diese Anlage arbeitet nach dem Belebtschlammprinzip. Sie besteht aus einem runden Behälter, der durch einen glockenförmigen, inneren Einbau in eine Belüftungszone (*B*) und eine äußere Klär- und Rücklaufzone (*Kl*) unterteilt ist.

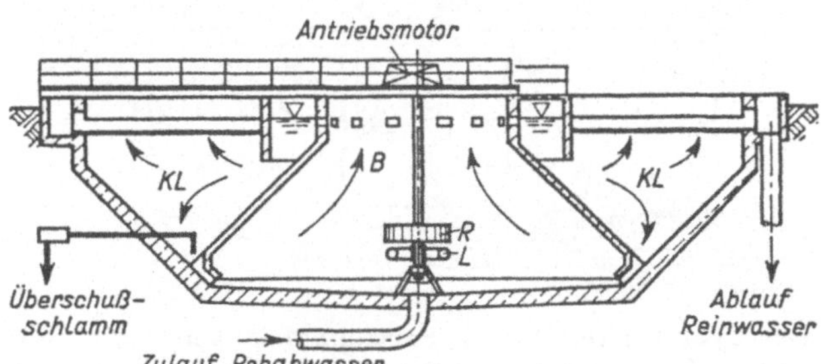

503.1
Aero-Accelator (Lurgi)
(Längsschnitt)

Im unteren Teil von (*B*) befindet sich ein Rotor (*R*) zur Durchmischung des Rohabwassers mit dem vorhandenen Belebtschlamm und zur Zerteilung der Luft, welche aus einem ringförmigen Verteiler (*L*) eintritt. Das Reinwasser wird in Höhe des Wasserspiegels über konzentrische oder radiale Überlaufrinnen abgezogen. Der Überschußschlamm wird aus dem unteren Beckenraum abgeleitet. Um den oberen Teil der Glocke sitzt eine Tauchwand, die als Leitwand das aus (B) austretende Abwasser nach unten ablenkt. Die mitaustretenden Teilchen des Belebtschlammes rutschen durch die Schlitze nach (*B*) zurück. Das gereinigte Abwasser wird in (*KL*) vom Belebtschlamm getrennt. Der Accelator findet auch Anwendung in der Lebensmittel- und Textilindustrie, in Papier-, Leder-, Zuckerindustrie u.a. Man kann für Kokereien auch andere Belüftungssysteme (s. Abschn. 4.5.2) und konventionelle Nachklärbecken verwenden. Wichtig ist die sofortige Durchmischung von Rohabwasser mit dem Inhalt des Belüftungsraumes. Bei hoher Phenolkonzentration (> 3 mg/l) kann man auch Extraktionsanlagen anwenden.

Die Hochofenschlacke findet als Baumaterial Verwendung (Straßenbau, Betonmaterial). Der Schlackensand ist Grundstoff für den Hochofenzement. Man leitet die aus dem Hochofen kommende glühende Schlacke in rasch fließendes Wasser. Sie erstarrt durch Abkühlen sofort und zerfällt in kleine blasige Körner. In Klärbecken (Fanggruben) wird die Körnung von dem Wasser getrennt. Um die Reste des Schlackensandes aus dem wiederzuverwendenden Wasser herauszuholen, hat man hinter die Absetzbecken noch Trommelfilter geschaltet.

4.8.2 Papierfabriken

Außer Zellstoff, Holzschliff, Lumpen werden in den Papierfabriken Füll-, Leim- und Farbstoffe verwendet. Zum Bleichen benutzt man Chlor oder Chlorkalk. Die Abwassermenge ist sehr groß. Man versucht es daher nach Klärung wieder in den Betrieb zurückzunehmen (Kreislauf). Das Abwasser enthält Faserstoffe in großer Menge, Füllstoffe, Harzseifen und Stärke, gelöste mineralische und organische Stoffe. Als Kläreinrichtungen benutzt man Absetzbecken, Siebfilter, Druckfilter, Absetztrichter (Hochleistungsstoffänger), Fällungsbecken. Das Pista-Eisenungsverfahren (Fa. Passavant) führt das Abwasser durch Ausgleichbecken, Vorbelüfter, Pista-Eisenungsgeräte (Zugabe von Graugußspänen und Luft). Durch anschließende Kalkmilchzugabe werden Flocken erzeugt, die Schwebestoffe und Kolloide adsorbieren und in Absetzbecken aus dem Wasserkreislauf genommen werden.

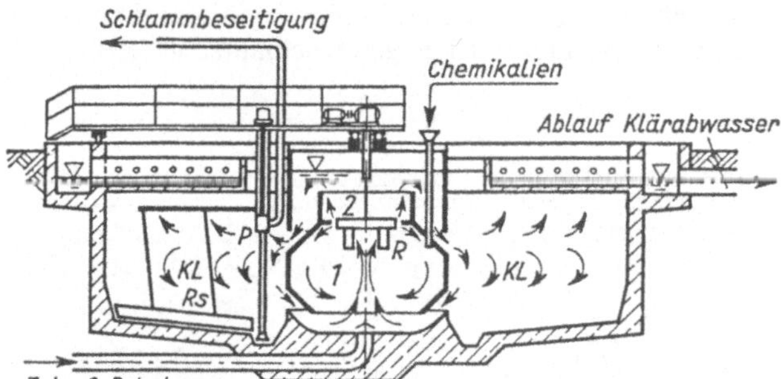

504.1
Cyclator (Lurgi) (Längsschnitt)

Der Cyclator (Fa. Lurgi, Frankfurt/Main) vereinigt die Reinigungsphasen in einem Bauwerk (**504**.1). Er hat innen zwei übereinanderliegende Reaktionsräume (*1*) und (*2*) und außen eine Klärzone (*KL*). Ein Rührkreisel (*R*) sorgt für die Umwälzung. Ein Rundräumer mit Tauchpumpe (*P*) und Räumschild (*Rs*) dient der Schlammbeseitigung. Das geklärte Abwasser wird über Radial- oder Rundrinnen abgeleitet. Das Rohabwasser läuft von unten zu und wird zunächst mit Kreislaufwasser aus (*KL*), das bereits Schlammflocken mitführt, vermischt. Durch Zusatz von Chemikalien in die untere Reaktionszone (*1*) bilden sich Flocken, die sich zusammenschließen und durch ihre Schwere sich in (*KL*) absetzen. Die chemische Reaktion und das Flockenwachstum sollen in der oberen Zone (*2*) zum Abschluß kommen.

Durch Regelung der Drehgeschwindigkeit des Rührkreisels können die für Flockenbildung und Absetzen optimalen Strömungsbedingungen geschaffen werden. Der Cyclator eignet sich für Abwasser der Eisen- und Stahlindustrie, chemischen Industrie, für stark verschmutztes häusliches Abwasser, u.a.

4.8.3 Steinkohlenbergbau

Es fallen folgende Abwasserarten an:

1. Grundwasser aus den Stollen (sauber)
2. Abwasser beim Versatz der ausgebauten Flöze durch Einspülen des Versatzgutes Sand, Schlacke, Schiefer, u.a.
3. Kohlenwaschwasser
4. Auswaschwasser der Schutthalden durch Niederschläge
5. menschliche Abfallstoffe und Waschkauenabwasser
6. Abwasser der Naßentstaubung bei Brikettfabrikation

Die Kohlenwäsche ist notwendig, weil das frisch gebrochene Gut neben der Kohle auch noch Gestein und Asche enthält. Es wird meist das aus der Grube hochgepumpte Grundwasser benutzt, das möglichst lange im Kreislauf geführt wird. Dabei vermehrt sich der Gehalt an Feinkohlestoffen (Kohlenschlamm). Zur Reinigung werden Rundeindicker mit trichterförmigem Boden und einem Schlammabzug in Trichtermitte verwendet (**505**.1). Das Schmutzwasser wird ebenfalls in der Mitte zugeführt. Das Reinwasser fließt über Rinnen ab. Der Schlamm setzt sich auf der Beckensohle ab und wird durch ein Krählwerk zur Trichterspitze geräumt. Bild **505**.1 zeigt einen Rundeindicker für eine Leistung von 2000 m^3 Abwasser/h. Dieses Becken ist durch radial angeordnete Scheiben gegen Setzungen durch Bergschäden gesichert.

Die rechnerische Bodenpressung ist mit 50 N/cm^2 so hoch gewählt, damit beim Überschreiten der Spannung infolge ungleichmäßiger Setzungen an anderen Stellen der Boden nachgibt. Der Behälter ist vorgespannt und wird nicht beschädigt. Das Krählwerk mit Antrieb sitzt an einer 28,30 m langen festen Brücke, die auf 2 Pendelwänden vor der Behälterwand abgestützt ist.

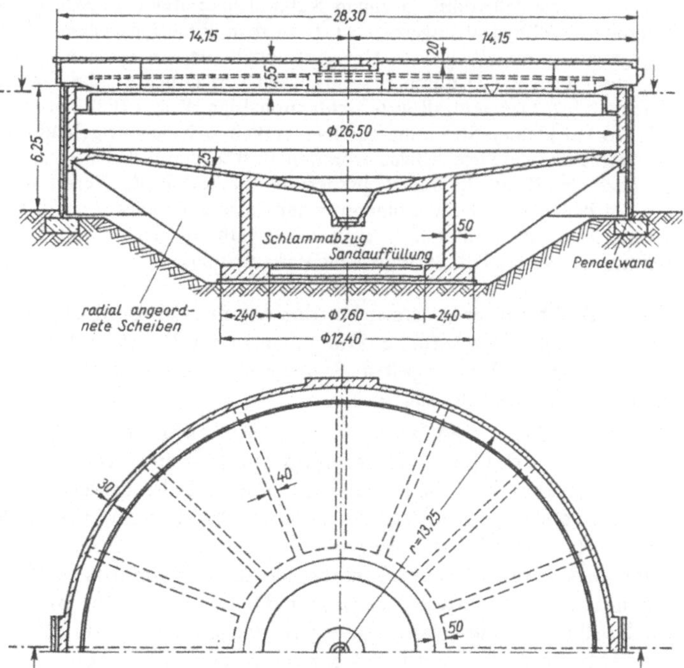

505.1
Rundeindicker für Kohlenwäsche

4.8.4 Metallindustrie

Es fallen Abwasserarten verschiedener, schwieriger Zusammensetzung bei der Beizerei und der galvanischen Behandlung der Werkstücke an. Verfahrenstechnisch ist dieses Abwasser zu unterteilen in:

1. Laugen (Al, Sn, Zn)
2. Säuren (Metallionen)
3. cyanidische (alkalische) und
4. chromhaltige (saure) Komponenten

Beizerei-Abwasser. Seine Aufbereitung ist verhältnismäßig einfach. Durch das Beizen soll die bei der Verformung des Eisens entstehende Oxidschicht (Zunder, Sinter, Hammerschlag) entfernt werden. Beizen enthalten HCl, H_2SO_4, HNO_3, Chromsäure, NaOH, Essigsäure, H_2F_2 oder H_3PO_4, je nach Metallart und -güte. Die Restbeizen sind bis auf ≈ 4% verbraucht, enthalten jetzt aber entsprechende Mengen der abgebeizten Metalle. Man beizt in Badform und spült die Werkstücke anschließend mit Frischwasser ab. Das Abwasser muß also durch Neutralisation aufbereitet werden. Man benutzt das Stand- oder das Durchlaufverfahren und als Neutralisationsmittel Kalkmilch oder Natronlauge. Beim Standverfahren gibt man zu dem in einem Becken gesammelten Abwasser Kalkmilch bis zur Neutralisation hinzu. Dann oxidiert man durch Lufteintrag den Schlamm und flockt die Metallsalze aus. Nach einer längeren Absetzzeit wird das geklärte Abwasser in den Vorfluter abgelassen. Der Schlamm wird getrocknet. Er ist unschädlich.

Eine größere Durchlaufanlage zur Neutralisation von saurem und alkalischem Abwasser mit Kalkmilchaufbereitung und Schlammentwässerung ist in **507**.1 schematisch dargestellt. Das teils saure, teils alkalische Spülwasser fließt in das säurefest ausgekleidete Reaktionsbecken (*1*), das mit automatisch arbeitenden pH-Meß- und Regelgeräten ausgestattet ist. Die Neutralisation erfolgt mit Kalkmilch, die selbsttätig in einem Kalkmilchbereiter (*9*) aus dem im Kalksilo (*8*) pulverförmig lagernden Kalkhydrat angesetzt wird. In dem Reaktionsbecken (*2*) wird automatisch die Säure zugegeben, sofern alkalisches Abwasser anfällt. Bei Anwesenheit von zweiwertigem Eisen wird im Belüftungsbecken (*3*) durch das Einblasen von Druckluft die Oxidation zu dreiwertigem Eisen durchgeführt. Das neutralisierte, schlammhaltige Wasser fließt anschließend ins runde Klärbecken (*4*), wo bei kleiner Strömungsgeschwindigkeit sich der ausgefällte Schlamm ablagert. Bevor das gereinigte und geklärte Abwasser in den Vorfluter abfließt, wird im Auslauf- und Kontrollschacht (*5*) noch eine Kontrolle und Registrierung des Abfluß-pH-Wertes durchgeführt. Aus dem Trichter des Klärbeckens wird der Schlamm in den Schlammeindicker (*7*) gefördert. Nach weiterer Entwässerung im Schlammfilter (*22*) kann er abgefahren werden. Dieses Schema einer Reinigung von Beizerei-Abwasser läßt verschiedene Varianten zu.

Galvanik-Abwasser entsteht bei der chemischen oder elektrochemischen Oberflächenveredelung der Werkstücke. Die galvanischen Bäder enthalten Metallsalze des veredelnden Metalls, in Wasser gelöst. Saure Bäder enthalten CrO_4^{2-}, Cu, Ni, Zn, Al, Sn, Pb mit H_2SO_4, HCl oder Borsäure.

Alkalische Bäder sind (außer bei Verzinnung) immer cyanidhaltig (CN^-). Sie enthalten Cu, Ag, Zn, Cd. Glanz-, Hartverchromungs- und Chromatierbäder enthalten Fe, Ni, Cr, Al mit Chrom- oder Schwefelsäure. Galvanische Bäder bleiben lange Zeit in Betrieb. Das Galvanisiergut wird laufend ersetzt. Problematisch ist jedoch das Spülwasser, welches beim Abspülen der Werkstücke nach dem Bad benutzt wird. Es enthält die Gifte, zwar stark verdünnt, aber immer noch zu stark um in die öffentlichen Entwässerungsanlagen abgeleitet werden zu können. Die Auflagen der Behörden sind verschieden, jedoch soll i. allg. die Cyanid- oder Chromatkonzentration $\leqq$ 0,1 mg/l, Schwermetallionenkonzentration $\leqq$ 0,5 mg/l und der ph-Wert 8 bis 8,5 sein.

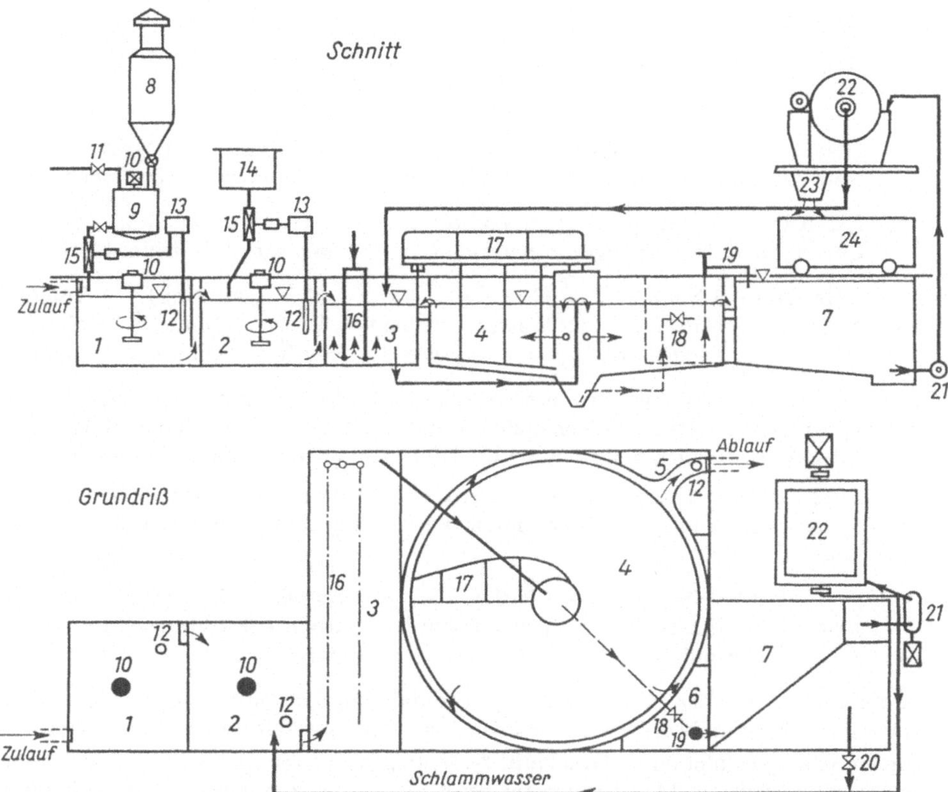

507.1 Durchlaufanlage zur Neutralisation von saurem und alkalischem Abwasser mit Kalkmilchbereitung und Schlammentwässerung

1 Neutralisationsbecken für Kalkmilchzugabe
2 Neutralisationsbecken für Säurezugabe
3 Belüftungsbecken
4 Rundklärbecken mit Schlammräumer
5 Auslauf- und Kontrollschacht
6 Dünnschlammbecken
7 Schlammeindicker
8 Kalksilo mit Abluftfilter
9 Kalkmilchbereiter
10 Mischer
11 Frischwasserventil
12 pH-Elektroden
13 pH-Meß- und Regelgeräte
14 Säurebehälter
15 Regelventil
16 Belüftungsrohre
17 Schlammräumer
18 Schlammablaß
19 Schlammheber
20 Klarwasserrücklauf
21 Schlammpumpe
22 Schlammfilter
23 Schlammbunker
24 Fahrzeug

Das Abwasser muß bereits am Ort des Anfalls je nach Beschaffenheit getrennt werden. Insbesondere darf saures Abwasser nicht mit cyanidhaltigem zusammengeführt werden, da sich Blausäure bilden kann. Ebenso soll chromathaltiges Abwasser nicht mit alkalischem zusammenfließen, da die Reduktion erschwert wird. Jedoch kann chromathaltiges Abwasser mit saurem zusammengebracht werden. Man hat meist 3 getrennte Ableitungen: 1. cyanidhaltig, 2. chromathaltig, 3. übriges saures und alkalisches Abwasser.

Cyanidhaltiges Abwasser wird meist mit Chlor (a) oder Hypochloritlösung (b) behandelt. Der pH-Wert der Lösung bei (a) wird auf 8,5 gebracht, weil die Reaktion mit Cl

Säure freisetzt:

(a)	$NaCN$	$+ Cl_2$	$= CNCl$	$+ NaCl$			
	Natriumcyanid	+ Chlor	= Chlorcyan	+ Natriumchlorit			
(b) 1.	$2\,NaCN$	$+2\,NaOCl$	$+ 2\,H_2O$	$= 2\,CNCl$	$+ 4\,NaCl$		
	Natriumcyanid	+ Natriumhypochlorit	+ Wasser	= Chlorcyan	+ Natriumchlorit		
2.	$2\,CNCl$	$+ 4\,NaOH$	$= 2\,NaCNO$	$+ 2\,H_2O$	$+ NaCl$		
	Chlorcyan	+ Natronlauge	= Natriumcyanat	+ Wasser	+ Natriumchlorit		
3.	$2\,NaCNO$	$+ 3\,NaOCl$	$+ H_2O$	$= 2\,CO_2$	$+ N_2$	$+ 3\,NaCl$	$+ 2\,NaOH$
	Natrium-cyanat	+ Natrium-hypochlorit	+ Wasser	= Kohlen-dioxid	+ Stick-stoff	+ Natrium-chlorit	+ Natron-lauge

Das cyanidhaltige Abwasser wird in ein Oxidationsbecken geleitet und Chlor oder Natriumhypochlorit je nach Cyanidgehalt dosiert eingegeben. Durchmischung erfolgt durch ein Rührwerk. Aufenthaltszeit t_R = 0,5 bis 1,0 h. Ablauf zum Neutralisationsbecken.

Chromathaltiges Abwasser wird meist durch Hydrogensulfit oder SO_2 reduziert. Die Zugabe von 2wertigem Eisen durch Verwertung von Restbeizen steigert den Schlammanfall.

$4\,CrO_3$	$+ 6\,NaHSO_3$	$+ 3\,H_2SO_4$	$= 3\,Na_2SO_4$	$+ 2\,Cr_2(SO)_3$	$+ 6\,H_2O$
Chromoxid	+ Natriumhydro-gensulfit	+ Schwefelsäure	= Natrium-sulfat	+ Chromsulfit	+ Wasser

Chromsaures Abwasser geht mit pH < 2,5 (durch Zugabe von H_2SO_4) in das Reduktionsbecken. Natriumhydrogensulfit wird je nach Chromgehalt dosiert eingegeben.

Durchmischung erfolgt durch Druckluft. Aufenthaltszeit t_R = 0,5 bis 1,0 h. Ablauf zum Neutralisationsbecken. Man benutzt für beide Abwasserarten meist das Durchlaufverfahren wie in Bild **507**.1, jedoch mit Einschaltung der entsprechenden Becken.

Laugen und Säuren. Nach Oxidation des Cyanids bzw. Reduktion des Chromats kann dieses Abwasser wie das der Beizerei behandelt werden. Zu beachten ist, daß eine neue Oxidation des Chroms durch überschüssiges Hypochlorit eintreten kann. Die Aufbereitung des nur sauren oder basischen Abwassers läuft auf einen Konzentrationsausgleich hinaus.

4.8.5 Textilindustrie

Der Wasserverbrauch der Textilindustrie ist erheblich. Fast das gesamte Wasser wird als Abwasser zurückgegeben. Die Betriebe der Textilindustrie stellen entweder aus Rohstoffen Halbfakrikate her, oder sie verarbeiten diese dann zu Fertigwaren. Kombinationen von beiden Fabrikationszweigen sind möglich. Die Aufgaben der Abwasserreinigung sind vielfältig und für die Werke spezifisch. Sie bestehen in der Beseitigung von Chemikalien und Farbstoffen. Kolloidal gelöste Stoffe (u.a. Waschmittel) beseitigt man z.B. durch Ausfällen (**509**.1). Man gibt dem Abwasser Eisenspäne (Abfall der Maschinenfabriken) zu. Sie werden unter Luftzutritt mit dem Abwasser umgewälzt, wobei fällungsaktives Eisenhydroxid entsteht. Aufenthaltszeit t_R = 0,5 bis 1,0 h. Der noch verbleibende Schaum, biologisch nicht abbaubar, wird durch Abfallöle bekämpft, die jedoch nur kurzfristig wirken und meist biologisch abbaubar sind.

In Deutschland dürfen synthetische Waschrohstoffe (Tenside) nach dem Waschmittelgesetz vom 20. 8. 1975 nur noch verwendet werden, wenn sie zu ≧ 80% abbaubar sind. Diese Stoffe können die Absetzwirkung in Kläranlagen verringern, weil sie an Schwebestoffen adsorbieren und damit aufschwimmen. Fette werden emulgiert und nicht mehr zurückgehalten. In Kläranlagen und Vorflutern bildet sich starker Schaum.

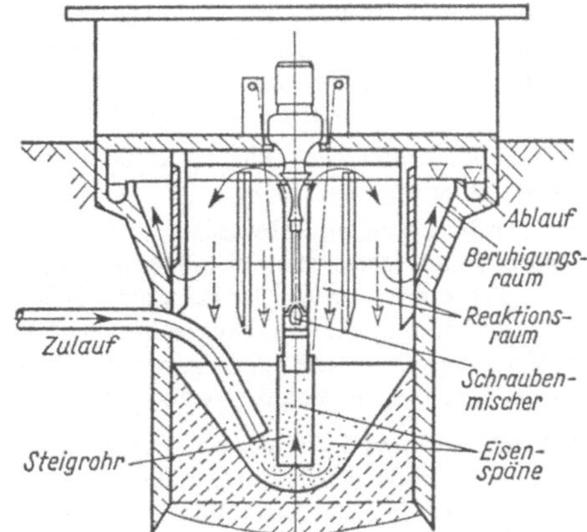

509.1 Eisenfällungsbecken

4.8.6 Lebensmittelindustrie

Gemeinsame Eigenschaften für die Abwasser der Lebensmittelindustrie sind vorwiegend organische und biologische Verunreinigung und eine Neigung zur Versäuerung und zur schnellen Gärung. Stickstoff- und Phosphorgehalt oft mangelhaft [15a].

Milchindustrien. Die Betriebe zur Pasteurisierung und Einsackung von Vollmilch leiten nur Waschwasser ab, das einer verdünnten Milch entspricht. Es können saure oder alkalische Spitzen auftreten, die von der Verwendung von Salpetersäure oder Natronlauge zur Reinigung herstammen.

Käsereien und Kaseinwerke erzeugen außerdem ein Serum, das reich an Milchzucker, aber arm an Proteinen ist. Butterfabriken erzeugen Buttermilch, die reich an Milchzucker und Proteinen, aber arm an Fettstoffen ist. Buttermilch und Serum stellen eine starke Schmutzstoffbelastung dar, der BSB_5 beträgt 20000 bis 40000 mg/l. Zur Klärung kann eine anaerobe Ausfaulung durchgeführt werden. In der Praxis werden die Nebenprodukte oft wiedergewonnen. Es erfolgt nur die Klärung von Waschwasser im technischen Maßstab.

Menge und Zusammensetzungen des Abwassers schwanken stark nach den Fabrikationsbedingungen: Milchverluste, Vermischung mit Kühlwasser, eigentliche Milchaufbereitung.

Die Belastung, die von einem Betrieb ausgeht, kann folgendermaßen abgeschätzt werden:

In jedem Betrieb, wo Milch aufbereitet wird, beträgt der $BSB_5 \sim 150$ g/l an behandelter Milch;

Butter- und Käseherstellung zusätzlich noch 5 kg BSB_5 pro 100 kg erzeugter Butter oder Käse;

Herstellung von Kondensmilch zusätzlich 500 g BSB_5 pro 100 kg Kondensmilch.

Häufig muß man den Sand aus dem Abwasser entfernen. Mit mechanisch-chemischen Aufbereitungen erreicht man nur Teillösungen. Die angemessenste Lösung besteht in der biologischen Reinigung durch Belebtschlammverfahren mit Überlüftung. Mit der Überlüftung wird die erzeugte Schlammenge gering gehalten. Dieses Verfahren bietet zugleich durch große Belüftungszeiten eine Pufferkapazität, welche Belastungsspitzen, die bei dieser Industrieart besonders häufig sind, auffängt.

Wenn die Milch- oder Serum-Konzentration im Abwasser über 1 bis 2% liegt, führt dies zur sauren, aeroben Gärung (Milchgärung), welche die biologische Aktivität vollkommen blockieren kann.

Berieselung und Verregnung sind zur Beseitigung dieser Abwässer ebenfalls geeignet. Die Mengen müssen auf 20 bis 40 m³ Wasser pro Tag und Hektar, je nach der Durchlässigkeit des Bodens, begrenzt werden.

Gemüse- und Obstkonservenfabriken. Diese sind jahreszeitlich tätig. Die Abflüsse bestehen aus gering belastetem Waschwasser und Abwasser aus den Bleichgeräten, welches stark konzentrierte Brühen enthält (der BSB_5 beträgt etwa 25000 mg/l). Die Belastung ist je nach den Produktionsverfahren und behandelten Produkten sehr unterschiedlich.

Die Abflüsse sind meist reich an Kohlehydraten, haben genügend Stickstoff und der Phosphorgehalt ist oft zu gering.

Die Aufbereitung des Abwassers sollte mit einer feinen Siebung beginnen, um Reste von Gemüse, Blättern und Schalen zurückzuhalten. Diese Rückstände sollen entweder für Kompost verwendet oder verbrannt werden. Bewässerung oder Verregnung sind möglich. In der Praxis werden sie jedoch häufig unter Bedingungen durchgeführt, die nicht zufriedenstellend sind, da man nicht über genügend große Flächen verfügt und das Wasser leicht gärt. Da es sich um jahreszeitliche Belastungen handelt, eignet sich die Aufbereitung in belüfteten Teichen.

Schlachthöfe und Fleischkonservenfabriken. Die Abflüsse sind nach der Entfernungsart der Fäkalien, der Größe des Darmbetriebs und der Art der abgeschlachteten Tiere, verschieden. Je kg aufbereitetes Fleisch, kann man als Abflußmengen schätzen:

Schweine etwa 8 l, Großvieh etwa 13 l bei trockener Mistbeseitigung, etwa 27 l bei -abschwemmung,

Für die Nebenindustrien kann man mit folgenden Werten rechnen: 3 bis 5 kg BSB_5/kg Produkt für Pökelfleisch.

Der Abfluß von Schlachthofabwasser in ein Kanalnetz erfordert eine Aufbereitung, welche aus Sandentfernung, Fettabscheidung, Rechenreinigung und möglichst einer Feinsiebung besteht. Dadurch wird die BSB_5-Belastung um etwa 10 bis 15% herabgesetzt. Es wird empfohlen, ein belüftetes Speicherbecken anzulegen, welches die Belastungsspitzen auffangen kann.

Die Belastung der Abflüsse hängt von dem Grade der Blutrückgewinnung, von der Größe des Darmbetriebs und der Mistbeseitigung ab.

Eine chemische Flockungsbehandlung für dieses Abwasser ist nicht empfehlenswert, da mit diesem Verfahren die organische Belastung nur um 50% herabgesetzt wird und zusätzlich Schlamm entsteht. Dieser ist stark kolloidal und gärbar, wodurch Trocknungs- und Abführungsprobleme entstehen, die wirtschaftlich nicht lösbar sind.

Die ideale Lösung ist eine biologische Aufbereitung. Mineralstoff-Tropfkörper werden weniger benutzt, da die Gefahr der Verstopfung durch Fett groß ist, Kunststofftropfkörper sind besser geeignet. Die Überlüftung oder die schwachbelastete Reinigung mit getrennter aerober Schlammstabilisierung sind anwendbar, da neben der guten Klärleistung die anaerobe Faulung des Schlammes vermieden wird. Auch das Verfahren der anaeroben Faulung zur direkten Reinigung des Abwassers ist für die Abläufe großer Betriebe anwendbar, besonders wenn die BSB_5-Belastung stark ist und 1500 bis 2000 mg/l BSB_5 überschreitet.

Brauereien und Gärungsindustrien. Abflüsse aus Brauereien stammen von der Reinigung der Brauhallen, Kühlbecken, Gär- und Lagerbehälter sowie der Flaschen- und Faßreinigung. Zu diesem Abwasser, das mit Schwebestoffen, stickstoffhaltigen Stoffen, Bier- und Heferesten, Schlempenpartikeln und Kieselgur verschmutzt ist, fügt man manchmal Kühlwasser, das nur schwach belastet ist, hinzu.

Während die Abflüsse aus der Flaschenreinigung wenig belastet sind (BSB_5 von 200 bis 400 mg/l), erreicht das Reinigungswasser der Gärbehälter oder Filter 3000 mg/l BSB_5 und das aus der Spülung der Lagertanks bis zu 16000 mg/l. Für diese Abflüsse ist eine schwachbelastete Belebung sehr wirksam, da man die Entwicklung von faserigen Bakterien vermeiden kann, welche die Tropfkörper verstopfen würden. Mit einer solchen Anlage läßt sich der BSB_5 um $> 95\%$ herabsetzen.

Man beachte den großen Raumbedarf der Anlagen. Die Herstellung von 1 Hektoliter Bier erzeugt Abwasser mit etwa 800 g BSB_5.

Der erhaltene Frischschlamm kann nach Eindickung durch Vakuumfilterung aufbereitet werden. Hier empfiehlt sich eine klassische Konditionierung mit Eisensalzen und Kalk. Möglich ist auch Zentrifugieren mit organischen Flockungsmitteln.

Bei Einsatz einer hochbelasteten Belebung sollte man mit zwei Stufen arbeiten. Die Vorstufe dient der Grobbehandlung und der Entfernung von Zucker. Hierfür ist z. B. ein Tropfkörper mit Kunststoffüllung geeignet.

Chemische und pharmazeutische Industrien, welche Gärverfahren anwenden, erzeugen konzentrierte Abflüsse, die Brauereiabwässern sehr ähnlich sind. Alle Methoden der biologischen Aufbereitung sind hier anwendbar. Die Bakterien haben eine große Anpassungsfähigkeit. Auf diese Weise können z. B. die Abflüsse aus der Antibiotika-Herstellung mit Belebtschlamm behandelt werden.

Zuckerwerke und Brennereien. Die Verunreinigungen aus den Zuckerfabriken haben folgenden Ursprung:

- das schlammige Wasser aus der Rübenwaschung;
- das Prozeß-Wasser (Diffusionswasser, Wasser aus den Pülppressen und Schaumtransportwasser);
- die Abflüsse aus der Regenerierung der Entsalzungsanlagen für Zuckersäfte.

Im allgemeinen wird das Wasser, das für Reinigung und Transport der Rüben dient, im Kreislauf verwendet. Man schaltet in den Kreislauf Absetz- und Eindickungsbecken ein, um den Schwebestoffgehalt im Abwasser herabzusetzen. Der Schmutzanteil der rohen Rüben bestimmt die Konzentration an Schwebstoffen im Waschwasser und damit die Abmessungen des Absetzbeckens. Durch den Absetzvorgang erhält man einen Schlamm, dessen Konzentration 300 g *TS*/l überschreiten kann. Es empfiehlt sich, vor dem Absetzbecken eine Rechenreinigung und einen Sandfang anzuordnen. Um den Absetzvorgang zu verbessern, wird manchmal Kalk zugefügt. Überlicherweise leitet man den Schlamm in große Erdbecken. Aus diesen Becken fließt stark belastetes und sehr gärbares Wasser ab.

Während der Kampagne, die in Europa etwa 2 bis 3 Monate dauert, wird das Waschwasser mit Schmutzstoffen, die von den angeschnittenen Wurzeln und vom Humus selbst stammen, angereichert. Man hat schon BSB_5-Anstiege von 70 mg/l pro Tag beobachtet, wobei am Schluß der Arbeitssaison die Abwasserbelastung bis zu 3000 oder 5000 mg/l BSB_5 erreichen kann.

Die anaerobe Faulung der gesamten Abflüsse einer Zuckerfabrik, die während der ganzen Dauer der Zwischensaison in großen Becken gelagert werden, ist ein übliches Verfahren. Wenn der Prozeß gut überwacht wird, die Becken groß genug sind, die Versickerungsverluste kontrolliert werden, so ist diese Technik immer noch die wirtschaftlichste und sicherste. Es werden jedoch große Geländeflächen benötigt und u. U. Emissionen hervorgerufen. Es ist auch möglich, belüftete Teiche zu verwenden, wobei dann der Energieverbrauch ansteigt. Die Brennereien gießen ausgelaugte Molassen oder Schlempen aus, die stark konzentriert und hoch belastet sind (BSB_5 bis zu 40000 mg/l für Schlempen und 5000 bis 10000 mg/l für die gesamten Abflüsse). Die anaerobe direkte und kontrollierte Ausfaulung dieser Abflüsse scheint eine mögliche Lösung zu sein. Die Faulung muß man durch Kalkzugabe auf einem pH-Wert nah an der Neutralität halten, und die Temperatur soll ständig um 35 °C liegen. Das so aufbereitete Wasser wird vorgeklärt und der erhaltene anaerobe Schlamm in den Faulraum gefördert. Dieses Verfahren kann den BSB_5 um 90% herabsetzen. Danach sollte eine zweite Stufe folgen, vorzugsweise aerob, wenn niedrige Belastungswerte für den Ablauf angestrebt werden.

Stärkeherstellung und Kartoffelindustrien. Die Abflüsse dieser Industrien sind stark gärbar, da sie mit Stärke und Proteinen belastet sind. Ihre Bedeutung wächst gleichzeitig mit dem Verkauf von Kartoffel-Chips, Püree in Pulverform usw.

Das Schmutzwasser aus der Kartoffelindustrie hat zweierlei Ursprung. Einerseits das Spül- und Transportwasser der Kartoffeln, das Erde, Pflanzenreste und Kartoffelstücke enthält, und andererseits das Wasser aus den Schälmaschinen, das Kartoffelschalen und -fleisch mit sich führt. Die Menge an Restpülpe kann so hoch sein, daß ihre Wiedergewinnung als Viehfutter betrieben werden kann. Diese ist schwierig und läßt sich durch einfaches Absetzen erreichen. Anschließend wird die abgesetzte Pülpe zentrifugiert und danach in einer Trockentrommel entwässert. Der Überlauf aus dem Absetzbecken kann mit dem Waschwasser vermischt und durch Belebtschlamm unter schwacher oder mittlerer Belastung aufbereitet werden. Die BSB_5-Konzentration am Eingang der biologischen Behandlung kann 500 bis 1200 mg/l betragen. Es kann eine Aufbereitung in zwei Stufen oder durch Überlüftung vorgenommen werden.

Bei Stärkefabriken ist die Belastung der Abläufe bedeutend höher, da noch Zusätze aus den Verdampfungskondensaten und aus dem Stärkewaschwasser hinzukommen. Die durchschnittliche Belastung erreicht normalerweise einen BSB_5-Wert von 1500 bis 2500 mg/l und kann noch biologisch aerob behandelt werden. Wenn 5000 mg/l BSB_5 überschritten werden, kann man eine erste Stufe mit anaerober Faulung in Betracht ziehen.

Öl- und Seifenindustrie. Die Abwässer dieser Industrien weisen oft einen extremen pH-Wert auf, je nach der Art der Betriebe. Die Fabriken, wo Fettstoffe gewaschen werden, lassen sehr saures Wasser ab (pH liegt zwischen 1 und 2), während bei der Verseifung von fetten Säuren die Abflüsse stark alkalisch sind (pH bei 13). Die Vermischung dieser Abflüsse ist also vorteilhaft und erfordert große Pufferbecken. Da das Abwasser leicht gärbar ist, müssen die Becken belüftet werden. Die Fettentfernung aus den Abwässern erfolgt meist durch saure Krackung, die mit einer Flockung kombiniert sein kann. Man verwendet Schwefelsäure oder ein saures Metallsalz, wie Aluminiumsulfat.

Im allgemeinen setzt die physikalisch-chemische Vorbehandlung der Fettabscheidung und der Flokkung die organische Verschmutzung um 50 bis 70% herab. Es folgt dann eine biologische Aufbereitung mit Belebtschlamm. Der Schlamm aus der Vorbehandlung ist leicht gärbar und die Trocknung durch Vakuumfilter ist nur möglich, wenn die Gärung nicht zu weit fortgeschritten ist. Der Schlamm darf nicht lange in den Absetzbecken bleiben. Die Aufbereitungstechnologie für diese Abflüsse muß genau abgestimmt und gut durchdacht sein.

Gerbereien und Lederindustrien. Der Wasserverbrauch ist sehr groß und erreicht 5 m^3 pro 100 kg trockene, präparierte Felle. Die Abflüsse sind hoch verschmutzt und enthalten proteinische Kolloide, Fette und Gerbstoffe, Hautreste und Haare, Farbstoffe und toxische Elemente, wie Sulfide aus den Äschernwerkstätten, und besonders Chrom aus der chemischen Gerberei. Der BSB_5 steigt leicht auf 700 bis 900 mg/l. Vor jeder Aufbereitung ist eine Rechenreinigung notwendig.

Wenn man alle Abwässer vermischt, erhält man einen alkalischen Abfluß, in welchem sich das Chrom im dreiwertigen Zustand niederschlägt und sich dann im Schlamm befindet. Eine anaerobe Faulung dieses Schlammes ist nicht möglich, da Chrom die Methanfaulung hemmt. Die Sulfide werden langsam durch natürliche Oxidation abgebaut. Will man diesen Vorgang beschleunigen, so muß man Katalysatoren wie Kobalt- oder Mangansalze verwenden. Man kann auch ein saures Stripping des schwefelhaltigen Wassers durchführen. Nach Lagerung und Homogenisierung, sowie Absetzen und Neutralisation, kann man eine biologische Aufbereitung anwenden, die sich mit hohen Belastungen durchführen läßt. Zu beachten ist eine starke Schaumbildung, die man durch Berieselung und Anwendung eines Antischaummittels bekämpft. Die pflanzlichen Gerbstoffe entgehen der biologischen Behandlung und färben das gereinigte Wasser hellbraun.

Die Abflüsse aus der Herstellung von tierischen Leimen und Gelatinen aus Abfällen, wie Haut, Knochen und Fischresten sind stark belastet. Man muß mit 5 kg BSB_5 je 100 kg Leim rechnen. Durch eine Ausflockung mit Kalk erreicht man schon eine gute Reinigung. Danach kann eine biologische Behandlung folgen.

Schweine- und Viehzuchtabwässer. Der Umfang der Abwassermengen und Schmutzstoffbelastungen hängt von der Reinigungsart der Ställe ab, die entweder hydraulisch, trocken oder gemischt erfolgen kann. Die Mengen der flüssigen Abflüsse betragen 17 bis 18 l pro Tag und Schwein bei einer Wasserreinigung (11 bis 13 l im Falle einer Trockenreinigung). Die organische Belastung ist groß. Man kann mit 150 bis 200 g BSB_5 pro Tag und Schwein bei hydraulischer Reinigung und mit 80 bis 100 g BSB_5 pro Tag und Schwein bei Trockenreinigung rechnen.

Man sollte den Mist vom Wasser mittels eines mechanischen Verfahrens trennen. Der Rückstand kann dann mit Ätzkalk oder Dolomit vermischt werden, um ein abfüllbares Düngemittel zu erhalten. Der flüssige Anteil der Exkremente kann durch Überlüftung biologisch aufbereitet werden. Der Abfluß weist einen hohen Gehalt an Ammoniak auf. Ein ähnliches Verfahren kann in der Geflügelzucht angewandt werden.

Tafel **513**.1 Entstehung und Eigenschaften von Industrieabwasser nach [15a]

Industriezweig	Entstehung der wichtigsten Abflüsse	Eigenschaften
Landwirtschafts- und Nahrungsmittelindustrie		
Gemüse- und Obstkonserven Kartoffelindustrie	Reinigung, Pressung, Bleichung und Trocknung von Obst und Gemüse	Hoher Gehalt an *TS* kolloidalen und gelösten organischen Stoffen, pH-Wert manchmal alkalisch, Stärke
Fleischkonserven und Pökelfleisch	Stallungen, Schlachthöfe. Kondensate, Fette und Spülwasser	Starke Konzentration an gelösten und schwebenden organischen Stoffen (Blut, Proteine), Fette, NaCl
Viehfutter	Zentrifugier- und Preßrückstände, Abflüsse aus der Verdampfung und Rückstände aus Spülwasser	Sehr hoher *BSB*, nur organische Stoffe, Geruch, Lösungsmittel
Molkereien	Verdünnen von Vollmilch, entfetteter Milch, Buttermilch und Serum	Hohe Konzentration an gelösten organischen Stoffen, hauptsächlich Proteine, Laktose, Fette
Zuckerfabriken	Reinigung und Transport der Zuckerrüben, Diffusion, Transport von Schaum, Verdampfungskondensate, Regeneration von Ionenaustauschern	Hohe Konzentration an gelösten und emulgierten organischen Stoffen (Zucker und Protein)
Brauereien und Brennereien	Einweichen und Pressen von Korn, Rückstände aus der Alkoholdestillation, Verdampfungskondensate	Hoher Gehalt an gelösten organischen Stoffen, die Zukker und gegorene Stärke enthalten
Hefefabriken	Rückstände aus der Filterung von Hefe	Hoher Gehalt an Trockenstoffen (besonders organische) und an *BSB*. Hoher Säuregrad
Ölfabriken, Margarineherstellung	Gewinnung und Verfeinerung	Fettstoffe, hoher Säure- und Salzgehalt, sehr hoher *BSB*
Trocken- und konzentrierte Nahrungsmittel	Lyophilisierung, verschiedene Prozesse, Extrakte usw.	Schwebestoffe, verschiedene Rückstände, hoher *BSB* und Färbung, verschiedene Fettstoffe und Öle
Alkoholfreie Getränke	Flaschen-, Boden- und Materialreinigung, Abflüsse aus den Siruplagerbottichen	Hohe Alkalität, hoher Gehalt an Schwebestoffen und hoher *BSB*, Detergentien
Gerbereien	Einweichen, Äschern, Anfeuchten, Entwollen und Pikkeln von Fellen, Gerb- und Farbbäder	Hoher Gehalt an Totaltrokkenstoffen, Härte, Salz, Sulfide, Chrom, gefällter Kalk und *BSB*

Fortsetzung s. nächste Seiten

Industriezweig	Entstehung der wichtigsten Abflüsse	Eigenschaften
Landwirtschafts- und Nahrungsmittelindustrie		
Stärke und Glukosenherstellung	Verdampfungskondensate, Sirup aus der Endspülung	Hoher Gehalt an *BSB* und gelösten organischen Stoffen (besonders Stärke und Nebenprodukte)
Chemie- und Syntheseindustrie		
Phosphate, Phosphorsäure, phosphathaltige Düngemittel	Waschung, Rechenreinigung und Flotation des Erzes, Superphosphate	Ton, Lehm und Öle, niedriger pH-Wert, hoher Gehalt an Schwebestoffen und kiesel- und fluorhaltigen Produkten (SiF_6)
Synthetische Farbstoffe	Anilische und nitrierte Farbstoffe	Stark saures Wasser, Phenole, Stickstoffverbindungen, hoher *CSB*
Gummi und synthetische Polymere	Latexwaschung, geronnenes Gummi, Beseitigung der Verunreinigungen im Rohgummi und in Formelprodukten	Starker *BSB* und Geruch, hoher Gehalt an Schwebestoffen, schwankender pH-Wert, hoher Gehalt an Chloriden
Insekten- und Schädlingsbekämpfungsmittel	Waschungs- und Reinigungsprodukte	Hoher Gehalt an organischen Stoffen, Benzol, toxisch für Bakterien und Fische, Säuren
Raffinerien und Petrochemie	Prozeßwasser, Entsalzung, Steam-cracking, katalytische Crackung, Abwasser aus den Handhabungs- und Lagerbereichen	Aliphatische und aromatische Kohlenwasserstoffe, die mehr oder weniger emulgiert sind, Sulfide, Schwebestoffe, geringer *BSB* (außer phenolhaltigem Prozeßwasser)
Textilindustrie		
Wäschereien	Gewebewaschung	Hoher Gehalt an Alkalität und organischen Stoffen, Detergentien
Faserherstellung	Kunstfasern, Viskose, Polyamide, Polyester, Vinylprodukte	Anwesenheit von Lösungsmitteln, Enzymierungsprodukten, Farbstoffen, neutrales Wasser mit *BSB*-Belastung
Faserbehandlung	Waschung, Farbechtheitsprobe, Bleichung, Färbung, Bedruckung und Appretur, Wollkämmung	Hoher oder mittlerer Gehalt an Schwebestoffen, alkalisches o. saures Wasser. Sehr hoher und schwankender *BSB*, Farbstoffe, chemische Produkte, Reduktions- oder Oxidationsmittel, manchmal Sulfide, Fett, Wollfett

Industriezweig	Entstehung der wichtigsten Abflüsse	Eigenschaften
Papierindustrie		
Zellstoff	Aufkochung, Bleichung, Faserreinigung, Verfeinerung des Zellstoffes	Hoher *CSB* und *BSB*, Farbstoffe, hoher Gehalt an Schwebestoffen, kolloidalen und gelösten Stoffen, Sulfite, schwankender pH-Wert
Papier und Pappe	Maschinelle Herstellungsprozesse, Dosierung, Mischung, Überschußwasser	Weißes und organisches Wasser, Fasern, Tonerde, Titan, Kaolin, Baryt, Pigmente, Latex, Quecksilbersalze
Weitere Industriezweige		
Eisenhütten	Waschung von Hochofengas, Schlackenkörnungswasser	Im allgemeinen neutrales Wasser, manchmal mit Cyanid oder Sulfid belastet
Kohlenindustrie	Reinigung und Sortierung von Kohle, Wasserwaschung der Schieferschichten, Koksherstellung, Carbochemie	Hoher Gehalt an Schwebestoffen (besonders Kohle), geringer pH-Wert, Phenole, Ammoniakflüssigkeiten, Cyanide, Thiocyanate
Mechanische Industrie	Bearbeitung, Schleifen, Polieren, Abbimsen	Fette, Öle, Abschliffprodukte, lösliche Öle, neutrale Wasser
Behandlung von metallischen Oberflächen	Beizen, Phosphatieren, elektrolytische Bezüge, Anodisierung, Färben, Elektrophorese	Saure oder alkalische Wässer, chromat-, cyanid-, fluorhaltig, mit Angriffsprodukten belastet (Fe, Cu, Al), Pigmente, Tenside
Glas- und Spiegelherstellung	Reinigung und Polieren von Glas, Silberbäder	Rote Farbstoffe, alkalische, nicht absetzbare Schwebestoffe, Silber
Kernenergie und radioaktive Körper	Erzenergie, Reinigung von verseuchten Kleidungsstükken, Abfälle aus Forschungslabors, Brennstofferzeugung, Kühlwasser	Radioaktive Elemente, die sehr sauer und „heiß“ sein können
Elektronik	Glasbehandlung, Herstellung von elektronischen Komponenten und Magnetiten	Säuren, Flußsäure, Ferrichlorid, Schwebestoffe, Eisen, Ferrite
Elektrochemie und Elektrometallurgie	Elektrolytische Herstellung von Chlor und Soda, Aluminiumerzeugung	Quecksilber, Fluoride, SO_2, Schwebestoffe

Literaturverzeichnis

[1] ATV-Arbeitsblätter (im Buchtext: ATV-A...)
A ≙ Arbeitsblatt, H ≙ Hinweis, M ≙ Merkblatt; ATV ≙ Abwassertechnische Vereinigung

ATV-Arbeitsblatt A 105, 1/83: Hinweise für die Wahl des Entwässerungsverfahrens (Mischverfahren/Trennverfahren)

ATV-Arbeitsblatt A 106, 5/62: Merkblatt für die Planung eines Klärwerkes, Neuauflage 1971 (unveränderter Text)

ATV-Arbeitsblatt A 107, 10/63: Hinweise für das Ableiten von Schlachthofabwasser in ein öffentliches Kanalnetz

ATV-Arbeitsblatt A 109, 1/83: Richtlinien für den Anschluß von Autobahnnebenbetrieben an Kläranlagen

ATV-Arbeitsblatt A 115, 1/83: Hinweise für das Einleiten von Abwasser in eine öffentliche Abwasseranlage

ATV-Arbeitsblatt A 117, 11/77: Richtlinien für die Bemessung, die Gestaltung und den Betrieb von Regenrückhaltebecken

ATV-Arbeitsblatt A 118, 7/77: Richtlinien für die hydraulische Berechnung von Schmutz-, Regen- und Mischwasserkanälen

ATV-Arbeitsblatt A 119, 10/84: Grundsätze für die Berechnung von Entwässerungsnetzen mit elektronischen Datenverarbeitungsanlagen

ATV-Arbeitsblatt A 120, 8/79: Richtlinien für das Prüfen elektronischer Berechnungen von Kanalnetzen

ATV-Arbeitsblatt A 121, 12/85: Niederschlag-Starkregenauswertung nach Wiederkehrzeit und Dauer – Niederschlagsmessungen, Auswertung

ATV-Arbeitsblatt A 122, 12/74: Grundsätze für Bemessung, Bau und Betrieb von kleinen Kläranlagen mit aerober biologischer Reinigungsstufe für Anschlußwerte zwischen 50 und 500 Einwohner

ATV-Arbeitsblatt A 123, 6/85: Behandlung und Beseitigung von Schlamm aus Kleinkläranlagen

ATV-Arbeitsblatt A 124, 8/84: Dienst- und Betriebsanweisungen für das Personal von Kläranlagen

ATV-Arbeitsblatt A 125, 12/75: Rohrvortrieb

ATV-Arbeitsblatt A 126, 11/87: Grundsätze für die Abwasserbehandlung in Kläranlagen nach dem Belebungsverfahren mit gemeinsamer Schlammstabilisierung bei Anschlußwerten zwischen 500 und 10000 Einwohnerwerten

ATV-Arbeitsblatt A 127, 12/84: Richtlinie für die statische Berechnung von Entwässerungskanälen und -leitungen

ATV-Arbeitsblatt A 128, 7/77: Richtlinien für die Bemessung und Gestaltung von Regenentlastungen in Mischwasserkanälen

ATV-Arbeitsblatt A 129, 5/79: Abwasserbeseitigung aus Erholungs- und Fremdenverkehrseinrichtungen

ATV-Arbeitsblatt A 130, 4/78: Musterleistungsverzeichnis, Wasserhaltungsarbeiten

ATV-Arbeitsblatt A 131, 11/81: Grundsätze für die Bemessung von einstufigen Belebungsanlagen mit Anschlußwerten über 10000 Einwohnergleichwerten

ATV-Arbeitsblatt A 132, 8/81: Standardleistungsbuch für das Bauwesen (StLB) Leistungsbereich 911 – Rohrvortrieb, Durchpressungen

ATV-Arbeitsblatt A 133, 8/81: Erfassung, Bewertung und Fortschreibung des Vermögens kommunaler Entwässerungseinrichtungen

ATV-Arbeitsblatt A 134, 8/82: Planung und Bau von Abwasserpumpwerken mit kleinen Zuflüssen

ATV-Arbeitsblatt A 135, 4/83: Grundsätze für die Bemessung von einstufigen Tropfkörpern und Scheibentauchkörpern mit Anschlußwerten über 500 Einwohnergleichwerten

ATV-Arbeitsblatt A 136, 12/85: Niederschlag – Aufbereitung und Weitergabe von Niederschlagsregistrierung – Niederschlagsauswertung – Datenverarbeitung

ATV-Arbeitsblatt A 137, 12/85: Die Verwendung von Steighilfen in Bauwerken der Ortsentwässerung

ATV-Arbeitsblatt M 141, 5/87: Vorsorgemaßnahmen für Notfälle bei öffentlichen Abwasseranlagen

ATV-Arbeitsblatt M 151, 6/85: Allgemeine Grundsätze für Rohrverbindungen von Entwässerungskanälen und -leitungen beim Rohrvortrieb

ATV-Arbeitsblatt A 201, 12/86: Grundsätze für Bemessung, Bau und Betrieb von Abwasserteichen für kommunales Abwasser

ATV-Arbeitsblatt A 241, 6/78: Bauwerke der Ortsentwässerung

ATV-Arbeitsblatt M 250, 9/85: Maßnahmen zur Sauerstoffanreicherung von Oberflächengewässern

ATV-Arbeitsblatt M 251: Einleitung von Kondensaten aus Gas- und Ölbetriebenen Feuerungsanlagen in öffentliche Abwasseranlagen und Kleinkläranlagen

ATV-Arbeitsblatt H 252, 11/85: Empfehlungen zur Gestaltung von Stromlieferungsverträgen bei Kläranlagen

ATV-Arbeitsblatt H 253, 11/86: Einsatz von Prozeßdatenverarbeitungsanlagen auf Klärwerken

ATV-Arbeitsblatt H 254, 11/86: Allgemeine Beurteilungskriterien für Kläranlagen mit besonderen Verfahrenskombinationen oder -varianten für Ausbaugrößen bis 10000 Einwohnerwerte

ATV-Arbeitsblatt H 258, 12/87: Einsatz von Feinstrechen und Sieben auf kleinen kommunalen Kläranlagen

ATV-Arbeitsblatt H 259, 2/88: Auf Kläranlagen Stromkosten sparen!

ATV-Arbeitsblatt H 353, 10/87: Gemeinsame Verwertung von Gülle und Klärschlamm

ATV-Arbeitsblatt A 400, 10/86: Grundsätze für die Erarbeitung des Regelwerkes

ATV-Arbeitsblatt A 701, 4/86: Grundsätze für Bemessung und Betrieb von Abwasserreinigungsanlagen in Erdölraffinerien

ATV-Arbeitsblatt M 752, 4/86: Abwässer bei der Herstellung von elektrischen Akkumulatoren und Primärzellen

ATV-Arbeitsblatt M 754, 12/86: Abgänge aus der konzentrierten Tierhaltung

ATV-Arbeitsblatt M 756, 9/86: Abwasser bei der Herstellung von Düngemitteln

ATV-Arbeitsblatt M 757, 9/86: Abwasser der Mineralfarbenindustrie

ATV-Arbeitsblatt M 758, 9/86: Abwasser aus Wärmebehandlungsbetrieben

ATV-Arbeitsblatt H 760, 4/86: Aufbau und Betrieb von Pilotanlagen zur Abwasserbehandlung

[2] Annen, G., Londong, D.: Vergleichende Betrachtungen zu Bemessungsverfahren von Rückhaltebecken. Technisch-Wissenschaftliche Mitteilungen der Emschergenossenschaft und des Lippeverbandes **3** (1960)

[4] Ausschuß „Elektronik im Bauwesen“ GAEB im Deutschen Normenausschuß: Standardleistungsbuch (StLB), Leistungsbereich 02 (Erdarbeiten), Leistungsbereich 09 (Abwasserkanalarbeiten), Berlin/Köln/Frankfurt 1970

[5] Bayerische Landesanstalt für Wasserforschung München: Behandlung von Industrieabwässern. Band 28. München 1977

[6] –: Moderne Abwasserreinigungsverfahren. Band 29. München 1978

[7] –: Schadstoffe im Oberflächenwasser und im Abwasser. Band 30. München 1978

[8] Bischofberger, W., Baumgart, P., Resch, H.: Forschungsvorhaben Abfallbeseitigung „Sammlung, Behandlung, Beseitigung und Verwertung von Schlämmen aus Hauskläranlagen" – Vorläufiger Schlußbericht, 1980
[8a] Bischofsberger, W., Teichmann, H.: Abwassertechnik. Taschenbuch der Wasserwirtschaft. Hamburg 1982.
[9] Böhnke: Kombinierte Emscherbrunnen für biologische Kläranlagen kleinerer Gemeinden. Kommunalwirtschaft **9** (1960)
[10] –: Erfahrungen aus zweistufigen Versuchsanlagen und Folgerungen für die Verfahrenstechnik. Z. Korrespondenz Abwasser **3** (1980)
[11] –: Belüftete Abwasserteiche. Vortrag 15. Essener Tagung, 1982
[12] –: Das Adsorptions-Sauerstoffbegasungsverfahren. Z. Wissenschaft + Umwelt **1** (1979)
[12a] Bundesverband Deutsche Beton- u. Fertigteilindustrie e.V. Bonn, Handbuch für Rohre aus Beton, Stahlbeton, Spannbeton. Berlin 1978
[13] Braha: Projektierung von Langsandfängen mit konstanter Durchflußgeschwindigkeit. GWF Jg. 112 (1971)
[14] Bucksteeg, K.: Beitrag zum Thema: Baukosten von Kläranlagen. GWF H. 3 (1971), S. 163
[15] –: Abwasserreinigung in unbelüfteten Teichen und in Pflanzenanlagen. Vortrag 15. Essener Tagung, 1982
[15a] Degrêmont, G.: Handbuch Wasseraufbereitung, Abwasserreinigung. Wiesbaden u. Berlin, 1974
[16] Diering, B.: Weitergehende biologische Abwasserreinigung Stadt Krefeld. ATV-Lehrgang Laasphe, 1978
[16a] Diering, B., Heetkamp, I.: Erweiterungsplanung des Klärwerks Düsseldorf-Süd mit weitergehender Stickstoff- und Phosphorelimination. Korrespondenz Abwasser (1988) H. 4
[17] DVGW-Regelwerk: Arbeitsblatt W 305, Kreuzungen von Wasserleitungen mit Bundesbahngelände
[18] Erste Allgemeine Verwaltungsvorschrift über Mindestanforderungen an das Einleiten von Schmutzwasser aus Gemeinden in Gewässer – 1. Schmutzwasser VwV – vom 16. 10. 1976, BGBl. I S. 3017
[19] Fair, G. M., Geyer, C.: Wasserversorgung und Abwasserbeseitigung. München 1962
Geiger, H.: Sandfänge für Abwasserkläranlagen. Maschinenfabrik Geiger, Karlsruhe
Howe, H.: Der Einsatz von Steinzeugrohren bei Steilstrecken, Steinzeug-Information **2** (1966)
[20] Fair, G. M., Geyer, C., Okun, D. A.: Elements of water supply and wastewater disposal. London 1971
[20a] Gassen, M. u.a.: Kanalnetzberechnung. KA 1978, S. 319
[21] Gesetz über Abgaben für das Einleiten von Abwasser in Gewässer (Abwasserabgabengesetz – AbwAG) vom 13. 09. 1976, BGBl. I S. 2721, berichtigt Nr. 3007
[21a] Haendel, H.: Kanalnetzberechnung mit EDV-Anlagen. KA 1977, S. 300; KA 1982, S. 750; KA 1984, S. 779
[21b] Hahn, H. H.: Wassertechnologie. Berlin, Heidelberg, New York 1987
[21c] Hartmann, L.: Biologische Abwasserreinigung. Berlin, Heidelberg, New York 1983
[22] Helmer, R., Sekoulov, J.: Weitergehende Abwasserreinigung. Mainz, Wiesbaden 1977
[23] Hünerberg, K.: Handbuch für Asbestzementrohre. Berlin/Heidelberg/New York 1977
[24] Imhoff, Karl und Klaus R.: Taschenbuch der Stadtentwässerung. 25. Aufl. München 1979
[24a] –: Taschenbuch der Stadtentwässerung. 26. Aufl. München 1985
Imhoff, Klaus: Zur Berechnung von Belebungsbecken. GWF Jg. 104 (1963), S. 1494
[25] Imhoff, K.-R.: Leistungsvergleich ein- und zweistufiger biologischer Abwasserreinigungsverfahren. Vortrag 15. Essener Tagung, 1982, auch GWA Bd. 59, S. 337
[26] Kayser, R.: Nitrifikation und Denitrifikation in ein- und zweistufigen Belebungsanlagen. Vortrag 15. Essener Tagung, 1982
[27] Kalbskopf, K.-H.: Luftmengenberechnung für Belebungsanlagen. GWF Jg. 102 (1961)
[28] Kehr, D.: Die Berechnung von Regenwasserabläufen. München 1933

–: Das Hamburgbecken. Schweizerische Zeitschrift für Hydrologie (1960)
[29] –: Über die Totalkläranlage des Instituts für Siedlungswasserwirtschaft der Technischen Hochschule Hannover. GWF Jg. 104 (1963), S. 285
[30] –, und Möhle, K. A.: Erfahrungen mit dem Tropfkörperverfahren als zweite biologische Reinigungsstufe. Korrespondenz Abwasser **11** (1966)
[31] Kesting, D.: Rechts- u. Planungsgrundlagen für die Fäkalschlammbeseitigung. Vortrag Seminar „Behandlung von Schlämmen aus Hauskläranlagen", Rendsburg, 1981
[32] Kirschmer, O.: Die Berechnungsgrundlagen für die Strömung in Rohren. Rohrleitungsbau **1** (1965)
[33] –: Tabellen zur Berechnung von Rohrleitungen nach Prandtl-Colebrook. Heidelberg 1963
[34] –: Tabellen zur Berechnung von Entwässerungsleitungen nach Prandtl-Colebrook. Heidelberg 1966
Koppe, P., Stozek, A.: Kommunales Abwasser. Essen 1986
[35] Köhler, R.: Z. Industrieabwässer (1971) Düsseldorf
[36] Kumpf, Maas, Straub: Müll- und Abfallbeseitigung. Handbuch. Berlin 1964
Kunz, P.: Prozeßführung von Kläranlagen. Berlin, Heidelberg, ... 1988
[37] Langbein-Pfanhauser Werke AG: Abwasserreinigung in der Galvanotechnik
[38] Lautrich, R.: Der Abwasserkanal. 4. Auflage. Hamburg 1977
[39] Lehr- und Handbuch der Abwassertechnik. 3. Aufl. Band I. Wassergütewirtsch. Grundlagen, Bem. u. Planung von Abwasserleitungen. Berlin 1982
[39a] –, 3. Aufl. Band II. Entwurf u. Bau von Kanalisation u. Abwasserpumpwerken. Berlin 1982
[39b] –, 3. Aufl. Band III. Grundlagen f. Planung u. Bau von Abwasserkläranlagen und mechanische Klärverfahren. Berlin 1983
[39c] –, 3. Aufl. Band IV. Biologisch-chemische u. weitergehende Abwasserreinigung. Berlin 1985
[39d] –, 3. Aufl. Band V. Organisch verschmutzte Abwässer der Lebensmittelindustrie. Berlin 1985
[39f] Lehr- und Handbuch der Abwassertechnik. 3. Aufl. Band VI. Organisch verschmutzte Abwässer sonstiger Industriegruppen. Berlin 1986
[40] –, Band VII. 3. Aufl. Industrieabwässer mit organischen Inhaltsstoffen. Berlin 1986
[41] –, Band III. 2. Aufl. Berlin 1979
[41a] Lengwick, H.: Kanalnetzberechnung, KA 1982, S. 840.
[42] Lohr: Kläranlagen für kleine Gemeinden nach dem Belebungsverfahren mit Schlammstabilisation. GWF Jg. 106 (1965), S. 53
[43] Loll, U.: Stabilisierung hochkonzentrierter organischer Abwässer und Abwasserschlämme durch aerob-thermophile Abbauprozesse. Dissertation, Techn. Hochsch. Darmstadt (1974)
[44] Malpricht, E.: Planung und Bau von Regenrückhaltebecken. Berichte der Abwassertechnischen Vereinigung. 15 (1962)
[45] Manz: Die Planung der Kläranlage Bristol. GWF Jg. 107 (1966)
[46] Matsch, L. C.: Zweistufige aerobe-anaerobe Schlammbehandlung unter besonderer Berücksichtigung des erforderlichen Energieaufwandes und des zu erwartenden Gasanfalls. Gewässerschutz – Wasser – Abwasser (1981) Band 45, S. 137
[47] Maurer, M., Winkler, J.-P.: Biogas. Karlsruhe 1980
[48] Merkblatt zum Verfüllen von Leitungsgräben. Forschungsgesellschaft für Straßenwesen 1970
[49] Meysenburg, C. M. v.: Kunststoffkunde für Ingenieure. 3. Aufl. München 1968
[50] Moser, F.: Grundlagen der Abwasserreinigung. München, Wien 1981, Bd. 1 und 2
[51] Mönnich, K.-H.: Beitrag zur Frage der gemeinsamen oder getrennten Reinigung hochverschmutzter Abwässer der chemischen Industrie und kommunaler Abwässer. Veröffentl. des Inst. für Siedlungswasserwirtschaft der TU Hannover, Heft 41, (1975)
Mudrack, K., Kunst, S.: Biologie der Abwasserreinigung. Stuttgart 1985
[52] Müller-Neuhaus: Die getrennte aerobe Schlammstabilisierung. GWF Jg. 112 (1971), S. 392
[53] –: Die Berechnung von Rückhaltebecken. Gesundheitsingenieur **74** (1953)

Orth, H.: Dekompositionsmethoden – Ein Hilfsmittel bei der Planung regionaler Abwasserbeseitigungssysteme. GWF Jg. 114 (1973)
Die mathematische Optimierung als Hilfsmittel bei der Planung regionaler Abwasserbeseitigungssysteme. GWF Jg. 115 (1974)
[54] Passavant-Werke: Tropfkörper, Bauart Passavant
[55] Pasveer, A.: Abwasserreinigung im Oxydationsgraben. Bauamt und Gemeindebau **31** (1958)
[56] Pecher: Der Abflußbeiwert und seine Abhängigkeit von der Regendauer. Berichte aus dem Institut für Wasserwirtschaft und Gesundheitswesen der TH München 1969
[57] Pflanz: Über das Absetzen des belebten Schlammes in horizontal durchströmten Nachklärbecken. Hannover 1966
[58] Pöpel, J.: Die Elimination von Phosphaten, Dissertation, TH Stuttgart. 1966
[59] Randolf, R.: Berechnung von Rückhaltebecken in der Regenwasserkanalisation. Wasserwirtschaft/Wassertechnik **9** (1959)
[59a] Reinheimer, G., Hegemann, W., Raff, J., Sekoulov, I.: Stickstoffkreislauf im Wasser. München, Wien 1988
[60] Reinhold, F.: Die Berechnung von Regen- und Mischwasserleitungen nach dem Zeitbeiwertverfahren. Österreichische Bauzeitschrift (1955)
–: Regenspenden in Deutschland. Grundwerte für die Entwässerungstechnik. Archiv für Wasserwirtschaft (1940)
–: Zur Ermittlung von Abflußmengen aus Niederschlagsbeobachtungen. Wasserwirtschaft (1952/53)
[61] Riegler, G.: Eine Verfahrensgegenüberstellung von Varianten zur Klärschlammstabilisierung. Dissertation. Darmstadt 1981
[62] Roediger, H.: Die anaerobe alkalische Schlammfaulung. 3. Aufl. München 1967
[63] Roske, K.: Betonrohre nach DIN 4032. Wiesbaden 1961
[64] Rössert, R.: Hydraulik im Wasserbau. 3. Aufl. München 1976
[65] Rüffer, H.: Untersuchungen zur Charakterisierung aerob-biologisch stabilisierter Schlämme. Institut für Siedlungswasserwirtschaft der TH Hannover 1968
[66] Schewior-Press: Hilfstafeln zur Lösung wasserwirtschaftlicher und baulicher Aufgaben, 10. Aufl. Berlin 1958
[67] Schlegel, S.: Die anaerobe Behandlung von Filtratwässern thermisch konditionierter Schlämme. Veröffentl. des Inst. für Siedlungswasserwirtschaft der TU Hannover, Heft 39, (1974)
[67a] –: Der Einsatz von getauchten Festbettkörpern zur Nitrifikation. Korrespondenz Abwasser (1988), H. 2
[68] Sekoulov, J.: Die Phosphorelimination mit Hilfe von kontinuierlich belichteten Blaualgen, Dissertation, Universität Stuttgart, 1971
[69] Seyfried, C. F., Saake: Entwicklung in der Prozeßtechnik zur anaeroben Abwasser- und Schlammbehandlung. Vortrag 15. Essener Tagung, 1982
[70] Sixt, H.: Reinigung organisch hochverschmutzter Abwässer mit dem anaeroben Belebungsverfahren am Beispiel von Abwässern der Nahrungsmittelherstellung. Veröffentl. des Inst. für Siedlungswasserwirtschaft der TU Hannover, Heft 50, (1979)
[71] Schmitz-Lenders, F.: Schachtelbecken, GWF Jg. 101 (1960)
[72] Simmer, K.: Grundbau. 18. und 16. Aufl. Stuttgart, 1987 u. 1985
[73] Sickert: Bau- und Betriebskosten von biologischen Kläranlagen, Entwicklung und Folgerungen. GWF **6** (1972)
[74] Sierp, F.: Die gewerblichen und industriellen Abwässer. 3. Aufl. Berlin/Heidelberg 1967
[75] Spangler, M. W.: Stresses in pressure pipelines and protective casing pipes. Journ. Structural Dir. Nr. St 5, Proc. Am. Soc. Civ. Eng. **82** (1956)
[75a] Stein, D., Niederehe, W.: Instandhaltung von Kanalisationen. Berlin 1987
[76] Steinzeug-Gesellschaft: BKK-Kompaktschacht NW 1000 für Steinzeug-Kanalleitungen
[77] Stengelin, Conrad, Firma, Tuttlingen (Donau)
[78] Thon, R.: Konstruktive und wirtschaftliche Gesichtspunkte beim Bau von Faulbehältern. Vortrag ATV-Tagung. Berlin 1963

[79] Thormann, A.: Schadstoffe in Klärschlämmen. Korr. Abwasser **27** (1980), H. 2, S. 105
Timm/Fritz: Hydromechanisches Berechnen. 2. Aufl. Stuttgart 1970
[80] Volger, K., Laasch, E.: Haustechnik. 8. Aufl. Stuttgart 1989
[81] Voss, K.: Abbau in belüfteten Abwasserteichen, Z. Wasser u. Boden, Heft 5, 1980
[82] –: Behandlung von Fäkalschlämmen in Abwasserteichen, Bodenfiltern und bei mobilen Systemen. Vortrag-Schlammseminar, Rendsburg 1981
WAR.: 13. Wassertechn. Seminar: Landwirtschaftliche Klärschlammverwertung. Darmstadt 1988
[83] Wassen, H.: Hygienische Untersuchungen über die Verwendbarkeit der Umwälzbelüftung (System Fuchs) zur Aufbereitung von flüssigen Abfällen aus dem kommunalen und landwirtschaftlichen Bereich. Dissertation, Gießen (1975)
[84] Wendehorst/Muth: Bautechnische Zahlentafeln. 24. Aufl. Stuttgart 1989
[85] Wenten, H.: Kanalisations-Handbuch. 4. Aufl. Köln-Braunsfeld 1967
[86] Wetzorke, M.: Über die Bruchsicherheit von Rohrleitungen in parallelwandigen Gräben. Hannover 1960
[87] Wetzorke/Stobbe: Zulässige Einbautiefen für Awadukt-Rohre NW 150 bis 400 mm
[88] Wilderer, P., Hartmann, L.: Grundsätze zur Biotechnologie des Belebungsverfahrens Aufsatz in Band 29 der Bayr. Landesanstalt für Wasserforschung. München 1978
[89] Zander, B.: Druckentwässerung – ein neuzeitliches Verfahren zur Ableitung von Abwasser. GWF **10** (1972)
[90] div.: Schriftenreihe Siedlungswasserwirtschaft Univ.-Gesamthochschule Kassel: Planungshilfen zur weitergehenden Abwasserreinigung und Klärschlammentsorgung
[91] div., Herausgeber Institut Fresenius (Fresenius, W. u. Schneider, W.) und Forschungsinstitut für Wassertechnologie an der RWTH Aachen (Böhnke, B. und Pöppinghaus, K.): Abwassertechnologie. Heidelberg, New York, Tokyo 1984.

DIN-Normen zur Abwassertechnik (Auswahl) (E ≙ Entwurf, T ≙ Teil)

DIN-Nr.		Titel
591	T 1	Kellerabläufe mit innenliegender Reinigungsöffnung; Zusammenstellung
	T 2	–; Einzelteile
1180		Drainrohre aus Ton; Maße, Anforderung, Prüfung
1185	T 1 bis T 5	Dränung; Regelung des Bodenwasser-Haushaltes ...
1187		Drainrohre aus weichmacherfreiem PVC hart; Maße, Anforderung, Prüfung
1211	T 1 bis 3	Steigeisen, kurz
1212	T 1 bis 3	–, lang
1213	T 1	Aufsätze für Straßen- und Hofabläufe; Klassifizierung, Baugrundsätze, Kennzeichnung
	T 2	–; Prüfung, Güteüberwachung
1221		Schmutzfänger für Schachtabdeckungen
1229	T 1	Aufsätze und Abdeckungen für Verkehrsflächen; Klassifizierung, Baugrundsätze, Prüfung, Überwachung und Kennzeichnung
1230	T 1	Steinzeug für die Kanalisation; Rohre und Formstücke, Steckmuffen; Maße
	T 2	–; Rohre und Formstücke, Steckmuffen; Technische Lieferbedingungen
	T 3	–; Sohlschalen, Profilschalen und Platten; Maße, Techn. Lieferbedingungen
	T 7	–; Rohre u. Formstücke mit glatten Enden, Techn. Lieferbedingungen
E	T 201	–; Rohre und Formstücke mit Steckmuffen, Werkstoff, Anforderungen, Prüfungen, Überwachung
	Bbl.	–; Herstellerzeichen der Steinzeugwerke
1236	T 1	Betonteile u. Eimer für Abläufe; Kl. A u. B; Bauart, Einbau und Zusammenstellungen
	T 2	–; Betonteile
E 1986	T 1	Entwässerungsanlagen für Gebäude und Grundstücke; Technische Bestimmungen für den Bau
	T 2	–; Bestimmungen für die Ermittlung der lichten Weiten und Nennweiten für Rohrleitungen
	T 3	–; Regeln für Betrieb und Wartung
	T 4	–; Verwendungsbereiche von Abwasserrohren und -formstücken verschiedener Werkstoffe
	T 30 bis T 33	–; Allgem. Entwä-Anlagen, Abwasserhebeanlagen; Rückstauverschlüsse
1997	T 1	Absperrvorrichtungen für Grundstücksentwässerungsanlagen; Rückstauverschlüsse für fäkalienfreies Abwasser; Baugrundsätze
	T 2	–; Prüfgrundsätze
1998		Unterbringung von Leitungen und Anlagen in öffentlichen Flächen – Richtlinien für die Planung
1999	T 1	Abscheider für Leichtflüssigkeiten – Benzinabscheider, Heizölabscheider; Baugrundsätze

DIN-Nr.		Titel
E	T 2	–; Einbau und Betrieb
2410	T 1	Rohre; Übersicht über Normen für Stahlrohre
	T 2	–; Übersicht über Normen für Rohre aus duktilem Gußeisen
	T 3	–; Übersicht über Normen für Rohre aus Beton, Stahlbeton und Spannbeton
	T 4	–; Übersicht über Normen für Rohre aus Asbestzement
4030		Beurteilung betonangreifender Wässer, Böden und Gase
4031		Wasserdruckhaltende bituminöse Abdichtungen für Bauwerke; Richtlinien für Bemessung und Ausführung
4032		Betonrohre und -formstücke; Maße, Technische Lieferbedingungen
4033		Entwässerungskanäle und -leitungen aus vorgefertigten Rohren; Richtlinien für die Ausführung
4034		Schachtringe, Brunnenringe, Schachthälse, Übergangsringe, Auflageringe aus Beton; Maße, Technische Lieferbedingungen
4035		Stahlbetonrohre, Stahlbetondruckrohre und zugeh. Formstücke aus Stahlbeton; Maße, Technische Lieferbedingungen
4040		Fettabscheider; Baugrundsätze
4041		–; Einbau, Größe und Schlammfänge, Richtlinien
4042		–; Prüfung
4043		Sperren für Leichtflüssigkeiten (Heizölsperren); Baugrundsätze, Einbau, Betrieb, Prüfungen
4045		Abwasserwesen; Begriffe
4050		Bestandspläne öffentlicher Abwasserkanäle
4051	T 1	Kanalklinker; Anforderungen, Prüfung, Überwachung
4052	T 1	Betonteile und Eimer für Straßenabläufe; Bauart und Einbau
	T 2	–; Zusammenstellungen
	T 3	–; Betonteile
4060	T 1	Dichtringe aus Elastomeren für Rohrverbindungen in Entwässerungskanälen und -leitungen; Kreisförmige Wirkungsquerschnitte, Anforderungen, Prüfungen, Bemessungen
4261	T 1	Kleinkläranlagen; Anlagen ohne Abwasserbelüftung; Anwendung, Bemessung, Ausführung und Betrieb
	T 2	–; Anlagen mit Abwasserbelüftung; wie vor
	T 3	–; Anlagen ohne Abwasserbelüftung; Betrieb und Wartung
	T 4	–; Anlagen mit Abwasserbelüftung; wie vor
4263		Kanäle und Leitungen im Wasserbau; Formen, Abmessgn. u. geom. Werte geschlossener Querschnitte
4268 bis 4272		Schachtabdeckungen für Einsteigschächte
4279	T 1 bis T10	Innendruckprüfungen von Druckrohrleitungen für Wasser
4281		Beton für Entwässerungsgegenstände; Anforderung, Herstellung und Prüfung
8061	T 1	Rohre aus weichmacherfreiem PVC hart (Polyvinylchlorid hart); allgemeine Güteanforderung, Prüfungen
8062 und 8063		–; Maße, Rohrverbindungen und Rohrleitungsteile aus PVC-hart für Druckleitungen
8072		Rohre aus PE weich (Polyäthylen weich); Maße
8073		–; Allgem. Güteanforderungen, Prüfung
8074	T1, T2	Rohre aus PE hart (Polyäthylen hart); Maße
8075	T1	Rohre aus Polyäthylen hoher Dichte (HDPE); Güteanforderungen, Prüfungen
18022		Küche, Bad, WC, Hausarbeitsraum; Planungsgrundlagen für den Wohnungsbau
18300 bis 18451		VOB Verdingungsordnung für Bauleistungen Teil C: Allgemeine Technische Vorschriften;

DIN-Nr.		Titel
18300		–; Erdarbeiten
18303		–: –; Verbauarbeiten
18305		–: –; Wasserhaltungsarbeiten
18307		–: –; Gas- und Wasserleitungsarbeiten im Erdreich
18381		–: –; Gas-, Wasser- und Abwasser-Installationsarbeiten
19500 bis 19514		Gußeiserne Abflußrohre (GA); (Maße und div. Formstücke)
19520		Abwasser aus Krankenanstalten; Richtlinien für die Behandlung
19525		Abwasserwesen; Richtlinien für die Entwurfsbearbeitung
19531		Rohre und Formstücke aus weichmacherfreiem PVC hart (Polyvinylchlorid hart) für Abwasserleitungen innerhalb von Gebäuden; Technische Lieferbedingungen
19537	T 1	Rohre und Formstücke aus Polyäthylen hoher Dichte (HDPE) für Abwasserkanäle und -leitungen, Maße
	T 2	–; Technische Lieferbedingungen
19540		Abwasserkanäle; Querschnittsformen und -abmessungen
19551	T 1	Kläranlagen; Rechteckbecken mit Schildräumer, Hauptmaße
	T 2	–; Rechteckbecken mit Bandräumer; Hauptmaße
	T 3	–; Rechteckbecken als Sandfänge mit Saugräumer, Hauptmaße
	T 4	–; Rechteckbecken mit Saugräumer; Hauptmaße
19552	T 1	Rundbecken mit Schildräumer, Hauptmaße
	T 2	–; Rundbecken mit Saugräumer, Hauptmaße
	T 3	–; Rundbecken als Eindicker mit Zentralantrieb, Hauptmaße
19553		–; Tropfkörper mit Drehsprenger, Hauptmaße
19554	T 1	–; Rechenbauwerk und geradem Rechen
	T 2	–; Rechenbauwerk mit Bogenrechen, Hauptmaße
	T 3	–; Rechenbauwerk mit geradem Rechen, Gegenstromrechen; Hauptmaße
19555		–; Sicherheitstritt für Abwasserreinigungsanlagen
19556		–; Rinne mit Absperrorgan, Hauptmaße
19557		–; Mineralische Füllstoffe für Tropfkörper; Anforderungen, Prüfung, Einbringen
19558		–; Überfallwehr und Tauchwand, Befestigung, Hauptmaße und Abfluß
19559	T 1	Durchflußmessung von Abwasser in offenen Gerinnen und Freispiegelleitungen; Allgemeine Angaben
	T 2	–; Venturi-Kanäle
19690 bis 19692		Rohre und Formstücke aus duktilem Gußeisen für Entwässerungskanäle und -leitungen
19800	T 1	Asbestzementrohre und -formstücke für Druckrohrleitungen; Rohre; Maße
	T 2	–; Rohre, Rohrverbindungen und Formstücke; Technische Lieferbedingungen
E 19840	T 1, T 2	Faserzement-Abflußrohre und -Formstücke für Abwasserleitungen
19850	T 1	Asbestzementrohre und Formstücke für Abwasserkanäle; Rohre, Abzweige, Bogen, Maße, Technische Lieferbedingungen
19999		Begriffe im Wasserwesen; Übersicht über genormte Benennungen
38402 38404 38405 bis 38414		Deutsche Einheitsverfahren zur Wasser-, Abwasser- und Schlammuntersuchung

Sachverzeichnis

Abflußbeiwert 16f.
Abschreibungssätze 150
Absetzanlagen, kombinierte 323
–, maschinell geräumte, zweistöckige 327
Absetzbecken, -raum 310f.
–, Schlammräumsysteme 322
Absetzkurve 254
Absetztrichter 310f.
Absetzvorgang 286f.
Absetzzeit 254
Absturzbauwerke 172f.
Abwasser, Beschaffenheit 1f., 253f.
–, gewerbliches und industrielles 4f., 500f.
–, Zusammensetzung 253
Abwassereinleitungen 249f.
Abwasserlast 268
Abwassermenge 1f., 9
Abwasserpumpwerke 220f.
–, Antriebsmaschinen 213f.
–, –, Wirkungsgrad 213, 228
–, Ausführungsbeispiele 215, 220, 221, 223, 224, 236, 237, 238
–, Berechnung 224f.
–, Druckrohr 225f.
–, manometrische Förderhöhe 225
–, Motorleistung 228
–, pneumatische Hebeanlagen 236f.
–, Schaltspiel, vorhandenes 224f.
–, Schlammpumpen 218f.
Abwasserreinigung, weitergehende 410f.
Abwasserreinigungsverfahren 270, 271
Abwasserteiche 401f., 490f.
–, Bemessungsgrößen 408
Abwasserverschmutzung 254f.
Anaerobe Abwasserbehandlung 397f.
Anlagekosten von Kläranlagen 280f.
Anschlußlänge 83f.
Anschlußleitung 44
Asbestzementrohre 144f.
Aufstaugraben 482
Ausbauverfahren 164
Ausbruchverfahren 164

Bahnkreuzungen 213
Bandfilterpresse 462
Bankettflächen 186
Baugruben, Breite 108f.
–, Einsteifen 153f.
–, Kanaldielen 156f.
–, waagerechte Verbohlung 154
Bauweisen 151
Bauwerke, Ortsentwässerung 176f.
Beckenausläufe 316f.
Beckeneinläufe 316
Belebungsanlagen
–, mehrstufige 392
– zur Stickstoffentfernung 422f.
Belebungsbecken, Bau und Betrieb 382f.
–, Berechnung 374f.
–, Druckluftbecken 378, 385f.
–, Hurdbecken 388
–, kombinierte 390f.
Belebungsgraben 482
Belebungsverfahren 364f., 480f.
–, Adsorptions- 393
–, Bemessungswerte 370, 495
–, Energiebedarf 376, 381
–, Kennwerte 368f., 370
–, Sauerstoffbegasung 389f., 394f.
–, Sauerstoffverbrauch 371
–, Sauerstoffzufuhr 374, 376
Belüftung mit Druckluft 385f.
– mit Kreiseln 384f., 486
–, Tiefstrom 389
Belüftungssysteme, Sauerstoffeintrag verschiedener 380f., 383f.
Belüftungszeit 367, 370
Berechnungsregen 15
Berechnungsverfahren mit Datenverarbeitung 38f.
Beregnungsverfahren 400f.
Berstverfahren 248
Beschichtungsverfahren 248
Besiedlungsdichte, Richtwerte 2
Bestandspläne 46, 107
Beton-Keramik-Rohr 149
Beton-Kunststoff-Rohr 149
Betonrohre 135f.
–, Abmessungen, Scheiteldrucklasten 138f.
Betriebskosten der Abwasserreinigungsanlagen 283f.
Biochemischer Sauerstoffbedarf 255f.
Biologische Reinigung 341f.
Bodenaushub 152
Bodenfilter 399f.
Bohrgerät, horizontal 165f.

Carrousel-Reaktor 394, 484
Chemische Reinigungsstufe 110f.
Chemischer Sauerstoffbedarf 255f.

Deformationsschicht 121
Denitrifikation 417f.
–, Bemessung von Belebungsanlagen zur 425f.
–, Rezirkulation 427
–, Verfahren 422f.
Direktfällung 499

Doppelbaugrube 108
Doppelschächte 108
Drehsprenger 348
Druckentwässerung 241f.
Druckluftheber 219
Druckstöße 234f.
Düker für Abwasser 207f.
Durchlaufbecken 203f.

Einlaufbauwerke 316
Einlaufbereich 310
Einsteigschächte 179f.
Einwohnergleichwert 4f.
Einzelbaugruben 108
Einzugsgebiete, Teil- 82, 91
Emscherbecken 324f.
–, Faulraumgrößen 325
Emscherbrunnen 324f.
–, kombinierte 325f.
– nach Dorr-Oliver 327
Entlastungsbauwerke 189f.
Entwässerungsanlagen, bauliche Gestaltung 132f.
Entwässerungsauskunft 43
Entwässerungsentwurf, baureifer 89f.
–, Bearbeitung 89f.
–, Grundlagen 75f.
Entwässerungsgebiet, Aufteilung 91f.
–, Begrenzung 79
–, Beschaffenheit 79
–, Lageplan und Längsschnitte 93f.
–, Vorüberlegungen 79f.
Entwässerungsleitungen,
–, Baustoffe 132f.
–, statische Berechnung 108f.
Entwässerungslösungen, schematisch 80f.
Entwässerungsverfahren 58f.
–, Misch- 58
–, Trenn- 59
Entwurf einer Ortsentwässerung 79f.
Erläuterungsbericht 107

Fäkalschlamm 472f.
Fällmittel 413f.
Fallschächte 173
Fällung 411f.
Falzrohre 137, 141
Fangbecken 202, 203
Faulbehälter, Betriebsschema 442f.
Faulraumbeheizung 443f.
Faulräume, Bau 440f.
–, Bemessen 449f.
–, Inhaltsberechnung 451f.
Faulschlamm 453f.
Faulwasser 453f.
Faulzeit 449
Fertigteilschächte 187f.
Festbettkörper 343f., 361f.
Filtrationsverfahren 430f.
Fischteiche 410
Flachbecken 312f.
–, Volumenberechnung 331f.
Flächenbelastung 287, 333, 345, 369
Fließzeit 22f.
Flocken, Absetzen 288
Flotation 328f.
Flußkläranlage 279f.
Flutlinien 19f.
Förderstrom 219, 224
Freistrompumpe 216
Fremdwasser 5, 7
Füllmaterial aus PVC 356
Füllungskurve des Eiprofils 74
– des Maulprofils 75

Gasentwicklung 449
Gefälle 86f.
Gegenstromrechen 293
Gegenstrom-Rundbecken 487f.
Geschwindigkeitsbeiwert 64
Geschwindigkeitsformeln, empirische 64f.
Gewerbe, Industrie und öffentliche Einrichtungen 4
GFK-Rohre 148
Grobrechen 288f.
Grundleitungen 46
Grundstücksentwässerung 42
–, Anschlußwerte 49
–, Teilentwässerung 42
–, vollkommene 42
Grundstücksentwässerungsleitungen, Rohrweiten 53
Grundwasserabsenkung 174f.
Gußeiserne Rohre 148f.

Hamburg-Becken 391
Handrechen 292
Heber 212
Hochdruckspülwagen 244
Hochofenwerke 502
Hurdbecken 388
Hydrozyklon 309

Impfschlamm 442f.
Industrieabwasser 4f., 500f.
Injektionsverfahren 248
Inkabelüftung 388

Kammerfilterpresse 462
Kanaldielen, Abmessungen 157
Kanäle, offene (Gerinne) 78
Kanalfernauge 246
Kanalklinker 144
Kanallaser 162, 163
Kanalreinigung 245f.
Kanalstauräume 205f.
Kanalverbindungen 88
Kjeldal-Stickstoff 362, 373
Kläranlagen, Ausbaugrößen 280
–, Baukosten 280f.
–, Belebtschlamm 364f.
–, Bestandteile 271f.
–, Betriebskosten 283f.
–, kleine 480f.
–, –, Bauweisen 498
–, Lagepläne 275, 276, 277, 278, 279
– mit Direktfällung 499
Kleinkläranlagen 56, 472
Kontinuitätsgleichung 63
Kontrollschächte 179f.
Kreiselpumpe in vertikaler Naßaufstellung 220f.
– – – Trockenaufstellung 220f.
Kreuzungsbauwerke 207f.
Kunststoffrohre 146f.
Küstengewässer, Einleiten von Abwasser 269

Lage der Leitungen 82f.
Landstraßen, Entwässerung 179
Langbecken 316
Lebensmittelindustrie 509f.
Leistungsbeschreibung im Kanalbau 106
Leistungsdichte in Belebungsbecken 377

Leitungen 108f.
–, Bau 151f.
–, Bauweisen, offene 151f.
–, –, geschlossene 165f.
–, Kreisprofil 63, 65
–, –, Füllungskurve 71
–, Maulprofil 63, 66
–, Querschnittsformen 62, 76
–, Tiefenlage 84f.
–, Verlegen und Einrichten der Rohre 162
Leitungsnetz 81f.
Listenrechnung 31, 36, 100 bis 105

Mammutrotor 383f.
Massenermittlung im Kanalbau 99f.
Mauerwerk im Kanalbau 143f.
Maulprofil 62f.
Messervortrieb 166
Metallindustrie 506
Mindestanforderungen 260f.
Mindesttiefen für Kanäle 85
Mischwassermenge 1, 58, 102
Mischwasserpumpwerk 235, 236
Moody-Diagramm 227
Motorleistung bei Abwasserpumpwerken 228

Nachklärbecken von Belebungsanlagen 333f.
–, Bemessungswerte 336
Nährstoffverhältnis 259
Natürlich-biologische Verfahren und Abwasserteiche 270, 398f.
Nitrifikation 372f., 417f.

Oberflächenbelüftung 383f.
OC-load 370f.
Öffentliche Einrichtungen, Wasserverbrauch 5f.
Oxidationsgraben – Belebungsgraben 482f.

Parallelplattenabscheider 337
Papierfabriken 504
Pendelschild 322
Pflanzenanlagen 58, 400
Phosphorelimination 410f.
–, biologische 415f.
Phosphorelimination durch Fällung 411f.
Prandtl-Colebrook, Geschwindigkeitsformel 66f.
Profilwechsel 88
Prüflast der Scheiteldruckprüfung 120
Pumpstation, kleine 222f.
Pumpwerke, Abwasser- 213f.
–, Antriebsmaschinen 213f.
–, Bau 221f.
–, Einkanalrad- 213
–, Freistromradpumpen 215
–, Kreiselpumpe in horizontaler Aufstellung 220
–, pneumatische 236f.
–, Schneckenhebewerke 216
–, Tauchmotorpumpen 215

Rammträgerverbau 155
Rauhigkeitsbeiwert nach Prandtl-Colebrook 67f.
Raumbelastung von Belebungsbecken 367f.
Räumer 322
Räumerbrücke, Hauptmaße 314
Räumschilde, Formen 318
Rechen 288f.
–, maschinell bediente 292f.
Rechengut 292
Rechteckbecken 312f.
–, Hauptmaße 314
– mit Vorbelüftung 314
Regendauer 10f.
Regendiagramm 20f.
Regenhäufigkeit 12f.
Regenkarte 13
Regenreihen 11f.
Regenspende 10f.
–, kritische 191f.
Regenstärke 10f.
Regenüberlaufbecken 202f.
Regenüberläufe 191f.
Regenwasserbecken 198f.
Regenwasserklärbecken 198
Regenwasserrückhaltebecken 199f.
Reinigung, biologische 341
–, mechanische 286
Reinigungsanlagen, Kosten 280
Reinigungsdüse für Hochdruckspülgeräte 244
Reinigungsgeräte 244
–, chemische 410f.
Reinigungswirkung von Kläranlagen 270
Reliningverfahren 247f.
Rieselverfahren 399
Rohrbrücken 212
Rohre aus Verbundwerkstoffen 149
Rohrgraben, Rückbau 160, 163
Rohrlagerung 160f.
Rohrverbindungen, Steinzeugrohre, Betonrohre 140f.
Rohrverlegung, Kontrolle 162f.
Rücklaufschlamm 378f.
Rücklaufverhältnis 343f., 375f.
Rundbecken 317f.
–, Einläufe 320f.
–, Hauptmaße 318
–, Mittelbauwerke 320f.
Rüttelpreßbetonrohre 135

Sammlergebiete, Abgrenzung 82, 91
Sandanfall 295
Sandfänge 295f.
–, belüftete Rund- 308f.
–, Lang- 295
–, –, belüftete 297, 301
– mit Stauprofilen 301f.
–, Rund- 307
–, Tief- 305f.
Saugentwässerung 241
Saugräumer 319
Sauerstoffehlbetrag 264, 374
Sauerstoffsättigungswert 264, 374
Sauerstoffzufuhr 369, 374f.
Schachtabdeckung 182
Schachtbauwerke 179f.
–, Konstruktionsanleitung 184f.
Schachtelbecken 390
Schachtgrundriß 185
Scheibentauchkörper 488f.
Scheiteldruckprüfung 120
Schlammalter 369f., 429f.
Schlammbehandlung, mehrstufige 446f.
Schlammbelastung 368f.

Schlammbeseitigung 466f.
Schlammeindicker 455f.
Schlammentwässerung, künstliche 460f.
–, natürliche 458f.
Schlammfaulturm 440f.
Schlammfaulung 438f.
Schlammförderung 218
–, Antriebsmaschinen 219
–, Druckluftheber (Mammutpumpe) 219
–, Kolbenmembranpumpen 218
–, Rohrschraubenradpumpe 217
–, Verdrängerpumpen 218
Schlammindex 367
Schlammkompostierung 469
Schlammkonditionierung 461
Schlammengen 448
Schlammräumsysteme für Nachklärbecken 322
Schlammstabilisierung, aerob 366f., 370, 494f.
Schlammtrocknung 465
Schlammverbrennung 469
Schleppspannung 87
Schleuderbetonrohre 142
Schmutzwasser, Menge 1
Schönungsteich 494
Schreiber-Kläranlagen 485
Schwebekörper-Verf. 363f.
Selbstreinigung 263f.
Selbstreinigungslinie 268
Siebe 289f.
Sinkgeschwindigkeit 287, 295
Spülkopf 244
Stabrechen 291f.
Stadtstraße, Querschnitt 83
Stahlbetonrohre, Stahlbetondruckrohre 141f.
Stahlrohre 148
Statische Berechnung von Entwässerungsleitungen 108f.
Stauhöhe 88
Steilstrecken 168f.
Steinkohlenbergbau 505
Steinzeug 132f.
Steinzeugrohre, Abmessungen 134f.
–, Scheiteldruckkräfte 133
Stickstoffelimination 417f.
Straßenabläufe 176f.
–, Straßenkreuzungen 177
Straßenquerschnitt 83
Streichwehre 193
Summenlinienverfahren 22, 24

Tauchkörper 362f.
Tauchtropfkörper 343
Teichkläranlagen 401f., 490f.
Teilfüllung der Leitungen 68f.
Textilindustrie 508
Tiefenlage der Leitungen 84f.
–, Anschlußlänge 83
–, Kämpferhöhe 84
–, Kellereinlaufstutzen 84
–, Mindesttiefen 85
Trichterbecken 324f., 335
Tropfkörper, Bau und Betrieb 346f.
–, Belastungsstufen von 344f.
–, Bemessungswerte 346
–, Beschickungsbehälter 348
–, Flächenbelastung 346f.
–, Hauptmaße 352
–, klärtechnische Berechnung 344f.
–, Kontaktzeit 354
–, Kunststoff- 356f.
–, Raumbelastung 346f.
–, Verfahren 343f.
–, Zweite biologische Reinigungsstufe 359f.
Tropfkörper-Kläranlage 272
Tuchfilter 437

Überlaufbelastung 341
Überlaufkanten, Belastung 341
Überschußschlamm 365f.
Überschußschlammproduktion 366f.
Umleitungs- und Verbindungsbauwerke 183
Unterhaltung, Betrieb und Sanierung der Entwässerungsanlagen 243
Untersturzbauwerke 184

Vakuumbetonrohre 142
Vakuumverfahren 175
Verbau, Kölner 157
–, senkrechter 156
–, waagerechter 154
Verbaugeräte 158f.
Verbindungsbauwerke 183
Verformungsnachweis 128
Vermessungsarbeiten beim Leitungsbau 151
Verteilung des häuslichen Schmutzwasseranfalles 3
Vorbelüftung 314
Vorfluter, Belastung 262f.
–, Selbstreinigung 263f.
Vortriebsverfahren 166
Vorüberlegungen, Abwasserpumpwerke 79
–, Hauptteile einer Ortsentwässerung 79
–, Kläranlage 80
–, Leitungsnetz 81

Walzbetonrohre 141
Wasserhaltung 174f.
Wasserverbrauch, mittlerer 2, 3, 4, 5
– in Einwohnergleichwerten (EG) 4, 5
– und Verschmutzung von industriellem Abwasser 6, 500f.
Wehr, bauliche Ausbildung 194
Widerstandsbeiwerte 226
Wirbelschichtofen 470
Wurzelschneider 245

Zeitabflußfaktor 33f.
Zeitbeiwert 12f.
Zentrifuge 464
Zerkleinerungspumpen 216

Gewässer als Ökosysteme
Grundlagen des Gewässerschutzes

Von R. Kummert, Eidg. Anstalt für Wasserversorgung, Abwasserreinigung und Gewässerschutz, EAWAG, und Mittelschullehrer an der Kantonschule Büelrain, Winterthur

und Prof. W. Stumm, Eidg. Technische Hochschule Zürich und Direktor der EAWAG

2., überarbeitete Auflage. 1989. 331 Seiten. 16,2×22,9 cm.
Kart. DM 42,— ISBN 3-519-03650-9
Coproduktion B. G. Teubner Stuttgart – Verlag der Fachvereine Zürich

Teil 1: *Natürliche Gewässer*
- Ökosysteme, Mensch und Modelle
- Das Flaschenexperiment – oder „Wie funktioniert ein Ökosystem?“
- Ein wenig Thermodynamik
- Biologische Elemente eines aquatischen Ökosystems
- Chemische Zusammensetzung natürlicher Gewässer
- Seen, Flüsse, Grundwasser und Meere

Teil 2: *Beeinträchtigung natürlicher Gewässer*
- Entwicklung der Gewässerbelastung
- Reaktionen der Gewässerbeeinträchtigungen
- Verunreinigungsquellen
- Verhalten und Transformationen von Belastungskomponenten
- Gewässerzustand und Gewässerqualität

Teil 3: *Gewässerschutz*
- Gewässerschutzmaßnahmen: Eine Übersicht
- Gewässerschutz in der Schweiz
- Abwasserreinigungstechnik
- Mengenmäßiger Gewässerschutz
- Veränderungen von Verunreinigungen durch Maßnahmen an der Quelle

„Das Buch ist sehr ansprechend aufgemacht und besticht durch seine übersichtliche und leicht lesbare Darstellung sowie durch graphisch hervorragend gestaltete, anschauliche Diagramme. Die Ausführungen setzen keine speziellen Vorkenntnisse voraus, auf Mathematik wird weitgehend verzichtet, statt dessen werden die relevanten Zusammenhänge eher beschreibend aufgezeigt. Es ist ein umfassendes, elementares Lehrbuch, das eine ausgewogene Einführung in alle angesprochenen Themenbereiche bietet und gezielt den Zugang zur spezifischen Fachliteratur in den beteiligten naturwissenschaftlichen und technischen Disziplinen eröffnet und erleichtert. Es kann daher jedem wärmstens empfohlen werden, der sich einen Überblick über die Grundlagen des Gewässerschutzes verschaffen will.“

H. Kobus in Wasserwirtschaft, Stuttgart

B. G. Teubner Stuttgart